工业锅炉
节能减排应用技术

第二版

史培甫 主编　　赖光楷 主审

化学工业出版社
·北京·

本书以工业锅炉节能减排为主线，从各个侧面论述了节能减排有关内容，突出科学性、先进性、实用性，理论联系实际，深入浅出，通俗易懂，图文并茂，并举以生动实例。

全书共分十一章，涵盖了工业锅炉安全与经济运行，燃煤锅炉强化燃烧技术，燃气锅炉节能，循环流化床锅炉洁净燃烧及洁净煤技术，水处理新技术，环保治理，供热系统节能减排先进实用技术，锅炉检验与修理以及工业锅炉自动控制技术。

本书可供能源管理人员、锅炉工程技术人员、环保科技人员、锅炉安全与检验专业人员、锅炉设计与修理维护人员、水处理工作者以及城镇供热系统人员阅读，也可作为大专院校师生的参考书和节能减排、环保与检验人员的培训教材。

图书在版编目（CIP）数据

工业锅炉节能减排应用技术/史培甫主编．—2版．—北京：化学工业出版社，2016.3

ISBN 978-7-122-25987-5

Ⅰ．①工…　Ⅱ．①史…　Ⅲ．①工业锅炉-节能-技术　Ⅳ．①TK229

中国版本图书馆CIP数据核字（2016）第004864号

责任编辑：戴燕红　　装帧设计：关　飞

责任校对：吴　静

出版发行：化学工业出版社（北京市东城区青年湖南街13号　邮政编码100011）

印　　装：北京云浩印刷有限责任公司

787mm×1092mm　1/16　印张26½　字数756千字　2016年3月北京第2版第1次印刷

购书咨询：010-64518888（传真：010-64519686）　售后服务：010-64518899

网　　址：http://www.cip.com.cn

凡购买本书，如有缺损质量问题，本社销售中心负责调换。

定　　价：128.00元

《工业锅炉节能减排应用技术》编审委员会

张宝玲　天津市锅炉应用技术协会　理事
陈　鹏　天津市锅炉应用技术协会　理事
郎万发　天津市节能协会　秘书长
赵　谦　天津市南开区供热办公室　高级工程师
赵定发　天津市锅炉应用技术协会　副会长
赵秋洪　天津市特种设备监督检验技术研究院　院长
郝培嵩　天津市锅炉应用技术协会　会长
秦保平　天津市环境监测中心　主任
倪炳生　天津市国信暖通设备公司　总经理
徐质彬　天津市锅炉应用技术协会　理事
徐晓明　天津市易卡捷电子有限公司　工程师
郭合群　天津市锅炉应用技术协会　副秘书长
郭希农　山东华源锅炉有限公司　常务副总经理
萧艳彤　天津市特种设备监督检验技术研究院　副院长
赖光楷　天津市锅炉应用技术协会　顾问
魏　杰　天津市工业自动化仪表研究所　副总工程师

主　编　史培甫　天津市锅炉应用技术协会　理事、教授级高级工程师
主　审　赖光楷　天津市锅炉应用技术协会　顾问、教授级高级工程师

《工业锅炉节能减排应用技术》编写人员

第一章　王其均　赖光楷

第二章　史培甫　郭德生

第三章　郝培嵩　张宝玲

第四章　赖光楷

第五章　于焕通　王　楠

第六章　史培甫　赵定发　曹金荣

第七章　赵　谦　邢为民　李德馨　徐质彬

第八章　王同健　党秀芳　汪　楠　高　翔

第九章　王　兵　陈　鹏　史培甫　邱英培

第十章　齐明远　萧艳彤　毛富杰

第十一章　魏　杰　徐晓明　王文周　贾福民

再版前言

《工业锅炉节能减排应用技术》（第一版）出版6年来，我国节能减排形势出现了很大变化，国家在推进节能的同时，把减少污染物排放的要求放在了更加突出的地位，提出了安全、节能、环保三位一体的总要求，加快了优化燃料消费结构的步伐。工业锅炉减少燃煤更多地采用清洁能源、可再生能源已经成为不可逆转的趋势，天然气锅炉、生物质锅炉应用发展势头迅猛。为了适应新的形势要求，编委会组织有关编写人员对部分内容进行了充实，增加了燃气供热与冷凝锅炉等内容；对生物质秸秆燃烧供热等技术进行了补充。但同时也应看到，煤炭作为我国工业锅炉主要燃料的局面还要持续一段相当长的时期，因此将煤炭清洁利用；提升锅炉系统整体运行水平；提升锅炉污染治理水平；推进燃料结构优化调整作为本书的主线予以充实完善，本版对燃煤链条锅炉垄形布煤机理作了阐述；对水煤浆应用技术做了回顾评价；对蒸汽凝结水回收利用技术作了增补；对热水采暖系统分布式变频技术应用做了概述。

为适应大气环境治理的新形势新要求，依据新《环保法》（2015年1月1日起施行）和《锅炉大气污染物排放标准》（2014年7月1日实施）新国标，本版中着力充实了锅炉污染物治理应用技术内容，倡导系统化、规范化和脱氮技术以及燃煤锅炉高效减排综合技术的应用。

本书再版编写中徐铁华参与了第六章的编写，田秀华、蒙海涛、裴俊茹参与了第八章的编写，此外还得到了王文涛的大力协助，在此表示感谢。

限于编写人员的水平，不妥之处望业内同仁不吝指正，万分感谢。

编审委员会

2015年11月

第一版序

能源是国家战略性资源，是一个国家经济增长和社会发展的重要物质基础。环境则是人类赖以生存、实现可持续发展的基本保证。长期以来，我国经济快速增长，各项建设取得巨大成就，但也付出了资源与环境的沉重代价，经济发展与资源和环境的矛盾日益突出。我国人口众多，能源资源储量相对较少，人均拥有量远低于世界平均水平，但单位能源消耗量却大大高于西方发达国家。数据显示，目前我国万元 GDP 能耗水平是发达国家的 3 至 11 倍，能源使用效率仅为美国的 26.9%、日本的 11.5%，单位 GDP 的环境成本也高居世界前列。这一问题处理不好，资源支撑不住，环境容纳不下，社会承受不起，经济发展难以为继。因而，如何加快经济结构调整，转变经济增长方式，坚持节约发展、清洁发展、安全发展，努力实现经济社会的又好又快发展，已经成为我们必须认真面对并加以妥善解决的重大命题。

为此，我国将节能减排作为基本国策，摆到了更加重要的战略地位。国民经济和社会发展“十一五”规划纲要提出了两项约束性指标，即“十一五”期间单位国内生产总值能耗降低 20%左右，主要污染物排放总量减少 10%。这是贯彻落实科学发展观、构建社会主义和谐社会的重大举措；是建设资源节约型、环境友好型社会的必然选择；是推进经济结构调整，转变增长方式的必由之路；是维护中华民族长远利益的基本要求。

工业锅炉应用于国民经济的各个领域，主要为工业生产的工艺过程提供热能，是生产活动得以正常进行的关键动力源，是现代化生产不可缺少的重要设备。我国的能源结构特点是煤多油少，由此决定了国内工业锅炉主要以燃煤为主，其消耗量约占全年原煤总产量的五分之一左右。燃煤工业锅炉不但能耗高，而且污染严重，是仅次于电站锅炉的第二大污染排放源，因此，对其进行节能减排改造就显得十分紧迫了。正是基于这一现实状况，国家把燃煤工业锅炉的改造列入了十大重点节能工程项目之首，是非常正确的。

天津市锅炉应用技术协会会同天津市特种设备监督检验技术研究院和天津市环境监测中心，组织长期从事工业锅炉节能减排工作，具有丰富实践经验的资深专家和科技工作者，共同编写了《工业锅炉节能减排应用技术》一书，较好地配合了这一重点工作。他们理论联系实际，突出科学性、先进性和实用性，汇集总结了工业锅炉节能减排各方面的相关应用技术和经验体会，具有较高的实用价值，可供相关领域的专业技术人员及管理人员参考、借鉴。

节能减排工作任重而道远，各行各业、各个领域，降低能耗、节约资源、减少污染物排放，努力构建资源节约型、环境友好型社会，确是功在当代，利在千秋！

天津市质量技术监督局副局长 杨振林

第一版前言

为了适应工业锅炉节能减排工作深入开展的实际需要，天津市特种设备监督检验技术研究院、天津市环境检测中心会同天津市锅炉应用技术协会，组织该协会部分多年从事锅炉节能减排技术与管理工作，有丰富实践的会员，以及相关人员，将他们多年积累的经验、技术创新成果以及对成熟技术的理解整理编辑成本书，贡献给社会，为我国锅炉技术水平的提高，为节能减排工作尽一份力。

本书以工业锅炉节能减排为主线，力求突出节能减排技术的实用性、先进性、集成性，易于掌握，便于应用。同时兼顾具有发展前途的新技术的推介，体现与时俱进的理念。

全书共十一章，内容涵盖工业锅炉经济运行，煤的洁净燃烧，燃气（油）锅炉，水处理，烟气污染治理，供热系统，锅炉检验与修理，锅炉自动控制等全方位节能减排技术。在侧重技术实际应用的同时，也作了扼要的理论阐述。

本书主要作为企事业单位能源管理人员、环保科技人员、锅炉工程技术与管理人员，以及从事供热、锅炉检验与检修人员的专业读物；也可作为大专院校师生的参考书以及锅炉和环保人员的培训教材。

本书由天津市锅炉应用技术协会理事史培甫教授级高级工程师任主编，负责制定编写大纲和各章节统稿工作以及部分章节的编写。国务院特殊津贴专家、天津市锅炉应用技术协会顾问、教授级高级工程师赖光楷任主审。天津市锅炉应用技术协会全体理事参加了编写大纲的讨论与审定。

本书编写过程中得到了业内同仁以及各有关方面人员亓琳、商亚彬、韩秀梅、杨青永、郑国栋等的大力支持与协助，在此一并致谢。

限于编写人员专业水平和实践的局限性，加之编写时间比较仓促，不足之处在所难免，请不吝指正，万分感谢。

编审委员会

2009 年 6 月于天津

目录

第十章 工业锅炉安全运行与检验及其修理 …………………………… 317

第十一章 工业锅炉自动控制技术 …… 368

第一章 绪 论

工业锅炉通常是指除专业火力发电锅炉之外，在人们生产和生活中使用的锅炉。

我国在用工业锅炉状况是：燃煤为主，量大面广，单台平均容量小，运行参数低，平均运行热效率低。2008 年我国燃煤工业锅炉总耗煤量约 5 亿吨，占全国煤炭消费总量的 1/5，是除发电锅炉以外的第二大耗能设备，同时也是节能潜力极大的设备。燃煤排放的烟尘、二氧化硫、氮氧化物是大气的主要污染物，因而工业锅炉又是污染环境的主要排放源，其大气污染物排放量也仅次于发电锅炉，在各类耗能设备中居第二位。工业锅炉节能、减排在我国节能减排全局中的地位十分重要。

第一节 节能减排是工业锅炉发展的基本方向

18 世纪后期出现锅炉，至今已有 200 多年的历史。随着社会生产力发展和科学技术进步，锅炉从最早的圆筒形发展至今，燃烧设备和锅炉受热面结构都有很大变化。

燃烧设备由古老的手烧炉，到固定双层炉排炉、明火反烧炉、简易煤气炉；随着用热负荷增大，相继发展了机械化程度较高的链条炉排炉、抛煤机炉排炉、往复推动炉排炉、滚动炉排炉、下饲炉排炉等多种层燃方式；进而由层燃方式进一步发展为室燃炉、鼓泡床及循环流化燃烧炉。燃料品种也由煤、木材等固体燃料扩大到液体燃料、气体燃料、生物质燃料、可燃工业和生活废弃物等。

从能量转换关系看，锅炉是能量转换器，输入端是燃料燃烧放热空间，俗称“火”侧；输出端是汽、水吸热容器，可称“水”侧。“火”侧就是燃烧设备，“水”侧就是汽锅，“火”与“水”的界面就是受热面。锅炉的传热效果与受热面的结构、布置方式直接相关。

汽锅的原始形式是一个圆柱形的锅筒，筒体外表面下部作为受热面与燃烧生成的高温烟气换热，筒内的水被加热成蒸汽供用户使用。这种锅炉由于受热面积小，不能充分吸收烟气的热能，不仅蒸汽产量小，而且热效率很低，锅炉容量和蒸汽参数都不能满足社会生产力发展的需求。于是，在圆柱形锅筒基础上，为加大锅炉受热面积，沿着两个方向发展：锅壳锅炉和水管锅炉。

锅壳锅炉是加大锅筒内部受热面。从在锅筒内加装火筒，发展到用小直径的烟管代替火筒以加大受热面，由此相继发展了立式火管、卧式外燃、卧式内燃等形式。这种锅炉，由于燃烧空间小、温度水平低、燃烧条件差，难于燃用低质煤，受热面传热效果一般较差，排烟温度较高，锅炉效率仍然较低。此外，锅筒直径大，不能承受较高的工质压力，钢耗量大，蒸发量受到限制。从使用角度看，这类锅炉结构简单，维护方便；水容积大，适应负荷波动性能好；水质要求较低，因此，有的结构形式至今仍被广泛采用。

水管锅炉是加大锅筒外部受热面，直接从锅筒或通过与之连接的集箱引出若干钢管受热面，水在管内流动吸热，烟气在管外流动放热。由于不受锅筒尺寸的约束，在燃烧条件、传热效果和加大受热面等方面，都从根本上得到了改善，显著地提高了锅炉的蒸发量和热效率，金属耗量也大为下降，而且简化了制造工艺。此后，又根据不同需要，增设了蒸汽过热器、省煤器及空气预热器等受热面，吸收燃料热更充分，锅炉效率更高。水管锅炉有单锅筒立式、单锅筒纵置式、单锅筒横置式、双锅筒纵置式、双锅筒横置式和强制循环式等多种形式。目前，单台容量在10t/h以上的工业锅炉基本都采用水管锅炉形式。

锅炉用于发电后，单台容量不断增大，现在锅炉单台容量已发展到3000t/h；蒸汽参数不断提高，由低压（1.27MPa）发展到中压（3.82MPa）、高压（9.8MPa）、超高压（13.72MPa）、超临界（25MPa），直到超超临界压力（35MPa）。根据热力学第二定律，锅炉蒸汽压力、温度越高，发电热效率越高、煤耗越小。

纵观工业锅炉发展过程，发展的主推动力是社会经济增长、人民生活水平提升和科技进步，同时由于锅炉是一种高耗能和高环境污染设备，其发展又受制于能源资源和环境的承受力。因而，锅炉发展的基本方向必然是高效节能，低污染，即节能减排。同时，与其他设备一样，运行安全可靠，结构合理简单，操作维修方便，以及造价和运行费用低都是必须遵守的原则。

第二节 工业锅炉供热节能

一、工业锅炉供热系统的构成

工业锅炉供热系统由热源、热网和热用户三大部分构成：热源是提供热用户所需的蒸汽或热水的工业锅炉房（或热电厂）；热网是由蒸汽管网（或热水管网）组成的载热体输配系统；由生产、生活与建筑物采暖空调等用热系统和设备组成的热用户系统，总称为热用户。

供热系统的能源利用率等于锅炉热效率、管网热效率和用热设备热效率的乘积。锅炉耗能的大小不仅决定于本身热效率的高低，还决定于用热系统的能源利用率。节省工业锅炉耗能必须从锅炉、管网和用热设备三方面系统考虑。

锅炉的能量转换由三个过程组成：燃料燃烧的放热过程；烟气向汽、水的传热过程；水和蒸汽的吸热过程。实际工作中它们既是串联工作，又有并联运行，过程进行中互相推动又互相制约。锅炉热效率（即能量转换程度）取决于燃烧效率、传热效果和吸热能力。要提高工业锅炉热效率，就要使这三个过程都得到强化，这是分析问题的基点，应贯穿于锅炉设计制造、选型使用、维修保养全过程。

管网热效率除了管网散热损失和流体泄漏损失外，还应考虑介质输送过程中流动压降和流量调配不当造成流动失调的损失。

二、供热系统节能潜力分析

工业锅炉现实节能潜力分析，就是用反平衡法，用实际运行或试验数据，对比分析各项热损失与设计指标或先进运行指标相比的差距，从这种差距判断现实静态节能潜力的大小，并找出具体原因，采用合适的技术措施减少热损失，提高锅炉热效率，达到挖掘节能潜力的目的。

用理论节能潜力分析法，得出满足同样的负荷条件下，热电联产供热比工业锅炉房供热更能节约能源，用热电联产替代工业锅炉房是一种现实动态节能潜力。具体到某一项目到底能不能替代，必须通过现实动态分析，从技术、经济、资源、环境、法律法规、现实管理水平以及社会可接受程度等多方面进行全面综合分析（即可行性研究）确定。

供热系统节能潜力分析法是全面质量管理在能源管理上的运用，它将复杂的系统分解为若干个相对独立的影响因素，在分别考察这些因素的基础上，再综合分析各因素之间的相互关系和各因素对整个系统的影响，从而确立提高系统整体效率的关键对策。

三、技术节能与管理节能

工业锅炉供热节能途径可分为技术节能和管理节能。

技术节能包括：发展能源科学技术，开发新能源，合理、深度、循环利用能源资源，改革工艺流程，改造更新能源设备，改进设备维护和运行操作技术，提高设备自动化水平等。

管理节能是以能源的科学管理求节能。能源科学管理，从国家层面看包括：按照科学发展观制定能源政策和产业政策，综合运用法律法规、税收信贷、政府投资、技术标准、宣传教育、行政监管等手段，对各种能源的资源配置、生产、运输、贮存、转化、消费实施全过程科学管理；从能源用户层面看包括：科学规划选择用能系统，制定科学的能源管理制度，对能源管理和使用人员进行科学用能培训及考核，对能源设备选型、购置、安装、验收，既有设备改造、使用维护和能源物资的采购、运输、储存、使用进行全过程科学管理，以保证能源的充分有效利用。

目前我国供热系统以燃煤工业锅炉热源厂为主，燃煤工业锅炉供热系统煤耗约占全国总煤耗量的1/5，锅炉平均运行热效率仅60%～65%，输配热网热损失达4%～10%；凝结水回收利用率低；锅炉水处理设施不尽科学完善；供热系统自动控制与检测水平低；操作、维护和管理水平低，供热系统能源利用效率仅约35%，现实节能潜力巨大。就当前我国实际现状而言，管理节能比技术节能潜力更大，供热系统节能又比能源设备节能潜力大。

四、工业锅炉供热技术节能领域

① 锅炉及附属设备选型与锅炉房设计节能技术；
② 锅炉及附属设备改造节能技术；
③ 锅炉经济运行节能措施；
④ 锅炉房余热回收节能技术；
⑤ 热媒输配节能技术；
⑥ 凝结水回收利用节能技术；
⑦ 典型用热工艺与设备节能技术。

第三节　工业锅炉供热减排

一、工业锅炉供热污染

工业锅炉供热污染包括工业锅炉燃烧排放物污染——烟尘及其所含微量有害元素污染，二氧化硫、氮氧化物、二氧化碳、一氧化碳及有机污染物气体污染，灰渣、重金属污染物污染等；工业锅炉给水和系统循环水处理排放物（如离子交换反洗水等）、锅炉排污、系统泄漏与排水、烟尘净化排水等造成水环境污染；燃料和灰渣运输、储存造成地面粉尘污染等。其中，在当前环保重点监测控制项目之外，只要有炭燃烧就有二氧化碳产生，二氧化碳是主要温室气体源，是全球温室气体控制的主要对象；工业锅炉及其热力系统对水环境的污染以及对地面粉尘污染的严重危害尚未引起人们的足够重视。

二、提高能源利用率

供热系统能源利用效率等于锅炉热效率、管网输配效率、用热设备效率三者的乘积。

我国工业锅炉燃煤比重高，燃煤工业锅炉基本燃用未经净化的原煤，而且煤种多变，末煤比例大，锅炉平均设计效率低于国际水平，加上管理和自动控制水平低，在用工业锅炉平均运行效率又大大低于设计效率，供热系统、许多用能工艺及设备效率也低，造成整个供热系统热效率极低，节能途径多、潜力大。能源有效利用率提高，供给相同热量的燃料消耗必然减少，污染物排放也相应减少，所以节能同时也是减排的首要措施。本书有些章节虽未专门论及减排，主要着眼于节能，其实均与节能减排相关。

三、优化燃料结构和产业与产品结构

工业锅炉燃料中，燃气、轻质燃料油中基本不含灰，硫及其他污染物含量极少，而且燃烧效率一般高达98%以上，易于实现自动控制，对应的锅炉热效率比燃煤约高15～20个百分点，对环境的污染比燃煤小得多，称为洁净燃料。不同生物质燃料燃烧对环境的污染各有特点，总体上也比燃煤污染小，治理成本低。可燃工业和生活废弃物燃烧本身就是节约燃料资源、治理环境污染的一项措施。

工业锅炉量大面广，单台平均容量小而分散，许多高效燃烧和污染治理技术的应用受到限制。优化工业锅炉燃料结构，以洁净燃料替代燃煤是工业锅炉节能减排的重要途径。在许多发达国家和新兴经济体中，工业锅炉燃烧洁净燃料的比重都达90%以上，日本等国更高达98%～99%，所以这些国家工业锅炉对环境的污染远没有我国严重。我国受到能源资源结构的限制，工业锅炉燃煤比重高达85%左右，虽然这样的燃料结构难于短时改变，但优化燃料结构仍然是工业锅炉节能减排的根本方向。尤其是人口密集的大中城市中的小容量锅炉，更应加快以相对洁净的油气燃料替代燃煤的步伐。

四、煤的洁净利用技术

面对我国燃料结构以煤为主的现状，煤的洁净利用技术的应用是减排的一项重要措施。煤的洁净利用技术包含燃煤净化、洁净燃烧、燃烧产物净化三大方面。本书相关章节对这三大方面均有论及，这里仅就燃用洗选净化、粒度分级的洁净煤在工业锅炉节能减排中的重要地位强调如下：

① 在燃煤工业锅炉节能减排方面，世界各国普遍采用的，实践证明最经济、最行之有效的途径就是燃用经洗选净化、粒度分级的洁净煤。

② 我国已有试验数据表明，即使在传统链条锅炉上，燃用相当于经洗选净化的低灰（应用基灰分10%左右）低硫（应用基硫分1%左右）烟煤，锅炉燃烧效率大幅度提高，燃烧污染物初始排放浓度大幅降低，在使用一般多管或水膜除尘器条件下，完全可以达到一类地区排放标准，节能减排效果并不逊于当前某些必须燃用低灰低硫烟煤的“洁净燃煤技术”。如果能大面积提供这种低灰低硫烟煤，燃煤工业锅炉节能减排必然获得事半功倍的效果。

③ 我国煤炭生产行业应当抓紧煤炭产品结构调整，大力发展洗选净化洁净燃煤，为节能减排做出应有的贡献。规范洁净燃煤品种，禁止原煤上市，是工业锅炉及其他分散燃煤设备深化节能减排的必由之路，早实现早受益。

工业锅炉节能减排既涉及锅炉产品设计、制造、安装，又涉及锅炉用户选型、辅机与附属设备匹配、供热系统设计与施工，还与各个环节的规划、设计、管理、运行、维护密切相关。本书以工业锅炉节能减排为主线，各章作者结合自己多年实际工作经验，从实用角度，对锅炉和供热系统的结构原理，节能、减排、水处理和自动控制技术，安全与经济运行，管理与设备改造、维护等多方面进行论述，不求全面，力求实用，供读者根据自己需要选读或通读。

参考文献

[1] 车得福，庄正宁，李军，王栋编. 锅炉. 西安：西安交通大学出版社，2008.
[2] 吴宗鑫，陈文颖著. 以煤为主多元化的清洁能源战略. 北京：清华大学出版社，2001.
[3] 王善武. 我国工业锅炉节能潜力分析与建议. 工业锅炉，2005，(1).

第二章

工业锅炉经济运行应用技术

第一节　概　　述

一、工业锅炉经济运行的必要性

目前，全国在用工业锅炉有50多万台，约180万蒸吨/小时。其中燃煤锅炉约占工业锅炉总数的85%左右，平均容量约为3.4蒸吨/小时。2007年全国产原煤25.4亿吨，其中工业锅炉耗用5亿吨左右。链条锅炉约占工业锅炉总台数的65%，往复炉排锅炉约占20%，固定炉排占10%，循环流化床锅炉约占4%，其他锅炉占1%。每年排放烟尘约200万吨，SO_2约700万吨，CO_2近10亿吨。可见工业锅炉是仅次于火力发电用煤的第二大煤炭消费大户，也是第二大煤烟型污染源。因此，燃煤工业锅炉节能改造，被列为“十一五”规划十大重点节能工程的第一项。由此可知工业锅炉经济运行的必要性及与节能减排的关系。

二、工业锅炉经济运行差距及其主要原因

我国工业锅炉设计效率大致是72%～80%，略低于国际一般水平，而实际平均运行效率只有60%～65%，小型锅炉甚至更低，与国际水平相差15～20个百分点。原因是多方面的，这正是本章所要讨论研究的一个重要方面。诸如工业锅炉装备水平差，单台容量小，运行负荷率低，锅炉辅机不匹配，控制与操作技术水平落后，特别是锅炉长期直接烧原煤，对燃用洁净煤重视不够，推广应用缓慢，不能达到清洁生产要求，各项热损失大，能耗高，对环境污染严重，与节能减排差距甚大。这是我国能源转换设备应解决的一个最薄弱环节，也是工业锅炉可持续发展的必由之路。

三、工业锅炉经济运行及其主要内容

我国锅炉工作者在20世纪80年代就提出工业锅炉经济运行与低氧燃烧技术，但尚未引起广泛关注与重视，至今对其深刻含义与科学考核规范，在认识上仍然不完全统一。一般来讲，所谓工业锅炉经济运行，就是充分利用现有设备，通过加强科学管理，不断改进设备与操作技术，合理选择运行方式，择优选定最佳操作参数，降低各项热损失，提高锅炉热效率，最终取得安全、节能减排的综合效益。因此，工业锅炉经济运行，对实施节能减排具有重要意义，完全符合科学发展观的要求。

工业锅炉要达到经济运行，具体应包括以下方面：

① 锅炉安全、稳定运行，满足供热需要；

② 锅炉容量与供热负荷匹配合理，且台数与容量配置，要适应负荷变化的需求，防止出现“大马拉小车”与“小炉群”等现象发生；

③ 锅炉操作技术合理，燃烧调整得当，能达到或接近低氧燃烧技术要求，燃烧效率高，各项热损失小，能耗低；

④ 实施清洁生产，运行低污染，能充分应用洁净煤技术，提高除尘、脱硫效率，环保达标排放；

⑤ 锅炉水、汽系统经济运行，水质达标，实现无污运行，大力降低排污率，延长设备使用寿命；

⑥ 保持炉体严密，保温效果好，跑漏风少；

⑦ 锅炉余热回收利用率高，节能效果好；

⑧ 辅机经济运行，容量选配合理，与实际需要相匹配，控制先进，电耗低。

由上可见，工业锅炉经济运行所包含的内容非常广泛。如何实现经济运行，怎样进行考核评判，更需要深入探讨。同时，由于锅炉结构与燃烧方式的不同，所用燃料差别又很大，对于经济运行的要求与操作技术也应有所不同。本章主要讨论层燃锅炉特别是链排锅炉的经济运行问题。有关燃气（油）锅炉、洁净煤技术、循环流化床锅炉、水处理技术、环境保护以及锅炉安全运行与检验等内容，将在专门章节中叙述。

关于工业锅炉的一些常规操作方法，诸如锅炉运行前的准备工作，锅炉的启动与停炉程序与要求，点火烘炉、煮炉升温与升压，安全阀定压规范，通汽并网等具体内容与规章制度等，均可按相应的常规操作规程与相关标准规范进行，在此不再赘述。

第二节　锅炉热效率

一、加强锅炉房管理

要提高锅炉热效率，必须设法降低各项热损失。为此就需要定量确定各项热损失的分布与流向，通常要进行锅炉正反热平衡测试或节能诊断。

对于锅炉热平衡测试或节能诊断的用途与作用，目前仅限于执法监测。锅炉设计单位与用户应该运用这一技术，来指导和改造锅炉结构，加强锅炉房管理，制订针对性节能措施。例如：

① 对锅炉经济运行现状进行真实的分析与评价。经过测试或诊断，对该锅炉结构是否合理，燃烧调整与控制是否良好，操作技术是否得当，各项热损失大小与流向是否合理，能耗高的原因何在等问题，均应作出科学分析与评价，并提出针对性的改进意见与建议。

② 新锅炉投产后，应按照国家标准规范进行热工试验。对能否达到设计水平与合同要求，作出科学鉴定。锅炉经过技术改造后，也应进行测试，评定其经济效果。

③ 为了加强锅炉房的科学管理，制订合理的技术操作规程、燃烧调整方法，优选有关操作参数以及制订合理的燃料消耗定额等，都应该进行实际测定，不断修改完善。

④ 目前环保监测仅限于执法，对于如何加强燃料管理与加工，改进设备与操作技术，既提高锅炉热效率，又降低污染物排放量、提高脱硫效果，应加强指导，进行深入研究。把二者结合起来，通过实际试验研究，达到双赢效果。

二、锅炉热平衡原理

所谓锅炉热平衡就是在连续稳定运行工况下，弄清锅炉总收入热量与有效利用热量和各项热损失之间的平衡关系，编制热平衡表，绘制热流图，计算出锅炉热效率，并对测试结果进行分析与评价，提出改进意见和建议。有关测试与计算方法，在国家标准 GB/T 10180《工业锅炉热工试验规程》和 GB/T 15317《工业锅炉节能监测方法》中都有明确的规定，在此不再赘述。现仅对热平衡原理与热效率概念作一点说明。

通常为简化计算，取环境温度为基准，在没有外来热源加热的情况下，可认为燃料与空气带入的物理显热为“0”，即

$$Q_{入} \approx 0$$

因此，可建立锅炉热平衡方程式：

$$\sum Q_{收入} = Q_{有效} + Q_{排} \tag{2-1}$$

锅炉正平衡热效率为：

$$\eta_1 = \frac{有效热量}{\sum Q_{收入}} \times 100 = \frac{Q_1}{\sum Q_{收入}} \times 100, \ \% \tag{2-2}$$

锅炉反平衡热效率为：

$$\eta_2 = \left(1 - \frac{损失热量}{\sum Q_{收入}}\right) \times 100, \ \% \tag{2-3}$$

国家标准规定，小型工业锅炉热效率以正平衡为准，大中型工业锅炉以反平衡为准，新标准规定按正反平衡平均值。但在测试时必须都做正反平衡测试，且二者相差不得大于±5%。

三、对锅炉热效率的界定与剖析

锅炉热效率是经济运行的综合性指标，它是评价锅炉经济性，并对其进行技术改造与报废的主要评判依据。通常所说的锅炉效率是一个总称，根据不同情况，采用不同的细分名称，各自含义不同，数值也不同。如设计效率与鉴定效率，测试效率与平均运行效率，毛效率与净效率及燃烧效率等。有时还会用到现场仪表指示效率、煤汽比等其他一些效率名称。明确这些名称的确切含义与不同应用场合，并正确应用与考察，对经济运行是很有必要的。

1. 锅炉设计效率

在设计锅炉时，根据锅炉设计参数和设计燃料品种，以及所确定的结构，经热工计算而得出的效率，称为锅炉设计效率。锅炉厂家在设计时有一定的效率要求，并载入设计任务书或者产品说明书内，作为锅炉出厂质量标准的一项重要性能指标，代表了设计水平，是向用户作出的公开承诺。前已提到，目前我国工业锅炉设计效率，约72%～80%。JB/T 10094《工业锅炉通用技术条件》规定了设计条件下工业锅炉新产品鉴定、检验、验收的最低热效率指标。

2. 鉴定效率（验收效率）

新产品开发试验或新安装锅炉投产，以及技术改造完成后，按照GB/T 10180《工业锅炉热工试验规程》要求，在规定燃料品种和规定工况下，经过正确运行调试，实际测定的热效率，作为新产品鉴定或验收依据，称为锅炉鉴定效率，用以考核是否达到了设计效率指标或合同约定要求，作出相应的鉴定或验收结论。

锅炉鉴定效率不应低于设计效率，它们之间的差别过大，说明设计或运行调试存在问题，应查明原因，加以改进。

3. 运行测试效率

按GB/T 15317《工业锅炉节能监测方法》或各省市出台的有关地方标准，在正常生产运行工况条件下，测取各项实际运行参数，计算出锅炉正反平衡热效率，称为锅炉运行效率。它与鉴定效率的区别在于鉴定试验时所规定的试验条件比较严格，达到或接近于设计要求且锅炉是新的。而运行测试效率是在锅炉运行数年时间且在关闭排污条件下测试的，受热面难免会发生结垢、积灰、结渣，影响传热效率，所用燃料多数不完全符合设计要求，炉体可能不太严密，存有跑漏风现象，一般低于鉴定效率。锅炉运行测试效率，主要反映该锅炉在生产运行状态与所用燃料条件下的测试效率水平，即在实际运行条件下所能达到的不包括排污热损失的最佳测试水平。

4. 平均运行效率

锅炉平均运行效率或称实际使用效率，所代表的是对锅炉某一考核期内的平均运行水平或者

称实际达到的水平。它并非直接测试的锅炉效率，可用统计计算法间接求得，也可根据测试值再加上考核期内排烟温度、空气系数、灰渣含碳量以及排污率、负荷率等的变化情况经经验修正得出。因为在测试时，主要是依据这些参数的测试平均值计算出来的。在一个较长的考核期内，如一个月以至一年内，这些与热效率相关的参数是变化的，还有正常维护、检修或者事故等情况的停炉影响。因此，锅炉平均运行效率必然低于测试效率。但它在一定程度上综合反映了生产管理方面的影响，更能表征锅炉房的实际燃料消耗水平，是管理节能的重要内容。

5. 仪表指示效率

由于工业计算机的快速发展，在锅炉控制技术方面的广泛应用，以及先进检测仪表的研制出台，借鉴或结合一些有关经验数据，可以在线直接测取并显示运行锅炉的某些有关参数，通过计算机编程运算，直接显示锅炉的瞬时热效率与主要热损失值。此种效率值虽没有前述方法精确，但很直观，对现场操作调试非常方便实用，目前在电站锅炉和大型工业锅炉已有应用，值得推广。

6. 煤汽比

蒸汽锅炉在统计期内（如一班、一个月或一年），根据实际耗煤量与实际产汽量的累计统计值，来计算煤汽比，求得生产每吨蒸汽的实际耗煤量。既可反映锅炉的实际燃料消耗指标，是能源统计报表与成本核算的主要数据，又可依燃煤发热量和蒸汽压力等相关参数换算成锅炉平均运行效率。可用于班组与厂际之间的评比考核。

7. 毛效率与净效率

锅炉设计效率、鉴定效率、测试效率都是毛效率。只要燃料燃烧的热量传给工质水就认为是有效的，不管排污热损失与自用蒸汽等。而净效率则要扣除自用蒸汽与辅助设备耗电等能量，以便更全面地综合评价能耗与产生有效热量之间的关系。一般净效率比毛效率低2%～4%，但很少用净效率评价锅炉热效率。

8. 燃烧效率

锅炉热效率的高低，不能完全正确地说明燃烧技术水平的优劣，因为还有排烟温度、锅炉系统漏风和保温状况等与燃烧技术无关的因素，影响锅炉效率。燃烧效率的计算式为 $\eta_2=100\%-(q_3+q_4)$，%，表明燃料燃烧的完全程度。

9. 锅炉不同效率的用途

通过以上对工业锅炉热效率的讨论分析，明确了各种热效率的不同含义、界定情况与所对应的工况，因而，各具有不同的用途。

① 锅炉设计效率主要用作考察设计计算依据、设计水平，是设计、制造厂家对用户的公开承诺。而产品鉴定是为了评价锅炉是否达到设计水平或合同约定要求，依据 GB/T 10180，测取的鉴定效率来评判。在 JB/T 10094《工业锅炉通用技术条件》中规定了锅炉试验、检验以及新产品投产鉴定时的最低热效率值，起码要达到国家标准规定，方可认定合格。

② 依据 GB/T 10180 或 GB/T 15317 测取的锅炉测试效率，主要用于锅炉热平衡分析，对反平衡的各项热损失进行分析，并找出原因；对其耗能水平进行诊断，是否达到标准规定，提出改进意见与建议，必要时评判锅炉是否淘汰或需要进行更新改造。节能监测是执法行为，可依据上述标准是否合格作出评判，并依据 GB/T 17954《工业锅炉经济运行》与 GB/T 3486《评价企业合理用热导则》等，对其耗能情况进行综合考评。

③ 评价一个单位锅炉房的管理水平或者对其进行考核评比、能耗统计报表、成本核算时，应当用考核期内的锅炉平均运行效率或产品燃料单耗来进行评判。因为这些指标除与设备状况、操作技术有关外，还与管理水平、人员素质、各项规章制度贯彻执行情况有关。

④ 依据国家企业能量平衡通则与统计法的相关规定，在作统计报表或作企业热平衡时，企业的热能利用率通常是能源转换效率（锅炉效率）、输送效率（供汽管网）和耗能设备使用效率（设备热效率）三者的乘积。在此情况下，应用锅炉平均运行效率或用煤汽比进行换算。

⑤ 现场操作、燃烧调整时，可参照在线锅炉仪表的指示效率进行。

⑥ 燃烧效率是评价燃烧技术的主要依据。不论固体、液体或气体燃料，用某种燃烧设备进行燃烧时，q_3 和 q_4 表明了各自的燃尽程度，因而可评判燃料完全燃烧程度的优劣。

四、工业锅炉热效率计算方法

有关各项热损失的测试与计算方法详见国家标准《工业锅炉热工试验规程》，在此不赘述。这里着重介绍锅炉平均运行热效率计算方法。

实际上工业锅炉热平衡测试所测得的正反平衡热效率，只是测试期间的一个瞬间平均值，不能代表一个月或一年的实际平均运行热效率。因为在某一段考核期内，与热效率密切相关的排烟温度、空气系数、灰渣含碳量与锅炉负荷率等是变化的，而且在测试时并未包括排污热损失和锅炉检修、维护等影响。因此，应该在保持供热负荷与燃料质量相对稳定的条件下，寻找一种计算平均运行热效率的方法。现介绍两种方法，供参考。

1. 用煤汽比换算平均运行效率

从锅炉正平衡热效率计算式得知，影响热效率高低的最主要因素是燃料发热量、煤汽比（D/B）、蒸汽压力，此外还有给水温度（一般可取 20℃）、蒸汽湿度（一般可取 5%）等，影响很小。因此，它们之间的函数关系可用下式表达：

$$\eta_{sr}=K_m K_\eta,\ \% \tag{2-4}$$

式中，K_m 为煤汽比，按实际耗煤量与产汽量计算；K_η 为热效率换算系数，见表 2-1；η_{sr} 为考核期内锅炉平均运行热效率，%。

根据多年来对中小型工业锅炉大量测试资料得知，所用煤的收到基发热量在 18820～25100kJ/kg 之间（4500～6000kcal/kg），蒸汽压力一般为 0.3～1.0MPa，煤汽比为 4～7 左右，特好煤可能达到 8。通过计算发现，在一定的发热量和蒸汽压力条件下，热效率换算系数 K_η 为一个常数，与煤汽比无关，因而可利用表 2-1 算出锅炉平均运行热效率。当燃煤发热量和蒸汽压力与表中数值不一致时，可用插入法求取换算系数。

表 2-1　饱和蒸汽锅炉热效率换算系数 K_η 值

燃煤热值/(kJ/kg)	煤汽比 K_m	蒸汽压力/MPa							
		0.3	0.4	0.5	0.6	0.7	0.8	0.9	1.0
18820 (4500)	1∶4～1∶5	13.52	13.58	13.63	13.67	13.71	13.74	13.76	13.78
20910 (5000)	1∶5～1∶6	12.17	12.22	12.27	12.31	12.35	12.38	12.41	12.43
23000 (5500)	1∶6～1∶7	11.06	11.11	11.15	11.18	11.21	11.23	11.25	11.27
25100 (6000)	1∶7～1∶8	10.14	10.18	10.22	10.25	10.28	10.30	10.32	10.33

2. 用校正法求取平均运行效率

为了将工业锅炉测试的瞬时热效率值换算为代表考核期内的平均运行效率，需用考核期内的统计平均排烟温度、空气系数、灰渣含碳量和排污率等平均值进行修正。这样比较科学、公正、合理，可作为运行锅炉分级考核评判依据。用下式表示：

$$\eta_{sr}=\eta_p \pm \Delta\eta \tag{2-5}$$

式中，η_{sr} 为考核期内锅炉平均运行热效率，%；η_p 为锅炉正平衡与反平衡平均热效率，%；$\Delta\eta$ 为锅炉热效率综合修正值，%。

$$\Delta\eta=K_T\Delta T+K_\alpha\Delta\alpha+K_C\Delta C+K_p\Delta p,\ \% \tag{2-6}$$

式中，K_T 为排烟温度修正值，%，即排烟温度对锅炉热效率的影响值，可经试验确定；K_α

为空气系数修正值，%，即空气系数对锅炉热效率的影响值，可经试验确定；K_C 为灰渣含碳量修正值，%，即灰渣含碳量对锅炉热效率的影响值，可经试验确定；K_p 为锅炉平均排污率修正值，%，即排污热损失对锅炉热效率的影响值，可经试验确定；ΔT 为测试排烟温度与考核期内平均排烟温度之差，℃；$\Delta\alpha$ 为测试空气系数与考核期内平均空气系数之差；ΔC 为测试灰渣含碳量与考核期内平均灰渣含碳量之差，%；Δp 为考核期内锅炉平均排污率，%。

第三节　锅炉负荷匹配

一、锅炉负荷率与经济运行的关系

锅炉负荷率就是在考核期内锅炉的实际运行出力与额定出力之比。它是总体反映锅炉容量设置是否合理的主要指标，可用下式计算：

$$\phi_{PJ}=\frac{D_z}{D_{cd}h}\times 100,\ \% \tag{2-7}$$

式中，ϕ_{PJ} 为考核期内锅炉的平均负荷率，%；D_z 为考核期内锅炉实际产生的蒸汽量；D_{cd} 为锅炉额定出力，t/h；h 为考核期间锅炉实际运行时间，h。

锅炉实际运行效率与众多因素有关，如锅炉型号、结构与容量、使用年限、燃料品种、燃烧方式、自动化控制程度、运行操作和负荷率等。当锅炉已经选定且运行后，运行效率与其负荷率有密切关系。就一般总的趋势来讲，锅炉最高运行效率多是在负荷率 75%～100% 时获得的。如果负荷率太低，锅炉运行效率必然降低；超负荷运行，锅炉运行效率也会降低，如图 2-1 所示。因此，要提高锅炉运行效率，应首先合理提高锅炉的负荷率，才能获得经济运行效果。

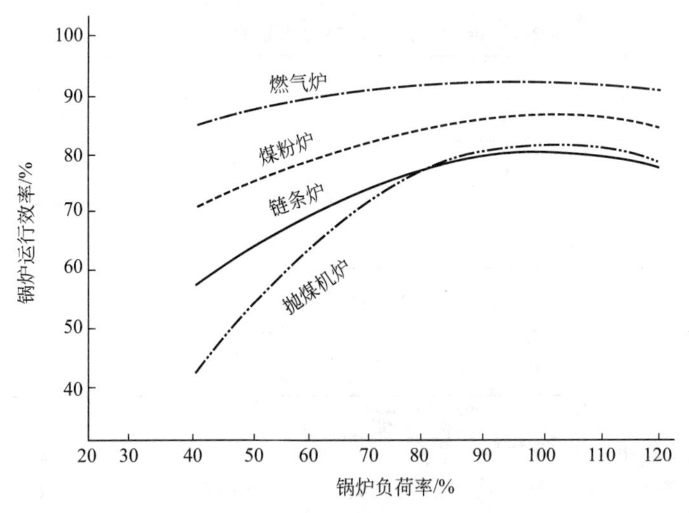

图 2-1　锅炉负荷率与运行效率的关系示意图

二、热源必须与供热负荷匹配

正确地统计和分析供热负荷是一项基础性工作。要根据能耗统计台账和现场调查数据绘制热负荷图。对生产负荷、生活负荷、采暖负荷、空调制冷负荷等，分别按照不同季节、不同时段或班次核定数据，准确统计全部供热负荷并绘制出不同季节、不同时段的供热负荷图，用以合理确定锅炉开台率与集中使用系数。

还应按照供热负荷规划，分析不同季节、不同时段的基本负荷与调峰负荷，以合理配置锅炉单台容量和台数。其配置的原则是热源必须与供热负荷匹配，使各台锅炉组合处于高效运行状态，以取得经济运行与节能减排效果。

根据上述原则与要求，可应用如下方法来达到或促进二者相匹配。

1. 择优组合开炉，发挥各自优势

如果现有锅炉房内有多台不同容量或型号的锅炉，且出力有余，应设法择优组合开炉。可多搞几个组合运行方案，如冬季与夏季、高峰负荷与低峰负荷不同的优化组合方案，进行分析比较。有计划、有目的地加强检修与调配工作，把负荷分配给最佳组合方案，使锅炉出力与供热负荷尽最大可能相匹配，方可达到经济运行、节能减排的效果。

2. 削峰填谷，错开高峰用汽

有些行业和单位，用汽高峰过于集中，早晨一上班，各部门或工序都要用汽，超过了锅炉的实际能力，气压急剧下降，无法保证正常生产。而到某一时段，用汽设备已到一个工艺周期，很少用汽或不用汽了。如此大的用汽负荷变化，与锅炉实际出力极不匹配，择优组合也无法达到。应加强生产组织与调度，把大的用汽负荷错开高峰、错开班次，做到交叉用汽、基本均衡用汽。因而，锅炉出力与用汽负荷保持相对平衡、相互匹配，既保证了生产正常进行，又可达到经济运行的目的。

3. 联片供热，达到双赢

有些独立生产企业由于种种原因，锅炉容量选配太大，实际用汽负荷较小，导致锅炉长期处于低负荷运行，难以达到匹配，热效率低，浪费严重。而附近有些单位用汽量较小，已经设立或准备设立小容量锅炉，来满足本企业生产或生活需要。应打破以往小而全的封闭式管理模式，提倡社会化组织生产，实行联片供热。既可提高锅炉运行效率，节能减排，又可避免小锅炉污染严重、排放超标的问题，是一项利国利民的办法。还有少数企业设置余热锅炉，所产蒸汽只用作冬季采暖，其他季节富余蒸汽排空或经冷却后，变为冷凝水（蒸馏水）又返回锅炉，这是一种极大的浪费。应当供给邻近企业使用，合理收费，达到双赢，有利于环境保护，还取得社会效益。

4. 集中供热，热电联产

发展集中供热、热电联产是国家政策优先发展的产业。工业锅炉大型化、高效、节能减排的发展趋势日益加快。目前多选用35～75t/h循环流化床锅炉，有的甚至更大，热效率达到80%～90%以上。不仅热效率高，还具有炉内脱硫与脱硝功能，详见第五章介绍。一些大型骨干企业与造纸行业等建设热电联产、余热余能发电，优势很明显。特别是各省、市、县都建有经济技术开发区或工业园区，发展集中供热、热电联产的发展方向更加明确，甚至实行发电、供热、制冷三联供，能源实行梯级利用，在规模经济与环保方面具有明显优势，是今后的重点发展方向。因而，必然会加快淘汰一批污染严重的燃煤小锅炉，及封闭落后、小而全的生产模式，使供热负荷匹配更加合理。

三、合理选配锅炉容量，设置蒸汽蓄热器

1. 合理选配锅炉容量

对于锅炉房的设计、锅炉容量的选配，过去往往按规范要求，依据最大热负荷确定锅炉容量，热负荷的波动只能通过锅炉燃烧调整相匹配，不但加大了建设投资，而且锅炉常处于低负荷运行，热效率低，经济效益差。如锅炉并联设置蒸汽蓄热器，只需按平均负荷选配锅炉容量就可以了，而负荷波动用蓄热器来调节。另外，生产的发展有时需要锅炉少量增容，增设蓄热器可相应扩大锅炉容量，相对投资较省，并能使锅炉装机容量最大限度地发挥出来，取得综合节能减排效果。

2. 蒸汽蓄热器的结构与调节功能

蒸汽蓄热器有卧式与立式两种，国内采用卧式较多。图2-2为蓄热器结构与锅炉并联供汽图。

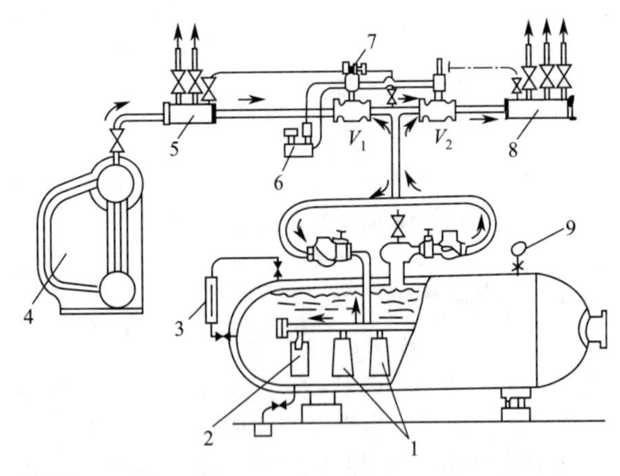

图 2-2　蓄热器的结构及锅炉并联供汽图

1—循环筒；2—喷嘴；3—水位计；4—锅炉；5—高压联箱；6—油压装置；7—自动控制阀；8—低压联箱；9—压力计

蓄热器本体是一个圆柱形压力容器，外壁敷保温层。其内装有冲蒸汽的总管、支管与蒸汽喷头，喷头外围装有循环筒。外部装设有压力计、水位计和自动控制阀等。此外，还设有蒸汽进出口、进水管与底部排水口、人孔等。

蒸汽蓄热器并非储汽罐，其容积的90%为饱和水，水上面为蒸汽空间。当用汽负荷小于锅炉蒸发量时，则多余的蒸汽按左侧箭头方向进行充热，通过止回阀、截止阀，经喷嘴扩散到水中并凝结为高温饱和水。同时释放出热量，水温、水位和容器内压力升高，水的焓值便提高。这就是蓄热器的充热过程，最高压力称为充热压力。蓄热器的蓄积能力，取决于饱和水的最高压力和用汽部门的最低压力之差以及容器内的饱和水总量。

当用汽负荷大于锅炉蒸发量，不能满足用户要求时，送汽母管内气压降低，蓄热器内压力大于送汽母管中的压力，于是蓄热空间的蒸汽便立即顶开排汽阀、止回阀，沿右侧箭头方向流往送汽母管。此时蓄热器内饱和水的压力逐渐下降，饱和水迅速自行蒸发，产生饱和蒸汽送往热用户，以补充锅炉供汽的不足，直到规定的放热压力为止。此时容器内饱和水的压力、温度降低，水位相应下降，水的焓值也降低，这就是蓄热器的放热过程。

3. 蓄热器的应用及其效果

国外工业发达国家，对蓄热器技术很重视，应用比较广泛，节能减排效果显著。国内也投产了一些蓄热器，效果同样很好，但还未能达到推广应用的程度。原因是对该项节能技术不熟悉，习惯于按最大负荷选择锅炉容量。如果供热负荷增大了，首先想到的是锅炉增容，没有充分考虑设置蒸汽蓄热器的可能性与优越性。

对于用汽负荷波动较大的供热系统、瞬时耗汽量有较大需求的供热系统、汽源间歇产生或流量波动大的供热系统，需要储存蒸汽以备随时需要或设备保温的供热系统等，都可增设蓄热器。如木材干馏、蒸汽锻造、蒸汽喷射制冷、高压蒸汽养护、橡胶硫化、真空结晶、纺织印染、工业炉窑与垃圾焚烧、区域供热、医院、宾馆饭店、商场超市、游泳业、洗浴业、部队、学校等，都可推广应用蓄热器，可收到如下效果：

① 提高锅炉热效率4%～6%，节省燃料消耗5%～15%。蓄热器能调节高峰负荷，使锅炉运行工况稳定，燃烧状况保持良好。某医院安装蓄热器前后，锅炉负荷变化见图 2-3。

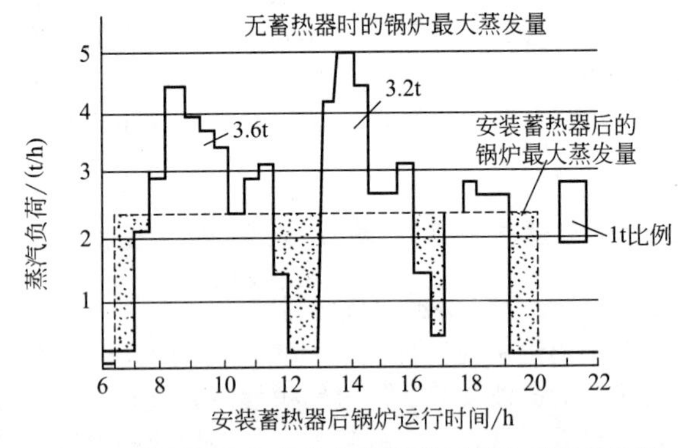

图 2-3　某医院安装蒸汽蓄热器前后蒸汽消耗对比图

② 增大锅炉供汽能力，不必按最大负荷选择锅炉容量，节省建设投资或锅炉增容改造费用。

③ 在供汽负荷变化时，锅炉能保持稳定运行，气压波动很小，保证高峰负荷生产用汽需要，提高产品质量。

④ 锅炉能保持在设计工况下稳定运行，各部件符合使用条件要求，不会发生高温过热现象，

减少故障，延长锅炉使用寿命。

⑤ 有利于节能减排、环境保护。由于锅炉供汽稳定，不必频繁进行燃烧调整，炉膛温度稳定，不会发生超温过热现象，可实施低氧燃烧技术，减少 NO_x 与烟尘的排放量。

⑥ 在夜间或公休、放假时间，锅炉可以焖火，仅靠蓄热器就能够供给保温用汽，且早晨不必提前点火升温，节省人力物力。

⑦ 在锅炉突然发生故障或停电、停水时，可在短期内用蓄热器紧急供应蒸汽，保证安全生产。

⑧ 锅炉并联蓄热器后运行稳定，靠蓄热器能够调节负荷，减轻操作人员的劳动强度。

4. 蓄热器技术成熟，安全可靠

蓄热器在供汽系统的应用已有 30 多年的历史，在国内外均是成熟的节能减排应用技术，效果显著，无需增设专门人员看管，便于推广应用。如某一单位有的锅炉因故停运，需要进行热保养，可临时代替蓄热器运行，一举两得。

供热系统安装蓄热器后，锅炉运行压力要提高到接近额定压力，有一个改变习惯、逐步适应的过程。但就锅炉安全性来看，锅炉运行参数愈稳定、愈接近额定参数，愈安全。这是因为锅炉的热力强度、水循环、通风设计都是以额定参数为依据的。所以增设蓄热器后，使锅炉运行工况保持稳定，不但可节能减排，而且还可提高安全性，减少故障，延长使用寿命。

5. 设计举例

首先需要计算 $1m^3$ 饱和水的自身蒸发量，也可从表 2-2 直接查取。用下式进行计算：

$$f=\frac{h_1'-h_2'}{(h''-h_2')V_1'},\quad kg/m^3 \tag{2-8}$$

式中，f 为自身蒸发蒸汽量，kg/m^3；h''为自身蒸发蒸汽热焓，$h''=(h_1''+h_2'')/2$，kJ/kg；h_1'为初压下饱和水热焓，kJ/kg；h_1'' 为初压下蒸汽热焓，kJ/kg；h_2' 为终压下饱和水热焓，kJ/kg；h_2'' 为终压下蒸汽热焓，kJ/kg；V_1' 为初压下饱和水的比容，m^3/kg。

表 2-2 每立方米热水的自身蒸发量（蓄热表）　　单位：kg/m^3

工作压力(终压)/MPa	蓄热器压力(初压)/MPa							
	2.0	1.8	1.6	1.4	1.2	1.0	0.8	0.6
1.0	58	48	38	27	14	—	—	—
0.9	65	56	46	35	22	8	—	—
0.8	73	64	54	43	30	16	—	—
0.7	81	72	62	51	39	25	9	—
0.6	90	81	71	61	49	35	19	—
0.5	99	91	81	71	59	49	30	11
0.4	110	102	92	82	71	58	42	24
0.3	122	114	105	95	84	71	56	38
0.2	136	129	120	111	100	88	73	55
0.1	155	147	139	130	120	108	94	77

仍以图 2-3 某医院为例，压力变化范围为 1.0MPa→0.2MPa，共需 3600kg 的蒸汽储备，每立方米饱和水的蓄热量为 88kg，蓄热器容积则为：

$$Q=3600/88=40.9m^3$$

选取留 20%余量，故取 $50m^3$ 容量的蓄热器。

第四节　燃烧调整，合理配风

一、合理配风与锅炉热效率的关系

1. 燃料的完全燃烧与最佳空气系数的选择

燃料在锅炉内良好燃烧，包括四个基本环节，即燃料加工处理、合理配风、创造高温燃烧环境和恰当进行调整。此四者除各自具备所要求的条件外，还必须密切配合，相互协调，精心调整，方可连续稳定燃烧，正常运行，保证出力，取得节能减排效果。

燃料的完全燃烧需要合理配风，尽力减少气体不完全燃烧热损失 q_3 和固体不完全燃烧热损失 q_4，才能提高燃烧效率。由于燃料中可燃物质的组成与数量不同，所需要的助燃空气量应有差异。在理论上要达到完全燃烧所需要的空气量称为理论空气量，但在实际条件下，根据燃料品种、燃烧方式及控制技术的优劣，往往需要多供给一些空气量，称为实际空气量。实际空气量与理论空气量之比，称为空气系数，常用 α 表示。

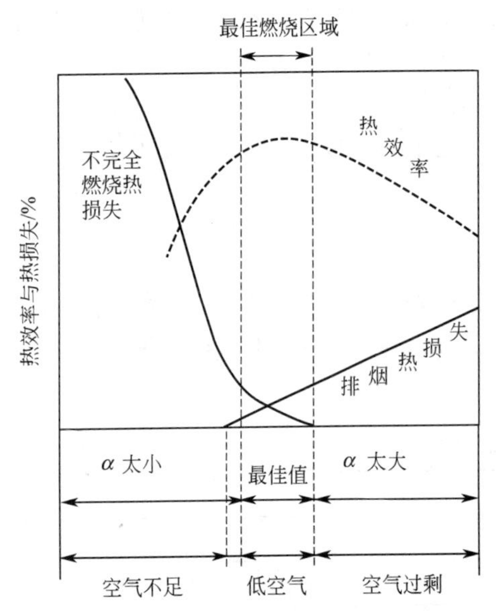

图 2-4　空气系数与锅炉热效率的关系

空气系数的大小直接影响燃料的完全燃烧程度，需要通过合理配风来进行调节。如果空气系数太小，空气量不足，则燃烧不完全，q_3 热损失加大，燃烧效率降低，锅炉热效率不高；如若空气系数超过某一限度，危害更为严重，不仅增加烟气量，加大排烟热损失 q_2，而且还会降低火焰温度，影响锅炉出力，甚至造成燃料层穿火，增加烟气中的氧量，带来金属腐蚀和 NO_x 排放超标等问题。这就是说，空气系数太大或太小均不合理，必然有一个最佳值。最佳空气系数是一个范围，而不是固定值，如图 2-4 所示。只有合理配风，控制最佳空气系数，锅炉热效率最高，方可实现经济运行的目的。在一般情况下，燃煤锅炉空气系数每超最佳值 0.1，浪费燃料 0.84%，可见空气系数与经济运行的关系至关重要。

2. 最佳空气系数的确定方法

锅炉燃烧调整、合理配风的目标，就是要根据负荷要求，恰当地供给燃料量，不断寻求并力争控制最佳空气系数，达到完全燃烧，提高燃烧效率。但是，这一最佳值无法从理论上进行准确计算，只能依靠试验研究和实践经验来优选。因而燃烧调整、合理配风是锅炉经济运行的中心内容。

最佳空气系数一般可通过现场热力试验来确定，以某燃煤链条锅炉为例，其步骤如下：

保持负荷、温度、压力稳定。然后调整燃烧，测定在不同空气系数下锅炉的各项热损失，并画出各项热损失与空气系数之间的关系曲线。将各曲线相加，得到一条各项热损失之和与空气系数的关系曲线，如图 2-5 所示。然后再选定一个负荷，重复上述步骤。可择优确定在不同负荷下的最佳空气系数范围值。

最佳空气系数通常随负荷的降低而略有升高，但在负荷率 75%～100%时基本相近。当各项热损失之和为最小值时，锅炉热效率最高，所对应的空气系数即为最佳燃烧区域。从图 2-5 还可得知，最佳空气系数的优选，主要与 q_2、q_4 有关，而 q_3、q_5 影响程度很小。

此外，空气系数还可以通过安装于炉膛烟气出口处的氧量计或 CO_2 测试仪，经计算后选定；也可以不断总结实践经验选取，将在以后的叙述中加以说明。

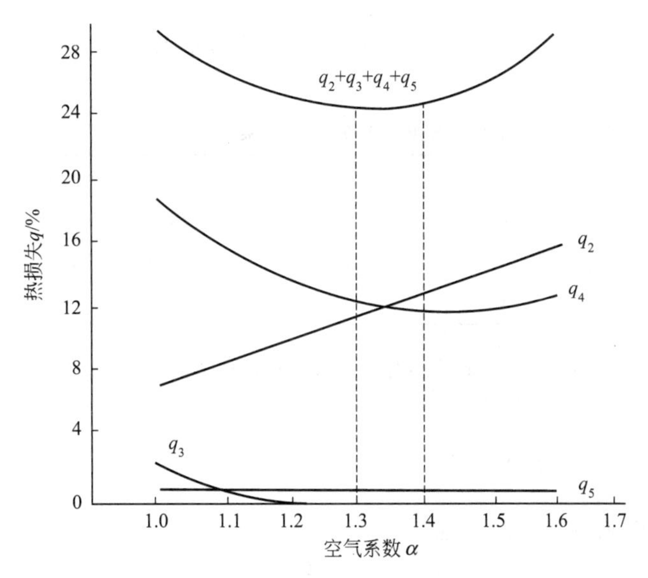

图 2-5　锅炉空气系数与各项热损失的关系

3. 选择空气系数的利弊问题

实测的图 2-5 表明，空气系数应在一个合理区间内，但对某台确定的锅炉与所使用的燃料，在进行燃烧调整时，应选取一个确定的空气系数值，以便提高燃烧效率，降低不完全燃烧热损失 q_4；同时还应尽力降低排烟中的残氧量，减小排烟体积与温度构成的排烟热损失 q_2。要紧紧把握以满足负荷要求与提高锅炉热效率为核心，借助仪器仪表与实际观察，不断探求炉膛内最佳燃烧状况，使 q_2 与 q_4 处于交汇点，从中优选各自的最佳参数。从图 2-5 得知，空气系数与排烟热损失的关系是一条向上倾斜较大的直线，而与不完全燃烧热损失的关系却是一条中间凹底，两端缓慢向上的曲线。由于调整直线的效果比调整曲线效果明显的多，权衡二者利弊，便可优选一个比较合理的空气系数值，也就是供给合理的风量，因此提倡低氧燃烧技术。由于调整供风量方便、快捷，能看到炉内燃烧状况，在理论上有“过量”供风要求，而且灰渣含碳量指标有规定，所以多年以来形成了锅炉燃烧供风“宁大勿小”的操作习惯，偏离了 q_2 与 q_4 的最佳交汇点，影响锅炉热效率的提高。如某厂一台 6t/h 燃煤链条蒸汽锅炉，在换热器后实测空气系数高达 3.4，排烟热损失高达 34%，锅炉热效率仅为 55%，当把空气系数降到 2.1～2.2 时，排烟热损失降至 19%，热效率提高到 62%，可见合理配风的效果。该锅炉的空气系数仍有下降空间。又如某燃煤电厂锅炉实施低氧燃烧技术，对排烟残氧量有严格的控制要求，取得良好效果。当机组负荷在 280MW 以上时，尾部受热面后的排烟残氧≤2.5%，机组负荷 240～280MW 时，残氧≤4.0%。

实施低氧燃烧可取得如下效果：

① 提高锅炉热效率，节省燃料消耗，并可降低鼓、引风机电耗；

② 降低排烟残氧含量，减轻锅炉受热面的氧腐蚀，并可降低 NO_x 的生成量，有利于环保；

③ 可降低 SO_2 的遇水蒸气生成 SO_3，形成硫酸蒸气，造成锅炉受热面的酸腐蚀。

4. 炉膛出口最佳空气系数

通常对于气体燃料，由于它能与助燃空气达到良好的混合，空气系数小点便可实现完全燃烧；而对于固体燃料，因为它与助燃空气多在表面接触燃烧，不能直接进到内部混合，空气系数需要大一点；对于液体燃料，一般为雾化燃烧，雾化微粒与空气混合较好，但比气体燃料稍差一点，因而空气系数略大于气体燃料。

即使同一种燃料，由于可燃成分、燃烧方式与控制技术的差异，空气系数也不完全相同。比如，燃煤手烧锅炉燃烧方式应比机械炉排燃烧方式空气系数大一点，同样为固体燃料的煤粉炉，属于悬浮燃烧方式，空气系数相对较小。而对于高炉煤气、转炉煤气，可燃成分较少，发热量低，难于着火，空气系数应小一点。

表 2-3 给出了常用燃料在通常燃烧方式下，趋向于低氧燃烧技术所推荐的炉膛出口最佳空气系数与烟气中的 CO_2 含量。

表 2-3 燃料类别与推荐的最佳空气系数及烟气中 CO_2 含量

燃料与炉排	燃煤固定炉排	燃煤用抛煤机	燃煤用链条炉排	燃煤粉悬浮燃烧	燃重油雾化燃烧	燃煤气雾化燃烧
燃烧方法	手烧法	抛燃法	层燃法	悬燃法	雾化法	雾化法
空气系数	1.3～1.6	1.3～1.5	1.3～1.4	1.15～1.25	1.05～1.2	1.02～1.1
CO_2 含量/%	8～10	11～13	12～14	12～15	12～14	8～20

有关燃油、燃气燃烧问题将在第四章中介绍；流化床锅炉与煤粉燃烧在第五、六章中介绍；本章重点介绍燃煤链条炉排燃烧问题。

二、空气系数的检测方法与剖析

1. 炉膛出口空气系数的检测方法

$$\alpha=\frac{21}{21-79\left[\frac{O_2-0.5CO}{100-(RO_2+CO)}\right]} \tag{2-9}$$

式中，α 为炉膛出口空气系数；O_2 为烟气干成分氧气体积分数，%；CO 为烟气干成分一氧化碳体积分数，%；RO_2 为烟气干成分二氧化碳与二氧化硫体积分数，%，即 $RO_2=CO_2+SO_2$，如 SO_2 低时，可用 CO_2 代替。

大型工业锅炉特别是电站锅炉，一般在炉膛烟气出口安装有 CO_2 自动分析仪或氧化锆测氧仪，可直接显示烟气中的 CO_2 或 O_2 体积分数，经 PLC 或 DCS 控制系统自动运算，并在 CRT 上显示空气系数，作为燃烧调整与合理配风的依据。但由于安装的仪器较少，未能对烟气成分进行全分析，只能用简化法计算空气系数，虽然精度稍低，但可满足控制要求。

$$\alpha=\frac{(RO_2)_{max}}{(RO_2)} \tag{2-10}$$

或

$$\alpha=\frac{21}{21-(O_2)} \tag{2-11}$$

式中，RO_2、O_2 含义同上，为检测仪表显示值，%；$(RO_2)_{max}$ 为燃料在完全燃烧时所对应的 RO_2 最大值，%，如若硫含量较低时，可用 CO_2 代替，对一定燃料是个常数，可查表取得，如烟煤 18.5%～19.0%，无烟煤 19%～20%，重油 15%～16%，城市煤气 12.6%，液化天然气 12.6%等。

中小型工业锅炉装备条件差，在线没有安装上述仪表，但可在锅炉炉膛烟气出口处取样，用燃烧效率仪或奥氏气体分析仪分析烟气成分，用式(2-1) 计算空气系数。也可用最简单的办法来分析烟气成分。即用比长式气体检定管（河南鹤壁矿务局气体检定管厂生产），有分析 CO_2、O_2、CO、SO_2 等多种成分的检定管，使用方便，价格便宜，分析较为准确，一次性使用后作废。可自制取样管，购置球胆及 100mL 医用针管。用针管把气体从球胆抽出，打入检定管内，即在刻度处反映出该气体的体积分数。以往多在煤矿井使用，同样原理，可用于锅炉或窑炉检测烟气成分。

此外，锅炉工作者和司炉工还可总结多年实践经验，用目测法大致判断风煤配比情况与空气系数是否适当：如燃烧区的火焰呈亮橘黄色，烟气呈灰白色，表明风煤配比恰当，空气系数适合，燃烧正常；如火焰呈刺眼白色，烟气呈白色，说明风煤配比不当，空气量太大或煤量偏小；如火焰呈暗黄色或暗红色，烟气呈淡黑色，可看出风煤配比不当，煤量较多，空气量不足。

对于链排炉，检测计算的空气系数表征的是锅炉炉膛内燃烧状况的总体情况。而经验目测法不但可以观察到炉膛内火床的全部状况，而且还可以察明火床纵向长度控制是否合理，火床横向燃烧断面是否均称，有无局部穿火或燃煤堆积现象，火焰的充满度和高温区域控制是否妥当等。炉排距挡渣铁500mm处无火苗，灰渣掉落无跑火现象，以便发现问题，及时进行调整。由此可见，理论与实践相结合，方能解决实际存在的问题。

2. 燃料完全燃烧的评判依据

根据在线安装的CO_2或O_2检测仪表及便携式气体分析仪的测定结果，除了计算空气系数之外，还可利用烟气成分的分析结果来判断燃烧的好坏，以便为燃烧调整合理配风提供依据。完全燃烧时应该满足以下等式：

$$21-(RO_2+O_2)=\beta RO_2 \tag{2-12}$$

或

$$21-O_2-(1+\beta)RO_2=O \tag{2-13}$$

式中，β为燃料特性系数，可查表2-4，也可用下式进行计算：

$$\beta=2.35\frac{H-\frac{O}{8}}{K} \tag{2-14}$$

式中，H为燃料中的氢元素含量，%；O为燃料中的氧元素含量，%；K为燃料中碳元素与硫元素的含量，%，$K=C+0.375S$。

式(2-12) 和式(2-13) 是在理论上完全燃烧条件下推导出来的，在实际应用时往往不完全相等。这是因为燃烧效率不可能达到100%，此外，还有取样漏气、化验分析的准确度等影响因素。所以在利用以上两式考察完全燃烧程度时，近似相等便可。相差的数值愈大，说明燃料燃烧程度愈不完全。在此情况下应找出原因，采取措施。

固体燃料特性系数$\beta=0.035\sim0.15$；液体燃料，$\beta=0.20\sim0.35$；对于纯炭，$\beta=0$。燃料的碳、氢比是判别燃料特性的主要依据，如燃料中硫含量很低时，K值可近似取C元素含量。

表2-4 气体燃料、固体燃料和重油的β值和$(RO_2)_{max}$

燃料种类	β值	$(RO_2)_{max}$/%	燃料种类	β值	$(RO_2)_{max}$/%
无烟煤	0.05～0.1	20.1	泥煤	0.078	19.6
贫煤	0.1～0.135		木材	0.045	20.3
瘦煤	0.09～0.12		油页岩	0.21	17.4
焦煤	0.09～0.13	18.6～20	重油	0.30	16.1
肥煤	0.13～0.15		天然气	0.78	11.8
气煤	0.125～0.15		发生炉煤气	0.04～0.06	20.0
长焰煤	0.09～0.125		一氧化碳	−0.395	34.7
褐煤	0.055～0.125	18.5～19			

3. 空气系数对烟气成分的影响

当燃料种类、燃烧方式与燃烧装置确定后，烟气中各成分的含量，将随空气系数的大小而发生变化。如增大空气系数，烟气中的CO_2含量随之减小，而O_2和N_2含量必然增加。现以重油燃烧为例，来说明空气系数对烟气中CO_2、O_2和CO的影响，如图2-6所示。

由图可见，在理论空气量下$\alpha=1$时，使重油完全燃烧时，烟气中的CO_2含量最大值达到16.0%，此时O_2为0。若选取空气系数为1.15～1.35时，则烟气中的CO_2含量为14.0%～11.0%，O_2为3.0%～6.0%之间。如若把空气系数提高到1.4，则烟中的CO_2含量呈直线下降，而O_2含量急剧升高。此时，必然发生燃烧状况恶化现象，这就是要实施低氧燃烧的道理。

由图2-6中还可看到，在理论空气量下燃烧时，烟气中的CO_2含量出现一个峰值，而O_2呈低谷值；当空气系数小于1时，CO_2含量减少，但CO含量上升，不完全燃烧热损失增大，这当然是不合理的。

锅炉热平衡测定与试验研究表明，不同燃料在相同的空气系数下燃烧时，烟气中CO_2含量与最大值有明显差别。但 O_2 含量，除高炉煤气与发生炉煤气外，所有固体燃料与气体燃料几乎都是一致的。但如有系统漏风或取样漏气，就没有此种规律。

根据燃料燃烧时上述 CO_2 和 O_2 成分的变化规律，在炉膛烟气出口处安装 CO_2 或氧化锆氧量仪，检测烟气中的 CO_2 和 O_2 成分，作为控制配风和燃烧调整的依据，使燃料达到完全燃烧，是一项非常有效的节能应用技术，是实施低氧燃烧应配备的主要仪器。

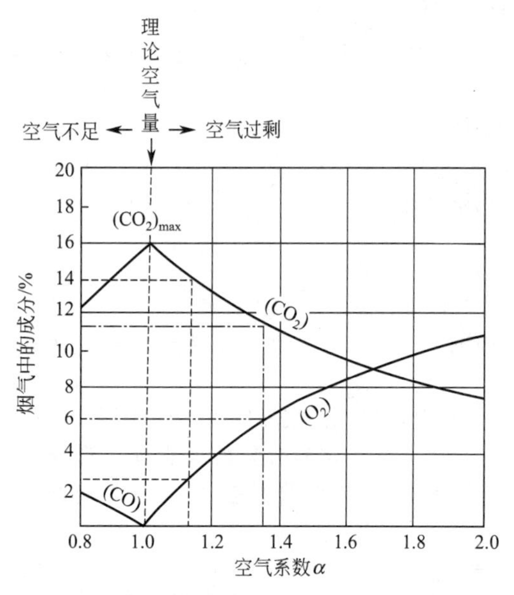

图 2-6　在重油燃烧时空气系数与烟气中 CO_2、O_2、CO 含量的关系

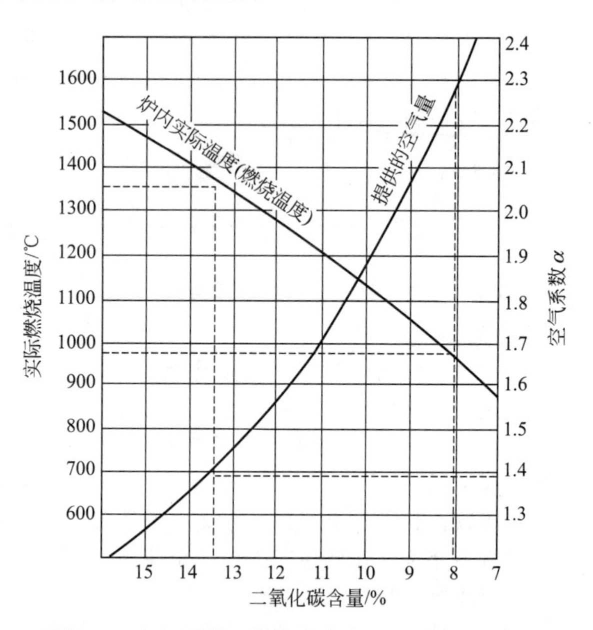

图 2-7　空气系数、燃烧温度和 CO_2 含量的关系

4. 空气系数对燃烧效果的影响

图 2-7 绘制出燃煤锅炉燃烧时，空气系数与燃烧温度与 CO_2 含量之间的相互关系。例如，当把空气系数控制在 1.4 时，烟气中的 CO_2 含量为 13.5%，火焰温度为 1350℃，属正常燃烧；若把空气系数加大到 1.8 时，CO_2 含量下降至 10.4%，相对应火焰温度降低到 1140℃。表明空气系数提高 20%，火焰温度下降 160℃，下降速率为 12.3%；如若把空气系数加大到 2.3 时，CO_2 含量降到 8.0%，火焰温度只有 980℃，下降速率增大到 14.0%。因而正常燃烧受到严重影响，锅炉出力和热效率必然降低。空气系数除上述影响外，还对烟气量有直接影响，加大空气系数，排烟热损失 q_2 必然加大，这就是实施低氧燃烧的道理之一。

从以上实例中可以看到优选空气系数对锅炉经济运行的影响。其实工业锅炉选用最佳空气系数，就是趋向低氧燃烧技术，必然会取得节能减排效果。

三、工业锅炉合理配风的标志

工业锅炉燃烧调整、合理配风，还可以从强化燃烧的角度进行阐述，更能说明其重要性和操作技术。因此，把此部分内容列入第三章燃煤锅炉强化燃烧技术中讲解更为适宜。

第五节　排烟热损失

一、排烟热损失与锅炉热效率的关系

锅炉排烟热损失 q_2 是由尾部排烟温度、烟气量与漏入系统内的冷空气量综合决定的。据大量测试资料显示，工业锅炉排烟热损失一般占 12%～20%，小型锅炉有时不设空预热器或省煤器，排烟温度高，q_2 高达 20%以上。它是锅炉的主要热损失，是影响锅炉热效率的突出问题。

锅炉排烟温度的高低，主要与锅炉型号、结构、燃料品种与燃烧方式、受热面的设置与清洁程度以及运行操作技术、空气系数大小、系统漏入冷空气量等因素有关。对已投入运行的锅炉来讲，前面几项已固定，后面几项是经济运行需要特别关注的问题。

GB/T 15317《工业锅炉节能监测方法》规定排烟温度在 160～250℃之间，小型锅炉处于上限，大中型锅炉在中下限。排烟温度越高，q_2 热损失越大，锅炉热效率越低。据测试资料统计，在一般情况下排烟温度每提高 15℃，q_2 热损失增大 1%或浪费燃料 1.4%，如图 2-8 所示。某锅炉排烟温度从 260℃降到 117℃，锅炉热效率约可提高 3.6%。由于还有其他因素的影响，现在还无法列出一个计算式，只能根据试验确定。因此，每台锅炉应根据自己的实际情况，选择并控制一个合理的排烟温度，对经济运行是十分有利的。

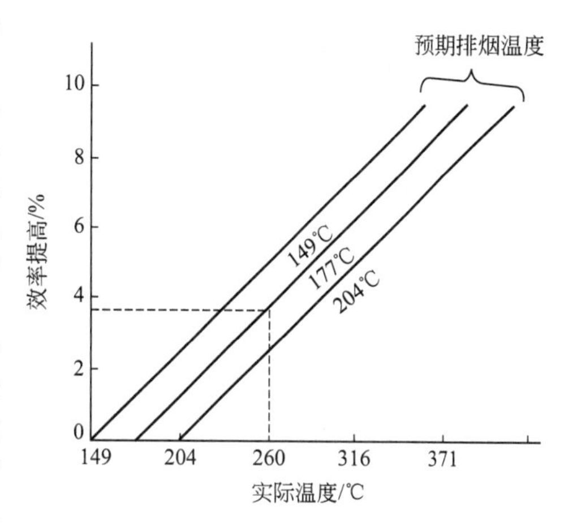

图 2-8　降低排烟温度与锅炉热效率的关系

二、加强系统密封，大力降低漏风率

1. 漏风危害严重

根据多年来大量锅炉热平衡测试结果显示，工业锅炉排烟热损失都比较大，远超出锅炉设计指标。但有时排烟温度并不太高，节能监测合格，从表面看好像有点矛盾，其实并不矛盾。造成 q_2 大的首要原因是空气系数大，使烟气量增大；其次是受热面结垢、积灰、结渣，使传热效率下降，排烟温度升高；再次是锅炉系统漏风率大，由于漏入炉内大量冷风，稀释并降低了排烟温度，烟尘浓度、林格曼黑度也冲淡了，单测排烟温度或用目测法并不能反映真实情况，因此用排烟处空气系数来指导炉膛配风是不准确的。

锅炉系统主要漏风部位有：出渣口、炉排侧密封、风室之间、放灰门、给煤斗、炉门、检查门、窥视孔以及炉墙、烟道裂缝等。一般锅炉运行采取负压操作，从这些部位吸入冷风，致使烟气量增加，排烟热损失加大，引风机电耗升高。据专门测试结果表明，漏风系数增加 0.1，排烟热损失提高 0.2%～0.4%，锅炉热效率相应降低。这一点远没有引起人们的重视，需要纳入锅炉房规章制度，下力量切实抓好，方可取得节能减排功效。仍以某厂为例，在空气预热器后实测的空气系数高达 3.4，排烟损失为 34.0%，当封堵出渣口等漏风处后，空气系数降到 2.1 时，排烟热损失下降到 19.0%。因仍有漏风处，现场未能仔细封堵，排烟热损失还有下降空间。

2. 漏风系数的测定方法

锅炉系统的漏风情况，应定期进行巡回检查，发现问题及时采取措施解决。此外，还需要采用科学的方法进行测试，因为有些部位用目测法很难发现，对漏风大小的判断不可能准确。通过实际测试，可准确判定锅炉烟气流程中每个部位的漏风系数，以便针对性地采取措施。

漏风系数的测定方法有测定烟气中的 CO_2 法和测 O_2 含量法之分。在漏风点前后部位取烟气成分试样，用前述烟气成分分析仪器分析 CO_2 或 O_2 的体积分数，用下式进行计算：

$$n_f=\frac{CO_2'}{CO_2''}-1 \tag{2-15}$$

或

$$n_f''=\frac{O_2''-O_2'}{21-O_2''} \tag{2-16}$$

式中，n_f、n_f'' 为漏风系数（换算成百分数，称漏风率，%）；O_2''、CO_2'' 为漏风点后烟气中 O_2 和 CO_2 体积分数，%；O_2'、CO_2' 为漏风点前烟气中 O_2 和 CO_2 体积分数，%。

例如，某锅炉省煤器前烟气中 CO_2' 为 13.5%，省煤器后烟气中 CO_2'' 为 11.5%，漏风系数为：

$$n_f=\frac{CO_2'}{CO_2''}-1=\frac{13.5}{11.5}-1=0.17$$

该锅炉省煤器部位的漏风系数为 0.17（也就是该部位漏风率为 17%）。用同样方法，可测定其他部位的漏风系数。准确测定漏风系数的关键在于取样时，应采取密封措施，防止漏入冷空气，方可保证烟气成分准确。

三、合理配置尾部受热面，回收烟气余热

1. 设置省煤器，提高锅炉进水温度

省煤器是布置在烟道尾部的一种给水预热装置，用来回收一部分烟气余热，同时降低排烟温度，减少排烟热损失 q_2。由于所回收的热量用于提高锅炉给水温度，因而可减少锅炉的燃料消耗，提高热效率。试验研究表明，锅炉给水温度提高 6～8℃，可节省燃料消耗 1%。如图 2-9 所示。排烟温度的降低与给水温度的提高大致是 3∶1 的关系，即锅炉排烟温度降低 3℃，给水温度约能提高 1℃左右。例如，排烟温度 250℃，安装省煤器后降低到 150℃，降低值为 100℃，相应的给水温度可提高 32℃左右，燃料消耗可降低约 4%。

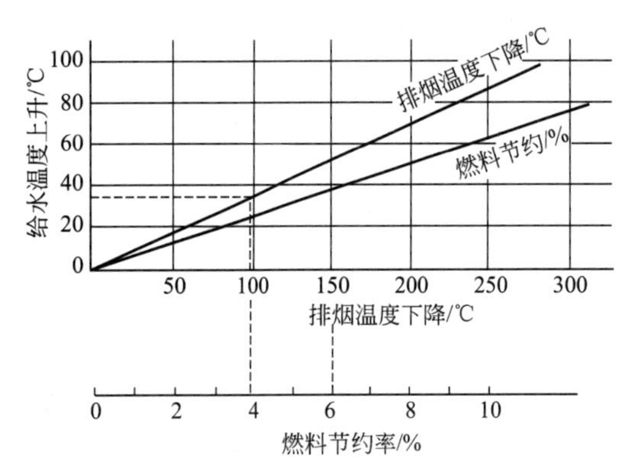

图 2-9　利用省煤器降低排烟温度、提高给水温度与燃料节约的关系

中小型工业锅炉虽已安装了省煤器，但维护差，积灰多，不吹扫，阻力增大，水的预热温度低，效果差。有些厂家干脆把省煤器拆除，这样做极不合理。加强燃料管理、燃用洗选洁净煤、减少灰分，并进行定期吹扫，保持省煤器受热面清洁，强化热交换，可提高给水温度。实践证明，把省煤器积灰吹扫干净前后，锅炉热效率相差 1%左右，节能减排效果很突出。

2. 设置空气预热器，降低排烟热损失

空气预热器是布置在烟道尾部的一种空气预热装置，用来回收一部分烟气余热，加热冷空气，实施热风助燃，并可降低排烟温度，减小排烟热损失 q_2，节省燃料消耗。用图 2-10 表示空气预热器回收烟气余热的效果。例如某厂锅炉排烟温度 280℃，设置空气预热器，加热助燃空气到 120℃，排烟温度下降 100℃。如空气系数原先控制在 1.3，燃料节约率可达 4.6%。

中小型工业锅炉尤其是 10t/h 以下的小锅炉，有时不配置空气预热器，因而排烟温度高，这是不合理的，是影响锅炉热效率的突出问题。应该安装空气预热器，其优点如下。

(1) 设置空气预热器的优点

① 由于热风助燃，着火快且稳定，可扩大煤种范围。在当前动力配煤无保证、供煤质量差、煤末较多的情况下尤为重要；

② 热风助燃，有利于强化燃烧，降低灰渣含碳量，提高燃烧效率；

③ 由于热风助燃，火焰温度高，提高传热效率，保证出力；

④ 由于改进了高温环境，不需要太大的空气系数，便可促进低氧燃烧，降低排烟量，有利于环境保护。

(2) 设置空气预热器的缺点及解决措施

① 在预热器处容易积灰，增加烟气流通阻力，影响传热效果，需定期进行清扫，并配置合适的引风机；

② 在空气预热器冷端管板容易产生低温腐蚀，尤其在燃料硫含量高时，影响烟气露点温度

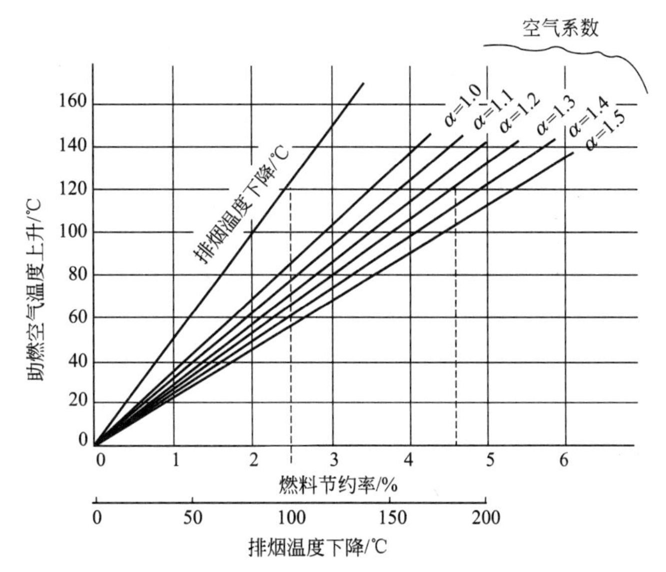

图 2-10 降低排烟温度、预热助燃空气与燃料节约的关系

升高，需采取措施解决，保证预热器寿命。

四、保持受热面清洁，提高传热效率

1. 锅炉受热面结垢、积灰危害严重

锅炉受热面内、外结有水垢、积灰、结渣或结焦，均会增加热阻，降低热交换效率。水垢的热导率很小，一般在 0.58～2.3W/(m·℃) 之间，是钢的$\frac{1}{200}$～$\frac{1}{50}$。积灰、结渣或结焦的热导率，与水垢属于同一数量级，导热性能同样很差。试验研究表明，锅炉受热面结垢、积灰厚1mm，热损失要增加 4%～5%，同时还会造成排烟温度升高，导致锅炉运行效率降低，出力下降。另外炉膛出口温度升高，可促使过热器升温，有可能造成钢管超温起泡甚至爆管，危及锅炉安全运行。

中小型工业锅炉对于受热面清洁与吹灰工作普遍重视不够，主要表现在已安装的吹灰设施不能正常投运，许多锅炉房未设置吹灰装置。遇有积灰、结渣、结焦，习惯于在停炉时集中清扫，不愿意在线处理，也是造成排烟温度高、燃料浪费的原因之一。

2. 搞好水处理工作，实现无垢运行

要保持锅炉受热面内侧清洁，应贯彻以防垢为主的技术方针，因而必须搞好水处理工作。只有给水水质达标，方可实现无垢运行，提高传热效率。有关水处理工作，将在第七章作详细介绍。

3. 加强吹扫，保持受热面清洁

燃煤锅炉在运行中必须坚持定期吹灰、除渣和清焦，保持受热面清洁，不能等到停炉时才去处理。目前国内主要的方法有：蒸汽吹灰、压缩空气吹灰、高压水吹灰、振动除灰、化学除灰和燃气微爆除灰等。我国已引进美国克里斯蒂 L3 型炉膛吹灰器，还有湖北省锅炉辅机厂研制成功的 G3A 型固定旋转式吹灰器等。化学除灰剂的应用也取得了较好效果。当把除灰剂投入高温炉膛后，随烟气流动与受热面上的灰渣接触，可分解结渣，促进爆裂脱落，并可中和低温受热面结露形成的硫酸等。

北京凡元兴科技有限公司发明的“弱爆吹灰器”是一种新型清除积灰方法。它利用一种特制的爆燃罐内储存的预混燃气（如乙炔气与空气混合气体），通过导管与喷嘴导入受热面空间，点燃混合气体，使其在瞬间产生强烈的压缩冲击波（即弱爆炸波），对其受热面上的灰垢产生强烈

的“先冲压后吸拉”的交变冲击作用而实现清除灰垢。同时，以很高的速度并以动能的形式冲击受热面。爆燃时产生的热量作用于灰渣层，使受热面受到声波振动。上述效应综合作用，便可除掉受热面的积灰。如对一台采暖用的SHW46-1.6/150/90-AⅢ往复炉排热水锅炉，每年只需5瓶燃气（乙炔气），费用在1000元左右。该设备无运动部件，不必经常维修，可靠性高，运行成本低。该装置技术成熟，且自动化程度高，效果好，安全可靠，是目前较为实用的清灰方法，已在全国很多厂家推广应用，效果很好。

4. 降低排烟温度的瓶颈是烟气露点温度

(1) 烟气露点　烟气结露是锅炉低温腐蚀的主要原因。降低排烟温度可减少排烟热损失，但却受到烟气露点温度特别是预热器冷端管板温度的制约，成为一个瓶颈问题。由于锅炉排烟温度必须高于烟气露点温度以上一定范围，限制了排烟温度的降低。

(2) 防止预热器冷端腐蚀的措施

① 以往通常采取的措施有：提高冷端预热器材质，如采用耐热铸铁、耐腐蚀钢或金属表面进行搪瓷处理，提高抗腐蚀能力；部分冷空气绕过冷端入口进入预热器内，以减少冷端入口冷空气量，提高该处的壁温；部分热空气从预热器出口再循环进入冷端入口处，提高入口冷空气温度；在空气管道上游采用同流换热式蒸汽盘形管加热器，提高冷空气入口温度等，以提高壁温。

② 采用玻璃管空气预热器。此种材质不但具有优良的抗腐蚀性能，而且如有积灰、结渣，很容易被吹扫除掉，价格又便宜。在小型锅炉曾推广应用，效果较好。

③ 采用回转轮空气预热器。此种预热器与管式空气预热器相比，可在较低排烟温度下运行，且传热性能不受积灰的影响，烟气通道流程短，积灰可相对减少。如采用特殊设计，在轮处覆盖有吸水材料，可吸收烟气中部分水蒸气的汽化潜热，这一点是别的预热器所没有的。该预热器密封比较困难，且周围空气容易被污染。在电站或大型工业锅炉有应用，在中小型工业锅炉可进行试验。

(3) 采用热管预热器与省煤器　热管是一种超导传热元件。天津华能集团能源设备有限公司等生产厂家，利用热管元件组装制造的锅炉热管系列空气预热器、热管省煤器，具有传热效率高、结构紧凑、体积小、安装方便灵活、流体阻力小、有利于降低排烟温度、减缓露点腐蚀等优点。可节约燃料10%，使用寿命8年以上，一年左右可收回投资，应大力推广应用。有关热管的传热原理、结构及其应用优势，将在第九章中介绍。

(4) 合理控制蒸汽压力，有利于降低排烟温度。如蒸汽压力从1.05MPa降低为0.7MPa，排烟温度可降低15.6℃，热效率提高0.7%左右。只要用户允许，可以进行试验。

(5) 燃天然气锅炉采用烟气冷凝技术。预热器采用铜材质或者经过特殊处理的材质，回收相变潜热。目前北京市天然气锅炉已开始推广应用，详见第四章介绍。

第六节　燃煤锅炉降低灰渣含碳量

一、灰渣含碳量与经济运行的关系

燃煤工业锅炉的固体不完全燃烧热损失q_4包括三部分，即灰渣含碳量、漏煤含碳量和飞灰含碳量所造成的热损失。它是衡量燃料中可燃成分燃尽程度的一个重要指标，是燃煤工业锅炉的主要热损失。其中最主要的是灰渣含碳量所造成的，一般达到15%左右，较差的高达20%以上，成为中小型工业锅炉的通病。还应该指出，q_4热损失大，不仅浪费了燃料，还会造成环境污染。

固体不完全燃烧热损失的大小，主要与锅炉型号、结构、燃料品种与质量、燃烧方式及其燃料管理优劣和运行操作技术等有关。该项热损失越大，燃烧效率越低，直接影响锅炉热效率。据大量锅炉热平衡与节能监测资料显示，灰渣含碳量减少2.5%，可节煤1%；灰渣含碳量降低4.5%，锅炉热效率可提高1%左右，对经济运行、节能减排效果显著。

二、加强燃煤管理工作

1. 工业锅炉燃用洁净煤

目前工业锅炉燃煤很难满足设计煤种、质量要求。主要表现在燃用小煤窑煤多，煤种与成分波动大、煤质差，往往出现着火推迟、燃烧恶化、炉膛温度水平低、灰渣含碳量升高等现象，供热难以保证；特别是我国沿用历史习惯，工业锅炉一直燃用原煤，粒度级配与设计不匹配，3mm以下煤屑高达60%～70%，漏煤与飞灰多，煤层阻力大，配风难于均匀，灰渣含碳量升高；燃煤含硫量普通较高，且很难控制，环境污染严重。因此，工业锅炉应燃用洁净煤，主要包括动力洗选煤、锅炉型煤、水煤浆、小型高效煤粉以及生物质燃料等锅炉，这是我国燃煤工业锅炉可持续发展的必由之路。这将在第六章中进行详细介绍。

2. 燃煤筛分破碎，保持粒度合理

市场上供应的散煤粒度为0～50mm，且小于3mm的煤屑太多，不符合链条锅炉的设计要求。为均匀布煤、合理配风和组织高温燃烧创造条件，在使用前应进行筛分、破碎。链条炉3mm以下煤屑不好烧，应通过筛分除掉，对大块煤经破碎合格，煤矸石一定要拣出。

对于筛分下来的煤面与拣出的矸石，有条件的可用于循环流化床锅炉燃用，或者再搭配几种煤面，并加入适量固硫剂，经炉前成型机压制成型煤入炉（详见第六章），可获得良好的综合经济效益。

3. 燃煤适量加湿焖水

煤中混入水是有害的，因为蒸发每千克水要消耗2500kJ（600kcal）热量。若煤中含有8%的水，就要降低发热量126kJ/kg，相当于煤的0.5%左右热值。但是提前均匀适量焖水，把水分渗透到煤的内部，可补偿上述损失，是一项非常必要的燃煤准备工作，它有以下几点好处：

(1) 疏松燃煤，为强化燃烧创造条件　在一个标准大气压下，水由液态变为气态，比容从0.001043m^3(标准状态[1])/kg膨胀为1.725m^3/kg，体积增大1650倍。当煤中水分与挥发物受热逸出时，必然会产生微小空隙或裂纹，使其疏松，增大了与空气的接触面积，有利于氧气扩散进入，为强化燃烧创造了条件。

(2) 促进焦炭还原反应，加速燃烧过程　煤的层燃是通过炭的氧化与还原反应进行的。链条炉排煤层中段下部为氧化带，生成大量CO_2，其上为还原带，水蒸气通过赤热焦炭，发生吸热的还原反应：

$$C+CO_2 = 2CO-\Delta H \qquad (2\text{-}17)$$

$$C+H_2O = CO+H_2-\Delta H \qquad (2\text{-}18)$$

水蒸气的存在可促进炭的气化过程，使固体炭通过气化反应转化为气态，从而加速了煤的燃烧过程。

(3) 减少漏煤与飞灰热损失　煤中渗透适量水分，使煤屑与煤屑之间、煤屑与煤块之间相互黏结，可减少漏煤与飞灰，降低固体不完全燃烧热损失。

加水要点：煤中掺水要适量、均匀、焖透，一般以8%～10%为宜。可送化验室进行分析，也可以用经验法予以判定，用手攥一下，松手后煤团开裂而不散。掺水后要焖放8h以上，使水分渗透到煤粒内部。有的锅炉房在煤仓顶部设水管喷水，很不均匀，时间又短，起不到应有作用。

三、炉排横向均匀布煤，保持火床均衡

通常机械化给煤输送系统，到达顶部平台后先由水平皮带机经落煤管送入锅炉贮煤仓内。在重力分离作用下，出现沿煤仓宽度方向的粒度离析现象：中部煤屑多，大块则滚落到两侧，因而造成链排横向煤层粒度分布不均，通风阻力差异大。中部阻力大，风量严重不足，两侧阻力小，风量过剩。于是炉排横向燃烧进程不同，火床不平齐，甚至会出现火口，灰渣可燃炭与飞灰量增加，降低燃烧效率。应设法解决炉排横向布煤不均问题，视具体情况可采取如下措施。

---

[1] 本书中所述气体体积，除非特别注明，都为标准状态下的体积。

1. 设置可摆动的落煤管

燃煤由储煤仓流到煤斗时，多采用固定的落煤管。由于煤斗很宽，有时设置两个以上落煤管，仍会出现粒度离析现象。为此可改为下端沿煤斗横向摆动的落煤管，也叫摆煤管，工作原理如图 2-11 所示。

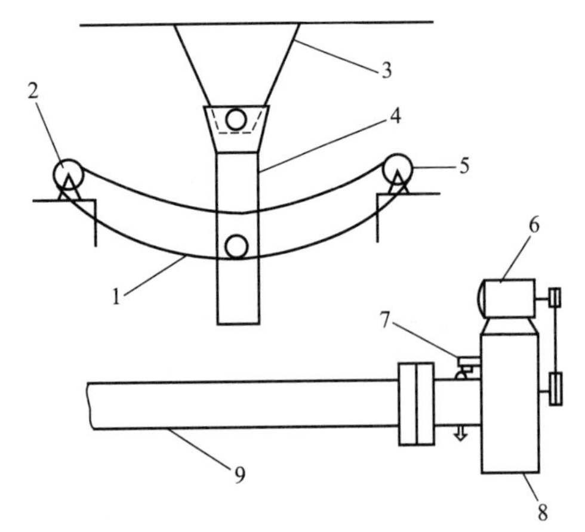

图 2-11　摆煤管工作原理图

1—链条；2—链轮；3—煤仓；4—摆煤管；5—电机；6—直流调速电机；7—行程开关；8—减速器；9—前大轴

在锅炉链排传动主轴上装设两个行程开关触点，来控制落煤管电机的启动。当落煤管摆到一定角度时，由落煤管电机轴端设置的两个行程开关与触点相碰，控制落煤管的停止位置。在链排主轴转动与落煤管电机联动作用下，实现了落煤管的左右摆动频率与链排速度相协调。

落煤管可促进燃煤粒度沿炉排横向均匀分布，煤层阻力趋于均衡，有利于燃烧的正常进行，降低灰渣含碳量。该装置结构简单，操作方便，维修工作量小，适合于大中型工业锅炉应用。目前已有定型产品供选配，亦可自行设计改造。

2. 设置皮带机移动卸煤犁

为了使燃煤粒度在链条炉排上均匀分布，首先应设法促进煤仓内的燃煤粒度沿横向分布均匀。为此，在煤仓顶部的水平皮带机上加装移动卸煤犁小车，其下铺设轨道。当皮带机启动后，卸煤犁小车可沿煤仓宽度方向往返移动，使落煤点沿煤仓宽度方向有规律地移动，可达到均匀布煤的要求。该设备已有定型产品供选配，结构简单，效果很好。

四、链条锅炉布煤方法沿革与评述

1. 煤闸板布煤法

此为传统布煤法，煤斗中的燃煤因重力作用而下落，经煤闸板限定所设厚度，进到移动的正转链排上。煤层平整密实，粒度分布混杂，无规律，火床难以均匀，通风阻力大，风机电耗高，水冷煤闸板带走热量，有时被烧坏。

2. 分层布煤法

1993 年发明了分层布煤法。取消煤闸板，燃煤从煤仓经辊筒落下时，经向后倾斜一定角度的筛分器溜到正转链排上。最初的筛分器就是有一定间距的圆钢棍排面，后来经不断改进，研制出箅板网孔式、梳齿式、峰谷式（垄形式）和组合式等筛分器。其原理均是利用燃煤从倾斜的筛分器下溜时，与正转链条炉排向前移动的时间差，使燃煤得以分层。大块煤只能从筛分器末端滚下，落到链排表面，较小煤块随后落到大块煤层上，煤屑与粉煤最后落到煤层表面，如图 2-12 所示。此种布煤方法的前提条件必须是正转链排，筛分器应有恰当的倾斜角度，并设计有网孔或间距，以控制不同粒度燃煤下落的顺序。

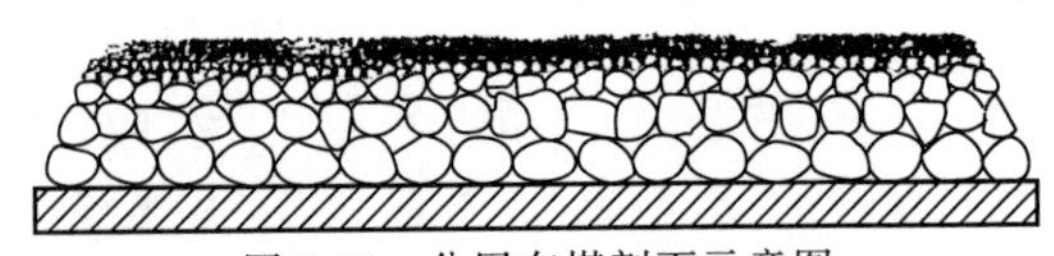

图 2-12　分层布煤剖面示意图

由于燃煤在下落的过程中未受到挤压，煤层较为有序疏松，通风阻力小，火床较均匀，有一定的节能效果。但后来因所供原煤粒度发生变化，煤屑与粉煤约占 60%～70%，造成无层可分的现象，因而又研发出较为先进的布煤方法。

3. 分行垄形布煤法与节能机理

天津最早于 1996 年发明了《纵向分行垄形布煤燃烧装置》，并申报了专利，如图 2-13 所示。该方法也称波峰波谷式布煤法，组装结构见图 2-14。利用单辊筒和特制的筛分器，达到布煤既分行，又能完成垄形状，并把燃煤中有限的煤块分布在垄沟处。由于燃煤在筛分器斜面上滚落下溜时会产生二次离析并从垄背滚动溜边现象，因而垄沟中煤块落的较多，而在垄背处煤屑与粉煤较多，突破了布煤要求“平”、“均”的传统框框。起初有些人难于理解，但该专利投入市场后，节能效果显著，很快在天津、河北、辽宁、吉林、山东等省市推广应用几千台，并向全国各地转让专利技术多家，特别是我国最大的锅炉炉排生产企业瓦房店永宁机械厂购置了该专利技术，在链条炉排出厂时整套配置，更加大了推广应用力度和范围。2010 年 9 月经天津锅炉协会委派专家组，对多年来安装该装置的九个锅炉房共计 28 台锅炉进行了现场考查调研，对该专利节能机理进行了深入研究，汇总如下。

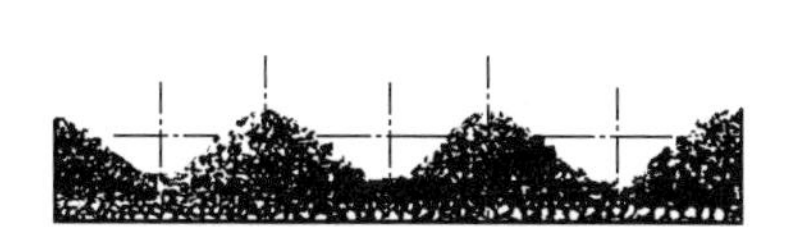

图 2-13　垄形布煤筛分器原理图

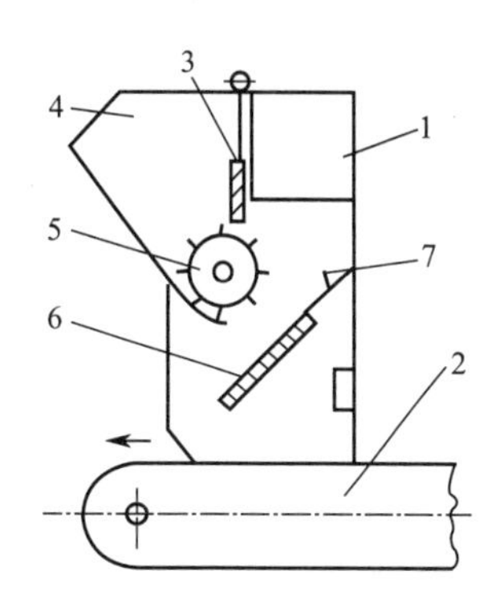

图 2-14　分行垄形布煤组装结构图

1—给煤设备本体；2—链条炉排；3—调煤闸板；4—煤斗；5—辊筒式给煤机；6—筛分器；7—导流板

① 煤层疏松，风机节电原理。由于取消了煤闸板，燃煤自由下落，煤层较为疏松，尤其在垄沟处，煤层不但薄而且煤块居多，通风阻力小，可提前点燃，燃烧旺，有的企业曾专门做过模拟试验，垄形布煤与煤闸板挤压布煤相比，煤的堆密度约减小 40%左右，风室压力由 400Pa 降至 200Pa。因而风机电流减小，节电 7.5%以上。

② 煤层外表面积扩大，提高炉排热强度。分行垄形布煤后煤层表面积展开宽度增大 30%～40%，相当于扩大了炉排面积，必然会提高炉排热强度。因而锅炉出力提高 4.5%左右。天津金泰供热中心专门进行了热平衡测定，锅炉热效率平均提高 4.0%左右。

③ 微型自动拨火，降低灰渣含碳量。分行垄形布煤一般在三门过后变为平火床。对此现象早已认定，但对其产生的原因曾有不同解读。归纳起来，大致有以下几种观点：

a. 在 100℃时燃煤中的水分开始蒸发，变为水蒸气后体积膨胀 1650 倍，为垄背受热燃煤向两侧垄沟倒塌提供了助推力；

b. 链条运行，不断向前移动，会产生一定的振动现象，有助于垄背受热燃煤在存有位差的条件下，向两侧垄沟倾落；

c. 燃煤中的挥发分在 170℃时开始析出，200～300℃时着火燃烧；还有燃煤中的碳燃烧反应，生成气体，这些燃烧产物析出时，也会产生一定的膨胀作用；

d. 燃煤燃烧后所剩灰分体积必然会缩小所致。

经过认真研究分析，认识到垄背两侧为垄沟呈现为一定斜度，二者存有位差，提供了垄背向两侧垄沟倒塌的客观条件。实地观察结果并参照图 2-15 所知，在燃烧初始阶段，垄沟内的温度远高于垄背。随着燃烧不断进行，垄沟处先行下沉，与垄背位差加大。当垄背燃烧温度提高后，不稳定因素增加，在 a、b 两项外力作用下，垄背必然向两侧垄沟倒塌，变为平火床，起到微形拔火作用，促使燃烧旺盛，降低灰渣残碳 5%以上。

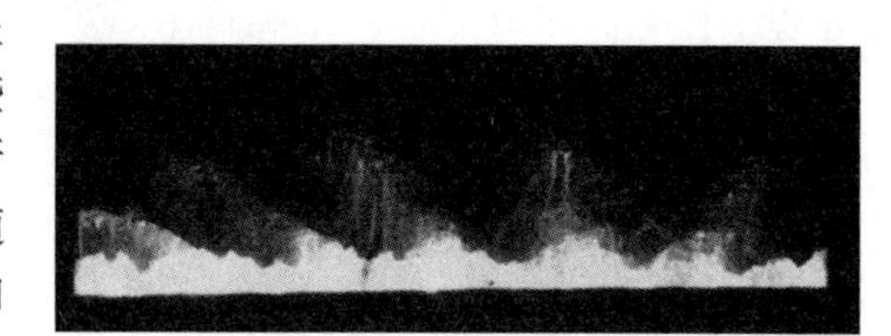

图 2-15　垄形布煤着火初期

④ 氧化还原反应相汇合，提高火焰温度。在垄沟处煤层薄，煤块多，风量充足，全部为氧化

反应，($C+O_2 \longrightarrow CO_2+32760kJ/kg$) 不可能产生还原层，呈现出氧化性火焰。而在拱背处，煤层厚，且煤屑与粉煤较多，风量相对不足，按层燃原理，会产生一定的还原反应 ($C+0.5O_2 \longrightarrow CO+9954kJ/kg$)，生成还原性气体。上述两种气体相遇，必然会发生强烈的混合燃烧反应，因而可提高火焰温度 70～80℃。同时氧化性气体与还原性气体混合燃烧，必然会消耗掉烟气中多余的残氧含量，巧现低氧燃烧技术，达到合理的空气系数。天津市金泰供热中心，经锅炉热平衡测试，尾部受热面后的空气系数为 1.39，南开大学供热站锅炉尾部受热面后的空气系数为 1.36～1.45。与煤闸板布煤锅炉相比低很多，由于少消耗 21%的氧，必然少带进 79%的氮，因而减小了烟气体积，降低了排烟热损失。

4. 燃用湿煤和冻煤的技术措施与效果

我国工业锅炉房一般为露天储煤，污染环境，遇有刮风、下雨或降雪天气，锅炉必然要烧湿煤或冻煤。因而经常发生堵煤、棚煤、下煤不畅或粘结筛分器等问题，严重影响正常供热，甚至会造成事故。尤其是"三北"地区更为严重。遇此情况，首先应加设储煤厂房，然后可采用三辊式给煤装置，如图 2-16 所示。利用三辊给煤装置的湿煤搅动辊，将其搅动松散，再通过移煤辊与拨煤辊，使其下煤通畅均衡，保证正常运行，满足供热要求。

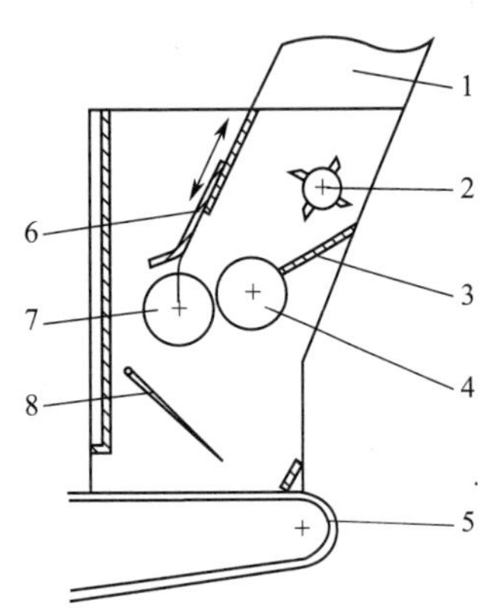

图 2-16　三辊给煤装置示意图
1—下煤仓；2—湿煤搅动辊（Ⅲ辊）；3—防漏煤板；4—移煤转辊（Ⅱ辊）；5—炉排；6—倾斜式煤闸板；7—拨煤转辊（Ⅰ辊）；8—可变形组合式筛分器

五、应用强化燃烧技术，促进燃煤加速燃尽

煤的燃烧速度主要与温度及配风情况有关，提高炉膛温度、提高火焰温度，即可加快燃烧进程。在一般情况下，配风合理，炉膛温度高于 1200℃，炉内的辐射传热比对流传热强烈得多，此时炉膛内布置的水冷壁所吸收的辐射热量比对流热量要提高 5 倍以上；当炉膛温度在 1100～1200℃时，辐射传热量与对流传热量基本持平；当炉膛温度低于 1000℃时，辐射传热量明显减弱。链条锅炉燃煤燃烧速度还与煤的品种、质量有关。若煤的灰分高、挥发分低、热值不高，起火困难，燃烧速度趋缓，难于燃尽，灰渣含碳量升高。

链条锅炉针对以上情况，采取强化燃烧措施，加快燃烧速度，提高燃烧效率。诸如合理设计和砌造炉拱、调整前后拱角度、必要时设置中拱、恰当地布置炉拱的遍盖面、在炉膛相关部位增设高压喷射抽吸炉内高温烟气再高速喷入炉膛内进行强化燃烧等措施。当燃用劣质煤时，应加设卫燃带，适当减缓水冷壁吸热量，来提高炉膛温度，加速燃烧进程。实践证明，其效果是很明显的。另外，应设法提高空气预热温度，除能降低排烟温度外，还可提高火焰温度，有利于强化燃烧。有关强化燃烧的相关内容，将在第三章中作详细介绍，这里只概要提及。

六、漏煤回烧与灰渣返烧

漏煤的含碳量一般较高，比原煤略低，应设法降低漏煤损失。前已叙及，要加强原煤的准备与处理工作，并采取先进的布煤技术，可以减少漏煤损失，还可改进或选用鳞片式不漏煤链排结构。但还是有漏煤的，应当专门收集起来，掺混在原煤中回烧。在掺混前应适当加湿处理，以便与原煤较好混合。

灰渣的含碳量一般在 15%左右，有的还高。目前多数企业经水冲后当作废物处理，造成环境污染。应通过分析化验，有反烧价值的，掺混在原煤中返烧。有条件的企业，最好送往流化床锅炉返烧，效果更好。如无返烧价值，也应当作为一种资源进行综合利用。

飞灰的含碳量一般 30%左右，目前均作为废物处理，又无密闭设施，造成环境污染。应加设密闭回收，作为一种资源进行综合利用，如与原煤适当配比制造型煤，或者加湿处理后进行回烧，有条件的企业最好送往流化床锅炉回烧。

第七节 炉墙与管网保温

一、锅炉容量与表面散热损失的关系

锅炉在运行中，炉墙、锅筒、联箱、管道等的外壁温度均高于周围环境温度。通过辐射、对流方式散失热量，这就是表面散热损失 q_5。其散热损失的大小主要与锅炉容量（主要指外表面积大小）、炉墙结构（主要指材质、热导率与厚度）、外表面温度与周围环境温度差值有关，如图 2-17 所示。锅炉容量小，有时不设省煤器与空气预热器，而单位容量所占有的表面积大，因而小容量锅炉表面散热损失较高。锅炉容量增加时，散热损失的绝对值并不成比例增加。容量大的锅炉，散热损失可相对降低，且比较平缓，几乎是向下倾斜的斜线。外表面温度越高，周围环境温度越低，空气流速越大，散热损失越大。另外，耐火材料质量差、施工不达标、炉墙损坏、不严密，都将增加散热损失，降低锅炉热效率。应达到 GB/T 15910《热力输送系统节能监测方法》的规定指标。

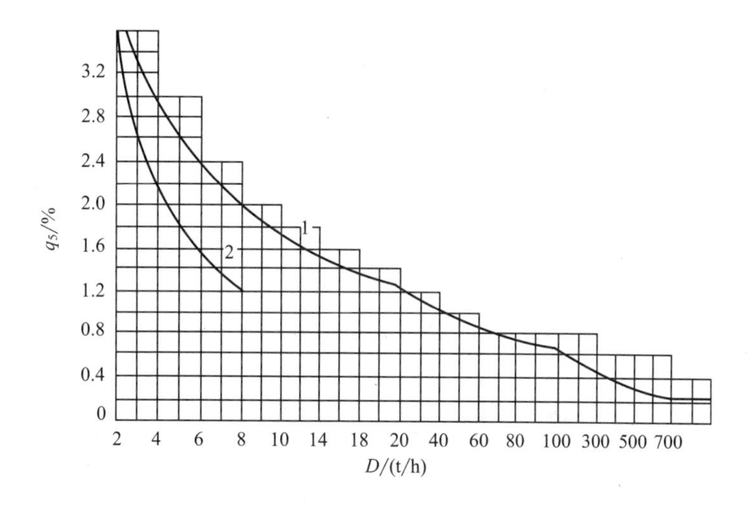

图 2-17 锅炉容量与表面散热损失的关系

1—有尾部受热面；2—无尾部受热面

有时新锅炉刚投入运行，炉墙外表面温度高于设计计算值，并且随着炉役期的延续，表面散热损失会明显增大，这是因为：

① 耐火材料质量至关重要。耐火材料实际热导率往往大于说明书给出值，用户又无能力进行抽查检验；安装、砌炉质量不合标准规范，未能按设计图纸进行施工；耐火泥料配制不符合标准要求。因而不仅炉墙外表面温度偏高，预留膨胀缝或砖缝大，容易出现裂纹、裂缝，甚至变形，而且随炉龄的增长，还会逐渐扩大。

② 烘炉升温不能严格按规范进行，升温速度快，且波动大，砖体膨胀不均匀。平时运行负荷波动频繁，炉温忽高忽低，砖体耐急冷急热性能差，都会造成炉墙出现裂纹、变形、鼓突，甚至发生倒塌等。

③ 对炉墙及保温层日常维护重视不够，停炉检修时往往容易忽略，对其存在的问题得不到及时处理。日常运行一般采用炉膛负压操作，由于冷空气的穿透和冲刷力，使原有缝隙会变得越来越大，外表面温度会逐渐升高。

二、炉墙结构合理，保温密封良好

炉墙是构成锅炉炉膛与流通烟道的外壁，维持其内部系统的高温状态，减缓向外界散热，并使烟气按所规定的方向流通。可见炉墙是主体设备的重要组成部分，应重视其设计和施工。要求有良好的耐热、绝热、严密、抗蚀和防振等性能，并具有足够的机械强度和承受温度急剧变化的性能。此外，还要求质轻价廉，便于施工与维护。因而炉墙对主体设备性能的影响是非常大的。

炉墙按其结构不同，分为重型炉墙和轻型炉墙两种。大中型锅炉一般采用重型炉墙，它分为内外两层，内层为耐火砖，外层砌红砖，两层间留有20mm左右间隔，填充矿渣棉板或珍珠岩颗粒等保温材料。两层之间沿高度方向间隔用锁砖连接，内层留有适量膨胀缝。重型炉墙保温性能好，节省外护钢板。而小型锅炉特别是快装锅炉多采用轻型炉墙，它是由轻质耐火砖与保温材料组合而制成的。优点是质轻、施工简单，但需外护钢板。

三、炉墙及保温层的维修方法

根据多年基层工作经验，应重视和加强炉墙的维修与保护，可视具体情况采用以下方法。

1. 填缝堵漏法

此方法主要适用于较大的缝隙漏热处，提高炉体的严密性。首先用压缩空气吹扫干净缝隙中的尘土，必要时用铲刀修整铲平缝隙。然后用水泥浇注料或细黏土粉与适量海泡石粉加水玻璃和少量卤水，搅拌成软膏状，填塞到缝隙里边，中间塞耐火纤维棉或毡条、石棉等，最外边再用上述泥料塞满压实、抹光。一般可在正常运行时修理，如在停炉检修时处理，里外同时填塞效果更好。

炉门、看火孔、灰门等处的门盖与门框之间，均有一圈槽，镶嵌有石棉绳。当运行一段时间后，易损坏脱落，加大了散热损失并漏入炉内冷空气。在锅炉运行中可以进行更换，但要注意用石棉板或耐火砖挡好炉门洞口，防止烫伤操作人员。在门框的周边与炉墙之间常出现裂缝，用上述方法修理即可，如在停炉检修时，从内外侧同时修补更坚固一点。

2. 拆砌挖补法

此方法主要适用于砖砌炉墙局部变形、剥落、掉砖、倒塌等情况。一般多出现在炉墙内侧，致使外表面温度急剧升高，散热损失加大。同时威胁到安全生产，应及时进行修理。在停炉前进行详细检查，制订稳妥方案，做好准备工作，有时需要搭好脚手架，确保安全。首先要拆除损坏部位，清理干净底部与周边，用原规格的耐火砖砌好即可。还可视具体情况，用耐火浇注料或水泥浇注料捣打，在捣打时需要支模板，并应注意捣打料不宜太软，否则会出现较大的收缩缝。

3. 表面喷涂法

表面喷涂法也叫表面喷浆法，主要适用于炉墙表面小裂纹较多、砌炉质量差、砖缝泥料不饱满或者预留膨胀缝开裂透气等，致使炉墙外表面温度较高。为了降低散热损失，增强炉体的严密性，应及时进行处理。

喷涂所用设备为工业喷浆机，室内装修用的喷浆机也可。浆料选用细黏土粉，用水调和并加适量水玻璃与卤水，稀稠度要适合喷涂；亦可购耐火泥浆或耐火涂料。一般可在锅炉运行中外表面温度稍高时进行，也可在停炉检修时内外表面同时进行喷涂。温度高便于浆料与炉墙黏结、干燥。可分多次喷涂（如2～3次），一层干燥后再喷涂下一层。每层不可太厚，太厚了流失多。喷涂的总厚度应掌握在3～5mm之间，可降低炉墙外表面温度3～5℃，并增加炉体的严密性。

4. 抹灰贴附法

所谓抹灰贴附法，就是在炉墙外表面，用人工涂抹一层耐火保温泥料。该方法主要适用于炉墙相对较薄、外壁温度高、散热损失大的情况。所用材料为细黏土粉、海泡石粉（或石棉绒、蛭石粉、石膏粉等），加水调和并配入适量水玻璃、卤水，调成膏状。用人工涂抹在需要保温的炉墙外表面，有时也可在内侧贴附。均需压实、抹光，其厚度一般为 15～30mm，太薄了不易粘贴，太厚了无必要，可在常温下涂抹。该方法的优点是能有效地降低炉墙外表面温度 10℃左右，提高炉体的严密性。缺点是炉墙外表面保温绝热后，其内层温度相应升高，钢结构温度也要提高。如在施工时表面不好粘贴，可敷设铁丝网或在砖缝插入钢钉。为增加外表面美观，在绝热层外面可刷涂料。

5. 表面贴毡法

该方法的特点是在炉墙内表面粘贴适当厚度的耐火纤维毡。视炉膛内的温度高低，选择纤维毡的品种与厚度。温度低时选普通耐火纤维毡，温度高时选硅酸铝耐火纤维毡。其厚度视保温要求一般为 20～30mm，可用专用黏结剂在常温时粘贴。实践证明，炉墙外表面温度可降低 15℃左右。

表面贴毡法主要适用于炉墙相对较薄、外表面温度太高、散热损失大且锅炉负荷变化频繁等场合。当炉墙内侧保温后，不但可明显降低表面散热损失 q_5，而且还可增加炉体的严密性，减少炉墙蓄热量，锅炉快速升温，也不会造成耐火材料裂纹或变形等问题。在炉膛侧墙内侧贴毡时应当避开膜式水冷壁，或在水冷壁管间贴附，否则影响少量受热面。最好在卫燃带贴附，亦可改换成在炉墙外侧抹灰贴附。实践证明，耐火纤维毡可承受高温气流冲刷，但不能抵抗机械外力作用。

四、管网保温层损坏与维修方法

1. 管网输送效率与存在问题

无论是蒸汽管网或是热水管网，要求热能输送效率应在 96%以上，表面散热损失小于 4%。经多年现场测试或节能监测得知，多数企业可以达到要求指标。石化、化工、发电等行业，管网保温绝热搞得规范、整洁，无渗漏问题，表面散热损失均在 2%以下。但也有不少企业尤其是小型锅炉房达不到要求，存在问题较多，主要表现在：

① 管网保温材料性能差，施工不符合标准规范。保护层破损严重，保温结构有脱落现象，个别企业还存在裸管问题，管网散热损失远超标准规定。这种热损失太可惜，锅炉系统耗用大量能源与人力，方转换为蒸汽或热水，在输送过程中白白流失了，是一种极大的浪费。

② 影响管网输送效率的另一个重要问题，就是管道、阀门的跑、冒、滴、漏。这是老问题了，还未引起足够重视。如以渗漏水为例，可用下式近似计算，其每年的热损失是惊人的。

$$\omega=0.1d^2(\Delta p)^{1/2},\ \mathrm{t/h} \qquad (2\text{-}19)$$

式中，ω 为每小时渗漏水量，t/h；d 为渗漏孔的直径，mm，若为圆孔，d 取孔的直径，若为其他形状，d 取当量直径 d_{dl}，$d_{dl}=(4F/\pi)^{1/2}$，F 为渗漏孔实测面积，mm^2；Δp 为渗漏孔前管道流体的内外压力差，MPa，实际为管内流体的表压力。

如果管道内输送的是蒸汽或高温水，用查表法可换算为热损失。

③ 对管网维护差，重视不够，存在问题不能得到及时修复。

2. 管网保温绝热层的维修方法

管网的保温结构有多种，常见的有：拼砌式捆扎结构（各种预制保温瓦、保温毡等）、缠绕结构（用石棉绳或保温带等）、涂抹结构（现场配制保温料或购置保温膏等）以及岩棉保温套管等。其共同点，一般分为三层，即绝热层、包扎层与表面保护层。就破损原因分析，首先损坏的是表面保护层。保护层完整无损，内里的绝热材料不可能脱落损坏。因此，选择与敷设好保护层是关键所在。

保护层一般有五种用料：传统方法系采用石棉水泥人工涂抹法。可用水玻璃调和并加入适量卤水，调成膏状；比较高档次的是用镀锌钢板包扎，并用自攻螺钉或卷边法咬合固定牢固；新近生产的玻璃纤维铝箔板和玻璃钢材料，并用铝箔胶带或钢带捆扎牢固；还有一种叫防水玻璃纤维布，系在表面浸透沥青油，经压光而成。在选择保护层材质时，应根据坚固耐用、防潮、防雨性能与周围环境要求等具体情况决定。

包扎层主要用料为铁丝网并用铁丝捆扎。其作用是捆扎好绝热层，保持规整、坚固，便于整理成圆形，其外敷设保护层，达到管网整洁美观。

保温绝热层的维修方法，一般参照原结构与损坏的具体情况，择优选用。如原来是岩棉套管结构，最好仍用原规格岩棉套管修复。拆除损坏部分，用手锯把保留部分切割整齐，把钢管外壁清理干净并涂刷防锈漆，然后把所需岩棉管纵向切开，套在钢管上并切口朝下，用镀锌铁丝捆扎牢固，其外不必包扎铁丝网，但需用玻璃纤维布螺旋缠绕两层，方向相反，每圈压边30～50mm，并用镀锌铁丝捆扎，防止松散，最后包扎保护层。有时用涂抹法修复较为简单实用，所用材料易于购进，现场配制也较为方便，不受损坏形状限制，不必非得切割找齐，直接购买预制袋装保温膏更为便捷。若原保温层较薄时，还可适当加厚。当遇到不规则部位时，如阀门、法兰、弯头等，需要进行固定式保温，则可按其形状进行涂抹，非常方便，节省工时。

涂抹法所用材料与配方为：细黏土粉50kg、石棉绒50kg、海泡石粉2m^3（或蛭石粉、珍珠岩粉），用水玻璃300kg并加适量卤水调和成膏状。

五、炉墙、管道表面散热损失节能监测

通常选用接触式表面温度计或低温红外测温仪，测定炉墙与管道外表面温度。炉墙的面积比较大，应分部位设代表性测点，除专门测试外，在炉门、看火孔300mm周围不设测点。管道应分前、中、后三段，每段选一截面，测周边上下与左右侧四点温度。环境温度距散热面1m处测取。上述温度各取算术平均值，并按常规进行计算，依据国家标准进行评价，提出改进意见与建议。

有时，为了专门寻找漏热部位或漏热点时，可用红外测温仪对炉墙或管网专项进行测定，以便针对性地采取节能措施。

第八节　合理控制排污率

一、锅炉排污率与经济运行的关系

1. 锅炉排污的原因分析

蒸汽锅炉在运行中，由于锅水的不断蒸发和浓缩，容易造成受热面结垢、结渣，致使热交换恶化，排烟温度升高，热损失加大，并影响蒸汽品质，甚至会发生汽水共腾事故。过高的锅水碱度还会造成苛性腐蚀。因而必须严格控制给水水质，并合理进行排污，及时把锅筒与下集箱等处的高浓度盐水和泥渣、污垢等排出炉外，以保证锅水质量，使其维持在标准要求范围内。

2. 排污率的定义与分析

在考核期内，锅炉排出的锅水量与同期锅炉蒸发量之比的百分率，称为排污率，可用以下两种方法进行计算。

用碱度法计算排污率：

$$P_1=\frac{A_{gs}}{A_g-A_{gs}}\times 100,\ \% \tag{2-20}$$

式中，P_1为按锅水碱度计算的排污率，%；A_{gs}为锅水的总碱度，mmol/L；A_g为锅水允许的总碱度，mmol/L。

按氯根法计算的排污率：

$$P_2=\frac{Cl_{gs}}{Cl_g-Cl_{gs}}\times 100,\ \% \tag{2-21}$$

式中，P_2为按氯根计算的排污率，%；Cl_{gs}为给水中氯根含量，mg/L；Cl_g为锅水中允许的氯根含量，mg/L。

按碱度和氯根分别计算出 P_1、P_2 后，取其中较大数值作为锅炉的排污率。

由上两式可见，工业锅炉排污率主要与给水水质（水处理标准）和各种型号与用途的锅炉在实际运行压力下所允许的锅水碱度或氯根含量有关。如图 2-18 所示。在炉外水处理的情况下，排污率应控制在 10%左右，低压锅炉锅水允许的含盐量应为 2500～3500mg/L。

目前，我国中小型工业锅炉的实际排污率均在 10%～20%，有的高达 20%～30%。其主要原因是水源水质差，炉外水处理不太严格，排污率不考核，排污操作不当，炉内加药处理未能坚持等。

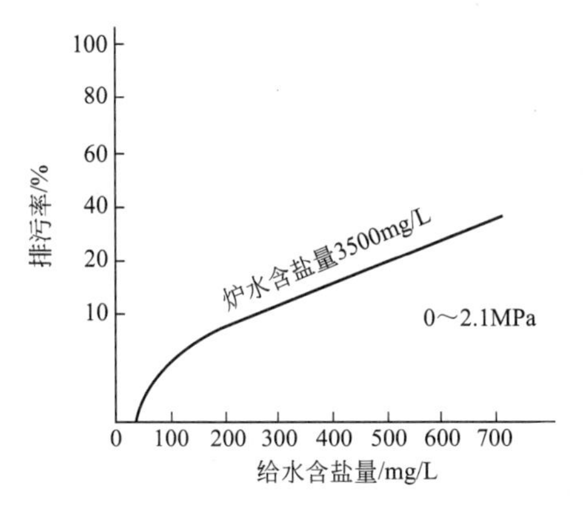

图 2-18　给水含盐量与排污率的关系

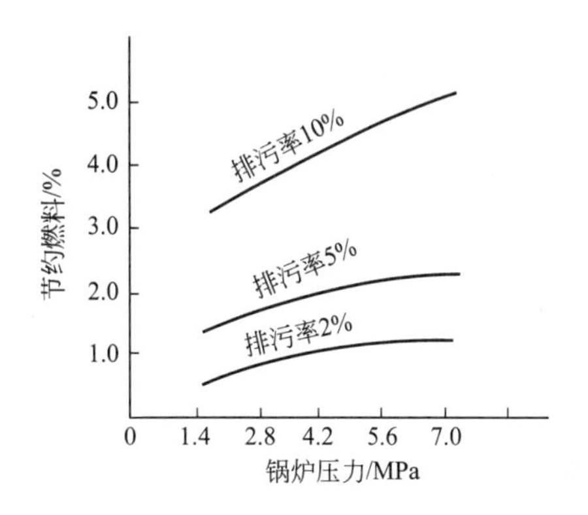

图 2-19　回收锅炉排污余热与节约燃料的关系

3. 锅炉排污率与经济运行的关系

锅炉排污率高，排出炉外过多的饱和水，造成热能的损失、水资源的浪费，加大炉外水处理费用，必然降低锅炉的运行效率，同时排污水还造成环境污染。不同压力下锅炉排污率与节约燃料的关系如图 2-19 所示。经综合考核，目前锅炉的高排污率，至少降低锅炉热效率 1%～3%。对于这一点，在锅炉热平衡测试或节能监测时，是在临时关闭排污条件下测取的数据，所计算的锅炉热效率，叫做测试热效率，不包括排污热损失，因此，不能代表锅炉的平均运行效率。

二、排污方法的合理选择与控制

工业锅炉排污方法主要有两种，即连续排污和定期排污。

1. 连续排污法

连续排污也叫表面排污，这是大中型工业锅炉常采用的一种排污方法。在锅炉的上锅筒蒸发面以下100～200mm 之间的高浓度含盐区锅水中设置排污装置。锅炉正常运行时，可连续不断地向外排出部分高浓缩的含盐锅水，并可同时把锅水表面的油脂和泡沫等污垢物排出炉外。

2. 定期排污法

定期排污也叫间歇排污。就是在上锅筒和下集箱的底部安设排污管道，并串联两只并排设置的排污阀。靠近锅炉侧的为慢开阀，较远者为快开阀。利用这两只阀门，定期进行排污。即使设置有连续排污装置，还必须进行定期排污。因为连续排污难以排掉沉积在锅筒和下集箱底部的淤垢、泥渣等。

3. 经济排污法

针对以上实际情况，有必要提出经济排污概念。所谓经济排污，就是根据水处理达到的水质标准和锅水浓缩后含盐量实际达到的范围，通过试验研究，制订一个勤排污，每次少排污、均匀排污的合理规定，以取得安全、节能减排的综合效果，如图 2-20 所示。

以经济排污规范来指导排污工作，需要做到以下六点：

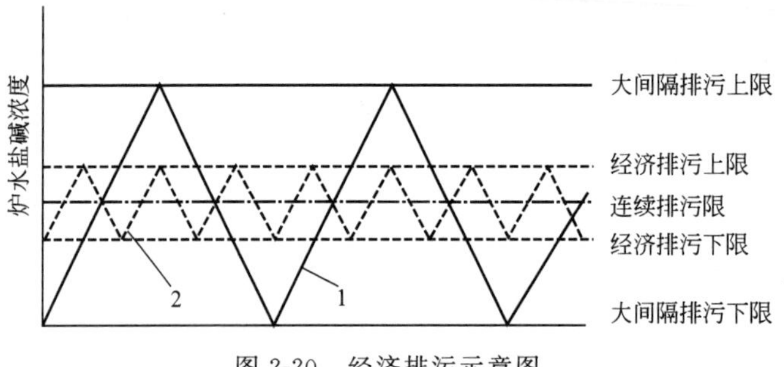

图 2-20　经济排污示意图

1—大间隔排污曲线；2—经济排污曲线

① 工业锅炉制造厂家应配齐连续排污与定期排污装置，并设置余热回收设备。如未设连续排污，可根据实际情况进行改造。

② 要改变目前存在的大间隔排污方法，应依据经济排污规范的炉水含盐量允许上下限，每班排污一次，达到勤排、每次少排、均匀排污的要求，并用水位计标高法自动计算显示每次排污量。

③ 应以炉外水处理与炉内加药处理相结合的方法管理好经济排污工作。严格给水处理标准与锅水浓度允许上下限规定，加强锅炉水质化验监督工作，为降低排污率提供科学依据。

④ 锅炉排污是一项关系安全运行与节能减排的重要工作，要改变以往忽视考核、轻视管理、排污量宁多勿少、怕麻烦的思想。

⑤ 锅炉每次停炉检查时，对于受热面结垢、淤渣等的黏附情况、厚度、分布部位、软硬程度等进行测量与记录，用以指导水处理和经济排污工作。

⑥ 根据实践经验控制排污量是中小工业锅炉推行经济排污的重要方法。在运行时要注意监视水位计，观察水位计玻璃管内水的浑浊程度，有无铁锈色；取锅水样时，盛放在玻璃管内，透过灯光观察水的颜色与浑浊程度；在实施排污时，专人观察排出炉水的浓度和颜色等，都对合理判断与控制排污量有参考价值。应该不断总结司炉工与锅管人员的实践经验，反复修订经济排污规范。

三、排污高温水的回收利用

1. 排污水热能的利用

锅炉排污水系运行压力下的饱和水，含有相应温度下的物理显热。如若随便排放掉，必然造成热能的浪费，增加燃料消耗。一般工业锅炉排污率每提高 1%，燃料消耗要增加 0.2%以上，同时还要增加给水处理费用并污染环境。国家对锅炉节能减排工作很重视，已有很多厂家采用多种方法来回收利用排污水热能，取得了良好节能效果，如图 2-19 所示，可节约燃料 2%～5%。经归纳整理，有以下几种：

① 增设排污膨胀器，将连续排污水排入膨胀器内，随压力降低产生二次蒸汽（闪蒸汽），可直接用作低压用汽设备加热源；也可经闪蒸汽回收装置，用新型“量调节多喷嘴热泵”专门设计的回收系统，就近回收全部闪蒸汽，用于需要蒸汽压力较高的场合（沈阳鸿达节能设备技术开发有限公司生产）。

② 锅炉连续排污水经热交换器，预热软化水，提高软化水温度，降低除氧器的耗汽量；也可依据企业的具体实际情况，用于预热其他工艺用的溶剂、溶液或气体以及液体燃料等。

③ 利用排污水作为热水采暖热源或制冷空调热源。此种余热回收方式，设备简单，效果也很好。例如某厂一台 4t/h 锅炉，利用连续排污水供 800m^2 办公楼与托儿所冬季采暖，一年可节省燃煤 20t 左右。

2. 排污水资源有效利用

目前多数企业把排污水排放到水渣池中，作为废水排放掉，既造成热能损失，又浪费了宝贵的水资源，非常可惜，应当进行回收利用。最简单的回收利用方法有：

(1) 用于水膜除尘器用水，提高烟气脱硫效率 排污水系锅炉排出的高碱度锅水，采用以上方法回收热能之后，还应当用于水膜除尘，脱除烟气中的 SO_2 或起中和作用，一般脱硫效率可达 30%～50%。这是一项非常好的应用技术，对保护环境有利。除尘器用后，再回到水渣池，用于水冲渣，充分利用了水资源，还可提高烟气露点温度，适当降低排烟温度，减少 q_2 热损失，而且设备简单，投资低廉，效果很好。

(2) 用于中和废酸液达标排放 酸性水或废酸排放，必然造成环境污染。污水处理，达标排放是水处理的重要指标，锅炉排污水碱度很高，pH 值在 12 左右，可用于中和酸性废水，再补充必要药剂，便可达标排放，节省水处理费用。

3. 排污水中碱的回收利用

锅炉排污水中含有一定量的 NaOH 和 Na_2CO_3 等碱性物质。不同压力下锅炉排污水的含碱量如表 2-5 所示。

表 2-5 不同压力锅炉排污水的含碱量

炉水碱度/(mmol/L)	0.5MPa		1.0MPa		1.5MPa	
	NaOH 占 15%	Na_2CO_3 占 85%	NaOH 占 15%	Na_2CO_3 占 85%	NaOH 占 15%	Na_2CO_3 占 85%
	kg/t 排污水		kg/t 排污水		kg/t 排污水	
10	0.08	0.45	0.16	0.32	0.26	0.19
20	0.12	0.90	0.32	0.63	0.52	0.37

由表 2-5 可见，在锅水碱度为 20mmol/L 的情况下，如锅炉运行压力为 0.5MPa 时，排污水中的总碱量为 1.02kg/t，运行压力为 1.0MPa 时，总碱量为 0.95kg/t。因此，锅炉排污水中 NaOH、Na_2CO_3 等含量是比较多的，如若随排污水排放掉了，不仅在经济上造成损失，而且还污染环境。对于这些有用的物质，应当进行回收利用，设法提纯，这在化工界是不太难的事情。目前虽然尚无应用实例，但经试验研究和经济效益分析，是有价值的。

四、应用反渗透水处理技术，彻底解决排污问题

工业锅炉多使用传统的钠离子水处理方法，已运行几十年，效果尚可，但有它特定的局限性，只能去除形成水垢的 Ca^{2+}、Mg^{2+} 等大部分阳离子，而不能除掉由于锅水蒸发浓缩使碱度升高的阴离子和氯化物等。为保证锅炉安全、经济运行，必须实施排污，浪费了大量水资源与热能并造成环境污染。反渗透水处理技术能制得纯净水，更适合锅炉水质标准，排污率可降到 1%左右，实现无垢运行，已在电站与热电联产锅炉中得到广泛应用。近年来随着水价的升高，环境保护的严格要求，工业锅炉开始应用，并取得良好效果，一年左右便可收回投资，具有推广应用价值。有关问题详见第七章。

第九节 锅炉辅机节电改造

一、辅机耗能与锅炉经济运行的关系

锅炉辅机主要包括通风设备，给水与补水泵，热水循环泵，燃料处理与输送设备，出渣、除尘以及水处理设施等。这些设备的正常工作是锅炉安全与经济运行的重要组成部分。不难设想，辅机经常出事故，运行不正常，锅炉的安全与经济运行就会受到严重影响。因此，加强对辅机的合理选配与控制，并不断进行节能改造与检修维护，是非常重要的。

锅炉辅机设备如此之多，限于篇幅关系，本节着重介绍锅炉的通风设备与给水设备及热水循环泵。

二、锅炉通风设备节电改造

1. 合理选配风机，防止“大马拉小车”

锅炉鼓风机的风量与风压是根据锅炉最大负荷，即最大燃料消耗量，经计算确定的。所计算出的实际空气量，通常加10%的富余系数，来选配风机；风压的大小是根据燃烧方式、料层与管道阻力等因素经计算确定的，并加20%的富余系数。

同理，引风机的风量也按最大燃料消耗量确定烟气量，根据测试结果或经验，选取各部位的漏风系数，即可得出烟囱底部的最大烟气量，再加10%的富余系数，来进行选取；关于风压的确定，系以炉膛到烟囱底部的烟气流程阻力计算为准，再加20%的富余系数，并减去烟囱吸力，最后选定引风机型号。

从理论上讲，以上有关鼓风机和引风机的选取方法并没有错，而问题在于：

① 有关锅炉供热负荷的统计并不准确，有宁大勿小的思想。因而锅炉实际运行负荷率较低，达不到锅炉额定出力，存在“大马拉小车”现象，主辅机不匹配，影响锅炉热效率。

② 企业的用热负荷并不稳定，工况时有变化。尤其是企业自备的中小型锅炉，负荷变动频繁，风机控制方法又比较落后，最大燃料消耗量与最小燃料消耗量所需风量悬殊太大，锅炉操作难以适应。

③ 风机风量变化大，偏离了风机特性曲线效率最高区域，因而风机在低效率下运行，功率因数低，电耗升高。应根据实际情况，合理选配风机，使其在高效率区间工作，并研究风机在变工况下的合理控制技术，是风机节电潜力所在。

2. 改进风机调节控制方法

(1) 鼓、引风机联锁控制并采用导向器调节　中小型工业锅炉的鼓风机或引风机多数是利用闸板或转动挡板调节风量的，风量的减小靠增加节流阻力实现。风机压头有一部分用来克服节流阻力，致使风机在较低效率下工作，必然多消耗电能，很不经济。有少数锅炉仍把调节装置安装在风机出风口处，这是不对的，应安装在进风口处。比较经济适用的调节方法是改用导向器调节。因为导向器可以使气流在进入风机工作轮前先行转向，达到调节风量的目的，比前者优越，并可节电。其结构比较简单，可根据实际情况进行改进。

如前所述，鼓风机与引风机是密切相关的，为保证炉膛压力在微负压下稳定运行，可实施联锁控制，既满足操作方便要求，又可节电。

(2) 更换与风量相匹配的电机　在现实生产中，由于种种原因，确有风机容量选大，电机功率随之加大，造成“大马拉小车”的现象，致使电耗升高。更换全套风机，一次性投资加大，很不划算，可更换与实际风量相匹配的电机功率的方法来实现。此方法需要核算电动机所需功率，现作一简要介绍。

在风机产品目录或风机铭牌上所标出的性能参数，是在风机效率不低于90%时所对应的性能。为使所选电机与实际需要功率相匹配，并在性能曲线较高效率区间工作，可用下式核算电机轴功率：

$$N=\beta_1 \frac{V_m H_m}{367000\eta\eta_J},\ \text{kW} \tag{2-22}$$

式中，N 为电动机轴功率，kW；β_1 为电动机功率备用系数，对鼓风机为1.15，对引风机为1.3；η 为风机效率，一般风机可选0.6，高效风机可选0.9；η_J 为机械传动效率，对于电机直联传动，取1.0，对于联轴器直联传动，取0.95～0.98，对于三角皮带传动，取0.9～0.95；H_m 为风机全压，mmH_2O（kPa）；V_m 为风机风量，m^3/h，对于引风机，V_m 为实际排出的总烟气量，可用下式进行计算，并折算为非标态：

$$V_m=\beta_2 V_y \frac{760}{p},\ m^3/h \tag{2-23}$$

式中，β_2 为风量备用系数，取 1.05～1.1；p 为大气压力，mmHg；V_y 为引风机实际排出的烟气量，m^3(标况)/h，系指烟囱底部的实际烟气量，可利用表 2-6 中所列经验公式进行概算，如资料齐全，应进行燃烧计算。表中 $Q_{net,ar}$ 指燃料的收到基发热量，单位是kJ/[m^3(kg)]。空气系数 α 应为烟囱底部的值。如已知炉膛烟气出口的空气系数，还必须加上该出口至烟囱底部区间的总漏风系数。明显漏风处应封堵后进行测试，然后再乘以燃料消耗量，即为每小时实际排出的烟气量。可见漏风系数越大，排出的烟气量越大，引风机消耗电能越高。

表 2-6 理论空气量及燃烧生成量经验计算公式

燃料名称	低发热量 $Q_{net,ar}$ /[kJ/m^3(kg)]	单位理论空气消耗量 L_0 /[m^3/m^3(kg)]	单位燃烧生成烟气量 V_α /[m^3/m^3(kg)]
固体燃料	23030～29310	$\frac{0.24}{1000}Q_{net,ar}+0.5$	$\frac{0.21}{1000}Q_{net,ar}+1.65+(\alpha-1)L_0$
液体燃料	37680～41870	$\frac{0.2}{1000}Q_{net,ar}+2$	$\frac{0.27}{1000}Q_{net,ar}+(\alpha-1)L_0$
高炉煤气	3770～4180	$\frac{0.19}{1000}Q_{net,ar}$	$\alpha L_0+0.97-\left(\frac{0.03}{1000}Q_{net,ar}\right)$
发生炉煤气	<5230	$\frac{0.2}{1000}Q_{net,ar}-0.01$	$\alpha L_0+0.98-\left(\frac{0.03}{1000}Q_{net,ar}\right)$
	5230～5650	$\frac{0.2}{1000}Q_{net,ar}$	$\alpha L_0+0.98-\left(\frac{0.03}{1000}Q_{net,ar}\right)$
	>5650	$\frac{0.2}{1000}Q_{net,ar}+0.03$	$\alpha L_0+0.98-\left(\frac{0.03}{1000}Q_{net,ar}\right)$
发生炉水煤气	10500～10700	$\frac{0.21}{1000}Q_{net,ar}$	$\frac{0.26}{1000}Q_{net,ar}+(\alpha-1)L_0$
混合煤气	<16250	$\frac{0.26}{1000}Q_{net,ar}$	$\alpha L_0+0.68-0.1\left(\frac{0.2380Q_{net,ar}-4000}{1000}\right)$
焦炉煤气	15900～17600	$\frac{0.26}{1000}Q_{net,ar}-0.25$	$\alpha L_0+0.68+0.06\left(\frac{0.2380Q_{net,ar}-4000}{1000}\right)$
天然气	34500～41870	$\frac{0.264}{1000}Q_{net,ar}+0.25$	$\alpha L_0+0.38+\left(\frac{0.018}{1000}Q_{net,ar}\right)$

注：$Q_{net,ar}$为收到基低位发热量，kJ/kg(m^3)；α 为炉膛燃烧的空气系数，也可表示为 α_L；V_α 为炉膛燃烧生成的烟气量，m^3/kg(m^3)。

对于鼓风机，实际供给风量可用下式进行计算：

$$L_n=B\alpha_L L_0(1+\eta_f),\ m^3/h \tag{2-24}$$

式中，B 为燃料消耗量，kg(m^3)/h；α_L 为炉膛空气系数；η_f 为空气管道、风室与炉膛的总漏风系数，可据实际情况确定或测试。同理，计算结果利用式(2-23) 可折算为非标态。

H_m 为风机全压，mmH_2O(kPa)，用下式计算：

$$H_m=\beta_3 K\sum\Delta h,\ mmH_2O(kPa) \tag{2-25}$$

式中，β_3 为风压备用系数，可选 1.1～1.2；$\sum\Delta h$ 为总阻力损失，mmH_2O(kPa)，对于鼓风机，为管道系统、风室与炉膛（如链排、料层等）总阻力损失之和，对于引风机，为炉膛至烟囱底部系统总阻力损失之和与烟囱抽力的差值。可见系统阻力损失越大，电机功率越大，消耗电能越高；K 为气体的密度修正系数，用下式计算：

$$K=\frac{1.293}{\gamma}\times\frac{273+t}{273+t_m}\times\frac{760}{p} \tag{2-26}$$

式中，γ 为空气或烟气在标准状态下的密度，kg/m^3，对于空气为 1.293，对于烟气为 1.34；t 为空气或烟气的实际温度，℃；t_m 为风机铭牌给出的介质温度，℃，对于鼓风机为 20℃，对于引风机为 200℃；p 为实际大气压力，mmHg。

通过以上计算，如果核算的电机功率与铭牌标注的功率相差不大，就认为是基本合理的。如果核算的功率比铭牌标注的功率小得多，则应更换与实际情况相匹配的电机，便可节电，促进经济运行。

3. 采用变频调速与追踪负载节电新技术

(1) 变频调速技术的应用　交流感应电动机变频调速装置或变频电机，就是通过改变电源的频率，对其进行调速的。这是因为感应电动机的转速依下式确定：

$$N_r=\frac{100f(1-s)}{P},\ \text{r/min} \tag{2-27}$$

式中，N_r 为电动机转速，r/min；f 为电源频率，Hz，一般为 50Hz；P 为电动机极数，一般为 4～8 级；s 为电动机转差率。

锅炉用鼓风机、引风机、水泵等，一般均为电动机恒速运转，输出一定风量或出水量。如要改变风量，以往是通过调节风机入口处的挡板或导向器的开度来实现；水泵的出水量则是通过调节泵出口管道上的调节阀开度来达到。风机的风量和水泵的出水量与其转速成正比，其消耗的功率与转速的立方成正比。因此，采用变频调速技术，改变电机的转速来调节风量或出水量的大小，优于过去的落后控制方法，从而达到节电目的。

变频调速技术经过许多生产厂家多年的开发研究与不断改进，目前已有很大进步，技术相当成熟。通过不少企业实际应用，证明能较好地解决上述存在的问题，节电效果显著。同时，每千瓦容量的造价也有降低，在当前电价上涨的情况下，更显示出应用该技术的优越性。

(2) 变频调速与恒速追踪负载综合节电新技术　近年来日本神王电气（北京）有限公司等生产厂家研制出将变频调速与恒速追踪负载一体化的综合节电技术，开发出具有国际先进水平的自适应全自动节电装置。应用微电脑和内置 PID 闭环自动跟踪控制系统，将数字技术与通信技术相结合，把普通变频调速节电技术又推上了一个新台阶，使风机、水泵节电技术进一步完善，成为目前节电技术的首选设备。

① 用于锅炉额定出力大于供热负荷，长期处于低负荷下运行，造成辅机选配偏大，与实际不相匹配，存在“大马拉小车”情况。除更换相匹配的电机外，还可采用变频调速与恒速追踪负载综合节电技术，达到双重节电。

② 工业锅炉供热负荷波动大。由于风机、水泵是按最大供热负荷选配的，当供热负荷小时，富余量太大，偏离了特性曲线效率最佳区间，功率因数太低，机组效率明显下降，电耗必然升高。采用变频调速与恒速跟踪负载综合节电装置后，其功能组合可根据负荷变化的实际情况自由设定，可单一设定，也可组合设定，使功率因数保持在 0.96 以上，机组始终处于高效运行状态，便可节电。

③ 工业锅炉使用的风机、水泵负载经常发生变化，但其转速要求保持相对稳定，即输送介质压力保持一定。当电机负载发生变化时，综合节电装置设有闭环自动跟踪控制系统，将测量参数与设定参数相比较，自动跟踪负载的变化，输入电机负载所需要的电压，满足功率所需，而转速保持恒定，最大限度地提高功率因数在 0.96 以上，节电效果显著。

④ 变频调速与恒速跟踪负载节电装置，均设有软启动、软停车功能，克服了以往电机启动不平稳、噪声大、启动电流大，对设备与电网造成冲击，影响使用寿命等弊病。同时增设了全方位的保护功能，有过电流、过电压、欠相、欠压、过热、瞬时断电等保护，及时发出报警，保证安全、静音运行。

⑤ 工业锅炉尤其是中小型工业锅炉，控制方式单一落后，多数为手动控制，不能与计算机联网，无通信功能，无接口，需要更新换代。采用节电器后，这些问题可得到同时解决。

三、锅炉水泵节电改造

1. 锅炉水泵功能与节电潜力分析

锅炉给水设备有给水泵、补水泵及热水循环泵等。这些设备是满足锅炉正常供热与连续安全运行所必需的。其耗电量的大小占辅机电耗相当大的比例，存在问题与节电潜力主要表现在以下几点：

① 存在“大马拉小车”现象。如同锅炉通风设备分析的那样，锅炉额定出力大于实际供热负荷，因而负荷率低，造成水泵选配偏大，不相匹配，电耗升高。

② 多数蒸汽锅炉降压运行，很少按额定压力运行。而水泵是按锅炉额定压力选配的，且留有一定的裕量，造成水泵扬程高，电机功率大，有浪费电的现象。

③ 工业锅炉供热负荷波动大，而水泵选配大，变工况调节控制方法落后，一般采用调节阀门开度来达到，阻力损失大，电耗升高。

④ 高温热水锅炉多数按低温热水锅炉运行，且供热负荷的变化，习惯于用温度来调节，很少用循环水泵流量进行量调节，造成电耗高。

⑤ 管网布置不合理，阻力损失大，也能造成水泵电耗升高。

2. 水泵节电改造

(1) 锅炉多级给水泵抽级改造　上述节电潜力分析中证明，水泵的扬程余量较大，实际给水系统所需要的扬程小于原配套的扬程，存在浪费现象，造成电耗升高。据此可进行多级泵抽级改造，把富余部分扬程去掉，便可节电。在改造时应经详细核算，按扬程富余量多少，抽掉一级或几级叶轮，换上等长度的套管代替便可。抽级后的多级给水泵流量基本不变，扬程随之降低，轴功率明显减小，节电效果显著，已被很多工厂实践所证明。水泵抽级改造一般选在进口侧较好，方法简单，普通工厂均可自行改造。

(2) 锅炉单级给水泵切削叶轮改造　根据水泵的叶轮直径与流量、扬程和功率的比例关系呈一次方、二次方和三次方的规律，开发了切削叶轮外径节电法。如下式所示：

$$\text{流量关系} \quad Q/Q'=D_2/D_2' \quad \text{（一次方）} \tag{2-28}$$

$$\text{扬程关系} \quad H/H'=D_2^2/D_2'^2 \quad \text{（二次方）} \tag{2-29}$$

$$\text{功率关系} \quad N/N'=D_2^3/D_2'^3 \quad \text{（三次方）} \tag{2-30}$$

式中，Q、H、N、D_2 和 Q'、H'、N'、D_2' 分别为叶轮切削前后的流量、扬程、功率与叶轮外径。

该方法的要点是适量切削叶轮外径，使叶轮外径与泵壳体之间的间隙比原来适当加大。切削后水泵的转数保持不变，流量略有减小，扬程呈二次方下降，功率呈三次方降低，因而节电效果明显，已被很多工厂实践所证明。

改造前应经详细测算，按所需扬程等参数，计算出叶轮外径切削量，加以适当修正后，作为实际切削量。

3. 变频调速与恒速追踪负载综合节电新技术

① 水泵应用变频调速与风机完全相同，前面已作了详细讲解，在此不赘述。近年来不少企业的锅炉给水泵安装了变频调速器，节电效果明显。

② 锅炉给水泵、补水泵更适合应用变频调速与跟踪负载综合节电技术。因为水泵一般要求具有一定的扬程，即电机转速应恒定。如果原安装的水泵扬程有裕量，又可按变负荷进行调节控制，应用组合设定或单一设定功能，双重节电，效果会更好。

③ 热水循环泵同样可应用综合节电技术。对供热负荷的变化，以往习惯于用温度来进行调节。如果安装变频调速器，用以调节电机转速，对水泵扬程会受到影响，不能满足供热要求。当安装综合节电装置后，能保持电机恒速运转，并可连续、准确、自动跟踪电机负载变化，及时调整电机输入电压，保证电机在高效区间运行，功率因数在 0.96 以上，节电效果明显。如果循环泵扬程有裕量，再加上变负荷调节控制，节电效果会更好。

④ 水泵节电改造后，仍可应用综合节电技术。因为上述水泵改造只能按实际最大供热负荷确定，当负荷变小时，水泵仍有节电潜力。

4. 风机、水泵管网改造，减小阻力损失

有些风机、水泵管网，包括风室结构和烟道等设计、安装不合理，系统阻力损失大，影响电机电耗升高，诸如涡流损失、急转弯撞击损失、漏风损失等。要设法进行改造，减小阻力损失，便可节电。这种节电潜力普遍存在，不应忽视。只要用心分析并解决实际问题，必然会取得节电效果。

参 考 文 献

[1] 张昌煜，董世份，石培珍编. 锅炉基本知识. 重庆：科学技术文献出版社重庆分社，1983.

[2] 赵钦新等编著. 工业锅炉安全经济运行. 北京：中国标准出版社，2003.

[3] 辽宁省质量技术监督局锅炉压力容器安全监察处. 司炉读本. 第4版. 北京：中国劳动和社会保障出版社，2002.

[4] 史培甫. 工业锅炉经济运行培训班讲义. 天津市冶金工业局，1987.

[5] 郝培嵩. 工业锅炉经济运行培训提纲. 天津市供热办公室，2004.

[6] 马驰，分行垄形燃烧在链条锅炉上的探索和创新，节能，2005，(6).

[7] 陈爽，杨志力. 分层燃烧技术的新态势. 节能，2009，(8).

[8] 李美兰. 链条炉应用分层及分行燃烧装置的体会. 节能，2010，(12).

第三章
燃煤工业锅炉强化燃烧技术

第一节　概　　述

一、燃烧基本概念

燃烧是指燃料中的可燃成分与空气中的氧在一定的温度条件下，发生剧烈的化学反应，发出光并产生大量热的现象。在锅炉中通过燃料的燃烧过程，把燃料中的化学能转化成热能，为工质提供有效热量。

构成燃烧的必要条件，一是要有可燃质即要有能够燃烧的物质；二是要有充足的空气，空气中的氧是参与燃烧的物质；三是要具备达到燃料着火的温度，即提供可燃物着火所需要的能量。

工业锅炉中燃料的燃烧，既不同于在自然条件下煤与空气中的氧发生缓慢氧化的风化及自燃现象，也不同于在非常情况下急剧氧化产生的爆炸燃烧现象，而是一种有控制的燃烧。本章主要介绍工业锅炉燃煤强化燃烧技术，有关燃气（油）、循环流化床锅炉燃烧和洁净煤燃烧技术，将在第四章、第五章和第六章中讲解。

所谓强化燃烧就是要创造和强化完全燃烧的条件，使燃烧过程更加充分，迫使燃料与空气中的氧在较短的时间里能充分混合，加速反应，完全燃尽。因此，燃煤工业锅炉强化燃烧是提高锅炉燃烧效率最基本的技术措施。

二、当前工业锅炉燃烧不良的原因

当前工业锅炉燃烧不良，燃烧效率低是造成锅炉热效率低的主要因素。燃烧不良的原因有：其一，在动力配煤尚未普及的情况下，在运行中实际燃用的煤种与设计不符，而且煤种多变的情况较为普遍；其二，运行负荷低，负荷波动大，工况难以稳定，尤其是平均运行负荷长期低于经济负荷范围；其三，锅炉设计、制造和装备水平差，安装质量低，炉拱设置不良，漏、窜风严重的现象也很突出；此外运行管理和司炉操作水平低也是原因之一。

强化燃烧是提高锅炉燃烧效率，保证锅炉出力的前提条件。锅炉出力不足，除了受热面布置偏少，烟气流程缺陷，受热面内外结垢、积灰导致热阻增大等因素外，绝大多数是由于燃烧不良造成的机械不完全燃烧热损失和化学不完全燃烧热损失过大，有效热能提供减少所致。强化燃烧还可提高锅炉对煤种与运行工况变动的适应能力，通过各种强化燃烧措施来满足不同煤种、不同负荷工况下燃煤充分燃烧的必要条件，使燃料中的挥发分和固定碳充分燃尽，保证在不同工况下的高效燃烧。强化燃烧的目标，是提高锅炉热效率，实现锅炉的节能减排。

三、工业锅炉强化燃烧的主要途径

工业锅炉强化燃烧的主要途径，是围绕改善燃烧条件、提高炉膛温度、合理配风、提高空气与燃煤充分混合、炉内温度场的合理分布、延长烟气在炉膛内的路径和停留时间等方面进行的。本章对于广泛使用的链条炉排层燃炉强化燃烧的有关问题进行研究探讨，对其他炉排与燃烧方法从略。主要方法包括：①炉拱及燃烧室结构的优化；②改进炉排及配风，采用预热空气；③合理配置二次风；④燃烧过程中的松煤与碎渣；⑤入炉煤的分层和炉前成型及改善燃烧的燃煤化学添加剂；⑥富氧燃烧技术；⑦飞灰高温分离及内循环流化再燃等。

第二节　链条锅炉炉拱优化强化燃烧技术

截至2006年，全国在用的50多万台工业锅炉中，燃煤锅炉约48万台，占工业锅炉总容量的85%左右，其中链条炉约占80%。链条炉排锅炉历史悠久，其结构成熟，设计、制造、运行经验丰富，单台容量可达100t/h。链条炉排仍是燃煤锅炉的主要燃烧方式，在工业锅炉中居主导地位。但从总体上看，运行效率偏低、污染严重的问题较为普遍，因此，研究链条锅炉节能减排具有普遍意义。造成链条锅炉运行效率偏低、污染严重的原因，除了设计制造存在缺陷、使用管理运行操作不善外，燃用煤种偏离设计的问题最为突出。

影响链条锅炉热效率的首要问题是完全燃烧，而良好燃烧的关键在于炉拱。实践证明，改善炉拱的布置是提高锅炉燃烧效率和扩大锅炉燃煤范围的有效措施。为了优化炉膛结构，首先要弄清链条炉排燃烧特性以及与煤质特性的相互关系。

一、链条炉排燃烧特性

1. 燃烧特性

链条炉排属于移动层燃，其工作方式是由链条炉排驮载着一定厚度的煤层进入燃烧室，从前至后（沿炉排长度方向）连续移动；燃烧所需要的空气通过炉排的间隙自下而上与移动着的煤层垂直相交；燃烧和热能由煤层表面垂直向下传播，由此形成如下燃烧特性。

(1) 燃料层单向引燃特性。随炉排移动进入燃烧室的燃料，主要是靠其上方的热源来点燃，它包括前拱及炉墙辐射传热；燃烧室前部空间高温烟气辐射传热；由后拱导向燃烧室中部高温烟气的对流传热及其夹带的炽热炭粒的热量。

(2) 随炉排连续移动的燃料，依次完成燃烧的热力准备阶段、燃烧阶段和燃尽阶段。

① 进入燃烧室的燃料在上方热源加热下立即进入干燥预热升温过程，当燃料达到一定温度时，开始析出挥发分，这个过程的长短，也就是燃料进入燃烧室后延续的时间和距离，一方面取决于燃煤湿度大小和挥发分的性质，另一方面取决于空间热源强化程度。

② 当析出的挥发分与空气组成的可燃混合物达到一定浓度时立即出现着火，挥发分的燃烧是整个燃烧过程的开始和发动，释放大量的热能使固定碳得以充分预热。这个阶段的放热强度，除通风因素外，主要取决于挥发分含量的多少和性质。

③ 固定碳得到充分预热达到一定温度时，使整个燃烧过程进入了活泼的固定碳燃烧阶段并放出大量热能。这个阶段的进行，除了要有充分的氧气供给外，还取决于温度水平。

④ 大部分固定碳燃烧后，煤层的温度急剧下降。煤层中残余的固定碳缓慢燃尽形成灰渣，随着炉排移动到末端排出。

这几个阶段沿着炉排移动方向依次连续进行，由于煤层的运动方向与垂直向下的热能传递方向合成的结果，使得不同燃烧阶段的分区界限不是垂直线，而是形成相当倾斜的界限。链条炉排上煤层燃烧区域分布见图3-1。

(3) 沿着炉排运动方向的燃料层处于不同的燃烧阶段，各需不同的空气量，并产生相应的气体生成物向燃烧室扩散。

垂直于移动煤层的空气流，在沿炉排长度方向的不同位置，流经着不同的燃烧阶段，不同的可燃成分，不同的温度、厚度、阻力的煤层，离开煤层的气体生成物也必然呈现各不相同、不均匀的特性，但从总体看表现出十分严谨的规律性。气体成分及分布见图 3-2。

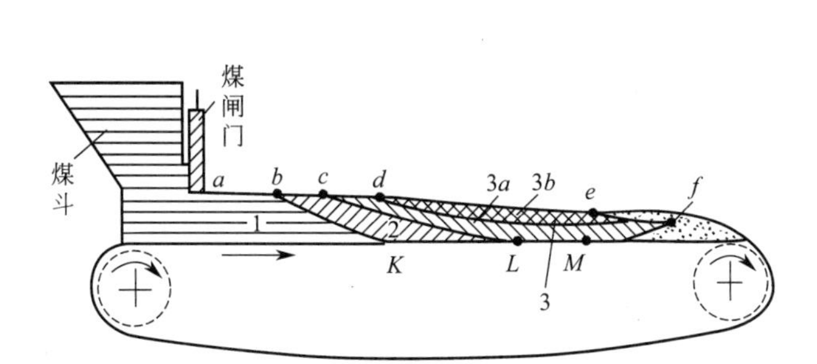

图 3-1 链条炉排上煤层燃烧区域分布示意图
1—新燃料区；2—挥发分析出并燃烧区；
3—焦炭燃烧区
（3a 为氧化层，3b 为还原层）

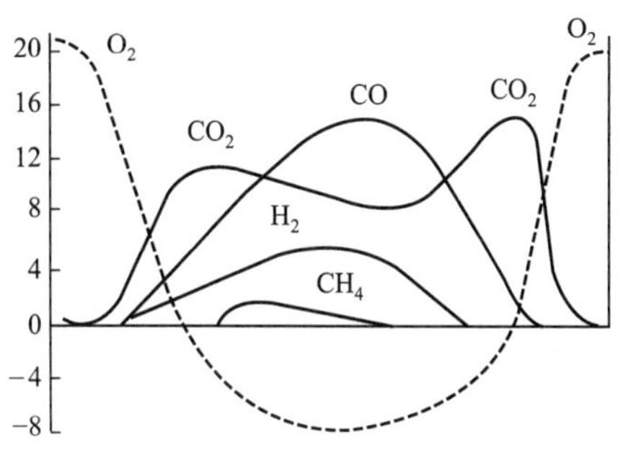

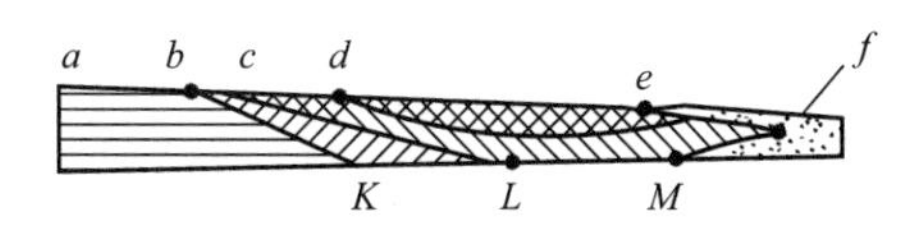

图 3-2 链条炉排煤层表面的气体成分及分布

火床前后两端出现过剩氧，而在中部存在大量可燃气体，二氧化碳分布曲线呈马鞍形。这种气化产物分布规律与燃烧强度无关，只是分布长度有所改变，燃烧强度升高，曲线范围缩短，反之扩大。

(4) 燃烧过程中煤层的气化特性。

进入燃烧室的燃煤，当完成热力准备阶段达到一定温度时析出挥发分，形成气相可燃物，与空气混合实现着火，这是燃煤气化的第一种形式。接下来燃煤进入了固定碳直接氧化区域，由于在高温下氧化反应进行得非常快，大大超过空气的供给与燃料的混合速度，因此在实际上仅仅与炉排接触不太厚的煤层范围内进行着真正的氧化过程，如式(3-1)。而煤层的绝大部分因氧气不足而出现还原反应，如式(3-2)。这种性质与通风强度无关。

$$C+O_2 = CO_2\uparrow \tag{3-1}$$

$$CO_2+C = 2CO\uparrow \tag{3-2}$$

因此，该区域燃烧过程，实质是煤的气化产物的气相燃烧，这是燃煤气化的第二种形式。所以，链条炉排燃烧既有煤颗粒表面的燃烧，也有燃煤气化生成物的燃烧，也就是燃烧既在燃料层中进行，也同时在燃料层上方的空间进行。因此既要组织好炉排上煤层的燃烧，又要组织好炉膛空间的燃烧。

2. 燃料特性对链条炉排燃烧过程的影响

燃料特性对燃烧状况产生极其重大的影响，它是确定炉膛结构的依据，即一定的煤种对应着一种炉膛结构，或者说炉膛结构一旦确定，就适用于一定的煤种。

(1) 挥发分的影响　在煤的各项特性中，挥发分的性质含量占有特殊的地位，它决定着火的难易程度和整个焦炭燃烧过程。挥发分是燃煤分解出来的气体和煤的成分中含有的凝结性物质蒸气的混合物。不同化学年代的燃料，挥发分析出温度不同，含挥发分高的烟煤挥发分在 170℃ 即可析出。而炭化程度较深、挥发分较少的无烟煤则在 400℃ 才开始析出。前者 500～600℃ 即可起燃，而后者则需 700～800℃ 才能起燃。由于链条炉排燃烧方式固有的燃料单向引燃特性，使得挥发分含量较高的煤易于起火，且燃烧稳定。此外挥发分析出区域的宽度也有很大差异，图 3-1 中 bK 与 cL 之间距离，含挥发分较高的烟煤，这个区域较为宽广，而无烟煤变得非常狭窄。燃料特征在燃烧区段表现出来的这一特点对整个燃烧过程的完全程度带来极为重大的影响。挥发分析出和燃烧区愈宽广，则放出的热量愈大，加热固定碳的过程愈长，加热愈强烈，这就大大改善了难以燃烧的固定碳的燃烧条件，促进其强烈地气化和燃烧；反之，挥发分析出和燃烧区段愈狭窄，则为固定碳提供的热量、伴随的时间愈短，固定碳完全燃烧趋于困难，降低了完全燃烧程度。挥发分含量越高的煤，挥发分燃烧后，剩下的焦炭量越少，且焦炭比较疏松，燃尽时间也越少，易于燃尽。可见，煤中挥发分含量的多少是决定炉膛结构及通风条件的关键因素。燃用烟煤的链条炉排锅炉适宜燃用$V_{daf}\geqslant22\%$的煤种，对于$V_{daf}<22\%$的煤炭以至挥发分含量更低的无烟煤，则需要特殊的炉膛结构、通风配置和其他强化燃烧的措施。

(2) 灰分的影响　煤中灰分增加使得可燃物含量减少，对煤的着火和燃烧带来不利影响。当燃用多灰的煤种时，在焦炭周围覆盖了过多灰渣，阻碍了与空气的接触，延长了燃烧时间，加大了不完全燃烧热损失。燃用灰分高的劣质煤，焦渣特征大，很容易在炉排上结焦，破坏燃烧过程，严重时还可能堵塞炉排通风间隙，造成炉排过热烧坏。大块的焦渣堵塞灰渣通道，危及正常运行。链条炉排锅炉用煤灰分最好小于25%，不宜超过30%，焦渣特征2～4号为宜。燃用灰分较多的煤种时，应配置强化引燃的炉膛结构，使用热风，并采取碎渣措施。

(3) 水分的影响　煤中水分增加使燃煤入炉后干燥时间加长，水分的蒸发需要吸收热量，这对煤的着火不利。蒸发了的水与可燃气体混合，既增加了可燃气体的热容量，又降低了其浓度，对可燃气体燃烧也不利，这些都促使燃烧室温度下降，不利于燃烧的强化。但煤中水分也不宜过低，尤其是对于煤末多的燃煤，煤中适当的水分能使碎煤屑粘接在一起，使漏煤和飞灰减少。适当的水分也可使煤层不致过分结焦；煤层中水分蒸发后能使煤层疏松利于燃烧。链条炉排燃烧要求煤中全水分不得超过12%。对于高水分的煤，要求强化引燃的炉膛结构。

(4) 发热量的影响　发热量是煤的综合性指标，发热量低的煤，水分或灰分的含量必然高，因此当Q_{daf}低于16.50MJ/kg（3940kcal/kg）时，炉内的燃烧温度、拱的温度和辐射的热量低，使煤的着火和燃尽困难。同时在燃用发热量低的煤时，燃煤量增加，煤层厚，链排速度加快，这对着火和燃尽是不利的。因此当燃用Q_{daf}低于16.50MJ/kg的煤种时，在炉拱的设置、热风温度、炉排的有效面积等方面均需采取相应的措施。

(5) 煤粒度的影响　链条炉排适合燃用洗选煤，其粒度为6～25mm，当燃用未经洗选的原煤时，小于3mm不得超过30%，最大颗粒度不大于40mm。链条炉排上的煤层相对于炉排是静止的，在燃烧过程中，没有拨火作用，所以不适用黏结性强以及煤灰的熔融软化温度$ST\leqslant1250$℃（当煤中灰分小于18%时，ST允许降低到1150℃）的煤种。

3. 链条炉排燃烧的基本要求和基本方法

为了满足链条炉排上述燃烧特性，使燃烧能够正常稳定进行，达到充分燃尽的基本要求：一是要有足够高的引燃热源温度的提供和可靠的热传递；二是要有符合不同燃烧阶段的合理配风和调控措施；三是要有满足空间烟气充分混合的燃烧室结构以及空间气流组织手段。采用的基本方法：一是配置适合于燃料特性的炉拱结构；二是沿炉排长度方向的分室配风和二次风的合理配置等方法来实现链条炉排的燃烧要求。

二、炉拱特性与功能

1. 炉拱特性

为了适应链条炉排燃烧特性要求，燃烧室需设置特有的结构——炉拱。它起着新燃料引燃和促进炉内烟气混合等作用。炉拱特性一是辐射传热。炉拱通常由耐火砖或耐火混凝土筑成，炉拱本身不产生热量，属于灰体，其表面法线方向上的辐射黑度约为0.8左右。来自火床上燃料燃烧产生的热量和燃烧室炽热烟气的热量，被炉拱所吸收，提高了炉拱的温度，炽热的炉拱把热量再辐射到炉排的燃料上。前拱主要功能是通过辐射传热实现新燃料的引燃；后拱通过辐射传热保持高温，促进燃料的燃尽。其辐射功能的强化程度决定于温度水平的高低和辐射面积的大小。炉拱辐射特性取决于炉拱在炉排上投影面积而与其形状无关，因此炉拱在炉排上的投影长度是炉拱结构的主要参数之一。二是促进炉内烟气混合。由于链条炉排分段燃烧的特性，即使采取分室送风，燃料层区段所放出的气体成分仍然各不相同。在炉排头尾两端存在着过量空气而在炉排中部，燃烧层始终存在着还原区，不断产生大量可燃气体。前后炉拱迫使这些平行气流相互接触混合，由前后炉拱组成的喉口提升了烟气流速，强化了烟气扰动，利于可燃气体充分燃烧。三是组织炉内烟气流动。组织高温烟气对新燃料和着火区炉拱的冲刷，形成强烈的对流传热，将大量高温烟气输入着火区，提高了炉拱温度，强化了炉拱引燃功能。炉拱之间的有机配合，构成良好的烟气动力场，延长了烟气在燃烧室的路径，有效分离出烟气携带的颗粒物，利于引燃和降低烟尘排放。对于低矮燃烧室，炉拱还利于促进燃烧区高温环境，加速燃烧的进行。

2. 前拱功能

前拱的主要功能是组织辐射引燃，包括前拱对新燃料直接辐射传热引燃以及前拱和相邻的炉墙围成空间的火焰和高温气体对新燃料的辐射引燃；有效地吸收后拱导入的烟气热量，提高前拱温度辐射给新燃料；与后拱相配合组织空间烟气形成涡旋，促进空间气体混合，并促使烟气携带的炽热炭粒分离出来落在新燃料上加速引燃。

3. 后拱功能

后拱的主要功能是导流引燃和维持燃烧区高温水平，促进燃料的燃尽。后拱组织引导火床中部强燃烧区和后部烟气流涌向前拱区，提供新燃料着火的热源，是稳定前拱区的关键因素。一方面使前拱区提升温度强化辐射引燃，另一方面促使高温烟气中携带的炽热炭粒散落在火床前端新燃料上，形成高温覆盖层直接点燃新燃料；后拱的有效覆盖和辐射传热维持了后拱区的高温，利于主燃区的形成和燃料的燃尽；与前拱相呼应，促进空间气体的混合并强化了气体的燃烧。

4. 目前炉拱存在的主要问题

炉拱特性理论研究和实践探索，使炉拱结构优化取得了显著进展，效果明显。但是仍有相当数量原有锅炉炉拱结构不理想，炉拱覆盖率偏小，特别是后拱覆盖率偏小尤为突出；前后炉拱坡度较大，喉部截面积较大；前拱距炉排距离较大，尤其是与煤闸板相邻拱段位置过高。这样的炉膛结构，不利于燃煤点燃，削弱了炉拱混合作用，缩短了烟气流程，造成燃烧不稳定，灰中可燃物高，浪费煤炭，影响出力。

三、炉拱优化原则、主要结构参数及细部结构

1. 炉拱优化原则

① 在炉拱长度和炉拱高度相同的情况下，辐射传热性能与其形状无关，前后炉拱应有足够的覆盖长度。炉拱形状取决于燃烧室空气动力场性能的要求。前拱一般设计成凹面形，包括人字形，不必刻意将前拱做成抛物线形，因为炉拱辐射传热并不遵循光的反射原理。后拱一般设计成直线形或人字形。

② 炉拱的动量原则。主要是指烟气在后拱出口应具有足够的动量，才能使其达到火床前端，实现引燃并形成烟气涡旋，改善火焰充满度，强化烟气的混合。关键是使烟气在后拱出口达到一定的速度，特别是燃用无烟煤或劣质煤要达到较高的烟气流速。

③ 前后拱相协调原则。前后拱应形成一个有机的整体，才能实现炉拱对新燃料引燃以及烟气的混合功能。

④ 对燃料特性广泛适应的原则。对煤种变化适应性的强、弱是评价炉拱优劣最主要的依据之一，也是锅炉工作者为之长期探索的方向。

2. 炉拱主要结构参数

链条炉前后拱结构如图 3-3 所示，链条炉炉拱主要结构尺寸经验值见表 3-1。

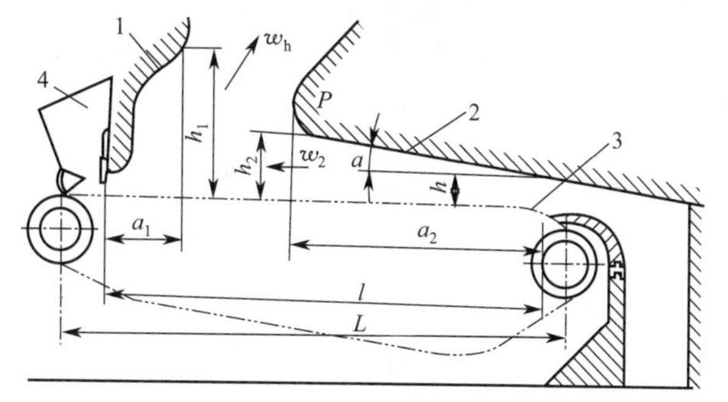

图 3-3　链条炉的前后拱结构

1—前拱；2—后拱；3—链条炉排；4—煤斗

表 3-1　链条炉炉拱主要结构尺寸经验值

名　　称	符　　号	褐　　煤③	Ⅱ、Ⅲ类烟煤	贫煤⑥、无烟煤、Ⅰ类烟煤
前拱高度⑤/m	$h_1$①	1.4～2.3	1.6～2.6	1.6～2.1
前拱遮盖炉排长度	$\frac{a_1}{l}$	0.15～0.35	0.1～0.2	0.15～0.25
后拱高度/m	$h_2$①	0.8～1.2	0.9～1.3	0.9～1.3
后拱遮盖炉排长度	$\frac{a_2}{l}$	0.25～0.5	0.25～0.55④	0.6～0.7
后拱倾角/(°)	α	12～18	12～18	8～10
后拱至炉排面的最小高度/m	h②	0.4～0.55	0.4～0.55	0.4～0.55

① 炉排有效长度 l 值大，则取 h_1、h_2 偏大值。

② 对多灰或灰熔点低的煤，h 取大值。对 V_{daf}小的煤，h 取小值。

③ 对水分高的褐煤，h_1、$\frac{a_2}{l}$取大值，$\frac{a_1}{l}$、α 取小值。

④ 对难着火的Ⅱ类烟煤，$\frac{a_2}{l}$取大值。

⑤ h_1 主要取决于与后拱的配合。

⑥ V_{daf}高的贫煤，按Ⅱ类烟煤设计。V_{daf}偏低的贫煤按无烟煤设计。

(1) 后拱至炉排面的最小高度 h　h 值的大小直接影响到后拱出口烟气流速以及后拱与炉排面的距离，是炉拱的重要结构参数。减小 h 值有利于提高后拱出口烟气流速，并可利于挥发分较低煤种的引燃。但 h 值不可过小，以免造成检修出入困难，也不利于多灰易结焦灰渣的顺利排除。

(2) 后拱的倾角 α　后拱倾角 α 的确定，应能确保后拱区燃烧所产生的烟气能顺利流出并使烟气在其出口具有足够的流速。后拱改进的趋势是压低，加长、减小倾角，以适应包括较差煤质在内的煤炭资源燃烧。燃用烟煤的链条炉，原后拱倾角大多 15°～30°，后来一般采用 15°。大量改造实践证明，后拱倾角 α 取 12°为宜，可以使烟气在后拱出口获得足够的流速，引燃和燃烧都可以达到很好的效果。但倾角 α 不可太小，因后拱区从炉排尾部至后拱出口烟气量是逐渐增加的，在不同断面烟气流速逐渐加大，因此烟气在后拱下的流动阻力也将随之增大。要使烟气顺利流出后拱，炉排尾部至后拱出口必然要有一定的压差，这个压差由引风产生的炉膛负压提供，当后拱倾角 α 过小时，可能造成后拱下出现正压。采用低长后拱时，后拱倾角 α 不宜小于 8°。

(3) 后拱覆盖炉排的长度 a_2　a_2 值是炉拱结构最重要的参数。它既影响后拱辐射传热量的大小，关系后拱区温度水平，又决定着导向前拱区烟气量的大小和深入前拱区的程度，是实现后拱功能的关键，也是决定炉拱优劣的主要参数。后拱覆盖炉排长度 a_2 增大趋势明显，燃用烟煤以及挥发分偏低的煤种时，a_2 值应不小于炉排长度的 50%，燃用劣质烟煤时，可取值为 60%左右，燃用无烟煤时 a_2 值为 60%～70%。应注意，a_2 值过大会引发结焦的出现。

(4) h_2 值及后拱出口烟气流速 w_2　当选用直线形后拱，在确定了 h、α、a_2 值之后，h_2 值经计算可得，不须选定。它是后拱布置合理性的重要指标，h_2 值的大小直接影响着后拱出口烟气流速 w_2 的大小。w_2 值大，后拱下的烟气射得远，火焰中心向前移，为前拱提供更多的热量，同时强化了火焰对新燃料的辐射传热，并促使后拱射出烟气中所携带的炽热炭粒子更多地撒落在新煤层上。增大 w_2 值是强化后拱引燃功能的主要手段。w_2 值一般为5～10m/s。烟煤着火比较容易，采用小值，无烟煤着火困难，则采用大值。计算 w_2 值可用式(3-3) 求取。

$$w_2=(a_2/l)B_jV_y(T_e+273)/273F_y \tag{3-3}$$

该公式计算 w_2 值设定了以下三个假设条件：

① 有 $(a_2/l)B_j$ 的燃料在后拱下燃烧；

② 烟气温度 T_e 为 1370℃；

③ 烟气含 CO_2 为 15%。

式中，B_j 为计算燃料消耗量；V_y 为烟气体积；F_y 为后拱烟气出口截面积。为了达到较高的 w_2 值，近来出现出口拱段的折线形后拱，俗称“人字拱”。

(5) 前拱覆盖炉排的长度 a_1 及 h_1 值　前拱的辐射引燃功能通过前述三个作用来实现。要提高前拱辐射功能，应维持一定的 a_1 值，一般可取炉排有效长度的15%～25%；为实现与后拱的配合，应突出前拱对后拱射入气流的吸纳和包容。因此 h_1 值应高于 h_2 值，直至 h_1 值为 h_2 值的2倍。对于小型锅炉 h_1 值不宜过大，此外还应兼顾前后拱形成的喉口对空间气体混合功能的要求。前拱的拱形还应防止出口烟气直达出烟窗，造成烟气短路。

(6) 喉口烟气流速 w_h　前拱与后拱之间的最小距离（前拱烟气出口端点与后拱鼻突之间的距离）称为喉口，是促使燃烧室气体混合的特有结构。喉口处烟气流速 w_h 的大小是体现炉拱混合功能强弱的重要参数。喉口大，w_h 值偏小，混合功能减弱；喉口小，w_h 值增大，混合功能增强。因此应尽量减小喉口尺寸，增大喉口烟气流速 w_h。但是喉口太小，烟气阻力增加，会造成燃烧室正压，冒烟喷火。燃用烟煤时 w_h 值可取5～7m/s，燃用无烟煤时 w_h 值可取7.5～9m/s。

3. 炉拱细部结构

① 拱前端与煤闸板相邻部分的拱段与炉排的距离 h_1' 以及此拱段出口形状，与煤层的起火点位置有极其密切的关系。早些时候设计的炉拱，此拱段与炉排距离偏大，h_1' 约为400mm，拱段长度 a_1' 最长不超过500mm，且出口为较大曲率半径 R 的弧形结构，如图3-4(a)所示。当燃用挥发分较高的煤种（V^r>30%）、链条速度较低时，煤斗中的煤起火冒烟，甚至煤斗、炉排局部结构过热变形的现象屡见不鲜。这是此拱段位置较高、出口圆弧大，炉膛炽热烟气辐射热深入传递到煤层前端，促使起燃点前移所造成的后果。其次，前端烟气有沿拱面流动的趋势，出口圆弧半径太大，烟气易直接导向出烟窗，缩短了烟气流程。特别是紧贴拱面烟气中挥发分与空气得不到充分混合，造成燃烧不完全，易冒黑烟。再次，易造成漏风，尤其是两侧，对于分层给煤装置，小拱过高引起漏风更为突出。为了减少炉膛辐射热传递过度靠前，而把这段拱压低，出口圆弧曲率半径减小，如图3-4(b)所示，以遮挡热量的输入，控制煤层起火点距煤闸板150～300mm。后期的设计都把这段拱高控制在250mm以下，4t/h以下控制在200mm，做成水平，或上倾不大于10°，也有做成反倾1～3°的带凸台的小拱出口，可获得最佳效果，如图3-5所示。缺点是施工复杂，10t/h以上的锅炉，小拱长度在500mm左右，可以杜绝烧煤闸板现象的发生。这段炉拱可称为煤闸保护拱。

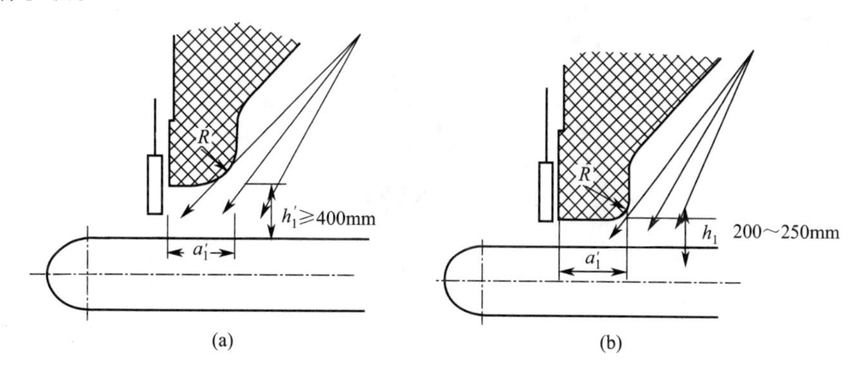

图3-4　煤闸保护拱

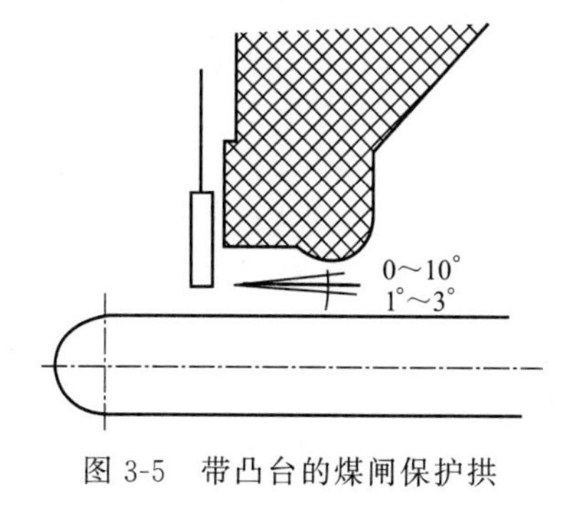

图3-5　带凸台的煤闸保护拱

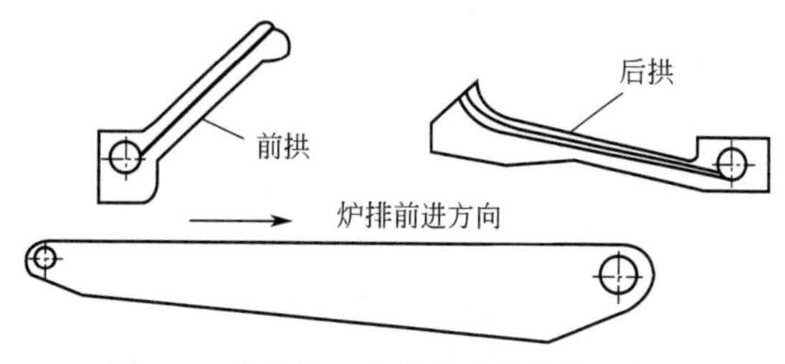

图3-6　前拱出口凸型单曲拱结构示意图

② 前拱出口凸型单曲拱（突台）结构。图 3-6 为凸型单曲拱结构，能使紧贴拱面的烟气气流脱离拱面，改变流向，具有部分二风的作用，促进气流的扰动，在炉膛形成强烈旋涡，有利于可燃气体、炭粒与空气良好混合；有利于延长烟气流程，改善充满度，以使可燃物得到充分燃烧。凸型单曲拱结构，还可促使烟气中所携带的炭粒分离并落在前拱下方，利于新燃料引燃，减少飞灰排出量。

③ 后拱折线结构（人字形拱）。人字形炉拱是将后拱出口段由直线形改变成折线形，将其做成水平段或反向倾斜段。实质上是压低后拱出口高度，这样的结构既保持了后拱中部强烈燃烧区具有足够的燃烧容积，又利于提高后拱出口烟气流速，使之具有冲入火床前端的动量。后拱出口折线段长度一般在 500mm 左右，反倾角为 0°～20°。后拱出口折线段长度过长或反倾角太大，会造成高温烟气所携带的炽热炭粒碰到反向倾斜拱时过早地掉落下来，而削弱引燃作用。双人字形炉拱如图 3-7 所示。

④ 后拱出口端部（鼻突）结构。以往的后拱出口都做成曲率半径很大的圆弧，目的是使烟气很顺畅地流出。然而，实践证明，这样的结构不利于空间气体的混合，后拱区高温烟气容易沿后拱壁导向出口烟窗，不利于涌向前拱区，削弱了引燃功能。现在后拱出口端部大多设计成直角或锐角结构，以消除圆弧结构的弊端，如图 3-8 所示。

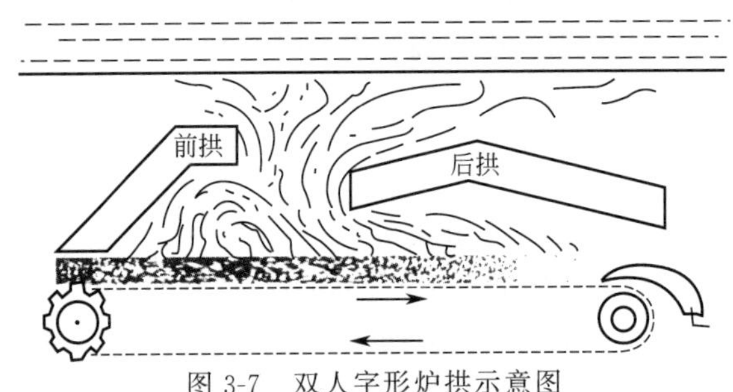

图 3-7　双人字形炉拱示意图

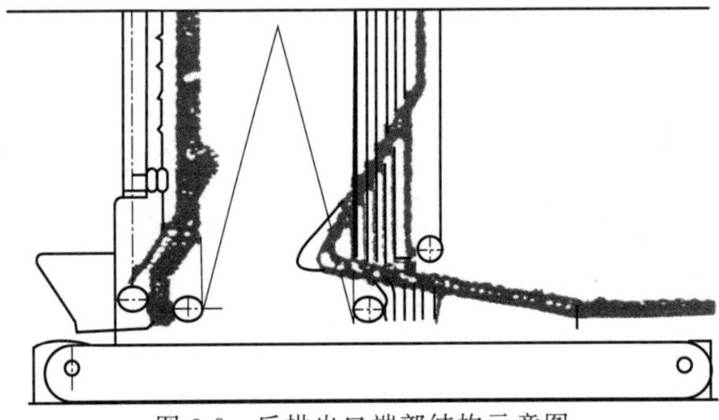
图 3-8　后拱出口端部结构示意图

四、中拱强化燃烧机理和结构优化

前后拱结构具有强化引燃，组织空间气流混合，创造高温条件等作用。目前小型燃煤锅炉在运行中，燃料引燃并不是关键，炉膛结构的不适应表现在大量焦炭不能充分燃尽，造成燃烧效率低，影响锅炉热效率。固定碳的燃烧，属于扩散燃烧范围，反应过程中氧化速度大大超过氧气的供给速度。因此固定碳的完全燃烧不但需要创造一个高温条件，而且还在于组织好炉排上的一次混合和空间的二次混合过程。前者取决于炉排通风的合理组织，而后者则取决于空间混合作用的强化程度。

在燃煤挥发分低于设计煤种时，固定碳燃烧区相对扩展，原有的炉膛结构在强化混合作用方面显得钝化，增加中拱结构使固定碳燃烧得以改善，从而强化了整个燃烧过程。

1. 中拱强化燃烧的机理分析

(1) 强化空间混合作用　中拱位于原有燃烧室喉口中前部，即固定碳的燃烧带，这里进行着炭的直接氧化和还原过程，是一个包括完全氧化生成 CO_2 及不完全氧化生成还原产物 CO 的过程。这里的“中拱”把 CO 以及挥发过程残存的少量 H_2、CH_4 可燃气体分成两股，使之与前后拱汇拢来的过剩氧充分混合，迫使原来不同气体组分的平行气流相互接触混合，得以充分燃烧。中拱把原来一个较宽阔的喉口分割成为两个或多个喉口，其结构与布置如图 3-9～图 3-11 所示。中拱减少了喉口处烟气流通断面，不仅延长了烟气行程，而且提高了烟气流速，强化了空间混合效果。在实践中可明显地观察到，“中拱”前后有两道明亮修长的火焰流上升，可以说明“中拱”强化空间混合效果。

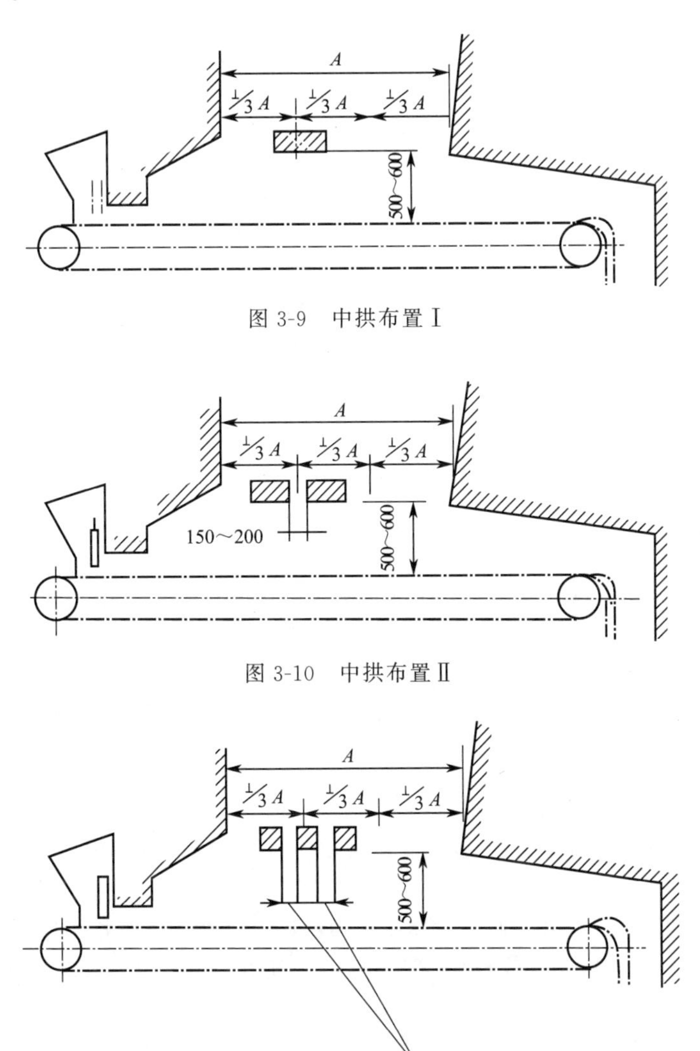

图 3-9　中拱布置Ⅰ

图 3-10　中拱布置Ⅱ

图 3-11　中拱布置Ⅲ

(2) 强化固定碳燃烧区辐射传热，创造高温条件。固定碳的燃烧较困难，是灰渣中可燃物的主要来源。当温度在 750℃以下时燃烧速度缓慢；到 1200℃以上时，反应速度急剧加快，整体燃烧进程取决于扩散速度。因此固定碳完全燃烧除了具备良好的混合条件外，最主要的是创造一个高温环境。

固定碳燃烧包括底部的直接氧化层生成 CO_2 放出大量的热，上部的还原层生成 CO 并吸热，造成这一区段的相对冷却。如果 CO 不能及时燃烧放热则使完全燃烧趋于困难，多见火焰短，燃烧逐渐衰减。在该区段布置“中拱”后，促进 CO 的空间燃烧放热，加热了的“中拱”以较强的热辐射加速了燃料层的燃烧，形成一个稳定的高温燃烧区。

加中拱后，可以观察到位于中拱下方炉排固定密封块的颜色有明显改变，可以说明“中拱”增强辐射传热的效果。

(3) “中拱”具有很大的蓄热能力，可以促进空间可燃气体和炭粒的燃尽，稳定燃烧工况。“中拱”由耐火材料筑成，具有很大的蓄热能力，是一个热载体，比其占有的同体积的烟气高千倍，因此它不仅可以增强对燃料层的辐射传热，而且迫使周围空间的可燃气体和炭粒充分燃烧。可以观察到气流中的炭粒在“中拱”附近形成明亮的颗粒燃烧。此外这种蓄热能力对负荷波动还有稳定燃烧工况的作用。

(4) 对于低矮炉膛，特别是卧式内燃炉膛，“中拱”的遮冷卫燃、强化燃烧作用更加突出。卧式内燃锅炉燃烧室的特征为：

① 水冷程度高，整个燃烧室几乎为全水冷圆筒形，燃烧热很快被水冷面吸收，难以维持较高炉温，虽然已采取了容积热强度较一般锅炉高两三倍，以维持燃烧过程持续进行的措施，但机械及化学不完全燃烧热损失仍然较大，对于挥发分低的煤种尤甚，表现出对煤种适应性很差。

② 炉膛容积小，不仅造成混合空间小，而且受热面对燃料层吸热能力强，使整个温度水平下降，从而固定碳的燃烧更趋困难。

③ 烟气沿燃烧室纵向流动，从前至后流速逐步提高。在这类炉膛中布置“中拱”在于发挥它的遮热能力，有效地提高炉膛温度。同时中拱不接触炉胆，并保持一定距离，留出一个烟气通道。这样不仅能扰动纵向气流加强混合作用，而且不至于过多地影响辐射受热面的吸热。此外由于提高了烟气流速，还利于增强受热面对流换热效果。实地观察与测试发现，加中拱后炉膛温度可维持在1300℃左右，火焰均匀充满炉膛。

2. 中拱结构参数的优化

(1) 中拱位置的确定　中拱应布置在固定碳起燃的位置，即固定碳气化区的上方。对于不同炉型，可按以下具体情况选定：①原喉口宽度前起1/3处；②炉排有效长度前起40%处；③距煤闸板1.5m处；④开式炉膛，中拱前沿距前拱不小于250mm，卧式内燃炉膛，中拱前沿距前拱500～700mm。

(2) 中拱的宽度和数量　中拱总有效宽度，对于开式炉膛，可按加装中拱后，喉口处的烟气流速按5～7m/s的条件计算而得。对于卧式内燃炉膛，按照中拱遮蔽辐射受热面积的50%～60%来计算。

为了防止中拱上表面积灰，可将中拱分几段布置，每段宽度等于或小于460mm，每段之间距离不小于250mm，以防结焦黏合。

中拱布置过多，烟气阻力增大，炉膛出现正压，同时燃烧生成的气体不易扩散，影响正常燃烧。

(3) 中拱高度的选定　开式炉膛中拱净高（中拱底面最高点至炉排距离）500～600mm；第二段中拱可比第一段低100mm，可采取水平布置，也可与后拱采取同样角度，以提高对烟气的扰动作用。

卧式内燃炉膛中拱上表面最高点距炉胆表面：2t/h炉可取80～100mm；4t/h炉可取120～150mm。

中拱过低，易结焦甚至影响煤层的均匀性，且砌筑困难，坚固性差；中拱太高，不仅降低了对燃料层的辐射传热效果，且由于可燃气体浓度下降，削弱了中拱的混合功能。

(4) 中拱的厚度　开式炉膛中拱厚度可取230mm；卧式内燃炉膛，对于2t/h炉可取115mm，4t/h炉可采取230mm。

中拱太薄，削弱了蓄热能力，容易损坏；中拱过厚，尤其在内燃炉膛里，烟气阻力增大。

诚然，实现中拱强化燃烧的功能，除了合理布置中拱外，还需要其他条件的配合，诸如燃煤的合理混配、加水、改进配风、精心操作等。实践证明，“强化固定碳的燃烧”是提高燃烧效率的关键。中拱提高了炉膛温度，改善了混合过程，强化了燃烧条件，是一项简单易行的实用技术。

五、燃用无烟煤、劣质煤、挥发分较高煤的炉拱特点

1. 无烟煤的特征

(1) 无烟煤的形成、成分与分类 古代植物经地壳运动埋藏于地下，隔绝空气长期经受高温高压以及微生物的综合作用，发生复杂的物理化学变化，不断分解出二氧化碳、水、甲烷等气体，碳含量逐渐增加，这就是煤形成的炭化过程。随着地质条件和埋藏年代长短不同，炭化程度不同，形成了煤的成分和性质的各不相同，可依次分为褐煤、烟煤和无烟煤，并具有不同的燃烧特性。

无烟煤是炭化程度最深的煤种，色黑、质坚、密度大、气孔少、破碎面具有金属光泽。无烟煤含固定碳在60%以上，氢、氧含量较少，挥发分含量低，在10%以下。尤其是Ⅱ类无烟煤，含碳量在70%以上，挥发分在6.5%以下，燃料比（固定碳/挥发分）高达7～12。故无烟煤的着火温度高、性能差、着火困难。我国无烟煤预测资源量达4742亿吨，居世界首位，储量仅次于烟煤，山西、贵州储量占70%以上。高效地利用好这些资源，对于实施西部大开发战略，缓解资源紧张状况，保证我国国民经济可持续发展具有重要意义。有关工业锅炉行业用无烟煤见表3-2，工业锅炉设计用无烟煤代表煤种见表3-3。

表3-2 工业锅炉行业用无烟煤

类 别	干燥无灰基挥发分 V_{def}/%	收到基低位发热量 $Q_{net,ar}$/(MJ/kg)
Ⅰ类	6.5～10	<21
Ⅱ类	<6.5	≥21
Ⅲ类	6.5～10	≥21

表3-3 工业锅炉设计无烟煤代表煤种

类别	产地	挥发分 $V_{daf.ar}$/%	碳 C_{ar}/%	氢 H_{ar}/%	氧 O_{ar}/%	氮 N_{ar}/%	硫 S_{ar}/%	灰分 A_{ar}/%	水分 M_{ar}/%	低位发热量 $Q_{nar,ar}$
Ⅰ类	京西安家滩	6.18	54.7	0.78	2.23	0.28	0.89	33.12	8.00	18.18
	四川芙蓉	9.94	51.53	1.98	2.71	0.60	3.14	32.74	7.30	19.53
Ⅱ类	福建天湖山	2.84	74.15	1.19	0.59	0.14	0.15	13.98	9.80	25.43
	峰峰	4.07	75.60	1.08	1.54	0.73	0.26	17.19	3.60	26.01
Ⅲ类	山西阳泉	7.85	65.65	2.64	3.19	0.99	0.51	19.02	8.00	24.42
	焦作	8.48	64.95	2.20	2.75	0.96	0.29	20.65	8.20	24.15

(2) 无烟煤的燃烧特性 无烟煤的形成和成分决定了它的燃烧特性，由于埋藏年代久远、炭化程度深、固定碳含量高、挥发分含量低，Ⅱ类无烟煤挥发分 V^r<6.5%，使得无烟煤燃烧化学反应性能很差，着火温度高达700～900℃（Ⅰ类约800℃，Ⅱ类约900℃，Ⅲ类约700℃）。在燃烧初期释放出的可燃气体极少，产生的热量较少，难于着火和维持稳定的燃烧，因此解决新煤的点燃在炉拱设计中居于首位。另外，燃烧时呈青蓝色的短火焰，颗粒中气孔少，空气不易与煤的表面接触，因此燃烧速度缓慢，燃尽需要时间更长。无烟煤燃烧过程中，易爆破成碎片，故其炉排面积热负荷低（580～815kW/m^2），煤层通风阻力系数高（机械通风时 ζ=350～525），因而燃用无烟煤的链条炉排应有足够的长度和面积。

2. 燃用无烟煤炉拱的特点

如上所述，无烟煤着火非常困难，因此燃用无烟煤炉拱首先应保证无烟煤的可靠点燃，还应保证良好的燃烧工况。由于无烟煤挥发分极低，火焰短，炉拱辐射引燃作用有所减弱，而炉拱导流引燃起着极其重要的作用。为了强化炉拱导流引燃功能，其后拱的显著特点是低而长，后拱覆盖率在60%以上，对于Ⅱ类无烟煤，后拱覆盖率高达68%～75%，后拱倾角小 α 为

6°～8°。Ⅱ类无烟煤链条炉排锅炉炉拱布置如图3-12。后拱长，其出口更接近火床前端，可以有效地将燃烧区的火焰和高温烟气导入并将炽热炭粒撒落在新燃料上，提供充分的热源，促进着火的稳定。后拱较低的倾角，提高了后拱出口烟气流速，维持在 w_2 值为7～10m/s左右，使高温烟气获得足够的动量得以冲入新煤区，强化对流传热，尽快引燃着火。燃用无烟煤前拱应与后拱相呼应，密切配合才能形成强化引燃并促使燃尽。前拱的特点是短而高，包括炉墙形成一个高温烟气空间，强化对新煤的热辐射；吸收后拱导入的高温烟气热量，提高了前拱温度，同样可强化对新煤的辐射；与后拱组成良好的空气动力场，以组织高温气流对新煤对流传热并分离炽热炭粒，保证新煤能尽快起燃。前拱出口高度应高出后拱出口端，并要有一定高度差，一般可取 h_2 的2倍左右，前拱覆盖率为20%～25%，喉口烟气流速控制在7.5～9m/s。应用耐火材料包覆前拱区前墙及侧墙水冷壁，在燃烧室拱区内侧墙水冷壁上覆设卫燃带至喉口鼻突高度，以维持高温环境。有关后拱参数见表3-4。

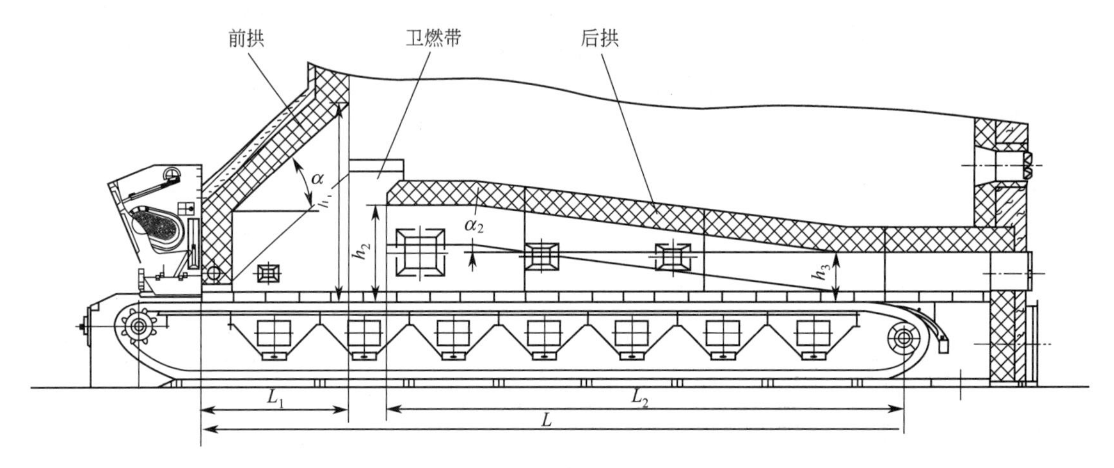

图3-12 Ⅱ类无烟煤链条炉排锅炉炉拱布置图

表3-4 部分无烟煤链条炉排锅炉后拱参数

炉排形式	锅炉型号	炉排长度 L/m	后拱覆盖率 a/%	后拱倾角 α/(°)	后拱高点距离 h_2/m	后拱低点距离 h_3/m
中块活芯炉排	DZL2-1.25-WⅡ3	4.5	70	6	0.614	0.32
	DZL4-1.25-WⅡ3	5.43	70.5	8	0.68	0.4
	SZL6-1.25-WⅡ	7	70	7	0.68	0.36
	SZL10-1.6-WⅡ	7.8	75	7	0.8	0.36
鳞片式炉排	SHL4-1.6-WⅡ	6	72	8	0.84	0.35
	SHL6-1.6-WⅡ	6.5	70	8	1	0.4
	SHL10-1.6-WⅡ	7	68	8	1.04	0.4
	SHL20-2.5/400-WⅡ	8.5	70.5	8	1,02	0.45

3. 强化无烟煤在链条炉排上燃烧的其他措施

① 燃料层前部区域采取高温烟气下抽。将炉排下第一风室单独密封，专门设置风机，将燃烧室高温烟气向下穿过煤层抽出。利用1000℃左右烟气将入炉新煤加热，使其迅速升温、干燥、预热、析出挥发分，完成热力准备阶段，有效地解决无烟煤着火迟缓的难题。吸风机机前要有除尘装置，抽出的气体排空。

② 采用较高预热空气温度。为了改善无烟煤引燃和燃尽条件，燃用无烟煤的锅炉必须加装

空气预热器。热管式空气预热器体积小，传热效率高，布置简单方便，近年来得到了广泛采纳。有关热管技术，详见第九章论述。它通过液体的相变进行热量的传递，冷、热端温度比较均匀，壁温高，可避免低温腐蚀，用于无烟煤燃烧热风温度应在150℃以上。

此外，燃用无烟煤通常还可采用分层分行给煤、炉外炉内松煤、安装二次风等措施，在第二章中已作了简介。

4. 劣质煤燃烧特性

(1) 劣质煤是指高灰分、低热质烟煤，发热量在12.979～17.585MJ/kg（3100～4200kcal/kg），挥发分V_{daf}>20%。其燃烧特性：

① 着火点后移。由于高灰分的存在，达到着火温度的热力准备阶段需要吸收更多的热量，导致着火点后移。

② 燃烧缓慢。炭粒被更多的灰分包裹，氧气向炭粒内部扩散速度减小，燃烧速度减慢，燃尽困难。

③ 易结焦。灰分多，在炉排主燃区易形成低熔点的共晶体，熔融状态的灰将炭粒包裹，炭粒燃尽更加困难，多见黑心炉渣，灰中可燃物增高。严重时，在火床上形成大块或大片焦渣，破坏了通风，使燃烧状况恶化，危及正常运行。链条炉排不宜燃用灰的变形温度低于1200℃的煤。此外，为了输入额定热量，既要增加煤层厚度，增加炉排面积，又要加大通风，增加烟尘量，加大了排烟热损失。

④ 采用洗选煤措施。从源头上对其进行洗选，脱除灰分50%～80%，再专设炉拱，效果更好，详见第六章有关论述。

(2) 燃用劣质煤炉拱特点　为使劣质煤及早着火充分燃尽，应适度加大前、后拱覆盖率，后拱出口烟气流速控制在8～10m/s，喉口烟气流速控制在7～9m/s。同时应设置空气预热器，采用热风助燃以强化燃烧。此外在炉排强燃烧区加装炉内松煤器，以翻松煤层、脱落灰层、破碎焦渣，提高燃烧效率，详见第二章有关论述。

(3) 设置空气预热器，使热风温度达到150℃以上，以利于劣质煤的尽早点燃和维持炉膛内的高温环境，促其燃尽。在难以达到较高热风温度时，可采用两段送风方法，即将部分空气加热到理想温度，仅送到炉排前部，包括燃料预热段和主燃区前一部分，其余部分仍送入未经预热的空气。这种方式有助于解决劣质煤的点火和固定碳起燃的问题。

5. 高挥发分煤燃烧特性

(1) 高挥发分煤与无烟煤相反，它埋藏年代短，炭化程度低，挥发分含量高，V^r在30%以上。其燃烧特性与无烟煤有很大的差异。

① 挥发分热分解析出温度低，从褐煤到烟煤此温度约在130～400℃，陕西神府煤为222.7℃。

② 挥发分析出量大而且集中，仍以陕西神府煤为例，从挥发分开始析出的222.7℃到析出终止的289.2℃，挥发分析出量达78.3%。

③ 易着火。

④ 着火后形成较长的火焰，挥发分是由碳氢化合物组成的复杂混合物，在热分解产物被烧成灼热状态时发出光亮而修长的火焰。

⑤ 高挥发分煤中重碳氢化合物较多，受热分解经历一系列复杂变化后生成炭黑粒子和芳香族碳氢化合物。这些物质很难燃烧，有时即使有较多的过量空气，仍不能与氧完全反应，出现不完全燃烧。一部分未燃炭粒子被空气冷却，或在燃烧中过早地与受热面（壁温约在200℃左右）接触被冷却，即形成炭黑，因此燃用高挥发分煤极易冒黑烟，严重污染环境。燃烧很难组织好，包括这种炭黑在内不完全燃烧热损失高达10%以上。

(2) 高挥发分煤对链条炉排燃烧过程的影响

① 高挥发分煤在热力准备阶段析出大量挥发分且易着火，因此在链条炉排燃烧方式中燃料引燃不是主要障碍，容易实现燃烧前部的稳定。但由于燃料着火过快，燃煤一进煤闸即迅猛着火，极易发生在煤斗内提前燃烧的问题，致使煤斗构件过热变形，炉前窜烟。

② 由于挥发分集中在火床前端大量析出并立即起燃，炉排前部配风要有良好的适应能力，以足够的通风满足挥发分充分燃烧的空气量。但是往往因难以与空气实现最佳混合，前拱面附近局部缺氧，火焰呈暗红色。为了有效克服炭黑的形成易冒黑烟、污染环境问题，应保持燃烧室前部的高温环境，且应具有良好混合结构，保证可燃气体和炭粒的燃尽。

③ 由于高挥发分煤易燃的特性，沿炉排长度方向，燃烧强烈区前移，炉排中后部煤层急剧减薄，甚至炉排裸露，漏风严重，导致该区域温度低。尽管有较高的氧量和停留时间，燃料还是不能充分燃烧，造成灰渣含碳量高，燃烧效率降低。因此，燃用高挥发分煤必须具有良好混合性能的炉膛结构、合理的二次风配置以及燃烧室中后部区域应具有良好的保温措施。

(3) 燃用高挥发分煤炉拱特点　燃用高挥发分煤炉拱要具有良好的混合功能，适当增加炉拱覆盖率，尤其是要增加后拱覆盖率。

① 视挥发分含量高低情况，后拱覆盖率维持在 50%以上。

② 增加炉拱覆盖率，有利于强化炉内燃烧以及沿炉排长度方向燃烧室大范围气体的混合作用。适当加长后拱，组织后拱区过剩空气高速进入缺氧的前拱区。采用人字形后拱提高后拱出口烟气速度，加大烟气扰动，强化混合作用，延长烟气在燃烧室停留时间，利于可燃气体以及固体炭粒燃尽。

③ 适当加长后拱，减少受热面的吸热，利于维持后拱区较高温度，促使固定碳尽快燃尽，降低灰中可燃物。

(4) 良好的前拱结构是消烟的关键　黑烟形成的部位，在沿炉排长度方向煤的着火线后 0.5～1m 范围内，高度方向在煤层表面以上 0.1～0.3m 区间，是在高温缺氧条件下 C_nH_m 分解形成的，而黑烟一旦形成就很难消除。控制着火区温度，减缓挥发分析出速度，尤其是要迫使贴壁流动的黑烟层与拱面分离，避免直接进入低温区排出燃烧室。要将其与后拱导入含充足氧气的高温烟气剧烈混合使之燃烧充分，是消除黑烟生成的主要应对措施。可采用带预燃室结构的消烟炉拱，如图 3-13 所示。应适当降低其出口高度，减少来自炉内高温烟气的大量辐射传热；以减缓煤层挥发分析出速度和热裂解速度；并应通过自身空间内的燃烧，来抑制黑烟的生成，迫使烟气脱离拱壁面并以一定的速度进入高温区，与后拱涌入的富氧、高温烟气流充分混合，实现消烟，可见预燃室出口应尽量压低，但须防止过分降低，造成预燃室正压的发生；通常还需采取在后拱上加筑挡墙或格子墙以及合理布置二次风，及时补充氧气的措施来消除黑烟。

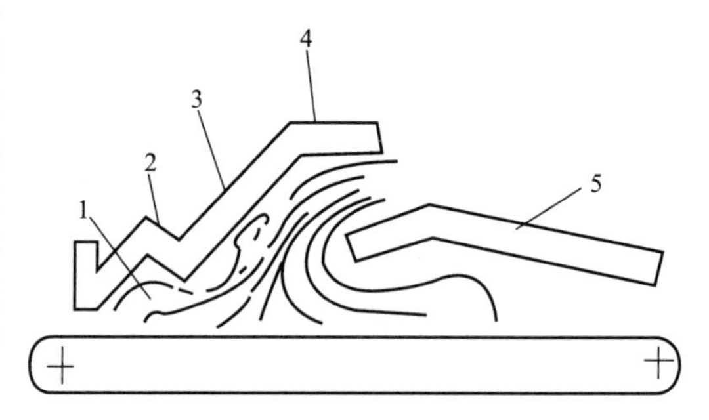

图 3-13　消烟炉拱结构

1—预燃室；2—前拱下段；3—前拱上段；4—前拱出口段；5—人字形后拱

六、可调炉拱和卫燃带

针对煤炭供应紧张、质量差、供应渠道多元化、燃用煤种多变的客观状况，在过去的二十多年中，一方面在提高炉拱适应性，开发新型宽煤种炉拱方面取得了显著成就；另一方面，运用“以变应变”思路来解决固定炉拱适应的单一性与煤种多变的矛盾方面也做出了有益的尝试，出现了“活动拱”和“可调节拱”等应用技术，都取得了很好的经济效益和环境效益，使炉拱技术有了新发展。

1. 活动炉拱

(1) 活动炉拱结构　用改变后拱覆盖率的方法，满足不同煤种和负荷的燃烧要求。对比燃用不同煤种链条炉的后拱，它们之间的区别主要在于拱的高度、倾角和长度的变化，其中长度变化的影响是主要的。图 3-14 所示炉膛结构，后拱高而短，开阔的炉膛适于燃用挥发分较高的Ⅱ、Ⅲ类烟煤；图 3-15 所示炉膛结构，后拱低而长，出口靠前，利于燃烧室中后部高温烟气及炽热

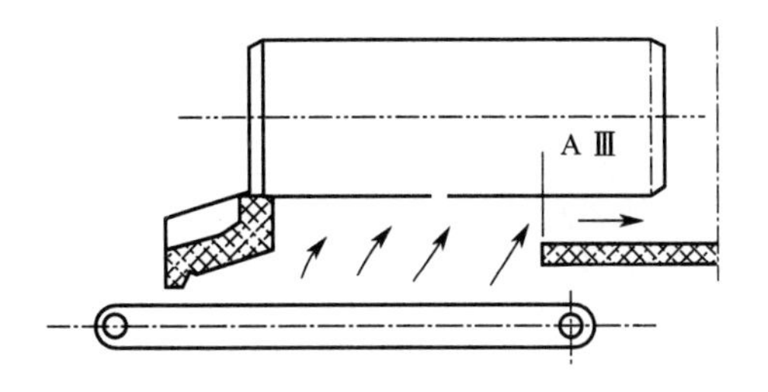

图 3-14　设计燃用“AⅢ”等优质煤的炉拱位置示意图

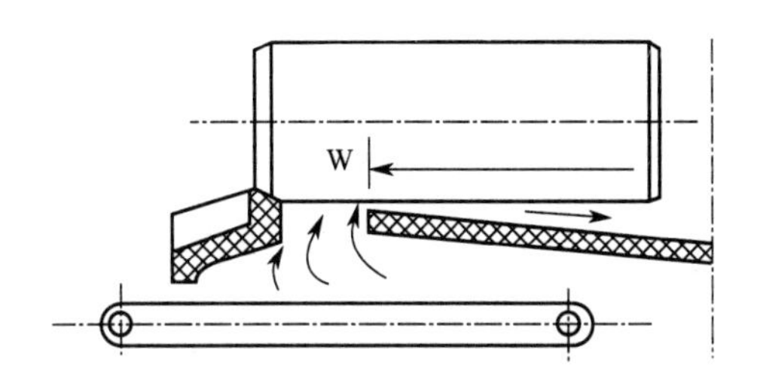

图 3-15　设计燃用“W”等劣质煤的炉拱位置示意图

炭粒涌向前拱区，适于燃用挥发分较低的无烟煤和劣质煤。若将燃用不同煤种的炉拱叠合在一起，可形成图 3-16 所示炉膛结构。

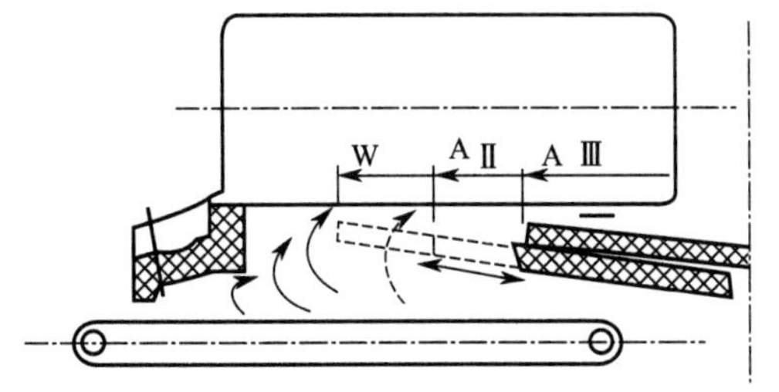

图 3-16　可以调节的炉拱位置示意图
炉拱调节在 AⅢ位置时可燃优质煤；
炉拱调节在 AⅡ位置时可燃中质煤；
炉拱调节在 W 位置时可燃劣质煤；
炉拱调节开大时适应锅炉高负荷；
炉拱调节关小时适应锅炉低负荷

当煤种发生变化需要改变炉拱尺寸时，可通过对活动拱调节的方式来满足，从而实现了炉拱与煤种动态匹配，使燃料的燃烧始终处于最佳状态。

(2) 活动拱设计原则　①首先应根据煤种变化范围和负荷变化情况进行设计；②选择后拱出口烟气流速范围为 15～5m/s；③控制炉拱下温度，使燃煤不致结焦；④便于不停炉调节和除去拱上积灰；⑤炉拱调节机构的金属机械零件，在炉膛 1000℃以上高温环境下工作，不被烧坏，保证使用寿命 3～5 年，且改造费用低廉。

(3) 活动炉拱的调节　活动拱的调节，可在锅炉运行中通过自动控制装置来实现。当煤质变差、负荷变低、着火线后移、炉温下降时，热电偶发出低温信号，启动电机传动装置，将活动拱推向炉膛前部。增加对炉排的覆盖长度，后拱出口烟气流速加大，高温烟气及炽热炭粒导向前拱区，温度升高，加速着火并燃尽。

当煤质变优，负荷增高，着火线前移，前拱区温度过高，可能结焦或出现烧煤闸的危险时，热电偶发出高温信号，启动电机传动装置，将活动拱推向炉膛后部。减少后拱对炉排的覆盖长度，后拱出口烟气流速减小，燃烧中心后移，前拱区温度下降，达到正常安全燃烧，使煤种和负荷变动中始终维持最佳燃烧状态。

2. 可调节炉拱

(1) 可调节炉拱结构　可调节炉拱，是通过调节后拱出口高度和出口段倾角的办法，针对燃用不同煤种，实现拱区空气动力场的最佳组织，达到燃料的燃烧处于最佳状态。

当煤种发生变化时，燃煤的挥发分、发热量、燃烧所需空气量以及燃烧生成的烟气量随之发生变化。这时后拱出口烟气速度、烟气动量也发生改变，应及时调整后拱出口高度，改变后拱出口截面积，使后拱出口烟气速度、烟气动量达到理想状态。调节后拱出口段倾角，后拱出口烟气流动方向发生改变，使前拱高温区位置和烟气涡旋更加合理，燃煤着火燃烧更加稳定充分。可调节锅炉炉拱工作状态如图 3-17 所示。

(2) 可调节炉拱设计原则

① 后拱出口段可实现自由转动，最大旋转角度为 180°。调节升降装置用手轮在炉外操作，可在 180°范围内调整到任一角度。

② 应满足炉膛高温环境下正常工作的要求，主轴材质应采用耐高温合金钢。选取较大安全系数，并有相应技术措施加以保护。

③ 在炉膛宽度较大情况下，主轴和转动段要有足够的强度和刚度，确保不变形，载荷均匀合理。有实例表明，可调节炉拱支点为 6m（29MW 锅炉），运行两个取暖期未发现任何问题。

3. 卫燃带

用耐火材料或其他材料，把燃烧室中一部分受热面包覆或遮挡起来，减少辐射传热，创造高温环境，提高炉膛温度，以实现燃料的尽快着火和稳定燃烧。被遮挡起来的部分称为卫燃带或燃烧带。敷设卫燃带是改善煤质低劣、发热量不高、运行负荷低导致燃烧状况恶化，普遍采用的有效技术措施。

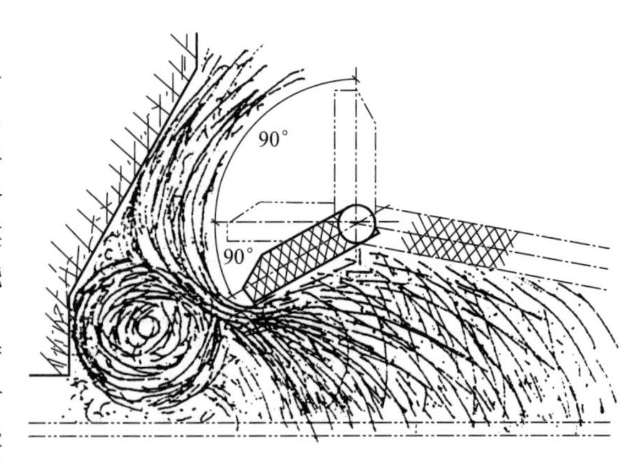

图 3-17 可调节锅炉炉拱工作状态示意图

(1) 煤种劣化、负荷降低对锅炉燃烧带来的影响 锅炉燃烧室结构总是对应于设计煤种特性的，而在实际运行条件下煤种会经常发生变动。当煤质劣化，尤其是挥发分低于设计煤种时，很容易出现推迟着火，炉膛温度降低，锅炉出力减小，不能满足用户要求；当锅炉运行负荷较低时，由于总燃料量的供给减少，也会造成温度水平降低。两种情况都会因温度水平降低而导致煤炭燃烧效率下降，严重影响锅炉热效率。

当其他条件一定时，燃料的燃烧效率主要取决于燃烧温度及燃料在高温区停留的时间。燃烧速度与温度呈指数函数关系，炉温降低会大大恶化燃料燃烧特性，降低燃烧速度，特别是燃料发热量主体固定碳部分难以燃尽，多见灰渣可燃物陡增，造成煤炭的严重浪费。

(2) 设置卫燃带是提高燃烧区温度的主要措施 为改善链条炉对煤种、负荷的适应性，除采取优化炉拱与结构尺寸设计、改善炉排横向配风均匀性、在炉排上部加装燃尽风、对入炉煤进行颗粒分级外，尚可采用活动炉拱、卫燃带、活动遮热板等技术措施，用以抑制锅炉受热面的吸热，创造高温环境，为提高燃烧效率创造基本条件。

布置在燃烧室高温区两侧的水冷壁受热面，是锅炉主要的辐射受热面。它的换热强度比对流受热面要大得多，其布置数量的多少是通过热力计算，在设计煤种、额定负荷保证炉膛燃烧温度条件下确定的。当煤质劣化，或锅炉运行负荷降低时，由于燃烧区水冷壁的强烈吸热，加剧了该区域温度下降的程度。此时可在强烈燃烧区两侧的水冷壁受热面上敷设卫燃带。具体做法是用耐火混凝土把水冷壁管包埋起来，减弱吸热能力，以求在不结焦的前提下获得最高的炉膛温度，加快燃烧速度，提高燃烧效率。敷设卫燃带是非常简单有效的改善炉膛温度的办法。一般卫燃带的厚度为距水冷壁管表面 3～4cm，卫燃带高度按煤的挥发分减少数值而定，直至达到喉口部分。为了适应煤种、负荷变化，近年来有关部门已研制成功可调整包敷面积的活动遮热板和可调卫燃带装置，能有效提高锅炉设备运行中对煤种、负荷变化的适应能力。

(3) 敷设卫燃带应注意的几个问题

① 卫燃带敷设位置的顺序应为由前至后，由下至上，高度应按燃煤挥发分的多少、负荷减少程度确定，一般自炉排起 700～1300mm，最高可至喉口处。

② 卫燃带应由水冷壁承重，不直接与炉墙连接。因此在浇筑耐火混凝土卫燃带时应与炉墙留有一定间隙，实际施工时可贴炉墙放一层 2～3mm 隔离填充物。

③ 合理布置膨胀缝，水平方向每隔 0.5～1m 留膨胀缝 4～5mm，竖直方向每隔 1～1.5m 留膨胀缝 4～5mm。

④ 卫燃带厚度的确定。卫燃带损坏主要由于温度变化造成的热应力和焦渣的侵蚀，因此厚度的选择至关重要。耐火混凝土层太厚，则表面温度升高，增加结焦倾向；太薄则易脱落，卫燃带表面距水冷壁管壁一般 30～40mm。为使耐火混凝土层附着更牢固，可在水冷壁（竖直）管上焊接销钉，为了施工简便，通常用 $\phi 2$～3mm 左右的镀锌低碳钢丝（12～15 号）绑扎在管子上形成扭辫，代替焊接销钉，扭辫间距 250mm 左右错列布置。卫燃带结构如图 3-18 所示。

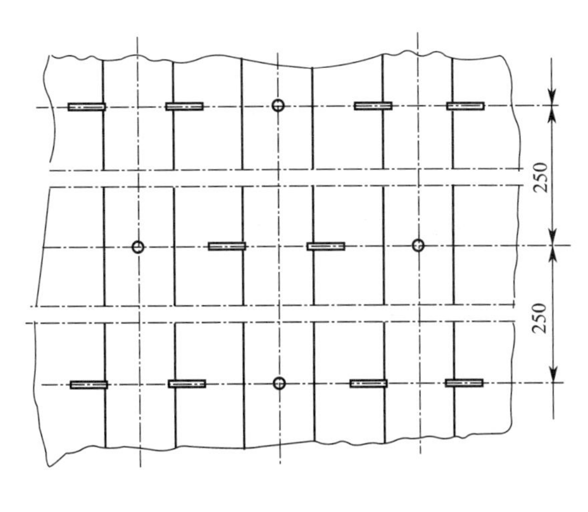

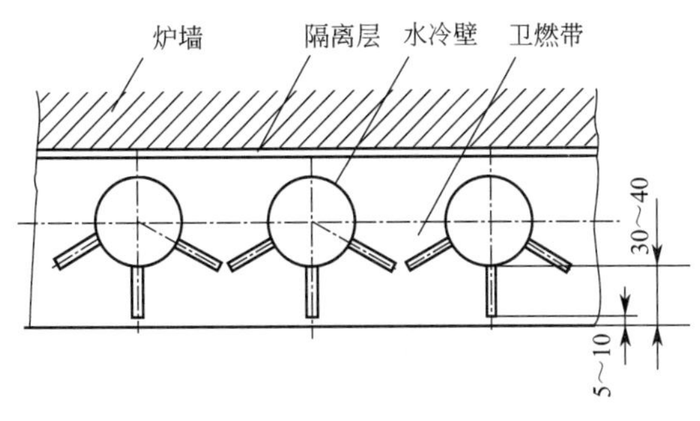

图 3-18　卫燃带结构图

(4) 可调卫燃带　卫燃带可以改善煤质劣化、运行负荷降低工况下的燃烧状况。为了更好地适应煤种与负荷变化，做到实时跟踪，达到最好的燃烧工况，近年来出现了可调节卫燃带——活动遮热板装置，工作原理如图 3-19 所示。活动遮热板装置由外层固定板和内层可上下移动的活动板、顶密封、驱动装置及导轨组成。活动遮热板装置炉内布置及结构如图 3-20 所示。由内层活动板向下移动位置的变化，改变遮挡受热面积的大小，从而改变辐射受热面的吸热量，以维持燃烧区在不结焦前提下的最高温度，达到较高的燃烧效率。活动遮热板装置位于燃烧室内，长期在高温条件下工作，环境恶劣，构件均由耐高温材料制成。其中导轨直接焊接在水冷壁上以强制冷却，遮热板由铝基微孔陶瓷材料嵌入耐热钢构架复合而成。研究证明，铝基微孔陶瓷材料是一种理想的耐热材料，耐热钢构架靠近水冷壁一侧，在 700℃ 温度下可安全工作达 100000h。

七、炉拱构筑和新型材料的应用

1. 炉拱的设计与构筑

(1) 异型耐火砖砌筑的炉拱

① 利用楔形耐火砖，中部起拱，两侧承力，筑成炉拱，两侧支承面（拱脚）除承受垂直重力外，尚承受水平分力，砌筑时应注意结构上的这种要求。此种炉拱结构简单，易砌筑，但炉拱跨度受到一定限制，仅限于在小型锅炉上应用。具体做法是首先按拱形设计尺寸制作并架设拱胎，沿拱胎自两侧向中间砌筑，当最高点的一行砖用木锤敲入后，拱胎承力即大为减轻，便可抽出。

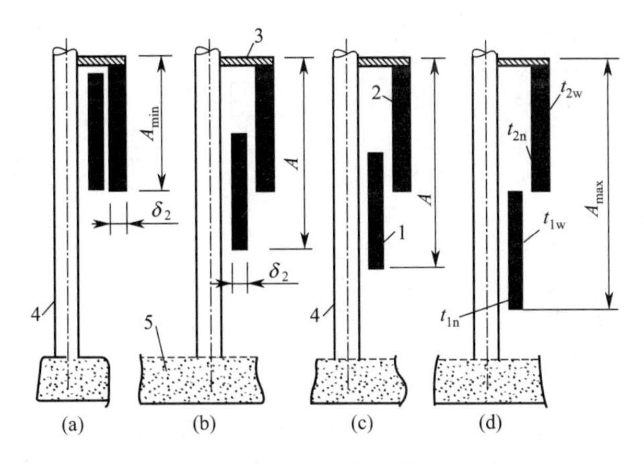

图 3-19　可调卫燃带工作原理图

1—内层活动遮热板；2—外层固定遮热板；3—顶密封；4—水冷管；5—炉排上煤层

② 借助于专用金属支架，来支撑或吊挂异型耐火砖组成炉拱，可以构成沿炉排等高度的平

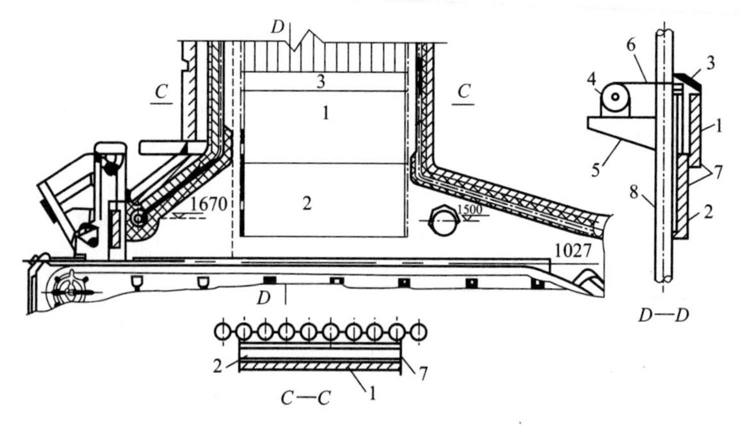

图 3-20　活动遮热板装置炉内布置及结构图

1—外层固定遮热板；2—内层活动遮热板；3—顶密封；4—驱动电机；
5—支架；6—耐热钢丝绳；7—耐热钢导轨；8—水冷管

面或曲面，获得任意形状的炉拱。但这种炉拱金属支架复杂，全套异型砖种类繁多，需专门订制，因此近年来应用逐渐减少。吊拱构造如图 3-21 所示。

③ 将异型耐火砖挂装在水冷壁管子上组成炉拱，再通过水冷壁管子上的吊装件将炉拱重量传递到锅炉钢架上，此种炉拱的构筑形式应用较为广泛。

以上三种炉拱所用的普通耐火砖，均为耐火材料厂加工烧制的成品砖。其质量应符合国标要求，可以保证炉拱的质量，同时对烘炉的要求不高。

(2) 耐热混凝土炉拱　以矾土水泥为结合剂的各种耐火骨料和粉料按比例配制，经水搅拌浇注成型后养护而成。耐火温度为 1400℃左右，(耐火) 强度为 5.5×10^{6} Pa。矾土水泥耐热混凝土，采取现场支模捣制的办法来完成，施工制造方便，热稳定性、整体性、气密性好，比用耐火砖砌筑的炉拱经久耐用。

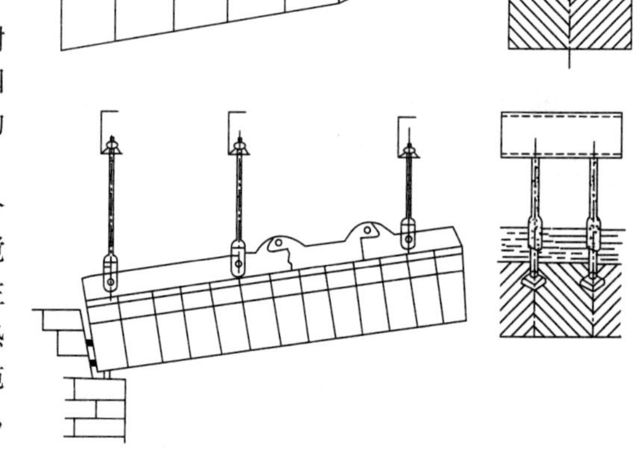

图 3-21　吊拱构造图

① 矾土水泥耐火黏土炉拱，现场浇注主要材料配比（质量比）如下：

a. 矾土水泥（400$^{\#}$ 以上），15%，(12%～20%)；

b. 高铝矾土熟料粉（细粉），10%，(0～15%)；

c. 高铝矾土细骨料（中骨料），30%，(30%～40%)；

d. 高铝矾土粗骨料（大骨料），45%，(35%～45%)；

e. 水灰比　10%～15%。

② 注意保持合理膨胀间隙。如在水冷壁管上要包覆一层隔断层，使水冷壁管在温度变化时可以自由膨胀。在炉拱与燃烧室侧墙之间要留有伸缩缝，待拆除模板后，将缝隙清理干净，用硅酸铝绳涂上耐火泥整齐地塞入其中，保证炉拱在升温膨胀时不致胀裂炉墙。

③ 严格按照炉拱设计尺寸支设模板。模板内表面要平整光滑，严密不漏浆；模板支撑要牢固，确保正常振捣施工中不断裂、不变形。炉拱面积较大时，应分段支撑，便于振捣均匀，保证整体质量。

④ 在浇注施工中，首先严格按配比分别对不同组分称量，干料要搅拌均匀，特别是要严格掌握加入水量，不可超过标准配制。快速搅拌均匀，注入模板后应快速振捣，要达到灰浆均匀饱满。在浇注大型炉拱时可分批搅拌，分段浇注，但必须连续作业，整个炉拱要一气呵成。同时，要按热膨胀规定，合理留有膨胀缝。

⑤ 对于大型锅炉，前拱前端以及后拱头部，这些部位相对体积较大，耐火混凝土较厚，在运行中冷却条件差，尤其是在锅炉启停较频繁时炉拱局部易脱落损坏。此时可在这些部位配置钢筋，但应特别注意此处钢筋长期处于高温环境，另外钢材与耐热混凝土热膨胀系数相差甚大［钢材热膨胀系数为 11×10^{-6}℃$^{-1}$，耐热混凝土热膨胀系数为（5.0～6.5）$\times10^{-6}$℃$^{-1}$］。鉴于这些特殊情况，首先要采用耐热钢筋，如 1Cr13，ϕ14～16mm，其次要使钢筋与混凝土构件之间留有适当间隙，即在钢筋表面要有一定厚度的隔离层，再次是保证钢筋与向火面要保持 12cm 以上的保护层。

⑥ 浇筑后强度达到 50%以上时即可拆除模板（视环境温度条件，一般在浇筑后 24～48h），自然养护 10～15 天，再按升温曲线的要求烘炉，一般需 7～10 天。

2. 新型材料炉拱

(1) 新型碳化硅炉拱　传统炉拱多采用普通黏土质耐火材质炉拱，而新型碳化硅炉拱具有更高的耐压强度和耐火度、较低的热膨胀系数，同时附有较强的远红外辐射性能。因而碳化硅炉拱耐烟气流冲刷，使用寿命长，可提高炉膛温度，煤种适应性强，节能效果好。如某台 2.8MW 锅炉，应用效果见表 3-5。

表 3-5　碳化硅炉拱与黏土质炉拱测试对比情况

项　目	黏土质炉拱		碳化硅炉拱	
	Ⅰ	Ⅱ	Ⅰ	Ⅱ
锅炉出力/MW	2.28	2.35	2.74	2.78
燃料消耗量/(kg/h)	610	625	718	720
单位耗标煤量/(kg/MW)	187	186	170	168
正平衡热效率/%	65.64	65.93	72.96	72.76
炉渣可燃物含量/%	20.4	21.5	12.5	11.7
炉膛温度/℃	1040	1050	1150	1140
节能率/%			9.4	

碳化硅是一种半导体材料，受热后能产生远红外辐射效应，由于红外线波长较长，透过炉膛内烟尘向四周辐射，被受热面吸收。而黏土质耐火炉拱属灰体材料，远红外辐射能力较差，热反射能力也相当差。因此碳化硅炉拱能有效地促进煤在炉膛内的燃烧，加快氧化反应速度，缩短反应时间，煤中挥发分及其他可燃成分得以充分燃烧，节能减排效果好，减少对环境的污染。

碳化硅分子式为 SiC，其中 Si 占 70.45%，C 占 29.55%。其分子结构是共价晶体，通过固相反应在高温下生成具有 α 相和 β 相多晶体。其化学成分和结构决定了它具有高硬度、高熔点、高稳定性和半导体的理化性能，硬度可达 13 新莫氏硬度，在 1600℃以下可长期稳定使用，2000℃以下耐酸性物侵蚀，1000℃以下耐碱性物质侵蚀。

(2) 高温远红外辐射涂料的应用　改善炉拱性能的另一种常用方法，是在前后炉拱、侧墙及卫燃带表面上，涂刷高温远红外辐射涂层。由于涂料层直接暴露在燃烧室的表面，在高温下远红外辐射率增大（大于燃煤和火焰的辐射率），辐射传热量增大，强化了炉拱辐射传热功能，从而促进炉排上的煤和空间的可燃物比较充分地燃烧，利于燃料引燃，提高燃烧效率，对于难以着火的无烟煤尤为适用。

炉拱涂刷远红外涂料后，直觉反应：一是炉排上层燃烧工况改善，燃烧加快了；二是炉膛平均温度提高 30～70℃；三是灰渣含碳量、飞灰含碳量都有所下降，使机械不完全燃烧损失下降

（有的实例显示 q_4 下降达 6.3 个百分点）。

高温远红外涂料可以用涂刷的方法，也可以喷涂施工，对高温远红外涂料的基本要求是在高温工况下不挂焦，涂层不脱落。

第三节　链条锅炉配风强化燃烧技术

一、配风的基本概念与标志

锅炉合理配风是提高燃烧效率、节约燃料、保证出力的重要条件。合理配风就是在确保燃料充分燃烧前提下，实现最低空气系数；既要保持一定的空气量，满足燃烧过程对氧气的需求，又要达到与燃料充分接触并混合，使空气得到有效利用。合理配风就是寻求最佳的“量”与“质”的技术手段。

链条锅炉合理配风的标志：一是确保燃料的充分燃烧，合理控制火段（火床长度），炉膛出口空气系数控制在 1.3 左右；二是火焰致密均匀，燃烧不偏斜，具有良好的火焰充满度；三是燃烧中心位置适当。良好的配风要有良好的通风设备、较高的操作水平，通过炉膛出口空气系数来检验。因此，搞好链条炉排一次风的分配，是提高链条炉燃烧效率的关键技术之一。

二、链条炉排燃烧方式对配风的基本要求

链条炉排燃烧所具有的分段燃烧，以及燃烧在炉排与空间同时进行的特性，决定了沿炉排纵向配风的适应性、沿炉排横向配风的均匀性和二次风配置的要求。

1. 沿炉排纵向风量分配的适应性要求

链条炉排的燃烧特性决定了沿炉排纵向不同位置的燃煤处于不同的燃烧阶段，对于氧气量（通风量）有不同的要求。炉排前端的新燃料区处于煤的干燥预热阶段，炉排末端的燃料层处于燃尽阶段，都只需要相对少量的空气供给。而炉排中部的燃煤分别处于挥发分燃烧、炭的激烈氧化反应以及还原生成一氧化碳的燃烧阶段，需要供给大量空气。因此要求沿炉排纵向风量的分配必须适应煤层各燃烧阶段所需要的风量。通常采取分段风室配风方法，在炉排中部多送空气，而炉排前后两端少送空气，链条炉排炉燃烧空气供、需关系如图 3-22 所示。按锅炉容量不同，可配备 5～9 个风室或多风斗的结构，分别调控以满足燃烧不同要求的空气量。

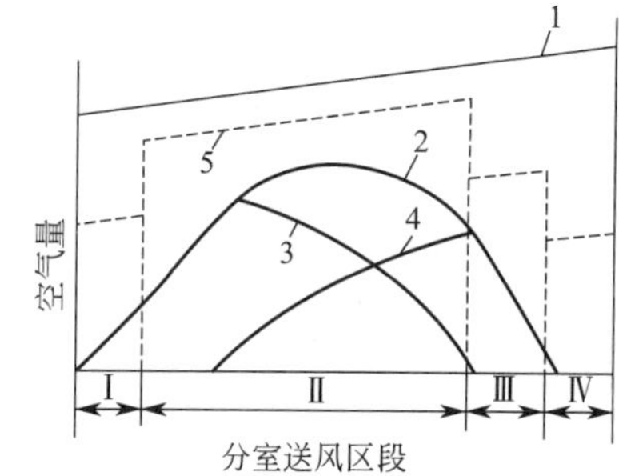

图 3-22　链条炉排炉燃烧空气供、需关系示意图

1—统仓送风下沿炉排长度的空气量分布；2—沿炉排长度上燃烧所需空气量的分布；3—挥发分燃烧所需空气量；4—焦炭燃烧所需空气量；5—分室送风条件下空气供应量

分室送风系统中，空气可从炉排前部或侧向输入。炉侧送风又有单侧和双侧送风之分，如图 3-23、图 3-24 所示，大容量锅炉多为双侧送风。同一个风室有单风室、双风室或三风室等不同结构，还有大风仓小风斗结构，见图 3-25。

2. 沿炉排横向配风的均匀性要求

(1) 为了达到沿炉排横向燃烧工况的一致，需由沿炉排横向配风均匀性来保证。然而，横向配风不均匀在运行中较为普遍，给燃烧带来不良后果。

① 在通风量小的弱风区域，一方面减慢氧化反应，另一方面又使还原反应加剧，致使 CO 和其他碳氢化合物增加，化学不完全燃烧损失增大，q_3 可达 3%以上；通风量大的强风区域，易形成火口、火龙，大量空气未参加燃烧就直接窜入炉膛，不仅降低了炉膛温度，而且使排烟热损失 q_2 增加。同时因过量空气加大，使引风机电耗上升。

② 横向配风不均匀使煤层中许多焦炭难以燃尽，造成 q_4 增加。

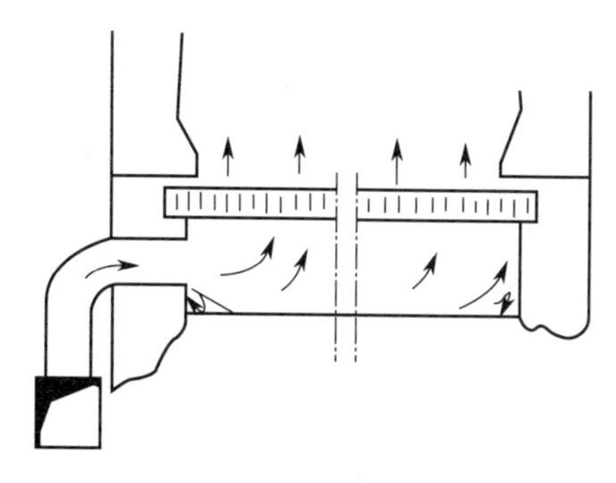

图 3-23 单侧进风

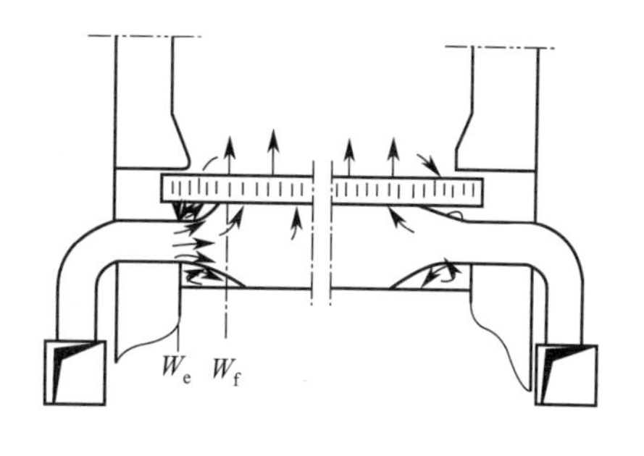

图 3-24 双侧进风

③ 横向配风不均匀，导致炉膛两侧炉温不均匀，甚至单侧结焦，影响安全运行，易损坏炉排。

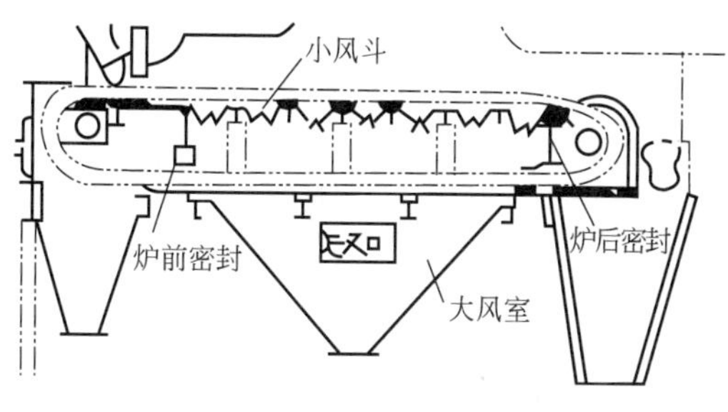

图 3-25 大风仓小风斗送风结构图

(2) 影响炉排横向配风均匀性的因素

① 燃烧设备结构及其制造精度，如侧密封与炉排运动部分间隙过大，造成炉排两侧风量偏大，而中部风量偏小。

② 进风形式影响。对于单侧进风的炉排，易出现进风侧风量偏小，而相对一侧风量较大，个别情况也有进风侧风量较大而相对一侧风量较小的现象，使火床出现“阴阳脸”状况。对于两侧进风的炉排，易出现中间风量偏大的现象。火线呈倒马蹄形。

③ 炉排阻力及煤层阻力增加有利于配风均匀。由于煤斗中煤颗粒大小的自然离析，多见炉排两侧煤块多，中部煤末多，造成煤层横向通风阻力差异较大。火线呈马蹄形。

④ 风道、风室结构对横向配风均匀性影响较大。当风室断面积 F_f 减小，空气流速增大，则气流动压头增大致使风量分配更趋不均匀；当风室进口窗截面 f_f 减小，在进口处由于流通断面突然扩大，在风室进口后拐角处形成更强的涡流区，静压降低，空气流量不均匀性更为突出。此外风室调风门的开度方向、大小和调风门转轴位置等因素也会引起气流偏斜、分布不均。

三、改善横向配风均匀性的技术措施

1. 横向配风规律

进风口截面积 f 总是小于风室横截面积 F，二者的比 $S=f/F$ 总是小于 1。气流从进风口进入风室，由于截面积突然扩大，造成流体局部阻力损失加大；而后，气流在向前流动过程中，逐步分流部分气体穿过炉排和煤层进入炉内，致使流体流速大小和方向发生变化，反映在流体动压和静压的转换、损失加大与不均匀性。风室内静压沿炉排宽度方向分布见图 3-26，上升气流动压分布见图 3-27。

(1) 单侧进风沿炉排横向压力分布　由进口至末端压力逐渐增大，末端大到最高值，进口附近有一小高值，是因炉排侧密封漏风所致，如图 3-28 所示。

(2) 双侧进风沿炉排横向压力分布　双侧进风时，两进口压力偏小，炉排中部压力最高，如图 3-29 所示。

(3) 风压的不均匀性与风室进口断面积大小和进口流体速度有关，进口窗截面越小，压力分配越不均匀；进口流体速度越大，压力分配越不均匀。

2. 提高横向配风均匀性的技术措施

(1) 改进风室结构

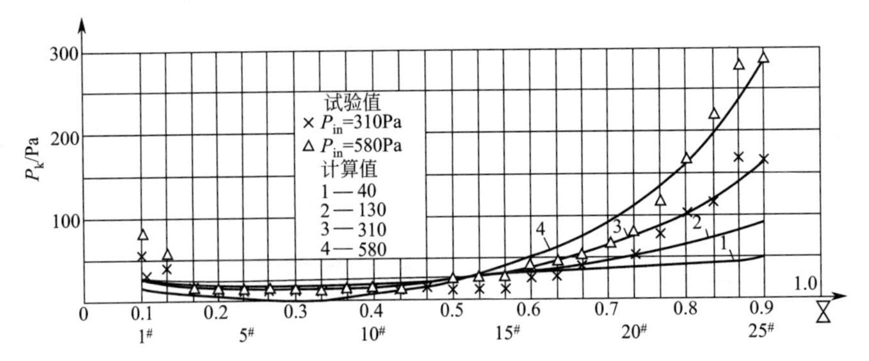

图 3-26　风室内静压沿炉排宽度方向分布图

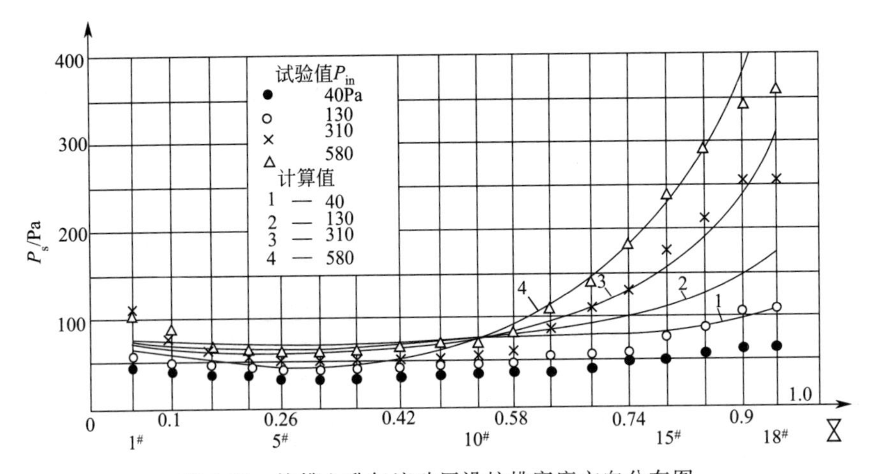

图 3-27　炉排上升气流动压沿炉排宽度方向分布图

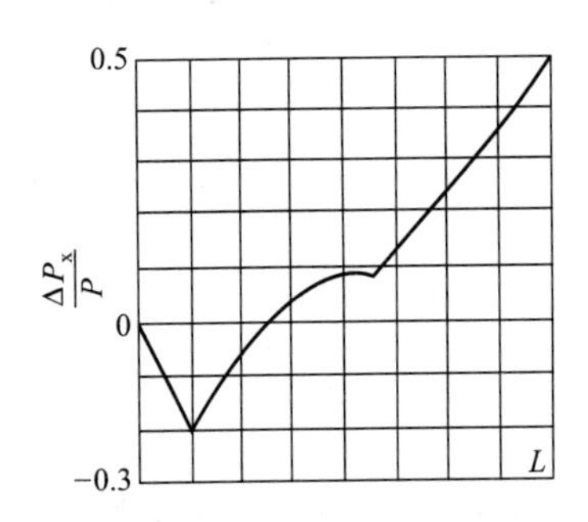

图 3-28　单侧进风沿炉排横向压力分布图

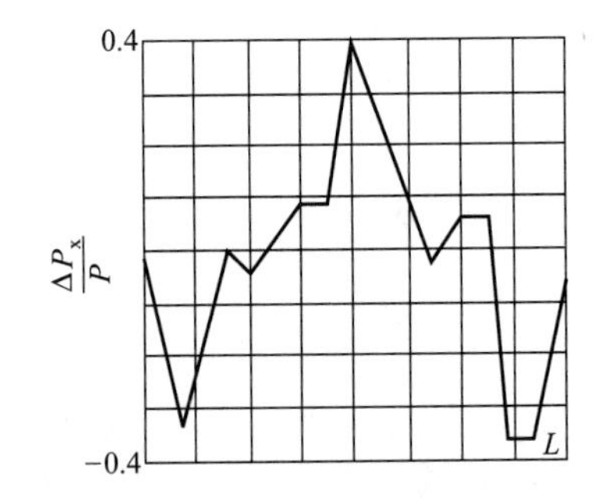

图 3-29　双侧进风沿炉排横向压力分布图

① 风室加装均压阻挡件、导流板（节流孔板、多孔风箱等），风室加装均风孔板，如图 3-30(a)、(b)，风室加装均风阻挡件，如图 3-31(a)、(b)，风室加装垂直均风挡板，如图 3-32。

② 尽量采用双侧进风。

③ 尽量扩大风室断面面积。

④ 扩大风室进口截面积，既可减少局部阻力损失，又可降低流体流速，如图 3-30(b) 所示，当 $f/F \geqslant 0.7$ 时，进风口的影响可忽略。

⑤ 改进进风口结构。对于小容量链条炉，进风门加装格栅、活动百叶挡板，结构如图 3-33、图 3-34 所示，可以纠正通风偏移，改善通风的均匀性。

(2) 减少侧密封漏风，选用良好密封结构件

① 加装防漏挡铁，图 3-35；

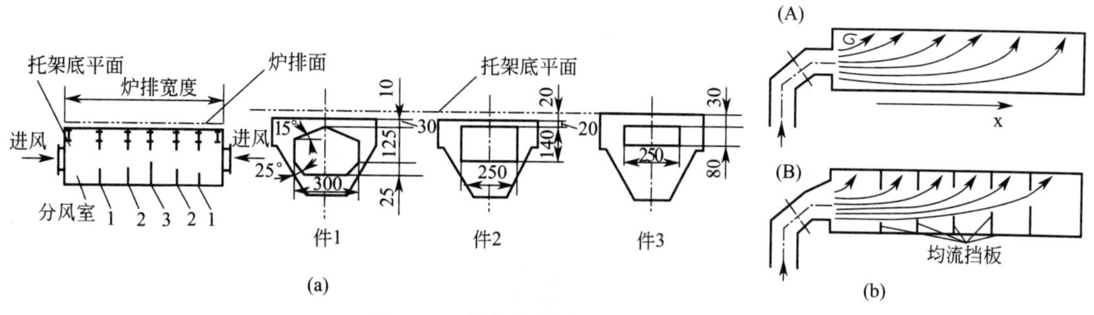

图 3-30　风室加装均风孔板示意图

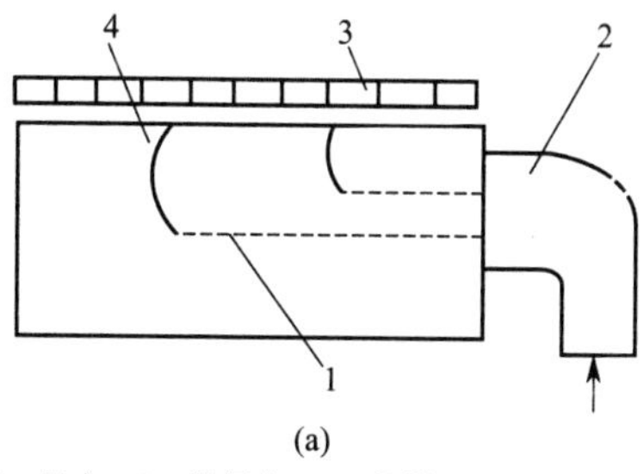

1—风室；2—进风室；3—炉排；4—均流排

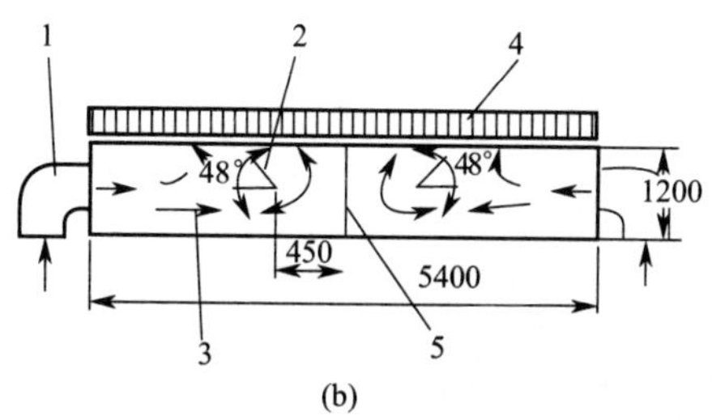

1—风室；2—均流排；3—风室；4—炉排；5—风室隔板

图 3-31　风室加装均风阻挡件示意图

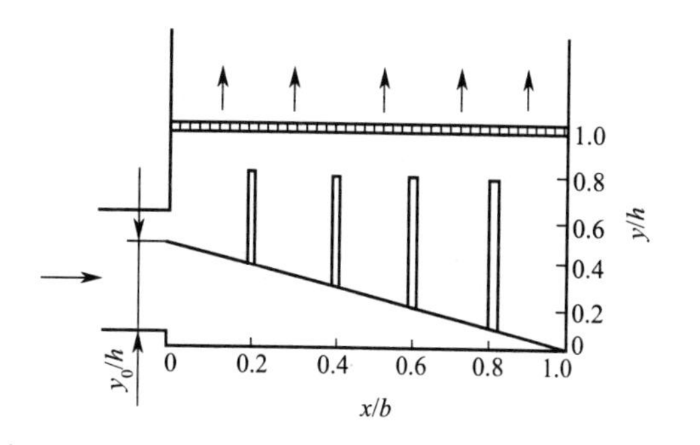

图 3-32　风室加装垂直均风挡板示意图

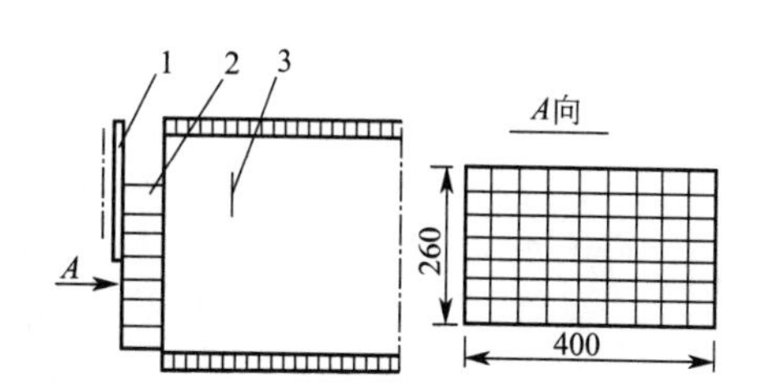

图 3-33　进风门格栅结构示意图

1—Ⅳ号插板式风门；2—格栅；3—前直挡板

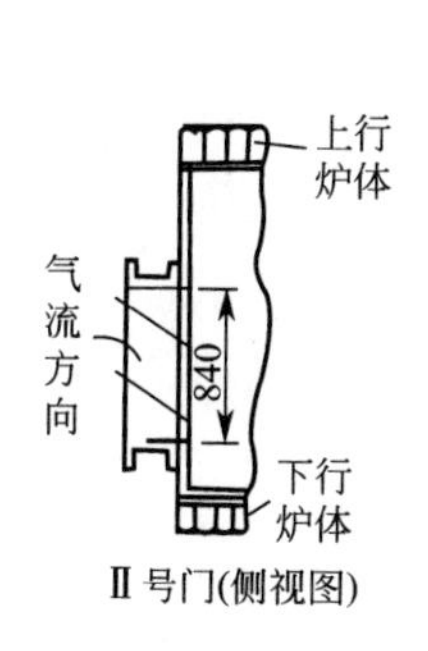

图 3-34　进风门活动百叶挡板结构示意图

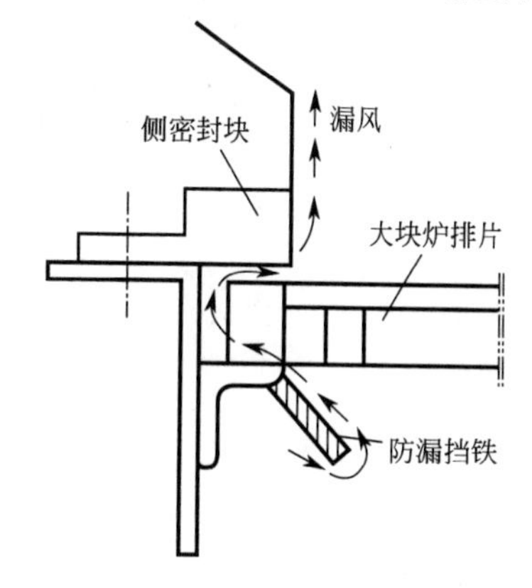

图 3-35　防漏挡铁的安装简图

② 鳞片炉排两侧密封装置及导轨间浇注耐火混凝土密封，如图 3-36(a)；

③ 链带式炉排两侧密封装置如图 3-36(b)。

(3) 合理增加炉排通风阻力和燃料层阻力

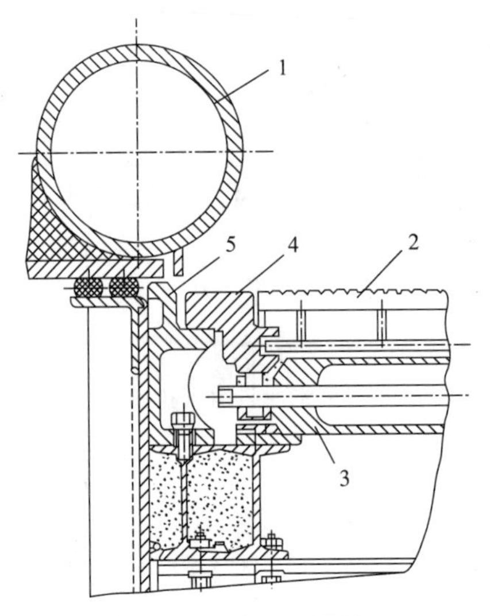

(a) 鳞片炉排两侧密封装置

1—防焦箱；2—炉排片；3—辊筒；4—密封侧夹板；5—密封导轨（固定）

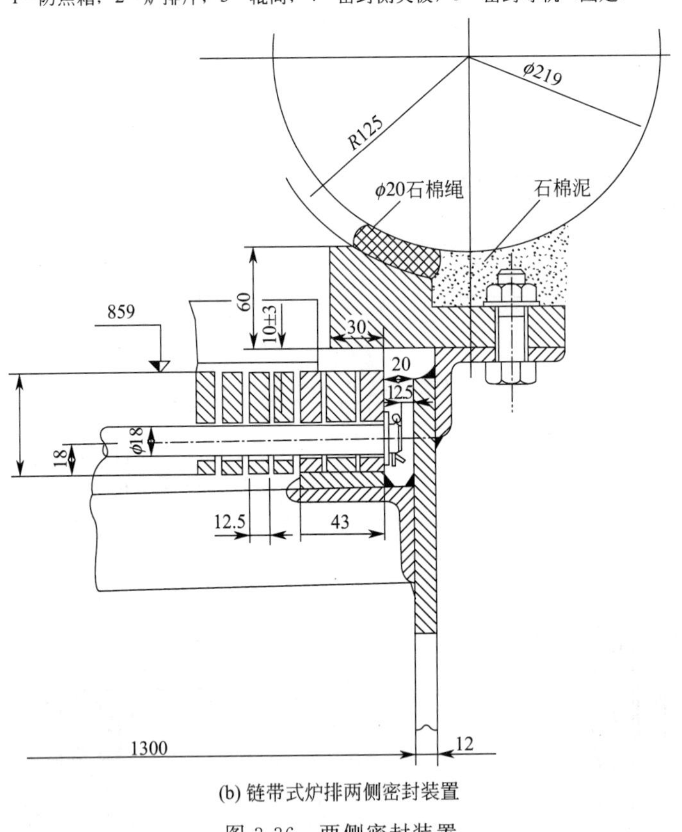

(b) 链带式炉排两侧密封装置

图 3-36　两侧密封装置

四、典型配风结构

① 进风窗喇叭口结构。为了提高 f/F 数值，改进风室进口，在进口处用喇叭口连接，消除涡流，如图 3-30(b) 所示。

② 单侧送风风室加布风板，如图 3-30、图 3-31；双侧送风风室中间加装隔板，每侧加布风板。较宽炉排应采用双侧送风，因风室较长，两侧进风的风量、风压不尽相同，所以沿炉排横向

配风更容易出现不均匀的问题，在中部加装隔板，变成两个独立的单侧风室便于调控，如图3-31(b)。单侧送风风室加装不同形式的布风板，使空气沿风室长度方向保持相同流速，静压基本一致，实现均匀配风。

③ 大风仓小风斗配风系统。结构如图3-37所示，一次风从左右两侧炉墙进入炉排下部大风仓内。在炉排下部的纵向设置5组风斗，每组10只小风斗，均分两行。每组10只风斗的调风门用同一根转轴在炉侧操作，进行炉排纵向风量的分区调控。调风门在风斗底部，起着进风、调风、密封和放灰的作用。小风斗1与调风门2的结构如图3-38所示。每个小风斗都由以60°倾斜的四壁围成呈长方形的小斗，但每两个小风斗是由一整块铸铁构成的，风斗底部与调风门的接触面全部经过精加工，以保证密封性能和转动调节灵活。风斗组间有长密封，每组两行风斗间有短密封，风斗组及长短密封块布置如图3-39。炉排纵向风量的大小是利用小风斗的调风门来调节的。为使大风仓建立足够的风压，大风仓与炉排前后装有特殊的密封块，结构如图3-40。为了进一步减少炉前炉后窜漏风的现象，可将大风仓改成数个独立的中风仓来解决，如图3-37。试验证明，大风仓小风斗配风系统具有良好的炉排横向配风均匀性，不必采用其他均风措施就可以使炉排横向配风相当均匀，这主要源于大风仓的稳压和均风作用。由于密封性能和风门同步性能好，在用调风门调节风量时，对炉排横向配风均匀性影响不大。大风仓小风斗配风系统具有良好的调风性能，是较理想的配风装置，缺点是结构复杂，加工量大，制造成本高。

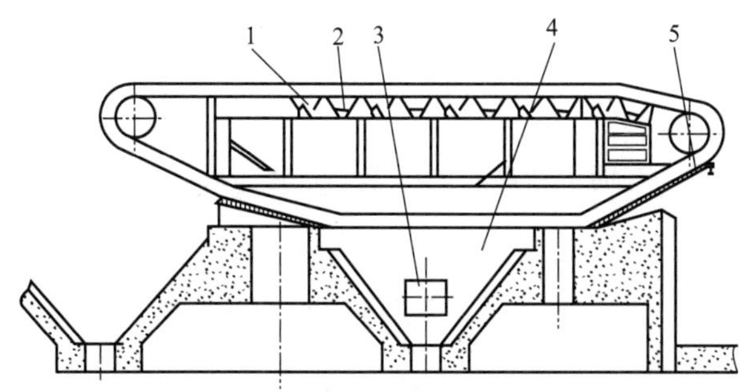

图3-37 锅炉供风系统结构示意图

1—小风斗；2—调风门；3—进风口；4—大风仓；5—密封件

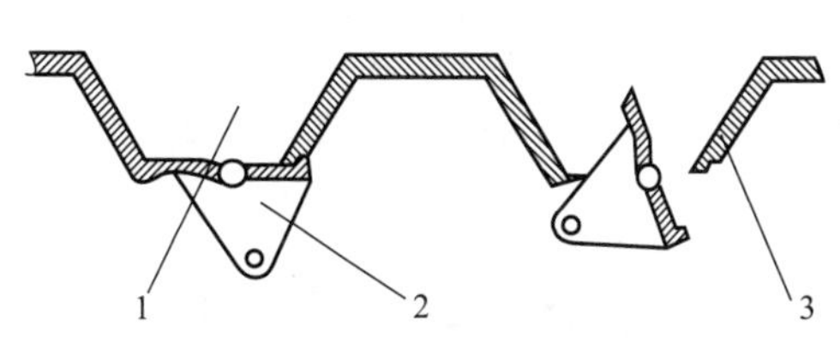

图3-38 小风斗和调风门结构示意图

1—小风斗；2—调风门；3—整体铸铁件

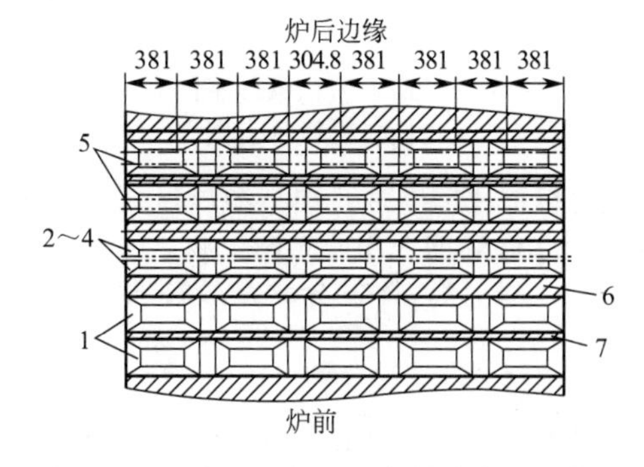

图3-39 风斗组及长、短密封块布置示意图

1—1# 风斗组；2—2# 风斗组；3—3# 风斗组；4—4# 风斗组；5—5# 风斗组；6—长密封块；7—短密封块

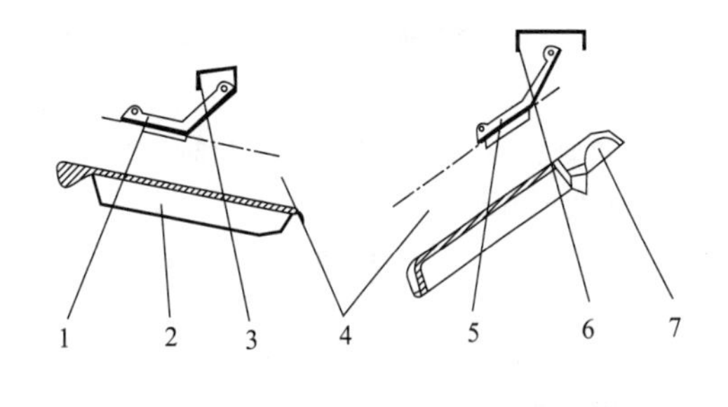

图3-40 炉排前、后密封块结构示意图

1—上密封块Ⅰ；2—下密封块Ⅰ；3—前密封块；4—炉排；5—上密封块Ⅱ；6—后密封块；7—下密封块Ⅱ

五、二次风的应用与强化燃烧

对于层燃炉，燃料集中在炉排上，主要是通过炉排通入的空气来实现燃料的燃烧，这部分空气称为一次风。同时燃烧过程中存在气化过程，即析出的挥发分、还原反应产生的一氧化碳以及少量的碳氢化合物形成的气体可燃物，这些气体可燃物的燃烧在炉膛空间进行，需要向空间送入

一定量空气来满足。向炉膛空间通入的这部分空气称为二次风。二次风使空间气体混合流动，促进可燃物充分燃烧，具有部分炉拱的功能，是消除黑烟、提高燃烧效率的有效措施。

1. 二次风改善燃烧机理与效果

(1) 利用二次风改善燃烧的机理

① 扰动烟气，使烟气与空气达到混合，促使空间不同区域、不同组分气体的搅拌混合；

② 造成烟气旋涡，改善炉内充满度，延长烟气流程，使可燃物质在炉内停留较长时间，得到充分燃烧；

③ 依靠旋涡的离心作用，把烟气中颗粒分离出来，减少排烟中的飞灰量，同时未燃尽的炭粒被甩回火床得以充分燃烧，减少固体不完全燃烧损失，并有一定消烟除尘作用；

④ 帮助新煤着火和防止炉内局部结焦；

⑤ 当用空气作二次风时，补充炉膛空间可燃物燃烧所需空气量。

(2) 合理布置和使用二次风，一般可提高锅炉热效率5%左右。尤其是对燃用挥发分含量较高的煤种，遏制黑烟效果十分明显。

2. 二次风的设计与控制

二次风的作用，决定了二次风必须要具有足够的动量，它不是依靠增加风量，而应注重气流的冲击力；二次风的布置要与炉膛结构、燃用煤种、燃烧过程有机地配合，对布置方式、风量、风压、喷口等都有相应的要求，以形成理想的炉内空气动力场。

(1) 二次风布置方式

① 单侧布置（前墙或后墙）。单侧布置用于炉膛深度不大的场合，燃用挥发分较高的煤种时，二次风布置在前墙，此时有助于与挥发分混合燃烧；燃用无烟煤时，二次风布置在后墙，目的是把燃烧室中部火焰和高温烟气推向火床前端，有助于新燃料的引燃。布置在后墙时，一般将风口装设在后拱喉部鼻突处，如图3-41所示。

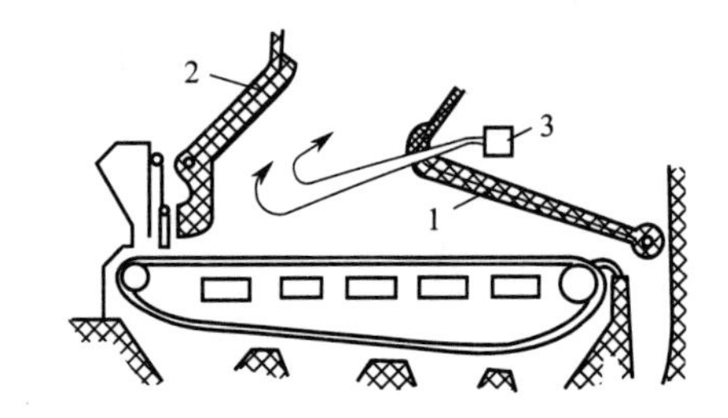

图3-41 后拱喉部鼻突处装设二次风示意图

1—后拱；2—前拱；3—二次风箱

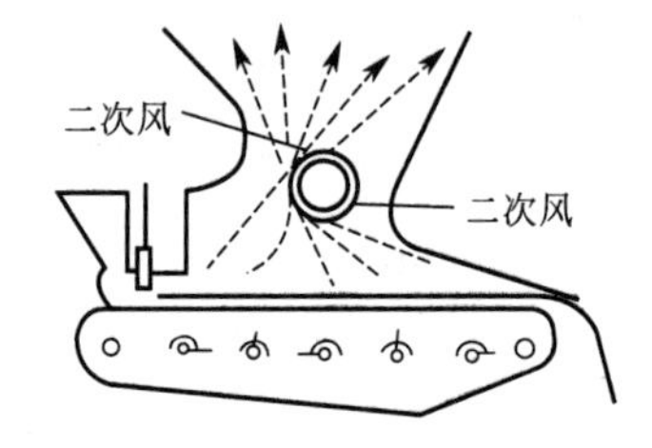

图3-42 前、后拱喉部不同高度装设二次风示意图

② 双侧布置（前、后墙）。此时二次风常装设在前后拱形成的喉部，前后墙风口在不同高度射出，增大搅拌区域，有利于使烟气形成涡旋，可起到强化燃烧的作用，见图3-42。

(2) 二次风占总风量的比例　二次风占总风量的5%～10%，挥发分含量较高时选用较高比值。

(3) 二次风的风口

① 风口形状。采用圆形风口时为ϕ40～60mm，采用矩形风口时短边8～20mm，风口长宽比3～5。风口形状的选择取决于安装的方便，无论何种形状气流喷出后，其截面都逐渐变成圆形。决定二次风效果的主要因素不是风口形状，而是风口出口气流的动量。

② 风口数量，一般取2～7只。

③ 风口距火床高度取0.6～2.0m，二次风位置应尽可能低，使搅拌后的烟气能充分利用炉膛容积，保证足够的燃尽空间和时间。但不能布置得太低，风口太低易吹到炉排上扰乱煤层，破坏火床燃烧，风口太高失去二次风的功能。二次风应优先布置在喉口处。

④ 二次风吹入风口，通常向下倾斜一个角度（一般为10°～25°），与炉内上升气流形成更好

的扰动效果。

(4) 二次风出口风速　是确保二次风有效性的关键参数，为了使其能够对烟气产生足够的扰动，形成烟气流动有效组织，就必须具有一定的动能和穿透深度，即达到一定的风量和出口速度。对于链条炉排燃烧方式，二次风量受到一定限制，因此出口风速的主导作用更为突出。它主要决定于所需要的射程，二次风出口速度选用 40～70m/s 时，二次风的射程约为 3～5m 可以满足一般炉膛的要求。

(5) 二次风的风压在风口前一般为 2000～3500Pa。

(6) 二次风可以是空气、蒸汽或蒸汽与空气的混合物（汽带风）。

3. 二次风的应用

(1) 蒸汽二次风　二次风是改善燃烧工况有效的技术途径，得到广泛应用，在小型立式锅炉、2～6t/h 层燃炉应用蒸汽二次风都可收到明显效果，利用自身产生的蒸气作二次风时，立式炉可将二次风管安装在炉门两侧。小型层燃炉一般可采用 ϕ40mm 左右的钢管，将管头部砸扁使之形成矩形缝隙喷口，从燃烧室两侧墙中后部的炉门伸入炉膛，喷口朝炉膛前方，并调整喷口略向下倾斜，使蒸汽喷射至火床前中部，可以达到消烟助燃的效果。由于蒸汽的冷却作用，钢管不会被烧坏。蒸汽二次风管道要做好疏水，确保入炉蒸汽不带水。蒸汽二次风简单易行，利用蒸汽压力可以达到一定的射程，而且在低负荷时炉膛空气系数也不致太高，用于不具备二次风机及其送风系统的场合。其缺点是要耗用一定的蒸汽量。

(2) 蒸汽引射二次风　为了克服蒸汽二次风蒸汽消耗量大的弊端，出现了用蒸汽引射空气作二次风的方法。20 世纪 60 年代，浙江湖州发电厂在 10t/h、20t/h 链条锅炉上应用了蒸汽引射二次风，在后拱喉部安装三个喷口，向前下方（与水平成 18°～20°），射向炉前距煤闸板 500mm、距炉排面 300mm 左右的交线上。锅炉运行压力 1.25MPa，用于蒸汽引射的蒸汽压力为 0.8～1.0MPa。现场观察到，当二次风关闭时，炉膛火焰变为稀疏发红，火焰软弱；当二次风开启投运后，炉膛火焰立即转为明亮、均匀、充满度好、火焰有力，收到立竿见影的效果。一般情况下，蒸汽压力为 0.3～1.0MPa，喷嘴 ϕ3～4mm，空气套管 ϕ51×4mm，喷嘴 2～4 只，喷嘴和空气套管均采用不锈钢材料，以提高耐热性能。应用蒸汽引射二次风省去了二次风机和二次风道系统，与蒸汽二次风相比，可以减少蒸汽耗量，在锅炉改造中应用较广。

(3) 空气二次风。利用专门设置的二次风机通过风道、喷嘴将空气送入炉膛。空气二次风一般由二次风机直接吸入冷风而不经过空气预热器，广泛应用于大型锅炉。此外，还有以烟气为工质的二次风。

第四节　燃煤化学添加剂改善燃烧技术

依据煤炭燃烧的化学反应原理，在燃煤中加入少量化学添加剂，通过催化、活化、促进氧化及离子交换的作用，改善煤炭燃烧性能，可提高燃烧效率。同时增强灰渣固硫能力，达到节能减排效果。应用研究已持续多年，并有多种添加剂产品推向市场。在添加方式上也已由简单粗放的人工掺混作业，发展到机械混配、自动控制、在线监测的精细操作控制方法。随着节能减排方针的深入贯彻实施，应用化学添加剂改善燃烧得到了普遍重视。

一、化学添加剂应用效果

1. 降低煤炭的着火温度

适当的添加剂可以降低炭氧化反应的活化能，从而降低了燃煤的着火温度。随着添加剂的加入量和煤种的不同，一般着火温度可降低 50～80℃，这就使入炉煤实现早起火，延长在炉排上的燃烧时间。对于难以起火的煤种，着火状况可以得到一定改善。

2. 改善煤炭的燃烧特性

添加剂对煤在燃烧过程中的放热速度、放热强度、放热峰的温度区间、放热峰面积的大小等燃烧特性有明显改善。加入适量的添加剂，燃煤燃烧初始升温速率加快；放热最强峰前移，放热峰面积增大，燃尽温度提前，表明燃煤提前着火、燃烧速度加快、放热强度加大、易燃尽。例如添加剂对太西煤燃烧性能影响如图3-43所示。加入适量的添加剂，炉膛温度可提高60～100℃，灰中含碳量下降，锅炉热效率提高。

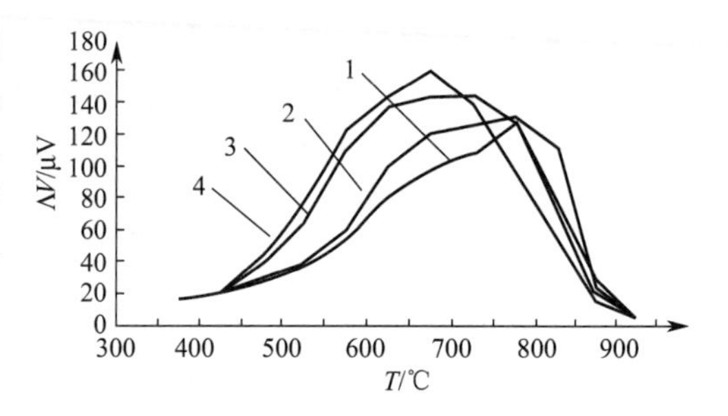

图3-43　助燃剂对太西煤燃烧性能的影响

1—原煤；2—0.25%助燃剂；3—0.5%助燃剂；4—1.5%助燃剂

3. 减少环境污染

由于添加剂改善燃烧工况，提高燃尽率，使烟气中CO浓度和黑度下降。此外添加剂可使在灰分中的钙、镁盐与煤炭中的硫发生反应，生成稳定的硫酸盐，达到炉内固硫作用，从而减少SO_2的排放，固硫率可达40%。

二、应用添加剂需注意的问题

① 应用添加剂必须重视和抑制新的污染物产生。由于添加剂在燃烧过程中产生的“微爆”现象，使烟气中PM10量增加了，飘尘对人体危害更为严重；燃烧温度的提高增加了燃烧中氮氧化物的含量，以及重金属盐类的增加，因此添加剂应用应经过环保指标测试。

② 添加剂中某些成分对锅炉长期运行安全性的影响（如对受热面金属的腐蚀问题）还不很清楚，添加剂开发和锅炉使用单位要密切关注，不断总结经验。

第五节　膜法富氧强化燃烧技术

一、富氧燃烧的基本概念

进入锅炉内燃料中的可燃质与空气中的氧气发生氧化反应，实现燃料的燃烧。空气中通常含有21%的氧气，若通过提高助燃空气中氧气浓度所完成的燃烧过程称为富氧燃烧。富氧燃烧是一项高效燃烧技术，更是一项燃煤最有效的强化燃烧技术。随着制氧技术的发展，尤其是膜法制氧技术的开发应用，降低了小容量制氧成本。富氧燃烧技术应用于工业锅炉和工业窑炉，可取得显著的节能减排效果。

二、富氧强化燃烧机理及应用效果

(1) 提高火焰温度　用富氧空气取代全部或部分供燃烧的空气时，可以减少空气总量，使空气中占70%以上不参与燃烧的氮气相应减少，这就减少了这部分氮气的吸热。另外随着氧气浓度的增加，强化了氧化反应，从而提高了火焰温度，增强了辐射传热效果。氧浓度在26%～30%为提高火焰温度的最佳值，而这也正是膜法制氧的氧浓度范围。膜法制氧可以减少资金的投入，运行经济且可以获得最佳的燃烧效果。

(2) 降低燃料着火温度，提高燃烧速度，促进完全燃烧　燃料的燃点温度不是一个常数，随燃烧条件变化而变化，随着助燃气体中氧浓度的增加，燃料着火温度降低。同时燃料在富氧环境下燃烧速度和燃烧强度显著提高，有利于燃料的燃尽，降低灰渣可燃物，并从根本上消除燃烧黑烟污染。

(3) 降低空气系数，减少排烟量　利用富氧空气可以减少空气总量即降低空气系数。用普通空气助燃时，约占4/5的氮气不但不参加燃烧反应，而且还要吸收热量加热到排烟温度，增大排烟热损失。用富氧空气助燃，氮气量减少，排烟量相应减少。使用含氧量为27%的富氧空气燃烧，与氧浓度为21%的空气燃烧比较，空气系数$\alpha=1$时，烟气体积减小20%，富氧燃烧技术可有效降低排烟热损失，提高锅炉热效率。

(4) 膜法富氧助燃技术适用于包括燃气、燃油、燃煤的所有工业锅炉，它既能提高劣质燃料的应用范围，又能充分发挥优质燃料的性能。如用26.7%富氧空气燃烧褐煤，所得到的理论燃烧温度 T 与普通空气燃烧重油得到的 T 相当，说明应用富氧空气燃煤可代替用空气烧油，开辟了一条燃油的替代途径，具有重要意义。

三、富氧燃烧的种类

富氧空气中氧的浓度不同，可以分为工业全氧燃烧，氧气浓度达95%；低浓度富氧燃烧，氧气浓度在26%～30%。两种方式在工业生产中均有应用，但从制氧、锅炉设备改造费用等因素综合效益考虑，采用膜法局部富氧助燃技术最为有利。

局部富氧燃烧技术，一般是把燃烧所需全部空气量1%～3%的富氧空气，用于对改善燃烧最为有效的部位，也就是把好钢用在刀刃上。

四、膜法富氧制备工艺及设备

1. 工业制氧方法

(1) 深冷法（低温法） 安全性好，噪声低，技术成熟，产氧浓度高，可同时生产氧气和氮气。但制备系统复杂，产量调节性差，适用于较大生产规模，生产量低时成本偏高。

(2) 变压吸附法（PSA法） 利用分子筛生产氧气，方法简单，可靠性高，产量调节性好，适用于中等生产规模、氧气浓度小于95%的场合。

(3) 膜法分离法 设备简单，操作方便、安全、启动快，不污染环境，生产规模可小可中，损益少，应用灵活，工业发达国家称之为“资源的创造性技术”。当氧浓度在30%左右，生产规模小于15000m^3（标况）/h时，膜法投资、维修及操作费用之和仅是深冷法和PSA法的2/3～3/4，而且规模越小膜法越经济。

2. 膜法局部增氧助燃技术

① 膜法富氧技术原理是利用空气中的氧气和氮气透过高分子膜时的渗透速率不同制氧的。各种气体在高分子膜的透过速率由难至易依次为：氮气、甲烷、一氧化碳、氩气、氧气、二氧化碳、氦气、氢气、水蒸气。可见氧气渗透速率高，易通过；而氮气渗透速率最低，不易通过。在压力差的驱动下，空气通过高分子膜后，在低压侧将氧气富集起来，可获得富氧份额达27%～30%的富氧气体。

② 膜法富氧气体的制备有正压法和负压法两种。工业锅炉系统多采用负压法，典型工艺流程如图3-44所示。空气经过过滤器除去大于10μm的灰尘后，由风机（全压为1～5kPa，风量约为富氧空气量的7～10倍）送入膜富氧分离装置，利用真空泵产生的压差，使氧气在膜的低压侧富集成为富氧空气，高压侧的富氮气体排空。富氧空气经汽水分离和除湿处理，之后经稳压系统并预热后（应大于100℃）经富氧喷嘴送入炉膛中。因富氧气体所占空气量的比例有限，故将其以最佳的方式（速度、分布）送入炉内最需要的地方，是实现经济、有效地富氧强化燃烧的基本原则。

③ 富氧空气通过布置在炉膛不同位置的富氧喷嘴，以二次风的形式送入，构成α型燃烧、

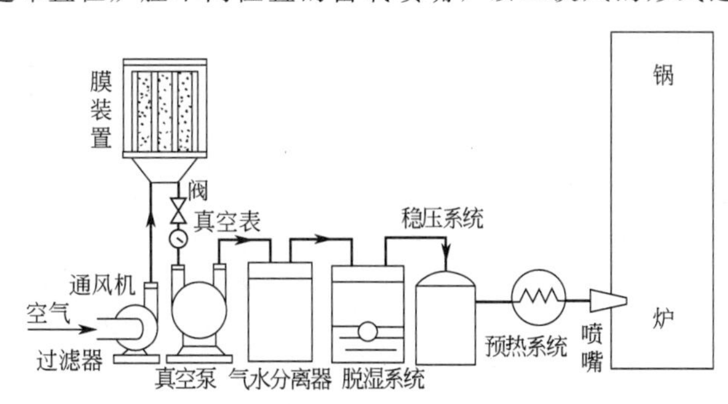

图3-44 膜法富氧助燃系统典型工艺流程图

四角燃烧、推迟燃烧和分级燃烧，分别适用于煤粉炉、抛煤机炉、沸腾炉、循环流化床炉和链条炉等。

五、膜法富氧燃烧技术应用实例

① 南阳油田一台4t/h燃煤锅炉应用膜法富氧燃烧技术，平均节煤率29.7%，热效率平均提高15.96%，最高17.44%，平均负荷提高17.69%，蒸汽压力提高39%。

② 江西阜宁化肥厂，1998年6月在国内首次将膜法富氧燃烧技术应用于20t/h燃煤蒸汽锅炉，配用富氧空气量为200m^3(标况)/h。经测试炉膛温度提高了90℃，空气系数下降0.3，灰渣含碳量下降5.32个百分点，排烟林格曼黑度小于1级，热效率提高11.04%，已稳定运行近10年，综合效益十分显著。

③ 1995年，济南某医院在4t/h燃煤锅炉上应用膜法富氧燃烧技术，自行安装、调试设备，配用富氧空气量为50m^3(标况)/h，结果不仅解决了排烟污染问题，而且平均节煤14%以上。

④ 瓦轴集团2001年在两台35t/h抛煤机锅炉上应用膜法富氧燃烧技术，富氧空气中氧浓度为27%～30%，压头1000～1200Pa，10只喷嘴布置在两侧墙，出口流速60～90m/s。经测试，排烟林格曼黑度由3～4级降低到1级以下，结束了10年冒黑烟被罚款的历史。锅炉热效率达到75.62%，较应用前提高了9.35个百分点，且出力增加，可达额定负荷。

参 考 文 献

[1] 黄祥新. 火床炉炉拱的特性. 动力工程，1984，(2)：20-26.
[2] 金波. SHL-20-13A锅炉炉拱改造. 节能，2000，(8)：36-37.
[3] 黄家瑶. Ⅱ类无烟煤链条炉排锅炉燃烧室的拱型. 工业锅炉，2004，(2)：13-17，26.
[4] 黄家瑶. 强化无烟煤在链条炉排上燃烧的特别措施. 工业锅炉，2006，(5)：12-156.
[5] 袁福林. 燃用高灰分、低热质烟煤层燃锅炉特点分析. 工业锅炉，2007，(5)：18-20，40.
[6] 陆方等. 燃用高挥发分链条炉排锅炉燃烧特性及配风的试验研究. 工业锅炉，2004，(1)：15-18.
[7] 缪正清等. 移动火床炉消烟炉拱结构研究. 工业锅炉，1999，(1)：37-38.
[8] 顾志龙. 锅炉自动炉拱技术. 节能，1999，(2)：22-24.
[9] 吴志余. 多煤种高效节能炉拱——可调式锅炉炉拱设计及应用. 工业锅炉，2005，(3)：19-20，26.
[10] 陈冬林. 用活动遮热板装置改善层燃炉的煤种负荷适应性. 工业锅炉，2001，(5)：6.
[11] 李明辉. 新型碳化硅节能拱在锅炉上的应用. 节能，1999，(8)：23-24.
[12] 徐通模等. 火床炉风室流体力学及配风特性研究. 动力工程，1988，(6)：59-64.
[13] 张元忠等. 试论链条炉排配风问题. 动力工程，1983，(5)：52-59.
[14] 张志英等. 大风仓小风斗供风系统试验分析. 工业锅炉，2005，(6)：7-11.
[15] 于海深等. 节煤添加剂的特性研究. 节能，2007，(1)：27-29.
[16] 沈光林. 膜法富氧助燃技术在工业锅炉中的应用. 工业锅炉，2002，(6)：20-23.

第四章
工业锅炉燃气（油）应用技术

第一节 概　　述

一、燃气（油）工业锅炉的节能减排优势

在推进节能减排工作中，我国许多大中城市都规定城市中心区工业锅炉限制燃煤，要求撤除小型燃煤锅炉，用大型集中供热、热电联产燃煤锅炉或燃气（油）锅炉取代。这是因为燃气（油）工业锅炉具有明显的节能减排优势。

1. 燃气（油）工业锅炉的节能效果显著

(1) 锅炉热效率高　我国燃煤工业锅炉平均运行热效率仅60%～65%，锅炉容量越小效率越低；燃气（油）工业锅炉平均运行热效率为80%～85%，不同容量锅炉效率差别不大。全自动燃气（油）工业锅炉热效率一般为85%～90%，燃气低温热水锅炉和加装尾部受热面的燃气蒸汽锅炉热效率可高达93%～95%。从燃烧效率看，燃煤工业锅炉平均燃烧效率不到80%，燃气（油）工业锅炉平均燃烧效率95%以上，全自动燃气（油）工业锅炉燃烧效率大都可达98%～99%。可见工业锅炉燃气（油）比燃煤更能有效利用能源资源。

(2) 运行能耗低　燃气（油）锅炉一般采用微正压燃烧，只需一个鼓风机，没有除尘、上煤、出渣设备，运行电耗不到燃煤锅炉的一半；小型工业锅炉启停比较频繁，燃气（油）锅炉启停方便，停炉即完全停止燃料消耗，不像燃煤锅炉停炉热备仍需消耗一定燃料。特别是对于机关、学校等供暖，公休或假期还可大部分停供，节能效果更为显著。一些机关、学校的实践表明，尽管气比煤贵得多，但用燃气锅炉供暖，一个采暖期的运行费用比参加集中供暖费用还低。

(3) 燃料运输能耗低　燃煤中含不可燃的灰分和水分30%～40%，燃烧后的灰渣又占煤重量的20%～30%，收到基低位发热量只有油和气的一半，加上油气燃料以管道运输为主，同热值油气燃料运输能耗不到燃煤和灰渣运输能耗的1/4。

(4) 锅炉制造钢材及其能源消耗低　制造燃气（油）锅炉的钢材消耗仅为同容量燃煤锅炉的40%～60%。

2. 燃气（油）是工业锅炉减排的一条重要途径

煤中含有大量不可燃的灰分，燃烧后灰分和未完全燃烧的炭成为烟尘，是大气的主要污染源；煤和灰渣的运输、储存，特别是露天煤场和灰场造成地面粉尘污染；除尘、出渣造成水源污染。一般来说，在炉内释放相同热量的条件下，燃煤排放的烟尘量约为燃油的11倍，为燃气的

500倍；燃煤排放的 SO_2 量约为燃油时的3倍，为燃气时的4000倍；燃煤排放的 NO_x 量约为燃油时的3倍和燃气时的4倍。在温室气体排放方面，笔者曾估算得出，一台相同容量工业锅炉燃煤时 CO_2 排放量约为燃轻柴油的1.3倍、燃天然气的1.5～1.8倍、燃城市煤气的2倍以上。足见采用燃油，特别是燃气是工业锅炉减排的一条重要途径。

3. 有利于优化能源消费结构

有研究表明，我国能源消费结构中煤炭的比重每下降1个百分点，相应的能源需求总量可降低2000万吨标准煤。根据我国能源资源结构的实际情况，我国优化能源消费结构的主要道路是大力发展核能和可再生清洁能源。在资源条件允许的条件下，小型工业锅炉燃气（油）比燃煤更能充分利用和节约能源资源，有利于优化能源消费结构。如上所述，工业锅炉以煤作燃料，等于有20%的煤被白白扔掉，而大容量发电锅炉以煤作燃料时，其利用率则高得多，大容量发电锅炉烧烟煤时的燃烧效率达98%以上。所以，大容量发电锅炉以燃煤为主，工业锅炉以燃气（油）为主，资源利用更为合理。发达国家煤主要作为发电锅炉燃料（美国煤炭总消费量的90%用于发电），工业锅炉主要燃气（油），工业锅炉总容量中燃气（油）锅炉占的比例一般都在90%以上，美国达98%，日本达99%。

本书的中心是节能减排，本章中燃气（油）工业锅炉结构介绍主要是为更好理解运行安全与高效。安全是一切设备的基本要求，对于燃气（油）工业锅炉尤其有特殊的重要性；高效就是节能，节能本身就是减排。

二、我国燃气（油）工业锅炉的发展

20世纪50年代后期，我国哈尔滨、武汉锅炉厂开始用前苏联技术生产燃油和燃气锅炉，供油田、石化、冶金企业的蒸汽动力站或自备电厂用。当时的产品是负压燃烧水管锅炉，燃料为这些企业的副产品：重油、渣油、石油伴生气、化工尾气、高炉煤气等。60年代中期，天津和广州锅炉厂开始生产全自动燃油工业锅炉，只有2t/h和1t/h以下三四个品种，产量很小，主要供援外成套项目配套和某些特殊单位用。70年代，随着我国石油、天然气工业的发展，供油田、石化、轻工行业用的较大容量的水管燃油锅炉逐渐增多，小型燃气锅炉开始出现。那时全国只有四五家工业锅炉厂生产燃气（油）锅炉，年总产量不过几十台、几百蒸吨；燃料主要是原油、重油和天然气；燃烧器是锅炉厂自己生产的，一般只有简单的电器控制。80年代，我国改革开放引进外资，首先是珠江三角洲使用小型燃油锅炉量逐渐增加，除一部分进口外，国内生产燃油锅炉的厂家和燃油锅炉产量迅速增加，并普遍配用进口一体式燃烧器，实现锅炉全自动控制。进入90年代，随着我国改革开放进一步发展，燃油工业锅炉的使用遍及全国。90年代后期起，我国把保护环境放到更突出的位置，实施西气东输，燃气工业锅炉得到进一步应用，我国自产全自动一体式燃气（油）燃烧器也开始进入市场。到21世纪初，全国燃气（油）锅炉已占在用工业锅炉总台数10%和总容量的6%左右，北京、南京等地燃气（油）锅炉已占到在用工业锅炉总台数的50%以上；持有锅炉制造许可证的厂家，基本上都生产燃气（油）工业锅炉，按容量计算的工业锅炉年产量中，燃气（油）锅炉约占15%。

随着燃油市场价格的起伏，我国燃油工业锅炉增减趋势也常有变化，但燃气工业锅炉基本上一直是增长趋势。

三、燃气（油）的特性参数和分类

1. 爆炸极限

燃油蒸气或燃气与空气混合后遇火种即发生爆炸的体积浓度范围称爆炸极限，这个范围的最低值称爆炸下限，最高值称爆炸上限。天然气爆炸极限为5%～15%，焦炉煤气为5%～36%，液化石油气为1.6%～11.1%，燃油为1.2%～6%。爆炸极限范围越大和下限越低，爆炸危险越大。

2. 发热量

每公斤燃油或每标准立方米燃气完全燃烧产生的热量称为燃油或燃气的发热量，单位为kJ/kg

或 kJ/m³。燃料发热量分为高位发热量和低位发热量，高位发热量包括燃烧产生的水蒸气凝结为水时释放的凝结热，而低位发热量则不包括这部分凝结热。燃烧产生的烟气中水分越多，二者的差别越大。例如天然气燃烧的烟气中含水分 18%～20%，高、低位发热量相差 10%左右。

一般情况下，锅炉烟气中的水分以水蒸气状态存在，凝结热不被锅炉吸收利用，我国锅炉计算都使用低位发热量。但天然气冷凝锅炉可吸收利用这种凝结热（参见本章“天然气冷凝锅炉”部分）。

凡未标明高位或低位发热量的，都指低位发热量。

3. 燃气的华白数

华白数的数值为

$$W=Q/\sqrt{d} \tag{4-1}$$

式中，W 为华白数，MJ/m³；Q 为燃气发热量，MJ/m³；d 为相对密度。

$$d=\rho_R/\rho_K \tag{4-2}$$

式中，ρ_R 为燃气密度，kg/m³；ρ_K 为空气密度，kg/m³，标准状态下 $\rho_K=1.293$kg/m³。

发热量反映燃烧特性，相对密度反映流动特性，华白数说明燃气性质对燃烧器的要求，华白数相近的燃气都可以在同一台燃烧器上燃烧。

4. 燃油的凝点、闪点、燃点、黏度

凝点是燃油丧失流动状态时的温度（不是变成固体的温度）。

闪点是在大气压下燃油蒸气与空气的混合物接触明火就闪火（一闪即灭）时的温度，在开口容器中测得的叫开口闪点，在封闭容器中测得的叫闭口闪点。

燃点是燃油蒸气与空气的混合物接触明火发生燃烧延续时间不少于 5s 时的温度。

燃油闪点一般比燃点低 10～20℃。为保证安全，在开口容器中燃油储存或加热的最高温度应低于闪点 10℃。

燃油黏度表明燃油在一定温度下的流动特性，黏度越大流动性越差，流动阻力越大，雾化越困难。燃油黏度随温度升高而降低。黏度常用单位是恩氏黏度（°E），20℃时蒸馏水的黏度为 1°E，轻柴油 20℃时的黏度是 1.5°E，说明它的流动性只有水的 1/1.5。法定运动黏度单位为 cm²/s 或 mm²/s。mm²/s 与°E 的换算关系是：

$$\nu_t=7.31°E-(6.31/°E) \tag{4-3}$$

式中，ν_t 为温度为 t（℃）时的运动黏度，mm²/s。

5. 燃油和燃气的分类

我国燃油分为重油、重柴油、轻柴油。重油牌号相当于它 50℃时的恩氏黏度值，如 100 号重油 50℃时的恩氏黏度为 100°E。重柴油和轻柴油牌号是它的凝点温度值，如 0 号轻柴油的凝点为 0℃。国外常按黏度将燃油分为高、中、低三种重油和轻油。高黏度重油相当于我国 100 号以上重油，中黏度重油相当于我国 60 号以下重油，低黏度重油相当于我国重柴油，轻油即轻柴油，轻油的常温黏度低于 2°E。高黏度重油只在油田和石化企业大型锅炉上使用，60 号以下重油用于中型工业锅炉。由于重油燃烧容易出现冒黑烟问题，按照环境保护要求，许多大中城市中心区都禁止锅炉燃用重油。重柴油主要用于船用锅炉和柴油发电机组，轻柴油用于城市小型锅炉。小型燃油锅炉燃用废机油也是一条节能途径，废机油常温黏度比轻油大、杂质多，容易堵塞油喷嘴、磨损油泵，需要加热和过滤装置，雾化方式常用空气压力雾化。轻柴油质量标准、设计用代表性成分和特性见表 4-1。

表 4-1 轻柴油质量标准、设计用代表性成分和特性

轻柴油质量标准(GB 252—2000)							
项　目	10 号	5 号	0 号	−10 号	−20 号	−35 号	−50 号
运动黏度(20℃)/(mm²/s)	3.0～8.0				2.5～8.0	1.8～7.0	
闭口闪点/℃　≥	55					45	

续表

项目	10号	5号	0号	−10号	−20号	−35号	−50号
凝点/℃ ≤	10	5	0	−10	−20	−35	−50
冷凝点/℃ ≤	12	8	4	−5	−14	−29	−44
灰分/% ≤	0.01						
水分/% ≤	痕迹						
含硫量/% ≤	0.2						
机械杂质/%	无						
密度(20℃)/(kg/m³)	实测						
设计用成分/%	C	H_2	O_2	N_2	S	灰分	水分
	85.55	13.49	0.66	0.04	0.25	0.01	0
设计用计算特性	发热量/(kJ/kg)[(kcal/kg)]	理论空气量/(m³/kg)	$(RO_2)_{max}$/%	密度/(kg/L)			
	42900(10200)	11.17	15.36	0.81～0.84			
理论烟气量/(m³/kg)	RO_2	N_2	H_2O	合计(湿/干)			
	1.60	8.82	1.68	12.10/10.42/12.10			

本书燃油部分主要介绍小型工业锅炉使用的轻柴油燃烧，一般不涉及重油燃烧问题。

气体燃料分为城市煤气（人工煤气）、天然气、液化石油气（LPG），它们的华白数范围分别为 21～35MJ/m³、42～59MJ/m³、77～93MJ/m³。城市煤气主要是焦炉煤气和混合煤气，成分以氢气为主，含有较多一氧化碳；天然气（包括油田伴生气）成分以甲烷（CH_4）为主；液化石油气成分多数以丙烷（C_3H_8）为主，也有以丁烯（C_4H_8）为主的。

此外，城市水处理厂和农村广泛使用的可再生气体燃料沼气也是一种锅炉燃料，其燃烧特性与城市煤气相似。炼铁高炉产生的高炉煤气和炼钢炉煤气也是一种应该充分利用的燃料资源，由于其中含大量 CO、N_2 以及灰分和其他杂质，发热量很低［3300kJ/m³ 左右］，需要特殊设计的锅炉和燃烧器就地利用（详见第三节）。

几种代表性燃气的成分和特性见表 4-2，在缺乏具体燃气数据时可作计算参考。

表 4-2 几种代表性燃气的成分和特性

燃气种类		混合煤气	炼焦煤气	天然气	液化石油气
燃气成分/%	H_2	48.0	59.2	1.0	
	CO	20.0	8.6	0.1	
	CO_2	4.5	2.0	0.5	
	N_2	12.0	3.6	1.0	
	O_2	0.8	1.2	0	
	CH_4	13.0	23.4	95.0	
	C_3H_8				90.0
	C_4H_{10}				10.0
	C_mH_n	1.7	2.0	2.4	
H_2S/(mg/m³)		≤20			
密度/(kg/m³)		0.6700	0.4685	0.7363	2.03
发热量/(kJ/m³)[(kcal/m³)]		13800(3300)	17600(4200)	35600(8500)	93800(22400)
华白数/(MJ/m³)		19.17	29.24	47.18	80.26

续表

燃气种类		混合煤气	炼焦煤气	天然气	液化石油气
爆炸极限(上限/下限)/%		42.6/6.1	35.6/4.5	15/5	11.1/1.6
理论空气量/(m^3/m^3)		3.18	4.21	9.42	24.63
理论烟气量/(m^3/m^3)	RO_2	0.425	0.40	1.00	3.10
	N_2	2.635	3.36	7.45	19.48
	H_2O	0.79	1.12	2.11	4.10
	合计(湿/干)	3.85/3.06	4.88/3.76	10.56/8.45	26.68/22.58
干烟气$(RO_2)_{max}$/%		13.90	10.66	11.83	13.70

第二节　燃气（油）锅炉的结构及特点

一、燃气（油）锅炉的结构特点

燃气（油）锅炉与燃煤锅炉的区别主要在燃烧部分，锅炉的工质流动、水循环、汽水分离、强度原理以及附件等，都完全一样。与燃煤锅炉相比，燃气（油）锅炉体积较小，对水质要求较高等，是因为燃烧部分不同。燃气（油）锅炉的结构特点主要是：

① 油和气比煤更容易着火和完全燃烧，烟气中含灰量少，炉膛热负荷更高，对流受热面烟气流速也更高，因而传热强度更大。燃煤锅炉受热面平均蒸发率（即平均每平方米受热面的小时蒸发量）为20～25kg/(m^2·h)，燃气（油）锅炉受热面平均蒸发率一般为50kg/(m^2·h) 左右，最高达100kg/(m^2·h) 以上。这使燃气（油）锅炉总体尺寸小、钢耗小，锅炉受热面传热强度大，要求水质较好。燃气锅炉比燃油锅炉炉膛热负荷和对流受热面烟气流速可以更高，但在设计上一般都统一按燃油锅炉考虑，便于油气燃料转换。

② 燃气（油）锅炉没有进煤和出渣口，容易整体封闭，一般都设计为微正压燃烧。这样不仅减少一个引风机，运行电耗小，而且没有漏风，排烟损失小。

③ 油蒸气或燃气与空气混合都有爆炸的危险。燃气（油）水管锅炉炉膛必须设防爆门；锅壳锅炉因整体被厚钢板包围着，可以不设防爆门。

④ 燃气（油）锅炉炉膛有爆炸的危险，要求燃烧系统的保护与控制更完善。现代燃气（油）锅炉一般都是全自动控制，既保证安全，又保证运行高效经济。

二、立式锅炉

立式锅炉分为立式烟（或火）管锅炉和立式水管锅炉：烟管锅炉烟气在管内流动，工质在管外；水管锅炉工质在管内，烟气在管外流动。

立式锅炉占地面积小、空间高，一般容量≤1t/h。容量太大或太高时不便于操作和维修，或传热强度太大，对水质要求太高。三浦贯流锅炉最大容量4t/h，锅炉受热面平均蒸发率高达100kg/(m^2·h) 以上，要求加专用的水处理药剂，实行严格的加药和受热面清洗制度。

1. 立式烟管锅炉

图4-1是一种常用的立式烟管锅炉。扰流片8起强化对流传热作用。锅壳外应有保温层和外护板。

2. 立式水管锅炉与直流锅炉

图4-2为立式水管锅炉，又称贯流锅炉，是日本贯流锅炉的变形产品。它上下两个环形集箱与环形布置的竖水管形成汽水空间。竖水管中的含汽量很高，汽水分界面应该在水管上部。竖水管与外置分离器和下降管构成水循环系统，循环倍率很小，对水质要求比较高。如果将汽水分界

面提高到上部环形集箱中，蒸汽质量很难保证。锅炉给水最好是连续控制，如果双位控制，控制范围应≤±25mm，低水位与危险低水位间距应适当加大。竖水管环形布置两圈以上，内圈和外圈用缩口管密排或焊接鳍片密封，烟气出口处空一两个管距。这种锅炉燃烧器在炉顶，炉顶密封和绝热非常重要，否则很容易烧坏燃烧器。

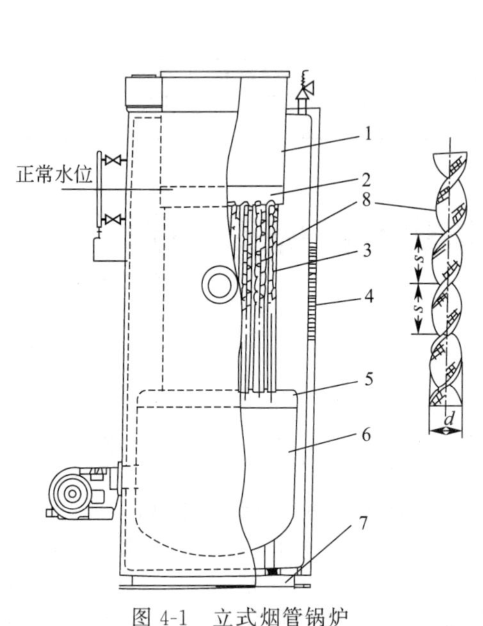

图 4-1　立式烟管锅炉

1—埋头烟室；2—上管板；3—烟管；4—锅壳；5—下管板；6—炉胆；7—底座；8—扰流片

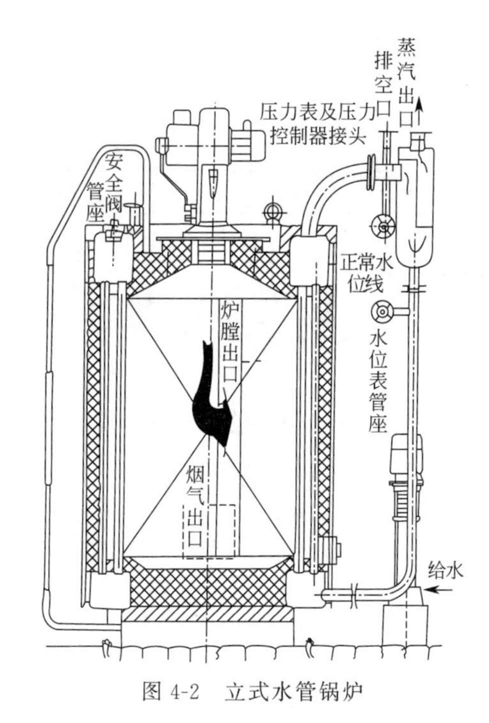

图 4-2　立式水管锅炉

图 4-3 为立式直流锅炉，又称快速蒸发器，水从管圈入口到出口经过冷、沸腾直至干燥到蒸汽干度符合要求送出，不发生水循环。直流锅炉对水质要求很高，适合于要求启动速度特别快的场合，一般用途锅炉不宜选用。

总体上讲，立式锅炉一般排烟温度较高，热效率偏低，仅用于小容量锅炉。

三、卧式锅炉

1. 卧式锅壳锅炉

卧式锅壳锅炉的共同特点是炉胆和烟管及全部汽水空间包围在锅壳内（图 4-4）。烟气流程分 2、3 或 4 回程。从炉胆到烟管的转烟室分干背、半湿背、湿背和中心回燃前烟箱转烟（图 4-5）。炉胆位置有正下置、偏置、中心位置及双炉胆、三炉胆。二回程锅炉的烟管常用强化传热的内螺纹管或插入绕流片。三回程锅炉若用内螺纹烟管，一般只用在第二回程。四回程炉锅的烟管都用光管，否则烟气流阻太大，风机能耗太高。

卧式锅壳蒸汽锅炉排烟温度一般在 220～280℃，为进一步降低排烟温度，可加装尾部受热面。卧式锅壳热水锅炉排烟温度大多在 200℃以下，一般不必设尾部受热面。卧式锅壳热水锅炉锅内水循环较差，容易产生高温管板孔桥裂纹，除需在设计上增强管板内壁冷却外，还可在管板外涂一层耐火隔热材料降低壁温。

卧式锅壳锅炉炉胆受稳定性和内外壁温差限制，其内径和壁厚不大于 1800mm 和 22mm。所以，单炉胆锅炉容量最大 15t/h，双炉胆锅炉容量最大 30t/h。

卧式锅壳锅炉结构的具体要求见《蒸汽锅炉安全技术监察规程》、《热水锅炉安全技术监察规程》有关章节和 GB/T 16508《锅壳锅炉受压元件强度计算》。

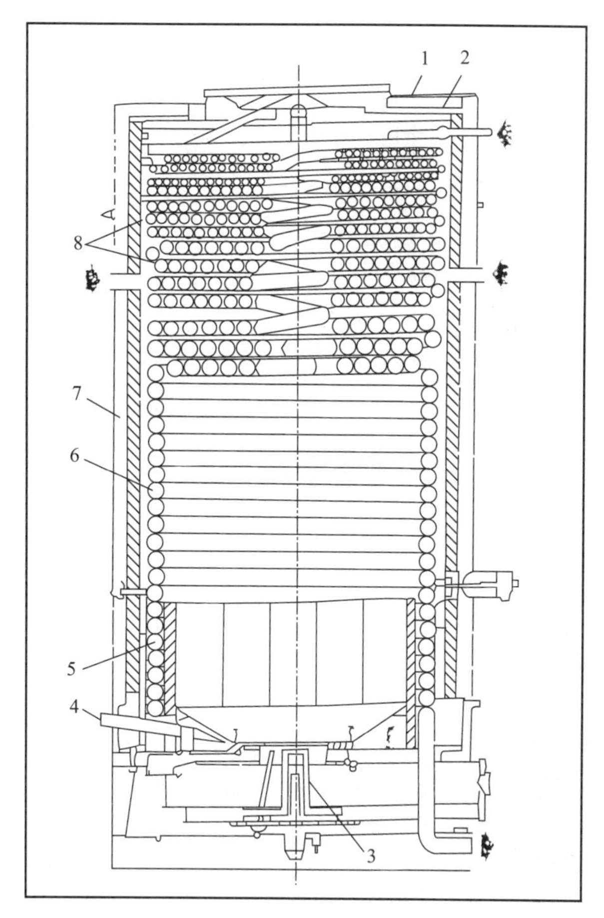

图 4-3　立式直流锅炉

1—外壳；2—内壳；3—燃烧器；4—观察孔；5—耐火砌体；6—水冷管；7—空气通道；8—加热盘管

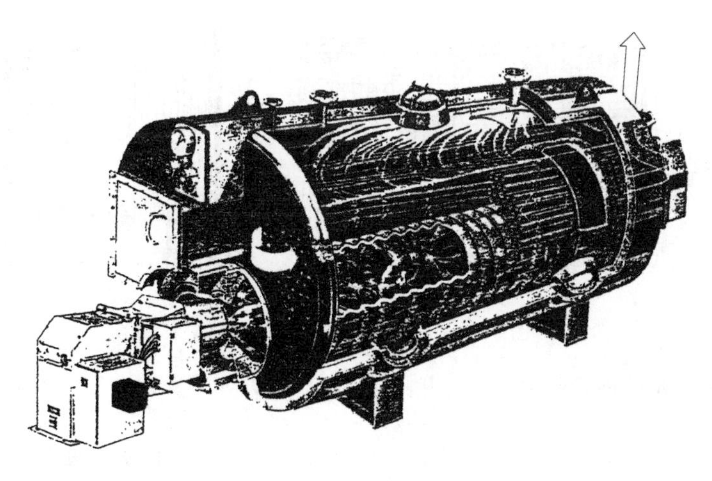

图 4-4　卧式锅壳锅炉

2. 卧式水管锅炉

卧式水管工业锅炉一般为双锅筒，按锅筒位置分为纵置式和横置式。

6t/h、10t/h、20t/h 容量的卧式双锅筒纵置水管锅炉常布置为 D 型、A 型或 O 型（图 4-6），这种炉型便于炉墙密封和快装。尤其是 A 型和 O 型左右对称，更便于运输。受铁路运输界限限

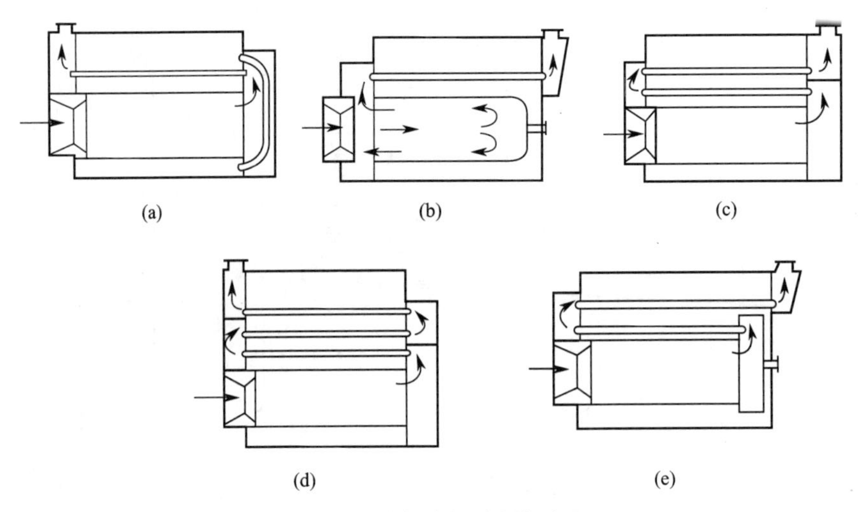

图 4-5 卧式锅壳锅炉烟气流程

(a) 半湿背二回程；(b) 中心回燃二回程；(c) 干背三回程；(d) 干背四回程；(e) 湿背三回程

制，快装锅炉一般≤20t/h。若只考虑公路运输，快装锅炉容量可以更大。为了炉墙密封更可靠，炉膛水冷壁多用密排管、膜式壁或焊接鳍片密封。

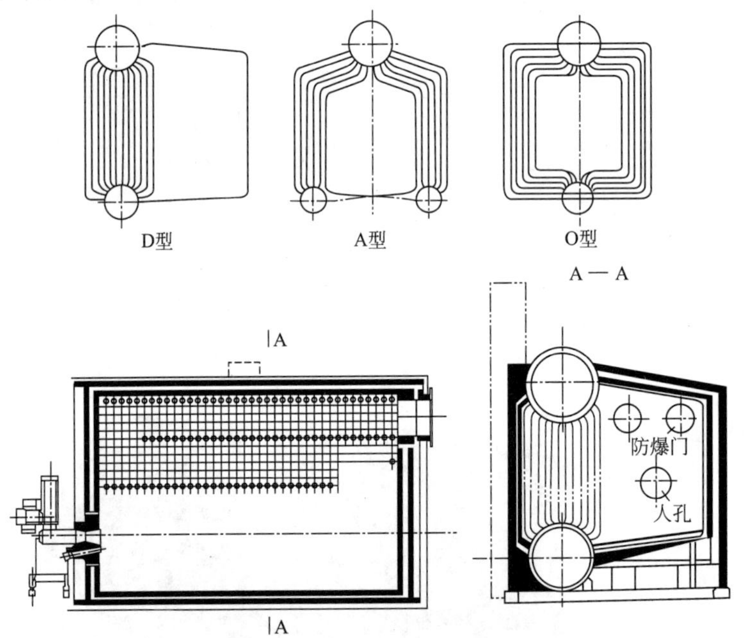

图 4-6 纵置水管锅炉及主要形式

卧式双锅筒横置水管锅炉一般用于容量≥35t/h 的锅炉（图 4-7），它的前墙可布置多个燃烧器，炉墙密封比较复杂。

卧式水管锅炉容量和工作压力不受限制，便于布置过热器，但炉墙密封结构复杂，体积较大。所以，容量较小、压力不大于 1.6MPa 的锅炉常用锅壳锅炉，压力较高、容量较大则用卧式水管锅炉。

3. 卧式直流锅炉

卧式直流锅炉也称快速蒸发器，结构原理和用途与立式快速蒸发器相同。大家熟悉的强制流动热水锅炉也应算直流锅炉，只是不产汽而已。

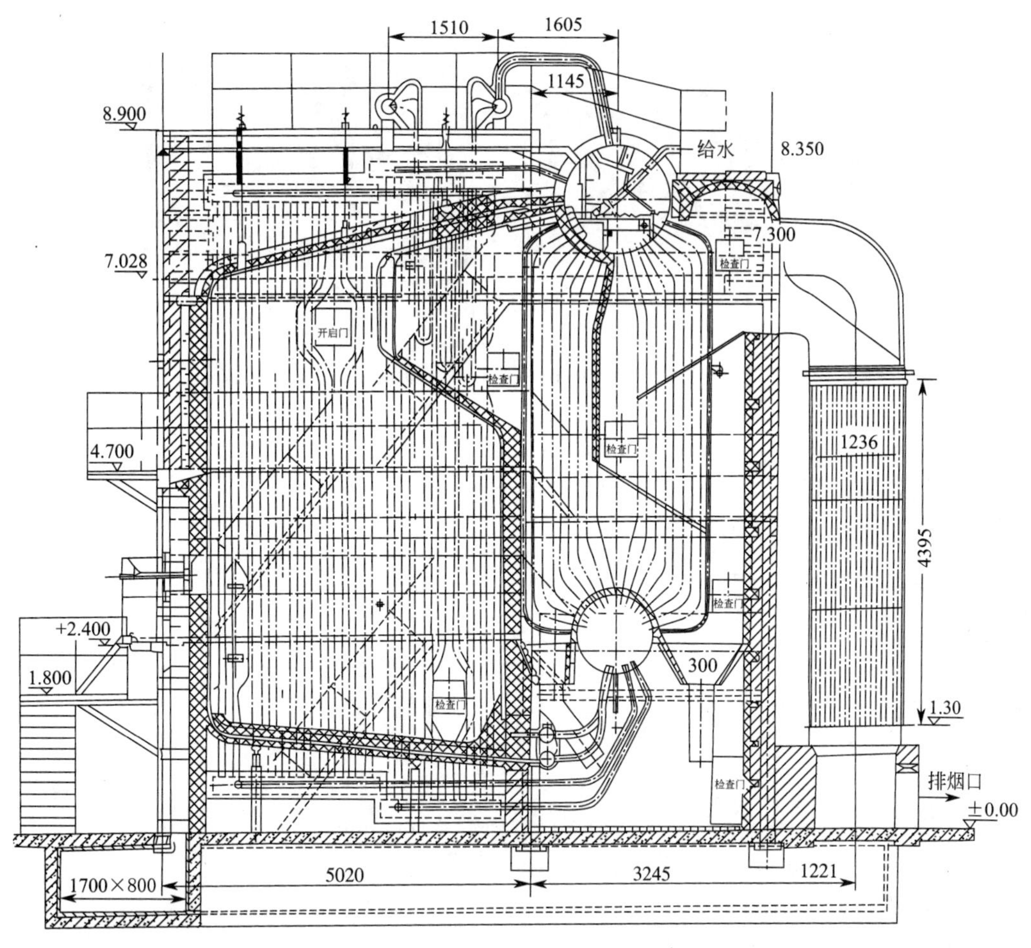

图 4-7 SHS 双锅筒横置水管锅炉

4. 模块锅炉

模块锅炉由若干个结构相同的模块组成，每个模块具有独立的燃烧与烟风系统、受热面与水汽系统、控制系统，功率相同。不同功率的锅炉由不同数量的模块组成。

铸铁模块锅炉的每个模块又由若干铸铁对片组成，一般为热水锅炉，可为常压锅炉，也可为承压锅炉（工作压力不大于 0.7MPa）。铸铁锅炉耐腐蚀，水空间大，热负荷较低，对水质要求不高，可以单片或分模块运到现场组装，运输安装方便；整体重量较重、体积较大，铸造工艺复杂，规模生产需采用连铸生产线。

配用扩散或大气式燃烧器的铸铁模块燃气锅炉，采用自然通风，属低端产品，价格低。其优点是供气压力低（与居民生活用气压力等级相同），除照明与控制系统外不耗电，无风机噪声，运行维护简单；缺点是热效率较低，当多个模块出烟口共用一个烟囱时，易出现模块间通风干扰。适合高层大楼楼顶或地下室安装。配用鼓风燃烧器的铸铁模块锅炉，燃气或燃烧轻质油，微正压燃烧，优缺点与前者相反。如图 4-8。

与铸铁模块锅炉相比，碳钢模块锅炉结构灵活多样、体积小、质量轻、占地小，使用场合更广。

高端模块锅炉，全不锈钢、全铜或钢铝复合金属制造，耐腐蚀；采用全预混辐射燃烧器和异形扩展受热面，锅炉燃烧与传热强度比普通锅炉高数倍，常用作冷凝锅炉（参见本章“天然气冷凝锅炉”部分）。

模块锅炉突出的优点是用启停不同的模块数量来调节负荷，保证投入运行的每个模块都在最

(a) 铸铁对片

(b) 三模块铸铁模块锅炉

(c) 多台铸铁模块锅炉组合安装锅炉房

图 4-8　铸铁模块锅炉

佳工况下运行，燃烧效率、排烟损失和散热损失都不受负荷变动影响，锅炉运行热效率稳定，节能效果好。

模块锅炉单台容量一般不大于 2000kW，一个锅炉房内安装台数不宜超过 10 台。

大容量锅炉房采用多台型号、容量相同的普通锅炉组合安装，按模块锅炉运行方式运行，也可以获得较好的节能效果。

四、常压锅炉、相变锅炉

1. 常压锅炉

工作压力为 1atm（0 表压），只能作热水锅炉，不允许作蒸汽锅炉。锅炉水空间必须有连通管直接与大气相通。按 JB/T 7985《小型锅炉和常压热水锅炉技术条件》，大气连通管当量通径 D（mm）按下式计算：

$$D \geqslant 88\sqrt{N_g} \tag{4-4}$$

式中，N_g 为锅炉热功率，MW；D 为连通管当量通径，mm。

常压锅炉强度要求较低，结构比较自由，形式很多。

2. 相变锅炉

分为承压相变锅炉和真空锅炉锅。

真空锅炉锅内的工质也叫热媒，工作压力低于大气压（真空）。在热媒蒸气空间中装有管内为二次水的热交换器，二次水被热媒蒸气加热后供采暖和生活用；热媒蒸气被冷却凝结为液体回落到热媒液态空间，再被加热产生热媒蒸气，如此循环（图 4-9）。热媒为溴化锂水溶液或水，60％浓度的溴化锂水溶液标准大气压下的饱和温度约 150℃，负压下二次水温也可高于 100℃；水作热媒则一次水饱和温度不高于 90℃，二次水温不高于 85℃。

与常压热水锅炉相比，真空热水锅炉有三大优点：一是锅炉一次水封闭工作，几乎没有损失，可一次性注入蒸馏水，省去了水处理设备和一次循环系统及其运行费用，并可避免受热面氧腐蚀和结垢。二是锅炉二次水是有压循环，外网比常压锅炉简单可靠。三是不用另加换热器即可同时供 2～3 路热水，如低温生活热水、泳池热水和采暖热水。

与承压热水锅炉相比，真空锅炉由于有相变产生的气液密度差，工质水循环比一般自然循环热水锅炉强烈，很少发生水循环事故。特别是 WNS 型热水锅炉容易产生的高温管板孔桥裂纹问题，在真空锅炉中一般不会发生。真空锅炉的一次水全部处于饱和温度下，它与烟气接触的受热面的壁温大致相同，在燃烧天然气或城市煤气时，只要一次水温度保持在 70℃以上，即可不出现受热面结露现象；而一般热水锅炉在回水温度或运行负荷较低时，很难避免低温受热面结露。

真空热水锅炉二次水出水温度低，用于远距离输送或具有中间换热器的大型热网是很不经济的，所以它只适合用于直接供热的小型热网，其单台容量一般不宜大于 7MW。对于直接供热的小型热网，供水温度一般到 75℃即可满足采暖需要，这时一次水温为 80℃左右。这样就可将锅炉排烟温度降到 120℃左右，从而使锅炉获得很高的热效率。

要特别强调的是真空锅炉也是封闭受热容器，也存在超压的危险，需要各种防止超压的装

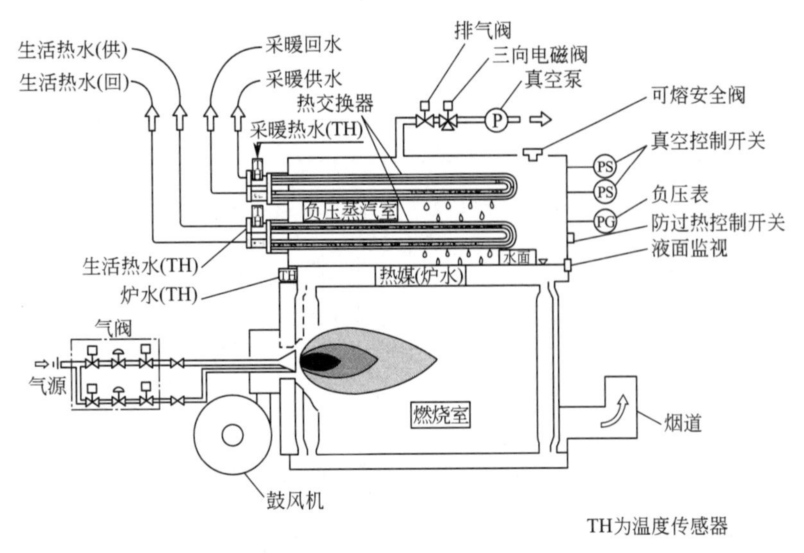

图 4-9 真空锅炉

置。因为真空锅炉就是工作压力低于 1atm（绝对压）的蒸汽锅炉，保持其工作压力稳定的原理与正压蒸汽锅炉完全一样——靠“锅炉输出热量”与“输入锅炉热量”的平衡。一旦锅炉输出热量小于输入锅炉的热量（例如二次水量减少或停用时，燃烧调整没有及时跟上），锅炉工作压力就会升高为正压，真空锅炉不具备承受压力的能力，极易发生爆炸。认为真空锅炉绝对安全是错误的。

承压相变锅炉与真空锅炉的工作原理相同，只是一次水在正压下（大于 1atm）工作。承压相变锅炉工作温度可以随工作压力提高而提高，可以输出高温热水甚至蒸汽。工作压力提高后，一次水饱和温度提高，为降低锅炉排烟温度，可在锅炉尾部加设低温二次水受热面或空气预热器等其他低温工质受热面。从总体上看，承压相变锅炉用于小型热网，失去了真空锅炉的许多优势，用于大型热网，也不比大型热水锅炉有什么优势。

五、天然气冷凝锅炉

1. 烟气结露、露点温度、冷凝率

锅炉受热面或烟道壁温低于一定温度，烟气中的硫酸蒸气或水蒸气就会在上面凝结，称烟气结露；烟气结露同时释放的凝结热称烟气潜热。

硫酸蒸气结露温度称为酸露点温度 t_{ld}；水蒸气结露温度称为水露点温度 t_{ld}^0。

酸露点温度 t_{ld}受燃料硫分影响很大，一般硫分燃料，t_{ld}约 110～130℃，高硫燃料 t_{ld}高达 150℃以上。

水露点温度 t_{ld}^0即烟气的水蒸气分压下的饱和温度，可从水和水蒸气性质表中查得。

水蒸气分压决定于锅炉燃料成分与燃烧空气系数。表 4-3 是几种燃料通常燃烧条件下烟气的水蒸气分压与水露点温度。

表 4-3 烟气的水蒸气露点温度

燃料	水蒸气分压/kPa	水露点温度/℃
天然气	18.18	58
轻油	12.39	50
重油	11.24	48
褐煤	12.36	50

燃料	水蒸气分压/kPa	水露点温度/℃
烟煤	9.02	43
无烟煤	3.24	25

需要注意的是，并非烟气温度低于露点温度才出现结露，在烟气温度高于露点温度的区域，只要存在壁面温度低于露点温度的“冷面”，就会结露。

烟气温度低于水露点温度 t_{ld}^0 之后，烟气中的水蒸气达到饱和状态，随着冷凝水热量被受热面吸收和冷凝水析出，烟气中的水蒸气含量与烟气温度同步下降。

烟气冷凝率=(烟气冷凝析出的水量)/(烟气原始含水量)

显然，烟气冷凝率越高，锅炉热效率越高。

2. 烟气潜热利用与天然气冷凝锅炉

煤、重油、焦炉煤气等含硫、含灰燃料烟气中的硫酸蒸气结露，会严重腐蚀锅炉受热面，并与飞灰结块污染受热面、堵塞烟道，形成酸性粉尘排入大气污染环境。所以燃烧煤、重油、焦炉煤气等含硫、含灰燃料的锅炉必须防止烟气结露，不能利用烟气潜热。

天然气是经多级工业净化的清洁燃料，可燃成分以烃类化合物和氢为主，无灰，仅含微量 H_2S 杂质。天然气锅炉烟气结露，冷凝水 pH 值为 4～5，呈酸性，也有腐蚀性，但无堵灰之忧。天然气锅炉烟气含水分多（18%～20%）、潜热大（相当于燃料低位发热量的 10%左右），有效利用烟气潜热是天然气锅炉节能的主要途径。

天然气锅炉烟气水露点温度 $t_{ld}^0=58$℃，锅炉排烟温度降低到 50℃时，按燃料低位发热量计算的锅炉热效率可达 104%，降低到 30℃时，锅炉热效率可达 108%。

天然气冷凝锅炉专门设有耐腐蚀冷凝受热面，用以吸收烟气潜热。

每立方米天然气燃烧产生水蒸气 $2m^3$ 以上，天然气锅炉烟气中的水蒸气若完全凝结为水，每蒸吨锅炉析出的冷凝水量达 100kg/h。

热水锅炉对流受热面壁温接近其中的水温。锅炉冷炉启动或低温运行时（供/回水温度 40/30℃），高烟温区非冷凝受热面壁温也低于水露点温度 t_{ld}^0，几乎所有受热面上都会发生水蒸气结露，大量酸性冷凝水无序排放将严重污染环境。

天然气热水锅炉（无论冷凝或非冷凝锅炉）各部分受热面底部，必须设置可靠的烟气冷凝水集水排水装置，保证冷凝水集中回收，经无害化处理后回用。天然气锅炉都是微正压燃烧，烟气冷凝水排水管需设置水封，为防止堵塞，排水管口径应不小于 2″。

3. 天然气冷凝锅炉的分类与应用

天然气冷凝锅炉的基本技术要求是：

① 必须有温度低于烟气水露点温度的低温工质。

② 锅炉冷凝受热面必须耐烟气冷凝水腐蚀。

③ 冷凝受热面传热温差很小，需应用深冷技术强化传热。天然气冷凝锅炉结构型式分两类：分体式冷凝锅炉和整体式冷凝锅炉。

(1) 分体式冷凝锅炉 分体式冷凝锅炉受热面分为两部分：

一部分为非冷凝受热面，由碳钢制成，必须防止烟气结露，受热面壁温不能低于烟气酸露点温度 t_{ld}。按有关资料推算和实际运行观察，天然气锅炉烟气 t_{ld} 约为 70℃左右。

另一部分为冷凝受热面，由耐烟气冷凝水腐蚀的材料制成，锅炉冷凝换热集中在这里进行。为获得较高的烟气冷凝率，烟气温度需降到水露点温度 t_{ld}^0 以下，工质温度则当更低。

图 4-10 是韩国斯大分体式天然气冷凝蒸汽锅炉系统。蒸汽锅炉本体与空气预热器（受热面壁温≥80℃）为非冷凝受热面，用碳钢制造。省煤器进水温度 20℃，是冷凝受热面，用耐腐蚀材料制造。锅炉设计排烟温度 55℃，热效率 102. 9%。

图 4-11 是我国城镇供热应用较多的 WNS 型分体式天然气冷凝热水锅炉，下部是锅炉本体

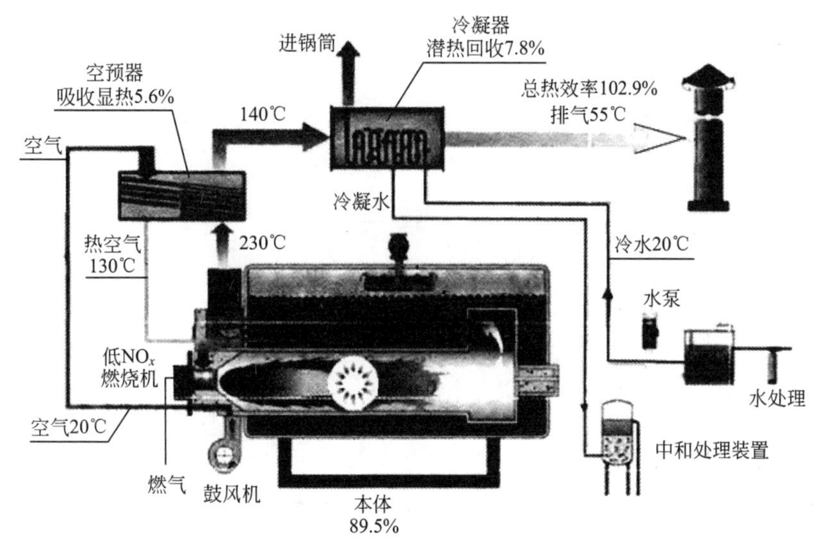

图 4-10　斯大分体式天然气冷凝蒸汽锅炉系统

(非冷凝受热面)，顶部是冷凝节能器。

图 4-11　WNS 型分体式天然气冷凝热水锅炉

这种锅炉的一般热力系统为：热网回水——冷凝节能器——锅炉本体——向热网供水。锅炉循环水全量通过冷凝节能器，温升一般不超过 2～4℃。

这种系统存在如下问题：

① 若热网回水温度低于 50℃，锅炉本体进水温度不超过 55℃，锅炉本体受热面不能避免烟气结露腐蚀。

② 若热网回水温度高于 60℃，冷凝节能器不能将烟温降到水露点温度 t_{ld}^{0} 以下，不能充分发挥冷凝节能器的作用。

既要充分发挥冷凝节能器作用，又要防止锅炉本体受热面结露腐蚀，若热网回水温度低于 50℃，可采用下述两种热力系统：

图 4-12 是热水锅炉水动力计算方法附录推荐的双泵循环热力系统。用混水泵引锅炉出口高温水回混，使锅炉本体进口水温高于 70℃，防止其受热面结露腐蚀。同时开启旁通阀，保持锅炉循环水量和热网供水温度不变。系统简单，便于老系统改造，但混水泵工作温度较高。

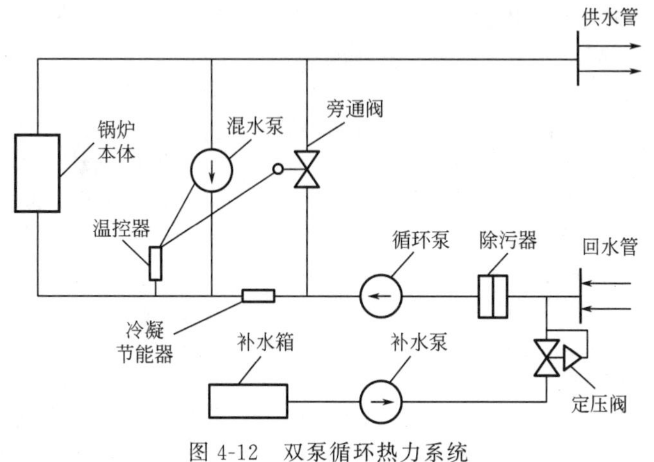

图 4-12　双泵循环热力系统

图 4-13 是带水力平衡管的双泵循环热力系统。锅炉内循环网与外供热网各自独立循环，各自的循环水量和与水温均可独立控制（内循环网水温高于外供热网水温），水力平衡管的作用是将内外网联系为一个整体，并实现热交换。将内循环网锅炉进水温度控制在 70℃以上，即可防止锅炉本体受热面结露腐蚀，外供热网仍维持需要的供/回水温度。该系统水泵 2 工作温度较低，且节电效果好。

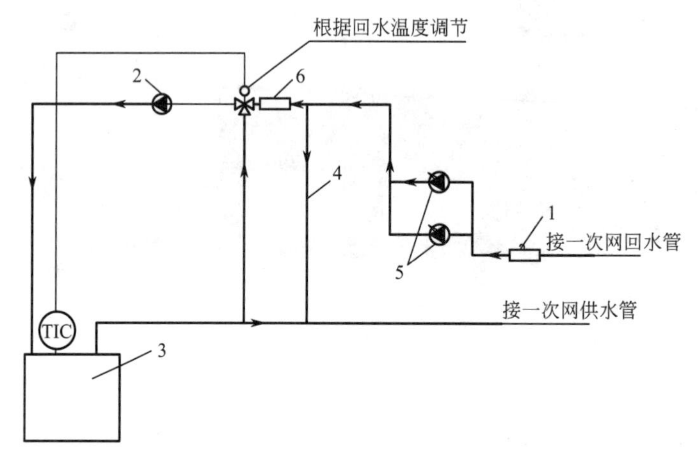

图 4-13　带水力平衡管的双泵循环热力系统

1—除污器；2—热源泵；3—锅炉；4—平衡管；5—热网泵；6—冷凝节能器

为保证控制效果，两种系统都必须同时配备自控系统。

需注意：冷凝节能器置于高温水回混点之前才能发挥应有作用。有高温水回混时，冷凝节能器中水流量减少，既不影响运行安全，也不影响节能效果。

上述热力系统也适用于非冷凝天然气热水供热锅炉。

若热网回水温度高于 60℃，冷凝节能器需引入其他低温工质（冷风，二网回水，生活热水等），才能充分发挥冷凝锅炉的节能作用。图 4-14 为多工质天然气冷凝热水锅炉实例。

我国天然气冷凝锅炉设计尚属起步阶段，冷凝受热面结构与传热计算方法都不完善，国产天然气冷凝锅炉，基本都是在原有非冷凝锅炉本体尾部加装冷凝节能器组成的分体式冷凝锅炉，设计和使用的问题都比较多，尚需不断总经验。

(2) 整体式冷凝锅炉　整体式冷凝锅炉的设计，以最高效、最经济地回收烟气潜热和保护环境为目的，按照冷凝锅炉特点，从整体上充分考虑了锅炉各部分的联系与依存关系，性能和经济与环境效益大大优于分体式冷凝锅炉。

整体式天然气冷凝锅炉的设计特点主要有：

① 应用全预混辐射燃气燃烧器和全水冷封闭式（辐射角系数=1）炉膛，炉膛容积热负荷大大高于普通锅炉。燃气与空气充分预混，精确控制空/燃比≈1，保证低氧、低氮燃烧。燃烧瞬时完成，燃烧头温度达 1200℃，固体表面辐射＋烟气辐射，使锅炉辐射吸热份额比普通锅炉高 10%～20%，对流换热份额相对减少，节省对流受热面。

② 普通锅炉强化烟气对流换热的主要措施是加强气流边界层扰动，如利用内螺纹烟管等。冷凝锅炉强化烟气冷凝换热则需使扰动深入烟气流中心，破坏烟气凝结水膜。所以，冷凝锅炉换热管的异形鳍片需深入烟气流道中心，它同时也充分扩展了传热面积，传热强度极高。

因此，锅炉体积大为缩小，解决了冷凝锅炉体积庞大的问题。

③ 全不锈钢（如美国威博特模块锅炉）、铝钢复合材料（如瑞士皓欧冷凝锅炉）或全铜（如美国史密斯模块锅炉）制造，耐烟气冷凝水腐蚀，不污染工质，导热能力强，可使用低温工质充分吸收烟气潜热。

④ 主要用于小型低温热水锅炉和模块锅炉。瑞士皓欧整体式燃气冷凝热水锅炉（图 4-15）的燃烧室与烟管全部浸在水中，不锈管烟管内衬伸入烟气中心的铝制肋片，将烟气流分割为 8 个

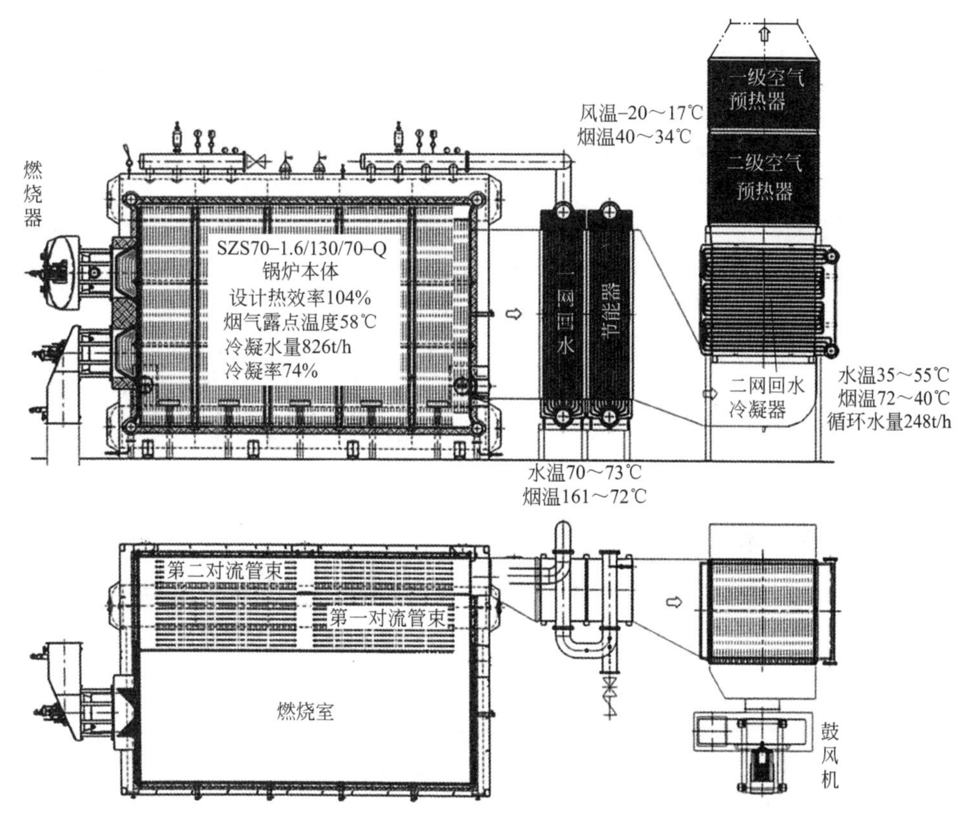

图 4-14　多工质天然气冷凝热水锅炉

通道。锅炉进水温度 30℃，最高出水温度 75℃，单台功率 50～700kW。

美国威博特整体式燃气冷凝模块锅炉的 500kW 模块（图 4-16）由三个带鳍片的不锈钢盘管圆筒组成，上下两圆筒为燃烧室（中心是燃烧头，图 4-16 下部是燃烧头放大图），中间圆筒为对流烟道（图示前端是排烟口），鳍片盘管即受热面，燃烧室中的烟气通过盘管鳍片的间隙进入对流烟道，完成换热后排出。锅炉进水温度 20～40℃，最高供水温度 90℃，多模块组成的最大单台锅炉功率可到 2000kW。

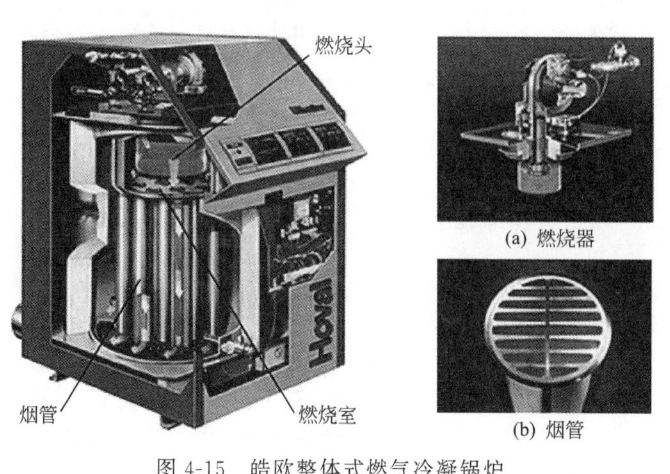

图 4-15　皓欧整体式燃气冷凝锅炉

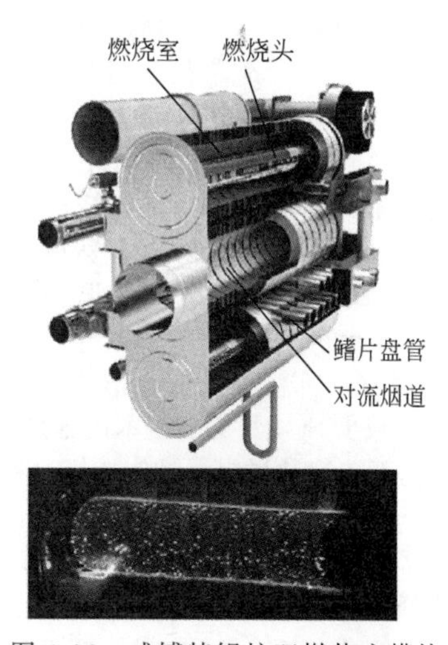

图 4-16　威博特锅炉双燃烧室模块

六、燃气（油）锅炉发展趋势

燃气（油）锅炉发展的总目标是保证安全，节约能源，保护环境。从上述燃气（油）锅炉结构介绍和分析，可以看出燃气（油）锅炉发展的具体趋势是：

① 不断提高自动控制水平，充分利用微电子、计算机和信息技术的成果，向通信协议控制——与终端耗能目标相联系的远程控制服务系统发展（详见本章第七节）。

② 低氧、低氮燃烧。

③ 采用高导热材料受热面及受热面强化传热技术。

④ 高效冷凝尾部受热面和冷凝锅炉的应用。

⑤ 锅炉结构的小型化、快装化、模块化。

第三节　燃气（油）的燃烧机理与燃烧装置

一、燃烧化学反应式和减少燃烧产物污染原理

燃油的成分是C、H_2、O_2、N_2、S及少量灰和水分，其可燃成分完全燃烧的化学反应式为：

$$C+O_2 = CO_2 \tag{4-5}$$

$$H_2+\frac{1}{2}O_2 = H_2O \tag{4-6}$$

$$S+O_2 = SO_2 \tag{4-7}$$

燃气的成分以多种碳氢化合物（C_mH_n）或H_2为主，还有O_2、N_2、CO、H_2S等，其可燃成分完全燃烧的化学反应式为（H_2的反应同上）：

$$C_mH_n+(m+\frac{n}{4})O_2 = mCO_2+\frac{n}{2}H_2O \tag{4-8}$$

$$CO+\frac{1}{2}O_2 = CO_2 \tag{4-9}$$

$$H_2S+1\frac{1}{2}O_2 = SO_2+H_2O \tag{4-10}$$

反应中的氧来自助燃空气和燃料中的氧。当空气与燃料混合不好或空气供给不足时，还会发生不完全燃烧（$C+\frac{1}{2}O_2 = CO$），燃烧控制的首要任务就是避免发生不完全燃烧。

每个反应都需要达到着火温度。燃料着火温度与燃料中各单一成分的着火温度有关，但不同于单一成分的着火温度。点火时的温度条件由点火源提供，之后由火焰温度及热烟气回流维持稳定燃烧。

助燃空气带入的氮和燃料中的氮一般情况下是不参与反应的惰性气体，但在高温和富氧的条件下一部分氮会生成NO和NO_2，总称NO_x。NO_x以及SO_2进一步氧化生成的SO_3都污染大气，形成酸雨。

减少SO_2污染的根本措施是烧低硫燃料，轻柴油和燃气都是低硫清洁燃料。抑制燃烧过程中NO_x产生的有效方法是降低燃烧中心温度和采用分级燃烧（主燃区空气系数$\alpha<1$，燃尽区再补充足够空气进行二级燃烧）。小型锅炉使用的一体式低氮燃烧器是在燃烧器出口造成烟气回流，使燃烧中心温度降低且$\alpha<1$，称炉膛内部烟气循环（图4-17）。较大的水

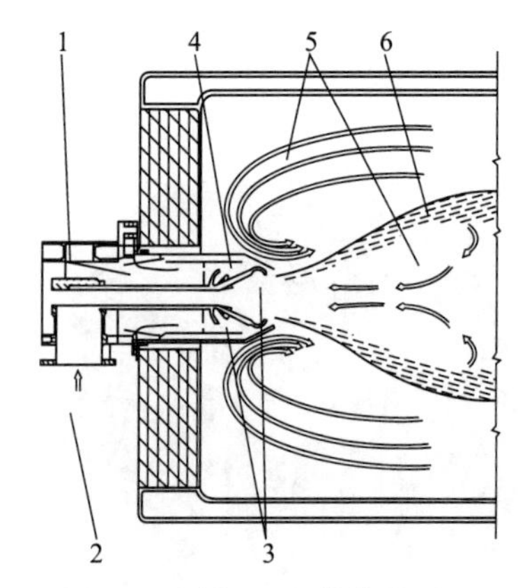

图4-17　低NO_x燃烧器原理

1—助燃空气；2—燃气入口；3—燃气喷嘴；4—火焰稳定（在化学计量下燃烧）；5—燃烧产物回流区；6—超过化学计量燃烧区即空气燃气燃烧产物回流混合区

管锅炉上可采用锅炉尾部烟气循环的方法（图 4-18）。低氧燃烧（空气系数 $\alpha=1.02\sim1.03$）也可减少 SO_2 和 NO_x 污染，同时也减少排烟损失，提高锅炉热效率。

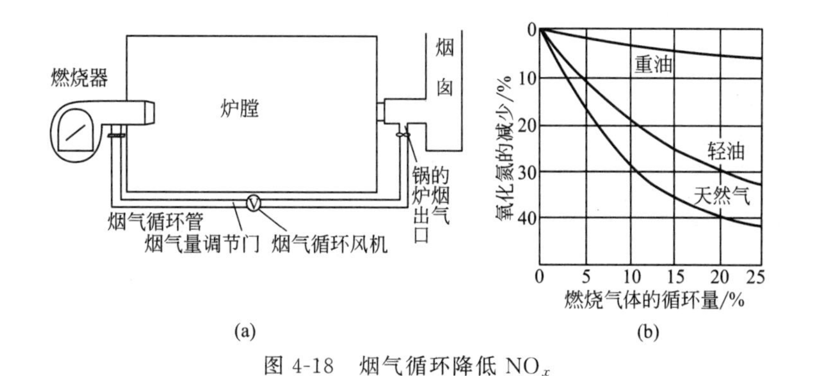

图 4-18　烟气循环降低 NO_x

二、燃气燃烧机理与燃烧方式

燃气燃烧包括燃气与空气混合、着火、完成燃烧三个过程。

完成燃烧的时间由燃料与空气混合时间和完成化学反应时间组成，燃料与空气混合时间较长，完成化学反应时间很短。燃料与空气预混后喷出燃烧器着火燃烧，完成燃烧时间仅取决于完成化学反应时间，称动力燃烧或预混燃烧。燃料与空气分别喷出燃烧器后再混合着火燃烧，完成燃烧时间主要取决于燃料与空气混合时间，燃料与空气混合靠气体之间的扩散，称扩散燃烧或后混燃烧。图 4-19 表示扩散与预混火焰机理。另一种燃烧方式是燃料与空气部分预混，称半预混燃烧。

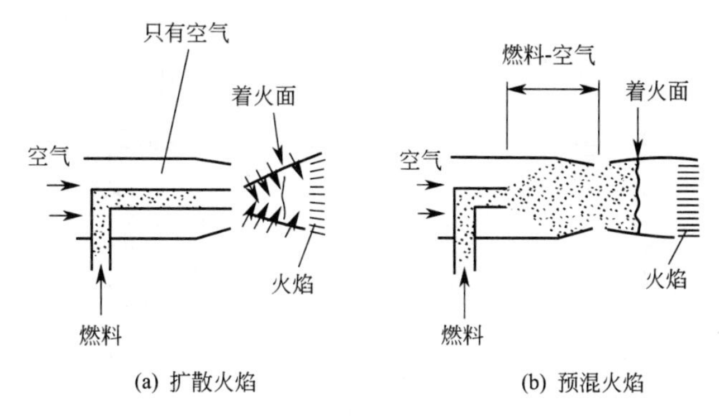

图 4-19　扩散与预混火焰机理

1. 扩散燃烧

图 4-20 是最简单的扩散燃烧器，靠燃气引射与自然风混合，适合用于手烧小型燃煤锅炉改造。图 4-21 是单管缝隙炉床式燃烧器，耐火砖缝隙下可以鼓风，也可自然通风，适合用于固定炉排燃煤锅炉改造。图 4-22 是有鼓风的扩散燃烧器，适用于各种锅炉，可烧多种燃气，尤其适合较大型的燃煤锅炉改造。扩散燃烧稳定，噪声小，不会发生回火，也不易发生脱火。但完成燃烧的时间长，火焰长度较长，炉膛热负荷较低，容易产生不完全燃烧。

2. 预混燃烧

传统的预混燃烧器大都用于燃烧高炉煤气等低热值燃气，燃料与空气在预混通道中预混后进入燃烧道燃烧，燃烧速度很快，几乎看不到火焰，又称无焰燃烧器。为维持低热值燃气稳定着火，燃烧道是耐火材料筑成的绝热通道，出口与炉膛联接，烟气在炉膛中完成辐射换热。这种燃烧器结构复杂，噪声大，发生回火可能性大。

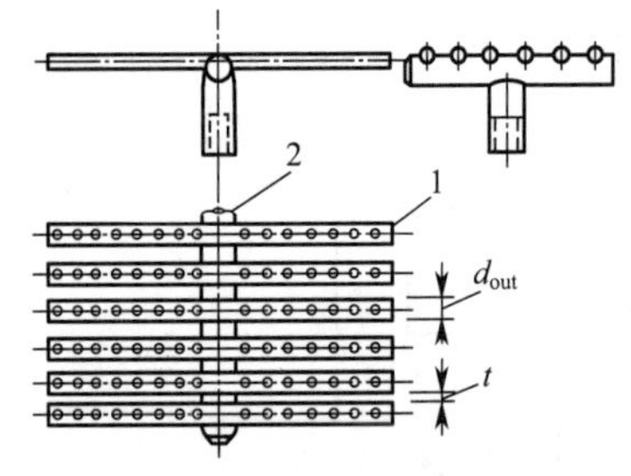

(a) 排管式扩散燃烧器

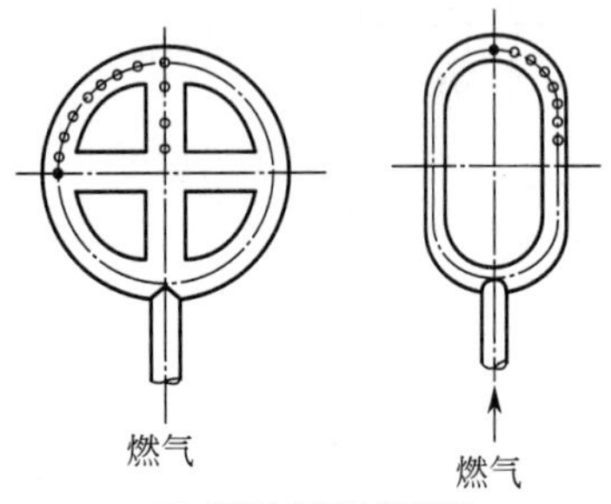

(b) 圆环式扩散燃烧器

图 4-20　最简单的扩散燃烧器

1—排管；2—主管；d_{out}—排管外径；t—排管间净距离

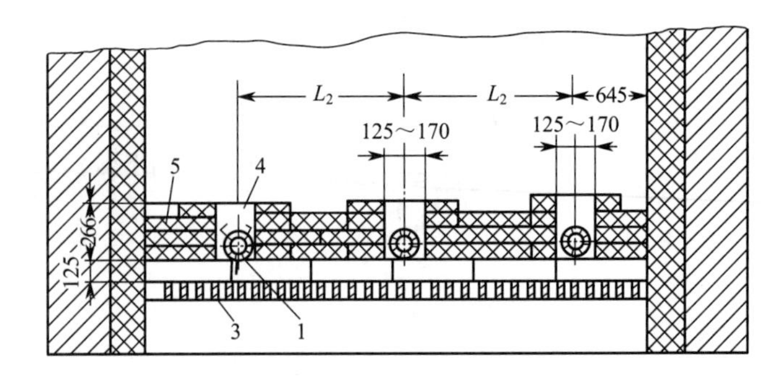

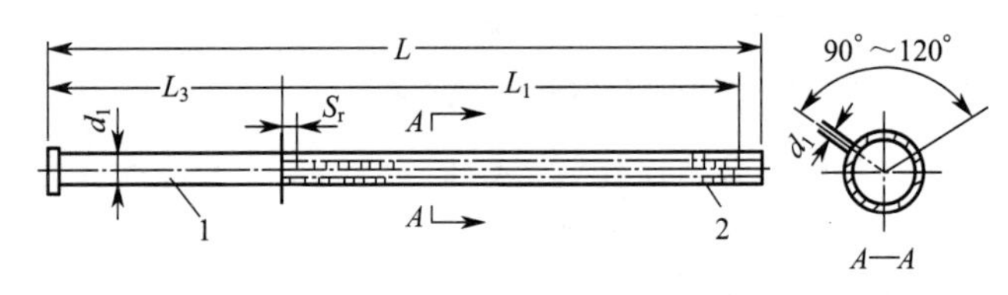

图 4-21　单管缝隙炉床式燃烧器

1—单管燃烧器；2—交叉排列的火孔；3—炉排；4—耐火砖砌成的缝隙；5—石棉

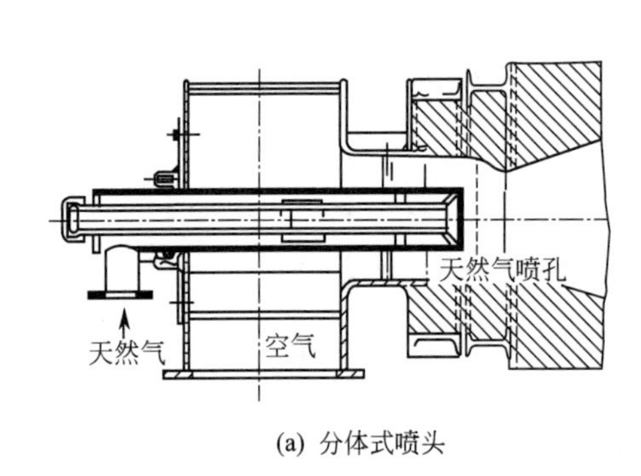

(a) 分体式喷头

(b) 整体式喷头

图 4-22　中心进气扩散燃烧器

图 4-15（a）是皓欧全预混辐射燃烧器。燃气/空气预混装置（图 4-23）可精确控制空/燃比≈1，预混方式有风机前预混和风机后预混两种。燃烧头用耐高温和高热应力的网状陶瓷金属制成（图 4-16），燃烧时燃烧头固体温度高达 1200℃，可充分发挥固体平面辐射作用，增大锅炉辐射吸热份额，大幅度提高炉膛热负荷，并实现低氧、低氮燃烧（参见本章“天然气冷凝锅炉”部分）。

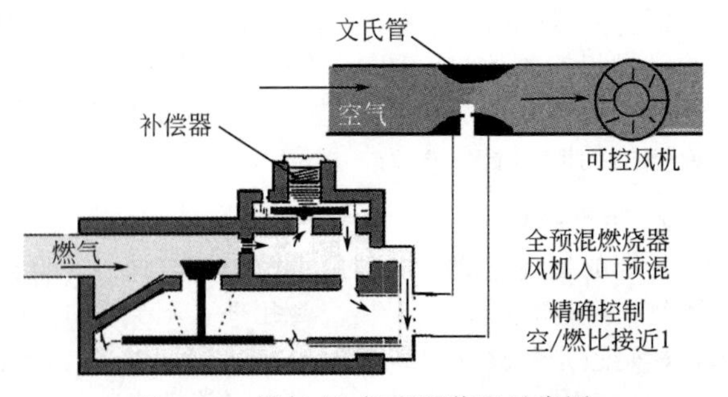

图 4-23　燃气/空气预混装置示意图

3. 半预混燃烧

半预混燃烧是在燃气管中先混入一部分空气，在燃烧器出口着火后再与二次空气混合继续燃烧和燃尽。图 4-24 是立式锅炉和铸铁锅炉上常用的半预混燃烧器，又称大气式燃烧器。我国目前应用较多的利雅路一体式燃气燃烧器也是半预混燃烧器，对于不同燃气品种，结构尺寸不同，燃气品种变化时需更换燃气喷嘴。

半预混燃烧的性能介于预混燃烧和扩散燃烧之间，广泛用于家用煤气炉和各种中小型锅炉。

三、燃油燃烧机理与燃烧方式

燃油是液体，不能像燃气那样直接与空气混合着火燃烧，只有它表面蒸发出的油蒸气才能与空气混合着火燃烧。燃烧产生的热量使油进一步蒸发，燃烧形成的烟气却阻挡空气与油蒸气混合。其燃烧过程是：油表面蒸发出油蒸气→油蒸气与空气混合着火燃烧→新油表面继续蒸发，油蒸气、烟气、空气相互扩散，继续燃烧直到燃尽（图 4-25、图 4-26）。简述为：蒸发、着火燃烧、扩散燃尽三个过程。

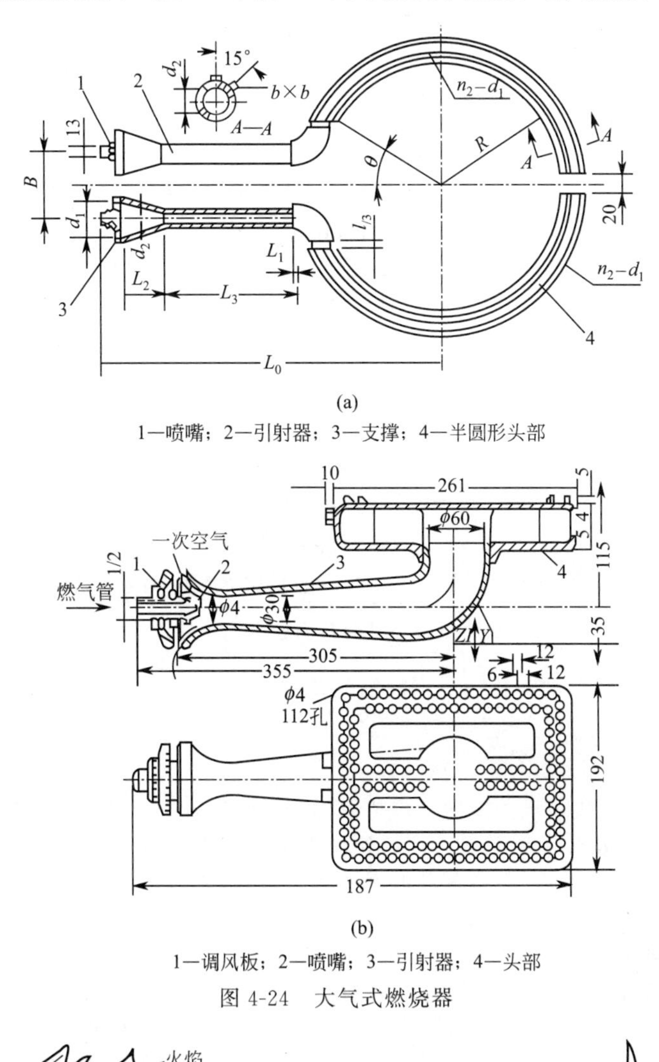

(a)

1—喷嘴；2—引射器；3—支撑；4—半圆形头部

(b)

1—调风板；2—喷嘴；3—引射器；4—头部

图 4-24 大气式燃烧器

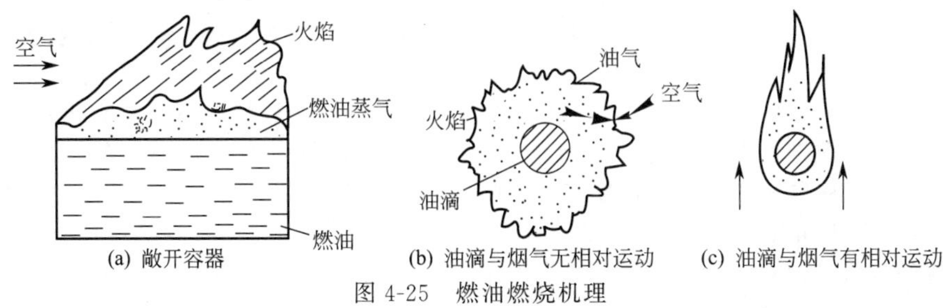

(a) 敞开容器 (b) 油滴与烟气无相对运动 (c) 油滴与烟气有相对运动

图 4-25 燃油燃烧机理

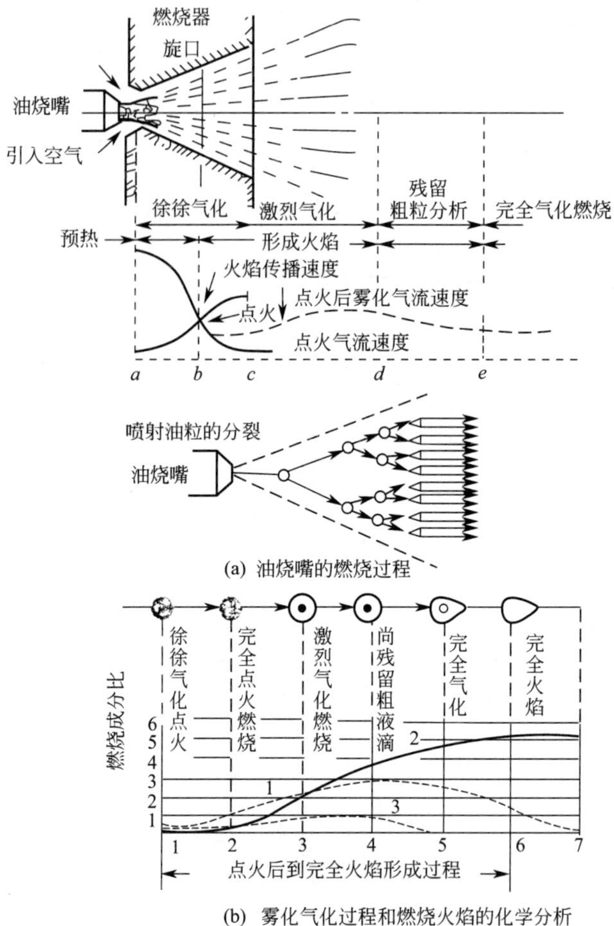

(a) 油烧嘴的燃烧过程

(b) 雾化气化过程和燃烧火焰的化学分析

图 4-26　燃油燃烧过程示意图

为加速蒸发，必须将燃油雾化为尽可能细的颗粒，雾化方式有压力雾化、转杯雾化、介质雾化三种（图 4-27）。

1. 压力雾化

又称离心压力雾化或机械压力雾化。雾化原理是：经油泵升压到 1～5MPa（中小型喷嘴一般为 1～2.5MPa）的燃油从分油嘴经雾化片的切向槽进入旋涡室剧烈旋转，并以 50m/s 以上高速从喷孔喷出，形成锥形雾化矩。雾化矩锥顶角称雾化角［图 4-27(a)］。压力雾化喷嘴制造成本低，基本不用维修，炉前油系统简单，在锅炉上应用最为广泛，轻柴油燃烧器都使用这种喷嘴。压力雾化又分为简单压力雾化和回油压力雾化。

① 图 4-27(a) 是简单压力雾化喷嘴，其喷油量与进油压力的平方根成正比，进油压力变化严重影响雾化质量，不能变化太大，负荷调节比最大 1∶1.4。为适应锅炉负荷调节的需要，将两个或三个喷嘴组合在一个喷头中，用各自进油管上的电磁阀控制其喷油与否，形成两段或三段负荷调节，调节比可为 1∶3。

② 图 4-28 是回油压力雾化喷嘴，在进油压力和进油量不变的情况下，从雾化片旋涡室喷孔的反方向引出一部分燃油返回油箱，用回油管上调节阀控制回油量来调节喷油量。改变喷油量时，燃油在旋涡室中的压力和旋流速度基本不变，只是喷孔喷出速度会随喷油量的减少而降低，低负荷时雾化粒度和雾化角度都稍有增大，但总体上对雾化质量影响较小，负荷调节比可到 1∶4。用锅炉负荷参数信号控制回油调节阀，经伺服电机与风量调节装置联动，即可实现燃烧自动调

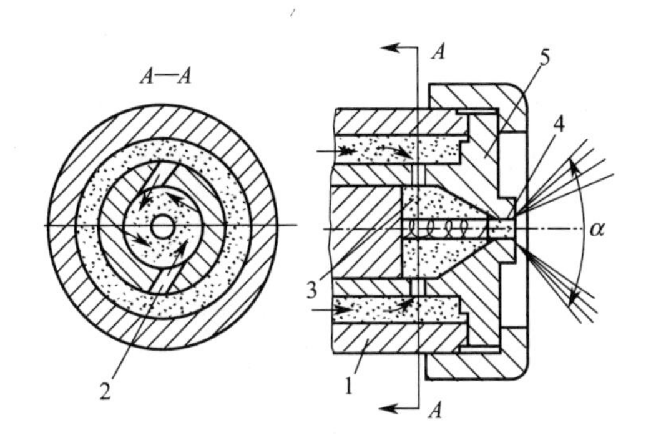

(a) 压力雾化示意图

1—分油嘴；2—切向槽；3—旋涡室；4—喷孔；5—零化片

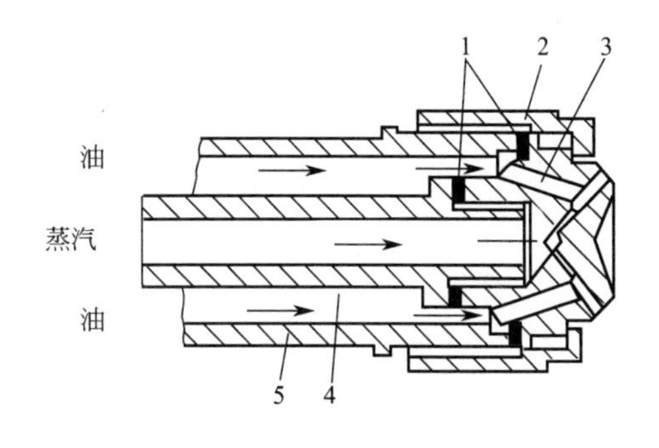

(b) 内混式蒸汽雾化喷嘴

1—密封垫圈；2—压盖螺母；3—油喷嘴；4—内管；5—外管

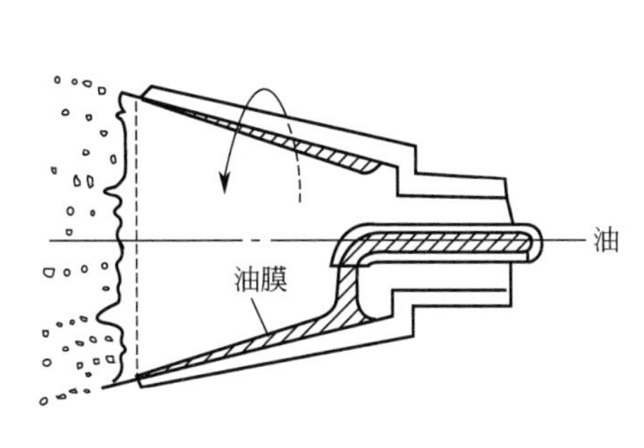

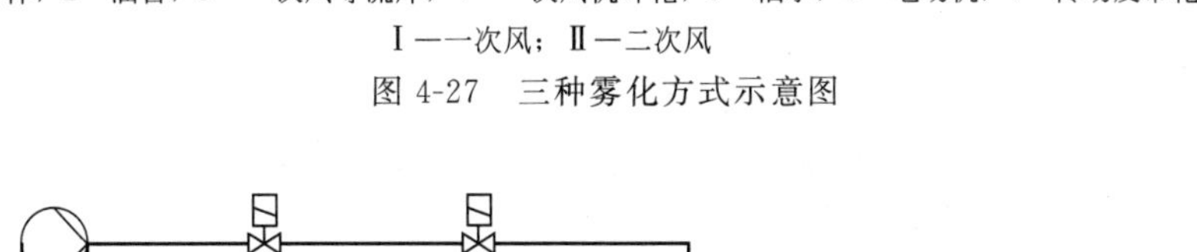

(c) 转杯式燃烧器

1—转杯；2—油管；3—一次风导流片；4—一次风机叶轮；5—轴承；6—电动机；7—传动皮带轮；

Ⅰ—一次风；Ⅱ—二次风

图 4-27　三种雾化方式示意图

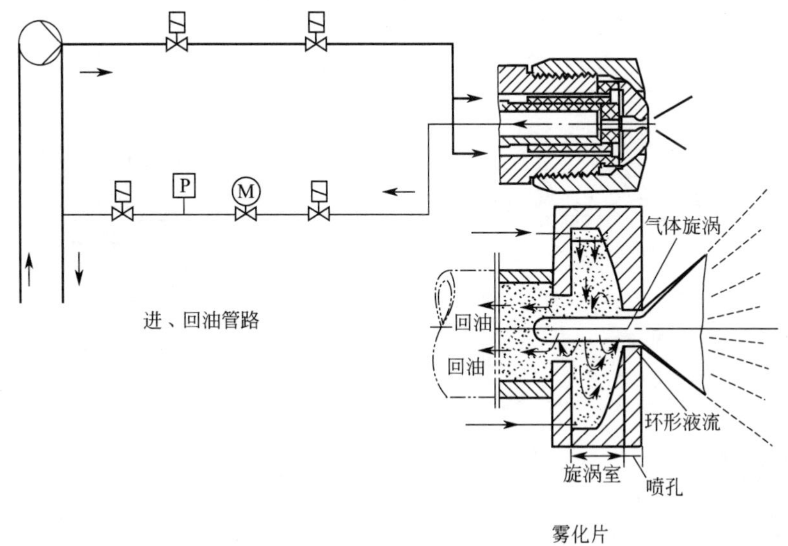

图 4-28　回油压力雾化喷嘴

节。当锅炉负荷参数信号为开关量时为平滑过渡两段调节；锅炉负荷参数信号是连续变量时为比例调节。

2. 介质雾化

是借助于附加介质（蒸气或空气）的能量将燃油粉碎，附加介质称雾化剂。图 4-27(b) 是内混式蒸汽雾化喷嘴，因燃油与蒸汽呈“Y”形交混，称“Y”形喷嘴，其供油压力比一般蒸汽雾化供油压力高，也叫蒸汽压力雾化喷嘴。这种喷嘴主要用于烧高黏度重油。雾化剂改用压缩空气，即为空气压力雾化喷嘴，在小型锅炉上用它来烧废机油。

3. 转杯雾化

是利用转杯高速旋转（6000～8000r/min）产生的离心力，使送到杯中的燃油沿杯壁形成油膜向外飞出而雾化［图 4-27(c)］。因有高速转动机械，制造复杂，精度要求高，价格贵，维护修理量大，一般只用于燃烧高黏度重油。

四、调风器与稳燃器

在燃气和燃油燃烧机理中已多次提到燃料与空气混合问题，即燃烧配风问题。燃气燃烧配风的任务是加速燃气与空气扩散混合；燃油燃烧配风不仅要加速油蒸气与空气之间的扩散混合，还要促进油滴二次雾化并达到稳定着火。

按气流的特点，调风器可分为直流式和旋流式两种。直流式形成的火焰细长，旋流式形成的火焰粗短。

1. 直流式调风器与稳燃器

又称平流调风器，其原理是空气流以很高的速度穿入燃料和火焰之中，强化空气的扩散，达到与燃料良好混合。

常用的直流调风器有直筒式和文丘里式两种（图 4-29）。稳燃器的作用是在喷嘴附近造成一个火焰和高温烟气的回流区，相当于一个点火源，保证燃烧的稳定性。为供给回流区必要的空气（称根部风），稳燃器上一般都有小孔、缝隙或叶片。用于燃油常使叶片带有一定角度，造成根部风旋转。

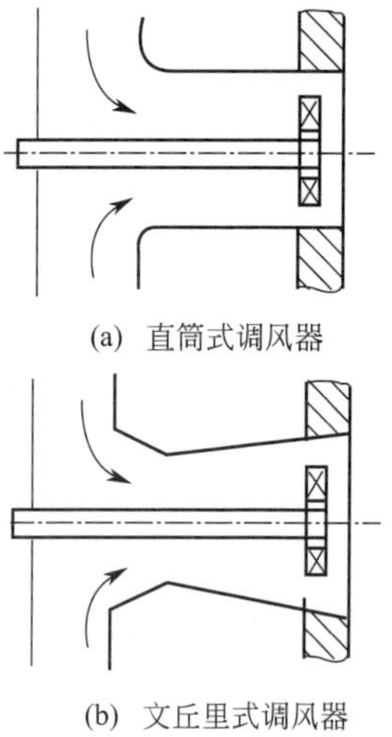

(a) 直筒式调风器

(b) 文丘里式调风器

图 4-29 直流式调风器

2. 旋流式调风器

空气是旋转气流，结构形式有蜗壳式、切向叶片式和轴向叶片式等（图 4-30）。有一种切向叶片式调风器可在运行中调整叶片角度，改变风的旋转强度，从而调节火焰直径和长度，常用于炉膛高而水平截面尺寸相对较小的水管锅

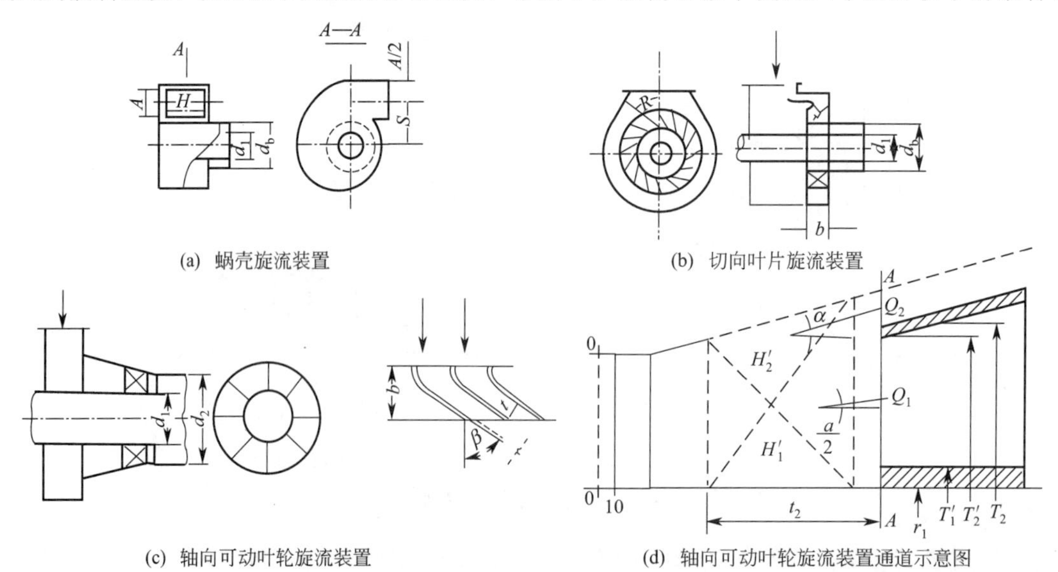

(a) 蜗壳旋流装置

(b) 切向叶片旋流装置

(c) 轴向可动叶轮旋流装置

(d) 轴向可动叶轮旋流装置通道示意图

图 4-30 旋流式调风器

炉，如 SHS 型锅炉（图 4-7）。

燃气燃烧器多用直筒式调风器与小孔或缝隙平盘型稳燃器配合。燃油要求风油混合更强烈并造成更大的回流区，一体式燃油燃烧器多用直筒式调风器，配用的平盘型或叶轮型稳燃器都有带一定角度的固定叶片；分散型的燃油燃烧器多用文丘里式和旋流式调风器与锥形或叶轮型稳燃器配合。

五、点火装置

燃气（油）燃烧器的点火，是为燃油或燃气提供着火的高温热源。从燃气和燃油燃烧过程已知，燃油燃烧要先将燃油蒸发为油蒸气，而燃气则没有这一过程。所以，燃气点火比较容易，燃油点火所需的能量比燃气要高得多。

常用的点火热源有电热丝、电火花和点火火焰。点火火焰在 GGXB1《工业锅炉用一体式燃油燃烧器和燃气燃烧器性能评价技术条件》中称为“开始火焰”。

电热丝能量较小、寿命短，现在一般只用于点燃“开始火焰”。电火花点火装置由点火变压器和点火电极组成，在点火变压器升压到 6000～8000V 的高电压下，点火电极产生电火花，广泛用于燃气（油）燃烧器点火。对于燃油燃烧器，应在最小输出功率下点火。对于燃气燃烧器，当额定输出功率小于 120kW 时，可直接点火；额定输出功率 120～1000kW 时，点火功率应小于 120kW 或小于额定输出功率的 30%；额定输出功率大于 1000kW 时，首先点燃“开始火焰”，再用以点燃主火焰，“开始火焰”的功率应小于燃烧器最大输出功率的 10%。

六、碹口和炉膛

碹口的作用是控制火焰形状和造成点火区高温，有时为了减少炉膛高温辐射烧坏燃烧器，将燃烧器退到炉膛前墙外壁，采用较长的碹口。碹口是圆筒形还是空心锥台形以及锥角的大小以火焰不贴壁为原则。有些一体式燃烧器有较长的燃烧筒，也可不设碹口。

燃气（油）锅炉的炉膛一般都统一按燃油锅炉设计，便于油气燃料互相转换。炉膛的尺寸应稍大于火焰尺寸，不能让火焰中尚未燃尽的油滴贴到水冷壁或炉墙上造成结焦。炉膛受热面的布置主要考虑传热的需要。

七、双燃料燃烧

双燃料燃烧有两种含义：一是油气两种燃料可互相转换，二是油气可同时燃烧。一体式燃烧器多为前者，分体式燃烧器两种都有。

双燃料燃烧器就是同一个燃烧器中既有燃气喷嘴又有燃油喷嘴。双燃料燃烧器的调风器、稳燃器、点火装置以及控制部分的火焰监测装置都要同时适合两种燃料的要求。

图 4-31　一体式燃烧器

八、一体式和分体式燃烧器

我们已经看到燃烧器由燃料喷嘴、调风器和稳燃器、点火器三部分组成（碹口和炉膛属于锅炉本体）。但一个完整的燃烧装置除这三部分外，还必须有炉前燃料系统、供风系统、运行调节与控制保护系统。这三部分与前三部分全部组装成一体，成为一种机（械）、电（器）、仪（表）一体化的燃烧设备，这就是所谓“一体式燃烧器”（图 4-31）。现在习惯上简称为燃烧器或燃烧机，也有称燃烧头的。为便于区别，我们将前三部分与后三部分分设的称为“分散型燃烧器”。

一体式燃烧器的功率最大到配 6t/h 或 10t/h 锅

炉。因为风机在炉前，功率太大时，锅炉房噪声太大，也不便运输安装。这时就把燃料喷嘴、调风器和稳燃器、点火装置中的点火器三部分和火焰监测装置的电眼或离子电极、燃料与空气调节的联动机构以及部分阀门仪表组成“燃烧器本体”；炉前燃料系统、风机、运行调节与控制保护系统另外分别单独组成组件，称为“分体式燃烧器”（图 4-32）。这样，分体式燃烧器也是一个完整的燃烧装置，它包括燃烧器本体、燃气阀组或燃油泵组件、风机、电控箱和动力电源箱等四大组件。因为大功率燃烧器燃烧调节都是比例调节，还需要配一套输出连续变量的压力（用于蒸汽锅炉）或温度（用于热水锅炉）传感器和变送器以及比调仪。

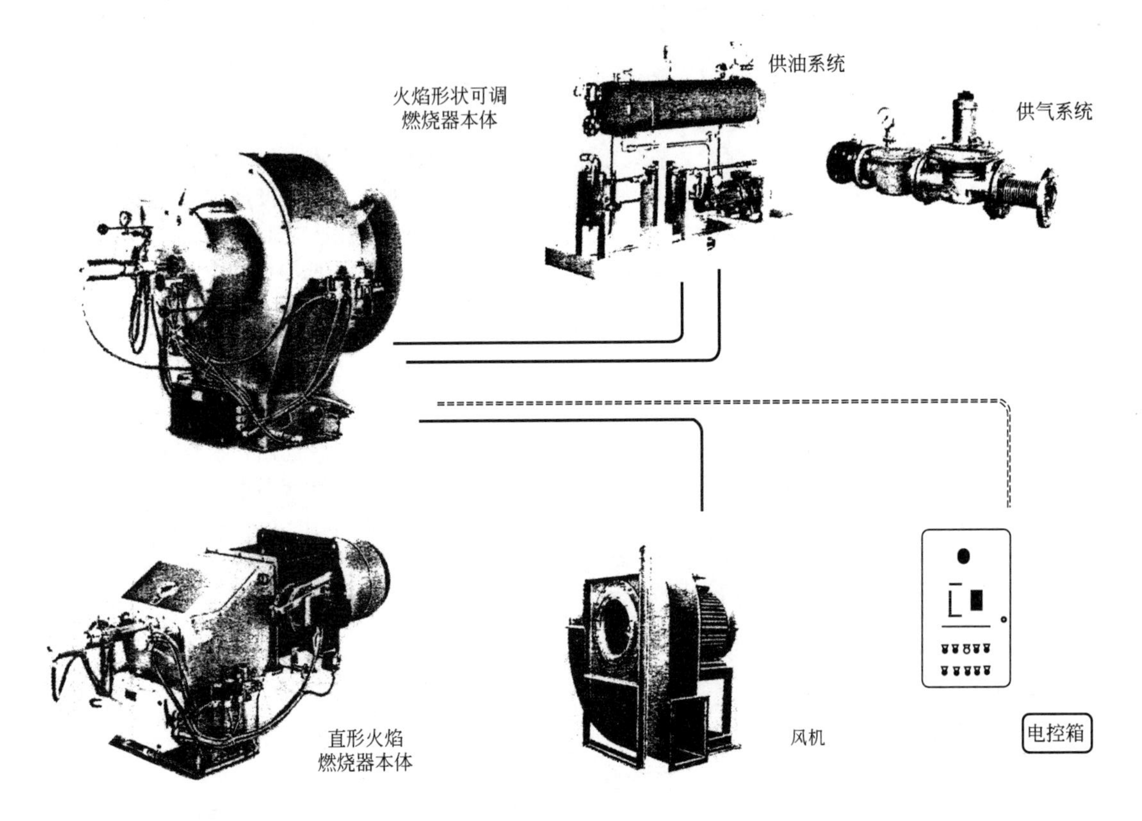

图 4-32　分体式燃烧器

九、炼铁高炉煤气和炼钢转炉煤气的燃烧器与锅炉

我国钢铁年产量居世界第一，钢铁生产企业所产生的炼铁高炉煤气和炼钢转炉煤气在冶金企业各分厂自己能利用的只占 50%～60%，余下的都可以作为锅炉或各种加热炉的燃料充分利用，这是钢铁企业节能减排的重要措施之一。在第一节中我们已经简单介绍了这类煤气的最大特点是热值低、不可燃成分和杂质多，大都采用带有绝热燃烧道的无焰燃烧器，燃料与空气在绝热燃烧道中充分预混燃烧营造一种高温环境，以保证煤气稳定着火和稳定燃烧。图 4-33 是太原锅炉集团有限公司设计生产的一种燃烧高炉煤气的 100t/h 锅炉及其燃烧器简图，燃烧器为旋流式，在炉膛下部分三层四角布置，在炉膛内形成切圆形火焰，燃烧器出口处的耐火材料稳燃体与炉膛下部的蓄热稳燃装置配合，以保证高炉煤气燃烧所需要的温度环境，同时采用 370℃ 高温预热空气。

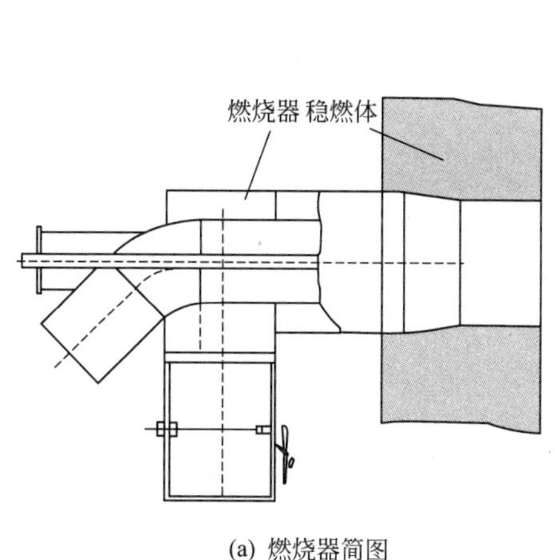

(a) 燃烧器简图　　(b) 锅炉简图

图 4-33　100t/h 高炉煤气锅炉简图

第四节　炉前燃料供应系统

燃气（油）锅炉房及其炉前燃料供应系统应符合 GB 5028《城镇燃气设计规范》，GB 6222《工业企业煤气安全规程》和 GB 50041《锅炉房设计规范》的要求。本节讲述的仅是一些要点。

一、燃气锅炉供气系统

1. 城镇管道燃气供应

城镇管道燃气按供气压力分为七级：

高压 A 级：$2.5 < p \leqslant 4.0$MPa；　高压 B 级：$1.6 < p \leqslant 2.5$MPa；

次高压 A 级：$0.8 < p \leqslant 1.6$MPa；　次高压 B 级：$0.4 < p \leqslant 0.8$MPa；

中压 A 级：$0.2 < p \leqslant 0.4$MPa：　中压 B 级：$0.01 \leqslant p \leqslant 0.2$MPa

低压级：$p < 0.01$MPa

一个城市可采用单一压力等级输气系统，也可采用两个或两个以上压力等级配合的输气系统。

从最后一级调压站到锅炉前的流动阻力损失不应大于燃烧器所需最大压力 10%。进入锅炉房的燃气压力应高于燃烧器所需最大压力加炉前供气管道最大流动阻力损失，一般可按燃烧器所需最大压力的 1.2 倍考虑。

在进气母管上设截断阀（球阀或闸阀），截断阀前应装对空放散管和取样管，阀后应装吹扫管。同一锅炉房有多台燃气锅炉时，进气母管最好从中间进入锅炉房燃气干管或将锅炉房燃气干管做成逐一缩小的阶梯形，使各台锅炉供气压力相近；每台锅炉的分路上都要装调压器，避免各台锅炉间互相干扰。进气母管流通面积和锅炉房燃气干管最大流通面积都应大于各台锅炉进气支管流通面积之和。

2. 瓶装液化石油气供应

液化石油气在约 0.5MPa 的压力下以液体形态装在气瓶中，要送入燃烧器燃烧，必须进行两级减压，第一级减到 0.15MPa 左右，第二级减到 3～15kPa，并必须使它气化。液化石油气气化，除减压外，还需要吸热。供给它热量的方式有两种。

一是气瓶表面吸收大气中的热量自然气化，气化能力很低，还有 1/4 气瓶容积的液化气用不尽。不带自动切换装置的 50kg 气瓶的自然气化能力见表 4-4）。使用瓶组供气气瓶配置数量按下式计算：

$$n=G/\omega+n_1 \quad (4\text{-}11)$$

式中，n 为气瓶配置数量，个；n_1 为备用气瓶数量，个；G 为高峰用气平均小时用气量，kg/h；ω 为气瓶的气化能，kg/h。

表 4-4 不带自动切换装置的 50kg 气瓶自然气化能力

高峰时间/h	1		2		3		4	
气温/℃	5	0	5	0	5	0	5	0
高峰时间气化能力/(kg/h)	1.14	0.45	0.79	0.39	0.67	0.34	0.62	0.32
非高峰时间气化能力/(kg/h)	0.26	0.26	0.26	0.26	0.26	0.26	0.26	0.26

备用气瓶数量可按高峰月平均日用气量的两倍考虑。

进行简单的计算可知，一台 116kW（10 万千卡/小时 ）的小容量锅炉，不算备用气瓶即需 10 个 50kg 气瓶组成瓶组。可见自然气化一般不能满足锅炉使用要求。

另一种方法是用液化气加热器进行加热。图 4-34 和表 4-5 是天津长龙液化石油气设备制造厂出产的液化气加热器连接方法和有关参数。

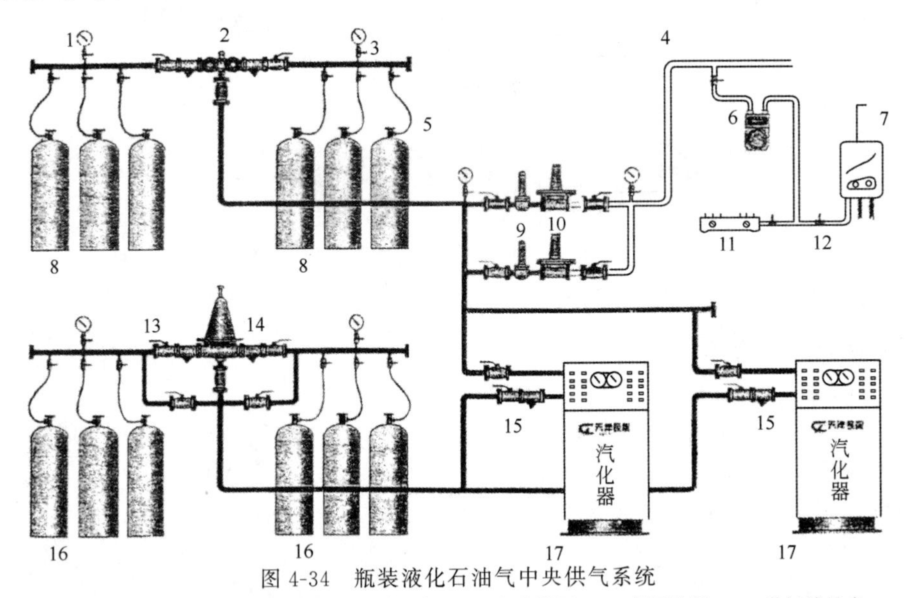

图 4-34 瓶装液化石油气中央供气系统

1—压力表；2—气相自动切换阀；3—截止阀；4—户内管网；5—高压胶管；6—煤气计量表；7—燃气热水器；8—LPG 气相钢瓶；9—高、中压燃气调压器；10—中、低压燃气调压器；11—煤气灶；12—旋塞阀；13—球阀；14—液相自动切换阀；15—过滤器；16—LPG 液相钢瓶；17—LPG 气化器

表 4-5 LPG 汽化器技术参数

型号	气化量/(kg/h)	外形尺寸/mm	重量/kg	进液管 LPG	出气管 LPG	功率/kW	电源 AC
YSD-30	30	ϕ360×850	90	DN15	DN20	6	380/ 220V
YSD-50	50	ϕ360×925	120	DN15	DN20	8	380/ 220V
YSD-100	100	ϕ450×1075	160	DN20	DN25	16	380V
YSD-150	150	ϕ530×1130	200	DN20	DN25	24	380V
YSD-200	200	ϕ530×1250	230	DN20	DN25	32	380V
YSD-300	300	ϕ610×1460	260	DN20	DN32	48	380V

因液化气密度比空气大，漏到房间中的液化气会下沉到地面而不会从高处排气口排出，所以必须有地面排气口。

3. 燃气锅炉炉前供气系统

图 4-35 是一炉多个燃烧器的大型燃气锅炉炉前供气系统。图中流量调节阀 7 一般应该用带稳压装置的自动调节阀，否则应在流量调节阀前加稳压装置，以保证各台锅炉之间不互相干扰。

图 4-36 是一体式燃烧器炉前供气系统，分低压供气和高压供气两种。不同品牌燃烧器高低压划分界限有所不同，多数以 3kPa 以下为低压供气，也有的以 5kPa 以下为低压供气。二者主要区别是：高压供气多了安全关断阀 21、溢流阀 22、波动管 23。安全关断阀的作用是保证调压器出口压力值稳定，高于设定值高限 1%～5%或低于设定低限 5%～15%时自动切断气源。安全溢流阀的作用是初始供气时排掉管路中残存的空气，下游几个用气设备中某一个停止用气，压力突然升高时自动释放。波动管的作用是向调压器反馈下游压力波动。最低气压保护开关 4 和最高气压保护开关 18 的作用是，当供气压力超过最低或最高设定范围时，燃气安全阀 5 立即切断气源（在有些系统中不装最高气压保护，因为调压器已经限制了最高燃气压力），燃气安全阀是一个常

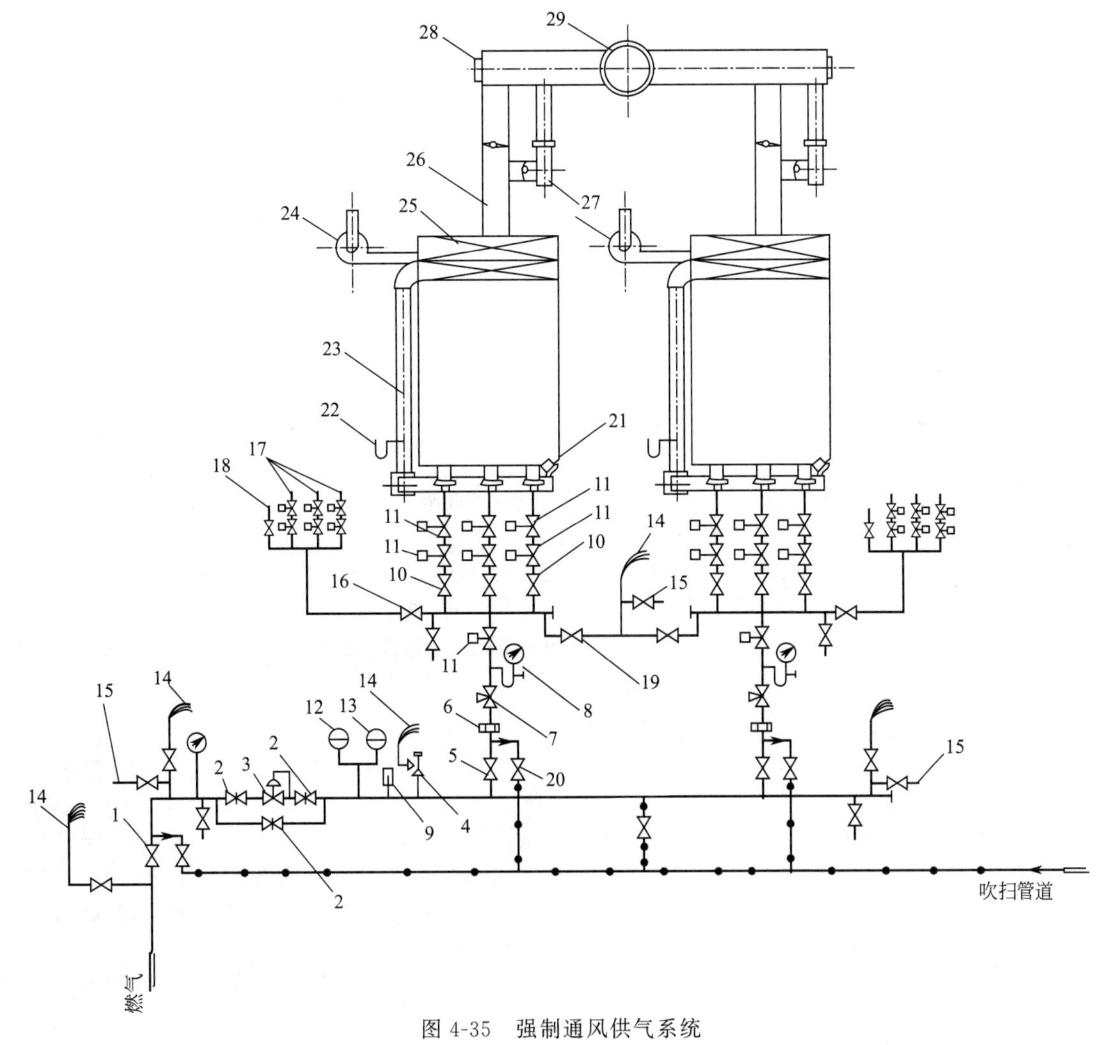

图 4-35　强制通风供气系统

1—锅炉房总关闭阀；2—手动闸阀；3—自力式压力调节阀；4—安全阀；5—手动切断阀；6—流量孔板；7—流量调节阀；8—压力表；9—温度计；10—手动阀；11—安全切断电磁阀；12—压力上限开关；13—压力下限开关；14—放散阀；15—取样短管；16—手动阀门；17—自动点火电磁阀；18—手动点火阀；19—放散管；20—吹扫阀；21—火焰监测装置；22—风压计；23—风管；24—鼓风机；25—空气预热器；26—烟道；27—引风机；28—防爆门；29—烟囱

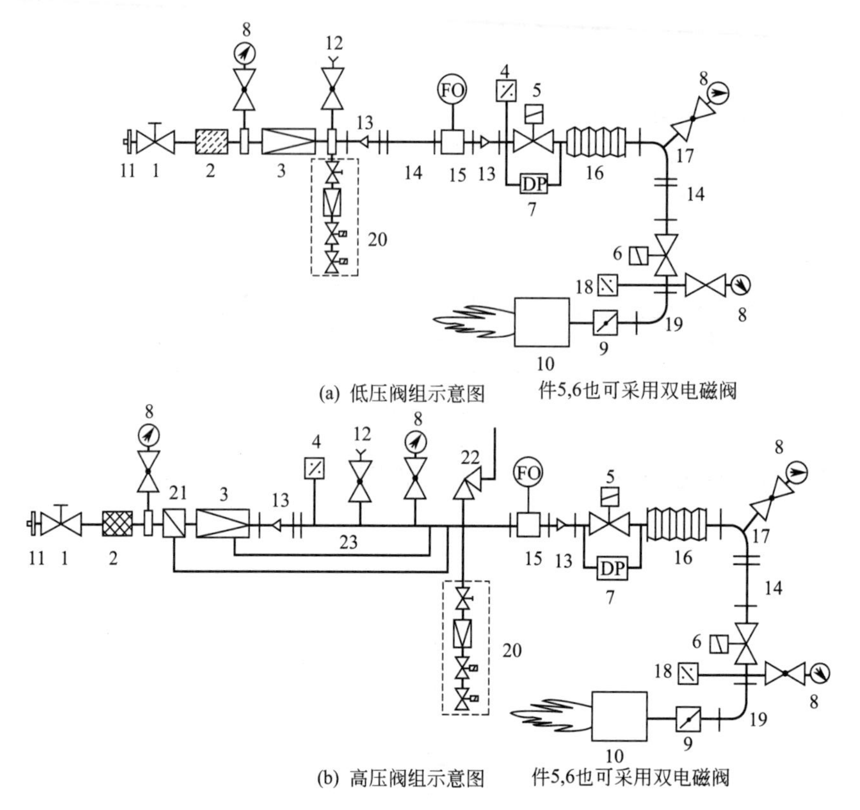

图 4-36 一体式燃气燃烧器供气系统

1—手阀；2—过滤器；3—调压器；4—压力开关（最小）；5—安全阀；6—调节阀；7—泄漏检测；8—带开关压力表；9—燃气蝶阀；10—燃烧器；11—焊接法兰接口；12—带开关的燃气取样管；13—锥形过渡管；14—中间管；15—流量计；16—膨胀节；17—90°弯管；18—压力开关（最大）；19—接管；20—燃气点火系统；21—安全关断阀；22—安全溢流阀；23—波动管

闭的快开快关电磁阀，只要系统出现安全故障，它就立即切断气源。调节阀 6 又称工作阀或主阀。有的燃烧器不设燃气蝶阀 9，用 6 调整燃烧负荷（详见下述）。检漏装置 7 用于检验安全阀和主阀的严密性，防止关闭时因气阀不严向炉膛泄漏燃气，检验出有泄漏时，燃烧器不能启动，必须由操作人员排除故障再行试验。4、5、6、7、18 加在一起统称阀组。4、5、6 组合为一体称组合阀，需要 7 和 8 时，也可以组装在上面。设燃气蝶阀的燃烧器，5 和 6 可用双电磁阀代替。小功率燃烧器不设开始火焰时，没有燃气点火系统 20。

4. 燃气组合阀和燃气流量特性图的应用

MB-ZRDLE 双级多功能燃气组合阀（图 4-37）是一种典型的燃气组合阀，它包含了精密过滤器 2、压力调节器 1、燃气安全阀 3、燃气压力监测器 10、燃气流量调节 12，用于两段调节燃烧器。燃气安全阀是快关快开。燃气流量调节阀是快关慢开，V2/1 阀芯先提升一定开度（21 调整开度大小）用于点火，再慢开到全开即一段火，V2/2 慢开到全开即二段火，V2/1 和 V2/2全开度大小由 19 和 20 调整。流量图两条横坐标，上面一条用于空气（图中 d_v 是相对密度，空气 $d_v=1$），下面一条用于密度为 0.81kg/m^3（$d_v=0.65$）的天然气。

对于其他燃气，可根据其密度先换算成图示空气流量，用上面一条横坐标查图。换算方法如下：

$$V_K=V_R/f_k \tag{4-12}$$

式中，V_R 为燃气流量，m^3/h；V_K 为图示空气流量，m^3/h。

$$f_k=(\rho_K/\rho_R)^{1/2} \tag{4-13}$$

式中，ρ_K 为空气密度，1.293kg/m^3；ρ_R 为燃气密度，kg/m^3。

如果用下面一条横坐标查图，则式(4-12) 中的 V_k 变为 V_t，f_k 变为 f_t：

$$V_t = V_R / f_t \quad (4\text{-}14)$$

$$f_t = (\rho_t / \rho_R)^{1/2} \quad (4\text{-}15)$$

式中，V_t 为图示天然气流量，m^3/h；ρ_t 为图示天然气密度，$0.81kg/m^3$。

不同型号的调节阀有不同的流动阻力特性图，由该调节阀生产或经营商提供。

非组合的单体安全电磁阀和调节电磁阀分别与阀3和阀V2/1结构原理相同，燃气压力调节器与调压器1结构原理相同。一段调节组合阀没有阀V2/2，其余与双级相同。双电磁阀结构与一段调节组合阀相似，但没有燃气过滤器和压力调节器，与燃气蝶阀配合用于平滑过渡两段调节和比例调节燃烧器。

上述换算方法也适用于查燃气管道流动阻力图。图4-38适用于流量$1000m^3/h$以下、密度$0.81kg/m^3$的天然气。如果所用的燃气密度不同，可用式(4-14)和式(4-15)将所用燃气流量换算为图示天然气流量，即可直接使用该图。若先设定燃气管道允许流动阻力，则可用该图来选择管径。管道上的弯头、阀门等的局部阻力应换算为当量管长，其数据可查有关设计手册。

图4-39 AGP阀是一种专门用于滑动或比例调节的燃气组合阀，它能同时反映燃气压力、空气流量、炉膛压力波动对空/燃比的影响，调节空气系数的性能比连杆式滑动或比例调节好。带SKP70执行器的燃气流量调节阀与AGP阀的功能和调节方法相同。

二、燃轻柴油锅炉供油系统

燃用轻柴油的锅炉一般容量不大，燃油用汽车运到锅炉房。单台小容量锅炉可直接在锅炉房内设置日用油箱，但油箱的总容积不应超过$1m^3$，并严禁将油箱设在锅炉或省煤器的上方。日用

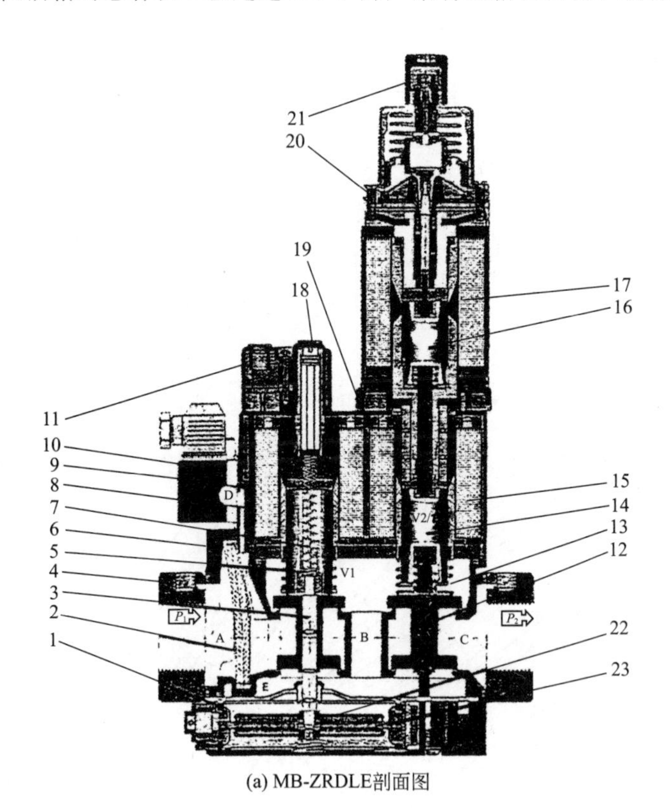

(a) MB-ZRDLE剖面图

1—压力调节单元；2—精密过滤器；3—阀门V1；4—连接法兰；5—关闭弹簧V1；6—外壳；7—调节弹簧；8—衔铁V1；9—磁铁V1；10—燃气压力监测器；11—电源连接；12—阀门V2；13—关闭弹簧V2；14—衔铁，V2第一级；15—磁铁，V2第一级；16—衔铁，V2第二级；17—磁铁，V2第二级；18—燃气压力p_a；19—部分流量，第一级；20—主流量；21—快速提升；22—工作隔膜；23—补偿隔膜

图4-37

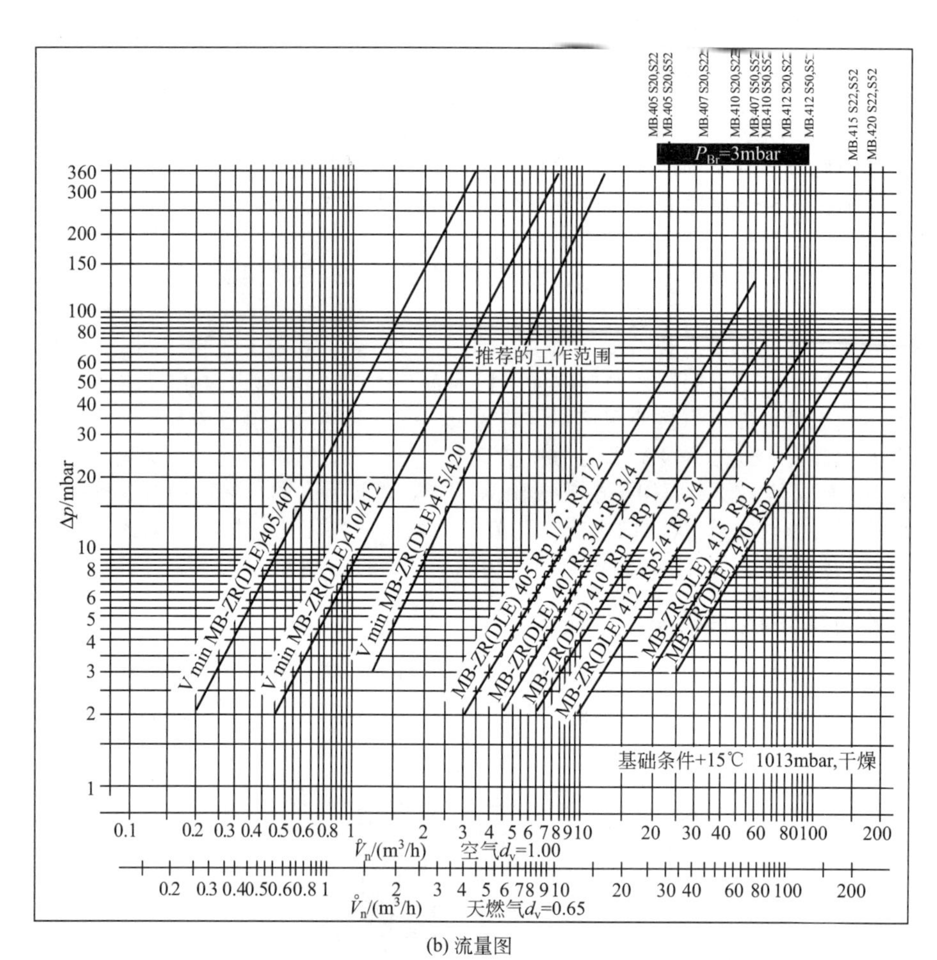

(b) 流量图

图 4-37 MB-ZRDLE 双级多功能燃气组合阀及流量图

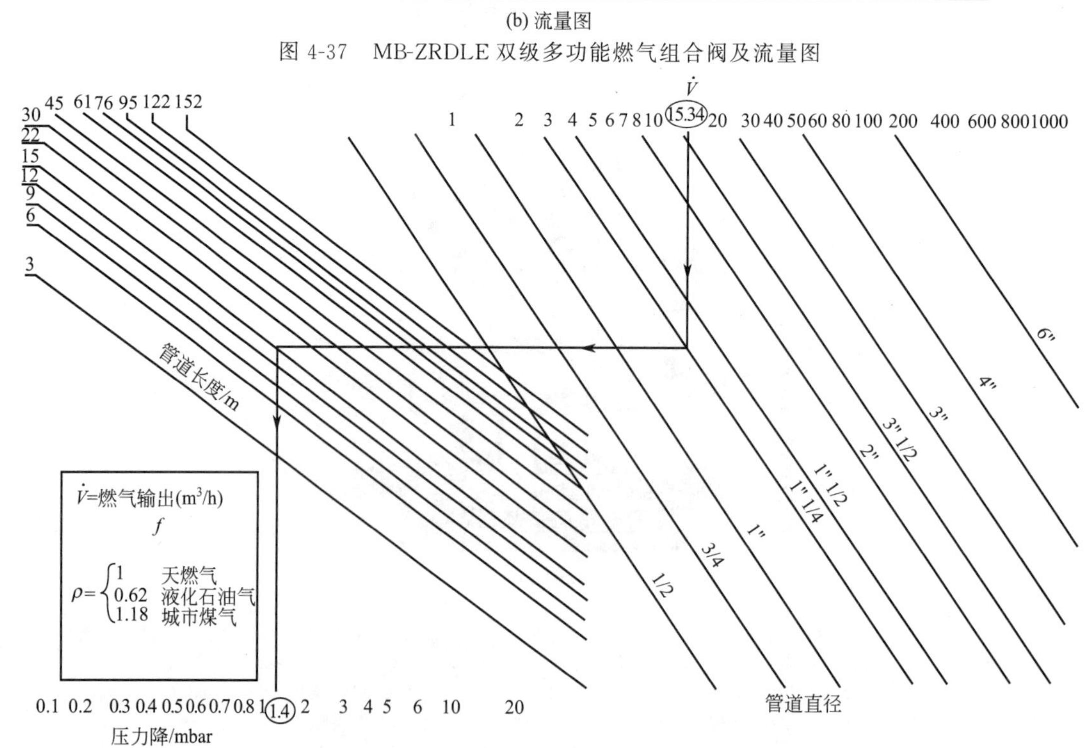

图 4-38 相对密度 0.81 的天然气流动阻力特性

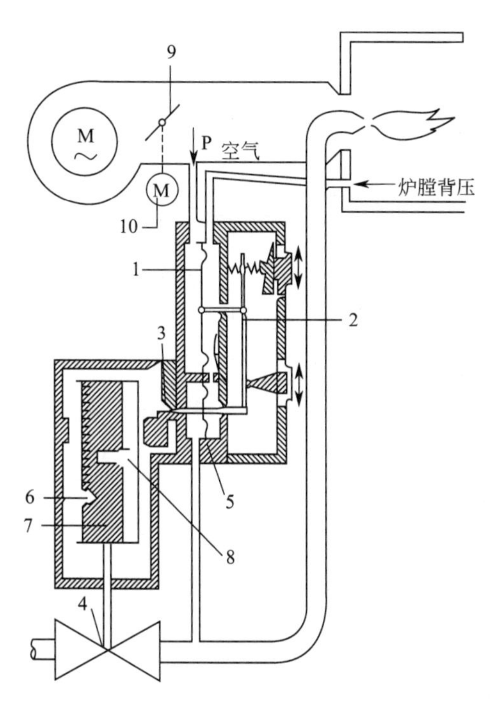

工作原理：调节器调节燃气压力随空气压力的大小而变化
优点：气压波动及空气量的变化不会对燃烧质量产生影响
高的空气-燃气比：0.4～9

图 4-39　空气-燃气压力平衡系统（AGP 阀）

1—空气阻尼器；2—杠杆组；3—针阀；4—燃气阀；5—燃气压力膜；6—泵；
7—驱动活塞；8—电磁阀；9—风门；10—伺服电机

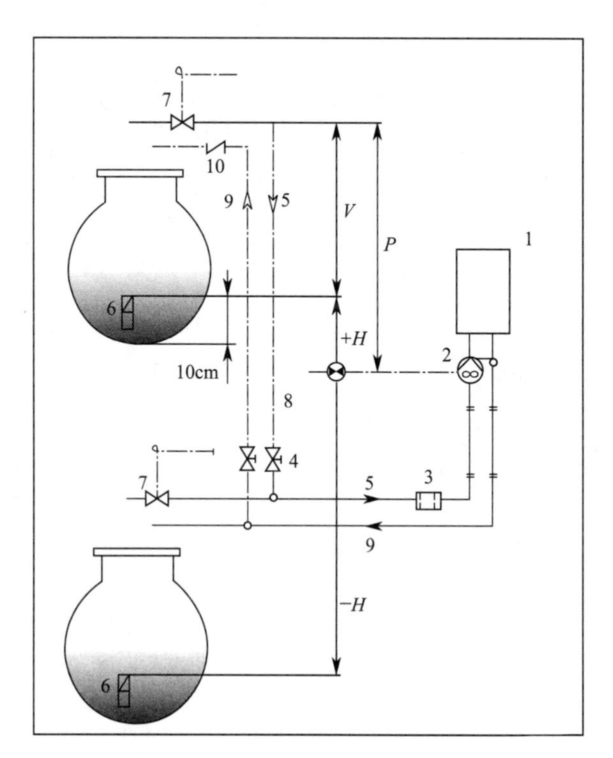

图 4-40　轻柴油锅炉房供油系统

H—燃烧器与油箱角阀的高度；P—高度，10m；V—高度，4m；1—燃烧器；2—燃烧器油泵；3—过滤器；
4—手动截止阀；5—吸油管；6—角阀；7—远传快速手动截止阀；8—电磁截止阀；9—回油管路；10—检查阀门

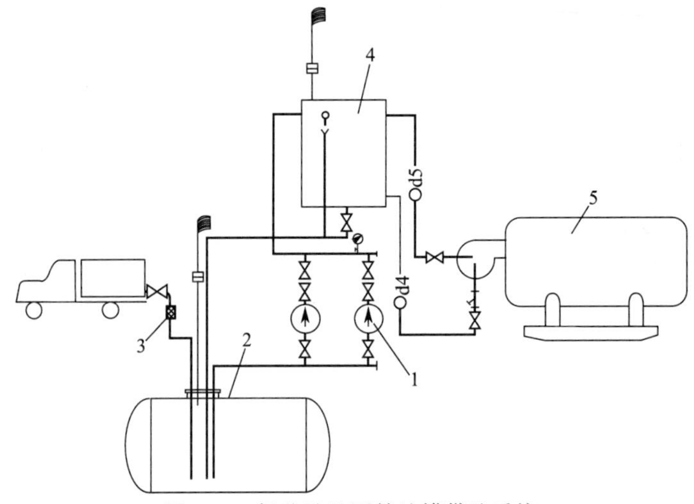

图 4-41　轻柴油地下储油罐供油系统

1—供油泵；2—卧式地下贮油罐；3—卸油口（带滤网）；4—日用油箱；5—全自动锅炉

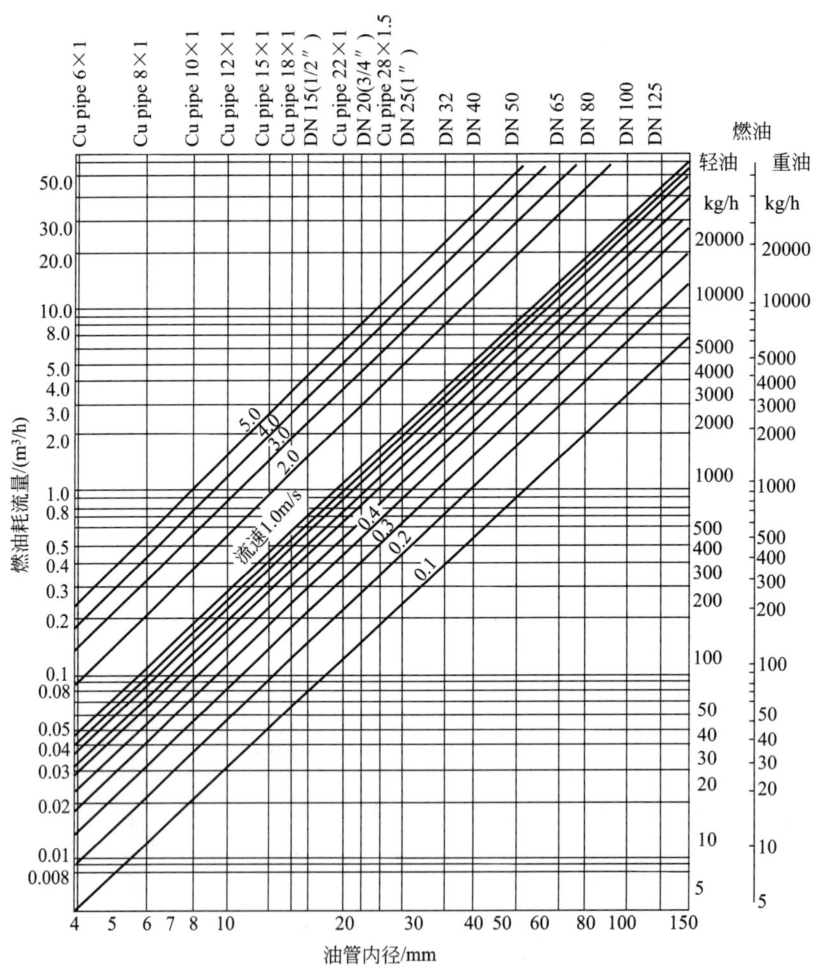

例子　情况：轻油耗油量（L）3360kg/h＝4.0m³/h＝4000L/h

　　　　　密度＝0.84kg/L

　　　要求：油管流速

　　　答案：流速＝0.8m/s，DN40 油管

图 4-42　轻柴油供油管流量、管径、流速关系图

油箱应采用封闭式，有直通室外的通气管，通气管上设阻火器和防雨装置，并有事故放油管，油箱上不能用玻璃管液位计。日用油箱分高位和低位两种（图 4-40）。考虑到油泵的自吸能力，图中 V 和 H 都不应大于 4m。当进油和回油管端处于同一水平线时，也可不装底阀。油泵入口前必须装过滤器。轻柴油过滤器为网式结构，可根据油流量和油管直径选用。轻柴油泵前吸入管管内流速≤1.5m/s，泵后压出管管内流速≤2.5m/s。

轻柴油锅炉最好选用一体式燃烧器。

锅炉房总容量较大时，除日用油箱外，可在室外设地上或地下储油罐。储油罐的储油量为2～3 天用油量。图 4-41 是轻柴油地下储油罐供油系统。

图 4-42 是燃油流速与流量和管径关系图。

日用油箱、储油罐及其附件都有专业厂生产，有关资料可向生产厂索要。

第五节　燃气（油）锅炉自动控制与调节

一、燃气（油）锅炉自动控制与调节概述

燃气（油）锅炉在水位控制、过热蒸汽温度调节、水处理和除氧器控制方面以及检测元件和热工仪表选择、安装、使用方面与燃煤锅炉是相同的（燃气锅炉仪表需防爆），不再重复；主要不同是燃烧系统的控制及与此密切相关的负荷调节。由于燃气（油）有爆炸危险，对燃烧控制及相关保护自动化的要求更严格，对控制的准确性和灵敏性要求更高。因为油气燃料燃烧特性比燃煤稳定，又都是流体，实现自动控制比燃煤容易，所以现代燃气（油）锅炉基本上都采用全自动控制。

燃气（油）锅炉燃烧系统自动控制与调节的基本任务是：保证燃烧安全，防止炉膛爆炸事故，确保锅炉运行安全；锅炉启停程序控制；燃烧工况和锅炉负荷自动调节，保证锅炉运行处于最佳工况，达到最好的节能减排效果。

小型燃气（油）锅炉很少用燃煤锅炉常用的电动或气动仪表控制与微机控制，一般是用一个中心程序控制器把传感器、变送器和其他单项控制器送出的信号与执行器连接为一个控制系统。一体式燃烧器自带燃烧控制系统，留有与锅炉控制信号连接的接口，将其接入即构成完整的锅炉控制系统。图 4-43 是燃气燃烧控制与调节的主要设置示意图，燃油时没有燃气压力传感器，其他基本相同。

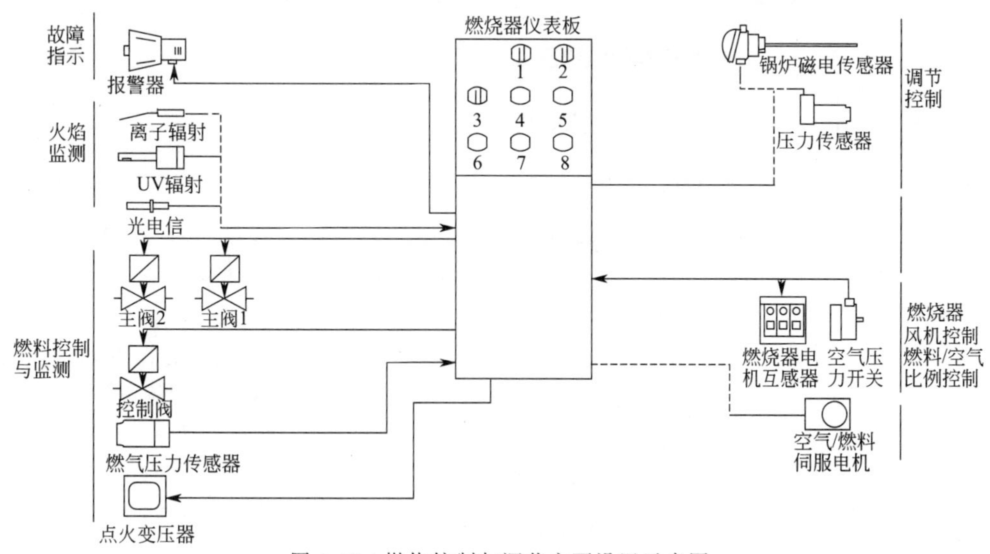

图 4-43　燃烧控制与调节主要设置示意图

1—燃烧器选择；2—燃料选择；3—自动/手动；4—下调；5—上调；6—警报器；7—燃烧器锁定；8—标准状态

二、燃气（油）燃烧程序控制

燃气（油）燃烧启动程序是：安全自检→风机启动预吹扫→点火→正常燃烧与负荷调节。停炉程序是：燃料电磁阀关闭切断燃料源→灭火→后吹扫→风机停运→风门回零。表 4-6 和表 4-7

表 4-6 额定功率≥350kW 一体式燃油燃烧器控制程序

程序	安全预检	预吹扫	点火	燃烧	复位	待机	过程	结果
自控及联锁闭合	■	■	■	■		……	如回路分开	停止及复位
预检鼓风确认元件△	■						如自检不成功	锁定
鼓风确认△		……	……	……			如鼓风确认失败	锁定
鼓风机运行		■	■	■	……后吹扫		—	—
预检火焰	■	■					预检过程中如燃烧室内有火焰	锁定
火焰监测			■	■			检测过程中如火熄灭	锁定
点火变压器			■				—	—
开始火焰或小火			■	■			—	—
燃烧负荷调节				■			—	—

注：■为应具过程；……为供选择过程；额定功率＜350kW 时无△项。

表 4-7 额定功率≥350kW 一体式燃气燃烧器控制程序

程序	安全预检	预吹扫	点火	燃烧	复位	待机	过程	结果
自控及联锁、低燃气压力保护	■	■	■	■		……	如回路分开或低燃气压力气压力保护动作	停止及复位
高燃气压力保护	■	■	■	■	■	■	高燃气压力气压力保护动作	锁定
气阀防漏或检漏△	■						检漏过程中如超出泄漏设定	锁定
预检鼓风确认元件	■						如自检不成功	锁定
鼓风确认		■	■	■			如鼓风确认失败	锁定
鼓风机运行		■	■	■	……后吹扫		—	—
预检火焰	■	■					预检过程中如燃烧室内有火焰	锁定
火焰监测			■	■			检测过程中如火熄灭	锁定
点火变压器			■				—	—
开始火焰			■				额定功率≥1200kW 时应先点燃开始火焰后再转点小火	—
小火			……■	■			额定功率＜1200kW 时可直接点小火	—
燃烧负荷调节				■			—	—

注：■为应具过程；……为供选择过程；额定功率＜350kW 时无△项。

是功率≥350kW的燃油和燃气燃烧器控制程序（当功率＜350kW时，燃油燃烧器没有预检鼓风确认元件和鼓风确认，燃气燃烧器没有气阀检漏和开始火焰，直接点小火）。其中，自控及联锁预检包括燃烧自控系统和锅炉安全联锁保护项目预检；预吹扫过程是先将风门开到最大，吹扫结束再回到小风门点火；开始火焰是为点燃主火焰而先点燃的小火焰；有些燃烧器没有后吹扫程序。

图4-44是一体式燃气（油）燃烧器上常用的LFL1燃烧程控器电路原理图，它的时序电机是一个同步微电机带动同一根轴上的一组凸轮微动开关，凸轮的方位不同，控制各微动开关通断顺序，以此控制风机、点火变压器、点火阀、主燃料阀以及风门、燃料调节阀，按设定的程序自动工作。另一种电子式程控器是将程序固化在一个集成块上，叫电子数字程控器，利雅路燃烧器使

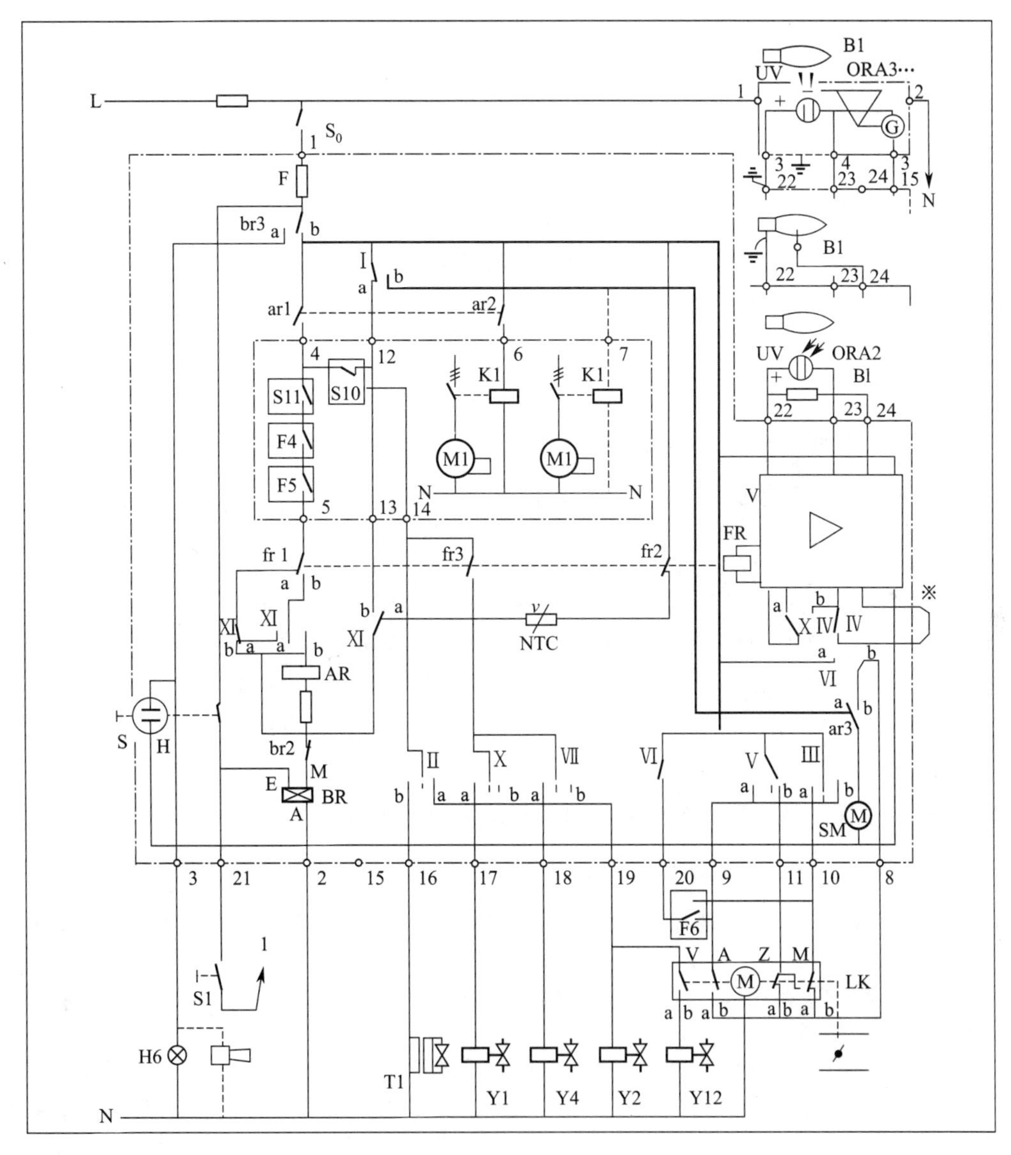

图4-44　LFL1程控器电路原理图

AR—负载继电器（主继电器）、触点ar；B1—火焰传感器；BR—闭锁继电器；F—熔断器；F4、F5—温度或压力控制器；F6—大、小火调节器；FR—火焰监测继电器；H—故障指示灯；H6—远地故障指示灯；K1—风机电动机接触器；LK—风门执行器；M1—风机；S—恢复按钮；S1—远地恢复按钮；S10—风压开关；S11—燃气压力开关；T1—点火变压器；Y1—点火燃气电磁阀；Y2—主燃气电磁阀；Y4—附加电磁阀（安全阀）；Y12—二级负载电磁阀；A—风门执行器满负载位置开关；M—风门执行器小负载位置开关；Z—风门执行器关闭位置开关；V—二级负载开关

用的就是这种程控器。

三、燃气（油）锅炉燃烧系统自动报警与联锁保护

连接在燃烧控制系统程控器上的自动报警与联锁保护主要有以下几种。

1. 熄火保护

熄火保护装置由火焰监视器与燃油或燃气安全电磁阀组成。火焰监视器的光敏元件有光电管、离子电极或紫外光敏管，前者用于燃油火焰，后二者用于燃气火焰。光敏信号经放大器放大，通过通断继电器控制安全电磁阀。光敏元件监测到火焰信号，安全电磁阀打开，燃烧程序继续；光敏元件监测不到火焰信号则安全电磁阀关闭，切断燃料源，熄火。图 4-45 是 F10DB 型火焰监视器原理图。

2. 燃气阀检漏

检查燃气供气管路上燃气安全阀和主阀关闭状态是否严密，当检验出有泄漏时，燃烧器不能启动，必须由操作人员检修后再行试验。常用的检漏装置如图 4-46，检漏方法是：阀 4、5 关闭，检漏装置 3 中的电磁阀关闭，隔膜泵启动加压，其差压开关应检测到与压力开关 2 的压差并保持稳定；然后再开启阀 4，这个压差回零并保持稳定。这就说明阀 4、5 均无泄漏。另一种检漏装置是在燃气安全阀与主阀之间装一个压力开关，检漏方法是：风机启动前吹扫时，安全阀关闭、主阀开启，压力开关反映为炉膛压力；然后，先关闭主阀，再开启安全阀 2s 后关闭，这时压力开关检测到供气压力并保持稳定，说明安全阀、主阀均无泄漏。GGXB1《工业锅炉用一体式燃油燃烧器和燃气燃烧器性能评价技术条件》规定燃烧器功率≥3000kW 时必须配置检漏装置，1000kW≤燃烧器功率＜3000kW 时可配置检漏装置或采用带有关阀指示（CPI）的燃气安全阀[图 4-46(b)]；燃烧器功率＜1000kW 时，一般不配制检漏装置，但仍须串联两个电磁阀。

3. 燃烧系统其他联锁保护

燃气供气或燃油压力过低及风机风压过低联锁保护，它们各自由一个压力开关检测。当压力低于设置值时，压力开关信号控制继电器启动相应的保护电路。有些燃烧器（特别是高压供气时）还有燃气供气压力过高联锁保护。如果锅炉烟箱门或燃烧器与锅炉炉体用门轴连接，一般有限位开关保护，门未关好时燃烧器不能启动。有的还有地震联锁保护。

4. 锅炉运行安全联锁保护

蒸汽锅炉有锅炉超压、缺水、过热器超温联锁保护；热水锅炉有出水超温、循环泵停运联锁保护。

5. 一般电路都有高电压、过电流、缺相和热继电保护等。

四、燃气（油）锅炉负荷调节

燃气（油）锅炉负荷调节的任务是使燃烧负荷与锅炉负荷相适应并在保证完全燃烧的前提下，使空气系数最小。

燃气（油）锅炉负荷调节方式有一段、两段（或三段）、平滑过渡两段、比例调节四种，其调节过程如图 4-47 所示。

锅炉这样的调节对象热惯性较大，燃轻柴油时燃烧器功率一般较小，所以负荷调节方式一般都用一段和两段调节，≥4t/h 锅炉可用三段调节（平滑过渡和比例调节价格较贵）。燃油量调节分别用一个、两个或三个简单压力雾化喷嘴实现负荷调节，两个或三个喷嘴燃油量分配比例可在允许的调节范围内（燃烧器说明书性能表上有说明）根据需要选配；保持合理风/燃比的风量调节用与燃油量调节联动的液压油缸风门驱动器或伺服电机驱动风门；锅炉负荷信号是蒸汽锅炉工作压力或热水锅炉出水温度。例如蒸汽锅炉两段火负荷调节过程是：燃烧器在一段火负荷下点火，着火后随即转入两段火，锅炉升压到传感器设定上限压力时，燃烧器降为一段火燃烧，若锅炉压力能维持在压力传感器设定上下限压力之间，则保持一段火运行，锅炉压力降到设定下限压

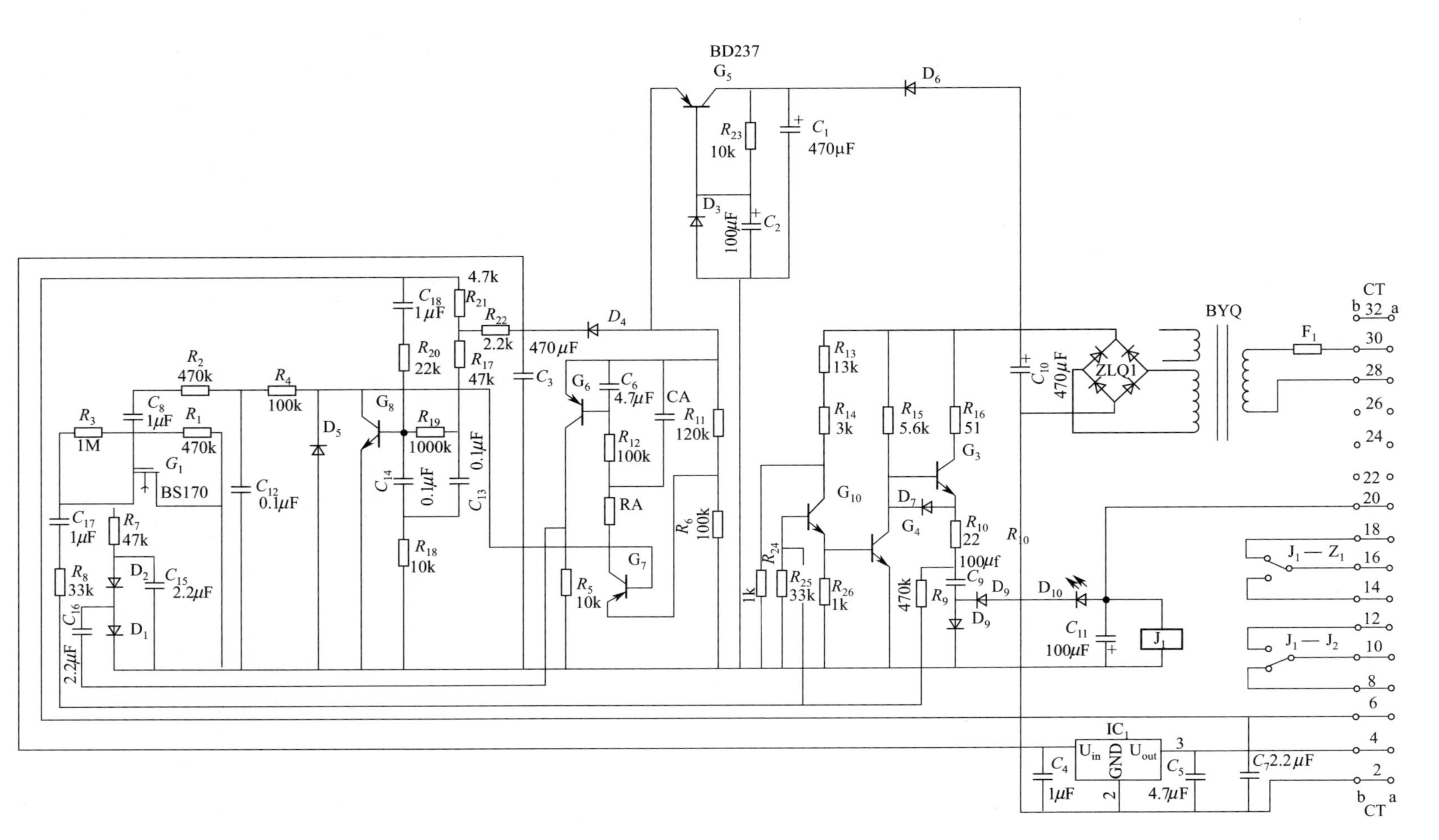

图 4-45　F10DB型火焰监视器原理图

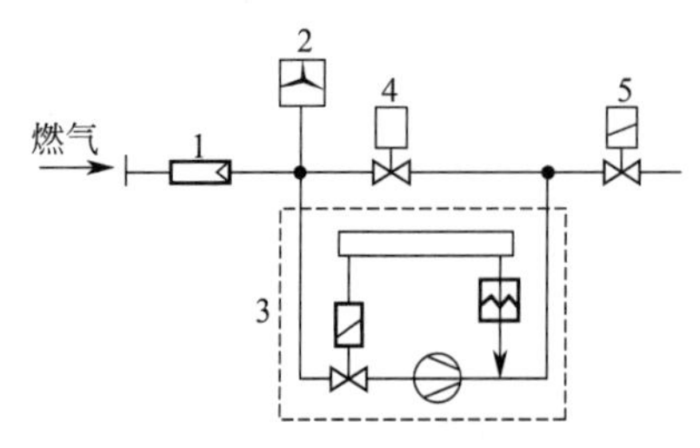

(a) 燃气检漏转装置

1—过滤器；2—燃气最低开关；3—漏气检控装置；
4—燃气安全阀；5—燃气调节电磁阀

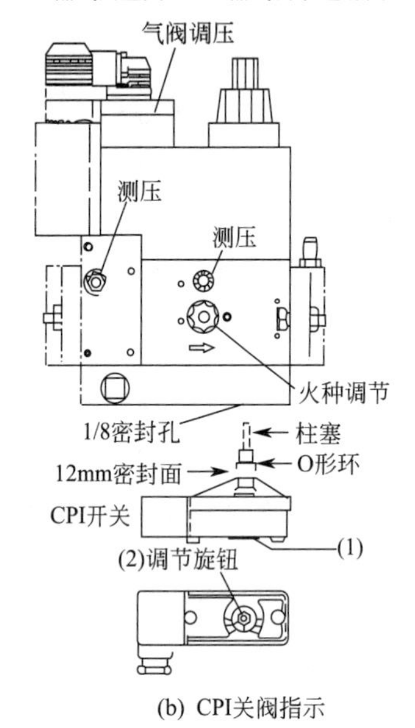

(b) CPI关阀指示

图 4-46　燃气检漏和关阀指示器

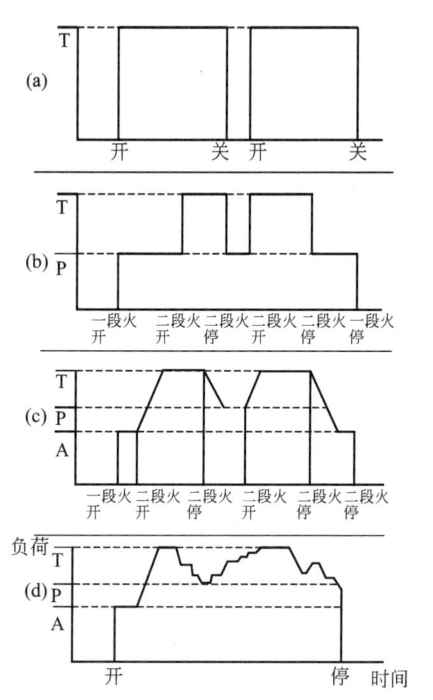

图 4-47　燃烧器负荷调节过程

(a) 单段火燃烧器；(b) 两段火燃烧器；
(c) 平滑过渡两段火燃烧器；(d) 比例调节燃烧器
横坐标为时间，纵坐标为负荷

力时，两段火重新投入。

燃气锅炉负荷调节方式一段和两段调节用于 2t/h 以下锅炉，大于 2t/h 锅炉用平滑过渡两段和比例调节。燃气燃烧器风机风门用伺服电机控制。伺服电机由一个恒速电机和一组凸轮组成，方位不同的各凸轮上的微动开关与程控器电路连接，使伺服电机转动角度受控于程控器，伺服电机转轴输出端控制风门开度。一段和两段调节燃气流量分别用一个阀芯和两个阀芯的燃气调节电磁阀调节（见本章第四节）。初次调试时用手动调整燃气调节电磁阀阀芯提升高度以调整好燃气流量，正常运行中程控器同步控制燃气调节电磁阀和风机风门开度即可自动控制一段和两段调节风/燃比。平滑过渡两段和比例调节的燃气流量用燃气蝶阀调节，蝶阀开度由连杆机构及轮廓可调的凸轮带动，此凸轮由伺服电机驱动，凸轮顶动风机风门调节杆调节风门开度，形成蝶阀开度与风门开度联动（图 4-48）。调整凸轮轮廓线型和连杆长度可确定蝶阀开度与风门开度的比例关系，从而实现风/燃比例调节。燃油燃烧器若采用平滑过渡两段和比例调节，与此不同的是以回油调节阀开度代替燃气蝶阀开度。另一种燃气平滑过渡两段和比例调节是采用 SKP 执行器或 AGP 阀（图 4-39），它能同时反映燃气供气压力、炉膛背压和供风风压的变化。

平滑过渡两段和比例调节的调节机构完全相同，但锅炉负荷控制信号不同，前者锅炉负荷控制信号是开关量；后者锅炉负荷控制信号是连续变量，需要将锅炉压力或温度信号经变送器变为

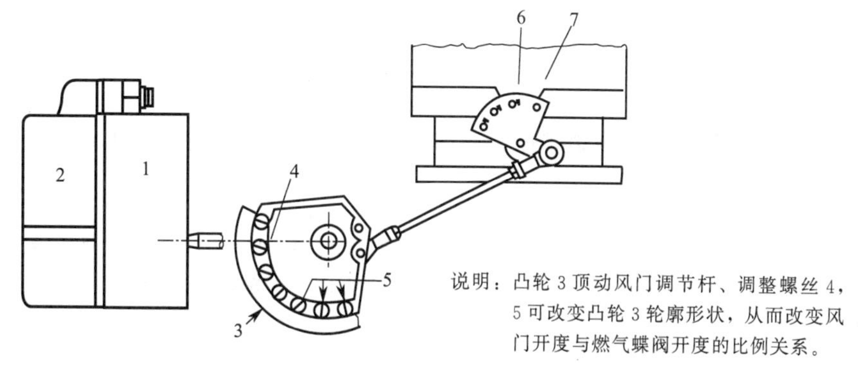

图 4-48　风/燃比例调节联动机构

1—伺服电机；2—伺服机凸轮盒；3—轮廓可调凸轮；4,5—凸轮调整螺钉；6—燃气蝶阀分度尺；7—分度尺指针

电信号连续变量，并增加一个比例调节仪。平滑过渡两段火与两段火调节完成的终了状态是一样的，只是调节过程不同，前者是逐渐变化（也称渐进两段调节），后者是突变。

显然，各种负荷自动调节方式中比例调节燃烧经济性（即节能减排效果）最好。而比例调节中，AGP 阀或 SKP 执行器又比凸轮连杆机构调节燃烧经济性好，但它们都不是按运行实际空气系数为调节依据，而是以调试时的设置工况为调节依据，不能反映燃料质量变动（尤其是城市煤气质量常有变动）、风温变化引起空气流动特性变化等因素对燃烧工况的影响。最好的风/燃比自动调节方式是燃气蝶阀和风门各用一个伺服电机和调节单元，并用烟气在线自动分析仪全程监控空气系数，按最佳空气系数，由电子比例控制器控制燃烧全过程。这种调节装置称电子比例调节，装置价格比较贵，但节能减排效果最好，作为高端产品，国外采用比较普遍。

近年来，天津一些供热企业，在大型燃气热水锅炉上采用称为“联燃式调节”（图 4-49）的负荷调节方式，其特点是：

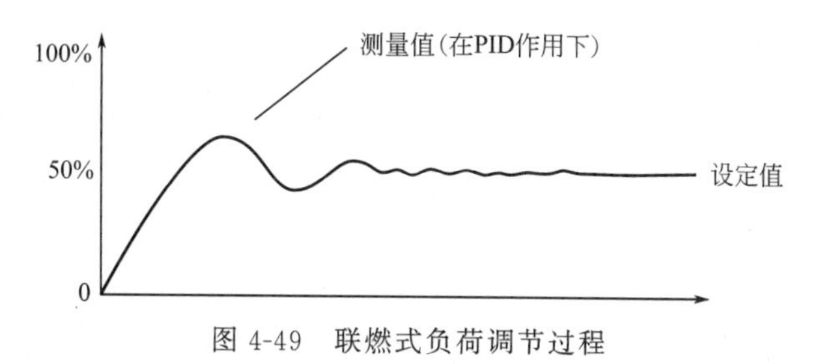

图 4-49　联燃式负荷调节过程

① 冷炉启动阶段模糊控制，正常运行阶段比例积分微分调节；

② 用线性调节阀代替燃气蝶阀控制燃气流量；

③ 用鼓风机变频调节代替风门调节控制风量。

这种调节方式既能提高调节精度，又节电，并可降低风机运行噪声。

第六节　一体式和分体式燃烧器选型

一、一体式燃烧器选型

一体式燃烧器的选型步骤如下所述。

1. 根据所用燃料种类和需要的负荷调节方式选择燃烧器种类

燃料种类分为天然气、液化石油气、城市煤气、轻油、中低黏度重油（60 号以下）、高黏度重油六种。城市中的锅炉不燃用重油。如无特殊要求，负荷调节方式是，锅炉容量<0.5t/h时常用一段调节；0.5～2t/h常用二段调节；2～4t/h锅炉燃气时常用渐进两段调节，燃油时常用三段调节；6t/h以上一般用比例调节。

2. 根据所需功率和炉膛压力（即炉膛背压）**以及使用地海拔高度选择燃烧器机号**

(1) 功率

$$N_r = N_g / \eta \tag{4-16}$$

式中，N_r 为燃烧器功率，kW；N_g 为锅炉功率，kW；η 为锅炉热效率，%。

锅炉功率一般用t/h，MW或10^4kcal/h表示，应先换算为kW：

$$1\text{t/h}=700\text{kW}$$

$$0.7\text{MW}=60\times10^4\text{kcal/h}=700\text{kW}$$

燃油燃烧器功率有时还用小时燃油量（kg/h）表示：

$$\text{轻柴油 } 1\text{kg/h}=11.86\text{kW}\ (10200\text{kcal/h})$$

$$1\text{kW}=860\text{kcal/h}$$

(2) 炉膛背压 p　负压燃烧时为 $p=0$，微正压燃烧时 p 等于锅炉烟气流动总阻力。在没有确切的数据时，锅炉烟气流动总阻力一般可按：<0.5t/h锅炉 $p=2\sim3$mbar；0.5～1t/h锅炉 $p=4\sim6$mbar；2～4t/h锅炉 $p=6\sim10$mbar；6～8t/h锅炉 $p=8\sim12$mbar；≥10t/h锅炉 $p=10\sim15$mbar。锅炉有尾部受热面时再加2～3mbar。1mbar=10^{-4}MPa。

(3) 功率-背压曲线　燃烧器的每一机号都有一张功率-背压曲线。选定燃烧器所需功率，从曲线上查到该功率下某机号对应的背压，这个背压大于所需的炉膛背压则该机号可用，否则应再选大的机号。

燃烧器功率-背压曲线实质上反映燃烧器出口处风机风量与风压的关系，是在室温20℃、海拔高度100m的大气压力下作出的。室温和海拔高度变化将引起空气密度变化，需要进行修正，通常只修正海拔高度。为此引入修正系数 F（表4-8）：

表4-8　海拔高度修正系数

海拔高度/m	修正系数 F	海拔高度/m	修正系数 F	海拔高度/m	修正系数 F
200	0.989	1200	0.878	2200	0.774
400	0.966	1400	0.856	2400	0.756
600	0.944	1600	0.836	2600	0.737
800	0.921	1800	0.815	2800	0.721
1000	0.898	2000	0.794	3000	0.706

$$N_r' = N_r / F \tag{4-17}$$

$$p_g = F p_g' \tag{4-18}$$

式中，N_r' 为用于查曲线的功率，kW；p_g' 为曲线上查出的对应于 N_r' 的背压，mbar；N_r 为所需燃烧器功率，kW；p_g 为燃烧器可提供的背压，mbar。

例如一台锅炉：$N_g=350$kW，$\eta=90\%$，所需 $p_g=5$mbar，燃料为天然气，两段火调节，选一台与之匹配的燃烧器。

如果选用利雅路RS系列天然气燃烧器，图4-50是它的功率-背压曲线。

使用地区海拔高度200m以下，不必修正，这时：

$$N_r = N_g/\eta = 350/0.9 = 389\text{kW}$$

从图4-50查到RS38机号389kW时，可提供背压 $p_g=6\text{mbar}>5\text{mbar}$，可用。

若使用地区海拔高度1000m，由表4-8查到 $F=0.898$

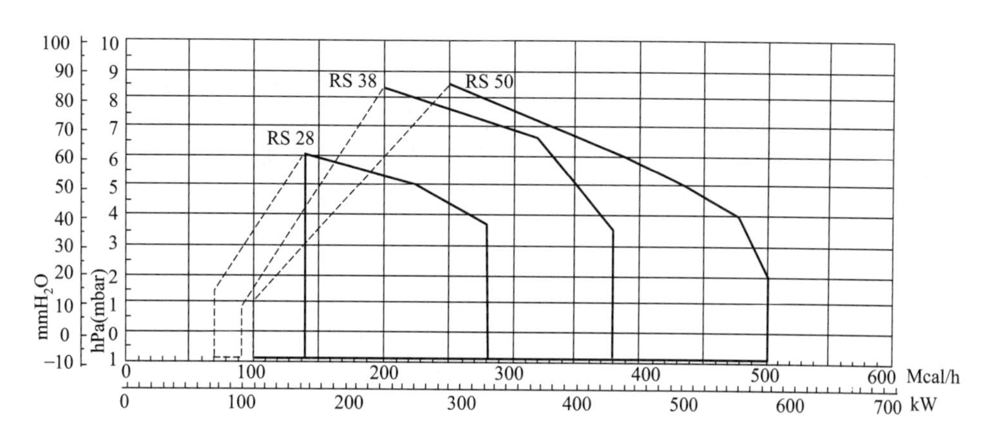

图 4-50　一体式燃烧器功率-背压曲线

$$N_r' = N_r / F = 389/0.898 = 433\text{kW}$$

从图 4-50 查到 RS38 机号 433kW 时，可提供背压 $p_g' = 4\text{mbar}$，$p_g = Fp_g' = 0.898 \times 4 = 3.6\text{mbar} < 5\text{mbar}$，不可用。

从图 4-50 查到 RS50 机号 433kW 时，可提供背压 $p_g' = 6.4\text{mbar}$，$p_g = Fp_g' = 0.898 \times 6.4 = 5.75\text{mbar} > 5\text{mbar}$，可用。

可见，海拔高度提高以后，机号需相应加大。

3. 选择燃油喷嘴号或燃气阀组型号及公称通径

① 燃油燃烧器简单压力雾化油喷嘴号是喷嘴压力为 7bar 时的喷油量，单位是 gal/h。

$$1\text{gal/h} = 3.785\text{L/h}$$

$$1\text{bar} = 0.1\text{MPa}$$

$$\text{喷嘴号} = (g/\rho_c)/(3.785\sqrt{p/7}) \tag{4-19}$$

式中，g 为喷油量，kg/h；p 为雾化压力，bar；ρ_c 为轻柴油密度，kg/L。

单段火调节喷嘴喷油量即额定油耗。两或三段火调节时，每个喷嘴喷油量可为额定油耗的 1/2 或 1/3；也可在各段火允许负荷范围内根据需要组合。

燃烧器供应商已将喷嘴号与喷油量 g（kg/h）的关系做成表，可直接查用。

比例调节燃油喷嘴与燃烧器机号固定匹配，无需选择。

② 不同品牌一定型号的燃气燃烧器，阀组型号大都有固定匹配，其公称通径决定于燃气种类和供气压力。可根据燃气密度和阀组型号，从它的流量图上按横坐标燃气流量与纵坐标阀组阻力找到它们的交点，阀组公称通径线临近该交点右上方的是需要的公称通径。阀组阻力按下式确定：

$$p_{r_2} \leqslant p_r - (p_g + p_{r_1}) \tag{4-20}$$

式中，p_{r_2} 为阀组阻力，mbar；p_r 为燃气供气压力，mbar；p_g 为炉膛背压，mbar；p_{r_1} 为燃烧器燃气阻力（有蝶阀时包括蝶阀阻力），mbar，从该燃烧器产品样本或说明书上查取。

为了方便，一般燃烧器产品样本或说明书上已直接列出了燃烧器功率和流动阻力与阀组公称通径之间关系的数据表，或将它们制成流动阻力图。应用时要特别注意，这些图表只适合于一种燃烧器型号和一种燃气（燃气发热量和密度一定）。

有些品牌（如利雅路、力威）不同燃气种类的燃烧器，需要更换燃气喷嘴。有些品牌（如百得、威索、欧科）燃烧器对不同燃气种类通用，但输出相同功率，发热量低的燃气要求供气压力高或阀组公称通径大。

4. 燃烧器型号选定后，根据锅炉火焰形式核对燃烧器火焰尺寸与锅炉炉膛尺寸是否适应

立式和锅壳式锅炉炉膛火焰有垂直向下或垂直向上火焰、水平火焰、回燃式火焰等几种。一般一体式燃烧器是专门为直形火焰设计的，对水平、垂直向下、垂直向上火焰都适用。燃烧器火焰直径和长度应稍小于炉膛直径和长度（回燃式火焰炉膛直径要再加大约0.2m，炉膛长度则可较短）。燃烧器火焰直径和长度可从燃烧器产品样本或说明书上按实际使用功率大小查出。如果没有可用资料，也可按下式近似计算：

$$\Phi=B^{0.31}\{0.147-0.02[1-e^{-20(\alpha-1)}]\} \tag{4-21}$$

$$L=B^{0.5}\{0.182-0.02[1-e^{-16(\alpha-1)}]\} \tag{4-22}$$

$$B=N_r/11.86 \tag{4-23}$$

式中，Φ 为火焰直径，m；L 为火焰长度，m；α 为空气系数；N_r 为燃烧器功率，kW。

力威牌一体式燃烧器选型时需提出火焰形式，不同火焰形式各有专门的代号。

二、分体式燃烧器选型

分体式燃烧器选型与一体式燃烧器选型的不同点如下所述。

① 分体式燃烧器分为直形火焰和形状可调火焰两种形式（图4-32）。前者适用于锅壳锅炉和锅筒纵置水管锅炉（图4-6），后者适用于锅筒横置水管锅炉（图4-7）。

② 分体式燃烧器的风机与燃烧器本体是分开的，所以没有功率-背压曲线，确定燃烧器机号时只考虑功率，炉膛背压在选风机时考虑。分体式燃烧器每个机号的功率范围较大，要根据实际需要功率和燃料种类选配燃料喷嘴。

③ 分体式燃烧器风机参数和燃气供气压力。

风机风压：

$$p_k=K(p_g+p_{k1}+p_{k2}) \tag{4-24}$$

式中，p_k 为风机风压，mbar；p_{k1} 为燃烧器空气阻力，mbar，从该燃烧器产品样本或说明书上查取；p_{k2} 为风道阻力，mbar；p_g 为炉膛背压，mbar；K 为备用系数，可取1.1～1.2。

风机风量根据燃料消耗量计算，没有确切资料时可按每1t/h锅炉功率1000m³/h（风温20℃）风量估算。

燃气供气压力：

$$p_r\geqslant p_g+p_{r1}+p_{r2} \tag{4-25}$$

式中各符号意义与式(4-20)相同。

④ 分体式燃烧器一般都是比例调节，蒸汽锅炉按锅炉工作压力选配比例压力传感器和比例调节仪，热水锅炉按出水温度选配比例温度传感器和比例调节仪。

⑤ 分体式燃烧器的燃气阀组或燃油泵组件按燃料种类和燃料消耗量选配。

⑥ 综合以上各项，选配控制箱和电源箱。

第七节　燃气（油）锅炉安装、调试、运行与故障诊断处理

燃气（油）锅炉的安装程序、安装技术要求、验收规范、锅炉本体及其仪表部分的调试与运行等与燃煤锅炉相同，详见GB 50237《工业锅炉工程施工及验收规范》。本节仅提出燃气（油）锅炉的安装注意重点，讲述燃烧系统调试与运行。燃气（油）锅炉的安装质量和燃烧系统调试与运行水平直接影响到锅炉运行安全和节能减排效果，必须充分重视。

一、燃气（油）锅炉的安装注意重点

1. 炉墙、护板、防爆门

炉墙、护板密封好坏对锅炉效率影响很大。对燃气（油）锅炉，因绝大多数是微正压燃烧，

锅炉漏烟还会严重影响运行安全、污染环境，必须特别注意。

锅壳式锅炉、立式锅炉和快装水管锅炉都是整装出厂，炉墙、护板密封问题应由锅炉厂负责。在安装现场需重点检查的部位是：锅壳锅炉的烟箱内衬耐火砖和保温层及相关密封部位，干背锅炉后烟箱的二回程和三回程隔断，回燃式锅炉的前烟箱，烟箱门的螺栓连接部位，燃烧器在顶部的立式锅炉的碹口及顶板，快装水管锅炉的防爆门、看火孔、检查孔与锅炉本体的连接部位。

水管锅炉炉墙、护板多数在安装时施工，注意重点是：耐火层最好用耐火混凝土浇筑并捣实，若用耐火砖必须保证砖缝严密，炉墙拐角、门孔的接合部位的结构要能防止漏烟；保温层也以浇注型保温材料为好，若用成型保温板应装实，不要用散纤维和颗粒保温材料；单层护板和双层护板的内护板必须密封焊接，同时不要影响膨胀节胀缩；重力式防爆门要严格按设计称重；所有门孔部位都要保证密封，有膨胀要求的要能胀缩。散装水管锅炉，若是膜式壁或鳍片密封结构，要进行密封焊接，不允许焊缝渗漏。整个施工完成后要做密封试验，防爆门也要按工作状态同时试验。

2. 烟道、燃料供应系统

同一锅炉房安装多台微正压燃烧锅炉时，最好是每台各用独立的烟道和烟囱，避免互相影响。如必须共用一个烟囱，烟道的连接方法如图 4-51。铁烟道和烟囱应保温，烟囱出口应设防倒风帽。

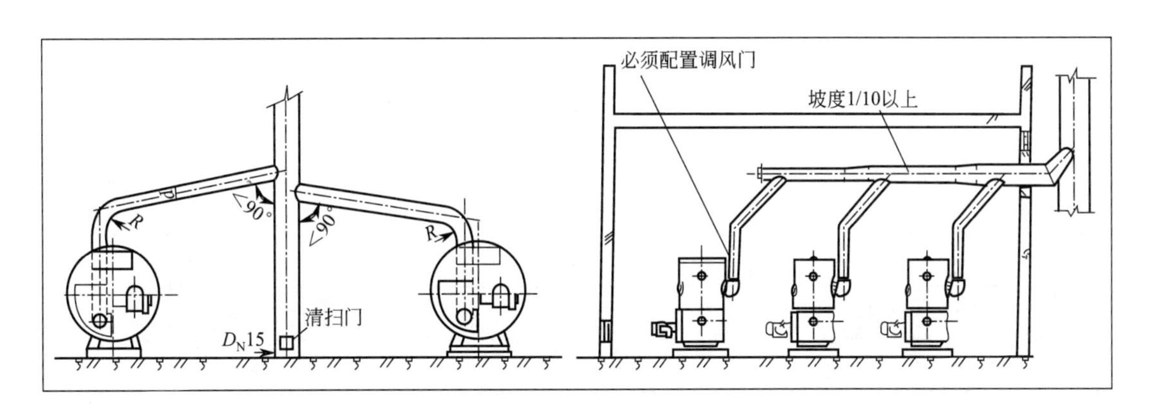

图 4-51　多台锅炉共用烟道连接示意图

燃料供应系统安装注意问题见本章第四节。燃气系统安装完成后要进行密封试验；燃油系统安装完成后要按工作压力的 1.5～2 倍试压。

3. 碹口、燃烧器连接

锅炉碹口形状、燃烧器与碹口相对位置应符合锅炉或燃烧器说明书要求，要保证连接部位密封。

4. 电源、控制箱

一般燃气（油）锅炉都用 380V、50 周波三相电源，但有些小型一体式燃烧器用 220V 电源，进口燃烧器所用电源应与我国一致。不能将电源连接在调频器的输出端。一体式燃烧器一般带有控制箱，将锅炉控制信号（蒸汽锅炉是压力、水位，热水锅炉是水温、循环泵启停信号）和燃烧器自身需要连接的线路与控制箱接线端子连接即可（见本章第五节）。与锅炉分离的控制箱应置于炉前，便于观察锅炉水位和燃烧器运行的位置，但不要正对燃烧器。

5. 燃气锅炉房应有燃气浓度监测器

二、燃气（油）锅炉燃烧调试

1. 燃烧调试的基本任务

① 保证燃烧按正常程序稳定运行，确保运行安全。

② 调整燃料量适应锅炉负荷要求，确保用户实际需要。

③ 调整空气/燃料比达到最佳状况，确保最好的节能减排效果。

2. 对燃烧器的要求

一体式燃气（油）燃烧器的技术性能要求见表 4-9，其他要求见 GGXB1《工业锅炉用一体式燃油燃烧器和燃气燃烧器性能评价技术条件》。

表 4-9 一体式燃油燃烧器和燃气燃烧器技术性能要求

<table>
<tr><th colspan="3">项目</th><th colspan="2">技术要求</th></tr>
<tr><td colspan="3">额定输出功率 P 的偏差/kW</td><td colspan="2">≤5%</td></tr>
<tr><td colspan="3">适应电压波动范围</td><td colspan="2">85%～110%</td></tr>
<tr><td colspan="3">空气系数(含氧量)</td><td colspan="2">≤12(≤3.5%)</td></tr>
<tr><td colspan="3">振动速度</td><td colspan="2"><6.3mm/s</td></tr>
<tr><td colspan="3">噪声</td><td colspan="2">≤85dB(A)</td></tr>
<tr><td colspan="3">燃料</td><td>燃油</td><td>燃气</td></tr>
<tr><td rowspan="5">烟气中排放物</td><td>CO</td><td><</td><td>125mg/m³</td><td>95mg/m³</td></tr>
<tr><td>NO_x</td><td><</td><td>300mg/m³</td><td>200mg/m³</td></tr>
<tr><td>C_mH_n</td><td><</td><td>20mg/m³</td><td>20mg/m³</td></tr>
<tr><td colspan="2">燃料含灰<0.01%时的烟尘量</td><td>50mg/m³</td><td>50mg/m³</td></tr>
<tr><td colspan="2">烟气黑度≤</td><td>林格曼 1 级</td><td>林格曼 1 级</td></tr>
<tr><td colspan="2">点火安全时间</td><td>≤</td><td>P≤350kW 时 7s
P>350kW 时 5s</td><td>P≤350kW 时 5s
P>350kW 时 3s</td></tr>
<tr><td colspan="2">熄火安全时间</td><td>≤</td><td>1s</td><td>1s</td></tr>
<tr><td colspan="2">预吹扫时间</td><td>≥</td><td colspan="2">风机最大风量时 20s;50%风量时 40s</td></tr>
<tr><td colspan="2">负荷调节比 R</td><td>≥</td><td colspan="2">P≤350kW 时 1∶1
350kW<P≤3000kW 时 2∶1
3000kW<P≤8000kW 时 3∶1
P>8000kW 时 4∶1</td></tr>
</table>

3. 调试前的检查与单机试运

① 检查燃气阀组前的燃气供气压力，供气压力达不到规定值则不能达到满负荷。检查燃料供应系统各阀门和风门原始位置，燃气阀组、压力开关、温控开关的设置值，燃油雾化片选择，电器连接等是否正确，过滤器是否畅通。

② 检查蒸汽锅炉水位或热水锅炉水循环是否正常，锅炉控制参数（气压或水温）设置是否正确。

③ 打开电源，检查电机转动方向是否正确。

④ 燃气系统要打开对空放散管阀门，排尽燃气管内存留空气；燃油系统要进行燃油系统预循环，排除系统中存留的空气，调整油泵出口油压到需要值。燃油系统循环不正常的原因有：吸油管吸程太高、阻力太大，油管路或过滤器堵塞、排气不尽，油泵损坏等。

⑤ 调整点火电极位置和间距。在截断燃料供应的条件下，用手动控制进行风机试运转吹扫炉膛，然后点动各电磁阀和点火电极，模拟试验熄火保护装置。

4. 点火调试

在上述各项均调整正常后，开始点火调试。

① 首次点火，将负荷限位到小负荷，在小负荷下进行程序点火。一次点火不成功，应适当加强炉膛吹扫后再点火；连续两次点火不着，则必须查明原因，排除故障方能再点火。禁止脱离火焰监测保护系统手动点火!

② 在小负荷下运行到锅炉允许升负荷时，调到额定负荷。

燃油或燃气锅炉调到额定负荷时，都应该不积炭、不冒黑烟。空气不足或燃料与空气混合不好是燃气（油）积炭和冒黑烟的共同原因，除加大风量或减少燃料量外，有时需要调整燃料喷嘴、调风器、稳燃器、碹口之间的相对位置或调整风的旋流强度。燃气积炭和冒黑烟还可能是燃气喷嘴与所用燃气种类不匹配。燃油积炭和冒黑烟也可能是油雾化不好——油压太低或油泵出口与油喷嘴之间有堵塞，雾化片不匹配或质量不好等。

③ 调整风/燃比到最佳。检测风/燃比是否最佳的方法是用便携式快速烟气分析仪检测烟气中的 RO_2（CO_2 和 SO_2 合在一起的折算值）、O_2、CO 的体积分数。燃料完全燃烧且空气系数 $\alpha=1$ 时，烟气中的 O_2、CO 含量均为 0，RO_2 含量达到最大值 $[RO_2]_{max}$。实际上这种情况是不存在的，为达到燃料完全燃烧，一定是 $\alpha>1$，烟气中一定含有 O_2，但不应有 CO。调试的任务就是使烟气中 CO≈0（最大 CO≤0.1%）且不冒黑烟的前提下，α 尽可能小一些，最好 $\alpha\approx1.03\sim1.05$，一般是 $\alpha=1.1\sim1.15$，最大 $\alpha\leqslant1.2$。

在燃料完全燃烧的情况下，用烟气分析仪检测数据计算空气系数的方法是：

$$\alpha=21/(21-O_2) \tag{4-26}$$

或

$$\alpha=[RO_2]_{max}/RO_2 \tag{4-27}$$

式中，α 为空气系数；O_2，RO_2 为烟气中的 O_2 和 RO_2 含量，%；$[RO_2]_{max}$ 为烟气中最大 RO_2 含量，%。

$[RO_2]_{max}$ 的具体数据可根据燃料成分计算，表 4-1、4-2 中列出了一般燃油和燃气的 $[RO_2]_{max}$ 值。

有的快速烟气分析仪在事先输入燃料种类后，检测数据经自动计算，能直接读出 α 值；如果同时检测排烟温度，还能直接读出锅炉效率。

如果没有检测仪表，可用观察火焰颜色的方法来判断空气系数大小：火焰暗红、浑浊甚至烟囱冒黑烟是空气不足；火焰特别明亮、发白是空气系数太大；正常的火焰应该是橘黄色，燃气颜色较淡，燃油颜色较浓。但是人为观察经验因素较多，不够准确。

对于二级或二级滑动调节，对小负荷和大负荷都要分别调整风/燃比；对于比例调节则至少应对低、中、高三个负荷分别调整风/燃比，每个负荷下风/燃比调到最佳时，确定风/燃联动机构相应位置。采用 AGP 阀或 SPK70 执行器的燃气燃烧器，调节方法见相关说明书。

④ 试验保护功能。即模拟灭火，蒸汽锅炉超压、缺水、满水或热水锅炉超温、循环泵停运等，试验各项保护功能是否正常。

调整完成后，最好能进行一次正规的热工试验作为正式验收的依据。试验应按 GB/T 10180《工业锅炉热工试验规程》或 GB/T 10820《生活锅炉热效率及热工试验方法》进行。

三、燃气（油）锅炉燃烧系统的运行

① 应针对使用锅炉的性能、结构和运行特点制定锅炉运行规程和管理制度。燃气（油）锅炉本体运行与燃煤锅炉基本相同，仅特别强调：即便是全自动燃气（油）锅炉，运行现场也应有人值守并建立巡检制度和巡检纪录，采用远程集中控制要特别慎重，小型和常压锅炉至少要有巡

检制度和巡检纪录。燃气（油）锅炉燃烧系统巡检项目有：各测点压力、温度，风机进风温度，燃料流量，锅炉燃烧情况和排烟温度（最好还能监测排烟空气系数），炉膛及各电机噪声和振动。燃烧自控系统在24h中至少重启一次，以便系统进行自检。

② 已调试好的全自动燃气（油）锅炉，正常运行点火、负荷和风/燃比调节都是自动进行的，但点火前还是应进行必要的检查（如燃气供气压力、锅炉运行参数等）。当发现燃烧不正常时，应及时再调整。长时间停运后再投运，应重新调试。

③ 正常运行中，燃烧工况稳定是保证高效燃烧的必要条件。除外网负荷非正常变化外，如果燃烧工况总是大小负荷频繁变化，或频繁因超负荷停炉，应适当调小燃气调节电磁阀主流量或更换更适合的燃油喷嘴。

④ 锅炉运行经济性在本书第二章中已全面讲述。燃烧效率高是保证锅炉经济运行的重要环节。燃气（油）燃烧效率高就是不产生机械不完全燃烧（不积炭、不冒黑烟）和化学不完全燃烧（不产生CO），同时空气系数最小（排烟损失最小）。除燃烧调试中已经讲述的调整方法外，还应该说明，一般风/燃联动只是风门和阀门开度的联动，没有考虑燃料质量波动（城市煤气质量最易产生波动），燃气供气压力变化（如用气高峰与用气低谷时的变化），气候变化引起风温变化等。已调整好的风门和阀门开度的联动关系不能适应这种变化，最好装置在线快速烟气分析仪，及时发现变化，及时调整。采用SPK执行器或AGP阀的燃气燃烧器适应性更好一些。最好的风/燃比自动调节方式是风门和燃料流量调节阀各用一个伺服电机，加上在线烟气自动分析和电子比例控制，根据在线烟气分析数据，随时分别调整风门和燃料流量调节阀开度，达到准确的最好风/燃比。当然，这种调节方式的燃烧器价格昂贵。

⑤ 更广义的锅炉运行经济性，不仅锅炉自身运行经济，而且还必须最经济地满足用户需求，即锅炉输出热量跟踪用户的能耗变化，恰到好处而不多余。这就需要将锅炉运行控制与耗能终端连接，形成远程控制服务系统。这种控制系统在发达国家已被普遍采用。我国应用不多，主要是节能观念相对滞后，凭借我们已有的计算机控制技术基础，对于燃气（油）锅炉，实现远程控制服务在技术上并不困难。

四、燃烧安全

影响燃气（油）锅炉燃烧安全的主要问题有如下几方面。

1. 燃烧不稳定、脱火和回火

燃油或燃气雾化炬与空气的混合物被加热到着火温度即开始着火，形成一个着火面。着火面之后是继续燃烧的火焰和高温燃烧产物，着火面之前未着火的燃料空气混合物被继续加热着火，这种着火面向燃烧器方向传播的速度叫火焰传播速度。火焰传播速度方向与气流流动速度方向相反。二者速度相等则火焰着火面位置稳定，形成稳定燃烧；火焰传播速度小于气流流动速度就会脱火，造成炉膛灭火；反之则会回火，着火面通过碹口进入燃烧器，造成事故。预混式气体燃烧回火事故后果尤为严重。脱火和回火都造成燃烧不稳定。

火焰传播速度决定于燃料成分、燃料空气混合物的温度、火口直径等。对于燃气（油）燃烧器，实际火焰传播速度并不高，H_2和CO的火焰传播速度较高，即使是火焰传播速度最高的纯氢气火焰传播速度也只有每秒十几米；燃油火焰传播速度更低，一般只有2～3m/s，其中最易燃的成分的火焰传播速度也只有10m/s左右。而燃烧器出口燃料空气混合物设计速度一般都在30～50m/s，甚至更高，正常情况下不会发生回火；保证不发生脱火的措施是：燃烧器出口设稳燃器和采用旋流风造成高温回流区，设置耐火砖碹口造成局部高温等。

燃气时发生脱火的原因主要是：燃气量很小而风量过大，炉膛温度低，点火时最容易发生这种情况；正常燃烧时脱火可能是燃气管道阻塞，稳燃器烧坏或意外脱落，若火焰监测未及时发现，很可能形成炉膛爆炸；燃气量很大而风量过小也可能发生脱火，这是因为燃气与空气不能很好混合，局部缺氧所致。燃气时发生回火常常是燃气压力低或燃烧器对气种不适应，以致燃烧器出口流速过低；无水冷炉膛的高温辐射或碹口温度过高等原因致使燃烧器口温度过高也会造成回火；预混式燃烧较容易发生回火，甚至回入燃烧器内引起爆炸。

燃油时油喷嘴流速和调风器出口风速都远远高于火焰传播速度，基本上不发生回火。有时稳燃器或油喷嘴上有火焰甚至将其烧坏，是因为结焦后油焦燃烧而不是回火。发生脱火和灭火也不是因着火面不稳定，一般是因为炉膛或燃烧器发生振动，油中含水过多、水冷壁爆管或炉内大量冷风进入造成炉温过低，油喷嘴堵塞造成的喷油中断等。

2. 锅炉振动

锅炉振动现象可分为三类：

① 水力工况不良引起的受热面管振动。锅炉水循环工况不良，如蒸汽锅炉循环停滞、倒流，热水锅炉过冷沸腾等，可引起水冷壁管和对流管束振动。锅炉强制流动受热面管组水力或热力偏差过大，可引起蒸汽锅炉过热器和省煤器，热水锅炉强制循环管组振动。用锅筒内部隔板分割管组流程的强制循环热水锅炉，因隔板间泄漏造成水循环故障，导致管组振动。

受热面振动常伴有水击声。

消除受热面管振动的根本方法是查明水力工况不良的原因，采取针对性改进措施。

② 气流涡流脱落引起锅炉管束或烟道侧墙振动。锅炉对流受热面、过热器、省煤器、空气预热器无一不以管束形式组成，其中多数受烟气横向冲刷。锅炉烟气流经横向冲刷管束时，在管子后面发生涡流脱落（图 4-52）。在某些流动工况下，涡流脱落频率接近管子的固有频率，就会引起管子振动；涡流脱落频率接近横向气柱的固有频率，就会引起烟道侧墙振动。

消除这种振动的方法：

一是改变管束或炉墙结构，从而改变它们的固有频率，如采取加固措施增加结构刚性等；

二是采用烟气导流装置或降低锅炉运行负荷（降低流速），从而改变气流频率。

图 4-53 所示鳍片式对流管束，既增加了管束刚度，又有烟气导流作用。

图 4-52　气流涡流脱落现象

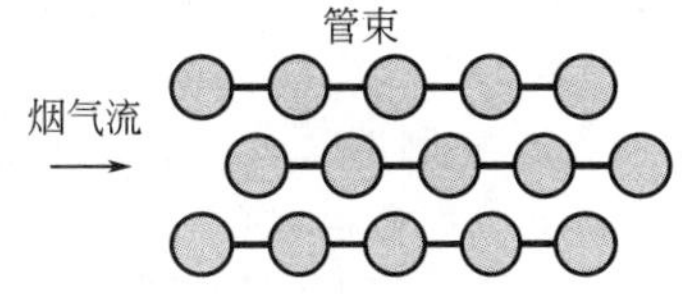

图 4-53　鳍片式对流管束

③ 炉膛振动。炉膛振动一般表现为燃烧不稳定（脉动），噪声大；严重时可导致炉体晃动；还可能波及烟风道振动。

炉膛振动原因很复杂，如：

a. 燃烧激发炉膛空间固有频率振动；

b. 燃烧器或炉膛碹口结构有缺陷，或设计流速过高；

c. 燃烧器在锅炉上的布置方式不当，螺纹固定部位松动；

d. 运行负荷过高，空气系数过大或过小；

e. 锅炉房烟风道振动引起燃烧不稳定，导致炉膛振动等。

锅炉房烟风道流速过高，流程过长，拐弯或流通截面变换过急，流道中出现涡流，以及烟风道或它的支承结构刚度不够等都可导致烟风道振动。

风机基础不牢固，动平衡不好，引起风机振动也可能波及烟风道振动。

常常需要通过反复试验，才能找准振动原因，采取对应措施。

炉体晃动现象，是炉膛振动频率与炉体固有频率产生共振所致，可能酿成重大事故，若不能及时消除，应立即停炉。

3. 锅炉后部爆燃

由于火焰长度过长，进入对流受热面后不能继续燃尽，到了锅炉后部（转烟处和空气预热器中）又重新爆燃，严重时会引起爆炸或烧坏空气预热器。燃油雾化不好最容易产生锅炉后部爆燃。所以燃气（油）水管锅炉在烟道容易爆燃部位也要装防爆门，燃油锅炉空气预热器要装吹灰和灭火装置。

4. 炉膛爆炸

炉膛爆炸是燃气（油）锅炉最严重的运行事故。燃气（油）锅炉从设计、制造、附件配置、控制保护系统、安装调试直到运行管理都把防止炉膛爆炸作为首要问题，只要正确使用，完全可以防止炉膛爆炸，保证运行安全。

燃气（油）锅炉炉膛内若已聚集大量燃油蒸气或燃气，一旦遇上火源，突然着火，炉膛压力骤然大幅升高，即使设有防爆门，也来不及泄放，就会产生炉膛爆炸。现代燃烧器设置有点火程序控制，火焰监测装置，低风压、低燃气压力、低油压、低油温保护，燃气阀检漏等，只要出现问题，燃烧器就会自动闭锁，避免发生事故。控制元件也非常可靠，很少出现失灵。发生事故，大多是违规操作，例如：擅自改动控制系统，拆除有关保护装置，保护装置设置值错误等。为避免事故，要特别注意：

① 炉膛爆炸大都发生在点火的时候，正常运行中必须使用程序点火。一次点火不成功，二次点火前要适当加强吹扫；如果两次点火不成功，一定要仔细分析原因，找出问题，解决问题后再点火。切忌一味蛮干，不查原因，盲目反复点火。

② 燃气燃烧器功率≥1000kW时，应配置CPI关阀指示器或燃气阀检漏装置（燃烧器功率≥3000kW时必须配置检漏装置），为省钱而不配置会因小失大。

③ 低风压开关设置值不要太低，尤其不要调到0，这会失去低风压保护作用。如果没有低风压保护，出现风机电机反转或风门关闭，风机启动后风量不够，在预吹扫时间内不能将炉膛中可能存有的可燃气体吹扫干净，点火装置一经点火，就可能发生炉膛爆炸。

④ 燃液化石油气和燃油锅炉点火前要设法确认炉膛内没有残液，避免炉内可燃气体吹扫不尽。

⑤ 当燃烧不稳定，发生脱火、回火、炉膛振动、局部爆燃和锅炉突发严重事故时，要立即切断燃料源。

⑥ 严格执行巡检制度，及时排除有关元件故障。特别要注意经常清洁取光头、离子电极、点火电极，检查安全电磁阀灵活性，注意燃气压力变化，坚持每日进行自控系统自检。

⑦ 发生未造成损失的一般性爆炸，也要立即切断燃料源，分析找出原因，排除后才能再点火。

五、故障诊断处理的基本方法

1. 正确进行故障诊断应具备的知识

① 燃料有关性质，特别是燃气种类及发热量。

② 燃烧器结构系统。无论一般分散型的燃烧器，还是一体式和分体式全自动燃烧器，整个燃烧装置都由五个系统组成：燃料供给系统；供风系统；燃料空气混合系统（由燃料喷头、调风器、稳燃器组成）；点火系统；燃烧调节和控制系统。要熟悉各系统的组成，各部件构造和调整方法。

③ 燃烧控制程序图（见本章第五节）。

④ 锅炉运行安全保护与控制参数。蒸汽锅炉气压、水位，热水锅炉水温、循环工况，锅炉负荷与排烟温度等。

2. 故障诊断处理的基本方法

① 了解故障现象和故障发生时锅炉运行参数，若燃烧中止，要检查燃烧控制程序中止于什么位置（阶段）。

② 据此判断故障最可能发生在哪个结构系统，按系统排查。切不可盲目乱拆、乱调，如果把已调好的程序和设置弄乱，更难找到问题所在。

③ 处理故障的方法就是对症排除。

六、故障诊断处理实例

1. 油泵损坏

油泵损坏的现象是停转或油压上不去。油泵异物卡住、出口堵塞使油压突升、电机过电流等都会造成停转；油长时间过滤不净引起油泵磨损，是造成油压上不去的主要原因；油压上不去伴随噪声大甚至振动，常常是由于吸油管阻力过大或油系统排气不尽。油泵与油箱高差太大、过滤器堵塞、吸油管太细或太长都会使吸油管阻力过大。

2. 锅炉达不到额定负荷

锅炉经反复调整，就是达不到额定负荷，调大负荷就出现冒黑烟或炉膛振动，可进一步作以下调试：

① 对燃气锅炉，如果燃气蝶阀开度已到最大，风门开度却有余量，锅炉达不到额定负荷，可先将燃气调节电磁阀主流量调到最大。若仍达不到目的，则应考虑燃气发热量低，或供气压力低，或供气管路阻力太大。应再注意检查燃气阀组前实际运行燃气压力，记录燃气流量。确定了是因燃气压力低、流量小，可更换大一号阀组。如果因燃气发热量低，则可能是烧城市煤气误用天然气喷嘴，或烧天然气误用液化石油气喷嘴，应更换。对于各种燃气都通用的燃烧器，烧不同发热量的燃气能达到的负荷不同，或达到相同负荷需要不同的供气压力，是正常现象。

② 燃油锅炉风门开度尚有余量却达不到额定负荷，除燃烧调整中已经讲过的原因外，还可能是雾化片小、油压设定低。

③ 如果风门开度已到最大，燃气流量不能调大，调大则出现冒黑烟或炉膛振动现象，因此锅炉达不到额定负荷。首先要检查锅炉烟气流动阻力，即测量炉膛与锅炉出口（烟囱根部）烟气流动压差。这个差值若大于一体式燃烧器在锅炉额定负荷时（注意此时的燃烧器功率应等于锅炉额定负荷除以锅炉效率）可提供的背压，则可能是烟道有阻塞，或是燃烧器选型不匹配，或是未进行海拔高度修正，也可能锅炉设计烟气流动阻力太大，必要时可更换更大的燃烧器型号。对于分体式燃烧器，风机最大风量下对应的风压需大于上述流动压差加燃烧器空气阻力与风道阻力之和。

3. 一体式燃烧器故障诊断处理举例

例 1：按启动按钮后，风机不启动。问题应发生在电路连线不正确或电源有问题，或锅炉工况不允许启动（超温、超压、缺水、循环泵故障等）。

例 2：风机能启动，但不能进入点火程序。说明风机启动前的程序和风机电机等都没有问题。问题是低风压开关不能闭合，可能是低风压开关设置值过高或风压传压管堵塞，也可能是电机反转风压升不上去。

例 3：燃气燃烧器能点着火，随即又灭火，不能建立稳定的火焰。说明至点火电极打火前的各环节和燃气电磁阀都没有问题。问题出在火焰监测或燃料供应上。首先应检测离子电极产生的离子电流是否建立，在灭火前可否一直维护在 5μA 以上，若离子电流根本检测不到，那是火线与地线接反或电极插座脱落、电极太脏造成电阻太大（燃油燃烧器光敏电阻接线松、断、表面脏等也会出现这种现象）。另一种可能就是燃气供气问题，即未点火前燃气有一定供气压力，一旦点着，供气压力迅速下降到低气压开关动作，原因是供气总母管供气量不足，入户支线太细、太长或过滤器杂物堵塞，在北方冬季，还有可能是室外调压器、过滤器中结冰造成堵塞。

例 4：燃气锅炉点火电极打火正常，燃气电磁阀也能正常打开，但点不着火。这种情况多半是点火风量过大（或燃气量太小）。

4. 小型一体式燃气（油）燃烧器常见故障原因及排除方法

见表 4-10、表 4-11。

表 4-10　小型一体式燃油燃烧器常见故障原因及解决方法

故障	形成原因	解决方法
燃烧器不启动	没电	检查保险丝重合上所有开关
	极限或安全控制装置动作	调整或更换
	控制盒锁定	按控制盒复位钮
	电机锁定	按热继电器复位
	泵坏	更换
	控制器保险丝断开	更换
	电连接错误	检查电连接
	控制盒损坏	更换
	电机控制装置损坏	更换
	漏光或模拟火焰出现	清除漏光或更换控制盒
	电机损坏	更换
	电容损坏	更换
	光电管损坏	更换
燃烧器启动后马上停止	缺相	按热继电器复位钮
燃烧器预吹扫后马上锁定火焰不出现	油箱内无油或油箱底部有水	加油或排水
	燃烧头或风门位置不合适	进行调整
	电磁阀不能打开	检查接线或更换线圈
	喷嘴堵塞、脏或损坏	清洗或更换
	点火电极脏或位置不对	清洗并调整
	接地电线接触不好	更换
	高压电缆损坏	更换
	点火变压器损坏	更换
	控制盒损坏	更换
	电磁阀或点火变压器接线错误	检查更正
	泵不启动	检查后重新启动
	泵和电机之间的联轴节损坏	更换
	进、回油管接错	更正
	泵、过滤器或喷嘴的过滤网脏	清洗
	电机转向错误	换相
火焰出现后燃烧器锁定	光电管或控制器坏	更换
	光电管脏	清洗
脉动点火或火焰不稳	燃烧头位置设定不对	调整
	喷嘴不适应此燃烧器或锅炉	检查，调整
	风门太大	调整
	喷嘴坏了	更换
	泵压不合适	根据手册调整
燃烧器不能烧大火	控制系统 TR 没闭合	调整或更换
	控制器损坏	更换
	液压缸损坏	更换
	第二级电磁阀损坏	更换
	泵压低	调整
第二个喷嘴喷油但风门不能到位	液压缸或伺服电机坏	更换
	连接杆位置不对	调整
供油不稳定	油系统排气不尽或吸油管阻力大	系统排气或调整油箱位置
油泵内生锈	油箱内有水	排净油箱存水
有噪声且油压不稳	进油管内有空气	紧固接头
负压值过高(≥4m)	油箱与燃烧器高度差太大	减小高差
	进油管直径太小	增大
	过滤器堵塞	清洗
	温度过低蜡析出	改适合的轻油号或将油预热
	进油阀未开	打开
长时间停用后泵不启动	回油管未浸到油里	将其回到进油管高度
	进油管路中进气	紧固接头
泵漏油	密封部件损坏	更换
冒黑烟	空气不足	调节风门
	喷嘴磨损或脏	更换
	喷嘴过滤器堵塞	清洗或更换
	泵压调错	调至 1～1.4MPa
	稳燃器脏、松弛、变形	清洗，拧紧、更换
	风机脏	清洗
	炉膛阻力太大	查烟道是否堵塞
冒白烟	空气太多	调节风门
	喷嘴或过滤器脏	更换

表 4-11　小型一体式燃气燃烧器常见故障原因及解决方法

故障	形成原因	解决方法
燃烧器不启动	极限或安全控制装置动作	调整或更换
	控制盒锁定	复位
	无燃气供应	打开手动阀门或检查管路
	无供电	检查连线
	伺服电机触点接触不好	调节凸轮或更换伺服电机
	控制盒保险丝断	更换
	供气压力不足	与煤气公司联系
	最小燃气压力开关没有闭合	调节或更换
	空气压力开关处于运行位置	调节或更换
	控制盒损坏	更换
	电机损坏	更换
燃烧器不启动且发生锁定	有模拟火焰	更换控制盒
燃烧器启动但在最大风门位置时停机	伺服电机触点接触不好	调节凸轮或更换伺服电机
燃烧器启动但立即停机	没有中线	三相电应有中线
燃烧器启动后锁定	空气压力开关没有调节好	调整或更换
	压力开关的测压管堵塞	疏通
	风机风扇脏	清洗
	燃烧器头部未调整好	调整
	燃烧器背压过高	询问
燃烧器启动后锁定	火焰检测装置故障	更换控制盒
燃烧器停留在预吹扫阶段	伺服电机触点接触不好	调节凸轮或更换伺服电机
预吹扫和安全时间之后，燃烧器锁定	电磁阀只能让少量燃气通过	提高调压器出口压力
	供气压力太低	调整
	点火电极位置调整不正确	调整
	管路中有空气	放空阀排空
	电磁阀或点火变压器电气连接不正确	重新连接
	点火变压器损坏	更换
	电磁阀打不开	更换线圈
火焰出现时燃烧器便锁定	离子电极位置调整不正确	调整
	离子电极火线地线接反	重新连接
	离子电流不足（小于6μA）	检查离子电极位置；调整空/燃比
	离子电极接地	拆下或更换连线
	燃气最大压力开关动作	调节或更换
燃烧器重复启动但不锁定	供气压力很接近燃气最小压力开关设定值，电磁阀打开后气压变得更低，导致压力开关自己断开，电磁阀立即关闭；燃烧器停机，压力又上升，燃气压力开关又闭合，点火周期重复开进行	降低燃气最小压力开关设定值或更换燃气过滤器
锁定但没有符号指示	有模拟火焰	更换控制器
运行过程中燃烧器锁定	离子电极或电缆接地	更换破损部分
	空气压力开关故障	更换
	燃气最大压力开关动作	调整或更换
燃烧器停机时锁定	燃烧头中仍有火焰或模拟火焰	清除火焰或更换控制盒

第八节　天然气锅炉供热模式探讨

因控制环境污染和优化燃料消费结构的需要，在城镇供热系统中，以天然气锅炉替代燃煤锅炉已成发展趋势。

燃煤锅炉供热系统采用的集中供热模式，具有“三大”的特点：锅炉大容量，锅炉房大规模，热网大面积。这是因为大容量燃煤锅炉热效率比小容量锅炉高，大规模集中型锅炉房便于治理燃煤锅炉污染，热网大面积是前两大的必然结果。

JGJ 26—2010《严寒和寒冷地区居住建筑节能设计标准》5.1.4 条之 3 规定："集中供热锅炉房的供热规模应根据燃料确定，当采用燃气时，供热规模不宜过大，采用燃煤时供热规模不宜过小。"

这表明，天然气锅炉供热系统具有与燃煤锅炉供热系统不同的特点。其特点首先是基于天然气锅炉没有集中治理污染的需要，从而形成天然气锅炉供热系统的下述两大特点。

1. 小锅炉比大锅炉优点多

天然气锅炉热效率与锅炉容量无关。

提高天然气锅炉热效率的主要途径是充分利用烟气潜热。大容量天然气冷凝锅炉是分体式冷凝锅炉，体积庞大，占地面积大，利用烟气潜热的系统复杂，不能达到最高效、最经济地回收烟气潜热的目标；大容量锅炉结构与系统复杂，运行维护要求高；锅炉负荷调节范围大，在非经济负荷下运行的时间多，难于保证稳定高效；大容量燃气锅炉容易发生锅炉振动、噪音扰民等问题；一旦发生故障停炉，锅炉单台容量越大，对人民生活影响范围越广。

整体式天然气冷凝锅炉可达到最高效、最经济地回收烟气潜热的目标，它的一些特有技术只能用于小型锅炉。小型模块锅炉的运行方式可保证稳定高效，无需备用锅炉。小型天然气锅炉燃气供气压力等级低，安全性好，操作简单，可实现无人值守，还可安装在高层大楼楼顶，不单建锅炉房，有利于隐蔽烟囱（图 4-54）。

图 4-54　安装在楼顶的燃气模块热水锅炉

2. 小热网具有"一高三省"优势

锅炉供热系统热效率＝锅炉热效率×管网热效率×热用户热效率（热有效利用率）。

在天然气锅炉供热系统中：

提高锅炉热效率的主要途径是充分利用烟气潜热，高效天然气冷凝锅炉热效率可高达 104%～108%；

提高管网热效率的主要途径是减少中间换热，缩短室外供热管线；

提高用户热效率的主要途径是科学管控用热，减少无效热耗。

大型热网分一次网和二次网，直接与锅炉连接的一次网供/回水温度较高，不利于锅炉利用烟气潜热，影响最大限度提高锅炉热效率。

所谓小热网，就是不设中间换热站的分散型直供热网，供/回水温度低，便于锅炉充分利用烟气潜热，获得最高热效率。

大型热网中间换热站多，室外管线长，容易出现水力失调，热损失大，循环泵电耗大，投资大，维护费用高。

小热网无中间换热损失，室外管线短，热损失小（设在楼栋内的锅炉对本楼栋供热，管网散热损失＝0），电耗小，投资省，维护简单。

大型热网供热面积大，热用户类型复杂，增加了分类管控用热的困难，无效热耗大。

小热网热用户类型单一，便于用热管控，无用热耗小。

可见，天然气锅炉供热系统小热网与大型热网相比，有"一高三省"的优势——系统热效率高，省电耗，省投资，省维护费用。

这说明天然气锅炉供热系统宜小不宜大，宜分散不宜集中。

但是，当前许多天然气锅炉替代燃煤锅炉的供热工程，仍然沿用燃煤锅炉供热系统那种"三大"的集中供热模式，不仅浪费投资，还将长期加大天然气资源消耗。

3. 天然气锅炉供热模式探讨

综上所述，笔者认为：

天然气锅炉供热系统应摒弃集中供热模式，采用分散型直供热网，以小型模块燃气热水锅炉和整体式燃气冷凝模块锅炉为热源，根据不同供热对象，采用不同的供热模式。

(1) 低层别墅式建筑，宜采用入户供热模式。

(2) 一般居住小区，宜采用与物业管理范围一致的小区独立供热模式。其中的高层建筑，可采用单栋楼宇内供热，仍由小区统一管理。同时推进供热管理与物业管理的体制改革，推行供热管理与物业管理一体化。

(3) 商业楼宇或写字楼，宜采用供热与制冷合一模式。

这样，以热电厂和工业余热为热源的城镇集中供热公用热网供热能力扩大时，独立供热的居住小区可方便地并入公用热网。

上述供热模式，可首先用于新建区，然后逐步推开。

整体式燃气冷凝模块锅炉应当是燃气供热锅炉发展的方向。当前我国市场上销售的整体式燃气冷凝模块锅炉都来自进口或外资企业，我国锅炉研发与生产企业应加快开发具有独立知识产权的整体式燃气冷凝模块锅炉。

参 考 文 献

[1] 车得福，庄正宁，李军，王栋编．锅炉．西安：西安交通大学出版社，2008.

[2] 张泉根主编．燃油燃气锅炉房设计手册．北京：机械工业出版社，1998.

[3] 宋贵良主编．锅炉计算手册．沈阳：辽宁科学技术出版社，1995.

[4] 王春莲，沈贞珉，冯立人，徐福安编写．燃气燃油锅炉培训教材．北京：航空工业出版社，1999.

[5] 赖光楷编著．燃油燃气燃烧器培训教材．天津市中平燃器设备公司，2003.

[6] 吉林化学工业公司设计院，化工部化工机械研究院编写．石油化学工业炉烧嘴．化学工业部设备设计技术中心站，1981.

[7] 李晓光，鹿道智，于惠君编写．小型燃油燃气锅炉．大连：大连理工大学出版社，1999.

[8] [韩] 成增锡编著．最新锅炉技术．热产业情报社，1987.

[9] [美] Josepf G Singer. Combusion Fossil Power. Combusion Engineering，INC，1994.

[10] 中国电器工业协会工业锅炉分会．一体式燃油燃烧器和燃气燃烧器性能试验方法，2002.

[11] 姜鑫民．我国能源的新出路．时事资料手册，2004，(6).

[12] 王善武．我国工业锅炉节能潜力分析与建议．工业锅炉，2005，(1).

[13] 成志建．浅谈一台100t/h中温中压高炉煤气锅炉的设计．工业锅炉，2008，(3).

[14] 赖光楷．燃气热水锅炉烟气结露与腐蚀．暖通空调，2000，(2).

[15] 毛健雄，毛健全，赵树民编著．煤的清洁燃烧．北京：科学出版社，2000，5.

[16] 童有武，张孝勇主编．锅炉安装调试运行维护实用手册．北京：地震出版社，1999，3.

[17] 赵钦新．大容量燃气热水锅炉运行状况调研及对策．工业锅炉，2013，(6).

[18] 赵钦新．凝结换热与冷凝式锅炉原理及应用．工业锅炉，2013，(1，2).

第五章 循环流化床锅炉应用技术

我国是一个以煤炭为基础能源的国家。长期以来，煤炭在各个领域大量应用，但是煤的燃烧技术还相当落后，普通中小型燃煤锅炉热效率与发达国家比相差15～20个百分点；尤其是锅炉排放的有害气体是仅次于电站锅炉的第二大污染源。因此，贯彻科学发展观，采用先进的燃煤方法，运用洁净煤燃烧技术是工业锅炉建设资源节约型、环境友好型的关键，是我国实现可持续发展战略的必然选择。

国内外发展经验已经证明，采用洁净煤技术，是燃煤锅炉发展的主要方向，而循环流化床锅炉就是一种洁净燃烧设备，成为解决我国节能减排的推广应用项目之一。20年来，国内相关科研机构、有关大学和锅炉制造厂家与使用单位，对制造、改进和推广应用循环流化床锅炉，做了大量工作，并取得良好成绩。本章将介绍他们的主要成果及其应用技术。

第一节 循环流化床锅炉的发展概况

一、国外循环流化床锅炉发展概况

流化床的概念最早出现在化工领域。1921年德国科学家发明并成功投运了流化床装置，1938年美国在催化裂化工艺上应用了快速流化床技术，60年代末期德国又投运了氢氧化铝燃烧反应器，循环流化床正式进入了工业应用领域。

20世纪70年代世界范围内的能源危机和80年代的环境保护运动，推动了循环流化床燃烧技术的发展。1977年芬兰运行了一台小型循环流化床装置，燃用泥煤、废木屑和煤来产生蒸汽。第一台5MW商用循环流化床锅炉，于1979年在芬兰投产。从80年代开始到现在，循环流化床技术得到了迅猛发展，并出现了几个各具代表特色的炉型。

1. 鲁奇炉型

20世纪70年代鲁奇公司（Lurgi）第一个申请了循环流化床技术的专利，并很快得到了应用。1982年该公司第一台50t/h商用循环流化床锅炉投入运行。1995年鲁奇公司在法国投产了250MW循环流化床电站锅炉（700t/h、16.3MPa），这是循环流化床锅炉技术迈向大型化的重要标志。

鲁奇炉型的主要特点是采用高温绝热旋风分离器技术，高循环倍率，设有外置流化床热交换器。图5-1为该炉型的流程图。

高温绝热旋风分离器外壳用钢板制作，内部敷设耐火耐磨材料。这种分离器具有良好的气固分离效果，使该循环流化床锅炉具有较高的物料和燃烧循环性能。据统计，国外目前有78%的

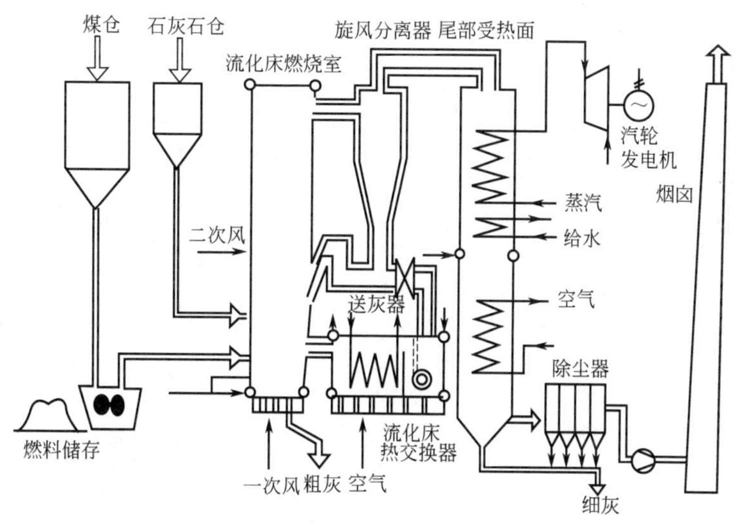

图 5-1 鲁奇型循环流化床锅炉

循环流化床锅炉采用高温绝热旋风分离器。当然，这种分离器也存在一些缺点，主要是旋风筒体积大、钢材耗量多、内衬耐火材料较厚等问题。

外置式流化床热交换器发展较早，并成为鲁奇炉型的标准设计。其内布置了部分过热器和再热器，主要优点是可改善锅炉负荷的调节性能，有利于污染物的排放控制，具有良好的汽温调节性能和燃料适应能力。

2. 奥斯龙炉型

芬兰奥斯龙公司（Ahlstrom），从 20 世纪 70 年代初专门从事开发燃用各种燃料的循环流化床大型电站锅炉，80 年代末期生产投运了当时最大的循环流化床锅炉。

奥斯龙炉型的最大特点是采用高温绝热旋风分离器，高循环倍率，不设外置式换热器。图 5-2 是该公司循环流化床锅炉的典型结构。该炉型结构比其他形式的循环流化床锅炉简单，占地面积小，在炉膛中部设置了抗磨性能较强的 Ω 形管屏，并沿后墙布置有双面曝光水冷壁，增强了炉内热交换；而且还采用了少量烟气再循环技术，更有利于床温的控制。我国四川内江 1996 年投产运行的额定蒸汽流量 410t/h、主蒸汽温度 540℃、主蒸汽压力 9.8MPa 的循环流化床电站锅炉，就是从奥斯龙公司引进的。

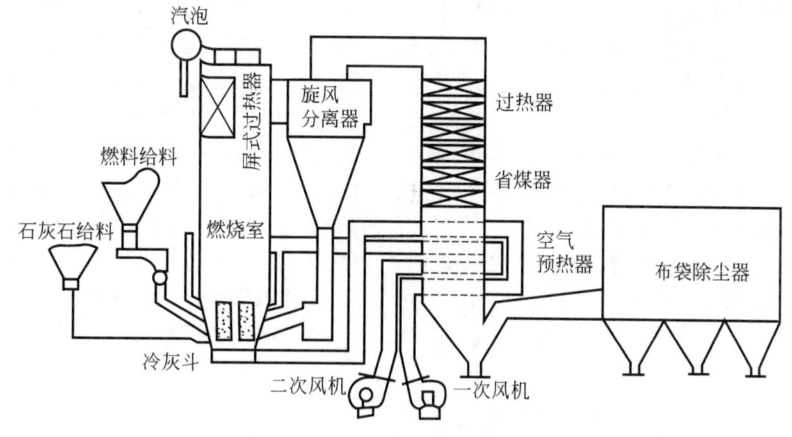

图 5-2 奥斯龙型循环流化床锅炉

3. 福斯特惠勒炉型 FW

福斯特惠勒公司（Fosten Wheeler）是美国三大锅炉公司（B&W、ABB-CE、FW）之一。从事锅炉制造已有百年历史，该公司生产的循环流化床锅炉有以下特点：

气固分离装置改用水（汽）冷旋风分离器，较好地克服了高温绝热旋风分离器的缺陷。分离壁面用膜式水冷壁或汽冷鳍片管弯制而成，用磷酸盐烧制的刚玉作为耐火耐磨层，厚度只有50～70mm。因而分离器内外温差小，锅炉启动快，能适合负荷有变动的场合使用。

炉膛内设有整体化循环物料换热床（INTREX），床内装有部分过热、再热受热面，有利于锅炉向大型化方向发展。炉膛截面沿高度方向无变化，炉膛内装设对流屏，磨损小，寿命长。

FW型锅炉由于结构紧凑、不易磨损、启动快、调节控制性能好，受到用户的好评。据介绍，该公司产品占美国市场37.5%的份额。图5-3为FW型循环流化床锅炉的典型结构。

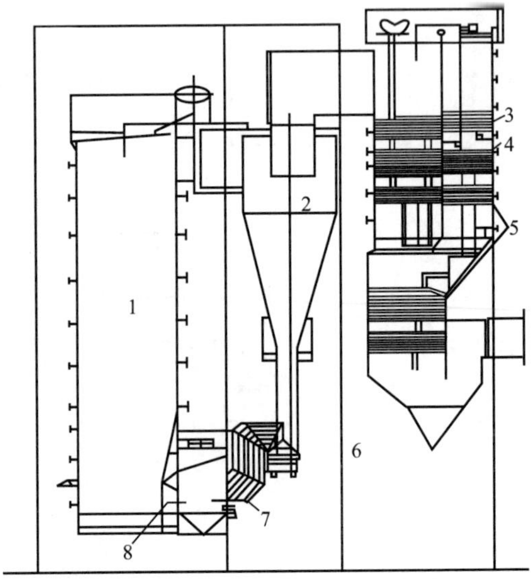

图5-3 FW型循环流化床锅炉

1—炉膛；2—分离器；3—过热器；4—再热器；5—省煤器；6—钢架；7—返料装置；8—INTREX

二、国内循环流化床锅炉发展概况

1. 最早研制的鼓泡床锅炉就是一种流化床锅炉

我国20世纪40年代在化工材料合成和冶金材料焙烧方面开始应用流化床技术（沸腾炉），并一度领先于世界水平。到60年代为解决劣质煤的燃烧问题，首次试成了流化床（鼓泡床）应用于锅炉燃煤技术，并于1965年在广东茂名投产一台14t/h鼓泡床锅炉，实际就是一种流化床锅炉。1970年以后，燃煤供应紧张，为了适应当时的形势，锅炉生产厂家大力发展燃用劣质煤的鼓泡床锅炉，取得了一定进展。但鼓泡床锅炉的磨损问题尚未解决，安装电除尘器的不足10%，在煤炭行业，全国已建成用煤矸石、洗中煤和煤泥作燃料综合利用电厂约150座，装机容量为250万千瓦，约占全国发电装机容量的0.74%，鼓泡床锅炉占一半以上。但烟尘排放不达标，多数锅炉不加石灰石脱硫剂，脱硫效果差，SO_2排放超标，环境问题未解决，而且热效率较低，不能实现循环燃烧，因而用循环流化床锅炉取代鼓泡床锅炉，成为必然的发展趋势。

2. 国内循环流化床锅炉快速发展

我国正式对循环流化床技术的研究始于1981年，原国家计委下发的“煤的流化床燃烧技术研究”课题。清华大学和中科院工程热物理研究所分别开展了循环流化床技术的研究，标志着我国循环流化床技术研究和产品开发的正式起步。1988年35t/h循环流化床锅炉正式应用于电厂发电，成为国家“七五”科技攻关成功的标志。1991年投产了75t/h循环流化床锅炉。原国家经贸委又在“八五”期间组织了75t/h循环流化床锅炉的完善化示范工程，进一步推动了循环流化床锅炉技术的发展与改进。当时的循环流化床锅炉基本上采用高温绝热旋风分离器结构，图5-4为改进后的国产75t/h循环流化床锅炉。此后，循环流化床锅炉除电站锅炉外，又扩展到工业锅炉和热水采暖锅炉领域。

随着国内城市基本建设的蓬勃发展，采暖用循环流化床热水锅炉得到迅速发展，并已形成系列产品。根据国内两家锅炉生产厂家的统计，仅29MW、58MW的热水锅炉，目前已投入运行的有1000台左右。

3. 自主开发研制与引进消化吸收相结合

循环流化床技术发展到“九五”期间，在国家科技攻关计划和自主开发研究的基础上，同时又大力引进和消化吸收国外大型循环流化床的先进技术。为解决高温绝热旋风分离器在运行中出现的复燃和高温磨损问题，在跟踪国外最新水冷方形分离器技术的同时，自主开发了75t/h方形水冷循环流化床锅炉，见图5-5。

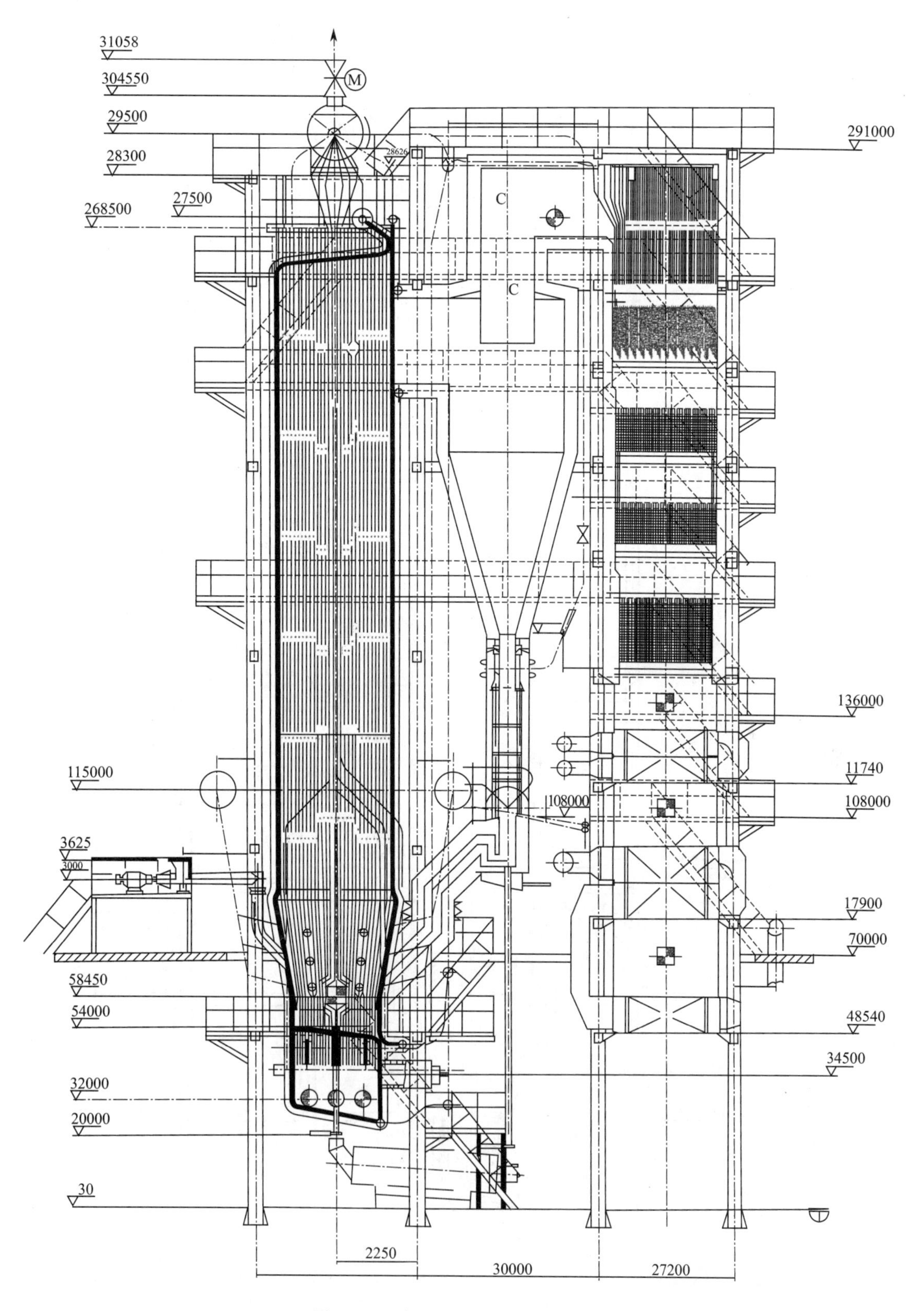

图 5-4　国产 75t/h 循环流化床锅炉

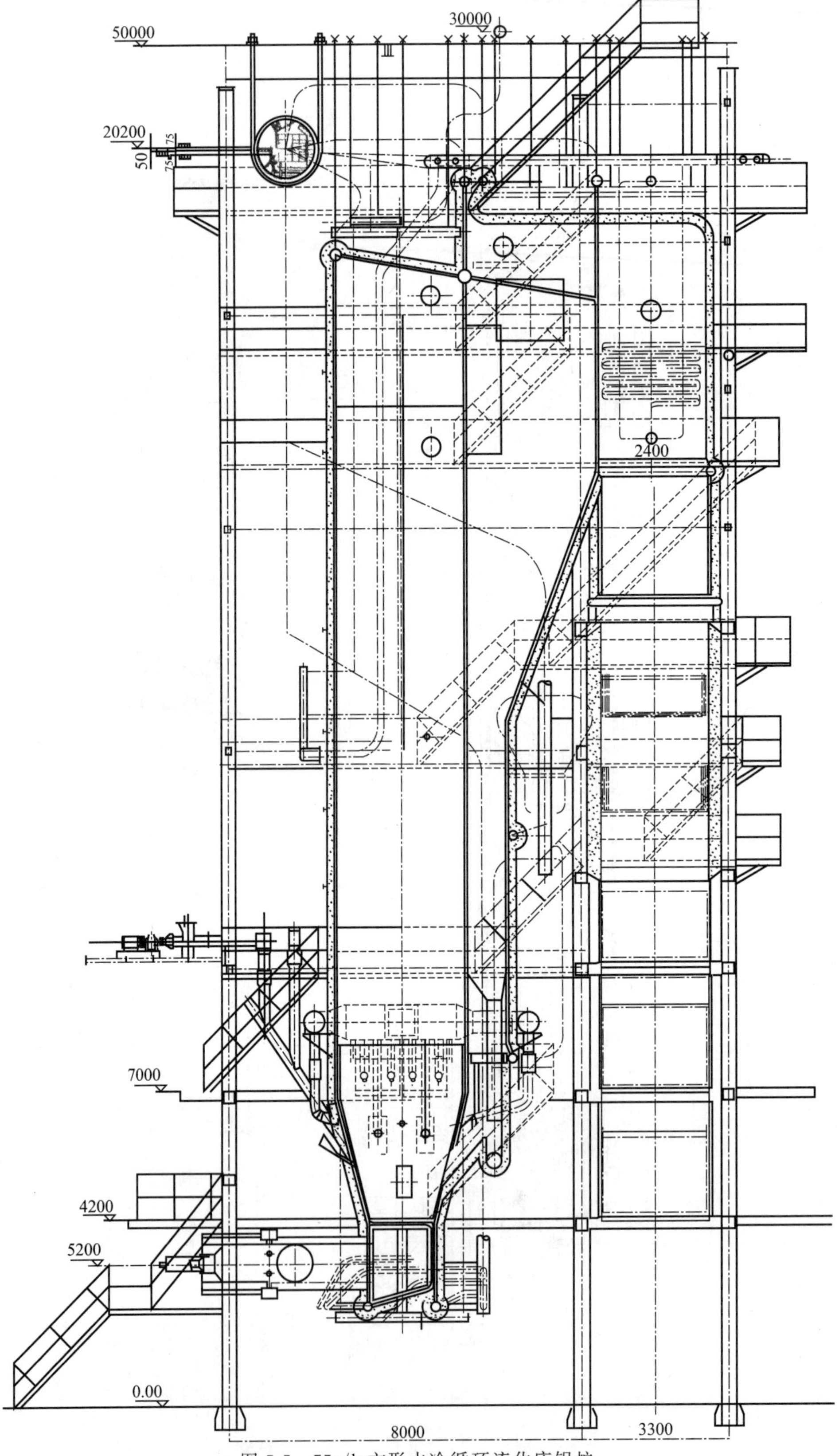

图 5-5　75t/h 方形水冷循环流化床锅炉

在解决高温绝热旋风分离器技术缺陷过程中，还自主开发了中温旋风分离器技术。中温旋风下排气分离器进口温度只有450℃左右，且能够进行塔形布置，除了防止灰渣在分离器内复燃外，还可节省锅炉占地面积，延长了使用寿命。

近几年来，在循环流化床锅炉大型化方面做了大量工作，引进了国外多家50～135MW的循环流化床技术，开发研制出125MW（420t/h）带中间再热器的循环流化床电站锅炉。100MW循环流化床锅炉的辅机已经国产化。目前已有多家科研单位从事循环流化床技术的开发研究，能够从事设计、制造循环流化床锅炉的骨干企业多达19家。通过市场竞争机制，锅炉产品质量不断提高，生产成本逐步下降。随着锅炉运行台数的增加和运行人员的不断努力，运行经验、操作技术与处理突发事故的能力也在逐年提高。

循环流化床锅炉对煤种的适应能力很强，可烧次煤，实行中温燃烧技术，有利于炉内脱硫、降低NO_x的排放，保护环境。循环流化床技术在处理废弃物方面也取得了新的进展。目前国内已有锅炉制造厂家生产了专烧垃圾或以垃圾为主，以煤做辅助燃料的循环流化床锅炉，图5-6为蒸发量75t/h、日处理垃圾量200～550t的循环流化床蒸汽锅炉。

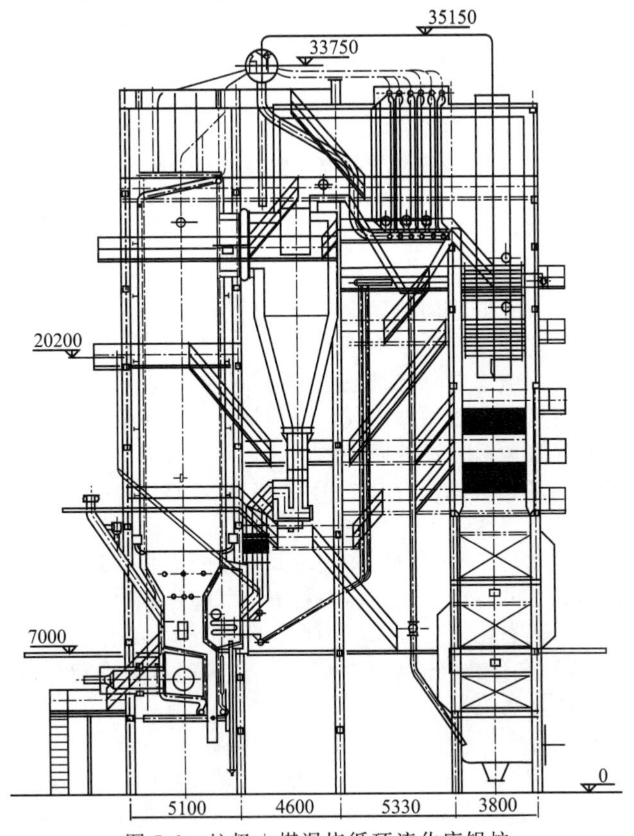

图5-6　垃圾＋煤混烧循环流化床锅炉

目前，循环流化床燃烧技术在工业锅炉和采暖锅炉上的应用也取得了很大的进展，130t/h的蒸汽锅炉和100MW的热水采暖锅炉有多家企业生产，运行效果很好。

第二节　循环流化床锅炉工作原理与特点

一、循环流化床锅炉的工作原理

煤和脱硫剂送入炉膛后，迅速被炉膛内的大量高温惰性床料加热，快速析出水分、挥发分，完成着火燃烧过程并伴随脱硫反应。这些物料在高速上升气流作用下，向炉膛上部运动，处于悬浮流化状态，继续进行燃烧并与炉膛内的受热面进行热交换。粗大颗粒进入悬浮区后，在重力及其他外力作用下，不断偏离主气流，形成附壁下降粒子流。被气流携带逸出炉膛的气、固混合物进入旋风分离器，未燃尽的固体颗粒与床料被分离、捕捉，返回燃烧室继续进行循环燃烧和脱硫。未被分离下来的极细粒子随烟气进入尾部烟道，进一步对尾部受热面进行加热，然后这些粒子被除尘器捕集，未被捕集的极细粒子排入大气。典型的循环流化床锅炉的工作原理见图 5-7。

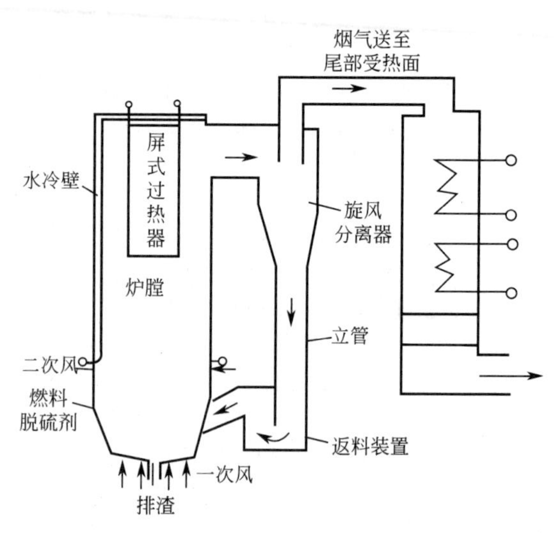

图 5-7　典型的循环流化床锅炉原理图

循环流化床的工作过程存在两个平衡，即热平衡和物料平衡。燃料燃烧，气、固流体对受热面放热，再循环灰与补充物料及排渣热量的带出与带入组成热量的平衡，使炉膛温度维持在一定水平。大量循环灰的存在，较好地维持了炉膛温度的均匀性，增大了传热效果。燃烧灰、脱硫剂与补充床料以及粗渣排出，维持了炉膛的物料平衡。

二、循环流化床锅炉的特点

1. 流态化燃烧

循环流化床锅炉的燃烧方式既不同于固定床层状燃烧，也不同于煤粉炉的悬浮燃烧，而是在流态化下进行燃烧。层状燃烧固体颗粒基本不产生运动；悬浮燃烧固体颗粒随气流运动，颗粒与气流之间基本没有相对运动；流态化状态下固体颗粒既随气流运动，又与气流有强烈的相对运动。它与鼓泡流化床的主要区别在于炉膛内气流速度提高，在炉膛出口设置旋风分离器，被烟气携带排出炉膛的固体颗粒经分离后，再返回炉内继续燃烧。循环流化床燃烧简称 CFBC，加压循环流化床是在压力条件下循环燃烧的流化床，简称 PFBC，是循环流化床更进一步的发展阶段。现以前者为例，说明其特点。

当一次风以一定的速度通过床料颗粒层，并对固体颗粒产生作用力，且达到平衡时，固体颗粒层会呈现出类似于液体状态的现象。或固体颗粒群与气体接触时，固体颗粒转变成类似流体状态，这种状态称作流态化，流态化燃烧有以下特点：

① 由于流态化的固体颗粒有类似于液体的特性，颗粒的流态平稳，主要作用因素是气体压力，因而其操作过程可连续自动控制。

② 固体颗粒与一次风混合均匀，使整个炉膛内呈等温状态，所以传热效率高。通过流化床对换热面的传热系数比固定床高约 10 倍左右。因此流化床所需的传热面积较小，可降低其制造成本。

③ 由于床层热交换强烈，进入床层的新燃料比例很小，新燃料颗粒温度迅速接近床温而着火燃烧，无需依靠其挥发分着火引燃，所以可以燃烧低挥发分甚至无挥发分的燃料，燃料适应性极强。

2. 中低温燃烧温度

循环流化床内的燃烧是一种在炉内高速运动的气体与其所携带的紊流扰动极强的固体颗粒呈悬浮接触，并具有大颗粒返混的流态化燃烧过程。在炉膛出口处设置分离器，将大部分未燃尽煤粒和床料被分离捕捉，并将其返回炉膛下部再次参与燃烧。由于反复循环燃烧，延长了燃料在炉膛内的燃烧时间，既实现了循环燃烧，又可减少床料消耗，并改善了燃烧条件。循环流化床锅炉的炉膛温度一般控制在 830～930℃。这一温度属于中低温燃烧，是脱硫反应的最佳温度，并低于灰渣的熔点。所以中低温燃烧有以下特点：

① 燃烧对燃煤灰分的敏感性降低；

② 由于可进行循环燃烧，燃烧效率高，一般可达 97%～99%；

③ 可以使用容易得到而又廉价的石灰石作为脱硫剂，并且有很高的脱硫效率；

④ 循环流化床锅炉在 830～930℃中低温范围内燃烧，热力型 NO_x 的生成很少。

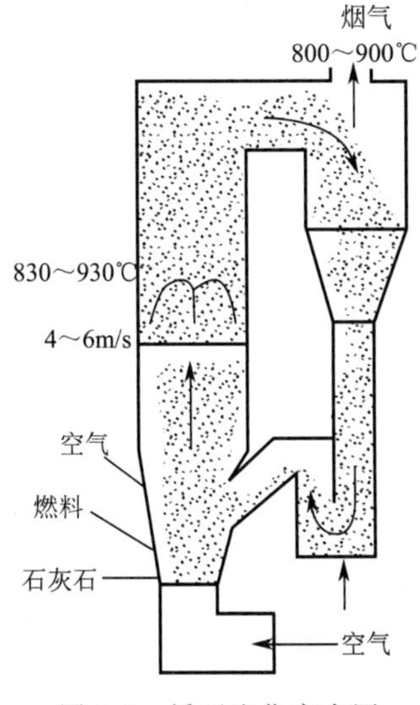

图 5-8　循环流化床内固体物料内外循环

3. 高浓度、高速度的固体物料液态化的循环流动

（1） 循环流动过程　循环流化床锅炉内的燃料、残炭、灰渣、脱硫剂和惰性床料等固体物料要经历炉膛、分离器和返料装置组成的外循环系统，进行多次循环，同时还伴随炉膛内的内循环，整个燃烧和脱硫过程都是在这两种循环过程中进行的，详见图 5-8。

（2） 循环倍率　循环流化床锅炉的一个重要指标就是循环倍率。循环倍率指锅炉的外循环倍率，并用下式定义：

$$\text{循环倍率}\ R=\frac{\text{单位时间内循环物料量}}{\text{单位时间内锅炉给煤量}},\ \text{kg/kg} \tag{5-1}$$

由试验得知，内循环的循环物料量很大，其循环倍率可以用参与内循环的物料量与同时间内锅炉给煤量之比来定义。但是内循环物料量的测量是极其困难的，经验表明，内循环量大约是外循环量的 3～5 倍。锅炉在运行中如果炉膛内的流速增加，内循环物料量相应减少，而外循环物料量却增加，这对分离器的分离效率是不利的。

4. 高强度的热量传递

在循环流化床锅炉中，大量的固体物料在强烈的紊流状态下进行流化燃烧，并可多次循环，经人为操作可控制其循环量与循环倍率，改变其炉内物料的分布规律，以适应不同的工况。在这种特殊状态下，极大地强化了传热过程，提高了热效率，并使整个炉膛高度方向的温度分布较为均匀。

三、循环流化床锅炉的主要优势

1. 燃料适应性广，可燃用低质煤

循环流化床锅炉使用的燃料，有烟煤和无烟煤，也可以是贫煤、煤矸石和洗选煤泥，还可以使用树皮、废木屑和垃圾等。无论这些燃料的灰分、挥发分高低，都可应用于循环流化床锅炉的燃烧。尤其是高硫煤，由于可以在炉内进行脱硫，且脱硫效率高，更显示出循环流化床锅炉是实现洁净燃烧的优良设备。需要注意的是，燃料适应性广是说这种燃烧技术可以适应多种燃料，但是在设计时，不同燃料品种燃烧室有不同的结构，并不是同一台锅炉就能适应多种燃料。例如按烧劣质烟煤设计的循环流化床锅炉燃烧优质烟煤时就会出现很多问题，甚至无法正常运行。

2. 燃烧效率高，符合节能降耗要求

随着循环流化床锅炉技术的不断完善，操作运行水平不断提高，国内循环流化床锅炉的燃烧效率可达到97%～99%，锅炉热效率达88%～90%以上。表 5-1 是一台 420t/h、10.3MPa、蒸汽温度 540℃的循环流化床锅炉的热平衡试验结果。

表 5-1　420t/h 循环流化床锅炉热平衡测试结果　　单位：%

项　目	平均值	最大值	最小值	项　目	平均值	最大值	最小值
炭不完全燃烧损失	2.1	2.3	1.6	脱硫剂分解吸热	0.3	0.5	0.1
排烟损失	4.5	4.7	4.0	散热损失	0.4	0.5	0.1
燃料及脱硫剂水分汽化热	0.6	0.7	0.5	灰渣冷却水热损失	0.6	0.8	0.5
气体不完全燃烧损失	1.2	1.3	1.0	其他损失	0.2	0.2	0.2

由表 5-1 可见，该锅炉最高热效率为 91.9%，最低为 89%，平衡热效率为 90.1%。

3. 脱硫效率高，减排功效明显

循环流化床锅炉的燃烧温度可控制在 830～930℃，与脱硫剂脱硫反应最佳温度相一致。燃料在炉内停留时间长，且可循环燃烧，因而脱硫效率高，这是循环流化床锅炉节能减排的独特优势，是其他燃烧方式不可比的。循环流化床锅炉在结构设计合理、运行操作适当及脱硫剂品种合适、Ca/S=1.5～2.5 时，脱硫效率可达 80%～90%。

4. 氮氧化物（NO_x）排放低，满足环保要求

循环流化床锅炉属于中低温燃烧，可抑制热力型 NO_x 生成，因而另一个突出优势是氮氧化物排放量低，其 NO_x 的排放范围在 $(50\sim150)\times10^{-6}$。

5. 燃烧强度高，炉膛截面小

表 5-2 是循环流化床与层燃炉和煤粉炉设计及运行参数的比较。

表 5-2　三种燃烧形式参数的比较

锅炉形式	循环流化床	层燃炉	煤粉炉
燃料燃烧区高度/m	15～40 整个炉膛	0.2 煤层及附近区	27～45 整个炉膛
截面风速/(m/s)	4～8	1.2	4～6
空气系数 α	1.2～1.3	1.3～1.5	1.15～1.3
截面热负荷/(MW/m^2)	3.0～5.0	0.5～1.5	4～6
传热系数/[$W/(m^2\cdot℃)$]	100～250	50～150	50～100
燃烧中心温度/℃	850～950	1200 煤层及附近区域	1600
燃烧效率/%	97～99	85～90	99
NO_x 排放/(mg/m^3)	50～200	400～600	400～600
炉内脱硫效率/%	80～90	无	低
负荷调节比	(3～4)∶1	4∶1	

6. 灰渣综合利用，符合循环经济发展模式

循环流化床锅炉的燃烧温度一般在 950℃以下，所产生的灰渣具有高活性的微细孔颗粒，这一特点为综合利用提供了广阔的前景。目前，国内外在建材、填充物料和元素回收等领域，进行了大量的试验研究，并获得了实际应用。表 5-3 为灰渣综合回收利用项目。

表 5-3　灰渣综合回收利用项目

利用技术范围	内　　容	特　　点
水泥混凝土	水泥原料、混合剂、混凝土材料	处理量大，经济效益高
土木建筑	沥青掺混剂介质，路基防冻层	处理量大，但要求高
填土	陆地填埋、水坝	处理量大，无技术要求
合成材料	发泡混凝土、纸浆水泥板、硅酸铝板	技术要求高，经济效益好，处理量不大
地基和桥墩	PC 预制块，灰浆安置	
农林水产	肥料、土壤改良	处理量大，经济效益高，技术要求高
物质回收	有用物质回收	
吸附物质	脱硫剂和脱硝剂介质、分子筛	技术要求高，经济效益好，处理量不大

四、循环流化床锅炉存在的一些问题

我国经过多年对循环流化床锅炉的研究和实践，积累了大量科研、设计和运行经验，循环流化床技术已经迈入了稳步发展阶段。但是随着循环流化床锅炉在工业和热水采暖方面的广泛应用，目前已投入运行的循环流化床锅炉中，尚有以下问题需要进一步解决。

1. 磨损是影响锅炉寿命的主要问题

炉膛、分离器和返料装置是循环流化床锅炉外循环的主要部件。由于大量物料的载热循环流动，与高的循环倍率，容易出现上述部位的磨损问题。如设计选材和施工工艺不当，更会加剧磨损，甚至耐磨材料出现裂纹或大面积脱落，致使炉体寿命短，检修时间长，影响供热。

2. 密封不严，造成烟气和循环物料外泄

炉膛、分离器和返料装置之间均有不同形式的膨胀和密封装置，由于选型不当或锅炉的启停过于频繁，出现膨胀装置损坏或密封不严，而导致烟气和循环颗粒的外泄。这种现象影响锅炉正常运行，又造成锅炉周围环境污染，恶化了操作条件。

3. 炉膛温度高，影响脱硫效率

锅炉运行中，过于追求锅炉出力，采取高负荷率运行方式，造成炉膛温度居高不下，偏离最佳温度区间，导致脱硫效率下降。用石灰石做脱硫剂时，对其品种、CaO 含量与活性选择不当时，也会造成脱硫效率降低。另外炉膛温度过高，还可造成炉内结焦、积渣，影响锅炉正常运行。

以上问题通过精心设计，严格施工，保证耐火耐磨材料质量，加强科学管理与运行等各个环节的把关，都是可以得到解决的。

第三节　循环流化床锅炉燃烧装置的组成

一、炉膛

循环流化床锅炉的炉膛结构一般采用 Π 形布置，其上部为立式矩形，下部为锥形的结构形式。这种布置方式适合于炉膛内进行流态化燃烧，并可方便地布置水冷壁受热面，且制造工艺简单。因而在炉膛内可以更好地完成燃料的燃烧、物料的循环、火焰对辐射受热面的放热和炉内脱硫反应。循环流化床锅炉的典型炉膛形状如图 5-9 所示。根据燃料在炉膛内的燃烧特点，可分成炉膛下部的密相区和上部的稀相区。二者的分界线为二次风的入口处。

炉膛密相区内充满了灼热的惰性床料、燃料和脱硫剂，形成一个稳定的着火源。一次风由炉膛的底部送入，起着对物料进行流化的作用，同时还应满足燃料燃烧所需的空气量。由于燃料品种不同，燃烧所需的空气量是不同的，但物料在炉膛内流化的稳定性是必须保证的。为此流化风速应维持在 5～8m/s 的范围内。密相区内的物料基本上是大颗粒的物料，由于附壁流动内循环的作用，物料对内壁的磨损非常严重。所以密相区的水冷壁管，应用耐磨材料包裹起来，以防止水冷壁管的严重磨损而出现爆管事故。实际运行证明，水冷壁管磨损最严重的部位，在密相区和稀相区的过渡部位。所以在该部位应采取避让措施，减少磨损，保证锅炉安全经济运行。

在二次风的作用下，炉膛内的中小颗粒在炉膛上部继续燃烧，形成炉膛上部的稀相区。在稀相区内，颗粒继续燃烧，大一些的颗粒通过炉膛出口处的分离器时，被分离、捕捉，通过返料装置返回炉膛继续燃烧。而分离不下来的细小颗粒则必须保证在炉膛内达到完全燃烧，因此炉膛高度要保证燃料在稀相区的燃烧时间。在一般情况下，细小颗粒的燃尽时间大约需要 3～5s。控制颗粒在稀相区的流化速度非常重要，二次风送入炉膛应保证稀相区内燃料燃烧所需要的风量和颗粒的流化速度。根据煤种的不同，二次风的送风方式也应该有所调整，所以有时送入二次风需要分成两层或三层送入炉膛，以确保细小颗粒的完全燃尽。

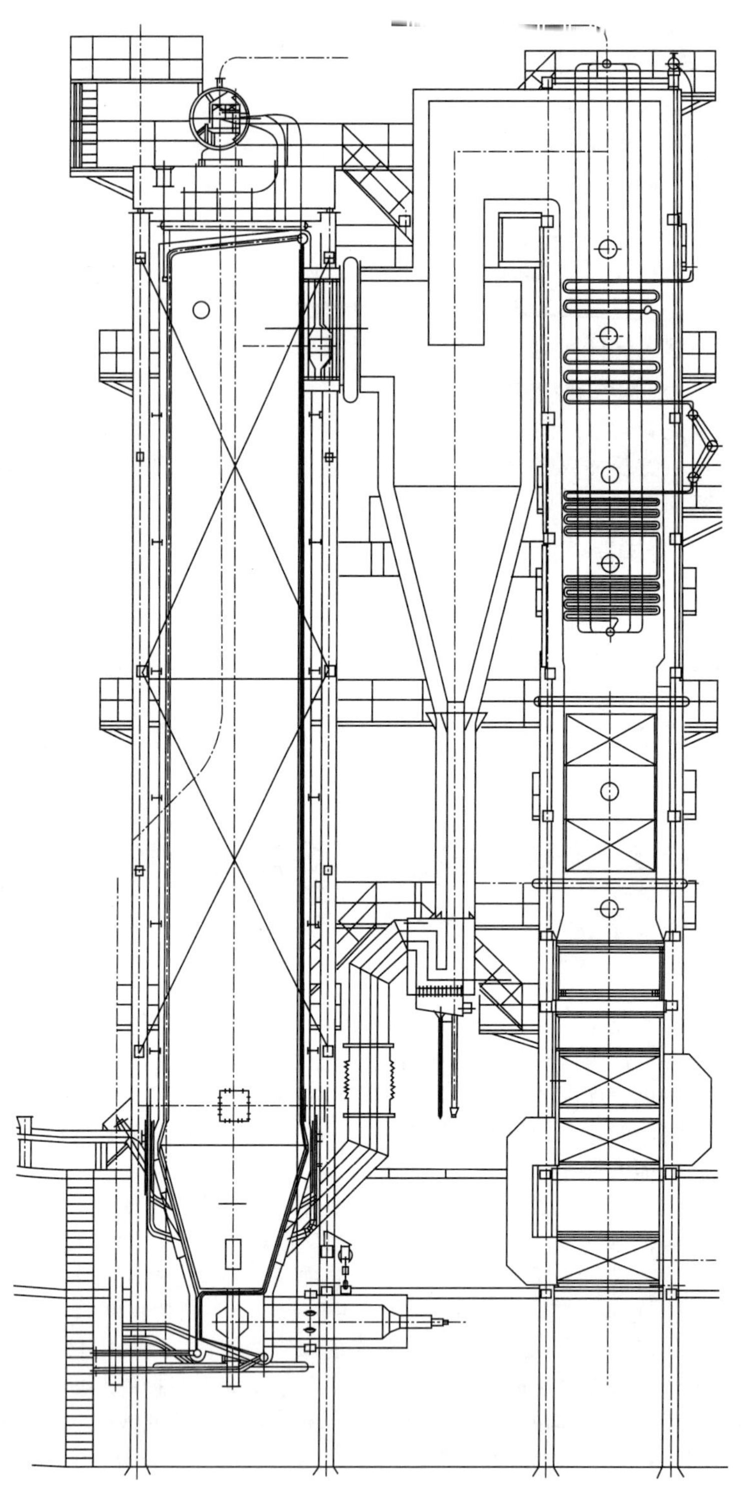

图 5-9　绝热旋风筒循环流化床锅炉

二、布风装置

布风装置是循环流化床锅炉实现流态化燃烧的关键部件。布风装置由风室、布风板、风帽和隔热层组成。图 5-10 是典型的循环流化床锅炉的布风装置。锅炉燃烧需要的一次风由布风板上的风帽小孔径向吹入炉内。风帽小孔的总面积远小于布风板面积，因此从风帽小孔中喷出的气流具有较高的速度和动能，将底部床料吹起并产生强烈的扰动，强化了气固之间的混合，形成良好的流化状态。

1. 风室

由送风机来的空气通过风室进入炉膛。所以风室起到了稳压和均流作用，使其降低速度，将动压转化为静压。风室应满足下列要求：

① 应具有足够的强度和刚度，以及严密性；

② 应具有足够的容积，可起到稳压作用，一般要求风室内空气的平均流速小于 1.5m/s；

③ 尽量避免死角，具有稳定导流作用；

④ 结构简单，便于检修。

循环流化床锅炉常采用等压风室结构。风室具有倾斜的底面，以保持其静压沿深度方向不变，提高布风的均匀性。等压风室一般由水冷管组成。布风板上的水冷壁延伸管向下弯曲 90°，构成等压风室后墙水冷壁；锅炉前墙水冷壁向下延伸构成水冷风室前墙；然后弯曲形成等压风室倾斜底板；锅炉两侧的水冷壁延伸至布风板以下，构成水冷等压风室的两侧墙水冷壁。水冷等压风室内侧敷设有耐火绝热材料，水冷壁管之间加焊鳍片密封。

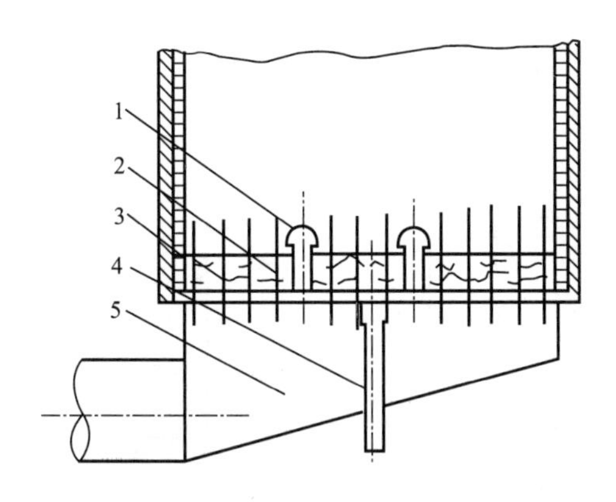

图 5-10　典型风帽式布风装置结构

1—风帽；2—隔热层；3—花板；4—冷渣管；5—风室

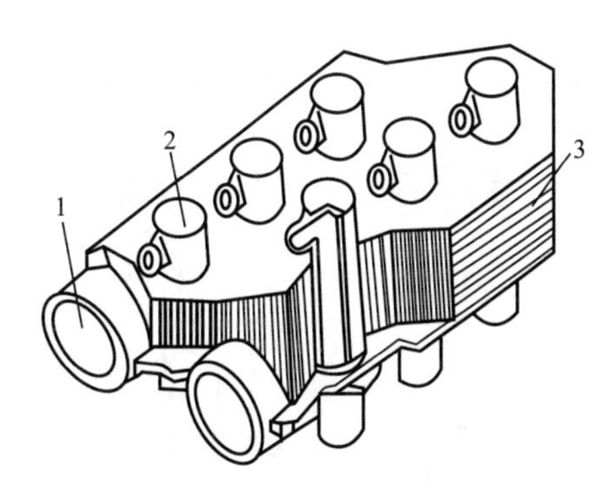

图 5-11　水冷布风板

1—水冷管；2—定向风帽；3—耐火层

2. 布风板

布风板是循环流化床锅炉的重要组成部分，它起着支撑床料，使床料均匀流化和顺利排渣的作用。目前循环流化床锅炉大部分采用水冷式布风板，可适应负荷变化快、锅炉启停时间短和采用热风点火的要求。水冷式布风板常采用膜式水冷壁管拉稀延长的办法，在管与管之间的鳍片上开孔，布置风帽，在布风板的上部敷设耐火耐磨材料，如图 5-11 所示。风帽和排渣口在布风板上的分布见图 5-12。

在布风板的适当部位设置排渣管，其具体位置应能满足顺利排渣的要求。为了弥补由于开设排渣孔而减少的风帽数量，排渣口周围的风帽开孔要适当加大，或者布置特殊的风帽。

3. 风帽

风帽是锅炉实现均匀布风和维持炉内合理的气固两相混合流化的关键部件。循环流化床锅炉常用的风帽形式见图 5-13。图中（a）、(b）为带有帽头的风帽。这种风帽阻力大，气流分布均匀性较好，但在运行中一些大的物料容易卡在帽檐下面，不易清除；(c)、(d）为无帽头风帽。这种风帽阻力较小，制造简单，但气流分配性较差。风帽在布风板上安装时要仔细检查其严密性，以免影响布风的均匀性和安装牢固与稳定性。风帽的材质大部分为高硅耐热球墨铸铁，有时热风点火的循环流化床锅炉采用耐热不锈钢风帽，但其耐磨性稍差。

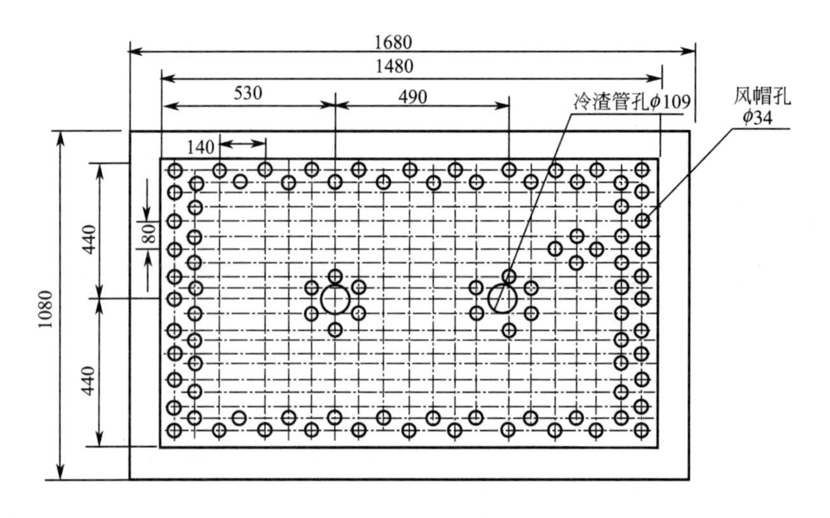

图 5-12　布风板结构

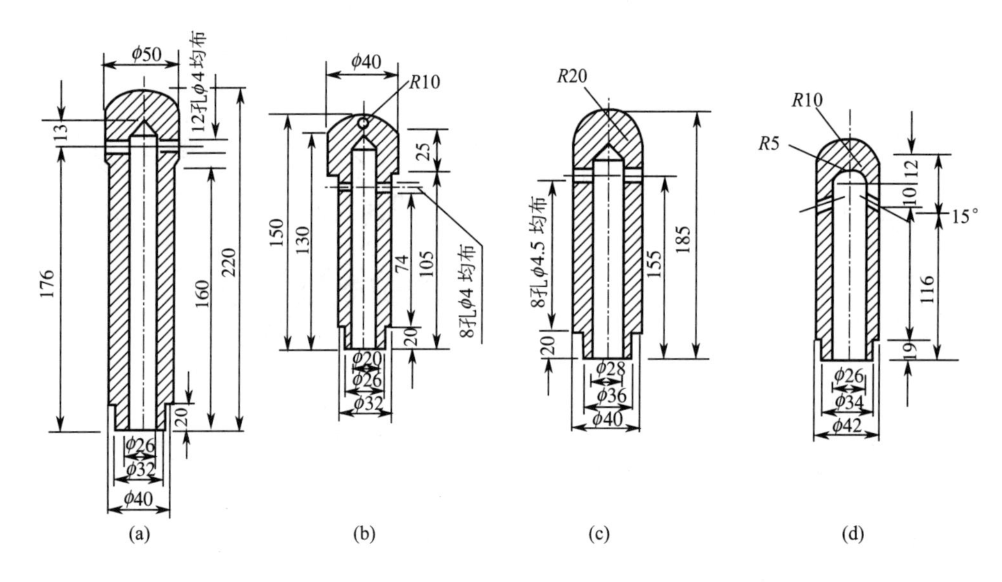

图 5-13　典型风帽结构

(a)、(b) 有帽头的风帽；(c)、(d) 无帽头的风帽

为了解决较大炉渣顺利排出炉外的要求，可采用图 5-14 中的定向风帽。定向风帽能促进大块炉渣的顺利排出，并可增加底部料层的扰动。

风帽小孔的风速是布风装置的重要参数。小孔的风速越大，气流对床料底部颗粒的冲击力越大，扰动就越强烈；但风速过大，增加风机的电耗。根据多年实践经验，燃煤颗粒直径为 0～10mm 时，小孔风速一般为 35～40m/s；粒径为 0～8mm 时，小孔风速为 30～35m/s。

风帽的另一个重要参数是开孔率，系指风帽小孔面积的总和与布风板有效面积的比值。由于循环流化床锅炉采用高流化风速，开孔率一般取 4%～8%之间。

4. 耐火保护层

为了防止布风板受热变形和水冷管的磨损，在布风板上敷设耐火耐磨保护层，其结构见图 5-15。保护层自下而上为密封层、绝热层、耐火耐磨层。为防止风帽小孔被灰渣堵塞，保护层到小孔的距离控制在 15～20mm 为宜。

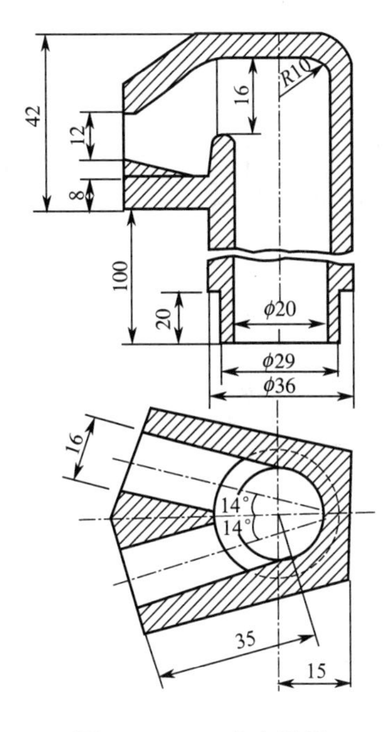

图 5-14　双口定向风帽

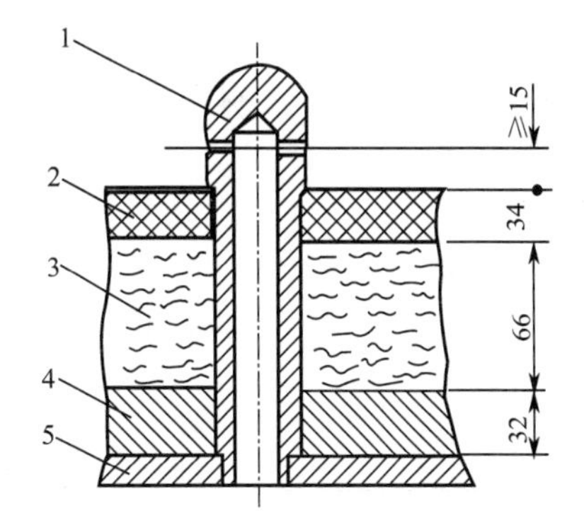

图 5-15　耐火保护层结构

1—风帽；2—耐火层；3—绝热层；4—密封层；5—鳍板

三、气固分离装置

1. 分离装置的重要性

循环流化床锅炉气固分离装置的作用是将大量高温固体物料从气流中分离、捕捉，再回送到燃烧室，以保证炉膛内燃料和脱硫剂的多次循环、反复燃烧和充分反应的效果，达到提高燃烧效率和脱硫效率的目的并可节省床料。对循环流化床锅炉而言，气固分离装置的性能直接影响到锅炉运行的优劣。因此，通常把分离装置的形式、运行效果与寿命长短作为循环流化床锅炉的标志。从某种意义上讲，循环流化床锅炉的性能取决于分离装置的性能，循环流化床技术的发展也取决于气固分离技术的发展，分离器结构形式的差异，标志着循环流化床技术各流派的区分特征。

2. 高温绝热旋风分离器

旋风分离器有着悠久的使用历史，是成熟的气固分离装置，因此在循环流化床燃烧技术中也得到了广泛的应用。

旋风分离器在化工、冶金、建材等行业的用途是净化烟气，可降低粉尘的排放浓度，所处理的流动介质一般在200℃以下，含尘浓度一般低于0.1kg/m^3，粉尘粒度在15μm以下。循环流化床锅炉使用旋风分离器的目的是分离和捕集循环灰，注重物料的顺畅流动和可靠回送，所处理的烟气介质中的固体含量一般在2～5kg/m^3，烟气的温度达到850℃，固体颗粒的粒度分布从零微米到几百微米。这些差别显现出循环流化床锅炉气固分离技术具有其独特性。

为避免高温烟气对分离器的烧蚀和大量固体物料的磨损，在其内侧敷设了耐火耐磨材料，并采取了防止耐火耐磨材料脱落的措施，详见图5-16。考核循环流化床分离装置的重要指标是分离效率。分离效率的表达式为：

$$分离效率=\frac{循环灰流率}{炉膛出口的固体流率}\times 100\% \tag{5-2}$$

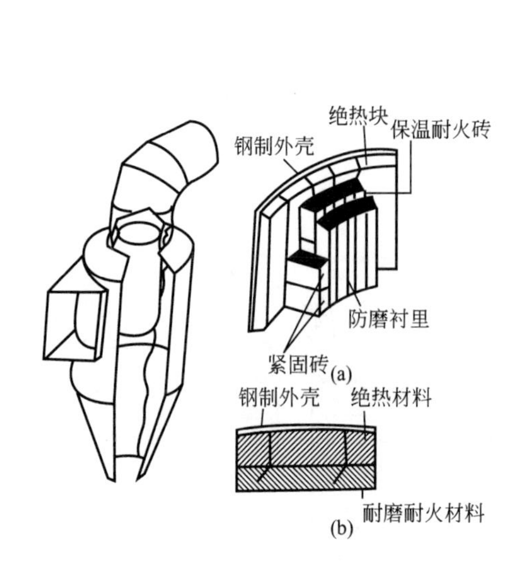

图 5-16　高温绝热式旋风分离器的筒体

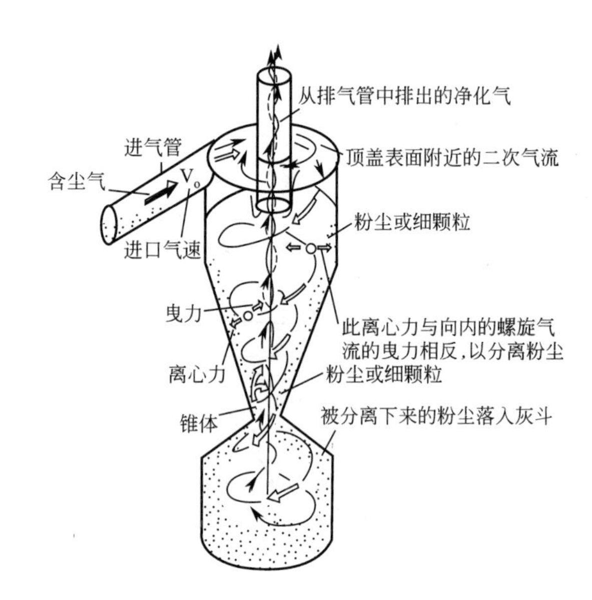

图 5-17　三维旋转流的流态和粉尘的分离

由上式可见，被分离出来又加入炉膛的固体物料与从炉膛出口进入分离器的固体物料，这两个数值的比值称为分离效率。但是这个分离效率是不全面的，要想全面衡量分离器的分离效率，还应考核它的分级分离效率。即在一定的气流速度下，在可扬析颗粒的粒度分布中，至少要有某个粒径范围内的颗粒分离效率基本达到 100%，一般将这个临界颗粒直径表示为 d_{qq}，这个粒径范围内的颗粒将成为循环灰中的主体。

旋风分离器由进气口、筒体、排气口和圆锥管组成，图 5-17 为典型的旋风分离器内气体的流动形态和固体颗粒分离过程。在旋风分离器内是三维湍流的强旋流，在主流上还伴有许多局部二次涡流。主流是双层旋流，外侧向下旋转，中心向上旋转，其旋转方向相同。旋风分离器内因其气固两相物性的复杂性，至今尚未全面掌握其内在规律。对旋风分离器内介质流动状况的了解，来自大量的实测数据，包括三维速度的测定。循环流化床锅炉使用的旋风分离器主要结构尺寸和参数见表 5-4。

表 5-4　旋风分离器主要结构尺寸和参数

结构特性	热功率/MW									
	67	75	109	124	124	207	211	230	234	327
分离器个数	2	2	2	2	1	2	2	2	2	2
筒体直径/m	3	4.1	3.9	4.1	7.2	7	6.7	6.8	6.7	7
单台气体流量/($10^6 m^3/h$)	0.175	0.19	0.285	0.325	0.54	0.55	0.55	0.6	0.61	0.85
入口流速/(m/s)	43	25	41	43	23	25	27	29	30	38

由于高温绝热旋风分离器具有相当好的分离性能，所以被大多数循环流化床锅炉用作气固分离装置。采用绝热旋风分离器作为气固分离装置的循环流化床锅炉，称为第一代循环流化床锅炉。但是这种气固分离装置，有它的不足之处，如旋风筒体积过大，钢材耗量高，占地面积大，由于敷设了大量耐火耐磨材料，总体重量大等。

3. 中温旋风分离器

为了解决上述不足，进一步研制了中温旋风分离器。这种分离器一般布置在屏式过热器之后，分离器的进口烟温在 600～450℃之间。由于进口温度低，可减轻分离器耐火耐磨材料的磨损，同时减少了循环物料复燃和结焦问题。中温旋风分离器一般采用下排气的布置形式。其优点是分离器可以布置在尾部竖烟道的上方，节省了锅炉的占地面积，图 5-18 为上排气与下排气布置的比较。中温下排气旋风分离器的结构见图 5-19。

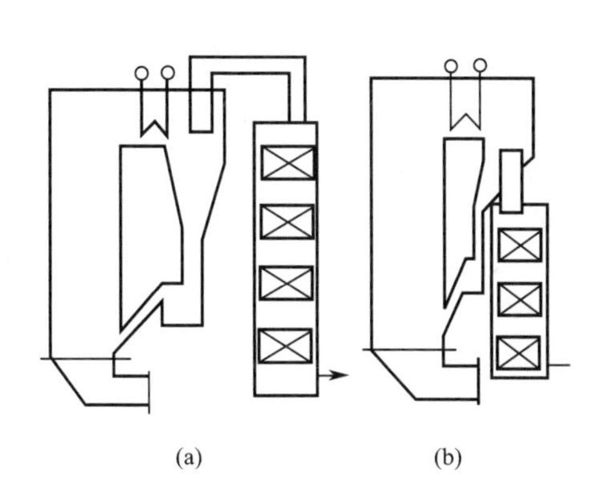

图 5-18　不同分离形式的锅炉布置

(a) 上排气分离器；(b) 下排气分离器

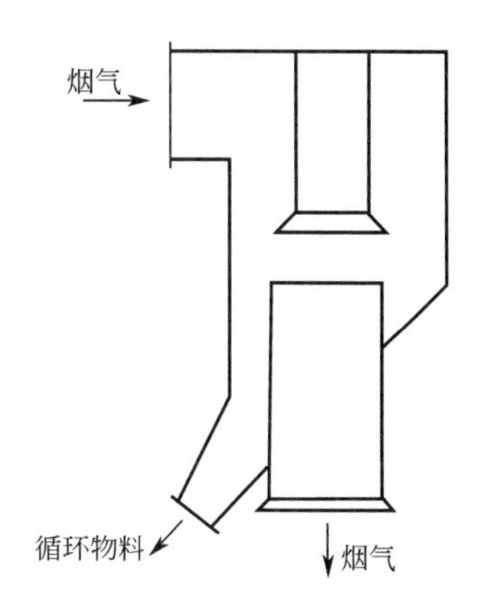

图 5-19　下排气旋风筒结构

中温旋风分离器具有以下特点：

① 分离器进口烟气温度低，烟气中固体物料浓度低，所以分离器的尺寸减小，分离效率高；

② 由于工作温度低，耐火耐磨材料的厚度减小，加快了锅炉的启停速度；

③ 分离器和下部料腿内不易发生二次燃烧，不会结焦；

④ 减少了锅炉总重量和占地面积。

采用中温下排气分离器的循环流化床锅炉，国内已有厂家生产。

4. 水（汽）冷旋风分离器

为了保持高温绝热旋风分离器的优点，同时有效地克服其缺点，又研制了图 5-20 所示的水（汽）冷旋风分离器。应用水（汽）冷旋风分离器的循环流化床锅炉称为第二代循环流化床锅炉。

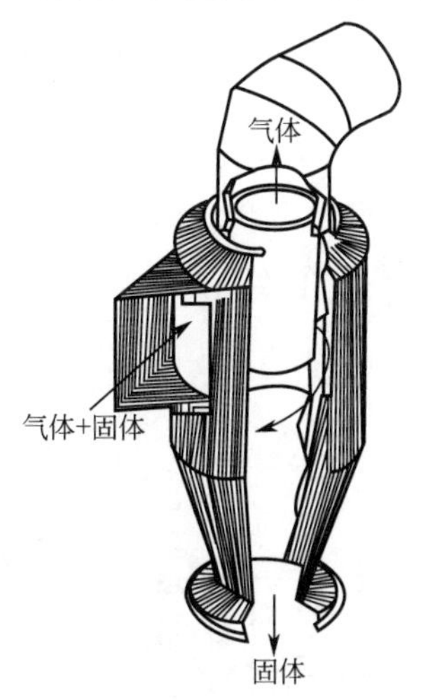

图 5-20　水（汽）冷旋风分离器筒体结构

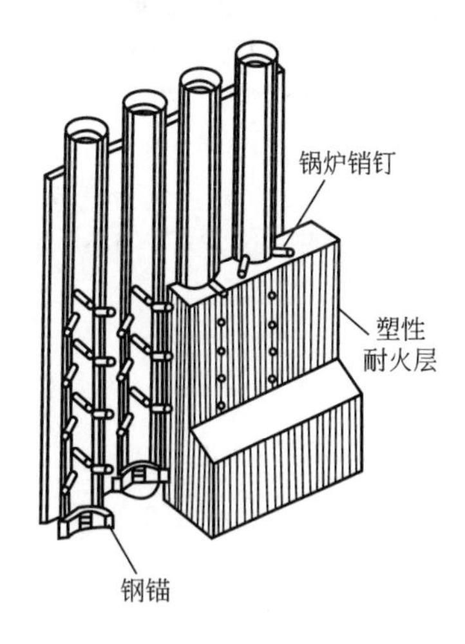

图 5-21　水冷却旋风分离器耐火材料结构

水（汽）冷旋风分离器的外壳利用水冷管或汽冷管代替原来的钢板，起到了冷却作用，厚重的耐火耐磨材料被一层较薄的高温耐磨材料代替，见图 5-21。由于围成分离器的水（汽）冷管具有冷却作用，分离器内的烟气温度有所下降，因此分离器和料腿内的物料复燃结焦问题得到了较好的解决。随着耐火耐磨材料厚度的大为减薄，锅炉启停时间的长短不再决定于耐火材料，而取决于水循环的安全性，使得锅炉的启停时间大大缩短。以一台75t/h蒸汽锅炉为例，采用高温绝热旋风分离器时，启动时间6h左右，而采用水（汽）冷旋风分离器时启动时间只有2～3h。但水（汽）冷旋风分离器的制造工艺复杂，制造成本高，多少限制了其市场竞争力。

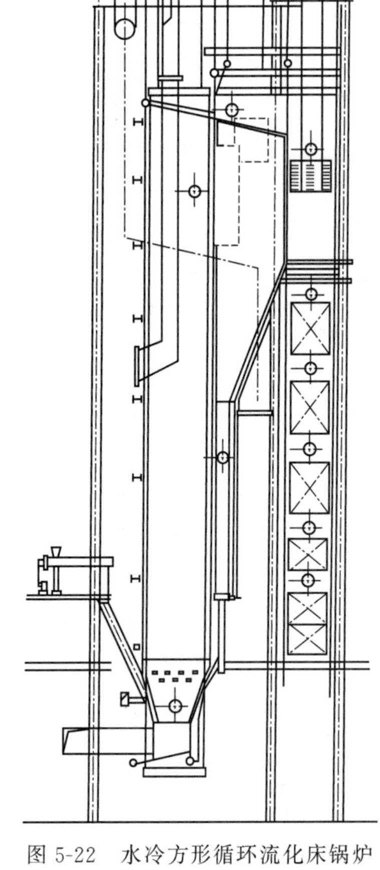

图5-22　水冷方形循环流化床锅炉

5. 水冷方形分离器

水冷方形分离器的分离机理与圆形旋风筒本质上无差别，只是筒体为平面方形结构而别具一格。这就是第三代循环流化床锅炉，最突出的特点就是锅炉的布置非常紧凑，见图5-22。

水冷方形循环流化床锅炉与其他形式的循环流化床锅炉的最大不同处，就是配置了方形气固分离装置。分离器的壁面作为炉膛壁面水循环系统的一部分，因此分离器紧贴炉膛，使整个循环流化床锅炉体积大为减小，十分紧凑，并且分离器与炉膛之间免除了热膨胀节。所以水冷方形循环流化床锅炉推出后，立即引起广泛关注。通过多年运行表明，该技术具有明显的技术优势和发展前景。1996年8月，我国首台自行研制的带水冷方形分离装置的循环流化床锅炉投产，经十多年的运行，效果非常良好。因而水冷方形循环流化床锅炉已成为国内一个新的产品。

6. 返料装置

(1) 返料装置作用与要求　循环流化床锅炉返料装置的作用是将分离器分离下来的高温固体物料稳定地回送到炉膛内，重新参与燃烧和脱硫。所以返料装置工作的可靠性对锅炉安全经济运行具有重要影响。返料装置通过的固体物料量非常大，循环流化床锅炉的循环倍率一般在5～20，通过返料装置的固体物料量是锅炉耗煤量的5～20倍。因此，对返料装置有以下要求：

① 经过返料装置的物料流动要稳定，并要防止物料的复燃或结焦。

② 返料装置的物料来自压力较低的分离器，送入压力较高的密相区，所以返料器充气压力要大于炉膛压力，以克服其阻力；返料装置对分离器的气体反窜量应等于零。

③ 返料装置能够稳定开启和关闭，并能控制其物料流量，以满足锅炉变负荷稳定运行的要求。

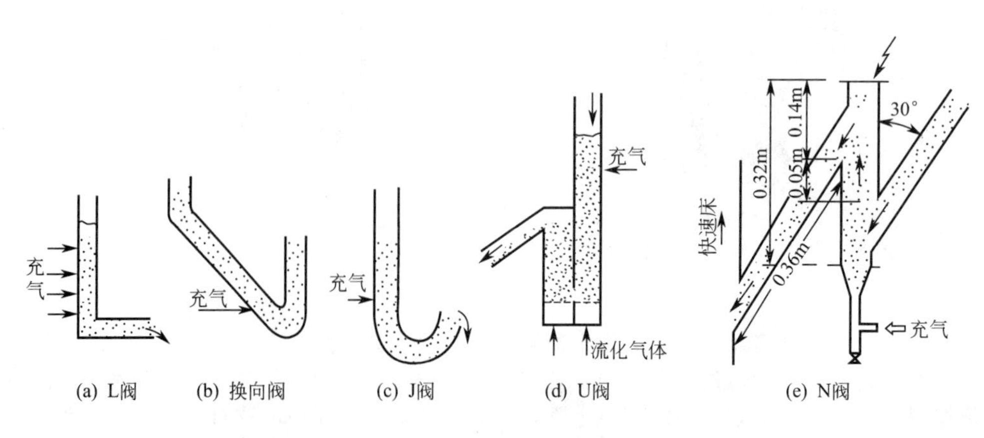

图5-23　返料阀种类

(2) 返料装置的组成

① 料腿　循环流化床锅炉中的分离装置大多采用旋风分离器，即使有少量气体从料腿中窜入分离器，也会对分离器内的流场造成不良影响，降低分离效率。料腿将固体物料由低压区送至高压区的同时，还要防止气体向上窜气，因此它在循环系统中起着压力平衡的重要作用。

② 返料阀（回料阀）　在循环流化床锅炉的发展过程中，返料阀的结构出现了很多形式，归纳起来不外乎图 5-23 所示的五种形式。图中 U 阀是一种得到大力开发和广泛应用的返料阀。U 阀可以一点充气，也可两点或多点充气。影响 U 阀工作性能的因素很多，如充气点的位置、充气点的组合和 U 形通道的高低等，U 阀充气点如图 5-24 所示。

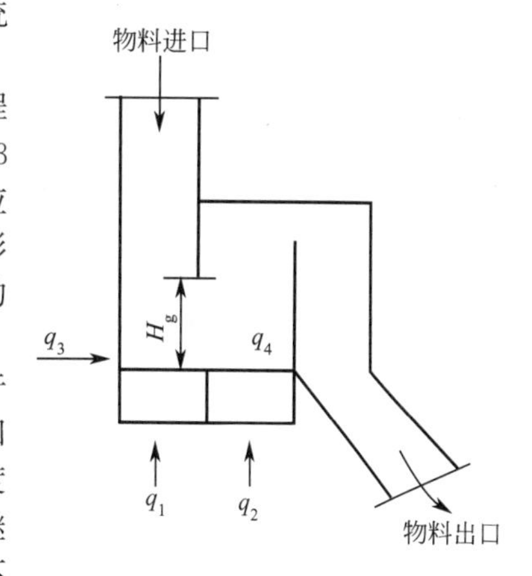

图 5-24　U 阀充气点示意图

当 U 阀采用一点充气，充气点在位置 q_2 时，U 阀处于流通工作状态，物料的循环速率仅决定于循环流化床物料回路的压力平衡。出口室的充气速度小于物料的临界流化速度时，U 阀关闭；等于物料的临界流化速度时，U 阀开启；继续增大充气量，因出口室已完全流化，流出出口室的物料不随充气量的变化而变化。流出量大小决定于循环回路的压力平衡，此时 U 阀的工作状态只是开启和关闭，不能对出口室的物料流量进行控制。

如果充气点处于 q_3 的位置，作用和充气点同 q_2 位置时相同。当充气点处于 q_2 和 q_3 组合充气时，U 阀具有良好的控制特性，即在 U 阀开启后，阀中物料的流率随充气量的增大而增加，此时的 U 阀物料流量是可以控制的。U 阀的通过高度 H_g 也影响阀的工作状态，通过高度过大会造成物料流量失控，如果高度太小，则易出现物料堵塞。

第四节　循环流化床锅炉节能减排功效与污染物的控制

一、硫氧化物的生成与控制

1. 燃煤中硫的组成

燃煤所含硫分基本上以四种形态存在，即以黄铁矿硫为主的硫化物（FeS）、硫酸盐（$CaSO_4 \cdot 2H_2O$、$FeSO_4 \cdot 2H_2O$）、有机硫和元素硫。硫酸盐硫是不可燃烧的，是煤中灰分的组成部分，其余三种为可燃硫。煤中元素硫的含量很少，硫化物硫和有机硫占煤中硫分的 85%以上。

2. 硫化物生成 SO_2 机理

硫化物硫包括黄铁矿、白铁矿、砷黄铁矿等，其中以黄铁矿为主，通常称黄铁矿硫。在一定温度下和氧化性气氛中，黄铁矿硫直接氧化生成 SO_2：

$$4FeS_2+11O_2 \longrightarrow 2Fe_2O_3+8SO_2 \tag{5-3}$$

在还原性气氛中 FeS_2 会分解为 FeS 和 H_2S：

$$2FeS_2 \longrightarrow 2FeS+S_2 \tag{5-4}$$

$$FeS_2+H_2 \longrightarrow FeS+H_2S \tag{5-5}$$

$$FeS_2+CO \longrightarrow FeS+COS \tag{5-6}$$

以上反应生成的 H_2S、COS 遇氧后氧化生成 SO_2。

3. 有机硫生成 SO_2 机理

有机硫的组成是非常复杂的，其中硫醇类和硫醚类两种物质的侧链和环链结合较弱，在煤加热至 450℃时首先分解；而含噻吩环的芳香体系、硫醌类和二硫化物等物质的结构比较稳定，煤

加热到 930℃以上时才能分解析出。在氧化性气氛中，它们全部氧化生成 SO_2，反应如下，

$$RHS+O_2 \longrightarrow RH+SO_2 \tag{5-7}$$

$$RS+O_2 \longrightarrow R+SO_2 \tag{5-8}$$

在还原性气氛中，有机硫会生成 H_2S 或 COS，遇氧后生成 SO_2。

4. SO_2 排放浓度

煤在燃烧过程中，可燃硫基本上都可氧化生成 SO_2，可根据其含硫量来估算出燃烧后 SO_2 的生成量。但煤的灰分中含有金属氧化物如 CaO、MgO、Fe_2O_3 等碱性物质，与烟气中的 SO_2 发生化学反应生成 $CaSO_4$ 等，所以煤中的灰分具有一定的脱硫作用。因此即使锅炉本身不采取任何脱硫措施，烟气中 SO_2 的实际排放浓度也低于其原始生成浓度。

飞灰脱硫作用的大小取决于灰的碱度：

$$K=63+34.5\times 0.99^{A_j} \tag{5-9}$$

$$A_j=0.1\alpha_{fh}A_{zs}(7CaO+3.5MgO+Fe_2O_3) \tag{5-10}$$

$$A_{zs}=\frac{A_{ar}}{Q_{net,ar}}\times 1000 \tag{5-11}$$

式中，K 为烟气中 SO_2 的排放系数，即在煤燃烧过程中不采取脱硫措施时排放出的 SO_2 浓度与原始总生成的 SO_2 浓度之比，%；A_j 为煤中灰分的碱度；α_{fh} 为煤灰分中飞灰所占的份额；A_{zs} 为煤的折算含灰量，g/MJ；A_{ar} 为煤的收到基灰分，%；$Q_{net,ar}$ 为煤的收到基低位发热量，MJ/kg；CaO、MgO、Fe_2O_3 分别为灰中氧化钙、氧化镁、氧化铁的含量，%。

根据上式，只要知道了煤的工业分析、含硫量、发热量以及灰中碱性组分的含量，就可以计算出锅炉不采取脱硫措施时烟气中 SO_2 的含量。

值得注意的是，锅炉实际运行中，判断燃用不同煤种时 SO_2 的排放浓度，不能只比较其收到基含硫量，而应比较其折算含硫量，要与煤的收到基发热量联系起来。

折算含硫量按下式计算：

$$S_{zs}=\frac{S_{ar}}{Q_{net,ar}}\times 1000 \tag{5-12}$$

式中，S_{zs} 为折算含硫量，g/MJ；S_{ar} 为煤的收到基含硫量，%。

在考虑了煤灰的自身脱硫作用，已知排放系数 K，排烟处空气系数 $\alpha=1.4$ 时，利用折算含硫量计算烟气中 SO_2 的浓度：

$$c_{SO_2}=\frac{2\times S_{zs}\times 10^3\times K}{0.3678}=5438KS_{zs} \tag{5-13}$$

式中，c_{SO_2} 为烟气中 SO_2 排放浓度，mg/m³；0.3678 为 $\alpha=1.4$ 时，燃煤每兆焦发热量产生的干烟气容积，m³/MJ。

从上式可看出，燃煤锅炉在出力相同时，燃用不同发热量的煤种，尽管煤的含硫量相同，由于燃煤数量不同，造成烟气中排放的 SO_2 浓度不同。很多地方对锅炉燃煤的含硫量进行了限制，但在燃用劣质煤时还是达不到控制 SO_2 低排放的要求。只有同时限制燃煤的含硫量和收到基低位发热量，才能达到限制 SO_2 排放浓度的要求。

5. 循环流化床锅炉脱硫原理及脱硫剂的选择

流化床锅炉在燃烧过程中的脱硫，系指煤在燃烧过程中生成的 SO_2 如遇到碱金属氧化物 CaO、MgO 等，便会反应生成 $CaSO_4$、$MgSO_4$ 进入灰渣而排出床层的过程，又称为固硫。石灰石是循环流化床锅炉普遍使用的脱硫剂。

石灰石的主要成分是 $CaCO_3$，石灰石进入炉膛内，遇高温进行煅烧反应，生成 CaO 和 CO_2：

$$CaCO_3 \longrightarrow CaO+CO_2 \tag{5-14}$$

$$CaO+SO_2+\frac{1}{2}O_2 \longrightarrow CaSO_4 \tag{5-15}$$

上述反应如温度过高或过低，要减缓反应速度，最佳反应温度应在 830～930℃之间。在还

原性气氛中，燃煤中的硫分主要生成 H_2S，会产生下列反应，最终产物都是 $CaSO_4$：

$$CaCO_3 + H_2S \longrightarrow CaS + H_2O + CO_2 \tag{5-16}$$

$$CaO + H_2S \longrightarrow CaS + H_2O \tag{5-17}$$

如果 CaS 再遇到氧气时，根据氧的浓度可产生如下反应：

$$2CaS + 3O_2 \longrightarrow 2CaO + 2SO_2 \tag{5-18}$$

$$CaS + 2O_2 \longrightarrow CaSO_4 \tag{5-19}$$

脱硫剂可分为天然和人工制备两大类。循环流化床锅炉使用的天然脱硫剂主要有石灰石（$CaCO_3$）、白云石（$CaCO_3 \cdot MgCO_3$）和一些贝壳；人工制备的脱硫剂主要有碱金属类：Na_2CO_3、Na_2SO_4、NaOH 等；另外燃煤电厂的煤粉灰也可作为循环流化床锅炉的脱硫剂。目前循环流化床锅炉所用脱硫剂大部分为石灰石，因其脱硫效率高，容易得到，价格低。

6. 循环流化床锅炉脱硫效率的影响因素

(1) Ca/S 摩尔比的影响　从脱硫反应式可看出，在理论上脱除 1mol 的硫需要 1mol 的钙，或者说每脱除 1kg 的硫需要 3.125kg 的钙。因此为达到一定的脱硫效率所消耗的脱硫剂量，常用 Ca/S 摩尔比作为一个综合指标，来说明其钙的有效利用率。Ca/S 摩尔比可用下式表达：

$$Ca/S = \frac{G}{B} \times \frac{CaCO_3}{S_{ar}} \times \frac{32}{100} \tag{5-20}$$

式中，Ca/S 为 Ca 和 S 的摩尔比；G 为达到一定的脱硫效率应投入的脱硫剂量，kg/h；B 为燃煤消耗量，kg/h；$CaCO_3$ 为脱硫剂中 $CaCO_3$ 的质量分数，%；S_{ar} 为燃煤中收到基含硫量的质量分数，%；32 为硫的相对分子质量；100 为 $CaCO_3$ 的相对分子质量。

所谓脱硫效率是指烟气中的 SO_2 被脱硫剂吸收的百分数。在最佳脱硫温度 850℃、Ca/S=1 时，理论上的脱硫效率只有 60%左右。如要达到 90%以上的脱硫效率，Ca/S 值应达到 3～5，需加入大量石灰石，不仅运行费用增大，$CaCO_3$ 分解还要吸热，降低其锅炉的出力，大量灰渣还会增加物理热损失，并加大了受热面的磨损。图 5-25 是通过多次试验得出的脱硫效率随 Ca/S 的变化趋势。

锅炉在实际运行中既要达到较高的脱硫效率，又不过分增大受热面的磨损，一般将 Ca/S 掌握在 2 左右，并可根据其燃煤的实际情况进行必要的调整。

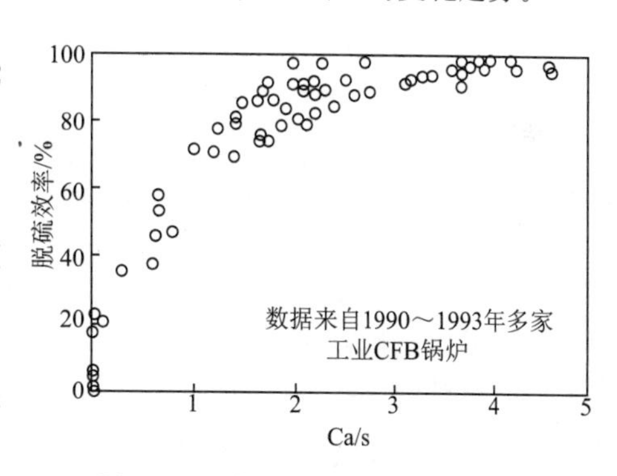

图 5-25　脱硫效率随 Ca/S 的变化

(2) 脱硫剂粒径的影响　石灰石进入炉膛后，在高温作用下，首先由 $CaCO_3$ 分解成 CaO，CaO 的颗粒比 $CaCO_3$ 颗粒的摩尔体积缩小 45%，因而使原 $CaCO_3$ 内的自然孔隙扩大了许多，多孔隙的 CaO 有利于和 SO_2 进行反应。但是，由 CaO 转变成 $CaSO_4$ 的反应过程中，其摩尔体积会增加 180%，在 CaO 表面生成一层厚度为 22μm 的致密 $CaSO_4$ 薄层，如图 5-26所示。$CaSO_4$ 薄层的孔隙比 SO_2 分子的尺寸小，阻碍了 SO_2 穿过 $CaSO_4$ 薄层进一步扩散到 CaO 颗粒内部进行反应，因而又降低了石灰石的利用率。为解决这一问题，就要对石灰石的粒径进行限制。其粒径不能太大，也不能太小，粒径小于 100μm 时，由于在炉内停留时间太短而不能全部

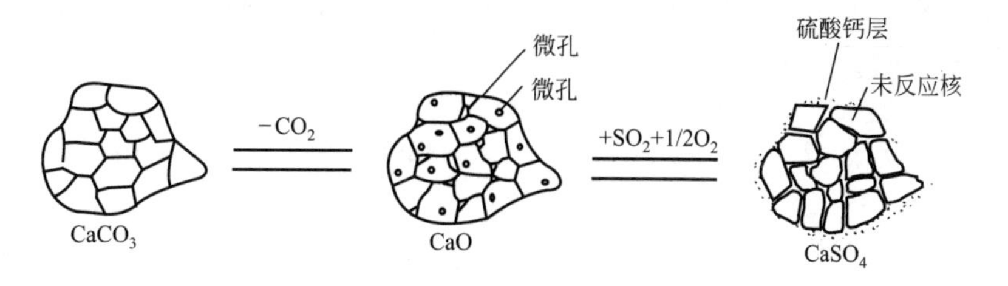

图 5-26　石灰石在燃烧过程中的脱硫原理

参加反应。实践证明，石灰石粒径大于 3mm 时，钙的利用率也要降低。在一般情况下，石灰石粒径不宜超过 2mm，平均粒径在 100～500μm 为宜。图 5-27 是石灰石粒径对脱硫效率的影响。

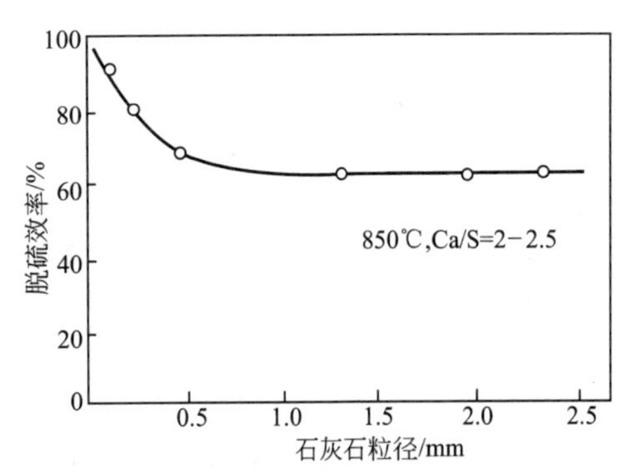

图 5-27 石灰石粒径对脱硫效率的影响

(3) 床温的影响 流化床床温的变化，可导致脱硫反应速度的变化。石灰石脱硫反应的最佳温度为 830～930℃，当温度偏离这一范围时，脱硫效率明显下降；床温高于 1000℃时，CaO 的高温烧结迅速增加，造成反应比表面积明显减小，脱硫效率下降；当床温低于 800℃时，反应速度放慢，并且产物层扩散系数也要减小，同样会造成脱硫效率下降，详见图 5-28。

(4) 循环倍率的影响 锅炉内物料的循环倍率越高，脱硫效率越高。从图 5-29 可以看出，随着循环倍率的升高，脱硫效率可达到 90%以上。这是因为飞灰的再循环延长了石灰石在炉膛内的停留时间，所以提高了脱硫剂的利用率。

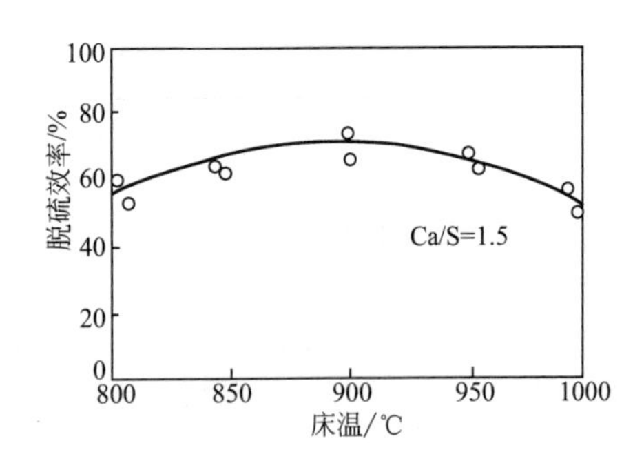

图 5-28 床温对脱硫效率的影响

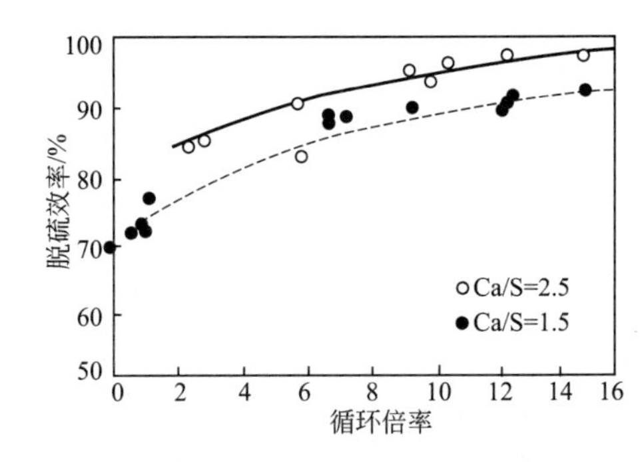

图 5-29 循环倍率对脱硫效率的影响

如果不考虑石灰石颗粒在炉膛内的磨损，反应 30min 后其利用率只有 20%～40%，若将石灰石在炉膛内的停留时间增加到 1h，石灰石的利用率大幅度提高。

(5) 其他因素对脱硫效率的影响 除上述影响脱硫效率的主要因素外，还有风速、分段燃烧、给料方式、氧浓度、负荷变化等因素的影响。循环流化床内的脱硫反应是一个受多种因素制约的反应过程，在实践中要通过不断的试验调试，总结出自己锅炉的最佳脱硫反应控制方案，达到节能减排目的。

二、氮氧化物的生成与控制

1. 氮氧化物的组成

燃料燃烧时，燃料中的氮发生氧化反应，同时助燃空气中的氮也被高温氧化。氮氧化生成的物质有 NO、NO_2 和 N_2O。在生成的氮氧化物中，NO 占 90%以上，NO_2 占 5%～10%，而 N_2O 只占 1%左右。一般将氮氧化物分为 NO_x 和 N_2O。N_2O 是影响大气中温室效应的主要物质，这种气体多在低温燃烧过程中产生，是循环流化床锅炉必须解决好的问题。

2. NO_x 生成机理

NO_x 由三种类型组成，即热力型、燃料型和快速型。

(1) 热力型 NO_x 生成机理 热力型 NO_x 是燃料燃烧时空气中氮和氧在高温下生成的 NO 和 NO_2 总和，反应如下：

$$N_2+O_2 \rightleftharpoons 2NO \tag{5-21}$$

$$NO+\frac{1}{2}O_2 \rightleftharpoons NO_2 \tag{5-22}$$

试验研究表明，当温度达到1500℃时，每提高100℃，反应速度增加6～7倍。可见温度对热力型NO_x的生成浓度起决定性作用。通常温度低于1350℃时，几乎没有热力型NO_x生成。循环流化床锅炉的最佳燃烧温度在830～930℃，煤在循环流化床中燃烧基本上不会产生热力型NO_x。

(2) 燃料型NO_x生成机理 燃料型NO_x是燃料燃烧时，煤中的氮化合物发生分解、氧化反应生成NO_x。燃煤中氮含量一般在0.5%～2.5%左右，它以原子状态与各种碳氢化合物结合成氮的环状化合物或链状化合物。由于燃煤中氮与上述化合物的C—N结合键能较小，在燃烧时很容易分解出来，而氧更容易首先破坏C—N键与氮原子生成NO_x。燃料燃烧时所涉及的反应非常复杂，其反应机理有待更深一步研究。

(3) 快速型NO_x生成机理 快速型NO_x是煤燃烧时空气中的氮和燃料中的碳氢离子团如CH等反应而成的。研究表明，快速型NO_x的生成受温度影响不大，一般情况下对不含氮的碳氢燃料在较低温度燃烧时，才重点考虑快速型NO_x，在流化床燃烧条件下，一般也不考虑快速型NO_x。

以上三种类型的NO_x，在循环流化床燃烧条件下，燃料型NO_x是主要的研究对象，它占NO_x的90%以上。

3. N_2O生成机理

N_2O是一种燃料型氮氧化物，其生成机理与燃料型NO_x基本相似。在挥发分析出和燃烧期间，挥发分氮首先析出并和氧生成NO，然后再和挥发分中的HCN、NCO、NH等发生反应生成N_2O。因此NO的存在是生成N_2O的必要条件。链条锅炉燃烧时N_2O的排放量很低，但在研究中发现，循环流化床N_2O排放浓度较高。因此在循环流化床锅炉燃烧过程中，如何减少N_2O的排放浓度成为关键问题。

影响N_2O生成的主要因素有床温、空气系数、烟气在炉膛内停留时间、煤种等。经研究发现，N_2O达到最大浓度时的温度为800～900℃，对比循环流化床最佳燃烧温度830～930℃的温度范围，最佳燃烧温度和控制N_2O生成温度相一致，因而构成了循环流化床锅炉在运行过程中需要解决的问题。

4. NO_x排放浓度估算

循环流化床锅炉在燃烧过程中生成的NO_x，主要是燃料型NO_x，因此可以通过计算燃料型NO_x浓度估算NO_x的生成量。

$$C_{NO_x}=\frac{BN_{ar}\eta\times10^6}{G} \tag{5-23}$$

式中，C_{NO_x}为燃料型NO_x的排放浓度，mg/m^3；B为每小时燃煤量，kg/h；N_{ar}为煤中收到基氮的质量分数，%；η为燃料型NO_x的转化率，其值在0.2～0.5之间，与燃烧温度有关；G为燃烧产生的烟气量，m^3/h。

5. 影响氮氧化物排放的主要因素

(1) 床温的影响 锅炉在运行中，随着床温的升高，NO_x的排放浓度也随之升高，而N_2O的排放却下降。通过降低床温来控制NO_x的排放，会导致N_2O的升高。所以在考虑控制床温的同时，还要兼顾燃料的燃烧效率，床温在850℃左右时，脱硫效果最好，但燃料中的氮向N_2O转化率也最高。床温与NO_x的排放、燃烧和脱硫效率的关系见图5-30。

(2) 循环倍率的影响 前面提到，提高循环倍率对脱硫是非常有利的，同时对降低NO_x的排放也很有利。提高循环倍率可以增加悬浮段的碳浓度，从而加强了NO与碳的反应：

$$2C+2NO \longrightarrow N_2+2CO \tag{5-24}$$

$$C+2NO \longrightarrow N_2O+CO \tag{5-25}$$

这两个反应中NO_x排放下降，而N_2O略有增加，见图5-31。

(3) 脱硫剂的影响 采用石灰石作脱硫剂时，氮氧化物的排放见图5-32和图5-33。为提高脱硫效率，应提高 Ca/S 比。但富余的 CaO 却成为燃料氮转化为 NO 和 N_2 的强催化剂；富余的 CaO 在氧化性气氛中也是促使 N_2O 分解的强催化剂。在一般情况下，CaO 对燃料氮生成 NO 的作用大于它对还原性气体还原 NO 反应的作用，因此 NO_x 的排放浓度有所增加。富余的 CaO 和 CaS 的催化作用还与石灰石的粒径有关，小颗粒较多的高活性石灰石对 NO 刺激增长作用比低活性石灰石小，所以脱硫剂应选用前者，这与脱硫对石灰石的要求是一致的。

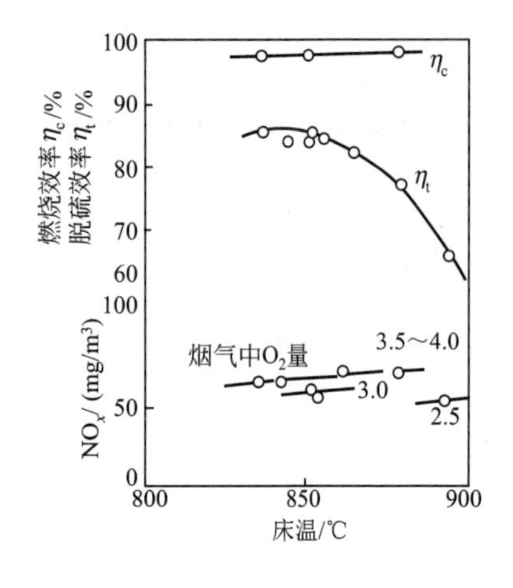

图 5-30　NO_x 排放量、燃烧及脱硫效率与床温的关系

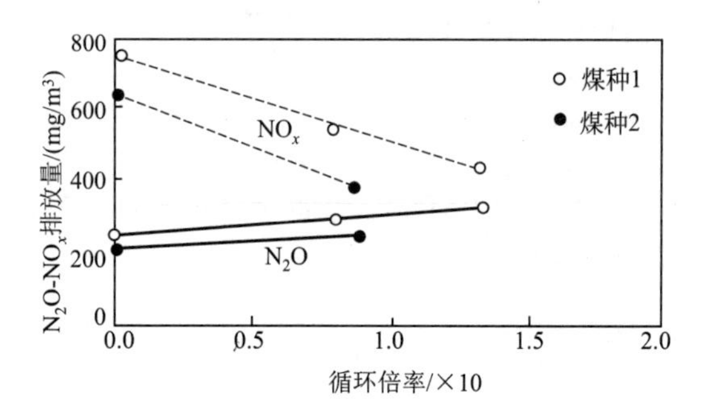

图 5-31　循环倍率对 NO_x 和 N_2O 排放的影响

(T=825℃，α_1=1.2，Ca/S=1.5)

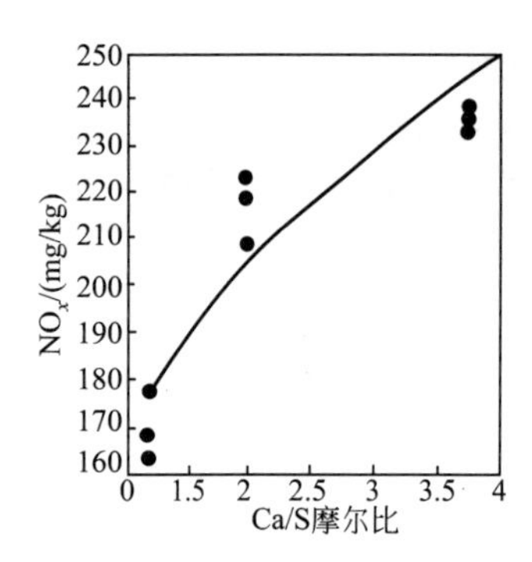

图 5-32　石灰石脱硫对 NO_x 排放的影响

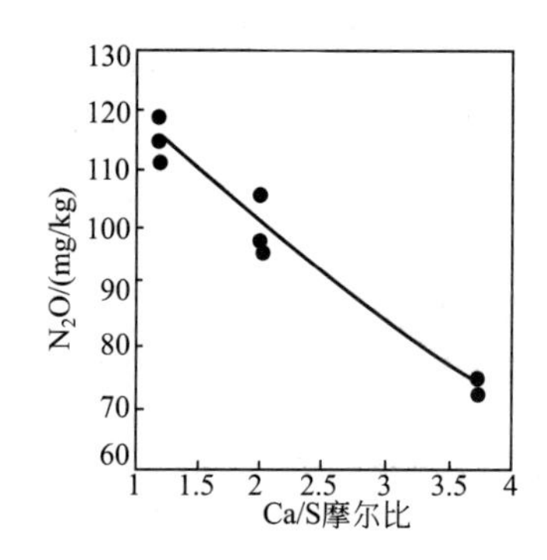

图 5-33　石灰石脱硫对 N_2O 排放的影响

(4) 空气系数的影响　图 5-34 所示为空气系数对 NO_x 和 N_2O 排放的影响。循环流化床在未实施分段燃烧时，空气系数对 NO_x 和 N_2O 有相似的影响。当实施低氧燃烧，适当降低空气系

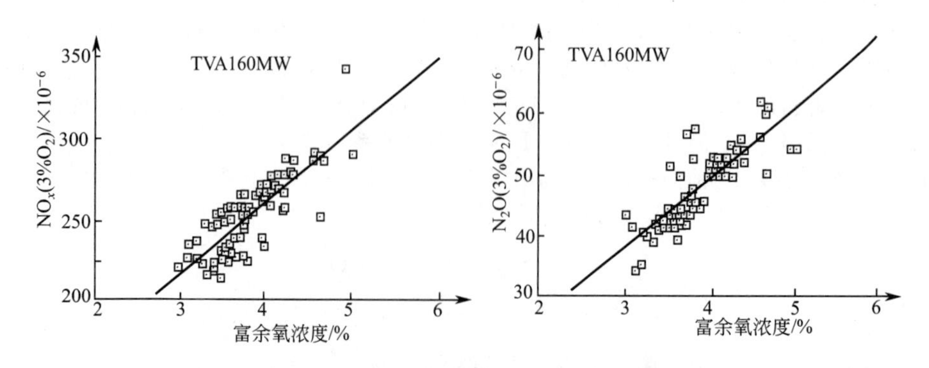

图 5-34　总的空气系数对 NO_x 和 N_2O 排放的影响

数时，NO_x 和 N_2O 的排放都下降；如果空气系数很大时，对 NO_x 和 N_2O 排放的影响大大减弱。因为空气系数很大或很小时，CO 浓度可能会升高，促使 NO_x 和 N_2O 还原和分解。在氧含量小于 1.5%或 CO≈1%的区间内，床温等于或大于 900℃时，N_2O 的分解只需 100ms 时间。所以采用低氧燃烧技术可减少 50%～75%的 NO_x 的排放。这一点非常重要。

如循环流化床实施分段燃烧，则以二次风送入点为界限，上部形成富氧区，下部形成贫氧区，在下部还原性气氛中可抑制 NO_x 的生成。当空气系数维持一定值时，加大二次风率，相应减少一次风率，NO_x 的生成量也随之减少。实施分段燃烧，SO_2 和 CO 的排放都可不同程度地降低。因此分段燃烧技术是一种安全可行的洁净燃烧方式，节能减排效果明显，被大多数循环流床锅炉所采用。

(5) 炉膛高度的影响　循环流化床运行时，随炉膛高度的增加，NO_x 急剧下降，而 N_2O 浓度则有较大的升高。这是因为 NO_x 主要产生于床层之中，随着挥发分和焦炭的燃烧，虽然也产生一些 NO_x，但焦炭对 NO_x 的分解起主要作用，因而 NO_x 浓度随炉膛的增高而降低。炉膛高度的上部随着炭继续燃烧，导致产生 N_2O，而 NO_x 在炭表面分解的同时也产生一定数量的 N_2O。

(6) 燃料性质的影响　下面给出一组对比试验数据，两个煤种同样在床温为 880℃、烟气中的氧含量 O_2＝6%时，测试结果如下：

煤种	NO_x 排放浓度	N_2O 排放浓度
徐州烟煤	294mg/kg	56.4mg/kg
转换率	13.6%	5.2%
河南无烟煤	238mg/kg	67.2mg/kg
转换率	10.8%	6.2%

煤中燃料氮以芳香族化合物存在时，HCN 是挥发分氮的主要中间产物；而以胺族形式存在时，其挥发分氮的中间产物主要是 NH_3。HCN 的均相氧化反应主要生成 N_2O，NH_3 的均相氧化反应主要生成 NO_x。所以在相同条件下，烟煤的 NO_x 排放高于无烟煤，无烟煤的 N_2O 排放高于烟煤。

6. 同时降低 SO_2 和 NO_x 排放的措施

循环流化床锅炉在运行中为了降低 SO_2 的排放，往往会导致 NO_x 的升高；采取降低 NO_x 的措施，又造成了 N_2O 的排放增加。这就产生了如何从优化设计和运行操作来综合解决 SO_2、NO_x、N_2O 的排放问题。

通过国内外各厂家的多年实践，循环流化床锅炉目前多采取以下几项综合措施，以同时降低各种有害气体的排放，并保持经济运行。

① 坚持中低温燃烧技术，将运行床温控制在 900℃左右；

② 采用低氧燃烧技术，将空气系数降至 1.10～1.20 之间；

③ 采用分段燃烧技术，保持高的脱硫效率和 NO_x 低排放效果；

④ 优选石灰石品种、质量和粒径及 Ca/S 比；

⑤ 尽量利用炉膛悬浮空间和旋风分离器的循环脱硫和脱氮能力，提高燃烧效率。

从国内外实践看，很多循环流化床床温控制在 870℃，并采用较小粒径的脱硫剂。对于 Ca/S 比控制在 1.5～2.0 之间，能基本满足脱硫要求。从降低燃煤的 SO_2 和 NO_x 等排放的难易程度来看，脱除 NO_x 较为困难。因此在考虑同时脱除两类污染物的措施时，应注意首先控制 NO，对 SO_2、N_2O、CO 可以采取一些行之有效的方法，如添加钙基吸收剂脱硫等。

三、循环流化床锅炉灰渣排放与除尘

循环流化床锅炉排放的污染物中除 SO_2、NO_x、CO 等有害气体外，还要排出炉渣、飞灰、烟尘等固体污染物。炉渣通过冷渣器收集起来送入灰仓集中处理，飞灰要通过除尘器收集起来送入灰仓，而粒径较小的烟尘经烟囱排到大气中。有关烟气除尘理论问题，详见第八章介绍。

1. 灰渣总量

循环流化床排出的灰渣总量，主要包括两部分，即燃煤的含灰量和加入脱硫剂而产生的灰渣。其灰渣总量因煤中灰分的变化和投入石灰石数量不同而变化。灰渣总量可按下式计算：

$$G_a \approx BA_{ar} + 3.12RS_{ar}B \quad (5\text{-}26)$$

式中，G_a 为灰渣总量，kg/h；B 为送入锅炉的燃料数量，kg/h；A_{ar} 为燃料中收到基灰分的质量分数，%；S_{ar} 为燃料中收到基硫分的质量分数，%；R 为送入锅炉脱硫剂的 Ca/S 比。

循环流化床锅炉运行时灰渣中的部分微小颗粒随烟气排入大气，在排出的灰渣中也会含有未燃尽的炭，因此计算值与实际灰渣总量会有一些变化。灰渣总量中炉渣和飞灰各占多少，要根据锅炉生产厂家提供的灰渣比进行计算，也可以进行灰平衡实际测定。锅炉生产单位往往按用户提供的煤种及其成分，结合锅炉特点，通过设计给出不同的灰渣比。锅炉在使用过程中改变了煤种，应根据所变煤种的灰分和硫分，重新核算灰渣总量。

2. 灰渣的收集和输送

经冷渣器冷却至 200℃以下的炉渣可集中到渣仓。炉渣的输送可采用机械输送的方法，也可以采用水力冲渣的方法。除尘器收集下来的飞灰可以采用机械、水力冲灰和气力输送等方法送至灰仓。在制订灰渣输送方案时，应根据锅炉房所处的位置与布置形式来选用输送设备。无论选用何种输送设备，都要求在输送过程中不要造成二次污染。选用机械方式输送时，应注意输送设备的密闭性，要防止粉尘逸出造成污染。选用水力冲灰时，要有防止管道堵塞的措施和有效的污水处理设施，避免造成二次污染，详见第八章介绍。

值得注意的是，如果大量回收利用飞灰或者用于脱硫，最好选用气力输送方法。因为飞灰着水以后，其中大部分活性物质遭到破坏，降低了飞灰资源的利用价值。

第五节　循环流化床锅炉的辅助燃烧系统

循环流化床锅炉的燃烧方式与链条炉和煤粉炉不同，对其配套的辅助燃烧设备也有所区别。主要配套的辅助燃烧设备，大致如图 5-35 所示。有关锅炉给水系统和蒸汽输送系统，与其他锅炉要求基本一致，此节不作详细介绍。

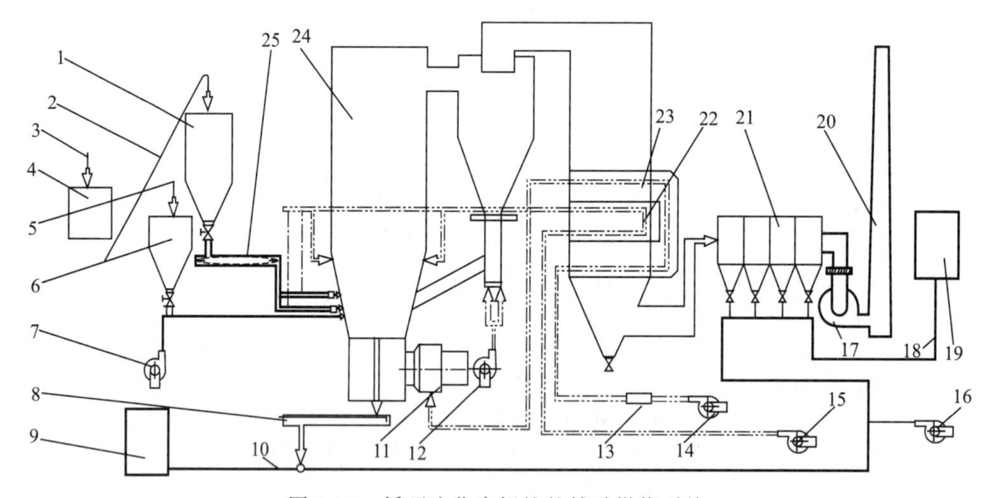

图 5-35　循环流化床锅炉的辅助燃烧系统

1—煤仓；2—输煤设备；3—原煤；4—破碎站；5—石灰石粉；6—石灰石仓；7—石灰石输送风机；8—冷渣器；9—渣仓；10—输渣设备；11—启动燃烧器；12—返料高压风机；13—暖风器；14—一次风机；15—二次风机；16—气力输送风机；17—引风机；18—输灰设备；19—灰仓；20—烟囱；21—除尘器；22—二次风空气预热器；23—一次风空气预热器；24—炉膛；25—给煤机

一、燃煤供应系统

1. 对燃煤粒度与级配的要求

循环流化床锅炉使用的燃煤粒径与其级配组成，都有特殊要求。因为这些要求将影响锅炉的燃烧、传热、负荷调整等环节。当正常燃烧时，燃煤中大于1mm的颗粒，一般在炉膛下部燃烧，小于1mm的颗粒在炉膛上部燃烧，更细小的颗粒随气流夹带，逸出炉膛被分离器捕集一部分，回送到炉膛重新燃烧。分离器没有捕集下来的微细颗粒随烟气流带到尾部烟道，由除尘器捕集。如果飞灰在炉膛内停留时间太短，没有燃尽，造成飞灰含碳量过高，增加其热损失。解决办法有两个途径：其一是将飞灰送回炉膛回烧，既减少热损失，又使飞灰中的碱金属继续参与脱硫反应，提高脱硫效率；另一个途径是在燃煤破碎时严格掌握煤颗粒的粒径和级配，减少微细颗粒的比例。

燃煤的粒径和级配是根据不同炉型和煤种来确定的。在一般情况下，高循环倍率的循环流化床锅炉，要求粒径较粗；低循环倍率的锅炉，要求粒径较细；高挥发分的煤种，粒径较粗，低挥发分的煤种，粒径较细。在实际运行操作时，适应中、低循环倍率的燃煤粒径可按下式控制：

$$V_{daf}+A=80\%\sim90\% \tag{5-27}$$

式中，V_{daf}为燃煤干燥无灰基挥发分，%；A为入炉煤粒中小于1mm的份额，%。

关于燃煤的最大粒径和粒径级配的具体要求，应根据锅炉制造厂家设计和参照煤种，给出具体的数据。如某台循环流化床锅炉对燃煤粒径要求如下：燃煤粒径0～10mm。其中，粒径小于8mm的占99%；粒径小于1.5mm的占50%；粒径小于1mm的占30%。

2. 燃煤制备系统

不同类型和结构的循环流化床锅炉，燃煤制备系统的组成可能不同，但都应满足锅炉长期安全、经济运行的要求。图5-36是循环流化床锅炉常用的燃煤破碎系统流程。一级破碎采用锤击式破碎机，将原煤破碎至35mm以下，经振动筛后，将粒径大于10mm的颗粒送入二级破碎机继续破碎，二级破碎机出口的燃煤全部通过。该流程要求原煤的水分不能过大，否则原煤需经热风干燥。图5-37是另一种循环流化床锅炉常用的燃煤破碎工艺流程，可供参考。

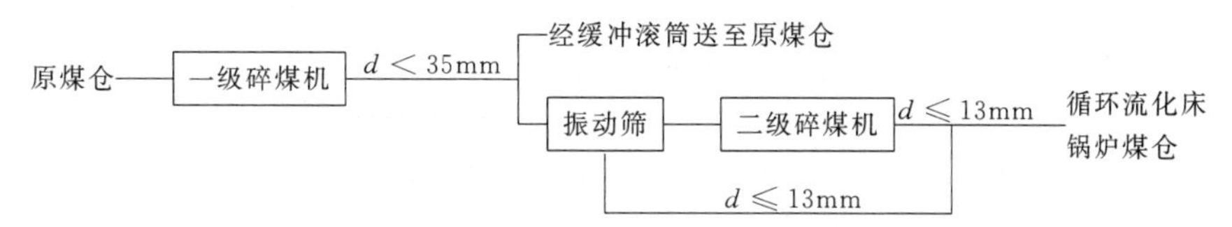

图5-36 循环流化床锅炉燃煤破碎系统流程

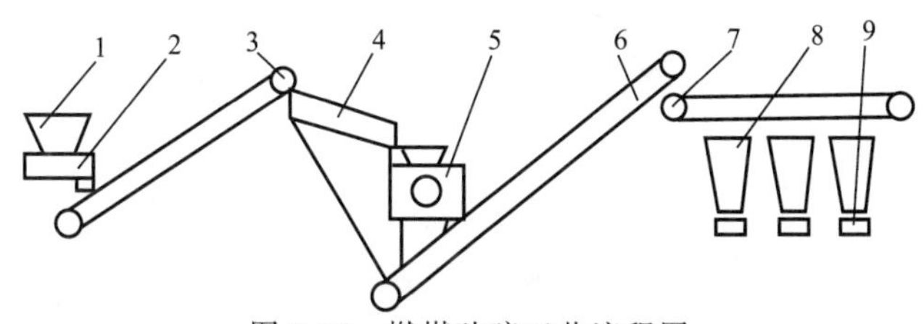

图5-37 燃煤破碎工艺流程图

1—受煤斗；2—给煤机；3—一段带式输送机；4—筛分设备；5—破碎机；
6—二段带式输送机；7—三段带式输送机；8—炉前煤仓；9—炉前给煤机

燃煤制备系统的输送设备可选用带式输送机、埋刮板输送机等。破碎设备应用较多的是环锤式破碎机，图5-38是带有环锤的冲击转子式破碎机。物料从进料口进入破碎机后，首先受到高速旋转的环锤冲击作用而破碎，同时从环锤处获得动能高速冲向破碎板，受到第二次破碎，然后落到筛板上，受到环锤的剪切、挤压和研磨以及物料与物料之间的相互撞击进一步破碎，并通过筛孔排出。不能破碎的杂物进入金属收集器，定期清除。出料粒度的调节，可通过调节转子与筛板之间的间隙或更换筛板来实现。

环锤式破碎机的出料粒度可在0～60mm范围内选择。当选择最大出料粒度≤15mm时，其额定产量减少40%；当选择最大出料粒度≤3mm，且物料表面水分不大于10%时，额定产量要减少70%，在选型时要特别注意。

3. 给煤系统

循环流化床锅炉燃煤供给，通常是从炉前煤仓通过输送设备送入炉膛密相区，或送入返料装

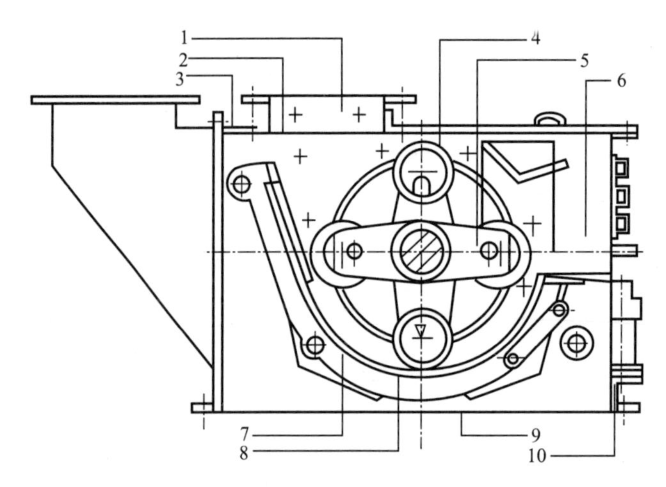

图 5-38　环锤式破碎机的工作原理图

1—入料口；2—破碎板；3—壳体；4—环锤式；5—转子；6—除铁室；
7—筛板托架；8—筛板；9—排料口；10—调节机构

置。对于这两种输送途径都有共同要求，即燃煤输送要顺畅，输送过程要可控、严密，避免泄漏造成污染与浪费。

为使燃煤在炉膛内良好燃烧，炉前煤仓内的燃煤要保持一定的水分。由于煤的颗粒较小，在输送过程中容易出现堵塞、断流等现象，因而要求输煤系统运行要可靠。目前使用较多的输送设备有螺旋给煤机（搅龙）、密封带式输送机和埋刮板输送机。无论选用何种输送设备，对发生断煤、堵煤或欠煤时应能发出警报，以便及时处理和调节，满足给煤量与锅炉负荷相匹配的要求。

锅炉负荷变化，给煤量应随锅炉负荷的变化进行调节。因此燃煤计量是必不可少的装置，诸多输送设备中，密封带式输送机成为较好的选择。带式输送机上装设的电子计量秤随时发出称重信号，并可根据负荷要求调整带式输送机的转速，可准确调整输送煤量。

锅炉的给煤点应设在炉膛的密相区。当炉膛压力为正时，炉膛中的烟气很容易窜出炉外，并且给煤口的高温会使入口燃煤中的水分很快蒸发，顺着给煤设备排放出来，既影响炉内的燃烧，又恶化工作环境。所以在入煤口处的落煤斗上应设置密封风，该风来源于一次风或二次风，风压应略大于炉膛密相区的压力。

循环流化床锅炉的给煤系统一般由二级给煤设备组成。第一级多用埋刮板和称重带式输送机，其功能为称重和控制给煤量；第二级多选用埋刮板或密封皮带和螺旋给料机。选用螺旋给料机时应注意燃煤的水分不能过大，煤在出口落下过程中，水分被高温烟气加热后蒸发，水蒸气聚集在加料机出口，很容易造成湿煤黏结、下煤不畅或堵塞。为了解决这一问题，可将给料机的螺距加大或在出口处做成变轴径，达到下煤顺畅的目的。近年来密封皮带给煤机得到了广泛应用，并要注意给煤口的密封问题，否则高温烟气反窜可能烧坏皮带。

图 5-39 为一典型的循环流化床锅炉给煤系统方案，前墙给煤子系统为两级给煤，返料器给煤子系统为三级给煤。此方案在循环流化床锅炉上应用较多，但系统较为复杂。该方案中每个子系统的给煤能力均按 100％负荷设计，保证在一个子系统出现故障时，另一个子系统仍能保证锅炉在最大负荷时的给煤量。

二、石灰石输送系统

1. 对石灰石的粒度要求

石灰石有两种给料方式，重力给料和气力给料。两种给料方式都应有良好的密封，防止物料外漏，并要求有精确的计量和可靠的调节方法。可根据烟气中 SO_2 的排放浓度，及时调节石灰石的加入量。

循环流化床锅炉内脱硫，对入炉石灰石粒径有非常严格的要求，一般在 0～1mm 之间，粒径大小与组成可按表5-5数据掌握。

表5-5 石灰石粒径组成

入炉粒径/μm	>700	250～700	150～250	100～150	<100
含量/%	0	10	30	20	40

石灰石的破碎过程基本上与燃煤的破碎类似，只是破碎的粒径要小得多。

2. 石灰石输送方法与入炉方式

重力给料是将破碎合格的石灰石送入与煤斗相同高度的石灰石料仓内，石灰石与煤同时从各自的料仓中落入带式输送机，然后进入炉膛。这种给料方式系统简单，运行方便，但无法对石灰石与煤的给料量分开控制，以达到减少 SO_2 排放和经济运行的目的。

燃煤要求水分在12%左右，石灰石要求水分3%左右，一旦石灰石与含水分较高的煤在落煤管内混合，就可能造成石灰石潮湿黏结，容易引起输煤管溜煤不畅，并影响床内的石灰石焙烧和脱硫效果。

为了更好地解决上述问题，气力输送方法得到了广泛重视与应用。通过实际运行证明，石灰石的水分和给料量的控制获得很好解决，图5-40是典型的石灰石气力输送系统。石灰石料仓出料口经隔离阀进入可变速的密封带式输送机，再经回转阀进入气力输送管道吹入炉膛。石灰石输送风机出口应装止回阀，以保证一台风机停运时，整套输送系统能正常运转。石灰石采用气力式输送，要求风机的风压为40000Pa左右。所以输送风机应该单设，锅炉一次风机的风压是满足不了石灰石输送要求的。石灰石可以采用三种方式进入炉膛：

① 炉墙上设有独立的喷入口；

② 在二次风口处装有同心圆的石灰石喷嘴；

③ 将石灰石喷入循环灰入口管道中，与循环物料一起进入炉膛。

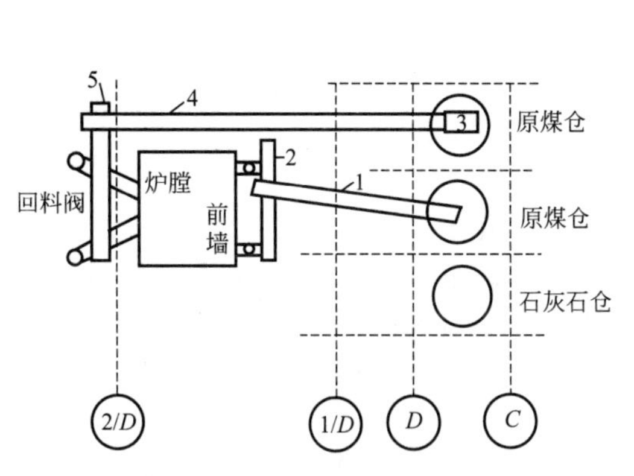

图5-39 煤仓炉前布置方案

1—前墙给料子系统上部电子称重式皮带给煤机；2—前墙给料子系统下部埋刮板给煤机；3—回料阀给料子系统上部电子称重式皮带给煤机；4—回料阀给粒子系统下部埋刮板给煤机；5—回料阀给料子系统下部埋刮板给煤机

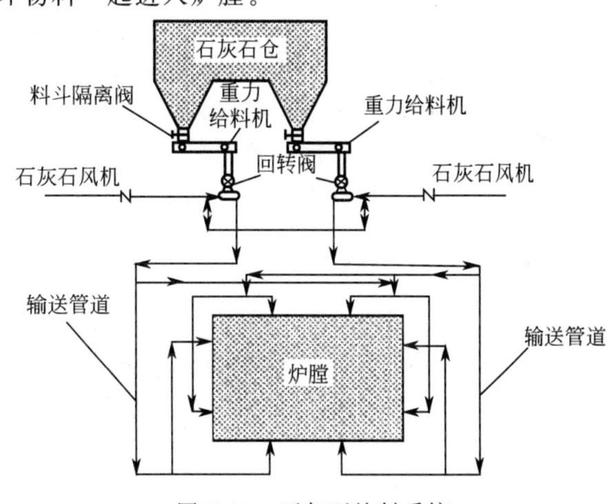

图5-40 石灰石给料系统

三、风、烟系统

循环流化床的燃烧方式不同于链条炉和煤粉炉，所以对其使用的鼓风机和引风机也有不同要求。在实际运行中，风机能否满足锅炉负荷要求和燃烧正常进行，显得特别重要。风机是锅炉运行中的主要耗电设备，是否能高效运行，涉及风机运行的经济性，是节电的主要环节。

1. 送风机

循环流化床锅炉配套的送风机根据其用途可分为一次风、二次风、播煤风、回料风、冷却风和石灰石输送风。

(1) 一次风　循环流化床锅炉的一次风主要作用是流化炉内的床料和供应炉膛密相区燃料燃烧所需的空气量。由于布风板、风帽、床料的阻力很大，为使床料达到一定的流化状态，一次风机的风压应很大，一般在 10～20kPa 范围内。风压的选择主要根据床料成分、密相区的物料密度、固体颗粒的粒径及床料的厚度来决定。一次风的风量约占锅炉总送风量的 40%～65%左右。由于一次风要求压头高、风量大，一般的送风机难以满足要求，特别是容量较大的锅炉，选用风机的难度更大，所以有的锅炉一次风选用两台风机供风。

(2) 二次风　二次风的作用是补充炉内燃料燃烧所需的空气量和加强物料的掺混，对局部烟气温度过高起到调节平衡作用和降低 NO_x 排放。二次风一般由单独的风机供给，根据所用煤种不同，二次风可分为二级或三级，从不同的高度送入炉膛。风口的位置根据不同炉型，可从前墙、侧墙或从四周送入，送风口高度选在密相区的上面。锅炉运行中通过调整一、二次风的比例和各级二次风的大小，来控制炉内燃烧状况。二次风的风口一般处于炉内正压区，要求风机的压头也较高，但低于一次风。

(3) 播煤风　播煤风的作用是对入煤口进行密封，防止炉膛内的热烟气外窜，并起到加煤均匀，使炉内温度场更为合理，提高燃烧效率的作用。播煤风由二次风机提供，在锅炉运行中应根据燃煤颗粒大小、水分及供煤量进行调节。

(4) 返料风　非机械返料阀的输送动力是由返料风将物料送入炉膛内的。根据返料阀的种类不同，返料风量和压头大小是不一样的，其调节方法也有所不同。返料风占总风量的比例很小，但压头要求很高。因此对中小型循环流化床锅炉的返料风一般由一次风供给，较大容量锅炉因其返料量大，为了使返料阀运行稳定，常由独立的风机供给。

(5) 冷却风和石灰石输送风　冷却风是供风冷式冷渣器使用的，石灰石输送风专用于气力输送脱硫剂的风源，所以不是所有的循环流化床锅炉都有这两种风。由于脱硫剂的颗粒较小、密度较大，因而要求输送风压力也很大，一般选用容积式风机实施脱硫剂的气力输送。

综上所述，几种不同用途的风有一个共同特点，即在运行中都要求随负荷的变化而进行调节，这就要求对风压和风量进行检测与控制，并能方便可靠地进行调节。

2. 引风机

循环流化床锅炉对引风机的性能有其特殊要求。选用引风机时要充分考虑分离器的阻力和锅炉所配除尘器的类型。静电除尘器的阻力较小，而布袋除尘器阻力很大，因而要求引风机的压头要相适应。由于炉内流化速度很高，飞灰量较大，若尾部除尘器的除尘效率低下，会造成风机的严重磨损。为了保证循环流床锅炉的安全稳定运行和排放指标达到规定，选用引风机时必须充分考虑这些具体要求。

为了进一步了解循环流化床锅炉风、烟系统的组成，以 220t/h 锅炉（图 5-41）为例，介绍风、烟系统的配置情况。该锅炉采用一、二次风及冷渣风，先由一台风量 246654m^3/h、风压 14.9kPa 的风机供给，然后分成三路，经不同的处理后作为不同的风源使用。

第一路用于一次风，在送风机的出口再串联一台风量 102730m^3/h、风压 12.24kPa 的风机进行增压，并依次经过暖风器、空气预热器加热后送入燃烧室下部的水冷风室，然后经水冷布风板上的风帽进入炉膛，用以流化物料和使燃煤初步燃烧。

第二路用于二次风，经空气预热器加热后，在不同的高度进入燃膛，用于燃煤的分段燃烧。

第三路为冷渣器流化风，由风量为 14794m^3/h、风压 29.4kPa 的风机增压后，进入风水联合冷渣器，将炉渣冷却到一定温度后，选择携带部分细灰重新进入燃烧室燃烧。

返料风由一台风量 3944m^3/h、风压 68.3kPa 的风机单独供给，用于返料装置中的物料流化和进入燃烧室。石灰石输送风由两台风量 822m^3/h、风压 68.6kPa 的高压风机供给，用于输送石灰石。燃料燃烧生成的烟气由两台风量 216334m^3/h、风压 6.642kPa 的风机并联，引入烟囱排向大气。

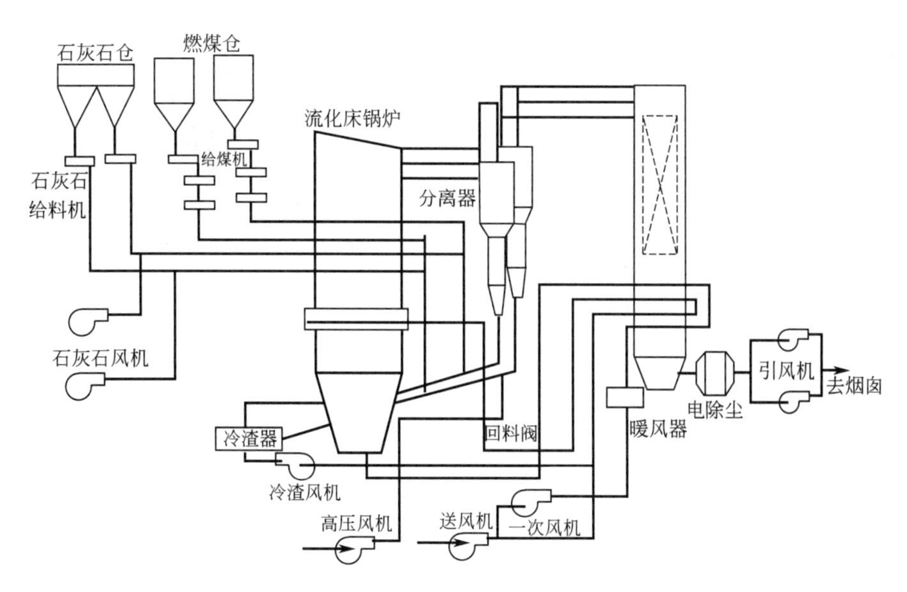

图 5-41　220t/h 循环流化床锅炉的风、烟、物料系统

四、炉渣收集和处理设备

1. 对冷渣器的要求

循环流化床锅炉使用的燃煤要破碎到 0～10mm 的粒径，以满足锅炉完全燃烧的要求。燃烧后所产生的较大颗粒炉渣由床层上的排渣口排出炉膛。循环流化床的床层温度在 830～930℃之间，炉渣排出的温度也在这一范围内。为了使排出的炉渣便于输送，必须将高温炉渣冷却至 200℃以下，这是循环流化床锅炉特有的灰渣收集和处理设备。

2. 冷渣器的分类

冷渣器的冷却方式有水冷、风冷、水冷加风冷等。常用的冷渣器有水冷绞龙式冷渣器、滚筒式冷渣器和流化床式冷渣器。

(1) 水冷绞龙式冷渣器　水冷绞龙式冷渣器又叫螺旋冷渣器，在小容量循环流化床锅炉应用较多，见图 5-42。炉渣从排渣管排出后，首先经过排管式冷渣器降低炉渣温度，然后进入绞龙冷渣器。其冷却水可以通过绞龙外夹套进行冷却，也可以将绞龙叶片做成双层夹套进行冷却或者绞龙叶片和外筒夹套同时通过冷却水，对炉渣进行冷却。为了增加排渣能力，有的在一个外筒内装有两个螺旋绞龙。这种冷渣装置由于不送风，炉渣发生再燃的可能性极小。但和其他形式的冷渣器相比，传热系数较小；如果需要大的传热面积，则整个冷渣器的体积很大，甚至无法布置更多的传热面，不能满足需要。排管冷渣器与绞龙冷渣器之间有一个落渣调节器，随负荷的变化进行调节。绞龙冷渣器的除渣能力取决于绞龙的转速和它的传热面积，表 5-6 给出了不同直径绞龙的传热面积和冷渣量。

表 5-6　不同直径绞龙的传热面积和冷渣量

绞龙直径/mm	轴径/mm	叶片传热面积/m^2	外夹套传热面积/m^2	冷渣量/(m^3/h)
450	200	30.0	14.4	3.96
600	300	56.0	18.7	6.91
750	400	83.4	22.2	9.94
900	450	92.0	28.8	19.92

(2) 滚筒式冷渣器　滚筒式冷渣器依靠滚筒内的冷却水管对炉渣进行冷却。其优点是避免了绞龙式冷渣器渣与筒壁之间的硬摩擦，是一种较为理想的冷渣设备。由图5-43 可知，

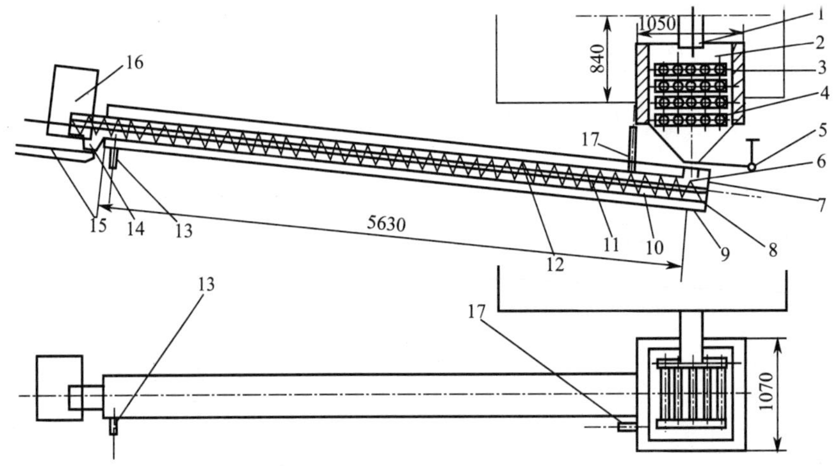

图 5-42　水冷绞龙式冷渣器

1—锅炉放渣管；2—搁管式冷渣器；3—热水出口；4—进水口；5—落渣调节器；6—绞龙式冷渣器进渣口；7—绞龙；8—绞龙冷渣器热水出口；9—外套管；10—内套管；11—绞龙叶片；12—主轴；13—绞龙冷渣器进水口；14—排渣管；15—刮板机；16—电机；17—热水引出管

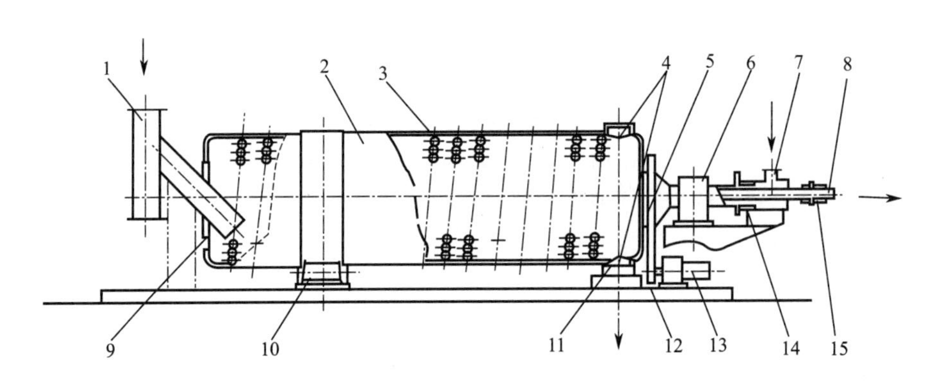

图 5-43　滚筒式冷渣器

1—进渣管；2—中间转筒；3—冷却水管；4—出渣口；5—键条；6—单轴承；7—进水干管；8—出水干管；9，11—密封环；10—转动托辊；12—底盘；13—电机；14—转动部分密封；15—静止部分密封

它的头部由三通式进渣管 1、中间转筒 2、尾部驱动电机 13 及进出水 7、8 组成。中间转筒呈双层圆筒结构，内外筒之间构成水冷壳体，其特征为转筒顶端开孔，尾端封闭，在靠近尾端的径向方位上直接开设出渣口 4，筒内设有与水冷壳体相通的多层螺旋冷却水管 3。尾部驱动装置的特征是单轴承支撑，转筒前部由转动托辊 10 支撑，出水干管 8 与进水干管 7 套装，分别与水冷壳体尾端封头夹层内的进出水分配室接口相通。进出水管转动部分与静止部分设有密封装置 14、15，进渣管与转筒结合部及出渣口处设有密封环 9 和 11，进渣管、出渣口密封环和尾部轴承及尾部进出水管分别通过支架固定在底盘 12 上。

(3) 多室流化床选择性排灰冷渣器　选择性排灰冷渣器通常由几个分床组成，详见图 5-44。第一个分床为分选室，其余为冷却室。炉膛排出的炉渣首先进入分选室，来自送风机的高压空气送入输送短管，帮助灰渣送入冷渣器，冷风作为各个分床的流化介质，并且每个冷却床独立送风。为了提供足够高的流化速度来输送细料，对分选室内的空气流速采取单独控制，以确保细颗粒能随流化空气重新返回炉膛。冷却室内的空气流根据物料冷却程度的需要，以及维持良好配合的最佳流化速度而定。分选室和冷却室都有单独的排气管道，以便将受热后的流

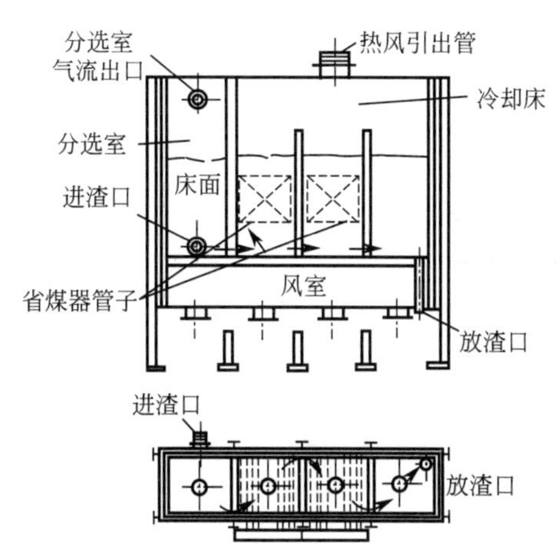

图 5-44　多室流化床选择性排灰冷渣器

化空气作为二次风送回炉膛。返回口一般设于二次风口的高度上，该处炉膛压力低，以节省冷渣器的风机压头。在冷渣器内，各床间的物料流通，系通过分床间的隔墙下部的开口进行的。为防止大渣沉积和结焦，采取定向风帽来引导颗粒的横向运动。在定向喷射气流作用下，灰渣经隔墙下部通道运行至排渣孔。定向风帽的布置应尽量延长灰渣的横向位移量。排渣管设有旋转阀来控制排渣量，用以确保炉膛床层压差的稳定。

该冷渣器可以间歇和连续运行，灰渣可以冷却至150～300℃，一次充放周期约半小时。通常每台锅炉配 2 台冷渣器，每台冷渣器的排渣能力均为 100％的锅炉排渣量。

五、循环流化床锅炉烟气除尘

1. 对除尘器的要求

燃煤在床层上燃烧，燃尽的大颗粒变成炉渣排出炉外。细小颗粒在循环流化床内进行循环，在循环中通过颗粒间的撞击和磨损变为更小的颗粒。当分离器捕捉不到时，随烟气逸出排向大气。为避免造成环境污染，必须设置除尘器将其捕集。而除尘器捕捉不到的烟尘排向大气。烟尘一般分为两种，粒径≥10μm 的烟尘，排入大气后几个小时或更长时间会渐渐飘落地面，称降尘。粒径＜10μm 的烟尘，长期在空气中飘浮而不沉降，称为飘尘，一般用 PM10 表示。飘尘对人体健康与动植物造成严重危害，要求除尘器能尽量将飘尘捕集下来。本节只介绍循环流化床锅炉的除尘问题，相关除尘技术的具体内容详见第八章。

2. 除尘器的类型与优选

(1) 除尘器的优选　目前市场上有多管式除尘器、麻石水膜除尘器、布袋除尘器和静电除尘器等。由于循环流化床锅炉飞灰占的比例很大，再加上石灰脱硫及其反应产物，多管除尘器的除尘效率已不能满足循环流化床锅炉除尘要求。水膜除尘器的除尘效率不能满足循环流化床锅炉除尘要求，并且石灰石脱硫产生的 $CaSO_4$ 很快沉积在麻石表面，造成溢流孔、管道及沉淀池的堵塞，使之不能正常工作，因此，用石灰石脱硫的循环流化床锅炉不能选用水膜除尘器。当前国内外各厂家多采用静电除尘器、布袋除尘器或多管除尘器加静电除尘器或布袋除尘器的二级除尘器装置。

(2) 静电除尘器　静电除尘器也叫电除尘器，系利用强电场电晕放电使气体电离、粉尘荷电，在电场力作用下使粉尘从气体中分离出来的装置，见图 5-45，有以下优点：

① 除尘效率高，可达 99％以上；

② 本体阻力小，压力损失一般在 160～300Pa；

③ 电耗较低，处理 1000m^3 烟气约需 0.2～0.6kW・h；

④ 处理烟气量大，可达 $10^6 m^3/h$ 以上；

⑤ 耐高温，普通钢材可在 350℃以下工作。

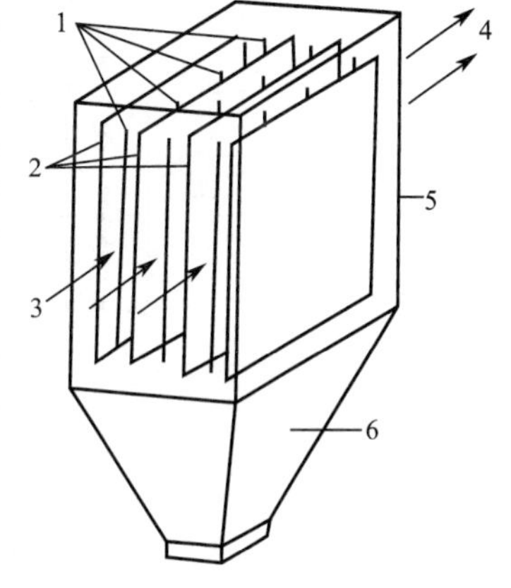

图 5-45　电除尘器的基本结构

1—电晕极；2—集尘极；3—含尘气体；4—清洁气体；5—外壳；6—灰斗

选用静电除尘器应注意除尘效果与飞灰的比电阻有密切关系。静电除尘器对含尘颗粒的比电阻要求在温度为 150℃时低于 $10^{10}\Omega\cdot m$。而粉尘颗粒的比电阻与其化学成分、温度、湿度有关。由于炉内加入了石灰石进行脱硫，飞灰中 CaO、$CaSO_4$ 的存在，将对比电阻产生影响，见图 5-46 和图 5-47。从图中看出，飞灰中含碳量增加，比电阻呈下降趋势；而飞灰中 CaO 含量增加，比电阻呈上升趋势，对静电除尘器高效工作不利。因此，带有脱硫系统的循环流化床锅炉的静电除尘器应采用多电场的静电除尘器，最大限度地提高电压控制器的工作特性，并选择高效的电极振打装置以防止发生反电晕现象的出现。静电除尘器存在占地面积大、钢材耗量高、操作要求严格等不足。

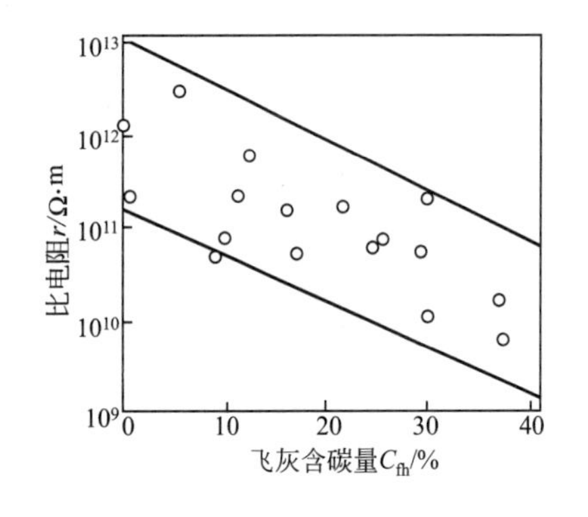

图 5-46　飞灰含碳量对其比电阻的影响

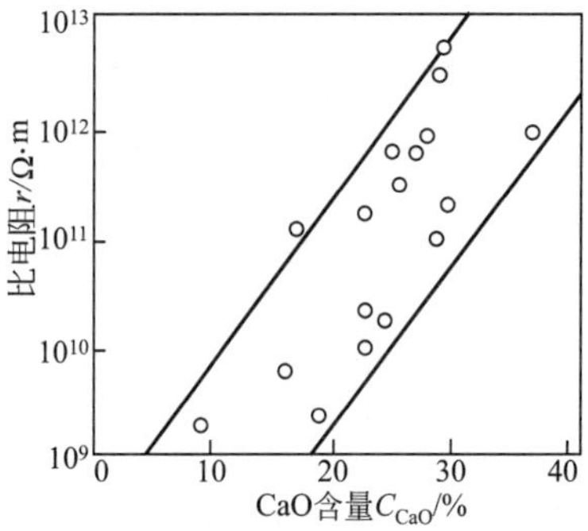

图 5-47　飞灰氧化钙含量对其比电阻的影响

(3) 布袋除尘器　布袋除尘器也称过滤式除尘器，系利用纤维编织物制作的袋式过滤元件来捕集含尘气体中的固体颗粒物，如图 5-48 所示。其主要优点如下：

① 除尘效率高，可达 99%左右，对亚微米粒径的细尘有较高的分级除尘效果；

② 处理烟气量大，捕集烟尘浓度可达 7×10^{6} mg/m^{3}；

③ 结构简单，操作方便；

④ 使用温度 160～200℃，某些滤料耐温可达 300℃；

⑤ 对烟尘的特性不敏感，不受烟尘比电阻的影响。

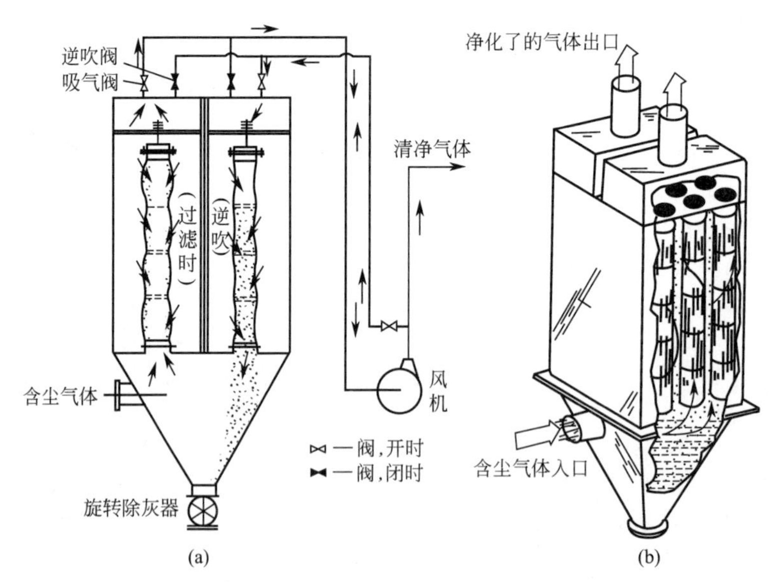

图 5-48　袋式除尘器

(a) 逆气流或反吹式袋式除尘器；(b) 脉冲反冲式袋式除尘器

选用布袋除尘器时，布袋材质的选择很关键。应能满足不同使用条件，确保除尘效果为前提。除尘器的布袋利用棉、毛、人造玻璃纤维或合成纤维等编织物制成，因而其编织方法对除尘效果有不同影响。由多层编织材料压制而成的毡状滤料，在过滤含尘烟气时具有良好的过滤作用，并可经常进行清灰，保持阻力不变，可用于烟尘浓度很高的烟气除尘。布袋除尘器存在以下不足：

① 阻力损失大，一般在1000～2000Pa；

② 占地面积大；

③ 对滤料质量有严格要求，使用寿命不足1～1.5年，增加了运行成本；

④ 对温度较高、湿度较大或带黏性的烟尘进行除尘时，除尘效率有所下降；

⑤ 对含有腐蚀性烟气进行除尘时，应选用耐腐蚀的滤料。

第六节　循环流化床锅炉运行与调节

一、循环流化床锅炉的冷态试验

1. 锅炉冷态试验前应做好下列工作

① 检查和清理燃烧室、布风板和返料阀风管等有无杂物，风帽小孔是否通畅，耐火砌体是否完好。

② 检查送、引风机及风道是否完好无杂物，挡板是否灵活可靠、运转正常，测量和控制仪器、仪表是否灵敏准确，物料循环系统的控制阀门是否灵活可靠。

③ 准备粒径为0～3mm的灰渣底料。

④ 为冷态试验做好其他有关准备工作。

2. 布风均匀性试验

布风板布风均匀与否是循环流化床能否正常运行的关键。布风的均匀性直接影响床层的阻力特性和运行中流化质量的好坏。流化不均匀时，床内会出现局部死区，造成温度场的不均匀，以致引起结渣。

试验前先在布风板上铺一层灰渣底料，通常料层厚度为300～400mm。然后开启引风机、送风机，再逐渐加大风量，注意观察床层表面是否开始均匀地冒小气泡，再慢慢打开风门。待床料大部分被流化时，注意观察是否有不动的死区，如出现局部死区，则要查明原因予以处理。待床料充分流化，维持1～2min后迅速关闭送风机、引风机并关闭风室的风门，观察料层情况。若料层出现高低不平现象，说明料层厚的地方风量较小，反之亦然。出现这种情况就需要检查风帽小孔是否有堵塞现象及布风板是否有漏风现象。在正常情况下，只要布风板设计、安装合理，床料配料均匀，会呈现良好的流化状态，床层也会平整。

3. 布风板阻力特性试验

布风板阻力特性试验是在布风板上无任何床料的情况下进行的。一次风道的挡板全部打开，试验开始，先启动引风机和送风机，逐渐开启风机调节阀门，调整引风机风量，使二次风口处负压为零，此时风室压力计显示的风压值即为布风板的阻力值。然后加大送风机调节阀门的开度，再次调节引风机的风量，当二次风口处的负压为零时，再次记下压力计上的阻力值。然后再继续加大送风机调节阀门的开度，直到完全打开，记下每次的阻力值。接着再平稳地逐次缩小调节阀门开度，并记下每次的阻力值。每次增加或减小调节阀门的开度时，可掌握在风量500m^3/h左右。将开启和关小调节阀门的两次试验数据进行整理，即可绘出图5-49的曲线。

布风板的阻力值也可通过计算的方法近似得出：

$$\Delta P=\xi\frac{\rho_g U_{or}^2}{2} \tag{5-28}$$

式中，ΔP为布风板阻力，Pa；ξ为风帽阻力系数，由锅炉制造厂家提供或参照有关资料；U_{or}为风帽小孔风速，通过总风量和小孔面积计算，m/s；ρ_g为气体密度，kg/m^3。

4. 料层阻力特性试验

料层阻力指气体通过布风板上料层时的压力损失。试验时对料层有如下要求：料层材料为0～6mm炉渣或0～3mm的黄沙；料层应干燥，在布风板上铺放平整；料层厚度可按200mm、300mm、400mm、500mm分次试验。床料铺好并平整后，测出准确厚度，关闭好炉门即可进行试验。

试验的步骤与布风板阻力试验的方法相同，每个料层厚度都要重复一次试验。通过不同料层厚度阻力和对应风量关系，即可绘出如图5-49所示的曲线。

对于正在运行的锅炉，当已知燃用煤种、风室压力和同一风量时的布风板阻力时，可按表5-7和图5-50来估算料层厚度。

表5-7　料层阻力近似值

名　　称	每100mm厚的料层对应阻力/Pa	名　　称	每100mm厚的料层对应阻力/Pa
褐煤燃料	500～600	无烟煤燃料	850～900
烟煤燃料	700～750	煤矸石燃料	1000～1100

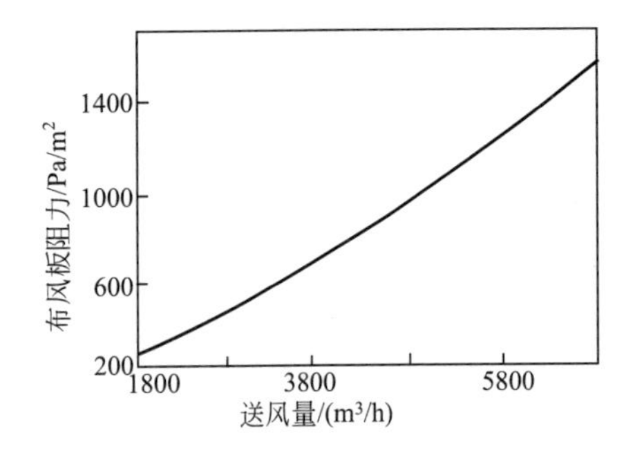

图5-49　布风板阻力特性曲线

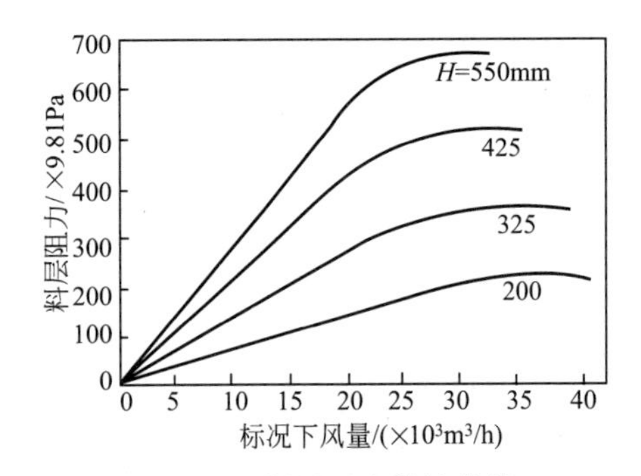

图5-50　料层阻力特性曲线

5. 确定临界流化风量

床层从固定状态转化为流化状态时的风量，称为临界流化风量。流化状态指料层中的大颗粒全部进入流化状态。锅炉运行中，当小颗粒进入流化状态，而大颗粒没有完全进入流化状态时，容易出现结焦现象。确定临界流化风量的目的，在于估算热态运行时的最低风量，这是循环流化床锅炉低负荷运行时的下限风量，低于该风量时，炉膛内可能发生结焦。

最低运行风量与床料颗粒的大小、密度及料层堆积孔隙率有关。对于典型的循环流化床而言，为了保证有较高的物料夹带量，一方面要求燃料粒度0～1mm应占有一定比例，通常不低于40%；另一方面要求燃烧室密相区冷态空截面风速维持在1.1～1.2m/s，热态烟气速度为5m/s左右。为保持低负荷时有良好的流化状态，冷态空截面速度也不能低于0.7 m/s，否则在低负荷运行时，炉膛内空气系数可能偏大。

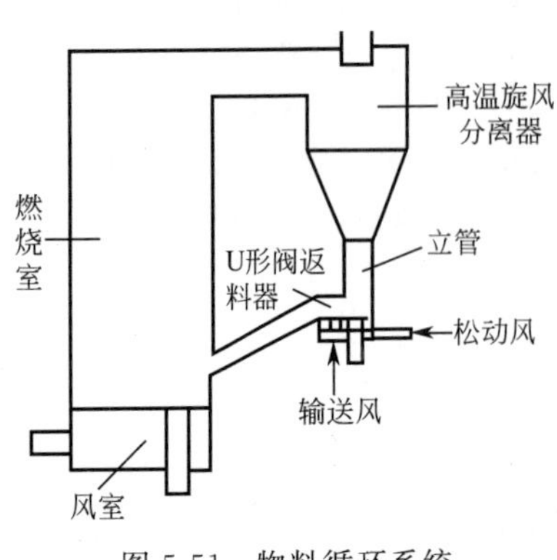

图5-51　物料循环系统

6. 物料循环系统输送性能试验

物料循环系统的输送性能试验，主要指返料装置的输送特性试验。返料器的结构不同，输送特性不同。图5-51是常用的非机械式流化密封阀，即U阀为实例的物料循环系统。

返料器的立管上设置一个供试验用的加灰漏斗，试验前将0～1mm的细灰加入，并将细灰充满返料器，使其与实际运行工况相一致。试验时将送风门缓慢开启，并密切注视炉内的下灰口。当观察到下灰口有少许细灰开始流出时，说明返料器已开始工作，记录其送风量、风室静压、各风门开度等参数。当送风量约占总风量1%时，说明送灰量已经很大。可采取计算时间和称灰量的方法求出单位时间内的送风量、气固输送比等。试验时要求连续加入细灰保持立管内料柱的高度，并使试验前后料柱高度一致，因而试验中加入的细灰量即为送入炉内的总灰量。

通过系统输送性能的冷态试验，可知返料器的启动风量、工作范围、风门的调节性能及气固输送比等参数，对热态运行将起到重要参考作用。

二、循环流化床锅炉烘炉

1. 循环流化床使用耐火材料种类

循环流化床锅炉使用的耐火材料种类较多，它包括耐火耐磨材料（砖、浇注料、可塑料和灰浆）、耐火材料（砖、浇注料、灰浆）、耐火保温材料（砖、浇注料、灰浆）等。

磷酸盐砖：经低温（500℃）热处理的不烧砖，使用温度1200～1600℃，由于没有经高温烧结，耐磨性能不能充分发挥。但价格便宜，应用较广。

硅线石：是一种优质耐火材料，常与其他耐火材料混用，使用温度1450～1600℃，经高温烧结的砖制品，因循环流化床燃烧达不到要求的烧结温度，耐磨性有所下降，因而使用受到了一定限制。

碳化硅制品：在高温无氧气氛下使用具有较高的耐磨性和很好的热稳定性。但遇到带有少量氧化气氛时，就达不到满意的效果。

刚玉制品：分白刚玉、高铝刚玉和棕刚玉等品种。耐火度高，体积密度大，耐磨性能好。但热稳定性稍差，在锅炉压火和提火次数频繁时，短时间内温差变化大，耐火层容易发生剥落、裂纹等现象。

2. 烘炉要求与操作

耐火耐磨材料使用的部位有布风板、炉膛、分离器与料腿、返料器、尾部烟道和冷渣器等。烘炉的目的是去除耐火材料中的物理水和结晶水。物理水一般在100～150℃时即可大部分排出，而结晶水则需要300～400℃时才能析出。因此烘炉需要采用一定的升温速率和在该温度下的保温时间。升温速率太快和保温时间太短都可造成耐火材料出现裂纹和其他缺陷。

烘炉要按锅炉制造商提供的烘炉曲线和有关烘炉要求文件进行，尤其是给出的烘炉曲线及烘炉方法一定要严格遵守。

一般情况下，轻型炉墙的烘炉过程简单，时间在1周左右，重型炉墙的烘炉过程较为复杂，时间约需2周左右。对重型炉墙、绝热旋风分离器及料腿以及返料阀等重要部位的烘烤，应予特别注意。

烘炉过程大致分为三个阶段，第一阶段主要是为了排出物理水分，开始升温速度可控制在10～20℃/h之内，当炉膛温度升至100℃后，升温速度应控制在5～10℃/h之间，当温度升到110～150℃之间时，须保温一定时间。重型炉墙、绝热旋风分离器等保温时间应在50～100h之间。第二阶段主要是为了析出结晶水，升温速度在15～25℃之间，当炉膛温度升至300℃后，升温速度可控制在15℃/h左右。当温度达到350℃时，应保温一段时间。第三阶段为均热阶段，控制一定的升温速度，并在550℃时保温一定时间，然后再升温至工作温度。

烘炉前应先铺好点火底料，所用燃料有木柴、块煤，有条件的厂家最好用煤气、天然气或烘炉机提供的热风。一般前期用木柴，采取自然通风，保持炉膛20～30Pa负压。木柴要用少加、勤加的方法，防止升温过快，中期用煤烘烤，必要时可开引用机，要控制均匀、稳定升温，防止忽高忽低，要经常注意检查各部位情况，做好记录及时调整。后期烘炉可开启油枪或天然气，要控制火焰温度在600℃左右，防止升温过快，出现问题及时采取措施。

三、循环流化床点火与启动

循环流化床点火是锅炉运行的一个重要环节。点火的实质是循环流化床锅炉在冷态试验合格后，将床料加热升温，使之从冷态达到正常运行温度，以保证燃料进入炉膛后能稳定燃烧。

1. 点火底料的要求

循环流化床锅炉点火前，先铺一层350～500mm厚的点火底料。点火底料的粒径应比正常运行时要小一些，如正常运行时底料粒径要求0～12mm时，点火底料应控制在0～8mm。点火是从冷态开始的，底料颗粒太大要消耗太多风量，使较多的热量被带入锅炉尾部，延长点火时间。点火底料的粒径太小，大量细小颗粒在启动时会被烟气带走，使底料厚度减薄，造成局部吹穿。所以底料中既要有1mm以下的小颗粒作为初期点火源，又要有6mm左右的大颗粒作为维持后期床温之用。实践证明，大颗粒超过10%时将不利于初期点火，容易出现床内结焦。表5-8是点火筛分底料的推荐值。

表5-8 点火筛分底料推荐值

筛分范围/mm	5以上	2.5～5	1～2.5	0.5～1	0.5以下
底料筛分比/%	5～15	12～25	25～35	15～25	5～15

2. 点火方式与操作

循环流化床锅炉点火方式大致有固定床床上柴点火、床上油枪点火、床下热烟气点火、床上床下混合点火等几种。国产循环流化床锅炉常用的方式是床下热烟气点火。

床下热烟气点火是流态化点火，整个启动过程均在流态化下进行，它是目前应用较好的点火方式，已得到推广，见图5-52。

采用床下热烟气点火方式，先在膜式水冷壁组成的布风板上铺一层粒径0～3mm、厚度为400～500mm的底料，由于热量是从布风板下均匀送入料层中，整个加热启动过程在流态化下进行，不会引起低温或高温结焦。

点火一般使用轻柴油，油点燃后在热烟气发生器（预热室）内筒中燃烧，产生的高温火焰和夹套侧的冷风均匀混合成85℃左右的热烟气，进入风室后通过布风板风帽小孔吹入床内加热床料。热烟气发生器见图5-53。

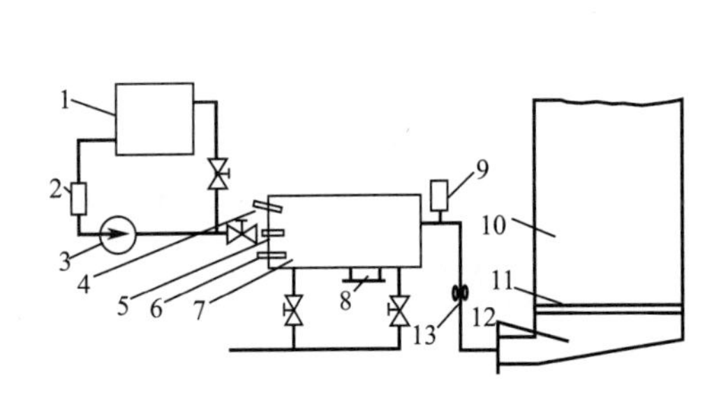

图5-52 循环流化床锅炉热烟气点火系统

1—油箱；2—油过滤器；3—油泵；4—电弧点火器；5—油燃烧器；6—窥视孔；7—热风炉；8—人孔门；9—热电偶；10—循环流化床燃烧室；11—布风板；12—等压风室；13—风量计

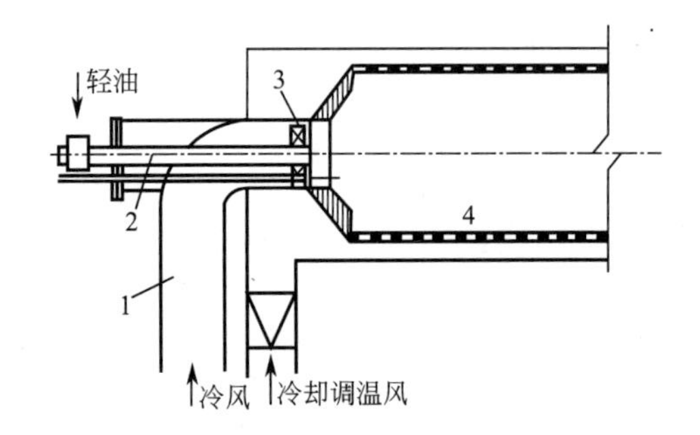

图5-53 热烟气发生器

1—风管；2—油枪；3—旋流片；4—风冷预燃室

为避免烧坏风帽，一定要控制热烟气温度。为了准确地测量热烟气温度，热电偶应插入风室内800～1000mm，并正对烟气发生器出口。锅炉启动要严格控制升温速度，防止炉墙变形、开裂，特别在冷态启动初期更应注意控制床温，升温速度不大于5～10℃/min，冷态启动时间2h左右。热态启动时升温速度可以快一些，启动过程在40min左右。

热烟气温度和烟气量的调节，可通过调节油枪油压改变其喷油量，并调节热烟气的助燃风和冷却风量来实现。启动初期，床料只需在微流态化即可，不要采用高流化速度。冷态启动时，当床层温度从室温慢慢上升到400℃左右时，床料中含有未燃尽的煤。因而在480～550℃时床温会迅速上升。出现此现象时即可开始往主床中添加少量煤，并减小油枪压力。当床温升到650～700℃时，即可关闭油枪，改用调节给煤量来控制床温，锅炉进入运行状态。图5-54是锅炉热启动时的温升曲线。

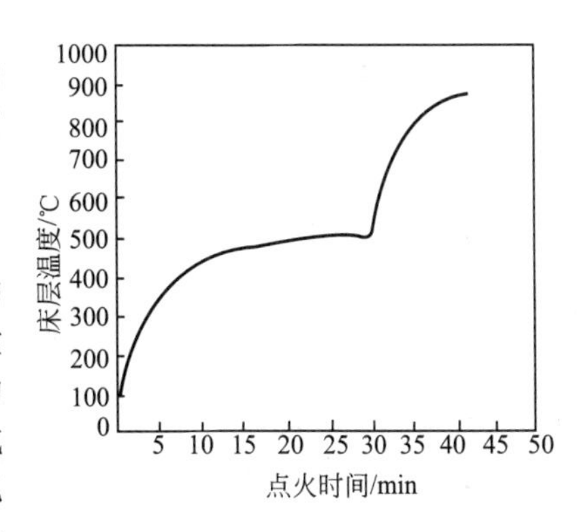

图5-54 点火启动过程床层温升曲线

3. 启动

影响循环流化床锅炉启动时间和速度的因素有床层的升温速度、汽包等受压部件金属壁温的上升速度以及炉膛和分离器耐火材料的升温速度。实践表明，汽包金属壁的升温速度最为关键。过高的升温速度会导致应力集中，成为影响安全运行的重要因素。但是在温态和热态启动情况下，限制因素则是蒸汽和床温的合理升温速度。图5-55是某台锅炉冷态启动时的汽包壁温和炉膛耐火层的升温曲线。

四、系统投入运行

1. 返料系统投入运行

当床温达到650～700℃以上时，返料系统便可投入，以建立物料循环。返料器投入后，随着负荷的增加，物料分离和循环量的增加，稀相区温度升高，燃烧气充满炉膛，锅炉便进入循环流化燃烧工况。

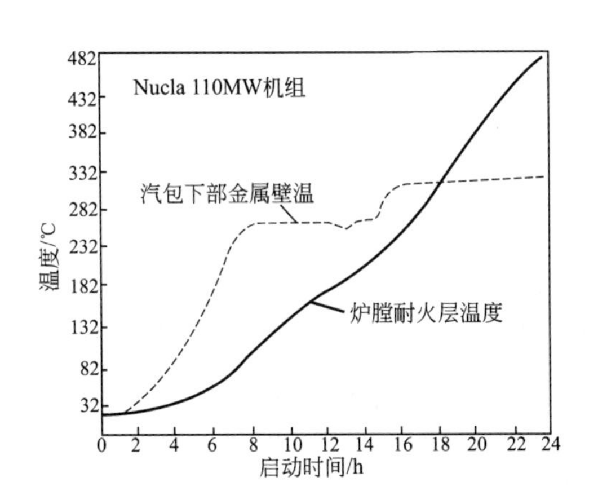

图5-55 启动时汽包金属壁和炉膛耐火层升温曲线

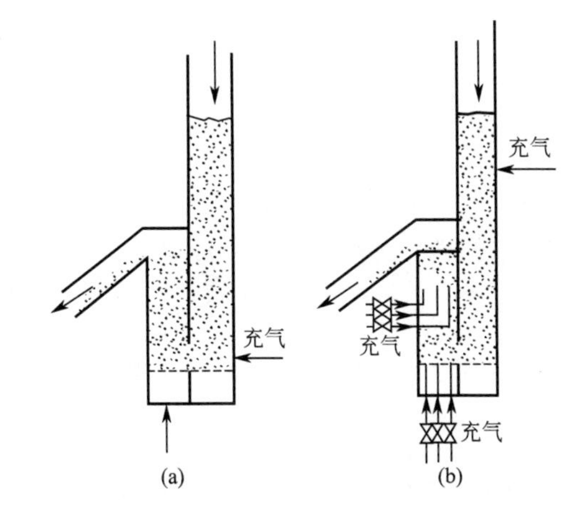

图5-56 常用返料器

(a) 自动返料器；(b) 可调节返料器

循环流化床锅炉对返料系统有三个基本要求，即物料流动稳定、无气体返窜和物料流可控。目前循环流化床锅炉所配返料器基本定型为非机械虹吸密封返料器。图5-56所示为常用的返料器结构。图(a)为自动返料器，事先调节好的返料器投入运行后，就不再进行调节，以不变的流量进行物料循环。图(b)为可调节返料器，通过改变返料流化风量，对返料量加以控制和调节。

返料器开始投运时，应采取脉冲返料的方式，防止启动过程中返料腿内积累的物料突然大量涌入床层，造成床温突降或熄火。并防止返料腿中积累的可燃物大量进入床层，引起温度骤升而结焦。在返料系统投运过程中，还要注意返料器的排料问题，当分离器和返料器积灰过多时，容易造成床温过高或过低。

2. 灰渣排放系统投入运行

循环流化床锅炉的灰渣排放系统与其他排渣装置具有不同特点。锅炉排出的灰渣温度高达

850～900℃，所以必须加以冷却才能输送至渣仓。这样既可解决热污染问题，又能保障操作人员的安全。同时灰渣物理热具有回收利用价值，可促进节能减排，提高锅炉的热效率。

灰渣系统投入顺序为：开启排出系统；冷渣器水侧或风侧通水或通冷却风；排渣管水冷夹套通水；启动冷渣器进渣控制阀，用脉冲式间断进渣方式控制进渣；根据流化床内的床料高度，控制排渣阀开启和排出速度。具有多级冷渣器时，先启动后级冷渣器，再启动前级冷渣器。

五、循环流化床锅炉的运行调节

循环流化床锅炉进入正常运行时，运行人员应根据实际负荷变化情况对其燃烧工况进行调节，以保证锅炉出力和安全经济运行。对循环流化床锅炉运行调节，应本着两个原则，即物料平衡和热平衡。锅炉在运行中负荷经常发生变化，为了保持锅炉的稳定运行，就要对一些参数进行调节，其目的是保证锅炉的运行状态达到新的平衡。锅炉运行参数调节的关键是燃烧调节和负荷调节。对于气压、给水流量等参数的调节，与其他锅炉的调节方式相同。

1. 燃烧调节

循环流化床锅炉的燃烧调节，主要通过对给煤量，返料量，一次风量，一、二次风的分配比例，床温和床层高度等参数的控制和调节，保证锅炉连续稳定运行及有效地脱硫、脱硝。

(1) 给煤量调节　当锅炉负荷发生变化时，对给煤量应进行及时调节；如果煤质发生改变，对给煤量也要进行调节。应注意在改变给煤量的同时，也要对风量进行调节。在增加负荷时通常采取先加风后加煤的调节方法。在负荷减少时，调节方法相反，先减煤后减风。

(2) 风量调节　循环流化床的风量调节包括一次风，二次风，一、二次风的比例及回料风和播煤风的调节。

一次风有两个作用，一是保证物料处于良好的流化状态；二是提供燃烧所必需的风量。一次风的风量不能低于最低流化风量，否则床料就不能正常流化，造成床层结焦。风量过大难以形成稳定的燃烧密相区，并且加大了不必要的循环倍率，增加受热面的磨损与电耗升高。调整一次风时要注意床温的变化，在给煤量一定时，一次风量过大容易引起床温的下降。

循环流化床锅炉的燃烧大多采用分段送风的方法，目的是在密相区造成缺氧燃烧形成还原性气氛，降低热力型和燃料型 NO_x 的生成。另外，一、二次风的比例还直接决定密相区的燃烧份额。加大一次风量，即加大了密相区的份额，如果循环物料不足，就要导致床温过高。二次风一般在密相区的上部进入炉膛，其作用是补充燃烧所需要的空气，并起到扰动作用，强化燃烧，促进气、固两相的充分混合，改变炉内物料的浓度分布。

(3) 一、二次风的比例调节　在一般情况下，一次风所占比例为60%～40%，二次风量占40%～60%。播煤风和回料风约占5%。锅炉制造单位应按用户提供的燃煤资料在设计中选取一、二次风的合理配比，在调试时应对用户给予具体的指导。

锅炉启动时，燃煤所需空气由一次风供给，锅炉启动后逐步加入二次风。在实际运行中，负荷下降时，一次风按比例减少，降至临界风量时就不可再减少了。此时要维持一次风量不变，减少二次风，以保持炉膛正常燃烧状况。

(4) 料层高度调节　料层高度是通过测量炉膛压降来监测和控制的。在冷态试验时，风室静压是布风板阻力和料层阻力之和。布风板的阻力相对较小，所以运行中利用风室静压可估计出料层阻力。风室静压增大，说明料层较厚；风室静压减小，说明料层厚度较薄。当良好的流化燃烧状态时，压力表指针摆动幅度较小，且摆动频率较高。如果压力表指针变化缓慢且摆动幅度加大，说明流化质量较差，这时应及时进行合理调整。

底渣合理排放是稳定料层厚度的通常做法，料层过高或过低都会影响流化质量，甚至引起结焦。在连续排放底渣的情况下，放渣速度是由给煤速度、燃料灰分和底渣份额确定的，并与排渣装置和冷渣器本身的工作条件相协调。

(5) 炉膛差压调节　炉膛上部区域与炉膛出口之间的压力差称为炉膛差压。它是反映炉膛内循环物料浓度大小的参数。炉内循环物料越多，炉膛差压越大，反之越小。炉内循环物料的上下湍动，使炉膛内传热不仅要发生辐射和对流传热，还有循环物料与水冷壁之间的热传导，显著提高了炉内传热系数。炉膛差压越大，炉内传热系数越高，反之越低。在运行中应根据负荷变化情况及时调整并保持合理的炉膛差压。在正常情况下，炉膛差压应在0.3～0.6kPa之间变化。

(6) 床层温度调节　床层温度是通过布置在密相区和炉膛各处的热电偶来监测的，维持正常的床温是循环流化床锅炉稳定运行的关键。影响炉内温度变化的因素是多方面的，如风、煤及时匹配，给煤量和回料量的合理调节，一、二次风比例的适时调整等。总之，风、煤和物料循环量的变化都可引起床温的变化。循环流化床锅炉的燃烧室热惯性很大，怎样调节才能保持床温的稳定呢？可采用下列三种方法。

① 前期调节法　当炉温或气压稍有变化时，就要根据负荷的变化趋势小幅度调节给煤量。如果等到负荷变化很大时再调节，就难以保证稳定运行了。

② 冲量调节法　当炉温下降时，应立即加大给煤量，加大的幅度是炉温未变化时的1～2倍。同时减少一次风量和二次风量，维持1～2min后，再恢复到原始给煤量。如果采用上述方法2～3min内炉温没有上升，可将上述过程再重复一次，确保炉温上升稳定。

③ 减量给煤法　当炉温升高时，不要中断给煤，可把给煤量减到比正常值低得多的水平，同时增加一次风和二次风量，维持2～3min后，若炉温停止上升，就把给煤量恢复到正常值。因为煤的燃烧有一定的延迟时间，所以不要等炉温下降再增加给煤量。

床温的控制范围根据煤种及脱硫剂使用情况掌握。燃用无烟煤时，床温控制在900～1000℃之间；燃用烟煤时，床温控制在850～950℃之间；采用石灰石进行炉内脱硫时，床温最好控制在830～930℃范围内，该温度范围是石灰石的最佳脱硫温度，同样条件下可取得更好的脱硫效果。

2. 负荷调节

(1) 改变给煤量和总送风量　这是循环流化床锅炉负荷调节最常用的方法。当要求负荷上升时，首先增加总送风量和给煤量。如果炉膛内总的空气系数和一、二次风比不变，则炉膛内各段的烟速和颗粒浓度将有明显提高，加大了各受热面的传热系数，从而满足负荷升高的要求。但在采用这种调节方法时，应注意炉膛内密相区温度的变化，如发现其温度上升过快，则要采用加大循环灰投入量的办法，不使密相区的温度出现较大的变化，以便抑制 NO_x 的生成量。

(2) 改变一、二次风的比例　通过改变一、二次风的比例来改变炉内物料浓度分布，也可达到负荷调节的目的。当负荷需要增加时，减少一次风，同时增加二次风的比例，从而提高炉膛上部稀相区物料浓度和燃烧份额，进而提高稀相区受热面传热系数，使传热量随之增加，保证负荷增加的需要。

(3) 改变床层高度　适量增加或减小床层高度，可改变密相区与受热面之间的传热量，以达到调节负荷的目的。密相区布置有埋管的循环流化床锅炉，采用这种方法进行负荷调节是非常方便的。

第七节　循环流化床锅炉的自动控制

目前应用的锅炉多属于220t/h以下的中小型循环流化床锅炉，从安全和节能减排角度来看，对锅炉的自动控制是非常重要的。循环流化床锅炉具有它的独特性。在炉内有大量物料与新加入的燃料参与燃烧并循环，必须保证炉膛稀相区和密相区的温度基本接近，其热量能够有效地进行热交换。所以要求：①物料要始终处于稳定的流态化状态；②能可靠地进行物料分离；③被分离的物料要能可控地返回炉膛内继续进行循环燃烧，并且整个循环过程要能与锅炉负荷形成有效的匹配与调节；④风煤配比合理，实行低氧燃烧，炉内处于中低温范围。有关锅炉通用的热工自动控制问题，将在第十一章中进行详细介绍，本节只对循环流化床锅炉主要控制方案及其特点作一点简要介绍。

一、燃烧控制方案及特点

循环流化床锅炉的燃烧控制系借助改变燃料量和风量来完成的，由于脱硫的需要，加入了石灰石以及大量的惰性物料，燃烧过程对改变燃料量和风量的反馈较慢，但在燃烧过程中对 SO_2、NO_x 排放的控制起到了较好的作用。较为典型的控制方式应包括以下几个方面。

1. 燃料量的控制

给煤量一般是根据负荷变化的需要而变化的，但是它又受到煤风配比的影响。所以改变给煤量的同时要相应改变一、二次送风量。当负荷增加时，应先加风后加煤；负荷减小时，应先减煤后减风。给煤量的控制一般是通过改变给煤机的转速来实现的，而给煤机转速的控制，应该采用线性较好的变频调速方式。如果是多台给煤机供煤，应有自校正回路，实现无扰动任意切换不同给煤机的自动或手动控制。

2. 石灰石量的控制

石灰石投入量的调节主要是满足 SO_2 排放浓度的要求。在燃烧过程中，当 SO_2 的浓度发生变化时，应改变石灰石的投入量。同时在调节回路中，给煤量变化的信号应提前反馈给石灰石量的调节器，防止因给煤量的变化而引起 SO_2 浓度发生变化，并要防止出现石灰石量的滞后。

3. 风量控制

送入锅炉的风量有一次风、二次风、返料风和播煤风等，比一般锅炉控制要复杂得多。风量的控制包括总风量和一、二次风量的比例控制。总风量主要由投入的燃料量来决定，一次风的风量在调节过程中有一个下限值，即保证物料稳定流化的最低风量。如果一次风量低于这个下限值，物料流化遭到破坏，将带来燃料不能正常燃烧，出现炉膛结焦等问题。一、二次风比例应根据床温的变化进行调节。

返料风一般从一次风管引出，它的特点是风压高、风量小，一般可用单回路控制形式实施。其信号通过控制调节阀的开度改变其风量大小。播煤风的作用是防止锅炉高温烟气回窜到给煤设备内，以免造成设备的损坏，其压力应高于炉膛压力。

4. 床温控制

床温控制是循环流化床锅炉控制的特点之一。控制床温的目的是维持床温在最佳脱硫温度范围内，达到最佳脱硫效果。在实际运行中，将床温控制在设定的温度是很困难的，将床温控制在一定的范围即可，以便有效地进行脱硫，又能抑制 NO_x 生成。这个温度范围一般为 830～930℃之间。在锅炉运行中影响床温的因素比较多，如煤种，煤的颗粒大小，床料的数量，一、二次风和冷灰循环量等。因此可优选不同的控制方法来达到最佳化，如调整一、二次风比例，调节给煤量，调节物料循环量等，来实现对床温的控制。

对于很多小型循环流化床锅炉，一、二次风量配比没有自动调节装置，多采用手动调节方法。在这种情况下，采用床温与燃料串级调节方法是较为合适的，就是通过给煤量来控制床温。对于大、中型循环流化床锅炉，采用改变一、二风比例的调节方式来控制床温，是一个非常有效的方法。

5. 床压控制

床压控制也是循环流化床锅炉控制的特点之一。由于循环流化床锅炉在运行中无法直接检测床料厚度，只有密相区和稀相区的区别。而密相区静止时的料层厚度对锅炉的经济运行影响很大。料层过高会使布风板的阻力增加，料层过低又满足不了负荷的需要。锅炉在运行时，物料处于流化状态，可以借助测量一次风室和稀相区的压差和一次风量，间接测算出料层的厚度，再通过控制床压的方法来控制料层的厚度。

床压的控制可以采用控制排渣量来实现。排渣管底部装设脉冲阀，用以控制其排渣量是比较有效的方法。一些小型循环流化床排渣管底部是利用螺旋排渣机进行排渣的，应在排渣机的入口处装设排渣阀来控制其排渣量。

6. 炉膛压力控制

循环流化床锅炉在运行时，炉膛内部应维持一定的负压，而密相区接近布风板的部位呈现微正压状态。在低负荷时微正压的区域降低，在高负荷时微正压的区域提高。根据这个特点，在布设采样点时应予注意。炉膛负压的控制是通过联锁调节引风机调节板来实现的。

以上介绍的是循环流化床锅炉燃烧控制的特点，使用不同的控制系统将这些重点项目的控制串联起来即可完成对锅炉燃烧过程的有效控制。至于汽包水位控制回路、过热蒸汽控制回路、主蒸汽压力控制回路、烟气含氧量控制回路以及检测仪表与元件的选择与安装、变送等，和其他类型锅炉的控制基本上是相同或相似的，将在第十一章中进行详细介绍。

二、对联锁保护装置的要求

1. 联锁保护装置的功能

循环流化床锅炉设置联锁保护的目的是既要保护运行人员的安全，同时也要保护设备安全运行免遭破坏。联锁保护装置的功能是，当设备接近不合理或极不稳定运行状态时，依靠事先设定好的运行程序，限定该装置的动作，以防非正常情况的发生，是一种强制性的预先报警，直至自动跳闸动作。但是任何一种保护装置都不可能包含所有引发事故的条件，即使它们得到很好的调整与维护，也不能完全避免上述情况的发生。因此，运行人员应该注意到自动保护系统的局限性，操作人员的责任心还是需要的。

2. 联锁保护装置设置原则

为达到循环流化床锅炉安全经济运行，设置联锁保护系统应遵循下列原则：

① 应能监视锅炉设备的启动步骤和运行状态，确保合理的运行状态和正确的运行程序；

② 当人员或设备的安全受到危害时，应事先尽可能发出报警，直到按合理顺序跳闸最小数量的设备；

③ 系统应能指出跳闸原因，并且在合适的操作条件建立之前，不允许启动系统的任何部分；

④ 为了达到启动或设备运行正常的目的，不能随便解除联锁；

⑤ 在系统中应有与自控平行的手动装置，以进行替代运行，但联锁装置不能解除；

⑥ 强制性的主燃料跳闸及其回路不能依赖于其他控制系统工作，输入信号应直接接入跳闸系统，如这一信号也为另一控制系统需要时，可从跳闸系统取出信号；

⑦ 应防止由于联锁系统的电源中断和恢复而造成该系统的误操作；

⑧ 联锁系统应有正确的安装和调整，以及为验证其功能可靠性与设置的合理性，须定期进行各项试验。

参 考 文 献

[1] 路春美等编著. 循环流化床锅炉设备与运行. 北京：中国电力出版社，2003.
[2] 党黎军编著. 循环流化床锅炉的启动调试与安全运行. 北京：中国电力出版社，2002.
[3] 毛健雄等编著. 煤的清洁燃烧. 北京：科学出版社，1998.
[4] 吕俊复等主编. 循环流化床锅炉运行与检修. 北京：中国水利水电出版社，2003.
[5] 林宗虎等编著. 循环流化床锅炉. 北京：化学工业出版社，2004.
[6] 锅炉房实用设计手册编写组. 锅炉房实用设计手册. 第2版. 北京：机械工业出版社，2001.

第六章

工业锅炉洁净煤与生物质能应用技术

第一节　工业锅炉应用洗选煤技术

一、原煤洗选简介

煤炭洗选又称选煤，即利用煤和杂质（矸石）的物理与化学性质的差异，采取物理、化学或微生物等分选方法，使其一部分杂质从煤中分离出去，再加工成用途不同、质量稳定均匀、符合标准要求的煤炭产品。按选煤方法的不同，一般有物理选煤、物理化学选煤、化学选煤和微生物选煤等。

洗选煤工艺流程大致如图 6-1 所示。

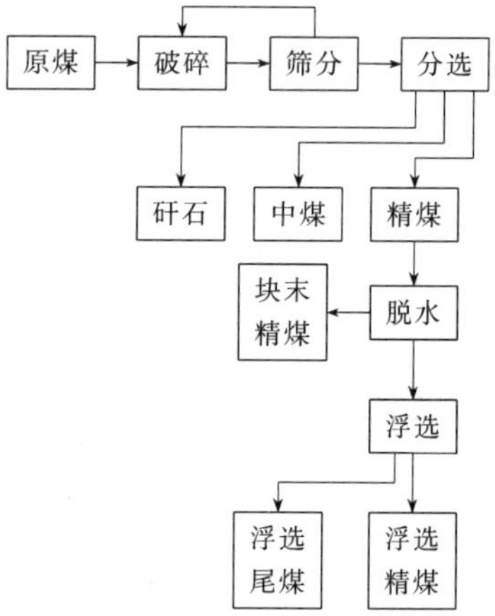

原煤 → 破碎 → 筛分 → 分选

矸石　中煤　精煤

脱水　块末精煤

浮选

浮选尾煤　浮选精煤

图 6-1　洗选煤工艺流程框图

二、工业锅炉燃用洗选煤节能减排功效

1. 提高煤炭产品质量，从源头上实行节能减排

煤炭经洗选可脱除煤矸石等杂质，煤中灰分减少 50%～80%，全硫量降低 30%～40%（或黄铁矿硫脱除 60%～80%）。有效地提高了煤炭产品的质量，从源头上降低煤中的有害物质，更适合锅炉燃用，可提高效率，并能减少烟尘量与 SO_2、NO_x 排放量，对节能减排极为有利，是最经济、最便捷、最有效的节能减排方法之一。

2. 提高锅炉热效率，节能降耗

原煤经洗选后，灰分减少了，就意味着固定碳与挥发分的提高，煤的发热量自然相应提高，可提高燃煤燃烧效率，促进锅炉热效率的提高。原煤洗选后去除了末煤，粒度适合工业锅炉燃用，尤其是符合层燃锅炉设计要求，可减少漏煤与飞灰量。燃煤粒度级配合理，煤层阻力小且均匀，有利于通风布风，促进完全燃烧，减少灰渣含碳量，降低 q_4 热损失。同时，锅炉燃用洗选煤，可适当减小空气系数，有利于推行低氧燃烧技术，抑制 NO_x 生成，降低排烟热损失 q_2，提高锅炉热效率 6%～8%，节能效果明显。

3. 减少运力，节省运费

煤炭经洗选后，可除掉大量杂质。每洗选 1 亿吨原煤，按全国平均质量计算，能除掉煤矸石 1600 万吨，节省运力 96 亿吨公里。不但能节省运费，而且还可以从源头上缓解铁路与

公路运煤紧张状况，提高运输效率，同时还能防止不法商贩利用煤矸石破碎后掺入煤中坑害用户的行为发生。这对国家有利，对交通运输部门有利，对用户更有利。

三、洗选煤存在问题与发展建议

1. 企业用煤观念落后，尽快促成原煤、散煤退出终端市场

中国工业锅炉是在小而全的旧体制中走过来的，处于辅助生产位置，属一线生产的后方单位，一般不被重视；管理相对落后，自动化水平低，辅机不配套，计量仪器不健全，考核不到位；煤炭消耗在产品成本中所占比例很少，认为只要供足热、不影响生产就行，对节能减排工作不重视；同时在历史上已长期形成烧原煤习惯，不注重锅炉设计煤种的要求，认为好煤、差煤一样能烧。改革开放后，国家对煤炭行业进行了一系列改革，煤价放开，允许小煤窑开采，一些不法煤贩趁机作祟，煤炭市场中间环节太多，出现混乱。因而工业锅炉等用户形成了“有什么煤，买什么煤，来什么煤，烧什么煤”的被动局面，片面追求低价煤，不愿购买高质量的洗选煤，没有弄清楚燃用洁净煤可提高锅炉热效率、节能降耗、改善环境、延长设备使用寿命等一系列好处，用煤观念落后。

中小型工业锅炉应燃用专供的高质量洗选煤，尽快淘汰烧原煤、散煤。因为未经洗选的煤灰分高、硫分高、挥发分与发热量低，由于锅炉容量小，不可能采取烟气或炉内脱硫等装置，所以燃用洁净煤产品是必由之路。原煤、散煤应尽快退出终端消费市场。

2. 原煤入选比例小、品种少、质量差

目前我国原煤入选比仅为30%左右，主要是炼焦煤，动力用煤入选比例很小。而工业发达国家需要洗选的动力煤全部入选：如美国55%、俄罗斯60%、英国75%、德国95%、法国92.5%、日本98%、澳大利亚75%。而我国洗选煤设备闲置严重，开工率仅为64%，动力煤洗煤厂设备利用率更低。原因是未形成洗选煤市场，购买力不足，优质煤难以优价。

洗选煤品种少，质量差且不稳定。我国动力煤洗选后不能按照各个工业部门、各类企业和不同耗能设备所需品种、规格与质量进行对口供应。如发电厂需要13mm粒度以下的洗选煤，硫含量高时可集中进行脱硫处理。中小型工业锅炉则不同，它需要粒度6～25mm、灰分小于20%、硫含量≤0.5%的专供洗选煤。

3. 无产品质量标准，国家质检部门无法监督检验

原煤是一种半成品，而不是国家产品质量标准所规范的商品。生产厂家一般无自检，又不属于国家质量监督的范围，因而在流通过程中出现了许多问题。但是原煤经过洗选加工变为洁净煤，属于商品范畴，应根据国家标准化法规定，制定强制性产品质量标准，接受技术监督部门的监督检查。

4. 煤炭市场混乱，亟待规范整顿

全国有50多万台工业锅炉和16万台窑炉，遍布全国各地，所用煤炭品种质量又有特殊要求。而煤炭储藏分布却是西多东少、北多南少，而工业发达地区多集中在东南沿海地带。很多分散用户只能从煤贩子手中买到煤，品种质量无法保证，造成锅炉效率低、污染严重，煤炭供应体系混乱，市场失控。众多小煤窑违背科学开采规律，形成掠夺式开采；安全设施不具备条件，重大事故不断发生，品种质量更无法保证。因此，必须依法取缔小煤窑生产，规范整顿煤炭市场，大力扶持、扩大现有的煤炭二级市场，达到如“十一五”规划所要求的“构建稳定、经济、清洁、安全的能源供应体系”。

第二节　工业锅炉动力配煤应用技术

一、动力配煤简述

1. 何为动力配煤

所谓动力配煤，就是将不同种类、不同质量的单种煤，经过洗选、筛分、破碎，按优化比例

混合并加入添加剂，生产出符合燃烧设备要求的动力煤“新煤种”。此种新煤种有别于原煤种的成分与燃烧特性，属于洁净煤产品范畴。

工业锅炉是按一定煤种设计的，要保证锅炉正常高效运行，就要求燃煤特性与锅炉设计相匹配。但是针对如此大的耗煤量，再加上产地的不同、矿井的差异、流通领域多种环节的限制，很难完全满足要求，尤其是小煤窑煤。即使煤的成分达到要求，煤的粒度与燃烧特性不一定符合要求，也不可能保持长时间的供应稳定，必然造成锅炉热效率降低，能源浪费，污染物超标排放以及运行操作困难等。锅炉动力配煤就是解决这些问题的。

2. 工业发达国家动力配煤简介

工业发达国家如美国、德国、日本、英国、法国等，很早就采用动力配煤技术，主要用于电厂。将不同种类、不同硫分、灰分、发热量与燃烧特性的单种煤，经过混配后，可保证入炉煤的品种质量符合燃烧设备的要求，达到节能减排目的，并使锅炉稳定运行，减少结渣、积灰、腐蚀与磨损。一般自动化程度很高，如瑞士ABB公司开发了专家配煤系统，均已收到良好的经济效益与环保效果。澳大利亚为煤炭出口国，煤质较好，为满足进口国的要求，在港口进行配煤，受到了欢迎，增强了竞争力，收到良好经济效益。

3. 我国动力配煤发展概况

我国动力配煤始于20世纪70年代末，从炼焦配煤的优越性受到启发。开始是上海燃料公司将几种不同品种、质量的原煤进行混配，供应用户，受到普遍欢迎，在全国许多大中型城市推广。

经过30多年的发展，我国动力配煤现已形成三大格局，即煤炭流通领域中的动力配煤。以煤炭洗选、配煤、营销、煤矸石综合利用于一体，配有中国自主研发的配煤软件控制系统，建成后将成为世界上最大的配煤中心。第二种模式是电力系统自主配煤。我国发电耗煤量约占煤炭产量的一半左右，而且每年在快速增长，任何单一矿井或配煤企业很难满足要求，尤其是一些大型燃煤发电厂，只好自行设置配煤厂，并已取得良好的节能减排功效。第三种模式是煤矿或煤矿系统的所属单位，直接生产动力配煤，如株洲选配煤厂等。由于具有自身优势，如煤源多，一般配有洗煤厂，又有铁路专用线或在港口、集散地与集运站等地理条件扩展生产配煤，再供用户，减少中间环节，降低成本，经济与社会效益很好。

二、动力配煤主要工艺流程

动力配煤一般工艺流程如图6-2所示。

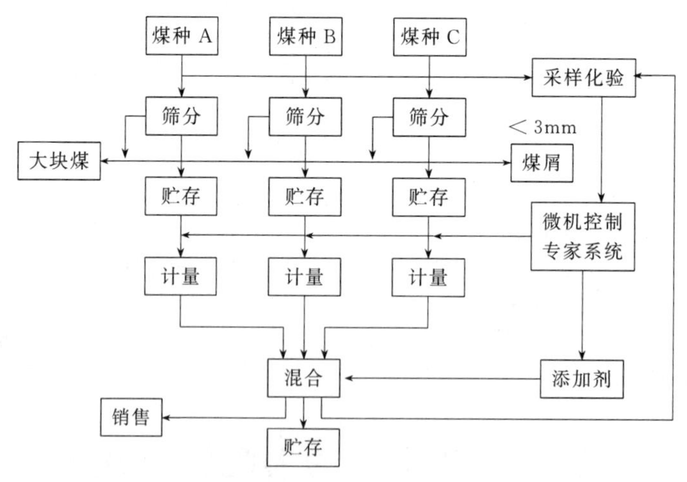

图6-2　动力配煤工艺流程框图

三、工业锅炉燃用动力配煤节能减排功效

1. 充分利用当地煤源，节省成本

燃用动力配煤，应在满足质量要求前提下，最大限度地利用当地的煤炭资源，适量购进外地

优质煤。既能达到锅炉对燃煤质量要求，又能降低成本，节省运费。

2. 保证燃煤质量与燃烧特性要求相匹配

通过动力配煤可保证燃煤质量和燃烧特性与锅炉设计要求相匹配。并经筛分后除掉大块及末煤，燃煤粒度得到保证，更适合链条锅炉燃用，因而可减少漏煤与飞灰，同时由于粒度比较均衡，大大减少煤斗内粒度离析现象，有利于链条炉布煤，煤层均匀，阻力减小，通风性能得以改善，燃烧充分，灰渣含碳量低，减少 q_4 热损失。同时可适当减小空气系数，趋向于低氧燃烧，减少烟气量，q_2 热损失减小。合计可提高锅炉热效率，节煤 6%以上。

3. 从源头上可控制燃煤质量与成分

由于配煤标准要求与订货合同的约定，应精心选配原料煤，控制硫、灰分等成分。一般经过洗选，可降低灰分 50%～80%，降低硫分 30%～40%。同时在配煤时必须加入一定比例的固硫添加剂与助燃剂等，从源头上降低烟尘与 SO_2 等原始排放浓度。再视具体情况从尾部采取除尘、脱硫等措施，做到达标排放，保护环境。

4. 实施专家配煤系统，成分稳定，适合锅炉燃用

由于采用机械化自动化配煤工艺，特别是专家配煤系统，可在线检测分析原料煤与配煤的化学成分，随时进行自动调整，从而能获得稳定的配煤质量，有利于锅炉运行操作的稳定，保证锅炉供热负荷，减少维修费用，延长设备使用寿命。

四、优化动力配煤特性与配煤专家系统

1. 工业锅炉对煤质的要求

工业锅炉型号不同，燃烧方式各异，对燃煤的具体要求也不一样。锅炉设计时是按特定的煤种设计的，动力配煤的煤质特性必须与锅炉设计相匹配。现以层燃锅炉为例，对煤质的要求及其影响略述如下。

(1) 煤的低位发热量　发热量要高，是对动力配煤的首要要求，因为锅炉的炉膛容积热负荷、炉型结构尺寸与受热面布置等，都是按燃煤发热量高低设计的。发热量太低，燃烧困难，锅炉出力不够，达不到用户要求；如发热量太高，则炉膛温度过高，水循环系统不能把热量及时带走，有可能出现结渣、结焦，烧坏炉排，影响正常运行。因此，工业锅炉要求配煤的发热量一般为 18.8～23.0MJ/kg (4500～5500kcal/kg)，但要由锅炉具体设计煤种与发热量决定。

(2) 煤的挥发分　挥发分是评价动力配煤的重要指标。这是由于挥发分的高低不仅与燃煤起火早晚有关，而且关系到锅炉设计时的炉拱形状、炉排长短、炉膛容积等参数。所以工业锅炉尤其是链条锅炉要求挥发分要高一点，一般应在 20%～30%为好。

(3) 煤的灰分　灰分高，起火慢，燃尽困难。因为煤在燃烧时会形成灰壳，阻止助燃空气扩散进入，灰渣含碳量升高。同时煤的灰分高，固定碳含量下降，发热量低，必然影响锅炉出力与热效率。可用如下经验公式表述：

$$\eta=80+0.17A_{ar}-0.017(A_{ar})^2,\% \qquad (6\text{-}1)$$

式中，η 为锅炉热效率，%；A_{ar} 为燃煤收到基灰分，%。

例如，灰分为 20%时，热效率为 76.6%；灰分为 40%时，热效率仅为 59.6%。因此，原料煤应经过洗选，降低灰分至 20%以下。

(4) 煤的硫分　配煤中硫含量的高低，直接影响锅炉排烟中 SO_2 含量高低。因此，要求原料煤硫分越低越好。一般须经洗选处理，从源头上治理是最科学、最经济的方法。对中小型工业锅炉来说，配煤硫应控制在 0.5%以下。

(5) 煤的水分　配煤含水分对层燃锅炉经济运行既有利又有弊，详见第二章有关论述。适量含水可使煤粉与煤块黏合在一起，减少漏煤与飞灰热损失，同时煤中含水分可促进还原反应，水分蒸发能使煤块疏松，有利于煤的强化燃烧。但含水量过高时，因蒸发吸收热量，会影响炉温，增大排烟热损失。因此，配煤水分应控制在 8%～10%为最佳。

(6) 煤的灰熔点　配煤的灰熔融温度应控制在 1250℃以上。如若太低，在燃烧时会结成渣块，影响正常通风与排渣，恶化传热，使灰渣含碳量升高，严重时被迫停炉处理。

(7) 煤的结焦性或黏结性　燃煤的焦渣特征分为 1～8 级，动力配煤应取其 2～5 级为宜。这

是因为结焦性好的煤，黏结性强，在燃烧时易结成焦块，通风受阻，灰渣含碳量升高，运行操作受到影响。但无结焦性的煤也不太好，燃烧后成为焦末，易从炉排漏掉或随烟气带走，也会造成热损失。

(8) 煤的粒度组成　前已叙及，燃煤粒度随燃烧设备不同，要求也不一样。对层燃链条锅炉来说，配煤粒度最好是 6～25mm，0～3mm 的越少越好。这对锅炉正常燃烧，稳定运行，提高热效率非常有利。

由于不同种类、不同型号的锅炉对燃煤有不同的要求，在工业锅炉设计时，对其煤种的质量要求已明确列入设计计算书中。用户也可以提供具体煤种，让锅炉设计单位进行针对性设计。我国对锅炉设计进行了规范化工作，原机械工业部于 1986 年就提出了工业锅炉设计代表性煤种，现已有新标准。这是对单一煤种，在配煤选择煤种时可供参考，如表 6-1 和表 6-2 所列。

表 6-1　工业锅炉行业煤的分类

类　别		干燥无灰基挥发分 V_{daf}/%	收到基低位发热量 $Q_{net,ar}$/(MJ/kg)
石煤、煤矸石	Ⅰ类		≤5.4
	Ⅱ类		>5.4～8.4
	Ⅲ类		>8.4～11.5
褐煤		>37	≥11.5
无烟煤	Ⅰ类	6.5～10	<21
	Ⅱ类	<6.5	≥21
	Ⅲ类	6.5～10	≥21
贫煤		>10～20	≥17.7
烟煤	Ⅰ类	>20	>14.4～17.7
	Ⅱ类	>20	>17.7～21
	Ⅲ类	>20	>21

表 6-2　工业锅炉设计用代表性煤种

类别		产　地	煤的成分组成								低位发热量 $Q_{net,ar}$/(MJ/kg)
			挥发分 V_{daf}/%	碳 C_{ar}/%	氢 H_{ar}/%	氧 O_{ar}/%	氮 N_{ar}/%	硫 S_{ar}/%	灰分 A_{ar}/%	水分 M_{ar}/%	
石煤、煤矸石	Ⅰ类	湖南株洲煤矸石	45.03	14.80	1.19	5.30	0.29	1.50	67.10	9.82	5.03
	Ⅱ类	安徽淮北煤矸石	14.74	19.49	1.42	8.34	0.37	0.69	65.79	3.90	6.95
	Ⅲ类	浙江安仁石煤	8.05	28.04	0.62	2.73	2.87	3.57	58.04	4.13	9.31
褐煤		黑龙江扎赉诺尔	43.75	34.65	2.34	10.48	0.57	0.31	17.02	34.63	12.28
		广西右江	49.50	34.98	2.87	8.79	0.91	1.06	31.19	20.20	11.64
		龙口	49.53	36.50	3.03	10.40	0.95	0.69	28.40	20.03	13.44
无烟煤	Ⅰ类	京西安家滩	6.18	54.70	0.78	2.23	0.28	0.89	33.12	8.00	18.18
		四川芙蓉	9.94	51.53	1.98	2.71	0.60	3.14	32.74	7.30	19.53
	Ⅱ类	福建天湖山	2.84	74.15	1.19	0.59	0.14	0.15	13.98	9.80	25.43
		峰峰	4.07	75.60	1.08	1.54	0.73	0.26	17.19	3.60	26.01
	Ⅲ类	山西阳泉	7.85	65.65	2.64	3.19	0.99	0.51	19.02	8.00	24.42
		焦作	8.48	64.95	2.20	2.75	0.96	0.29	20.65	8.20	24.15

续表

类别		产地	煤的成分组成								低位发热量 $Q_{net,ar}$ /(MJ/kg)
			挥发分 V_{daf}/%	碳 C_{ar}/%	氢 H_{ar}/%	氧 O_{ar}/%	氮 N_{ar}/%	硫 S_{ar}/%	灰分 A_{ar}/%	水分 M_{ar}/%	
贫煤		山东淄博	14.64	57.93	2.69	2.11	1.14	2.58	27.75	5.80	22.10
		西峪	16.14	63.57	3.00	1.79	0.96	1.54	23.24	5.90	23.81
		林东	14.75	65.62	3.32	1.92	0.71	3.89	19.64	4.90	25.37
烟煤	Ⅰ类	吉林通化	21.91	38.46	2.16	4.65	0.52	0.61	43.10	10.50	15.53
		南票	39.11	44.90	3.03	8.23	0.94	0.88	29.03	12.99	16.86
		开滦	30.67	43.23	2.81	5.11	0.72	0.94	39.13	8.06	16.23
烟煤	Ⅱ类	安徽淮北	26.47	48.51	2.74	4.21	0.84	0.32	32.78	10.60	18.09
		新汶	42.84	47.43	3.21	6.57	0.87	3.00	31.32	7.60	18.85
		雷山	35.80	56.20	3.59	4.55	1.51	0.37	26.88	6.90	20.90
	Ⅲ类	辽宁抚顺	46.04	55.82	4.95	8.77	1.04	0.51	16.71	12.20	22.38
		肥城	38.60	58.30	3.88	6.53	1.07	1.40	19.92	8.90	23.32
		水城	30.04	56.45	3.59	4.72	1.01	1.80	25.83	6.60	23.35

2. 动力配煤原则

① 动力配煤是一种商品，必须满足工业锅炉的基本要求，要使配煤的品种质量保持相对稳定，与锅炉设计要求相匹配。

② 要为工业锅炉节能减排从源头上创造条件，使其煤质成分特性，起火燃烧特性，结渣、结焦特性，污染物排放特性和煤的粒度组成等，达到配煤质量标准要求。要为提高锅炉燃烧效率，促进经济运行，节能减排，保护环境创造条件。

③ 尽量扩大低质煤比例，节约优质煤，就近找煤源。配煤煤种不宜太多，一般2～3个，以便简化工艺，降低配煤成本，缓解运输紧张状况。

④ 配煤生产应选择机械化自动化生产工艺，最好选用专家配煤系统，实现清洁生产，以便加强在线检测化验分析，及时自动调整配煤成分，保持质量稳定。要加强自检，提供质检合格证书，并接受国家质检部门的监督检查。

3. 动力配煤优化与主要成分变化规律

动力配煤要发挥单种煤的特长，克服其缺点，使原来不适合单烧的煤，经过合理混配，生产出适合工业锅炉燃烧的“新煤种”。所以称之为“新煤种”，就是说动力配煤与各单种煤的特性参数之间并非是简单的加权关系，而是一种非线性关系。浙江大学热能工程研究所等单位的专家学者，经过大量试验研究证明，除硫含量以外，都可以用神经网络或模糊数学的方法来综合描述配煤的各种特性，较为准确。在此基础上建立了优化配煤的非线性数学模型，开发了配煤专家系统，并已应用于杭州配煤场，取得良好的经济效益和社会效益。

(1) 配煤的挥发分变化规律　图6-3示出配煤的实测挥发分与计算值之间的关系曲线。由图可知，它们之间的总趋势是一致的，但交点比较散乱，准确度差。而图6-4是神经网络预测值与实测值的关系曲线。从两图对比可知，用神经网络方法预测的准确度明显高于前者。同时还发现，挥发分低的煤种配比越大，配煤的实际挥发分减少越多。对这一点，在配煤时应引起注意。

(2) 配煤的发热量变化规律　配煤的发热量是最重要的指标。图6-5给出了配煤的实测发热量与计算发热量之间的关系曲线。图6-6示出的是用神经网络方法预测值与实测值之间的关系曲线。二者相比，同样说明前者不太准确，而后者的准确度较高，并由实验证明配煤的实际发热量要大于按单种煤加权平均计算值。

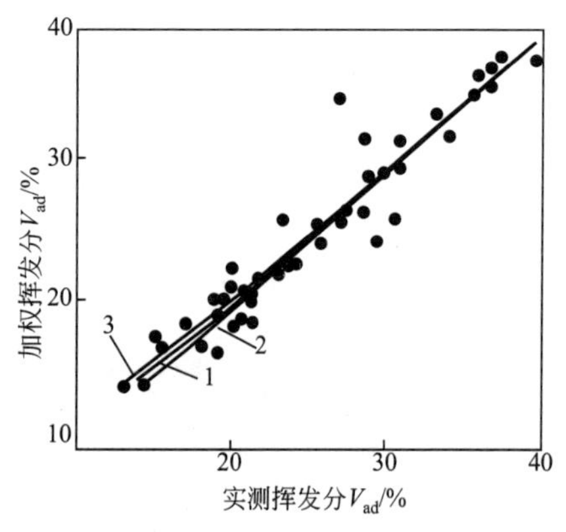

图 6-3 配煤的实测挥发分与计算值之间的关系

1—线性回归曲线；2—算术加权平均曲线；
3—三次回归曲线

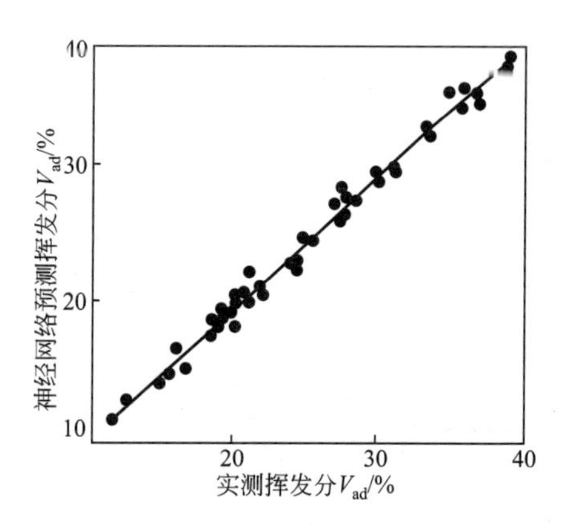

图 6-4 神经网络预测值与实测值的关系

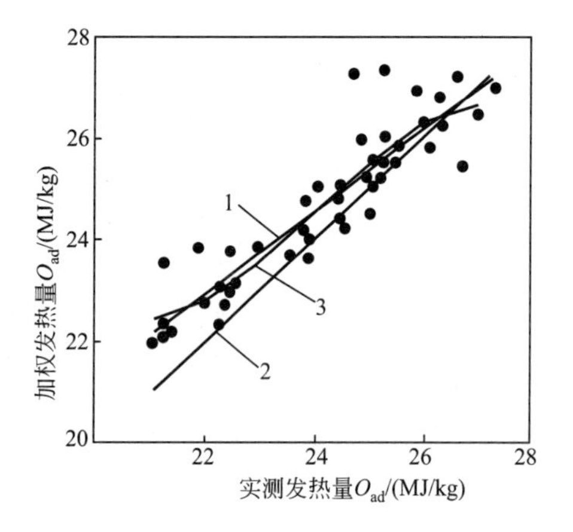

图 6-5 配煤的实测发热量与计算发热量之间的关系

1～3—同图 6-3

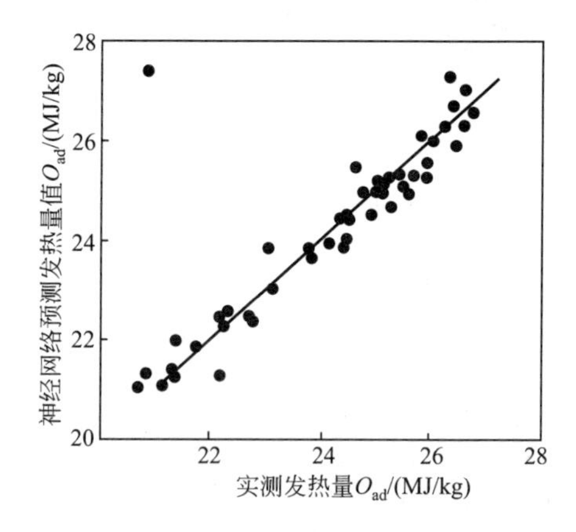

图 6-6 用神经网络方法预测值与实测值之间的关系

对这一点似乎难于理解，但实验的结果如此。追其原因，可能是不同煤种混配后优势互补，在相同的燃烧条件下，反应更加完全，放出的热量增加所致。这对配煤是有利的，可以适当多配一点低热值的煤，能稳定或提高配煤的发热量。

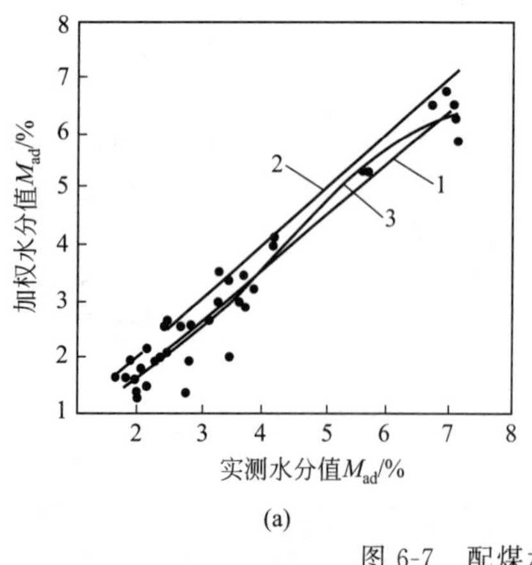

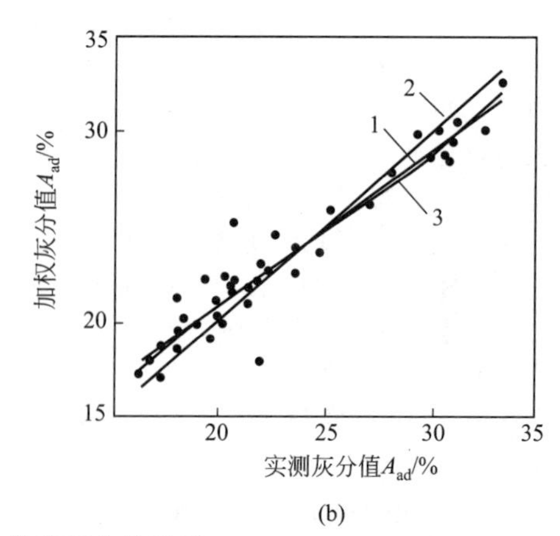

图 6-7 配煤水分和灰分的关系

1～3—同图 6-3

(3) 配煤的水分、灰分变化规律 煤的灰分与水分也是配煤的主要考核指标。图 6-7 示出了配煤的水分与灰分实测值与计算值之间的关系曲线，说明它们之间交点散乱，是一种复杂的非线性映射关系。图 6-8 用神经网络方法预测配煤水分与实测值之间的关系曲线，灰分曲线完全相似，不必列出，表明用神经网络方法预测配煤水分与灰分有较高的准确度，效果较好。

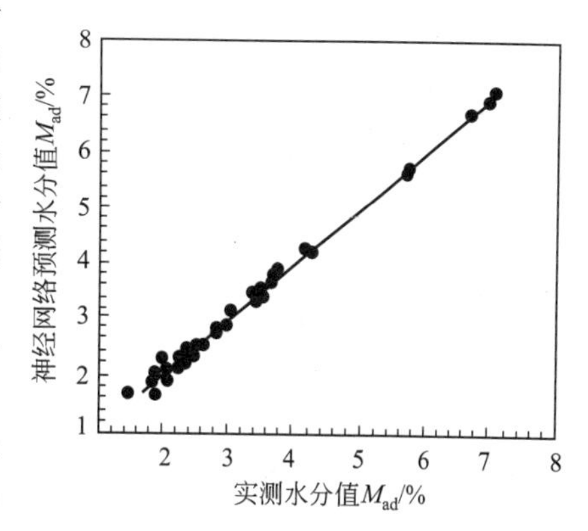

图 6-8 混煤水分的神经网络预测

(4) 配煤的灰熔点变化规律 配煤的灰熔点是一项非常重要的指标。因为工业锅炉一般为固体出渣，若配煤灰熔点太低，在燃烧时会造成熔化，结成渣块或黏结在受热面上，严重影响炉内正常燃烧，甚至威胁安全运行。同样研究结果表明，配煤的灰熔点并非单种煤灰熔点的加权平均值，而呈现典型的非线性映射关系，用神经网络方法可以准确地预测其灰熔点，如表 6-3 所示。

表 6-3 神经网络预测配煤灰熔点与实测值比较

编号	煤样名称	ST		编号	煤样名称	ST	
		实测	神经网络预测值			实测	神经网络预测值
1	枣庄 30 乐陵 30 路安 40	1330	1331	4	枣庄 50 乐陵 30 路安 20	1280	1299
2	枣庄 20 乐陵 30 路安 50	1350	1352	5	枣庄 20 乐陵 20 路安 60	1420	1414
3	枣庄 30 乐陵 40 路安 30	1260	1279				

对于配煤的结渣特性综合判别指数 R，可用模糊数学方法来进行描述，获得满意结果，却不能用神经网络法，更不能用算术加权平均值来代替。

(5) 配煤的硫分变化规律 配煤的含硫量是环保要求的最重要指标。因为它决定着煤在炉内燃烧后烟气中 SO_2 是否能达标排放和配煤时固硫添加剂量的多少。中小型工业锅炉不可能增设昂贵的烟气脱硫装置，固硫添加剂量也有一定的限度。加多了煤的固定碳含量降低，影响煤的发热量。所以要从源头上限定配煤的含硫量，要求不大于 0.5%。

经国内多家研究单位证实，配煤的含硫量可用各单种煤含硫量的加权平均值来确定，准确度高，方法又简单。但燃烧后的烟气 SO_2 排放特性却用神经网络方法描述。对于配煤硫含量的上述变化规律，目前从理论上无法说清楚。

(6) 配煤的着火和燃尽特性 配煤的着火和燃尽特性是煤燃烧的重要特性。配煤的着火特性一般用着火温度表示，它随着 V_{ad}/A_{ad} 比值的增大有下降趋势，且低于单种煤的 V_{ad}/A_{ad}。当然配煤的实际引燃着火情况，还与煤的燃烧方式和炉膛结构，特别是炉拱设计有关。正因为这种情况，我们可改进设计，进行强化燃烧。同样道理，配煤的燃尽率随其 V_{ad}/A_{ad} 比值的升高，燃尽率也提高，且明显低于单种煤性能较好的煤。上述情况说明在配煤时要求尽量提高挥发分、降低灰分的道理。

配煤的着火特性和燃尽特性与各单种煤之间的关系是复杂的非线性关系，不能用加权平均值确定，而用神经网络方法预测较为准确。

4. 配煤数学模型与专家配煤系统

总结以上有关配煤的特性要求与配煤成分的变化规律，浙江大学热能工程研究所率先将非线性优化理论应用于动力配煤，建立了非线性优化动力配煤数学模型，并开发了优化配煤专家系统。该系统主要包括配煤方案的优化设计、配煤成分与性能预测、在线检测与调控、生产的自动控制与事故报警、煤场管理、销售查询、产品合格证打印、成本核算等功能。该模型的目标函数是在满足配煤成分与特性要求前提下成本最低。约束条件共有 10 项，其优化数学模型为：

目标函数 $$P_{\min}=\sum_{i=1}^{n}c_i x_i \quad (i=1,\ 2,\ 3,\ \cdots,\ n)$$

约束条件：

发热量　$Q_A \leqslant f_d(X_i, Q_i, M_i, V_i, FC_i) \leqslant Q_B$
挥发分　$V_A \leqslant f_v(X_i, M_i, A_i, V_i, FC_i) \leqslant V_B$
硫分　$S_A \leqslant f_s(X_i, S_i) \leqslant S_B$
水分　$M_A \leqslant f_m(X_i, M_i, A_i, V_i, FC_i) \leqslant M_B$
灰分　$A_A \leqslant f_a(X_i, M_i, A_i, V_i, FC_i) \leqslant A_B$
灰熔点　ST_A　f_{st}（X_i，各单种煤的灰成分分析）$\geqslant ST_B$
着火温度　$T_A \leqslant f_i(X_i, Q_i, M_i, A_i, V_i, FC_i) \leqslant T_B$
结渣特性　R_A　f_i（X_i，各种种煤的灰成分分析）$\geqslant T_B$
燃尽特性　$D_A \leqslant f_d(X_i, Q_i, M_i, A_i, V_i, FC_i) \leqslant D_B$
排放特性　$SO_{2A} \leqslant f_{SO_2}$（$X_i$，$S_i$，$Q_i$，各单种煤的灰成分分析）

此外，还应增设配煤粒度要求的约束条件。

有关配煤质量指标方程描述如下：

① 配煤的发热量、挥发分、灰分、水分、灰熔点 ST 采用神经网络方法进行非线性预测，但这种描述并没有一个确定的方程式；

② 配煤的硫分采用各单种煤硫含量的算术加权平均值计算，但 SO_2 的排放特性用神经网络方法预测；

③ 配煤的结渣特性采用非线性模糊数学方法判别，而煤的着火温度、燃尽特性则采用神经网络方法预测。

五、动力配煤存在问题与发展建议

1. 配煤总体技术落后，亟待提高自动化水平

从全国已投产的动力配煤厂情况分析，只有少数厂家如大同云冈配煤中心采用自主研发的自动化控制生产，配有软件系统；杭州配煤场采用专家配煤系统；株洲选配煤厂由波兰设计，自动化程度较高。其余大多数生产规模较小，自动化程度低，配煤品种单一，一般处于经验配煤阶段。要用科学的配煤理论作指导，采用自动化和专家配煤系统，生产各种配煤产品，满足用户需要。

2. 煤炭二级市场大力整顿规范，原煤应尽快退出终端消费

煤炭是我国的基础能源，而目前沿用的是传统落后的烧原煤方法，尤其是众多分散的工业锅炉与炉窑。要充分发挥基础能源作用，必须尽快让原煤退出终端市场，改用洁净煤产品。

3. 应建立统一的配煤质量国家标准

应根据新形势要求，制定全国统一的配煤标准。各企业可生产高于国标的产品，并注册自己的商标，创名牌产品。

4. 加强政府指导和政策扶持力度

根据以上简要分析，为保证我国长远节能减排目标实现，有必要重新制定新的洁净煤技术发展纲要和实施细则。对于已建成的动力配煤企业要大力扶持、整顿提高，要上规模上水平，实现机械化自动化，积极采用我国自主开发的配煤专家系统，以新的配煤理论来指导配煤生产。

洁净煤的生产和流通是新型产业链，要不断发展壮大，显现节能减排功效，离不开国家政策的扶持和激励，在税收减免、银行信贷等方面给予优惠，用以更新改造老设备，采用现代化先进技术，并不断研发新工艺、新技术，制造大型先进的配煤设备。一些有条件的大型燃煤工业锅炉也可以自行装设配煤系统。同时要加强环保执法力度，迫使企业采用洁净煤产品。

第三节　工业锅炉应用型煤技术

一、型煤技术简介

1. 什么是型煤

所谓型煤就是将一定粒度级配的粉煤，配用黏结剂与固硫剂，施压加工成一定形状和物理化

学特性的煤炭产品。此种加工过程称为粉煤成型工艺，其目的就是根据燃煤设备的不同要求，克服原煤存在的某些缺陷，使之转化为符合用户要求的优良特性，以实现煤炭的高效、洁净利用。

型煤的种类很多，本节着重介绍工业锅炉用型煤的有关应用技术。

2. 国外型煤简介

国外型煤技术发展较早，起初用于壁炉取暖。工业型煤开发较晚，主要用于炼焦配用型焦型煤与高炉冶炼配用型焦。型煤生产技术较成熟的国家有英国、法国、德国和日本等，生产能力最大达到50万吨/年。但由于发达国家能源结构的调整，大量使用石油与天然气，煤炭主要用于发电，对型煤的需求量明显减少，型煤业日趋萎缩。

3. 国内型煤发展概况

我国锅炉型煤开发较晚。近期由于环境保护的需要，型煤发展有加快趋势。

工业锅炉燃用型煤有两种成型方法，即集中成型与炉前成型。在新的形势下，炉前成型技术获得一定的快速发展。如由浙江大学、西安交通大学和中原石油勘探局等单位设计的炉前成型设备，有的申请了专利，有自主知识产权，很受用户欢迎。仅在兰州地区就有100多个单位应用，取得良好的经济与环保效益。河南新乡、开封，河北石家庄，广西柳州，贵州等省市在4t/h以下的链条锅炉上燃用炉前成型机型煤，亦有比较成熟的运行经验，取得较好的节能减排效果。

二、粉煤成型主要工艺

粉煤成型技术工艺主要有三种方法，即无黏结剂冷压成型、有黏结剂冷压成型和热压成型，如图6-9所示。

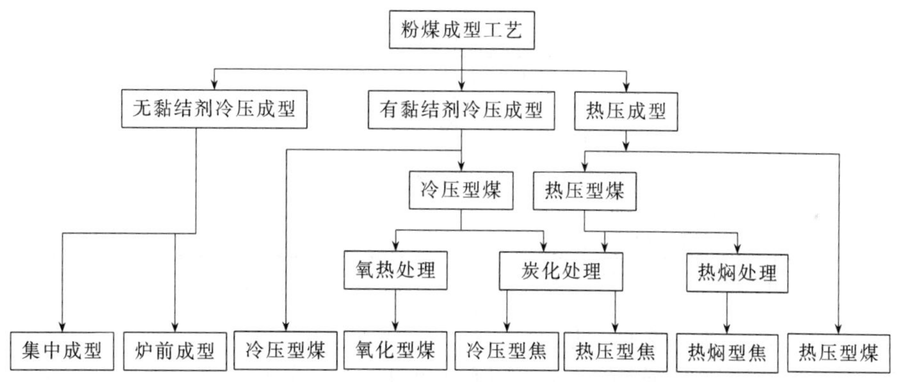

图6-9　粉煤成型技术工艺框图

三、型煤特性与节能减排功效

粉煤成型的目的在于克服天然煤的某些缺陷，使之赋予新的优良特性，更符合燃煤设备的要求，以实现洁净燃烧，收到节能减排效果。型煤是洁净煤产品，其节能减排效果与型煤的特性密不可分。以下引用煤炭科学研究总院徐振刚、刘随芹主编的《型煤技术》一书中有关数据，加以说明。

1. 型煤块度规整、性质均化，能提高锅炉燃烧效率

前已述及，原煤粉煤太多，约占60%～70%，不适合锅炉尤其是链条锅炉燃用，造成一系列弊端，主要是效率低，污染严重。要实现煤的净净燃烧，特别是粉煤的充分利用与洁净燃烧，采用型煤是有效方法之一。因为型煤是几种原料煤优选相配压制而成的，并加入一定比例的固硫添加剂等。其形状、大小规整，无粉煤且性质均化，成分稳定。因而锅炉无漏煤，火床燃烧均衡，操作稳定，可减少灰渣含碳量，提高锅炉燃烧效率。而且煤层透气性好，配风阻力小，布风均衡，炉内火床整齐，风机耗电小，有利于实施低氧燃烧，减少烟气量，降低排烟热损失。

2. 型煤固硫、节能减排效果明显

通过各单煤种优选相配，控制其型煤的硫含量与灰分，并在压制前适量配入固硫添加剂与改性剂等。一般固硫率可达40%～60%，降低烟气SO_2排放量；烟尘量可降低80%以上，节能减排效果明显。还可降低排烟温度，减少设备腐蚀，有利于烟气余热回收利用。

3. 型煤孔隙率大，反应活性高

原煤是天然形成的，较为致密，孔隙率小，反应活性差。燃烧后煤核被灰渣层包裹，不易剥落分离，难于燃透，灰渣含碳量一般在15%左右，有的甚至高达20%以上，降低了燃烧效率。而锅炉型煤系由几种单煤优选相配压制成型，孔隙率大，反应活性高，尤其在低温时较明显，如表6-4和表6-5所示。若在配煤时适量加入助燃催化剂或生物质燃料，并对锅炉进行相应技术改造，更易于着火与燃尽。在燃烧时型煤迎火面开裂呈花卉状，有利于氧气扩散进入，改善了燃烧条件，可使灰渣含碳量降低8%～9%，提高燃烧效率，节能率在6%以上。

表6-4　同一煤种的型煤与天然块煤的孔隙率比较　　单位：%

煤　种	天然块煤	型　煤	孔隙率提高
无烟煤	3	12.5	9.5个百分点(3.16倍)
烟煤	5	17.2	12.2个百分点(2.44倍)

表6-5　型煤与天然块煤的反应活性比较　　单位：%

温度/℃	大同煤			老鹰山煤			鲤鱼江煤			重庆煤		
	型煤	块煤	提高①	型煤	块煤	提高①	型煤	块煤	提高①	型煤	块煤	提高①
800				7.77	4.28	0.82	6.35	1.44	3.41	44.6	11.3	2.95
850	8.50	6.05	0.41	11.37	6.82	0.67	7.65	3.16	1.42	66.2	14.4	3.60
900	16.75	9.70	0.73	21.61	15.43	0.40	14.82	6.15	1.41	82.0	19.5	3.21
950	26.50	15.55	0.74	38.62	30.36	0.27	50.98	13.25	2.85	87.9	26.1	2.37
1000	44.75	25.30	0.77	64.66	42.13	0.58	66.77	23.81	1.80	86.9	36.7	1.37
1050	66.90	45.30	0.48	81.05	62.09	0.31	69.19	41.20	0.68	80.8	50.1	0.62
1100	85.90	62.20	0.18	96.73	83.70	0.15	77.33	58.57	0.32	68.8	63.3	0.09

① 为型煤比天然块煤反应活性提高的倍数。

4. 型煤焦渣特征适中，适合锅炉燃用

煤在加热时发生热分解，约在350℃左右开始软化熔融，在逸出挥发物后约在450℃时就会黏结成焦状物，煤的这种黏结性称为焦渣特征（CRC）。若选用黏结性太强的煤，燃烧易结成焦块，堵塞炉排孔，影响通风，使燃烧恶化，锅炉无法正常运行；若选用不黏结性煤，燃烧时灰渣易形成粉末，随风吹走，烟尘和热损失加大，污染环境。煤的焦渣特征分为8级，一般型煤选择2～4级，即弱黏结性为宜。在型煤配煤时可进行适当选配，使焦渣特征适中，符合锅炉燃烧要求。如老鹰山煤和鲤鱼江煤为黏结性较强的烟煤，当分别掺配一定比例的弱黏结性煤或无烟煤压制成型后，其黏结性达到适中，如表6-6所示。

表6-6　型煤与天然块煤的黏结性比较

原　料　煤	V_{daf}/%	Y①/mm	焦渣特征(1～8)
鲤鱼江煤	28.36	21	7
大同煤	29.82	0	2
(鲤鱼江＋大同)型煤	29.81	0	2
老鹰山煤	36.20	18.5	7
龙岩煤	1.90	1	1
(老鹰山＋龙岩)型煤	20.52	0	4

① 胶质层最大厚度。

5. 型煤的灰熔融温度提高，不会结成渣块

煤在燃烧时使灰分软化熔融的最低温度称为灰熔融温度 *ST*。当煤的 *ST* 温度太低时，会熔融烧结变为渣块，阻碍通风，甚至烧坏链排，使燃烧恶化。严重时须停炉处理，灰渣含碳量必然升高，燃烧效率下降，影响锅炉正常供热。如大同煤的灰熔融温度偏低，*ST* 只有 1190℃，而鲤鱼江煤 *ST* 为 1480℃。二者按一定比例压制成型煤后，*ST* 温度为 1265℃，比大同煤提高 75℃，不会结成渣块，适合锅炉燃用，保证锅炉正常运行，如表 6-7 所示。

表 6-7　型煤与天然块煤的灰熔融温度比较　　单位：℃

原料煤	*DT*	*ST*	*FT*
大同煤	1160	1190	1225
鲤鱼江煤	1435	1480	＞1500
（大同＋鲤鱼江）型煤	1240	1265	1340

6. 配煤成型，粒度级配合理，改善热稳定性，提高冷压强度

试验研究表明，型煤可选几种粉煤相配成型，较单种煤成型优越得多。除上面讲到的一些特性外，还可提高型煤的冷压强度并改善其热稳定性，这对锅炉燃用是很有利的，如表 6-8 所示。同时，型煤的粒度级配要合理，一般粗粒（＞427μm）、细粒（125～427μm）与微粒（＜125μm）三者的配比为 3∶1∶1 为宜。

表 6-8　单种煤与配煤成型的强度比较　　单位：N/块

强　　度	鲤鱼江煤	配 35%大同煤	强度提高	老鹰山煤	配 15%无烟煤	强度提高
冷压强度	607	917	＋310	893	1367	＋474
落下强度(＞25mm)	71.30	74.40	＋3.10	77.07	86.10	＋9.03

这是因为型煤在成型时，大颗粒之间用小颗粒填充，小颗粒之间用更小颗粒填充，可使相互之间接触更紧密，提高填充密度，压制紧密，因而强度高。在加热时迎火面与背面由于膨胀系数不同，上部裂开成花卉状，但不会松散成粉状，有利于氧气的扩散进入，保持了一定的热稳定性，既提高燃烧效率，又能保持炉内一定的火床长度，满足供热负荷要求，促进节能减排。

四、型煤锅炉及其运行操作

1. 锅炉结构必须与燃用型煤相适应

锅炉燃用型煤后燃料特征发生了明显变化：燃用原煤时，小于 3mm 粉煤约占 60%～70%，而改烧型煤后粒度均匀，且单个体积增大，颗粒之间的空隙变大，而彼此间的表面接触面积变小；同时型煤压得较实，表面又光滑，其内部的挥发物析出较原煤困难，因此着火时间推迟拖长；煤层着火线向下扩展速度较慢，着火的稳定性也较差。根据型煤燃烧的这一特征，锅炉结构必须进行相应改进，使其与燃烧型煤相适应，方可取得良好节能减排效果。

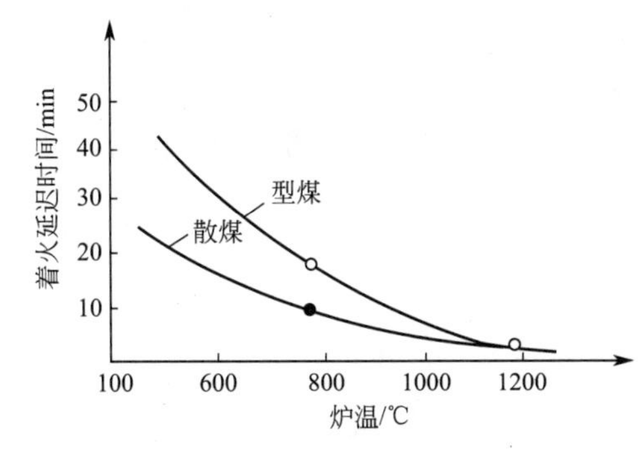

图 6-10　煤层的着火延迟时间和炉温的关系

煤层着火时间主要决定于炉拱、炉墙与火焰的辐射源温度。温度高，挥发物析出快，着火快；温度低，着火时间延迟。实践表明，型煤着火延迟时间长于原煤。在炉温低时，二者差别大，随炉温的升高，差别会逐渐缩小，在高温时趋于一致，如图 6-10所示。

基于以上情况，在型煤锅炉设计或原燃煤锅炉

改造时必须采取相应措施，尤其是链条锅炉与往复炉排锅炉。其总的要点是提高炉膛温度，主要措施是采取强化燃烧技术。如在炉膛前段设置卫燃带，适当减少该部位的水冷受热面，以提高炉膛温度；同时要改进炉拱设计，特别是前拱的设置，必要时加设中拱。加大对入炉型煤的辐射热量，促使入炉型煤尽快升温，析出挥发物，引燃着火。具体方法详见第三章燃煤强化燃烧技术有关论述，在此不赘述。

2. 燃用型煤运行操作改进要点

型煤粒度均匀，大小适中，彼此间孔隙大，通风阻力小，布风均匀，但着火推迟，着火线向下扩展速度变慢。据此，我国锅炉工作者已总结出燃用型煤的操作要点，即“厚煤层、慢推进、低风速、给热风”。这是因为型煤颗粒之间孔隙大，而彼此之间的接触面积小，煤层表面向下传递热量主要靠对流与辐射传热，煤粒之间的传导传递热量不多。当型煤颗粒引燃后，在颗粒之间的孔隙内存有火苗，而原煤粉煤太多，不可能存在火苗，这是型煤燃烧煤层向下传热的重要特征。因而应采取较厚的煤层，风速要小，使间隙内的火苗能稳定燃烧，使煤层上部的动力燃烧尽快转化为扩散燃烧，促使煤层着火线向下扩展速度加快。如若风速太大，煤层太薄，会吹灭间隙内的火苗，加大散热损失，不利于稳定燃烧。当推进速度太快时，扩散燃烧速度小于推进速度，易出现燃烧不尽，灰渣含碳量高，甚至发生断火现象。有的链条锅炉燃用型煤时未加改造，有时出现断火现象，操作不当是重要原因。

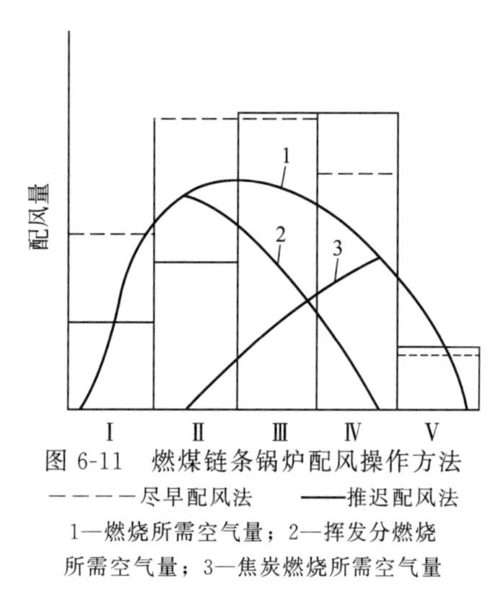

图 6-11　燃煤链条锅炉配风操作方法
————尽早配风法　——推迟配风法
1—燃烧所需空气量；2—挥发分燃烧所需空气量；3—焦炭燃烧所需空气量

燃型煤锅炉比较适用推迟配风法，不适用尽早配风法。如图 6-11 所示。仍以链条锅炉为例，前者故意压低Ⅰ、Ⅱ风室的送风量，正符合型煤燃烧低风速要求，避免因风量太大，风速高，吹灭型煤颗粒之间的火苗，保持燃烧稳定。该区段由于风量不足，会产生煤的气化现象，生成大量煤气，与炉排后段回流过来的高温残余空气相遇，形成煤气燃烧，提高该部位的温度，又会促进型煤尽快引燃着火。当煤层到达炉排中部约Ⅲ、Ⅳ风室时，型煤已经燃烧起来，再配送强风，形成强燃烧高温区；后段炉温提高，可促进焦炭燃尽，提高燃烧效率。由于后拱的作用，高温烟气必然回流，产生对流与辐射传热，向前又引燃煤气，促进型煤着火，缩短延迟时间，并能降低烟气中的残余氧含量，趋向低氧燃烧。这叫“烧中间促两头”，所以型煤燃烧“后劲足、烧得旺”就是这个道理。详见第三章合理配风一节。

3. 型煤热风助燃更为重要

我国小型锅炉一般只配省煤器，不设空气预热器。且省煤器在运行期间不吹灰清扫，易积灰堵塞，致使排烟温度升高，q_2 热损失加大。锅炉改烧型煤之后更需要热风助燃，实践证明，配用热风与冷风，二者燃烧状况大不一样。型煤颗粒之间的火苗，若配用热风助燃，促进火苗越烧越旺，能提高煤层温度，扩散燃烧速度加快，燃烧稳定，炉内火焰充满度好，锅炉上汽快；若用冷风，散热损失大，燃烧速度慢，操作不当，会吹灭煤层中火苗。有的企业燃用型煤后，易出现断火现象，此为重要原因。因此，应增设或改装空气预热器，尤其应选用新型热管预热器，热传导速度快、投资省、见效快、预热温度高、不易堵塞，便于吹灰清扫。

4. 型煤的粒度、形状要适合锅炉燃用

目前使用的锅炉型煤，多沿用合成氨气化用型煤。大的尺寸有 48mm×40mm×30mm，单重约 50g；小的有 40mm×32mm×22mm，单重约 25g。这些粒度都比较大，不适合锅炉燃用。着火困难，不易燃尽；同时，尺寸太大，炉排速度太慢，锅炉出力会受到影响。工业锅炉应有专用型煤，目前尚无国家或行业标准。根据实践经验，链条炉排或往复炉排燃用型煤的粒度应比上述尺寸要小一点，以缩短着火延迟时间，减少灰渣含碳量，并保证锅炉出力。一般认为 12～

20mm 为宜，固定式炉排应稍大一点。若型煤尺寸太小时，燃烧接触面积加大，但颗粒之间的空隙缩小，其中的火苗不易存在。因此，锅炉燃用型煤粒度大小，应与燃烧设备和燃烧方式相适应，方可获得好的燃用效果。

关于锅炉专用型煤形状，一般认为与气化用型煤相似。要求型煤的边角不宜多，以减少破裂与磨损；避免因形状影响透气性，减小阻力损失；成型工艺简单，强度适中。在实践中常使用的锅炉型煤形状有：煤球形、扁椭球形、卵形等。

5. 生物质型煤是发展方向

为了解决锅炉燃用型煤易于引燃着火、燃烧稳定、尽快燃尽等问题，前边所述各项事宜当然重要。如若在型煤中适量配入生物质燃料，经压力成型，叫生物质型煤。所谓生物质燃料系指农作物秸秆和生物质工业废料。如各种秸秆、柴草、稻壳、果皮、树皮、木屑、蔗渣、糠醛、酒糟、造纸黑液等。生物质经粉碎后，以 15%～30%比例掺混在煤粉中，经高压成型所得。也可用生物质燃料单独成型，掺混在型煤中燃用。发展生物质型煤具有独特优势：

① 符合发展循环经济、资源综合利用政策要求。生物质燃料多数为废弃物，无处存放，焚烧又污染环境，把废物变为有用资源，又能增加农民收入，利国利民。

② 具有明显的节能减排功效。生物质型煤在燃烧时烟尘减少，产生的黑烟只有原煤的 1/15；在型煤燃烧时加入消石灰固硫，特别是用造纸黑液、染整厂碱性废液等代替自来水成型加湿，脱硫效率在 50%以上；生物质含硫量很低，因此，烟尘与 SO_2 完全可达标排放；燃用生物质型煤易着火，燃烧稳定，燃尽快，灰渣含碳量低，锅炉热效率可提高 3%～7%。

③ 操作简便、成本低。锅炉燃用生物质型煤易着火、燃烧稳定、不断火、烧得好、上汽快。鞍山热力公司与日本合作，建成年产 1 万吨工业锅炉生物质型煤示范装置，经济与社会效益良好。天津渤海环保有限公司自主研发的秸秆成型燃料，发热量为 14.6～16.7MJ/kg（3500～4000kcal/kg），也可在秸秆中掺配少量煤粉成型，用于垃圾焚烧炉助燃。过去因垃圾发热量低，难于着火，必须用柴油助燃，现在改用秸秆型煤助燃，效果很好，不但节省燃油、降低成本、减排 SO_2 与 CO_2，而且灰渣还可用作肥料或建材原料。

五、型煤目前存在的主要问题与今后发展趋势

1. 型煤目前存在的主要问题

(1) 政策引导不力，推进速度缓慢　工业锅炉燃用型煤技术是节能减排的有效措施之一。但由于型煤价格较原煤略高，加之企业用煤观念落后，对环境保护重视差，型煤技术推广应用得很不理想。就是炉前成型，自我配套生产的型煤，每吨成本仅增加 5～8 元，有些厂家怕麻烦，也不愿意应用。但有的省市对锅炉燃用型煤很重视，节能减排效果明显，保护了环境，专门下达政府文件进行推广应用，取得较好效果。这足以说明政府政策引导与加快推广应用的重要性。

(2) 无科学发展规划，生产设备落后　国家尚无型煤生产的有关科学发展规划，又无政策扶持，建设型煤厂没有充分考虑资源综合利用与发展循环经济问题。一方面是洗煤厂、配煤厂存有大量尾煤、煤泥、筛下煤粉，无合适用途，又污染环境；另一方面型煤厂还需对原煤进行破碎、筛分工序，耗用电能，使成本升高，二者脱节，不能实行综合利用，发展循环经济。由于资金投入不足，建厂规模小，一般在 3 万吨/年以下，装备水平差，多为作坊式生产，自动化程度低，配料不准确，质量波动大，致使型煤质量不稳定、成本高，销售困难。就是最为简单的炉前成型技术，也只有少数省市在推广应用。

(3) 尚无国家或行业标准　由于缺乏型煤的统一质量标准，产品质量难以保证，良莠不齐。型煤不作为商品对待，不经质量检验就进入市场，用户往往不敢速作决定，采取观望态度，因而推广应用速度缓慢。

(4) 型煤技术水平有待提高　我国工业锅炉燃用型煤，真正开始应用的时间并不长，在今后推广应用中可能还会发现新的技术问题。就目前来看，需要攻关解决的问题有：提高型煤固硫率的技术研究，无黏结剂型煤成型技术的提高，廉价黏结剂与活性剂的开发，生物质型煤的扩大生产试验研究等。这些问题亟待开发研究，需要有关部门立项，并解决研究经费问题。

2. 锅炉型煤发展趋势与激励政策

锅炉专用型煤今后应向节能减排、提高固硫效率、生物质型煤、简化工艺、降低成本方向发展。

(1) 加强政策推进，严格环保执法　应以锅炉节能减排、严格环保执法为突破口，推动工业锅炉燃用型煤，尤其是小型锅炉与采暖锅炉。要制定政策，逐步限制燃用原煤，大力扶持洁净煤进入市场，提高锅炉热效率，环保达标排放。

(2) 要用科学发展观统领洁净煤发展　要用科学发展观统领洁净煤发展纲要规划，其中包括锅炉专用型煤。要根据实际情况充分利用当地的资源进行综合利用并与发展循环经济相结合。要把尾煤、煤泥与粉煤和造纸厂、染整厂碱性废液等充分利用起来，制成洁净煤产品，实行废弃资源综合利用，增加企业的效益。对于远离型煤厂的用煤单位，可发展炉前成型技术，投资省、成本低、见效快。对于秸秆等生物质燃料丰富的地区，要积极发展生物质型煤或秸秆掺煤型煤与型煤混烧技术，其效果也是很好的。

要整体规划型煤发展布局，合理建设网点，适当加大建厂规模，提高机械化自动化水平及整体配套水平，才能保证质量、降低成本。

(3) 要很好总结以往型煤生产与使用经验，制定各种型煤的产品质量标准或技术条件，经检验合格方可出厂。

(4) 国家应加大对洁净煤技术的扶持力度与科研经费的投入，组织大专院校、科研单位及一些有实力的企业对型煤固硫技术、无黏结剂成型技术尤其是炉前成型技术，廉价黏结剂和生物质型煤等进行试验研究。要自主创新，拥有自主知识产权，为型煤的应用在理论与实践的结合上有大的突破。

第四节　工业锅炉水煤浆应用技术

一、水煤浆应用情况简介

1. 什么是水煤浆与水焦浆

水煤浆（CWM）系用一定粒度级配的煤粉与水混合，加入适量添加剂，使煤颗粒被乳化悬浮，达到一定浓度，具有一定流动性和稳定性，可用泵输送的煤基乳化流体燃料，这是对水煤浆的总称。简而言之，水煤浆是一种煤基乳化流体燃料，是洁净煤技术领域中的一个新的重要产品。此外，还有一种叫水焦浆，又称乳化焦浆。它是用石油炼制过程中最终所剩的石油焦作为母料，与水或工业废液混合（如造纸黑液）并加入添加剂，通过乳化工艺，所制成的一种石油焦乳化悬浮流体燃料。它是洁净煤技术领域中的一个新成员，是典型的循环经济技术，属于我国首创。

2. 国外水煤浆发展简介

国外水煤浆技术是在世界石油危机期间开始研制发展起来的。当初的出发点主要是为了解决用管道输送煤炭与洗煤厂煤泥闭路循环工艺而研发的，以缓解煤炭运输紧张问题。管道输煤是把煤炭破碎成细小颗粒，平均直径小于0.3mm，再加入一定比例的水与添加剂，再经湿磨，配制成煤基乳化流体燃料，用泵经管道输送到用户，经脱水后燃用，也可不脱水直接燃用。

3. 国内水煤浆发展概况

国内水煤浆开发较晚，1982年原国家科委列入计划，组织攻关。开始的主要目的是为了代油。如将发电厂燃油锅炉改造为燃用水煤浆，同时对燃油工业锅炉与炉窑也进行了试验研究，有轧钢加热炉、锻造加热炉与隧道干燥窑等。经过攻关，均获得成功，提高了燃烧效率，节能减排效果明显，减少了 SO_2 与 NO_x 和烟尘排放。试验证明，可以代油，为水煤浆技术发展奠定了基础。

二、水煤浆制备工艺流程

1. 水煤浆制备

水煤浆制备工艺按不同煤种、不同用户要求与添加剂性能等情况，可分为干法制浆、湿法制浆、干湿法混合制浆、高浓度磨矿、中浓度磨矿、高中浓度混合磨矿等不同工艺系统。而目前我国多采用湿法高浓度制浆工艺。其典型工艺流程如图 6-12 所示。

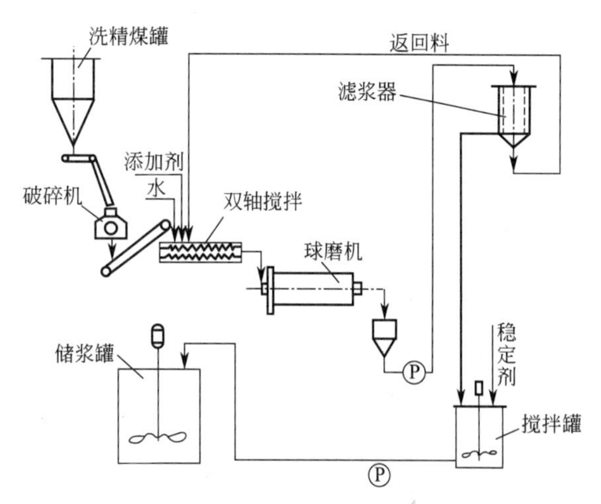

图 6-12 水煤浆典型生产工艺流程图

2. 水焦浆制备

用石油焦制备水焦浆，起初来自炼油厂的实际需要。过去炼油所剩石油焦无合适用途，堆积如山，严重污染环境，而企业生产所需蒸汽还得锅炉燃油来提供。如将石油焦制成水焦浆用于锅炉代油，完全符合循环经济发展要求，不但经济效益显著，而且保护环境。于 1999 年在广东镇海炼化试成投产，然后在中国石化集团所属公司的 CFB 循环流化床锅炉大力推广应用。其主要工艺流程如图 6-13 所示。

可见水焦浆（乳化焦浆）的制备工艺与水煤浆大同小异，只是粒度级配与添加剂有所不同而已。由于石油焦含碳、硫与发热量较高，而挥发分与灰分较低，成浆后着火困难，燃尽难度大，须采取脱硫措施。因而近几年来又开发出石油焦配以高挥发分烟煤混合制浆的新工艺，燃用效果得以改善。

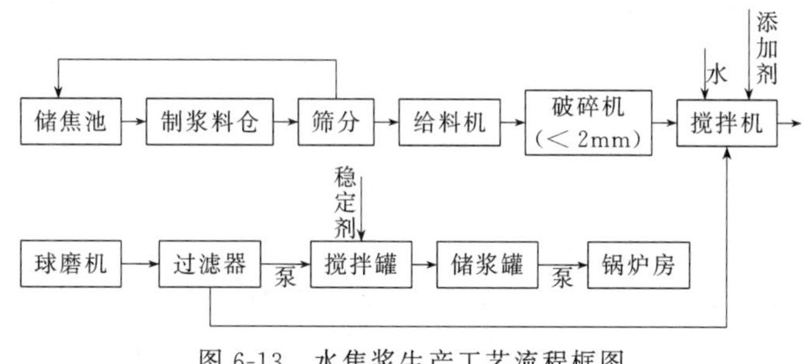

图 6-13 水焦浆生产工艺流程框图

3. 煤泥水煤浆制备

煤泥水煤浆的制备非常简单，因为它是利用煤矿洗选时的副产品煤泥或尾煤制浆。由于这些产物已经很细，小于 45μm 的约占 88%以上，无需经球磨机，可直接用一定量的煤泥配以适量水与添加剂搅拌成浆。因而制浆设备简化，工艺单一，成本很低。有时根据情况也可不必加水与添加剂，如抚顺和徐州矿务局生产的煤泥水煤浆不加添加剂直接燃用，成本更低。

4. 制浆用水的开发拓展

目前对制浆用水研究甚少，传统的方法是使用自来水。但现已研制成功用矿井废水、焦化废水、造纸黑液及化工生产废水、废液制水煤浆，其质量符合 GB/T 18855 要求，用于工业锅炉燃用，运行稳定正常。不但可节省水资源，降低制浆成本，而更主要的是解决了废水、废液长期污染环境的老大难问题，免收排污费与治理费。同时，这些废水、废液中含有一定量的碱性物质或有机物等，并载有一定热能，可以代替制浆用添加剂（分散剂与稳定剂），具有良好的脱硫功能。根据有关单位研究，造纸碱性黑液水煤浆，综合脱硫率可达 96%左右，排放完全可以达标，经济效益、环保效益、社会效益十分显著，是今后重要的发展方向。

三、水煤浆的特性

水煤浆并非煤的液化产品，也不是煤的气化产物，而是一种煤基乳化流体燃料，属于洁净煤产品。要研究水煤浆的特性，首先要求其质量指标符合国标 GB/T 18855 技术条件，在这一前提下，可从以下五个方面表征。

1. 水煤浆具有一定浓度和黏度

水煤浆的浓度是指浆中煤颗粒的质量分额。浓度大，固体煤粒比例多，水煤浆的发热值高，对加热有利；但浓度增大，水煤浆的黏度升高，对雾化燃烧与输送不利。因此，燃烧用高浓度水煤浆的浓度最好在 70%左右，而黏度为（1±0.2）Pa·s，发热量应达 18.8MJ/kg 以上。

2. 水煤浆的粒度级配合理

水煤浆合理粒度级配是通过最佳磨矿工艺实现的。它直接影响其黏度大小、流变特性的好坏与燃烧效果的优劣。为使煤颗粒充分燃尽，粒度应当越细越好，限上率不大于 2%，透筛率应不小于 98%，其中 200 目以下不应少于 75%。使其大颗粒煤之间的空隙由小颗粒充填，小颗粒之间的空隙由更小颗粒充填，以保证煤颗粒间能达到较高的堆积效率，一般应大于 75%，形成空隙最小的堆积，方可获得水煤浆综合优良特性。

3. 水煤浆具有良好的流变特性

流变特性是水煤浆的重要特性。它直接影响水煤浆的贮存、输送和雾化燃烧效果的好坏。适当的搅拌强度与剪切速率，可使浆液的流变特性由屈服假塑性向牛顿流体转变，并可降低其黏度，提高成浆性。因而水煤浆具有剪切变稀效应，即剪切速率增加，黏度变小。所以，在水煤浆制备、输送和炉前燃烧前专设搅拌装置，防止发生软沉淀，并使其变稀，以获得更好的应用效果。

4. 水煤浆具有一定的稳定性

所谓水煤浆的稳定性，是指在贮存、输送过程中，能保持其物性均匀、稳定的性能。水煤浆成浆之后，需加入适量稳定剂，进行搅拌熟化处理。如果不具备一定的稳定性，固、液相产生分离，形成硬沉淀，将无法应用。因具有流变特性，即使发生软沉淀，经剪切搅拌，使其黏度变小，适合输送、燃用，这一点很重要。

5. 水煤浆煤颗粒被乳化悬浮特性

煤具有疏水表面，对水不浸润。如果煤颗粒与水直接混合，则煤粒成团凝聚，二者出现界面。但加入化学添加剂（分散剂）后，对煤颗粒起到乳化作用，使原有的疏水性被分散剂疏水性的吸附，变为亲水基朝外，形成水化膜，转化为亲水性，改变了煤颗粒间的表面活性，降低了煤水界面间的张力，大大提高了煤粒表面润湿性，使煤颗粒均匀地分散悬浮在水介质中，阻止了煤颗粒的团聚沉淀。因而，保证了水煤浆具有低黏度、高浓度、良好的流动性和稳定性。这是水煤能获得上述特性的重要因素。

水煤浆可用罐体贮存，用泵输送，能进行雾化燃烧，也可以流化燃烧，用于电站锅炉、工业锅炉与工业炉窑等直接燃用。

四、工业锅炉燃用水煤浆节能减排功效

1. 燃用水煤浆节能功效

由于水煤浆改变了煤的形态，由固体煤块转化为微小颗粒的煤基乳化流体燃料，像油一样流动，粒度级配又微小致密，从而可促进强化燃烧。煤块与氧接触面小，难于混合，燃烧速度慢。水煤浆可雾化成微小颗粒，表面积增大，与空气混合容易，燃烧速度加快。因而工业锅炉燃烧效率从烧原煤 80%左右提高到 96%～98%，锅炉热效率从 60%～65%提高到 83%左右；电站锅炉热效率达到 90%以上，与燃煤粉相当。此外，由于煤的形态不同，燃烧所需要的空气量不一样，烧水煤浆空气系数可相对较小，降低了烟气量，排烟热损失下降，热效率提高；同时，烧原煤灰渣含碳量很高，一般为 15%～20%，而水煤浆灰渣与飞灰含碳量很低，因而固体不完全燃烧热损失很小，便可节能。

2. 燃用水煤浆减排功效

① 水煤浆选用洗精煤或选配低硫、低灰煤制浆。煤炭经过洗选，可脱除硫30%～40%（脱除黄铁矿硫60%～80%）；脱除灰分（煤矸石等）50%～80%。因而水煤浆中硫含量与灰分较低，一级品水煤浆硫含量小于0.35%，二级品0.35%～0.65%，三级品0.66%～0.80%（见GB/T 18855—2002）。

② 用造纸碱性黑液制浆，称为黑液水煤浆，可免加添加剂，综合脱硫效率可达96%左右，并可降低成本，免收造纸厂排污费与治理费。也可用矿井水、焦化废水、化工、印染等行业废水、废液制浆，效果也很好。

③ 在制浆时，可根据原煤含硫量情况，适当加固硫剂，在炉内燃烧时，可脱除硫40%左右。

④ 用锅炉排污高碱度炉水（一般pH值在10以上）经收集，首先用于水膜除尘器喷淋洗涤用水，烟气脱硫效率可在30%以上。而水可循环利用，再用于水冲渣，减少排放，防止造成水污染。

⑤ 烧水煤浆火焰温度较燃油低100～200℃，属于低温燃烧，有助于抑制热力型NO_x生成，可减排NO_x 50%～60%。

⑥ 水煤浆可用管道与泵密闭输送，罐体贮存，避免了散煤运输、装卸、贮存造成的损失、扬尘与二次污染。水煤浆可用湿磨制粉，温度低，安全可靠。水煤浆燃烧便于实现自动化，调节比大，适应负荷变化的需要。燃烧后灰渣少，且为松散状，可密闭收集，占地小，无污染，是建材的有用材料，可进行循环利用。

⑦ 水煤浆的烟尘比表面积大，电阻小，因而烟尘收集性能好，有助于提高除尘效率，采用布袋或电除尘器均可达标排放。

五、水煤浆锅炉与运行操作

1. 水煤浆雾化燃烧技术

我国目前尚无水煤浆锅炉国家系列标准或技术条件，只能根据多家生产厂情况作一概括介绍。一般10t/h以下水煤浆锅炉多采用SZS系列A型布置，双锅筒纵置式结构，也有少数生产厂家采用D型布置的；中型锅炉多采用SHS系列A型布置；大型锅炉与流化床锅炉则采用Π型布置。6t/h以下小锅炉整体快装出厂，其结构如图6-14所示；8t/h以上分上、下两件出厂，现场组装，如图6-15所示。10t/h以上全部散件出厂。有关问题略述如下。

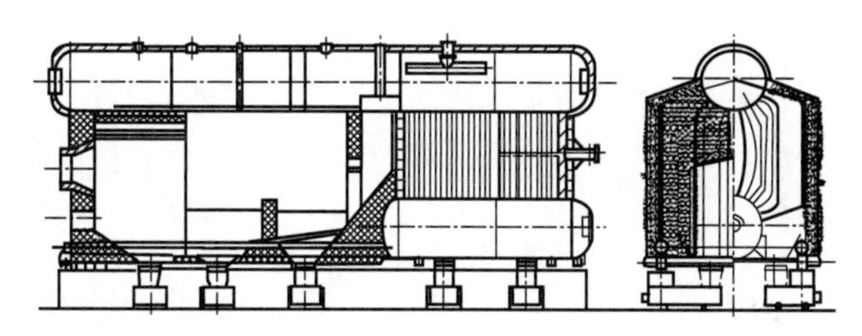

图6-14 水煤浆锅炉快装结构图

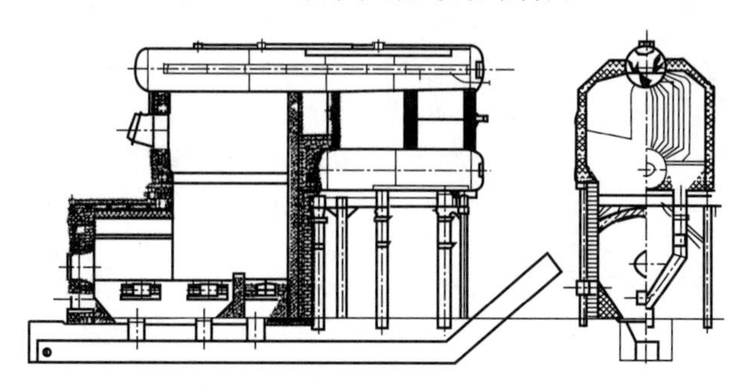

图6-15 水煤浆锅炉组装结构图

（1）锅炉结构要创造水煤浆着火稳燃条件　水煤浆含水30%左右，在加热蒸发时要吸收837kJ/kg热量，必然降低燃烧温度，着火困难，着火时间延迟。为此在炉膛前端增设前置燃烧室，也叫预燃室，并采取绝热措施；在炉膛前部左右侧墙燃烧器标高处设置卫燃带；在炉膛中后部加设火挡。总之，所有措施要促进炉内高温，形成火焰回流，促使水分蒸发，挥发分加速析出，迅速着火，并稳定燃烧。

（2）合理选择炉膛容积与出口高度　水煤浆雾化燃烧以雾炬的形状喷出，且拖得较长，炉内火焰最高温度位置后移；同时火焰温度比燃油低100～200℃，炉膛温度一般为850～950℃。因而锅炉容积热负荷比燃油、燃气要低，即使布置足够的受热面，设三个烟气回程，也不能满足燃尽所需时间，来不及换热便排出炉外，锅炉负荷不能保证。对于新制造的水煤浆锅炉，已充分考虑到这些因素，扩大了炉膛容积。如用燃油、燃气锅炉改造，额定负荷要降低20%左右，应当设法扩容，否则只能降负荷运行。

水煤浆燃烧雾炬拖的长，炭粒子燃烧比油气要慢，炉膛如果太短、出口太低，燃烧后的灰粒子来不及沉积下来，就被烟气流带出炉口，造成省煤器和预热器积灰。因此应设置三回程，适当提高炉膛出口标高，并在侧墙与尾部设看火孔、吹灰孔与清焦孔。

（3）燃烧器的选择与布置要合理　燃烧器的布置方法，依锅炉容量、结构与燃烧器种类而定。一般小型锅炉布置于前墙预燃室端，可安装1～2个燃烧器，不宜太多，防止火焰相互干扰；中型锅炉仍采用前墙布置，用燃烧器型号大小来调整台数，也有的采用侧墙对冲布置方式，可分层设置、分层送风，促进完全燃烧；大型锅炉多采用四角切圆布置方式，与煤粉炉基本相似。

要选择雾化性能良好、喷嘴耐磨、使用寿命长的燃烧器。喷嘴耐磨性能与寿命非常重要，有的用合金钢材质制造，寿命还是短，达不到3000h。后改用一种特殊陶瓷材料镶嵌于喷嘴处，磨损后随时进行更换，寿命可达到3000h，降低了运行成本。

燃烧器的性能，关系到水煤浆雾化质量、炉内火焰组织与空气动力场分布及负荷调节特性等问题，非常重要。目前使用的燃烧器按雾化方式分为三种类型，即两级雾化旋流式、多级雾化撞击式与直流式，此外，还有新近研制的一种叫预热式燃烧器。旋流式燃烧器是利用旋流片使气流喷出呈旋流雾炬，有利于回流着火、空气与水煤浆的混合，达到完全燃烧，多用于小型锅炉；直流式燃烧器则是利用直流射流及射流的组合进行混合燃烧，主要用于大型锅炉四角切圆布置；多级雾化撞击式燃烧器分为一次雾化与二次雾化。前者利用雾化剂在高速气流作用下，将水煤浆先破碎成浆滴，再次雾化成更细小的雾滴，燃烧更加完全，并用特殊陶瓷镶嵌喷嘴，用于中小型锅炉，使用寿命在3000h左右，无论何种燃烧器，都应具备调节特性好、可调比大的特点，以便调整锅炉负荷。

与燃烧器相关联的还有点火器。对点火器的要求是安全可靠、简单方便。过去一般采用柴油电子打火器点燃，运行正常。近年来柴油价格太贵，须用油泵输送，可改用压缩天然气或液化气点火，可简化输送系统设备。

（4）设省煤器和空气预热器　为回收烟气余热，提高锅炉进水温度，节约燃料消耗，应设省煤器与空气预热器。以往选用铸铁省煤器，小型锅炉不设空气预热器。现应采用新研制成的热管省煤器和空气预热器，热交换性能好，阻力小，便于吹灰，不易堵塞。一般在热管吸热端增设吹灰门，操作很方便。

（5）设出渣与除尘装置　为便于受热面吹灰，有时清焦，在炉墙两侧适当位置设几个炉门，在炉膛底部设刮板出渣机。为防止漏风，在出渣机与炉墙之间加设水封。刮板出渣机只能清除大颗粒灰渣，细小灰尘在除尘器后排出。随着环保执法力度的加强，大、中型水煤浆锅炉设置简单除尘器或水膜除尘器，不能保证达标排放，应改设布袋除尘器或电除尘器。以往布袋除尘器价位高，现已国产化，价格下降，改用布袋除尘器是比较好的。

（6）采用自动控制与联锁保护装置　水煤浆锅炉的控制系统可采用先进的PLC控制系统。选用人机界面控制，操作方便，智能化自动运行，安全可靠。为防止万一，还要设置一些手动开关。在炉膛设置自动点火与火焰监测器，万一熄火时能进行联锁保护，自动清扫炉膛，重新点火，防止发生爆炸。用自动调节控制风量与煤浆配比，间接达到控制火焰的大小，以调节锅炉负荷。水位设置电极水位控制器，自动控制锅炉水位，设高低水位报警并联锁保护。根据电极信号，带动电磁阀来启动或停止水泵运转，万一到达危险水位时，能自动报警并停止燃烧器工作。

(7) 水煤浆锅炉附属系统 水煤浆锅炉的附属设备比燃煤、燃气（油）锅炉要多。除了相同的供气（油）系统、燃烧系统、水处理系统、蒸汽或热水系统与排烟系统外，还需另加：①供浆系统（计有储浆罐、输浆泵、日用浆罐、供浆泵、在线过滤器、流量计等）；②雾化剂系统（含空气压缩机、储气罐或蒸汽）；③清洗水系统；④除灰系统（除渣机、沉淀池等）；⑤烟气处理系统（省煤器、除尘器、引风机等）。

这些设备在此无需详述。现只提到供浆管网布置问题，供浆泵的送出流量一般大于锅炉耗用量，多余者由仪表控制，返回储浆罐。返回的方法有两种：一种为大回路法，即从燃烧器端头返回，此法需测量泵出口流量与返回流量，二者之差为锅炉实际耗用量；另一种为小回路法，即从泵出口管网附近返回储浆罐，在返回管接口外端的主干管测量流量，即为锅炉耗用量，不需要测返回量。这样可节省管网，减少阻力，只测一次便可，非常简单，且较为准确。

2. 水煤浆流化燃烧技术

(1) 水煤浆流化燃烧锅炉的发展 最早水煤浆流化燃烧是抚顺和徐州矿务局在鼓泡床锅炉燃用煤泥水煤浆。后来山东胜利油田在高等院校和科研单位协助下，正式开发研制了水煤浆循环流化床燃烧专用锅炉与流化-悬浮燃烧新技术，用于蒸汽锅炉或热水锅炉。到 2007 年已生产 26 台，锅炉容量从 4t/h 发展到 75t/h。

我国循环流化床燃烧技术有了较快发展。在燃用煤泥、污泥、煤矸石、劣质煤与石油焦时，采用异重循环流化床技术受到广泛关注。所谓异重流化床，系指由密度差异较大的不同颗粒组成的流化床系统。图 6-16 给出了 SHFS14-1.0/115/70-SM3 热水锅炉，作为水煤浆循环流化床锅炉的代表。

(2) 水煤浆流化床锅炉结构特点与工作原理

① 结构特点 循环流化床锅炉已在第五章中作了详细叙述，在这里结合燃用水煤浆情况，对其特点作一点简单介绍。该锅炉采用双锅筒横置式 Π 形布置，热功率 14MW，出水压力 1.0MPa，出水温度 115℃，回水温度 70℃，水循环为强制循环与自然循环混合方式。

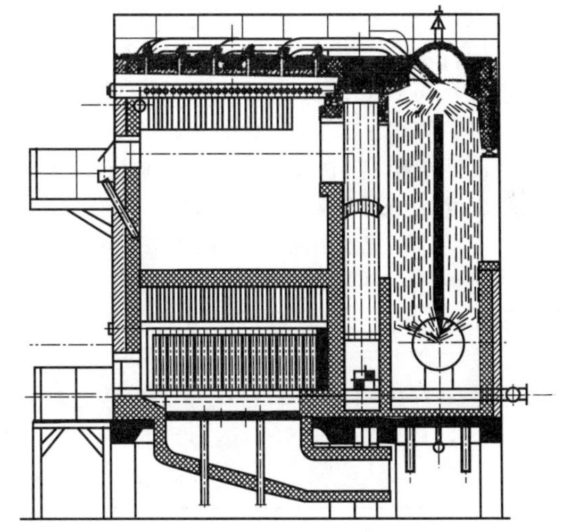

图 6-16 SHFS14-1.0/115/70-SM3 循环流化床水煤浆热水锅炉

该锅炉外形尺寸为 7860mm×4490mm×9667mm（高×宽×深）。炉膛下部为密相区，高度为 1350mm，其上为稀相区。炉膛最底部设有梯形流化床布风板，一次风通过喷嘴进入燃烧室，使床料处于流化悬浮状态。二次风从密相区上部喷入，用以强化热烟气的扰动混合与燃烧。水煤浆由炉顶设立的专用粒化器，并以滴状颗粒送入炉内料层上，在密相区与流化状态的床料混合，迅速被加热着火燃烧。热烟气携带部分床料与水煤浆燃烧后生成的一些颗粒团一起排出炉口。通过出口烟窗，进入其后设置的组合高温旋风分离器。经分离、捕集回送至炉膛下部密相区，实现水煤浆的循环燃烧并减少床料的损失。经分离器分离后的热烟气通过转折室内的防渣管束后，进入上、下锅筒之间的对流管束，最后经除尘器、引风机排入烟囱。

该锅炉炉墙采用半轻型结构，内层为耐火砖，外侧为硅藻土砖或轻质黏土砖，中间加设硅酸铝纤维板（或岩棉毡），最外层包护钢板，因而炉墙严密，外表面温度低，散热损失小。在前墙设有给料口、人孔门、看火孔及温度测孔等。如为蒸汽锅炉，还应设置省煤器和空气预热器等。

该锅炉在炉体底部设有热烟气发生装置，采用床下点火方式，用柴油点火，也可以用液化气或压缩天然气点火。用石英砂作床料，在运行中可通过给料口定期补充。

为保护锅炉安全经济运行，配置了完善的热工测量仪表和微机自动控制装置。主要有风室压力、温度、流量；二次风压力、温度、流量；供回水温度、压力、流量；供浆压力、温度、流量；炉膛负压、炉膛温度、排烟温度和排烟氧含量，并配有供浆量记录与积算表以及供浆与送、引风机调节装置。如为蒸汽锅炉，还应增设蒸汽压力、流量及水位联锁保护装置等。

② 流化床锅炉工作原理与系统　图 6-17 为水煤浆流化-悬浮燃烧原理系统图，主要由水煤浆供给系统（储浆罐、供浆泵，粒化器），点火系统（储油罐、供油泵、油枪、烟气发生器），锅炉本体与旋风分离器，除尘系统（除尘器、排尘器），烟风系统（鼓风机、引风机、烟囱）等组成。如为蒸汽锅炉，在尾部还应设省煤器与空气预热器。可见与雾化燃烧相比，系统构成相对简单。

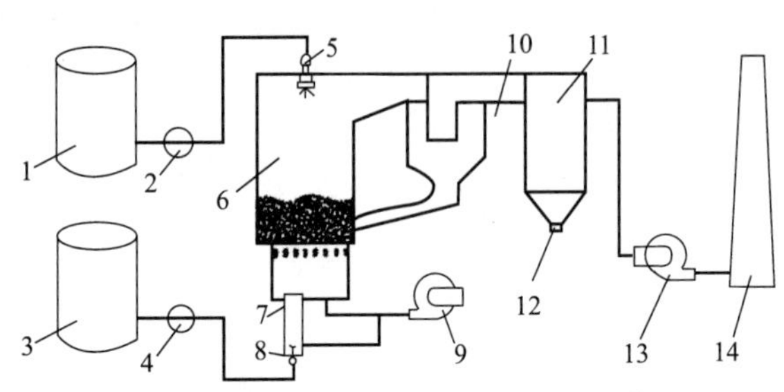

图 6-17　水煤浆流化-悬浮燃烧原理系统图

1—储浆罐；2—供浆泵；3—储油罐；4—供油泵；5—粒化器；6—循环流化床锅炉；7—热烟气发生器；8—油枪；9—鼓风机；10—旋风分离器；11—除尘器；12—排尘器；13—引风机；14—烟囱

水煤浆由专用粒化器以颗粒状投入炉膛料层内，在与炽热的流化床料混合加热下，水分迅速蒸发、析出挥发物并着火燃烧。在流化状态下，大颗粒水煤浆团被进一步解体为细颗粒，随热烟气带出密相区，进入稀相区与送入二次风混合继续燃烧。在锅炉出口设有旋风分离器，也叫分离回输装置，随热烟气携带的床料和水煤浆较大颗粒团被分离器分离、捕捉、沉积下来，经分离器下部设置的回输通道返回炉膛密相区继续燃烧，完成了一次循环倍率。可以设计多次循环倍率，因而燃烧效率高，一般可达 98%左右。

③ 流化床锅炉环保特性与热平衡测试结果　流化燃烧床料为石英砂，为进行脱硫，可配入一定比例石灰石。水煤浆在炉膛内流化-悬浮燃烧，其温度为 850～950℃。在此温度下，石灰石被煅烧分解为 CaO，而 CaO 与燃烧生成的 SO_2 反应产物 $CaSO_4$ 被固定在炉渣中，抑制了 SO_2 气体排放。炉膛内 850～950℃的温度范围，恰好是 CaO 脱硫的最佳温度，当 Ca/S 比在 2.0 左右时，脱硫效率可达到 80%以上。同时该温度范围属于低温燃烧，能抑制热力型 NO_x 的生成。另外如用碱性造纸黑液制浆，炉内脱硫效率可达到 96%左右。炉膛温度低于燃煤灰渣熔融温度 ST 以下，不会造成熔化结渣，有助于安全运行。

该锅炉燃用胜利油田华新能源有限责任公司生产的水煤浆，其特性见表 6-9，热平衡测试结果如表 6-10 所示。同时对环保测试结果略述如下：该锅炉在额定出力时，采用布袋或电除尘器，烟尘排放浓度小于 50mg/m³，SO_2 排放浓度为 346.1mg/m³，NO_x 排放浓度为 469.5mg/m³，烟气林格黑度为 0～1 级，符合国家Ⅱ类地区排放标准。从以上测试结果来看，该锅炉平均热效率达到 90%，环保特性良好，达标排放。

表 6-9　燃料特性设计、测试数据表

名　　称	符　　号	单　　位	设　　计	测　　试
燃料收到基碳	C_{ar}	%	50.57	47.43
燃料收到基氢	H_{ar}	%	3.27	2.93
燃料收到基氧	O_{ar}	%	6.13	6.02
燃料收到基硫	S_{ar}	%	0.56	0.34
燃料收到基氮	N_{ar}	%	0.93	0.80
燃料收到基灰分	A_{ar}	%	5.64	7.08
燃料收到基水分	M_{ar}	%	32.9	35.40
煤可燃基挥发分	V_{daf}	%	50.37	36.94
煤收到基低位发热量	$Q_{net,ar}$	kJ/kg	18877	17700

表 6-10　锅炉的设计和运行测试数据表

项　　目	符　　号	单　　位	设计数据	额定出力试验数据	110%出力试验数据
额定热功率	Q	MW	14	14.231	15.337
循环水量	G	kg/h	266667	378850	380050
锅炉进水温度	t_{js}	℃	70	71.4	72.7
锅炉出水温度	t_{cs}	℃	115	103.7	107.4
燃料消耗量	B	kg/h	3055	3151.83	3433.57
飞灰可燃物含量	C_{fh}	%		3.33	
固体不完全燃烧损失	q_4	%		0.4528	
排烟处 O_2	O_2	%		7.5	
排烟处 CO	CO	%		0.0011	
气体不完全燃烧损失	q_3	%		0.0063	
入炉冷空气温度	t_{lk}	℃		10	
排烟温度	t_{py}	℃	150	165.0	
排烟热损失	q_2	%		9.6945	
散热损失	q_5	%		1.3	
锅炉效率	η	%	87		
正平衡效率	η_1	%		91.835	90.852
反平衡效率	η_2	%		88.5464	

(3) 水煤浆流化燃烧技术优势

① 水煤浆制备简单，没有雾化质量要求，对粒度和质量要求也不高，不影响粒化器正常工作，不会造成堵塞，对煤种适应性强，尤其适合用煤泥、浮选尾煤等制浆，不需要加添加剂，可大幅度降低制浆成本，是今后的主要发展方向。

② 着火后水煤浆颗粒团可进行循环燃烧，循环倍率可以控制，因而燃烧效率高，一般能达到 98%左右。

③ 水煤浆属于低温燃烧，温度在 850～950℃之间。在此温度下，炉内的石灰石煅烧分解成 CaO，与燃烧生成的 SO_2 气体反应产物是 $CaSO_4$，固硫效果好，降低了 SO_2 排放浓度。此炉内温度恰好是 CaO 脱硫反应的最佳温度，在 Ca/S=2 时，脱硫效率可达 80%左右。

④ 采用水煤浆低温燃烧技术，使水煤浆燃烧温度控制在灰熔点 ST 以下，可防止结焦、积渣，运行安全稳定，并能抑制热力型 NO_x 生成与排放。

⑤ 炉前附属设备系统简单，省略了燃烧器与雾化浆枪，无需空气或蒸汽雾化系统及高压供浆泵与过滤设备，并可略去炉前除渣系统，全集中在除尘器下除灰。

⑥ 锅炉启动快，负荷适应性强，可实现运行过程压火，再启动无需用油点火。负荷调节特性好，可在 30%～110%额定负荷范围内调节，运行稳定。

六、关于水煤浆发展前景的探讨

水煤浆的主要用途有三种，即直接燃烧、用作造气原料与管道输送。

1. 用洗精煤制备的水煤浆，在工业锅炉或电站锅炉直接雾化燃烧或流化悬浮燃烧，在技术方面是成功的。但在经济方面，用洗精煤制浆成本高，与工业锅炉直接燃用洗精煤相比，不占优势，不必推广。

2. 水煤浆在国内外成功应用于化肥等行业的德士古炉（Texaco）造气，是较为成熟的第二代气流床气化炉造气工艺，较好地解决了国内化肥等行业的用煤气问题。

3. 水煤浆在电站锅炉或工业炉窑作为代油燃料，有成功案例，经济优势明显，应予肯定。对于炉窑厂家，用水煤浆雾化燃烧，直接加热表面要求洁净的产品，应进行具体评估。

4. 国内煤矿区与洗煤厂或炼焦企业长期积压大量煤泥，既占地且严重污染环境，成为一大公害，尚未找到合理用途。现可就地制成煤泥水煤浆，免于球磨工序，用于鼓泡床锅炉或循环流化床锅炉坑口供热或热电联产，有多家成功案例，成本低廉，增加企业收入，缓解社会劳动力就业与环保等问题，是利国利民的一件好事，应大力推广应用。

5. 国内炼油企业快速发展，但所剩石油焦除制取沥青外，还有大量积存，未找到更合理的用途。余量不仅占用土地，而且严重污染环境。不少企业就近制成水焦浆，增设流化床锅炉进行热电联产，符合循环经济发展规律，有不少成功案例。这种做法不但增加了企业收益，还可解决环境污染与社会剩余劳动力就业等问题，也是利国利民的一件好事，应大力推广应用。需要注意的问题是石油焦含硫较高，在制浆时应配用脱硫剂，在流化床炉内燃烧时，应准确掌握 Ca∶S 比，进行炉内脱硫，并控制炉内中低温（850～950℃）燃烧，确保 SO_2 与 NO_x 等达标排放。另外还应注意，石油焦燃烧后易产生结焦，应采取抽吸炉内高温烟气再高速喷入炉内进行强化燃烧等措施，促进焦油微粒燃尽，必要时进行除焦。

6. 目前全国煤炭企业全部用机械化采煤，所产原煤中煤屑与粉煤约占 60%～70%，应进行洗选筛分，脱除煤矸石与硫化物，采取分级利用，禁止原煤直接上市销售流通，这也是国外的通行做法与成功经验。块煤用于工业锅炉等燃用，煤屑与粉煤用于坑口发电，由输煤变为输电。国内早有此共识，但真正实施的行动迟缓；还有一部分粉煤或泥煤就地制成水煤浆，用管道输送到用户。这也是当初研究水煤浆的一个目的，国外早有成功案例，至今运行正常。不但安全、隐蔽，还可降低成本，保护生态环境。我国山西、内蒙古、陕西等产煤区，除部分大型煤矿主要靠铁路运煤外，相当一部分煤炭靠重型汽车运输，道路严重拥挤、路面被压坏，事故频发，沿途污染环境，还给一些商贩作案造成机会，所以应进行认真规划改革，从根本上解决上述问题。

第五节　新型高效煤粉工业锅炉系统应用技术

一、小型煤粉锅炉开发研制成功，适合中国国情

在国家科技支撑计划和 863 计划支持下，煤炭科学研究总院北京煤化工分院，借鉴发达国家的成功经验，经过多年开发研究，成功研制出全部拥有自主知识产权的新型高效煤粉工业锅炉系统技术，并经山西、山东和辽宁等省市多家企业应用证实，获得良好节能减排效果，从而为国家“十一五”规划纲要、《“十一五”十大重点节能工程实施意见》列为第一项的工业锅炉改造打响了第一炮，作出了贡献。

所谓新型高效煤粉，就是低位发热量在 25.12MJ/kg（6000kcal/kg）左右，灰分较低（≤10%）、硫含量较低（≤0.5%）、挥发分较高（≥30%）的烟煤，煤粉粒度在 200 目以下。用此种煤粉，在新研制成功的 1～25t/h 燃煤粉工业锅炉系统中应用，可获得高效、节能、减排效果。

发电厂大型燃煤粉锅炉，早已成功运行多年，系我国燃煤发电的主力炉型之一，且效果较好。而燃煤粉小型工业锅炉，我国曾于 20 世纪 60 年代推广过一段时间，俗称“小煤粉炉”，以区别发电厂的大煤粉锅炉。但由于种种原因，未能推广应用，后基本停止使用。世界能源危机后，德国等经济发达国家研制成功小煤粉锅炉，使用效果很好，值得我们借鉴。

工业锅炉节能减排应坚持两条：一是树立科学发展观，从源头抓起，采用洁净煤技术；二是要用改革的办法，改造燃煤小锅炉。开发新型高效煤粉锅炉就是上述两种方法的典型示范。该锅炉要求燃用低灰、低硫、高发热量的烟煤，有两种渠道可获得：一是从众多的产煤地区选取；二是采用洗选煤，从源头经过煤炭洗选，脱除大部分灰分与硫分，煤的发热量与挥发分自然会提高，便可满足燃用要求。显然后者是我们应该遵循和提倡的。

锅炉燃煤方法一般有三种：一种是层燃法，如链条炉排、往复炉排等，在第二、三章中已作介绍；第二种是流化燃烧法，也叫沸腾燃烧法，如循环流化床锅炉就是典型代表，在第五章已作了叙述；第三种是悬浮燃烧法，也称雾化燃烧法。如有关燃气（油）锅炉，已在第四章作了讲解。小煤粉锅炉也属于此类，现作概略介绍。从总的方面进行评价，应该说第一种方法较为落后，应该进行改造，尤其是燃煤小锅炉。新型高效煤粉锅炉系统技术正好适应了这种改造的形势要求，并与洁净煤技术相配套，必然会逐步淘汰落后的燃原煤小锅炉，取得工业锅炉节能减排良好效果。

二、小型煤粉锅炉结构及其燃烧原理

1. 炉型与结构特点

火力发电用大型煤粉锅炉，一般选用Π形室式炉，煤粉燃烧器多采用切圆布置、直流式燃烧器，锅炉容量从每小时几百吨到最大2000t/h。该小型煤粉蒸汽锅炉不然，采用的是卧式内燃WNS系列，异型炉胆设计，烟管结构，烟气设三回程，并设有尾部受热面省煤器，回收烟气余热，提高锅炉给水温度，降低排烟温度，如图6-18所示。对15t/h以上燃煤粉锅炉，则采用双锅筒横置式SHS系列。一般煤粉锅炉燃烧效率可达98%左右，锅炉设计热效率在86%以上，比同容量燃原煤层燃锅炉高20个百分点以上，接近于大型煤粉锅炉。这一点非常突出，属于节能型高效煤粉锅炉。

2. 燃烧机理

煤粉悬浮燃烧是燃料在无炉排的炉膛内进行悬浮燃烧的方式。当煤粉从燃烧器喷嘴喷入炉膛内时，受到高温火焰的辐射加热与烟气回流加热。随煤粉温度的提高，先是水分蒸发，随后挥发分很快析出，并开始着火燃烧。

挥发分析出时，会造成焦炭颗粒呈现为多孔隙形态，当其温度达到着火点时，即可开始着火燃烧。这时的碳氧化反应，多在焦炭表面进行，但同时也有部分通过孔隙扩散进入颗粒内部。其燃烧速度的主要影响因素是氧气浓度、炉膛温度与焦炭颗粒的雾化好坏和孔隙大小。所以煤粉悬浮燃烧要求煤的挥发分要高，灰分要低。

图6-18 4t/h燃煤粉蒸汽锅炉结构图

挥发分析出和燃烧，为造成焦炭形成孔隙，扩大反应表面创造了条件，同时提供了热量，有利于加快焦炭燃烧速度。而煤中灰分不可燃，还要消耗热量，熔融后在焦炭颗粒外表面形成硬壳或堵塞孔隙，阻碍氧气扩散进入，降低焦炭氧化速度，增加灰渣的含碳量，造成机械不完全燃烧热损失。一些较小焦炭颗粒，如若来不及燃尽，则会随烟气流夹带进入尾部受热面沉集或者在除尘器处滤下，这就是飞灰含碳量，也会降低燃烧效率。

此外，煤粉燃烧分为一次风与二次风，有时二次风还可分多级送入。一次风主要功能是输送煤粉，以气、固两相流从燃烧器喷嘴喷出，并进行雾化；二次风主要功能是与雾化炬充分混合，进行强化燃烧，达到燃尽。因而，空气系数的大小，风压的高低，一、二次风的配比，二次风的装设位置与分级喷入，对强化燃烧有直接影响，这也是设计与运行操作，提高雾化质量要充分考虑的重要问题。

三、煤粉锅炉工艺流程与辅机配置

1. 集中供粉式

所谓集中供粉式，就是由煤粉罐车按时配送所需煤粉，炉前不设制粉设备，如图6-19所示。

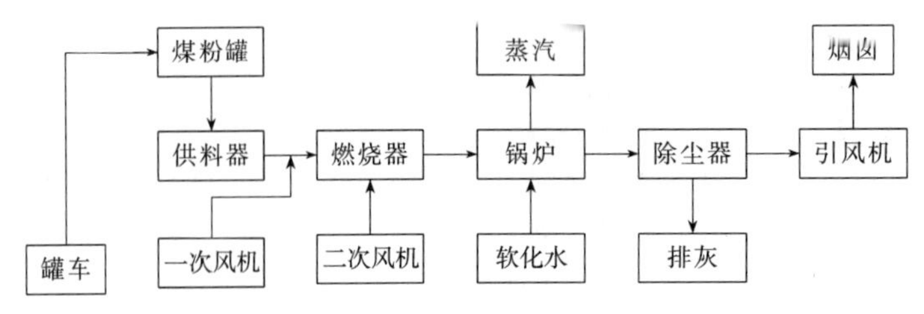

图 6-19　集中供粉式流程

(1) 受粉与供粉　来自制粉厂的密闭煤粉罐车与高架的煤粉罐受粉管对接，将符合要求的煤粉送入煤粉罐内储存。锅炉运行时自动将罐内煤粉送入下设的中间粉仓，经供料器计量后，用一次风经粉风管道送至燃烧器喷入炉内。高架煤粉罐体设保温层，防止夏季高温传入，避免造成煤粉自燃甚至爆炸，并防止冬季水分结露或结冰，确保安全。

(2) 燃烧与供热　煤粉连同一次风从燃烧器喷嘴喷入炉膛内，首次启动时经自动点火而燃烧。正常运行或短时间停炉不必点火便能燃烧。所产生的高温烟气与锅炉各受热面进行热交换，半小时左右便可向外供汽。

(3) 水处理与补给水　水源经水处理后符合水质标准要求时，送入补水箱，用水泵自动给锅炉补水。

(4) 烟气净化　从尾部省煤器排出的低温烟气进入布袋除尘器，净化达标后经引风机排入烟囱。布袋除尘器收集的飞灰，经加湿后密闭排出，定期送往用户回收利用。

(5) 自动控制。主要包括数据采集与处理，锅炉运行自动控制与调节，故障显示与联锁保护等。

2. 炉前制粉式工艺流程

炉前制粉工艺流程如图 6-20 所示。与前述工艺流程主要区别在于炉前增设了制粉系统，其他完全相同。制粉系统主要工艺与设备有储煤库、取料与输送设备、破碎机与球磨机等，与一般发电厂煤粉制备基本相同。视其规模与要求选择相应设备，煤粉粒度要求在 200 目左右。两种系统各有优缺点，主要决定于供热规模大小、有无稳定合格的制粉厂供货以及经济核算等问题。

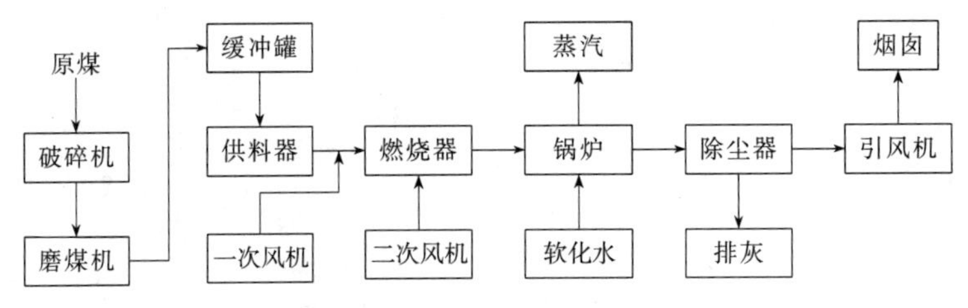

图 6-20　炉前制粉式流程

四、新型高效煤粉锅炉节能减排功效及其优势

(1) 锅炉运行效率高　依据小煤粉锅炉的燃烧特点，在设计方面针对性地采取了一系列行之有效的措施。如选用内燃式烟管结构、三回程并在尾部设置省煤器，加大了传热系数；回收烟气余热，排烟温度低，降低了 q_2 热损失；研发了高效煤粉燃烧器，性能优越，提高了燃烧效率至 98%左右。因而锅炉设计效率 86%，实际达到 90%左右，与同容量燃煤锅炉相比，提高 25～30 个百分点，节能效果显著。经国家科技部和中国煤炭工业协会组织专家验收和鉴定，认为新型高效煤粉锅炉在技术水平、节能减排、经济性方面达到国际先进水平。

(2) 节能减排功效突出　由于锅炉运行效率高，比同容量燃原煤锅炉节煤在 30%左右，运行成本低，节能增效明显。

锅炉尾部采用先进的布袋除尘技术，烟囱看不见冒烟，达到林格曼 0 级，烟尘排放浓度在 20mg/m^3 以下，大大低于国家标准（100mg/m^3）。由于采用了低硫（0.36%）、低灰（6%～7%）煤，SO_2

达标排放，为500mg/m³，低于国家标准（900mg/m³）。NO_x 排放一般在500mg/m³左右，低于国标。

(3) 全部密闭运行操作，无二次污染，达到环境友好型要求　由于选用低灰分煤粉，渣量小，且锅炉主体不排渣，全部集中在布袋除尘器处排出，操作环境相当干净。采用封闭飞灰仓、密闭阀门并加湿后排出，集中密闭收集运往再生资源使用单位，无二次污染问题。采用密封煤粉罐车运煤粉，无运输流失，密闭输往煤粉罐内，无二次污染。锅炉房无需设储煤场与储灰场，杜绝了刮风下雨扬尘与污水外流，对周围环境无污染。所用风机选购低噪声产品，并加消声器，无噪声污染。全部采用计算机自动控制与调节，免于人工操作。全部工作环境装修美化，达到友好型环境要求。

(4) 采用全自动控制与调节　采用PLC全自动控制与CRT显示，主要有煤粉输送、煤粉计量自动控制与调节，锅炉水位自动控制与联锁保护，负荷、气压与燃烧自动控制与调整，炉压与烟风系统自动调节与联锁，布袋除尘系统自动清灰与出灰自动控制，安全保护与报警等，完全免去人工操作。

(5) 用液化气或压缩天然气点火　该系统采用自动点火，点火稳定、无噪声、上汽快，30s即可进入正常运行状态，半小时左右便可供汽。不但简化了点火设备、降低了点火费用，而且设有联锁保护，自动清扫炉膛内残存的可燃气体，确保安全，防止发生事故。

(6) 全套设备占地面积小、布置紧凑、节省用地。

(7) 该锅炉系统可选用炉前煤粉储罐和自制煤粉两种模式，用户可根据自己的实际情况灵活进行选择。两种模式各有优缺点，主要决定于有无煤粉来源与经济效益核算问题。

五、煤粉锅炉运行操作与热平衡测试结果

国家发改委与科技部对这项成果非常重视，已将该技术列入节能减排关键技术之一、国家“十一五”科技支撑重点项目和工业锅炉改造升级替代产品之一。计划扩大示范、进一步推广，并开发系列产品，开展标准化工作。有关该锅炉三个用户热平衡测试结果列于表6-11。

表6-11　高效煤粉热水锅炉测试结果

序号	项　目	符　号	单　位	用户A	用户B	用户C
1	收到基低位发热量	$Q_{net,ar}$	kJ/kg	29050	28590	28990
2	热水锅炉额定出力		MW	4.2	2.8	1.4
3	热水锅炉实际出力		MW	4.21	2.68	1.45
4	锅炉正平衡热效率	η_1	%	90.34	91.62	92.73
5	锅炉反平衡热效率	η_2	%	93.67	92.92	93.02
6	排烟处烟气成分	RO_2	%	15.38	14.34	13.99
		O_2	%	3.40	4.57	5.06
		CO	%	0.07	3.78×10^{-3}	7.50×10^{-3}
7	排烟处空气系数	α		1.18	1.27	1.31
8	排烟温度	t_{py}	℃	93.67	92.22	69.57
9	排烟热损失	q_2	%	3.49	4.34	3.37
10	气体未完全燃烧热损失	q_3	%	0.26	0.02	0.03
11	固体未完全燃烧热损失	q_4	%	1.81	1.81	2.38
12	燃烧效率 $100-(q_3+q_4)$	η_r	%	97.93	98.17	97.59
13	飞灰可燃物含量	C_{fh}	%	19.04	17.36	24.94
14	炉体散热损失	q_5	%	0.77	0.91	1.20

六、节能分析与改进建议

以上锅炉运行与测试结果表明，从总体情况分析，锅炉达到或超过了设计指标。如锅炉出力超过设计指标，正平衡热效率达到90%以上，高出设计值4个百分点，反平衡热效率高达93%左右，燃烧效率达到98%左右。运行稳定、良好，其结果比较理想。其主要原因有：

(1) 每兆瓦消耗煤粉量少，燃烧效率高，节省燃料消耗，提高热效率。

(2) 排烟温度低，q_2 热损失小　排烟温度最低69.57℃，最高93.07℃，均比设计值≤160℃低许多，因而 q_2 热损失小。但也应注意，如排烟温度低于烟气露点温度以下，应注意采取防腐蚀措施。这里的排烟温度低主要是因为锅内热水温度低，而且该试验的排烟温度与锅内热水温度的温差已经小到了不合理的程度，应引起制造厂家的注意。

(3) 炉体严密，实行低氧燃烧技术　从表6-11可知，在排烟处烟气成分可知，CO_2 含量较高，O_2 含量很低，因而空气系数较小，符合GB/T 15317《工业锅炉节能监测方法》规定。由于该锅炉在设计结构方面采取了锅壳等措施，系统严密，漏入冷风较少。但也要注意，如炉膛空气系数太小，二次风位置不当或数量不足、煤粉挥发分较高时，有可能造成不完全燃烧热损失加大。该锅炉飞灰含碳量最高达24.94%，应引起重视，寻找原因，采取措施，减少 q_4 热损失。

(4) 其他热损失很小　该锅炉在主体不排渣，无 q_6 热损失。炉体保温较好，表面散热损失 q_5 较小，用户A最低0.77%，因而有利于提高热效率。

(5) 煤粉挥发分高，应在线监测煤粉罐内温度，并采取相应措施避免发生自燃现象，保证安全。

第六节　生物质能有关应用技术

生物质能是分布广泛、资源丰富的可再生能源，其应用仅次于煤炭、石油、天然气之后的第四位，利用率约占世界总能耗的14%，但实际利用总量仅占本储量的1%，潜力巨大。大量燃用煤炭、石化燃料所排放的有害物质和 CO_2 温室气体，使大气环境受到严重污染。生物质能含硫量与灰分很低，燃烧后所排放的 CO_2，在植物光合作用再生时还要吸收等量的 CO_2，实际无增量，是一种可再生清洁能源。西方发达国家经石油危机后，对生物质能进行了深入研究与开发，取得相当成效，有不少技术成果已经商业化。

我国随着社会经济的快速发展，城镇化进程加快，人民生活水平不断提高，能源需求大幅增长，每年须进口大量石油和天然气，这给生物质能的开发利用提供了机遇。2006年1月1日国家《可再生能源法》正式生效，还配套出台了《可再生能源产业发展指导目录》及相关政策措施。经有关科研院所、大专院校与企业界不懈努力，在生物质固化、气化、热解、液化发酵、直接燃烧等方面开发出多种应用技术与产品，并有许多成功案例，还有多项新技术正在研究开发之中，必将为实施分布式生物质能源系统，在农村建成小康社会的能源需求提供一条正确的路径。生物质能的发展应该因地制宜，广大乡镇、农村就近开发利用，实施供气、供热、供电，并与光伏发电、风力发电等多种能源互补，力求实效。

一、生物质固化加工技术

将生物质秸秆、木屑、果壳、甘蔗渣、中药渣等原料，依据形态，打捆切割，有的需要粉碎、干燥、固化成型的，可采用螺旋挤压成型机、活塞冲压成型机、平模或环模制粒机等加工成棒状、粒状，以便提高密度，便于运输、储存与锅炉燃用，或加工成其他产品。国家发改委能源局和环保部联合印发的《关于印发能源行业加强大气污染防治工作方案的通知（发改能源[2014] 506号）》要求到2017年生物质成型燃料全国年利用量要超过1500万吨。

在工业型煤成型时选用低硫煤并配入一定比例的生物质碎料与脱硫剂等混合，压制成生物质型煤，用作锅炉燃料或掺混在垃圾焚烧炉内助燃，可节省柴油，并有一定的节能减排效果，是一种较好的选择与发展方向之一（在本章第三节中已有介绍，在此从略）。

二、生物质用作锅炉燃料供热发电

生物质直接燃烧，在我国农村做饭、取暖，已有悠久历史，约占农村总能耗的50%左右，每年耗量约两亿吨，一般热效率只有10%～15%，省柴灶则可达到30%，总体评价是既不经济的，且卫生条件较差。富裕起来的区县、乡镇、农村，迫切需求供应优质、高效、廉价的清洁能源。这些广大地区不仅需要生活用能源，还应包括农田作业、农业运输和农产品开发加工，中小型工业园区等生产用能源。生物质有良好的可燃性，有关工业分析、元素分析与发热值见表6-12。由表可见生物质燃料的特点是挥发分高而含硫很低，具有一定的发热值，并富含一些微量元素，如氮、磷、钾等，燃烧后的灰分是优质的肥料。生物质用作锅炉燃料，生产蒸汽供热，或热电联产，可满足区县、乡镇机关、学校、医院、工业园区、工商业以及农村城镇化等社会需求，不但转换效率高，而且价格相对便宜。

表6-12 农村有机废弃物成分及热值

种类	水分/%	灰分/%	挥发分/%	固定碳/%	氢/%	碳/%	硫/%	氮/%	磷/%	钾/%	热值/(kJ/kg)
豆秸	5.10	3.13	74.65	17.12	5.81	48.79	0.11	0.85	2.86	16.33	16130
稻草	4.97	19.86	65.11	16.06	5.06	38.32	0.11	0.63	0.146	11.28	13957
玉米秸	4.87	5.93	71.45	17.75	5.45	42.17	0.12	0.74	2.60	13.8	15524
高粱秆	4.71	8.91	68.9	17.48	5.25	41.93	0.10	0.59	1.12	13.6	15052
谷草	5.33	8.95	66.93	18.79	5.17	41.92	0.15	1.04	1.24	18.28	14998
麦秸	4.39	8.90	67.36	19.35	5.31	41.28	0.18	0.61	0.33	20.40	15349
棉花秆	6.78	3.99	68.5	20.73	5.35	43.50	0.20	0.91	2.1	24.7	15968
马粪	6.34	21.85	58.99	12.82	4.64	37.25	0.17	1.40	1.02	3.14	13999
羊粪	6.29	26.23	54.76	12.72	4.68	36.70	0.36	2.31	3.28	3.17	13990
猪粪	5.76	8.43	65.75	20.03	5.46	42.98	0.25	3.54	3.32	2.74	15976
牛粪	6.46	32.4	48.72	12.52	4.68	32.07	0.22	1.41	1.71	3.84	11608
木屑	干基	0.9	77.2	21.9	5.7	49.2	0.05	2.5	—	—	18560

2014年国家能源局、环保部下发了《关于开展生物质成型燃料锅炉供热示范项目建设的通知》(国能新能[2014]295号)，鼓励开展生物质供热替代中小型燃煤锅炉。重点在京津冀鲁、长三角、珠三角等大气污染防治形势严峻、压减煤炭消费任务较重的地区，建设一批生物质供热示范项目。生物质能供热是具有较强竞争力的工业清洁供热方式。能显著提高能源利用效率，与天然气、轻油供热相比具有明显的成本优势，宜成为工业清洁能源供热方式的优先选择。特别是在京津冀鲁、长三角、珠三角等大气污染防治任务较重地区以及燃煤消费控制的重点城市，具有广阔的应用前景。

生物质能供热（主要包括热电联产、成型燃料锅炉供热等）是解决区县（非城市建设区）、乡镇机关、学校、医院、乡镇工业园区、工商业以及农村城镇化等供热问题的主要方向，是破解燃煤，改用清洁供热的有效途径。项目规模不大，灵活方便，就近联合，组织起来，可有利于解决农田秸秆回收，加工成型、短途运输、成本核算等难题。特别是秋收后的农田秸秆还田有限，焚烧难禁，运输困难，堆存失火等问题长期得不到很好解决。把这些丰富的资源加工成燃料，变为热能、电能或其他多种产品。这将是乡镇、农村建成小康社会的一项重要工作。

1. 链条锅炉燃用生物质供热

生物质链条锅炉与燃煤锅炉类似，如图6-21所示。所产蒸汽或热水用于供热、发电或热电联产。这种类型锅炉可燃生物质压块和生物质颗粒燃料，进料方式一般不用煤斗，多采用传送带或螺旋给料机。对于锯末、稻壳、瓜子皮、碎果壳、酒糟等碎料不必压块，可直接采用高压喷射抽吸装置送料，天津鼎熵节能科技有限公司最新研制的高压喷射抽吸装置可抽吸炉内高温烟气，并与螺旋给料机输送的碎料对接混合，再喷洒到炉膛空间，很快着火燃烧。来不及完全燃尽者落到炉排上，由链条下部送入的空气进行二次燃烧。为降低 NO_x，应采用二次供风和中低温燃烧技术，并选用合理的空气系数，使

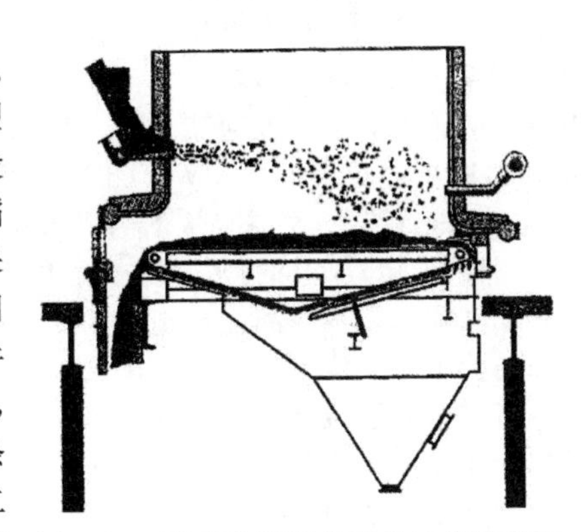

图6-21 配有抛煤机的链条炉排示意图

其燃尽。对于烟气中的焦油微粒，飞灰中的残碳，有必要采用高压喷射抽吸装置进行强化燃烧或加设中拱，达到完全燃尽，防止焦油微粒在低温部位凝固。

近期国内成功研制出燃用酒糟等小颗粒专用锅炉，采用室燃与层燃相结合的结构，燃料从炉膛前上部喷入炉内，首先挥发物开始析出燃烧，在下落过程中继续燃烧，落到炉排面上后，通过供入二次风促使燃尽。五粮液酒厂已安装 32 台蒸发量为 4 t/h 的小锅炉，日处理量达 2000t，每年节约燃料费 3000 万元，节能效果明显，处理了积压废弃物，保护了环境。

2. 往复炉排炉燃用生物质供热

燃生物质的往复炉排锅炉与燃煤的结构相似，有倾斜式与水平式，推荐使用水平式，见图 6-22，可用于供热、发电或热电联产。由于生物质燃料挥发分高，灰分少，炉床渣层薄，且要求均匀分布。为防止局部结渣、降低炉膛高度，采用水平式更好一些。可燃用生物质压块、木屑等。进料采用螺旋给料机。如燃用锯末、稻壳、瓜子皮等碎料时亦可与链条炉喷吹雾化送料方法相同。应合理控制空气系数并采取二次强化燃烧措施，促使烟气中的 NO_x 达标排放与焦油微粒燃尽，防止在尾部结焦，造成腐蚀。

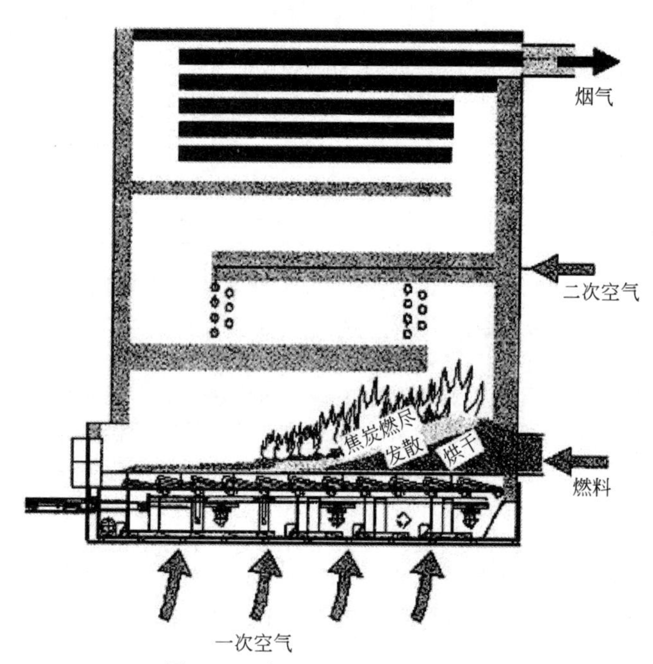

图 6-22　水平往复炉排炉示意图

3. 发电锅炉燃用生物质

国外流化床锅炉发电技术，在 1960 年用于废弃物的焚烧，在世界各地建成了 300 多套商业化运营系统。我国起步较晚，正在积极跟进。燃烧生物质锅炉用于广大农村乡镇等供热发电或热电联产的主要炉型有鼓泡流化床（BFB）和循环流化床（CFB），其结构原理如第五章所示。一般 BFB 锅炉容量大于 20MW，CFB 大于 30MW。床料选用 1.0mm 的石英砂和白云石，占其总量的 90%～98%。一次空气从下部进入炉膛，流化速度为 1.0～2.5m/s，使床料层颗粒鼓泡或沸腾。为控制 NO_x 达标排放，空气系数比燃煤略低，BFB 为 1.3～1.4，CFB 为 1.1～1.2，二次风在稀相区喷入，炉膛温度控制在 800～900℃，比燃煤略低，属中低温燃烧。生物质锅炉一般均设布袋除尘器，确保烟尘达标排放。由于良好的混合，燃烧比较完全，因而可燃用多种燃料，如各种可燃杂物、废木、秸秆或煤炭与垃圾等混合燃烧。对于燃料尺寸要求，BFB 小于 80mm，CFB 小于 40mm，在燃料中不允许夹带金属物。一般流化燃烧启动时间在 15h 左右，必须设置燃油或燃气启动热源。

4. 生物质燃烧系统提高热效率的主要措施

表 6-13 列出了燃烧生物质系统提高热效率的五个影响因素与主要措施。其中生物质原料干燥效果是明显的，在其收割后应进行适当露天干燥，时间不必太长，要防止腐烂变质，或堆集自燃，每月自然干燥损失率为 1.0%～2.0%。短途运输应打捆处理，防止掉落损失。贮藏要设棚子与消防设施，防止雨淋、水泡、风刮、火灾等问题的发生。应就近寻找干燥热源，如太阳能、预热空气或烟气冷凝气等，成本低，便捷就近利用。

表 6-13 不同措施对提高生物质燃烧系统热效率的影响

措　施	热效率提高潜力(1t 干物质)
干燥处理,将含水量从 50%降至 30%(湿重)	+8.9%
降低烟气中 O_2,体积含量的 1.0%	大约+0.9%
树皮燃烧:减少灰分中 C 含量,从 10.0%降至 5.0%(干重)	+0.3%
降低烟气出口温度 10℃	+0.8%
烟气冷凝(与传统燃烧系统对比)	平均值+17%;最大值+30%

注:以木屑和树皮作为燃料来计算;高位发热量为 20MJ/kg(干重)。

生物质锅炉应实施低氧燃烧技术，降低烟气中的残氧含量，并保证完全燃烧，对热效率的影响是显著的，如图 6-23 所示。一般燃煤或燃生物质的工业锅炉，比发电厂条件差一些，排烟中的氧含量高达 8%～9%，很不合理，应改变配风强调“过量”观念，一要尽早安装氧化锆测氧仪或 CO_2 测试仪，优化配风操作；二要封堵漏风处，防止炉内吸入冷风；三是进行强化燃烧，如采用高压喷射抽吸装置抽吸炉内高温烟气再高速喷入炉内进行强化燃烧；四是采用推迟送风法，“烧两头促中间”，把炉排后部高含氧烟气涌向前部，混合烧掉残氧。此外，降低烟气中的氧含量，还可提高烟气的露点温度，减少烟气体积，便于实施烟气冷凝技术，增加回收热量，详见图 6-24 与第四章冷凝锅炉部分。

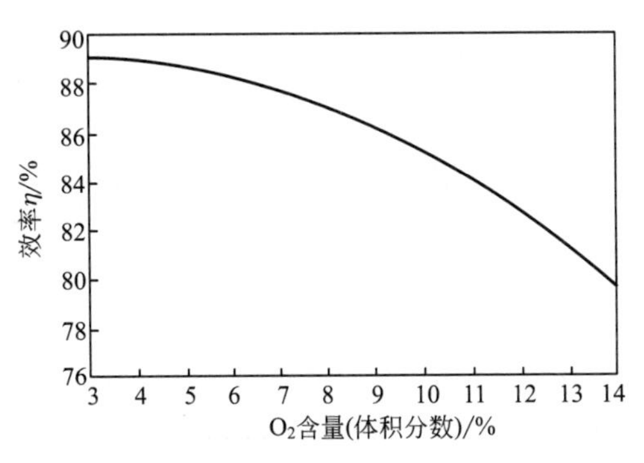

图 6-23　烟气中 O_2 含量对热效率的影响

三、生物质气化技术与用途

所谓生物质气化，是在一定温度条件下与气化剂发生部分氧化反应，转化为气体燃料的过程。所用转换设备有多种气化炉，气化剂主要是空气，高端的有氧气或空气与水蒸气或氧气与水蒸气。气化的目的是获取燃气，因为燃气便于管道输送，燃烧效率高，燃烧设备简单，控制调节方便，用途广，不仅用于农村炊事，取代传统烧柴习惯，更可用作锅炉燃料，生产蒸汽或热水，用于集中供热，还可发电，提高能源利用率，且成本低廉，这是众多国外经验所证明的，如德国最早用秸秆气化发电，每度电售价 5 美分，而当地电价为 16 美分。生物质所用气化装置与煤炭气化类同，主要有上吸式、下吸式气化炉、鼓泡床、流化床以及气流床气化炉等。不同气化方法所产燃气成分见表 6-14，燃气的主要性质见表 6-15。以下给出三种案例。

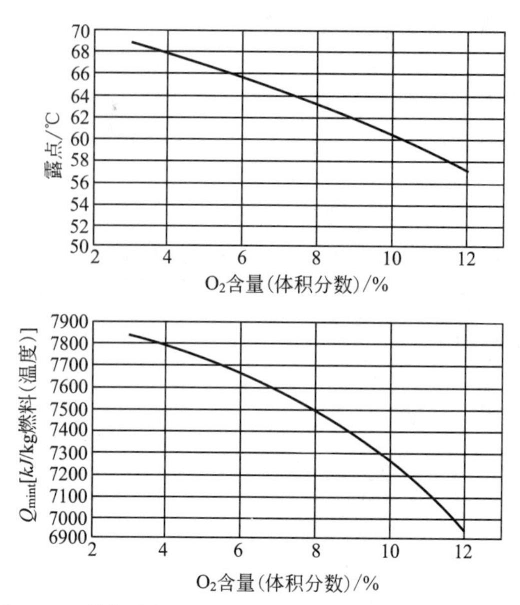

图 6-24 煤气中氧含量对烟气冷湿系统热回收的影响

表 6-14 各种气体方式的生物质燃气成分

气化方式	燃气成分/%						
	CO	CO_2	H_2	CH_4	C_mH_n	N_2	O_2
上吸式气化炉	25～31	3.6～4.6	6.2～10	4.0～5.2	0.3～0.6	46～60	1.0～2.2
下吸式气化炉	14～23	11～16	11～14	1.0～3.0	0.1～0.4	45～58	0.8～2.0
下吸式气化炉(富氧)	30～40	25～27	10～20	6.0～12	1.0～3.0	8.0～10	0.8～2.0
二步法气化	13～20	16～19	13～30	1.2～4.5	0.4～1.0	35～48	0.1
二步法气化(富氧)	29～32	18～21	32～36	1.5～3.0	0.4～0.6	6.4～12	0.8～1.0
鼓泡流化床炉	13～16	10～14	4.0～8.0	3.0～7.0	1.5～2.9	45～55	0.8～2.0
循环流化床炉	14～23	7.0～15	4.0～8.0	4.0～10	1.0～2.5	45～60	0.8～2.0
循环流化床炉(富氧)	32～38	22～25	20～28	8.0～12	1.2～2.2	6.0～11	0.8～2.0
双流化床气化炉	44～45	11～12	18～22	15～16	1.0～5.0	0.7～4.0	—
600℃热解	26～28	23～26	24～25	15～17	6.3～6.9	0.5～1.1	0.05～0.8
800℃热解	19～25	17～19	34～37	17～19	4.4～6.3	0.7～0.9	0.2～0.3

注：富氧指90%氧浓度。

表 6-15 各种气化方式生物质燃气的性质

气化方式	密度/(kg/m^3)	相对密度	高位热值/(MJ/m^3)	低位热值/(MJ/m^3)	华白指数/(MJ/m^3)
上吸式气化炉	1.07～1.25	0.83～0.97	6.1～7.3	5.8～6.9	6.71～7.37
下吸式气化炉	1.07～1.31	0.83～1.02	4.1～5.8	3.8～5.5	4.51～5.56
下吸式气化炉(富氧)	1.10～1.27	0.85～0.99	9.4～13	8.8～12	10.0～13.1
二步法气化	1.01～1.23	0.78～0.95	5.0～6.2	4.5～5.6	5.54～5.72
二步法气化(富氧)	0.89～1.00	0.69～0.78	8.9～9.9	8.2～9.0	10.7～11.2
鼓泡流化床炉	1.04～1.23	0.80～0.95	4.8～6.4	4.5～6.0	5.10～6.20
循环流化床炉	1.04～1.37	0.81～1.06	5.0～6.5	4.8～6.0	5.20～6.20

续表

气化方式	密度 /(kg/m^3)	相对密度	高位热值 /(MJ/m^3)	低位热值 /(MJ/m^3)	华白指数 /(MJ/m^3)
循环流化床炉(富氧)	1.07～1.22	0.82～0.95	11～14	10～13	12.5～14.1
双流化床气化炉	0.95～1.03	0.73～0.79	14～17	13～16	16.8～18.5
600℃热解	1.02～1.10	0.79～0.85	17～18	15～16	18.9～19.2
800℃热解	0.83～0.92	0.64～0.71	17～19	15～17	21.3～22.4

1. 生物质气化集中供气系统技术

山东省科学院能源研究所于 20 世纪 90 年代研制成 XFL 型秸秆生产燃气的成套系列装置，主要包括下吸式气化炉、燃气净化装置、储气柜、燃气输配管网与燃气灶等。形成了秸秆集中供气系统技术，在乡镇、农村等地区推广，建成了数百个秸秆气化供气工程，解决了农民的用气需求，如图 6-25 所示。

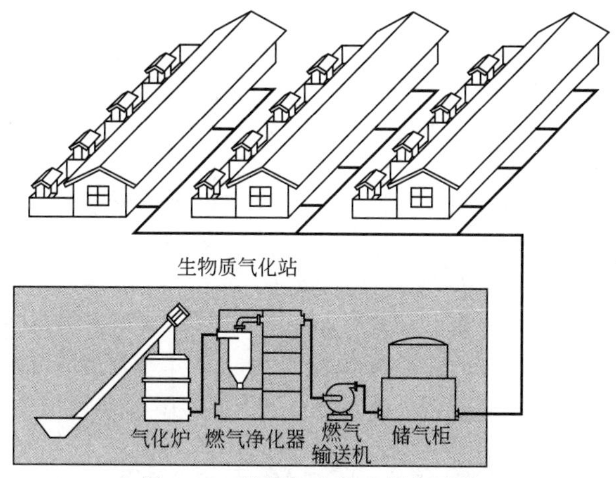

图 6-25　秸秆气化集中供气系统

该供气系统以自然村为单元，分为三种型号，产气量分别为 $120m^3/h$、$200m^3/h$、$500m^3/h$，输出功率为 600MJ/h、1000MJ/h、2500MJ/h。采用上部敞口的下吸式气化炉，在微负压下运行，可连续加料和拨火操作。所用原料有玉米秆、玉米芯与棉柴等，燃气热值为 $5000kJ/m^3$ 左右，气化效率达 72%～75%。所产燃气经旋风除尘器与过滤洗涤装置，除掉灰尘与焦油，由罗茨风机送往储气柜。该储气柜有一定调节功能，在用气负荷波动时，供气管网系统压力能保持相对稳定，可顺利地输送到居民家中。所用低热值燃气灶为专门设计，方便正常燃用。为保证该系统正常运行，需解决三个主要问题：一是降低燃气焦油含量，从 $50mg/m^3$ 以上降低到 $6mg/m^3$ 以下，否则易造成系统堵塞，影响正常生产；二是寒冷地区储气柜应放入地下，便于越冬；三是就近设置闭路水处理工艺，防止二次污染。

2. 生物质转化为供电系统技术

现代发电技术分为闭式循环与开式循环。闭式循环将锅炉所产高压蒸汽用汽轮机或蒸汽机进行朗肯循环，带动发电机发电，而开式循环则将所产燃气经燃气轮机膨胀作功，带动发电机发电，对燃气净化要求高。中科院广州能源研究所选用后者，从 20 世纪 90 年代开始用鼓泡床气化炉所产燃气配以燃气轮机组发电，进行了系统研制。经过十几年的不断努力，形成了鼓泡床气化发电成套技术，如图 6-26 所示。在国内先后建成数十座生物质发电站，容量从数百千瓦到 6MW，并出口到泰国、缅甸、老挝等国家。

气化所用燃料为稻壳、锯末等，用螺旋给料机输入炉内，气化剂为热空气，所产燃气经惯性除尘、旋风除尘除掉大部分飞灰后，进入文丘里冷却器和多级喷淋洗涤塔进行冷却，再次除尘并

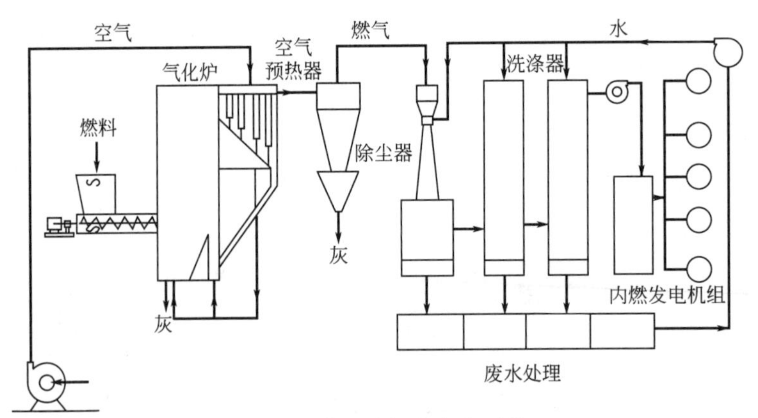

图 6-26　鼓泡床气化发电系统

除掉焦油后，方可进入燃气轮机，带动发电机发电。系统所产生的废水经在线处理后回用。

鼓泡床炉内的气流速度为0.8～1.2m/s，炉内气化温度700～800℃，为利用热煤气显热，在炉膛出口加设了空气预热器，用预热空气作气化剂，提高了热能利用率。该成套设备运行后针对存在问题，进行了几次改进，一是加装了木炭反应器，使焦油含量明显降低；二是利用汽轮机高温排气，进入余热锅炉生产蒸汽，经小型汽轮机组发电，进一步提高了发电效率。该鼓泡床气化效率为78%左右，所产燃气热值5.4～6.4MJ/m^3，发电机组效率20%，加装小型发电机组后提高到25%。

3. 生物质转化为热电联产技术

芬兰是一个生物质技术发达国家，早在1994年生物质能源比例已经达到20%，政府重视发展生物质能源技术，专门发表了“能源政策白皮书”，2005年生物质能源比例达到25%，政府对生物质发电给予补贴，征收使用化石燃料税。芬兰有详细的国家能源计划，其中包括生物质能源的研究、开发、信息、培训与法律等内容。芬兰有数家公司生产上吸式气化炉。1986年以来，在芬兰与瑞典建造了9座生物质热电厂，电功率为1～3MW，热功率为1～15MW。其中Corbona公司开发了上吸式气化热电联产系统技术，并与美国桑迪亚国家实验室合作开发了1MW、3MW、5MW三种型号的商业热电联产系统技术，如图6-27所示。

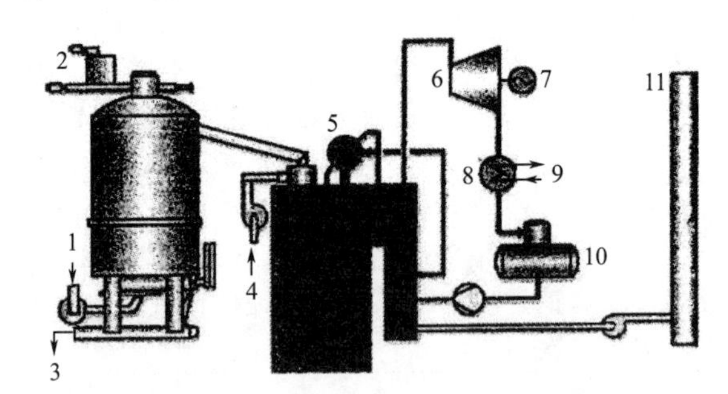

图 6-27　Corbona公司的热电联供系统

1—气化空气；2—生物燃料；3—灰；4—燃烧空气；5—燃烧器；6—汽轮机；
7—电力；8—冷凝器；9—热力；10—给水箱；11—烟囱

该系统采用微正压上吸式气化炉，所产热燃气就近进入锅炉燃烧产生高压蒸汽，驱动汽轮机带动发电机发电。在冷凝器中将热量转换为热水对外集中供热。1MW发电机对外供热3.66MW。发电机效率为18.6%，热电联产总效率为82%，生物质能利用效率明显提高。由此可见这种系统比较简单，从锅炉开始是一个常规的热电站系统，只是在前面加设了一台上吸式气化炉，生产热煤气，比锅炉直接燃烧生物质供汽，燃料适用范围广，总效率提高，发电成本明显降低，污染物排放达标。

四、生物质能转换技术简介

生物质能转换系利用微生物、厌氧菌、光合细菌、酵母菌等在一定温度和无氧条件下，将生物质降解，生成小分子化合物，如甲烷、乙醇等的工艺过程。在此主要简介沼气、燃料乙醇与生物柴油的一些简要常识，以引起重视。

1. 国内农村沼气应用简介

制取沼气是将生物质有机物质在一定温度、湿度、酸碱度和厌氧条件下，经过沼气菌群发酵（消化）生成沼气、消化液和污泥的过程。经过国家大力扶持，多年奋斗，我国农村已有 600 万户农民用上沼气，生活条件有所改善。以往生产沼气主要用牲畜粪便，适合在奶牛场、养猪场、养鸡场等建沼气池，现在开始用生物质秸秆为原料，切成 0.5cm 入池，每千克秸秆可产沼气 $0.25m^3$，甲烷含量高达 55%左右。具有原料来源广、产气多的优势，发酵后的残留物是很好的有机肥料，还可制取维生素 B_{12} 等。未来在边远、贫困农村将会有较快发展。

2. 生物乙醇的简介

所谓乙醇俗称酒精，是一种可再生能源，专门用于乙醇发动机使用，又可按一定比例与汽油混合使用，而且发动机无需改动。使用乙醇可减少进口石油，又可达到完全燃烧，降低有害气体的排放，减轻对环境的污染。

巴西是世界上唯一不使用纯汽油的国家，早在 1989 年开始以甘蔗、糖蜜、木薯、玉米等为原料生产乙醇，几乎全部用来替代石油，实现了汽车燃料酒精化。从那时起巴西不再进口石油，少量国产原油还可出口，赚取外汇。

乙醇的第二种用途是用作燃料电池的燃料。在低温燃料电池，诸如手机、笔记本电脑及新一代燃料电池汽车等可移动电源领域，更具非常广阔的应用前景。目前已被确定为新型燃料电池 30%～40%的市场份额。乙醇的第三种用途是取代乙烯作为石化工业的基础原料，在中国每年至少需要 2000 万吨。由于石油资源日趋短缺，对环境造成污染，乙醇取代乙烯是必然结果。

我国乙醇生产逐渐转向非粮乙醇，重点发展用甜高果、甘薯、木薯等原料替代粮食生产燃料乙醇。2006 年 6 月，中国科技大学生物质洁净实验室研制成用秸秆制取生物油技术，出油率高达 60%，生产成本 790 元/t。是一项非常有前景的生产新技术。

2006 年 8 月山东泽生生物科技有限公司与中科院过程工程研究所合作，研制成“秸秆酶解发酵乙醇新技术及其产业化示范工程”，已通过专家委员会鉴定，达到了国际先进水平，首创了秸秆无污染汽爆等新技术，建成了目前世界最大的 $110m^3$ 固态菌发酵反应器，形成了工业生产体系，克服了以往用玉米淀粉生产乙醇的老工艺，解决了与人争粮、与人争地等问题。经过不断努力，2006 年我国燃料乙醇年产量已达到 130 万吨，约占全国汽油总耗量的 20%，目前车用燃料乙醇在生产、混配、储运与销售等方面已拥有成套技术，今后肯定还有更大发展。

3. 生物柴油的简介

生物柴油又称脂肪酸甲酯或脂肪酸乙酯，用各类动植物油脂为原料与甲醇或乙醇等醇类物质，经过酯化或交酯化反应改性，使其变成可供内燃机使用的生物柴油。生产生物质柴油的主要原料为植物果实、种子、植物导管或动物脂肪油与餐饮业废弃油脂等。

生物柴油是典型的绿色能源，不含芳香族烃类成分，无致癌性；不含硫、铅、卤素等有害成分，可显著减少对环境的污染，无毒无害；生物降解率可达 98%，是化石燃料的二倍。生物柴油组成成分优越，燃烧性能良好，无需改动柴油机，可直接加油使用，闪点较石化燃油高，有利于安全运输与储存。特别是可利用餐饮业废油、地沟油等，减少环境污染，防止重新进入食用油系统，保证居民的身体健康，社会效益良好。

美国内华达州于 2001 年建立了世界上第一个生物柴油加油站，2017 年以生物质热解油替代 20%石油，其他国家积极跟进，生物质加油站不断涌现，仅德国就超过 1600 个，奔驰、宝马、大众和奥迪等名牌汽车可直接使用生物柴油，正常运营。

我国对发展生物质柴油非常重视，“十·五”期间提出发展各种石油替代产品计划，并于2007年颁发了《生物质柴油国家标准》，2011年2月1日正式实施。2005年中国生物柴油生产企业有8家，年生产能力20万吨，到2006年底增至25家，年生产能力已达120万吨。我国发展生物柴油，根据中国国情，积极寻找替代原料，尽量不用食用粮食制取。根据多方研究与寻找，确定其主要原料有菜籽油、马柏油、小桐籽油、木油、茶油、蓖麻子油与餐饮业废油等。湖南依据当地资源，用光皮树制取甲脂燃料油。贵州有丰富的野生麻风树资源，已开发6万～7万公顷麻风树原料基地，制取生物柴油，于2009年投产。既发展了生物柴油，又搞绿化，保护了环境，还充分利用当地资源，为农民致富提供了条件。

参 考 文 献

[1] 俞珠峰主编. 洁净煤技术发展及应用. 北京：化学工业出版社，2004.

[2] 姚强等编著. 洁净煤技术. 北京：化学工业出版社，2005.

[3] 陈文敏，李文华，徐振刚主编. 洁净煤技术基础. 北京：煤炭工业出版社，1996.

[4] 徐振刚，刘随芹主编. 型煤技术. 北京：煤炭工业出版社，2001.

[5] 阮伟，周俊虎等. 优化配煤理论的研究以及配煤专家系统的开发. 动力工程，1999，19（6）.

[6] 刘圣华，姚明宇，张宝剑编著. 洁净燃烧技术. 北京：化学工业出版社，2006.

[7] 吴志坚主编. 新能源和可再生能源的利用. 北京：机械工业出版社，2007.

[8] 姚强编著. 洁净煤技术. 北京：化学工业出版社，2006.

[9] ［荷兰］雅克. 范鲁，耶普. 克佩耶主编. 生物质燃料与混合燃烧技术手册. 田宜水，姚向君译，北京：化学工业出版社，2008.

[10] 孙立，张晓东编著. 生物质热解汽化原理与技术. 北京：化学工业出版社，2013.

[11] 张无敌，田光亮，尹芳等编著. 农村能源概论. 北京：化学工业出版社，2014.

[12] 刘智国. 新型秸秆气化集中供气设备的研究. 节能，2009，7.

[13] 吴伟烽，刘聿拯. 生物质能利用技术介绍. 工业锅炉，2003，5.

第七章 工业锅炉水处理应用技术

工业锅炉基本上都是以水为介质进行热量的传输与动力的提供。水对锅炉的重要性，如同人体与血液的关系，因而水被誉为锅炉的血液。锅炉安装使用地点不同，所用的水源也不一样，但不外乎是地下水、地表水或经过自来水厂加工的水，可统称为天然水。由于水存在于自然环境中，不可避免地溶解有各种杂质。这些杂质如不经处理直接进入锅炉，将会带来严重后果。如结垢、腐蚀、钢管渗漏、鼓包，甚至爆炸，造成设备损坏，人员伤亡事故。当含有钙、镁等离子的水进入锅炉后，经过锅水不断蒸发、浓缩，形成水垢，附着于钢管表面，降低传热效率，必然增大锅炉的燃料消耗。因而水质的好坏，不仅涉及锅炉的安全问题，还关系到节能减排与经济运行。

GB/T 1576—2008《工业锅炉水质》国家标准，已于2008年进行了重大修订，并于2009年3月1日起正式实行。

第一节　天然水中的杂质及对锅炉的危害

天然水中的杂质有胶状杂质和溶解状杂质。

天然水中溶有的离子常见的有 Na^{2+}、Ca^{2+}、Mg^{2+} 等阳离子，Cl^-、SO_4^{2-}、HCO_3^-、$HSiO_3^-$ 等阴离子。这些离子主要是由于水经地层时溶解了矿物质而带入的。天然水中溶有的主要离子如表7-1所示。

表7-1　天然水中溶有的主要离子

阳离子		阴离子		浓度的数量级
名称	符号	名称	符号	
钠离子 钾离子 钙离子 镁离子	Na^+ K^+ Ca^{2+} Mg^{2+}	碳酸氢根 氯离子 硫酸根 硅酸氢根	HCO_3^- Cl^- SO_4^{2-} $HSiO_3^-$	自几毫克/升至几万毫克/升

一、水垢的形成

① 水中溶解状杂质钙（Ca）、镁（Mg）离子是由于地层中石灰石、白云石的溶解而来的。当其进入锅水后，经加热，产生了一系列物理与化学变化，生成难溶的沉淀物。

② 当水温升高后，负溶解度的盐，如 $CaSO_4$、$CaSiO_3$ 等溶解度下降，达到过饱和状态后，从水中沉淀析出。

③ 锅水不断蒸发、浓缩，盐浓度随之增大，当达到过饱和浓度时也将沉淀析出。主要有两种形式：一是牢固地黏附在锅炉受热面的管壁上，形成坚固的水垢，二是悬浮在水中呈松散状的泥渣（水渣）。

水垢的化学成分非常复杂，一般工业锅炉多为钙、镁水垢，它又可按其主要化合物的形态分成碳酸盐水垢、硫酸盐水垢、硅酸盐水垢和混合型水垢。

二、水垢的危害

(1) 水垢的导热性能很差　从对各种水垢的导热性能试验得知，硅酸钙（$CaSiO_3$）水垢的热导率只有 0.1kJ/(m·h·℃)，仅为钢材热导率的 1/40，其他详见表 7-2。

表 7-2　水垢的热导率

水垢类型	热导率 /[kJ/(m·h·℃)]	性质	水垢类型	热导率 /[kJ/(m·h·℃)]	性质
被污染的水垢	0.1	坚硬	碳酸钙(非结晶型)	0.2～1.0	坚硬
硅酸盐水垢	0.07～0.2	坚硬	碳酸钙(结晶型)	0.5～5.0	坚硬
石膏质水垢	0.2～2.0	坚硬			

(2) 水垢导致燃料消耗升高　由于水垢的热导率是钢材的几十到几百分之一，锅炉带垢运行必然降低传热效果，消耗更多的燃料，才能达到锅炉正常出力。根据实验结果，不同厚度的水垢所增加的燃料耗量见表 7-3。

表 7-3　水垢厚度与燃料增加量的关系

水垢厚度/mm	0.5	1	3	5	8
燃料增加/%	2	3～5	6～10	15	34

由上可见，水垢会降低锅炉效率，增加燃料消耗，是锅炉经济运行、节能减排的主要障碍之一。

(3) 水垢危及锅炉安全运行　锅炉结垢后使受热面金属壁温升高。水垢形成后，受热面钢材的传热量降低，只有提高火侧温度才能保证正常传热。当锅炉受热面超过一定温度时，管材则发生蠕动变形，严重时可造成爆管等事故发生。详见图 7-1。

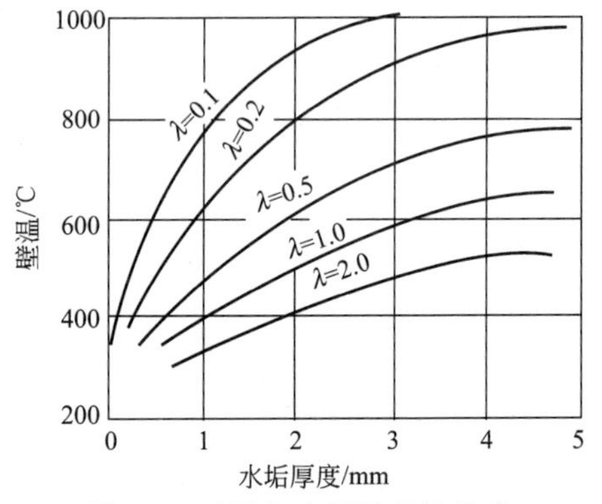

图 7-1　壁温与水垢厚度的关系

(4) 水垢加快金属腐蚀　锅炉受热金属表面附有水垢，特别是含有铁成分的水垢，会引起沉淀物下的金属腐蚀（垢下腐蚀），加速受热面的损坏。

(5) 水垢缩短锅炉寿命　水垢附在锅炉水冷壁管内侧时，很难清除，不管采用何种方式清除（目前有三种：人工、机械、化学），都将对锅炉造成损伤，缩短使用寿命。

三、悬浮状杂质的危害

工业锅炉所用水的来源不同，水中悬浮状杂质含量也不尽相同。取用自来水或深井水时，悬浮状杂质较少，但取用其他水源时就不能保证水的清洁度。悬浮状杂质进入锅炉后会产生以下危害：

① 悬浮状杂质不能用化学方法除掉，但会影响其他杂质的化学处理效果。

② 悬浮状杂质进入锅内后，如果堆积在受热面处，会增加阻力，破坏锅炉正常水循环，严重时会造成受热面金属过热，引发锅炉爆管事故。

③ 悬浮状杂质随着锅水不断蒸发、浓缩，在其表面会形成小气泡。这些气泡极不容易破裂，难以合并变大，集聚在锅水表面上形成泡沫层，使锅水发泡、起沫，引发汽水共腾，污染蒸汽品质。

四、胶体状杂质的危害

胶体状杂质主要是由铁、铅和硅的氧化物形成的矿物质胶体。其次是水生动植物胶体，是水变色、变味的主要因素。如锅水带入胶体状杂质会引发起沫，造成汽水共腾，污染蒸汽品质。

五、不良气体的危害

锅水中的溶解氧会造成给水管道和锅炉本体严重腐蚀。天然水中的二氧化碳与水生成碳酸，含有二氧化碳较多的水具有一定的酸性，不但对金属造成腐蚀，而且还加剧溶解氧对金属的腐蚀。

第二节　工业锅炉水质标准

一、工业锅炉水质新标准内容

1. 采用锅外水处理的自然循环蒸汽锅炉和汽水两用锅炉水质

对于工业锅炉采用锅外水处理的自然循环蒸汽锅炉和汽水两用锅炉的给水和锅水水质应符合表 7-4 的规定。

表 7-4　采用锅外水处理的自然循环蒸汽锅炉和汽水两用锅炉水质

项目	额定蒸气压/MPa		$p\leq1.0$		$1.0<p\leq1.6$		$1.6<p\leq2.5$		$2.5<p<3.8$	
	补给水类型		软化水	除盐水	软化水	除盐水	软化水	除盐水	软化水	除盐水
给水	浊度/FTU		≤5.0	≤2.0	≤5.0	≤2.0	≤5.0	≤2.0	≤5.0	≤2.0
	硬度/(mmol/L)		≤0.030	≤0.030	≤0.030	≤0.030	≤0.030	≤0.030	$\leq5.0\times10^{-3}$	$\leq5.0\times10^{-3}$
	pH 值(25℃)		7.0～9.0	8.0～9.5	7.0～9.0	8.0～9.5	7.0～9.0	8.0～9.5	7.5～9.0	8.0～9.5
	溶解氧①/(mg/L)		≤0.10	≤0.10	≤0.10	≤0.050	≤0.050	≤0.050	≤0.050	≤0.050
	油/(mg/L)		≤2.0	≤2.0	≤2.0	≤2.0	≤2.0	≤2.0	≤2.0	≤2.0
	全铁/(mg/L)		≤0.30	≤0.30	≤0.30	≤0.30	≤0.30	≤0.10	≤0.10	≤0.10
	电导率(25℃)/(μS/cm)		—	—	$\leq5.5\times10^{2}$	$\leq1.1\times10^{2}$	$\leq5.0\times10^{2}$	$\leq1.0\times10^{2}$	$\leq3.5\times10^{2}$	≤80.0
锅水	全碱度②/(mmol/L)	无过热器	6.0～26.0	≤10.0	6.0～24.0	≤10.0	6.0～16.0	≤8.0	≤12.0	≤4.0
		有过热器	—	—	≤14.0	≤10.0	≤12.0	≤8.0	≤12.0	≤4.0
	酚酞碱度/(mmol/L)	无过热器	4.0～18.0	≤6.0	4.0～16.0	≤6.0	4.0～12.0	≤5.0	≤10.0	≤3.0
		有过热器	—	—	≤10.0	≤6.0	≤8.0	≤5.0	≤10.0	≤3.0
	pH 值(25℃)		10.0～12.0	10.0～12.0	10.0～12.0	10.0～12.0	10.0～12.0	10.0～12.0	9.0～12.0	9.0～11.0
	溶解固形物/(mg/L)	无过热器	$\leq4.0\times10^{3}$	$\leq4.0\times10^{3}$	$\leq3.5\times10^{3}$	$\leq3.5\times10^{3}$	$\leq3.0\times10^{3}$	$\leq3.0\times10^{3}$	$\leq2.5\times10^{3}$	$\leq2.5\times10^{3}$
		有过热器	—	—	$\leq3.0\times10^{3}$	$\leq3.0\times10^{3}$	$\leq2.5\times10^{3}$	$\leq2.5\times10^{3}$	$\leq2.0\times10^{3}$	$\leq2.0\times10^{3}$
	磷酸根③/(mg/L)		—	—	10.0～30.0	10.0～30.0	10.0～30.0	10.0～30.0	5.0～20.0	5.0～20.0
	磷酸根④/(mg/L)		—	—	10.0～30.0	10.0～30.0	10.0～30.0	10.0～30.0	5.0～10.0	5.0～10.0
	相对碱度⑤		<0.20	<0.20	<0.20	<0.20	<0.20	<0.20	<0.20	<0.20

① 溶解氧控制值适用于经过除氧装置处理后的给水。额定蒸发量大于或等于 10t/h 的锅炉，给水应除氧。额定蒸发量小于 10t/h 的锅炉如果发现局部氧腐蚀，也应采取除氧措施。对于供汽轮机用汽的锅炉给水，含氧量应小于或等于 0.050mg/L。

② 对蒸汽质量要求不高，并且无过热器的锅炉，锅水全碱度上限值可适当放宽，但放宽后锅水的 pH 值（25℃）不应超过上限。

③ 适用于锅内加磷酸盐阻垢剂。采用其他阻垢剂时，阻垢剂残余量应符合药剂生产厂规定的指标。

④ 适用于给水加亚硫酸盐除氧剂。采用其他除氧剂时，除氧剂残余量应符合药剂生产厂规定的指标。

⑤ 全焊接结构锅炉，可不控制相对碱度。

注：1. 对于供汽轮机用汽的锅炉，蒸汽质量应执行 GB/T 12145 规定的额定蒸汽压力 3.8～5.8MPa 汽包炉标准。

2. 硬度、碱度的计量单位为一价基本单元物质的量浓度。

3. 停（备）用锅炉启动时，锅水的浓缩倍率达到正常后，锅水的水质应达到本标准的要求。

2. 单纯采用锅内加药处理的自然循环蒸汽锅炉和汽水两用锅炉水质

对于工业锅炉额定蒸发量小于或等于4t/h，并且额定蒸汽压力小于或等于1.3MPa的自然循环蒸汽锅炉和汽水两用锅炉可以单纯采用锅内加药处理。但加药后的汽、水质量不得影响生产和生活，其给水和锅水水质应符合表7-5规定。

表7-5 单纯采用锅内加药处理的自然循环蒸汽锅炉和汽水两用锅炉水质

水样	项目	标准值
给水	浊度/FTU	≤20.0
	硬度/(mmol/L)	≤4.0
	pH值(25℃)	7.0～10.0
	油/(mg/L)	≤2.0
锅水	全碱度/(mmol/L)	8.0～26.0
	酚酞碱度/(mmol/L)	6.0～18.0
	pH值(25℃)	10.0～12.0
	溶解固形物/(mg/L)	≤5.0×10^2
	磷酸根①/(mg/L)	10.0～50.0

① 适用于锅内加磷酸盐阻垢剂。采用其他阻垢剂时，阻垢剂残余量应符合药剂生产厂规定的指标。

注：1. 单纯采用锅内加药处理，锅炉受热面平均结垢速率不得大于0.5mm/a。

2. 额定蒸发量小于或等于4t/h，并且额定蒸汽压力小于或等于1.3MPa的蒸汽锅炉和汽水两用锅炉同时采用锅外水处理和锅内加药处理时，给水和锅水水质可参照本表的规定。

3. 硬度、碱度的计量单位为一价基本单元物质的量浓度。

3. 采用锅外水处理的热水锅炉水质

对于工业锅炉采用锅外水处理的热水锅炉给水和锅水水质应符合表7-6的规定。

表7-6 采用锅外水处理的热水锅炉水质

水样	项目	标准值
给水	浊度/FTU	≤5.0
	硬度/(mmol/L)	≤0.60
	pH值(25℃)	7.0～11.0
	溶解氧①/(mg/L)	≤0.10
	油/(mg/L)	≤2.0
	全铁/(mg/L)	≤0.30
锅水	pH值(25℃)②	9.0～11.0
	磷酸根③/(mg/L)	5.0～50.0

① 溶解氧控制值适用于经过除氧装置处理后的给水。额定功率大于或等于7.0MW的承压热水锅炉给水应除氧；额定功率小于7.0MW的承压热水锅炉如果发现局部氧腐蚀，也应采取除氧措施。

② 通过补加药剂使锅水pH值（25℃）控制在9.0～11.0。

③ 适用于锅内加磷酸盐阻垢剂。采用其他阻垢剂时，阻垢剂残余量应符合药剂生产厂规定的指标。

注：硬度的计量单位为一价基本单元物质的量浓度。

4. 单纯采用锅内加药处理的热水锅炉水质

对于额定功率小于或等于4.2MW承压热水锅炉或常压热水锅炉（管架式热水锅炉除外），可单纯采用锅内加药处理，但加药后的汽水质量不得影响生产和生活，其给水和锅水水质应符合表7-7的规定。

5. 贯流和直流蒸汽锅炉水质

对于贯流和直流蒸汽锅炉，新标准规定应采用锅外水处理方法，其给水和锅水水质应符合表7-8的规定。

6. 余热锅炉水质

对于余热锅炉的水质指标，新标准明确规定应符合同类型、同参数锅炉水质的要求。

7. 新标准对于补给水水质的规定

① 新标准规定应当根据锅炉的类型、参数，回水利用率，排污率，原水水质和锅水、给水水质标准，选择补给水处理方式。

表 7-7 单纯采用锅内加药处理的热水锅炉水质

水样	项目	标准值
给水	浊度/FTU	≤20.0
	硬度①/(mmol/L)	≤6.0
	pH 值(25℃)	7.0～11.0
	油/(mg/L)	≤2.0
锅水	pH 值(25℃)	9.0～11.0
	磷酸根②/(mg/L)	10.0～50.0

① 使用与结垢物质作用后不生成固体不溶物的阻垢剂，给水硬度可放宽至小于或等于 8.0mmol/L。

② 适用于锅内加磷酸盐阻垢剂。加其他阻垢剂时，阻垢剂残余量应符合药剂生产厂规定的指标。

注：1. 对于额定功率小于或等于 4.2MW 水管式和锅壳式的承压热水锅炉和常压热水锅炉，同时采用锅外水处理和锅内加药处理时，给水和锅水水质也可参照本表的规定。

2. 硬度的计量单位为一价基本单元物质的量浓度。

表 7-8 贯流和直流蒸汽锅炉水质

项目	锅炉类型	贯流锅炉			直流锅炉		
	额定蒸汽压力/MPa	$p\leqslant1.0$	$1.0<p\leqslant2.5$	$2.5<p<3.8$	$p\leqslant1.0$	$1.0<p\leqslant2.5$	$2.5<p<3.8$
给水	浊度/FTU	≤5.0	≤5.0	≤5.0	—	—	—
	硬度/(mmol/L)	≤0.030	≤0.030	$\leqslant5.0\times10^{-3}$	≤0.030	≤0.030	$\leqslant5.0\times10^{-3}$
	pH 值(25℃)	7.0～9.0	7.0～9.0	7.0～9.0	10.0～12.0	10.0～12.0	10.0～12.0
	溶解氧/(mg/L)	≤0.10	≤0.050	≤0.050	≤0.10	≤0.050	≤0.050
	油/(mg/L)	≤2.0	≤2.0	≤2.0	≤2.0	≤2.0	≤2.0
	全铁/(mg/L)	≤0.30	≤0.30	≤0.10	—	—	—
	全碱度①/(mmol/L)	—	—	—	6.0～16.0	6.0～12.0	≤12.0
	酚酞碱度/(mmol/L)	—	—	—	4.0～12.0	4.0～10.0	≤10.0
	溶解固形物/(mg/L)	—	—	—	$\leqslant3.5\times10^{3}$	$\leqslant3.0\times10^{3}$	$\leqslant2.5\times10^{3}$
	磷酸根/(mg/L)	—	—	—	10.0～50.0	10.0～50.0	5.0～30.0
	亚硫酸根/(mg/L)	—	—	—	10.0～50.0	10.0～30.0	10.0～20.0
锅水	全碱度①/(mmol/L)	2.0～16.0	2.0～12.0	≤12.0	—	—	—
	酚酞碱度/(mmol/L)	1.6～12.0	1.6～10.0	≤10.0	—	—	—
	pH 值(25℃)	10.0～12.0	10.0～12.0	10.0～12.0	—	—	—
	溶解固形物/(mg/L)	$\leqslant3.0\times10^{3}$	$\leqslant2.5\times10^{3}$	$\leqslant2.0\times10^{3}$	—	—	—
	磷酸根②/(mg/L)	10.0～50.0	10.0～50.0	10.0～20.0	—	—	—
	亚硫酸根③/(mg/L)	10.0～50.0	10.0～30.0	10.0～20.0	—	—	—

① 对蒸汽质量要求不高，并且无过热器的锅炉，锅水全碱度上限值可适当放宽，但放宽后锅水的 pH 值（25℃）不应超过上限。

② 适用于锅内加磷酸盐阻垢剂。采用其他阻垢剂时，阻垢剂残余量应符合药剂生产厂规定的指标。

③ 适用于给水加亚硫酸盐除氧剂。采用其他除氧剂时，除氧剂残余量应符合药剂生产厂规定的指标。

注：1. 贯流锅炉汽水分离器中返回到下集箱的疏水量，应保证锅水符合本标准。

2. 直流锅炉汽水分离器中返回到除氧热水箱的疏水量，应保证给水符合本标准。

3. 直流锅炉给水取样点可设定在除氧热水箱出口处。

4. 硬度、碱度的计量单位为一价基本单元物质的量浓度。

② 新标准规定补给水处理方式应保证给水水质符合本标准。

③ 新标准规定软水器再生后，出水氯离子含量不得大于进水氯离子含量的1.1倍。

④ 新标准对于以软化水为补给水或单纯采用加药处理的锅炉，正常排污率不应超过10%；以除盐水为补给水的锅炉，正常排污率不应超过2%。

8. 新标准对于回水水质的规定

对于回水水质，应当保证给水水质符合本标准，并尽可能提高回水利用率。回水水质应符合表7-9的规定，并应根据回水可能受到的污染介质，增加必要的检测项目。

表7-9 回水水质

硬度/(mmol/L)		全铁/(mg/L)		油/(mg/L)
标准值	期望值	标准值	期望值	标准值
≤0.050	≤0.030	≤0.60	≤0.30	≤2.0

二、工业锅炉水质主要指标评述

1. 硬度

天然水中溶有钠盐、钙盐、镁盐和少量的铅盐、铁盐。其中形成水垢的主要成分是钙盐、镁盐。水中钙、镁离子分别称为钙硬度和镁硬度，二者合计的总含量称为总硬度。钙、镁离子含量越多，水的硬度越大，结垢的概率越大。它反映了水中结垢的量值，系水质好坏的一项最重要指标。因此，必须进行严格的水处理。补给软化水总硬度须≤0.03mmol/L；锅炉蒸汽出口压力为2.5～3.8MPa时，总硬度规定为≤0.005mmol/L，更为严格。对于炉内加药处理时，限制给水总硬度≤4mmol/L。上述规定可达到锅炉安全经济运行。

2. 浊度FTU（悬浮物含量）

系指不溶解于水的悬浮状杂质的含量。此次工业锅炉水质国标规定，将悬浮物指标修改为浊度指标。其测定方法见新标准规范性附录A，用浊度仪法进行测定。当采用炉外化学处理时，浊度对离子交换器有影响；当采用炉内加药处理时，对防垢效果也有影响。因此规定≤5FTU，炉内加药处理时，可≤20FTU，除盐水作给水时浊度应≤2FTU。

3. 全碱度与酚酞碱度

(1) 水中全碱度是指单位容积水中氢氧根（OH^-）、碳酸根（CO_3^{2-}）、碳酸氢根（HCO_3^-）及其他弱酸盐类（如硅酸钠、腐殖酸盐等）的总含量。因其可用酸中和，所以叫碱度。此次新标准出台，规定了软化水与除盐水的全碱度与酚酞碱度的考核指标。当炉内加药处理时，应维持一定的碱度和pH值，才能使结垢物变为松软状沉渣，达到较好的防垢效果。给水经软化或除盐处理后，水中硬度较低，沉淀硬度所消耗的碱度较少，容易使碱度升高，产生苛性碱腐蚀，使锅水发泡，或汽水共腾并影响蒸汽品质。因而碱度必须规定上限值。压力较高，有过热器的锅炉应取低值；压力较低，无过热器的锅炉不得超过上限值。

(2) 碱度的测定及相互关系　测定碱度一般用酸碱滴定法。用酚酞作指示剂，滴定得出的碱度为酚酞碱度；用甲基橙为指示剂滴定的碱度叫全碱度。测得酚酞碱度和全碱度含量，可得到碱性离子的含量。因为锅水中的碱度主要是由氢氧根和碳酸根的盐类组成的，而氢氧碱度和碳酸氢盐碱度不能在同一溶液中存在。只能存在氢氧碱度和碳酸盐碱度或者碳酸盐碱度和碳酸氢盐碱度，否则，它们相互作用，就会形成碳酸根。三者之间的关系经滴定后，可用表7-10进行计算。

表7-10 水中碱度与碱性离子碱度成分的判别

离子	酚=0	酚<甲	酚=甲	酚>甲	甲=0
OH^-	0	0	0	酚－甲	酚×17
CO_3^{2-}	0	2酚×30	2酚×30	2甲	0
HCO_3^-	甲×61	(甲－酚)×61	0	0	0

(3) 碱度与硬度的关系　水中钙、镁与 CO_3^-、HCO_3^- 形成的盐类构成了水的暂时硬度。但同时形成碱度，如水中出现钠的碱性化合物时，如 NaOH、$NaHCO_3$ 和 Na_2CO_3 等（钠盐碱度），水中永久硬度便会消失：

$$CaSO_4 + Na_2CO_3 \longrightarrow CaCO_3 + Na_2SO_4 \tag{7-1}$$

钠盐碱度又称为“负硬度”，它与永久硬度不能同时存在，应等于总碱度与总硬度的差值。所以水中碱度与硬度形成以下关系，见表 7-11。

表 7-11　碱度与硬度的关系

分析结果	H_F	H_T	H_S
$H>B$	$H-B$	B	0
$H=B$	0	$H=B$	0
$H<B$	0	H	$B-H$

注：H—总硬度；B—总碱度；H_F—非碳酸盐硬度；H_T—碳酸盐硬度；H_S—水的负硬度。

① 总碱度＜总硬度，表明水中有永久硬度而无钠盐碱度；

② 总碱度＝总硬度，表明水中既无永久硬度，也无钠盐碱度，只有暂时硬度；

③ 总碱度＞总硬度，表明水中无永久硬度，而有钠盐碱度。

4. 溶解氧

水中溶解的气体有氧、氮、二氧化碳等气体，这些气体在水中的含量过高时对锅炉金属有严重的腐蚀性。尤其是氧气在水温升高时，因溶解度减小而逸出，腐蚀锅炉受热面及管道。因此把含氧量列为水质重要指标，其单位为 mg/L。新标准规定，额定蒸发量大于或等于 10t/h 蒸汽锅炉给水应除氧；热水锅炉大于或等于 7.0MW 的承压热水锅炉应进行除氧。但额定蒸发量小于 10t/h 的蒸汽锅炉或小于 7.0MW 的承压热水锅炉，如果发现局部氧腐蚀，也应采取除氧措施。锅炉参数升高，容量加大，要求严格。

5. pH 值

pH 值是水的酸碱性强弱的一项重要指标。pH 值是用水中氢离子浓度的负对数来表示的。氢离子浓度为 10^{-7}mol/L，pH 值$=-\lg 10^{-7}=7$，此时水为中性水，pH 值＜7 则显酸性，pH 值＞7 则显碱性。新标准规定为 25℃时的 pH 值，这是由于在不同温度下，水的电离作用不一样，pH 值是不同的。锅炉补给水与除盐水的考核指标与上下限值，一般为 7～9，锅水 pH 值为 10～12 时，才能使结垢物质变为沉渣，达到较好的防垢效果。工业锅炉锅水严格控制 pH 值，不能出现酸性水腐蚀，pH 值大于 13 时也容易破坏钢材的保护膜，加快腐蚀，所以新标准规定了 pH 值上、下限。

6. 含油量

含油量是指水中油脂的含量，其单位为 mg/L。锅炉给水中一般不含油，主要是水在使用过程中经过管网和设备被污染而造成的。水中含油会使锅水产生泡沫，影响蒸汽品质；也会形成带油质的水垢或炭质水垢，影响传热，引发安全事故，因此应尽力去除。新旧标准对给水含油指标的规定无变化。

7. 电导率

电导率是新标准中所增加的考核指标，而且只对锅外水处理的自然蒸汽锅炉和汽水两用锅炉进行考核，其余未作考核。可用测电导率的方法，间接监测水中的含盐量。因为纯水的导电能力非常小，当有溶解盐类时可电离成离子，才具有导电能力，单位是 μS/cm。水的导电能力不仅与水中杂质含量有关，而且与温度和盐的种类有关。在一般情况下，温度改变 1℃，电导率要变化 1.4%。

8. 溶解固形物

蒸汽携带水滴是影响蒸汽品质的主要原因。当锅水的含盐量达到某一极限时，就会在表面形成很厚的泡沫层，产生汽水共腾，使蒸汽品质恶化。因此新标准规定了控制锅水的溶解固形物指标。蒸汽出口压力高，有过热器时，应控制严格一点，可在2000～3000mg/L之间，压力低时，应达到≤4000mg/L，锅内加药时允许≤5000mg/L，以保证安全运行并减小排污热损失。

第三节　工业锅炉水质管理与监督

一、工业锅炉水质管理目的

锅炉水质管理的目的就是要防垢、防腐、防起沫，不断加强水质处理和水质监督，有效控制杂质的含量，尽量消除悬浮物、总硬度、固溶物和溶解氧，并保持一定的总碱度和pH值，方可保证锅炉安全经济运行。

二、工业锅炉水质管理范围

工业锅炉水质管理工作主要是指锅炉给水前的处理、锅内加药处理和锅炉系统内（包括管网）水质监控三部分，同时还包括清除水垢和停炉保养。

(1) 给水前的处理　指对给水进行净化、软化、除氧、除碱、除盐和锅内加药处理等。

(2) 水质监控　即对锅炉系统内（包括管网）水质进行监测和调控，中压以上锅炉还应对蒸汽品质进行监控。

(3) 除垢与保养　指去除水垢和停用保养等。除垢只能是对锅炉给水前水处理失效后的一种补救措施，但不可常用。

三、工业锅炉水质管理原则

从事锅炉房设计、管理和运行人员应充分认识此项工作的重要性，在选择水处理工艺及技术改造时，必须坚持以下五条原则。

1. 必须符合《工业锅炉水质》国家标准的原则

无论采用何种水处理工艺，锅水的各项指标必须达到GB/T 1576—2008《工业锅炉水质》国家标准。

2. 取用最佳水源的原则

锅炉房所在地可能有多种水源，如河水、湖水、井水、库水、自来水等。应按照炉型、蒸汽压力与品质要求，比对水质标准，选择最佳水源为锅炉给水。一般河水、湖水、库水等硬度、碱度较低，而浅井、深井水硬度、碱度偏高，有的井水虽负硬度较低，但碱度大，还需考虑脱碱除盐。应综合考虑各种实际情况，择优选择最佳水源，可起到节能减排功效。

3. 符合锅炉热用户要求的原则

锅炉所供出的热水、饱和蒸汽或过热蒸汽，可用于供热、动力源或发电。其用途不同，对水质监控的标准也不一样，例如用于发电的锅炉，不仅对锅炉的水质要求严格，对蒸汽品质也有很高的要求，水汽指标项目很多，水处理工艺要复杂得多。但一般用于采暖和动力源的锅炉，水质要求相对简单，而用于炉内加药水处理的锅炉处理工艺更为简单。

4. 符合节能减排的原则

工业锅炉水处理要求除硬防垢，要保障锅炉安全运行，达到节能减排目的是重要原则。所以水处理不管是新项目，还是改造项目，应尽量选择除硬高效的水处理工艺，充分利用科学技术新成果，实现锅炉无垢运行，提高传热效率，降低排污率，减少排污热损失，便可达到节能减排目的。

5. 提高水处理自动化水平的原则

目前国内工业锅炉水处理主要靠人工监测数据，监控和操作往往滞后于水质的实际变化，有时还有人工失误情况。随着微机控制技术的飞速发展，水处理工艺操作应尽量采用自动控制先进技术和设备，以达到水处理的最佳效果。

四、工业锅炉水质管理监督

由于水质不良对锅炉造成的危害，不是马上就能显现出来，不会形成突发事件，而是日积月累逐步形成的，一旦形成危害就可能造成不可挽回的损失。因而锅炉的水质监督管理必须引起锅炉管理人员、运行人员的高度重视。对水质管理工作必须从日常做起，不能忽视每一个水质指标，必须全面实施锅炉水处理监督和管理。

(1) 建立健全水质监督管理制度。

(2) 坚持执行水质标准，完善监测手段。

(3) 水处理设备、药剂和树脂的采购，必须选择有资质的生产单位并应具备相关的技术资料。生产、销售的产品必须符合相关规定。

(4) 锅炉运行单位应按原设计的水处理方法，进行水处理工作。并应不断采用新工艺、新技术，应用科学技术的新成果，以提高水处理工作质量。

(5) 国家颁布的GB/T 1576—2008和GB/T 12145标准是行业的法规，是开展水处理工作的唯一依据。所以锅炉运行单位在制定水处理方案、选择水处理方法、确定具体的水质指标、实施操作规程等诸方面的工作时应按标准执行，切忌脱离“标准”及违规操作。

(6) 严格执行《锅炉水处理监督管理规则》。国家质监总局于2003年下发了《锅炉水处理监督管理规则》。规则共十章四十二条，规定了锅炉水质管理实施细则，对其管理、运行、设备采购和清洗等内容都有详细的规定，《规则》是做好工业锅炉水质管理工作的导则，应认真贯彻落实。

(7) 水处理工作的指导思想

① 坚持防垢与防腐的一贯指导思想。

② 坚持以“防”为主和积极除垢的指导思想。

③ 坚持“防腐工作”常抓不懈的指导思想。

④ 坚持水质按时监督与水质及时调控的指导思想。

第四节 工业锅炉水处理技术

一、悬浮物和胶体杂质的清除

1. 悬浮物清除

对于原水中的悬浮物，通常可以采用沉淀和过滤的方法清除。清除的设备有沉淀器和机械过滤器。水在沉淀器中的悬浮物依靠自身重量与水分离，当水通过机械过滤器时，水中粒状物被阻挡与水分离。悬浮物在水中下沉的速度决定于悬浮物的体积与水的温度，水温越高悬浮物下降越快；悬浮物的密度和质量越大，越容易下沉。清除悬浮物采用的垂直圆柱形沉淀器工作流程见图7-2。

水质混合器经中心管路进入锥形扩大器内时，由于水中的空气泡速度降低而上浮，可防止空气进入沉淀器的主要空间。为了避免大量悬浮物带出，沉淀器中的水上升速度不超过4m/h，澄清后的水自出口引出。

水经沉淀器并不能完全将悬浮物全部分离出来，仍带有微细的悬浮物。更完善的清除方法是将沉淀器的水送至机械过滤器，该过滤器是方形或圆柱形容器，容器中带有过滤网，当浑浊水通过过滤器时，将微细悬浮物阻留与水分离。过滤器为压力式，其借助水泵的压力或高位水箱的压力使水流通过滤器，其流速为5m/h。

2. 胶体物清除

对于水中胶体分散的物质，必须采取凝聚处理。由于胶体杂质颗粒通常带有负电荷，应用带有正电荷的凝聚剂，中和胶体物质的电荷，互相结合成大颗粒状，并在重力作用下沉淀下来。

二、硬度的清除

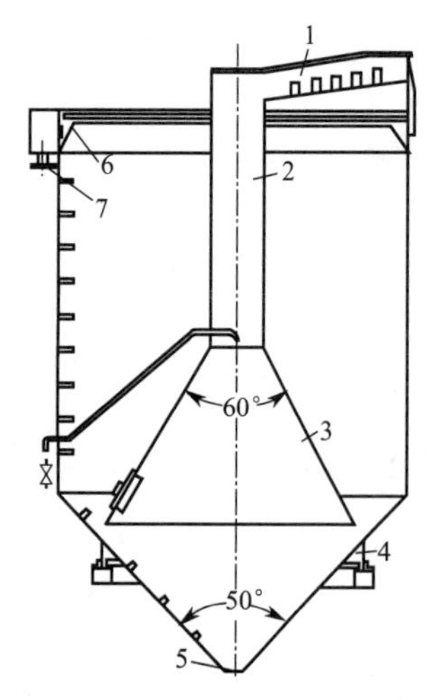

图 7-2 垂直圆柱形沉淀器
1—混合器（水进口）；2—重心下降管；3—锥形扩大器；4—支撑装置；5—泥渣出口；6—环形槽；7—澄清水出口

水中钙、镁离子的总含量称为硬度，其硬度大小决定了结垢的程度。为了保证锅炉不结垢，必须清除水中的钙、镁离子，这是锅炉水质处理的重要环节，原水除硬度后的水称为软化水。目前清除钙、镁离子的方法很多，比较常用和有效的方法有以下几种。

1. 石灰软化法

石灰石（$CaCO_3$）经煅烧成为生石灰（CaO），在水的作用下消除热量成为氢氧化钙。

$$CaO + H_2O \longrightarrow Ca(OH)_2 \tag{7-2}$$

当石灰溶液加入水中时，发生反应。

$$CO_2 + Ca(OH)_2 \longrightarrow CaCO_3 \downarrow + H_2O \tag{7-3}$$

$$Ca(HCO_3)_2 + Ca(OH)_2 \longrightarrow 2CaCO_3 \downarrow + 2H_2O \tag{7-4}$$

$$Mg(HCO_3)_2 + 2Ca(OH)_2 \longrightarrow 2CaCO_3 \downarrow + Mg(OH)_2 \downarrow + 2H_2O \tag{7-5}$$

反应结果只能除掉部分硬度，除硬不全面，可适用于硬度较高的原水预处理，与其他碳化方式相结合使用，再经 Na^+ 交换，制得软化水，减少锅炉排污量。

2. 钠离子交换法

目前工业锅炉普遍采用的水处理方法是离子交换法。该法技术成熟、效果较好，得到工业锅炉广泛应用。钠离子交换法，是指将硬水通过装在容器中的 Na^+ 交换剂，该物质能将水中 Ca^{2+}、Mg^{2+} 吸收而转入水中。在交换过程中，原水变为不含钙、镁离子或含量较少的软化水。Na^+ 的转化反应式为：

$$2NaR + Ca^{2+} \rightleftharpoons CaR_2 + 2Na^+ \tag{7-6}$$

$$2NaR + Mg^{2+} \rightleftharpoons MgR_2 + 2Na^+ \tag{7-7}$$

式中，R 为钠离子交换剂的复合物，它不溶于水。这样用 Na^+ 交换剂软化的结果，水中非碳酸盐硬度，即钙和镁的硫酸盐和氯化物被易溶于水而又不生水垢的硫酸钠和氯化钠所代替。而碳酸盐硬度，则被碳酸氢钠所代替。

当交换剂吸收 Ca^{2+}、Mg^{2+} 达到饱和程度时，便失去软化能力。为了恢复其能力，使用食盐溶液，利用食盐中 Na^+ 的高浓度来替换交换剂中的钙、镁离子。这就是离子交换水处理的还原再生。其离子反应式为：

$$CaR_2 + 2Na^+ \rightleftharpoons 2NaR + Ca^{2+} \tag{7-8}$$

$$MgR_2 + 2Na^+ \rightleftharpoons 2NaR + Mg^{2+} \tag{7-9}$$

还原分子反应式为：

$$CaR_2 + 2NaCl \rightleftharpoons 2NaR + CaCl_2 \tag{7-10}$$

$$MgR_2 + 2NaCl \rightleftharpoons 2NaR + MgCl_2 \tag{7-11}$$

反应结果所生成的氯化钙及氯化镁，易溶于水中，可随排污水一起排掉。原水经离子交换后，硬度降低到标准以下，但碱度不变，软水进入锅炉后经加热蒸发，钠离子不能形成水垢，而生成苛性碱，所以锅水碱度增加了，锅炉运行中必须适量排污，以降低锅水碱度。

3. 钠离子交换的设备

为了将离子交换剂和水充分均匀接触，并达到最佳的交换效果，需用一设备将交换剂贮装起来，这就是离子交换器，简称软水器。其构造和压力式过滤器相似，最早的离子交换器只是用钢板制成的一个圆罐，上面装有进水和再生液的管道，下面有出水的管道，考虑到出水均匀，就逐渐改进成排管等各种形式。为了不让钢板接触离子交换剂，避免铁锈污染交换剂，在钢板内侧增加保护层。为了连续供水，必须有一套备用设备进行再生操作，这就是最早的固定床顺流再生设备。见图 7-3。

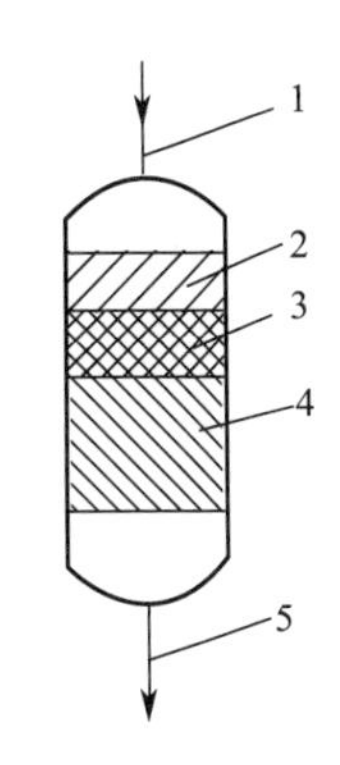

图 7-3 离子交换器结构图

1—原水入口；2—失效层；3—工作层；4—尚未工作交换剂层；5—软化水出口

经过多年的运行经验，发现这套设备效率不高，出水质量不理想，于是就出现了逆流再生设备。由于近年来技术不断进步，离子交换器的构造又有多种样式，有固定床和连续床之分。固定交换床又分为顺流再生、逆流再生和分流再生三种。另外还有一种浮动床，将交换剂几乎装满整个交换器，生水从交换器下部顶入，上部流出，交换器下部形成水垫托起树脂。如果水的流速稳定，可以保持树脂层密度且不处于受压状态，并不乱层。当树脂失效后，可停止进水，使床层下落，再自上而下进行交换剂再生。这种浮动床具有运行流速较高，出水质量好且稳定，盐、水消耗低和设备投资省等优点。但这种方法由于交换剂在设备内无法清洗，操作较为复杂，技术要求较高等原因，限制了发展。经过几十年的运行实践，在结构上又出现许多形式不同的设备，如移动床、流动床等都属连续式离子交换技术，解决了一套设备能连续供水问题。但也存在对水质、水量变化适应性差，树脂损耗较严重，要求厂房高度严格，操作必须自动化，不适用间断供水等缺点，因此中小型工业锅炉很少采用。

近几年国外水处理设备引进较多，大多是自动化程度较高的设备。有的是用电脑程序控制的，有的采用水力驱动控制阀控制软水制备系统。这些设备具有体积小、占地小、不用人工操作、故障率低等优点。但存在缺点是投资大，对生水适应性差，而且大部分采用顺流再生操作，盐耗较高，应考虑具体情况，择优选用。

4. 钠离子交换软水器的运行操作

离子交换水处理，因设备不同，操作也不相同。现在多采用固定床逆流再生设备，现简单介绍其操作程序。如选用其他设备应参照该设备使用说明书进行操作，这里不作详细介绍。固定床逆流再生设备的操作程序共分七个步骤，其操作方法和用途如图 7-4 与表 7-12 所示。

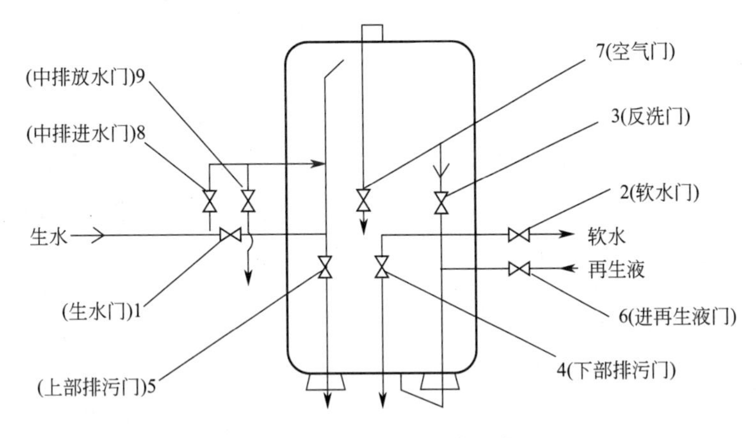

图 7-4 离子交换器操作示意图

以上是最普通的固定床逆流再生离子交换器的操作方法。设备不同，操作也不相同，应按设备的具体情况制定操作规程，使其达到高效运行。这种操作的作用和用途分述如下：

(1) 小反洗　冲清中排管上面压实层的污物和平整压实层。

(2) 再生　使失效的树脂重新恢复交换能力，将配好的再生液从底部进入，从中排管排出。

(3) 置换（逆向冲洗）　将再生多余残液和再生后的产物冲洗干净。再生时水流向相同，从底部进入，从中排管排出。最好用软水冲洗，以保证出水质量。

表 7-12　离子交换器的操作顺序表

顺序	操作步骤	开启阀门号	调整流量阀门号	注 意 事 项
1	小反洗	7、5	8	冲到水清为止
2	再生	7、5、9	6	控制好流速不能乱层
3	置换(逆向冲洗)	7、5、9	2 或 3	最好用软水,与再生时流速相同
4	小正洗	9	1	当 5、7 阀门出口有水时关闭
5	正洗	1	4	经常测定出口水硬度,合格时关闭
6	运行	1	2	投入运行后,经常检测硬度
7	大反洗	5、7	3	不经常操作,操作时别跑树脂

(4) 小正洗　将压实层中残留物冲净，从上部进水，中排管排出。

(5) 正洗　冲掉再生后剩余残液和再生产物，使出水质达到合格。

(6) 运行　冲洗合格后的水投入运行。待出水硬度降至合格时，再作为备用。这样能防止再运行时，出水硬度超标。

(7) 大反洗　当离子交换器运行时间较长（一般在 10 个周期以上）或树脂没进行过反洗，压得比较紧密，出口压力和进口压力差超过 0.05MPa 时，须进行一次大反洗。将树脂做一次松动和冲出树脂中污物。由于大反洗时树脂层次被打乱，所以大反洗后第一次用盐量应增加 0.5～1.0 倍。

三、硬度与含盐量的清除

1. H^+-Na^+ 交换法

H^+、Na^+ 交换法，均能除去水中的硬度。但前者处理使水呈酸性，后者处理使水的碱度增高，所以 H^+ 交换法不能单独使用。如果综合 H^+、Na^+ 交换，既能得到除硬的效果，又可使软化水得到酸碱中和。H^+、Na^+ 交换又分为串联和并联两种形式。

(1) 串联法　一部分生水先经 H^+ 交换器，然后与其余的生水混合，再进入 Na^+ 交换器。经 H^+ 交换后的水含有 CO_2，故需进行排气。见图 7-5。

(2) 并联法　生水分为两部分，一部分经 H^+ 交换器，其余通过 Na^+ 交换器。经前一交换器处理后的水为酸性，经后一交换器为碱性，两者混合后，得到中和。经这种方法处理后的水一般保持 0.3～0.7mmol/L 的剩余碱度。见图 7-6。

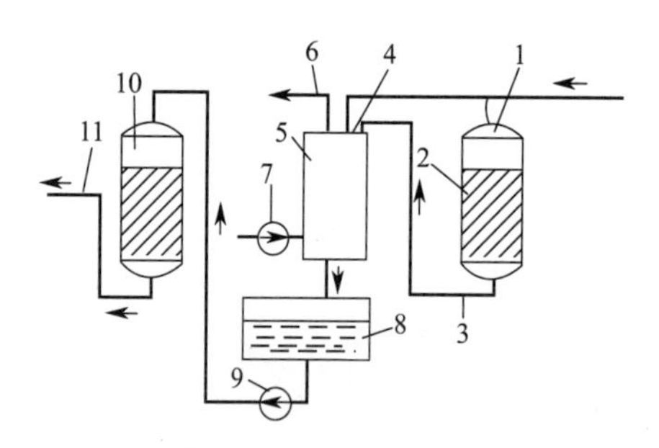

图 7-5　串联 H-Na 离子交换法原理图

1—生水至离子交换器的进口；2—H 离子交换器；3—经 H 离子交换后水的出口；4—生水进口；5—除气器；6—空气和二氧化碳出口；7—风机；8—中间水箱；9—水泵；10—Na 离子交换器；11—软化水出口

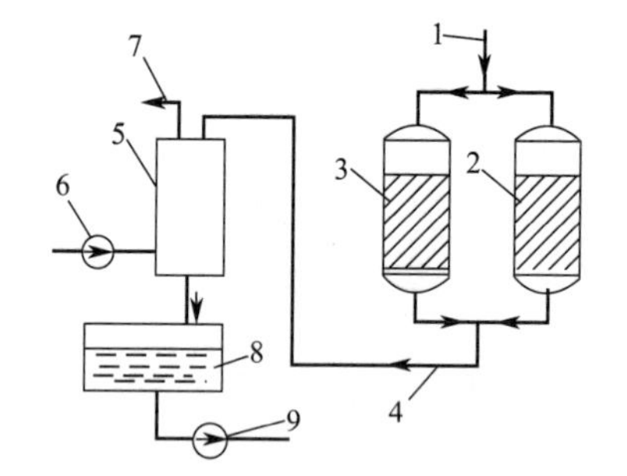

图 7-6　并联 H-Na 离子交换法原理图

1—生水进口；2—H 离子交换器；3—Na 离子交换器；4—经 H 和 Na 离子交换后混合水的出口；5—除气器；6—风机；7—空气和二氧化碳出口；8—软水箱；9—软水泵

2. 双室双层浮动床技术

传统的固定床水处理工艺比较适合低含盐量的水质，当原水含盐量大于 500mg/L 时，则产水量下降、酸碱耗升高、再生工艺加大等问题，装置的运行费用急剧上升。因而采用固定床逆流再生技术显然不能满足现有装置的出力要求。为此，需采用双室双层浮动床工艺。该工艺为脱盐水处理工艺，可供工业锅炉水处理作参考。

(1) 双室双层浮动床技术　双室双层浮动床设有上、中、下三层多孔板，将交换器分为上下两室。上室装填强酸（碱）树脂，下室装填弱酸（碱）树脂。其最大特点是采用了强弱离子交换树脂联合应用，充分利用了弱性树脂工作交换容量大的优势。在经济比耗下，弱性树脂的工作交换容量约为2000～3000mmol/L，制水量是强性树脂的2～3倍。但弱酸性树脂不能彻底除去水中的全部阳离子。若将强弱两种树脂联合应用时，既发挥了弱性树脂交换容量大、再生剂利用率高的特长，又利用了强酸树脂排出的再生废液，使再生比耗降低。两种树脂各自为对方提供了优势互补条件，即弱酸树脂为强酸树脂提供了高再生率，从而提高了强酸树脂的交换容量；而强酸树脂又允许弱酸树脂有较大的漏过，充分发挥弱酸性树脂的特长，并且树脂的装填量相对固定床要高，所以对原水水质的适用范围广。其双室浮动床结构见图7-7。

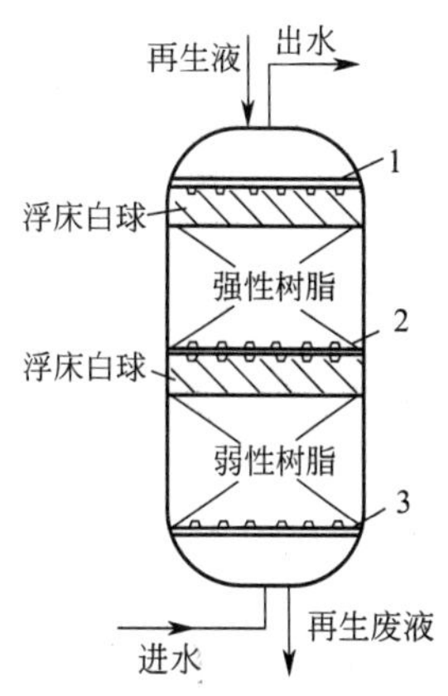

图7-7　双室浮动床示意图
1—顶部多孔板；2—中间多孔板；3—底部多孔板

(2) 双室双层浮动床工艺流程　首先将原水送入阳床，水从阳床的底部流向顶部，原水经过弱酸阳树脂后，除去水中的大部分碳酸氢盐硬度。剩余的阳离子继续与上室的强酸性阳树脂发生反应，这时水中的绝大部分阳离子被脱除，阳床出水呈酸性，而后再最好进入脱碳塔脱出水中的CO_2，这样降低了水中的HCO_3^-含量并减轻了阴床的负荷。脱碳后的水经泵送到双室阴床，脱出大部分阴离子，阴床出水的残留物质（如K^+、Na^+、SiO_2等）在混床中被脱除。出水水质达到电导率＜0.2μS/cm，SiO_2＜0.02mg/L，送出界区。

(3) 再生剂的选择及性能比较　再生剂品种直接影响再生效果与再生成本。以酸性阳离子交换树脂为例，在国外普遍采用硫酸作再生剂再生阳离子交换树脂。其优点是硫酸价格较便宜，再生系统防腐易解决，输送、储存方便。又因弱酸树脂对H^+的亲和力极强，硫酸利用率极高，废酸的排放量较小，酸耗少，运行成本较盐酸低。其缺点是，用硫酸再生时，Ca^{2+}的释放很集中，生成的$CaSO_4$很容易达到和超过溶度极限而沉淀析出，阻塞树脂交联网空隙，降低了离子交换能力和再生效果。通常用分布再生法，即先低浓度、高速度，然后高浓度、低流速进行再生，工艺较复杂，操作难度大，易发生$CaSO_4$沉淀。所以国内大部分装置采用盐酸再生。由于弱性树脂对离子具有较强的吸引力，即使低浓度再生液也可使其还原再生。当采用逆流方式再生时，再生液自上而下地流过树脂层，首先接触的是尚未失效的强性树脂，利用强性树脂的再生液再生弱性树脂。这样，不但降低了再生酸碱耗量，并且使其再生度得到提高，出水水质好，再生比耗接近于理论值，工作交换容量高，周期产水量大，制水成本降低。由于浮动床再生剂的利用率达90%左右，排放废液中的游离酸碱基本上呈等当量自中和，一般不需要另外加碱或氨调废水的pH值，降低了废水中氨氮的排放量，对环保治理大为有利。

(4) 固定床逆流再生与双室双层浮动床比较　双室双层浮动床与固定床逆流再生工艺相比，具有设备构造简单、连续高速运行等特点。双室双层浮动床具有对原水水质适用范围广、树脂交换容量大、周期产水量高、出水水质好、再生酸碱耗量低、污染环境轻、树脂及设备利用率高等一系列优点，因此，目前在国内离子交换装置改造扩建中，应用较为普遍。其与固定床逆流再生的比较见表7-13。

四、锅内水处理方法

工业锅炉采用炉内水处理方式，一般都是小型锅炉，即按照水质标准规定，蒸发量小于等于4t/h，且蒸汽压力小于等于1.3MPa的自然循环蒸汽锅炉和汽水两用锅炉，可以单独采用锅内加药处理。但加药后的汽、水质量不得影响生产和生活，管架式锅炉除外。而中大型工业锅炉也有采用炉内加药处理的，所不同的是只作为炉外处理的辅助处理。炉内水处理是向原水或锅水中投加适当的药剂（称为防垢剂），与锅水中Ca^{2+}、Mg^{2+}或SiO_2等容易结垢的物质，发生化学反应或物理作用，形成松散的泥垢（或水渣），通过锅炉排污排出炉外。

表 7-13 两种工艺技术性能的比较表

工艺技术指标		工艺类型	
		固定床逆流再生	双室双层浮动床
原水含盐量/(mg/L)		400	可达 800
酸碱耗比		2	1.1～1.4
再生自耗水/%		12～20	5～10
运行流速/(m/s)		10～25	15～45
出水水质	电导率/(μS/cm)	1.0～2.0	0.4～0.8
	SiO_2/(μg/L)	10～20	1～10
树脂工作交换容量/(mmol/L)	阳树脂	300～400	600～900
	阴树脂	200～300	400～600
设备结构		复杂	简单
操作方式		机械定时	微机程控全自动

1. 锅炉炉内水处理的利与弊

炉内水处理对原水适用范围较大，几乎不用机械设备，投资少，操作方便，方法简单。如果选用药剂得当，加药方法与加药量正确，排污及时，防垢效率可达 80%以上。辅以炉外处理能够消除残余硬度，还能起到防腐作用。现在供热锅炉加入各种综合防垢剂，不仅对锅炉和管道起到保护作用，还能防止热水丢失，获得广泛应用，效果较好。

但炉内水处理有一定局限性，除水质标准规定的炉内处理范围外，对有水冷壁布置的锅炉，用户对蒸汽品质要求较高的都不宜采用炉内处理。炉内处理最大问题就是由于排污量较大，造成热损失大，另外对水循环不良的位置易发生沉淀堆积，不易清除。

2. 锅内处理的强化进程

① 碳酸钙在锅水 pH 值较低时，容易沉淀在受热面上，形成固定晶体的水垢。当 pH 值在 10～12 时，碳酸钙沉淀在碱剂的分散作用下，悬浮在锅水中形成水渣。

② 向锅水中投入形成水渣的结晶核心，投加表面活性较强的物质，破坏某些盐类的过饱和状态，以及吸附水中形成的胶体或微小悬浮物。

③ 投加高分子聚合物，使其在锅内与 Ca^{2+}、Mg^{2+} 等离子进行络合或螯合反应，以减少锅水中的 Ca^{2+}、Mg^{2+} 浓度。

④ 有效地控制结晶的离子平衡，使锅水易结垢的离子向着生成水渣的方向移动，纯碱处理和磷酸盐处理属此类。

3. 锅内处理药剂的使用

锅内加药处理主要是以碱性药物为主，像氢氧化钠、碳酸钠、磷酸三钠、腐殖酸钠等等。这些药剂都易溶于水，对提高锅水 pH 值效果明显，它的作用是将水中硬度变为不容易和金属结成水垢的水渣。由于 pH 值的提高，锅水不容易结垢，也能抵制腐蚀。但 pH 值需控制在 10～12 之间，超过 12 时会促进金属腐蚀加剧，导致金属发生苛性脆化。

除了以上几种药剂以外，还有一些微酸性物质，如栲胶、磷酸和有机磷酸盐、聚烃酸盐等。这些药剂经过试验总结认为，如果方法使用得当，均能起到良好的防垢效果。目前普遍使用的处理方法有：天然碱处理、纯碱处理、磷酸盐处理、复合防垢剂处理等。采用有机物为“水质稳定剂”，对工业锅炉进行防垢处理，也取得了良好效果。

第五节 工业锅炉排污、除氧与停炉保护

一、工业锅炉排污

在工业锅炉中，锅水绝大多数都是自然循环运行。目前很少使用纯水，进入锅炉的水都带有一定的杂质。经过长期运行，其锅水杂质浓度不断增加，需要定期进行排污，降低浓度。如果不进行处理，将对锅炉造成一定危害。所以说锅炉排污也是一种特殊形式的锅内水处理方式。

在蒸汽锅炉中，进入锅炉的水及锅内所加药剂，受热后不断蒸发浓缩，锅水中的杂质浓度将逐渐增加，尤其是钙、镁盐类杂质达到饱和和过饱和浓度时，会出现沉淀，形成水垢或水渣。如果是溶解的盐类，将使锅炉水表面张力减小，引起泡沫或汽水共腾。所以蒸汽锅炉通过排污，将一部分高浓度的锅水和沉淀到底部的水渣排出炉外，并同时补充新的给水，改善锅水品质。

在热水锅炉运行中，不像蒸汽锅炉进行浓缩蒸发，使锅水浓度增加很快，但如果不进行监督，将会造成锅水或循环水出现浓度提高或加入的药剂流失等现象。所以热水锅炉也要根据水质情况，不定期地进行排污，排出沉渣。有关工业锅炉经济排污方法和排污水的综合利用，详见第二章介绍。

二、工业锅炉防腐

锅炉金属腐蚀既造成使用寿命缩短，又会使腐蚀物进入水中造成结垢，促使腐蚀加剧，形成恶性循环，严重影响安全运行，甚至引发重大事故。

1. 均匀腐蚀和局部腐蚀

均匀腐蚀是在整个金属表面受到速度近于相等的腐蚀；局部腐蚀只在金属表面个别部位产生腐蚀，像溃疡状腐蚀、孔腐蚀、晶间腐蚀和穿晶腐蚀等。这种腐蚀不易查出，但危害极大。

2. 化学腐蚀与电化学腐蚀

按照金属腐蚀的机理又可分为化学腐蚀和电化学腐蚀。金属腐蚀发生化学反应，生成一种新的物质，如没有电流产生叫做化学腐蚀，如果伴随有电流产生称为电化学腐蚀。金属在电解质溶液中的腐蚀都是电化学腐蚀，锅炉的给水和锅水都属于电解质溶液，因此锅炉腐蚀多是电化学腐蚀。

锅炉给水、锅水中含有许多盐碱物质，其本身就是电解质溶液，金属和电解质之间就会形成无数微电池。铁是阳极放出电子，从而使铁不断被腐蚀。另外由于钢材在轧制或加工过程中，都可能引起表面变形而形成内应力，从而产生电位差，变形大或内应力大的地方就会成为阳极，并受到腐蚀。钢铁是由多种元素并夹带少量杂质组成的合金，由于金属组织结构的不同而引起电位差，产生电化学腐蚀。再有金属表面都有一层氧化薄膜。薄膜各部分厚薄不均、粗糙不同，都会产生电位差，造成表面越不光滑越容易腐蚀。

3. 防止腐蚀的几种方法

锅炉在运行和停用时会发生氧腐蚀，因为水和空气中都有氧存在，热水锅炉由于循环水量大，溶解氧带入锅内的机会多，因此产生的腐蚀要比蒸汽锅炉严重得多。所以国家水质标准规定对蒸发量大于等于10t/h的蒸汽锅炉和大于7.0MW的承压热水锅炉应进行除氧，小于7.0MW的承压热水锅炉如果发现局部氧腐蚀也应除氧。目前使用的除氧方法很多，最简单的方法是使用药剂，将溶解氧与药品发生化学反应将氧除掉。但消耗药剂成本较高，只适用于补给水量较小的锅炉。比较可靠的方法是安装除氧设备，将溶解氧利用物理或化学方法除掉，常用的方法有热力除氧、钢屑除氧、解析除氧、真空除氧、海绵铁除氧等。

三、工业锅炉给水除氧

1. 化学除氧

水中溶解氧是加速电化学腐蚀的重要原因。氧气能吸收阴极的电子，形成氢氧根离子（OH^-），从而使腐蚀加剧。

化学除氧，就是向锅水中投加一定量的化学药剂，使之与水中的溶解氧发生化学反应，达到除氧目的。如加入亚硫酸钠（Na_2SO_3）、联氨（N_2H_4）等。亚硫酸钠是一种较强的还原剂，使用时最好在密闭容器中投入，避免与空气接触，以防止氧化。由于亚硫酸钠价格便宜，货源充足，反应生成物无毒无害，所以在小型工业锅炉和热水锅炉中应用较多。另外可加入联氨，它比亚硫酸钠反应快，并且不会在水中增加含盐量。但联氨有毒并且在空气中遇火会爆燃，要求水温最好在150℃以上，因此在中小锅炉中很少采用，一般用于电站锅炉。亚硫酸钠的加入量可根据化学反应式计算，可配成2%～10%的溶液，用活塞泵或压差式加药罐投入给水或补给水中。运行时按水质标准测定进行监督。

2. 钢屑除氧

钢屑除氧是使锅炉给水通过装有钢屑的过滤器，水中溶解氧与钢屑发生氧化，得以去除。一般水温越高，反应速度越快。钢屑表面应清洁无油渍、污垢，装填紧密而不影响水流通过，阻力太大将会造成压力损失。钢屑除氧设备简单，维修容易，运行费用低。但除氧效果与水温和水中杂质有很大关系。另外运行失效时，冲洗麻烦，更换钢屑时，劳动强度较大，尤其是钢屑锈成一团时难于取出，限制了推广应用。

3. 解吸除氧

解吸除氧是利用氧气在水中的溶解度与水面上气体的分压力成正比，而气体中氧的分压力又与气体中氧的浓度成正比的原理。当含氧的水与无氧的气体强烈混合时，溶于水中的氧便会扩散到无氧的气体中，达到除氧的目的。这种方法叫做解吸除氧。

解吸除氧装置是将水喷成雾状或小颗粒，与经过加热的木炭相遇，将水中氧气带走。除氧后的水进入封闭水箱，再送入锅炉。过去木炭加热是利用锅炉本身，现在有的是用电加热独成一体。这种方法装置简单，运行费用低、水温低，但水中的溶解CO_2不仅没排出还会增加，目前采用得不多。

4. 热力除氧

从亨利定律可知，在一定压力下，将水加热到相应压力下的饱和温度，水中溶解的氧气就会从水中逸出。这就是热力除氧的原理。

热力除氧的装置一般由脱气塔（除氧头）和贮水罐两部分组成。脱气塔的作用，是将水分解成细水流或水滴，以增加水和蒸汽接触面积，缩短加热时间，使水迅速达到饱和温度，促使氧气及时析出。贮水罐的作用是贮存锅炉30～90min的用水量和未扩散的溶解氧继续析出，达到深度除氧的目的。除气塔较早使用淋水盘式，后来为了提高除氧效率，又出现了喷雾填料式和旋膜式除氧器，提高了除氧效果，且运行稳定，缺点是给水温度高，影响锅炉效率，安装位置高等，占用一定空间，在大中型工业锅炉普遍采用。

5. 真空除氧

真空除氧与热力除氧的原理相似，也是利用降低水面上的气体分压力，使其达到饱和温度下沸腾进行除氧。

由于真空除氧需要有一定的真空度，一般抽真空用水力喷射器、蒸汽喷射器或真空泵实现。为了保证锅炉给水泵前有一定的正压头，必须将给水箱放到高位（一般10m以上），才能保证给水泵正常运行，否则容易漏入空气，增加溶解氧。真空除氧是在较低温度下运行的，并且自耗蒸汽量少，所以在低压锅炉和热水锅炉中应用较为广泛。

6. 海绵铁除氧

海绵铁除氧器属于化学除氧，它采用活性海绵铁（直接还原铁）来去除水中的溶解氧。海绵铁主要成分是铁，具有疏松多孔的内部结构，比表面积是普通铁屑的5万～10万倍，促使水中的氧与铁迅速发生氧化反应，使溶解氧稳定在0.05mg/L以下。上述反应产物$Fe(OH)_2$、$Fe(OH)_3$为不易溶于水的絮状沉淀，可用一定强度的反洗水流冲洗干净（大约5min）。海绵铁的消耗量很少，一般3～6个月补充一次。除氧后水中增加了少量铁离子，一般为0.2～0.5mg/L，对于热水锅炉来说仍符合国家规定的水质标准，但对蒸汽锅炉或给水Fe^{2+}有严格要求的给水除氧来说，可以加装除铁装置，除掉水中的Fe^{2+}。为提高除氧效果，应先软化再除氧。使用一段时间后，可进行反洗。常温过滤除氧器是近年来出现的一种新型除氧装置。溶有氧气的水进入除氧器，穿过海绵铁滤料层便可使水中氧气与铁发生氧化反应，保证出水溶解氧含量在0.05mg/L以下，效果很好。

(1) 主要特点

① 可在常温下实现除氧，进水无需加热，除氧效果好；

② 除氧效果稳定可靠，出水中溶解氧含量稳定≤0.05mg/L，符合工业锅炉水质标准；

③ 安装无特殊要求，可低位布置，工艺简单，克服了热力、真空除氧必须高位安装的不便；

④ 流程合理，设备结构简单紧凑，易于操作维护。

(2) 注意事项

① 除氧器首次使用和添加海绵铁后，应先将海绵铁彻底反洗，排出清水，再经正洗到水质合格后，才能投入使用；

② 设备使用一段时间后，当滤层低于800mm时，应及时补充滤料到规定高度；

③ 除氧器暂停使用时，应冲洗干净并充满水，以确保内部在密封隔氧状态下备用；

④ 进水温度应高于50℃工作温度；

⑤ 经除氧的水应与空气隔绝，除氧水箱应采取密闭隔氧措施；

⑥ 安装管路时应设旁通，以保证设备检修时正常供水；

⑦ 当除氧器进出口压差超过0.06MPa时，应进行反洗。

四、工业锅炉停炉保护与保养

腐蚀是锅炉安全经济运行的一大隐患，其危害性已被广泛认同，从而增强了人们的防腐意识，促进了锅炉运行时防腐措施的落实，并取得了一定成效。但应强调的是，腐蚀不单单发生在锅炉运行中，停用不保养所造成的锅炉腐蚀比其运行中的腐蚀更严重。因此，必须引起高度重视，并采取恰当的保养措施。

1. 锅炉停用腐蚀的危害

锅炉停用期间如不保养或保养方法不当，由于空气的大量进入和金属表面潮湿等原因，将造成锅炉及汽水系统的严重腐蚀，其后果与危害相当严重。

(1) 腐蚀面广，腐蚀产物量大　停炉后由于空气的大量进入，凡是与空气能接触到的部位均产生吸氧腐蚀，其腐蚀面比锅炉运行时要大得多。此种腐蚀形态多以溃疡型和斑点型腐蚀为主，所产生的Fe_2O_3和$Fe(OH)_3$铁锈量很大，从而使金属机械性能降低，强度受到影响。

(2) 加剧锅炉运行腐蚀，造成腐蚀恶性循环　锅炉停用腐蚀所生成的高价铁Fe_2O_3和$Fe(OH)_3$成为锅炉运行时氧的代用品，是腐蚀电池的阴极极化剂，即在阴极产生$Fe(OH)_3+e^- \longrightarrow Fe(OH)_2+OH^-$和$Fe_2O_3+2e^-+H_2O \longrightarrow 2FeO+2OH^-$反应，使高价铁还原成低价铁，阳极的铁被腐蚀，即$Fe \longrightarrow Fe^{2+}+2e^-$。同时高价氧化铁在还原成磁性氧化铁时还要放出氧气，即$6Fe_2O_3 \longrightarrow 4Fe_3O_4+O_2\uparrow$，又增加了水中的含氧量，在锅炉运行时又会促进铁的腐蚀加重。当锅炉再次停用时，已还原的低价铁又重新被氧化成高价铁，并在铁锈下产生强烈的氧浓差腐蚀，从而又促使铁锈下的铁进一步被腐蚀，又产生大量新的氧化铁。锅炉再次运行时，上述氧化铁又会参与新的阴极反应，产生更严重的腐蚀。随着锅炉交替运行和停用，腐蚀过程发生恶性循环，从而使金属管壁不断减薄，甚至出现穿孔事故。这种恶性循环腐蚀并不因锅炉运行时除氧措施的加强而停止，给锅炉的安全和经济运行带来很大隐患。

2. 锅炉停用保养要点

锅炉停用腐蚀的主要原因是空气的大量进入和金属表面潮湿，有针对性采取相应措施便可防止发生腐蚀。

① 要防止空气进入停用锅炉内部；

② 要保持停用锅炉金属表面清洁干燥；

③ 使金属表面浸泡在含有除氧剂、钝化剂或缓蚀剂等药剂溶液中。

3. 锅炉停用保养方法

(1) 干法保护　这种方法是在锅炉停用时将水放净并保持金属表面干燥，或充填某种气体以防空气侵入，达到停用保养目的。

① 热炉放水法　此法适用于运行转入检修的锅炉，即利用锅炉停用时的热量，将放水后的锅炉烘干。其工艺如下：

a. 锅炉熄灭后，停止供水和供汽，使汽压和水温自然下降；

b. 当汽压下降到较为安全的压力时进行定期排污 1～1.5min，排污时压力稍有上升，可开启排汽阀门降压，并向锅内补水保持水位；

c. 锅炉压力降到 0.1MPa，水温降至 100～120℃时开始放水，将水放尽。

② 充氨气法　向锅内充入氨气，全部排出内部空气，减少金属表面湿润膜中的含氧量，同时氨溶解在湿润膜中，使膜呈碱性，因而金属得到保护。此法保养效果好，适用于长期保养。但保养条件要求严格，操作工艺复杂，限制了使用。

③ 干燥剂法　利用干燥剂的吸潮特性，使锅内金属表面充分干燥，达到防腐目的。操作方法如下：

a. 同热炉放水法，使锅内金属表面干燥，并清除水垢和水渣；

b. 按锅炉容积计算干燥剂用量，一般为生石灰 2～3kg/m^3、无水氯化钙 1～2kg/m^3、硅胶 1～2kg/m^3（硅胶使用前需经 120～140℃烘干）；

c. 生石灰或无水氯化钙应放在铁盘中，硅胶可放入布袋中，按预定布点位置分别放置在汽包和联箱内；

d. 干燥剂放入后，封闭汽包和联箱，关严阀门，使锅内与外界空气隔绝；

e. 定期检查防腐情况，干燥剂失效时应及时更换，检查时间为第一次 7～10 天，第二次半个月，以后每月检查一次。

(2) 湿法保护　在停炉时不将锅水放掉，而是将锅炉充满水以防空气进入锅内。或者在充满水的锅炉内加除氧剂、钝化剂或缓蚀剂等药剂，从而达到防腐目的。

① 保持给水压力法（短期保养）　在锅炉停用时用除氧水充满锅炉并关闭全部阀门，用给水泵控制锅内压力（压力＞0.3MPa），每天检测锅水含氧量，当含氧量超标时，应更换锅水。也可将亚硫酸钠随给水送水锅内，并维持过剩量为 5～10mg/L，以提高防腐效果。

② 保持蒸汽压力法（短期保养）　如某台锅炉停用后，可采取间断生火的办法，保持锅炉蒸汽压力，以防空气侵入，蒸汽压力应大于 0.2MPa。如若还有锅炉在正常运行，可将停用锅炉临时改为蒸汽蓄热器使用，一举两得。

③ 碱液法（较长期保养）　将锅内充满一定浓度的碱液，并保持 pH 值在 10 以上，促使金属表面钝化，避免阳极极化，达到防腐的目的。具体做法如下：

a. 保持各阀门严密，与运行系统连接的管路加装隔板，拆除玻璃水位计及能与碱接触的全部铜件。

b. 锅内水垢和沉渣应在保护前尽可能清除。

c. 锅炉最高位置可安装一个小型碱液箱，可随时补充损失的碱液。

d. 所用碱剂为氢氧化钠、磷酸三钠或二者的混合剂，为保证防腐效果，也可加亚硫酸钠除氧剂。配制应使用软水，不得使用生水。药剂用量为：NaOH 5～6kg/m^3、Na_3PO_4 10～12kg/m^3。混合剂用量为 NaOH 4～8kg/m^3 + Na_3PO_4 1～2kg/m^3。亚硫酸钠用量可根据水中溶解氧含量计算，并维持锅水及汽水系统过剩量 5～10mg/L。

e. 药液可利用给水箱配制，并通过给水泵送入锅内；也可单配制加药系统，取样检查出、入口碱液浓度，若出口浓度低于要求时，加药并用泵循环。

f. 保护初期应加强系统严密性检查，若液位下降应补充碱液并查找原因。正常后应每月监测一次碱液浓度，当碱液浓度低于注入浓度 5%时，应补碱。

④ 联氨法（长期保养） 在锅内充满联氨（H_2N_2）和氨（NH_3）的混合液。其防腐原理是利用联氨具有的强还原性去除水中氧，即 $N_2H_4 + O_2 \longrightarrow N_2 + 2H_2O$，使阴极极化。同时又利用氨在水溶液中呈碱性，提高 pH 值，使金属表面钝化，造成阳极极化，以达到防腐目的。因联氨具有毒性，使用受到一定限制。

⑤ 有机缓蚀阻垢法 有机缓蚀阻垢剂是由天津市锅炉应用技术协会研制开发的，集防腐、阻垢、除垢等多种功能的水处理药剂。其主要成分由聚磷酸盐、有机磷酸盐、BTA 铜缓蚀剂以及无机碱组成。药剂为棕红色液体药剂，pH≥13。其防腐机理为药剂溶于水后，能水解出带负电的聚磷酸根阴离子和带正电的阳离子，聚磷酸根阴离子在金属腐蚀电池阳极区与失去电子的 Fe^{2+} 相结合，生成极难溶于水的聚磷酸铁，并覆盖在阳极区的金属表面形成阳极极化。被水解的药剂阳离子在金属的阴极区夺取电子，变成与金属亲和力很强的原子并被吸附在阴极区的金属表面，形成阴极极化。由于上述因素，金属腐蚀被扼制，起到了防腐作用。

有机缓蚀阻垢剂 pH≥13，按 1L 药剂处理 4～5t 水，水溶液可保证 pH≥10，能有效防止 CO_2 气体造成的酸腐蚀，同样起到了防腐作用。

有机缓蚀阻垢剂作为停用保养剂使用时，药剂中有机磷成分还能对锅炉及汽水系统的水垢、铁垢中的某些成分起溶解作用，使坚硬的水垢变成结构疏松的多孔物。同时能使药剂渗透到垢下形成保护药膜，阻止了金属表层与水垢的结合，使水垢脱落。

有机缓蚀阻垢剂可作为热水锅炉及水循环系统停用保养药剂，操作简便，只要保证药剂的用量达到要求，系统药剂均匀即可。注意事项就是要保证保养系统水质 pH≥10。

⑥ 气相缓蚀剂法（TH-901） 气相缓蚀剂是近年来应用于锅炉防腐的新型药剂，主要有无机的铵盐类和有机的铵类，如碳酸铵、碳酸氢铵、尿素、碳酸环己铵等。这类药剂挥发性强，并凝结在金属表层，从而能充分发挥防腐作用。其防腐机理就是无机铵盐水解成氮气，对金属起缓蚀作用，有机铵离解物与金属以配位键相结合，吸附在金属表层形成阳极极化，从而降低了金属的反应能力。

4. 锅炉停用保护方法的选择

(1) 按停用时间选择

① 1 周以内选择保持蒸汽压力法和热炉放水法；

② 1 周至 1 个月选择保持给水压力法和充氮气法；

③ 1～3 个月选择碱液法和保持给水压力投加亚硫酸钠法；

④ 3 个月以上选择干燥剂法、有机缓蚀阻垢剂法、气相缓蚀剂法（TH-901）、涂层法等。

(2) 根据保养对象选择

① 蒸汽锅炉长期保养可选择干燥剂法、气相缓蚀剂法（TH-901）、碱液法、有机缓蚀阻垢法、涂层法。

② 热水锅炉及水循环系统保养可选择碱液法和有机缓蚀剂法，热水锅炉不宜采用干燥剂法。

(3) 按停用保养方法选择

① 锅炉停用后应立即保养的原则 在条件允许的前提下，锅炉停用后应立即保养，其优点为：

a. 节约资源。可利用系统内的水资源和完善的运行设施，节约人力、物力。

b. 保养措施要落在实处。良好的水质及完善的运行系统能使保养措施落在实处，达到用药量小、药剂均匀、覆盖面广、不留死角、便于监测调整的目的。

c. 保养效果有保证。不放水杜绝了空气的进入，及时加入药剂提高了金属的防腐能力。

② 锅炉与水循环系统分离的原则　锅炉停运后应尽快关闭锅炉进、出口阀门，使锅炉与循环系统分离，其作用是：

a. 便于各自的检修；

b. 检修后的保养范围缩小；

c. 便于改变保养方式。

③ 择机维修、防止腐蚀的原则　春秋两季对锅炉设施进行维护、检修可有效减少金属的腐蚀，但时间应尽量缩短，维修后应立即保护。切忌伏天维修锅炉，防止潮气对锅炉的腐蚀。

④ 严格检查和落实保养措施的原则　按规定的时限，严格定期监督检查系统内药剂浓度状态以及系统的严密性，对发现的问题及时解决。

⑤ 运行前锅内及系统杂质彻底清理的原则　锅炉在运行前应彻底清除锅内及系统内的残留药剂、反应物、水垢、水渣，在运行后，应加大排污量，保证使用水清洁无污物。

第六节　工业锅炉反渗透水处理应用技术

一、简介

反渗透（reverse osmosis，RO）自1748年法国人Abble Nelle发现后，直到1963年美国加利福尼亚大学Loeb和Sourirajan研制成第一张分离膜，经过不断发展，在发达国家广泛应用，特别是美国，RO技术几乎涵盖了所有工业部门，直到民用与军队饮水。

以高分子分离膜为代表的膜分离技术，作为一种非常成熟的新型流体分离新工艺，几十年来取得了令人瞩目的成就和节能减排功效。除了透析膜主要用于医疗外，所有的分离膜技术，已成功用于电力、石油、化工、冶金、电子、制药、食品、酿造和饮用水等行业制备纯净水。反渗透膜作为制备纯水及其他流体分离技术，在膜领域中占有重要地位。目前国内外大型反渗透装置主要用于电站与热电联产锅炉水处理与海水淡化等。工业锅炉水处理一般用传统钠离子交换法，应用反渗透法进行水处理的也已开始。随着国民经济的高速发展，膜技术的不断提高和水价的上涨，该技术在工业锅炉上的应用前景十分广阔。

二、工业锅炉传统水处理方法的局限性

我国工业锅炉特别是众多的中小型锅炉，长期采用传统的钠离子交换法进行锅炉给水处理，去除原水中的Ca^{2+}、Mg^{2+}等离子，降低硬度，满足工业锅炉对水质的基本要求，能达到锅炉安全、正常运行，但也存在局限性。

钠离子交换法进行的锅炉给水处理，只能去除原水的硬度，不能去除碱度与盐。这是由于强酸阳树脂对水中盐类（离子）具有特有的选择性，不能去除水中形成碱度的阴离子（HCO_3^-、CO_3^{2-}）和氯离子（Cl^-）。

由于锅水的不断蒸发和浓缩，游离的OH^-碱度增加，因而锅水碱度逐渐升高，并会腐蚀受压元件。为此，中小型工业锅炉不得不以较高的排污率来确保锅水品质，维持正常运行。在一般情况下，排污率为15%～20%，远高于新标准要求且不进行考核。若原水水质较差时，如用深井水、黄河水等高硬度、高含盐量或高碱度水时，采用钠离子交换法往往无法保证锅炉给水达标。频繁再生或加大排污率，不但影响锅炉正常运行，而且还会造成热损失，降低热效率，增大燃料消耗，污染环境。

如前所述，采用氢、钠离子联合进行水处理，可以去除原水中的硬度和盐碱类，达到锅炉水质指标要求。但其设备系统庞大、复杂、成本高，多为人工操作与控制，有时控制不良，往往会使酸性水进入锅水系统，造成设备腐蚀。同时，再生废液的排放，还会造成环境污染与水系污

染，不符合节能减排要求，在中小型工业锅炉很少采用。

三、反渗透水处理原理与特性

反渗透原理如图 7-8 所示。图 7-8(a) 表示在初始状态时，纯水和盐水被特制半透膜隔开，该膜只允许水分子渗透通过，阻止其盐类通过。此时膜右侧的纯水会自发地通过半透膜渗到盐水一侧，这就是渗透现象。图 7-8(b) 表示在膜的盐水侧施加压力 p，水的自发渗透将受到抑制或减缓。当施加的压力达到某一定值 π 时，水通过膜的渗透净流量等于零，此时所施加的压力就是渗透压。图 7-8(c) 表示施加在膜的盐水侧的压力大于渗透压，水的渗透流向会发生逆转。此时盐水侧中的水将会向右侧渗透流入纯水侧，这就是水的反渗透。

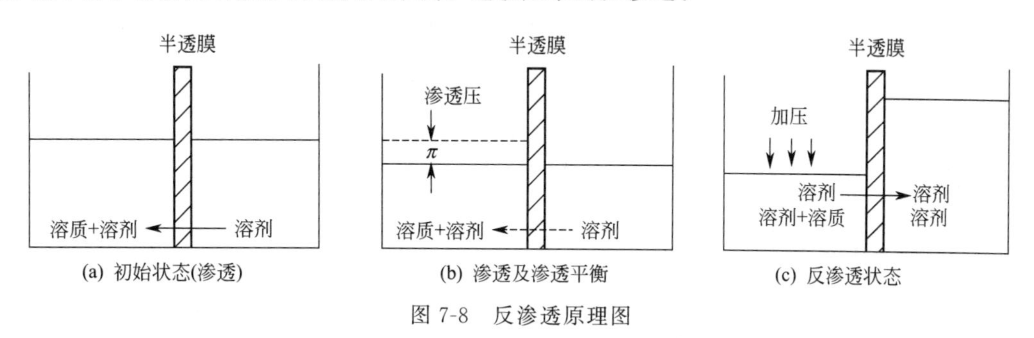

图 7-8　反渗透原理图

反渗透装置上所使用的半透膜，是该装置的核心材料，由特殊材料和方法制成，过去由国外进口，现在国内也能制造。在外力作用下，它具有良好的机械性能、抗腐蚀性和较高的化学稳定性，还具有能使水溶液中的水分子透过，并能阻止某些离子通过的特性，从而达到提纯净化、淡化和浓缩分离的目的。反渗透水处理对原水中的 Ca^{2+}、Mg^{2+}、Na^{+}、K^{+}、Fe^{2+}、Mn^{2+}、NH_4^{+} 及 HCO_3^{-}、SO_4^{2-}、Cl^{-}、PO_4^{2-}、NO_3^{-} 等离子的去除率，一般可达到 98%左右，即具有深度的除硬、去碱、脱盐效果，因而可制得纯净水。这是反渗透膜分离技术的最大特性。

根据上述反渗透原理与特性，选择性能相适应的渗透膜在国内外已获得广泛应用。在技术经济合理的条件下，把反渗透技术应用于工业锅炉给水处理，能制得纯净水，可极大地提高锅炉的给水水质，达到无垢运行，把锅炉排污率降低到 1%以下，以减少排污热损失，保证锅炉安全运行，提高其运行热效率、蒸汽品质与设备使用寿命，进而达到锅炉节能减排、增收降耗目的。

四、反渗透水处理工艺与设备

1. 反渗透水处理工艺流程

反渗透水处理工艺主要决定于原水水质与锅炉对给水水质指标的具体要求。对于苦咸水场合，用户要求系统节能减排，应选择节能型系列复合膜元件；如用户要求高脱盐率，应选择高脱盐率复合膜系列元件；如果是原水水质较差的地表水或者废水，就应选择低污染系列复合膜元件。对工业锅炉而言，一般原水为地表水、河水或深井水，应选择以下处理工艺流程：

原水→原水泵→多介质过滤器→活性炭过滤器→精密过滤器→高压泵→膜组件→纯水箱→纯水泵→海绵铁除氧器→成品水箱→用水点

2. 反渗透预处理装置

通常把主流程前的工序称为反渗透装置的预处理。经过一段时间运行后，反渗透膜元件可能会受到水中悬浮物、水垢或有机物质的污染。常见的有碳酸钙垢、硫酸盐垢、金属氧化物垢、硅沉积物或有机物等。污染是缓慢发展的，如果没有完善的预处理设施，不在早期采取措施，随时间的推移，膜元件的性能会受到损坏。所以，在反渗透之前，一定要进行预处理，其目的就是改善原水质量，消除污染。多采用以下预处理装置。

(1) 多介质过滤器　为防止设备和管道的腐蚀，避免水质恶化，对该设备和管道要进行防腐。经过混凝沉淀或澄清的原水，其浊度通常在20mg/L左右，应经多介质过滤器过滤。该装置内装有无烟煤、石英砂、锰砂、磁铁矿等双层滤料，可降低出水浊度，能控制在5mg/L以下；当其进水浊度在10mg/L左右时，出水浊度能够控制在2mg/L以下。

当多介质过滤器出口压差达到一定值或污染密度指数$SDI \geqslant 4$时，应进行反冲洗，并应配有空气擦洗，以保证反洗干净、彻底。

(2) 活性炭过滤器　同多介质过滤器要求，对活性炭过滤器，也应进行设备和管道的防腐。活性炭宜选用果壳类，一般粒度为10～28目，并具有大量微孔和比表面积，有很强的吸附能力，可吸附有机物、余氯并可灭菌。活性炭的使用寿命一般为一年，可采用监测进水COD的变化来监控，及时进行复苏处理，恢复吸附性能，防止失效。

(3) 精密过滤器　为保护高压泵精度和RO单元，在高压泵和膜组件单元前常采用精密过滤器，以除去原水中的微粒杂质。例如，当过滤器内微孔介质的孔径为3～10μm时，可以除去0.05～10μm的微粒。在清洗系统中，同样需要做预处理，以防将杂物带入RO系统中。

精密过滤器由不锈钢制成，装有聚丙烯滤芯，滤芯使用寿命一般考虑为3～4个月。当大于设定的压差时，应进行更换。过滤器的精度、水通量均应检测，保证达到设定值。

(4) 高压泵　小系统一般选用单级高速离心泵，大系统则选用多级高压离心泵。增大压力使每单位膜面积的水通量提高。泵的选型应考虑流速、压力、价格等因素。设定压力一般在预期最冷水温所需压力，再留有10%左右的余量，对于苦咸水为0.69～2.76MPa，对于海水为5.52 MPa。

高压泵的材质采用不锈钢。为防止高压泵进口缺水引起泵的空转，在泵的进口应设低水压保护；为防止高压泵出口压力升高，危及膜组件安全，泵出口应设高水压保护。

3. 反渗透膜的分类与选用

(1) 醋酸纤维素膜　该膜用纤维素和醋酐通过化学反应制得。纤维素的三个羟基可被乙酰基取代。其乙酰含量是影响膜的脱盐率与产水量的最重要因素，乙酰含量高，脱盐率高，但产水量下降。该膜的稳定性差，随运行时间的推移，容易发生水解，会受到微生物的侵蚀，脱盐率逐渐下降。产水量有所增加，膜的功能也将减弱。醋酸纤维素膜常用于SDI高的废水处理及饮用水纯化。

(2) 芳香聚酰胺膜　该膜主要由芳香聚酰胺、芳香聚酰胺酰肼和其他一些含氮芳香聚合物制成。该膜化学稳定性好，能在5～30℃及pH值4～11间连续运行，但原水需脱氯处理。芳香聚酰胺膜常用于高TDS的原水，如海水与井水等场合。

(3) 薄膜复合膜　复合膜的主要支持结构是经轧光机轧光后的聚酯无纺织物，其表面无松散纤维，并且坚实光滑。该膜具有一系列优点，化学稳定性好，在中等压力下运行时，具有高的水通量、盐截流率、抗生物的侵蚀能力，能在0～40℃及pH值2～12间连续运行，但原水需经脱氯和其他氧化物的处理。薄膜复合膜是高纯系统的首选膜，常被用于任何大的RO系统。

4. 反渗透膜性能要求

反渗透膜的性能优劣是分离技术的关键，应具备以下性能：

① 水通量（透水率）要大，脱盐率要高；

② 机械强度要好，多孔支撑层的压实作用少；

③ 化学稳定性能好，耐酸、碱和微生物的侵蚀；

④ 结构均匀，耐温性能好；

⑤ 使用寿命长，随时间推移，性能衰减缓慢，能保持较高的脱盐率；

⑥ 价格相对较低。

要达到以上几点，并非易事。经过几十年的研制与发展，国外有很多优良产品，国内也有很大进步，为反渗透水处理创造了有利条件。

5. 膜组件结构

(1) 螺旋卷式　螺旋卷式装置是由膜＋产品水侧的多孔支撑材料＋膜＋原水＋盐水隔网等依

次叠和，组成一叶、两叶或多叶膜，并与开孔的聚氯乙烯或聚丙烯中心透过液管卷绕而成的。盐水经隔网通过膜成螺旋状向内流动，经中心管上的孔进入中心管，并排出。其结构适用于醋酸纤维素膜和薄膜复合膜。

螺旋卷式由于进水流道较敞开，故抗污染较强，且清洗容易，更换也方便，膜材料适应性好，制造厂多。但具有产生浓差极化的趋势，多单元中，对个别单元的检修困难。

(2) 中空纤维式　把中空纤维束定向平行放置于开孔的中心管内，盐水从中心管一端导入，沿整个长度分配，径向向外流过纤维的外侧，淡水由另一端引出。纤维外径为50～200μm，内径为25～42μm。其结构适用于芳香聚酰胺膜。中空纤维式易检修，纤维束的更换方便，但对胶体与悬浮物的污染较难适应，且制造厂家与膜材料有限。

目前国产膜制作，在核心技术上存在一些缺陷，致使出水水质与产水量均不理想，所以反渗透水处理一般采用进口膜。

五、传统钠法改用反渗透法应用实例

天津市染料化学第八厂有 SHL10-13 和 SZL10-13 共计三台 10t/h 蒸汽锅炉，供生产用汽，年用汽量为 6.5 万吨。锅炉补给软化水所用原水有 3 种，主要为厂内深井水，有时也用黄河水或滦河水，其水质分析结果如表 7-14 所示。

表 7-14　原水水质分析化验结果

水源	总硬度/(mmol/L)	总碱度/(mmol/L)	氯离子/(mg/L)	pH	Ca^{2+}/(mg/L)	Mg^{2+}/(mg/L)	$Na^{+}+K^{+}$/(mg/L)	HCO_3^-/(mg/L)	SO_4^{2-}/(mg/L)	电导率/(μS/cm)
滦河水	3.5～4.3	2.8～3.0	50～60	7						550～650
黄河水	6.5～7.3	3.0～3.8	160～220	7	40～65	30～35	50～65	170～200	85～100	700～1100
深井水	0.6	6.7～7.2	140～150	7	7.39	2.01		350～400	100～125	1000

经钠离子交换法处理后的软化水，硬度可以除掉绝大部分，符合工业锅炉用水水质标准要求，但碱度和氯离子与原水相差不大，电导率略有降低。为保证锅水水质，防止受热面结垢，维持正常运行，只得加大排污率，造成水资源的浪费和热能的损失。

据以上情况，该厂经过详细考察论证，决定选用反渗透水处理技术，来解决所存在的问题。于 2004 年 4 月 5 日，由天津市天磁净水科技发展有限公司承建，安装了一套反渗透水处理装置，制备纯净水，专供锅炉补给水。反渗透出水水质情况如表 7-15 所列，主要工艺流程如图 7-9 所示。

表 7-15　钠法与反渗透法制得给水水质与排污率

水处理方法		总硬度/(mmol/L)	总碱度/(mmol/L)	氯离子/(mg/L)	pH	电导率/(μS/cm)	排污率/%
钠离子交换法	滦河水	0.03	3.0	50～60	7	450～600	10～18
	黄河水	0.03～0.1	3.8	180～200	7	600～700	20～25
	深井水	0.02～0.03	7.2	140～160	7	600～650	20～30
反渗透法		0.001～0.0018	0.2～0.3	4～6	7	15	<1

由图 7-9 可知，一定压力下的原水，先经石英砂过滤器粗滤，再经活性炭过滤器去除过量余氯和有机物等，然后进入 5μm 精密过滤器精滤，再用高压泵将其加压送入膜组件进行反渗透，所制得纯净水最后送入脱气塔脱除 O_2 与 CO_2 有害气体，用泵送到锅炉补水箱内备用。

从膜组件排出的浓水，pH 在 10 以上，经汇总由排浓水管送至水膜除尘器，喷淋洗涤烟气。不但除尘，还可起到脱硫作用，用后再返回到水池中，进行冲渣循环利用，多余的可送入冲渣池内，不直接排放。该厂反渗透水处理装置已投产 5 年，运行一直很正常，未发生过事故。每年都要进行停炉经锅检所检验，没有发现炉内存有结垢现象。每周打开排污阀象征性排污一次，主要

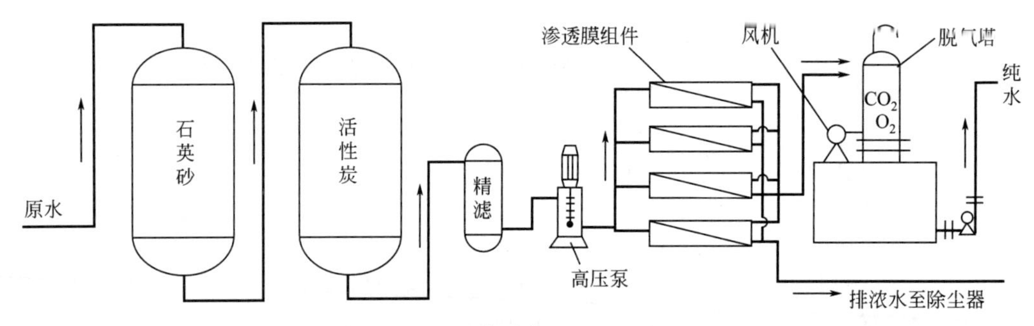

图 7-9　RO 反渗透水处理工艺流程图

为活动节门，实际排污率小于1%。

1. 运行实践与体会

① 反渗透水处理技术具有极高的除硬度、脱盐率、降碱度效果，可制得纯净水，从表7-15水质化验分析结果可得到证实。

② 反渗透水处理可实现连续在线检测。全自动运行无人值守，确保出水水质合格，运行稳定。异常情况可自动停机报警，具有联锁保护功能。

③ 节能减排效果明显，实际排污率不到1%，节能节水，有利于环保。

④ 实现了锅炉无垢运行，增强热交换性能，提高锅炉热效率，防止设备腐蚀，延长使用寿命。

⑤ 提高了蒸汽品质，减少蒸汽携带的杂质，有利于生产。

⑥ 反渗透组件排出的高碱度浓水全部回收循环利用，不仅能除尘，节省水资源，而且有脱硫作用，烟气脱硫率可达30%～40%。

⑦ 原水的适应性广泛。反渗透水处理所用原水可以是高硬度、高碱度和高含盐量的深井水，或者黄河水、滦河水等。

2. 反渗透水处理经济效益分析

现将该厂应用反渗透水处理与原来的钠离子交换法的有关指标进行对比分析，列于表7-16。根据表7-16情况，对以下几点作对比分析。

表 7-16　钠法与反渗法水处理有关指标对比

水处理方法	装机功率/kW	成品水耗水量/(t/t)	成品水成本/(元/t)	废水回收利用率/%	设备投资/万元	锅炉排污率/%	补给水水质	对环境影响	设备占地面积/m^2
钠法	5.5	1.1	6.75	0	22.0	20～30	除硬度水	排污造成污染	40～50
反渗透	11.00	1.33	7.05	100	27.0	<1	纯净水	不排污无污染	40～50

① 反渗透法制纯净水与原钠离子交换法相比耗水量较大，成本略高。由于反渗透法装机容量大，成品水耗水量又高，因而成本略高于钠法。

② 反渗透水处理与传统钠法相比具有环保优势。反渗透法能制得纯净水，排污率小于1%，不会造成环境污染。同时渗透膜组件排放出来的浓水，全部回收循环利用，用于水膜除尘喷淋洗涤烟气，不但能节水、除尘，还可脱除烟气中 SO_2 30%～40%，然后用于水冲渣，实现循环利用，最后达标排放，而钠法与之相比差距甚大。

③ 反渗透法可以制得纯净水，能达到锅炉无垢运行，提高锅炉热效率，可以节能，延长设备使用寿命，钠法与之相比有不足。

④ 反渗透水处理法经济效益可观，回收期短。现仅以年蒸汽产量65000t，排污率平均下降20%计算如下：

年节水量65000×20%＝13000t。软化水成本为6.75元/t，年节约资金13000×6.75＝8.775

万元。

排污水属于高温饱和水，压力按实际0.6MPa热焓，经查表折煤为295.5t/a，煤价按当时价400元计算：295.5×400＝11.82万元，年合计节省8.775＋ 11.82＝20.595万元。即一年零4个月便可收回全部投资，还不包括提高锅炉效率、减少运行成本、降低排污水与水膜除尘用水、减少人员、提高烟气脱硫效率所带来的经济效益。

六、工业锅炉应用反渗透水处理的必要性与可行性

1. 用苦咸水制取纯净水的需要

我国地域辽阔，在干旱、严重缺水与苦咸水地区，水源硬度高、含盐量高、含碱高。一般传统钠离子交换法同时除硬度、除盐比较复杂、困难，对锅炉安全与经济运行非常不利。而反渗透水处理具有以上特性，完全可达到同时除硬度、除盐的要求，把苦咸水变为纯净水，可达到并高于工业锅炉水质标准要求。

2. 贯彻执行《工业锅炉水质》国家新标准的需要

此次修订的工业锅炉水质标准，从表面上看，由强制性标准改为推荐性标准，好像是放宽了要求，实际是严格了，详见本章第三节所述内容。如蒸汽锅炉给水水源规定有两种，即软化水与除盐水，并有上、下限具体指标与排污率的考核要求。如用除盐水作锅炉给水，排污率应小于2%；如用软化水时不得大于10%。目前用传统钠离子交换法达标有困难，排污率均超过10%，且不做考核指标。用反渗透法可制得纯净水，实现锅炉无垢运行，排污率小于1%，完全可达到并高于标准要求。

3. 节能减排，充分利用各种水资源的需要

我国是一个水资源严重缺乏的国家。城镇自来水主要是民用，工业用水，特别是工业锅炉用水尽量少用自来水。而其他水资源如江、河、湖泊、井水和矿井水等，多数水质不佳，含盐、碱量高。传统钠离子交换法有局限性；用H-Na离子交换法排污带出酸性水，不经处理排放，已造成严重水系污染，各地均有报道。反渗透水处理法不但是节能型的，而且是环保型的。虽然该法所制纯净水水耗比传统钠离子法略高，但比H-Na法要低，且排污率小于1%。因而可节约大量水资源，降低排污热损失，已被发电厂、热电联产厂与工业锅炉实际应用所证实。反渗透水处理可充分利用各种水资源，还可利用城镇中水，为其找到工业应用出路。同时，反渗透水处理排放无污染，所排出的浓水，由于碱度高，pH在10以上，含有大量钙、镁、钠、钾等离子，用于水膜除尘，脱硫效率可达到30%～40%。还可用于煤掺水，再适当配用其他添加剂，也可起到脱硫与强化燃烧作用。浓水脱硫之后并不直接排放，再用于水冲渣，最后经处理后达标排放。充分利用水资源，重复利用率高，有利于发展循环经济。

4. 反渗透法是锅炉水处理的必由之路

经发电厂大量应用和工业锅炉试验证明，反渗透水处理可利用各种水源制得纯净水，作为锅炉给水，实现了锅炉无垢运行，大大降低了排污率，提高锅炉热效率，达到安全经济运行目的。工业锅炉无垢运行，经天津染化八厂、有机化工二厂等单位连续运行5年，每年经停炉检验，证实无垢，从未发生爆管等事故，达到安全运行，从而提高了热交换效果，锅炉排污率可降低到1%以下，仅节省排污饱和水热焓一项的价值就很大，促进了锅炉经济运行，降低成本，一举多得。

5. 贯流和直流蒸汽锅炉水质要求的需要

此次对工业锅炉水质国家标准的修订，对贯流和直流蒸汽汽锅，专项规定了给水与锅水各项指标，表明该种锅炉的实际需要，并反映了国家对该种锅炉水质的重视，以满足其特殊要求。因此应采用反渗透水处理技术，保证此类锅炉安全、经济运行。

6. 水处理工艺全自动控制的需要

中小型工业锅炉所用钠离子交换法，一般为手工操作，比较繁琐，加盐劳动强度大，女职工很难适应。而反渗透水处理可实现全自动运行，不需人工操作，无人值守，且设有联锁保护，自动报警，非常简便，安全可靠。

参 考 文 献

[1] 周本省主编. 工业水处理技术. 第2版. 北京：化学工业出版社，2002.
[2] 陈洁，杨东方编. 锅炉水处理技术问答. 北京：化学工业出版社，2007.
[3] 窦照英，张锋，徐平编著. 反渗透水处理技术应用问答. 北京：化学工业出版社，2007.
[4] [美] Zahid Amjad主编. 反渗透膜技术·水化学和工业应用. 北京：化学工业出版社，1999.
[5] 许伯俊编著. 反渗透水处理技术在锅炉中的应用. 节能，2008，(9).

第八章

工业锅炉污染物排放与环境保护

第一节　环境污染形势与锅炉污染物的排放

一、我国环境空气污染现状与变化趋势

长期以来，大气颗粒物是影响环境空气质量的首要污染物，其污染特征不断发生新的变化，防治难度不断加大。特别是近年来，随着经济和城市建设的高速发展，我国环境空气污染特征发生重大变化，主要表现在从粗颗粒污染向细粒子污染变化、从单一污染来源向多种来源变化、从煤烟型污染向复合型污染变化。由于二氧化硫、氮氧化物和碳氢化合物污染加剧，经光化学作用，又形成了一种复合型空气污染物。这种污染物呈细小颗粒状，其粒径分布在 10～2.5μm 范围，简称 PM_{10}、$PM_{2.5}$ 主要分布在大气层 1000m 以下空间。由于这种微小的颗粒可长期滞留在空气中并能够穿透人的呼吸防御系统，又称为可吸入污染物。这种现象已成为我国大中型工业城市环境污染的新趋势。其特征是总悬浮颗粒物分布向更小粒径发展。当 PM_{10}、$PM_{2.5}$ 污染严重时，这种复合型空气污染已造成上述大中型城市出现雾霾天气，并向远距离下风向传播的趋势。以 $PM_{2.5}$ 污染物为代表的复合性、区域性污染问题凸显，对大气氧化性不断增强，给环境空气质量改善带来巨大压力。

二、锅炉烟气污染物排放

1. 燃煤锅炉烟气中污染物及其对环境与人体的危害

我国是锅炉生产大国和使用大国，截止到 2012 年底，我国工业锅炉保有量 62.4 万台，容量近 290 万蒸吨，约占锅炉总数的 98%，年能源消费量约 6.4 亿吨标准煤，占全国能源消费总量的 18%。我国工业锅炉中 80%以上为燃煤锅炉，年消耗 4.9 亿吨标准煤，15%左右为燃油燃气锅炉，其余为生物质燃料等锅炉。

根据环境统计数据，2012 年燃煤工业锅炉累计排放烟尘 410 万吨、二氧化硫 570 万吨、氮氧化物 200 万吨，分别占全国排放总量的 32%、26%和 15%左右。燃煤烟气中的主要有害物为烟尘、二氧化硫、氮氧化物、一氧化碳、二氧化碳等。其中前三项是造成我国环境污染的主要原因，可作为环境污染的直接有害物，并在环境中进行化学、物理等变化后，形成更为有害的二次污染物。研究表明，二氧化硫、氮氧化物还可以在空气中转化为二次污染物，最终形成有害的微小颗粒物污染环境。

2. 烟尘污染物对环境的污染

(1) 烟尘粒径的分布

① 烟尘粒径的确定方法　烟尘颗粒的大小一般用粒径描述，其单位是微米（μm）。在描述颗粒粒径时，可从不同的物理性质来定义。常用的定义方法有：当量直径 D_e、投影直径、质量中值直径 D_{50} 和空气动力学直径。各类直径的意义如下：

a. 当量直径：指与颗粒物不规则体积相当的球形颗粒物的直径。

b. 投影直径：指一个圆形的面积相当于已知颗粒物的投影面积，则该圆形的直径称为颗粒物的投影直径。

c. 空气动力学直径：具有与密度为 1kg/L 的 A 物质（水）粒径相同的空气动力特征时（指空气中具有相同的沉降速度），实际颗粒直径即为相对应 A 物质的直径，常用于颗粒运动的计算。

d. 质量中值直径：这是可吸入颗粒物的卫生学评价指标，也是颗粒分布的中心倾向。颗粒物在空气中的分布几乎都呈对数正态分布。因此求其中值直径时，以颗粒的粒径为横坐标，质量分数为纵坐标，在对数正态概率纸上画出累计分布曲线图。在得到的曲线上，标出与质量分数50%相对应的颗粒直径，即为质量中值直径，符号为 D_{50}。

其中 D_{50} 表示占全部颗粒物质量 50%粒子的对应的颗粒物直径，它是确定选择除尘器的重要指标。

② 烟尘粒径大小与分布情况　对除尘器的选择和环境危害具有极其重要意义。在环境科学研究中，一般采用空气动力学直径来表征颗粒物的直径。对烟尘的粒径分布研究常采用质量分散度的方法描述，在锅炉烟气治理时，应选择对烟气中 D_{50} 颗粒物去除作用较大的除尘器，方可达到有效除尘目的。锅炉烟气排放的颗粒物直径还与锅炉的燃烧方式相关，当采用型煤替代原煤后其烟气中大颗粒物得到有效削减，其粒径分布将发生明显变化。表 8-1 是采用型煤为燃料并通过多管旋风除尘器后的颗粒物粒径分布测试结果。

表 8-1　通过型煤锅炉除尘器后烟尘的粒径分布测试结果

序列号	颗粒物粒径/μm	颗粒物粒径范围/μm	颗粒物质量/mg	颗粒物粒径范围质量分数/%	小于 D_{50} 粒径的颗粒物累计质量分数/%
1	16.5	≥16.5	14.67	14.20	85.80
2	10.3	16.5～10.3	3.62	3.50	82.30
3	7.1	10.3～7.1	2.27	2.20	80.10
4	5.2	7.1～5.2	2.38	2.30	78.80
5	3.7	5.2～3.7	2.09	2.02	75.07
6	2.6	3.7～2.6	1.77	1.71	74.07
7	1.4	2.6～1.4	5.58	5.40	68.67
8		≤1.4	70.94	68.67	
总量			103.32	100	

(2) 烟尘中污染物及对人体健康影响

① 烟尘中的污染物　表 8-2 是锅炉烟尘的成分分析结果。

表 8-2　锅炉烟尘的成分分析结果　单位：%

化学元素/成分	含量	范围		化学元素/成分	含量	范围	
Na	0.5	±	0.2	Mn	0.058	±	0.008
Mg	1.1	±	0.7	Fe	6.0	±	1.2
Al	11.5	±	2.4	Ni	0.003	±	0.003

续表

化学元素/成分	含量	范围		化学元素/成分	含量	范围	
Si	13.7	±	1.2	Cu	0.015	±	0.004
K	0.9	±	0.1	Zn	0.205	±	0.373
Ca	5.1	±	3.6	As	0.002	±	0.001
Se	0.003	±	0.001	Pb	0.035	±	0.053
Ti	1.1	±	0.1	TC	10.3	±	4.8
V	0.021	±	0.004	OC	8.9	±	3.9
Cr	0.010	±	0.009	Cl^-	0.390	±	0.046
NO_3^-	0.084	±	0.012	SO_4^{2-}	1.42	±	0.13

注：TC为烟尘中有机和无机碳元素总含量，OC为烟尘中有机碳的含量。

② 污染物对人体的危害　烟尘中的污染物可通过三个途径进入人体。第一个途径是通过呼吸系统直接进入人体肺泡，影响肺部的健康；第二个途径是通过食物链进入人体，其转移方式是污染物溶入水体，通过饮用水进入人体，或被植物吸收通过食物链进入人体；第三个途径是烟尘中的放射性物质对人体产生的内照射或外照射。通过一、二两个途径进入人体而产生的照射称为内照射；在自然中由这些放射性物质直接对人体产生的照射称为外照射。《空气污染研究的临床意义》研究结果认为，烟尘污染物对人体健康危害最大的器官是呼吸系统，进入肺泡的小粒径颗粒具有更大的危害。人体的呼吸系统包括三个区域：鼻咽区、气管及支气管区、肺泡组织。在鼻咽区和气管及支气管区充满了纤毛和黏膜。在这里一些较大颗粒物因惯性和重力作用被沉积下来，并随着痰液排出体外。但更小的颗粒物却穿透屏障并积聚在肺泡组织内。不同空气动力学直径的颗粒物，在人体呼吸道上的沉积情况见图8-1。由图可见直径为0.1μm的颗粒物约有50%沉积在肺泡区；直径>1μm的颗粒物则在到达肺泡之前已大部分沉积在鼻咽区内；而直径<1μm的颗粒物沉积在肺泡和气管中。说明颗粒物直径越小，沉积到呼吸系统越深，对人体的危害越严重。根据这个原理，人们把能够沉积在肺泡、气管区的粒径<10μm的颗粒物称为可吸入颗粒物。

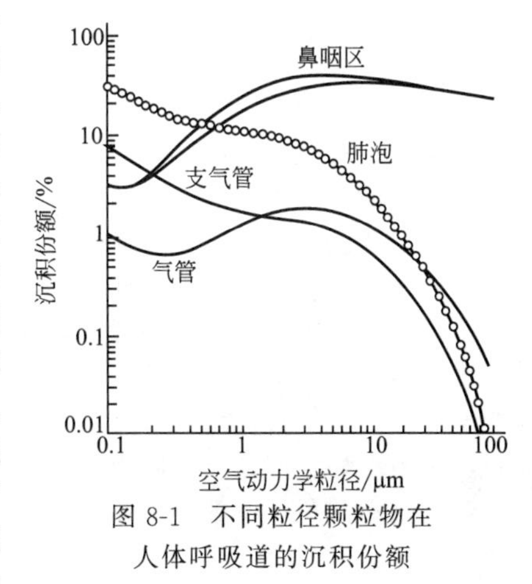

图8-1　不同粒径颗粒物在人体呼吸道的沉积份额

根据成分谱分析研究，一些有毒有害物质更多地集中在可吸入颗粒物内，说明对人体健康的危害更为严重。烟尘对人体有危害的污染物可为三种：非致癌污染物、化学致癌物质、放射性核素。烟尘中各类有害物质的分类及不同粒径的含量见表8-3。

表8-3　烟尘中各类有害物质的监测结果　　单位：mg/kg

类别	名称	<10μm	>10μm	类别	名称	<10μm	>10μm
化学致癌物质	As	660	1.00	放射性核素	^{40}K	1070	1070
	Cd	7.23	7.00		^{210}Pb	4530	4530
	Cr^{+6}	4.73	4.70		^{210}Po	5230	5230
	Ni	7.38	4.50	非致癌污染物	Cr	111	780
放射性核素	^{238}U	576	576		Hg	2.16	9.00
	^{226}Ra	481	481		Pb	1540	5.00
	^{232}Th	523	523		F	679	679

注：该数据摘自《民用型煤环境影响评价公众健康危害评价》（原子能出版社，1999年10月出版）

从表 8-3 可见除了放射性强度不受颗粒物粒径影响外，化学致癌物质更多地集中在粒径$<10\mu m$的烟尘中，对人体更为有害的污染物质。

三、燃煤锅炉产生的其他环境污染

1. 燃煤在储运过程中产生的扬尘污染

根据环境污染的概念，向环境排入有害物质或物理因素的设施或辅助设备都构成相应受体环境的污染源。锅炉运行后除烟气排放外，还会产生噪声、废水、炉渣与除尘器脱除的飞灰。除此之外还会在煤炭及灰渣运输储存时产生扬尘污染。如燃煤锅炉在日常运行时要消耗大量煤炭，锅炉长期运行排出的炉渣、除尘器脱除的灰尘——也称粉煤灰的存放地，不采取有效的苫盖、密封这些地方将形成灰尘无组织排放源。在《大气污染物防治法》中已明令禁止“三堆”；煤堆、灰堆、料堆的储存方式，使用单位必须设立储煤场和煤灰、煤渣储存仓，避免造成扬尘污染。这种污染的途径是扬尘在风力作用下进入周围环境，借助风力扩散到更远的地方，当遇到气候干燥多风季节而加剧。一定时间后扬尘还会沉降到附近地面，随降水的冲洗而转移，当水分蒸发后形成了新的无组织排放源。因此，污染源的面积不断扩大，当进入交通干线时带来道路交通扬尘污染。由于以上的污染都发生在近地面表层上，将对居住环境空气质量产生较大影响，主要表现在空气中总悬浮物 TSP 明显增高，空气质量变坏，城市卫生条件不断恶化，因此这种现象必须杜绝，并需引起社会的高度关注。

2. 锅炉房的噪声污染

锅炉房的噪声源主要有鼓风机、引风机、水泵、除渣机、煤破碎机、降压排汽阀等。此外，运输煤炭、灰渣的铲斗车，升降带、装载机和汽车等也会产生强烈的噪声和振动。很多燃煤小锅炉离居民区太近，锅炉由于选址欠佳，风机性能不良等原因产生的噪声，破坏了周围居民的工作与生活环境，损害人民的身心健康，并常常由此引发纠纷。

锅炉房噪声源多，分贝高，污染严重是引发环境信访的重要原因。鼓风机和引风机是引起振动和噪声的主要设备，这些设备本身性能差，无防噪声设施，年久失修，在运行过程中风叶损坏，动平衡不佳，均会造成振动和噪声强度的提高。按照国家噪声防治规定，风机应安装消音器，并设置隔音房，但很多企业执行不利，有的虽已安装，维护不到位，损坏严重，仍然达不到消音功能。

3. 锅炉房的固体废弃物排放

从烟气中分离捕集下的粉尘，称为“粉煤灰”。无规范存储设备，堆于锅炉房附近，风吹日晒造成二次污染。另外它是一种可浸出性固体废弃物，其中一些有毒元素的盐类化合物、氧化物能够溶于水，特别是在雨季，在雨水的浸润、冲洗下将毒性物质转移到水体。粉煤灰中的盐类化合物在溶解过程中还会产生水解作用，改变水体的氢离子浓度，这将进一步促进有害物质的溶解。粉煤灰还会转移并形成新的无组织排放源。大量金属氧化物和不定型碳成分可作为建筑材料，具有一定的经济价值。因此应科学利用粉煤灰，对其储存应采取防渗漏，防扬尘措施，专设粉煤仓，化废为宝并减少对环境的污染。

煤炭燃烧后排出的灰渣，所含污染物和粉煤灰不尽相同，主要差异在灰渣中的有机成分含碳量（简称 OC）高，而重金属氧化物及其盐类含量高于粉煤灰。为比较粉煤灰与灰渣中所含污染物量的大小，引用污染物富集因子概念。系指原料在生产加工后，原有某污染物含量和生产加工后排出的固体废弃物中某污染物含量之比。显然富集因子越大说明污染物转移到固体废弃物中越多。当固体废弃物在不同部位排放时，若某部位的富集因子数值为 1，说明污染物含量在浓度上没有变化，其污染物必定转移到其他排放物体内。利用此概念可以比较粉煤灰和灰渣中污染物含量的大小。表 8-4 实测统计了某锅炉房排放的粉煤灰和灰渣中富集因子的对比情况。

由表 8-4 可见，粉煤灰中各类污染物含量均大于灰渣中污染物的含量。目前各地多数锅炉采用水冲渣方式排渣，虽可降低灰渣污染物的含量，但对被污染的水必须进行处理，达标后方可排放。冲渣池、储渣池都要采取防渗漏措施。灰渣作为固体废弃物在进行综合应用时，应避免发生二次环境污染。

表 8-4　粉煤灰和灰渣中各种污染物的富集因子比较　　单位：%

污染物		粉煤灰的富集因子	灰渣的富集因子	污染物		粉煤灰的富集因子	灰渣的富集因子
类型	名称			类型	名称		
化学致癌物	As	132	2.15	放射性核素	^{238}U	66	19.7
	Cd	29	1.95		^{226}Ra	43	4.7
	Cr^{+6}	10	1.45		^{232}Th	70	4.5
	Ni	6.8	2.2		^{40}K	117	4.5
非致癌污染物	Cr	11	1.45		^{210}Pb	380	3.03
	Hg	13	2.18		^{210}Po	296	4.37
	S	—	—				
	F	16	0.95				

4. 废水排放造成的水环境污染

(1) 锅炉排污和水处理工艺的废水生成

蒸汽锅炉和热水锅炉均以水作为热载体。为防止锅炉内部受热面发生结垢现象和溶解氧对设备的腐蚀，须对给水进行软化和除氧处理。水处理常用钠离子交换法去除水中钙、镁等离子，但使用一段时间后需进行再生处理，造成该工艺排放废水。蒸汽锅炉由于炉水的不断浓缩，碱与其他盐类浓度升高，必须进行排污。小锅炉进行炉内加药处理，热水锅炉也需要定期排污。此外热水锅炉使用时还需投入阻氧剂、防垢剂和防止误用的染料。锅炉排放的各种污水即为锅炉排放污水。该废水含有悬浮物、化学需氧量、色度、磷酸盐等污染物。

(2) 锅炉冲渣水和湿式脱硫塔的污水排放

大部分链条锅炉常采用水力进行除渣，灰渣冲入灰池后经沉淀由除渣机清除，污水是该过程产生的废水。不经水处理排放，必然造成环境污染。因为含有悬浮物、铅、锌、砷、铜、挥发酚等污染物质，pH 值呈碱性。排污水与冲渣水含有碱性物质，可作为湿法脱硫或浇煤之用，从而既节省碱的消耗又可减少废水排放。

工业锅炉湿式除尘器用的最多是水膜除尘器，主要功能是除尘，也有一定的脱硫效果。为了提高脱硫效率，在水中加入碱性物质，或用锅炉碱性排污水与反渗透浓水，通过水泵形成水膜并进行循环利用。在除尘的同时烟气中二氧化硫被溶液吸收，形成亚硫酸再与水中碱性物质中和反应生成亚硫酸盐、硫酸盐，排入沉淀池，经去除悬浮物与加液池中水吸收液混合后重新进入水膜除尘器。脱硫过程进行时，水中碱性物质不断消耗，硫酸盐和烟气中其他溶于水的物质浓度不断增加，达到近饱和浓度时，需要更新吸收液，原水吸收液作为废水排放掉。该废水有较高的含盐量并含有 COD、A_S、Pb、Hg、挥发酚及多环芳香烃类等污染物，是锅炉房中主要的水污染源，必须经水处理达标后方可排放。

第二节　空气环境污染的控制对策

一、大气污染的防治行动计划

1. 制定“国十条”总体目标

2013 年 9 月被称为“国十条”的《大气污染防治行动计划》（以下称“国十条”）正式颁布。它标志着全国大气污染防治行动将是综合的、协同的、系统的行动。

“国十条”总体目标是经过五年努力，全国空气质量总体改善，重污染天气有较大幅度减少；

京津冀、长三角、珠三角等区域空气质量明显好转。力争再用五年或更长时间，逐步消除重污染天气，全国空气质量明显改善。具体指标是到2017年，全国地级及以上城市可吸入颗粒物浓度比2012年下降10%以上，优良天数逐年提高；京津冀、长三角、珠三角等区域细颗粒物浓度分别下降25%、20%、15%左右，其中北京市细颗粒物年均浓度控制在60μg/m^{3}左右。确定了十项具体措施，一是加大综合治理力度，减少多污染物排放；二是调整优化产业结构，推动产业转型升级；三是加快企业技术改造，提高科技创新能力；四是加快调整能源结构，增加清洁能源供应；五是严格节能环保准入，优化产业空间布局；六是发挥市场机制作用，完善环境经济政策；七是健全法律法规体系，严格依法监督管理；八是建立区域协作机制，统筹区域环境治理；九是建立监测预警应急体系，妥善应对重污染天气；十是明确政府企业和社会的责任，动员全民参与环境保护。

2. 能源结构调整

节约优先是能源发展的永恒主题。把节约优先贯穿于经济社会及能源发展的全过程，不仅在能源的供应和消费方面实现节能提效，还要重视在调整和优化经济结构方面节约能源，是一种系统节能理念，这也是我国在继续坚持技术节能和管理节能的基础上，进一步挖掘节能潜力的重要方向。

我国在2014年发布的《能源发展战略行动计划2014～2020》(以下简称《行动计划》）是中国未来一段时间能源发展的行动方略。《行动计划》立足于我国以煤为主的能源结构，坚持发展非化石能源与化石能源清洁高效利用并举，逐步取消化石燃料补贴，支持可再生和清洁能源，明确提出“一降三升”的能源结构调整路径，应对气候变化挑战。到2020年，非化石能源占一次能源消费比重达到15%，天然气比重达到10%以上，煤炭消费比重控制在62%以内。到2030年，非化石能源占一次能源消费比重提高到20%左右。具体措施主要包括：

① 降低煤炭消费比重　削减京津冀鲁、长三角和珠三角等区域煤炭消费总量，控制工业分散燃煤小锅炉、工业窑炉和煤炭散烧等用煤领域。“到2017年，基本完成重点地区燃煤锅炉、工业窑炉等天然气替代改造任务”。“到2020年，京津冀鲁四省市煤炭消费比2012年净削减1亿吨，长三角和珠三角地区煤炭消费总量负增长”。2013年9月10日，国务院印发了《大气污染防治行动计划》，要求制定煤炭消费总量中长期控制目标。2014年12月29日，国家发改委等六部委联合下发《重点地区煤炭消费减量替代管理暂行办法》，从国家层面以制度的方式，对重点地区煤炭消费减量替代进行“政策奖励”：适当提高能效和环保指标领先机组的利用小时数；燃煤机组排放基本达到燃气轮机组排放限值的，应适当增加其下一年度上网电量。

② 提高天然气消费比重　实施气化城市民生工程，到2020年实现城镇居民基本用上天然气；扩大天然气进口规模；稳步发展天然气交通运输；适度发展天然气发电；加快天然气管网和储气设施建设，到2020年天然气主干管道里程达到12万公里以上。

③ 安全发展核电　适时在东部沿海地区启动新的核电项目建设，研究论证内陆核电建设。到2020年，核电装机容量达到5800万千瓦，在建容量达到3000万千瓦以上。

④ 大力发展可再生能源　积极开发水电，到2020年力争常规水电装机达到3.5亿千瓦左右；大力发展风电，到2020年，风电装机达到2亿千瓦；加快发展太阳能发电，到2020年光伏装机达到1亿千瓦左右；积极发展地热能、生物质能和海洋能，到2020年，地热能利用规模达到5000万吨标准煤。

3. 新能源的开发利用

① 太阳能　太阳能是一种清洁能源，其利用方式是采用太阳能热水器转换热能，各种类型的太阳能热水器在全国各地区均有销售。其缺点是采热能力和应用范围小（主要用于洗浴能源的替代）并受季节和天气限制。另一种太阳能源是光伏技术的发展，它是利用半导体光电特性将太阳能直接转换为电能，伴随锂电池蓄电技术的发展，现已在应用和价格问题得到突破，如在交通照明领域得到应用和推广，太阳能在交通能源中替代技术的应用，都有新的科研技术成果出现。

② 风能、水力、潮汐能的利用　风能、水力、潮汐能也是一种清洁能源用于发电较为成熟，

但在立项时应作充分的气象和生态环境影响的调查论证，可因地制宜地加以利用。

③ 地热资源的开发利用　地热资源的清洁利用有两种，一是开发地下热水资源用于采暖，另一种是近年来开发的低温地热利用技术。即俗称“热泵技术”，是采用卡诺逆循环原理以少量电能作动力，在卡诺机的热端或冷端利用能量进行采暖或制冷。该技术利用了不同季节的环境与浅地层温差，再利用卡诺逆循环效应提高或降低水介质的温度，使其变为可利用的低温能源。在整个循环过程中电能只作为部分能源的补充即可得到可用的地热资源。

④ 生物能源的开发利用　生物质是广泛分布的新型清洁能源，可产生气体燃料如沼气、氢气，也可以产生液体燃料如乙醇、生物柴油等，可作为锅炉燃料用于供热、发电或热电联产，详细情况请参考第六章第六节。

二、清洁燃料的开发应用

1. 燃料的种类和特性

节能减排应用技术可通过改变能源结构和燃料的污染程度，达到从源头降低污染物排放量的目的。目前常用的燃料从洁净角度排序为：天然气、液化石油气、生物质能、煤制气、工艺回收气、轻质燃料油、无烟煤、焦炭、褐煤、低挥发分烟煤等。

天然气分为气田气和油田伴生气两种气源，其主要成分是以甲烷为主的碳氢化合物。油田气甲烷含量很高，可达90%～98%，而气田气的甲烷含量一般为75%～87%，且含有较高的二氧化碳成分。两种天然气都具有很高的发热值，每标准立方米为36600～54400kJ。天然气通过脱硫净化可成为优良的清洁燃料，所产生的烟尘和二氧化硫都非常少，属于自然界最清洁的燃料。由于其发热值高、点火易、污染小等特点，在环境规划中多用于民用燃料，现已成为国家重点控制地区执行锅炉特别排放限值的首选清洁能源。随着国家在国际上和平发展战略的推进，进口气源除通过管道输送之外经液化与压缩天然气将会有较大的发展空间。

液化石油气是以丁烷和丙烷为主要成分的气体燃料，可通过石油精炼或重油催化裂解生产，其发热值高达104700kJ/m^3。它同天然气一样属于清洁燃料，但价格高于天然气，可适用于民用炉灶作燃料，很难用于工业锅炉。煤制气是煤在缺氧条件下经气化所产生的气体燃料，主要成分为一氧化碳与甲烷。因加工方法不同产品的成分也不同，可分为空气煤气、混合煤气、水煤气等。煤制气的发热值较低，在5000kJ/m^3左右，一般生产的各类煤制气都要进行净化处理，所以属于清洁燃料，可用于民用炉灶与工业锅炉窑炉等。

工业回收气指黑色金属与有色金属和石化工业回收的气体，主要有焦炉煤气、高炉煤气、转炉煤气与石化回收气等。焦炉煤气发热值较高达73600kJ/m^3，其余较低。这些气源在冶金、石化等工业内部能源平衡中已发挥重要作用。

煤油、轻质燃料油（柴油）、重油、渣油属于液体燃料，是石油加工产品，其含硫量与石油来源和加工方法有关（小型炼油厂往往不作脱硫处理使油品的含硫量较高），在选择燃料油时应予考虑。在一些大城市，曾以柴油为清洁燃料取代小型燃煤锅炉。但因其价格高，有异味，没有得到普及推广。

重油、渣油含杂质与硫含量高，在一些城市已经列为禁用燃料，其他可以使用的地区应考虑尾端治理等问题，确保锅炉烟气排放达标。

褐煤、低挥发分烟煤、高挥发分烟煤均为天然固体燃料，其含硫量和含灰量因其产地等情况不同而异，均应经过煤炭洗选加工处理，去掉矸石、降低硫分后燃用。目前一些地方和城市选用低硫烟煤（含硫量<0.5%，或煤炭加工产品作为洁净煤产品），洁净煤产品为减排措施取得一定效果，但必须加强市场管理和执法力度，确保供给质量与渠道方可实施。

2. 煤炭深加工技术与洁净煤的开发应用

煤炭是中国的基础能源，发展国民经济必须立足国内，以国外资源作补充。因此，贯彻实施锅炉大气污染物排放标准，必须从源头抓起，应大力发展洁净煤技术，工业锅炉应优先选用洗选煤、动力配煤、工业型煤与水煤浆等洁净煤产品，逐渐让原煤退出市场。发展洁净煤技术，符合科学发展观与可持续发展战略，详见第六章有关论述。

3. 化学脱硫与煤炭液化技术有待开发

目前国内外正在积极研究用化学试剂在一定条件下与煤产生化学反应，使煤中硫转化为可溶物，进而从煤中脱除。依据所用化学试剂的不同与反应原理的区别，原煤脱硫方法可分为碱处理法、氧化法、溶剂萃取法、热解法、微波法等。这些方法将来有一定发展前途，但目前还不能达到商业应用。国内外目前还在加快研究煤炭液化新技术，有溶剂法和氢化法等新技术，已建立了实验工厂，有望在不久的将来投入工业应用。

三、开发高效、节能、低污染排放的燃烧设备

开发高效、节能、低污染排放的燃烧设备是控制锅炉大气污染的有效措施之一。近十几年来，我国淘汰了一批低效、高耗、污染严重的燃煤小锅炉，对链条锅炉进行了普及完善，采用分层布煤与分行垄型布煤新技术，对节能环保起到良好作用。在鼓泡床炉的基础上，开发出循环流化床锅炉，实施中低温燃烧、低氧燃烧技术与分级供风方法，开展炉内脱硫，严格控制钙硫比，提高了脱硫率与脱硝率，并配套开发了布袋除尘器与电除尘器等，达到了国家排放标准要求。详见第五章、第六章。

四、颁布实施新的锅炉大气污染物排放标准

按照国务院大气污染防治十条措施及时上升到依法治国、依法制污战略，国家于2014年颁布了GB13271—2014《锅炉大气污染物排放标准》，同年7月1日实施，（见附录）。该标准系建国以来堪称治污要求最高，减排项目最多，执行力度最严的“三最标准”与先进的国外同类标准比相差无几。

新标准增设了氮氧化物和汞及其化合物的排放限值，规定了大气污染物特别排放限值，提高了各项污染物排放控制要求。在新标准中，排放限值确定采用原则为：一是严格控制燃煤锅炉新增量，加速淘汰燃煤小锅炉，严格燃煤锅炉大气污染物达标排放量，推动清洁能源的使用；二是一般地区向现行的地标排放限值看齐，重点地区实施特别排放限值，采用最先进的技术和措施实现达标排放；三是重点解决颗粒物排放的问题，推广使用先进的布袋除尘和静电除尘技术；兼顾二氧化硫治理，采用高效脱硫技术；四是严格 NO_x 排放标准要求，促进低氮燃烧技术发展；将汞污染物控制逐步纳入排放管理。

第三节　烟气排放与总量控制方法

一、烟气中污染物总量排放核算方法

1. 实际监测法

烟气中污染物排放量，也称为排放强度，常以单位时间排放污染物的千克数量来表示。平均排放强度乘以相应排放时间，即为污染物的排放总量。这是环境科学研究和环境管理的重要指标，该指标可通过实际监测法、物料计算法或排污系数计算法得到。实际监测法可通过监测烟气中污染物的浓度，并同步测量烟气排放量，按下式进行计算：

$$G=Q_{nd}\times C\times t\times 10^{6} \tag{8-1}$$

式中，G 为污染物排放量，kg/t；Q_{nd} 为标准状态条件下干烟气排放量，m^3/h；C 为某种污染物的平均排放浓度，mg/m^3；t 为污染物排放时间，h。

实际监测法有手工监测法和在线连续监测法，前者受到测试时锅炉负荷大小的影响，因此不能代表锅炉运行时段的实际排放量，而在线连续监测可真实统计出锅炉的实际排放量。在线监测数据的质量受在线监测系统的安装、调试、标定、运行管理水平的制约，为此，环保部自2007年相继颁布了《主要污染物总量减排监测办法》（国发〔2007〕36号）；《污染源自动监控管理办法》（环保总局第28号令）；《污染源自动监控设施运行管理办法》（环发〔2008〕6号）以及相

应的技术标准和规范。目前在线连续监测系统已经普遍应用于锅炉污染物排放的实时监测并作为总量审核的依据。

2. 物料平衡法

物料平衡法是依据物质守恒原理计算污染物排放总量的测算方法，如式(8-2) 所示：

$$\sum R_{输入}=\sum R_{输出} \tag{8-2}$$

式中，$\sum R_{输入}$为在一定时间输入系统的某种物质总量，t/a；$\sum R_{输出}$为在对应时间输出该系统的某种物质总量，t/a。

对于燃煤锅炉而言，$\sum R_{输入}$为燃煤总量中灰分含量或硫分含量，而$\sum R_{输出}$则表示总灰渣量与总飞灰量之和。因此锅炉出口烟尘排放总量可按式(8-3) 计算。

$$W_{烟尘}=W\times A^{g}-W_{炉渣} \tag{8-3}$$

式中，W 为年燃煤总量，t/a；A^{g}为煤中含灰量，%（可通过煤质分析得到，上标 g，表示干燥基)；$W_{炉渣}$为年锅炉出口排放的炉渣量，t/a；$W_{烟尘}$为年锅炉出口排放的烟尘总量，t/a。

同理可得到二氧化硫的总量核算公式，见式(8-4)。

$$W_{SO_2}=2\times(W\times S^{y}-W_{炉渣}\times S^{y}_{渣}) \tag{8-4}$$

式中，W_{SO_2}为年锅炉出口二氧化硫排放总量，t/a；2 为硫转化成二氧化硫的折算系数；S^{y}为煤中含硫量，%（可通过煤质分析得到，上标 y，表示应用基)；$S^{y}_{渣}$为炉渣中的含硫量，%(可通过炉渣分析得到，上标 y，表示应用基)。

氮氧化物的产生来源于两个途径，一是煤中有机氮化合物通过燃烧氧化成氮氧化物，二是空气中的氮气在高温下与氧气化合形成的产物，故不能用简单的物料平衡公式进行计算。

3. 经验公式计算法

二氧化硫、烟尘排放量可按式(8-5)、式(8-6) 计算得到。由于受经验公式中的经验常数制约，其计算结果有一定的误差。

$$G=B\times S\times 80\%\times 2 \tag{8-5}$$

式中，G 为 SO_2排放量，kg；B 为燃煤量，kg；S%为煤中的含硫量，%；80%为煤中硫成分中可燃硫所占百分比。

烟尘排放量的经验计算公式：

$$G=\frac{B\times A\times d_{fh}\times\left(1-\frac{\eta}{100}\right)}{1-C_{fh}} \tag{8-6}$$

式中，G 为烟气经除尘器后烟尘排放量，kg；B 为 燃煤量，kg；A 为煤的灰分量，%；d_{fh}为烟气中烟尘量占煤中灰分系数，该值与锅炉的燃烧方式有关，参见表 8-5；η 为除尘器的除尘效率，%。C_{fh}为烟尘中的可燃物含量百分比，%，与煤种、燃烧状况、炉型有关，可见表 8-6。

表 8-5　烟尘（中灰分）占燃料（中）灰分的百分比

炉型	d_{fh}/%	炉型	d_{fh}/%
链条炉	20～30	煤粉炉	75～85
往复推饲炉排	15～20	油炉/天燃气炉	0
抛煤机炉	25～40		

表 8-6　烟尘中的可燃物含量百分比

燃烧方式	C_{fh}范围/%	燃烧方式	C_{fh}范围/%
链条炉排	15～25	煤粉炉	4～8
往复炉排	1～3	燃油(重油)锅炉	15～20
抛煤机	15～20		

注：表 8-5，表 8-6 载自《城市区域大气环境容量总量控制技术指南》，链条路 d_{fh}、C_{fh}来自实际实验汇总，由于以上两表的参数数值受燃烧设备的结构、工况状态、煤种类型影响较大，数值变动较大，要取得更精确的参数需要进行煤的工业分析和热工检测获得。

4. 排污系数法

排污系数法是进行污染物总量核算常用的统计方法。其计算公式如式(8-7) 所示。

$$G_i = B \times K_i \tag{8-7}$$

式中，G_i为某种污染物年排放量，kg；B为锅炉年用煤量，kg；K_i为某种污染物的排放系数，%。(可查阅《污染物申报登记手册》)

污染物排放系数还可通过实际测量得到。对于确定的污染源，某种污染物的排放总量与燃煤量、锅炉燃烧方式F、煤的种类L相关，当F、L不变，污染物排放系数K_i为常数，该常数可通过实际监测确定，按式(8-7) 计算出相应的污染物排放系数。锅炉烟气中某种污染物的排放量可按式(8-7)、式(8-8) 求算。

$$K_i = \text{实际监测排放量(kg)}/\text{监测期间锅炉的燃煤量(kg)} \tag{8-8}$$

监测期间锅炉的燃煤量，可从锅炉进煤计量表查得或采用手工称重方法得到。式(8-8) 不但适用于燃煤锅炉烟气污染物排放总量计算，当燃料类型和锅炉的燃烧方式确定后，也可适用于燃气锅炉、生物质燃料等其他锅炉烟气污染物排放总量的计算，因此，在环境统计领域被广泛使用。

二、环境容量与总量控制

1. 环境容量

环境容量是指在一定的空间环境内能够容纳某种污染物排放总量的环境能力。区域环境容量是指一定区域环境空间能够容纳某种污染物排放总量的环境能力。制定环境容量能力是以保证人体健康和区域生态环境安全的最大污染物排放总量值为依据，而某地区的环境容量是以该区域环境所执行的空气环境质量标准值为目标。当污染物排放总量超过某区域环境容量时，该区域的生态平衡和正常功能将遭到破坏。从这种意义上讲，环境容量是一种特殊的环境资源。某种污染物的环境容量大小与该地区环境本底浓度、外来污染物的输送量、该地区的自然净化能力、污染物布局及气象条件相关联。自然净化能力是通过污染物在环境中的混合、转化、干湿沉降、风力扩散输送的能力大小所决定。环境容量的研究目标是弄清某地域污染物排放总量和区域空气环境质量的相互关系，涉及污染物调查、气象学和地区空气扩散模型、空气环境质量评价等多学科内容。

2. 环境容量的类别

为了达到一定的环境控制目的，人们把空气环境容量划分为三类，即理想环境容量、实际环境容量与区域规划环境容量。

3. 总量控制方法

总量控制是一门科学化、系统化的管理体系。其目的就是将环境容量指标按区域经济发展规划和保证区域环境功能质量相结合，达到可持续发展的目标。总量控制的基本内容包括：测算大气环境容量、编制总量控制目标、制订总量分配方案、实施排污许可证管理制度、规范监测管理方法、启动排污权交易、建立排污结构的调整与总量消减规划。

① A值法　该法是环境容量测算的基本方法。在进行环境容量测算时将控制区分为n个分区，每个控制分区面积为S_i，则各区的理想环境容量可按下式确定。

$$Q_{ai} = \frac{A(C_{si} - C_b)S_i}{\sqrt{S}} \tag{8-9}$$

式中，Q_{ai}为第i控制区大气污染物理想容量，万吨/年；A为该地区的容量系数，该值与气象条件、地表情况相关。(该参数可在《城市大气污染总量控制手册》中查得)；C_{si}为该分区污染物年日均浓度限值，mg/m^3；C_b为该分区污染物背景浓度值，mg/m^3；S为该控制区总面积，km^2；S_i为每个控制分区面积，km^2。

总量控制区污染物总的理想环境容量等于各分区理想环境容量之和。

② 制定总量分配方案　城市按照公平与效率兼顾的基本原则，将区域总量分配到污染源。公平性主要是考虑现有各类污染源均拥有一定的排污权；效率性重点考虑为实现区域社会、经济和环境的协调发展，需要采取的政策和管理措施，鼓励企业不断降低排污量，从而有效减小区域的排放强度。

③ 排污许可证管理　在环境管理体系中，排污许可证是重要的管理手段，是环境管理部门对企业限定污染物排放量的具体控制制度。该制度规定了排污单位申报、变更排污许可证的程序，明确了环境控制污染因子及污染因子排放量指标，是落实总量控制管理的重要措施。

④ 排污权交易　总量分配是政府利用行政手段对污染排放的调控，而排污权的交易是将排污权价值化，从而通过市场机制鼓励企业发展清洁生产，提高污染排放的治理效率。

第四节　锅炉烟气污染物防治技术及其发展趋势

一、除尘技术的种类和性能

除尘技术是防治空气环境颗粒物污染的重要手段，人们对除尘技术的研究持续时间最长，先后取得机械式除尘器、静电除尘器、过滤式除尘器和湿式除尘器的辉煌成果，为各领域的烟气、粉尘的排放减排做出了巨大贡献。

大量的科学研究和应用实践，总结出各类除尘器的特点，为除尘器的合理选型和改造起到科学指导作用。其技术发展路径具有两个特点，一是先进技术和新材料的应用提高了除尘性能和使用寿命，二是技术组合相互弥补发挥了各自优点，提高了整体设备或设备性能。例如，机械式除尘器和袋式除尘器的组合，开发了袋式除尘器在消烟除尘领域的应用，可以大大消减烟尘的排放浓度，并保证了过滤袋的使用寿命。除尘设备和脱硫设备的联合应用，更好地发挥了高效脱硫设备运行的稳定性。依据这种技术路线的开发研究，在治理其他气态污染物工程中也发挥了作用。如吸附剂吸附技术与焚烧降解有机物污染技术的联合应用，解决了吸附剂的脱附问题，开发了RTO挥发性有机物的治理技术；烟气再加热技术和SCR技术的结合；成为冶金行业NO_x排放治理工程的核心技术。

此外设备结构的组合创造了优良的净化设备。如脱硫设备和脱水设备、换热设备的一体化组合，既缩小了设备的占地面积又为脱硫设备提供了良好的工作条件，解决了烟气带水和后续设备的腐蚀问题。组合设备的质量优劣关键问题是选择最佳的单体设备技术，保证各单体设备的性能和质量。因此，了解专项设备的技术性能仍具有重要意义。

1. 除尘器的分类、命名

为了保障污染防治设施的可靠性，规范环保产业市场，促进环保产品的发展，国家环保局于1997年制订出《环境保护产品认定管理暂行方法》，并组织有关专家分期分批制定了有关环保产品认定技术条件。于1998年将已经出台的技术要求汇编成《中国环境保护产品认定技术条件》。在各项产品认定条件中首次规定了相关环境保护产品的技术指标、设计生产工艺技术要求、并在《环境保护设备分类与命名》HJ/T 11中，给出环境保护设备的分类命名原则。

① 类别　环保设备共分为类别、亚类别、组别、型别。按所控制的污染对象分为五种类别，水污染治理设备、空气污染治理设备、固体废弃物处理处置设备、噪声与振动控制设备、放射性与电磁波污染防护设备。

亚类别：按环境保护设备的原理和用途划分亚类别。

组别：按环境保护设备的功能原理划分组别。

型别；按环境保护设备的结构特征和工作方式划分型别。

② 命名原则　环境保护设备的命名应力求科学、准确、合理，并顾及已被公认的习惯名称。

命名方法：环境保护设备的名称应能表示设备的功能和主要特点。它由基本名称和主要特征两部分组成。基本名称表明设备控制污染的功能；主要特征表明设备的用途、结构特点、工作原理。例如有关除尘设备的类别命名如表 8-7。

表 8-7　除尘器的类别与命名

类别	亚类别	组别	型别
空气污染治理设备	除尘设备	湿式除尘装置	喷淋式除尘器
	除尘设备	袋式除尘装置	机械振动式除尘器
	除尘设备	静电除尘装置	板式静电除尘器
	除尘设备	旋风除尘装置	多筒旋风除尘器

2. 除尘器的性能指标

① 总除尘效率　除尘装置的总效率是指单位时间内除尘装置去除颗粒物的性能指标，其量值为颗粒物去除总量与相同时间颗粒物进入总量的百分比。通常以符号 η 表示，计算公式如式(8-10) 所示。

$$\eta=\frac{G_r}{G_c}\times 100\% \tag{8-10}$$

式中，G_r 为单位时间除尘装置去除颗粒物总量，kg/h；G_c 为单位时间进入除尘装置的颗粒物总量，kg/h。

在实际监测中，G_r、G_c 不易测量，因此，常采用除尘器进、出口风量和颗粒物浓度来表示。由于单位时间内进入除尘装置的颗粒物总量等于单位时间内除尘器入口的平均烟气量和入口平均颗粒物浓度的积，单位时间内排出除尘装置的颗粒物总量等于单位时间内除尘器出口的平均烟气量和出口平均颗粒物浓度的积。故总除尘效率还可按式(8-11) 表示。

$$\eta=\frac{C_r Q_{snd1}-C_c Q_{snd2}}{C_r Q_{snd1}}\times 100\% \tag{8-11}$$

式中，C_r 为除尘器入口颗粒物测量浓度，mg/m^3；C_c 为除尘器出口颗粒物测量浓度，mg/m^3；Q_{snd1} 为除尘器入口标准干气体体积，m^3/h；Q_{snd2} 为除尘器出口标准干气体体积，m^3/h。

由于气体通过除尘器后，状态参数要发生变化，所以式(8-11) 中浓度和风量测量值皆要转变为标准干燥状态，即不含水蒸气，摄氏温度为 273℃，压力 101325Pa 时的状态。

当除尘器漏风率为零时，$Q_{snd1}=Q_{snd2}$ 时，式(8-11) 可简化为式(8-12)

$$\eta=(C_r-C_c/C_r)\times 100\% \tag{8-12}$$

烟气量和颗粒物的实际监测方法详见《固定污染源排气中颗粒物测定与气态污染物采样方法》(GB/T 16157)。

② 分级效率　除尘器的分级效率是指在某一粒径（或粒径范围）下的除尘效率。即进入除尘器某一粒径 d_p 或粒径范围 d_p 至 $d_p+\Delta d_p$ 的颗粒，经除尘装置收集的总颗粒物的质量，与该粒径颗粒随气流进入装置时的总质量百分比，用 η_d 表示。分级效率指标在筛选除尘器时具有重要意义。在选择除尘器时，一般采用除尘器的中位分级效率（$\eta_d=50\%$），即分级效率为 50%对应的颗粒直径。D_{50} 是衡量除尘器对微小粒径颗粒物去除能力的定性指标。为使所选用的除尘器能够有效去除废气中的颗粒物，应该选择除尘器的中位粒径 D_{50} 小于废气中的颗粒物的中位粒径，这样才能发挥除尘器的净化作用。

③ 除尘器的阻力　除尘器的阻力是指气流通过除尘器时的全压降。其量值用压力单位 Pa 表示，阻力大小可按照式(8-13) 计算。

$$P_{阻}=P_{进}-P_{出} \tag{8-13}$$

有关除尘器进出口全压的监测方法，参阅《固定污染源排气中颗粒物测定与气态污染物采样方法》(GB/T 16157)。

④ 处理烟气量　各类除尘器系列产品说明书中都有处理风量的标注，该值是除尘器设计处理风量。除尘器在运行时的各项参数，只能在设计烟气量下实现。当实际烟气量偏离设计烟气量时，其性能指标将产生变化甚至影响除尘器的正常工作。

⑤ 烟气含湿量　对湿式除尘器烟气出口含湿量要符合 HJ 462—2009 的要求，见表 8-8。由于烟气经过湿式除尘器后水蒸气含量将明显增加，有时可能出现饱和状态，当烟气进入烟道后会继续降温，当烟温下降到饱和温度以下时，就会发生冷凝现象。析出的凝结水可黏附在引风机和烟囱内壁上，因吸收烟气中二氧化硫等酸性气体而腐蚀烟道。该项指标的设定主要是为了保护除尘器后续设备免遭腐蚀。烟气含湿量用符号 X_{sw}表示，系指排气中的水蒸气体积占总体积的百分数。湿式除尘器的气水接触越充分上述现象越强烈，所以湿式除尘器处理后的烟气应经加热或有效脱水才能进入烟道。GGH 技术是利用烟气余热对脱硫系统排放烟气加温方式，其优点是既能降低脱硫净化器的入口烟温又提高了排烟温度，达到提高脱硫效率和防止后续设备的腐蚀。

表 8-8　除尘器环保性能指标

除尘器名称	循环水利用率/%	脱硫效率/%	除尘效率/%或出口浓度	折算阻力/Pa	液气比/(L/m³)	漏风率/%	烟气含湿量/%
1	—	—	>94%(热态)	<1200(热态)	—	<5	—
2	—	—	达到相应烟尘粉尘排放标准	<300	—	<5	—
3	—	—	>99.5mg/m³	≤1500	—	—	—
4	—	—	>99.5mg/m³	—	—	—	—
5Ⅰ类	≥85	>30	>95%	<1400	<2	<5	≤8
5Ⅱ类	≥85	>60	≥95%	<1400	<1	<5	≤8

注：1. 工业锅炉多管旋风除尘器 (HJ/T 286—2006)；

2. 卧式电除尘器 (HJ/T 322—2006)；

3. 回旋反吹袋式除尘器认定条件 (HJ/T 329—2006)，漏风率：1、2≤3%，3、4 圈≤4%；

4. 见脉冲喷吹类袋式除尘器认定技术条件 (HJ/T 328—2006)，漏风率同回旋反吹，阻力要求：逆喷、环隙<1.2kPa，对喷气箱、长袋<1.5kPa，顺喷<1.4kPa；

5. 湿式烟气脱硫除尘装置认定技术条件 (HJ/T 288—2006)，Ⅰ类是指利用锅炉自身产生的碱性物质作为脱硫剂，即采用灰水循环利用；Ⅱ类是指通过添加化学物质 (碱性物质) 作为脱硫剂的湿式除尘器。

⑥ 液气比　液气比系指湿式除尘器每处理 1m³ 烟气时所需用的循环水量。单位为 L/m³，该指标主要表征除尘器运行时对资源和能源的消耗。

⑦ 脱硫效率　湿式除尘器在除尘的同时兼有脱硫作用，因此，可起到烟气预脱硫的作用。衡量湿式除尘器是否兼有脱硫作用，其脱硫效率应达到表 8-8 要求。湿式除尘器的脱硫效率系指该净化设施入口进入的二氧化硫质量和脱硫器出口排放的二氧化硫质量差与进口二氧化硫质量的百分比。其计算方法类似除尘效率。按 GB 13271—2014 要求，尤其在执行特别污染物排放标准或本地区严格的地方标准时，湿式除尘器的脱硫性能已不能达到标准要求，在进行烟气脱硫治理工程设计时必须采用高效脱硫净化器。

⑧ 除尘器性能指标　本书所列的湿式除尘器环保指标，摘自《中国环境保护产品认定技术条件》。表 8-8 分别列出各类除尘器的环保性能指标要求

二、除尘器选用原则

1. 排放稳定达标的原则

项目建设应符合当地政府的环境保护政策，且保证净化工程实现对烟尘、二氧化硫、氮氧化

物的总量消减指标要求，各项污染物排放浓度能够稳定达标。

2. “锅炉排放标准”的适用区域和控制要求

按《锅炉大气污染物排放标准》GB 13271—2014 中第 4 条款“大气污染物排放控制要求”确定锅炉所在地的执行时间。锅炉所在地已制定出更严格的“锅炉地方标准”应执行本地区“地方标准”。属于环境保护部（2013 年第 14 号）“执行大气污染物特别限值的公告”规定的 47 个重点地区，按国务院环境保护主管部门或省级人民政府规定的“执行时间”执行 GB 13271—2014 中“大气污染物特别排放限值”。

3. 符合环保产品的行业标准和管理要求

锅炉烟气净化工程设施（除尘器、其他烟气净化器）的选用分为工程设计选型（简称 A 类）和产品供应商（简称 B类）。A 类设计制造单位应具备从事相应项目设计制造资质，并持有相应项目的“中国环境保保产品设计制造认证证书”。B 类产品供应商提供的产品应持有“中国环境保护产品认证证书”。

锅炉烟气净化设备的加工制造，检验、验收、外观、标示（铭牌）应符合相应的 HJ/T 286—2006《环境保护产品技术要求工业多管旋风除尘器》、HJ/T 328—2006《环境保护产品技术要求脉冲喷吹袋式除尘器》、HJ 462—2009《工业锅炉及炉窑湿法烟气脱硫工程技术规范》、HJ/T 322—2006《环境保护产品技术要求电除尘器》、HJ 562—2010《火电厂烟气脱硝工程技术规范选择性催化还原法》的标准。随着时间的推移将有新的行业标准颁布，应及时查询。

4. 新产品新技术的应用原则

选择的除尘设备及其净化设备应适合锅炉排气系统运行变化的需求。随着工业现代化的发展和环境保护要求日趋严格，集中供热是工业锅炉的发展趋势，烟气治理工程将会走向自动化、现代化、大型化、新产品涌现层出不穷，除尘净化设备在风量适用范围、净化效率、设备防腐性能等各项指标，已冲破原有类型产品的制约。如多管除尘器能适应大吨位锅炉除尘需求，袋式除尘器打破不能用于烟气除尘的禁区，脱硫塔无论在烟气适用量还是脱硫效率方面都得到大幅度提高。因此，在工程设计产品选型时要依据上述内容制造或选择产品。

5. 依法治污的原则

随着烟气净化设备的发展，需要设计制造单位具备相应的资质能力。根据 2015 年公布执行的“环境保护法”要求相应的项目负责人要承担直接或连带的法律责任，承担大型项目负责人一定严格按照环境保护法履行各项任务，防止不法皮包商给项目工程带来重大损失。表 8-8 是环境保护产品的性能指标要求，供工程初步设计及设备选型参考。

三、工业锅炉烟气净化技术的发展方向

2015 年 1 月 1 日颁布新的《中华人民共和国环境保护法》为进一步保护环境和改善生态环境、推进生态文明建设提供了有力的法律保障。环保法第四十六条“ 国家对严重污染环境的工艺、设备和产品实施淘汰制度，任何单位和个人不得生产、销售或转移、使用严重污染环境的工艺、设备和产品”。使落后工艺的生产、劣质加工设备、不达标的环境治理技术的淘汰走向法治化轨道。环保法在第四十四条明确提出“企业事业单位在执行国家和地方污染物排放标准的同时，应当遵守分解落实到本单位的重点污染物排放总量控制指标”因此，锅炉污染物的排放除了考虑标准浓度应达到国家或当地排放限值以外，还要考虑污染物的排放量达到本地区的总量控制分解指标。

根据环境保护部公告 2013 年第 14 号文《关于执行大气污染物特别排放限值的公告》要求全国 47 个重点城市和地区的燃煤锅炉要执行《锅炉大气污染物排放标准》GB 13271—2014 中大气污染物特别限制，与本标准中新建锅炉大气污染物排放标准相比，烟尘、二氧化硫、氮氧化物排放浓度分别提高了 1.67、1.5、1.5 倍，同时提出汞化合物小于 0.05mg/m^{3}的限定指标，为燃煤锅炉烟气净化技术的升级提出更高要求。

来自中国科学院大气研究所、南开大学经源解析研究成果表明，造成大气严重污染的雾霾成

因中，燃煤造成的份额可达到百分之十几至二十，燃煤仍然是大气污染的主要因素。经源解析科学研究指出，细粒子的来源分为污染源直接排放和二次粒子的生成，前者主要来自交通尾气排放，道路二次扬尘和工业粉尘污染源及锅炉烟气的排放；后者主要来自于空气中 SO_2、NO_x、烃类化合物和空气中有机化合物的气态化学反应形成。其中硫酸盐、硝酸盐成分占据较大份额，而硫酸盐成分更多的来源于燃煤烟气。随着用煤量的不断增大，烟尘中 PM_{10}、$PM_{2.5}$ 的细粒子排放污染更为严重。根据工业污染物产生和排放系数手册中锅炉污染物的产生如式(8-15)，排放量计算式如式(8-14)：

$$G'_{烟尘}=G_{烟尘}\times w(1-\eta) \tag{8-14}$$

式中，$G'_{烟尘}$ 为烟尘排放量，kg/h；$G_{烟尘}$ 为烟尘产生系数，kg/t（煤）；w 为单位时间燃量，t/h；η 为除尘器的除尘效率，%。

锅炉烟尘产生系数 $G_{烟尘}$：

$$G_{烟尘}=1000A^{y}\times d_{fh}\times\frac{1}{(1-C_{fh})\times K} \tag{8-15}$$

A^y 为煤中应用基含灰量，%；d_{fh} 为烟气中烟尘量占煤中灰分系数中的含量（见表 8-5），%；C_{fh} 为烟尘中可燃物含量，%，(见表 8-6)；K 为锅炉出力影响系数，%。

式(8-14)、式(8-15) 说明烟尘产生量与锅炉燃烧方式直接有关，一般大型锅炉燃烧效率高，燃煤与空气良好混合，控制先进，燃烧效率高，C_{fh} 较小。煤种灰分含量小 d_{fh} 较小，所以采用优质低硫洁净煤技术是从源头抓起降低污染排放的最佳技术路线。目前一些重点城市提出“工业和民用煤质量”标准：一类地区应用煤的含硫量≤0.40%，灰分≤11.5%。对减少烟尘降低污染物排放具有较好效果。

另一方面锅炉使用的燃煤量越多，$G_{烟尘}$ 产生量越多，当锅炉燃烧方式和煤种固定，烟尘中颗粒物的粒径分散度固定，细粒子排放量与烟尘产生量成正比。表 8-9 说明多管除尘器对不同粒径的颗粒物去除效果，当颗粒物直径下降到 10μm 时，多管除尘效率急剧下降，当颗粒物直径在0～5μm 范围时，除尘效率几乎下降了 50%。随着用煤量的增加，要保证细粒子排放量的有效去除，提高烟尘净化器对细粒子的净化效率是烟尘治理的发展方向。如在多管除尘器后增加袋式除尘器，不但可以降低烟尘排放总量，而且增加了烟尘中细粒子（<10μm）的去除效果。

表 8-9　多管立式旋风除尘器对不同粒径颗粒的除尘效率

粒径/μm	原尘区域/%	收尘区域/%	分级效率/%	全效率/%	粒径/μm	原尘区域/%	收尘区域/%	分级效率/%	全效率/%
0～5	9.44	4.52	47.88		40～50	8.68	8.65	99.65	
5～10	9.23	8.09	87.65		50～60	6.9	6.88	99.71	
10～20	16.34	15.7	96.08		60～70	5.47	5.46	99.84	
20～30	13.42	13.28	98.96		>70	19.67	19.66	99.93	
30～40	10.85	10.8	99.54		合计	100	100		93.04

随着滤袋材质和制作工艺进步，袋式除尘器对细粒子去除作用大大增强，可用于净化粒径大于 0.1μm 的含尘粒子《环保设备设计手册》化学工业出版社 2004，161。该设备可以设计成各种形状，以适应安装在不同空间的需求，特别适用于工业锅炉的烟尘深化治理。

除雾性能是湿法脱硫的重要指标。《工业锅炉及窑炉湿法烟气脱硫工程技术规范》(HJ 462—2009) 5.3.3 条规定，除雾指标<75mg/m³。烟气中的雾滴会腐蚀脱硫器的后续设备，因为这些雾滴溶有多种硫酸盐、硝酸盐成分，尤其细小的雾滴在环境中更容易蒸发形成含有硫酸盐、硝酸盐的固体颗粒，形成一种新的污染源。湿式脱硫设备的除雾器就是杜绝这种污染的必装设备。烟

气换热装置简称为GGH，无论对环境空气还是对风机、烟道、烟囱设备都起到保护作用。如果不安装GGH设备，虽然采用了高新技术防止了烟气冷凝带来的烟囱内壁腐蚀，但是低温排放的烟气失去了烟气抬升高度的自净能力，当出现严重逆温层的气象条件时，烟气扩散条件会受到影响，甚至会形成烟气下洗气流（烟气下沉），给附近地区造成严重的空气质量污染。所以，在进行烟气净化系统设计时GGH的作用是不可忽略的。

四、开展锅炉烟气污染物的深化治理技术

1. 锅炉烟气治理技术的提升

锅炉烟气污染物的深化治理技术是利用现代成熟的废气治理技术于烟气治理技术的深化改造，是烟气治理成功技术的汇总，借此达到节能减排深化治理的目标。实践证明，自激水浴除尘脱硫设备、水膜除尘脱硫设备、简易的除尘脱硫一体化设备，其除尘脱硫指标不能达到锅炉大气污染物排放标准的要求，不能应用于烟气深化治理工程。这些设备由于缺少除雾、烟气加热、循环系统的自动控制、没有脱氮能力等缺点造成除尘脱硫设备运行不稳定，有些还存在二次污染因素。例如，钠碱法产生的亚硫酸钠的排放、惯性除尘器不能脱除细颗粒且除尘效率较低、湿法脱硫的带水污染问题、低温烟气的脱硝问题等，在一定程度上制约了烟气治理工程的升级效果。相反布袋制造技术的利用、烟气脱水和再加热技术的采用、低温烟气再加热与SCR或SNCR技术的联合应用，都可提升现今烟气治理技术，使之再上一个台阶。

2. 工业锅炉脱氮技术的深化探讨

图8-2烟气再循环燃烧系统是通过降低氧气浓度和火焰温度的方法，抑制炉膛内产生NO_x的生成条件，其工艺流程如图8-3所示。将部分低温烟气直接送入炉内，或与空气（一次或二次）混合，因烟气的吸热和对氧浓度的稀释作用，会降低燃烧速率和炉膛温度，因而使热力型氧化氮减少。烟气再循环法特别适用于燃用含氮量低的燃料，对于燃气锅炉的NO_x降低最显著，可减少20%～70%的NO_x生成量，但对燃油、燃煤锅炉的效果差些。

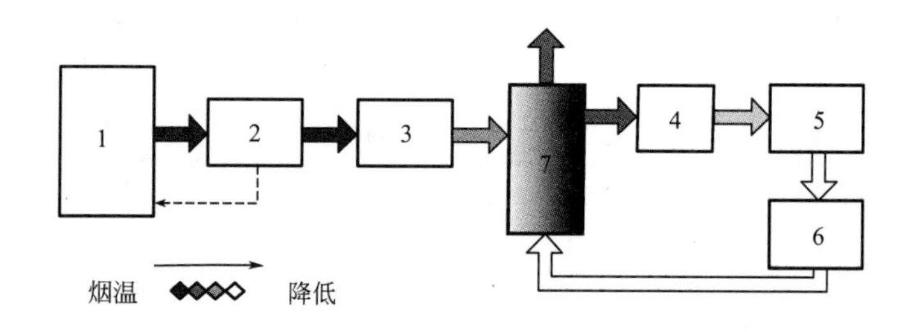

图8-2　烟气再循环净化系统示意图

1—锅炉；2—烟气再循环燃烧系统；3—多管旋风除尘器；4—布袋除尘器；5—脱硫器；6—除雾器；7—烟气再加热器

（箭头表示烟气流向）

燃用着火困难的煤种，由于受到炉温降低和燃烧稳定性降低的影响，则不宜采用烟气再循环技术。对燃煤锅炉低NO_x燃烧方面，还有空气分级燃烧技术、低氧燃烧技术、分层布煤与分行垄型布煤等，详见有关章节论述。上述技术都可起到一定的脱氮作用，但要达到新标准要求，还必须深化提升。

一种新的锅炉烟气脱氮技术是对烟气进行增温，增温后的烟气通过选择性催化还原脱硝技术（selective catalytic reduction，缩写为SCR）；选择性非催化还原技术，缩写为SNCR，两者相比，前者还原剂为氨，需要催化剂在290～350℃下将NO_x还原；后者烟气中NO_x在大约950℃条件下与尿素和烟气中氧直接发生还原反应。这种反应特点是不需要催化剂，但需要在950℃温度下停留一定时间才能达到预期效果。一般在用锅炉难于找到适合SNCR的空间，当采用烟气再加

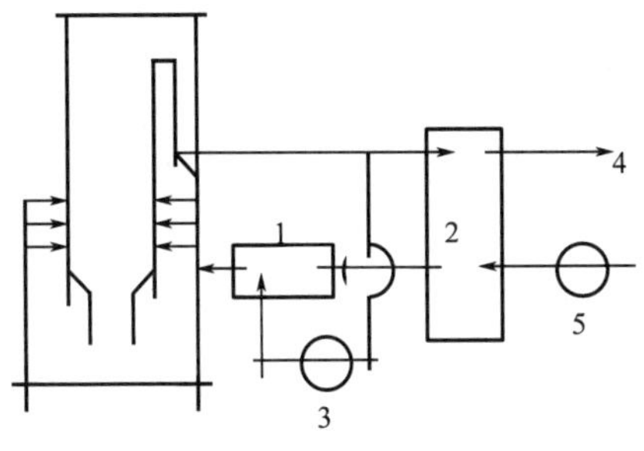

图 8-3　锅炉烟气再循环系统示意图

1—空气烟气混合器；2—空气预热器；3—再循环风机；4—去引风机；5—鼓风机

热技术后，设计一个适合 SNCR 反应室，使还原反应充分进行。因此，这种技术具有科学性，可行性，系统工艺见图 8-4 所示。

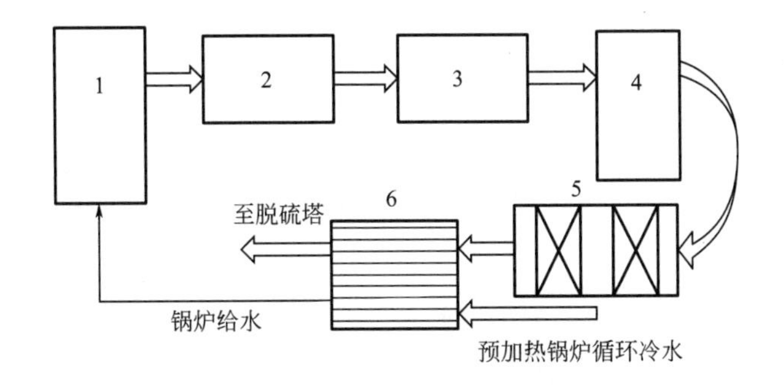

图 8-4　除尘脱硝系统示意图

1—锅炉；2—多管除尘器；3—袋式除尘器；4—烟气加热炉；5—SNCR 催化剂反应室；6—换热器

（颜色表示烟温高低变化的趋势）

图 8-4 是适用于中、大型工业锅炉的除尘脱硝的治理工艺。当受使用煤种制约或炉型结构限制，不能采用烟气再循环脱氮技术时可以考虑烟气再加热后采用 SNCR 法脱氮。其优点是技术成熟、运行稳定、可以使用污染较小的尿素完成 NO_x 的还原反应，相比之下 SCR 需要 NH_3 作还原剂；而 NH_3 是国家确认的恶臭物质并具有可燃性，在工程建设中使用原料 NH_3 相对增加了防污染和生产安全性的难度。

触媒反应室也可选择 SCR 催化还原技术，但需要一定的环境条件，如厂区距敏感区应具有一定的安全防护距离，工程项目应通过环评、安评论证，比较适合在规划的工业园区建立。烟气再加热 SCR 脱氮技术，在冶金行业治理废气中 NO_x，已有成功的先例。由于该技术烟气加热温度较低（290～350℃），更具备节能的有利条件。图 8-4 中烟气加热炉可采用燃气锅炉也可采用燃煤锅炉，当采用燃煤锅炉时其排放烟气可并入锅炉主烟道多管除尘器前，要求烟气加热炉自身烟气和被加热烟气不混合。采用上述烟气再加热工艺 SCR、SNCR 可以在工业锅炉推广应用，并作为烟气治理的深化技术。

第五节　工业锅炉烟尘、二氧化硫、氮氧化物治理技术

一、多管旋风除尘器原理与结构

1. 多管除尘器的应用

随着环境保护的深入开展，一些大、中型城市分散的燃煤小型锅炉被大功率锅炉取代，实行联网集中供热。由于大功率锅炉具有较高的热效率，便于烟气净化处理，起到一定的节能减排作

用。并网集中供热常采用28～56MW锅炉，有的甚至采用70MW以上的锅炉。锅炉功率的不断提高，环保要求日益严格使以往沿用的除尘效率低，结构简单的除尘器难以胜任而退出市场，但处理风量大的多管除尘器得到较快应用。多管旋风除尘器是由若干个尺寸相同的小型旋风除尘器（又称旋风子）组成在一个壳体内并联使用的除尘设备。由于多管除尘器的旋风子直径小，除尘效率高，能够捕集更小颗粒（10μm）的烟尘，与静电除尘器相比具有节能、占地面积小等优点，除尘效率可达95%以上，除尘器本体压力损失在1000Pa左右，负荷适应性好，在70%负荷时，除尘效率仍在94%以上。表8-10列举出一种多管除尘器的技术参数。

表8-10　XD-Ⅱ型多管除尘器技术参数

型号	XD-Ⅱ-0.5	XD-Ⅱ-1	XD-Ⅱ-2	XD-Ⅱ-4	XD-Ⅱ-6	XD-Ⅱ-10	XD-Ⅱ-20	XD-Ⅱ-35
配用锅炉吨位	0.5	1	2	4	6	10	20	35
处理烟气量/(m^3/h)	1500	3000	6000	12000	18000	30000	60000	105000
除尘效率/%	>95							
气体阻力/Pa	<900							
分割粒径/μm	3.05							
质量/kg	310	570	960	1900	2910	6100	11750	20300

2. 多管除尘器的结构

图8-5为常见的立式多管除尘器的结构示意图。含尘气体由进气管进入气流分布室，使进入各旋风子气流分配均匀、阻力相等，在分配室内气流沿轴向进入各旋风子或导流片。导流片使气体产生旋转，颗粒物被分离出来，被分离的颗粒物经排灰口进入灰斗。净化后的气体进入排气室从排出口排出。常用的导流片有螺旋形和花瓣形（图8-6）等多种形式。螺旋形导流片阻力较低，不易堵塞，除尘效率较花瓣形导流片低。花瓣形导流片虽有较高除尘效率，但易堵塞。导流片出口倾角通常采用20°、25°、30°三种。倾角小有利于提高除尘效率，但压力损失较大。高温高压系统用的旋风子导流片出口倾角为20°，常压系统一般为25°或30°。多管旋风除尘器的旋风子一般有ϕ100mm、ϕ150mm、ϕ200mm、ϕ250mm、ϕ300mm等规格。虽然单个旋风子的除尘效率随其直径的减少而提高。但若直径过小会使制造时几何尺寸难以保证，且使用小直径的旋风子会相应增加旋风子的数量，使气体不易均匀并产生堵塞现象，还会增加旋风子之间气体经过灰斗的溢流，所以，一般旋风子直径采用ϕ250mm。

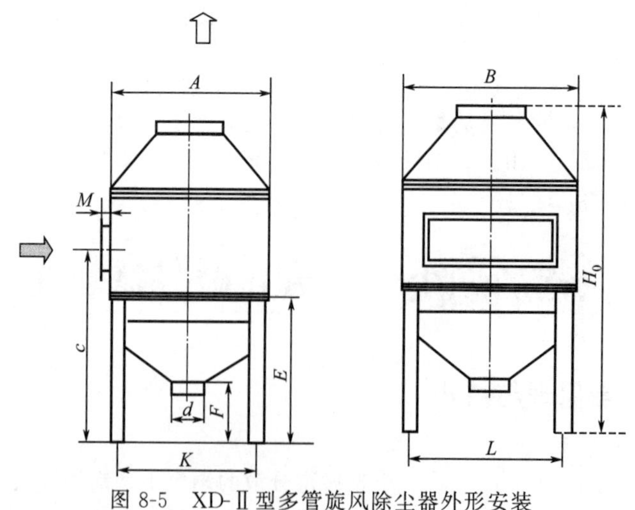

图8-5　XD-Ⅱ型多管旋风除尘器外形安装

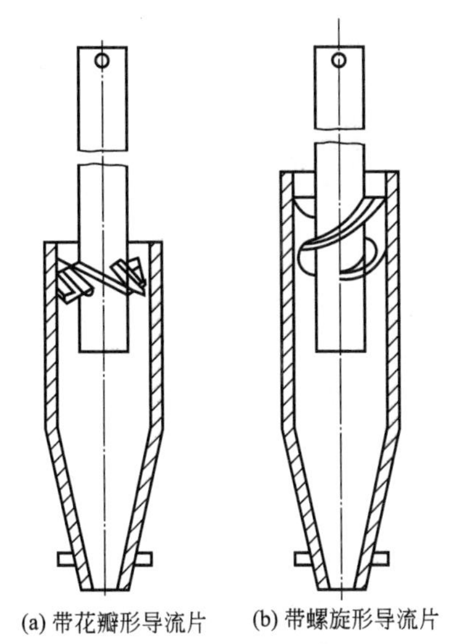

图 8-6　旋风子导流片

多管除尘器内通常并联几十个乃至上百个旋风子，使气体均匀分布是保证其除尘效率的关键。因此必须合理设计气流分布室和净化室，尽可能使通过各旋风子的阻力相等。为了避免气流由一个旋风子窜到另一个旋风子中，可每隔数列在灰斗中设置隔板，或单设灰斗。旋风子的材质可采用钢、铸铁、陶瓷等。旋风子的气体处理能力按下式计算：

$$V_0=3600\,\frac{\pi}{4}D^2U \tag{8-16}$$

式中，V_0为单个旋风子的处理风量，m^3/h；D 为旋风子直径，m；U 为旋风子截面气速，m/s。则多管除尘器的总处理风量 $V=nv$。

旋风子的除尘效率　可按下式计算：

$$\eta=1-\frac{1}{1+\frac{d_m}{d_{50}}} \tag{8-17}$$

式中，d_m为烟尘的中位直径，μm；d_{50}为分离效率为50%的粒径，μm。

经组合的多管旋风除尘器，由于旋风子属于工业上批量生产的产品，其压力损失的一致性是旋风子的重要指标。当旋风子的压力损失不一致时气流分配将窜入压力损失小的旋风子，使旋风子的入口风速偏离最佳工作流速。在出现这种情况时多管旋风除尘器的除尘效率将明显下降，因此旋风子的选择是大型多管旋风除尘器的重要的技术指标。

旋风子的进口速度有一定的适应范围，大型多管除尘器旋风子数量多，风量均衡是除尘器的技术关键，为此，按离心式旋流除尘器引入了二次风导流装置的旋风子，使进入旋风子的含尘气体受到二次气流的作用，加强了气流的旋转速度，不但提高了分离尘粒的离心力，而且对入口气流速度的扰动具有一定的抗击能力。离心式旋流除尘的结构和工作原理见图 8-7，图 8-7(a) 是喷嘴式旋流除尘器，含尘气体从除尘器下部进入，经叶片导流产生向上移动的旋流。与此同时，向上运动的含尘气体的旋流还受到切向布置下斜喷嘴喷出的二次气流提前旋流的作用。由于二次气流的旋转方向与含尘气流旋转方向相反，因此，二次气流不仅可以增大含尘气流的旋转速度，增强对尘粒子的分离作用，还会起到对分离的尘粒向下裹携作用，从而使尘粒能迅速地经尘粒导流板进入存灰器中。裹携尘粒后的二次风，在除尘器的下部反转向上，混入净化后的烟气中，并从除尘器顶部排出。在喷嘴式旋流除尘器上，装设喷射二次风的喷嘴应不少于四排，喷嘴向下的角度大约 30°。除尘器下部的叶片导流器，叶片的倾角为 30°～40°，导流器的直径约为除尘器直径的 0.8～0.9 倍。图 8-7(b) 是具有导流叶片的旋流除尘器。其特点是二次风不是由喷嘴喷入，而是采用叶片导流器导入。导流器的叶片为倾斜的，使进入的二次气流同样形成喷嘴喷入时所形成的那种旋流。

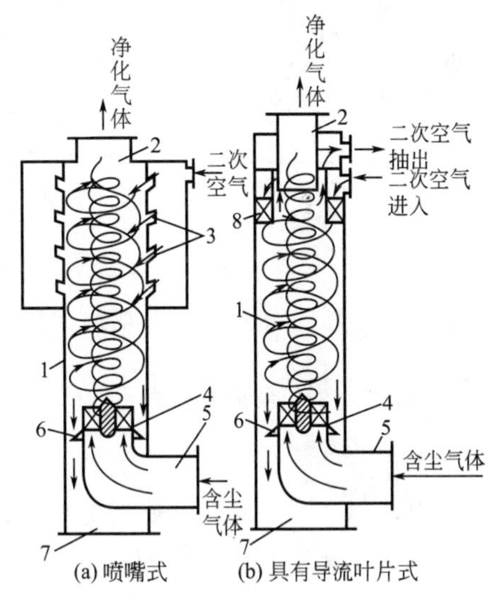

图 8-7　离心式旋流除尘器工作原理结构图

1—除尘器的外壳；2—排气管；3—二次气体喷嘴；4—含尘气体进口“花瓣”形叶片导流器；5—含尘气体进入管；6—尘粒导流板；7—存灰器；8—环形叶片导流器

3. 旋流除尘器的性能

目前，旋流除尘器处理风量有 330～30000m^3/h 的定型产品，除尘效率 99%。旋流除尘器的效率随除尘器的直径增大而下降。将这种旋流除尘器小型化，如制成 Φ200mm 的旋风子组成大型多管旋风除尘器，可克服旋风子压降不平衡时产生的除尘效率下降的难题。具体安装调试时可通过调整二次气流的流量使各组旋风子处于最佳工作状态。这将成为大型多管旋风除尘器的发展的趋势。

二、袋式除尘器

1. 袋式除尘器的应用概况

袋式除尘器是使含尘气体通过过滤材料将烟（粉）尘分离捕集的装置，属于高效干式除尘装置。与多管除尘器相比除尘效率高，特别对微细粉尘也有较高的去除效率。袋式除尘器其表面过滤材料是采用织物如纤维布料、非纺织毛毡或滤纸等较薄的滤料，将最初黏附在表面的粉尘层作为滤层，将含尘气体中烟（粉）尘粒子去除。近年来随着滤袋形状，滤布耐温度、耐腐蚀和清灰技术等方面的不断改进，在锅炉烟气净化方面得到广泛应用。

为了遏止我国重点地区霾污染，国家在 2014 年颁布了新的锅炉大气污染物排放标准，对空气污染严重的 47 个城市和地区提出执行特别排放标准，其中烟尘排放限值为 30mg/m^3。达到该标准要求，除了采用天然气等清洁燃料外，中、小型燃煤锅炉普遍采用了净化效率高的袋式除尘器。

2. 袋式除尘器的结构和工作原理

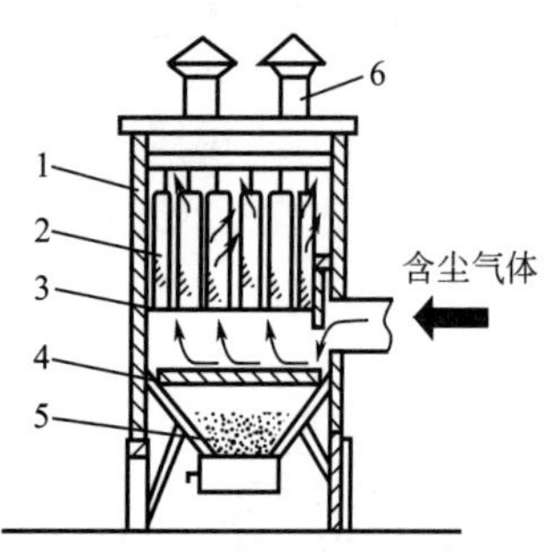

图 8-8　袋式除尘器示意图
1—外壳；2—滤袋；3—花板；4—拉筋；5—灰斗；6—排气口

图 8-8 是袋式除尘器的结构示意图，系由外壳、滤袋、花板、拉筋、灰斗、排气口组成。其中花板主要起到支撑过滤袋的作用，尺寸形状与使用的滤袋相同，滤袋用卡圈固定在花板外面。含尘气体从下部进入除尘器，通过并列安装的布袋，烟尘被截留捕集于滤料上，透过滤料的清洁气体从排气口排出。随着烟尘在滤料上的集聚，含尘气体通过滤袋阻力会逐渐增加。当阻力达到一定数值时，必须及时清洗，否则造成滤袋阻力过大，烟气流动产生堵塞现象。袋式除尘器的性能主要涉及过滤风速、除尘效率和过滤阻力。过滤风速系指通过滤料的平均风速，是选择除尘器的重要指标之一。可用式(8-18) 表示：

$$v=\frac{Q}{A} \tag{8-18}$$

式中，v 为过滤风速（表观过滤风速），m/s；Q 为除尘器处理风量，m^3/s；A 为过滤面积，m^2。

一般认为，气体通过过滤层的真实速度 v_p 如式(8-19)：

$$v_p=\frac{\nu}{\varepsilon_p} \tag{8-19}$$

式中，v_p 为气体通过过滤层的真实速度，m/s；ε_p 为粉尘层的平均空隙率，一般为 0.8～0.95。袋式除尘器除尘效率见式(8-20) 与式(8-21)：

$$\eta=\frac{G_c}{G_i}\times 100\%\text{(处理系统不漏风)} \tag{8-20}$$

$$\eta=\left(1-\frac{G_0}{G_i}\right)\text{(当出入除尘器烟气量不等时)} \tag{8-21}$$

式中，η 为除尘效率，%；G_c 为被捕集的粉尘量，kg；G_i 为进入除尘器的粉尘量，kg；G_0 为排出除尘器的粉尘量，kg。

袋式除尘器的总阻力由结构阻力、清洁滤料阻力和滤料上积附的粉尘层阻力三部分构成，如式(8-22)：

$$\Delta p = \Delta p_c + \Delta p_f + \Delta p_d \quad (8\text{-}22)$$

式中，Δp 为袋式除尘器总阻力，Pa；Δp_c 为除尘器的结构阻力，Pa；Δp_f 为清洁滤料阻力，Pa；Δp_d 为粉尘层阻力，Pa。

除尘器的结构阻力 Δp_C 是指设备进、出口及内部气路、内挡板等造成的流动阻力。通常 $\Delta P_C = 200 \sim 500$Pa。$\Delta p_f$ 一般很小，当气流在滤料中的流动状态属于层流时，清洁滤料的阻力如下：

$$\Delta p_f = \zeta_f \mu v \quad (8\text{-}23)$$

式中，μ 为气流的黏度，Pa·s；v 为过滤风速，m/s。清洁滤料阻力小意味着空隙大，粉尘易穿过，一般都选型由 ζ_f 决定。ζ_f 是滤料阻力系数，1/m。

表 8-11 是不同材质和不同织法清洁滤料的阻力系数。一般长纤维滤料阻力高于短纤维，不起绒滤料阻力高于起绒滤料，纺织滤料阻力高于毡类滤料。

Δp_d 与积灰厚度和尘的特性相关，计算式如式(8-24)：

$$\Delta p_d = \zeta_d \mu v = a m v (\text{Pa}) \quad (8\text{-}24)$$

式中，ζ_d 为堆积粉尘的阻力系数，1/m；a 为堆积粉尘的比阻力，m/kg；该值不是常数而取决于粉尘的性质（如堆积负荷、粉尘粒径、粉尘空隙率），一般为 $10^9 \sim 10^{12}$ m/kg；m 为滤料上堆积负荷［单位面积的粉尘量，kg/m^2，可由滤料上粉尘量 G_a 和滤料面积 A（m^2）求得；$m = G_a / A$］；v 为过滤风速，m/s。

式中清洁滤料阻力与滤料上粉尘阻力之和表示为 Δp_g，则：

$$\Delta p_g = p_f + p_d = (\zeta_f + \zeta_d) \mu v = (\zeta_f + a) \mu v \quad (8\text{-}25)$$

式中，Δp_g 为清洁滤料阻力与滤料上粉尘阻力之和，Pa。

除尘器在实际运行前 Δp_g 的大小可通过调整清灰时间来实现。即测试袋式除尘器的阻力增长，使之小于设计总阻力值确定清灰时间。具备自动化的袋式除尘器则具备此功能。

表 8-11 清洁滤料的阻力系数

滤料名称	织法	ζ_f/m^{-1}	滤料名称	织法	ζ_f/m^{-1}
玻璃丝布	斜纹	1.5×10^7	尼龙 9A—100	斜纹	8.9×10^7
玻璃丝布	薄缎纹	1.0×10^7	尼龙 161B	平纹	4.6×10^7
玻璃丝布	厚缎纹	2.8×10^7	涤纶 602	斜纹	7.2×10^7
昵料	单面绒	3.6×10^7	涤纶 DD—9	斜纹	4.8×10^7

3. 袋式滤料的种类和要求

通常滤袋做成圆筒形，直径 120～300mm，长度最大可达 10m。为了结构紧凑，滤袋也有做成扁形，其厚度及间距有的只有 25～50mm。用于烟气净化的滤袋受烟温、滤料耐腐蚀性及烟气含湿量的限制，要求烟气温度低于 300℃，但应高于烟气的露点温度，否则会在滤布上结露，使滤袋堵塞。由于锅炉出口可能出现带火星的颗粒物，会烧穿滤袋，需要在袋式除尘器前增加多管除尘器，起到灭火和降尘作用，延长滤袋的使用寿命。此外滤袋不适用于黏结性强，吸湿性强的含尘气体净化，在使用其他固体燃料烟气净化时应予以注意。袋式除尘器常用滤料由棉、毛、人造纤维等加工而成，滤料网孔一般为 20～50μm，表面起绒的滤料为 5～10μm，新鲜滤料层的除尘效率较低。因而，袋式除尘器在开始使用时，主要依靠滤料纤维产生的筛滤、拦截、碰撞、扩散以及静电吸引等作用，将尘粒阻留在滤料上，并在网孔间产生“架桥”现象，如图 8-9 所示。然后逐渐在滤袋表面形成粉尘初层，依靠这个初层及以后逐渐堆积起来的粉尘层进行除尘。适合于锅炉烟气的滤袋材质要有耐热性和较好的耐酸性。表 8-12 给出可选用的纤维材质，供应用参考。

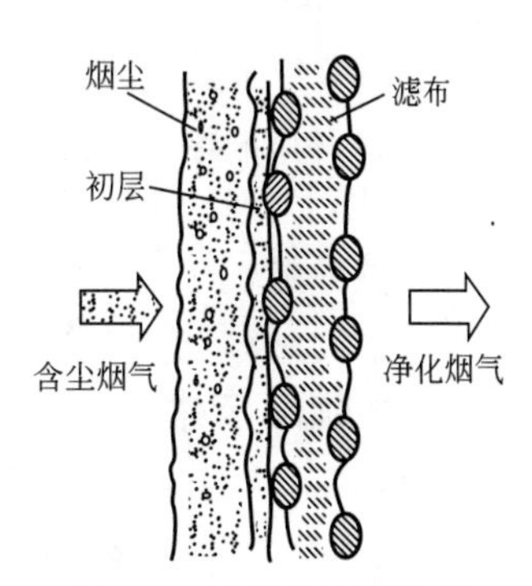

图 8-9 滤料的过滤作用

表 8-12 适合高温烟气的各种纤维的主要性能

原料或聚合物	商品名称	最高使用温度/℃	长期使用温度/℃	抗拉强度/10^5MPa	耐磨性	耐热性（干）	耐无机酸	耐碱性	耐氧化性
芳香族聚酰胺	诺梅克斯	260	220	40～55	很好	很好	很好	较好	一般
聚丙烯腈	奥纶	150	110～130	23～30	较好	较好	较好	一般	较好
聚酯	涤纶	150	130	40～49	很好	较好	较好	较好	较好

4. 袋式除尘器的清灰方式与要求

清灰方式是袋式除尘器的重要问题，与除尘效率、压力损失、过滤风速及滤袋寿命等均有关系。要求从滤袋上迅速清除积尘，消耗的动力小且不损伤布袋。现有的清灰方式有机械振动、逆气流清灰、脉冲喷吹、气环反吹及复合清灰五种。

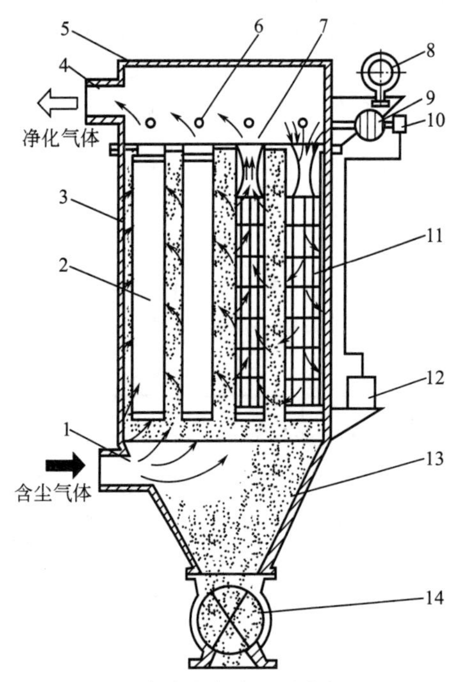

图 8-10 脉冲袋式除尘器清灰原理图

1—进气口；2—滤袋；3—中部箱体；4—排气口；5—上箱体；6—喷射管；7—文氏管；8—空气包；9—脉冲阀；10—控制阀；11—框架；12—脉冲控制仪；13—灰斗；14—排灰阀

机械振动清灰设备简单，运行可靠，但清灰作用较弱，只能适用于较低的过滤风速，且对滤袋往往有损伤，很少用于锅炉烟尘的清灰。逆气流清灰是利用与过滤烟气相反的气流，使气袋变形而促进积灰脱落。这种清灰方式有反吹风清灰和反吸风清灰两种形式，由系统主风机或由专设风机供给。特点是气袋受力均匀，振动不剧烈，对滤袋的损伤小，但清灰作用弱，一般采用停风清灰，因此也不适用于锅炉袋式除尘器的清灰。脉冲喷吹是一种周期性向滤袋内或滤袋外喷吹压缩空气以达到清洗滤袋积尘的要求。具有清灰效率高、处理能力大等优点，是一种新型的清灰技术，其压力损失约为1200～1500Pa。由于没有运动部件振打，滤袋损伤较小，具有能够连续工作的特点，因而广泛应用于锅炉烟气净化领域。但对高浓度、含湿量较大的含尘气体清灰作用低。为防止这种现象出现，袋式除尘器应安装在烟尘预净化器和湿式脱硫装置之中。这类净化器的结构如图 8-10 所示，主要由上箱体、中间箱、下箱体和控制器等组成。含尘气体从下部进入除尘器，并经控制器分别进入各分室，再从滤袋外部进入滤袋。净化后的气体经喇叭形文氏管进入上部箱体，由排气管排出。喷射管上的喷射孔与每条滤袋相对应，由控制器定期发出脉冲信号，通过控制阀使各脉冲阀顺序开启。高压空气以极高速度从喷射孔喷出，形成一个比喷吹气流大 5～7 倍的诱导气流，一起经文氏管进入滤袋，使滤袋急速膨胀，引起冲击振动，同时产生瞬间反向气流，将附着在滤袋外表面上的粉尘吹扫下来，落入灰斗，并经排灰阀排出，各排滤袋依次轮流得到清灰。运行一定时间需要清理灰斗中积灰，应采用有效设施防止扬尘二次污染。

三、烟气脱硫技术

1. 简介

控制锅炉 SO_2 排放技术可分为燃烧前脱硫、燃烧中脱硫、烟气脱硫三类。燃烧前脱硫，详见第六章洁净煤应用技术；燃烧中脱硫，详见第五章循环流化床锅炉。成熟的烟气脱硫技术可分为湿法脱硫与半干法脱硫。湿法脱硫有石灰石/石膏法、镁法脱硫、双减法脱硫脱硫等。后两种方法适合于中小型工业锅炉的烟气脱硫，其他如氨法脱硫、氧化锰法脱硫等适合于具有综合生产能力的化工厂或具有配套加工能力的工业园区使用。半干法脱硫技术虽然避免了水污染，但需要建立脱附系统设施和 SO_2、NO_2 的深加工系统。因此，在工程设计中要因地制宜，才能起到化废为宝的作用。

2. 石灰石-石膏湿法烟气脱硫技术

来自锅炉的烟气首先经过除尘净化，并经换热器降低烟温，然后送入吸收塔用石灰浆液洗涤脱硫后过除雾升温由烟囱排放。吸收后的亚硫酸钙和硫酸钙在塔底部通过曝气氧化得到石膏浆料导出塔体，再经洗涤离心脱水得到成品石膏。见图 8-11。石灰石-石膏法是成熟的烟气脱硫技术，但系统建造需足够的场地，粉状石灰石需求量大，自备生产存有噪声与粉尘污染潜在等问题，不宜在城市中建造，可适用于工业园区集中供热锅炉房与发电厂锅炉脱硫。化学反应过程，烟气中的二氧化硫溶于水并分解成为 H^+ 和 HSO_3^- 或亚硫酸根 SO_3^{2-}，与吸收液中的钙离子反应生成 $Ca(HSO_3)_2$ 和难溶于水的 $CaSO_3$。通入空气可氧化亚硫酸根为硫酸根，最终生成石膏。

$$HSO_3^- + \frac{1}{2}O_2 \longrightarrow SO_4^{2-} + H^+ \tag{8-26}$$

$$SO_3^{2-} + \frac{1}{2}O \longrightarrow SO_4^{2-} \tag{8-27}$$

$$Ca^{2+} + SO_4^{2-} \longrightarrow CaSO_4 \tag{8-28}$$

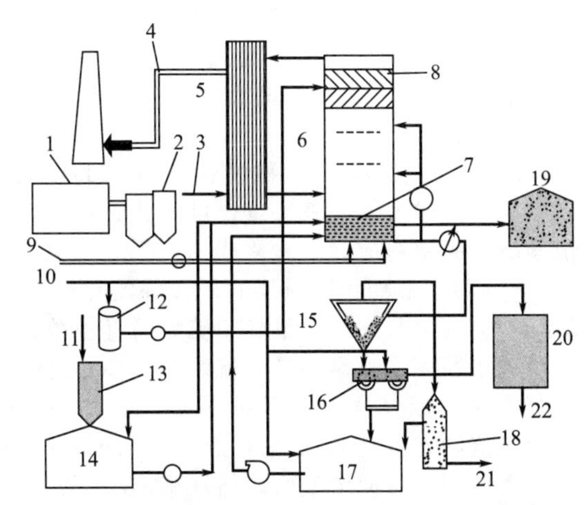

图 8-11　石灰（石灰石）-石膏烟气脱硫工艺流程图

1—锅炉；2—电除尘器；3—待净化烟气；4—净化烟气；5—气-气换热器；6—吸收塔；7—持液槽；8—除雾器；9—氧化用空气；10—工艺用水；11—粉状石灰石；12—工艺用水；13—粉状石灰石储罐；14—石灰石中和剂储箱；15—水力旋流分离器；16—皮带过滤机；17—中间储罐；18—溢流储罐；19—维修备用储罐；20—石膏储罐仓；21—溢流废水；22—石膏

3. 双碱法烟气脱硫技术

① 工艺流程　双碱法是钠碱吸收二氧化硫后生成亚硫酸钠和硫酸钠，与 $Ca(OH)_2$ 反应生成亚硫酸钙和硫酸钙，同时再生钠碱的脱硫技术。其优点是脱硫净化器循环液不容易发生沉积而堵塞管路；石灰的价格低，可降低运行成本；设备占地面积小，易于操作。因此，在中小型锅炉的烟气脱硫技术中得到广泛应用。双碱法的工艺流程如图 8-12 所示。烟气从净化器下部进入塔体，在旋流片作用下形成螺旋上升气流，增加气液湍流程度和接触时间，提高吸收效率。

吸收液吸收二氧化硫后通过塔底部流入反应池在搅拌器作用下流出的吸收液与反应池中 $Ca(OH)_2$ 充分混合反应，生成亚硫酸钙，经空压机鼓入空气氧化形成石膏。再生的钠碱溶于水

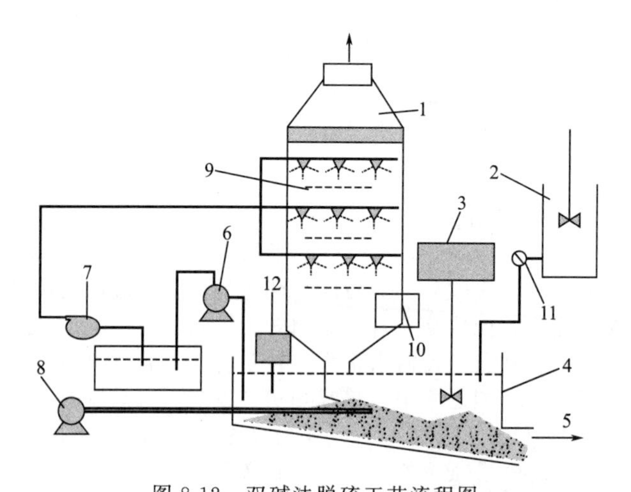

图 8-12　双碱法脱硫工艺流程图

1—脱硫净化器；2—石灰浆液罐；3—搅拌器；4—钠碱再生池；5—石膏输出；
6—提升泵；7—供脱硫液泵；8—压缩空气泵；9—脱硫塔；
10—烟气入口；11—浆液控制阀；12—自动 pH 控制设备

中经再生池沉淀分离液-固相，清液作为再生吸收液转移到储液池成为吸收液循环。由于烟尘中的含硅成分在脱硫净化器里遇浓碱容易形成黏度较大的硅酸盐沉积，会造成管路与净化器的堵塞，因而该系统应安装在烟尘净化器之后。为了防止循环系统生成 $CaCO_3$ 沉淀，再生池应安装自动加碱设备，控制再生池的 pH 值小于 9。加入的石灰应先制成浆液由 pH 自动加碱设备控制加入。

② 脱硫塔的结构　图 8-12 中脱硫净化器（简称脱硫塔）是目前普遍采用的喷雾旋流脱硫技术，具有运行稳定、脱硫效率高、操作弹性大等特点。目前已成为烟气脱硫设备的主体类型，被广泛用于工业锅炉烟气脱硫领域。脱硫塔应设置在除尘器之后，使其进口烟尘浓度小于 100mg/m^3。该塔的脱硫级数一般为 3～4 级，每级由喷雾层和旋风导流片组成。喷雾层根据处理风量大小，按 90°均布（或更小夹角均布），喷雾头的数量随脱硫塔的直径增大而增多，甚至采用网格设置法使有效喷雾区覆盖整个脱硫塔断面。喷雾头是脱硫效率大小的关键部件，一般采用不易堵塞的螺旋冲击喷雾头或离心式喷雾头。烟气从塔体下部进入，通过旋风导流片形成上升的旋转气流，使烟气与吸收液雾滴达到紊流状态并延长气-液接触吸收时间；导流片的另一个作用是使烟尘或吸收液中的颗粒物在离心力作用下甩向塔壁面，随水流排出脱硫塔。更小粒径颗粒物和雾滴随上旋气流继续向上运动，被下一级旋风导流片截获裹挟成较大的水滴抛向塔壁而去除。第一级脱硫室起到烟气降温和除尘作用，在第二、三级脱硫室由于烟温已降低，有利于吸收反应进行。二氧化硫的吸收效率除了与烟气温度有关外，还与接触水的表面积大小相关，雾化效果越好，形成水的表面积越大，二氧化硫吸收率越高。因此喷头的雾化效果直接关系到脱硫效率的大小。塔顶除雾器有旋流除雾器、丝网除雾器和人字板型除雾器等类型，要求除雾效果<75mg/m^3，除雾器应设置高压喷水装置，定期清洗其灰垢，防止累计尘垢造成气路堵塞。

③ 吸收和氧化反应

用 NaOH 吸收 SO_2：
$$2NaOH+SO_2 = Na_2SO_3+H_2O \tag{8-29}$$

吸收液中 Na_2SO_3 吸收 SO_2：
$$Na_2SO_3+SO_2+H_2O = 2NaHSO_3 \tag{8-30}$$

吸收中的副氧化反应：
$$2Na_2SO_3+O_2 = 2Na_2SO_4 \tag{8-31}$$

再生反应 ：
$$CaO+H_2O = Ca(OH)_2 \tag{8-32}$$

$$Ca(OH)_2+Na_2SO_3+\frac{1}{2}H_2O = 2NaOH+CaSO_3\cdot\frac{1}{2}H_2O\downarrow \tag{8-33}$$

$$Ca(OH)_2+2NaHSO_3 = Na_2SO_3+CaSO_3\cdot\frac{1}{2}H_2O\downarrow+\frac{1}{2}H_2O \tag{8-34}$$

氧化反应：　　$2CaSO_3 \cdot \frac{1}{2}H_2O + O_2 + 3H_2O = 2(CaSO_4 \cdot 2H_2O)\downarrow$　　(8-35)

④ 系统运行调试　运行前首先向反应池加入 NaOH 或 Na_2CO_3，使吸收液 pH 值略大于 9。脱硫运行一定时间后，反应池生成 Na_2SO_3 和 Na_2SO_4，吸收液 pH 值下降到 7 左右，应调整 pH 自动控制设备，加入 Ca（OH)$_2$ 到反应池，搅拌器同时转动，这时 Na_2SO_3 和 Na_2SO_4 与 Ca（OH)$_2$ 反应最终生成石膏。反应池中因 NaOH 的生成 pH 值随之上升，调整自动加碱设备，当 pH 值为 9 时停止石灰浆的加入。在进行氧化阶段时补充钠碱可提高吸收液中 $NaHSO_3$ 氧化成 Na_2SO_4 的速度。

4. 氧化镁法烟气脱硫技术

① 工艺原理　氧化镁循环烟气脱硫技术因占地面积小，投资适中，适用于工业园区的集中供热锅炉房烟气净化。采用循环浆液 pH 自动控制范围（6～8），使脱硫运行稳定并保证浆液吸收处于最佳水平。将 MgO 再生系统省略，开发浓缩池-水力旋流器处理可回收硫酸镁粗品（该产品能够作为农肥得到综合利用），减少了占地面积，可用于城市中小型供热锅炉烟气脱硫。图 8-13 中的“烟气预处理器”起到降温除尘作用。因为低温烟气可提高吸收液对 SO_2 的吸收效率，减少烟气中烟尘含量，还可防治设备的堵塞，提高回收副产品 MgO 的质量。

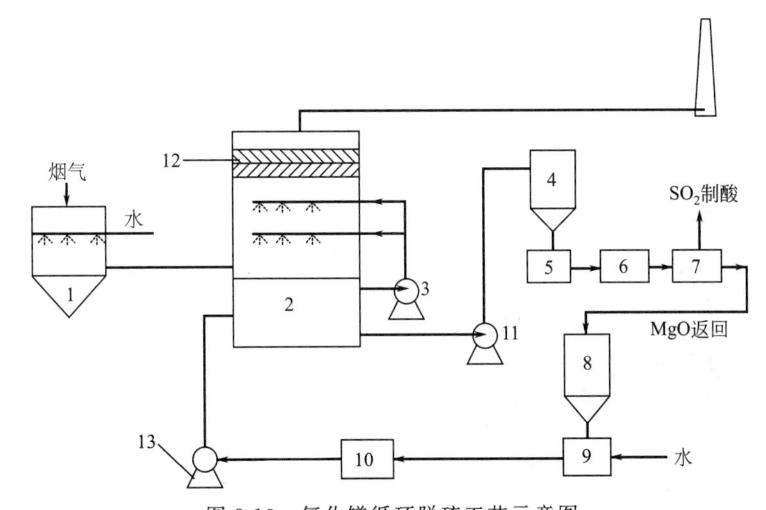

图 8-13　氧化镁循环脱硫工艺示意图

1—烟气预处理器；2—脱硫塔；3—循环泵；4—浓缩池；5—脱水机；6—干燥器；7—煅烧炉；8—储料仓；9—熟化池；10—浆液池；11—渣液泵；12—除雾器；13—给浆泵

氧化镁制成的浆液水解成氢氧化镁如式(8-36)，吸收烟气中二氧化硫后生成含六个水的亚硫酸镁沉淀如式(8-37)，使烟气中气相二氧化硫以沉淀固体形式转移到吸收液中，经一定时间蓄积后，从脱硫塔排出，运行中控制亚硫酸镁沉淀 10%左右，再通过浓缩池提高亚硫酸镁沉淀的浓度后进行干燥，去除表面水和结晶水。经煅烧分解，得到 MgO，同时可生成 10%～16%的 SO_2 如式(8-44)、式(8-45)。

原料氧化镁的要求：采用轻烧镁（菱镁矿石在 750～1100℃温度下煅烧称为“轻烧”）研磨成粒度 90%通过 250 目，要求 MgO 含量≥80%。

脱硫塔应安装侧式搅拌器，保证浆液保持良好的混合与循环。

② 工艺过程的化学反应

浆液制备：　　$MgO + H_2O \longrightarrow Mg(OH)_2$　　(8-36)

脱硫塔吸收过程主反应：

$$Mg(OH)_2 + SO_2 + 5H_2O \longrightarrow MgSO_3 \cdot 6H_2O\downarrow \quad (8\text{-}37)$$

$$MgSO_3 + SO_2 + H_2O \longrightarrow Mg(HSO_3)_2 \quad (8\text{-}38)$$

当吸收液中 $Mg(OH)_2$ 含量不足时会生成 $Mg(HSO_3)$ 的反应

$$Mg(HSO_3)_2 + Mg(OH)_2 + 10H_2O \longrightarrow 2MgSO_3 \cdot 6H_2O \downarrow \tag{8-39}$$

副反应：

$$MgSO_3 + \frac{1}{2}O_2 + 7H_2O \longrightarrow MgSO_4 \cdot 7H_2O \downarrow \text{（在脱硫塔底发生）} \tag{8-40}$$

$$Mg(HSO_3)_2 + \frac{1}{2}O_2 + 6H_2O \longrightarrow MgSO_4 \cdot 7H_2O \downarrow + SO_2 \uparrow \tag{8-41}$$

（当塔底 $pH<5$ 时发生）

干燥过程：

$$MgSO_3 \cdot 6H_2O \xrightarrow{\triangle} MgSO_3 + 6H_2O \uparrow \tag{8-42}$$

$$MgSO_4 \cdot 7H_2O \xrightarrow{\triangle} MgSO_3 + 7H_2O \uparrow \tag{8-43}$$

煅烧分解：

$$MgSO_3 \xrightarrow{\triangle} MgO + SO_2 \uparrow \tag{8-44}$$

$$MgSO_4 + \frac{1}{2}C \xrightarrow{\triangle} MgO + SO_2 \uparrow + \frac{1}{2}CO_2 \uparrow \tag{8-45}$$

四、烟气脱硝技术

烟气中氮氧化物是由一氧化氮和二氧化氮等组成，其中一氧化氮的含量大约占氮氧化物的90%。其来源主要是燃料代入与空气在燃烧时分解所致。当排入环境后经光化学作用被氧化成二氧化氮，它不但是形成酸雨的主要因素也是环境空气的重要污染物。因此烟气脱硝排放是改善环境空气质量的重要因素，由于一氧化氮既不易溶于水又不与碱性溶液起反应，所以一般的脱硫净化器不能起到脱硝作用。烟气脱硝技术可通过分级供风、低氧燃烧技术、烟气再循环等方法来除掉相当一部分含量，详见前面有关章节。

通过对锅炉尾部排烟的治理使其达到国家氮氧化物排放标准要求。目前有催化还原法(SCR)、非催化还原法（SNCR)、吸附法、等离子体活化脱硝、微生物法、微波法等。前两种脱硝技术已达到实际应用阶段，后面的几种方法正在试验研究发展中。

(1) 选择性催化还原法　以下简称（SCR）法，目前是锅炉脱硝技术中工艺最为成熟，且应用最广的技术，脱硝率可达50%～90%。1957年，美国Englehard公司首先发现 NO_x 和液态 NH_3 之间发生的选择性催化反应，并申请了专利。最初所应用的催化剂是铂或铂族金属，但由于工作温度导致爆炸性硝酸铵的形成而不能令人满意，而当时选用的其他催化剂的活性则偏低。之后，日本对其进行了进一步优化改进，发展了钒/钛质催化剂，形成了目前SCR技术的基础，并在20世纪70年代成功进行了工业应用。除日本外，西欧几个国家对 NO_x 型的排放制定了法规，推动了SCR技术的发展。我国SCR技术研究开始于20世纪90年代，第一台脱硝装置是福建后石电厂的1～6号6×600MW机组SCR脱硝装置，自1999年起陆续投运。选择性（SCR）脱硝技术是指在催化剂的作用下，还原剂（液氨）与烟气中的氮氧化物反应生成无害的氮和水。选择性是指还原剂 NH_3 和烟气中的 NO_x 发生还原反应，而不与烟气中的氧气发生反应，见复合反应式(8-46)。

$$\left.\begin{aligned} 4NO + 4NH_3 + O_2 &= 4N_2 + 6H_2O \\ 4NH_3 + 2NO_2 + O_2 &= 3N_2 + 6H_2O \\ NO_2 + NO + 2NH_3 &= 2N_2 + 3H_2O \end{aligned}\right\} \tag{8-46}$$

可作为还原剂的有 NH_3、CO、H_2，还有甲烷、乙烯和丙烷等。目前以 NH_3 作为还原剂对 NO_x 的脱除效率最高。

(2) SCR法脱硝工艺流程及系统简介　还原剂（氨）液体形态储存于氨罐中。在注入SCR系统烟气之前经由蒸发器蒸发气化，并与稀释空气混合，通过喷氨格栅喷入SCR反应器上游的烟气中，充分混合后的还原剂和烟气在SCR反应器中催化剂的作用下发生反应，脱除 NO_x。其工艺流程详见图8-14。

SCR系统由SCR反应器、氨的储存系统、氨与空气混合系统、氨气喷入系统等组成。反应器是SCR装置的核心部件，是烟气中的 NO_x 与 NH_3 在催化剂表面上生成氮和水的场所。有两种

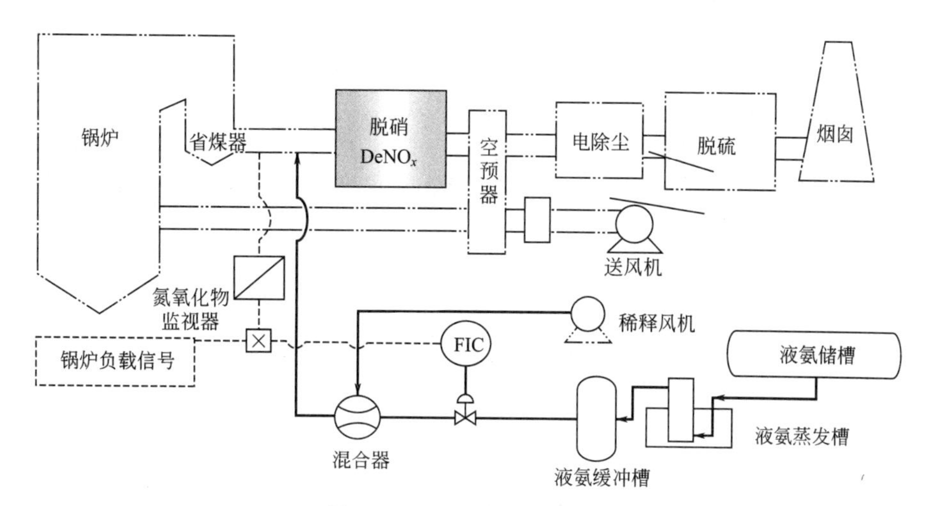

图 8-14 SCR 脱硝工艺流程

SCR 反应器，一是完全 SCR 反应器，二是安装在管道内的 SCR 反应器。前者是将催化剂放置在单独的反应器内，锅炉烟气从省煤器输送到 SCR 反应器内，完成脱 NO_x 后，再到空气预热器；后者是将反应器安装在管道系统内，需要扩大管道系统，为催化剂提供足够的空间。根据烟气温度范围选择催化剂，SCR 工艺可分为高温（345～590℃）、中温（260～450℃）和低温工艺（150～280℃）。目前最常用的是高温氧化钛基催化剂。

SCR 催化剂由陶瓷支架和活性成分（氧化钒，氧化钛，有时还有钨）组成，形状有两种：蜂窝形和板形。采用预制成型的蜂窝型陶瓷，催化剂填充在蜂窝中或涂刷在基质上。采用板形时在其表面涂刷催化剂。吸收塔一般是垂直布置，烟气由上向下流动。催化剂布置在 2～4 层催化剂床层上，为充分利用催化剂，一般布置 3 层或 4 层，同时设置一个备用的催化剂床层。吸收塔内布置吹灰器，定期吹扫沉积在催化床上的灰尘，以充分利用催化剂。这种 SCR 反应器需要较大的空间，主要用于燃煤锅炉。完全的 SCR 反应器每一层安装大量的催化剂，以提高 NO_x 的脱除效率并延长催化剂寿命。管道内反应器系统需要空间小，天然气锅炉催化剂量小，使用较多，可节省管道长度。

燃煤锅炉 SCR 工程应用较多的是完全的 SCR 设计。根据 SCR 反应器安装在锅炉的不同位置，主要有三种方案：一是安装在高温高飞灰烟气段，即反应塔安装在省煤器与空气预热器之间，优点是进入反应塔的烟温为 320～430℃，适合大多数催化剂所要求的工作温度，不需要再加热，初投资及运行费用较低，技术成熟，性价比高。缺点是此段烟气飞灰含量高，易引起催化剂表面磨损，必要时需对催化剂进行硬化处理，催化剂孔径易被飞灰颗粒和硫酸氢氨晶体堵塞，且飞灰当中的重金属（镉、砷）易引起催化剂中毒，表面失去活性。二是安装在高温低飞灰烟气段，即除尘器与空气预热器之间。优点是进入反应塔的烟气温度高，含尘量低，不需硬化。缺点是 SO_2 含量仍较高，飞灰颗粒较细，易导致催化剂堵塞。三是安装在低温低飞灰烟气段，即脱硫装置的下游。优点是进入反应塔的烟气含尘及 SO_2 含量低，催化剂磨损与堵塞的几率小，可采用比表面积较大的细孔径催化剂；缺点是烟气经过脱硫后进入反应塔的温度较低（55～70℃），需采用气-气加热器（GGH）对烟气再加热。

（3）选择性非催化还原　简称 SNCR 法工艺流程见图 8-15，选择性非催化还原技术是一种成本较低的烟气脱硝技术，脱硝效率为 35%～55%。最初由美国 Exxon 公司发明并于 20 世纪 70 年代首先在燃气、燃油电厂锅炉上，在日本成功投入工业应用。在我国，SNCR 的应用起步较晚，江苏阚山电厂和利港电厂等应用 SNCR 脱硝。

a. SNCR 工艺原理：SNCR 法是在没有催化剂的作用下，向 900～1100℃炉膛中喷入还原剂，迅速热解成 NH_3 气体与烟气中的 NO_x 反应生成 N_2 气。炉膛中会有一定量氧气存在，喷入的还原

剂与 NO_x 反应，而不与氧气反应。SNCR 的还原剂一般为氨、氨水或尿素等。详见式(8-47)、式(8-48)：

NH_3为还原剂 $$4NH_3+4NO+O_2 \longrightarrow 4N_2+6H_2O \tag{8-47}$$

尿素为还原剂 $$NO+CO(NH_2)_2+1/2O_2 \longrightarrow 2N_2+CO_2+H_2O \tag{8-48}$$

b. SNCR 工艺流程及系统简介：该工艺流程详见图 8-15。SNCR 系统主要由卸氨系统罐区、加压泵及其控制系统、混合系统、分配与调节系统、喷雾系统等组成。按喷入的还原剂的不同，SNCR 法脱硝技术可分为以下三种脱硝系统。

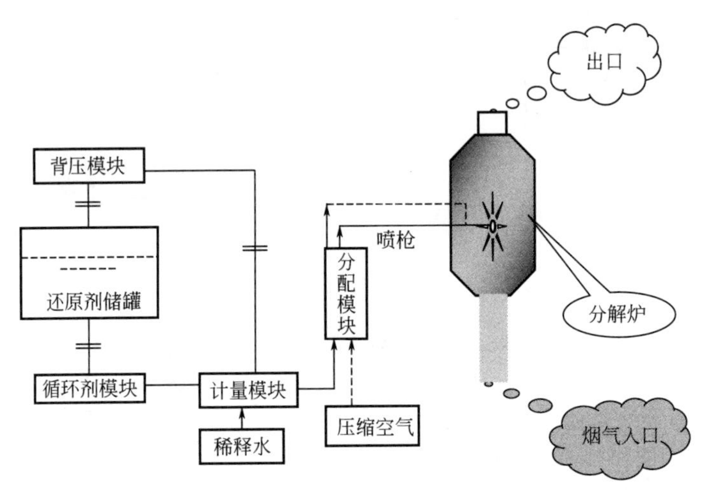

图 8-15 SNCR 工艺流程

一是喷射纯氨的 SNCR 脱硝系统，投资小，氨液消耗量大，适用温度较高，NO_x 脱除率低；二是喷射尿素的 SNCR 脱硝系统；三是喷射氨水的 SNCR 脱硝系统。后两种方法使用比较安全。

(4) SCR 与 SNCR 的应用特点及联合技术 SCR 脱硝与 SNCR 脱硝各有优势与不足。SCR 要求严格控制 NH_3/NO_x 比率，脱硝率能达到 90%以上。目前该技术已在日本、德国、北欧等国家和地区的燃煤电厂广泛应用。SCR 工艺操作的关键是避免灰尘、SO_2、重金属等杂质，或将其控制在保险范围之内，以减轻催化剂中毒，延长其使用寿命。

SNCR/SCR 联合技术发挥了 SCR 技术的高效和 SNCR 技术投资省的特点而发展起来的一项新型工艺。单一的 SNCR 工艺脱硝效率低（一般在 40%以下），而混合 SNCR/SCR 工艺可获得较高的脱硝效率（80%以上）。混合技术有以下优点。

a. 催化剂用量少。混合法工艺首先采用了 SNCR 工艺初步脱硝，降低了对催化剂的依赖。混合工艺的催化剂用量可大量减少。

b. 脱硝系统阻力小。由于混合法工艺的催化剂用量少，SCR 反应器体积小，其前部烟道较短，因此系统压降大大减小，引风机改造的工作量少，降低了运行费用。

c. 简化还原剂喷射系统。为了获得高效脱硝反应，要求喷入的氨与烟气中的 NO_x 有良好的接触并在催化反应器前形成分布均匀的流场、浓度场和温度场。为此，单一的 SCR 工艺除必须设置复杂的氨喷射格栅（AIG）及控制系统，还需要在多处安放掺混设施、加长烟道以保证 AIG 与催化剂之间有足够远的距离。而混合工艺的还原剂喷射系统布置在锅炉炉墙上，与下游的 SCR 反应器距离很远，无需再加装混合设施，也无需加长烟道，就可获得良好还原剂与 NO_x 的混合及分布。

d. 我国目前正在大力加强对大气污染物排放控制，新的锅炉排放标准新增加了燃煤锅炉的排放限值，采用技术经济较合理的工艺是企业经营者面临的抉择。SCR、SNCR 和混合工艺都是当今世界上公认的成熟技术，其中，混合 SNCR/SCR 工艺，具有投资和运行费用省、安全高效、可分步到位等突出优点。

五、锅炉烟气超净化排放提效应用技术

我国目前大力推进燃煤锅炉脱硫、脱硝，控制烟尘、二氧化硫以及氮氧化物排放强度，污染物排放须达到有效控制。但雾霾污染突发并且未见明显缓解，在分析雾霾形成原因时，在大量的源解析研究中，发现燃煤源排放贡献率占有很大比例。在《火电厂大气污染物排放标准》和《锅炉大气污染物排放标准》相继颁发后，环保加大了执法力度 燃煤锅炉须进行较大的技改投入，加大并提升对烟气污染物治理措施，目前超净排放技术改造主要在火电厂燃煤机组即65蒸吨以上燃煤锅炉上开展示范工程，创造出成功案例，如湿式电除尘器的应用、烟气脱硫的提效技术、脱硝技术的深化，最大限度地降低烟尘、二氧化硫、氮氧化物的排放强度。各项技术的重要特点分别简介如下。

1. 除尘系统提效应用技术

目前提高除尘技术改造主要是在脱硫吸收塔后，增加湿式静电除尘器，形成了双电除尘、电、袋复合除尘技术，都取得了成功。湿式电除尘器是将水雾喷向放电极和电晕区，水雾在电极形成的电晕场内进一步雾化，电场力、荷电水雾的碰撞拦截、吸附凝聚，共同对粉尘粒子起到捕集作用，最终在电场力的驱动下到达集尘板而被捕集，喷雾形成的连续水膜将捕获的粉尘冲刷到灰斗中排出。由于没有振打装置，湿式静电除尘器在除尘过程中不会产生二次扬尘，并且放电极被水浸润后，使得电场中存在大量带电雾滴，大大增加了对亚微米粒子碰撞带电的概率，可以在较高的烟气流速下，捕获更多的微粒，并有效去除烟尘微粒、PM2.5和微液滴等，同时对烟气中携带的脱硫石膏雾滴等污染物有去除效果。

2. 脱硫系统提效应用技术

湿法脱硫技术是目前我国较为成熟、应用效果较好的脱硫工艺。脱硫系统提效主要通过一定的工艺改进，优化湿法脱硫中液气比、烟气分布均匀性、增大吸收区的空间、吸收塔浆池容量等环节以达到脱硫提效。以下技术方法在电站锅炉烟气脱硫中取得一定效果，同样可应用于工业锅炉，这是因为：①电站锅炉与工业锅炉的烟气治理最大的不同是处理烟气量大，但这并不影响各项技术的实施；②工业锅炉不断增容，其烟气量和小型电站逐渐接近。

脱硫技术提效的主要措施：①增加喷淋层或进行增容改造，提高液气比；②吸收塔内增加托盘和壁流环，使烟气和吸收浆液反应更充分；③增加吸收塔液位高度或增加塔外浆液箱来增大浆池容积，以满足石灰石溶解、亚硫酸钙氧化和石膏结晶的要求；④氧化风机系统进行增容改造，确保浆池中亚硫酸钙的氧化，并增加相应的搅拌器。

提效方法主要针对现有脱硫工艺的运行状态、效果进行综合评估，结合场地条件等进行选择。主要工艺有：

(1) 单塔多喷淋工艺　通常采用增加喷淋层数和增大喷淋密度两种方式来增加吸收塔的液气比。如增加喷淋层数方式，需抬高吸收塔的高度，或保持喷淋系统不变，只增加喷淋循环量。

(2) 双托盘技术　通过塔内下层托盘，并与托盘上的液膜进行气、液相的均质调整。在吸收区域的整个高度以上实现气体与浆液的最佳接触，由于托盘可保持一定高度液膜，增加了烟气在吸收塔中的停留时间，充分吸收气体中污染成分，有效降低液气比，提高吸收剂利用率。

(3) 串联吸收塔工艺　采用分级进行脱硫，两个吸收塔中各自都设置喷淋层、氧化空气系统、氧化浆液池。适合于高硫煤系统，同样液气比条件下运行电耗小于多喷淋层方案，但系统复杂，占地面积大。

(4) 单塔双循环工艺　将喷淋空塔中的SO_2氧化吸收过程划分成两个阶段，每个阶段各自形成一个循环回路。石灰石浆液从上环循环泵打入吸收塔，吸收SO_2后通过塔内收集槽又返回吸收段加料槽循环，并经循环泵进入吸收反应塔。吸收塔下循环泵打入吸收液对烟气进行预吸收，再进入反应槽循环。

(5) 双循环U形塔工艺　采用一个顺流塔与一个逆流塔串联而成。前面的液柱顺流塔，空塔流速高，塔较小；后面的逆流塔为方形喷淋塔。双循环U形塔两个区域循环浆液浓度不一致，

底部浆池采用隔板分开，喷淋塔浆池液位较液柱塔高，浆液从喷淋塔溢流至液柱塔。

(6) LEC半干法脱硫技术为美国专利技术，采用一定规格的石灰块作为脱硫剂，并可循环利用。脱硫效率可达95%～99%，并有部分除尘功能，占地面积小，造价和运行成本低，耗水量小，与湿法脱硫比，节水80%，占有很多优势，非常适合我国工业锅炉应用。

3. 脱硝系统提效应用技术

为了实现氮氧化物达标排放，目前主要技术路线为炉内分级供风与低氧、燃烧技术、SCR烟气脱硝技术。此技术一方面控制炉内低氮燃烧后的NO_x产生浓度，另一方面提高SCR烟气脱硝效率。如锅炉低负荷运行时，出口烟温较低，不能满足SCR烟气脱硝装置正常运行的温度要求，因此提高烟温是解决这一问题的主要措施。

(1) 提高给水温度　可采用辅助蒸汽加热或通过省煤器出口到省煤器进口的水循环回路的方案以提高省煤器出口给水温度。

(2) 设省煤器水旁路　通过适当减少省煤器管内的水流量，从而降低省煤器的换热量，使其出口烟气温度相应提高以满足脱氮工艺要求。未通过省煤器受热面的水量则通过旁路管道直接进省煤器出口储集箱或管道。

(3) 设分级省煤器　将部分省煤器受热面移至脱硝装置后的烟道中，脱硝装置前布置了比原设计少的省煤器面积，使进入脱硝装置的温度有一定幅度的提高。通过合理选择换热面积，可使全负荷的烟气温度保持在300～400℃范围内。脱硝装置后的省煤器可以继续降低从脱硝装置排出的烟气温度，从而保证空预器出口烟温不升高，锅炉效率不降低。

六、锅炉房污水循环利用技术

1. 锅炉房污水循环利用的指标要求

锅炉房排放的污水主要源于水处理产生的工艺废水、锅炉排污水、冲渣水和湿式除尘脱硫装置排水。主要含有高碱废液、悬浮物、COD、硫化物、总酚、重金属和盐分等物质。这些带有污染的水若直接排入环境将造成水系污染。锅炉排污水、水处理浓水，特别是反渗透供锅炉水所剩浓水应特别提倡循环利用，因其pH值>10，并含Ca、Mg、Na、K等金属元素，有一定脱硫功能，因此可优先用于湿法脱硫补充水，也可用于燃煤掺水等。经脱硫后的污水吸收了二氧化硫，pH值变小，适用于冲渣；最后集中进行污水处理达标后方可排放。这样既达到了一水多用又杜绝了污染物排放。一般来说冲渣水质要求不严格，经去除悬浮物后即可重复使用。但作为湿式除尘器的供水，对水质有一定的要求，pH值应在8～11、悬浮物<150mg/m^3、各种盐类化合物浓度应小于其结晶点，才能保证湿式除尘器正常工作不堵塞。因此在进行锅炉房污水循环利用时，应进行化验分析工作，达到湿式除尘器的进水要求。

2. 锅炉房污水治理的工艺流程

锅炉房污水治理工艺流程包括调节池、一沉池、二沉池、储水池和配液池等，其工艺流程见图8-16。

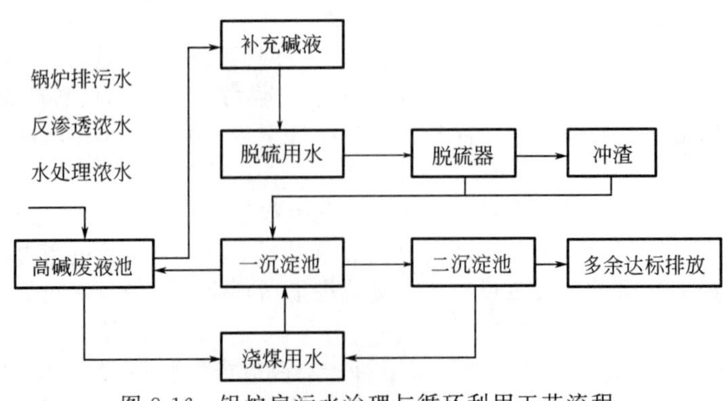

图8-16　锅炉房污水治理与循环利用工艺流程

七、固体废弃物的综合利用技术

我国对粉煤灰的利用始于20世纪50年代，主要用于建筑材料或建材制品。到20世纪60～70年代，粉煤灰的利用技术已趋于成熟，广泛用于建材、交通、工业、农业、水利等行业。在国家发展循环经济政策的推动下，我国开发的灰渣利用技术已达200项之多，进入工程实际应用的也有30～50项。粉煤灰开发的新产品、新技术、新工艺不断涌现。我国粉煤灰综合利用量由1995年的5188万吨增加到2000年的7000万吨，利用率由43%上升到58%。

1. 粉煤灰在建材工业上的应用

粉煤灰中含有大量的SiO_2（40%～65%）和Al_2O_3（15%～40%）且具有一定的活性，可以作为建材工业的原料。

(1) 生产水泥及其制品 粉煤灰中SiO_2和Al_2O_3的含量占70%以上，可以代替黏土配料部分生料生产水泥，同时还可利用残余炭，降低燃料消耗。在水泥生料配置中适量加入粉煤灰，经生料研磨和烧制即可制成普通硅酸盐水泥。一般生产矿渣硅酸盐水泥时粉煤灰掺加量应≤15%，普通硅酸盐水泥粉煤灰掺加量为20%～40%。粉煤灰硅酸盐水泥耐硫酸盐浸蚀和水浸蚀，水化热低，适用于一般民用和工业建筑工程、大体积水泥混凝土工程、地下或水下混凝土构筑等。

在建筑施工中，还可直接利用粒度大、活性高、含炭量低的高质量粉煤灰，替代部分水泥作混凝土的掺合料（每立方混凝土可用灰50～100kg)，这样可以节约水泥在建筑工程中的用量。

(2) 生产烧结砖和蒸养砖 粉煤灰烧结砖是以粉煤灰、黏土为原料，经搅拌成型、干燥、焙烧而制成的砖。粉煤灰掺加量为30%～70%，生产工艺与普通黏土砖大体相同。用于制烧结砖的粉煤灰要求含硫量不大于1%，含碳量10%～20%左右。用粉煤灰生产烧结砖既消化了粉煤灰，又节省了大量黏土，保护耕地，同时还可降低燃料消耗。

粉煤灰蒸养砖是以粉煤灰为主要原料，掺入适量生石灰、石膏、经坯料制备、压制成型，常压或高压蒸汽养护而制成的砖。粉煤灰蒸养砖的配比一般为：粉煤灰88%、石灰10%、石膏2%，掺水量20%～25%。

近年来，利用粉煤灰制砖工艺不断得到改进，砖的质量和经济效益都有明显提高。如最近发明的免烧、免蒸粉煤灰制砖法，以粉煤灰、石粉、钙渣、水泥、醇胺为原料，按一定配比混合加水搅拌，然后压制成型，出机后洒水自然干燥后即为成品砖。该法节煤省电、不污染环境、成本低，且成品砖抗冻性能强。

(3) 生产建筑制品 粉煤灰可用来制各种大型砌块和板材。以粉煤灰为主要原料，掺入一定量石灰、水泥，加入少量铝粉等发泡剂材料，可制出多孔轻质的加气混凝土快。有容重小，保温性好，且具有可锯、可刨、可钉的优良性能，可制成砌块、屋面板、墙板、保温管等，广泛用于工业及民用建筑。

(4) 粉煤灰用于筑路和回填 用粉煤灰、石灰、碎石按一定比例混合搅拌可制作路面基层材料。例如法国普遍采用以80%的粉煤灰和20%的石灰配制水硬性胶凝材料，并掺加碎石和沙做道路的底层和垫层。这种材料成本低、施工方便、强度也很好。

回填可大量使用粉煤灰，主要用于工程回填、围海造地、矿井回填等方面，但应对粉煤灰进行适当处理，防止给地下水体造成污染。例如，安徽淮北电厂与煤矿配合，用粉煤灰充填煤矿塌陷区千余亩，覆土后造地种植农作物，既解决了电厂排灰出路，又造了农田，这对我国人多地少的国情有重要的现实意义。

2. 粉煤灰在农业方面的利用

(1) 直接施于农田 据对热电厂粉煤灰的分析，其所含营养成分如下：N 0.0588%、P 0.1298%、K 0.7133%、Ca 1%～8%。因此，将粉煤灰直接施于农田，可以改善黏质土壤结构，使之疏松通气，同时可供农作物所必须的部分营养元素。特别是它所含的各种微量元素和稀土元素可促进作物生长发育，增加对病虫害的抵抗力。但它也可能会改变土壤的化学平衡，影响许多营养元素的有效性，使用时应注意根据土质的不同，合理施加粉煤灰。总之，它有一定的改善土壤、增产作用，在一定程度上可用作土壤改良剂直接施用于农田。

(2) 粉煤灰用作肥料 粉煤灰与农作物秸秆灰中含有丰富的微量元素，如Cu、Zn、B、Mo、Fe、Si等，可做一般肥料用，也可加工成高效肥料使用。粉煤灰含氧化钙2%～5%，氧化镁1%～2%，只要增加适量磷矿粉并利用白云石作助熔剂，即可生产钙镁磷肥。粉煤灰含氧化硅50%～60%，但可被吸收的有效硅仅1%～2%，在含钙高的煤高温燃烧后，可大大提高硅的有效性，作为农田硅钙肥施用，对南方缺钙土壤种植水稻有增产作用。除此之外，还可用粉煤灰作原料，配加一定量的苛性钾、碳酸钾或钾盐，生产硅钾肥或硅钙钾肥。

用粉煤灰为原料，生产新型化学肥料的工作近年来已取得一定进展。如日本电力中央研究所已制成了用粉煤灰制取一种新型钾质肥料的新技术。这种硅酸钾肥料是利用加入K_2CO_3后的粉煤灰配合补助剂$Mg(OH)_2$，加上粉煤灰、乙醇废液，按一定比例混合、造粒、干燥、筛分后在800～1000℃高温下煅烧而成。这种钾肥经雨水难以溶解流失，内含的硅酸成分有利水稻生长和保持蔬菜的新鲜度，有利于植物根系的生长。它巧妙的利用了粉煤灰中的SiO_2成分，制成的硅酸钾肥具有通常钾肥所不具有的缓效性肥效的优点，每生产1t产品可消耗0.80t粉煤灰，故其问世后，很快收到各国的重视。

粉煤灰的农业利用投资小、见效快，利用得当，将会产生明显的社会效益、环境效益和经济效益。

3. 粉煤灰的其他用途

(1) 分选空心玻璃微珠 空心玻璃微珠在粉煤灰中含量高达50%～80%，其显著特点是质轻、强度高、耐高温、绝缘性能好。因而已成为一种多功能无机材料，在建材、塑料、催化剂、电器绝缘材料、复合表面材料的生产上得到广泛应用。粉煤灰中微珠可采用漂浮法来提取。

(2) 用作橡胶、塑料制品的填充剂 经过活化处理的粉煤灰代替碳酸钙作橡胶、塑料制品的填充剂，可提高制品性能、降低生产成本。

(3) 提取金属 粉煤灰中铝含量高。因而用它作原料，用酸溶法制取聚合氯化铝、三氯化铝、硫酸铝等化合物。

(4) 回收稀有金属和变价金属 美国、日本、加拿大等国正在开发从粉煤灰中回收稀有金属和变价金属。如钼、锗、钒的提取已实现工业化。美国田纳西州橡树岭实验室已研制成从煤灰中回收98%的铝和70%以上其他金属的方法。尽管从目前情况来看，这种提取铝的方法的成本要比从铝矾土中炼出铝高30%，但它也有可能成为一种新的"铝矿"资源。

此外，还可利用粉煤灰生产石棉、吸附剂、分子筛、过滤介质、某些复合材料等。

第六节 锅炉烟气净化设备的选型、安装及运行管理

一、净化设备的选型、核定与评价

在实际生产中往往遇到这种情况，锅炉设备定型后如何选择烟气净化设备的类型使其达到节能减排经济适用的目的，这是烟气净化设备工程设计中首先要考虑的问题。一般考虑五个因素：①净化后烟气污染物是否可稳定达标；②所选设备及其附属设备的占地面积是否满足工程预留面积要求；③排放烟气参数是否符合总体工程指标；④净化设备的使用寿命；⑤净化设备的成本低、运行管理费用少、设备维护工作量少。其中前3项指标是关键，不能达到可直接否定，第4、5项是经济指标，厂方应进行综合经济核算与环保评价以达到节能减排的目标。下面对前3项指标的评价方法进行简介。

1. 净化设备达标性能的核定

首先弄清工程所在地近期锅炉污染物排放限值，包括污染物排放浓度限值和当地环保部门给定的烟尘、二氧化硫、氮氧化物总量排放限值。在评价前还要调查当地供煤渠道提供的煤质类

型，煤的含硫量和灰分指标。根据净化产品提供的除尘脱硫效率按式(8-49)，进行稳定排放达标的测算。

$$C_{bi}>0.016\frac{BS\left(1-\frac{\eta}{100}\right)\times\frac{\alpha}{\alpha'}}{Q_{nd}}\times10^6 \tag{8-49}$$

式中，C_{bi}为当地当时锅炉污染物排放标准中二氧化硫浓度排放限值，mg/m³；B为锅炉满负荷时，小时用煤量，kg/h；S为当地煤种的最高含硫量，%；η为烟气净化器的脱硫效率，%；α为排烟处空气系数，可参阅锅炉在满负荷时设计指标，一般情况经验值为：2.0～2.5；α'为空气过剩折算系数，取自锅炉大气污染物排放标准，对工业锅炉规定为1.8，其他窑炉、电厂锅炉参阅相应的排放标准；Q_{nd}为锅炉在满负荷时烟气排放量设计指标，干标准立方米/小时。

式(8-49)右端的参数可查阅锅炉产品说明书或向生产厂家咨询。式(8-49)的计算结果是脱硫后烟气中二氧化硫按排放标准折算后的排放浓度，当该值小于控制标准浓度C_{bi}时，说明该净化设备的脱硫效率可满足二氧化硫浓度排放标准的要求。

同理，烟尘排放达标方法，根据式(8-49)可导出式(8-50)进行测算。

$$C_{bi}>\frac{BAd_{fh}\left(1-\frac{\eta}{100}\right)}{(1-C_{fh})Q_{nd}}\times\frac{\alpha}{\alpha'}\times10^6 \tag{8-50}$$

式中，C_{bi}为当地当时锅炉污染物排放标准中烟尘浓度排放限值，mg/m³；η为净化设备的除尘效率，%；A为煤中灰分含量系数（通过煤质化验获得，取可获得各种煤质的最高数据）；d_{fh}为灰分中飞灰含量系数（可查阅表8-5）；C_{fh}为飞灰中可燃物含量系数（可查阅表8-6）。其他符号意义同式(8-49)。

首先将有关数据代入式(8-49)、式(8-50)进行计算，其两个结果分别为二氧化硫、烟尘排放按锅炉大气污染物排放标准计算的折算浓度，该值小于当时当地锅炉排放浓度标准限值时，说明被评价的除尘设备、脱硫设备具有稳定达标能力。

2. 净化设备性能指标核算方法

除尘、脱硫效率虽为净化设备的重要指标，但在选择净化设备时不能忽略其他相关参数。这些参数为：额定风量条件下净化设备的阻力损失、烟气排放温度、烟气含湿量。

(1) 净化设备阻力损失　不同类型净化设备在处理相同风量时的阻力损失相差很大，这与净化设备的结构有关。当净化设备的阻力与锅炉系统阻力之和大于配置风机的风压时，则风机提供的风量不足，严重时将导致锅炉呈正压，达不到满负荷运行要求。阻力损失主要来源于锅炉风道系统阻力和净化设备阻力，其中锅炉风道系统阻力可查阅锅炉风道设计资料，净化设备阻力一般从产品说明书中选取。净化设备阻力的评价方法可按式(8-51)测算：

$$P_0>(P_1+P_2)\times(1+K) \tag{8-51}$$

式中，P_0为风机在设计风量下入口处全压，Pa（可查阅配制的风机特性曲线）；P_1、P_2分别为锅炉系统阻力和净化设备阻力，Pa；K为附加系数（可取0.1～0.15）。

当锅炉和烟道管网的设计确定后，锅炉系统阻力已固定，只有选择净化设备，使其阻力满足式(8-51)要求，才能符合风机的额定负荷。在实际工作中应尽可能选择阻力小的净化设备，这样可减少运行中的能量消耗，提高风机的工作效率。附加系数是考虑到锅炉运行一定时间后，因烟道积灰而造成的阻力增加情况。

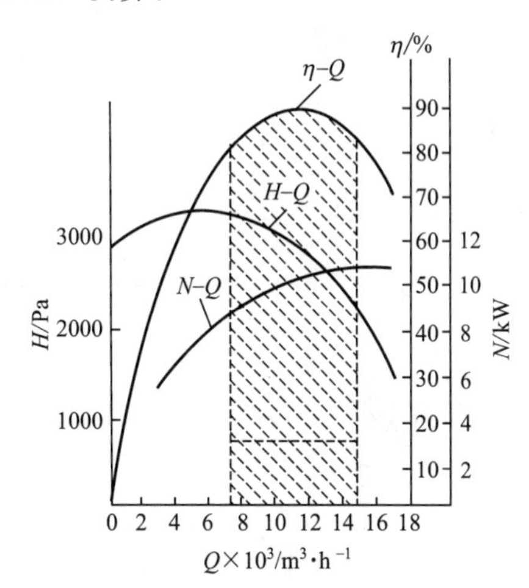

图8-17　风机特性曲线

图8-17是某风机的特性曲线。图中斜线区域是风机最佳工作状态区，(风机的效率最佳）其中H-Q曲线为

风压-风量工作曲线。在选择净化设备时，首先在配制风机“特性曲线”H-Q上，依据锅炉需求风量查出对应风压，该值就是式(8-51) 中的P_0值。

(2) 烟气含湿量与露点温度　在选择湿式烟气净化设备时，应注意烟气排放温度，保持在烟气露点以上，否则最好选取具有烟气排放再加温能力的湿式烟气净化设备，若没有烟气再加温系统应评价是否产生结露问题。首先依据湿式烟气净化设备产品说明书给出的烟气百分含湿量，然后将其转化为水蒸气分压，以该水蒸气分压值，查表 8-13 所对应的温度，即是烟气的露点温度。然后比较其烟气排放温度是否大于露点温度，若小于露点温度，说明烟气将会产生结露现象，因此不能采用。烟气百分含湿量转化为水蒸气分压力的方法如下：

$$P_{H_2O}=(B_a-P_S)\times X_{SW} \tag{8-52}$$

式中，P_{H_2O}为水蒸气的分压，Pa；B_a为季平均大气压力，Pa；P_S为负荷运行时入口处静压力，Pa；X_{SW}为净化设备出口含湿量，%。

例如：B_a=101325Pa ；P_S=1800Pa；X_{SW}=0.08；计算得到 P_{H_2O}=7962Pa，查表 8-13，露点温度 42℃时，饱和水蒸气压为 8199.18Pa，说明若湿式净化设备处理后的烟气不能低于 42℃，否则就会发生结露现象。一般湿式净化设备说明书都注明排烟温度参数，但有时出入较大，最好采用同类产品的实际烟温进行核对。

表 8-13　水的饱和蒸汽压

温度/℃	饱和压力水蒸气/Pa	温度/℃	饱和压力水蒸气/Pa	温度/℃	饱和压力水蒸气/Pa	温度/℃	饱和压力水蒸气/Pa	温度/℃	饱和压力水蒸气/Pa
1	657.27	21	2486.42	41	7777.89	61	20851.25	81	49288.40
2	705.26	22	2646.40	42	8199.18	62	21837.82	82	51314.87
3	758.59	23	2809.05	43	8639.14	63	22851.05	83	53407.99
4	813.25	24	2983.70	44	9100.42	64	23904.28	84	55567.78
5	871.91	25	3167.68	45	9583.04	65	24997.50	85	57807.55
6	934.57	26	3361.00	46	1008.56	66	26144.05	86	60113.99
7	1001.23	27	3564.98	47	10612.27	67	27330.60	87	62220.44
8	1073.23	28	3779.62	48	11160.22	68	28557.14	88	64940.17
9	1147.89	29	4004.93	49	11734.83	69	29823.68	89	67473.25
10	1227.88	30	4242.24	50	12333.43	70	31156.88	90	70099.66
11	1311.87	31	4492.86	51	12958.70	71	32516.75	91	72806.05
12	1402.53	32	4754.19	52	13611.97	72	33943.27	92	75592.44
13	1497.18	33	5030.16	53	14291.90	73	35432.12	93	78472.15
14	1598.51	34	5319.47	54	14998.50	74	36956.30	94	81445.19
15	1705.16	35	5623.44	55	15731.76	75	38542.81	95	84511.55
16	1817.15	36	5940.74	56	16505.02	76	40182.65	96	87671.23
17	1937.14	37	6275.37	57	17304.94	77	41875.81	97	90937.57
18	2063.79	38	6619.34	58	18144.85	78	43635.64	98	94297.24
19	2197.11	39	6991.30	59	19011.43	79	45462.12	99	97750.22
20	2338.43	40	7375.26	60	19910.00	80	47341.93	100	101.325

二、净化设备的安装、维护和日常管理

1. 净化设备的质量检查

首先依据厂方提供的技术资料，检查净化设备结构是否符合图纸与合同要求，辅助配件是否齐全，进一步检查内外部焊缝和内壁，要求焊缝严密不漏气，设备内壁光滑、平整无毛刺。检查设备所有法兰连接件，要求法兰配套、法兰螺孔要配钻、法兰面应平整、法兰与管件焊接要垂

直。对内衬防腐耐磨材料的净化设备应要求表面平滑，粘合牢固无缝隙。对具有锁气器的净化设备，要求锁气器加工光洁度高，配合面平整，传动机构动作灵活，往复开关性能良好，开时出灰通畅，闭时严密不漏气。

2. 净化设备的安装

根据设备自重和工作时的负重，合理实施土建基础施工，保证长期稳定运行，不发生沉降现象。设备的支撑架体应具有足够的强度，而使整体结构易于设备的安装和拆卸。并留有安装、维护时人员上下的阶梯和安全通道。

在安装净化设备时应保证设备安装牢固并处于水平状态。各管道接口严密不漏气。对设备的进出管道，按环保要求留有监测孔位和监测操作平台。在进行管道连接时尽可能减少弯道和避免管道出现向下折角而造成积灰的死角现象，在连接管道与阀门时应注意含尘气体的流速和流向，一般设计管道内气体流速 10～15m/s，其流向应保证气体进入和流出净化设备时走向一致，对口径较大的入口最好加设气体稳流装置以保证进入净化设备的烟气分布均匀，有利于除尘脱硫效果的提高。气体稳流装置是在烟管内，沿管道方向安装平行板，使其平行板间距控制在 10～20cm，它可以起到对气流的导流作用。在安装净化设备时，特别注意设备的人孔、观察孔、检修门和管件安装后的气密性。对湿式净化设备的上下水道接口要密封不漏水。整体设备与风机的连接采用软连接方式以防止风机震动对管网和净化设备产生不利影响。

3. 净化设备的日常管理与维护

(1) 净化设备的调试和试运行 安装完毕净化系统，需通过调节连续试运行，直至达到设计要求后方可交付使用。在试运行设备启动前，应进行详细检查，清理杂物。启动时调小风阀，以免造成启动电流过载。对湿式除尘器在启动风机前首先启动水泵并调整水循环的流量，观察水压变化。当水压过高而流量调不大时，说明水路循环有障碍，应检查排除再试，直到流量达到设计要求。这时可启动风机调节风阀至满负荷风量。同时观察风机入口压力（全压）变化，当调整风量为正常运行值时，入口风压点位于 H-Q 曲线斜线区域，说明风机处于良好的工作状态，此时气路、水路处于正常状态，系统可开始进入连续试运行阶段。

在试运行阶段，对旋风除尘器应检查排灰通道是否畅通，锁气器动作是否灵活，动作复位后是否漏气。对湿式除尘器应通过观察孔观察喷头雾化情况，水雾分布是否均匀，如存在明显不均匀现象，会造成烟气短路，影响脱硫效率，应调整喷头位置和方向，使水雾达到最佳均匀状态。同时检查排水流量是否稳定，如随着时间增长，排水流量减小，则说明水路有堵塞问题，要检查原因予以排除。对泡沫除尘器应观察泡沫层的分布厚度及均匀程度，是否有烟气短路现象，可通过给水流量使其达到最佳状态。当水路调节完毕后观察排放烟气有无带水现象，若带水严重应检查脱水器的工作状况，寻找原因给予排除。

(2) 净化设备维护和日常管理工作　经连续试运行一定时间（最小 24h）设备可交付使用。在日常使用中首先要建立健全环保管理机构，配备一定的专业技术人员和管理维护人员，有计划地进行环保科普知识教育，讲授环保设施的构造、工作原理及操作技术、维修保养等基本知识。在提高干部的管理水平和工人的素质的同时，还必须对各项环保设施制订操作规程与管理制度、设备维修保养制度和运行工况的检查制度等各种规章制度。由于烟气净化设备种类繁多，其维护方式各有特殊要求，所以在制订维护保养制度时应参照有关说明书，将其条款写入管理制度中。一般的维护保养规定如下：

① 建立设备运行检查记录，应包括锅炉运行负荷和运行时间，煤的用量和种类、灰分、含硫量，电机的电流和电压值，烟气温度和压力，循环水的 pH 值，脱硫剂投放时间和投放量，设备运行中的异常情况，设备停止运行的时间和采取的措施。

② 设备短时停止时，应先停风机后停循环水，以保证设备中烟气腐蚀成分清除干净。设备运行时应保证循环水 pH 值在 7～9 的范围；设备长期停用时，首先进行内部清淤和清洁，并检查防腐层有无腐蚀情况，如有腐蚀应予以修复，放出设备和管路中的积水，保持干态封存。

③ 建立设备运行检查记录分析制度，对出现的问题和故障作出判断，定期对设备进行小修、

中修和大修。

④ 设备小修是在不停止运行条件下，不定期进行维护工作，如对水泵入口过滤器的更换、喷头清洗、设备表面腐蚀的清除防护。

⑤ 设备中修属于有计划的定期检修。一般是对各类净化器的易损部件（喷头），传动部件及有寿命的附属设备（风机、水泵）进行检查或更换。按事先安排的计划对设备进行清理和检修。如发现异常情况应及时修理或更换，确保系统正常连续运行。设备的中修可根据生产的实际情况，在停止运行中进行。中修完毕设备应马上投入运行。

⑥ 设备大修，一般安排在锅炉停炉时进行。此时，锅炉和烟气净化系统已完全停机，有比较充裕的时间。大修期间应对除尘、脱硫系统作全面系统地检查，尤其是引风机、电动机、灰尘输送系统、清灰机构、各类测试仪表控制装置等，应作为检修的重点。对某些设备和部件根据磨损情况及质量，该修复的修复，该更换的更换。

⑦ 在大修期间锅炉停止运行后，风机除尘、脱硫系统还需运行 10～15min，以排除残留烟气，保证维修人员的安全。在从事设备维修前应切断电源避免发生触电事故。

⑧ 要做好检修记录，健全设备档案。

参 考 文 献

[1] 金国森等．除尘设备．化工设备设计全书．北京：化学工业出版社，2002.

[2] 国家环境保护局，中国环境科学研究院．城市大气污染总量控制方法手册．北京：中国环境科学出版社，1991.

[3] 黄西谋．除尘装置与运行管理．第 2 版，北京：冶金工业出版社，1999.

[4] 国家环境环保总局科技标准司．中国环境保产品认定技术条件．第 1 册，1998.

[5] 王志波等．民用型煤环境影响与公众健康危害评价．北京：原子能出版社，1999.

[6] 吴鹏鸣等．环境空气监测质量保证手册．北京：中国环境科学出版社，1998.

[7] 周兴求，叶代启．环保设备设计手册．北京：化学工业出版社，2004.

[8] 姚强等．洁净煤技术．北京：化学工业出版社，2005.

[9] 李云生等．城市区域大气环境容量总量控制技术指南．北京：中国环境科学版社，2005.

第九章
工业锅炉供热节能应用技术

第一节　热源与热媒的选择及其经济效益分析

一、工业锅炉供热任务与范围

工业锅炉供热技术就是研究并实施将热源从锅炉房输送到各用户的工程技术及其节能减排方法，以取得最佳经济效果。这就是工业锅炉供热工程的主要任务与服务范围。其具体情况，可分以下几种类型。

1. 按工业锅炉供出热媒状态划分

(1) 蒸汽供热 { 过热蒸汽供热；饱和蒸汽供热

(2) 热水供热 { 高温热水供热；低温热水供热

(3) 有机载体供热 { 导热油供热；其他有机载体供热

(4) 热风供热（输出热风供热）

(5) 新型能源供出相应热媒 { 秸秆等废料供热；沼气供热、太阳能供热；地热水供热、核能供热等

2. 按工业锅炉供热对象划分

①生产工艺供热；②热电联产供热；③采暖、通风、空调、制冷供热；④大型公建供热（商场、宾馆、饭店、洗浴、游乐场、游泳馆等）；⑤饮水及生活热水供热。

供热工程涉及如此广泛的应用范围，本章不可能面面俱到，只能在有限篇幅内，抓其重点，主要介绍集中采暖与生产供热两个方面的内容及其节能减排的相关应用技术。

二、供热系统热源的选择与经济效益分析

1. 确定热源方案

热源的选择涉及该地区有关合理用能与整体规划问题，应该充分利用当地资源，并尊重、服从整体规划。同时还涉及热源、热网与热用户三者之间的关系与具体情况，应当了解清楚，做到

心中有数。选择的热源方案是否符合节能减排的规定与要求、还须经过调查研究，摸清热用户的性质与要求、供热负荷的大小与特点、热媒的种类与供热方式等方面的具体情况与资料，经过综合技术经济论证比较，进行全面分析，方可择优确定。

目前常用的集中供热系统热源有以下几种。

(1) 热电厂供热系统　本处所列热电厂系指城市或某个地区规划所建热电厂，一般规模较大，安装具有可调节抽汽口的汽轮发电机组，如图 9-1 所示。经热平衡测试，所绘热流图见图 9-2。由于该系统具有可调节抽汽口的供热汽轮机组，能根据区域热用户的用热负荷变化来调节抽汽量。当抽汽量很小时，可以按凝汽式电厂运行，提高电厂效率。从锅炉产生的高温、高压蒸汽进入汽轮机，推动汽轮机高速旋转而产生电能。蒸汽在汽轮机内膨胀做功降压后，可抽出适量蒸汽供热。剩余者做功后降至冷凝器所维持的真空度，然后进入冷凝器排出冷凝水。

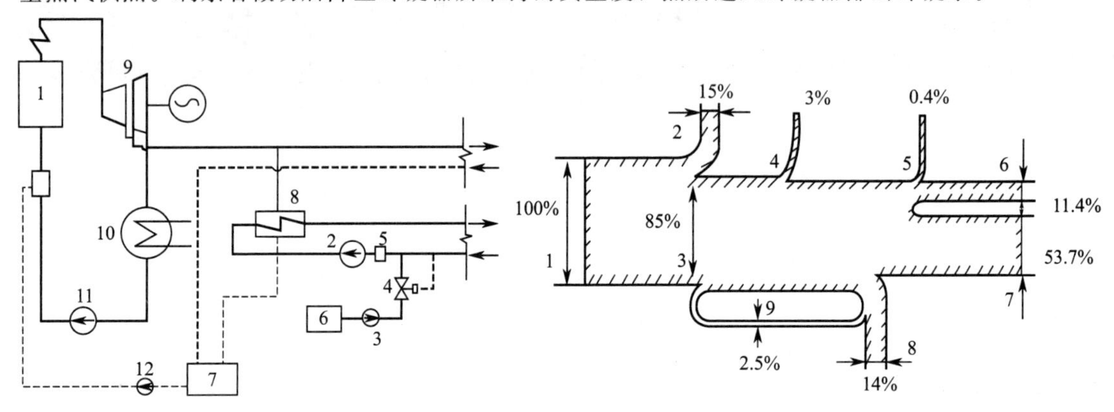

图 9-1　热电厂供热系统

1—锅炉；2—热水网循环水泵；3—补给水泵；4—压力调节阀；5—除污器；6—水处理设备；7—凝结水箱；8—热网水加热器；9—汽轮发电机组；10—冷凝器；11,12—凝结水泵

图 9-2　C6-50/10 型机热流图

1—燃料的热能；2—锅炉设备损失；3—转化为蒸汽的热能；4—汽水损失；5—汽轮机机械损失，发电机的损失；6—变为电能的有效热能；7—供热热能；8—凝汽器冷源损失；9—汽轮机凝结水的热能

(2) 热电联产供热系统　此种供热方式与热电厂无原则区别，多用于工厂企业的自备电厂，规模较热电厂小。安装的是背压式汽轮发电机组，进行热电联供，按“以热定电”原则进行运行。一般采用工业锅炉，所产生高温高压蒸汽，推动汽轮机高速旋转，带动发电机发电。蒸汽发电降温、降压后从汽轮机排出，进行供热。也可以视用户需要经换热器产生高温热水供热。蒸汽系统的凝结水和热网水进行集中回收，经净化、除氧和化学处理后再作为锅炉的补给水。背压式热电联产系统如图 9-3 所示，经热平衡测试所绘热流图见 9-4。

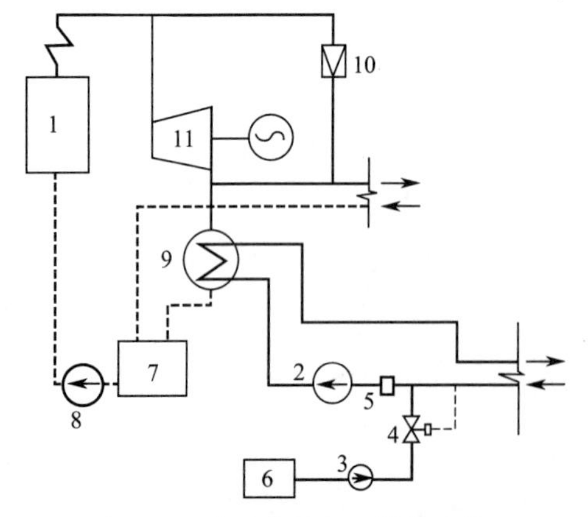

图 9-3　背压式热电厂供热系统

1—蒸汽锅炉；2—循环水泵；3—补给水泵；4—压力调节阀；5—除污器；6—补充水处理装置；7—凝结水回收装置；8—锅炉给水泵；9—热网水加热器；10—减压减温装置；11—背压式汽轮发电机组

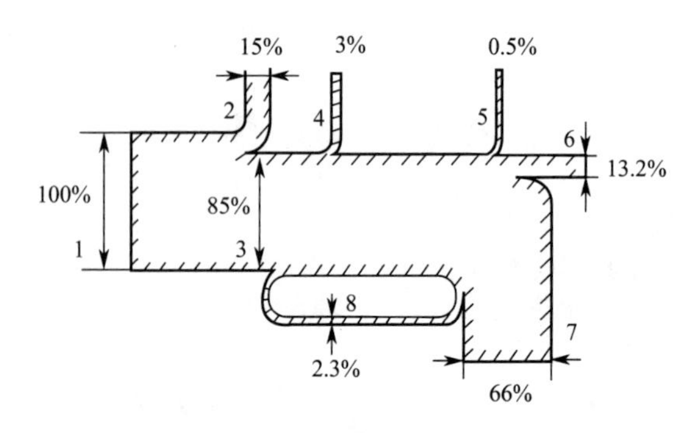

图 9-4　B6-50/10 型机热流图

1—燃料的热能；2—锅炉设备损失；3—转化为蒸汽的热能；4—汽水损失；5—汽轮机机械损失、发电机损失；6—变为电能的有效热能；7—供热热能；8—汽轮机回热的热能

(3) 区域热水锅炉房供热系统　以高温热水或低温热水为热媒的区域锅炉房供热系统如图 9-5 所示，经热平衡测试，其热流图见图 9-6。该系统利用循环水泵 2 使水在系统中循环。水在热水锅炉 1 内被加热到用户要求的温度，通过供水干管输送到热用户，供采暖、加热生活用热水或生产供热。热水在各用户散热降温后，又被热水循环泵抽回到锅炉再重新加热。系统中损失和消耗的水量由补给水泵 3 再供锅炉补充水，须经除氧和化学处理后变为净化水。系统的水压力由压力调节阀 4 进行调节。有关热水锅炉定压问题，将在以后详细叙述。

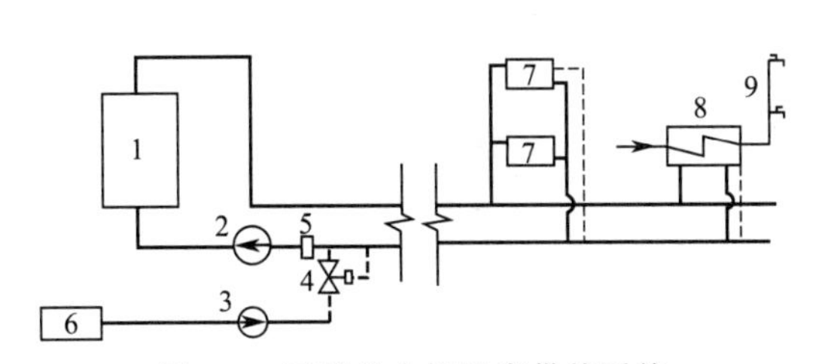

图 9-5　区域热水锅炉房供热系统

1—热水锅炉；2—循环水泵；3—补给水泵；4—压力调节阀；5—除污器；6—补充水处理装置；7—供暖散热器；8—生活热水加热器；9—生活用热水

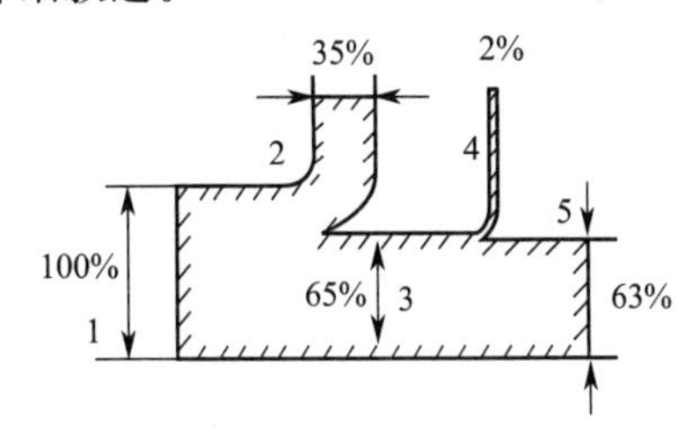

图 9-6　10t/h 锅炉热流图

1—燃料的热能；2—锅炉设备损失；3—转化蒸汽的热能；4—汽水损失；5—供热热能

(4) 区域蒸汽锅炉房集中供热系统　以蒸汽为热媒的区域锅炉房集中供热系统如图 9-7 所示，热平衡所测试的热流图基本与图 9-6 相似。锅炉所产生的蒸汽，有过热蒸汽与饱和蒸汽之分。所供出的蒸汽，经输汽管网供生产或供暖与生活用汽。也可把锅炉产出的蒸汽经热交换器 13 转变为热水，供给热水用户并循环使用。各个蒸汽用户所产生的蒸汽凝结水，经冷凝水回收装置与管网返回凝结水箱 11，再经水处理合格后，用给水泵 12 注入锅炉。这样既回收了热量，又回收了水资源。

除上述外，还有分布在全国各地工矿企业的众多中小型工业锅炉、有机热载体锅炉，以及工业余热供热、地热水供热、太阳能供热等。前者已在本书有关章节中作了介绍，本章只略述有机热载体供热。有关余热锅炉供热放在本章第七节余热回收热能转换装置中叙述，其余供热方式从略，请参阅有关资料。

2. 热源厂经济效益分析

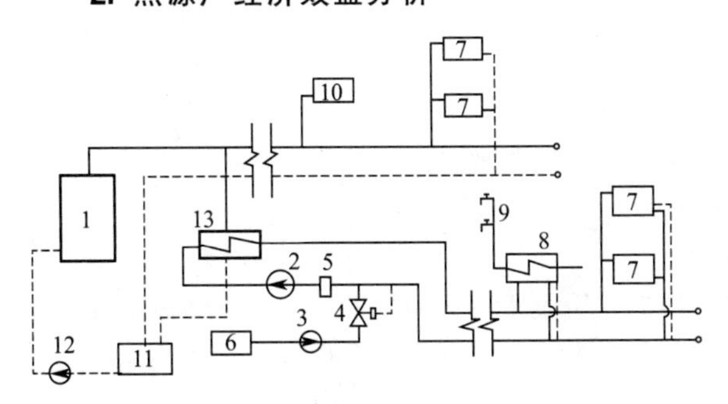

图 9-7　区域蒸汽锅炉房供热系统

1—蒸汽锅炉；2—循环水泵；3—补给水泵；4—压力调节阀；5—除污器；6—补充水处理装置；7—供暖散热器；8—生活热水加热器；9—生活用热水；10—生产用蒸汽；11—凝结水箱；12—锅炉给水泵；13—热网水加热器

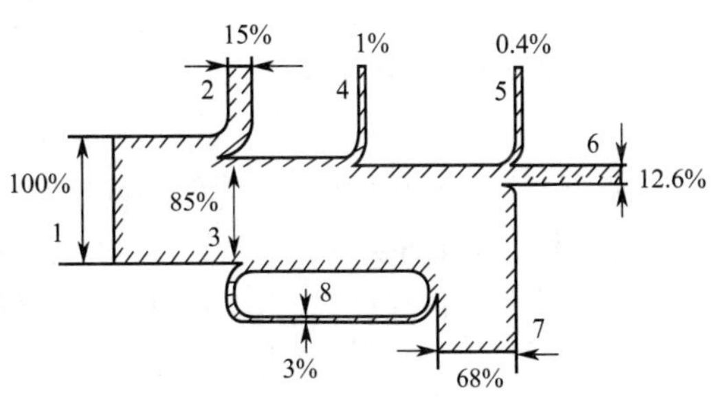

图 9-8　31-6-1 型汽轮机热流图（凝汽式机组）

1—燃料的热能；2—锅炉设备损失；3—转化为蒸汽的热能；4—汽水损失；5—汽轮机机械损失、发电机损失；6—变为电能的有效热量；7—凝汽器冷源损失；8—汽轮机凝结水的热能

上面简要介绍了目前国内集中供热系统主要常用的 4 种热源形式。实际应归纳为三种情况进行热经济效益对比分析，即热电分产、热电联产与普通供热锅炉房。一般凝汽式发电机组是遵循朗肯循环原理工作的，很多能量在冷凝过程中损失掉了，热效率很低，经热平衡测试所绘热流图如图 9-8 所示。其中汽轮机凝结水热能损失很大，通过采取多项技术措施，发电效率约为 30% 多，是很不经济的。而热电联产，不管是背压式或抽汽式发电机组，由于高压、高温蒸汽先用于发电，待降压、降温后再供热，实行能量梯级利用，提高了能量利用率，可产出一定数量的热能

和电能。热电联产方式比热电分产可节约1/3左右的燃料，综合效率可由50%提高到75%。可见，热电联产是热能和电能联合生产的一种高效能量转换生产方式。以燃煤方式的热电联产和热电分产进行比较，如图9-9所示。

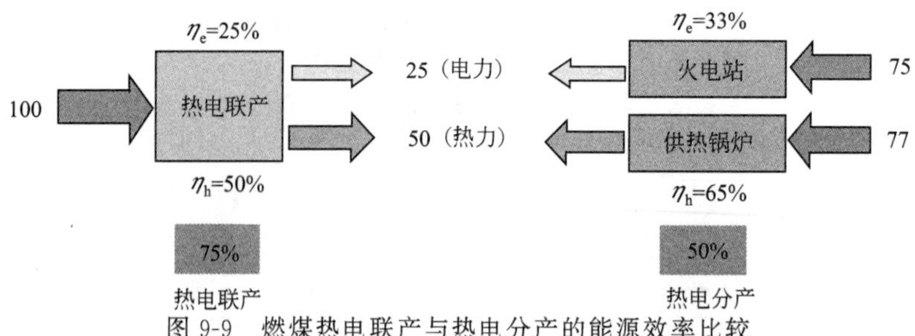

图9-9 燃煤热电联产与热电分产的能源效率比较

至于热电联产与普通燃煤集中供热锅炉房相比，其优越性就更明显了。从图9-2、图9-4与图9-6对比便知，使它们三者的锅炉热效率相近，那么热电联产的发电量就等于另外所增加的经济效益。因而集中供热选择普通燃煤锅炉房是很不经济的，应优选热电联产或热电厂。

热电联产的优越性还可从节能减排角度进行分析。对于一般中压热电联产厂，汽轮机带动发电机做功后，如能从汽轮机抽出4.18GJ（1Gcal）热量，就相当于节约140kg标煤；对于高压热电联产厂，如能再抽出4.18GJ（1Gcal）热量，就相当于节约170kg标煤，其经济效益是相当可观的。同时热电联产一般选用大型锅炉或循环流化床锅炉，便于集中进行环保治理，烟气达标排放。因此集中供热系统应优先选择热电联产或热电厂作为热源，是比较经济的。

选择热电联产作热源时，必须遵守"以热定电"原则。首先要保证机组供热能力，要与供热负荷匹配。在保证供热的前提下，再考虑发电问题，杜绝借故变为小热电厂。否则机组供出蒸汽远大于实际需要，就会造成浪费。小机组电厂属于国家明令淘汰的设备，即使采用抽汽式发电机组，如供热负荷太低时，就会自动转化为按凝汽式机组运行，其热效率更低。由此可见，对于稳定的供热负荷，最好选择背压式发电机组；对于变负荷，特别是夏季需要供冷的场合，或者多台发电机组需要调峰，则至少应选择1台抽汽式发电机组。如有大型公建设施，需要冬季供热、夏季供冷时，则应选配适量抽汽式发电机组，并应设置吸收式制冷机组，将富余蒸汽转化为冷量，实行"电、热、冷三联供"更为经济合理。

三、供热系统热媒的选择及对比分析

集中供热系统热媒有蒸汽和热水。其选择的依据主要是当地热用户的要求、耗热设备的种类与特点以及地区总体规划或者已建热源厂的锅炉类别。

1. 蒸汽热媒的选择

全部为生产供汽负荷、南方非采暖地区或生产工艺用汽所占比例很大、采暖负荷很小时，应选择蒸汽进行供热，如果采暖，可通过换热器转换为热水解决。蒸汽作热媒的主要优点是：

① 可利用热电联产排出的低压蒸汽供热，方便快捷，总体成本低，经济效益好；

② 蒸汽作热媒适用面广，能满足多种不同用户的需求；

③ 蒸汽输送管网直径较小，不用专门设泵输送，有时回收凝结水用泵，但耗电较少；

④ 蒸汽温度较高，在耗热设备中传热系数大，可减小该设备的换热面积，降低费用；

⑤ 蒸汽重度很小，可适应各种地形，方便地输送到各用户，不会像热水那样产生静压力，且连接简单，运行方便。

蒸汽作热媒的主要缺点是容易造成泄漏和闪蒸汽，在有些地方冷凝水难于回收，造成余热和水资源的浪费。因而在国外与国内上海等地，有用高温水代替蒸汽作热媒加热的，特别是近年采用导热油代替蒸汽加热发展很快，值得借鉴。

2. 热水作热媒的选择

全部为采暖负荷的供热系统，应选择热水作热媒。有些企业耗热设备主要是空调、暖风机、低温烘箱、干燥设备、纺织印染用热水槽及各种低温加热、空调盘管与换热设备等，一般选择热水作热媒。热水作热媒有以下优点：

① 热水供热系统热能利用率高。因为热水作热媒时无凝结水，不会产生蒸汽泄漏和闪蒸汽等问题，且热水锅炉排污率比蒸汽锅炉小得多，对锅炉水质要求较低，水处理费用少，可综合节能 20%左右。

② 以水为热媒采暖供热时，可按质调节方法进行调节，既可节能，又可较好地满足室内舒适度的要求。特别是能适应热水地板采暖方式，符合采暖供热发展趋势，这一点很重要。

③ 水的比热容大，系统中热水容量大，蓄热能力强。当热力工况或水力工况短时间发生故障时，不会明显引起供热状况大的波动。

④ 热水供热系统可用泵进行远距离输送，热能损失小，供热半径大，能适应城市集中供热规划要求，便于拆除污染严重的社区燃煤小锅炉。

⑤ 可充分利用热电联产排出的低压蒸汽，经换热后用于热水采暖。

热水作为热媒供热的主要缺点是温度较低，传热系数较小，热能利用率比较低，应尽可能采用高温水作热媒供热。

3. 高温热水作热媒的选择

高温热水供热在国外发展很快，得到了广泛应用；在国内对高温热水供热早已统一了认识，并颁发了 GB 3166《热水锅炉系列标准》。额定出口/进口温度（℃）规定为 95/70、115/70、130/70、150/90、180/110，其温差分别为 25℃、45℃、60℃、60℃和 70℃。如按出水温度 120℃作为高、低温热媒水的分界线，前边两组为低温热媒水供热，后边三组为高温热媒水供热。其主要优点如下：

① 高温热媒水供热，出水温度高，供回水温差大，因而热能利用率高，经济效益好。据大量热平衡测试与节能监测资料分析显示，在锅炉容量相同、排烟温度与炉渣含碳量相近、负荷率大于 80%条件下，热水锅炉热效率主要与燃煤发热量和供、回水温差有关。低温热水锅炉供、回水温差小，而高温热水温差大，锅炉效率相比较高。

② 锅炉出水温度高，供、回水温差大，在同样供热负荷条件下，热媒水循环流量减小。因而循环水泵功率降低，输送管网直径变小，可节省电耗，降低管网投资。

③ 高温热媒水温度高，换热器传热系数 K 值大，热交换器面积可相应缩小，换热效果好，投资可降低。

④ 由于热媒水温度高，可扩大高温热水的应用范围，代替部分蒸汽供热。

⑤ 热媒水温度高，有利于设置中间换热站，经水-水换热器换热后供用户采暖，扩大了供热半径，有利于拆除城市社区燃煤小锅炉，减少环境污染，符合节能减排要求，改善城市环境卫生，建设和谐社区。

任何一项新技术，都有其特定的技术条件和要求。如按 GB 3166 规定施行高温热媒水供热，就必须提高锅炉运行压力。因而一次管网保温材料级别应相应提高，所用管网阀门等部件要适应，并应采取因突然停电可能造成水击或汽化的措施。对原有铺设的旧管网，因保温材料、防腐性能等不一定能满足新的要求，都应采取相应措施，得到妥善解决。对于新建热源厂，应尽可能采用高温热水供热。

目前有些城市，集中采暖锅炉房设计为高温热水采暖，而实际按低温热水锅炉运行，有的甚至按 95/70 系列运行，造成锅炉热效率降低，能源消耗高，应按设计规范运行。

四、有机热载体炉供热与优势

1. 有机热载体热媒供热优势与适用范围

有机热载体锅炉也叫导热油锅炉，是一种以煤、油、气为燃料，以导热油为循环介质供热的新型热能设备；是采用高温循环油泵强制导热油进行闭路循环，在将其供至用热设备放热后，再返回锅炉中再加热的直流式特种工业锅炉。有机热载体炉能在较低的运行压力下获得较高的工作温度，可进行稳定供热与温度调节，具有低压、高温的工作特性。一般工作压力不高于 1MPa，而供热温度可达到液相 340℃或气相 400℃。

有机热载体锅炉作为锅炉家族中的新成员，有着广泛的用途。凡是需要均匀稳定间接加热，且不允许火焰直接加热，工艺加热温度在 150～380℃之间的各种生产场合，都可以采用有机热载体锅炉供热。特别是近年来国家提出节能减排、保护环境的政策，有机热载体锅炉更显出其优越特性。如在石油化工、原油管网输送、纺织印染、塑料加工、橡胶制品加工、食品加工、木材干燥、沥青加热、纸箱生产、蔬菜脱水、烤漆、铸造砂模烘干、药品生产等领域得到日益广泛的应用。

有机热载体锅炉的技术特性可由主要参数来表征，如供热量或热功率、供油温度、回油温度、工作压力、循环流量、适用热载体、适用燃料、燃料消耗量、热效率、排烟温度、烟尘排放浓度及烟气黑度等。

按 GB/T 17410—2008《有机热载体炉》规定，有机热载体炉可分为液相炉和气相炉。各个锅炉厂家根据自己的生产习惯已形成了一些不同的分类方法。按燃料种类分，有：燃煤、燃油、燃气、燃水煤浆及电加热的有机热载体炉；按有机热载体循环方式分，有：自然循环和强制循环锅炉；按有机热载体锅炉本体结构分，有：盘管式、管架式和锅壳式锅炉；按有机热载体锅炉整体结构分，有：立式和卧式锅炉。

2. 有机热载体的种类与特性

热载体是一种用来传递热量的中间媒体。有机热载体是一种有机化合物，通常为油状液体，因为在工业上用作传热介质，也称导热油。按其生产方法可分为矿物型导热油和合成型导热油两大类。

(1) 矿物型导热油　矿物型导热油是以石油高温裂解过程或催化裂化过程生产的馏分油产品作为原料，再经过深度加工，加入清净分散剂和抗氧化剂等添加剂精制而成的。矿物型导热油原料来源比较丰富，价格便宜，制造工艺简单，无毒无味，常温下不易氧化，使用温度可达到液相 340℃。

(2) 合成型导热油　合成型导热油是以化工或石油化工产品为原料，经有机合成工艺制得的。这类产品加工复杂，成本较高，使用温度也较高，热稳定性也较好。

我国目前使用的矿物型导热油比较多，合成型导热油较少。常用的有燕山石化总厂生产的 YD 系列导热油、江阴化工一厂生产的 JD 系列导热油等。

导热油多呈淡黄色或褐色，大部分无毒无味，少数具有一定程度的毒性和刺鼻臭味。具有较好的热稳定性，黏度不大，输送性能好，一般不腐蚀金属设备。使用中油温超过 80℃时必须有隔离空气措施，否则导热油会被急剧氧化而变质，影响使用。导热油都是可燃的，使用中必须注意防火要求，确保安全。导热油超温工作时会产生裂解而析出炭，使油黏度增加，传热效果下降，造成结焦，甚至引发过热事故。

导热油的技术特性可用以下几方面参数来表示：闪点、残炭、酸值、沸程、密度、燃点、凝固点、蒸气压、最高使用温度、膨胀系数等等。其中最高使用温度是导热油最主要的一个技术指标，它表示导热油在这一温度下工作，能保持热稳定性，不分解、变性、降质或发生事故。因而必须控制导热油在最高使用温度以下工作，不得超温使用。

3. 有机热载体锅炉的结构与工作原理

(1) 盘管式有机热载体炉　盘管式有机热载体炉应当说是一种经典炉型，分为立式和卧式两种，主要由本体和燃烧室两大部分组成。根据锅炉容量，烟气流程，可采用三回程或两回程结构。本体由圆形盘管、支撑钢架、外壳保温层及附件组成。使用固体燃料，一般 0.7MW 以下的使用手摇固定炉排，而 0.7MW 及以上使用链条炉排，如图 9-10 所示。如使用液体或气体燃料，其燃烧室由盘旋而成的盘管组成膜式壁，如图 9-11 所示。由于有机热载体的出口温度较高（一般 300℃左右），所以其排烟温度也较高，应在尾部增设空气预热器，以提高锅炉的热效率。

盘管式有机热载体炉具有结构紧凑、占地面积小、材料省、造价低、投资省等优点。但因容量小，一旦发生停电，循环油泵停止运转，炉墙蓄热和炉膛内燃料余热会促使炉管中的导热油超温裂解，造成结焦甚至烧穿炉管，甚至发生火灾。因此这类锅炉最好设双电源，若无双电源突然停电，应马上停止进料，打开炉门或清灰门，清除残余燃料，开通冷油置换阀，使膨胀槽中的冷

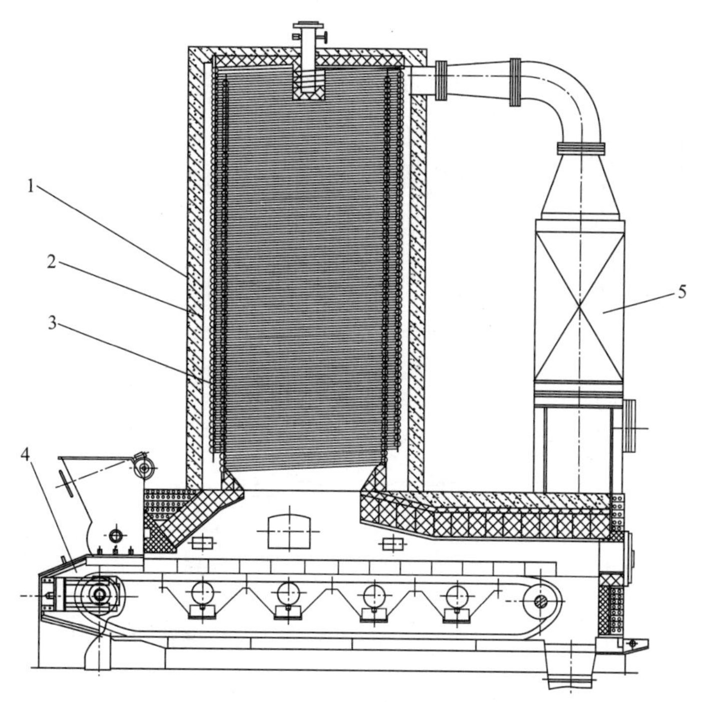

图 9-10 链条炉排盘管式有机热载体炉

1—外壳保温层；2—支撑钢架；3—盘管受热面；4—炉排；5—空气预热器

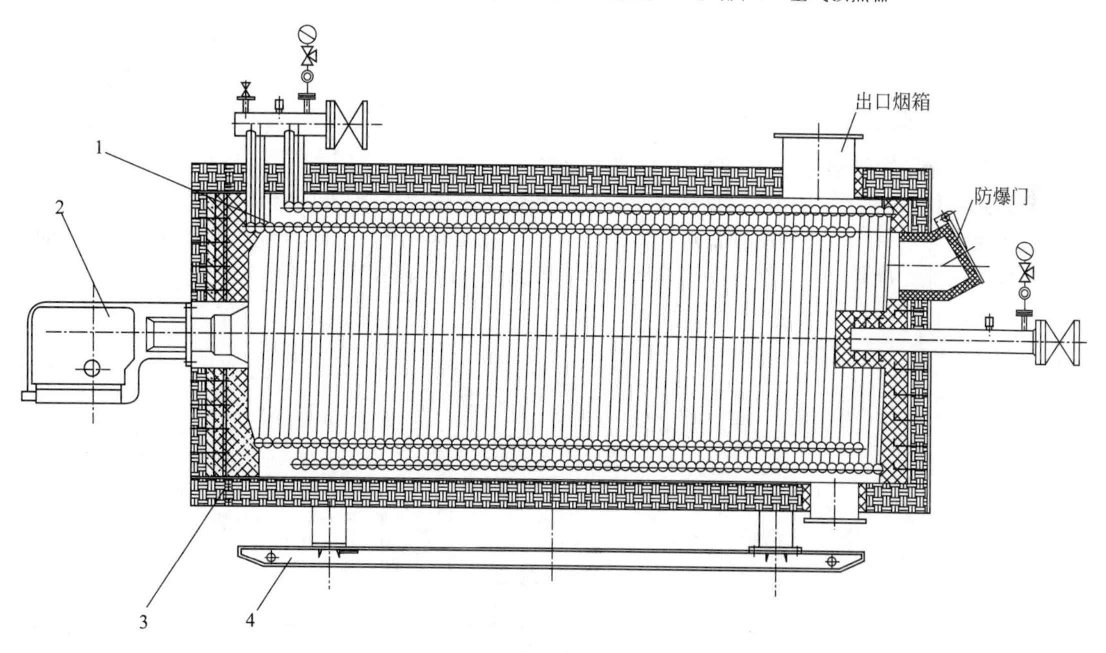

图 9-11 燃气盘管式有机热载体炉

1—盘管受热面；2—燃烧器；3—外壳保温层；4—支撑底座

油靠静压力进入炉内，将炉管内热油排入储油槽，防止因超温发生事故。

(2) 管架式有机热载体炉　管架式有机热载体炉容量较大，热功率可达到 14MW，为组装式链条炉排锅炉。一般分上部组件、下部炉排及尾部空气预热器三部分，可组装出厂。本体由辐射受热面及对流受热面组成，炉排设计为轻型链条炉排，尾部设有空气预热器及多管（或旋风）除尘器，如图 9-12 所示。

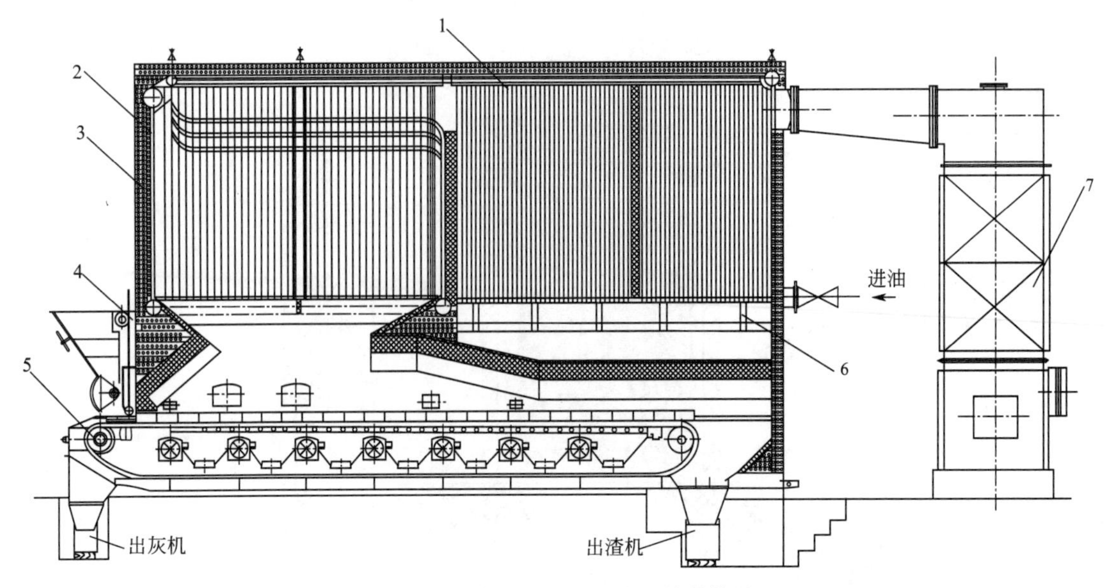

图 9-12　链条炉排管架式有机热载体炉

1—对流受热面；2—辐射受热面；3—外壳保温层；4—钢架；5—链条炉排；6—本体底座；7—空气预热器

管架式有机热载体炉的燃烧效率和烟气除尘效果都比盘管式大有提高，且锅炉主体分为上、下两部分，安装运输方便，是目前国内使用较多的一种炉型。但仍然存在发生停电，炉管内导热超温问题。

(3) 锅壳式有机热载体炉　锅壳式有机热载体炉主要是针对上述两种炉型设计的，多以链条炉排和往复炉排为主。但是在生产实践中，没有很好地解决上述问题，且锅壳底部易出现鼓包甚至开裂问题，因此这种炉型并不适合有机热载体炉。

4. 有机热载体炉供热工作系统与主要功能

有机热载体气相炉多采用自然循环系统，而液相炉主要采用强制循环系统，即液相炉中的导热油是靠循环油泵的压头打入热网系统供热的。循环油泵在系统中的安装位置不同，又分为注入式和抽吸式强制循环系统。盘管式和管架式有机热载体锅炉的循环系统大多设计为注入式，如图 9-13 所示。

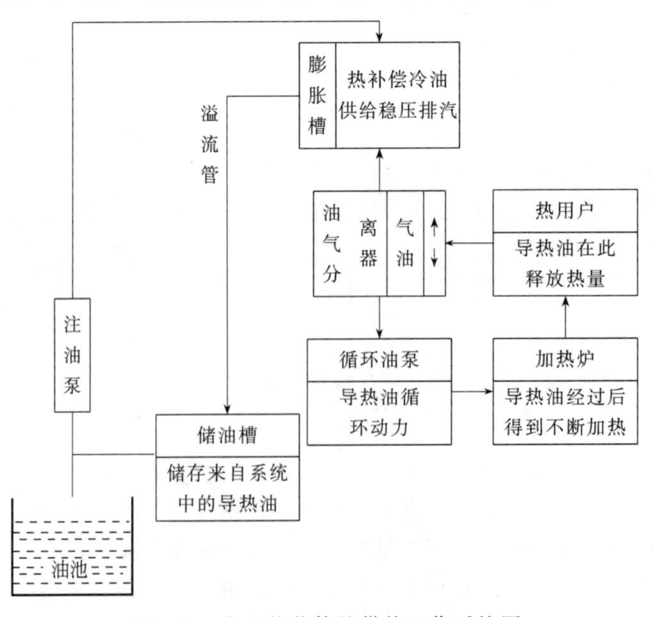

图 9-13　有机热载体炉供热工作系统图

在工作系统框图中，有机热载体是由循环油泵输出→加热炉→热用户（即用热设备）→油气分离器，再进入循环油泵。这是一个主循环回路。其他部分有膨胀槽、储油槽、注油泵等都是不可缺少的辅助系统，其主要功能如下。

加热炉：即有机热载体炉，是将燃料燃烧，并将热量传给热载体的设备。

热用户：即用热设备，系从热载体中吸收热量，供生产所用的设备。

油气分离器：将循环中的导热油所析出的气体分离出来，保证系统能正常稳定的工作。

循环油泵：推动导热油在系统内不断循环，克服整个循环系统中的阻力。

膨胀槽：吸收系统中的导热油由于受热膨胀所增加的体积，补充系统中导热油损耗，稳定系统中的压力，并将油气分离器中分离出的液体进一步分离，将气体排出。

储油槽：储存来自系统、膨胀油槽排出的导热油，正常工作时处于低液位，膨胀油槽液位高于最高液位后由溢流管泄放至储油槽。

过滤器：有机热载体供热管网中的杂质，对系统运行是很不利的，可通过过滤器分离出来。在供热系统正常运行一段时间后，定期将杂质排出。

第二节　热负荷的计算与确认

工业锅炉供热系统的热负荷是供热工程中最基本的数据，直接关系到供热方案优选、设备配置是否匹配、热源容量的确定是否合理、热网的设置是否满足需要及散热设备的数量等。

一、热负荷的分类与计算

在工业锅炉供热系统中，主要热负荷分为：采暖通风热负荷、生活热负荷、生产热负荷。供热负荷通常又可分为基本热负荷及尖峰负荷。虽然尖峰负荷全年运行时间少，但它的小时热负荷值却很大，一般要占到设计热负荷（即最大热负荷）的20%～50%。因此有条件时可采用多热源联网调峰。

1. 采暖通风热负荷

在冬季供暖房间会发生某些热量收入，并产生各种热量损失。要求室内具有一定的温度，就必须保持房间在此温度下的热平衡，供暖热负荷就是根据冬季供暖房间的热平衡决定的。

随着社会的进步，人们生活质量的提高，能源供应面临紧迫形势，为推行节能建筑设计，建设部制定了JGJ 26《民用建筑节能设计标准》，自1996年7月1日开始施行，以后又陆续进行修订，大力推行节能建筑设计。目前全国各地实际建筑标准还不是完全一致，所以供暖通风、空调热负荷宜采用经核实的建筑物热负荷。设计热负荷计算见《采暖通风与空气调节设计规范》及《民用建筑热工设计规范》（GB 50176）。当无建筑物设计热负荷资料时，民用建筑的采暖通风、空调及生活热水热负荷，可按下列方法计算。

(1) 采暖热负荷

$$Q_h = q_h A \times 10^{-3} \tag{9-1}$$

式中，Q_h 为采暖设计热负荷，kW；q_h 为采暖热指标，W/m^2，可按表9-1取值；A 为采暖建筑物建筑面积，m^2。

表9-1　采暖热指标推荐值　　单位：W/m^2

建筑物类型	住宅	居住区综合	学校、办公	医院、托幼	旅馆	商店	食堂、餐厅	影剧院、展览馆	大礼堂、体育馆
未采取节能措施	58～64	60～67	60～80	65～80	60～70	65～80	115～140	95～115	115～165
采取节能措施	40～45	45～55	50～70	55～70	50～60	55～70	100～130	80～105	100～150

注：1. 表中数值适用于我国东北、华北、西北地区；严寒地区热指标取较大值，其他地区取下限值。

2. 热指标中已包括约5%的管网热损失。

(2) 通风热负荷

$$Q_v = K_v Q_h \tag{9-2}$$

式中，Q_v 为通风设计热负荷，kW；Q_h 为采暖设计热负荷，kW；K_v 为建筑物通风热负荷系数，可取0.3～0.5。

(3) 空调热负荷

$$Q_a = q_a A \times 10^{-3} \tag{9-3}$$

式中，Q_a 为空调冬季热负荷，kW；q_a 为空调热指标，W/m²，可按表9-2取值；A 为采暖建筑物的建筑面积，m²。

表9-2 空调热指标 q_a 推荐值 单位：W/m²

建筑物类型	办公	医院	旅馆、宾馆	商店、展览馆	影剧院	体育馆
热指标	80～100	90～120	90～120	100～120	115～140	130～190

注：1. 表中数值适用于我国东北、华北、西北地区。
2. 严寒地区热指标取较大值，其他地区取下限值。
3. 采用热泵空调机组时，可按实际热指标取值。

2. 生活热水热负荷

(1) 生活热水平均热负荷

$$Q_{wa} = q_w A \times 10^{-3} \tag{9-4}$$

式中，Q_{wa}为生活热水平均热负荷，kW；q_w 为生活热水热指标，W/m²，应根据建筑物类型，采用实际统计资料，居住区可按表9-3取值；A 为建筑面积，m²。

表9-3 居住区生活热水日平均热指标推荐值 单位：W/m²

用水设备情况	热指标
住宅无生活热水设备，只对公共建筑供热水时	2～3
全部住宅有淋浴设备，并供给生活热水时	5～15

注：1. 冷水温度较高时采用较小值，冷水温度较低时采用较大值。
2. 热指标中已包括约10%的管网热损失在内。

(2) 生活热水最大热负荷

$$Q_{wmax} = K_h Q_{wa} \tag{9-5}$$

式中，Q_{wmax}为生活热水最大热负荷，kW；Q_{wa}为生活热水平均热负荷，kW；K_h 为小时变化系数，根据用热水计算，数值按《建筑给排水设计规范》（GBJ 15）规定取值。

3. 生产热负荷

生产热负荷包括生产工艺热负荷、生活热负荷和工业建筑物采暖、通风、空调热负荷。生产热负荷一般为全年性热负荷，但也有季节性的。各类型生产企业的单位产品耗能量存在很大差异，一般须通过调研来确定。生产工艺热负荷的最大、最小、平均热负荷和凝结水回水率，应采用生产工艺系统的实际数据，并应收集生产工艺系统不同季节的典型日（周）负荷曲线图。对各热用户提供的热负荷资料进行整理汇总时，应通过下列方法，对其进行平均热负荷的验算。

(1) 按年燃料耗量验算

① 全年采暖、通风、空调及生活燃料耗量

$$B_2 = \frac{Q_a}{Q_L \eta_b \eta_s} \tag{9-6}$$

式中，B_2 为全年采暖、通风、空调及生活燃料耗量，kg；Q_a 为全年采暖、通风、空调及生活热耗量，kg；Q_L 为燃料平均低位发热量，kJ/kg；η_b 为用户原有锅炉年平均运行效率，%；η_s 为用户原有供热管网系统输送热效率，可取0.90～0.97。

② 全年生产燃料耗量

$$B_1 = B - B_2 \tag{9-7}$$

式中，B 为全年总燃料耗量，kg；B_1 为全年生产燃料耗量，kg；B_2 为全年采暖、通风、空调及生活燃料耗量，kg。

③ 生产平均耗汽量

$$D = \frac{B_1 Q_L \eta_b \eta_s}{[h_b - h_{ma} - \psi(h_{rt} - h_{ma})]T_a} \tag{9-8}$$

式中，D 为生产平均耗汽量，kg/h；B_1 为全年生产燃料耗量，kg；Q_L 为燃料平均低位发热量，kJ/kg；η_b 为用户原有锅炉年平均运行效率，%；η_s 为用户原有供热系统管网输送效率，可取 0.90～0.97；h_b 为锅炉供汽热焓，kJ/kg；h_{ma} 为锅炉补水热焓，kJ/kg；h_{rt} 为用户回水热焓，kJ/kg；ψ 为回水率，%；T_a 为年平均负荷利用时间，h。

(2) 按产品单耗验算耗汽量

$$D = \frac{WbQ_n \eta_b \eta_s}{[h_b - h_{ma} - \psi(h_{rt} - h_{ma})]T_a} \tag{9-9}$$

式中，D 为生产平均耗汽量，kg/h；W 为产品年产量，t 或件；b 为单位产品耗标煤量，kg/t 或 kg/件；Q_n 为标准煤发热量，kJ/kg，取 29308kJ/kg；η_b 为锅炉年平均运行效率，%；η_s 为供热系统管网输送效率，可取 0.90～0.97；h_b 为锅炉供汽热焓，kJ/kg；h_{ma} 为锅炉补水热焓，kJ/kg；h_{rt} 为用户回水热焓，kJ/kg；ψ 为回水率，%；T_a 为年平均负荷利用时间，h。

(3) 按实际耗热量或同行业耗热定额取值　当无工业建筑采暖、通风、空调、生活及生产热负荷的设计资料时，对现有企业应采用生产建筑和生产工艺的实际耗热数据，并考虑今后可能变化；对规划建设的工业企业，可按不同行业项目估算指标中典型生产规模进行估算，也可按同类型、同地区企业的设计资料或实际耗热定额计算。

(4) 热力网取值方法　热力网最大生产工艺热负荷应乘以同时使用系数。同时使用系数可取 0.6～0.9。

(5) 生活热水取值方法　计算热力网设计热负荷时，生活热水设计热负荷应按下列规定取值：干线取值时，应采用生活热水平均热负荷；支线取值时，用户如有足够容积的储水箱，可采用生活热水平均热负荷；用户如无足够容积的储水箱时，应采用生活热水最大热负荷；最大热负荷叠加时应考虑同时使用系数。

二、热负荷的收集与确认

为了给供热锅炉选型及管网设计提供科学合理的热负荷，除了进行必要的热负荷计算以外，还要对热用户实际用热量进行收集、分析，最后确认耗热量实际数值，做到供需平衡，热尽其用。

1. 收集项目

(1) 生产热负荷　主要收集生产过程中，工艺设备耗热量的昼夜变化、生产班次、检修和节假日运行等情况，同时要收集具有代表性的典型生产工艺小时热负荷，可代表月、季或某一阶段热负荷。

(2) 采暖热负荷　采暖热负荷是季节性热负荷，其变化取决于室外温度变化。

(3) 生活热负荷　生活热负荷一般为全年性热负荷，具有一定的季节性变化特性，可按生产热负荷方式填写。

(4) 凝结水回收量　蒸汽放热后冷凝水应千方百计设法回收和利用，不但可回收热量，还可减少锅炉补水量及水处理费用。对凝结水负荷主要收集各用户返回的凝结水量，是连续的还是间断的，以及用户出口凝结水温度、压力等数据。

2. 收集方法

热负荷的收集按上述项目分类进行，应与生产车间、锅炉房、生产管理部门进行密切配合，收集真实的耗热记录及产品生产计划、生产项目的扩建与改建等。采暖热负荷应由建设单位提供采暖面积并分别列出住宅、公共设施、工厂等不同建筑类型。由规划部门提供近、远期建设用热规划以及目前采暖区域划分、供热方式等。

3. 热负荷整理与确认

(1) 用汽量与用热量的界定　热负荷有用汽量和用热量两种量的概念。由于生产工艺和生产过程的差异，余热或凝结水回收利用的程度不同，首先应分别确定用汽量与耗热量。

① 用汽量　是生产工艺第一性的，无论工艺系统是直接用汽还是间接用汽，其用汽量必须保证（实际是保证其相应参数下的热量）。用汽量相同而用热量不一定相同。因蒸汽参数不同，其热量是不同的。工艺耗热量的差异是造成用热量不同的主要原因。对于间接用热工艺过程，用热量包括了蒸汽的显热和潜热；对于直接用热工艺过程，用热量则包括蒸汽的显热、潜热和热水温度降至周围环境温度时的热量。

② 耗热量和用热量　耗热量主要对间接用热工艺讲，也就是在工艺过程中，利用蒸汽显热、潜热及其疏水热量的回收程度，决定耗热量的大小；而用热量仅使用了显热和潜热，疏水热量不计入。对于间接用热工艺过程的疏水能全部回收时，用热与耗热在不考虑热损失时基本相同。

(2) 用汽量计算　本节核算出的热负荷，为平均热负荷，还应按产品实际耗热量或调研资料，分别计算各阶段的最大与最小热负荷。这些负荷对不同的热用户，其用热参数是不同的。绝大多数用户需要的是饱和蒸汽。以锅炉房为热源时，一般为饱和蒸汽；如以热电厂为热源时，一般供应过热蒸汽。将相近参数热负荷汇总，便于由热源厂以统一参数供应，并将各相近参数用户的用汽量换算为热源厂出口统一参数的蒸汽量。在初选热源机组容量简化计算时，取换算系数为0.95～0.97。用户要求参数高时取上限，低时取下限。每个用户的用汽量乘以换算系数，作为热源厂出口参数的供汽量。

为使计算准确，可根据用户所需饱和蒸汽热焓和热源厂出口的蒸汽热焓进行换算，按下式计算：

$$d_{h,tp}=\frac{\sum[d_h(h_z-h_s)]}{(h_{tp}-h_s)\eta_{hs}} \tag{9-10}$$

式中，$d_{h,tp}$为热源厂出口蒸汽量，t/h；d_h 为各用户需要的蒸汽量，t/h；h_z 为各用户要求的饱和蒸汽热焓，kJ/kg；h_s 为各用户处饱和水热焓，kJ/kg；h_{tp}为热源厂出口蒸汽热焓，kJ/kg；η_{hs}为热网输送效率，一般取0.95。

(3) 用户耗热量计算　用户耗热量不仅与用汽量有关，还与回水量及回水温度有关，其耗热量按下式计算：

$$Q_{h,tp}=d_{h,tp}[h_{tp}-h_{ma}-\psi(h_{rt}-h_{ma})]\times10^{-3} \tag{9-11}$$

式中，$Q_{h,tp}$为用户耗热量，kg/h；ψ 为回水率，%；h_{ma}为热源厂入口处回水热焓，kJ/kg；h_{tp}为用户处回水热焓，kJ/kg；其他符号意义同前。

(4) 当集中供热并以蒸汽作为热介质，经汽-水热交换器后，以热水供热时，则供热量$Q_{h,tp}$为：

$$Q_{h,tp}=\frac{Q}{\eta_h} \tag{9-12}$$

(5) 采暖用汽量 $d_{h,tp}$（t/h）计算：

$$d_{h,tp}=\frac{Q_{h,tp}}{h_{tp}-h_s}\times10^{-3} \tag{9-13}$$

式中，η_h 为热交换器效率，按实际情况取值，一般取0.98；其他符号意义同前。

采暖耗热量同样取决于回水量。在热源厂内部进行汽-水热交换后向外供热水时，耗热量与用热量相等。采暖热负荷是随室外温度变化的，因此其用汽量、用热量、耗热量也是变化的，可参考有关资料进行计算。

第三节　热　力　网

一、热力网简介

由区域供热蒸汽管网或热水管网组成的热媒输配系统，总称为供热管网（热力网）。对于区域锅炉房供热系统，在仅有供暖热负荷的情况下，以热水为热媒，特别是采用高温水供暖最为经济。当供热系统既有生产工艺热负荷，也有供暖、通风等热负荷时，通常以蒸汽为热媒来满足生产工艺的需要。对于供暖系统的形式、热媒的选择，则应通过全面的技术、经济比较来确定。一般来说，以生产用热量为主，供暖用热量较小，而且供暖时间又不长时，宜采用蒸汽供热系统向用户供热，应设置蒸汽管网。而对于室内采暖系统，可考虑采用汽-水换热器来解决热水供暖问题。如供暖用热量较大，且供暖时间又较长时，宜采用单独的热水采暖系统，则采用汽、水并行管网供热。我国地域辽阔，供暖时间差别较大（从 100 天到 200 天不等）、区域不同，所以对供热系统热源、热媒、参数的选择，要因地制宜进行具体分析，择优确定供热管网系统。

根据《城市热力网设计规范》要求，热水热力网宜采用闭式双管制；蒸汽热力网的蒸汽管道宜采用单管制。当符合下列情况时，可采用双管或多管制。

① 各用户间所需蒸汽参数相差较大或季节性热负荷占总热负荷比例较大，且技术经济合理的场合。

② 特大型复杂供热系统热负荷分期增长，或需要多种热源等场合。

供热建筑面积大于 $1000\times10^4\mathrm{m}^2$ 的供热系统应采用多热源供热，且各热源热力干线应连通。在技术经济合理时，热力网干线宜连接成环状管网。供热系统的主环线或多热源供热单位中热源间的连通干线，应使各种事故工况下的供热量保证率不低于表 9-4 的规定。

表 9-4　事故工况下的最低供热量保证率

采暖室外计算温度/℃	＞－10	－10～－20	＜－20
最低供热量保证率/%	40	55	65

自热源向同一方向引出的干线之间，宜设连通管线，应结合分段阀的设置，连通管线可作为输配干线使用。连通管线设计时，应考虑切除故障段后，其余热用户供热量保证率不低于表 9-4 的规定。

二、热力网分类

1. 按热媒种类划分

有蒸汽和热水及冷凝水回收热力网时，可划分为：

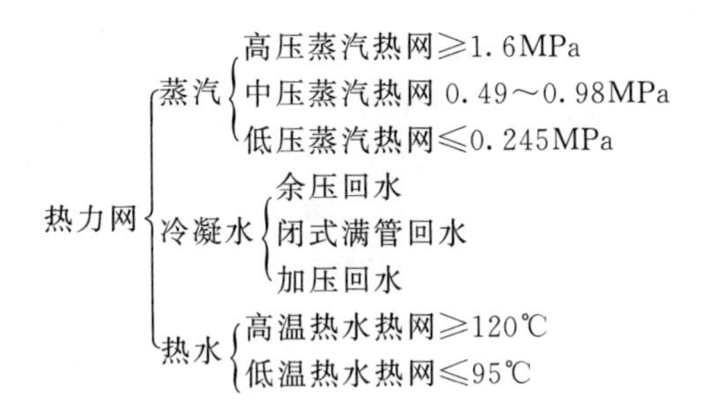

2. 按功能划分

热水热网可分为一级管网和二级管网两种。一级管网系指从热源引出后至热力站（换热站、热力分配站等）的供、回水管道系统。多采用高温水为热媒，有时也可用蒸汽作热媒。二级管网系指由热力站至热用户的供、回水管道系统。一般采用低温水为热媒。

三、热力网布置与敷设

1. 热力网布置

热力网的布置形式，应保证在任何运行工况时，能将热能通过热力网，安全、经济、合理地输送到热用户，以满足生产和生活需要。主要的布置形式有如下几种。

(1) 枝状管网　枝状管网是从热源引出主干线，沿程向各热用户分别以支线供热，形成类似树枝状布置的管网。枝状管网的优点是投资费用低，缺点是距离热源近处的主干线发生故障时影响较多用户。设计时要认真做好水力计算，保证水力失调在规范规定范围之内。近几年来广泛采用恒流量调节阀，分别装在热力网及用户热力入口处，提高了枝状管网水力稳定性，叫做“附加阻力平衡”。为了减少主干线发生故障，影响用户范围，宜在各分支管线引出点设置检修隔断阀。

(2) 环状管网　当供热面积较大，又是多热源供热时，各热源引出主干线或支干线，并在适当位置连通在一起，形成环形管网，主要用于热水供热的一级管网。由于管线加长，部分管径增加，所以投资费用较高。其优点是运行安全可靠，可以相互备用及调峰，能达到在不同气候条件下供需平衡、节约能源。

(3) 多管制管网

① 多管制蒸汽管网　由热源引出两种以上的同向、不同向或不同参数的蒸汽热网。主要应用在不能间断连续供汽的用户；所需介质参数相差较大的用户；热负荷分期增长时间较长的用户；有全年热负荷，同时又有季节性热负荷，且所占总热负荷比例较大的用户。

在多管制蒸汽管网系统中，由同一热源向同一方向引出，且长度超过 3km 时，双管或多管之间应设连通管。其管径按某一管线因故停运时，应能保证供应 70%的热负荷设计。

② 多管制热水管网　同一热源、同一介质向不同方向输送的管网。热力站内采用“水力分配器”，按不同支线选定不同规格循环泵分别输出，在实际运行中应用较多。

2. 热力网敷设方式与要求

(1) 热力网布置应按《城市热力网设计规范》(J216) 中有关规定敷设：

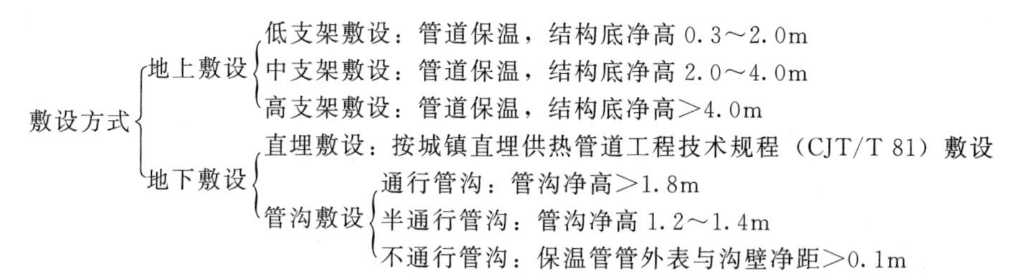

热力网敷设时应按《城市热力网设计规范》规定，设置放气阀、放水阀、启动疏水和经常疏水装置。另外要特别重视热力网坡度设置，其主要功能是及时排除蒸汽管网中冷凝水与热水管网中的空气，保证热力网正常运行。

(2) 坡度的设定

① 坡度方向　有条件时，蒸汽管道的坡度方向，应和气流方向一致或按地形情况确定。热水管道坡度方向根据地形情况而定。城镇热力网较长，地上敷设时受地形、建筑物影响需抬高，自然形成坡度或坡向低点。直埋地下敷设时，为避免高差过大，可经一定距离，改变一次坡度方向。在坡向最低点处设放水点，在坡向最高点设排气阀，如图 9-14 所示。

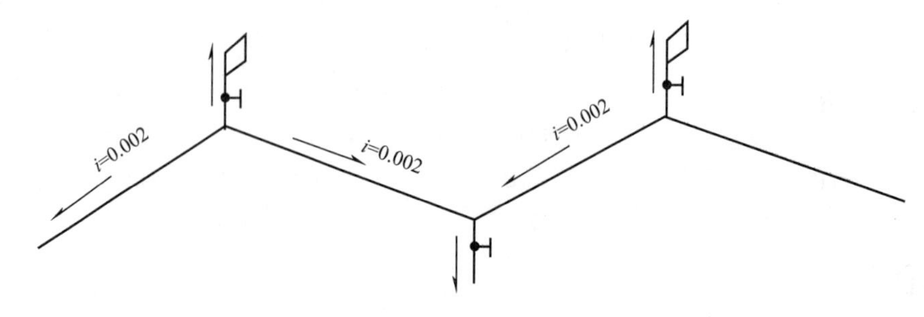

图 9-14　长距离水平布置管道坡度示意图

② 坡度值　蒸汽和热水管道坡度值，一般取长度的 2‰，表示为 $\underrightarrow{0.002}$，箭头为坡向，无压自流管道可取 3‰～5‰。

四、热水供热系统定压

保证热水供热系统恒压点压力恒定的技术措施，称为供热系统定压。确定定压方式是供热系统设计和运行的重要内容。维持恒压点压力恒定是确保热水供热系统正常运行的基本前提，定压设备的安装及运行操作是取得良好供热效果的手段。目前在较大规模供热系统中，普遍采用变频调速补给水泵定压等定压装置，实现恒压自动控制，取得良好节能效果。

1. 热水供热系统定压方式分类

目前热水供热系统的定压方式有如下几种：①采用高架水箱定压的热水供热系统；②采用全自动气体定压的热水供热系统；③采用蒸汽定压的热水供热系统；④采用补给水泵定压的热水供热系统；⑤高、低层建筑直连热水供热系统。

2. 各种定压方式的特点与适用范围

(1) 采用高架膨胀水箱定压方式，主要用于小型低温热水供热系统。其特点是简单可靠，投资较少。但是对高温热水供热系统，往往会遇到没有适当架设位置的困难。

(2) 采用氮气等气体定压方式，是20世纪80年代开始推广的以“落地膨胀水箱”为代表的热水供热系统定压方式，到20世纪90年代发展成全自动气体定压装置。应用PLC智能化控制、水泵变频软启动，设备紧凑，节约电耗。它能有效地容纳供热系统的热膨胀量，保持供热系统所需定压值，使系统在运行和停止时不倒空。在突然停电、停泵状态下能自动补充漏水量及系统水的冷缩量，并可缓冲水锤现象对供热设备及仪表的损坏。其原理如图9-15所示。

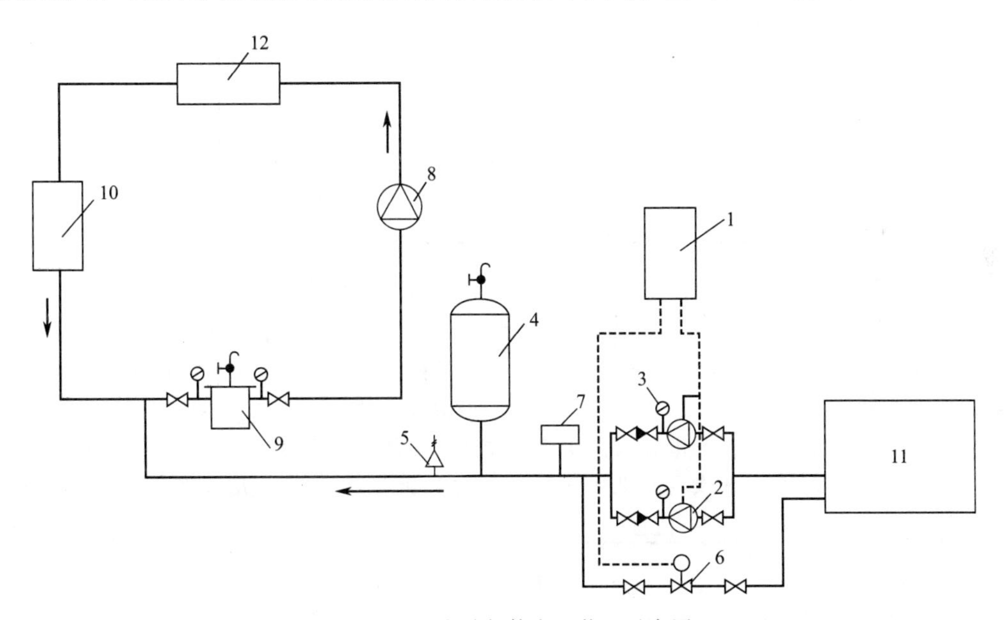

图9-15 全自动气体定压装置示意图

1—控制柜；2—补水泵；3—压力表；4—压力罐；5—安全阀；6—电动阀；7—压力控制器；8—循环水泵；9—除污器；10—热用户；11—补给水箱；12—热水锅炉

(3) 采用蒸汽定压的热水供热系统。主要用于高温热水供热系统，有下面几种形式：①蒸汽锅筒定压方式；②外置膨胀罐的蒸汽定压方式；③采用淋水式加热器的蒸汽定压方式。

蒸汽锅筒定压的高温热水供热系统优点是：设备简单，比较经济；只采用高温水锅炉在加热过程伴生的蒸汽定压；锅炉内部容许出现汽化而不致产生炉内汽水冲击；可以做到一炉两用，在供热水同时可供少量蒸汽，系统定压不过多地依赖电源的保证。

蒸汽定压有如下缺点：用来定压的蒸汽压力取决于锅炉燃烧状况，压力有时不稳定；如果出现低水位时，蒸汽易窜入热力网，引起严重的网内汽水冲击；多台锅炉并联运行时，需采用蒸汽平衡管和热水平衡管相连通，以避免大的水位波动。为此两台以上锅炉并联运行时，需采用外置膨胀罐的蒸汽定压方式。

淋水式加热器蒸汽定压方式，系利用淋水式加热器内部具有的一定蒸汽压力和下部蓄水箱共同担负对系统定压和容纳系统水的膨胀量。近年来随着城镇热水集中供热的快速发展，蒸汽定压热水供热系统应用范围越来越小，本章不作详细介绍。

(4) 补给水泵定压 用补给水泵定压是目前供热系统中较为普遍采用的定压方式，根据供热规模大小及自控水平有如下几种类型。

① 补给水泵及调节阀定压 如图 9-16 所示。用补水泵和补给水调节阀来保持热网恒压点压力值。当循环水泵运行时，利用补给水调节阀 5 保持循环水泵入口处必需的压力；当压力过低时，阀 5 开大，增加进热网补水量，使压力回升到要求的压力；如压力过高时，阀 5 关小，减少进入热网补水量，使压力降到要求的压力；当循环水泵停运时，补给水泵继续工作，利用调节阀 5 控制补给水量，使热网处于稳定的静水线压力。

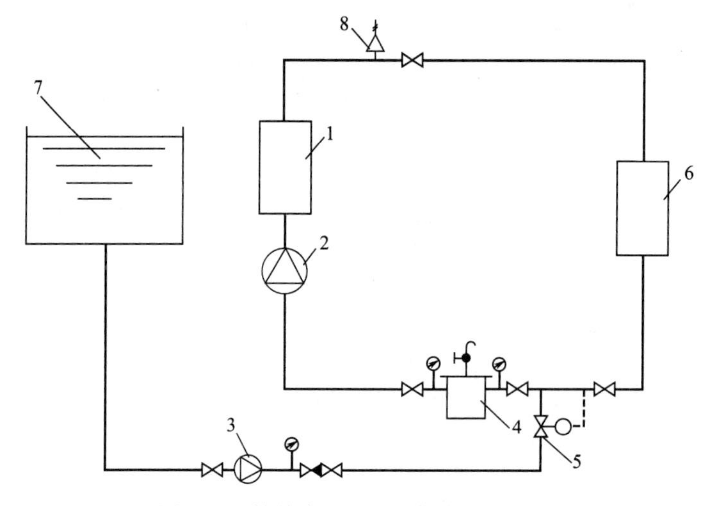

图 9-16 补给水泵及调节阀定压示意图

1—热水锅炉；2—循环水泵；3—补给水泵；4—除污器；5—调节阀；6—热用户；7—补给水箱；8—安全阀

② 补给水泵间歇补水定压 如图 9-17 所示。补给水泵 6 启动或停止是由压力控制器（电接点压力表）的触点开关控制的。当定压点压力低于设定压力值时，补给水泵就启动补水；当达到定压值时，补给水泵就停止。间歇补水定压要比连续补水的方案电耗少，设备简单。但其动水压曲线处于上下波动状态。一般设定高低压波动范围为 0.05MPa 左右。波动范围过小，触点开关

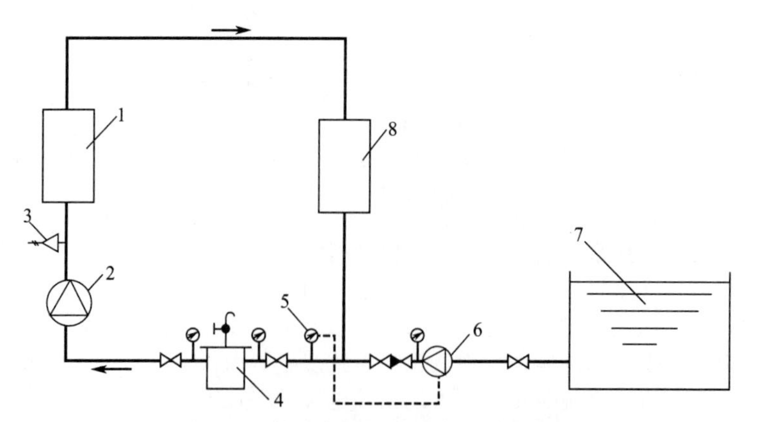

图 9-17 补给水泵间歇补水定压示意图

1—热水锅炉；2—循环泵；3—安全阀；4—除污器；5—压力控制器；6—补给水泵；7—补给水箱；8—热用户

动作频繁，易于损坏。间歇补水定压方式宜应用于供暖系统不太大、供水温度不高的场合。

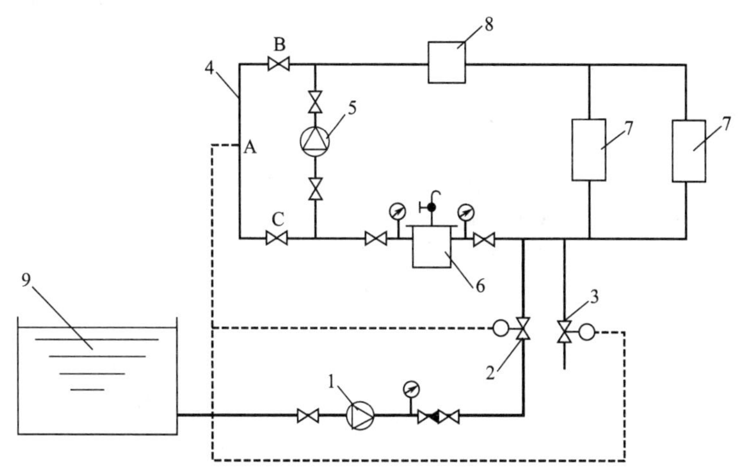

图 9-18　旁通管定压点补给水泵定压示意图

1—补给水泵；2—补水调节阀；3—泄水调节阀；4—旁通管；
5—循环水泵；6—除污器；7—热用户；8—热水锅炉；9—补给水箱

③ 旁通管定压点补给水泵定压　如图 9-18 所示。在热力网循环水泵 5 的进、出口之间连接一根旁通管，用补给水泵 1 使旁通管上的 A 点保持符合静压线要求的压力。当定压点压力偏低时，补水调节阀 2 开大，增加向热网内补水量；当定压点压力偏高时，补水调节阀 2 关小，从而减少向网路内补水量。如由于某种原因，使补水调节阀完全关闭后，压力仍不断升高，则泄水调节阀 3 开始泄放热网水至补水箱，一直到定压点的压力恢复到正常设定值为止；当循环水泵 5 停止运行时，整个热网内压力下降，则阀 3 全关闭，阀 2 开启，由补给水泵补水，使整个系统压力维持在定压点 A 的静压力值。

利用旁通管定压点补水定压方法，可以降低运行时动水压曲线，靠调节阀门 B、C 的开度，能使动水压曲线升高或降低，对调节系统运行压力有较大灵活性，但旁通管需消耗循环水泵的流量和电能。

④ 补给水泵连续补水定压　如图 9-19 所示。该热水供热系统定压装置是由补给水箱 14、补给水泵 13 及压力调节器 11 等组成的。当系统正常运行时，通过压力调节器，使补给水泵连续补给的水量和系统的泄漏水量相适应；当系统循环水泵 5 停止运行时，关闭压力调节器前截断阀 12，补给水泵仍继续补水，以保持系统所必需的静水压线。

当突然停电时，补给水泵定压装置失去作用，可采用上水压力定压的辅助性措施(现场上水压力大于定压点压力值)；当突然停电时，补给水泵、循环水泵不能工作，可立即关闭供、回水泵总阀门 3、15，将热源与网路切断并同时缓慢开启锅炉顶部集气罐 2 上的放气阀门。由于上水压力的作用，打开止回阀 7、8，上水流经热水锅炉，并由集气

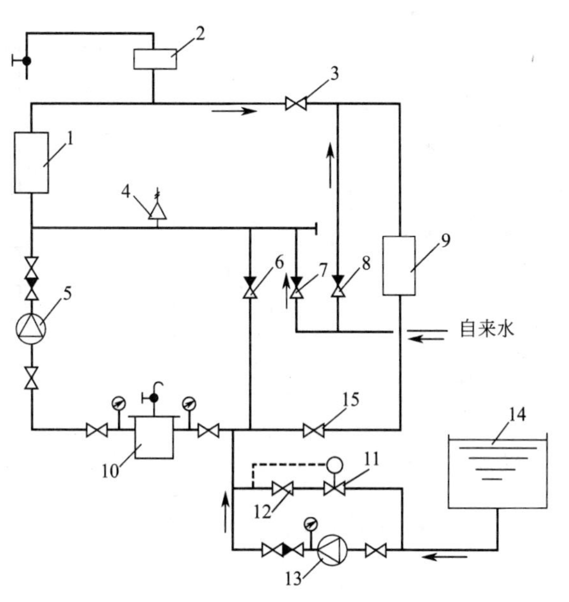

图 9-19　补给水泵连续补水定压示意图

1—热水锅炉；2—集气罐；3—供水总阀门；4—安全阀；
5—循环水泵；6～8—止回阀；9—热用户；
10—除污器；11—压力调节器；12—压力调节器前截断阀；
13—补给水泵；14—补给水箱；15—回水总阀门

罐排出，从而避免热水锅炉内引起炉水汽化；如上水压力大于定压点压力值，还可保持热网和用户系统都不会发生汽化和泄压。图中止回阀 6 装在连接循环水泵进、出口的旁通管上，防止循环水泵突然停止运行时产生水击现象。

(5) 高、低层建筑直连供热技术

在由同一热源供热系统中，同时有高层建筑和低层建筑时，由于定压点压力值不同，建筑高度不同，采取两套或两套以上定压装置和供、回水管网。现采用高、低层建筑直连供热技术，则可实现高层、低层热力网并网运行，从而大大改善供热效果，节省工程投资，降低运行费用。

高、低层建筑直连供热技术基本原理如图 9-20 所示，系利用现有低层供热管网，定压值大小不变，运行参数与方式均保持不变。在高层建筑引入口增设一套由微机控制的增压泵机组，将低层管网的供水加压送至高层用户，高压回水进入断流器，促进其膜流形成，进行减压断流，然后再进入阻旋器“复原”。通过有压流→无压流→再到有压流，这样一个逆变过程，使得高压流体平稳“过渡”到低压流体，从而实现高层建筑与低层建筑直连并网供热。该技术适用于低层建筑群里有部分高层建筑，特别适用于低温热水供热区域热力网中设换热器的场所。选用时可参照制造厂家设计说明书。

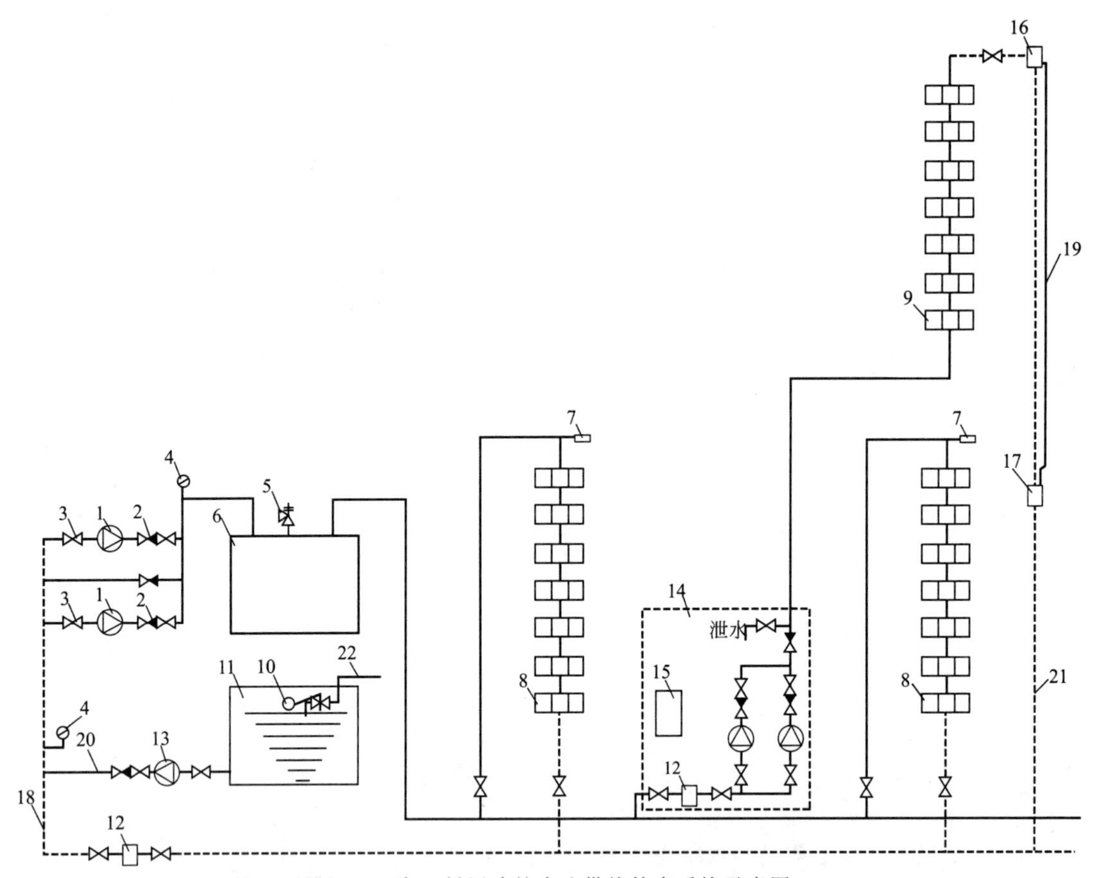

图 9-20　高、低层建筑直连供热技术系统示意图

1—供暖系统循环泵；2—止回阀；3—阀门；4—压力表；5—安全阀；6—热水锅炉；7—自动排气阀；8—低区散热器；9—高区散热器；10—浮球阀；11—软化水箱；12—除污器；13—补水泵；14—加压泵机组；15—微机控制柜；16—断流器；17—阻旋器；18—总回水管；19—连通管；20—补水管；21—高区回水管；22—软化水给水管

3. 定压点的确定

定压点的压力值等于静水压线值。定压点的位置也可以在系统的任何一点，根据供热系统的

实际情况而定。运行实践表明，定压点位置最好设在供热回水干管除污器前。这样不仅可清除补水管道系统中的污物，而且还可保证补水运行安全。如果放在除污器后至循环泵入口处，一旦除污器堵塞流水受阻，使循环泵入口处压力下降，补水量骤增，供水压力增加，给热用户散热设备带来危害。另外，在系统运行中发现，当系统停止运行时，循环泵入口处压力等于静水压线值，可是循环泵启动运行后，此处压力明显下降，若继续补水，使循环泵入口处压力升高至静水压线值，若再停止系统运行，则会发现静水压线值明显上升。这就表明恒压定压点不在循环泵入口处，而是在最高热用户顶部。所以在系统运行时，循环水泵入口处压力下降是正常的。最高建筑物离热源越远，其下降越多。尤其是热源在低处，热用户在起伏的山坡上时，这种现象更明显。为此最好在建筑物管网最高处装设压力表，以便在运行中测定静水压线值。采用旁通管上设定压点则可不受地形、建筑物结构的影响。

4. 补水泵参数的确定

对于一个闭式供热系统，补水泵的作用是在供热系统运行前，承担向系统充水的功能，系统运行中补偿系统中的漏水量，进而实现静水压线值的恒定。对于闭式热水供热系统，正常的补给水量主要取决于热水供热系统泄漏水量，主要与系统的规模、施工质量、运行管理水平有直接关系，在正常情况下一般不超过系统总水容量的1%。补给水泵流量选定，还应满足系统发生事故时增加的补给水量，通常不小于正常补给水量的4倍，可按系统循环流量的3%～5%来估算。补水泵一般设置两台，其中一台备用。补给水泵扬程可由下式确定：

$$H=H_p+H_s+H_h \tag{9-14}$$

式中，H为补给水泵扬程，mH_2O；H_p为系统补水点定压值（由热水供热系统水压图分析确定），mH_2O；H_s为补给水泵吸水管、出水管中阻力损失，mH_2O；H_h为补给水箱最低水位高出系统补水点的高度，m。

五、热水热力网水力计算

水力计算是热力网设计、改造、运行复核的重要环节。通过水力计算确定管径和合理压降。在扩建与改造时，可复核原有管网流量、管径及压降是否在合理范围，同时确定热网末端用户的供热量是否达到要求。水力计算是在确定管网系统形式和布置后进行的。

1. 流量计算

按现行或发展状况，获得各区域用户的热负荷，分别计算主干管、支管的流量。

$$G=S\frac{Q}{C(t_g-t_n)} \tag{9-15}$$

式中，G为供热干管或支管的流量，kg/h；Q为供热用户的计算热负荷，GJ/h；S为漏损系数，一般为1.02～1.05（热水网可取1.05）；C为水的质量比热容，$C=4.187\times10^3$J/(kg·℃)；t_g、t_n为热网的供、回水温度，℃。

2. 管径与压降计算

单向流动的热水，已知流量和选定流速后可按下式计算。

（1）管道内径计算

$$D_n=18.8\sqrt{\frac{Q}{w}} \tag{9-16}$$

式中，D_n为管道内径，mm；Q为热水流量，m^3/h；w为热水流速，m/s，可按有关资料选用推荐值，一般取0.5～3m/s。

（2）比压降（也称比摩阻）计算　主干管单位长度允许压降：

$$\Delta h=\frac{\Delta p}{L_{zh}} \tag{9-17}$$

式中，Δh为单位长度允许压降，Pa/m；L_{zh}为主干管的计算长度，m（也称折算长度）；Δp为主干管始点和终点沿介质流向的压降，Pa。

(3) 长度计算　主干管的计算长度（折算长度）L_{zh}为主干管几何展开长度和各类管道零部件的局部阻力当量长度之和。

$$L_{zh}=L+L_{d} \quad \text{或} \quad L_{zh}=(1+\alpha)L \tag{9-18}$$

式中，L 为直管段的几何展开长度，m；L_{d} 为各管件局部阻力当量长度之和，m；α 为管件局部阻力与沿程阻力之比。

(4) 管道总压降计算　管道总压降是直管段和管件摩擦阻力压降以及介质静压头之和。

$$\Delta P=\Delta h L_{zh}+\Delta H \tag{9-19}$$

式中，ΔP 为管道总压降，Pa；Δh 为比压降，Pa/m；L_{zh}为折算长度，m；ΔH 为管道内介质的静压头，Pa。

$$\Delta H=10(H_{2}-H_{1})\rho \tag{9-20}$$

式中，H_{1} 为管段始点标高，m；H_{2} 为管段终点标高，m；ρ 为介质密度，kg/m^{3}。

要确定热水网中管道上各点的压力值，可用绘制水压图方法解决。通过热力网水力计算可知，供热管网水力失衡主要是流量和管段压降发生变化而引发的。

要尽量选用较小的比摩阻（R）值。一般主干管比摩阻推荐值为 $R=30\sim60$Pa/m。应适当增大靠近热源的管网干管直径，对提高网路水力稳定性效果较显著。

六、热水管网的调试

大力发展城镇和新农村集中供热，是我国实施节能减排、提高能源利用率、改善供热质量的一条必由之路。尤其是近些年来，各地区集中供热普及与规模不断扩大，集中供热水平也有了相应提高。但由于我国集中供热的发展历史较短，从事这个行业的专门人才相对较少。因此，在供热行业中出现的各类问题，在某些地区还没有得到真正解决，使其供热质量不高、成本上升。一个理想的供热系统，应该是供需平衡，流量分配合理，热尽其用。为此，结合多年实践经验，对热水热力网调节技术作一些概括论述。

1. 热力网调节基本理论与实践经验相结合

一个合理的供热系统，不仅要保证在室外温度条件下，保持采暖房间的温度达到设计要求，而且要在室外温度变化条件下，也要保证相应的室内温度。因此，对供热系统需要进行正确的调节。

供热系统的调节分为初调节和运行调节。所谓初调节就是在供热系统运行之前，将各热用户的运行流量调节到理想状态，消除系统水量分配失调，各用户冷热不均现象。因此初调节又可称为热用户不同热负荷而进行的流量均匀调节。

运行调节是在供热系统投入运行以后，根据室外温度的变化情况，保证用户室内供热平衡，而对供热系统的流量和供回水温度进行的调节。运行调节的主要目的是消除供热系统的热力工况垂直失调问题。

(1) 初调节　按前面定义所述，初调节就是一个流量合理预分配的问题。为达到此目的，应有多种方法可选取。但限于当前的各供热单位的测试手段、人员的专业素质及热网有关资料的完备程度不尽相同，有些方法难以实施。但是根据长期工作经验，一种简易、快速的过渡流量法，可满足一般供热系统初调节的需要。即使不能完全满足对热用户进行完整的初调节，通过有效的运行调节也可以解决初调节的欠缺，以保证供热系统流量分配的合理需要。

首先，根据供热系统的设计热负荷来确定其额定流量。可以把这一流量称为理想流量，在调节过程中的流量称为过渡流量。在调节开始时，应以热源为准，由近及远逐个调节各个支线或热用户。最近的热用户过渡流量控制在理想流量的80%～85%；较近的热用户控制在理想流量的85%～90%；较远的热用户控制在理想流量的90%～95%；最远的热用户控制在理想流量的95%～100%。同时要求在系统管网内，不允许有不凝性气体存在。以图9-21为例，列表9-5说明如下。

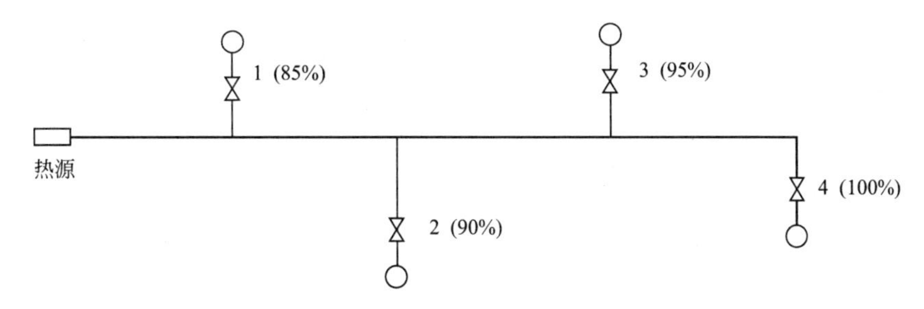

图 9-21　供热管网流量初调节示意图

表 9-5　图 9-21 流量初调节表

序　　号	项　　目	单　　价	用户 1	用户 2	用户 3	用户 4
1	设计热负荷	GJ/h	29.3	25.1	16.7	12.4
2	理想流量	t/h	140	120	80	60
3	过渡流量	t/h	119	108	76	60

在调节开始时，过渡流量一般为理想流量值的±20%范围内即为合格。按图中给定的理想流量，遵循上述规则，依次给出各用户的过渡流量，从而得出系统总的理想流量为400t/h，过渡流量为363t/h，系统的过渡流量为理想流量的90.75%，视为达到了系统初调节的需要。

在初调节过程中，如果某个用户即使在支线阀门全开的情况下，仍未达到要求的过渡流量，可以暂不管该用户，按规定的顺序继续调节。等全网路热用户全部调节完后，再复查该用户的过渡流量。如果此时的过渡流量与理想流量的偏差值在±20%以内，即视为达到理想状态；如果此时仍然超过±20%，则应检查该用户或支线是否存在其他故障。总之，水力工况失调问题，是初调节要解决的主要任务。因此初调节要把握好两条：一是要准确掌握用户的实际热负荷，二是要了解并解决用户的合理流量分配。初调节必须具备流量检测手段，才能得以实现。最好配备超声波流量计，随时检测某一管网的流量。

(2) 运行调节　运行调节系指在供热负荷因为室外气温发生变化时，为了保证用户室内温度恒定，实施按需供热，对系统进行的调节。

运行调节分为量调节和质调节。为了满足变化的热负荷要求，对系统的运行流量进行调节，称为量调节；若通过改变系统中介质的温度，保持其流量不变所进行的调节，称为质调节。进行何种调节都要遵循一个规律，即在供热系统稳定运行时，如果不考虑管网的沿途热损失，则网路的供热量应等于用户系统的热负荷。

目前一般都是根据二级网的供水温度来调节一级网流量，进而控制二级网供热量。但是，从温度调节的基本关系式可知，只有当二级网的循环流量是设计流量时，二级网的供水温度才是室外气温（亦即热负荷）的单值函数。此时调节二级网供水温度才能等于调节二级网的供热量。由于国外供热系统在室内散热器前普遍装有温控阀，在温控阀的调节作用下，二级网的循环流量可以保证在设计条件下运行。而在国内供热系统中，二级网室内安装温控阀的是少数，再加上存在冷热不均的失调现象，以致流量分配不均普遍存在。在这种情况下，要保证二级网流量按设计条件运行是很困难的。因此，适合我国国情的二级网供热量的调节，应该是调节二级网的平均温度，而不是二级网的供水温度。

$$t_{zp}=\frac{t_{zg}+t_{zh}}{2}=t_n+0.5(t'_{zg}+t'_{zh}+2t'_n)\left(\frac{t_n-t_w}{t'_n-t'_w}\right)\frac{1}{1+B} \tag{9-21}$$

式中，t_{zg}、t_{zh}为二级网供、回水温度，℃；t_{zp}为二级网供、回水平均温度，℃；t'_{zg}、t'_{zh}为二级网供、回水设计温度，℃；t_n为室内温度，℃；t'_n为室内设计温度，℃；t_w为室外气温，℃；t'_w为室外设计气温，℃；B为散热器指数。

可见，供、回水平均温度一定时，其供热量也一定。因而系统流量愈大，供水温度愈低，回水温度愈高，供、回水温差愈小；相反，系统流量愈小，供水温度愈高，回水温度愈低，供、回水温差愈大。

(3) 质调节　由定义可知，在进行质调节时，因其室外温度变化，只改变用户的供水温度，而循环水流量保持不变，即相对流量 $C=1$，从而提高了室内供热负荷，即保持室内温度稳定、舒适。

(4) 量调节　对于量调节而言，供热源必须随室外温度的变化，不断改变网路的循环水流量，但网路的供水温度保持不变，用以调节室内供热负荷，即保持用户室内温度稳定、舒适。

(5) 分阶段改变流量的质调节　分阶段改变流量的质调节，就是在整个供热季节内，根据各个地区室外气温的变化规律，将供热系统的流量分为几个变化的阶段，在同一阶段内实行质调节。在室外气温较低的阶段中，保持较大的流量；而在室外温度较高的阶段中，保持较低的流量。在不断统计、试验、分析总结的基础上，摸索出每一个阶段中热网的循环水温度，并保持相对稳定，从而保证室内温度稳定。

通过从理论方面对于热网调节的几种形式的探讨，可以得出一个结论，热网调节的中心就是要根据热用户的负荷并依据室外气温的变化规律，适时地对热网进行温度或流量的调节，以满足热用户室温相对稳定的要求。

质调节操作简单，只调节水温而不调节流量，因此热力工况比较稳定。因为水量不变，水泵恒速运行，因而其缺点是电耗高；量调节的优点是相对省电，但其操作技术复杂，需要水泵变速运行。当循环流量过小时，系统将发生热力工况垂直失调。

分阶段改变流量的调节方法，综合了质调节、量调节的优点，并结合了实践经验。既能较好地避免热力工况的垂直失调，又能够节省电能，满足用户室温稳定的要求。当流量减少到75%时，水泵的电功率减少至42%；当流量减少到60%时，水泵的电功率只有原来的22%。其节电效果是非常明显的。

2. 热力网调节

在实际的热网调节中，影响调节质量的因素很多。随着新技术、新工艺、新设备的不断研发和应用，使热力网调节变得更容易。问题的关键是要掌握热网的特性，特别是对各种用于调节阀门的特性有清楚的了解。在此基础上，再科学合理地确定调节方案，便可取得满意的调节效果。

(1) 消除热网故障，增加热力网可调性　在热网调节时，经常会遇到一些管道堵塞、阀门开启不灵活等问题，导致热网调节困难，甚至不可调。这样势必影响供热质量，并造成供热成本增加。因此在热网调节前必须消除这些故障，使热网变得可调，才能保证热用户室温稳定的要求。

管路堵塞是供热系统的常见故障之一。供热管道系统因为堵塞会直接影响系统水力工况失调，进而影响供热质量，也使得各种矛盾应运而生。供热管道发生堵塞的原因，多因为在施工过程中，外界物体或施工中的辅助工具被遗留或带入所致。尤其是大管径的管道，更是容易发生此类问题。在一般情况下，堵塞的部位多发生在弯头、三通、变径、阀门等处。最典型的特征是该用户或该支线的水力工况和热力工况明显差于其他用户和支路。具体表现为该支路或用户的供回水压差成倍大于其他支路或用户。

板式换热器和滤网式除污器发生堵塞的概率更大。因为板式换热器的板间距比较小，因各种因素的影响，板片结垢、淤泥积存、砂粒的带入都会对板式换热器造成堵塞。在正常运行状态时，板式换热器的压力降在0.05～0.08MPa之间；对于滤网式除污器发生堵塞的现象，其进出口的压力降值要接近或大于0.1MPa。在实际运行中，只要超过了上述正常值，就表明有堵塞现象，应及时处理。

阀门的质量是直接影响调节成功与否的关键。在过去的很多实践中曾经发生过闸阀掉柄子、蝶阀打不开等现象，都对热网的调节和运行造成了直接影响。对于这些病态设备要做到及时发现、及时更换。在热网投入试运行之前，必须进行冲洗、检查与试运行，是防止和消除堵塞的有效手段之一。

(2) 正确认识各类不同阀门的调节特性　阀门是热网调节的必备工具。要充分认识各类阀门的调节特性，合理选择调节阀门是热网调节的基础工作。按流量特性的不同，阀门大体可分为三类，即线性流量特性、等百分比流量特性和快开流量特性。

对于线性流量特性的阀门，其流量增加百分比和调节阀开度增加的百分比相同。也就是说，在小开度时流量的变化大；在大开度时，流量变化小。因而在小负荷时流量调节过于敏感，有时可能处于关死状态；而在大负荷时，流量调节量不大，调节性能不灵敏。选择这种调节阀的关键在于合适的管径、最佳的调节流量区间。应经过合理的计算，再确定调节阀的合适规格。

等百分比流量特性曲线是一条向下弯曲的曲线。这种调节阀，其特点是流量的变化量和相对开度的变化量成直线关系。不管调节阀在什么开度下，流量调节的变化量皆相等。这种调节阀的调节性能优于线性流量特性调节阀，即在小开度时流量调节量小，大开度时流量调节量大。如自力恒流量控制阀、自力式流量控制阀等。

由上可见，调节阀的性能如何，选择合理与否是直接影响流量调节的重要因素。因此在工程实践中选择合适的调节阀是先决条件。

(3) 采用自力恒流量控制阀的集散式调节

① 自力恒流量控制阀的原理　恒流量调节阀是新型自力式变阻力调节设备，是将“压差控制装置”和“流量调节装置”组合而成的。用压差控制装置，控制并稳定调节装置前后的压差，使通过的流量不受阀门前后压差变化的影响。调节阀门开度可改变流量，如开度不变，通过的流量自动保持恒定。它以流体的压差作为动力，并根据系统工况（压差）的变化自动改变阻力系数，保持流量的恒定。如图 9-22 和图 9-23 所示。

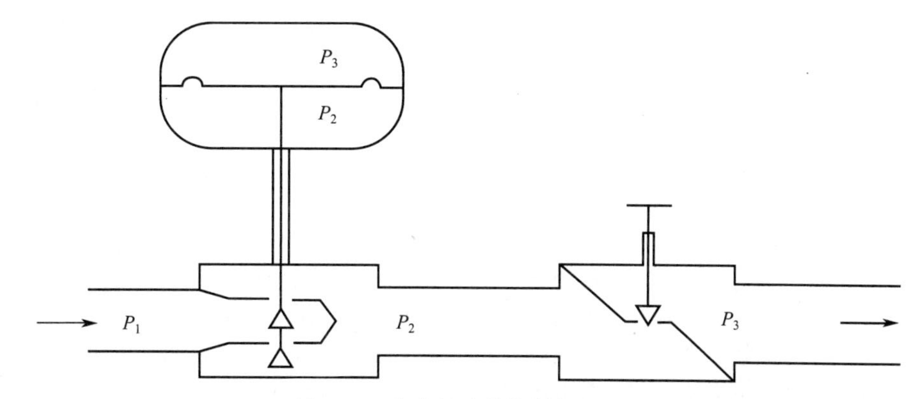

图 9-22　自力恒流量控制阀原理图

P_1—阀门进口压力；P_2—阀门节流压力；P_3—阀门口压力；P_1-P_3—阀门压差；P_2-P_3—节流压差

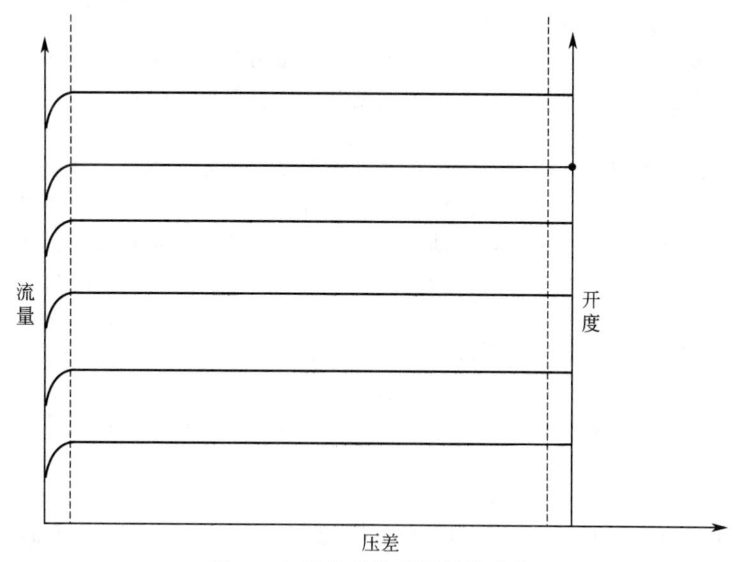

图 9-23　恒流量控制阀特性曲线

阀门前后差压（P_1-P_3）变化，使节流差压（P_2-P_3）变化，而 P_2、P_3 通过导压管分别作用在波纹管上、下方，带动控制阀瓣移动，限制 P_2 变化幅度，使节流差压稳定，从而使流量基本稳定。转动阀轴改变流孔面积，可改变设定流量。

② 一次网采用自力恒流量控制阀的优势　我国多数集中供热管网系统，不同程度存在水力失调问题。系统各个环路阻力不平衡，导致流量不能均衡准确地输配，系统被迫处于大流量工况下低效运行，用户的室温有时冷热不均。以往的对策是采用设定阻力的设备，如孔板、调节阀、平衡阀等，用以调节、匹配各个环路的阻力，达到水力平衡。但由于并联环路的耦合关系和系统容量的变化，使这种平衡调节既繁琐又不稳定。定阻力设备（如平衡阀）适用于规模较小、负荷工况不变的系统，不能用于动态系统（各用户之间因调节而互相影响）达到动态平衡。从恒流量控制阀原理可以看出，在系统中既可恒定各个环路的流量，实现稳态水力平衡，又可随时改变和调节各环路的流量，实现动态水力平衡。

③ 加装电动执行器的自力恒流量控制阀　如上所述，在一次网加装自力恒流量控制阀后，既可克服稳态失调，又可克服动态失调，能有效地解决水力失调问题。在条件允许的情况下，可配装电动执行器，将信号引至换热站控制系统，如专用控制器或PLC系统等。充分发挥自力恒流量控制阀的优势，保证系统流量的调控稳定、准确可靠，既可就地自动控制，又可远程监控。同时由于各环路互不影响，能大大减少阀门执行器的动作次数并延长其使用寿命。

将电动自力恒流量控制阀和成熟的热网监控系统融合在一起，形成一种新型集中供热监控系统。该系统可根据各热用户的热负荷大小，将热源供出的热量按比例分配，中央控制机根据各热用户（换热站）传来的实时数据和热用户的热负荷等基本资料，自动计算供热系统的热量平衡分配量，从而弥补了单靠平衡水力工况来消除冷热不均的问题。热网各环路压力变化，靠每个换热站自力恒流量控制阀去自动平衡，彻底解决了其他监控系统运行不稳定、各调节执行机构互相影响、运行效果差的弊病。

(4) 不断采用新技术和新设备　随着供热事业的不断发展，新技术和新设备的研制和应用，给热力网调节提供了新的手段。正是由于这些新技术和新设备的应用，使得热力网调节变得相对简单化、量化、低成本化。目前广泛采用的闸阀、蝶阀等属于快开流量特性，一般只能起到关断作用。只有线形、等百分比流量特性的阀门才能应用于流量调节。有些智能仪表、平衡阀、自力式恒流量调节阀等，应用于动态调节是解决热力网失调的有效途径。

(5) 突破固定模式，适时调节　在实际供热运行中，应充分根据热网的规模、系统的连接形式、设备的特性与完好程度、运行人员的技术水平等诸多因素，合理制订调节方案，使调节工作做到有据可依，不死搬教条，灵活应用。

无论何种单一调节，都有利弊存在。应努力做到质调节和量调节有机结合。对规模不同的各种热网系统，其工作重点要有所侧重。首先对大型和特大型热网系统必须把热网的安全、稳定运行放在首位，然后再实施调节的经济性。

大型城市集中供热管网，实施全网计算机自动控制是最理想的方式。这种热网调节，可以质调节为主，量调节为辅，实现综合调节。也就是说以确定的室温参数为先决条件，根据室外气温的变化规律和热源提供的供回水温度，自动控制调节用户的流量，实现变化的供、回水温度，保持室温恒定。对于间接连接系统，一级网的总循环流量（循环泵总流量）不变，一级网的供、回水温度可变可不变，只改变进入换热器的用户流量。因而二级网的供、回水温度会随着一级网流量的增多或减少而升高或降低。这个系统在计算机程序控制下（也可以人为设定指令），能及时做到热网的自动调节，达到保持室温稳定的要求。

对于中小型或独立的锅炉房供热系统，为做到在不同供热阶段实施改变流量的量调节，可采取设置大、小循环水泵，分阶段运行的模式。依照初、末寒期与严寒期两个阶段，可以用不同规格的循环水泵。其中一台的流量和扬程按设计值的100%选取，而另一台的流量可按设计值的75%，扬程按设计值的60%选配。通过这样的搭配选择，既满足了运行调节的需要，又节约了电能。在这样配置的热力系统中，因为两种不同容量的循环水泵可以在一定程度上相互备用，所以不必再设置备用循环泵。

供热系统的调节是供热行业永恒的主题。应依据供热工程的基本理论，结合供热系统的实际情况，科学制订调节方案，不断完善调节手段，使供热系统的运行更安全、更合理、更经济。

七、降低供热系统水力失调

1. 供热系统水力失调原因分析

产生水力失调的根本原因：在运行状态下，热网特性不能随用户需要的流量，实现各用户环路的阻力相等，也就是通常所说的阻力不平衡。产生水力失调的客观原因主要有以下几个方面：

① 热网管道规格的差异性。热网设计不可能不经过人为调节而实现各个用户环路的水力平衡。在设计时，一般是满足最不利用户点所必需的资用压头，而其他用户的资用压头都会有不同程度的富余量。仅靠几种有限管材规格变化改变阻力是不能实现水力平衡的。在这种自然状态下分配各个用户流量，必然产生水力失调。

② 系统中用户的增加或减少，即网路中用户点的变化，要求网路流量重新分配而导致水力失调。

③ 系统中用户热量的增加或减少，即用户流量要求的变化，也要求网路流量重新分配而导致水力失调。

④ 当用户系统缺少必要的调节设备，用户系统无法调节，也会导致水力失调。

2. 管网水力失调目前存在的错误做法

(1) 在系统设计时，热网各个用户环路的阻力达到平衡，实际上是比较困难的。循环水泵压头是按照最不利（阻力最大）环路所消耗的阻力确定的，因而在设计无误时，其他各个环路都存在剩余压头。这些剩余压头都要在系统正式运行之前通过初调节予以消除，如果不能消除，就会造成水力失调。在一般情况下，通过人工调节阀门实现系统阻力平衡是很困难的，由于调节过程互相影响，需反复调节，很难调节好；当系统用户数量或用户负荷变化时，还必须重新调节，通常方法是采用普通调节阀，或不具备调节功能的蝶阀、闸阀进行运行调节，不但调节工作量大，而且调节效果很差。

(2) 采用“大流量、小温差”运行方式。它是在用户出现冷热不均、水力失调现象时，增大循环水泵，采用“大流量、小温差”运行方式。实践已证明，这是一种不可取的技术措施。因为这样做的结果，过冷用户循环水量会有些增加，效果会得到一些改善，但过热用户更加过热。这一运行方式不符合节能减排要求，应当淘汰。

(3) 降低水力失调的方法

① 附加阻力平衡法　在用户系统入口安装自力式平衡阀（流量调节器）或压差控制阀（量调节时采用），消除进入用户系统的剩余压头，保证各热用户流量恒定。这是已被实践证明行之有效，目前正在大力推广的技术措施。在热网流通能力和循环水泵流量足够时，经许多改造实例证明效果良好。这种技术称为“附加阻力平衡”，其特点是循环水泵可在高效点工作，减少过热部分用户的热量浪费，节能效果显著。

② 附加压头平衡法　用附加压头提高用户不足的资用压头，是在系统循环实际扬程不够时，采用具有低扬程、小流量的水泵，来提高用户系统的压头。经过多年运行试验，技术上是可行的。这种在用户系统入口安装不同规格的小水泵，来补助资用压头的欠缺部分，使各个环路实现阻力平衡的措施，称为“附加压头平衡”技术。它的特点是除了具有“附加阻力平衡”技术所能获得的节能效果外，还可降低水泵电耗，节能效果更显著。

(4) 水力失调综合治理的经济效益

目前一些供热公司在解决热网水力失调时，根据用户的实际情况，推行水力失调的综合治理技术措施，即根据系统实际情况，同时或单独应用附加阻力技术、附加压头技术和更换设备（包括管道和附件）等措施，实现技术和经济效益最佳化。这种做法既可用于旧系统的改造，也可用于新系统的设计。旧系统是指当前运行的系统，其管道、设备和附件等一般都已齐全，型号、规格、性能均已确定。为准确诊断系统存在的问题和位置，首先应对现用的热网进行校核性水力计算，然后根据计算数据分析问题及其原因，最后才能制定行之有效和经济效益好的技术措施。采取的各种技术措施，既可单独应用，又可联合实施。在实施前对各种方案进行技术经济论证，比较投入和产出，择优确定最佳实施方案，为用户创造了良好的经济效益和社会效益。

第四节 热 力 站

一、热力站的作用

热力站是连接供热系统中前后两级管网的场所，用来转换供热介质种类，调控供热介质参数，分配、控制及计量热量的中心枢纽，其作用略述如下。

① 将热能从一次网转移到二次网系统，以扩展集中供热范围；

② 将热网输送的热介质，如温度、压力、流量加以转换或调节，转换到局部系统所需要的状态，保证局部系统安全和经济运行；

③ 具有检测控制并计量功能，如热量、温度、压力等参数，在热网监控系统中属重要环节；

④ 在汽-水换热系统中，把蒸汽转换为热水并在保证向局部系统供热的同时，还具有收集凝结水，并加以输送利用的作用。

二、热力站的分类

根据热网输送热介质的不同，可分为蒸汽供热热力站和热水供热热力站；根据热力系统功能的不同，可分为换热站和热力分配站；根据服务对象的不同，可分为工业热力站和民用热力站；根据热力站规模和在供热系统中的位置不同，可分为用户热力站、集中热力站和区域热力站等。

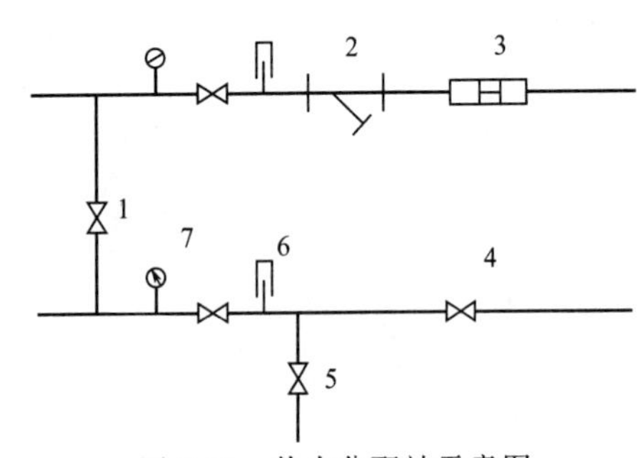

图 9-24 热力分配站示意图
1—旁通阀；2—过滤器；3—热量表；
4—流量调节阀；5—泄水阀；
6—温度计；7—压力表

(1) 用户热力站 一般设置在用户的某幢建筑物的底层或地下室，其服务对象是单幢建筑或几幢建筑。当无换热设备仅对热用户分配热量时，称为热力分配站或热力入口，如图 9-24 所示。站内在供、回总管进出口处设置截断阀门、压力表、温度计等。在供水管装设过滤器，防止污垢、杂物等进入用户系统。在低点处设泄水阀，在供水管或回水管装设流量调节阀及热量表等。

(2) 集中热力站 一般设置在单独的建筑内，其服务对象是一个或几个街区或建筑群，如图 9-25 所示。

该热力站的生活热水供应系统采用间接连接方式，自来水通过磁水器 11 后，进入生活水加热器 7，经加热后送往热用户。供暖系统为混水装置直接连接方式，采暖回水经混合水泵 9 加压后与一级管网的供水混合后，送往各用户。

在城镇供热领域，随着供热规模的不断扩大，单纯采用直接连接已不太可能，逐步向间接连接方向发展。分户计量政策的实施，使大量先进的技术应用于供热领域，如热网监控技术、循环水泵变频调速技术等。特别是无人值守热力站应运而生，使得集中热力站较分散式热力站原有的优势弱化，其供热规模有向小型化方向发展的趋势。

(3) 区域热力站 指在大型热网的供热干线与支干线连接处设置的热力站。为了保证大型供热系统安全运行，调节方便，俄罗斯在一些大型城市热水供热网路上设置了区域性热力站，见图 9-26。图中供热主干线 1 由双热源从不同方向进行供热。正常运行时，关闭分段阀门 2 和分支干线同一侧截断阀门 3 进行供热。当供热一方热源或主干线出现故障时，则可关闭分支干线的截断阀门，开启分段阀门，从而保证正常供热。通过设置混合水泵 8，抽引分支干线 6 的回水，来调节分支干线的供水温度，而不受热源水温的限制。通过温度调节器 7 控制调节抽引水量。通过压力调节阀 5 控制调节分支干线的压力，当分支干线压力超过规定时，由安全排水阀 10 排水泄压。利用分支干线上的流量计 4，通过继电遥控装置 9，计量循环水量和漏水量。

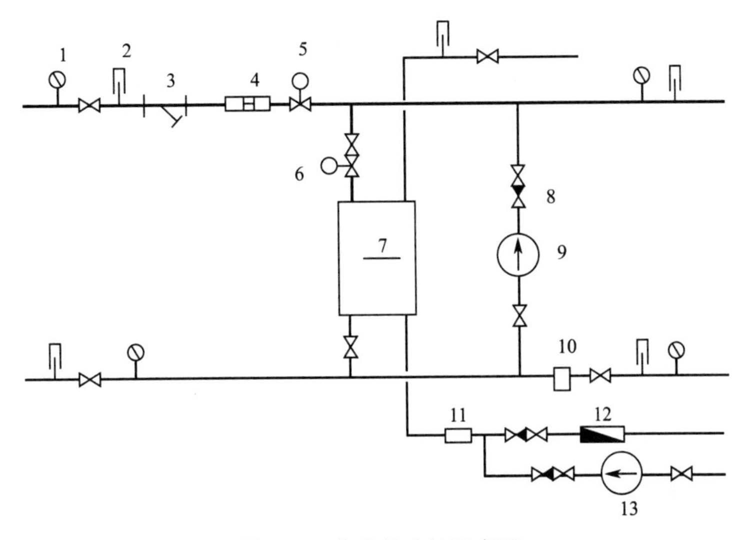

图 9-25　集中热力站示意图

1—压力表；2—温度计；3—过滤器；4—热量表；5—流量调节阀；6—温度调节阀；7—生活水加热器；8—止回阀；9—混水泵；10—除污器；11—磁水器；12—流量计；13—生活水循环泵

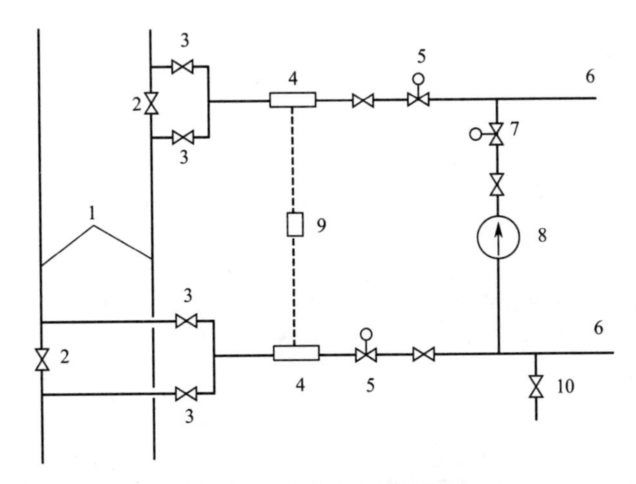

图 9-26　区域热力站示意图

1—供热主干线；2—分段阀门；3—截断阀门；4—流量计；5—压力调节阀；6—分支干线；7—温度调节器；8—混合水泵；9—继电遥控装置；10—安全排水阀

三、热力站的连接方式

1. 直接连接方式

所谓直接连接方式系指同一供热介质，从热网直接供入热用户系统的连接方式。直接连接方式又可分为简单直接连接方式和混水连接方式。

(1) 简单直接连接　系指热水热网与热用户系统供水温度相同的连接方式，如图 9-27 所示。此方式适用于热网的温度、压力同用户内部系统一致，且用户入口处的供、回水压差能满足用户系统热介质的循环要求。

(2) 混水连接　系指采用混水装置以降低热网供水温度的直接连接。混水连接有以下几种。

① 有混水装置直接连接，见图 9-28。此连接方式适用于热网的供水温度高于热用户内部系统设计温度，热网供、回水压差大于热用户系统的阻力。可通过调节热网流量调节阀和混水泵的阀门，来调节进入用户系统的流量和供水温度。

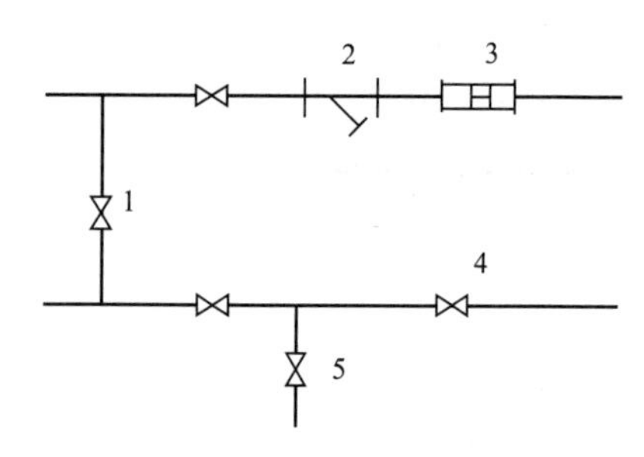

图 9-27 简单直接连接方式

1—旁通阀；2—过滤器；3—热量表；
4—流量调节阀；5—泄水阀

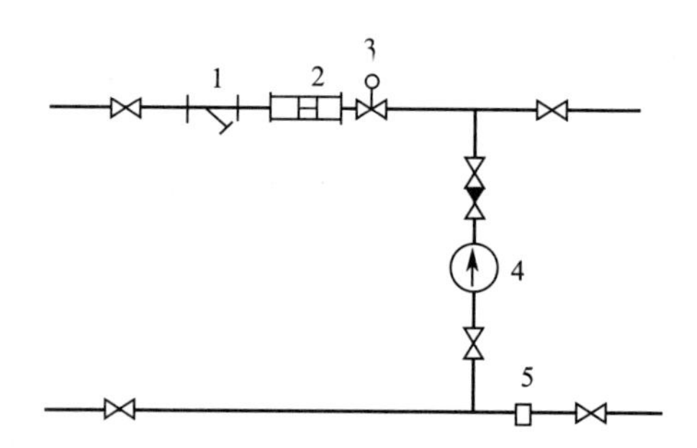

图 9-28 有混水装置连接热力站示意图

1—过滤器；2—热量表；3—流量调节阀；
4—混水泵；5—除污器

② 有混水加压泵的直接连接，见图 9-29。该方式适用于热网的温度高于热用户内部系统的设计温度，热网供、回水压差小于热用户内部系统的阻力。

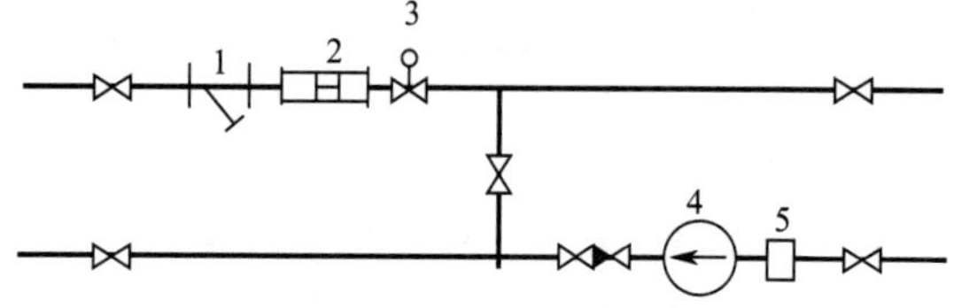

图 9-29 有混水加压泵直接连接热力站示意图

1—过滤器；2—热量表；3—流量调节阀；
4—混水加压泵；5—除污器

2. 间接连接方式

间接连接系指热用户系统通过表面式换热器与热网相连接，热网的压力不能直接作用于热用户系统的连接方式。蒸汽供热或高温水供热热力站，主要采用间接连接方式。对于热水供热热力站，依 CJJ 34《城市热力网设计规范》规定，有下列情况之一时，应采用间接连接。

① 大型城镇集中供热热力网；

② 建筑物采暖系统高度高于热力网水压图供水压力线或静压线；

③ 采暖系统承压能力低于热力网回水压力或静水压力；

④ 热力网资用压头低于用户采暖系统阻力，且不宜采用加压泵；

⑤ 由于直接连接，使管网运行调节不便，管网失水率过大，不能保证管网安全运行。

间接连接热力站采用的换热器主要有管式、浮动盘管式、容积式、板式换热器等。其中板式换热器自 20 世纪 80 年代天津锅炉协会郝培嵩先生首次应用于采暖领域以来，由于其传热系数高、体积小、维修方便等特点，获得广泛应用。目前水-水换热，特别是温度低于 150℃、压力低于 1.6MPa 的工况条件下，多采用板式换热器。对于汽-水换热，主要有管式、浮动盘管式等。一次热媒为低压蒸汽时也可使用板式换热器。当热源介质为饱和蒸汽时，可在热力站设置蒸汽蓄热器，用以调节负荷，达到节能减排，减少环境污染的目的。

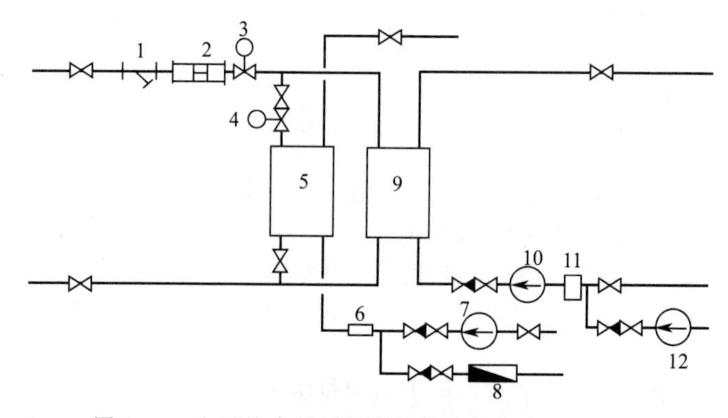

图 9-30 生活热水采暖并联间接连接热力站示意图

1—过滤器；2—热量表；3—流量调节阀；4—温度调节阀；5—生活热水加热器；6—磁水器；
7—生活水循环泵；8—水表；9—采暖加热器；10—采暖循环泵；11—除污器；12—补水泵

间接连接方式分为有生活热水系统和无生活热水系统。有生活热水系统还可分为并联、串联和混联三种形式。

图 9-30 为生活水采暖并联间接连接热力站示意图。该连接方式最为常用，适用于生活热水负荷较小的场合。在一般情况下，我国城镇供热中热水负荷较小，对热力网运行影响较小。而企事业单位，大多采用定时集中供应热水方式，生活热水负荷集中在一天的某一时间段内，形成生活热水负荷集中释放，对热网影响很大。《供热空调系统运行管理、节能、诊断技术指南》中指出：虽然目前热水供应负荷只占全网供热量的 10%～15%，而其热网循环水量却可达到全网循环水量的 30%以上，在技术上可用混联、串联等方式解决。

《城市热力网设计规范》规定，当生活热水热负荷较大时，宜采用两级串联或两级混合连接。图 9-31 为一个双级串联连接方式。一级、二级生活热水换热器也串联连接，热网供水通过二级生活热水换热器加热来自一级生活热水换热器的自来水后，再加热采暖水。该连接方式一般应用在热水供应耗热量/供暖计算耗热量≤0.6 的场合。

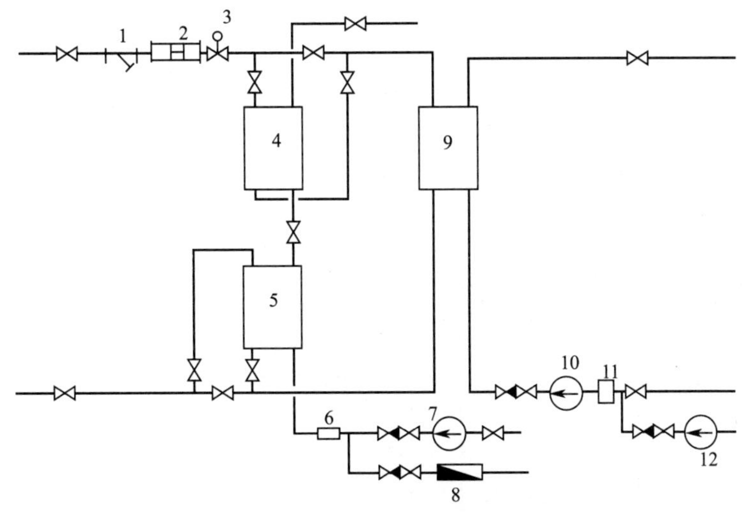

图 9-31　生活热水采暖双级串联间接连接热力站示意图

1—过滤器；2—热量表；3—流量调节阀；4—生活水二级加热器；5—生活水一级加热器；6—磁水器；7—生活水循环泵；8—水表；9—采暖加热器；10—采暖循环泵；11—除污器；12—补水泵

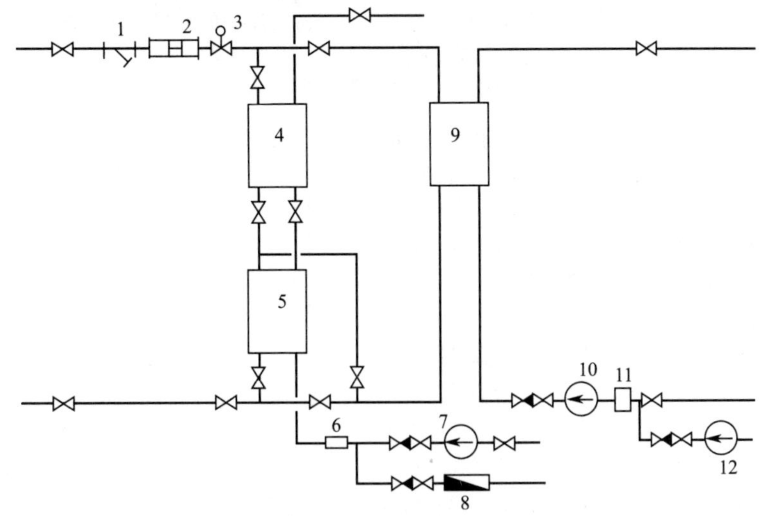

图 9-32　生活热水采暖双级混联间接连接热力站示意图

1—过滤器；2—热量表；3—流量调节阀；4—生活水二级加热器；5—生活水一级加热器；6—磁水器；7—生活水循环泵；8—水表；9—采暖加热器；10—采暖循环泵；11—除污器；12—补水泵

图 9-32 为一个双级混联的连接方式。该方式一般应用在热水耗热量/供暖计算耗热量>0.6 的场合。根据国内外运行实践表明，该连接方式有利于提高经济效益，并能较好地稳定热网运行工况。

图 9-33 为无生活热水间接连接方式。用户系统与热网被表面式换热器隔离，形成两个独立系统，热用户与热网之间的水力工况互不影响，但造价高；当采用直接连接方式时，热网的水力工况和热用户联系密切，热网工况和热用户联系密切，热网工况或某一热用户的工况发生变化，都会对其他热用户产生影响，但造价低。

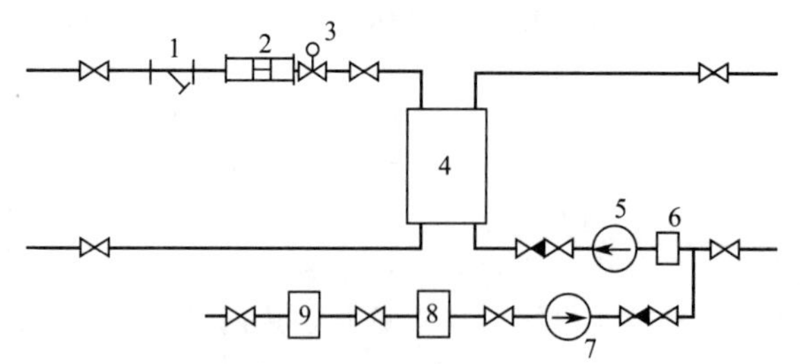

图 9-33 无生活热水采暖间接连接热力站示意图

1—过滤器；2—热量表；3—流量调节阀；
4—采暖加热器；5—采暖循环泵；6—除污器；
7—补水泵；8—软化水箱；9—水处理装置

3. 设置均压罐的连接方式

近年来，随着国内供热技术的发展及国外先进技术的引进，出现了一种新型连接方式——设置均压罐的连接方式。用均压罐连接热用户系统和热网，使热用户系统与热网形成两个系统，如图 9-34 所示。一级热网的水从热源 1 经一级热网供水管路，进入均压罐 3，再经一级热网回水管路，由一级热网循环水泵 4 加压后返回热源 1；二级热网的水从均压罐 3 出来，经二级热水网循环泵 5 加压后，经二级热网供水管路进入热用户 7，再经二级热网回水管路返回均压罐。运行中，在均压罐内部一级、二级热网的水根据各自流量的不同，有以下几种状态：当一级热网流量与二级热网流量相同时，一级热网的水直接供给用户供热系统使用；当一级热网流量小于二级热网流量时，一级热网的供水与来自用户供热系统的回水，在均压罐内混合。混合后的热水成为用户供热系统的供水。

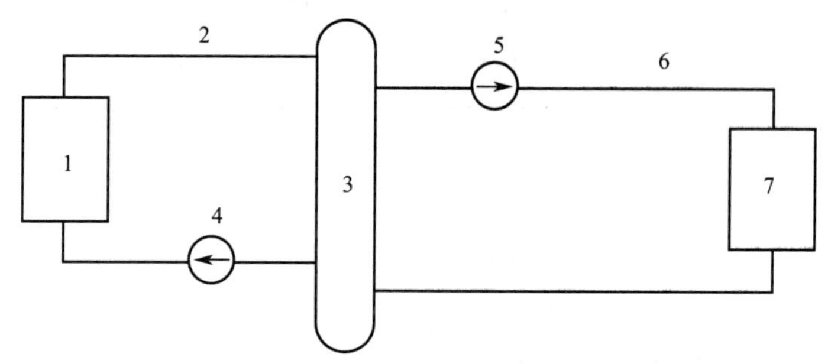

图 9-34 一级热水网与二级热水网之间设置均压罐的连接方式示意图

1—热源；2—一级热水网；3—均压罐；4—一级热网循环泵；
5—二级热网循环泵；6—二级热水网；7—热用户

设置均压罐的连接方式与常规连接方式相比，优势是明显的。采用直接连接造价虽然较低，但各热用户之间的水力工况变化，将对整个供热网路的水力工况产生影响，出现水力失调问题。例如某热水锅炉向两个热用户供热，两个热用户与热网均采用直接连接方式。在运行中，当某一热用户进行调节时，另一热用户的流量也将跟随发生变化。一般解决这一问题的方法是采用间接连接方式，这样虽然解决了上述问题，但供热系统的造价增加许多。如采用设置均压罐的连接方式，便可解决上述问题，如图 9-35 所示。热用户 1 和热用户 2 与热网均采用设置均压罐的连接方式。在运行中，即使某一用户出现故障，停止使用，也不会对另一用户的循环流量产生影响。

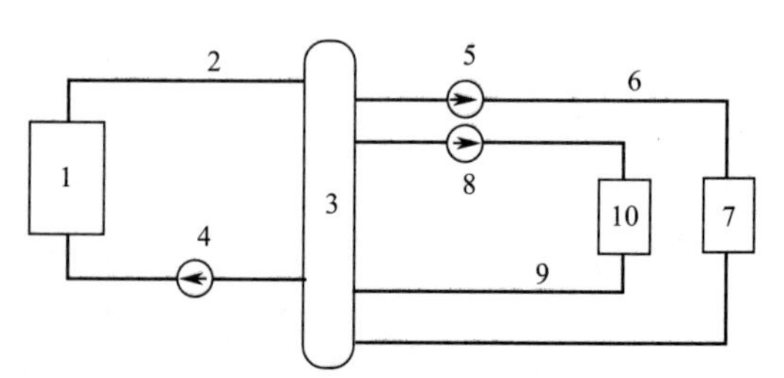

图 9-35 热用户与热网之间设置均压罐的连接方式示意图

1—热源；2—一级热网；3—均压罐；
4—一级网循环泵；5—热用户 1 的二级网循环泵；
6—热用户 1 的二级热网；7—热用户 1；8—热用户 2 的二级网循环泵；9—热用户 2 的二级热网；10—热用户 2

图 9-36 为间接供热分布式循环泵供热系统示意图，该系统是一种新型的供热系统形式，节能优势明显，特别适用于既有供热系统的增容改造、一次建成或建设周期短的新建供热系统、热力网干线阻力较高、热力网各环路阻力相差悬殊等情况。

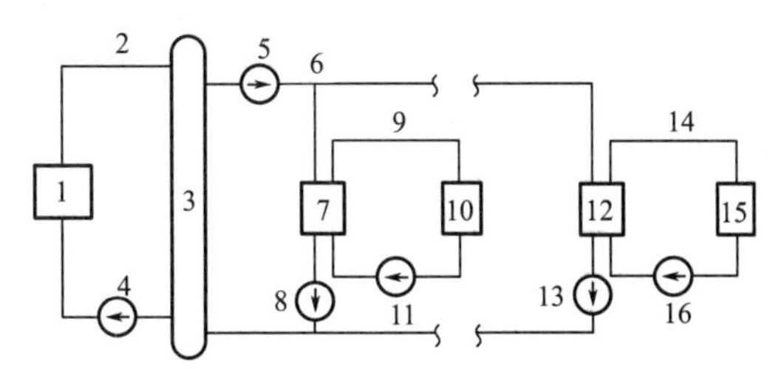

图 9-36　间接供热分布式循环泵系统示意图

1—热源；2—热源内部管网；3—均压罐；4—热源泵；5—一级网循环水泵；6—一级热水网；7、12—换热器；8、13—一级网变频加压泵；9、14—二级网；10、15—热用户；11、16—二级网循环泵

其原理为利用分布在用户端的一级网变频加压泵取代用户端的调节阀，来完成一次网介质输送和调节的供热系统。与常规供热系统比较有如下特点。

① 适应系统热负荷变化的能力强。一级网变频加压泵扬程低，功率小，移动方便，具有快速适应系统热负荷变化的能力。

② 系统工作压力明显降低。由于热源泵仅负责克服热源厂内的热水流动阻力，一级网循环泵和热力站内一级网变频加压泵采用接力的方式输送介质，因而降低了热源泵和热网循环泵的设计压力，系统设计压力相应降低，设备投资也相应降低。

③ 节能优势显著。传统的供热系统，热源泵必须满足最不利用户的使用压头，靠阀门调节热力站的水力平衡，节流损失大，浪费电能。分布式循环泵供热系统把被动调节变为主动调节，由变频泵代替一次网调节阀门，根据负荷变化，通过各站变频循环泵调节各站的一级网流量，并且在调节过程中不会对其他热力站造成不利影响。热网平衡变得简单易行，节约大量热能和电能。

分布式循环泵供热系统优化了热源和热网运行参数，同时简化了热网平衡调节，降低了供热成本，使供热管理更加科学化，这种新型供热系统为供热节能带来新的途径。

四、热力站常见故障与处理

1. 故障的定义

热力站系统内，供热设备、水泵、管道附件（包括各种阀门、支吊架）、电器、仪表等发生异常，失去规定的性能，影响供热的事件称为热力站故障。故障可按发生的状态、性质、原因、发生与发展规律等分类。例如，由于设备初始参数逐渐劣化而造成的故障叫渐发性故障。这类故障与材料的磨损、腐蚀、疲劳及蠕变等过程有密切关系，大部分故障属于此类故障。突发性故障是各种不利因素超出了设备所能承受的限度而产生的，此类故障常为突然发生的。突发性故障多发生在设备使用初期阶段。

2. 故障率

故障率是定量分析故障的指数，常用平均故障率表示：

$$平均故障率=\frac{某个运行期间内的总故障数}{运行期间} \tag{9-22}$$

机械设备故障率曲线如图 9-37 所示，这种故障曲线常被叫做浴盆曲线。故障率按时间划分有早期故障期、偶发故障期和耗损故障期。

早期故障期多出现在热力站的调试和运行初期，又称为磨合期。在此期间，开始的故障率很高，但随时间的推移，故障迅速下降。进入偶发故障期，设备故障率大致处于稳定状态。故障是

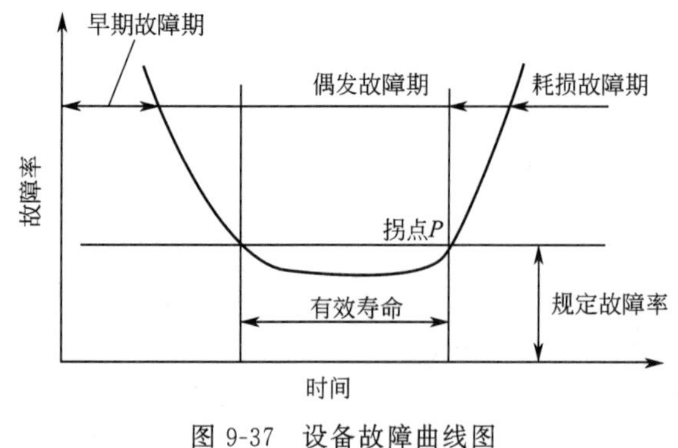

图 9-37 设备故障曲线图

随机发生的，其故障率最低，而且稳定。在设备使用后期，由于设备零部件的磨损、疲劳老化、腐蚀等原因，故障率不断增加。在故障偶发期，通过加强设备的日常管理与维护、保养，能够降低故障率，延长故障偶发期。当拐点 P 出现时，即在耗损故障期开始时进行大修，可经济有效地降低故障率。准确地找出拐点，可避免过剩修理或修理范围扩大，以获得最佳投资效益。一般情况下，通过加强检查与维修，能够降低故障率，延长设备使用寿命，但延长时间不仅与设备维护有关，还与设备的类型、产品质量、施工质量与日常管理有关。

3. 热力站常见故障及处理方法

① 板式换热器常见故障及处理方法见表 9-6。
② 除污器常见故障及处理方法见表 9-7。
③ 法兰泄漏及处理方法见表 9-8。
④ 阀门常见故障及处理方法见表 9-9。
⑤ 水泵常见故障及处理方法见表 9-10。

表 9-6 板式换热器常见故障及处理方法

故障名称	故障原因	处理方法
内漏	板片穿孔	更换板片
外漏	板片密封部位失效或密封垫老化、变形、断裂	更换垫片或密封垫
流量小	换热器内积气	排气

表 9-7 除污器常见故障及处理方法

故障名称	故障原因	处理方法
流量小、压降大	滤网堵塞	清除除污器内杂物
除污器失效不除污	滤网变形、开裂	更换滤网

表 9-8 法兰泄漏及处理方法

故障名称	处理方法
相连接的两个法兰密封面不平行	重新安装或采用管路热变形方法使之与另一法兰平行
垫片材料选择不当或垫片失效	选用符合介质要求的垫片

表 9-9 阀门常见故障及处理方法

故障名称	故障原因	处理方法
填料箱泄漏	整根填料旋转装入填料箱	重新用正确方法填装填料
	填料选用不当	改用符合要求的填料
	填料不足	添加填料
阀门关不严	阀门在使用密封面磨损	研磨密封面或更换阀门

表 9-10　水泵常见故障及处理方法

故障名称	故障原因	处理方法
功率过大	超过额定流量	调节流量或加工叶轮
	泵轴承磨损	更换轴承
杂音振动	管路支撑不稳	稳固管路
	液体混有气体	排气
	轴承损坏	更换轴承

在热力站中有许多故障是相互关联的。在这里发生的故障，有可能是由没有被发现的其他故障所引发的。如某换热站使用的 BRO 75～200m^2 板式换热器，在使用一个月后，二次入口侧压降达到 11mH_2O（107.87kPa），而设计压降为 5mH_2O（49.03kPa）。故障发生后，对换热器进行维修，发现换热板片角孔处被大量杂物堵塞，在对其二次入口侧进行过滤器检查时，又发现 Y 型过滤器的滤网已严重变形，不能起到过滤作用，维修后恢复正常。又如某企业汽-水换热站的蒸汽入口阀门与分汽包法兰密封垫经常出现断裂现象，经检查发现，阀门前蒸汽管路的支吊架已松动，加固后没有出现上述故障。再如某水-水换热站，循环泵设置三台为两用一备，已使用多年，但有时必须三台同时使用，才能达到供热要求。到现场检查后发现不是由水泵质量引起的，而是由二次网入口处阀门故障造成的，该阀门的阀芯与阀杆已脱离，造成该阀门处阻力很大，经维修阀门恢复正常。

第五节　热力网监控应用技术

一、简介

随着国家节能减排政策的出台与环保意识的增强，集中供热事业迅猛发展，管网规模不断扩大，能源供应日趋紧张，成本不断上升，从而使得技术进步和技术改造成为供热部门面临的紧迫问题。粗放型供热方式必须向“高效、节能、环保”的高新技术型供热方式转变。实现全网计算机自动控制是一条理想的途径。把计算机监控系统技术应用于热力网的运行管理，为供热单位提供了具有时代特征的科学化管理平台。在这个平台上，既可实施总览热力网运行状态与参数，又可利用采集数据、计算分析室外温度及系统供热量变化规律，定期做出整体运行方案，指导运行并实现自动控制，达到节能减排目标要求。

前文已经阐述热力网的初调节、运行调节等主要内容，这是最基本的解决热力网水力失调的手段。在此基础上实施热力网监控是供热管网综合调节的重要课题。有关燃煤锅炉的自动控制与调节问题，将在第十一章作详细介绍，本节重点对热力网自动控制方面进行讲解。

二、热力网监控系统结构与功能

1. 热网监控目的与作用

热网监控系统可适时、全面、准确地掌握热网运行情况，同时也是热网安全、可靠、高效运行的保证，可起到五个方面作用：

① 及时检测热网运行各项参数，掌握系统运行工况；

② 按需均匀调节流量，消除用户室温冷热不均现象；

③ 随时合理匹配工况，保证按需供热，热尽其用，节约能耗；

④ 及时诊断系统故障，消除隐患，确保安全运行；

⑤ 健全运行档案，实现量化管理。

2. 热网监控系统组成

热网监控系统由调度监控中心、现场控制器 STEC2000、通讯网络和与监控有关的仪器仪表组成，如图 9-38 所示。横向上，热力网监控系统由热源（首站）监控系统、热力站监控系统、中继泵站监控系统等组成。可在热力网有关管道的某些重要部位设置节点，采集温度、压力和流量等参数，称为节点监测系统。调度监控中心主要由上位机软件、服务器、操作站等组成。

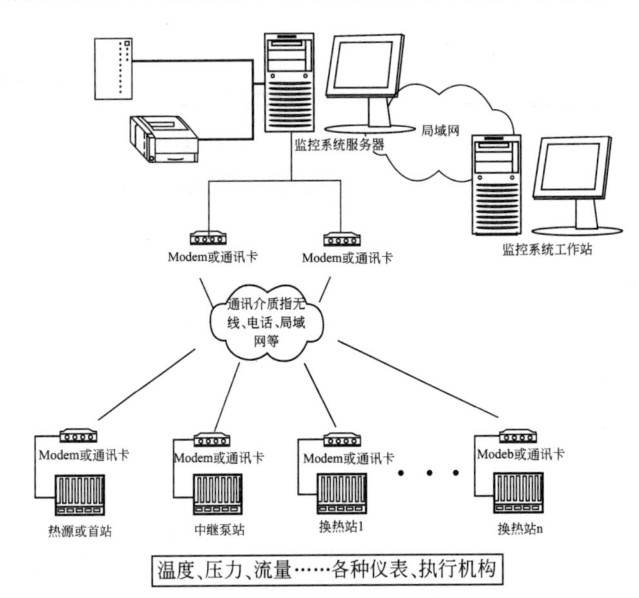

图 9-38 热网监控系统纵向结构示意图

3. 热网控制系统的功能

热网的中央监控系统软件安装在作为监控中心的服务器上，该服务器将采集现场控制器的数据，监测现场控制器的运行情况并指导操作员进行操作。服务器定期从现场控制器采集数据，以保证其数据库不断更新。服务器还向现场控制器发送控制和参数设置指令，操作员从控制中心通过该系统能够方便地得到各换热站运行数据，并向子站下达指令。同时现场控制器能主动将站内的异常事件或数据上传至控制中心。

STEC2000 是专业用于供热系统监控的现场控制器，它的主要功能有：参数检测、数据存储、通讯功能、自诊断自恢复功能、断电保护功能、显示操作功能、控制调节功能、组态功能、报警功能等。

通讯网络相当于一个邮政系统，把每个人发送的信件及时准确地传送到目的地。对于用户而言，通讯网络应该是"透明"的，即用户只需要关心自己要发送的信件，不必关心邮局是如何组织的。因此用户应尽量利用城市公共通讯网络。目前，较为可靠的通讯网络有公用电话网、ADSL 宽带、工业以太网、无线数传电台、GSM/GPRS 移动通讯网等。

智能化热网监控系统是在上述基础上，加入集中供热专业运行管理经验而得到的。实行按需供热，运用变压变流量专家控制系统，即换热站的供热量可随用户所需供热量而变化，系统流量也随用户的供热量而变化。

三、温度控制与调节

1. 直接设定控制法

换热站的供热量应随用户所需供热量而变化，但按热量控制目前还没有可遵循的具体方法。同时一个换热站所担负的供热面积很大，用户很多，且距离较远，不可能按所有室内温度进行控制。因此，一般控制二次网的回水温度，以达到控制用户室温的目的。

二次网供、回水温度（或二次网的供、回水平均温度，下同）控制有直接设定控制、室外温度补偿控制等多种控制模式。其中直接设定控制，系指在现场控制设备操作界面上，运行人员根据经验直接设定合适的二次网供水温度，然后控制设备通过调节一次网电动阀，保证二次网供水温度达到设定值。室外温度补偿控制系根据室外温度的变化情况，随时调整二次网供水温度，既可通过对照查表法，也可以通过设定曲线的方式，达到控制目标。

2. 室外温度补偿控制法

室外温度补偿控制法，系随室外温度变化情况，改变二次网供水温度的设定值，并以该设定值作为调节目标，来调节一次网的回水温度。这是一个经验调节方法，具体的数据可以由用户自行依据本地区实际运行经验设定。但是这些数据必须是经过至少一个采暖季节运行后，通过专家系统得到的数据，详见表 9-11。此表的设定数据是根据天津地区运行经验取得的，寒冷地区或其他地区可依据实际情况总结自己的运行经验。

当室外温度进入模糊区时，二次供水温度的设定值保持不变，也能满足保持室内温度稳定的要求，同时可减少阀门的动作，保护执行器。

表 9-11　天津地区室外温度控制数据表

室外温度范围/℃	二次供水温度/℃	说　明	室外温度范围/℃	二次供水温度/℃	说　明
＜－6	70		3～6	58	
－6～－5		模糊区	6～7		模糊区
－5～－2	66		7～12	54	
－2～－1		模糊区	12～13		模糊区
－1～2	62		＞13	50	
2～3		模糊区			

此外，还有室外温度计算公式补偿法，系按设定的换热站设计参数进行控制，详见式（9-21），计算出在不同室外温度下适合的二次网供、回水平均温度，并以该平均温度作为目标，调节一次网电动阀，用以达到目标值。

用带室外气候补偿的二次网供水温度（或回水温度或二次网的供、回水平均温度）与设定值差值，来控制一次网的电动调节阀，用以达到用户室内温度稳定。以二次供水温度为调节目标，表 9-12 中为天津地区一个调节方法的案例，具体数值可根据各地区的具体实际经验，自行设定。

表 9-12　天津地区二次供水温度偏差调节模式表

二次供水温度与设定值的偏差/℃	一次阀开度变化/%	说明	二次供水温度与设定值的偏差/℃	一次阀开度变化/%	说明
0～1	不调节		5～10	8	
1～2	2		＞10	12	
2～5	4				

一次网电动调节阀处于自控状态时，系统首先采集二次网供水温度，若与设定值的偏差大于1℃以上时，系统将按表 9-12 中相应的开度变化来调节阀的开度。另外，一次阀的调节周期（即多长时间调节一次）可由用户设定，以适应不同地区、不同规模各自的换热站。

四、压力（流量）控制与调节

系统流量应随用户的供热量而变化，主要是通过循环水泵加装变频器来实现。因此，如何控制变频器的频率，是一个非常关键的问题。当变频器的频率变化时，必然会引起二次网的循环流量、供水温度等发生一系列变化，且彼此相互影响。电动调节阀频繁动作，会影响使用年限。所以必须正确控制变频器的频率，以达到控制循环泵的流量。常见的变频器频率控制方法有以下几种。

1. 直接给定频率法

目前大部分供热系统采用这种方法，虽然也可以节电，但基本上是定流量运行方式，不能实现最大化节能要求。

2. 压差或压力定频率法

根据二次网的供水压力或供、回水压差来控制二次网循环水泵的进行频率。取压点的位置，可设在二次网的供、回水管上，有条件时，可将测压点设在系统最不利用户的供、回水干管上。该控制模式也可以称为变流量运行控制，但对现行供热模式不太合适。

3. 室外温度定频率法

在室外温度变化的同时，系统的循环流量也随之变化，供回水压力或压差也将发生变化。既变压，又变流量，方可达到系统最佳调节工况，同时也可实现最大限度地节能。表 9-13 给出了一个案例，关键是相对流量的选取。热网监控系统完全可以非常方便地定出不同供热系统、不同供热形式、不同供热地区的相对流量值。表中数值是根据天津地区总结运行经验得出的，寒冷地区或其他地区，可依据实际情况总结当地的数据。

表 9-13　天津地区变流量变压力控制模式表

室外温度范围/℃	二次网系统最小相对循环流量或相对频率	说明	室外温度范围/℃	二次网系统最小相对循环流量或相对频率	说明
<－6	0.95		3～6	0.8	
－6～－5		模糊区	6～7		模糊区
－5～－2	0.9		7～12	0.75	
－2～－1		模糊区	12～13		模糊区
－1～2	0.85		>13	0.7	
2～3		模糊区			

逻辑控制程序为：一次网电动调节阀门在系统发生故障和断电时应自动关闭；来电时启动顺序为：控制器上电→补水泵（如果需要）→二次网循环水泵→一次电动调节阀门缓慢开启；当系统发生故障时的顺序为：一次网电动调节阀门关闭→二次网循环水泵关闭→补水泵关闭；远程阀门直接关闭即可；远程开关二次网循环水泵：关泵先关一次网电动调节阀门，开泵后开启一次网电动调节阀。无论以任何方式，只要二次网停止水流，一次网电动调节阀门都会自动关闭。

对一次网为高温水系统或蒸汽系统时，一次网的电动调节阀应具有断电自动关阀门功能，二次网回水管上应设置安全阀，防止超压汽化，安全阀的超压压力设定应考虑系统散热器的承压能力。

4. 某热电厂项目实例——PTSN 电话通讯方式

某热电联产公司共有两个热电厂和一个热水锅炉房。下属换热站约 80 个，以及数十个蒸汽用户。选用 STEC2000 嵌入式控制器，于 2002 年完成了全部 20 个蒸汽换热站的监控系统，并接入原有蒸汽抄表系统。

监控中心采用两台通讯服务器，一台负责数据采集、控制指令发送；一台负责专门接受各热力站的报警信息；一台数据库服务器，采用 Oraclegi 数据库；一台网络发布服务器，运行网络版监控软件 HOMS2.0。

通讯网络采用普通电话拨号，但监控中心与各热力站电话统一构建一个内部虚拟网，只需要拨打内部 5 位号码即可，大大降低了通讯费用。每个热力站采用一套 STEC2000 嵌入式控制器，来完成热力站的所有监控功能。

(1) 适时数据采集　测量蒸汽温度、压力，供水温度、压力，循环水泵及补水泵的运行状态，补水水箱的液位等主要工艺参数。

(2) 数据存储　控制器设有 16M 的数据空间，根据各热力站的需要，设定数据存储间隔，最短 1s，最长 1h，将采集的数据全部存储在现场控制器中，可以完成一个采暖季的所有数据存储。

(3) 现场控制　该控制器能够灵活地完成室外温度补偿、自动补水、温度调节、值班采暖、流量调节等自动控制环节。二次网供温控制有直接设定控制、室外温度补偿控制等多种控制模式。其中直接设定控制指在现场控制设备操作界面上，运行人员根据经验直接设定合适的回水温度，然后控制设备通过调节一次网电动阀，保证回水温度达到设定值。室外温度补偿控制，则根据室外温度的变化情况，随时调整回水温度，既可通过对照查表，也可以通过设定曲线的方式实现。当班采暖则根据运行人员的经验设定各热力站特殊时段的供水温度。自动补水控制主要分为压力开关自动补水、变频定压补水、启停自动定压补水等三种方式。

(4) 安全保护　通过适时监测主要工艺参数，当参数异常超出范围时，采取紧急措施，切断调节阀电源，停止蒸汽供应，防止出现汽化造成安全事故。

(5) 报警　设有停电报警、水箱水位报警、超温报警、超压报警等多种报警信息。当出现报警信号时，控制器立刻拨通控制中心报警专用电话，请求处理。

(6) 现场显示操作　采用5英寸（12.7cm）彩色液晶显示操作屏，进行热力站运行过程的适时监测，并通过键盘设定最优的运行方案，浏览存储的历史数据和报警记录等。

STEC2000控制系统投入运行后，为业主带来了巨大的经济效益。经现场实测评估，系统节能率高达20%，运行一个采暖季节便可收回全部投资。每个采暖季节每万平方米供热面积，平均每小时节省蒸汽0.06t，共计节约资金166.5万元。

5. 某热力公司项目实例——GPRS无线通讯方式

某热力公司2004年新建换热站9座，改造换热站4座。在供热公司建立一个监控中心，监控软件是HOMS2.0，监控中心和各个换热站的通讯采用GPRS无线通讯方式，现场控制器采用STEC2000系列控制器。系统通讯结构如图9-39所示。

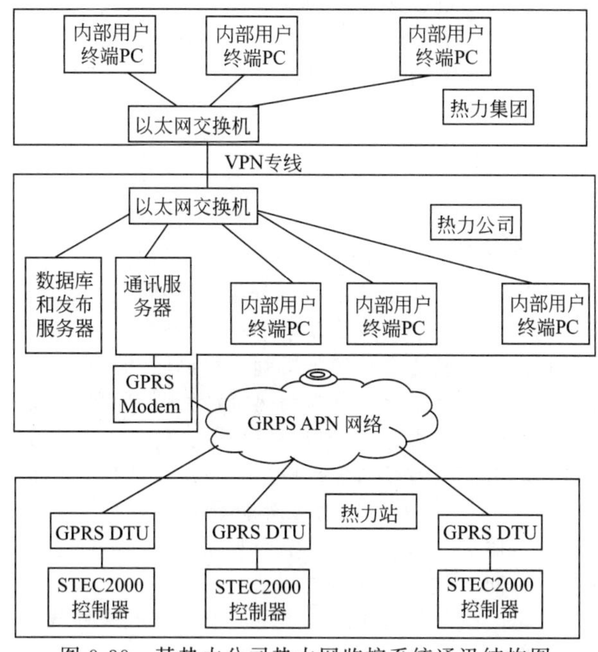

图9-39　某热力公司热力网监控系统通讯结构图

第六节　生产供热与节能减排应用技术

一、生产供热分类与特点

生产供热就是对生产工艺供给所需一定压力的蒸汽、一定温度的热水或其他载热体，如导热油或热风等。生产供热一般可分为直接供热、间接供热、动力拖动供热。

1. 直接供热

所谓直接供热，就是对生产工艺所需要的上述蒸汽或热水及其他载热体，直接送往被加热设备或介质内，甚至二者混合成为一体，达到所要求的工艺温度。因而此种加热方式热效率较高，无疏水排放与冷凝水回收问题。属于直接供热的生产工艺很多，如锅炉除氧器内用蒸汽加热除氧；锅炉炉膛或尾部受热面积灰、结渣时，用蒸汽进行清扫、吹灰；油田打井遇到井下原油黏度太大时，用注汽锅炉所产高压蒸汽专门进行油层加热；医院用蒸汽消毒灭菌；制作水泥构件用蒸汽加热养护；煤气发生炉在气化时，输送适量蒸汽，提高混合温度或制造水煤气；纺织厂印染漂洗用蒸汽加热热水；方便面厂用蒸汽加热蒸熟等。

2. 间接供热

间接供热专指对生产工艺所需上述蒸汽或热水及其他载热体与被加热介质或物体不能直接接触，而是用热交换器的隔板隔开，二者之间的热量传递是依据热传导原理进行的，把蒸汽或热水及其他载热体的热能传递给被加热物体，因而必然产生蒸汽凝结水或低温水与低温载热体的问题，应加以回收利用或循环使用，不但回收了热能，同时也回收了水资源与低温载热体。此类供热方式因有热能转换效率问题，其热能利用率比直接供热要低得多。间接加热方式例子很多，如采暖、空调、制冷、通风就是间接加热；还有热力站的换热器内的热交换；烘干（干燥）、蒸煮(蒸发)、橡胶硫化、保温加热等，此外还有导热油热载热体加热及原油输送管网保温等。

3. 用于动力拖动

蒸汽用于动力拖动，就是利用蒸汽的高温、高压动能去驱动某一设备转动，或者利用其压力能作为雾化介质。如蒸汽驱动汽轮机旋转，带动发电机发电；汽轮机带动大型风机转动鼓风；还有蒸汽机车、船舶锅炉、蒸汽锻造等。汽轮机带动发电机发电是目前火力发电与热电联产的主要生产工艺装备；带动风机旋转是大型冶金工厂目前替代电动机的一种主要方式。这些设备排出的不是冷凝水，而是低品位的蒸汽，回收利用是节能的重要途径。蒸汽机车、小型船舶、蒸汽喷射制冷、锻造等作为动力源的设备，也排出低品位蒸汽，回收利用较为困难，热能损失大，近年来有逐步淘汰的趋势。

二、余热资源分类与回收方法

余热的概念应按 GB/T 1028《工业余热术语、分类、等级及余热资源量计算方法》来解释。规定以环境温度为基准，从某一被考察的载热体系中释放出的热量称为余热。它包括目前实际可利用的和不可利用的两部分热量。经技术经济分析确定可回收利用的热量称为余热资源量，已回收利用的余热资源量占总余热量的百分比，称为余热资源回收利用率。余热利用技术就是研究可回收利用的余热量及其回收利用的方法、技术与经济效益。

按上述标准规范规定，余热资源等级划分是按余热资源回收期长短来定的。其中投资回收期小于 3 年的称为一等余热资源，3～6 年的称为二等余热资源，大于 6 年的称为三等余热资源。在实际研究余热资源回收利用技术工作中，对投资回收期的及时确定遇有一定困难。因为投资回收期的长短影响因素较多，如回收技术或方法的先进程度、回收设备的优劣、贷款利率的高低等，不便马上确定下来。因此，在习惯上常以余热源的温度高低来划分，较为方便直观，又能体现余热量的大小，一般可分为：

(1) 高温余热　大于 500℃；

(2) 中温余热　300～500℃；

(3) 低温余热　小于 300℃。

三、余热资源回收技术

1. 高温余热资源的回收利用

高温余热由于温度高，节能潜力大，容易引起重视，一般回收利用的较为普遍。如各种冶炼炉窑、加热炉的排烟，水泥回转窑、玻璃炉的排烟等等。值得重视的是，有些炉窑不仅排出高温烟气，而且在烟气中往往带有可燃气体，是一种低热值气体燃料，须一并加以回收利用，如炼铁高炉排出高炉煤气，炼钢氧气顶吹转炉排出转炉煤气，炼焦炉排出焦炉煤气，是冶金企业的重要燃料，回收利用价值太大了，有的先进企业可达到负能炼钢；石油、化工等行业的许多设备，在排出的高温气体中附有反应生成的各种可燃气体，是一种宝贵的气体燃料资源，应加以综合回收利用；硫酸生产工艺排出的高温烟气，含有可燃气体，设置余热锅炉回收利用，可获得4.0MPa以上的高压高温蒸汽，用于热电联产；用裂化法制取乙烯工艺排气，也含有可燃气体，设置余热锅炉回收利用余热余能，可获得15MPa的高压高温蒸汽，用于发电。

针对以上各种设备的具体情况，均采取相应的回收技术与方法。对资源量大、温度高的余热源多数设置余热锅炉，生产高压蒸汽，进行热电联产；有条件的最好专门回收可燃气体，用作燃料。如炼铁高炉煤气、炼焦炉煤气、炼钢转炉煤气及石化企业的瓦斯气作为气体燃料再利用，节能减排效果更好。

除高温余热外，余压也是一种能量资源，应加以利用。如高炉炉顶余压发电（TRT），在冶金工厂高炉炼铁设备中应用较多。回收固体高温余热比较麻烦，对于颗粒较小的高温固体，近年来多采用流态化方法回收余热，在流态化催化裂化工艺中已有较成熟的回收技术与方法。对于大块高温固体，现采用气体热载体方法进行余热回收。如炼焦炉的干熄焦技术（CDQ）就是一种较好的回收高温余热技术。它是利用一种非燃性的惰性气体去冷却赤热焦炭，使吸热后的高温气体通往余热锅炉内，进行热交换，产生高温、高压蒸汽用于热电联产。一座每小时生产焦炭56t的炼焦炉，采用干熄焦工艺，设置余热锅炉回收余热，实行热电联产，每小时可发电6000kW，还不计蒸汽的价值。由此可见，高温余热设置余热锅炉产生高压、高温蒸汽，用于热电联产，实行热能梯级利用，是最佳的回收利用技术之一。

2. 中温余热资源的回收利用

中温余热资源大多属于燃料燃烧装置中排出的中温烟气，且带有一定含量的烟尘与有害气体SO_2、NO_x等。如燃气轮机排气、涡轮蒸汽机排汽、热处理炉排烟、石化行业的催化裂化装置排气等。从这些装置中排出的气体温度大致在300～500℃之间，属于中温余热资源，应加以充分回收利用，达到节能减排功效。因为回收中温余热可转化为有用热能，并可收到一定的降尘作用。

中温余热回收利用方法，大体上与高温余热回收利用方法类同。但由于余热温度较低，传热效率不如高温余热高，因而应参考高温余热的回收技术与方法，结合中温余热特点进行开发研究，以取得较好的经济效益。

对大多数工业窑炉来说，最典型的回收中温余热方法是设置预热器，用以预热工艺所需热水，或预热燃烧用助燃空气，提高燃烧温度，节约燃料消耗。回收中温余热设置余热锅炉的场合也较多，不过由于热源温度较低，产生高压、高温蒸汽有一定困难，因而主要用于生产饱和蒸汽或高温热水，用于生产或采暖、生活的供热源。

在开发研究中，对于中、低温余热回收利用技术，目前已有大的突破与进展，就是采用高效传热元件，提高余热资源回收利用率。现已开发出系列热管元件，并成功建造了热管省煤器、热管空气预热器与热管余热锅炉，应用于生产实际，是原有同类装置的换代产品，取得良好的经济效益，将在下面第七节中加以详细叙述。

3. 低温余热资源的回收利用

低温余热资源面广量大，广泛存在于各行、各业的各种设备排出的低温热载体，但却往往不被人们重视。其实大部分低温余热资源来自各种耗能设备排出的300℃以下的载热气体或液体，其排出总量远大于高温余热与中温余热的总和。因为高温、中温余热资源回收利用之后，仍然有低温余热资源排出。所以回收利用低温余热资源是节能减排工作非常重要的一项任务。

四、蒸汽凝结水回收利用

蒸汽在利用过程中的节能减排，应建立系统节能观念，要抓好三个节能环节，即蒸汽的生产、输送和终端使用。有关前两个环节，在本书前面有关章节中已作了详细的介绍。关于用汽终端节能应包括用汽设备的合理设计，采用先进的工艺设备，操作技术改进与设备维护等问题。而对间接加热的用汽设备，有一个突出问题，就是如何对蒸汽凝结水回收利用问题。不仅要回收清洁的水资源，还可回收冷凝水的显热，促进用汽设备的高效利用，这对抓好节能减排是至关重要的。有关这一点，国内外曾制造了多种型号的疏水器和各种回收利用方法，大都因疏水器漏汽率高、寿命短，不能把疏水和热能全部回收送至锅炉房。从美国引进的SG喷嘴型疏水器和天津研制的多孔径转盘式喷嘴型疏水器，可组成凝结水回收系统，能获得满意的节能减排效果。

图9-40 多孔径转盘式喷嘴疏水器

1. 技术原理

现以多孔径转盘式喷嘴型为例，其结构见图9-40。疏水器的凝结水排出孔运用液体喷射原理，制成喷嘴型疏水器。当汽-液两相流通过疏水器喷嘴时，具有连续排除凝结水，并有阻滞蒸汽流失功能，因为喷射流体通过喷嘴的流量与该流体密度的平方根成反比，由于凝结水的密度比蒸汽大数百倍，所以凝结水的排量远大于排汽量。同时，低密度高流速的蒸汽受到高密度低流速凝结水的阻滞，流速大幅度减慢。而高密度低流速的凝结水受高速蒸汽流的挤压，流速明显加快，排水量加大，因此凝结水的存在能阻滞蒸汽的流失。

2. 关键技术及创新点

① 凝结水排出孔设计为喷嘴型结构，运用了流体喷射原理，构思新颖，结构紧凑。能及时连续排除凝结水，同时可有效阻止蒸汽流失，并可促使汽化潜热全部在用汽设备内部释放出来。

② 疏水器转盘均布多个不同直径喷嘴，当用汽设备的负荷变化时，不需切断汽源，不影响生产，随时旋转多孔径转盘式喷嘴直径，即可改变疏水器的凝结水排量，达到与供汽负荷合理匹配，并具有可调背压功能，保证生产工艺正常进行。

③ 选用自润滑减磨材料制成旋转阀芯，提高了疏水器的使用寿命。

④ 新型疏水器无需增设动力源，便可将凝结水回送到锅炉补水箱。

⑤ 新型疏水器设有除污装置，在运行中只要定期排污，不会堵塞。

3. 主要技术性能与适用范围

① 该装置最高使用压力可达1.27MPa，无泄漏，最高使用温度在250℃。均能只排水、不排汽，彻底解决了以往长期存在的“跑、冒、滴、漏”问题。

② 可根据用汽设备的负荷变化情况，可随时调整或更换喷嘴直径，便可改变疏水器的凝结水排量。使之与用汽设备保持合理匹配，从而保证并提高工艺所需温度，有效阻止蒸汽流失。

③ 喷嘴型疏水器可适应用汽量变化、在不同背压度和不同过冷度场合，能保持正常工作。

④ 疏水器壳体选用不锈钢，寿命可达10年以上。且安装简便，不设动力源。

⑤ 能连续排除凝结水与不可凝气体，无振动、无噪声、无泄漏，有利于环境保护。

⑥ 该疏水器有阻滞排汽和可调背压功能，并可使蒸汽在设备内部完全变为冷凝水，促使汽化潜热全部释放出来，避免了该项热损失，从而可提高用汽设备的温度，有利于缩短加热时间，提高产量和质量。

由于该装置具有以上功能，可广泛应用于石油、化工、油漆、橡胶、造纸、纺织、印染、食品、制药、木材加工和建筑供暖等行业的间接蒸汽加热设备的冷凝水回收利用系统。

4. 高温凝结水回收系统简介

从疏水阀排出的高温凝结水回收方式有两种，即开式回收系统，见图9-41，密闭式回收系统，见图9-42。开式回收系统是企业多年沿用的回收方式，一般无需动力源，只靠背压经管网，即可把冷凝水输送到高位水箱内。该系统设备简便，适用性广，投资省，热量回收率可达85%以上，锅炉综合节能率为20%左右，主要包括回收的冷凝水显热，因而锅炉蒸汽产出量提高，煤耗下降，以及水处理费的降低，排污量的减少，疏水器允许的5%蒸汽泄漏率的避免等。该系统水箱虽有保温，但一般为敞口存水，与大气相通，汽化、蒸发热损失且回到水箱后不能马上得到有效利用，因而热量回收利用率较低，还会吸入氧气，如不经除氧器送入锅炉，会造成锅炉氧腐蚀。针对开式回收系统存在的一些问题，辽宁省能源研究所等单位进行了认真研究，开发出高温凝结水闭式回收系统，这也是国外提倡的回收方法。即把疏水器排出的高温凝结水直接回到锅炉内，中间无需经过水箱等设备，因而热损失小，热量回收利用率高，一般可达95%左右，综合节能率为20%～30%，主要包括回收的冷凝水显热，水处理费的降低，排污量的减少，蒸汽产量提高，煤耗下降，疏水器允许泄漏率的避免，蒸汽除氧器的节省以及不可统计的锅炉氧腐蚀的降低等。由于是密闭输送，高温水不会吸入氧气，无腐蚀。但所需设备较多，一次性投资较大，回收期比较长，即使将企业原有的开放式回收系统改造为密闭式回收，所增加的节能效益在一年内可回收投资。

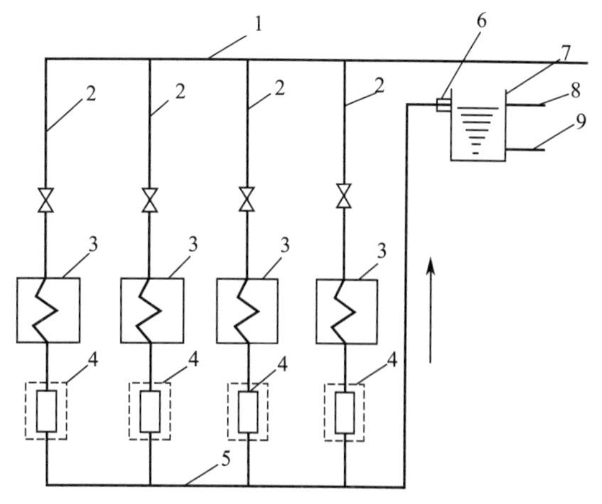

图 9-41　高温凝结水开放回收系统图

1—供汽干管；2—供汽支管；3—热交换设备；4—疏水器阀组、保温单元；5—凝结水回收干管；6—过滤器；7—保温水箱；8—补水管；9—锅炉补水管

闭式回收系统所增加的设备与解决的主要问题有：

① 增设集水罐一个。用汽设备疏水器排出的高温凝结水背压力，如高于管道阻力和集水罐压力的总和，蒸气凝结水依其压力差便可自动流入地面安装的集水罐内，否则集水罐应安放在地下，如图9-42所示，其余设备放在地面上。集水罐容量应大于疏水量并加足够储备量。当疏水流到集水罐后，闪蒸汽从上方扑雾器排出，罐内冷凝水温度降至100℃以下，便于输送。

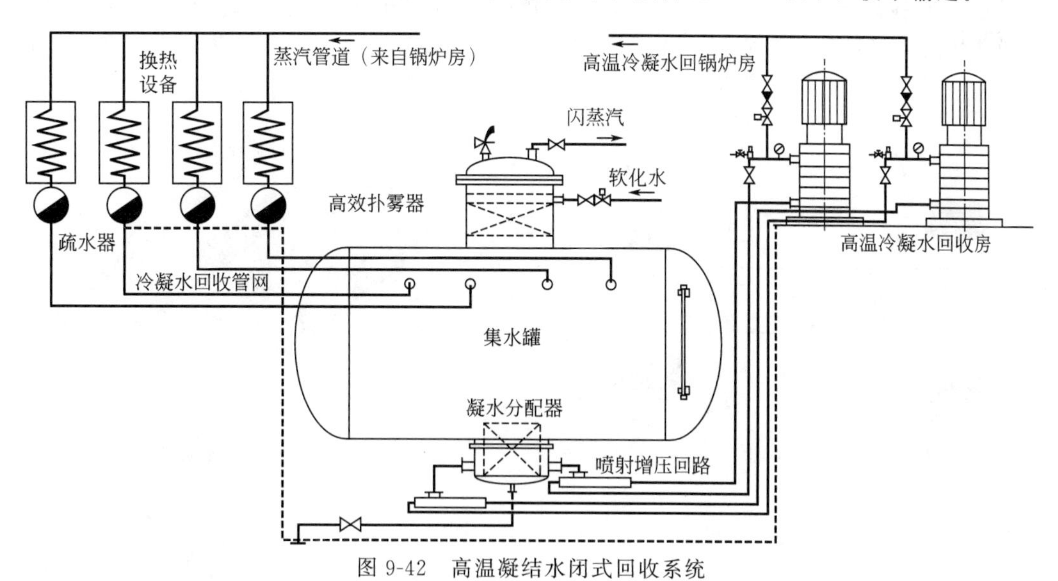

图 9-42　高温凝结水闭式回收系统

② 增设锅炉上水泵两台，一台备用。应选热水泵，其压力与容量依锅炉上水泵要求选定。该泵运行时，上水泵停运，可不列入增加电耗范围内。

③ 必须解决离心泵输送高温饱和水产生的汽蚀问题。此为密闭式回收高温凝结水的关键所在。国内外有许多公司研究出多种办法来解决，但最简单实用的是采用喷射原理予以根治。将离

心泵输出的高压水作为动力源，抽吸罐内压力较低的被吸流体并相互混合，进行能量交换，可形成一种压力居中的混合流体，保证热水泵正常运转，不会发生汽蚀问题，如图 9-43 所示。

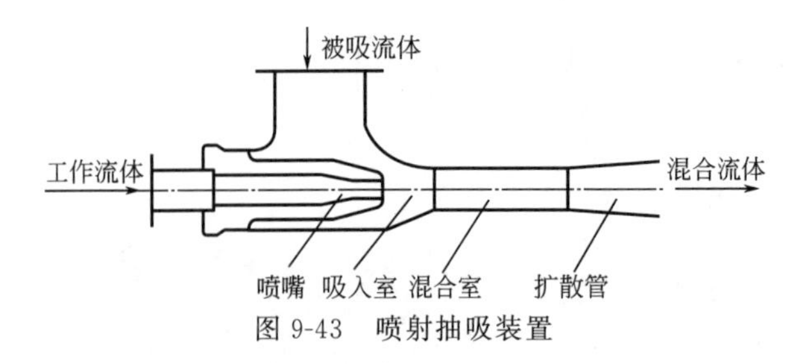

图 9-43　喷射抽吸装置

④ 系统控制设备。现代科技有许多先进控制技术，就该系统所处环境多为主体设备旁边。因此要求适用、耐用，远程控制能引到锅炉控制室。此外该设备应有自动报警、自动停机等保护功能。

第七节　余热回收热能转换装置

一、热管装置

1. 热管原理与结构

热管是一种高效传热原件。单支热管由无缝钢管、金属管芯和工质三个要素构成，其工作原理如图 9-44 所示。钢管是密封的并抽成真空，内装有毛细管作用的金属管芯。当热管的受热端受热时，工质吸收热量、蒸发变为蒸汽，并向放热端移动，与冷的管壁接触而放热，同时冷凝成液体。由于管芯的毛细管作用或重力作用，液态工质又返回到热管的受热端。因为是利用工质的蒸发和凝结汽化潜热来传递热量，所以热管的热阻非常小，只要两端有一点温度差，就能迅速传递大量热能。这是 20 世纪 60 年代探索新的传热设备，强化传热效果所开拓的新成果，因而受到了人们的广泛重视，取得了显著节能减排效果。

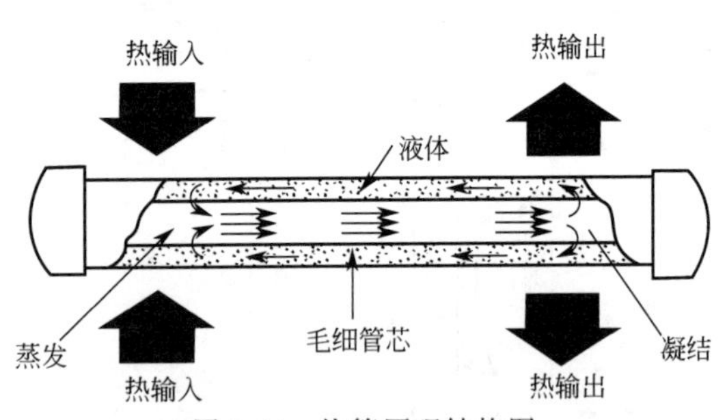

图 9-44　热管原理结构图

图 9-45　镍基钎焊热管

2. 热管的分类与组装

一般按工作温度，热管可分为三种：高温热管，工作温度 350℃以上；中温热管，工作温度在 50～350℃；低温热管，工作温度低于 50℃。

目前国内用于中低温余热回收的热管多采用普通锅炉钢管和水作工质，属于重力型热管。辽宁省已制定了 DB/T 696—93《余热回收用碳钢-水热管技术要求》地方标准。如回收利用高温余热，应改换材质并选用耐高温工质。为增强单根热管的传热性能，在热管一端或两端可做成翅片型，也可做成平板散热片，甚至辐射散热片等，以增大其传热面积，如图 9-45 所示。

用热管元件可组装成气-气型和气-汽型各种余热回收装置，还可制成分离式热管余热回收装置，以适应工艺要求与现场布置的需要。

3. 热管回收装置与应用

目前用热管组装成各种余热回收装置，并已成功应用于工业锅炉与电站锅炉的省煤器、空气预热器、蒸汽过热器与再热器；化肥行业用的余热锅炉、加氮空气预热器、吹风系统空气预热器、软水加热器；冶金行业用的余热锅炉、大型分离式热管空气、煤气双预热器、空气预热器；建材企业用的余热锅炉、热管蒸发器；硫酸企业用的热管省煤器；干燥、烘干领域用的热管热风炉等，用途非常广泛。天津华能能源设备有限公司与辽宁省有关企业等，均可生产上述多种热管换热装置，销往全国各地，取得良好的节能减排效果。

4. 热管回收装置特点及应用优势

① 余热回收率高。由于热管有很高的导热能力，比金属导体要强很多，热导率比良好的金属导体要高 $10^3 \sim 10^4$ 倍，因而能进行高效传热，有的文献称超导传热，所以余热回收率高，尤其对中低温余热更为优越，应列为首选换代产品。

② 构造简单、结构紧凑、安装方便、内部阻力小、用途广泛。

③ 使用寿命长，无需运行费用。本身无运转或驱动部件，免于维修，单根热管损坏，不会造成漏气问题，对整体设备无影响，经久耐用。可调整冷热端面积控制管壁温度，避免露点腐蚀。如遇有带烟尘的余热，可单设门，定期进行清扫，防止积灰。

④ 供、排气各走不同的通道，不会相互混合，无漏气问题，能获得清洁热风或其他热载体。

⑤ 蒸发端与冷凝端可以分开，制成分离式热管余热回收装置，利于设计与合理布置，在冶金系统得到较好的应用。

⑥ 热管两端温差很小，利用这一特性，在某些等温实验研究、培养细菌、温度标定等方面有特殊用途。

国外曾有报道，利用小型特殊热管束回收飞机燃气轮机的排气高温余热，加热燃气轮机的助燃空气，以提高燃机的效率。其余热回收率可达到 50%～70%，取得良好节能效果。

二、热泵装置

1. 热泵工作原理与构成

热泵的构成主要包括四大部分，即蒸发器、压缩机、冷凝器与膨胀阀，详见图 9-46。热泵既是余热回收供热设备，又是空调制冷设备，其基本原理是相同的。热泵循环装置中的蒸发器，就是低温侧的换热器。余热源从低温侧被吸入，传给低沸点的载热工质，在换热器内吸热蒸发，使工质变为气态载体。然后进入压缩机内被压缩，变成高温高压的气体。当把此气体输送到冷凝器内时，向器外的介质释放出热量，又被冷凝液化。为了使液化后的工质复原成低温低压状态，让其通过膨胀阀进行绝热膨胀，再输送到蒸发器内，完成一次逆卡诺循环，实现了低温余热回收，达到了节能减排目标要求。

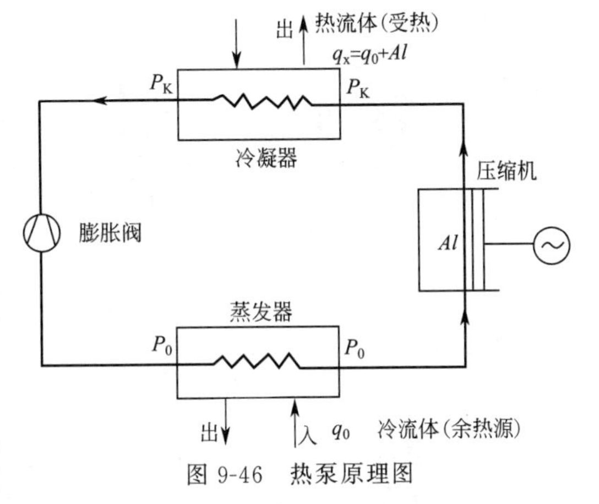

图 9-46　热泵原理图

热泵的工作原理大制与制冷机相同，只是它们的应用目的和工作温度范围不一样。热泵的基本功能是靠机械做功，把热量从低温热源提升到高温状态，给用户供热。而制冷机是利用低温侧换热器的蒸发吸热原理，把高温侧的冷凝器当作放热器，将释放出的热量排到周围环境或冷却水中。可见热泵循环的下界限是低温余热资源，上界限是需要供热的热用户；而在制冷循环中，上界限是周围环境介质，下界限是需要冷负荷的场所，二者正好相反。其实质是设备的卡诺循环方向问题。在中央空调领域，在夏季是供冷的制冷设备，在冬季又能将低品位热源提高温度，变为供热设备。热泵在工业供热领域往往被人们忽视。

2. 热泵的致热系数

热泵从温度为 T_0 的热源吸收热量，输送到高温侧 T_k 时，则（T_k-T_0）就是热的提升高度，也可称为"热扬程"。在冷凝器中所放出的热量，也即对加热流体的加热量，称为"热出力"，即为有效热量。有效热量和输送热量所消耗的功（折成热量）的比值，就是热泵的效率。热泵的这个特性系数称为致热系数（COP），一般用 φ 表示。

$$\varphi=\frac{\text{热出力}}{\text{输送热量耗功}}=\frac{q_k}{Al}=\frac{q_0+Al}{Al}>1 \tag{9-23}$$

式中，q_k 为被加热流体所得到的热量；q_0 为从低温热源所获得的热量；Al 为输送热量所消耗的机械功（折热量）。

由上式可见，当低温热源的温度愈高时，φ 值愈大，热泵的效率也愈高。当热扬程（T_k-T_0）越高，输送热量所消耗的功也就越大。由于把输送热量所消耗的功折算成热量作为热出力的一部分，传送给用户了，因而致热系数永远大于 1，一般在 3.0～4.5 之间。

由于 φ 值大于 1，从热能转换角度评价，使用热泵比直接燃烧燃料或电热合算。这就是推广应用热泵可以节能的道理。

3. 热泵的分类与应用范围

热泵在空调、供热采暖方面受到广泛重视，发展速度很快。因其在夏天能够制冷空调，而冬天又能将低品位热源提高温度变为高品位热源，用于供热采暖。由于热泵在节能、环保方面具有明显优势，现已成为中央空调的重要冷热源设备。热泵在冬季与夏季的运行，详见图 9-47 和图 9-48。现将热泵分类略述如下。

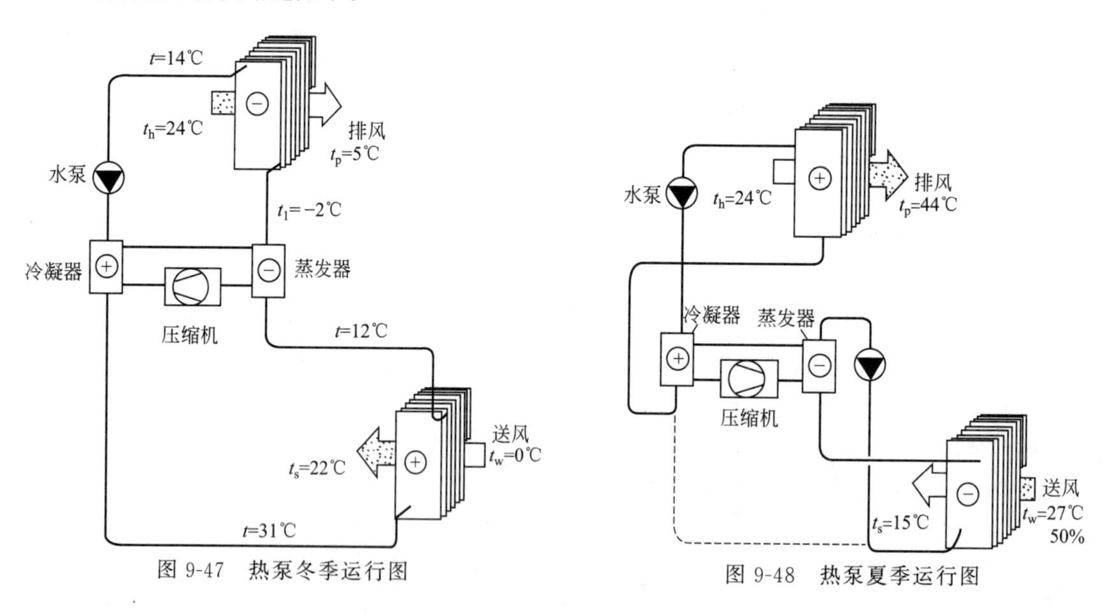

图 9-47 热泵冬季运行图

图 9-48 热泵夏季运行图

(1) 空气源热泵　也称风冷热泵，系早期开发研制的产品，利用空气作为冷热源的空调、供暖设备。我国南方地区，冬天气温低，可用于采暖，夏季则制冷。

(2) 水源热泵　又可分为地下水源热泵和地表水源热泵。地下水需要抽出、回灌，而地表水包括江、河、湖、海或工业废水、城市污水、中水等。尤其是工矿企业的各种冷却水，不但水量充足，而且温度适当，开发应用潜力很大。

(3) 地源热泵　也叫土壤源热泵。在土壤中垂直埋管或水平埋管，从中取热或放热。在环保和运行能耗方面具有一定优势，有开发与发展潜力。

(4) 水环热泵　它用循环水环路作为加热源与排热源。当热泵在制冷运行时，向环路中的水放热时，可设冷却塔，可将热量排向大气；当热泵在制热运行时，如环路中水温低于一定值时，可设加热装置，对其进行加热。因其各种水源广泛存在，发展潜力很大。

此外还有燃气热泵和蓄热式热泵等，请参阅有关资料，在此不作详细介绍。

4. 工业热泵的开发应用

目前国内热泵多应用于制冷、空调及供暖、空调和生活热水三联供方面，而且取得良好节能效果。但在工业领域开发应用得较少，远没有引起业界人士、开发研究单位和能源界的高度重视。其实热泵在工业低温余热回收利用方面有广泛的应用前景，且节能减排效果显著，环保效益、社会效益也很好，亟待开发应用。

工业热泵结构原理与空调、制冷热泵完全一样，只在布置与连接方面有所不同。工业热泵主要有三种基本类型，即闭式循环系统、开式循环系统和吸收式循环系统等，如图 9-49～图 9-51 所示。其中闭式主要用于介质加热，开式主要用于稀溶液、物质浓缩，吸收式主要用于溴化锂制冷机等。在实践中还可开发多种形式与用途。

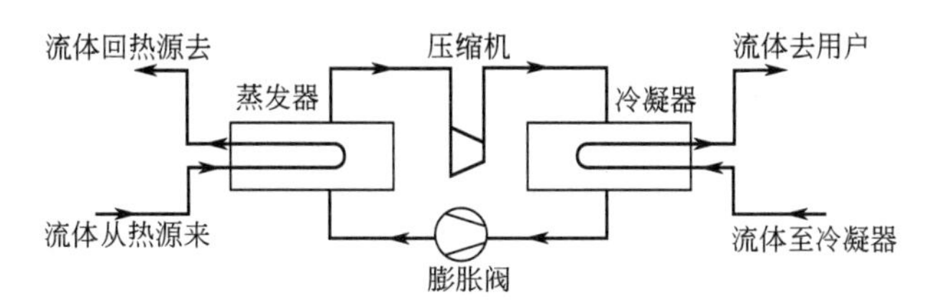

图 9-49　闭式循环热泵图

目前工业热泵在奶品加工、制革、烟草、茶叶、纺织印染、酿酒、电镀电解、蒸馏蒸煮、物质浓缩、造纸、木材干燥、淬火热处理及冶金、发电冷却循环水等方面都有应用。以往这些行业所产生的低温余热，因各种原因没有回收利用，白白流失，造成能源浪费，环境污染。甚至有些工矿企业为了循环冷却水降温，还专门增设冷却设备，增加了投资与能耗。如能开发应用热泵技术，克服以上缺点，并可取得节能减排效果。现举茶叶加工厂为例，更可看出热泵在低温余热回收利用方面的巨大潜力。

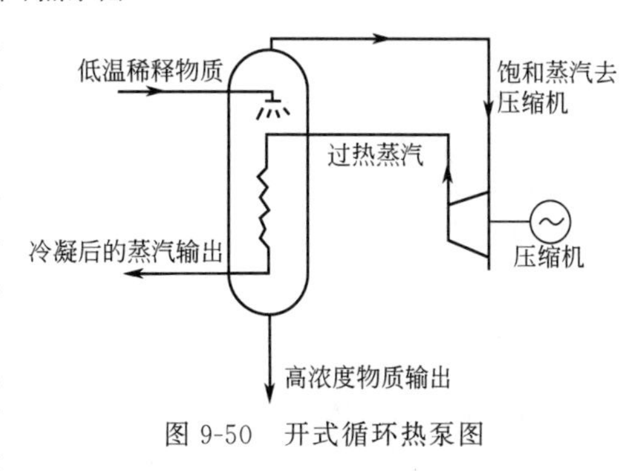

图 9-50　开式循环热泵图

茶叶生产是季节性的，在茶叶收获季节需要同时加工和干燥冷藏。以往生产工艺是采用火焰

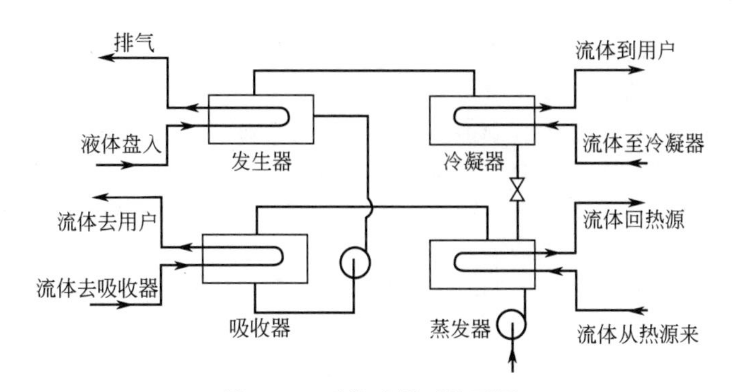

图 9-51　吸收式循环热泵图

式热风炉，因温度波动，很难掌握茶叶加工质量；如冷藏能力不足，还必须增加设备。茶叶在风干、干燥过程中产生许多余热，用别的设备回收利用效果不佳，而用热泵回收利用效果很好。如某厂在茶叶风干过程中采用热泵装置，蒸发温度为15℃，冷凝温度为50℃，致热系数达到4.6。该工厂原来使用一般空调设备时，每吨原茶要消耗90～100kg标煤，采用热泵风干后，每吨原茶耗电量为65～75kW·h，相当于25～30kg标煤，节能1/3左右。如图9-52所示。

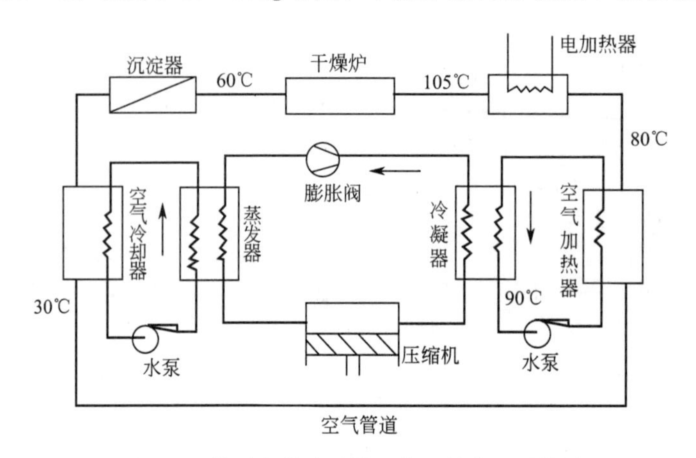

图9-52　热泵在茶叶干燥工艺上的应用系统图

另一个实例是茶叶干燥过程中采用热泵，详见图9-49。在干燥工艺设计时，利用了生产过程中排出的余热，完全取消了燃料消耗，并能保证茶叶加工所要求的各项参数，提高了茶叶的产品质量。同时热泵还可为热加工制茶机提供热量，并为贮存茶叶提供冷源，解决了茶叶收获、加工、贮存之间的矛盾，一年的茶叶加工量可提高25%～30%，经济效益十分可观。

5. 对热泵的经济性判断

对于热泵系统，在以下条件下运行时，一般认为是经济的：

① 有稳定良好的低温余热源条件，且热管装置很难回收利用的场合；

② 有耗用低温热源的需求，且每年满负荷运行时间大于2000h；

③ 经测定致热系数COP值大于3；

④ 在夏季作供冷运行，冬季作供暖运行，不需另外增加能源；

⑤ 建筑物内部有较大的余热量，有可能在环境温度低于0℃时使用内部热源，加热建筑物的情况，如大型超市、体育馆、百货商场、影剧院等。

如果属于下列情况，热泵的经济性较差：致热系数COP值小于3；仅仅用于供暖或空调制冷单方面运行；热泵设置容量远大于供热负荷，处于低负荷运行等。

三、预热器装置

1. 预热器的优势及其应用效果

预热器主要用于中温余热资源回收工程，是一种应用广泛、技术非常成熟的热交换装置。它的最大优势是结构简单、造价低廉、制造周期短、运行方便、占地面积小、余热回收率较高等。几乎所有行业，凡是有中温余热资源的场所，需要回收利用余热资源时，均可设置预热器。工业锅炉最典型的预热器是省煤器和空气预热器。设置预热器的作用，可概括为：

(1) 提高燃料燃烧温度　对于锅炉或窑炉而言，燃料燃烧所需要的助燃空气，如用热风助燃，便可提高燃烧温度。这一点对于低热值燃料更为重要，在第二章、第三章中已进行了详细介绍。火焰温度提高了，便可提高传热效率，缩短加热时间，达到节能、减排目的。

(2) 提高燃料燃烧效率　无论是固体、液体或气体燃料，用热风助燃，可起到强化燃烧作用，加快燃烧速度，达到完全燃烧，减少灰渣含碳量，提高燃烧效率。

(3) 收到节能减排功效　由于预热器可回收利用余热资源，把将要流失的“废热”回收后，变为有用热量，因而可起到节能减排作用，降低了燃料消耗，减少 CO_2 与 SO_2 的排放，有利于环境保护。

(4) 可提高企业的经济效益 把将要排放到环境中的余热资源回收，用以转换成温度较高的热水或热空气，用于生产供热或采暖、空调，因而可降低成本，提高企业的经济效益。

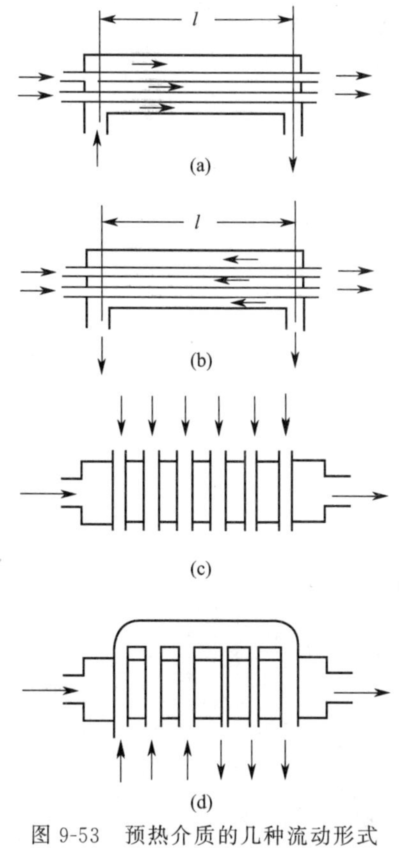

图 9-53 预热介质的几种流动形式

(a) 顺流；(b) 逆流；(c) 错流；(d) 顺错流

2. 预热介质流动形式布置与特点

预热器壁面一侧是需要回收余热的热流体，另一侧是被预热的介质。如果热流体与被预热介质向同一方向流动，称为顺流布置，反之称为逆流布置；如相互垂直交叉流动称为错流布置。各种流动方式布置见图 9-53。各种布置方式，均有其优缺点，将对余热回收效果、材质选用与布置场地等产生一定影响。

顺流布置的优点是预热器的器壁温度比较均匀。当热流体刚进入预热器，且温度最高时，被预热介质温度最低；当介质温度逐渐升高时，热流体温度逐渐降低。可见刚开始时，二者之间温差大，传热效果很好；到了后段，随着二者温差逐渐缩小，传热效果越来越差，总的热工特性并不好。另外由于进口处二者之间温差大，器壁容易产生热应力，在选用材质时应特别注意。

逆流式布置正好与顺流式相反。从预热器进口到出口，由于两种流体温度差能保持相对稳定，传热效果始终较好，预热温度也较高。由于预热器壁面开始温度较高，后段温度较低，因而可以选用两种材质，以降低成本。

以上两种布置方式的温度示意图见图 9-54。在一般情况下，如热源体温度较高，而要求的预热温度不高时，可采用顺流布置；当热源体温度较低，所要求的预热温度较高时，则采用逆流布置。在具体设计时，往往根据实际情况与具体条件，多采用组合式布置，单纯顺流或逆流布置的并不多见。

3. 预热器热交换原理与分类

预热器按热交换原理，可分成四大类，即表面式预热器、混合式预热器、蓄热式预热器和热管预热器。后者前已叙及。

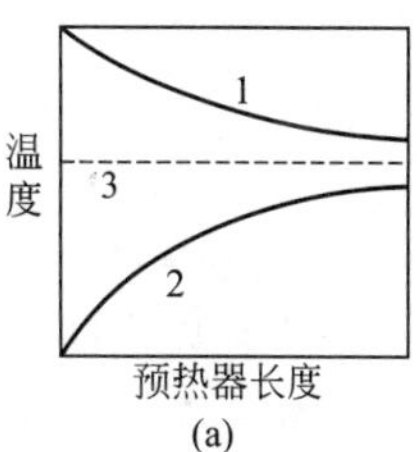

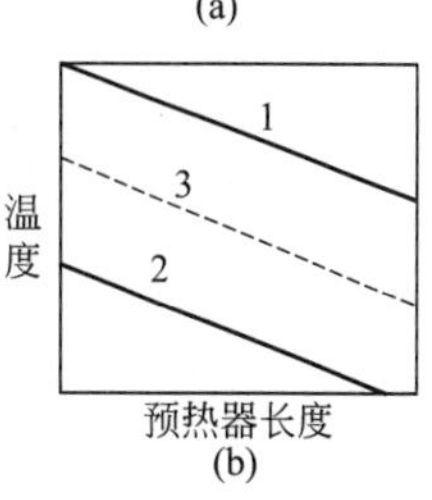

图 9-54 两种流动形式的温度示意图

(a) 顺流式；(b) 逆流式

1—烟气湿度；2—空气温度；3—器壁温度

(1) 表面式预热器 表面式预热器的主要特点是冷热两种流体被导热的器壁隔开，在热交换过程中，两种流体互不接触，热流体通过器壁将热量传递给冷流体，如图 9-55 所示。工业锅炉的省煤器、空气预热器是最常用的表面式预热器。

表面式预热器按其结构不同，又可分为管式与板式两种。如列管式预热器、蛇形管式预热器、套管式预热器、喷淋式预热器、盘管式预热器和 U 形管式预热器等；板式预热器又可分为平板式预热器、翅片板式预热器、螺旋板式预热器、石墨板式预热器、板壳式预热器及夹套式预热器等。此外，还有特殊形式的预热器，如块孔式预热器、空气冷却器以及辐射同流预热器等。

(2) 混合式预热器 该种预热器是依据热流体和冷流体直接相互混合来完成热交换的；在热量传递的同时伴随着相态的变换与混合。它具有热交换速度快、传热效率高、设备简单、投资省等优点，如图 9-56 所示。工业生产中常用的冷却塔、洗涤塔、气压冷凝器等都属于这一类型。

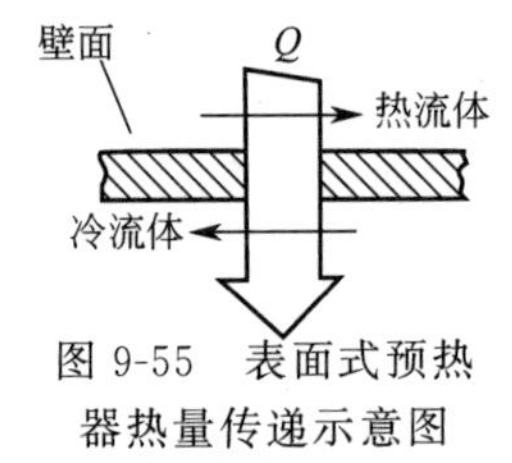

图 9-55　表面式预热器热量传递示意图

(3) 蓄热式预热器　该蓄热器最常见的是高炉热风炉、蓄热式燃烧装置和回转（蓄热）式预热器（图 9-57），其原理如图 9-58 所示。

在一个容器或砌砖体内有规律设置一定数量的蓄热体材料，内设有孔道。让高温热液体和冷流体周期性地交换通过，就能达到热交换目的。当热流体通过时，蓄热体变为加热周期，将热量传递给蓄热体贮存起来；当冷流体通过时，蓄热体变为冷却周期，将贮存的热量传给冷流体，周而复始进行，完成热交换过程。炼铁高炉热风炉，可把冷空气加热到 1000℃左右；天然气蓄热式燃烧装置，也可把冷空气预热至 1000℃左右，因而具有显著节能效果。

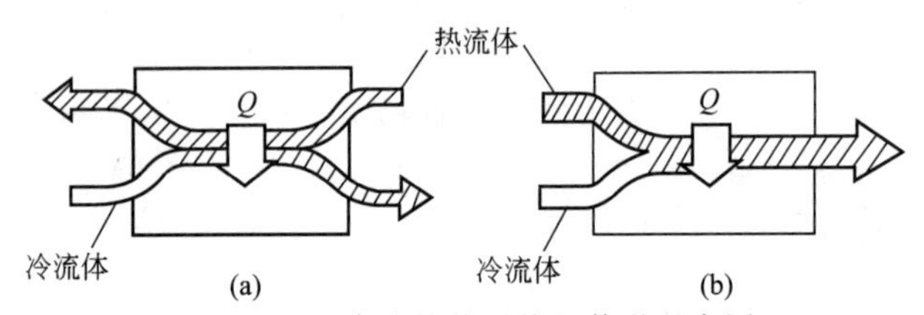

图 9-56　混合式换热器热量传递示意图

（a）直接接触，部分混合；（b）直接接触，完全混合

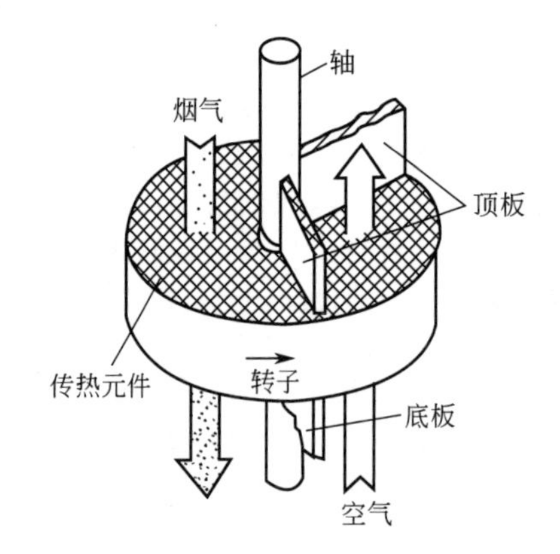

图 9-57　回转（蓄热）式预热器

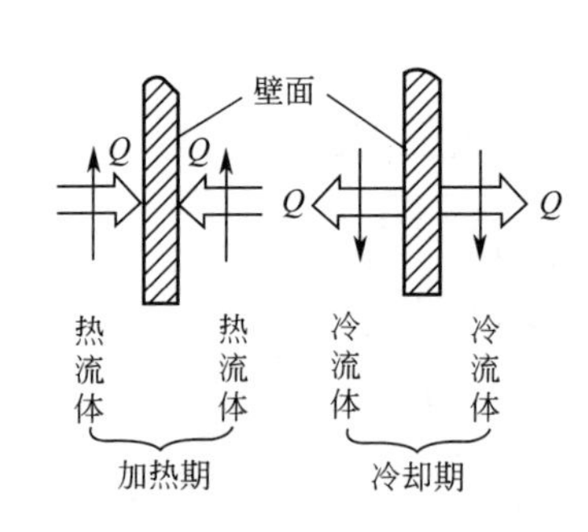

图 9-58　蓄热式预热器热量传递示意图

(4) 预热器的性能与选型规则　预热器形式有多种，功能各异。现就中、低温常用预热器主要性能与选型规则，略述如下。

① 列管式预热器　列管式预热器也称管壳式预热器，见图 9-59。是回收中、低温余热资源常用的一种换热设备。其结构形式有固定管板式、浮头式和 U 形管式三种系列。主要特征是在一个圆筒形壳体内设置许多平行排列的管子。

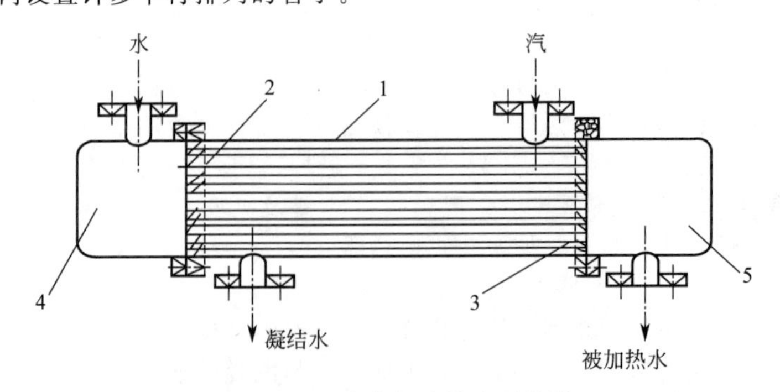

图 9-59　固定管板式管壳预热器

1—外壳；2—管束；3—固定管板；4—前水室；5—后水室

列管预热器结构简单、重量轻、造价低、运行维护方便。但此种预热器的管束与管壳体之间的流体温度差不能太大，否则易产生较大热应力，使管子与管板连接处开裂造成泄漏。

实际选用此种预热器时，如遇传热面积很大、管束数量很多时，可能发生两个问题：其一，管子数量增多，管内流体流速减小，使传热效果下降；其二，管子多，预热器外壳加大，流体流速也会减小，同样会使传热效果降低。针对第一种情况，在实践中常采用多回程列管式预热器，如图 9-60 所示；针对第二种情况，可在壳体内设置折流板来解决，图 9-61 是四回程列管预热器示意图。可见，只要设法提高流体的流速，便可提高传热效果。

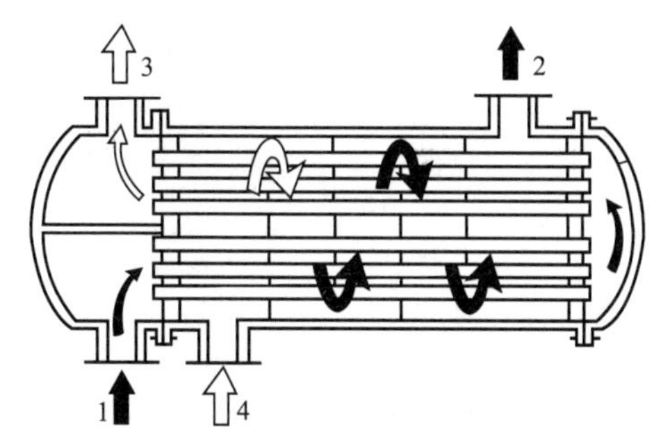

图 9-60　双程列管式预热器
1—废热气体；2—被加热液体；
3—废热排气；4—冷液体

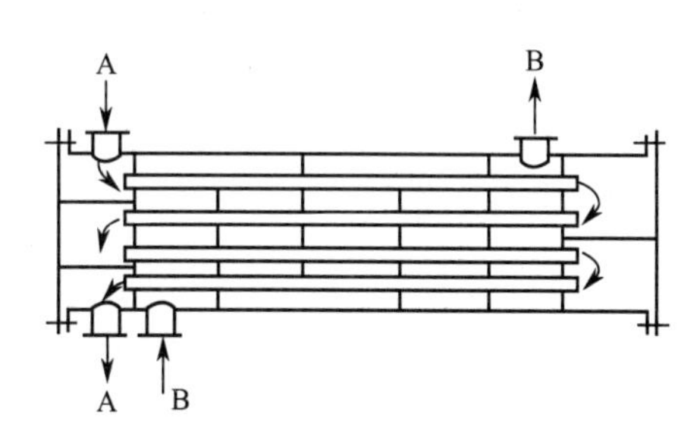

图 9-61　四回程管式预热器

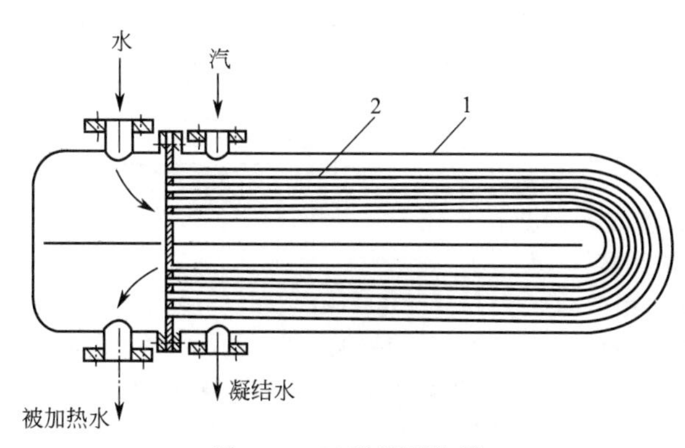

图 9-62　U 形管预热器
1—管壳；2—U 形管

当两种换热流体温差太大时，为防止产生热应力造成管子膨胀弯曲或松裂泄漏等问题，在实践中常采用热补偿办法解决。常见的有 U 形管式预热器和浮头式预热器等，如图 9-62 和图 9-63 所示。

列管式预热器管子的材质多采用无缝钢管或锅炉钢管。有时针对中、高温气体，特别是对有腐蚀性气体时，可采用陶瓷管或耐高温玻璃管。

为了强化列管预热器的传热性能，常采用翅片管。其作用有两个：其一，翅片可增大传热面积。在实践中针对传热系数低的一侧增大其传热面积，可收到较好效果。第二，加翅片后改变了按总面积计算热阻的相对值，使加翅片的放热热阻所占比例减小。

不同类型的翅片管传热性能有所区别，这对于选择翅片管很重要。一般圆形翅片管比光管传热能力提高 65%；椭圆形翅片管又比圆形翅片管提高 25%；轮辐形翅片管为圆形翅片管的 2.4 倍。在实际制造或设计时，应综合各种因素进行比较，择优决定。

对于翅片管的布置方法，一般采用补弱增强法。如果两种热交换流体传热性能相差较大，如热气体与冷水之间换热，因

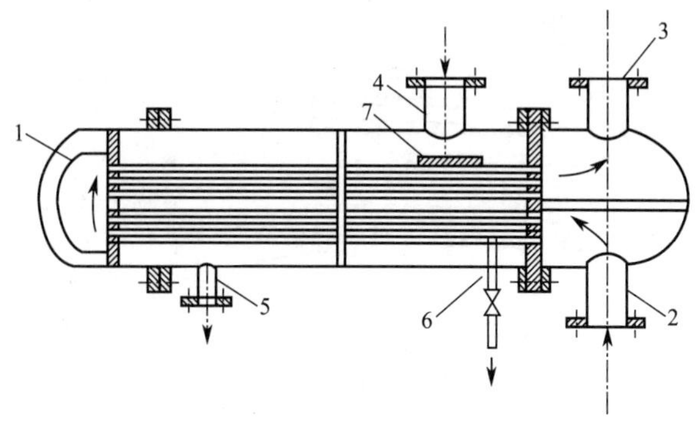

图 9-63　浮头式预热器
1—浮头；2—被加热水入口；3—被加热水出口；
4—蒸汽入口；5—蒸汽出口；6—排水管；7—挡板

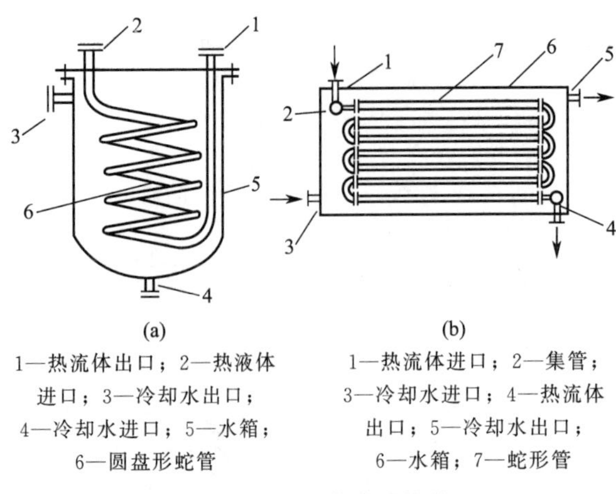

1—热流体出口；2—热液体进口；3—冷却水出口；4—冷却水进口；5—水箱；6—圆盘形蛇管

1—热流体进口；2—集管；3—冷却水进口；4—热流体出口；5—冷却水出口；6—水箱；7—蛇形管

图 9-64 蛇形管式预热器

为气体的放热系数比水小得多，因而应补助气体，让气体通过带有翅片的一侧。这样既可增大气体一侧的传热面积，又可提高气体流速，还可造成一种湍流状态，改善了传热效果。

② 蛇形管式预热器 蛇形管式预热器是沉浸式预热器的主要形式，其结构如图 9-64 所示。一般管内通热流体，沉浸在连续流动的冷却介质内。两种不同流体在管内外进行热交换，达到回收余热，加热某种液体的目的。管组形状多做成圆盘状或螺旋状。

由于箱体内冷却介质流动速度很慢，因而传热系数很小。不超过 627～836kJ/(m^2·h·℃) 应采用两种液体逆流传热方式，并在箱槽内设折流板或加设机械搅拌方式，以加大流速，提高传热效果。

蛇形管式预热器有它相应的用途，最大缺点是传热系数低，金属耗量大，每平方米耗钢材 100kg，是列管预热器的 3 倍，因而不宜制造大型热交换器。

③ 喷淋式预热器 喷淋式预热器结构简单，易于制造和清除积垢，造价低廉，如图 9-65 所示。冷却水在管外直接喷淋，用以冷却管内热流体，达到换热要求。由于冷却管可用耐腐蚀的铸铁制造，因而在制药、化工等行业用途较广。如回收合成氨生产中从合成塔排出的合成气体和各种氯化产品的氯化尾气等，效果很好。又如硫酸工业中用于回收浓硫酸的余热，也比较常用。空调风机盘管实际也是一种喷淋式预热器。

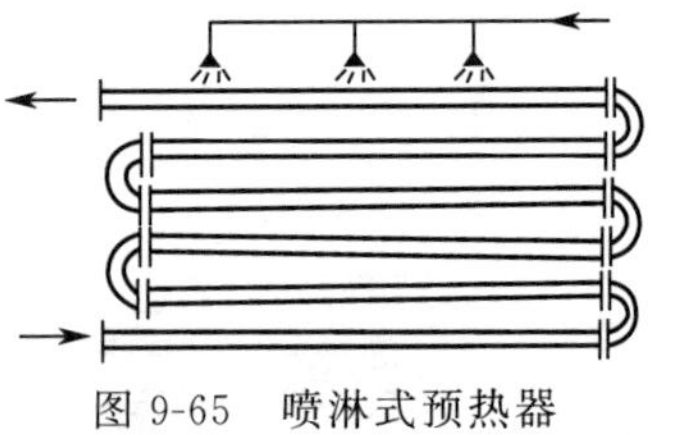
图 9-65 喷淋式预热器

喷淋式预热器用冷却水冷却液体时，传热系数可达到1045～3344kJ/(m^2·h·℃)；冷却管内蒸汽时，传热系数能达到 1254～4180kJ/(m^2·h·℃)。为提高传热效果，可加高管子的排数到 8～16 排。该换热装置的主要缺点是每立方米水箱容积内的传热面积只能达到 $16m^2$，是列管式预热器的 1/4～1/9；钢材耗量大，每平方米传热面积耗钢材 60kg，是列管式预热器的 2 倍，因而限制了它的广泛应用。

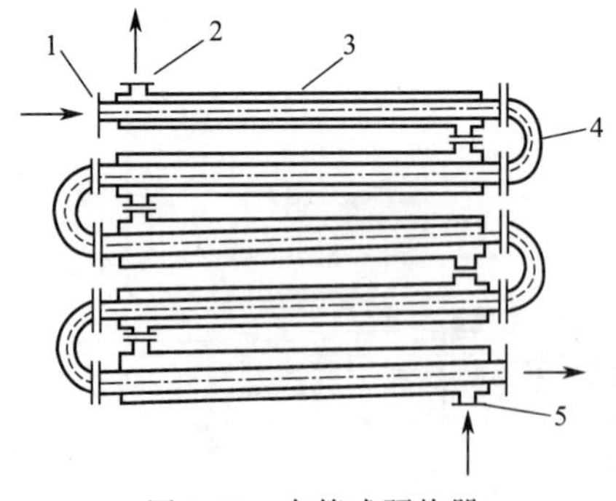
图 9-66 套管式预热器

1—内管；2,5—接口；3—外管；4—U 形肘管

④ 套管式预热器 套管式预热器结构如图 9-66 所示。该装置系由大小直径的管子套在一起组装成同心管，并用法兰或焊接法连接。每段套管为一个回程，可根据需要组装成多个回程。一般热流体由上部进入内管，从下部排出；而冷流体由下部进入外管，从上部流出，二者成为错流状。每一行程有效长度为 4～6m，内外套管管径可依据实际情况选取，环缝内液体流速可取 1～1.5m/s，两流体温差不大于 70℃。

该种热交换器优点在于可把环缝面积缩小，提高流速，获取好的传热效果，优于列管预热器。如为两种液体换热，传热系数可达到 1254～5016kJ/(m^2·h·℃)，最主要缺点是钢材消耗量大，每平方米换热面积需钢材 150kg，是列管式预热器的 5 倍；每立方米水箱容积的传热面积只能达到 $20m^2$，是列管式预热器的 1/2～1/7.5。因而该种热交换器只适用于环缝内流体流量较小、传热面积也较小的场合。

⑤ 平板式预热器 该种预热器结构如图 9-67 所示。它是两种流体在相互叠合的波纹薄板与

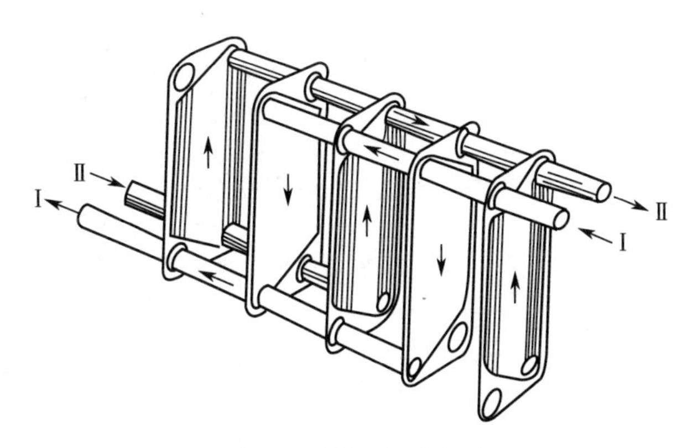

图 9-67　平板式预热器

密封垫片间隔中交错流动的一种热交换器。其热量通过波纹薄板进行传递。因而传热系数大，平板式传热系数可达到 5434～5852kJ/(m^2·h·℃)，最高能达到 20900～25080kJ/(m^2·h·℃)。换热效率比列管式预热器高 3～4 倍。热损失小，在回收低温余热时，热回收率可达到 85%～90%，是当前供热采暖热力站最主要的换热设备。

波纹板系由普碳钢、不锈钢、铝板、钛合金等薄板压制而成的。波纹形式种类很多，常用的有水平波纹板和人字形波纹板两种，如图 9-68、图 9-69 所示。两种波纹板的主要性能列于表 9-14。板厚一般为 0.5～3.2mm，板长与板宽之比为 3～40。各板周围和所开角孔周围的密封槽与密封是关键，防止泄漏是最主要的问题。

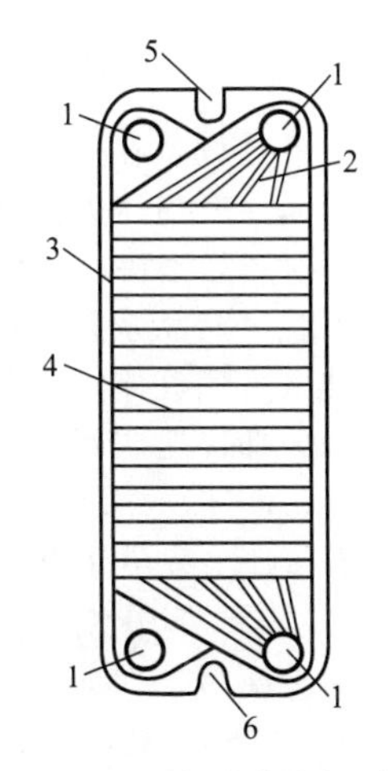

图 9-68　水平波纹板图

1—角孔（流体进出孔）；2—导流槽；3—密封槽；4—水平波纹；5—挂钩；6—定位缺口

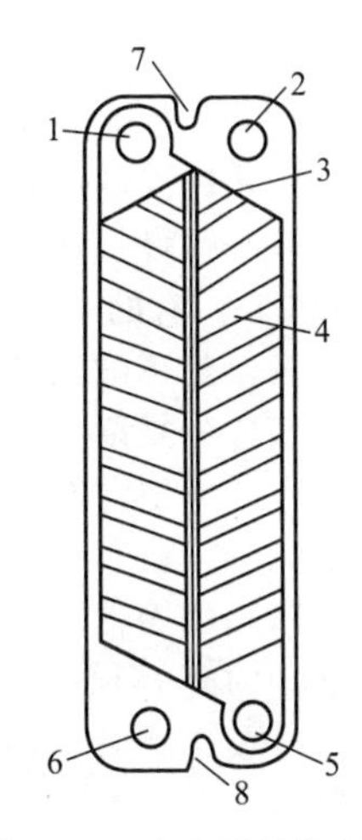

图 9-69　人字形波纹板图

1,2,5,6—角孔（流体进出孔）；3—密封槽；4—人字形波纹；7—挂钩；8—定位缺口

表 9-14　水平波纹板与人字形波纹板性能对比表

板　型	热水流速/(m/s)	冷水流速/(m/s)	传热系数 kJ/(m^2·h·℃)	比较
水平波纹板	0.6	0.5	8360	1
人字形波纹板	0.6	0.5	12540	1.5

波纹板预热器不仅传热系数大，结构紧凑，占地面积小，钢材消耗少，而且每立方米体积的传热面积可达 250m^2，每平方米传热面积耗用金属材料为 16kg（人字形板仅为 8kg），较列管式预热器省一半以上。此外还有一优点，就是便于拆卸、清洗，适用于黏性较大的流体，使用温度

可达180℃左右。但该种预热器使用压力不宜过高，一般应在1.8MPa以下，最高不超过3.0MPa，且阻力损失较列管预热器大，适用于连续排放的热流体余热回收。

四、余热锅炉装置

余热锅炉也叫废热锅炉。它是利用工矿企业在生产过程中排出的各种余热资源，尤其是高温余热源，回收利用这些余热源用来生产蒸汽或热水的热交换设备。其最大特点是所生产的高温、高压蒸汽，既可发电，又能供热，实行热电联产，经济效益显著，对节能减排起到重要作用。

1. 余热锅炉热源种类

(1) 高温烟气余热　其特点是产量大，连续性强，便于回收利用，是最常见的一种余热形式。这种余热最适宜用余热锅炉来回收热量，用于生产蒸汽，最好是热电联产，容量一般比较大。

(2) 化学反应余热　在生产过程中，有大量化学反应产生的余热，如硫酸、磷酸、化肥、化纤、陶瓷、冶金等行业产生的余热。

(3) 可燃废气、废液的余热　如高炉煤气、转炉煤气、焦炉煤气、炼油厂催化裂化再生废气、炭黑厂排烟气、造纸厂的黑液等。

(4) 高温炉渣余热　如高炉炉渣、转炉炉渣及电炉炉渣等。炉渣温度在1000℃以上，每千克渣含热达1250～7150kJ。

(5) 高温产品余热　如水泥烧成熟料、焦炉焦炭、钢锭钢坯、高温锻件等。一般温度都很高，含有大量余热。

(6) 冷却介质、冷凝水余热　各种冷却装置排出的大量冷却水和低温乏蒸汽。工业生产过程中用汽，在工艺过程后冷凝成水，都含有大量的余热。

2. 余热源特点与回收利用对策

(1) 余热锅炉用热源温度高且不固定　各种高温炉窑或其他工艺设备在生产过程中排出的高温气体或附带排出一些可燃气体，由于工艺条件的差异，其数量、温度与压力不能完全固定。一般温度在500～1000℃，有的高达1500℃。因此，就余热锅炉系列产品来讲，无固定的理论燃烧温度。设计单位须按余热源的具体条件进行专项设计，或按锅炉厂家产品系列进行优选。

(2) 余热源烟气成分复杂　余热源除温度高外，有时附带排出可燃气体，甚至有害气体、腐蚀性气体等，烟尘中或渣中含有金属或非金属氧化物。对余热锅炉部件造成腐蚀，烟气排放涉及环境污染问题。如硫酸工业、化工厂、印染厂、罐头厂、油脂厂、油毡厂、食品厂和垃圾或医疗物品焚烧、有色金属冶炼等行业，排出SO_2、SO_3、NO_x、H_2S、NH_3甚至病毒、有色金属气体等。在设置余热锅炉时，必须根据实际情况，进行无害化处理。一般采用焚烧法、尾部脱除法等，保证环保达标排放，并对余热锅炉材质与烟气露点温度特别关注与处理。

(3) 余热源气体中夹带粉尘　余热载体中夹带大量粉尘、烟尘常有发生。如陶瓷、黑色金属冶炼，有色金属熔炼，水泥回转窑烧成，耐火材料行业等。由于温度高，有时呈半熔融状态，极易黏结在锅炉水冷壁上，造成结渣、积灰或结焦，并对受热面造成较大的磨损。不但影响传热，降低余热锅炉效率，而且涉及安全问题，使其寿命缩短。在设计时，必须针对实际情况，采取具体措施。

(4) 有些余热源有周期性变化特点　由于生产工艺条件的不同，所排出的高温热源体有周期性或间隙性变化特点。因而余热锅炉负荷也随之发生相应变化。如冶金氧气顶吹转炉、有色金属熔炼、炼焦炉、化工行业反应釜、各种热处理炉等。应详细进行调查，搞清各项参数，进行针对性设计。一般应安装配套的蒸汽蓄热器或设置补充热源，详见第二章介绍。

(5) 余热锅炉有关部件需分散设置　在石油、化工行业，余热锅炉的有关部件需要分散设置在工艺流程中的某些部位。但相互之间的联系又非常紧密，余热锅炉水侧或汽侧的温度变化会影响上、下工序的温度变化，以及整个工艺流程会产生连锁反应，使产量、质量受到影响。在此情况下，分散设置余热锅炉部件是一件非常复杂的事情，必须经仔细设计与计算，采取针对性措施，保证上、下工序反应温度与催化剂的使用寿命正常。把各分散的部件汇集起来，使余热锅炉也能稳定正常运行。

(6) 依据工作条件选择余热锅炉有关部件材质　在石油化工行业，有的工序要求余热锅炉不但水侧（或汽侧）需要高温、高压，而且工艺气侧也需要高温、高压。还有些企业在余热源气体中附带腐蚀性气体等。在此特殊条件下设置余热锅炉，要特别注意选用有关部件的材质问题，保证使用温度与压力达到要求；同时要采取措施，保证余热锅炉各部位的严密性；所用锅炉水质，不能按一般工业锅炉对待，应按电站锅炉要求进行水处理。

(7) 余热锅炉与空气预热器联合设置　有些高温炉窑回收烟气余热时，往往要求采用余热锅炉与空气预热器联合设置。用余热锅炉先回收高温余热，生产蒸汽，再设置空气预热器，预热空气，用于炉窑热风助燃。这种设置有诸多优点：可满足企业自用蒸汽、减少外购或取消本企业的燃煤小锅炉；空气预热器布置在余热锅炉烟气出口处，烟温已降低，用于预热空气，促进炉窑节能，并可综合降低企业成本，提高经济效益。为此，应进行专项设计，合理选取各自的进、出口温度与受热面分配，保证各自能正常运行。

(8) 其他特殊情况与要求　余热锅炉属于非标准设计，有时受生产工艺和安装场地、安装空间等条件的限制；有时对排烟温度有一定要求；有时多台炉窑烟气余热回收，会遇到集中设置还是分散设置等具体问题等等。这些问题都需要在设计时统筹安排解决。

3. 余热锅炉的炉型

余热锅炉是余热回收的主体设备。其原理与结构与普通工业锅炉大体相同。如普通锅炉主要组成部分如锅炉本体的汽包、受热面（上升管、下降管）、省煤器与蒸汽过热器等，这些也是余热锅炉的主要组成部分。但根据余热源的特点、烟气成分的多样性、余热热负荷的不稳定性、余热烟气中含尘量大以及生产工艺对温度等的要求各不相同，余热锅炉的炉型也是多种多样的，基本上各个工业行业都有本行业特点的余热锅炉。有关锅炉制造厂家，根据余热锅炉的结构形式，可分为管壳式余热锅炉和烟道式余热锅炉两类。现结合山东华源锅炉有限公司（原临沂锅炉厂）制造的两种余热锅炉的常见炉型，分别介绍如下。

(1) 管壳式余热锅炉

① 管壳式余热锅炉结构　管壳式（火管）余热锅炉的烟气一般走管程，壳程为热水或汽水混合物，如图 9-70 所示。

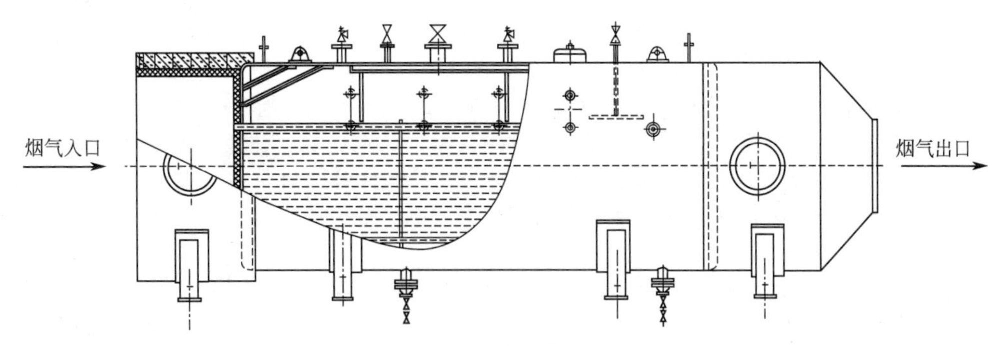

图 9-70　管壳式余热锅炉

图 9-71 所示为一台用于硫酸工业的余热锅炉，高温烟气（约 1000℃左右）由烟气入口进入锅炉，纵向冲刷换热管进行放热，变成低温烟气（约 400℃左右），由烟气出口排出后进入下一工艺过程，换热管吸热后传递给锅水，生产所需压力和温度下的蒸汽。

② 管壳式余热锅炉特点与用途

a. 密闭性较好，可正压运行；

b. 纵向冲刷受热管，不易积灰，受热管可采用内螺纹，增强传热效果；

c. 启动迅速，产汽快；

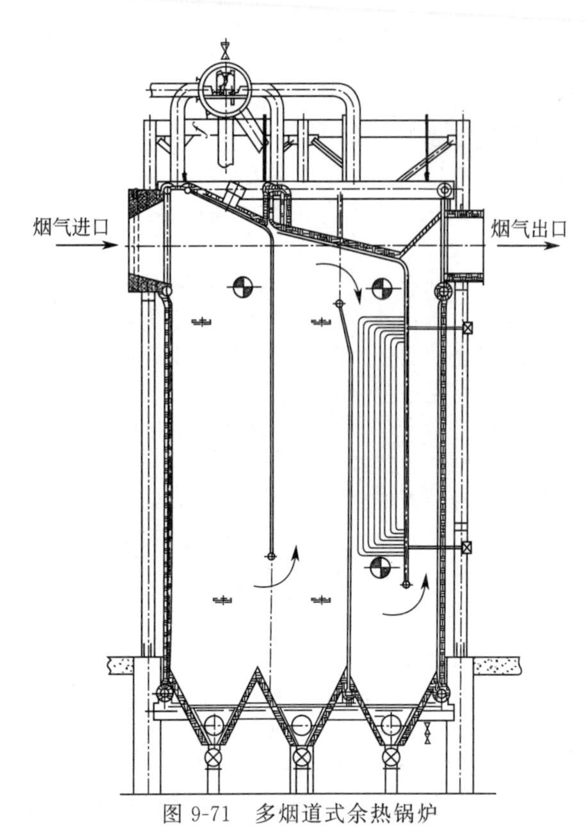

图 9-71　多烟道式余热锅炉

d. 结构紧凑，体积小，重量轻，占地少，金属耗量低；

e. 布置灵活，安装方便；

f. 工作可靠，运行安全，操作简便；

g. 运行费用低，维修量少，寿命长，效益显著。

根据以上特点，管壳式余热锅炉多用于烟气成分复杂，有腐蚀性介质或烟气中含灰量大的余热烟气回收，如硫酸工业、磷酸工业、玻璃纤维、炭黑工业等行业中，但一般容量都比较小。

③ 管壳式余热锅炉设计要求　管壳式余热锅炉的设计应符合《压力容器安全技术监察规程》、JB/T 1619《锅壳锅炉本体技术条件》等标准的要求，计算按 GB/T 16508《锅壳锅炉受压元件强度计算》。除满足以上规定外，还应注意以下几个方面：

a. 材料选取时应考虑烟气中各种成分的不同特性，如腐蚀性、应力腐蚀性和黏结性等。

b. 烟气流速的选取应考虑烟气中烟尘的浓度和磨损性，烟气流速越高，换热效果越好，但磨损越重，应综合考虑两者之间的矛盾，必要时可采用换热管入口管端加刚玉套管等措施来解决。

c. 焊缝结构的选取应考虑温度、压力、烟气中各种成分的不同特性等因素。

(2) 烟道式余热锅炉　烟道式余热锅炉的发展进程分为三个阶段：20 世纪 50 年代以前为余热锅炉的发展初期，由于对烟气、烟尘的特性了解不够，误将余热锅炉与一般锅炉等同对待，辐射室及对流管束间距较小，锅炉短期运行后即被积灰堵死；60 年代前后为发展中期，主要炉型有多烟道式余热锅炉（如日本田熊株式会社为白银铜冶炼厂设计的余热锅炉），其最大特点是余热锅炉有一个较大的辐射冷却室，使积灰问题有所缓解，但积灰问题尚未完全解决；60 年代末至 70 年代初，余热锅炉进入成熟期，锅炉炉型以直通式炉型为主，有一个大的辐射冷却室，烟气在炉内不转弯，成直流式流动。实践证明，这一炉型经长期运行是比较可靠的。

① 多烟道式余热锅炉结构　多烟道式余热锅炉作为余热锅炉的一种，主要应用于烟尘含量大、烟尘熔点低、烟温高容易黏结、易产生堵灰和磨损的余热回收，是目前国内外常见炉型。如图 9-68 所示。

该锅炉是一台锌精矿沸腾焙烧余热锅炉，既是供热设备，又是工艺设备，它需服从冶炼工艺要求并受其约束。因此余热锅炉的炉型、结构及其配置关系须与冶炼工件相适应，如烟气量、烟气成分、烟尘量、烟尘粒度、特性、锅炉房布置、进出烟气口的对接。锌精矿沸腾焙烧的烟气温度高，烟气量随冶炼负荷变化，烟尘含量大，烟尘熔点低，烟温高容易黏结，易产生堵灰和磨损，同时烟气中的 SO_2 和少量 SO_3 及烟尘中某些金属会产生高温腐蚀和低温腐蚀。

② 烟道式余热锅炉的特点

a. 达到应有的收尘效果。余热锅炉应有足够大的冷却空间，以使烟气中的尘粒有一定的沉降时间。烟气流通截面积要大，烟气流速要小，使烟气携带烟尘的能力减小，烟尘在重力作用下沉降，收尘效果好。

b. 防止烟尘积灰及积灰的清除。从锅炉结构设计上考虑尽可能防止积灰，如设置足够大的辐射冷却室，使烟气冷却到烟尘的黏结温度以下。合理安排烟气的动力场，尽可能避免烟尘对受热面冲刷。烟气要充满炉膛，防止烟气上浮、涡流、偏流。

c. 防止腐蚀。对于低温腐蚀，使管壁温度高于硫酸露点温度（提高锅炉运行压力，使饱和水温升高）。采用密封性炉墙，以杜绝冷空气的漏入和烟气的漏出。空气的漏入降低了烟气中 SO_2 浓度。SO_2 浓度降低，会影响制酸生产。为防止高温腐蚀，在炉内最好不布置过热器。

d. 减少磨损。降低烟气流速，同时，由于烟气纵向冲刷的磨损，比横向冲刷的磨损轻得多，所以大部分受热面宜采用纵向冲刷。另外，应合理组织烟气动力场，避免由于烟气产生偏流或涡流造成的局部磨损。

③ 烟道式余热锅炉设计的一般要求

a. 尽量用大空腔的辐射放热结构。考虑到锅炉入口段的主要目的是收尘，所以大空腔内一般不布置任何对流受热面，从而使烟尘冷却到黏结温度以下，防止产生黏结。

炉膛内烟气一般采用上进下出，不采用上浮、涡流，避免高温烟气对受热面的冲刷，能降低烟气积尘和减少磨损，便于与沸腾焙烧炉在端面实行短距离直接对接，在另一端面出口与旋风器短接。连接烟道的截面积大小、形状和防积灰堵塞等容易达到工艺的要求。

b. 尽量采用膜式水冷壁。考虑到烟气中多含有大量 SO_2 和少量 SO_3 等腐蚀性气体，水冷壁采用膜式壁，使锅炉密封性大为提高。正常情况下，锅炉负压运行，密封性好，可防止降低 SO_2 气体浓度和防止冷空气渗入，造成低温腐蚀。

膜式水冷壁的壁面光滑，传热好，温度低，不易积灰。膜式水冷壁可采用敷管炉墙与全悬吊式结构。锅炉运行时，各水冷壁出现低频往复胀缩，能及时有效抖落积灰，不必设置清灰装置。另外，由于与沸腾焙烧炉直接对接，烟气上进下出，如考虑膨胀，也应采用全悬吊结构。膜式水冷壁的水冷壁角系数大，有效辐射的面积大，传热量大。

(3) 直通式余热锅炉　直通式余热锅炉作为余热锅炉的一种，主要应用于化学工业、化肥工业、乙烯工业、甲醇工业、焦炭行业、建材行业等。这类行业产生的烟气量大，烟气含尘量高，可以设计成大容量、高参数的余热锅炉。

① 直通式余热锅炉与用途　直通式余热锅炉也有多种形式，常见的有双锅筒管束式余热锅炉（如图 9-72）和隧道式余热锅炉（如图 9-73）。

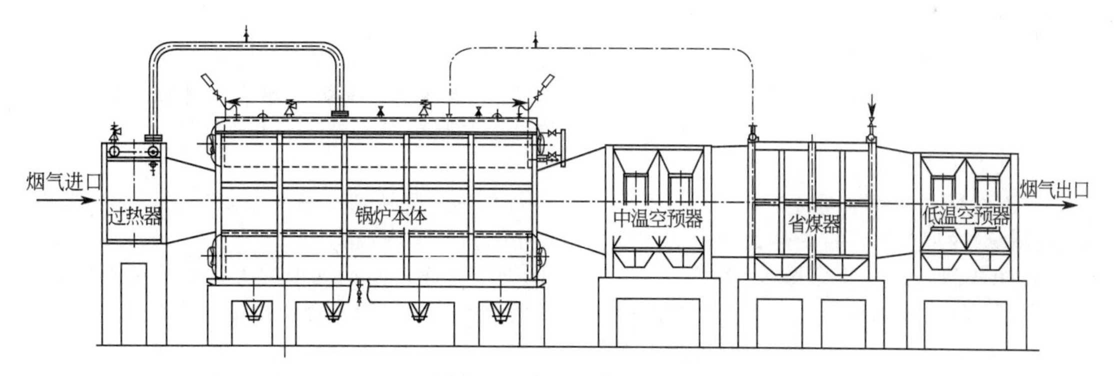

图 9-72　直通式余热锅炉

图 9-72 所示是一台用于化工行业的双锅筒纵置式余热锅炉，工艺过程中产生的高温烟气首先进入过热器；然后进入锅炉本体，冲刷对流管束，再进入中温空气预热器、省煤器、低温空气预热器，经引风机、烟囱排向大气。锅炉本体由上、下锅筒及对流管束等组成。过热器组件设计由过热器进口、出口集箱，过热器管构成；中、低温空气预热器空气流程均为二回程式钢管式空预器，烟气在管外作横向冲刷，空气在管内作纵向冲刷；省煤器为钢管式。

图 9-73 所示是一台用于彩色水泥生产线的余热锅炉，整体布置为隧道式，按烟气流向依次为水冷壁、过热器、锅炉对流受热面、省煤器。入口采用大空腔辐射冷却室，降低烟气流速，使烟气中的大颗粒充分沉降。锅筒及各受热面由两侧钢架支撑及固定，两侧炉墙采用轻型复合式结构，牢固耐用。整个锅炉系统安装在离地 3m 多高的基础平面上，基础下面布置落灰。

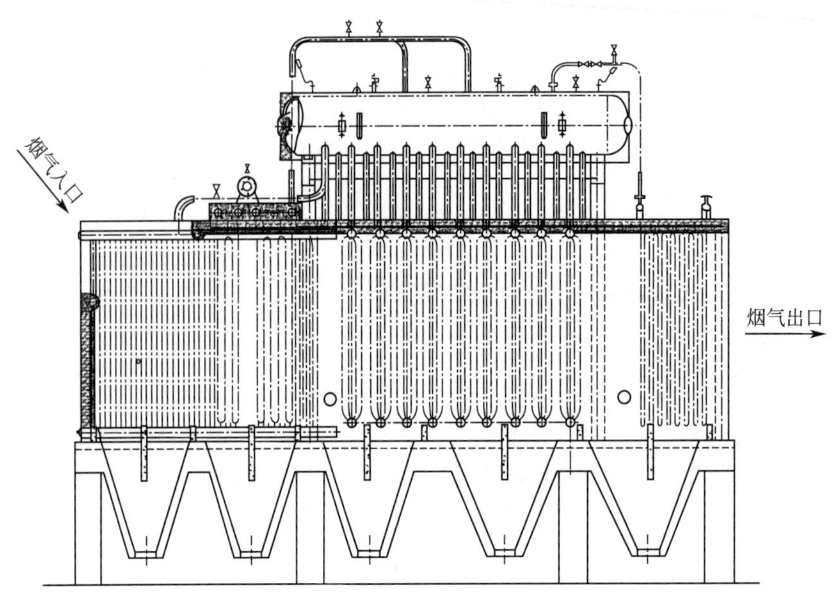

图 9-73　直通隧道式余热锅炉

② 直通式余热锅炉主要特点

a. 该锅炉采用单锅筒纵置式或横置式布置，烟气在烟道内无转弯，流通阻力小；

b. 烟气对受热面作横向冲刷，整个受热面冲刷完整，受热均匀，并且减少积灰和腐蚀；

c. 本产品结构紧凑，微负压运行，外包采用封焊结构，密封性能好，无环境污染、余热利用率高，操作方便，安全可靠；

d. 锅炉的制造成本低，且施工方便，安装周期短，费用低，基建投资少；

e. 锅炉下部设有多个出灰口，为了便于锅炉落灰，整个锅炉系统安装在离地 1.5～3m 高的基础平面上；

f. 隧道式余热锅炉除具有以上特点外，还具有以下特点：锅筒置于烟道外，不受热，且能自由膨胀，锅炉所有连接均采用焊接，提高了锅炉的安全性能；锅炉受热面全部在厂内制造完成，质量容易得到保证，现场安装工作量小；锅炉分组件制造安装，便于更换检修。

③ 设计直通式余热锅炉注意问题

a. 腐蚀问题。可通过提高锅炉的运行压力和空气预热器采用特殊材料来解决低温腐蚀问题；采用控制炉内温度、保持受热面的清洁等措施，防止锅炉产生高温腐蚀。

b. 积灰问题。可采用大空腔辐射冷却室，降低烟气流速，使烟气中的大颗粒充分沉降。在对流段烟气横向冲刷管束，减少积灰和腐蚀。对于烟尘容易黏结的场合，尽量不设置过热器，一方面防止高温腐蚀，另一方面防止过热器积灰。

c. 磨损问题。尽量保证余热锅炉内烟气流动平稳均匀，根据烟气中烟尘的特性来控制烟气流速，可有效减小烟尘对受热面的磨损。

参考文献

[1] 哈尔滨建筑工程学院，天津大学等编. 供热工程. 北京：中国建筑工业出版社，1080.

[2] 汤蕙芬，范季贤主编. 城市供热手册. 天津：天津科学技术出版社，1992.

[3] 史培甫主编. 国外节能设备. 天津：天津科学技术出版社，1986.

[4] 霍光云编. 余热回收. 天津：天津科学技术出版社，1985.

[5] 陆耀庆主编. 实用供热空调设计手册. 北京：中国建筑工业出版社，1995.

[6] 康艳兵，张建国，张扬. 我国热电联产集中供热的发展现状、问题与建议. 中国能源，2008，(10).

[7] 张雷，温懋. 分体型密闭式高温凝结水回收技术概述节能，2010，5.

第十章

工业锅炉安全运行与检验及其修理

工业锅炉安全运行与经济运行和节能减排密不可分。安全是经济运行和节能减排的前提条件与基本保证。工业锅炉为国民经济各部门和人民生活提供热能和动力的同时，必须杜绝事故的发生。为此，总结了多年有关预防和处理各种事故的一些做法与应对措施及其锅炉修理方法，供读者参考。

第一节　工业锅炉各种事故现象判断与应对措施

任何锅炉发生事故，不仅安全生产受到直接影响，而且还将对“节能减排”工作造成严重的负面影响，所以必须给予高度重视。

锅炉事故是指锅炉在运行时，其本体受压元件、安全保护装置、燃烧设备、主烟道、钢架、炉墙等发生损坏且被迫采取紧急处理措施，或锅炉在进行水压试验时，本体受压部分发生损坏等现象。

锅炉事故根据设备损坏程度，分为爆炸事故、重大事故和一般事故三种情况。锅炉事故的发生，轻则停炉影响生产，重则发生爆炸，使厂房、设备遭受毁坏，并造成人员伤亡，后果十分惨重。但是，只要认识和掌握它的规律，严格贯彻执行有关法规与操作规程，加强对锅炉的管理工作，事故是能够防止的。

一、缺水事故与满水事故处理与应对措施

1. 缺水事故与满水事故的判断

锅炉在运行时水位表中的水位低于最低安全水位时，称为缺水事故。当水位表中的水位超过最高安全水位时，称为满水事故。

2. 缺水事故现象与判断

① 水位低于最低安全水位线，或看不见水位。

② 虽有水位，但水位不波动，是假水位。

③ 高低水位警报器发出低水位警报信号。

④ 过热蒸汽温度急剧上升。

⑤ 蒸汽流量大于给水流量，但若因炉管或省煤器管破裂造成缺水时，则出现相反现象。

⑥ 严重时可嗅到焦味，当用草绳石棉灰保温时，烟箱外表面可见烟。没保温立式炉的烟箱处有红光出现。

3. 满水事故现象与判断

① 水位高于最高安全水位，或看不见水位。

② 高低水位警报器发出高水位警报信号。

③ 过热蒸汽温度明显下降。

④ 给水流量大于蒸汽流量。

⑤ 严重时，蒸汽大量带水。蒸汽管道内发出水击，法兰连接处向外冒汽、滴水。

4. 缺水事故与满水事故的共性分析原因

① 司炉人员责任心不强，疏忽大意，忽视水位的监视。

② 司炉人员不能正确识别假水位，判断错误。

③ 司炉人员违反劳动纪律，擅自离开岗位或睡觉，排污阀忘记关闭或手动给水泵忘记停机。

④ 不执行交接班制度或交接班人员不认真进行交接工作，导致许多重大事故的发生。如交班人员说是满水位，接班人员看不见水位，放水几分钟后，仍不见水位，再继续放水，最终会造成炉胆塌陷等事故发生。

⑤ 给水自动调节器失灵。

5. 缺水事故个性分析原因

① 水位表连接管安装不符合“连接管应尽可能地短；如连接管不是水平布置时，汽连管中的凝结水应能自行流向水位表，水连管中的水应能自行流向锅筒（锅壳），以防止形成假水位”的规定，因而形成假水位。

② 安装时将装有水冷壁侧的炉墙砌高，使最高火界高于最低安全水位。

③ 排污阀开启后，司炉离开现场，阀门没有关闭。

④ 给水设备发生故障或水源中断，停止给水。

⑤ 给水管座内部及锅筒内给水管配水小孔被水垢堵塞，锅炉不能进水，特别是使用井水的锅炉时有发生。

⑥ 排污阀泄漏未及时发现。

⑦ 水位自动控制仪表标定最低安全水位低于最高火界线。

⑧ 炉管或省煤器管破裂漏水。

⑨ 用汽量增加后，未加强给水。锅炉对外送汽量突然加大时，极易出现假水位现象，由于误判水位，本应加大给水时反而减少给水，因此造成严重缺水。

⑩ 给水管路设计不合理，并联运行的锅炉互相联系不够，未能及时调整给水。

6. 满水事故的个性分析原因

① 给水阀泄漏或忘记关闭。

② 水位表的放水旋塞漏水，水位指示不正确，造成判断和操作错误。

7. 缺水事故和满水事故的预防和处理

① 当看不见水位时，用“叫水”方法判断水位高低。但“叫水”方法不适用于水位表水连管孔口低于最高火界线的卧式火管锅炉，因为即使叫出了水，锅炉内的实际水位仍在最高火界线以下，若是此时给水是非常危险的。

② 锅炉轻微缺水时，应减少燃料和送风，减弱燃烧，且缓慢地向锅炉内给水。同时要查明缺水原因，待水位逐渐恢复到最低安全水位线以上后，再增加燃料和送风，恢复正常燃烧。锅炉严重缺水时，以及一时无法区分缺水或满水时，必须紧急停炉，绝对不允许向锅炉给水。因为锅炉严重缺水后，钢板（管）已经过热，甚至烧红。如果盲目进水，会造成锅炉压力骤升。同时灼烧的金属突然受到冷却，产生极大的温度应力，会当即发生爆炸事故。

③ 卧式锅炉排污时，最好由两人进行，一人监视水位，一人开启排污阀进行排污，排污时应精力集中，直至关闭排污阀，排污全部结束。

④ 严格执行交接班制度，逐项交接，认真记录，双方签字。

⑤ 司炉人员严格遵守劳动纪律，按操作规程操作。

⑥ 加强日常的维护保养工作，使仪表保持灵敏可靠。发现问题，及时检修，并报告有关责任人。

⑦ 锅炉轻微满水时，应将给水自动调节器改为手动，部分或全部关闭给水阀门，减少或停止给水。并且相应减少燃料和送风，减弱燃烧。必要时可开启排污阀，放出少量锅水，使水位降到正常水位线，然后恢复正常运行。锅炉严重满水时，应采取紧急停炉措施。

二、超压事故处理与应对措施

1. 超压事故现象判断

① 气压急剧上升，超过最大允许工作压力。

② 超压报警仪表动作发出警报信号。

③ 蒸汽流量减少，过热蒸汽温度升高。

④ 安全阀动作。

2. 超压事故原因和分析

① 用汽部门突然停用蒸汽。

② 锅炉房与用汽部门缺少联系制度，用汽量下降，没有及时联系，未采取措施。

③ 司炉责任心不强，失职或误操作。

④ 安全阀失灵或整定错误。

⑤ 压力表指示不正确。

⑥ 超压报警仪表失灵。

⑦ 锅炉主汽阀没有开启。

⑧ 降压使用后，没有重新核算安全阀排汽截面积。

3. 超压事故处理和预防

① 保持锅炉内正常水位。

② 与用汽单位建立联系制度，及时联系并减少燃烧。

③ 安全阀失灵，可用人工开启安全阀排汽，或开启分汽包上的放空管，使锅炉逐渐降压。

④ 进行适量给水和排污，降低锅炉内温度。

⑤ 根据超压程度，应正确及时判断锅炉超压原因和本体有无损坏情况，再决定停炉或恢复运行。但应注意严禁降压速度过快。事故消除后，应对锅炉进行严格检查，如有变形、渗漏现象，应慎重处理。

三、汽水共腾事故处理与应对措施

锅内蒸汽和锅水发生共腾，产生泡沫，汽水界限模糊不清，使蒸汽大量带水的现象，称汽水共腾。

1. 汽水共腾现象与判断

① 水位表内水位剧烈波动，看不清水位。

② 过热蒸汽温度急速下降。

③ 蒸汽湿度和含盐量迅速增加。

④ 蒸汽大量带水，管道内发生水冲击，导致法兰连接处漏汽、漏水。

2. 汽水共腾原因分析

① 锅水质量差，有油污或含盐浓度大和悬浮物多。

② 送汽时开启主汽阀过快，或多台锅炉的气压高于蒸汽母管内的气压，造成锅筒内短时间大量蒸汽涌出。

③ 严重超负荷运行。

④ 表面排污装置损坏或不进行表面排污。定期排污未进行正常操作或间隔时间过长，排污量过少。

⑤ 锅炉给水的水位过高，锅内汽空间太小。

3. 汽水共腾事故的处理和预防

① 减弱燃烧，减少锅炉蒸发量，关小主汽阀的开度，降低负荷。

② 完全开启上锅筒的表面排污阀，并适当开启锅炉下锅筒的定期排污阀。同时加强给水，保证水位正常。

③ 采用锅内投药水处理的锅炉，应停止投药。

④ 开启过热器、蒸汽管道和分汽缸上的疏水阀门。

⑤ 增加对锅水的分析次数，及时指导排污，降低锅水含盐量。

⑥ 锅炉不要超负荷运行。

⑦ 在水位不稳定情况下，不要增加负荷及减少排污量。

⑧ 事故消除后，应冲洗水位表，保证正常水位。

⑨ 加强水处理管理工作，保证锅炉给水与锅水全部符合水质标准要求。

四、锅炉爆管事故处理与应对措施

锅炉爆管事故是指锅炉在运行中炉管发生破裂的事故。在锅炉运行事故中，锅炉爆管事故比较普遍，也是危险性较大的事故之一。

1. 锅炉爆管事故现象与判断

① 锅炉爆管严重时，可以听到汽水喷射的响声，甚至会发出明显的爆破声。

② 负压燃烧的锅炉，炉膛内由负压变为正压，蒸汽和浓烟从炉墙的门孔及漏风处大量喷出。

③ 锅炉水位和气压迅速降低。

④ 给水量增加，蒸汽流量明显下降。

⑤ 排烟温度降低，烟气颜色变成灰白色或白色。

⑥ 炉内火焰发暗，燃烧不稳定，甚至灭火。

⑦ 炉排上有黑煤堆，灰渣斗内有湿灰，甚至向外流出水泡。

⑧ 引风机负荷增大，电流增高。

2. 锅炉爆管原因分析与预防

① 给水质量不良。无水处理或水处理不合格，水质监督不严，给水与锅水水质不符合标准规定，使管子结垢或腐蚀，造成管壁过热，强度降低。

② 水循环破坏。设计结构不合理，制造质量低劣，水循环不好。在安装或检修时，杂物掉入管内或脱落水垢在管内“搭桥”，造成局部管内堵塞，破坏了水循环，导致局部管壁温度过高，发生鼓疱、胀粗、变形、爆破。

③ 管子材质不合格。有夹渣或分层等缺陷，未认真验收就使用，引起破坏渗漏。

④ 燃煤粉或燃油燃气的燃烧器安装不当，角度偏斜，使局部炉管热量集中或产生严重磨损。

⑤ 炉管结垢、结渣，没有及时清除。且热交换性能差，使炉管局部受热不均，温度升高，造成钢材蠕动变形，强度急剧降低。

⑥ 锅炉改造错误，造成水循环局部停滞或倒流，流速过低等。

⑦ 严重缺水。

⑧ 吹灰器安装不当，使其喷嘴正对管子表面，造成水管被吹处磨损加重、腐蚀加快、凹陷破穿。

⑨ 管子膨胀受阻碍，热应力疲劳裂纹。

3. 锅炉爆管事故的处理

(1) 炉管爆破泄漏不严重，能保持锅炉正常水位，可待备用炉启动运行后再停炉。

(2) 严重爆管必须紧急停炉：

① 停止燃料供应。

② 停止鼓风机运行，减小引风量，排除炉内的烟气和蒸汽。

③ 关闭主蒸汽阀。

④ 若在给水的情况下，锅炉水位表内不见水位时，应停止给水。

⑤ 燃烧室内烟气和蒸汽消失后，停止引风机运行。

(3) 锅炉房内如有多台锅炉共用一个蒸汽母管和给水、排污母管时，应将主汽管、给水管和排污管分别与各母管用盲板隔绝，以保证锅炉检修的安全。

(4) 锅炉停止运行并待温度降低后应进行全面检修，查明损坏情况，分析损坏原因，制订修改方案，进行综合治理,结构不合理的应予以改造,并向锅检部门报告,请有许可证的专业厂进行修理。

五、过热器管爆管事故处理与应对措施

过热器管内的工质是饱和蒸汽和过热蒸汽，管壁的工作温度比较高，因此，比水冷壁管和对流管束发生事故的概率高。对装有过热器的锅炉要比无过热器锅炉的管理更为严格和复杂，否则容易发生过热器爆管事故。

1. 过热器爆管事故现象与判断

① 过热器附近有蒸汽喷出的响声。

② 蒸汽流量有不正常的下降，严重时过热蒸汽压力下降，过热蒸汽的温度也发生变化。

③ 炉膛负压降低或变为正压，严重时从检查门、看火门向外喷气和冒烟。

④ 排烟温度显著下降，烟气颜色变成白色。

⑤ 引风机负荷加大，电流增高。

2. 过热器爆管的原因分析和预防

① 水质不良，水质监督不严，经常高水位运行，汽水共腾，使饱和蒸汽带水量过多，以及汽水分离装置不良等，使过热器管内结水垢。

② 在点火、升压或长期低负荷运行时，过热器内蒸汽流量不够，造成管壁过热。

③ 过热器上的安全阀截面积不够或排汽压力偏高，使过热蒸汽长期超压运行。

④ 运行中由于送风燃烧调控不当，使火焰偏斜或延长到过热器处，或者由于吹灰、除焦不彻底，造成烟气温度升高，过热器长期超温运行，管壁强度降低。

⑤ 过热器管严重腐蚀损坏。

⑥ 过热器管子材质不良，有严重缺陷或管内有杂物堵塞。

⑦ 设计结构不合理，或安装质量不好，管距不均匀，管间有短路烟气，蒸汽分布不均匀，流速过低，或蒸汽流量偏差太大等，造成热偏差，使局部管壁过热烧坏。

⑧ 停炉或水压试验后，管内存水未放净，特别是垂直布置的过热器管弯头处易积水，造成管壁腐蚀减薄。

⑨ 吹灰器安装不正确或蒸汽压力过高，吹损过热器管。

⑩ 过热器管被飞灰磨损。

⑪ 过热器管应采用合金钢管时，误用碳素钢管。

⑫ 过热器管长期处在高温下运行，材质发生劣化。

⑬ 过热器安全阀定压错误或失灵，当锅炉超压时，锅筒上安全阀延迟开启或不开启。

3. 过热器管爆管事故的处理

① 过热器管轻微泄漏，可维持短时间运行，待备用锅炉投入运行后，再停炉检修。

② 过热器管损坏严重时，应紧急停炉。

③ 分析原因，对症处理修复。

六、省煤器管爆破事故处理与应对措施

1. 省煤器管爆破事故现象与判断

① 锅炉水位下降，给水流量不正常，大于蒸汽流量。

② 省煤器附近有泄漏响声，炉墙的缝隙及下部烟道门处向外冒汽、漏水。

③ 排烟温度下降，省煤器进出口烟温的温度差增大，烟气颜色变白。

④ 省煤器下部的灰斗内有湿灰，严重时有水往下流。

⑤ 烟气阻力增加，引风机声音不正常，电机电流增大。

2. 省煤器管爆破事故的原因分析及预防

① 给水质量不符合标准要求。水中含氧量较高，在高温时分解析出，对管壁产生氧腐蚀，有的钢管省煤器仅几个月就被腐蚀穿孔。

② 给水温度和流量变化频繁和运行操作不当，使省煤器管忽冷忽热产生裂纹。

③ 给水温度偏低，管壁温度低于露点，省煤器管外壁产生酸性腐蚀。烟气中的二氧化硫与水分生成硫酸和亚硫酸，对钢管省煤器管的腐蚀比铸铁省煤器管严重。

④ 省煤器管子外壁被飞灰磨损，尤其是煤粉锅炉比较严重。

⑤ 管子材质不好或在制造、安装、检修过程中存有缺陷造成渗漏。

⑥ 非沸腾式省煤器管内产生沸腾，引起水冲击。

⑦ 无旁路烟道的省煤器，再循环管发生故障，当不往锅筒进水时，省煤器烧坏。

⑧ 对间断给水的锅炉，省煤器的温度和压力变化较频繁，使省煤器管忽冷忽热，容易造成损坏。

⑨ 省煤器管子被杂物堵塞，引起管子过热。

3. 省煤器管爆破事故的处理

① 对沸腾式省煤器，如能维持锅炉正常水位时，可加大给水量，并且关闭所有的放水阀门和再循环管阀门，以维持短时间运行，待备用锅炉投入运行后，再停炉检修。如事故扩大，不能维持水位时，应紧急停炉。

② 对沸腾式省煤器，应开启旁路烟道门，关闭主烟道挡板，暂停使用省煤器，同时开启省煤器旁路水管阀门，继续向锅炉内进水。

③ 对沸腾式省煤器，烟气进出口挡板必须关得很严密，省煤器被隔离后，其进出口阀门也要关闭严密。开启旁路水管阀门继续给水，方可不停炉进行检修。

④ 锅炉在隔绝有故障的省煤器运行时，排烟温度不应超过引风机铭牌规定的温度，否则应降低负荷运行。

七、空气预热器管损坏事故处理与应对措施

1. 空气预热器管损坏现象与判断

① 烟气中混入大量空气，热风温度和锅炉负荷明显降低。

② 燃烧工况突变，送风量不足，甚至不能维持正常燃烧。

③ 引风机负荷加大，排烟温度下降。

2. 空气预热器管损坏的原因和预防

① 管壁温度低于露点，使管端及管壁产生酸性腐蚀。

② 长期受飞灰磨损，管端及管壁逐渐减薄。

③ 空气预热器入口处烟气或积灰过多，经酸性腐蚀后，管子上部腐蚀穿透。有时由于可燃气体或积炭在空气预热器处发生二次燃烧；或管子积灰严重，管束受热不匀，造成局部过热烧坏。

④ 材质不良，耐腐蚀和耐磨损性能差。

3. 空气预热管损坏的处理

① 若管子磨损较轻，可维持短时间运行。如有旁通烟道应立即启用，然后关闭主烟道挡板，待备用炉投入运行后再停炉检修。

② 如管子损坏严重，甚至上部管段有许多孔洞，使炉膛温度过低，难以继续运行，应紧急停炉，将空气预热器更新。

③ 当锅炉在隔离有故障空气预热器的情况下运行时，排烟温度不应超过引风机铭牌的规定（一般为≤250℃），否则应降低负荷运行。

八、二次燃烧与烟气爆炸事故处理与应对措施

烟道二次燃烧与烟气爆炸事故，多发生于燃油、燃气和煤粉锅炉。在点火或运行压火时都会有可能发生，但在点火时发生较多。锅炉上的防爆门对燃烧室或烟道内的轻微爆炸有一定防护作用，但对于严重爆炸事故作用不大。在爆炸时产生很大的冲击波，并发出巨响，造成炉膛、烟道和炉墙损坏，有的砖烟囱从中部断掉，使锅炉移位，锅炉房及附近厂房的玻璃窗震碎，被迫停炉，严重时会造成重大伤亡事故。

1. 二次燃烧与烟气爆炸事故现象与判断

① 排烟温度急剧上升，严重时有轰鸣响声。

② 烟道内负压急剧下降，或者变成正压。

③ 烟囱冒浓黑烟，严重时会向外冒火星。

④ 有空气预热器时，热风温度不正常升高。

⑤ 烟气爆炸时伴有巨大响声，并将防爆门冲开，向外喷出火焰和烟尘，严重时炉墙倒塌，炉顶掀开，砖头等飞散，玻璃窗粉碎。

⑥ 带有空冷炉墙（代替空气预热器）的锅炉，将两侧空冷炉墙外护板炸飞。

2. 二次燃烧与烟气爆炸事故的原因和预防

① 锅炉燃烧室、烟道内积存有油垢或可燃物烟垢、可燃气体等可燃物，点火时没有启动引风机将可燃气体除净，遇到明火后，引起爆燃。

② 由于点火或停炉的操作程序不当，如点火前应先开启引风机进行预吹扫，将炉膛及烟道内积存的可燃气体排除以后，方可点火。

③ 煤粉、层燃两用锅炉运行中压火时间过长，使炉排上燃煤熄灭，锅炉重新启动时司炉将沾有汽油的棉纱置于炉排上重新点火，发生爆炸。因压火时煤受到预热、干馏，产生了大量煤气，进入了空冷炉墙，见明火后即爆炸，将空冷炉墙外护板炸飞，锅炉房玻璃窗全部粉碎。

④ 锅炉燃烧室内配风不当，燃料未能完全燃烧，随烟气带入烟道内，可燃气体越积越多，遇明火即引起燃烧爆炸。

⑤ 锅炉长时间低负荷运行，炉温过低和烟气流速过小，烟道内积存大量可燃物，有时会在停炉状态下发生二次燃烧事故。

⑥ 悬浮燃烧锅炉长期不进行检查清理。停炉后没有对燃烧室和烟道进行彻底通风吹扫，积存爆炸性可燃气体混合物。

⑦ 自动程控点火的室燃锅炉多次点火未成功，未查明原因且在吹扫不彻底情况下继续强行点火，极易发生炉膛严重爆炸事故。

3. 二次燃烧与烟气爆炸事故的处理

① 立即停止向炉内供应燃料，停止送风、引风，严密关闭烟道门。必要时可向烟道内喷入蒸汽，或使用二氧化碳灭火器灭火。

② 事故消除后，应认真检查设备及控制系统，确认无问题后可继续运行。必须先开启引风机，将炉内和烟道中积存的可燃物排尽后，方可按操作规程重新点火运行。

③ 如果第一次点火未成功，不可继续点火。必须在经过规定时间的通风吹扫后，确认炉膛和烟道没有积存可燃物时，方可重新点火。

④ 如果炉墙倒塌或有其他损坏，影响锅炉正常运行时，应紧急停炉。

九、水冲击事故处理与应对措施

1. 水冲击现象与判断

水击（又称水锤）是由于蒸汽或水突然产生的冲击力，使锅筒或管道发生响声和震动的一种现象。其原理是给水与管道内蒸汽相遇时，部分热量被水迅速吸收，使部分蒸汽冷凝成水，体积突然缩小，造成局部真空，而引起周围介质高速流向真空处，产生冲击，发出巨大声响和震动。

当疏水管道被空气或蒸汽阻塞时，水不能畅通流动，也会发生声响和震动。水冲击多发生在锅筒、汽、水管道和省煤器内，如不及时处理，会引起锅炉房附近的设备损坏，甚至房屋震动损坏，影响锅炉的正常运行，锅炉给水中断。

2. 锅筒内水冲击事故的原因分析

① 给水管道上的止回阀不严，或锅筒水位低于给水分配管，使蒸汽进入给水管道内，给水时即产生水冲击。

② 锅筒内给水槽置于最低安全水位线以上，使给水管暴露在汽空间。或给水管座在锅筒内与给水分配管法兰连接处不严密，管内进入蒸汽。

③ 给水管安装位置不当，误将蒸汽管当作给水管安装，造成给水出口在蒸汽空间，导致汽水冲击。

④ 锅筒内给水管在蒸汽空间部位的管子腐蚀穿孔，使蒸汽窜入给水管内，引起汽水冲击。

3. 锅筒内水冲击事故的处理与应对措施

① 锅筒内水冲击声较轻时，暂且运行，待停炉时，开启人孔盖，检查锅筒内部损坏情况。

② 检查锅筒内给水管的安装位置，如处于最高与最低安全水位，应改为在安全水位以下。

③ 当锅筒内给水管法兰连接不严时，应及时修理。

④ 当给水管安装错误时，应及时纠正。

4. 给水管道内水冲击事故的原因分析

① 给水管道内有空气或蒸汽。

② 给水泵运行不正常或给水止回阀失灵，引起给水压力波动和冲击。

③ 给水管分配孔水垢堵塞，不能出水，水泵运转时发生管路内冲击震动。

④ 给水管内压力或温度急剧变化或给水流量过大。

⑤ 带有非沸腾式省煤器的锅炉，由于间断给水相隔时间过长，管道内产生气泡。

5. 给水管道内水冲击事故的处理与应对措施

① 开启管道上的空气阀，排出空气或蒸汽。

② 启用备用水泵继续给水，对故障设备和阀门采取相应措施，进行修理。

③ 当给水分配管孔被水垢堵塞时，应停炉检修，其圆形分配孔可改为长孔，且应加强水处理工作。使用深井水更要监视运行情况。

④ 保持给水温度均衡。非沸腾式省煤器最好连续给水，若担心锅内水位过高，可开启再循环管阀门进行调节。

6. 蒸汽管道内给水冲击事故的原因分析

① 在送汽前未进行暖管和疏水。

② 送汽时主汽阀开启过快或过大。

③ 锅炉负荷增加过急或发生满水、汽水共腾等事故，使蒸汽严重带水进入管道。

7. 蒸汽管道内水冲击事故的处理与应对措施

① 开启蒸汽管道和过热器集箱上的疏水阀，进行疏水。

② 管道内水位过高时，应适当排污，保持正常水位。

③ 送汽时发现水冲击时，必须进行冲水和暖管。

④ 加强水处理工作，保证水质良好，避免汽水共腾的发生。

8. 省煤器内水冲击事故的原因分析

① 锅炉点火时没有排除省煤器内的空气。

② 非沸腾式省煤器内产生汽化。无旁路烟道的锅炉，在点火时容易发生汽化。

③ 省煤器入口管道上的止回阀动作失灵，给水时会引起跳动，导致水冲击。

9. 省煤器内水冲击事故的处理

① 开启旁路烟道挡板，关闭主烟道挡板，适当延长点火时间。增加上水与放水次数，保证

省煤器出口水温达到规定要求。

② 开启空气阀，排净空气。

③ 严格控制省煤器出口水温，提高给水流速。

④ 检查省煤器进水口管道上的止回阀，使其正常工作，不正常时应进行修理或更换。

十、炉吼处理与应对措施

炉吼是一种自激震动，锅炉在运行时，发生炉吼，造成锅炉震动，甚至锅炉房墙壁及附近房屋都会受到影响。立式锅壳式锅炉发生炉吼现象更多见，主要发生在燃烧室、受热面、辅机或烟道等位置，造成疲劳损坏，还直接影响操作人员的身心健康。

1. 炉吼的原因分析

① 一种是燃料燃烧产生的自激震动频率与锅炉烟道内的固有频率相一致，而引起的共振现象。另一种是流体以一定的速度流经圆柱体（如锅炉管子）时，产生均匀的、周期性的旋涡，其能量很强，频率很高，会激发圆柱体震动。这种震动的频率与圆柱体固有的频率一致时，而引起共振现象。

② 锅炉烟道构造不合理，使烟气发生涡流，引起共鸣。如立式锅壳式锅炉灰坑过深，使自然通风量过大；燃煤质量较好时，煤层过薄；烟囱过高，又无调节闸门等，可导致炉吼。

③ 烟气中有挥发性气体与炉墙裂缝或出灰门框架漏入的空气相遇，产生连续燃烧而引发炉吼。

④ 双炉胆锅炉有两个炉胆流出的烟气在后燃烧室内混合时，无隔墙或隔墙太短不能导流，也会引起烟气中有挥发性成分的再次燃烧或烟气互相撞击而发生炉吼。

2. 炉吼的处理和预防

① 立式锅炉的过高烟囱去掉一节，无调节闸门时，增添调节门。灰坑过深又无灰门时，可临时采用薄铁板将灰门隔封。煤层过薄，可将煤层加厚，或将炉门打开。

② 降低锅炉负荷，禁止锅炉超负荷运行。

③ 机械燃烧锅炉要合理选配锅炉的鼓、引风机，燃烧室内负压不能过大。

④ 及时清理烟道内的积灰，保证烟道流通截面积。

⑤ 检查隔火墙是否有损坏现象，避免造成烟气“短路”现象。

十一、炉墙损坏处理与应对措施

1. 炉墙损坏现象与判断

① 灰渣斗内有掉落砖块。

② 炉墙支架等的吊装件温度突然升高，甚至烧红。

③ 外炉墙严重凸出开裂，有倒塌危险，铁皮外护板油漆变色。

④ 锅炉排烟温度升高。

⑤ 负压燃烧锅炉，在炉墙损坏处向燃烧室内漏风。

⑥ 炉墙转角处，以及炉墙与钢架、过墙套管等接触的石棉填料大量脱落，以致冷风侵入炉膛过多，炉温降低。

⑦ 在炉顶裂纹处冒出烟气，锅炉房内的空气产生污染等。

2. 炉墙损坏的原因分析与预防

① 炉拱和炉墙结构设计不合理，受压元件不能自由膨胀；前水冷壁管布置过少，燃烧器位置不正确，使部分炉墙和炉拱温度过高。

② 安装和检修质量不佳。砖边破碎，砖缝太大；泥浆配制比例不当，养护不好，砖黏结不牢。没有足够的伸缩缝；未按烘炉升温规范进行烘炉，且时间太短、温升波动大，炉墙未完全干燥或砌砖变形、损坏，急于升压供汽。

③ 运行操作不当。燃烧火焰调整不当，火焰中心偏移；长期正压燃烧，炉膛温度过高，飞灰熔点低，炉膛结焦严重；升火、停炉及增减负荷过急，使炉拱、炉墙骤冷骤热；除焦渣时碰坏

墙体；炉膛内可燃气体发生爆炸冲击。

④ 炉墙炉拱耐火材料质量不良，施工质量低劣。

3. 墙体损坏事故处理

① 发现炉墙有裂缝等损坏，应进行严密性检查，并减小负荷，加大引风，保持炉膛负压。

② 外炉墙轻微裂缝时，一般可用石棉绳填塞，并在外面涂抹泥料。

③ 如炉墙或炉拱损坏，面积不大，可适当增加燃烧室内的空气量，降低燃烧温度，必要时，降低锅炉负荷，维持短时间运行。

④ 如果损坏面积较大，而且将使炉墙及钢架外表面温度升高，有倒塌危险时，应紧急停炉。

⑤ 隔烟墙损坏造成“短路”，应进行修理，恢复烟气流程。

十二、热水锅炉汽化处理与应对措施

1. 锅水汽化现象与判断

① 锅内有水击响声，管道发生震动。

② 超温警报器发出报警信号。

③ 压力突然升高，膨胀水箱内冒出水和蒸汽。

④ 由安全阀排出蒸汽。

⑤ 循环系统管道内发生水冲击等。

2. 锅水汽化的原因分析和预防

① 突然停电停泵，锅水停止循环后被炉内大量余热继续加热。

② 锅炉结构不合理和燃烧工况不良，造成锅炉各并联管路之间热偏差过大，或使锅水流量分配不均，产生局部过热汽化。

③ 局部管内严重积垢或存有杂物，使锅炉局部水循环遭到破坏。

④ 锅炉先点火升温，后启动供热系统循环水泵，使锅水汽化。

3. 锅水汽化的处理

① 遇突然停电，有备用系统时，接通备用电源或启用自备发电机带动的备用循环水泵。

② 遇突然停电，无备用系统时，应切断外管线，打开放气阀。有条件时可向锅炉内加自来水，当自来水来源无保证，而系统回水能由旁路引入锅炉时，也可将静压的回水引入。并且通过锅炉出水口的紧急泄放阀缓慢排出，使锅水一面流动，一面降温，直到消除炉内余热为止。同时打开炉门和省煤器旁路烟道，使炉内温度迅速降低。

③ 当锅水温度急剧上升，出现严重汽化时，应紧急停炉。

十三、锅炉爆炸事故处理与防止措施

1. 锅炉爆炸事故及危害

锅炉爆炸事故是指锅炉在运行或压力试验时，受压部分破坏，其介质蓄积的能量迅速释放，内压瞬间降至外界大气压力的事故。锅炉爆炸可产生强大冲击波和大量沸水飞溅，不仅锅炉本体遭到破坏，甚至造成人身重大伤亡，后果非常惨重。

2. 锅炉爆炸事故现象与特征

锅炉爆炸时大量的汽水从破口处急速冲击，具有很高的速度，它所释放出的能量很小一部分消耗在撕裂锅炉钢板，拉断固定锅炉的地脚螺栓与锅炉连接的各种汽水管道，将锅炉整体抛离原地；而大部分能量在空气中产生冲击波，对周围的人员造成伤亡，并使物体产生极大的破坏。

3. 锅炉爆炸事故的内在原因分析

当锅炉内蒸汽压力作用产生的应力超过了锅炉某一受压元件所能承受的极限强度时，锅炉就会爆炸，其原因主要是先天不足、安全附件失灵、司炉脱岗或操作错误、管理不严等。

① 先天不足。结构不合理，水循环不良，钢材选用不合理，强度不够，受热面不能自由膨

胀，角焊结构，安全阀排气截面积不够等；粗制滥造或制造不符合标准规范，焊接质量差，超声探伤未检查出来或没有检查，安装、修理质量太差等。

② 安全阀、压力表等失灵，水位表出现假水位。

③ 司炉责任心不强，擅离岗位，排污后忘关阀门，误操作，严重缺水事故发生后急忙给水。

④ 管理不善，司炉无证操作，水处理管理不严，造成水质不良，受热面内壁积垢严重，不排污，不检修，不执行操作规程，交接班工作不认真，停炉后保养不善等。

4. 锅炉爆炸事故的直接原因

① 超压。运行压力超过锅炉最高许可工作压力，钢材应力超过极限值，同时安全阀失灵，达到整定压力后不能自动排放降压。

② 过热。钢材的工作温度超过极限值，强度降低，不能承受其压力而破坏。

③ 锅炉缺水后突然给水。水遇到过热的钢板而急剧汽化，气压骤升，产生爆炸。这是最常见的爆炸事故。

④ 腐蚀。钢材内外腐蚀使得受热面壁厚减薄，强度显著降低，不能承受锅炉压力而破坏。

⑤ 起槽和裂纹。锅炉负荷波动频繁，或长期在运行中操作不当，使锅炉受压元件忽冷忽热承受交变应力，导致腐蚀疲劳，形成起槽和裂纹。

⑥ 先天性缺陷及苛性脆化。

5. 防止锅炉爆炸事故的措施

① 对先天性缺陷采取改善措施，按规定及时进行锅炉检验，发现问题，及时改进。

② 防超压。保持负荷稳定，安全阀与附件及仪表保持灵敏可靠。

③ 防过热。防止缺水，定时冲洗水位表，严格监视水位。定期检修水位报警器和超温报警器，保证其灵敏可靠。锅炉严重缺水后严禁给水。加强水处理，给水必须符合标准，防止结垢。

④ 防腐蚀。加强除氧措施，及时清除烟灰，做好停炉保养工作，减少潮湿，保持炉内干燥，采取必要的防护措施。

⑤ 防止起槽和裂纹。保持燃烧稳定，避免炉温忽高忽低。加强对容易产生热疲劳的部位进行检查，一旦发现裂纹和起槽及渗漏，必须及时处理。

⑥ 加强锅炉运行管理，严格贯彻各项规章制度，尤其是交接班制度必须严格认真执行。

第二节　工业锅炉停炉与停炉保养

压火与停炉有所区别。压火是指炉排锅炉负荷暂时停止时（一般不超过12h），将炉膛压火，压火时暂停供燃料，适当进行通风，使火床保持适量燃烧，不致熄灭的状态。待需要恢复运行时，再进行启动着火。

停炉是按规定程序切断燃料和给水，停止送、引风，使锅炉完全停止运行。

一、正常停炉

(1) 准备工作　停炉前应对锅炉设备的技术状况有所了解，要做好煤斗存煤的处理工作，最好将煤斗中存煤用完，以免煤在煤斗中长期存放自燃。

(2) 锅炉灭火　链条锅炉应关闭煤斗下部的弧形挡板，待余煤全部进入煤闸板后，降低煤闸板，并使其与炉排之间留有50mm左右缝隙，以保证空气流通，冷却煤闸板，以免烧坏。

当煤离开煤闸板后300～500mm时，停止炉排转动，减少鼓风和引风，保持炉膛内适当负压，以冷却炉排。

当炉排没有火焰时，先停鼓风机，打开各风门，再关闭引风机，稍开炉前的各炉门，以自然通风的方式使炉排上的余灰燃尽。再重新转动，炉排将灰渣放尽，继续空转炉排，直至炉排冷却为止。

当锅炉灭火后，锅内水位应稍高于正常水位。

(3) 关闭主汽阀　从减弱燃烧开始，锅炉负荷就逐渐降低，在灭火时负荷已逐渐为零。当蒸发量为零时，关闭主汽阀，开启主汽管和过热器上的疏水阀和省煤器的旁路烟道。

(4) 放水　当锅水冷却到 70℃以下时，可把全部锅水放净。及时清理锅内水垢、泥渣和清理烟道积灰、烟垢等。

(5) 安全工作　管道与运行锅炉公用时，应将主汽、给水、排污等管路用具有足够强度的盲板隔离，以保证检修人员的人身安全。

二、紧急停炉

当锅炉在运行中发生事故或有事故险兆时，应采取紧急停炉措施。

(1) 蒸汽锅炉在运行中，遇有下列情况之一时，应紧急停炉。

① 锅炉严重缺水，锅炉水位低于水位表最低可见边缘；

② 不断加大给水及采用其他措施，但水位仍继续下降；

③ 锅炉水位超过最高可见水位（满水），经放水仍不能见到水位；

④ 给水设备全部失效或给水系统故障，不能向锅炉进水；

⑤ 水位表或安全阀全部失效；

⑥ 压力表全部失效；

⑦ 锅炉受压元件损坏，且危及司炉人员安全；

⑧ 燃烧设备损坏，炉墙倒塌或锅炉构架被烧红等严重威胁锅炉安全运行；

⑨ 其他异常情况危及锅炉安全运行。

(2) 热水锅炉在运行中，遇有下列情况之一时，应紧急停炉。

① 水循环不良，造成锅水汽化，或锅炉出口热水温度上升到与出水压力下相应饱和温度之差小于 20℃（对于钢制锅炉）或 40℃（对于铸铁锅炉）。

② 锅水温度急剧上升失去控制；

③ 循环水泵或补给水泵全部失效；

④ 压力表与安全阀全部失效；

⑤ 锅炉受压力元件损坏，危及司炉人员安全；

⑥ 补给水泵不断给锅炉补水，锅炉压力仍然继续下降；

⑦ 燃烧设备损坏、炉墙倒塌或锅炉构架被烧红等，严重威胁锅炉安全运行；

⑧ 其他异常运行情况，且超过安全运行允许范围。

(3) 紧急停炉操作

① 停止供应燃料。

② 停止鼓风机，减弱引风。

③ 迅速灭火（针对不同炉型，采取不同方法，但不得向燃烧室浇水）。

④ 停止引风机，打开炉膛、烟道门孔，降低炉膛温度。

⑤ 对超压事故，可打开放空阀、泄水阀、安全阀进行降压；如系爆管事故，要开大引风，但不能开启空气阀排汽。

⑥ 对于缺水和满水事故，严禁给水，也不能开启空气阀或提升安全阀等排汽工作。

⑦ 如无缺水和满水现象，可以采用给水排污的方式来加速冷却和降低锅炉压力。当水温降到 70℃以下时，方可把锅水放净。

⑧ 热水锅炉紧急停炉操作。停止供给燃料，先关闭鼓风机，后关引风机，撤出炉火，当出口水温降至 50℃以下时，才能停止循环泵。

三、停炉保养

锅炉维护保养不当，容易造成出力不足，发生事故，并缩短锅炉使用寿命。在停炉后，防腐保养工作是重要环节。

常见的停炉保养方法有：热法保养、湿法保养、干法保养和充气保养等。见本书第七章第六节。

第三节　工业锅炉检验

一、锅炉检验的重要意义

锅炉是特种设备之一，也是工矿企业中的重要热能动力设备，广泛用于纺织、造纸、橡胶、化工等行业，及其他单位供热、生活用热、消毒等。

由于锅炉长期在高温和承压的状态下运行，并时刻受到煤、水、空气和烟灰中有害物质的侵蚀，其金属材料不断发生腐蚀和疲劳，再加上锅炉在制造、安装上存有缺陷，或使用和停炉后维护保养不当，就会产生许多不安全的因素。若锅炉在这样的条件下长期运行，容易发生锅炉事故。严重时会导致停产，停止供热，造成很大的经济损失，尤其是间接损失更大，甚至发生爆炸事故，造成人员伤亡。

为了及时发现和消除锅炉存在的缺陷，保证安全、经济地运行，必须定期清除烟灰、水垢，进行检验，发现缺陷及时修理，才能保证锅炉正常运行，达到“节能减排”的效果并可延长锅炉使用寿命。

二、检验工具

检验小锤（一头尖）约重 250g、内外卡钳、5～10 倍放大镜、手电筒、钢板尺、钢卷尺、线、测厚仪、内窥镜、必要的无损检测仪器、记录用具等。

三、检验方法

1. 宏观检验

主要是目测，必要时辅以 5～10 倍放大镜观看。可检查受压元件有无腐蚀、变形、渗漏、裂纹、鼓包等。无法观察时，可借助于触觉或听觉来检查。管子和集箱内部情况必要时可用内窥镜配合检验。

(1) 锤击检查法：可检查腐蚀、裂纹、松弛、水垢情况等缺陷。根据声音及锄头弹回程度来判定。

① 钢板良好：清脆、单纯声音，小锄头能弹回。

② 板内夹灰、分层、裂纹：沙拉声，破碎声。

③ 腐蚀：闷声，浊音。

听声时可采用比较法，即被检查部分和附近其他部分对比。

(2) 灯光检查　检查锅筒、联箱、管子等的不均匀腐蚀、变形、开口裂纹等。用手电筒灯光沿着金属表面用平行光照射。不均匀表面往往可能是被腐蚀的地方，在灯光下有黑色斑点，弯曲、鼓包处发亮，而凹处黑暗。金属表面有裂纹时，灯光处成一条黑线。

(3) 拉线检查　用钢直尺配合检查受压元件弯曲、鼓包变形的数值。

(4) 样板检查　按设计形状预制样板，检查变形，进行记载。

(5) 钻孔检查　对于曲率半径很小且剩余厚度较小的受压元件，当用测厚仪测量困难时，可采用钻孔的方法进行检查。钻孔检查一般用 ϕ6～8 钻头在腐蚀最深的地方钻孔，然后用游标卡尺进行测量，也可用测厚仪测量。

为防止钻头位移，需先在钻孔部位磨平，打洋冲眼后钻孔，钻后清除毛刺。

2. 无损探伤检查

检验人员对于在宏观检验中发现的可疑部位和经分析在运行中承受疲劳载荷、应力集中部位以及承受复合应力的部位可进行无损探伤抽查。根据不同的目的，可采用不同的方法。

(1) 表面缺陷检查　如果是检查金属表面是否存在裂纹，可采用渗透探伤或磁粉探伤，如果是铁磁性材料且磁轭可以磁化的部位，应首先选用磁粉探伤。磁粉探伤除能够检出开口缺陷以外，还能够检出近表面缺陷。

(2) 埋藏缺陷检查　埋藏缺陷的检查一般采用射线探伤或超声波探伤，有时两者结合使用。射线探伤和超声波探伤的原理不一样，对缺陷敏感程度也不一样。射线探伤是投影原理，射线穿过焊件时，当遇到焊接缺陷，其射线衰减程度弱，穿过焊件后使底片感光度强，将缺陷的尺寸、位置和性质反映在底片上。超声波探伤则是利用声波在介质中传播时遇到界面反射原理。声波在介质传播中遇到界面，如裂纹、未熔合、未焊透等，以入射角的角度返回而被超声波探伤仪接收，不同的缺陷在荧光屏上显示出不同的波形，用标准试块以确定缺陷的性质和尺寸。射线探伤主要是对体积缺陷（如气孔、夹渣等）比较灵敏，而超声波探伤则对面积缺陷（如裂纹、未焊透、未熔合等）比较灵敏。同时超声波探伤对厚板（比如厚度超过 50mm）比薄板灵敏度要高。在壁厚较薄时，一般采用射线探伤，特别是当壁厚薄到超声波探伤处于盲区时，必须采用射线探伤。但是，随着板厚的增加，超声波探伤方法将占主导地位，当额定蒸汽压力大于或等于 3.8MPa 时，板厚超过 40mm，《蒸汽锅炉安全技术监察规程》规定要采用 100％超声波探伤加至少 25％的射线探伤，而不是 100％射线探伤或 100％超声波探伤检查。探伤方法是将超声波和射线两种方法同时使用，利用各自的优点进行互补。

(3) 其他方法的检查　对于发生事故的锅炉，在进行原因分析时，根据需要，可以采用一些必要的监测方法。如进行硬度测定、金相分析，能够检测受压元件材质劣化的程度；进行光谱分析，能够检测受压元件材质化学元素的含量变化程度。进行断口分析，能够分析断口的形貌和发生断裂的机理，有助于分析导致产生开裂的原因。

另外，随着科学技术的进步，近年来已经开发出了许多先进的检测手段。如：用于对各种焊缝、母材进行快速 B 扫描成像及分析的 TOFD 超声波衍射成像系统；用于管道焊缝缺陷检测和管道管体的腐蚀检测超声相控阵检测仪相控阵技术；低频电磁技术是近些年来新发展的一种新的无损检测手段，可以做到锅炉管道的 100％检验，而且检验的效率高。

3. 水压试验

水压试验的目的是检验锅炉受压元件的严密性。水压试验是锅炉检验的方法之一，不能代替别的检验，更不能用水压试验的方法来确定锅炉工作压力。

① 运行的锅炉每六年进行一次水压试验。

② 对于不能进行内部检验的锅炉应每三年进行一次。

③ 对多年停用和严重腐蚀的锅炉，在投入运行前应进行水压试验。

④ 在运行的锅炉已发现有渗漏，为了确定修理项目，必须在修理前根据使用压力，进行水压试验，以便确定修理方案。

水压试验应按《锅炉安全技术监察规程》的有关规定进行。

四、锅炉检验前的准备工作

为了对锅炉进行全面彻底的检验、检修，防止漏项，减少隐患，必须在锅炉检验前做好以下准备工作：

① 采取措施使锅炉逐渐冷却。当锅水温度降至 70℃以下时放出锅水，打开人孔、手孔装置和各检查门等。

② 彻底清除烟垢、烟灰和水垢，以便全面检查。

③ 在初检或清除烟灰时，对渗漏处应保持原有状态或做好标志和记录。

④ 进入锅筒前，若有并联运行锅炉，应将主汽阀、给水阀、排污阀管道用盲板隔堵，以保安全。

⑤ 若临时打开人孔、手孔装置的锅炉，进入锅筒前使空气对流一段时间，再进入锅筒，锅筒外应有人监护。

⑥ 进入烟道前，必须通风 15min 以上，并将与总烟道或其他运行的锅炉烟道闸门关闭严密。严禁使用蜡烛、明火在烟道内照明，以防烟气爆炸。

⑦ 停炉后，对立式锅炉一般不少于 10h，对有耐火砖墙的锅炉，一般不少于 24h，且当锅筒内温度在 35℃以下时，检修人员方可进入。

五、锅炉检验的内容和重点部位

1. 锅炉检验的内容

(1) 在用锅炉的定期检验工作包括外部检验、内部检验和水压试验。锅炉的使用单位必须按规定安排锅炉的定期检验工作，各级安全监察机构根据检验计划的执行情况和检验质量进行监督检查。

从事锅炉定期检验的单位及检验人员应按照有关规范的规定取得相应资格。

(2) 在用锅炉一般每年进行一次外部检验，每两年进行一次内部检验，每六年进行一次水压试验。当内部检验和外部检验同在一年进行时，应首先进行内部检验，然后再进行外部检验。

(3) 对不能进行内部检验的锅炉，应每三年进行一次水压试验。

(4) 除定期检验外，锅炉有下列情况之一时，也应进行内部检验：

① 新安装的锅炉在运行一年以后；

② 移装锅炉投运前；

③ 锅炉停止运行一年以上需要恢复运行前；

④ 受压元件经重大修理或改造后及重新运行一年后；

⑤ 上次内部检验结果和锅炉运行情况，对设备安全可靠性有怀疑时。

2. 内部检验的重点

(1) 上次检验有缺陷的部位，原损坏状况是否有发展。

(2) 检验锅炉本体受压部件状况

① 锅筒、封头、管板、炉胆、管子、回燃室、集箱、下脚圈等受压元件的内、外表面无鼓包、凹陷、弯曲变形。特别是开孔、焊缝、扳边等处有无腐蚀、超薄、裂纹，尤其高温烟区管板有无泄漏和裂纹。

② 拉缝件、人孔圈、手孔圈、下降关、立炉炉门圈、喉管、进水管等处的角焊缝是否有裂纹等缺陷。

③ 管壁有无磨损和腐蚀，特别是处于烟气流速较高及吹灰器吹扫区的管子，和易受低温腐蚀的尾部烟道管束。

④ 锅炉的拉撑与被拉元件的结合处有无裂纹、断裂和腐蚀。

⑤ 胀口是否严密，管端的受胀部分有无环形裂纹和苛性脆化（重点是水管锅炉的锅筒胀管处是否渗漏）。

⑥ 锅壳（锅筒）和砖衬接触处有无腐蚀（必要时抽砖检查）。

⑦ 受压力元件或锅炉构架有无因砖墙或隔板损坏而发生过热、过烧、变形等现象。

⑧ 受压元件水侧有无水垢、泥渣（重点是锅筒底部、炉胆、水管、烟管、高温烟区管板）。

⑨ 进水管和排污管与锅筒（锅壳）的接口处有无腐蚀、裂纹，排污管和排污管连接部分是否牢靠。

⑩ 受压元件焊缝的外形尺寸是否与设计图样相符，过渡是否平滑，高度有无低于母材，焊缝及热影响区表面有无裂纹、气孔、夹渣、咬边等缺陷。

(3) 锅炉本体装配是否符合要求

① 焊缝布置和开孔位置；

② 纵向、环向焊缝对接边缘偏差；

③ 管子胀口质量；

④ 管子、炉门圈、喉管等部件的伸出长度（特别注意处在高温区部分）；

⑤ 拉撑的数量、装配位置与角度。

(4) 检查安全附件及配件

① 安全阀的数量、规格及安装是否符合要求；

② 压力表的装置是否齐全、灵敏可靠，安装是否正确，规格是否符合要求；

③ 水位表是否齐全，安装是否正确，是否符合要求；

④ 排污阀的形式、数量、连接方式是否符合要求；
⑤ 给水设备是否齐全，安装是否合理，大于4t/h锅炉的自动给水调节器是否完好。

3. 检查的重点部位

(1) 立式锅壳锅炉

① 纵向、环向对接焊缝，人孔圈、手孔圈、炉门圈、喉管、拉撑等的角焊缝；
② 封头向内扳边与冲天管对接扳边处内表面；
③ 冲天管水位线附近约200mm长度范围；
④ 炉胆的胆顶及胆顶扳边处、炉排上部、炉门圈下部、S形下脚等；
⑤ 炉胆内大横水管下部、弯水管等；
⑥ 炉门圈和喉管的高温火侧；
⑦ 直水管锅炉的直水管下部约300mm长的外表面，喉管出口处附近的直水管；
⑧ 使用井水的锅炉的锅内给水管分配孔；
⑨ 锅炉底座部分，含锅壳及炉胆。

(2) 卧式锅壳锅炉

① 双火筒锅壳与五角砖及侧墙顶部接触处；
② 前平封头和大角铁圈下部；
③ 封头、管板、炉胆的扳边处；
④ 内燃锅炉第二、三节炉胆上部；
⑤ 后管板二回程高温区、焊管口、胀管口及孔桥等；
⑥ 水火管锅炉的鳍片水冷壁、水冷壁管、锅筒底部及小烟室顶部；
⑦ 人孔圈、拉撑、手孔圈、喉管、管座等的角焊缝；
⑧ 锅壳的纵向、环向焊缝及内部汽水分界处。

(3) 水管锅炉

① 锅筒纵向、环向焊缝及汽水分界线；
② 封头向内扳边处及锅筒孔桥、胀口；
③ HH型锅炉前水冷壁管顶棚处；
④ 分集箱直水管锅炉锅筒内下部及炉膛内第二排直水管底部；
⑤ 锅炉水冷壁管及第二回程入口处管束；
⑥ SHL型隔炉炉膛内防焦箱无水冷壁管管段。

第四节　工业锅炉损坏与修理

一、概述

锅炉修理质量和锅炉改造质量的优劣，直接影响到锅炉的安全经济运行和“节能减排”工作的落实。由于锅炉结构形式不同，制造工艺、制造质量和锅炉运行保养等情况不同，损坏的部位和情况有所不同，需要根据损坏的具体部位和损坏程度，运用相应的修理方法进行修理，以恢复或基本恢复锅炉原有的性能，确保其安全运行。

1. 锅炉修理分类

锅炉正常维修一般分为大、中、小修三类，但工业锅炉维修没有明确的分类规定。锅炉使用单位需要根据锅炉状况和使用具体情况确定锅炉正常维修的内容和维修时间。

(1) 运行中临时发生故障的抢修　即锅炉在运行过程中处理临时发生的故障，以保证锅炉的安全运行和减少热损失。如保持安全附件的灵敏可靠，维护保养设备，检修管道堵塞，阀门的跑、冒、滴、漏等。但不得在带压力的情况下修理。该修理可由用户自理。

另一种是在锅炉运行中，突然发现受压元件损坏。如水冷壁管爆破、锅筒底部严重鼓包、炉拱塌陷等，迫使锅炉停炉，必须抢修。用户无修理条件时，应请有资质的专业修理单位进行。

(2) 小修　按计划在停炉期间进行的正常检修，包括在对锅炉进行内部检查时发现的缺陷进行修理。如压力表定期校验、保温层维修、修补炉墙、修理辅机、研磨阀门、安全阀检修、炉排检修、水处理设备检修和清理除尘器等。该工作应由本单位有关部门安排实施。停炉检查时，锅炉管理人员和司炉工应参加，做到心中有数。

(3) 大修　按照大修计划和修理方案，对锅炉进行全面的恢复性检修。其主要内容包括：对锅炉进行全面检查，结合年检报告，制定实施措施，拆修炉墙，必要时做水压试验，对烟管和水管作相关检查。更换损坏了的水冷壁管、烟管、对流管、过热器管和省煤器管。对锅炉范围内管道如主蒸汽（或出水）、给水系统管道和排污系统管道和阀门进行检查，对腐蚀和渗漏严重的，予以更换，对设备进行某些改进工作，包括对受压部件做出改动的重大修理等。

大修计划一般由锅炉管理部门负责人提出，报单位领导批准执行。本单位承担不了的大修项目，按有关规定，应请有资质的专业单位进行修理。

2. 锅炉修理、改造质量

工业锅炉修理质量和锅炉改造质量应符合《锅炉安全技术监察规程》和《锅炉定期检验规则》等行政规章和有关技术标准的规定，并接受锅炉监督检验机构的监督检验。

3. 锅炉修理单位

(1) 锅炉修理应由有相应资格的单位承担　锅炉修理单位应具备一定的技术条件，有必要的专业技术力量、检修设备和检测手段，并已取得质量技术监督局颁发的《特种设备维修许可证》(锅炉)，且在有效期内。所承修的锅炉应与许可证批准的维修“级别”和“范围”相符。

为了确保锅炉修理质量，承担锅炉修理的单位，其质量保证体系中应包含针对修理项目的质量保证要求。

承担锅炉修理的单位在施工前应制订锅炉修理方案。锅炉修理方案应包括：锅炉修理项目，修理部位详图，修理工艺和技术保证措施，以及必要的强度计算资料。

(2) 锅炉修理前应向当地质量技术监督局特种设备安全监察部门进行书面告知　根据国务院《特种设备安全监察条例》规定，承担锅炉修理的单位在施工前应填写“特种设备安装、改造、维修告知书”，向当地质量技术监督局特种设备安全监察部门进行书面告知，告知后即可施工。

(3) 锅炉大修质量的验收

① 锅炉大修竣工后，修理单位必须开具《锅炉修理质量证明书》，证明书内容包括：合格证，“特种设备安装、维修、改造告知书”，企业法人营业执照复印件，锅炉修理许可证复印件，锅炉修理方案，材料质量证明书，焊缝无损检测报告，锅炉水压试验报告，锅炉炉墙砌筑检验记录，竣工图，焊工合格证复印件等。上述资料应由有关人员签章，合格证除有检验负责人签章外，还应加盖修理单位公章。

② 锅炉重大维修过程，必须经国务院特种设备安全监督管理部门核准的检验机构按照安全技术规范的要求进行监督检验，并出具锅炉修理监督检验报告。

③ 锅炉总体验收。锅炉总体验收时，除甲乙双方外，一般还应有当地安全监察机构派员到施工现场参加大修锅炉的总体验收。

二、锅炉修理工艺

锅炉结构不同，损坏的部位和情况也有所不同。锅炉受压元件常见的损坏可分为：腐蚀、变形、裂纹、磨损、渗漏几方面。常用修理方法大体可归纳为下列几种：焊补、封漏（复胀、封焊）、复位、加固、挖补、更换等。在一台大修锅炉上，有时需要同时采用几种方法进行修理才能完成。常见锅炉修理工艺如下所述。

（一）腐蚀和裂纹的修理

腐蚀和裂纹是锅炉常见的损坏，当腐蚀和裂纹并不严重时，可用简便的堆焊、补焊方法修理。

1. 堆焊

(1) 应用范围　钢板腐蚀后，在下列情况下可采用堆焊方法修理。

① 腐蚀面积不超过 $2500cm^2$，且剩余厚度大于或等于原有设计厚度的 60%。

② 局部腐蚀，腐蚀凹坑长度不超过 40mm，且相邻两个腐蚀凹坑之间的距离超过腐蚀凹坑长度的三倍（见图 10-1），且≥120mm 。

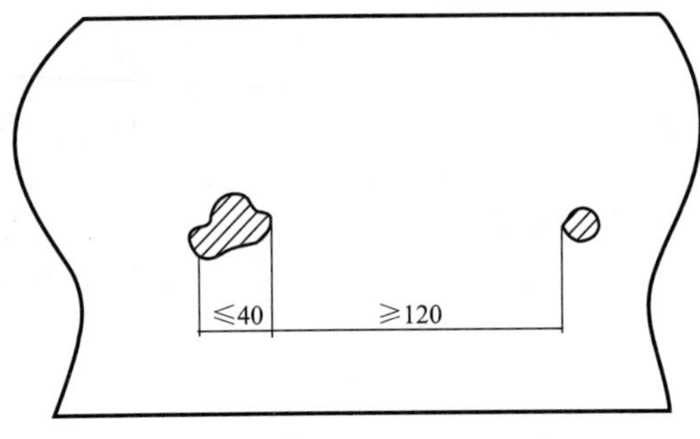

图 10-1　局部腐蚀

(2) 堆焊前的准备

① 堆焊前必须将金属表面的油垢、水垢、泥浆、铁锈等脏物清除干净，且露出金属光泽。

② 堆焊面积大于 150mm×150mm 时应分区堆焊，以避免由于热量过于集中，产生变形和裂纹。

③ 堆焊时板面应划分成许多正方形或三角形的小块，每边长 100 ～ 150mm，跳开堆焊，正方形相互焊道方向要垂直，三角形块要形成60°，以平衡热胀冷缩（见图 10-2）。

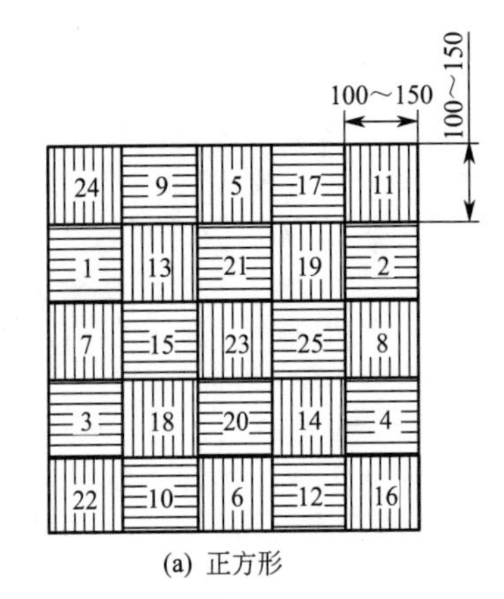

(a) 正方形

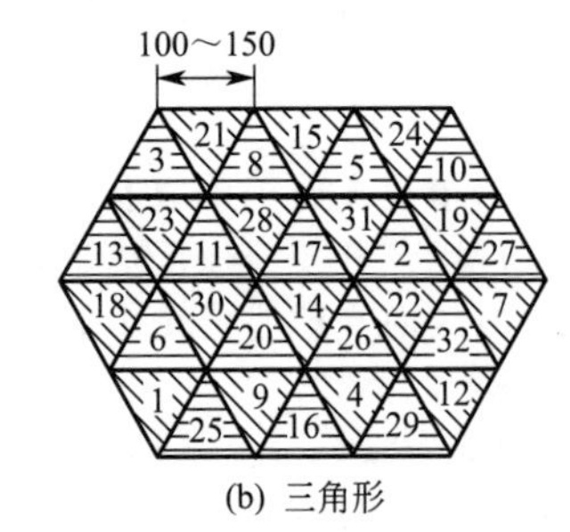

(b) 三角形

图 10-2　堆焊区域划分

(3) 工艺要求

① 堆焊前应做好金属表面的清理工作。要用钢刷和砂布打磨出金属光泽，否则，堆焊处运行一段时间后，其焊肉可能会自行裂开或脱落。

② 堆焊时采用电焊条直径为 $\phi3.2\sim4$mm ，施焊电流要小，但必须与母材熔合一体。

③ 钢板腐蚀较深，需做多层熔焊时，每层高度不得超过 3mm，上下两层的焊道方向互相垂直或成 60°角。上层每格的划分要比下层每格的划分增大或缩小，不要在分界处产生过深的凹坑。最后一层焊肉比基本金属表面高出大于 2mm，最好磨光（见图 10-3）。

④ 焊条在钢板上熔成的焊道与金属表面或焊道与焊道之间的交角均应大于 90°，以便于清除熔渣。每个焊道应遮盖前一道焊道宽的$\frac{1}{3}\sim\frac{1}{2}$（见图 10-4）。

(4) 堆焊后的清理

① 堆焊后应清除焊缝表面的熔渣和飞溅物。焊缝表面应呈均匀的细鳞状，表面上不允许有弧坑、夹渣、气孔、裂纹、咬边等缺陷。

② 对于炉胆腐蚀表面的堆焊，焊后应将高出板面的焊缝铲平、磨光。

2. 裂纹焊补

(1) 在对裂纹进行修理前，一定要把产生裂纹的原因查清。有些缺陷，如苛性脆化，就不能

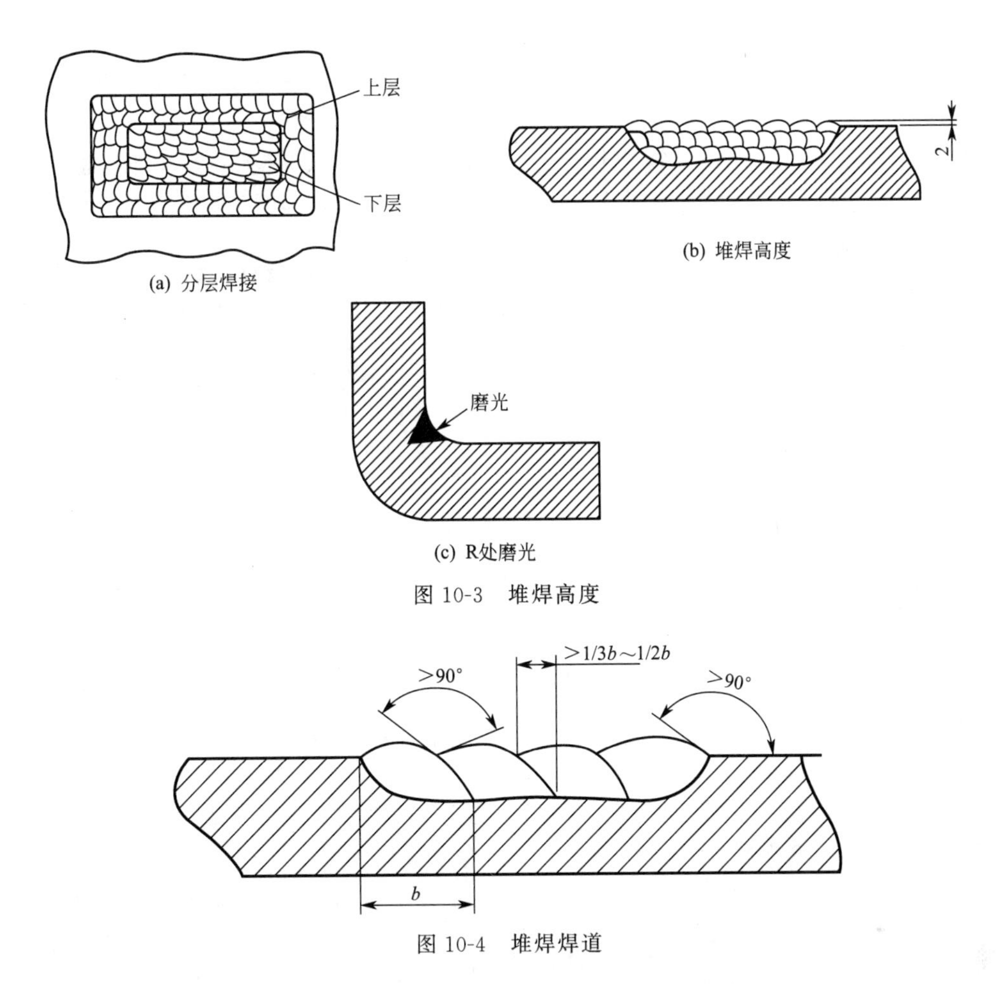

(a) 分层焊接

(b) 堆焊高度

(c) R处磨光

图 10-3 堆焊高度

图 10-4 堆焊焊道

焊补。材料不符合要求的，应根据具体情况，持慎重态度。

(2) 火管锅炉锅壳上有一条或数条纵向裂纹，总长度超过本节锅筒长度 50%时，不允许在裂纹处开坡口焊补。

(3) 在锅炉炉胆或封头、管板扳边弯曲处产生环向裂纹，其长度大于周长的 25%时，不宜焊补（见图 10-5）。

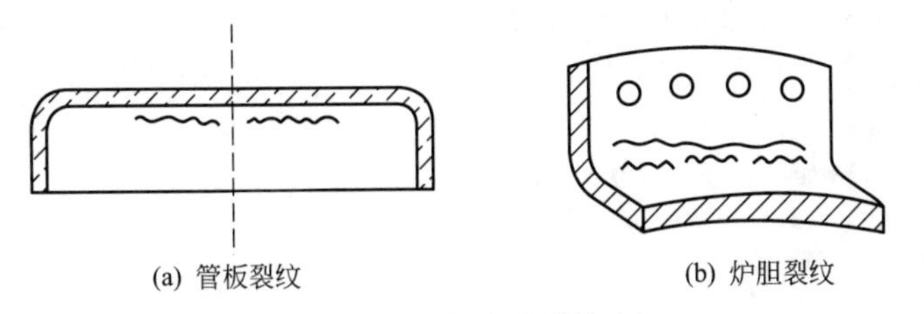
(a) 管板裂纹

(b) 炉胆裂纹

图 10-5 扳边处裂纹

(4) 立炉封头向内扳边与冲天管对接处，其扳边弯曲处所产生的多条环状起槽或裂纹，不得进行焊补（见图 10-6）。

(5) 封头、管板扳边处起槽（只适用于装有拉撑的）

① 轻微起槽深度＜2mm 时，可磨平后监督使用。

② 起槽深度超过 2mm 时，但长度不超过$\frac{1}{4}$周长时，可补焊，须经磨光修理。更严重者，必

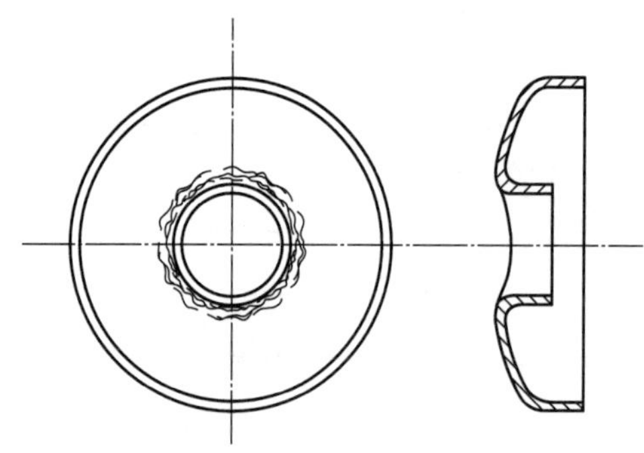
图 10-6　立式锅炉封头内扳边外起槽裂纹

须作挖补、更换处理。

③ 焊缝裂纹允许剔除后补焊，但在焊接热影响区产生的裂纹不宜焊补。

3. 锅筒、封头、管板的管孔带裂纹

(1) 下述两种情况的孔带裂纹允许作补焊，并磨光处理：

① 不连续的孔带裂纹，纵向裂纹总长度不大于 20% 孔带总长，横向裂缝总长不大于 25% 圆周长；

② 连续的孔带裂纹，纵向裂纹总长不大于 10%孔带总长，横向裂纹不大于 15%圆周长。

(2) 管板上管孔间的裂纹有下列五种情况之一者，一般不应焊补（见图 10-7）。

① 裂纹呈封闭状。

② 苛性脆化，裂纹呈辐射状，从管孔指向四方。

③ 长度连续超过四个孔带以上。

④ 管孔间裂纹在最外一排超过两个孔带。

⑤ 管孔到扳边外的裂纹在最外一排，且向外延伸。

(3) 烟、水管管端裂纹如未延伸到胀口部分，可暂时观察使用。水管、烟管胀口处发现环形裂纹及其他部位的裂纹，必须切换更新。

(4) 炉门圈、喉管、出烟口与炉胆的角焊缝及端部裂纹，轻者可焊补，严重者应更新。

(5) 在焊补裂纹前要剔除裂纹，开坡口。

① 钻截止孔。顺着裂纹发展的方向，在相距裂缝末端 50mm 处，各钻一个直径为 6～8mm 小孔（见图 10-8），由此孔剔槽。

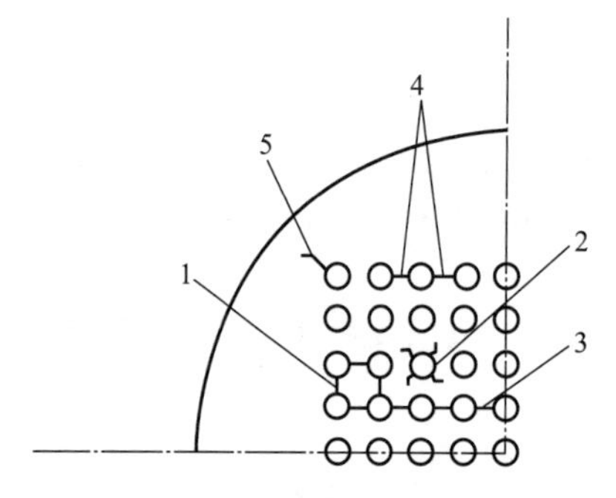

图 10-7　不应焊补的管孔间裂纹

1—封闭状；2—辐射状指向四方；3—裂纹超过四个管孔带间距；4—管孔带裂纹在最上一排两个以上；5—管孔带裂纹在最外一排

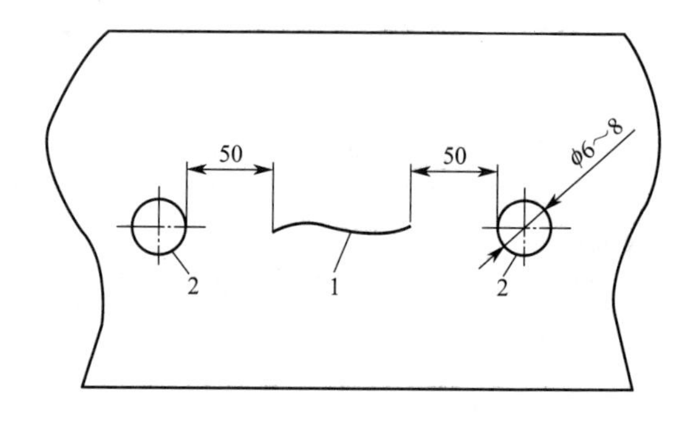

图 10-8　裂纹焊补截止孔

1—裂纹；2—截止孔

② 裂纹的坡口可作 X 形或 V 形。裂纹焊补前必须将裂纹剔除，且打磨出金属光泽，焊缝表面要平整。

(6) 焊补裂纹时应防止焊接处由于冷却收缩所产生的应力造成的不良后果。如在变形处又发生新的裂纹等，一般可采取加楔和预热的方法预防。

(7) 若裂纹长度≤400mm，须从末端向中间焊补，并预热末端，在中间加楔子。楔子在焊补完毕前除去（见图 10-9）。

(8) 若裂纹长度＞400mm，在从末端倒行焊补时，在中段进行预热（见图 10-10）。

辐射受热面焊补后，高于板面的焊缝金属应铲平并打磨光滑。

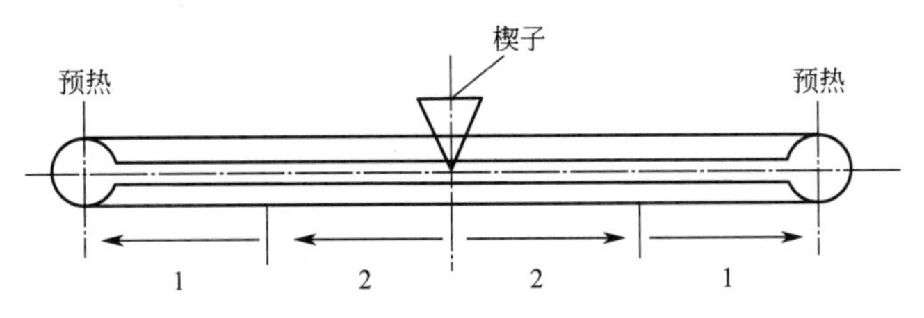

图 10-9　焊补裂纹 $L \leqslant 400$mm

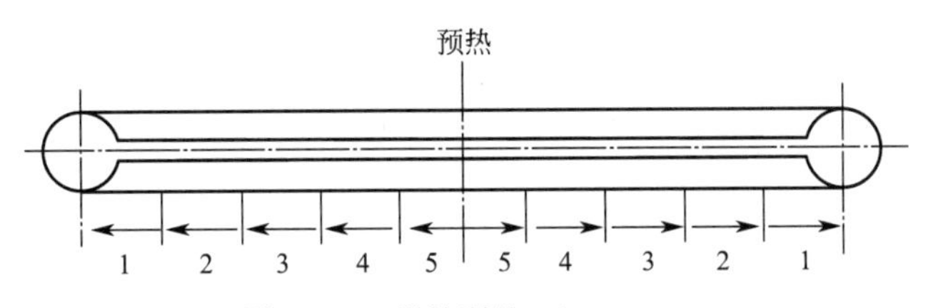

图 10-10　焊补裂纹 $L > 400$mm

（二）挖补修理

锅炉受压元件严重损坏的部位，不能用堆焊、焊补等比较简单的方法修理时，应采取挖补方法，用相应的材质和厚度制成原有形状的补板，焊补在被挖去的部分，恢复原有的强度。

1. 确定原锅炉材质

① 按制造厂图样标题栏内标注的材质作为参考，与《锅炉制造质量证明书》中标注的材质进行核实，确定原材质（以《锅炉制造质量证明书》中标注的材质为依据）。

② 旧锅炉原始资料遗失，材质不明，须做材料的化学分析和机械性能试验，来确定材料的性能。

③ 对使用年久，制造日期超过 30 年，连续运行超过 20 年的锅炉，或对材质有怀疑的锅炉，除了做化学分析和拉伸试验外，还要做三个冲击试验，三个试样的冲击韧性平均值不低于 27J，其中试样的最低值不低于平均值的 70%。

④ 对于锅炉大部分钢板已普遍腐蚀，其剩余厚度普遍不满足强度要求，并且剩余厚度普遍不满足相关标准规范对受压元件最小壁厚的要求时，则无修理价值，不能再作为承压锅炉使用，需更换新锅炉。

⑤ 对于发生过热损坏的锅炉，尚需对材质作全面分析，因过热后的钢板其晶体粒度发生变化，使机械性能恶化。

2. 修理锅炉受压元件的新材质

必须符合相关规程的规定和相应材料的技术标准要求，有生产厂的材料质量证明书（或有效复印件）。并按照 JB/T 3375《锅炉原材料入厂检验》的规定，对修理用材料进行验收和复验。

① 如对钢板有特殊要求，应在修理方案中加以说明。

② 采用焊接修理时，其焊条应符合 GB/T 5117 和 GB/T 5118 的规定。

3. 补板形状结构

① 补板形状一般分为圆形、椭圆形、矩形等。矩形两边必须是圆弧过渡，避免用直角连接（见图 10-11）。

② 圆形补板一般都是小尺寸，直径在 250mm 内，其他形状的长和宽不小于 250mm。两条焊缝间一定不要有锐角（见图 10-12）。

4. 挖补后的焊缝位置

① 相邻两节圆筒形部分的纵向焊缝必须错开，错开的距离不小于 100mm。

② 同一节圆筒的两条纵向焊缝的间距至少为 300mm（见图 10-13）。

③ 封头上的拼接焊缝和圆筒形部分的纵向焊缝必须错开，错开距离不小于 100mm（见图 10-14）。

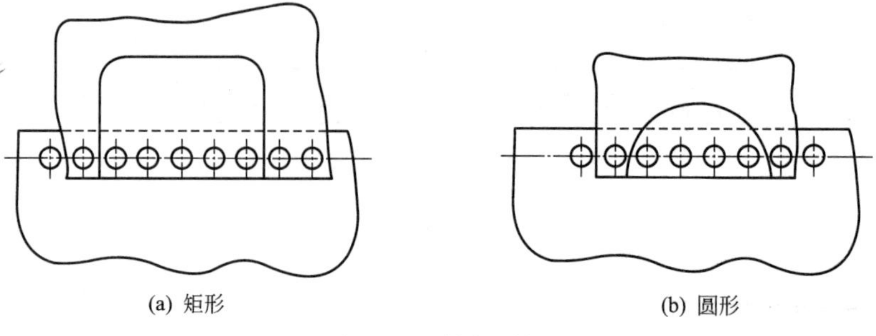

图 10-11　补板形状

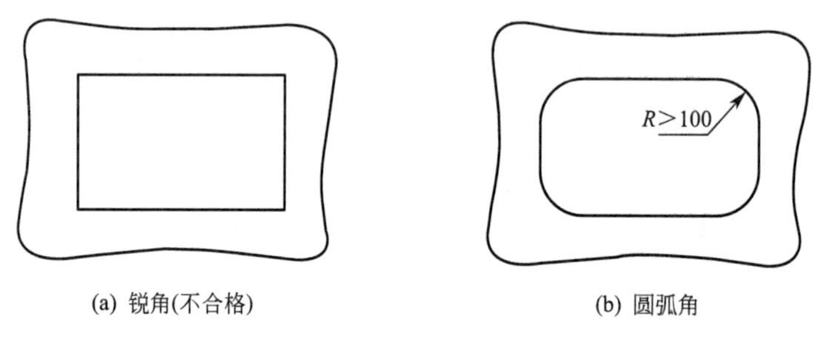

图 10-12　矩形补板

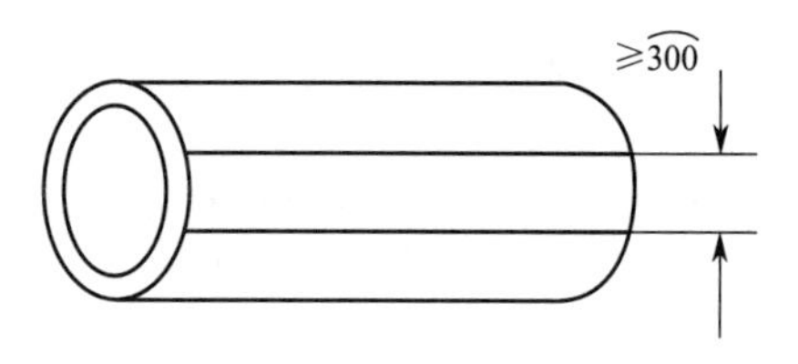

图 10-13　同一筒节两纵缝间距

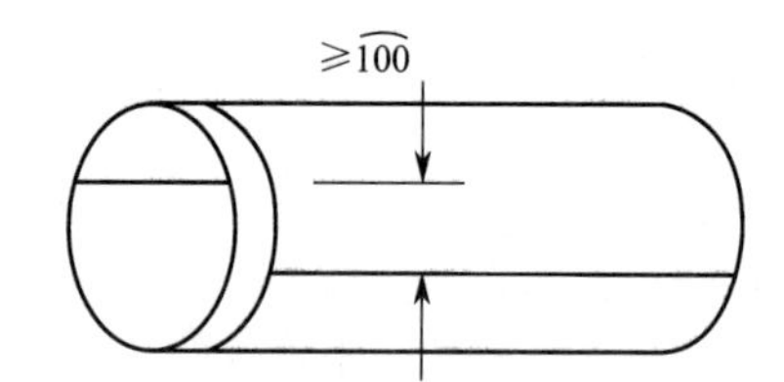

图 10-14　封头拼缝与圆筒纵缝距离

5. 焊缝坡口形状

① V 形坡口。适合俯焊（见图 10-15）。正面焊完后，将背面根部焊渣及氧化物清除干净，而后补焊（见图 10-16）。如锅内俯焊有困难时，可将坡口开成 70°V 形坡口进行仰焊，其根部清除干净后，也要进行补焊。若只能单面焊时，其挖补处于着火面时，最好采用单面焊双面成型（见图 10-17）。

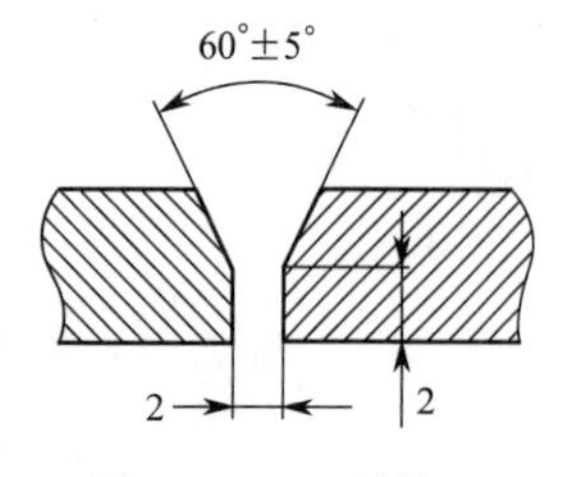

图 10-15　V 形坡口

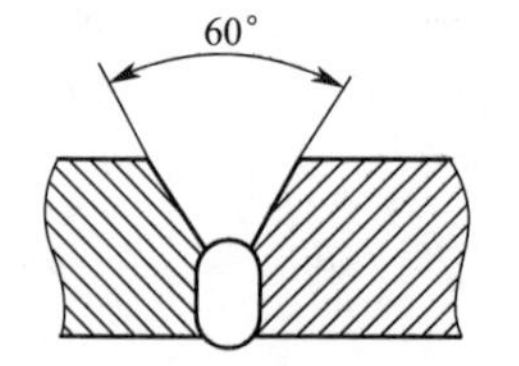

图 10-16　V 形坡口剔焊根面焊

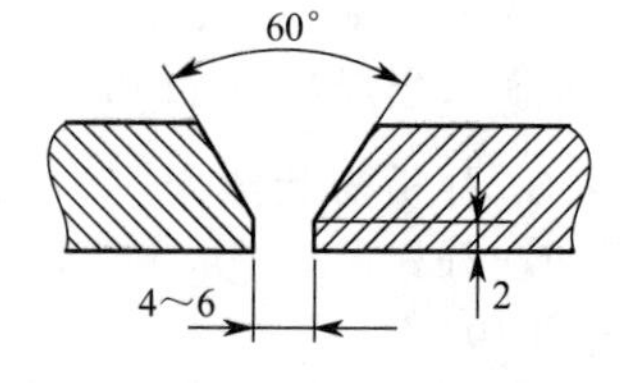

图 10-17　单面焊双面成型坡口

② Y 形坡口。适合横焊（见图 10-18）。若卧式圆筒不好转动，则在圆筒两侧的纵缝可采用此种坡口，先焊主焊缝部分，而后挑剔根处补焊其根部，坡口上大下小，使熔注金属不易流出。

③ X 形坡口。多以此形作为过渡形式，如正 V 与反 V 形不好连接，采用 X 形作为过渡（见图 10-19）。

④ 卧式锅炉固定位置不动，更换管板或封头时，其坡口采用上半周为外 V 形（即外坡口），

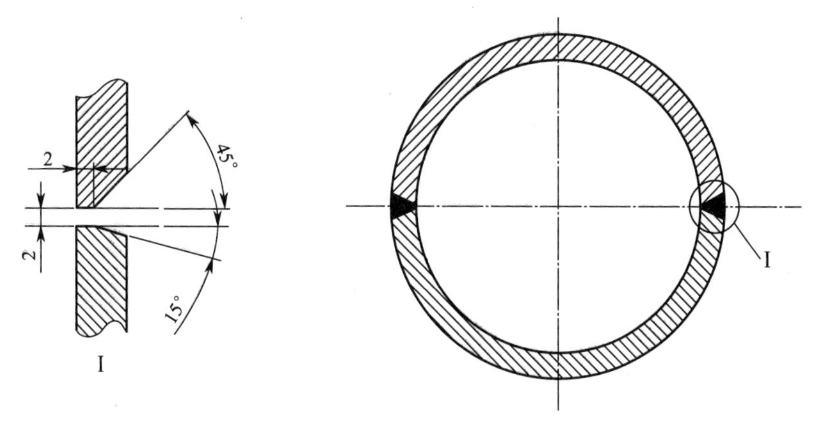

图 10-18　Y 形坡口

下半周为内 V 形坡口，两侧为 X 形坡口过渡，其长度应大于 100mm（见图 10-20）。

6. 补焊和锅炉部分施焊前的装配

① 一般是将补板与主板对齐点焊几处，固定补板位置（见图 10-21）。

这种方法往往会因先焊处焊缝收缩，将点焊处拉裂，若未被发现，会使焊缝处留下缺陷。

② 用角钢或装合板装置较好（见图 10-22）。

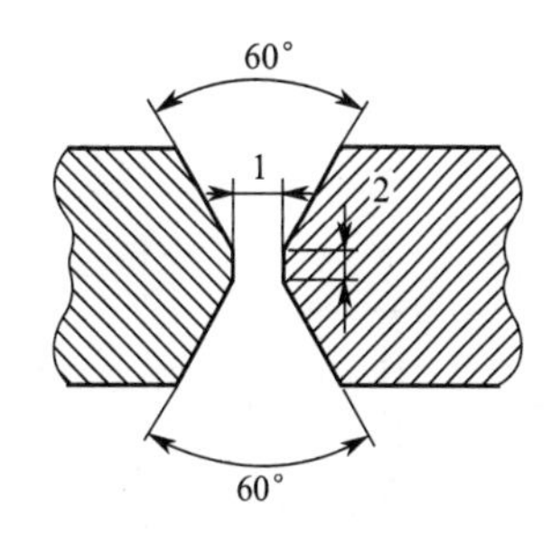

图 10-19　X 形坡口

角钢装配方法是在主板两侧的焊缝边缘上焊上适量的角钢，将补板卡住而不焊死，然后分段按次序焊接。先焊接的焊缝间隙要比后焊的焊缝大一些，使收缩两边的焊缝间隙接近。

装合板装配的方法，一般用于圆弧形的筒体。将补板按原样弯好，并用两块与圆筒内径相同的弧形装合板，在圆筒内部与补板点焊几处，将补板按需要的位置配正，然后焊接，焊接顺序见图 10-23。焊后拆去装合板，并将补板的空当焊完。

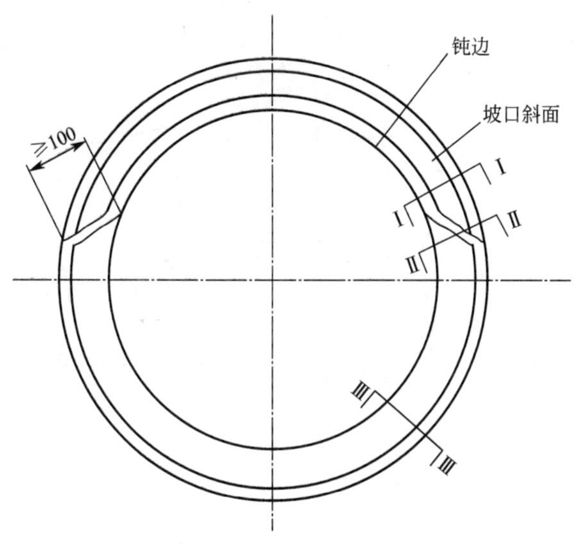

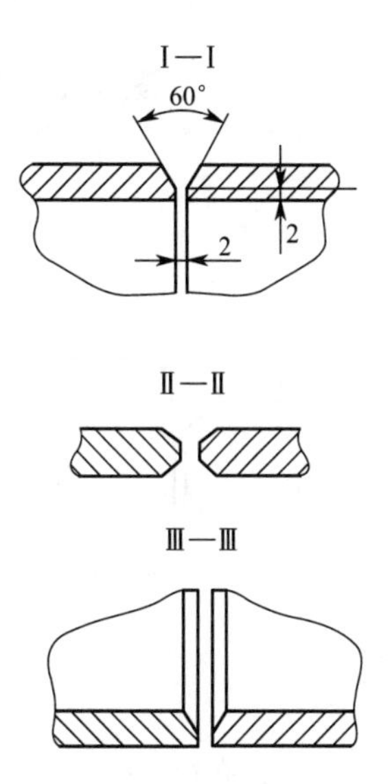

图 10-20　全位置焊坡口

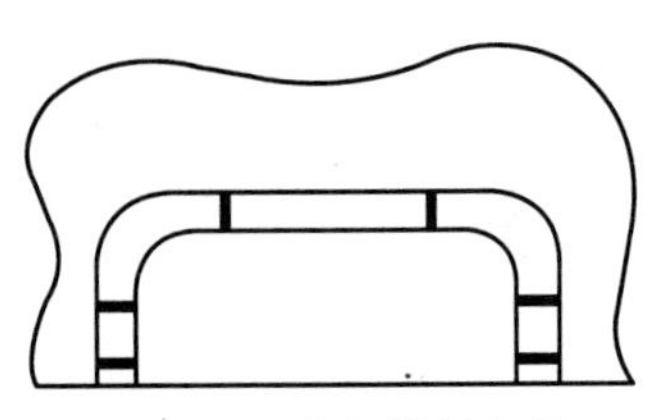
图 10-21 装配补板点焊

7. 主板和补板装配时的接缝边缘

边缘偏差 δ 不超过钢板厚度的 10%，最大不超过 3mm（见图 10-24）。

8. 拼缝的间隙

一般不应超过 2mm，个别间隙达到 3mm 时，长度不超过 50mm，并且总量不能长于总焊缝的 30%：如果有个别间隙达到 4mm，长度不应超过 25mm，且总量不应长于总长的 10%（见图 10-25）。

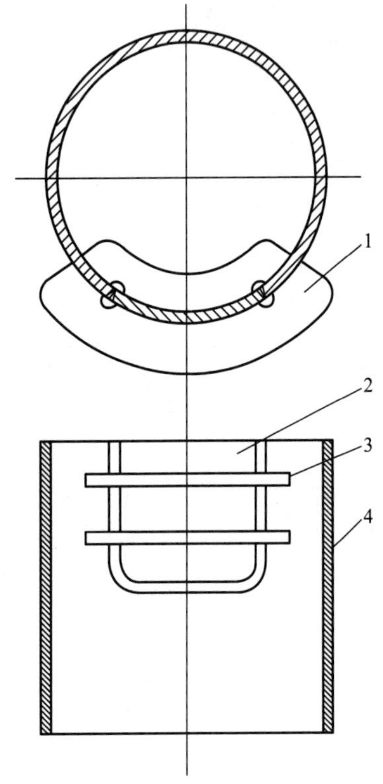

图 10-22 装合板组对补板
1—外装合板；2—补板；3—内装合板；4—筒体

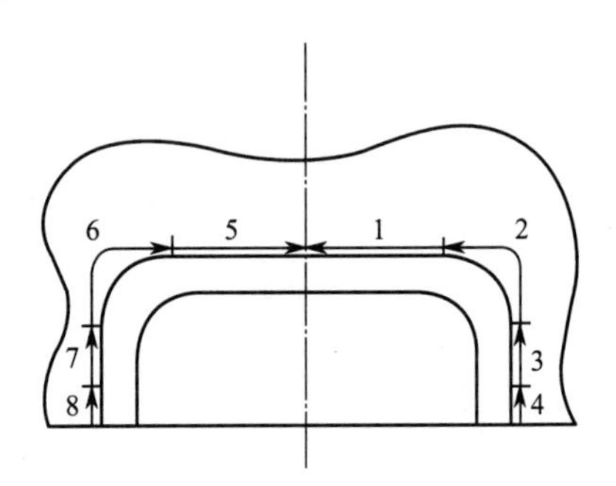

图 10-23 装配焊接顺序

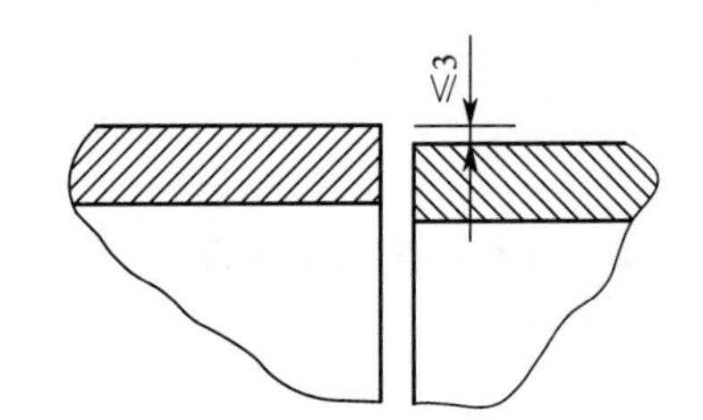

图 10-24 装配接缝对接错边量

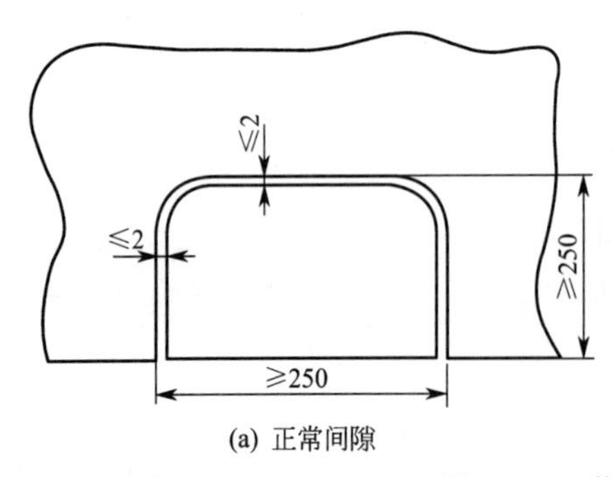

(a) 正常间隙 (b) 最大间隙

图 10-25 装配拼缝间隙

9. 焊补部位禁止贴补

严重裂纹、长条起槽，都不允许采用贴补的方法。尤其在火焰区更应禁止贴补法（见图10-26）。

10. 焊接

焊接应按施工图样、技术规范要求和工艺文件规定进行。

（三）变形凸起部位的复位修理

炉胆、管板等处因局部变形造成凸起、凹陷，在一定范围内可以采取顶回复位的修理方法。

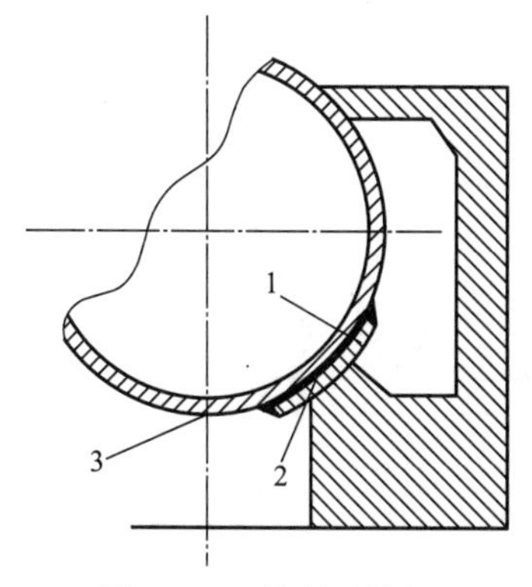

图 10-26 错误贴补板

1—补板；2—锅壳腐蚀处；3—筒壳

1. 变形凸起的处理方法

① 炉胆因局部过热而变形凸起，如果变形部位没有发现裂纹和金属过热烧损现象，并且凸起部位呈圆弧形，板厚为原板厚的80%以上时，可以采取顶回修理方法。

② 当炉胆凸起深度不超过直径的1.5%，凹凸深度最大不超过15mm时，可暂不修理，观察使用。

③ 平板部分的凸起要根据造成变形的原因和变形的程度决定修理方案。一般由于制造粗糙，凹陷在10mm以内可不做修理。超过上述限度，钢板厚度能满足工作压力需要，可顶回复位。

④ 在修理平板凸起前，先要查明缺陷产生的原因。平板变形的主要原因是：设计中强度考虑不够；运行中拉撑焊缝脱开失去加强作用；腐蚀减薄或水垢过多；缺水造成的过热。

⑤ 锅炉因材质缺陷造成的鼓包，不应采取顶回的方法修复，应当挖补。

2. 顶回修理工艺

① 顶回修理可分为冷顶和热顶两种。冷顶一般用于变形较小处，热顶用于变形较大处。如炉胆变形最大深度70～100mm，面积较大，用冷顶有困难，就需热顶。

② 冷顶时先将锅内注以40°左右的热水，水面应在被顶部位之上，然后用千斤顶由变形的边缘从外部向内，边顶边移动（见图10-27）。并应在千斤顶上部装与被顶部位原表面相符的胎具，以防产生瘢痕和开裂。千斤顶下部也应以枕木等垫实，以保证着力均匀。

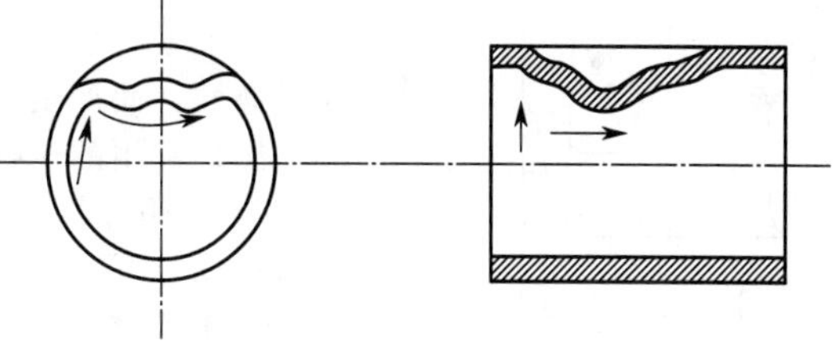
图 10-27 炉胆冷顶复位

③ 热顶时首先用炭火或乙炔火焰将变形处加热，从变形边缘向内，逐步加热，逐步用千斤顶加压胎具，直至恢复原状为止。

④ 经校正后的炉胆允许变形量不得超过炉胆内径的0.3%。

3. 技术要求

① 顶回修理工作要求较高，应由熟练技术工人担任。

② 热顶时加热温度在600℃左右（金属呈暗红色），加热需要均匀，氧枪要来回移动，防止局部过热烧损。

③ 炉胆凹凸变形经校正修理后，为了加强校正部位的稳定性，炉胆的水侧可以焊上加强环（见图10-28）。加强环要留水通道，焊接部位不要留空隙。加强环厚度应不小于炉胆壁厚t，但不大于$2t$或22mm。加强环高度h_j，应不大于$6t_j$。

④ 炉胆拆出来作校正修理，并经热处理者可不用加强环，但最好将炉胆转动180°，再装回原位。

4. 加固修理法

(1) 锅炉受压部件有下列情况之一时，必须进行加固：

① 角板拉撑采用焊接时，其焊缝高度小于10mm，或其端部应力集中时；

② 被拉面积过大，经强度计算后，强度不够时；

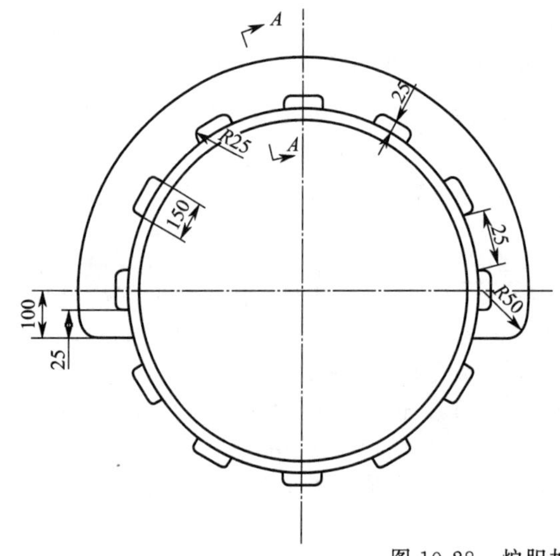

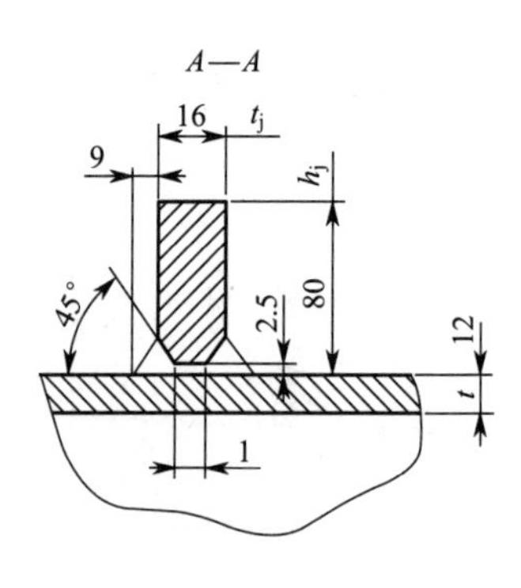

图 10-28　炉胆加强环

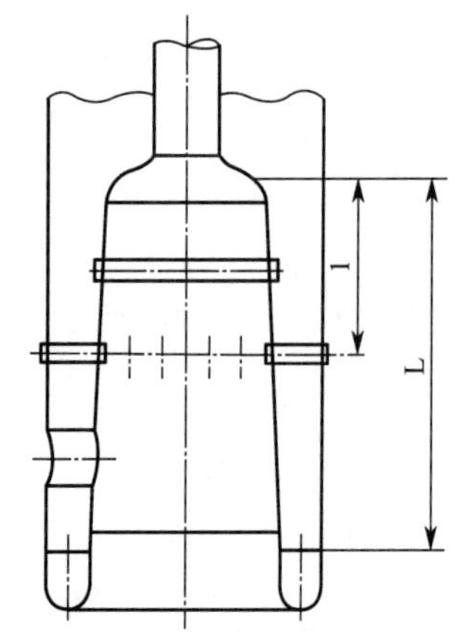

图 10-29　炉胆加固

③ 人孔加强圈焊缝高度低于图样规定时；

④ 受压部件的焊缝低于母材表面时；

⑤ 受压部件钢板均匀腐蚀减薄，强度不足时；

⑥ 炉胆计算长度较长，其强度不够时；

⑦ 角焊结构、强度不可靠时；

⑧ 平管板烟管全部采用胀接，且无拉撑管时。

(2) 凡焊肉不足者，均应按图样和有关规定进行补焊。

(3) 受压部件强度不够时，可采用加拉撑的方法加固。

(4) 平管板采用拉撑方法时，从结构上应考虑呼吸距离，以免因无弹性，而产生裂纹等现象。同时还应考虑过热问题。

(5) 常用的拉撑方法列举如下：

① 炉胆计算长度过长，可在其间加一周短拉撑，计算长度即可采用拉撑分开后两段之中最长的距离（见图 10-29）。

② 炉门圈角焊，特殊情况下，可沿炉门圈加一周短拉撑（见图 10-30）。

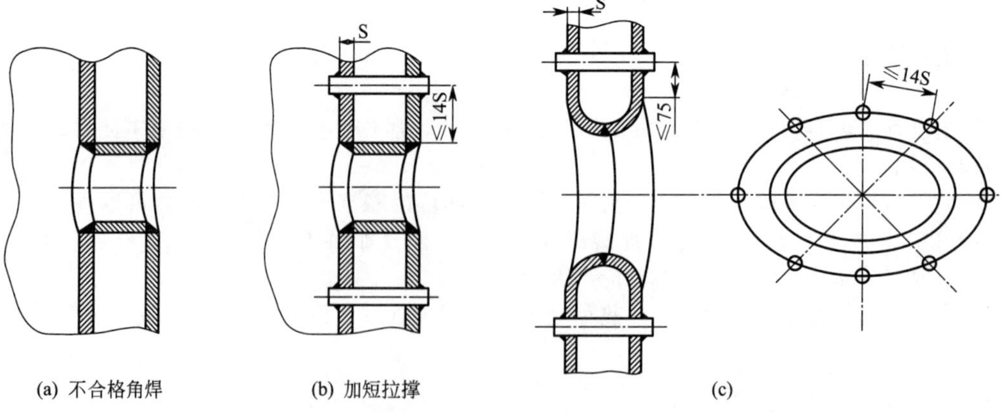

图 10-30　炉门圈加固

（四）管子割换修理

锅炉上管子的割换是较常见的修理方法，由于造成管子损坏的原因较多，因此在修理管子之前，一定要把管子损坏的真正原因找出来，以便消除管子损坏的根源。

(1) 修理范围　受热面管子（水冷壁管、对流管等）的局部鼓包高度小于 3mm，且没有裂纹和严重过烧等缺陷，可以暂不修理。严重鼓包 、破裂、穿孔的管子需要改成用窗式挖补法修理。管子腐蚀后剩余厚度小于 1.5mm，需要更换。

管材损坏，可用钻孔方法检查钻下来的铁末，如呈螺旋状，说明尚有韧性，管子尚可利用；如呈粒状，韧性很差，管子已严重过热，必须更换。

(2) 割换　割换的管段不要短于 300mm；焊缝距锅筒与联箱表面以及距管子弯曲处与支架边缘的距离不少于 50mm；几排管子同时割换，其焊缝不应在同一水平线上，应该互相交错 150mm 以上（见图 10-31）。

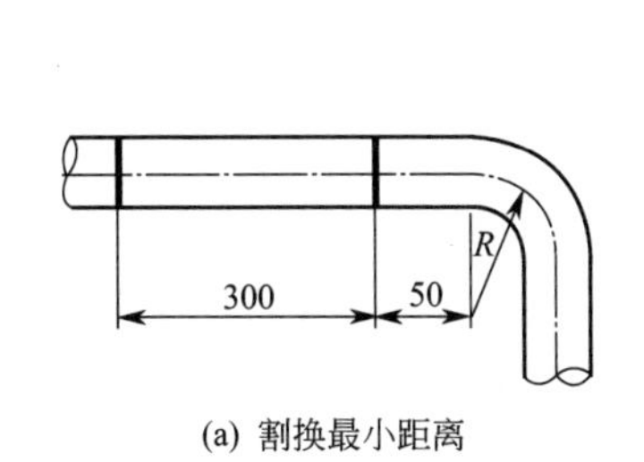

(a) 割换最小距离

(b) 焊缝错开最小距离

图 10-31　管子割换

辐射管、对流管或蒸汽管道，在管子弯曲半径处不能焊接，不能采用拼接焊缝制造弯头。

(3) 焊缝管头　可以允许有一定数量的焊缝接头，但数量不可过多，具体数量可参考表 10-1。

表 10-1　焊缝接头的数量表

名称	长　度					
	2m	2～4m	＞4～6m	＞6～8m	8～9m	10～12m
直管接头数	1	2	3	4	4	4
蛇形管接头数	3	5	5	5	5	5

(4) 管子对接时边缘偏差规定　管子外径 D_1＞108mm 时，其边缘偏差 δ 不超过管子壁厚的 10％，最大不超过 2mm（见图 10-32）。

(5) 管子对接焊缝内径尺寸　焊缝焊肉会缩小管子内径，影响锅炉水循环（见表 10-2）及图 10-33。

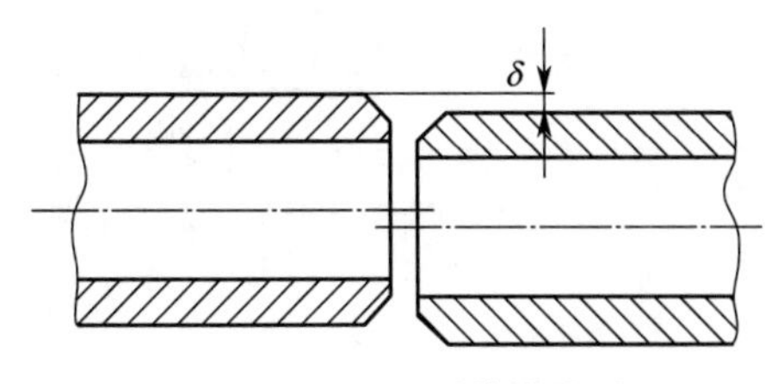

图 10-32　管子对接错边量

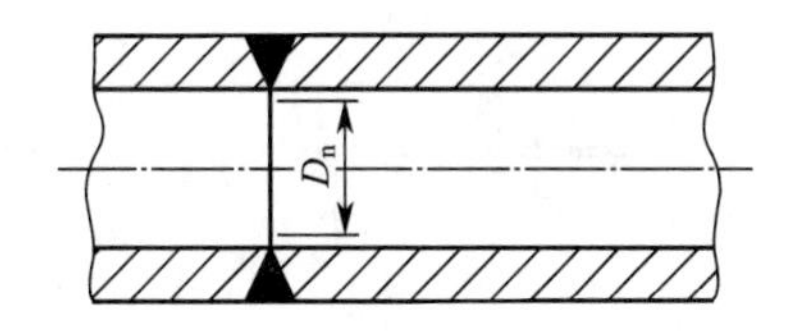

图 10-33　管子对接焊缝内径尺寸

表 10-2　对接焊缝内径尺寸表

管子外径 D_1/mm	$D_1 \leqslant 32$	$32 < D_1 \leqslant 60$	$D_1 > 60$
焊缝接头内径 D_n	$\geqslant 0.75D_0$	$\geqslant 0.85D_0$	$\geqslant 0.9D_0$

注：D_0 为管子公称内径，mm。

(6) 管子的弯曲度　为了防止焊缝在运行时应力过大，管子的焊缝中心至焊缝外 L＝200mm

处的弯曲度值 ΔS 不应超过 1mm（见图 10-34）。

(7) 管子弯曲圆弧处内表面上的波浪度 ΔS 见表 10-3 和图 10-35。

表 10-3　管子弯曲圆弧处波浪度

管子外径 D_1/mm	≤108	133	≥159～219	≥273～325	≥377
波浪度 ΔS/mm	4	5	6	7	9

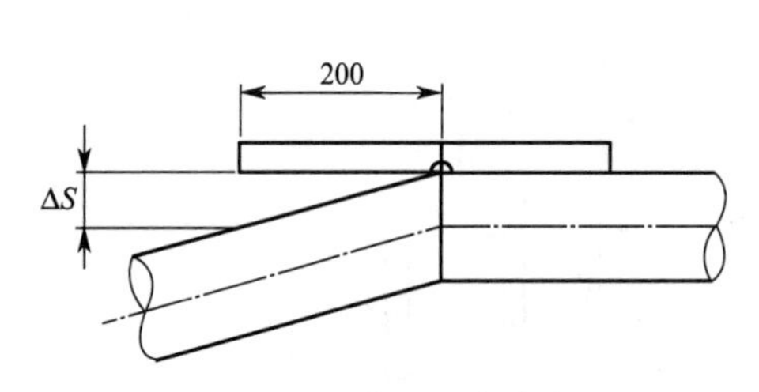

图 10-34　管子的弯曲度

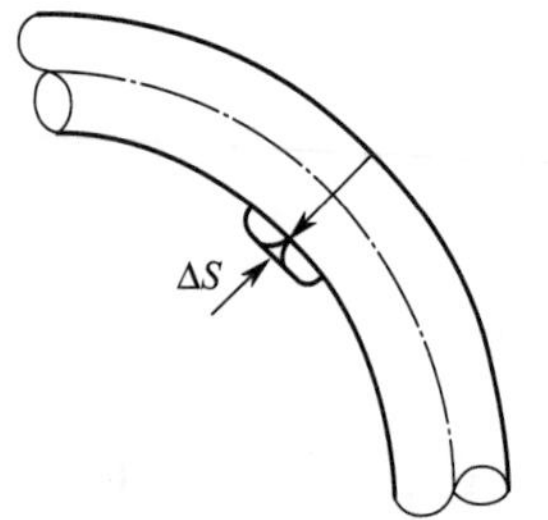

图 10-35　管子弯曲波浪度

(8) 火管锅炉管板焊接烟管时，可由上至下、由左向右一排一排进行，每焊一排时，还应该分两次进行，每焊一次要跳开下一个管子（见图 10-36）。

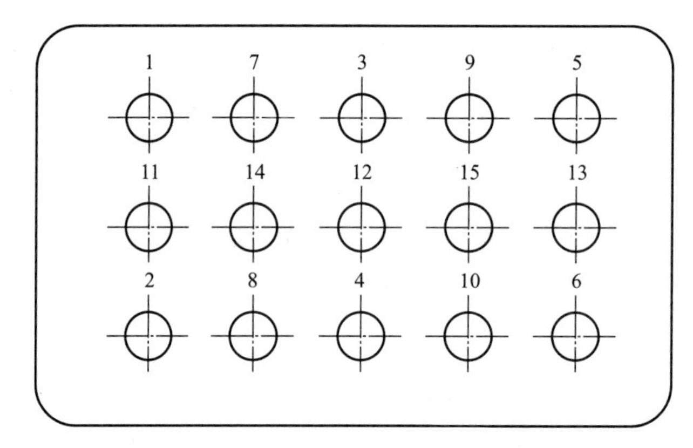

图 10-36　焊接烟管程序

(9) 锅壳锅炉的烟管全部更新时，少量烟管允许拼接。

(10) 当个别管子损坏而又因生产急迫无法割补时，可以先将损坏的管子从管端头部堵死，等大修时再换（见图 10-37 和图 10-38）。

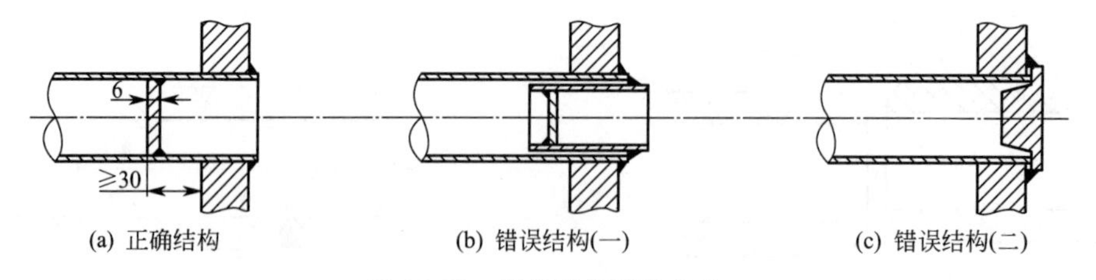

图 10-37　焊接平板堵头方法

(11) 抽管方法

① 凡能从人孔（或手孔）中取出烟管时，其拆除方法如下：

a. 距管板内侧大于 25mm 处气割切断烟管（见图 10-39）。当烟管水垢较厚时，因气割易回火，亦可采用电焊条切割。

b. 切断管头也可用内切切管刀进行切割。

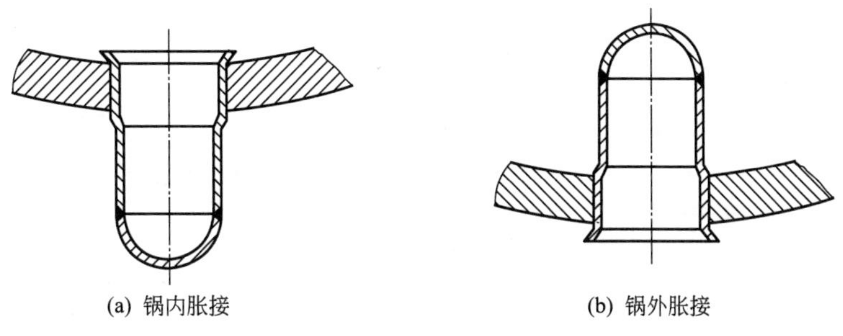

(a) 锅内胀接　　(b) 锅外胀接

图 10-38　胀接帽形闷头方法

c. 切管时其顺序因炉型而异。如 DZL 型锅炉先割下排管，使管子掉入锅筒内，将管从前管板下人孔取出。将管子取出后，再拆除管头。

d. 残余管头的拆除方法。先用凿子或风铲除掉管端伸出的部分，然后用尖头的凿子将管头劈开，或锯开三角形豁口，或用其他工具凿凹（见图 10-40），但不能损伤管板。

e. 用风铲除管头［见图 10-41(a)］。冲管头时，最好呈三角形冲口［见图 10-41(c)］。避免往外冲管头时伤着管孔壁。

f. 管端与管板焊接连接时，最好的拆除方法是用专用割具（见图 10-42）。除去焊缝和管子凸缘。若管端伸出稍长时，也可先将过长的端头气割掉，但不得损伤管板。

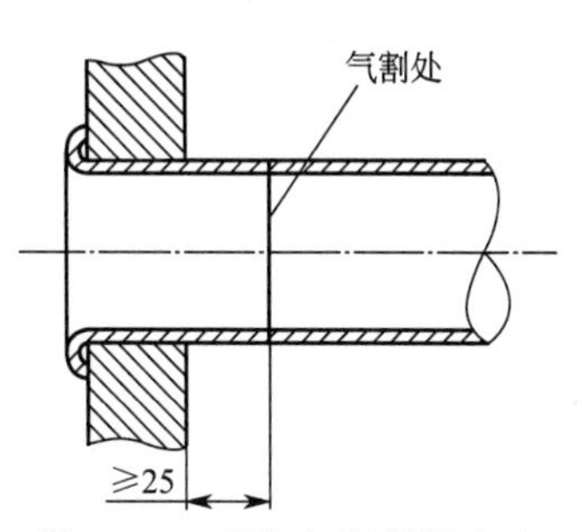

图 10-39　用气切割管子方法

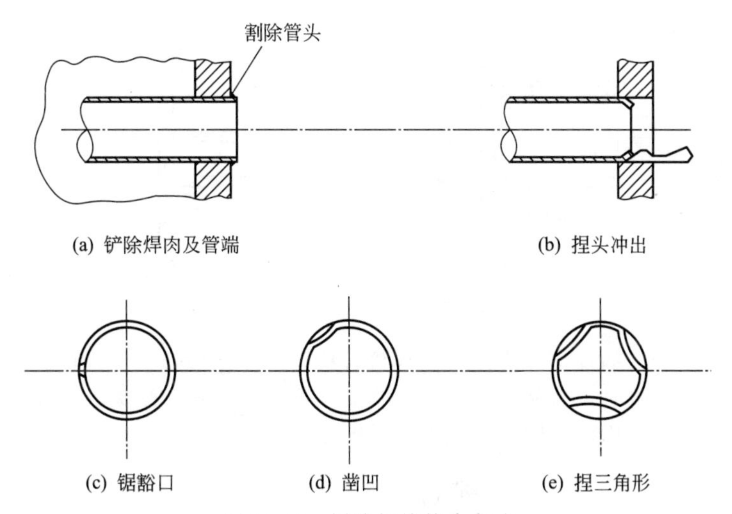

(a) 铲除焊肉及管端　　(b) 捏头冲出

(c) 锯豁口　　(d) 凿凹　　(e) 捏三角形

图 10-40　拆除焊接管头方法

② 凡不能从人孔（或手孔）中取出烟管时，应按下列步骤进行：

a. 用风铲去除胀口扳边处。

b. 可在管内沿纵向开三角形豁口。

c. 冲管头呈三角形缩扁。

d. 抽管。应先捶下水垢，在冲管处钻孔，然后用铁丝将它拉出（见图 10-43），或在管端内点焊一圆钢，事先做好一个环，再拉出。也可用“从里边抓住管子的专用工具”拉出。在拉出时，前端拉，后端有条件时，可将一圆钢用锤往外冲。

(12) 清理锅筒或集箱管孔

① 立式直水管锅炉更换直水管时，应将锅炉放倒，操作者应进入锅筒内铲除管端与下管板

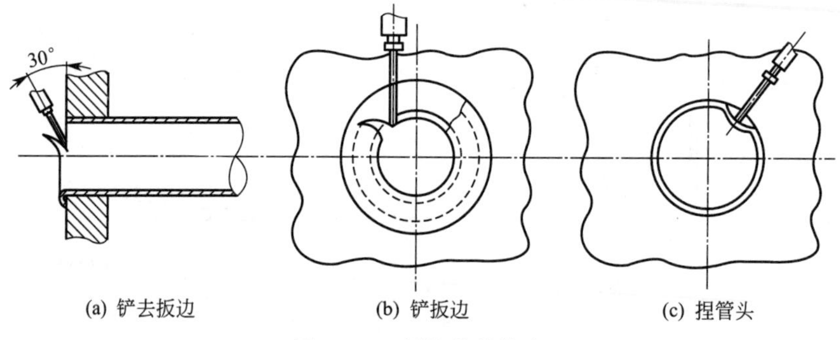

图 10-41　拆除胀接管头

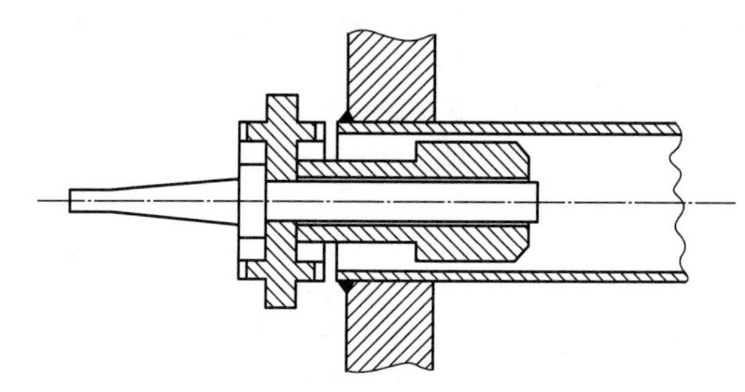

图 10-42　焊接管头专用割具

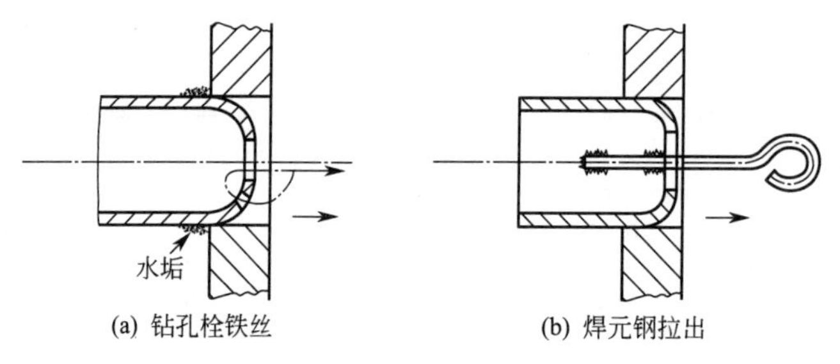

图 10-43　拆除个别烟管方法

连接处的焊肉。装新管后的焊接亦应从内部焊接，这样才能保证管板的强度。

修换个别少数直水管时，若从外部去除下管板端管头，其管孔缺肉处应先补焊好后，才能修整管孔。此法不宜推广采用，否则影响强度（见图 10-44）。

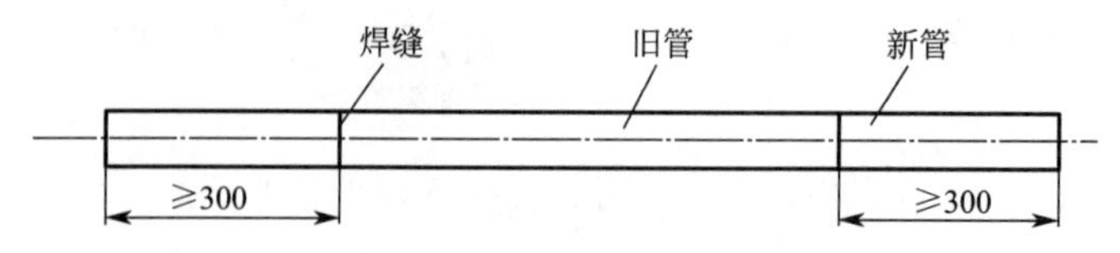

图 10-44　旧烟管的利用

② 焊接管孔。要将残余的管子金属及毛刺剔除干净，亦可用特制铰刀或胀管器进行清除。对管孔周围的管板处表面进行清磨至发出金属光泽。若管孔直径因故扩大，应清磨后进行焊补，而后再进行管孔修整。

③ 胀管管孔。管孔壁应研磨至发出金属光泽。清理管孔可利于用手电钻，在钻杆上固定有钢丝、绒料或纱布。管孔圆面应得到均匀的研磨。不可用圆锉锉孔。管子内不允许有螺旋形磨痕及凹沟，表面不准涂油。并测量管孔，做好记录。

④ WNL 型锅炉烟管更换时，其管孔修整后，操作者应钻进锅筒内仔细检查，管板高温区孔桥和管孔周围应无起槽和裂纹。

⑤ 清理管孔后，应将锅筒内清扫干净。分区域测量管子长度，作标记和记录，以便按实际尺寸下料。

⑥ 更新烟管时，后管板高温区（焊接管端）的管端，应先胀严密，消除间隙，然后再焊接。

(13) 旧烟管的利用　当烟管两端损坏而中段没坏时，尚能使用。首先清除烟管水垢，经检查能用者放在一起，切齐两端，胀接时只焊接一端新管，长度在 300mm 以上。

对燃油锅炉烟管的置换：将烟管拆下后，一端有一定长的光管段齐头即可，另一端取样试验，通用近似材质的相同直径、壁厚炉管接 100mm 以上接头，接口坡口为 70°，焊后将焊缝余高磨平，以便装管，并经通球试验和二倍工作压力的水压试验，合格后将管两端头外表面进行清磨，而后装管。新接头端置于低温区，装后将管胀紧，再行焊接。焊后将过长端进行修磨或铣去。

(14) 烟管胀接处腐蚀、磨损减薄的修理　当胀口处管壁减薄后余厚在 1.5mm 以上，个别胀口渗漏，尚需再运行一阶段才能停炉修理的，可采用加固套复胀的方法（见图 10-45）修理。

(15) 管孔直径与管子的外径超过最大间隙范围的，经过强度计算，在管孔孔桥满足工作压力的条件下，可采取较厚一点壁厚的管子，将管端墩粗，或在管孔内加铜衬圈（见图 10-46）再进行胀管。胀管的管壁减薄应不小于 15％ 。

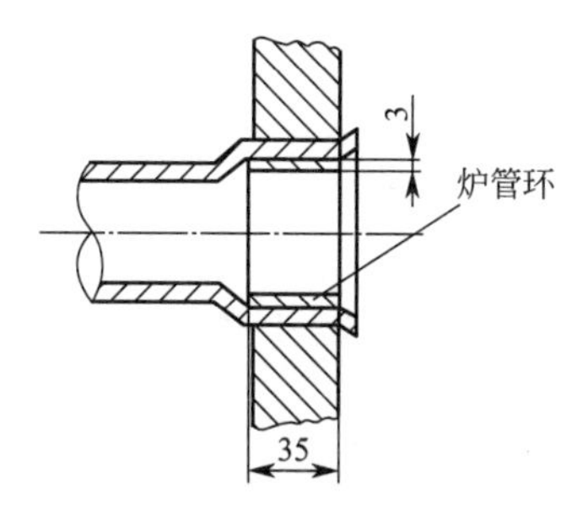

图 10-45　装加固套复胀

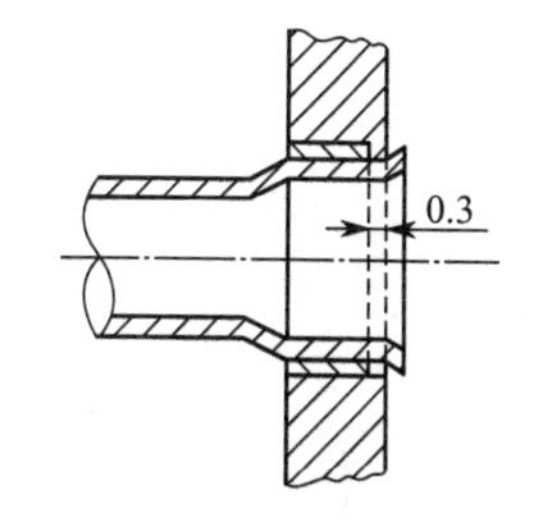

图 10-46　加铜衬圈胀接

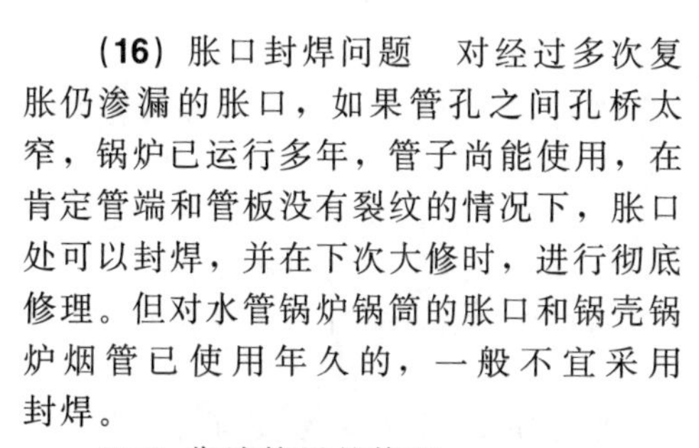

(16) 胀口封焊问题　对经过多次复胀仍渗漏的胀口，如果管孔之间孔桥太窄，锅炉已运行多年，管子尚能使用，在肯定管端和管板没有裂纹的情况下，胀口处可以封焊，并在下次大修时，进行彻底修理。但对水管锅炉锅筒的胀口和锅壳锅炉烟管已使用年久的，一般不宜采用封焊。

(17) 靠墙管子的修理

① 将原管损坏部位割除，清理管端后，管子靠墙侧在管内开坡口，施工侧在管外开坡口，并打磨光。

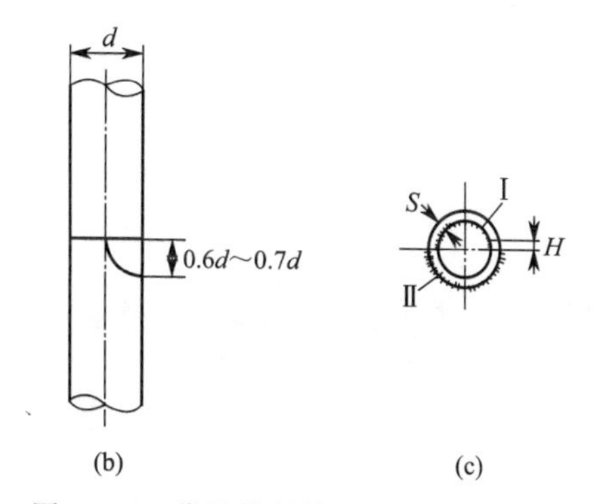

图 10-47　靠墙管割管

1—原管；2—月形管片；3—新管

Ⅰ—先焊里圈；Ⅱ—后焊外圈；$H \geqslant 3S$ 且≥13mm

② 新管段长度较已割损处加长 5mm，并将一端切一月形片，月形片宽度为管子周长的一半，高度约为管径的 0.7（见图 10-47）。切割月形片时应事先画线，切割要整齐，外圆面开坡口磨光。

③ 新管装对、找正、点焊，从月形缺口焊内圈；而后将月形片覆盖点焊固定，在外壁施焊，焊缝与内壁焊缝相叠 3～4 倍管壁厚度，且大于 13mm［见图 10-47(c)］。

（五）锅炉修理过程中涉及的改造环节

锅炉修理是一项专业技术很强的工作，不仅是将损坏元件修复或更新，还要消除导致元件损坏的因素。因锅炉结构不合理，导致锅炉水循环破坏，引起受压元件局部过热变形、鼓包、裂纹、爆破等事故时有发生。在锅炉大修时，同时应对不合理的结构进行改造，否则修复后还会旧病复发，应标本兼治。为说明改造的重要性，介绍几种因结构不合理造成损坏的情况。

① 水管锅炉由于水冷壁管布置不均，下降管位置不当，水循环系统破坏，导致防焦箱无水冷壁管处局部鼓包和内壁产生环形裂纹。在挖补防焦箱的同时，对水冷壁管的布置和下降管的位置进行改造后，锅炉运行方可正常。

② 在SHG锅炉汽改水的锅炉中，锅炉前水冷壁管严重过热变形和爆管，并有部分对流管严重变形。其原因是有的在炉膛内加装了管组，系统管径不合理，破坏了系统水循环，产生了水循环倒置，顶棚管内的水从上锅筒向下流动，从上锅筒内管端向外长度1m以上，管内被积垢堵实。为此，在更换水冷壁管的同时，将新增的受热面管组拆除，并对系统管路重新改造，使锅炉安全正常运行。

③ 斜推往复炉排锅炉水冷壁两侧下集箱的前上部无水冷壁管处和前集箱上部鼓包、内部裂纹也是结构不合理引起的损坏。在挖补修理的同时，应对水冷系统进行改造，锅炉才能安全运行。

④ 立式锅炉炉胆计算长度过长，强度不够，可在炉胆中间加装一周短拉撑，将计算长度变为两段，强度便可满足要求。

⑤ 一台新水管锅炉采用膜式水冷壁管，鳍片产生横向裂纹，将水管与鳍片连接处焊口拉裂漏水，在一个采暖期内漏了三次，停炉三次，修理三次，后来进行了改造，解决了裂纹问题。

类似实例，举不胜举，可见锅炉改造是非常重要的环节，不可忽视。

（六）受压元件的焊接

① 焊接锅炉受压部位的焊工，必须按《锅炉压力容器压力管道焊工考试与管理规则》考试，取得焊工合格证，且只能担任考试合格范围内的焊接工作。

② 焊工应按焊接工艺指导书或焊接工艺卡施焊。

③ 锅炉受压元件的焊缝附近必须打上焊工代号钢印。

④ 锅炉修理过程中，焊接环境温度低于0℃时，没有预热措施，不得进行焊接。焊接环境温度应大于5℃。

⑤ 在用锅炉修理时，严禁在有压力或锅水温度较高的情况下修理受压元件。采用焊接方法修理受压元件时，禁止带水焊接。

⑥ 在锅筒挖补、更换封头或管板，去除裂纹后的补焊之前，应进行焊接工艺评定。工艺试件必须由修理单位自己焊接。工艺试件的化学成分分析和力学性能试验允许委托外单位做。

⑦ 在锅炉和炉胆挖补、更换封头或管板，去除裂纹后的补焊之后，应对焊缝按有关规定进行外观检查、射线探伤或超声波探伤、水压试验。

⑧ 对于额定蒸汽压力大于或等于0.1MPa的锅炉，在更换封头（管板）或筒节时，需要焊接模拟检查试件，进行拉力、冷弯和必要的冲击韧性试验。

⑨ 当蒸汽压力大于或等于0.4MPa，但小于2.5MPa的锅炉锅筒的纵向和环向对接焊缝，每条焊缝都应100%进行射线探伤。

对蒸汽压力大于0.1MPa，但小于或等于0.4MPa的蒸汽锅炉和热水温度低于120℃的热水锅炉，每条焊缝应至少作25%射线探伤。

⑩ 对接接头的射线探伤应按JB/T 4730《承压设备无损检测》的规定执行，射线照相的质量要求不应低于AB级。

对于蒸汽压力大于0.1MPa的蒸汽锅炉和额定出口热水温度大于或等于120℃的热水锅炉，对接焊缝的质量不低于Ⅱ级为合格。对于蒸汽压力小于或等于0.1MPa的蒸汽锅炉和出口热水温度低于120℃的热水锅炉，对接焊缝的质量不低于Ⅲ级为合格。

⑪ 对接焊缝的超声波探伤应按JB 1152《锅炉和钢制压力容器对接焊缝超声波探伤》的规定执行，对接焊缝质量达到Ⅰ级为合格。

⑫ 参加在用锅炉的集中下降管与锅筒 T 形连接焊缝或类似焊缝修理的焊工，除应取得焊工合格证外，还应在补焊前按规定的焊接工艺进行模拟练习，并达到技术要求。

⑬ 锅炉和炉胆的补焊按《锅炉安全技术监察规程》无损探伤检查规定进行射线和超声波探伤，必要时焊缝表面还应进行渗透探伤或磁粉探伤，检查有无裂纹和未熔合。

⑭ 采取堆焊修理锅筒，堆焊后应进行渗透探伤或磁粉探伤。

⑮ 在用锅炉更换和修理受热面管子时，管子对接接头可不进行力学性能检验。

⑯ 焊接接头的返修。如果受压元件的焊接接头经无损探伤，发现存在不允许的缺陷，技术部门找出原因，制订返修方案后，才能进行返修。焊补前，缺陷应彻底清除。焊补后，补焊区应做外观和无损探伤检查。同一位置上的返修不应超过三次。

⑰ 修理经热处理的锅炉受压元件时，焊接后原则上应参照原热处理规范进行焊后热处理。

（七）胀接

对于管孔量大的胀接锅炉，在正式胀接前应进行试胀工作，以检查胀管器的质量和管材的胀接性能。在试胀工作中，要对试样进行比较性检查，检查胀口部分是否有裂纹，胀接过渡部分是否有剧烈变化，喇叭口根部与管孔壁的结合状态是否良好等，然后检查管孔壁与管子外壁的接触面的印痕和啮合状况。根据检查结果，确定合理的胀管率。

(1) 水管锅炉的胀口为 12°～15°的喇叭口扳边，火管锅炉高温侧的胀口必须为 90 °的扳边。

(2) 修理中配置的锅筒、管板的胀接管孔尺寸及偏差按表 10-4 的规定。

表 10-4　锅炉胀接管孔尺寸　　单位：mm

管子外径		38	42	51	57	60	63.5	70	76	83	89	102
管孔尺寸		38.3	42.3	51.3	57.5	60.5	64	70.5	76.5	83.6	89.6	102.7
管子允许偏差	直径偏差	+0.34		+0.40							+0.46	
	圆度	0.14		0.15							0.19	
	圆柱度	0.14		0.15							0.19	

注：根据火管锅炉穿孔需要，管孔尺寸允许加大 0.2mm。

(3) 锅炉修理时，遇到锅筒、管板上管孔有扩大的情况，在表 10-5 的规定范围内，可以进行直接胀接。（超过表 10-5 的管孔允许尺寸必须经过强度计算，在满足工作压力的条件下，可以将管头墩粗或加衬圈后进行胀管。）

表 10-5　旧炉孔径间的最大间隙　　单位：mm

管子外径	管子外径与管孔直径的最大间隙	管子外径	管子外径与管孔直径的最大间隙
38	1.5	63.5	2.5
42		70	
		76	
51	2	86	3
57		89	
60		102	

(4) 胀接管孔的孔壁应符合下列要求：

① 管孔壁表面粗糙度不得大于 12.5μm。

② 管孔壁的边缘不允许有毛刺和裂纹。

③ 管孔壁上不得有纵向刻痕，个别管孔上允许有一条螺旋形状环向刻痕，但其深度不得超过 0.5mm，宽度不得超过 1mm，刻痕到管孔边缘的距离应不小于 4mm。

(5) 胀接前管端的伸出长度应符合下列要求。

① 12°～15°喇叭口扳边应符合表 10-6 的规定。

表 10-6　12°～15°扳边管端伸出长度　　单位：mm

管子外径	管端伸出长度		
	正常	最大	最小
38～63.5	9	11	7
70～102	10	12	8

② 90°扳边应按表 10-7 的规定。

表 10-7　90°扳边管端伸出长度　　单位：mm

管子外径		38	42	51	57	60	63.5	70	76	83
管端伸出长度	正常	8		9				10		
	最大	10		11				12		
	最小	6		7				8		

(6) 胀接的管端硬度大于管板时，应经退火，并符合下列要求：

① 管端退火长度应不小于 100mm，控制在 100～150 mm 之间。

② 退火温度应控制在 600～650℃范围内（金属呈暗红色），保温时间 10～15min。

③ 管端退火后，应缓慢冷却，严禁在风、雪或雨的露天中冷却。

(7) 胀接管子的管端应符合下列要求：

① 管端磨光的长度应不小于 50mm 。

② 管端的外表面应均匀地打磨到发出金属光泽。

③ 管端磨光后，表面不应有起皮、凹痕、夹层、裂纹和纵向沟槽等缺陷。

(8) 管子装入管孔（装管前应对胀接端和管孔尺寸进行测量，并作好测量记录），应能自由插入，管端应与管孔保持垂直位置。当发现有卡住和偏斜等现象时，不得强力插入。

(9) 胀接管前管端表面和管孔内壁的污垢及铁锈应清除干净。在胀接过程中，应防止污物或油质进入胀接面。

(10) 胀接宜采用反阶式胀管次序（见图 10-48）或其他适当的次序进行，以防止胀接时影响附近胀口的松弛。胀接完成后，已胀部分过渡到未胀部分应均匀圆滑。

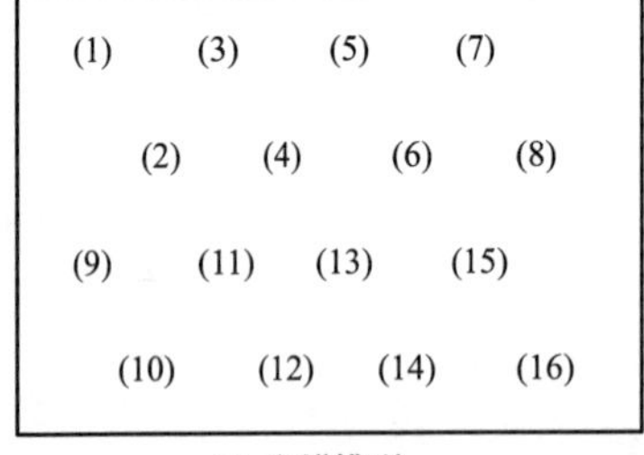

(a) 交错排列

(b) 顺排排列

图 10-48　反阶式胀管次序

(11) 喇叭口的扳边角度为 12°～15°，应在伸入管孔内 0～2mm 处开始倾斜。由胀接部分转入喇叭口部分，应有明显的界限，但不应有明显的切口（见图 10-49）。

(12) 90°扳边后的管端与管板应紧密接触，其最大间隙不得超过 0.4mm（见图 10-50），且间隙大于 0.1mm 的长度不得超过管子周长的 20%。

(13) 管子的胀口不应有下列缺陷：

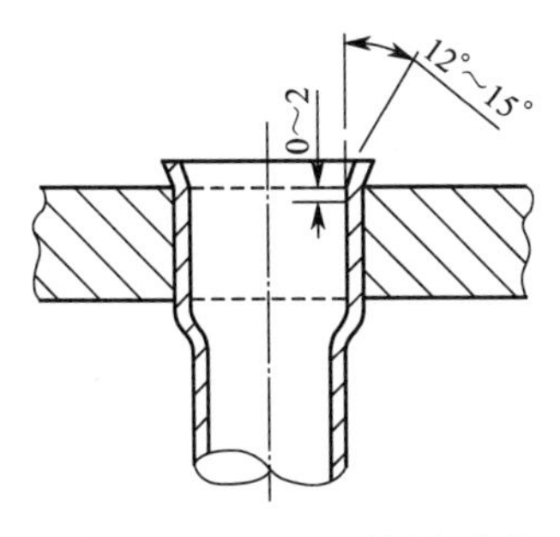

图 10-49　12°～15°扳边胀接

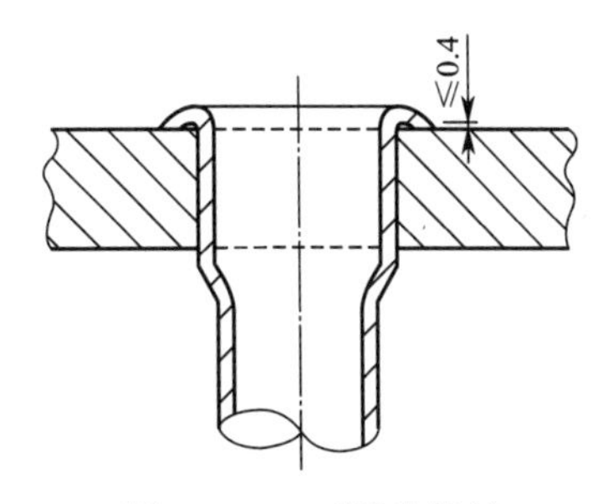

图 10-50　90°扳边胀接

① 管端内表面有粗糙、剥落、刻痕、裂纹等现象。

② 12°～15°喇叭口扳边后，管端有裂口。

③ 90°扳边后，边缘有超过 2mm 长的细小裂纹。

(14) 水压试验时，发现胀接处渗漏，可进行复胀，但要符合胀管各项规定。

(15) 对于锅壳锅炉直接与火焰（烟温 800℃以上）接触的烟管管端必须进行 90°扳边。

(16) 胀接管子的锅筒（锅壳）和管板厚度应不小于 12mm。胀接管孔间孔桥尺寸不应小于 19mm 。外径大于 102mm 的管子，不宜采取胀接。

(17) 对于新配制的管板和原管孔尺寸不超过现行锅炉专业标准规定时，其胀管率（采用内径控制法时）一般应控制在 1%～2.1%范围内。胀管率可按下式计算：

$$H_n=\left(\frac{d_1+2t}{d}-1\right)\times 100\%$$

式中，H_n 为胀管率，%；d_1 为胀完后的管子实测内径，mm；t 为未胀时的管子实测壁厚，mm；d 为未胀时的管孔实测直径，mm。

(18) 根据实际检查和测量结果，计算胀管率和核查胀管质量，做好胀接记录。

(19) 胀接全部完毕后，必须进行水压试验，检查胀口的严密性。

三、锅炉受压元件的损坏与修理

（一）立式锅炉受压元件的损坏与修理

1. 封头外部麻斑腐蚀

(1) 损坏原因　房顶漏水，安全阀、主汽阀与管座连接处渗漏，以及长期露天存放。

(2) 修理方法　根据腐蚀面积大小和深度采取堆焊或挖补修理。

2. 封头内扳边与冲天管连接扳边处内表面产生多条环形沟槽和裂纹，并向外穿透

(1) 损坏原因　锥形烟囱座与封头连接处不严密，漏入冷空气所致。因采用间断花焊，周圈大部存有间隙，外界冷空气大量进入烟囱与冲天管出口处，冷空气与热烟气混合连续排出，使扳边不断受到冷热交变温度的作用，产生交变应力。该部位又是炉胆体热胀冷缩的关键部位，自身应力很集中，加速了热疲劳的扩展，导致了起槽和裂纹。因外表不易发现，危害性极大。

(2) 修理方法　该处不能焊补，只能进行草帽边缘式的挖补（见图 10-51)，严重时将封头部分更新。

3. 炉胆顶变形塌陷

(1) 损坏原因　炉胆顶积垢过厚、缺水或炉胆顶上部存有异物导致金属过热所致。如：LHG 型的锅炉半球形胆顶塌陷 100mm，因元件顶部中心焊有 ϕ100×30 一段元钢而过热（手工热加工定位未拆除）。而另一台燃气炉，从炉门望见球胆顶下塌，面积约 500mm×400mm ，深约 150mm ，为缺水造成。

(2) 修理方法　一般炉胆顶损坏，炉膛内不易施工，应采用抽炉胆挖补修理。

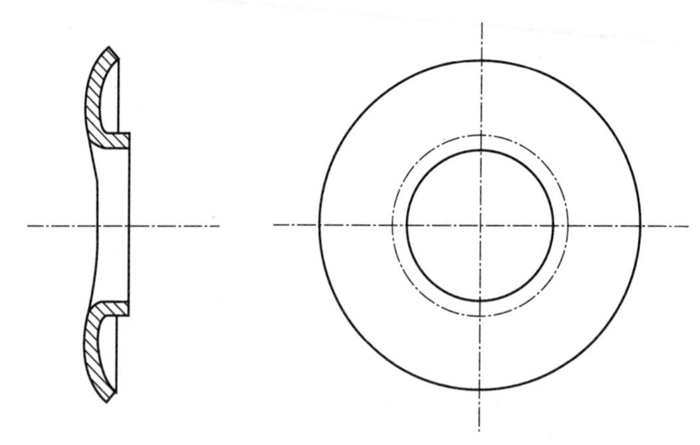

图 10-51　草帽边缘式补板

4. 锅壳的人孔、手孔及排污管座处腐蚀

(1) 损坏原因　人孔、手孔垫片不平整或接触面不干净，紧固螺栓没拧平，造成渗漏。若不及时修复，锅壳外表面会造成大面积腐蚀。有的单位自行酸洗水垢，不加缓蚀剂，锅内酸液长期贴附在手孔垫边缘上，使锅壳腐蚀成宽 8mm、深 4mm 的沟槽，严重处穿透，发生锅壳手孔上部渗漏。

(2) 修理方法

① 轻微腐蚀面积不大，锅壳残余厚度在工作压力允许范围内，可暂不修。但排污管座焊缝处渗漏应将原焊缝剔除重焊，锅壳剩余厚度大于或等于原厚度 60%，可用堆焊方法修理。

② 当腐蚀面积较大，剩余厚度小于原厚度的 60%时，应进行挖补修理。手孔附近内部腐蚀，可用测厚仪检查。挖补采用 V 形坡口单面焊接。

5. 锅壳下脚圈内、外腐蚀，内壁起槽裂纹

(1) 损坏原因　锅壳与 S 形和 L 形下脚圈连接处，由于外部积灰，内部积水垢、沉渣，地面潮湿，有的司炉做卫生或停炉清灰时，向炉排上及地面上浇水，使下脚圈长期受到腐蚀，严重者将钢板腐蚀穿透，甚至无法支撑炉体，造成危险。

(2) 修理方法

① 挖补。若部分腐蚀严重，可局部挖补。大部分腐蚀严重，可将锅壳下部整圈挖补。底部加角钢圈或钢板和筋板。

② L 形下脚圈的修理。L 形下脚圈与锅壳底部焊接处为填角焊，是炉胆的延伸部分。当锅壳腐蚀严重，而平板部分不严重时，可只挖补锅壳部位。当平板腐蚀严重时，应挖补炉胆扳边处，或与锅壳同时挖补。为了加强角焊缝强度，平板要有一定宽度，在平板与锅壳间沿圆周弧长每 300mm 内加装一块三角状加强拉撑板。另外，再制作一个底座圈装在锅炉下部，以防腐蚀。

6. 炉胆的损坏与修理

(1) 炉胆下脚内、外腐蚀、起槽

① 损坏情况　S 形下脚底部长期积沉泥污、水锈，清除后，从手孔处可看到 S 形上部经常出现一些黑色鼓包和多条环形沟槽。将鼓包弄掉后，变成凹坑，有时面积较大。

② 损坏原因　该部位水循环不良，易沉积泥污、水锈，水锈中氯化物分解腐蚀钢板，S 形炉胆下脚上部结垢过热。该处经常热胀冷缩，反复多次产生疲劳裂纹和化学腐蚀，形成沟槽。外部炉排上燃料经常拨动摩擦腐蚀，其灰渣长期粘在胆壁上产生酸性腐蚀作用等。

③ 修理方法　轻微腐蚀，无裂纹可暂不修。外部严重腐蚀时，可堆焊磨平。S 形下脚圈损坏严重时，可采用局部或整圈挖补。若炉胆大片均匀腐蚀，可挖补。也可加装一周短拉撑，其直径不小于 22mm，两端中间钻有 $\phi 5$ 警告孔，短拉撑间距不得大于炉胆板厚的 14 倍。当炉胆上部

也损坏严重时，应更新炉胆。

(2) 炉排上部炉胆鼓包

① 损坏情况 沿炉胆高度纵向严重鼓包，下部最严重，凸起150mm 。有的在炉排上部与炉门水平段沿圆周形成波浪环形凸起，好似火管锅炉炉胆波浪形环节，环宽约200mm，凸起高度50～100mm 不等，炉门对面最高，竟达120mm，且顶部破穿而不渗漏。

② 损坏原因 纵向鼓包正对给水管座，由于缺水后错误上水所致。环状鼓包是由于锅炉漏水所致。其原因是管理不善，没有水处理，只使用，不检修，不排污，甚至司炉无证操作等。

③ 修理方法 抽炉胆大修，炉胆挖补$\frac{3}{4}$，割换一段U形圈。

(3) 炉门圈下部炉胆鼓包、裂纹

① 损坏现象 炉门圈下部与炉胆连接处下部炉胆鼓包。从下部焊缝起产生多条与焊缝呈90°的裂纹，长度为20～70mm 不等，且渗漏。

② 损坏原因 炉门圈下部水循环不良，局部停滞，易积垢，而不易除垢，且处于炉膛高温区，导致过热鼓包。因炉门圈向炉膛内伸出过长，造成高温过烧而产生裂纹，裂纹扩展将焊缝撕裂并不断扩大。

③ 修理方法 鼓包处采用挖补修理（将锅内水垢清除）。只有裂纹，无鼓包时，可在距裂纹末端50mm处，钻停止孔，剔V形坡口进行补焊，焊好后将焊缝余高磨平。

7. 冲天管损坏与修理

(1) 水侧水位线上下腐蚀

① 损坏现象 在冲天管水侧水位线附近约200mm处，形成一圈带形腐蚀，一般腐蚀深度为4～5mm 不等。

② 损坏原因 给水未除氧，溶解的空气被带入锅内，水蒸发后空气泡停留在水面附近的钢板表面，引起氧腐蚀，锅炉停止供汽后在给水时尤其易产生。给水含有酸性杂质，产生泡沫浮在水面，引起附近钢板腐蚀，在未装生铁保护套管的冲天管上，最易发生这种损坏。

③ 修理方法 腐蚀不严重时，可清除浮锈，加涂防锈漆。麻斑较深时，可用电焊堆焊。较大面积的和较严重的腐蚀或发生鼓包时，可割补一段。一般锅筒直径大于1200mm时，可在锅筒内进行施工。首先将冲天管损坏处切割拆除，修整两端坡口。测量实际尺寸，新管长度画线时留一定余量。切割新管一端加工坡口，另一端留余量暂不加工坡口。然后画分割线，纵向切割成两半，加工纵向坡口，从人孔将两半管子送入锅筒内，进行试组对，修整长度和坡口，组对后点焊，焊成。对于小直径锅筒可将锅炉放倒，将封头拆下，更换冲天管后再装好封头。若同时更换横水管和冲天管等，则抽出炉胆修理。

(2) 冲天管变形凹陷（白喉）

① 损坏现象 冲天管水位线附近约200mm处，沿圆周呈环状缩颈，该处直径变细。

② 损坏原因 管壁腐蚀变薄，强度不够，或发生了严重的缺水事故，造成管壁凹陷损坏。

③ 修理方法 可更换一段或整段冲天管，具体方法同前。轻微变形时可暂不修理。直径较大者可加装生铁保护套管。

(3) 冲天管着火面管壁磨损腐蚀

① 损坏原因 燃料中携带有硬度很高的灰粒，超负荷高速运行，对管壁产生摩擦。烟气中含硫高，在长期停炉时未清管壁烟灰，与空气中水分结合，使管壁腐蚀。烟囱没装防雨帽，停炉时雨水进入烟囱内流到冲天管着火面上，侵蚀管壁。

② 修理方法 轻者暂不修。严重时割补，方法同前。

(4) 横水管、直水管腐蚀、变形、鼓包、胀粗、爆破

① 损坏原因

a. 横水管内壁腐蚀多发生在大横水管锅炉接近炉胆处的高温区最下一两根大横水管或多横水管锅炉最下一两排管子。腐蚀原因：给水含氧和二氧化碳严重酸性腐蚀，管壁外表面磨损，腐蚀的原因与冲天管相同。

b. 立式直水管锅炉在管束下部约 300mm 左右处，最容易因严重积灰而腐蚀。吹灰器吹嘴安装正对直水管时，被吹管处表面产生凹陷导致穿透渗漏。

c. 大横水管、多横水管、立式直水管变形、胀粗、鼓包、爆破都是因为水质不良，造成水垢过厚或堵实，又未进行定期检验所致。

② 修理方法

a. 变形不严重、不渗漏、无裂纹、无堵塞，可暂不修理。直水管被吹灰器吹出的深孔可补焊。

b. 损坏严重、渗漏、有裂纹等应更换。对多横水管锅炉全部更换水管时，应抽炉胆进行换管。对个别横水管中部损坏、两端部较好时，可割换中段与两端头对接，可不抽炉胆。

8. 直水管锅炉上管板鼓包变形

(1) 损坏现象　在下管板喉管出口正对上管板处，无直水管，但锅内装有角板拉撑，在拉撑附近鼓包，周围的直水管下部弯曲变形。其他直水管也有变形。

(2) 损坏原因　由于锅炉缺水事故造成。

(3) 修理方法

① 上管板鼓包采用热法顶平。

② 更换全部直水管。将锅炉放倒，将锅筒内上下管板处拆换直水管，以保修理质量。

9. 炉门圈、喉管（连接管）裂纹

(1) 损坏现象　炉门圈伸向炉胆端的下半周产生多条裂纹，甚至将炉门圈与炉胆连接的焊缝撕裂渗漏。

另外，炉门圈与锅壳连接端下半周端部严重机械磨损，有的已减薄 6～8mm 。喉管裂纹与炉门圈相似。喉管有两端填角焊和一端填角焊两种。两端填角焊靠炉胆端裂纹较严重。

(2) 损坏原因

① 炉门圈伸出端过长，有的长达 25mm ，由于过热而产生裂纹。

② 水质不良，锅炉内炉门圈下部易积垢，不易清除，导致过热。

③ 炉门开关频繁，冷风从炉门吸入，炉门圈附近金属由于热胀冷缩的应力作用，也会产生裂纹。

④ 由于清炉扒火工具机械磨损，使炉门圈内侧下部钢板磨损减薄。

(3) 修理方法

① 将伸出过长部分切除。

② 裂纹剔成 V 形坡口焊补。

③ 炉门圈磨损处在不满足强度要求时，应更换炉门圈。炉门圈的纵焊缝应布置在侧面，注意里端伸入不要过长。剔坡口填角焊，伸出 3～5mm 即可。

（二）卧式锅炉受压元件的损坏与修理

WNL 型和 DZL 型及新 DZL 型锅炉是当前使用较多的锅炉。新 DZL 型锅炉多为热水锅炉，在炉膛两侧增添了对流管束烟道，使烟气降温后再从前管板进入第三回程的烟管到后烟箱，经除尘器，最后由引风机引出。

对其损坏与修理方法进行重点叙述。

1. 锅壳内部腐蚀与修理

(1) 损坏现象　锅壳内汽空间部分钢板表面腐蚀与水位线附近钢板腐蚀。

(2) 损坏原因　锅炉刚停炉即立即补水，这时蒸汽已停止输出，从水中分解出来的空气泡聚积在水位以上或附着在锅壳钢板的水位线以上部分，引起腐蚀。锅炉在长期停用时，未做好保养工作，锅炉内的水未放尽或未装满。

给水溶解空气被带入锅内，水蒸发后空气泡停留在水面附近的钢板表面上，引起氧腐蚀。给水中含有酸性杂质，产生泡沫浮在水面，引起附近的钢板腐蚀。

(3) 修理方法　腐蚀不严重时，可清除浮锈，加涂锅炉防锈漆，以防继续腐蚀。局部麻斑腐蚀较深，用堆焊法修理，焊后磨平。大面积严重腐蚀，可进行挖补修理。

2. DZL 型锅炉锅筒底部过热鼓包变形

(1) 损坏情况　锅筒底部鼓包变形是一种常见的损坏，其损坏部位多发生在炉膛内的高温区锅底暴露部位，后拱火焰出口处的上部向后转向处最为严重，中部较轻。其鼓包面积有的可达 800mm×1000mm 以上，凸起高度可达 20～100mm。新 DZL 型锅炉的鼓包边缘可超过底部水冷壁管部位。锅内底部积有大量松软泥沙、水垢，清除后，其下层白色干垢贴附在锅壳壁上，除掉白垢后，金属表面为深黑色，而起鼓包处钢板拉薄很多，顶部可减薄 6mm。鼓包一般多为司炉在前侧检查孔处突然发现，或在停炉检修时发现，都是发现甚晚。锅炉给水为深井水者最为严重。

(2) 损坏原因

① 水质不良、水处理不达标是造成鼓包的主要原因，尤其是使用井水碱度大，硬度高，含盐量多，在锅炉给水管出口处就析出泥沙沉积在锅筒底部，有的积垢 300mm 左右，其外部直接受到高温辐射热，导致锅筒过热鼓包。水垢的热导率很小，只有钢板的$\frac{1}{30}\sim\frac{1}{50}$，结垢后使受热面传热恶化。无垢时钢板受热后很快将热量传给锅水，两者的温差为 30～100℃ 。当有水垢后，使钢板的温度急剧升高，强度显著下降。如一台工作压力为 1MPa 的锅炉，锅筒受辐射热壁温约 280℃，当水垢厚 3mm 时，壁温升高到 580℃，钢板强度极限从 4MPa 降到 1MPa，因而钢板会变形、鼓包或裂纹。

② 水处理管理不严，排污不当。不定期排污或排污间隔时间太长导致排污不畅，甚至管内积垢堵实，不出水。锅炉安装时一般应前部比后部高出 25mm 以上，以利排污。但有的安装前低后高不能排净。另外，新 DZL 型锅炉在锅筒内底部装了一根长排污导管，距锅筒内壁尚有一定距离，锅筒底部的泥垢不能排出。

③ 不定期清垢。有的锅炉运行两三年从未打开过人孔盖，当发现锅筒鼓包后，锅内水垢已超过前管板下部人孔盖的高度，人孔盖都很难打开。

④ 洗炉不清垢。例如：某单位 DZL4-1.25-AⅡ型锅炉运行两年后结垢，用栲胶煮炉除垢，使锅筒上部及烟管外表面水垢片状脱落，全部落在锅筒底部，未清理，实际排污管已堵塞不能排出水，司炉人员也不知道，只见锅筒上部无垢了，就上水点火运行。运行一段时间后，司炉拨火时突然发现锅底鼓包，停炉后排污不能排水，把排污阀卸下来也不出水，排污弯管内均由水垢堵实。前人孔盖亦不能打开，完全被堆积的水垢堵住，因而造成锅炉损坏。

⑤ 热水锅炉管道系统不冲洗，将系统泥沙带入锅筒，造成锅底鼓包。经检查锅筒底部和下联箱堆积大量水垢，除污器内也都积满泥沙。

⑥ 锅炉严重缺水后，使钢板呈暗红色，水垢脱落，锅筒鼓包，一般少见。

⑦ 锅炉钢板材质不佳。存在严重分层等，受热后，由于夹层内空气膨胀，也会鼓包，停炉后可用超声波探伤仪检测其缺陷范围。

(3) 修理方法

① 加热法顶回。

② 挖补修理。

具体方法前面已叙述。

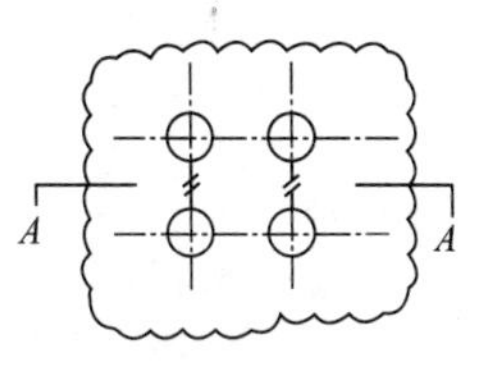

A—A

3. 高烟温区管板裂纹渗漏与修理

WNL 和 DZL 型锅炉后管板第二回程入口处为高烟温区。该部位损坏情况严重，管板过热变形、鼓包、龟裂、孔桥断裂、管孔裂纹（图 10-52）、渗漏和管孔放射裂纹等。有的锅炉运行三四个月就发现管板裂纹漏水，一般最长时间六个冬季运行后也会出现问题。

1　2　外　内

图 10-52　孔桥断裂与裂纹

1—断裂；2—裂纹

(1) 损坏现象　内燃火管锅炉管端为焊接结构。2t/h 锅炉在后管板第一管束入口处，炉胆两侧上部鼓包变形和龟裂。而 4t/h 锅炉炉胆最严重的鼓包是在炉胆两侧上部靠外两角处，偏左或偏右，凸起高度有的高达 25mm，面积在 2500mm² 以上。双炉胆锅炉鼓包在中心线上部靠纵向中心线右侧第二至六排最为严重，凸起在 6mm 以上，管板外表面有许多龟裂微型细纹，且有多条孔桥纵向裂穿漏水。

在炉胆左右两侧靠近炉胆的前两排烟管圆形管孔变成椭圆形，变形方向与炉胆周向管板呼吸空位方向一致，见图 10-53。

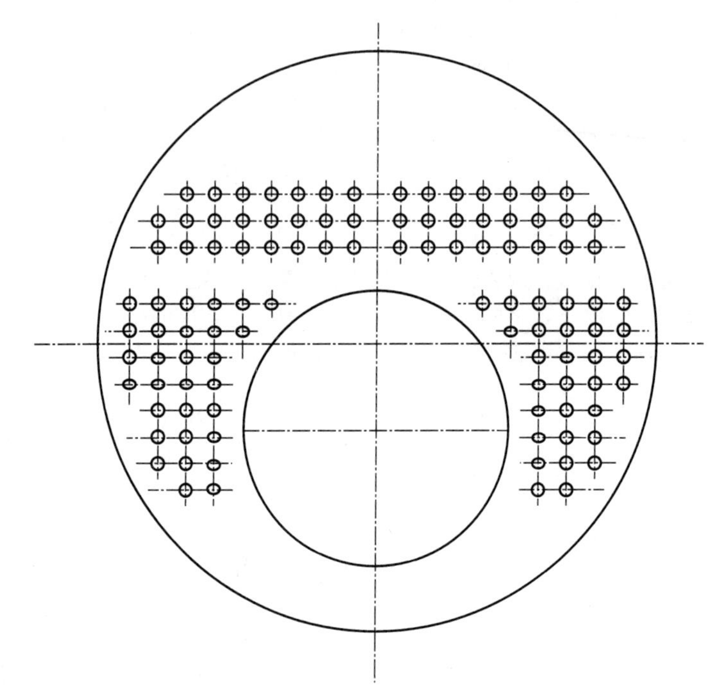

图 10-53　局部管孔椭圆形

管板内表面孔桥起槽及穿透：初期在管板水侧管孔间表面出现许多发状微细裂纹，而后随着时间的延长，腐蚀疲劳向深度发展，其裂纹逐渐扩展，形成宽度 35～40mm、深约 3mm 的半椭圆形深槽，其中部最深，即为孔桥起槽，见图 10-54。

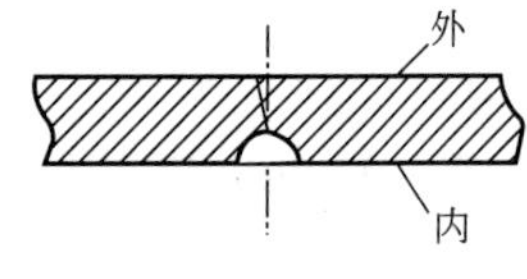

图 10-54　孔桥起槽

裂纹方向有一定的规律性，因各区域受力方向、大小的不同，裂纹方向也不同，有纵向和横向，还有从管孔向四周放射。尤其双炉胆热水锅炉最为典型，如图 10-55 所示。

随着集中应力的扩展，不断加深裂纹的深度，从水侧至火侧形成 V 形裂口，裂口宽 1～1.5mm，直至裂穿，裂缝内宽外窄，形成孔桥穿透裂缝，见图 10-56。

从断口特征来看，一般常有机械疲劳断裂的某些特征，断口较光滑，多呈疲劳纹，没有明显塑性变形，它总是在局部高应力区附近产生，在产生腐蚀疲劳的同时，常伴有较明显的腐蚀产物。该裂纹由内表面（水侧）向外延伸，在火侧检查管板时不易发现。当接近裂穿时，用手电筒在火侧照射时，可发现孔桥处表面略有凹陷特征，亦可用测厚仪检测。

(2) 损坏原因

① 管板处于 800～900℃以上的高烟温区，烟侧工作条件比较恶劣。

② 水质管理较差，导致管板内侧大量结垢，有的垢厚达 10mm 以上。某单位用栲胶煮洗锅炉时，锅筒内上部水垢脱落后，掉在管板附近管束间，又无法清除，黏结成一体，导致管板过热或过烧，降低了钢板的机械强度，使管板局部变形或裂纹，见图 10-57。

③“过冷沸腾”所致。在热水锅炉中当水的温度尚未达到饱和温度时，而金属壁温度已超过饱和温度一定值，在金属壁上开始形成气泡，此时沸腾称为过冷沸腾，又称欠热沸腾。

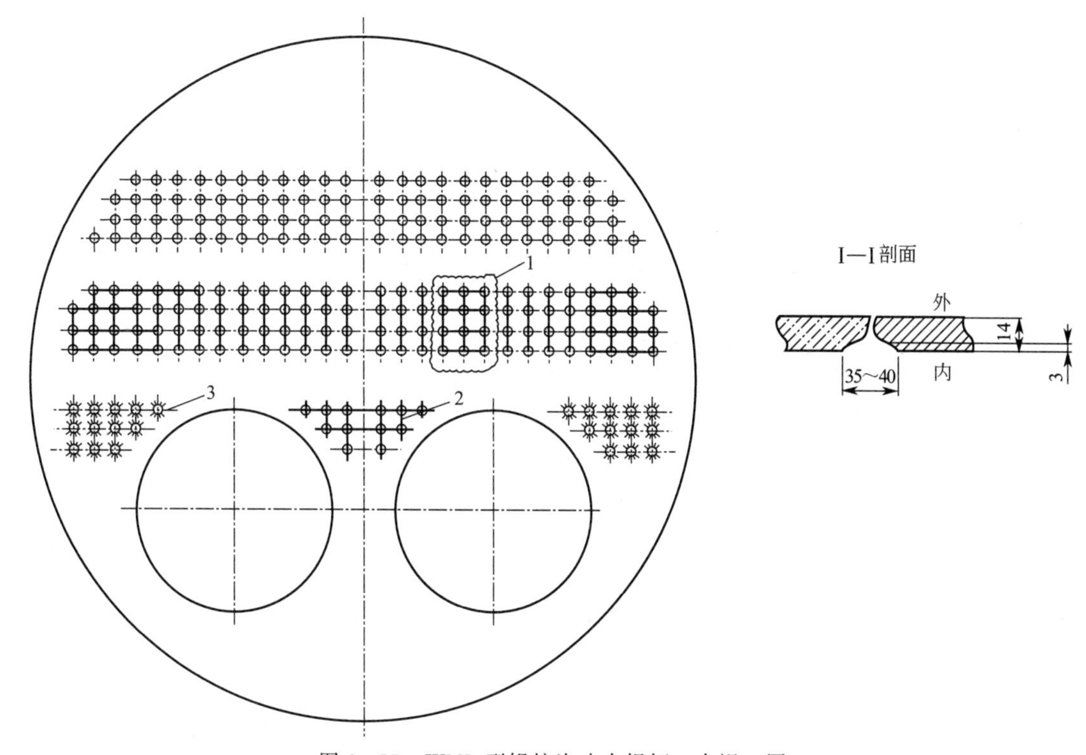

图 10-55 WNL 型锅炉汽改水损坏（内视）图

1—该区域过热鼓包 5mm，裂穿 12 个孔桥，第 2～4 排最严重；2—中部轻损纹；3—表面放射细纹

锅壳锅炉锅筒内水循环是大空间自然循环，结构上不容易实现强制高速流动冲刷管板，因而管板水侧冷却条件很差。尤其烟管布置过密，未留足够大的通道，孔桥过窄，回水入口与热水出口布置位置不能促进水流自然循环，管板水侧冷却条件更差；热水锅炉锅水整体上未达到沸腾状态，能造成自然循环的密度差极小。因而循环流速比蒸汽锅炉弱得多，在管板内壁极易形成“过冷沸腾”，管板附近的水不断汽化，使那里水中的盐类不断被浓缩，当水质不好时，导致结垢，金属承受交变热应力，造成疲劳和过热。因而，“过冷沸腾”是造成高烟温区管板损坏的主要原因之一。

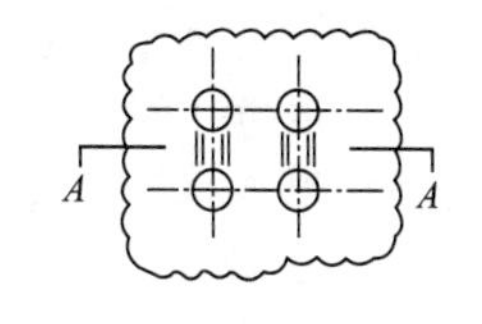

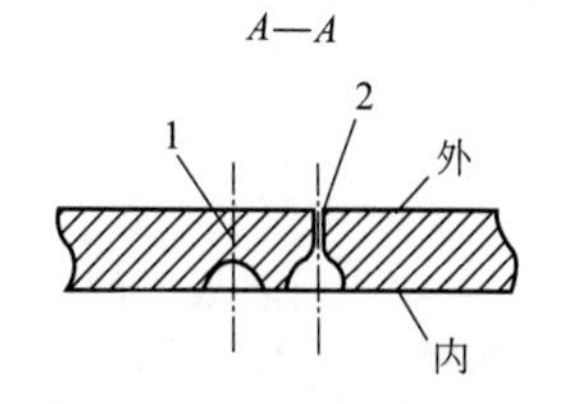

图 10-56 孔桥起槽与穿透

1—起槽；2—穿透

④ 制造工艺不良。烟管管端伸出管板过长，导致管端过热开裂，裂口延伸到锅筒引起漏水，或撕裂焊口和管孔；又如管孔与烟管间未胀严，间隙未消除，导致间隙内的死区先产生附壁气泡，气泡长大逸出，重新产生而后逸出，多次反复，形成间隙金属壁受交变热应力而破坏，或间隙被水垢填实，传热不良，导致金属过热；此外，烟管与管板连接焊缝焊接质量不好，如电流过大咬肉等，也是导致损坏的原因之一。

⑤ 运行方式不当。热水锅炉频繁启停或锅炉停止运行时，系统也停止循环，重新启炉时锅炉温度突然升高，而回水温度已降得很低，造成锅炉承压与受热面的交变应力，加速金属疲劳破坏。蒸汽锅炉频繁启停和升压过快也会造成同样后果。

(3) 修理方法

① 管板轻微鼓包，凸起高度小于 4mm，无裂纹和渗漏，可暂不修理。

② 局部鼓包有裂纹和龟裂，暂时可采取局部挖补。挖补形状：单炉胆为扇形，双炉胆为梯形，应注意焊缝布置位置。

③ 管板严重损坏时，将管板更新。

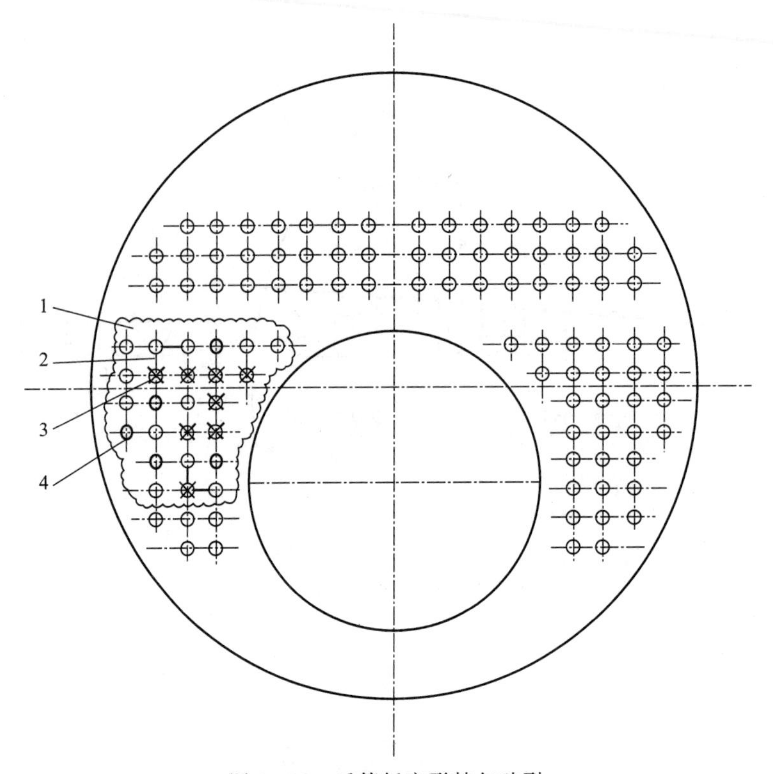

图 10-57　后管板变形鼓包破裂

1—鼓包区域凸起 30mm；2—孔桥断裂；3—管端穿透；4—椭圆变形

④ 管孔变成椭圆形时，只变形、不渗漏、无裂纹，暂可不修。个别有裂纹或渗漏的椭圆孔，剔坡口补焊。

⑤ 管板上管孔间裂纹有下列五种情况之一者，一般不应焊补：裂纹呈封闭状；裂纹呈辐射状，从管孔指向四方；裂纹长度连续超过四个管孔间隙；管孔间裂纹在最上一排超过两个孔带；管孔到管板扳边处的裂纹在最外一排。

另外在焊接的热影响区产生的裂纹不宜焊补。

⑥ 一般少数几个孔桥裂纹可进行焊补。焊补前应剔除裂纹，开坡口进行焊补，焊后将余高磨平。剔坡口时应注意管板内凹塌情况，必要时可采取单面焊双面成型。

若裂纹较多，烟管也需要更换，可在拆除烟管后，人进到锅筒内清除水垢后，详细检查内表面起槽情况，裂纹处进行双面焊补，修整焊补处，装新烟管后，高烟温区的管端在焊接前，先进行胀接，清除管孔与烟管之间的间隙，然后再进行焊接。

⑦ 管孔周向放射的细发纹，一般管板内表面深度在 0.5mm 以下，将表面发纹用磨光机打磨光即可。有个别裂纹深度超过 0.5mm 以上时，可剔 V 形坡口或磨坡口，进行焊补，焊后磨平。此工作只能在拆除烟管后，人进入锅筒内进行。

4. 炉胆的损坏与修理

WNL 型锅炉炉胆的损坏，一般有炉胆水侧上部表面麻斑腐蚀、波形节弯曲处疲劳裂纹、炉胆上部塌陷等。

(1) 损坏情况　塌陷多发生在炉胆的第二节和第三节的一部分，在上部中央或中央两侧上方(属轻微塌陷)。但当前拱塌陷时，其第一节损坏也严重。因锅炉为焊接结构，当炉胆发生塌陷时不会渗漏。图 10-58 是两张照片，该锅炉仅运行 40 天就发生了缺水事故，炉胆整体下塌。其他锅炉炉胆的塌陷，只是比此炉情况较轻而已。

(2) 损坏原因　缺水事故是造成炉胆塌陷的主要原因。炉胆干烧，钢板强度不够而塌

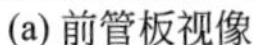

(a) 前管板视像　　(b) 后管板视像

图 10-58　炉胆损坏情况

陷，有的甚至已临爆炸的边缘。导致缺水事故的因素有：排污阀没关，因排污阀不装手柄，开启后将手柄取下，方向不明，后来不知关闭与否；排污阀开启后，司炉离开现场，没人监视，回来后忘关；司炉睡觉或擅自离开工作岗位，未及时手动给水，导致缺水；给水系统失灵，锅炉未能给水，司炉不知；锅炉假水位，缺水当作满水交班，接班人在缺水情况下当满水放水，几分钟后不见水位，误上水；交接班制度有章不循，交接班不认真，记录不真实，出缺水事故后找不出当事人和当班人；水质不良，炉胆上部积垢严重，造成炉胆上部过热。

(3) 修理方法　轻者用热顶法复位。严重者进行挖补或整体炉胆更新。

5. 水冷壁管和对流管束的损坏与修理

(1) 损坏情况　DZL 型锅炉水冷壁管的损坏，主要是弯曲变形、胀粗、鼓包和爆破。其爆破方向有纵向和横向。横向断裂是由热疲劳造成的，产生密集细纹而断裂，管的内外表面积有很厚的氧化铁皮，使管壁减薄很多。

SHG 型水管锅炉顶棚管塌陷，第一排对流管束严重弯曲变形。从上锅筒内的顶棚管管端起一米多长的管段内水垢堵塞，形成“灌肠”，大部分对流管严重弯曲变形。

水管锅炉侧水冷壁管易变形和爆破，破口多为纵向破裂，断口锐利，破口处管子周长增加，塑性变形很大，管子表面几乎没有氧化铁皮，由于过热时间很短，来不及形成氧化铁皮，是在几分钟、几小时内发生的。有时仅在表面有一点淡红色。爆破处的管子内壁较干净，从爆破口冲出的气流的反作用力使管子弯曲。高速的汽水向外喷射，使高温的破口金属快冷，发生了淬火。所以，过热管壁的金属组织为马氏体 ＋ 铁素体。

锅炉上锅筒两侧上部分水管胀口渗漏。SZL7-1/115/70-AⅡ型热水锅炉两侧水冷壁下集箱是通长的，全长布置有水冷壁管，锅炉烟气流程为 S 形，尾部右侧烟气出口处靠近右侧墙下降管附近共有 12 根水冷壁管，运行一冬后，其下部直水冷壁管部分烟侧变形爆破，同时安装的两台同样锅炉，损坏也一样。另外热水锅炉的前水冷壁管也时有部分变形损坏现象。

纵锅筒分集箱直水管锅炉，炉膛内隔火墙烟气出口处第二回程的第二排水管火侧易产生多个小鼓包，是管内结垢、高温烟气集中冲刷所致。

(2) 损坏原因

① 锅炉水处理工作较差。水质硬度高，尤其是永久硬度高，在辐射受热面处的水冷壁管内最易结垢，越结越多，有的最后将水管堵塞，俗称“灌肠”。有些水冷壁管表面的烟灰烧掉后，管子不是黑色，而呈灰白色，且发亮。这些管子表面长时间处于高温状态，管壁结垢严重，热量很难传到水中，钢管已承受较长时间的过热。一般 20# 钢在 315℃以上就达到屈服点，450℃以上就开始产生蠕变。管子一般在温度最高处的直管和弯曲处的下部最易产生胀粗、爆破。

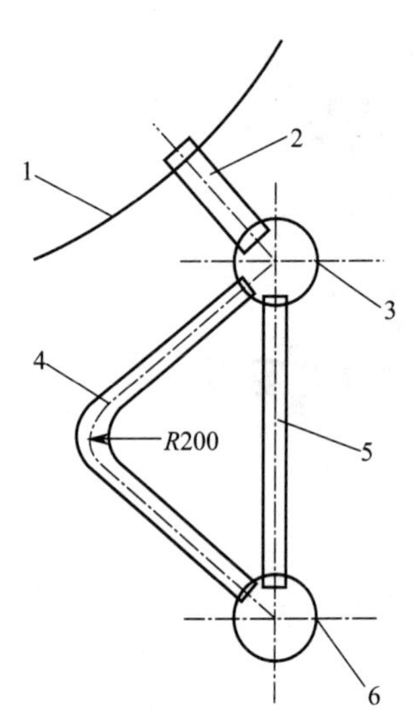

图 10-59 双排水冷壁管

1—锅筒；2—导出管；3—上联箱；4—V 形水冷管；5—直水冷管；6—下联箱

② 水循环不良。有时管子被异物堵塞；有时是结构不合理，有的在炉膛内装双排水冷壁管，如图 10-59。该水冷壁管直管 5 靠墙，V 形水冷壁管 4 在炉膛内直接受火烧，管子直径为 ϕ 63.5×4，V形弯曲半径 R200 过小，阻力大，每侧有前、中、后三根下降管，将锅筒内泥沙带入 V 形管 R 处，逐渐将管内堵塞，导致 V 形管下部过烧、胀粗、破裂。新 DZL 型锅炉水冷壁管下部置于炉膛内，而上部布置在对流烟道内，导致水循环不畅或滞塞积垢，甚至将管弯曲处堵实，造成过热爆破，见图 10-60 和图 10-61。

上述损坏从炉管变形、胀粗、鼓包直至破裂，一般时间较长，由几百小时或上千小时而形成。

③ 缺水事故造成水管锅炉管子胀口渗漏。水管锅筒水容积很小，当超负荷连续运行时需连续给水。有时采用手动间断给水时，司炉人员责任心不强，易导致缺水事故，造成上锅筒两侧上部管端胀口处过热渗漏，甚至胀口松弛。

SHG 锅炉采用自控水位表，由于将最低安全水位定错，造成顶棚管缺水过热塌陷。

④ 水冷壁管内倾斜度过小导致管子爆破。如一台 4t/h 水管锅炉，水冷壁管倾斜度为 9°（应≥15°）。炉膛宽度过窄，为 1200mm，悬浮燃烧，燃烧煤粉，火焰直喷射到水冷壁管壁上，锅炉仅运行八天，就有十余根爆管。

⑤ SZL7-1/115/70-AⅡ 型热水锅炉，在热负荷最差部位的水冷壁管发生破裂。因为所有水冷壁管受热相同，水循环的有效流动压头是相等的。热负荷高的部分水的循环速度高。而热负荷低的水管，循环速度低。锅炉越是低负荷运行，水冷壁左右前后热负荷的分布越不均匀，受热最差的管子内越难形成必需的水循环速度。所以，使水的流动不正常，有的甚至产生水循环停滞或倒流，使管子时冷时热，或者水管中混合形成炮弹形式的运行，在大气泡后流速不够时，气泡不但向纵向，而且还向横向发展，这就可能破坏了管壁四周水膜，管子的冷却条件急剧变差，使管壁发生过热，由于长期受交变热应力的作用，就会产生环向裂纹而破裂。

(3) 修理方法

① 水冷壁管鼓包不超过管径的 10%可暂不修。严重鼓包、破裂、裂缝、穿孔的管子可进行割换修理。

② 换新管。对损坏严重的个别管子，应该更新，必须经过逐根的检查后方可确定数量。

③ 对结构不合理的管子，更新时尽量改进，如 V 形水冷壁管原 R200，改为 R300 后，经多年运行实践证明情况良好。

新 DZL 型锅炉因许多水管在炉拱中，更换水管时需拆炉拱。更换局部水冷壁管时尽量不拆或少拆。若水管损坏严重，尤其是管内普遍结有大量水垢无法清除，可将全部管子更换，重新砌筑炉拱。

④ 锅炉缺水分为轻微缺水和严重缺水。有的缺水 10min 左右，造成上锅筒内几十根管的胀口漏水，而有的轻微变形，无裂纹，不渗漏，只对漏水的胀口进行复胀。对严重缺水事故，不仅胀口普遍漏水，还造成水冷壁管和对流管束严重变形、爆破等，应根据具体情况，更换水冷壁管和对流管束等。更严重者，应更换全部水管。

⑤ 纵锅筒分集箱直水管锅炉水管鼓包，不严重时可不修，监视运行，停炉后清垢。

6. 烟管的损坏与修理

(1) 损坏情况　烟管与管板连接方式：WNL 型锅炉为焊接，DZL 型锅炉有的为胀接和焊接的厚壁拉撑管，二回程高烟温区为 90°扳边，其余为 12°～15°扳边。烟管的弯曲变形，外表面麻斑腐蚀造成的损坏为两炉型的共性。焊接结构的损坏，主要是后管板管端纵向 V 形裂口、管端

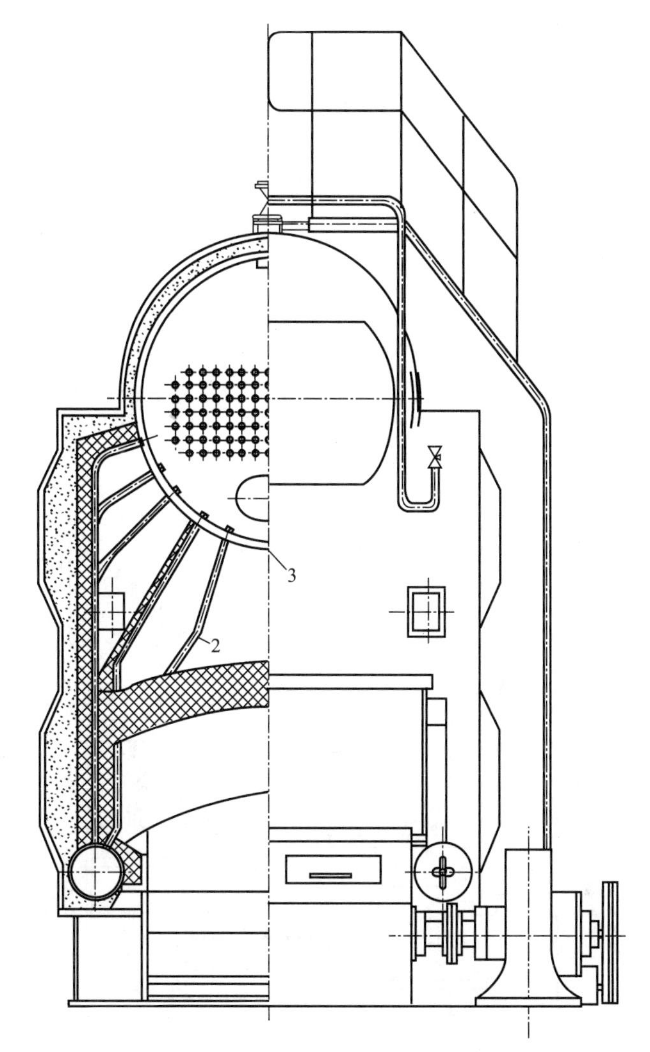

图 10-60 DZL4.2-0.7/95/70-AⅡ型热水锅炉

1—损坏烟管；2—爆破水冷壁管；3—锅筒鼓包

过热胀粗、管端断裂、管端缩颈和胀出凸环、管端焊缝环状裂纹和管端焊缝处咬肉渗漏、管端磨损腐蚀成刀刃状，甚至穿孔渗漏（含新 DZL 型热水锅炉前管板管端），参看图 10-61。而胀接管端主要是胀口裂纹、松弛、脱口和渗漏等，见图 10-62。

(2) 损坏原因

① 锅炉缺水导致弯曲变形。缺水误上水，水质不良，烟管外表面结垢，过热变形，水位表水连管开孔位置较低，用“叫水法”判断水位，误认为轻微缺水，导致缺水事故。

② 热水锅炉烟管氧腐蚀穿孔。新安装的 WNL 型热水锅炉，因未装有效的除氧设施，锅炉运行启动停止频繁，造成烟管外表面严重麻坑腐蚀和管壁穿孔渗漏。电化学腐蚀，由于锅水是电解质溶液，而烟管的组织成分不均匀，会在锅筒和炉管表面形成无数个微电池，在阳极铁溶于水中，而成为 $4Fe^{2+}$。当水中存在大量溶解氧（O_2）时，氧便从阳极获得电子和水共同作用，生成氢氧根离子：$O_2+4e^-+2H_2O \longrightarrow 4OH^-$。同时阳极溶于水中的 Fe^{2+} 与氢氧根离子形成氢氧化亚铁 $Fe^{2+}+2OH^- \longrightarrow 4Fe(OH)_2$，当有足够多的氧存在时，生成三价铁沉淀，加速腐蚀。$4Fe(OH)_2+O_2+2H_2O \longrightarrow 4Fe(OH)_3\downarrow$。该锅炉只使用一冬，转年请制造厂重新更换新管。又运行一冬，烟管照常腐蚀穿孔，又将全部烟管重新更换，同时增添了集气罐和除气装置，对司炉工进行了培训，锅炉运行才正常。

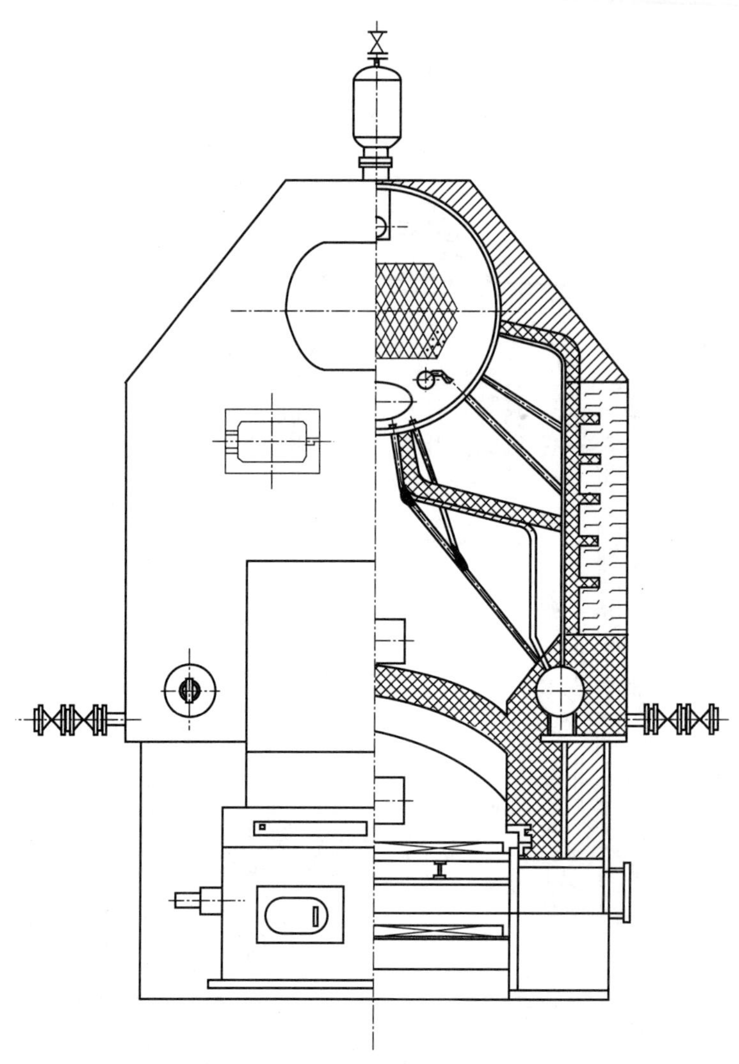

图 10-61　DZL7-1.0/95/70-AⅡ型热水锅炉

③ 炉管材质缺陷。分层、夹渣等导致漏水时有发生。

④ 管端缩颈、凸环和疲劳断裂。在管板与烟管焊接热影响区内存有热应力。而管孔与烟管间隙没消除，导致间隙间死区产生附壁气泡，长大逸出，反复产生气泡逸出。管壁过热，强度降低，而锅内压力负荷运行中，烟管在交变热应力的作用下，其膨胀受到锅筒的约束，而产生附加应力，烟管在每个胀缩周期中残余变形的积累，就形成“缩颈”或“凸环”。

当管板与烟管外表面和烟管与管孔间隙内积满水垢，导致管端长期过热，而烟管在反复热胀冷缩的过程中产生交变热应力，引起疲劳裂纹，使管端所受应力超过正常工作压力下的应力，在低频、高压力疲劳破坏断裂。

⑤ 管端纵向 V 形裂口。由于制造时管端过长，有的旧锅炉管端竟达 25mm，管头无法得到锅水的冷却，而被过烧，形成纵向 V 形裂缝，严重者裂缝穿透焊缝，且继续延伸而产生漏水。

⑥ 管端胀粗与蚀损。管板外面的管头伸出过长而过热，使管头过热胀粗，好似胀管的形状。

有的管头因过热与腐蚀，将伸出的管头部分全部氧化和被烟气冲刷掉，还有的因焊接时电流过大，将管端咬穿等，使管端与管板平面一齐，其管端成刀刃状。有的是清理积灰时，向烟箱内注水降尘操作所致。有的还将管口用灰堵塞，除增加烟气阻力外，管头损坏速度更为加剧。

新 DZL 型热水锅炉前管板烟气入口处，烟管磨损腐蚀漏水。该锅炉炉膛内仅有前、后拱，没有隔火墙，第二烟道水管很少，烟气阻力较小，烟气从两侧自下而上进入前烟箱下部两侧角处，然后直接进入烟管，故两侧角处烟管冲刷严重，将管端磨薄穿孔漏水，管端成刀刃状，参见图 10-62。

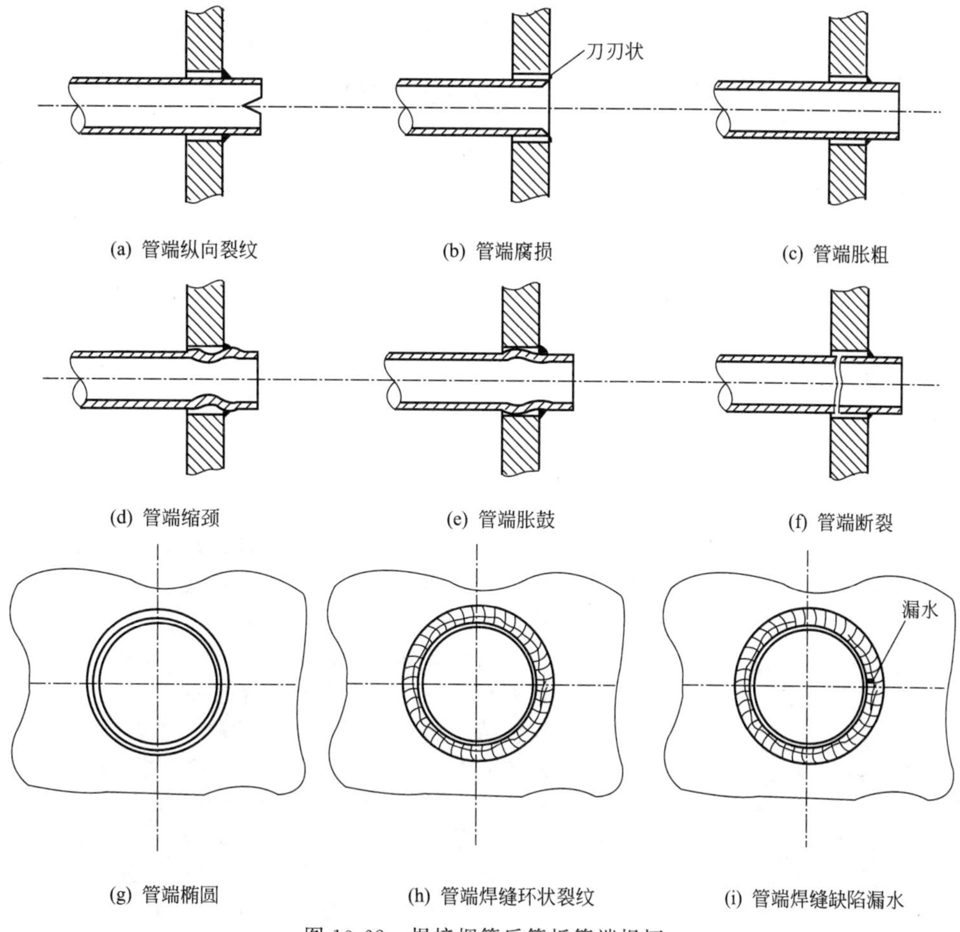

图 10-62　焊接烟管后管板管端损坏

⑦ 管端焊缝环状裂纹。烟管与管板的连接焊缝沿环向产生裂纹，多在运行一段时间后发生。这是由于焊材选用或焊接工艺不当、施焊环境温度影响等因素造成的。

⑧ 胀口裂纹处漏水。焊缝夹渣、气孔、未焊透、未熔合等原因造成的漏水时有发生。

a. 水质不良，高烟温区管板结垢，导致过热漏水，参见图 10-63。

b. 缺水事故造成胀口松弛或脱口，有的管端脱出 4mm 以上，胀口严重漏水。

c. 胀接质量不佳，管子金属硬度高，管端没退火或退火不当，过胀、过渡部分有棱角、胀偏、胀口处管壁减薄，胀接处应力集中，易产生裂纹。

d. 风机选用不当，烟气流速过快，二回程入口处严重磨损，有的将 90°扳边磨掉，使管端成刀刃状而渗漏，漏后又不断腐蚀减薄。

e. 管端头过长，90°扳边与管板靠贴部位有间隙，超过技术标准要求，导致过热使管口扳边产生纵向裂纹。

f. 管与管孔间隙超标太多，胀后管壁减薄，锅炉启动、停炉频繁，导致漏水。

g. 对长期渗漏的胀口，应仔细检查有无环形裂纹，必要时可割取管头检查，防止苛性脆化产生。

(3) 烟管的修理方法

① 变形较轻或表面腐蚀不严重，且不渗漏，可暂不修理。

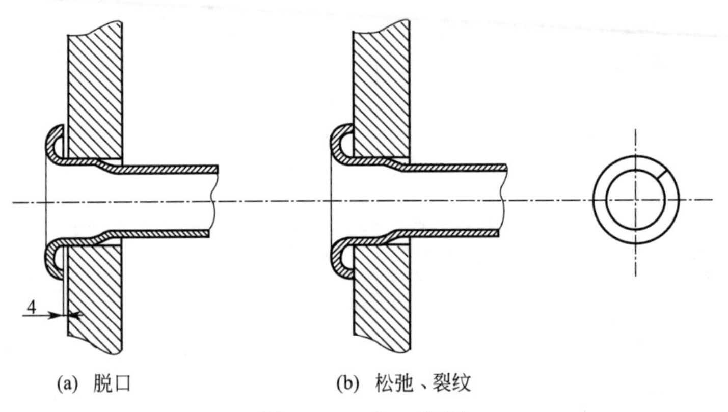

图 10-63 胀口渗漏

② 烟管严重麻斑腐蚀，有深坑及漏水现象，应予以更新。

③ 焊接烟管管端伸出＞8mm时，应将过长部分铣去或磨去，最好保留到5mm。管端裂口和管端焊缝环向裂纹应剔除或磨成小V形坡口，进行焊补。若该处管板孔桥或管孔有裂纹时，不允许直接焊补，应先修孔桥裂纹。当管端已无露头时，且漏水或管端已断裂，应进行更换。当个别烟管材料有缺陷且漏水时，可暂时封堵两管端，待大修时再更换。当管端大部分裂纹渗漏时，由于年久失修，可将二回程烟管更换，或全部锅炉烟管更新。

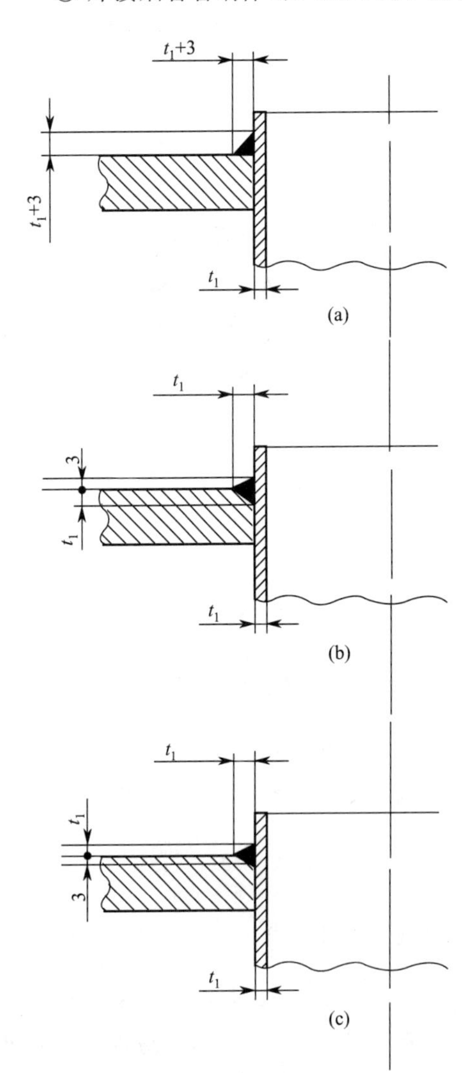

图 10-64 拉撑管与平管板的连接

内燃锅炉因下部没人孔装置，锅内常年不能检修，积垢严重，往往管束与水垢形成一个整体，其高温区管板结垢严重，孔桥过热经常产生裂纹，其裂纹是由内部向外发展的，非常严重。在更换烟管的同时，应对锅内进行一次清扫，然后对锅内管板进行一次全部检验，看是否有裂纹。更新烟管时，管端伸出长度按下列要求：当用于烟温小于600℃的部位时，管端超出焊缝的长度不应大于1.5mm；当用于烟温小于600℃的部位时，管端超出焊缝的长度可放大至5mm。高烟温区管板的管端应先胀严，而后再焊接。

拉撑管与平管板连接结构如图10-64所示。

新DZL型热水锅炉为螺旋烟管，经检验磨损普遍较轻，下部两侧角处渗漏严重时，可更换局部渗漏者。若普遍磨损腐蚀严重时，可将全部烟管更新。

④ 胀口处松弛渗漏，无裂纹等缺陷，可进行复胀，经试压不渗漏即合格。同一个胀口一般最多复胀不超过两次。当发现胀口过于松动，甚至脱口，有的管端已伸出4mm多，应更新。

⑤ 胀接处腐蚀磨损减薄，其管壁余厚尚在1.5mm以上，可采用加固复胀的方法，可用炉管加工成壁厚3mm、长度为35mm的加固环，其外径略小于胀口内径，将加固环装入胀口内进行胀接。

⑥ 胀接烟管时管孔过大，烟管外径与管孔间隙超过允许值时，首先要对管板强度进行核算。在工作压

力允许下，可不进行更换，而采用壁厚一点的管子，把管子退火后进行预胀粗后再装管；或不加厚管，而在管孔内加一铜衬圈后，再装管胀接。

⑦ 封焊问题。胀口经过多次复胀仍渗漏，胀口过胀，管孔壁严重塑性变形，其烟管尚能使用一段时间，锅炉使用年限已久，经检查管端和管板没有裂纹。一般封焊后管板高温区部分，最好也将相应管束的前管板胀口封焊，因为锅炉运行一段时间后，由于前后应力不同，可能引起未封焊的胀口渗漏。在今后锅炉大修时更换全部烟管，并改为焊接。

（三）水管锅炉受压元件的损坏与修理

水管锅炉本体一般是由锅筒、集箱、水冷壁管等组成的。其中“水冷壁管和对流管束的损坏与修理”已在前面叙述。锅筒损坏有腐蚀、孔带裂纹和锅筒变形、鼓包等情况。简述如下。

孔带裂纹一般有两种情况。一是苛性脆化，长期渗漏造成，在后面专题介绍。二是普通裂纹，由于过胀，多次复胀，使管孔壁产生过大的应力，导致管孔壁金属硬化，或钢板质量不佳，年久材质恶化，促使管孔裂纹。管孔带是锅筒的薄弱部位，当孔带出现裂纹后，不必急于修理，首先应找出产生裂纹的原因，不能随便焊补。经检验确定不是苛性脆化后，才能修理，应拆除相应的管子后进行剔坡口焊补，而后将焊肉余高磨平，修理管孔后，按工艺要求换管。对有热处理要求的锅筒，应按要求进行局部热处理。当裂纹数量较多时，应进行挖补或者更换锅筒。

关于锅筒变形和鼓包现象，与水火管锅炉的锅筒相似，主要发生在上锅筒受辐射热的部位，因水垢厚或缺水出现鼓包，锅筒弯曲变形，升火时下锅筒的上下温差很大，会因膨胀不同而弯曲，往往会引起胀口漏水，渗漏处可复胀。

在对流管束与上下锅筒采用焊接时，由于焊接工艺不当，会引起锅筒弯曲变形和椭圆度变形，因而不要误认为是运行中的变形，而不修理。

1. 锅炉内部溃疡腐蚀与修理

(1) 损坏情况 在运行的锅炉筒体内经常发现锅筒两侧水位线直至锅筒底部，上密下疏不均匀分布着表面呈砖红色的鼓泡，其表面覆盖着一层坚硬的黑色腐蚀物质，鼓泡直径约 20～30mm 不等，当清除腐蚀物后，其下面被腐蚀成凹坑，底部直径略小些，坑深 5mm 左右，底部呈银灰色，是一种溃疡腐蚀。尤其在纵锅筒分集箱直水管锅炉中发现较多。

(2) 损坏原因 溃疡腐蚀是一种典型的氧腐蚀，属电化学腐蚀，一般在安装、停炉或运行中造成。在运行条件下，当溶解于给水中的氧进入锅内，因氧的电极电位高于铁的电位，在金属表面会组成铁氧的腐蚀电流对，引起腐蚀。氧是电化学反应的“去极化剂”，铁是阳极，遭到腐蚀，氧是阴极，它能使阳极的金属离子不断排至溶液中，不断地消耗掉阴极获得的电子，使腐蚀持续进行下去。随着腐蚀产物的不断增厚，金属表面腐蚀凹坑也逐渐加深，腐蚀的最终产物是含水的氧化铁混合物，进而形成溃疡。而在停炉后，锅内干燥的情况下造成鼓泡小而坚硬，脱水后呈黑色。发生的部位，往往集中在锅水流动缓慢、沉积物堆积较多及锅内热负荷较高的地方。

(3) 修理方法 溃疡性腐蚀一般可采用堆焊的修理方法。焊后应将焊熔金属余高磨平。要强调施焊工艺，焊前必须将凹坑及周边清刷出金属光泽，且应使焊肉与母板熔合。大面积深坑腐蚀，可进行挖补。

2. 集箱和防焦箱的损坏与修理

(1) 损坏情况 斜往复炉排的两侧下集箱上部无水冷壁管处的火侧和前集箱中部火侧过热鼓包、裂纹，及 SHL10-13（带中集箱水冷壁）的防焦箱裂纹，由于水冷壁管系统事故时有发生，影响锅炉的安全运行。有些制造厂已对该产品的防焦箱进行了改进，但对以前生产的这种锅炉，其防焦箱的裂纹问题已逐步修理改造。

SHL 型锅炉裂纹部位特征：发生防焦箱裂纹穿透事故的锅炉，多在运行三个月至两年。裂纹处分前后两个区域，有的在前、后区均发生裂纹，也有的只在前区或后区发生。左、右防焦箱均有发生。一般前区多发生在前下降管至第一根水冷壁管近似中间的位置，而后区裂纹多发生在最后一根水冷壁管至后部第一根下降管中间偏前的位置。裂纹区都发生在防焦箱上部，面向炉排一侧，裂纹区轴向截面与防焦箱中心水平交角约为 70°。

裂纹区的内壁有多条密集、长短不一、互相近似平行与防焦箱轴线近似垂直，由内壁向外发展的横向表面裂纹，裂纹区长度约为100～200mm不等，大部分裂纹为较细微密集裂纹，长度为40～80mm不等。个别裂纹已裂穿，在外壁出现一个不规则的小孔。多数裂纹区的内壁有十分明显的汽水分界线，其界线并不水平，稍有倾斜度。少数裂纹区内壁虽无明显的汽水分界线，但在防焦箱裂纹区有明显的水垢和氧化物的剥落现象。

在裂纹区的管壁表面上有一薄层蓝黑色氧化铁。在外表面除去附着物后，有一薄层暗红色氧化铁，用锤尖轻微敲落后，表面呈蓝色。钢材略有变形，但不明显。裂纹是穿晶的，已裂穿的金属表面有过热组织。裂纹一般在炉墙的看火孔、检查孔附近，由于经常打开炉门或漏入冷风，所以该处裂得比较严重。

防焦箱发生裂纹的锅炉，大多数锅炉负荷较大，负荷波动也较大。另外大部分防焦箱的内部无水垢或只有很薄的水垢。防焦箱上水冷壁管均无异常现象。

(2) 损害原因

① 往复炉排前集箱中部火侧鼓包裂纹主要是在炉膛内增设了受热面管组，使前集箱不能可靠供水，使水循环破坏，集箱过热造成汽水分层所致。

② SHL型锅炉由于锅炉结构设计上的不妥，防焦箱裂纹区没布置水冷壁管，该处汽水混合物的流动速度低，局部产生不稳定的汽水分层会产生蒸汽，聚集在防焦箱的最高处，形成“汽穴”，下降管在防焦箱的最前端，以轴向从前向后流动，而冷却该防焦箱，但由于温差作用，又会出现新的汽水分层，继续加热变成过热蒸汽，局部壁温可达500℃以上，加热膨胀到一定程度时，又被低温水冲击冷却，周而复始形成热疲劳裂纹。

③ 个别锅炉在安装水冷壁管时，插入防焦箱内的管头过长，有的最长可达20～30mm，影响汽水混合物的导出。

④ 负荷波动大，在低负荷时，锅水大量蓄热。在高峰负荷时，气压波动大，锅炉内的饱和水大量汽化。

(3) 修理方法

① 往复炉排前集箱鼓包处进行挖补修理，同时将增添的对流管组拆除，复原下降管，保证可靠供水。若鼓包特别严重，也可以将前集箱更新。

② 防焦箱裂纹采用挖补修理或更换防焦箱。不允许在裂穿处施坡口补焊或进行贴补钢板的修理方法。

挖补范围可用超声波探伤仪探伤，以确定还没有裂穿的裂纹范围大小。若从防焦箱内部看，可打开手孔盖借助灯光直接观察（用内窥镜更好），内部有蓝黑区域，即已发生裂纹。

③ 把防焦箱后部第一根下降管出水口向前移，使下降管补水的分布趋于均匀。

④ 插入防焦箱水冷壁管端应控制在2～4mm。

3. 蒸汽锅炉苛性脆化及其修理

苛性脆化（又称晶间腐蚀）是在炉板上，产生不变形的损坏，而发生的脆性裂纹，在胀接处表面出现环状裂纹，也是一种随着时间而发展的晶粒间苛性腐蚀。自从1955年某厂发生锅炉爆炸后，引起了全国关注。过去认为苛性脆化裂纹的发生初期很慢，而后期加速发展，一般需要较长的时间（约30年以上）。至今铆接结构锅炉已不存在，而焊接结构的水管锅炉胀管处和管孔发生苛性脆化的锅炉，前些年也有发生。如有的锅炉只运行了两年半、三年就更换了新锅筒。大部分损坏的锅炉蒸汽温度较高。多为蒸发量10t/h以上，工作压力为1.25～2.5MPa，蒸汽多为过热蒸汽，用于生产或热电联产。从损坏的锅炉来看，其损坏原因主要是在安装和运行上存在一些问题。

(1) 产生苛性脆化的主要原因

① 安装质量差。如上、下锅筒安装偏差过大，管子强行装入管孔进行胀接；钢架高低不均；膨胀方向与设计膨胀方向相反，不能自由膨胀。

② 胀接质量差。过胀严重，存在偏胀现象，运行一段时间后，胀口出现渗漏。

③ 运行中多次发生缺水事故。

④ 水质不良。锅水碱度太高，pH 值超过 13，锅内结垢严重，经常发生汽水共腾。

⑤ 给水温度偏低，锅炉内温度差较大，产生附加应力。

⑥ 锅炉运行参数不稳，气温、气压波动大。

⑦ 锅炉运行启停频繁或经常快速启停，多次泄漏。

(2) 苛性脆化的特性

① 初期裂纹及其支纹是发生在晶粒边缘间的（裂纹沿着晶粒边缘产生），这种裂纹随着晶间裂纹的发展（由于金属中机械应力集中的结果）就会产生穿晶粒裂纹。一般肉眼能看出的最严重的裂纹，就是这类裂纹。

② 裂纹的支纹很多。

③ 最后裂开的金属断面呈细粒表面，且呈暗黑色。

④ 在发生裂纹的区域内没有任何金属变形。

⑤ 碱性腐蚀造成的晶间裂纹只是在胀口处发生。

⑥ 在严密性较差的连接处最容易产生这种裂纹。因为不严密而产生轻微的漏汽，在这微小的间隙间逐渐形成了浓度很大的苛性钠溶液。一般可根据汽包内靠近胀口处形成的泥瘤子来确定。

⑦ 金属晶间腐蚀破坏开始时速度很慢，到后来突然加剧。

(3) 产生苛性脆化的条件

① 锅炉胀口不严密使锅水盐分浓缩，使苛性钠溶液达到形成裂纹的浓度（相对碱度大于20%以上）。

② 在接近于金属屈服点的局部应力，对碳素钢来说，要达到 250MPa 左右。

③ 在碱性锅水内，含有使锅水变成对锅炉金属有侵蚀性物质，能使锅炉金属发生晶间腐蚀。或汽包有严重的泄漏现象，泄漏处锅水蒸发高度浓缩，造成碱性腐蚀，产生苛性脆化。

(4) 苛性脆化的检查方法

① 直观检查：检查胀口的外侧有无白色盐霜。

② 敲击检查：用检验手锤检查胀口是否松弛、有无脱口现象。

③ 煤油白粉检查：检查裂纹的长度和方向等情况。

④ 超声波探伤：此方法可在不拆除胀口管头的情况下检测有无裂纹及其深度情况。

⑤ 金相检验：判断是否为苛性脆化。

⑥ 磁粉探伤：是最有效的方法。它可检查出裂纹的位置、长度和方向。

(5) 苛性脆化的修理方法　对苛性脆化裂纹禁止补焊，必须采用挖补修理或者更换的方法。

(6) 预防方法

① 减小锅炉连接处的机械应力；

② 控制锅水的相对碱度，使之小于 20%，锅水 pH 值小于 13；

③ 防止胀口等处发生渗漏。

为了搞好“节能减排”工作，我们必须掌握了解锅炉事故产生的原因，采取积极的应对措施，加以防范和处理。

参 考 文 献

[1] 特种设备安全监察条例. 2003.

[2] 蒸汽锅炉安全技术监察规程. 1996.

[3] 热水锅炉安全技术监察规程. 1990.

[4] 有机热载体炉安全技术监察规程. 1993.

[5] 锅炉定期检验规则. 1999.

[6] 锅炉安全技术监察规程（报纸稿）. 2009.

第十一章

工业锅炉自动控制技术

第一节　工业锅炉自动控制的必要性、可行性及其优势

一、工业锅炉自动控制的必要性

工业锅炉是一种能源转换特种设备，在生产、生活中占有很重要的地位，是除发电锅炉以外的第二煤炭消耗大户。由于工业锅炉负荷普遍不高，且负荷波动大，扰动因素比较多，从这种意义上讲，工业锅炉节能潜力大。燃煤锅炉又是一种广泛使用的工业锅炉，因此，优化燃煤锅炉运行，合理控制锅炉燃烧过程，实现经济燃烧，达到节能减排目的是业界人士一直研究的重要课题。另外，随着自动化水平不断提高，新建的中低压锅炉一般采用微机监控系统；有条件的工业锅炉房改建项目中也积极采用微机监控系统。因此如何选择合理的燃烧控制方案具有重要意义。

目前，我国有工业锅炉五十多万台，在使用中普遍存在着调节手段有限、锅炉的出力不能随外界负荷的波动而及时变化、炉膛温度偏低、排烟温度较高、风煤比不能及时调整、燃烧效率低等问题，从而降低了锅炉的热效率。工业锅炉和负荷管网所组成的系统是一个大滞后、大惯性、大不确定性的非线性系统。因其燃烧过程复杂，影响因素甚多，如煤质、布风、风煤比、负荷变化大等诸多因素都会对其产生影响，也就是干扰量比较大。

链条锅炉是应用最为广泛、应用历史较长的一种锅炉。虽然有众多的科研及工程技术人员致力于链条式锅炉控制技术的研究和实践工作，但是，目前国内该行业的自动化技术应用的普及率较低，自动化程度也较低，其原因是多方面的。

锅炉的燃烧系统是一个多参数、多扰动、各参数交叉影响的系统，且存在较大的不确定性、复杂性、不稳定性，以及较大的容量滞后和较长的滞后时间。因此，采用常规的PID调节很难达到控制要求，甚至无法投入自动运行。分析现有许多锅炉自动控制系统和链条锅炉的运行情况，确实存在以下控制难点：

煤质不稳定、变化大，造成风-煤比的改变，采用一般的定值控制系统，无法使系统始终达到最佳或次最佳的燃烧状态。

燃烧过程机理复杂，影响燃烧工况的因素较多，对象变化较大，很难准确地建立单一的控制模型。

锅炉微机控制是近年来开发的一项新技术，它是将微型计算机软件、硬件、自动控制、锅炉节能等几项技术紧密结合的产物，目前大多数工业锅炉仍处于能耗高、浪费大、环境污染严重的状态。提高热效率，实现节能减排，降低煤耗与电耗，用微机进行控制是一项具有深远意义的

工作。

工业自动化技术作为20世纪现代制造领域中最重要的技术之一，主要解决生产效率与一致性问题。无论高速大批量制造企业还是追求灵活、柔性和定制化企业，都必须依靠自动化技术的应用。自动化系统本身并不直接创造效益，但它对企业生产过程起着明显的提升作用：

① 提高生产过程的安全性；

② 提高生产效率；

③ 提高产品质量；

④ 减少生产过程的原材料、能源消耗，降低污染物排放。

特别在现代化企业中，信息化投资较高，一般自动化系统占设备总投资的10%以下，起到“四两拨千斤”的作用。

二、工业锅炉自动控制的可行性

传统的工业自动化系统即机电一体化系统主要是对设备和生产过程的控制，即机械本体、动力部分、测试传感部分、执行机构、驱动部分、控制及信号处理单元、接口等硬件元素，在软件程序和电子电路逻辑有目的的信息流引导下，相互协调、有机融合和集成，形成物质和能量的有序规则运动，从而组成工业自动化系统或产品。

近年来，随着控制技术、计算机、通信、网络等技术的发展，信息交互沟通的领域正迅速覆盖从工厂的现场设备层到控制、管理各个层次。工业控制机系统一般是指对工业生产过程及其机电设备、工艺装备进行测量与控制的自动化技术工具（包括自动测量仪表、控制装置）的总称。今天，对自动化最简单的理解也转变为：用广义的机器（包括计算机）来部分代替或完全取代或超越人的体力。

三、工业锅炉自动控制的优势

工业锅炉采用微机控制和传统的仪表控制方式相比具有以下明显优势：

① 直观而集中地显示锅炉各运行参数。能快速计算出机组在正常运行和启停过程中的有用数据，能在显示器上同时显示锅炉运行的水位、压力、炉膛负压、烟气含氧量（或烟气成分）、测点温度、燃煤量等数十个运行参量的瞬时值、累计值及给定值，并能按需要在锅炉的结构示意画面的相应位置上显示参数值，便于操作者发现问题，及时进行调整，促进节能减排。同时给人直观形象，减少观察的疲劳和失误。

② 可以按需要随时打印或定时打印，对运行状况进行准确的记录，便于事故追查和分析，防止事故的瞒报、漏报现象。

③ 在运行中可以随时方便地修改各种运行参数的控制值，并修改系统的控制参数。

④ 减少了显示仪表，还可利用软件来代替许多复杂的仪表单元（例如加法器、微分器、滤波器、限幅报警器等），从而减少了投资，也减少了故障率。

⑤ 锅炉系统中包含鼓风机、引风机、给水泵、循环泵等大功率电动机。由于锅炉本身特性和选型的因素，这些设备不会满负荷输出，原有方式采用阀门和挡板控制流量，浪费非常严重。计算机控制系统通过对风机、水泵采用变频调速控制，可节电30%～40%。

⑥ 锅炉是一个多输入多输出、非线性动态对象，诸多调节量和被调量间存在着耦合通道。例如当锅炉的负荷变化时，所有的被调量都会发生变化。故而理想控制应该采用多变量解耦控制方案。而建立解耦模型和算法，通过计算机实现比较方便。

⑦ 锅炉微机控制系统经扩展后可构成分级控制系统，可与工厂内其他节点构成工业以太网。这是企业现代化管理不可缺少的。

⑧ 作为锅炉控制装置，其主要任务是保证锅炉的安全、稳定、经济运行，减轻操作人员的劳动强度。在采用计算机控制的锅炉控制系统中，有十分完善的安全机制，可以设置多点声光报警和自动联锁保护装置，杜绝由于人为疏忽造成的重大事故。

第二节　工业过程控制基本概念

一、基本概念

在生产发展的过程中，自动控制起着非常重要的作用。由于在生产过程中实现了自动化控制，大大提高了劳动生产率和产品产量与质量，降低了消耗和成本，同时也使人们从繁重的体力劳动和复杂的手工操作中解放出来。对于现代化大型企业，生产过程自动控制则有更重要的意义。

在生产过程中，人们是通过对表征生产过程的一些参数，如温度、压力、流量、液位、配比、成分等进行手工的或自动的调节来实现生产过程控制的。上述这些过程参数也称为“热工参数”。现以热水锅炉循环水补水泵自动调节为例，说明生产过程是如何实现自动控制的，见图 11-1。

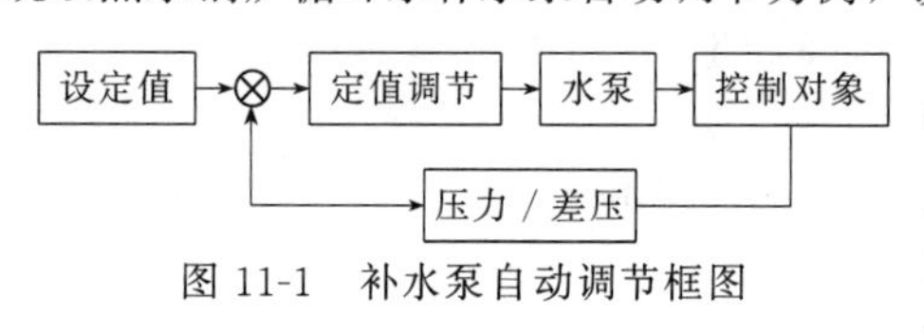

图 11-1　补水泵自动调节框图

补水泵和循环水泵控制是保证锅炉正常、稳定运行的重要环节，补水泵控制采用定值调节。根据定压点的压力，通过变频器调节补水泵转速，及时补充水量，防止系统缺水，保证其安全运行，为系统正常工作提供保障。

在手动控制中，操作工不外乎使用了眼、脑和手这三个器官进行人工调节。首先操作工用眼睛观察压力表显示的压力高低，然后通过神经系统将观察到的信息传递给大脑，大脑经过思考、分析、比较检测到的压力与工艺规定的偏差，决定并发出调节指令，双手即遵照指令开大或关小补水管道调节阀，使管网内的压力保持在工艺所要求的压力范围内。

如何用工业自动化仪表及工业计算机实现补水的自动调节？在自动系统调节中，检测仪表——“压力传感器、变送器”代替了人的眼睛，它们起自动观测压力的作用，将压力的高低变化转换成与之成比例的电信号——“压力检测信号”，送到“工业计算机”中。工业计算机的作用是代替人的大脑，模拟人的思维，把得到的检测信号与代表工艺所要求保持的压力——“定值信号”进行比较，得出两者“偏差信号”。然后根据偏差信号的符号和大小，经过运算，输出按一定规律变化的电信号——“控制信号”，送到“执行器”（在这里我们用的是阀门定值器）。执行器则代替人的手，按照控制信号的要求开大或关小调节阀，以控制补水的多少，使管网内的压力保持在工艺所要求的压力范围内。上述用仪表装置来代替人工完成调节任务的系统，称为自动调节系统。

比较人工和自动调节系统，可以看出，一个过程控制系统无非由两方面构成：一方面是被调节的生产设备或过程，今后统称“调节对象”或“控制对象”；另一方面是起调节作用的工业自动化仪表或装置。起控制作用的工业自动化仪表或装置又分为三大部分：自动检测仪表（包括测量元件和变送器），它代替人的眼睛及其他感官的作用，起自动检测过程参数变化的作用；自动调节仪表或计算机装置，它代替人的大脑，起综合、分析、比较和运算的作用，按一定控制规律发出控制信号；执行机构（包括执行器和调节阀），它代替人的手脚，起具体执行调节器指令，即开大或关小调节阀门的作用。

二、调节规律

1. 比例调节规律（P）

具有比例调节，其输出信号与输入信号成比例关系，即

$$Y=KX \tag{11-1}$$

式中，K 为比例放大倍数，或称比例增益；Y 为输出；X 为偏差信号。

比例调节规律的特点：对于比例作用的调节器来说，只要有偏差输入，其输出立即按比例进行变化，因此比例调节作用及时、迅速，但只具有比例调节规律的调节系统，当被调节参数受干扰影响而偏离给定值后，调节器的输出必定要发生变化。在系统稳定以后，由于比例关系，被调参数就不可能回到原来数值上，即存在残余偏差——余差。

2. 积分调节规律（I）

比例调节器的缺点是有余差。若要求调节系统无余差，就得增加积分调节规律（即积分作用）。积分作用的输出与偏差对时间的积分成比例，即

$$Y=\frac{1}{T_i}\int X\mathrm{d}t \tag{11-2}$$

式中，T_i 为积分时间；$1/T_i$ 表示积分速度。

上式表明，只要调节器输入（偏差）存在，积分作用的输出就会随时间不断变化，只有当偏差等于零时，输出才稳定不变。

积分调节规律的特点：由于积分作用是偏差对时间的积分，因此积分作用的输出与时间的长短有关。在一定偏差作用下，积分作用的输出随时间的延长而增加，因此积分作用具有“慢慢来”的特点。由于这一特点，调节不及时，使被调参数的超调量增加，操作周期和回复时间增长，这对调节是不利的。因此，积分作用往往与比例作用一起使用。当然若积分时间 T_i 减小些，被调参数的过渡过程会有所改善，但是 T_i 过小，将会导致系统激烈的振荡。正是由于这一特点，对一个很小的偏差，虽然在很短的时间内，积分作用的输出变化很小，还不足以消除偏差，然而经过一定时间，积分作用的输出总可以增大到足以消除偏差的程度，因此积分作用具有消除余差的能力。

3. 微分调节规律（D）

比例调节根据偏差的大小进行自动调节，积分作用可以减小被调参数的余差。对于一般调节系统来说，使用比例积分调节已经能满足生产过程自动控制的要求了。但是对一些要求比较高的自动控制系统，常希望根据被调参数变化的趋势，而采取调节措施，防止被调参数产生更大的偏差，为此可使用具有微分调节规律的调节。

所谓被调参数的变化趋势，就是偏差变化的速度。微分作用的输出与偏差变化的速度成正比，可用下式表示

$$Y=T_D\mathrm{d}X/\mathrm{d}t \tag{11-3}$$

式中，$\mathrm{d}X/\mathrm{d}t$ 为偏差变化的速度；T_D 为微分时间。

上式表明，对这种微分规律来说，输入偏差变化的速度越大，则微分作用的输出越大。然而对一个固定不变的偏差，不管这个偏差有多大，微分作用的输出总是零。由于微分作用的输出与偏差变化的速度成正比，因此对一个幅度很小的偏差，若变化速度很大，微分作用的输出可以很大。这种根据偏差变化的趋势提前采取的调节措施称为“超前”。因此，微分作用也称为超前作用，这是微分作用的一个特点。

4. 三作用调节规律（PID）

对于一般工业生产过程控制系统，常将比例、积分、微分三种调节规律结合起来应用，从而得到较为满意的调节质量。包含这三种调节规律的调节称为比例积分微分调节，习惯上用英文字头“PID”表示，即 Proportional（比例）、Integral（积分）、Derivative（微分）。

PID 调节规律是由基本的 P、I（或 PI）或 D（或 PD）调节规律组合而成的。理想的 PID 作用的微分方程为：

$$Y=K_p(X+1/T_i\int X\mathrm{d}t+T_D\mathrm{d}X/\mathrm{d}t) \tag{11-4}$$

三作用调节动作规律可概括如下：其中比例作用输出与偏差作用成正比，是三作用中最基本、最重要的作用；积分作用输出与输入偏差随时间的积分成正比，用以消除系统的残差；微分作用输出与偏差的变化速度成正比，用以克服对象的惯性和容积延迟的影响。PID 调节是这三种作用之和，当干扰出现后，微分作用立即动作，比例作用也同时起克服偏差作用，使偏差幅度减小，接着积分作用慢慢地把残差消除掉。于是有三个可调整的参数：比例度 δ、积分时间 T_i 和微分时间 T_D。只要三个参数选择适当，既可避免过分振荡，又能消除余差，并起到超前调节作用。因此 PID 系统具有较为理想的调节效果，它不仅使控制系统克服干扰能力增强，而且系统稳定性也大为提高。

第三节　基本调节系统简介

一、单参数调节系统

单参数调节系统也称为简单调节系统，在工业自动化调节系统中应用最多。所谓简单调节系统是指由一个测量变送器、一个调节器、一个调节阀和一个简单对象（单输入、单输出对象特性）构成的闭环反馈调节系统。

单参数调节系统解决了大量的参数定值调节问题，它是调节系统中最基本和使用最广泛的一种形式。但生产的发展、工艺的革新，导致对操作条件的要求更加严格，参数间的相互关系更加复杂。为适应生产发展的需要，在单参数调节系统的基础上，又开发出一些复杂控制系统，常见的如串级、比值、均匀、前馈、分程控制等。

二、前馈-反馈调节系统

前面介绍的单参数调节系统，解决了大量生产控制问题，是所有生产自动化的基础，并得到了广泛应用。但对某些工艺生产环节和控制要求特殊的情况下，上述控制系统还不能满足要求，因此前馈调节系统在某些生产场合得到了应用。

前馈控制系统就是按照扰动量的大小进行的一种控制方法。也就是说把影响被控变量的主要扰动因素测出来，送入前馈控制器，算出应施加的校正值的大小，产生抵消干扰的作用，在扰动刚一出现时就产生了校正作用。前馈系统与反馈系统的区别是：反馈系统是按照被控变量的偏差进行控制的。特点是必须在被控变量出现偏差后，调节器按偏差的大小和时间的多少产生控制作用，操纵变量来补偿干扰对被控变量的影响。如果干扰已产生，而被控变量还未变化时，控制器是不能产生控制作用的。因此，这种控制方式落后于干扰的变化。而前馈系统是在干扰刚一开始影响被控对象，不需要偏差就起作用。前馈控制信息传递是从干扰开始一直向被控变量方向传递，没有反馈。所以前馈控制是开环控制，在大多数情况下，把前馈调节和反馈调节结合起来，构成前馈-反馈调节系统。

三、串级调节系统

最常用的串级、比值、均匀控制系统在形式上都属于多回路调节系统，在大多数情况下又都是由两个调节器串接而成的，即一个调节器的输出作为另一个调节器的给定值。但其所要解决的矛盾性质却不完全相同，因而它们的动态特性和调整方法也有所区别。在常规控制系统中，串级控制系统是改善过程控制质量的最有效方法之一，它是生产过程中应用比较广、使用效果比较好的一种复杂控制系统。

串级控制系统采用两套检测变送器和两个调节器。前一个调节器的输出作为后一个调节器的给定，后一个调节器的输出才送往调节阀。前一个调节器称为主调节器，它所检测和控制的变量称为主变量，即工艺控制指标；后一个调节器称为副调节器，它所检测和控制的变量称为副变量，这是为稳定主变量而引入的辅助变量。由于串级控制系统比单回路控制系统在结构上增加了一个副回路，因此具有下列特点：

① 对于进入副回路的干扰具有较强的抗干扰能力；

② 改善对象特性；

③ 具有一定的自适应能力。

串级控制系统对主回路来看是一个定值控制系统，但副回路对主调节器来说却是一个随动系统。主调节器能按对象的操作条件及负荷的变化情况，不断地改变副调节器的给定值，以适应操作条件和负荷的变化。由于副回路的快速、随动特性，使串级控制系统具有一定的自适应能力。

综上所述，串级控制的抗干扰能力、快速性、适应性和控制质量都比单回路控制系统优越，特别对工艺要求高，对象容量滞后比较大，调节通道纯滞后时间较长，以及负荷变化大，系统内存在变化剧烈的干扰情况下，采用串级控制系统可以获得显著的效果。

第四节　锅炉控制回路的应用

一、蒸汽锅炉锅筒水位的控制方法

锅炉给水调节的目的是调节给水量，以适应蒸发量的变化需要，维持锅炉水位在允许的安全范围内。锅炉给水调节常用方法有以下三种。

1. 单冲量给水调节系统

单冲量给水调节系统的组成如图 11-2 所示。锅炉水位信号 H 通过变送器送到水位调节器，并根据水位测量信号与给定值偏差调节给水阀的开度。改变给水流量，以保证锅筒水位在允许的范围内。

单冲量给水调节存在的问题是在蒸汽负荷的干扰下，虚假水位现象会造成给水阀的误动作，锅筒水位波动大，调节时间长，而在给水流量的扰动下也会加速上述问题的出现。因此，该系统只适用于锅炉容量小、蒸汽负荷较稳定、对调节质量要求不高的小型锅炉。

2. 双冲量给水调节系统

双冲量给水调节是根据锅炉水位信号 H 和蒸汽流量 D 两个信号对锅筒水位进行的调节。双冲量给水调节系统组成如图 11-3 所示。

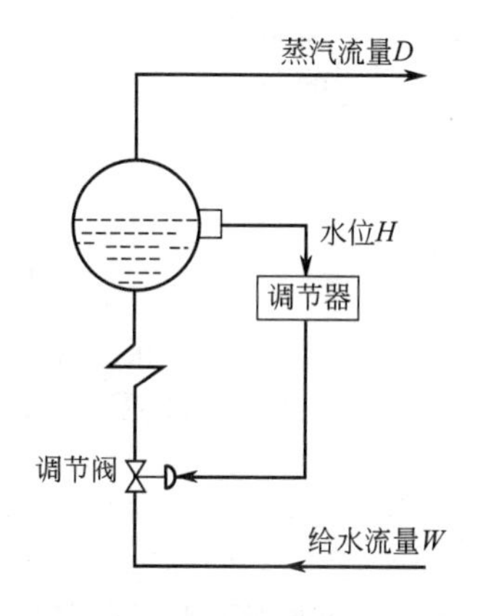

图 11-2　单冲量给水调节示意图

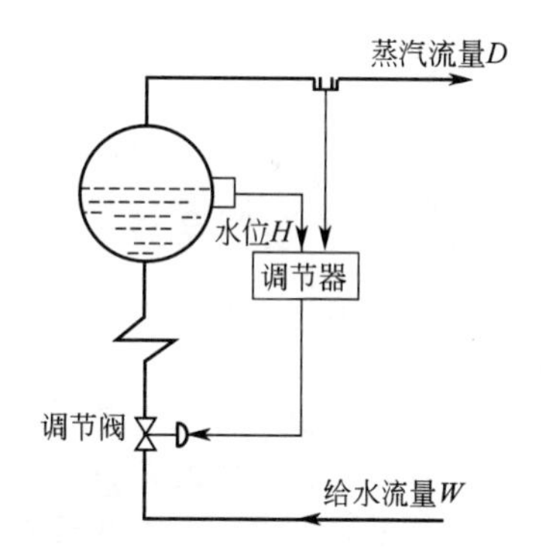

图 11-3　双冲量给水调节示意图

蒸汽流量信号起前馈调节作用，用来消除蒸汽流量的干扰对水位调节产生的影响。水位信号起反馈调节的作用，用来调节给水流量。两者结合，其控制效果优于单冲量给水调节系统。因此该系统适用于蒸汽经常变化的锅炉给水调节的控制。双冲量给水调节的缺点是不能及时补偿给水压力变化所引起的对给水流量的干扰影响。

3. 三冲量给水调节系统

三冲量给水调节系统是根据锅筒水位信号 H、蒸汽流量信号 D 和给水流量信号 W 三个信号对锅筒水位进行的调节。其工作过程是将蒸汽流量信号作为前馈信号，用来克服负荷变化所引起的虚假水位所造成的调节阀的误动作，改善负荷扰动下的调节质量；给水流量信号作为反馈信号，用以迅速消除给水侧的扰动，稳定给水流量；水位信号作为主信号，用以消除内外侧扰动对水位的影响，保证锅炉水位在允许的范围内。三冲量给水调节又分为单级三冲量给水调节和串级三冲量给水调节。

(1) 单级三冲量给水调节系统　单级三冲量给水调节系统是只有一个调节器的三冲量给水调

节系统。当蒸汽流量 D 变化时，调节器立即动作，去适当地改变给水流量 W。而当给水流量 W 变化时（如给水压力变化引起的给水流量变化），调节器也立即动作，使给水流量达到所需数值，起到有效控制锅筒水位变化的作用。

(2) 串级三冲量给水调节系统　串级三冲量给水调节系统是通过两个调节器来进行的三冲量给水调节系统。其组成如图 11-4 所示。主调节器接受水位信号 H 作为主控信号去调节副调节器。主调节器通过副调节器对水位进行校正，使其保证在给定值；副调节器除接受主调节器输出的水位信号 H 外，还接受给水流量 W 反馈信号和蒸汽流量 D 前馈信号；当给水流量扰动时，副调节器迅速动作使给水流量不变；当蒸汽流量扰动时，副调节器也迅速改变，使给水流量与蒸汽流量相适应。

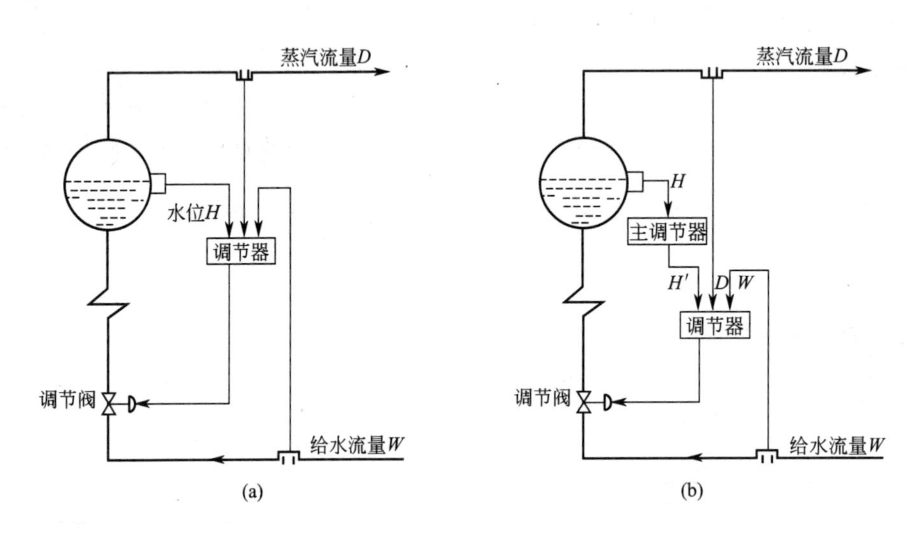

图 11-4　串级三冲量给水调节示意图

二、燃烧过程自动控制系统

以热水锅炉为例，锅炉燃烧系统调节的主要任务是满足负荷需要，保证出水温度相对稳定与锅炉的安全运行。其关键在于保证经济燃烧，提高燃烧效率，达到节能减排目的。从第二章第三节所知，经济燃烧问题，实质上就是进煤量和供风量的配比问题，如果能保证合理的风-煤比，即最佳空气系数，则可实现最高的燃烧效率，使各项热损失最小，便可提高锅炉热效率。如果空气量不足，空气系数太小，造成不完全燃烧，烟气中产生 CO，除污染环境外，还造成化学不完全燃烧，热能损失；反之，当空气量过多时，即空气系数太大，一方面使火焰温度降低，另一方面，也是最重要的，造成排烟热损失增加。由于现阶段的检测手段和检测设备尚不能方便地测得准确的进煤量，给风-煤配比的自动控制造成一定困难。但进煤量与炉排转速、煤层厚度存在对应的函数关系，而进风量同样与鼓风机的转速存在同样的关系。这样可巧妙地避开这一难题，使风-煤配比即空气系数在整个运行过程中始终保持在最佳或次最佳状态。还有另一个难题，由于煤质的变化同样会造成风-煤配比比值的漂移，那么一个定值控制系统是无法适应煤质变化这一干扰的，所以在这里加入了自寻优控制方案，确保锅炉达到最佳燃烧效果。其全部控制过程如图 11-5 所示。

燃烧过程自动控制的任务相当多。第一要满足供热负荷相对稳定，保证用户需要。因此，当负荷扰动而使锅炉供热负荷变化时，通过调节燃料量（或送风量）使之稳定；第二要保证处于最佳燃烧状况，即燃烧过程的经济性。在锅炉供热负荷条件下，要使燃料量消耗最少、燃烧尽量完全，使热效率最高。为此燃料量与空气量（送风量）应保持在一个合理的比例；第三，保持炉膛微负压恒定。通常用调节引风量使炉膛保持微负压，如果炉膛负压太小甚至为正压，则炉膛内热烟气向外冒出，影响设备和操作人员的安全；反之，炉膛负压太大，会使大量冷空气漏进炉内，降低燃烧效率，使排烟热损失增加。

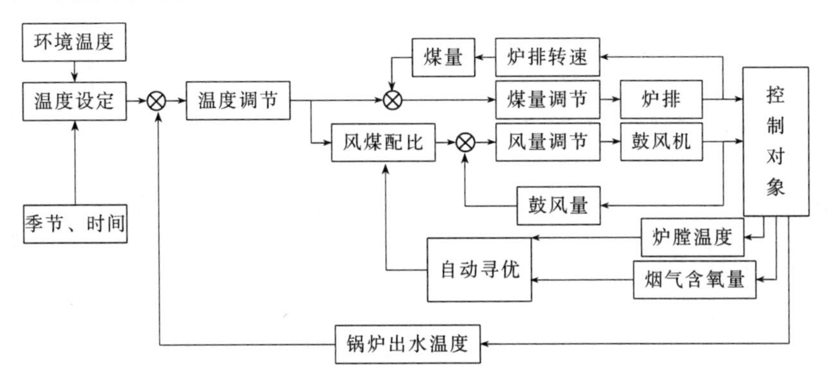

图 11-5　燃烧系统自动控制框图

上述三项任务是相互关联的，为此有三个可供调节的手段：燃料量、送风量和引风量。控制系统设计的总原则应当是生产负荷变化时，燃料量、送风量和引风量应同时协调动作，既适应负荷变化的需要，又使燃料量和送风量成一定比例，保持最佳空气系数，炉膛处于微负压状态。而当生产负荷稳定不变时，则应保持燃料量、送风量和引风量相对稳定，并迅速消除它们各自的扰动作用。

热水锅炉是用来冬季供热的，考虑到冬季初冷期和深冷期、每天的白天和晚上温差很大，而对应所需的热量（负荷）必然不同。因此，在设计中使计算机自动跟踪季节变化、24h时间变化和室外温度变化，来自动无扰地适时改变锅炉的供热负荷，使锅炉提供的热量与所需的热量相适应。锅炉供出热水热量为：

$$Q=KD\Delta T \tag{11-5}$$

式中，Q 为供出热量；K 为系数；D 为供出流量；ΔT 为供水温度－回水温度。

当锅炉回水温度和出水流量变化被控制在很小范围内时，使锅炉出水温度随着季节、24h和室外温度的不同做相应调整变化，即可达到所需热量。

根据实际情况，结合天津地区历年冬季室外环境温度一般变化规律和经验，可以制定出锅炉出水温度随季节、24h和室外温度变化的曲线。如表 11-1 和图 11-6 所示。其他地区可根据当地实际情况进行统计总结规律。

表 11-1　锅炉出水温度设定值随室外温度变化规律

室外温度/℃	－20	－15	－10	－7.5	－5	－2.5	0	5	10
设定值($SP0$)	25	17.5	10	7.5	5	2.5	0	－2.5	－7.5

$SP1$：在室外温度为 0℃时的高负荷设定值（高温段设定）。

$SP2$：在室外温度为 0℃时的低负荷设定值（低温段设定）。

出水温度的远程设定值 $SP=SP0+SP1$（或 $SP2$）

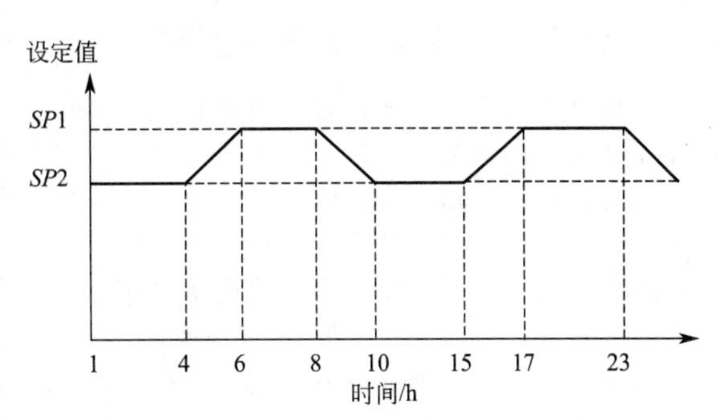

图 11-6　设定值在一天当中随负荷变化规律（8 段分时控制曲线）

锅炉出水温度是否平稳，直接影响到居民家中的冷暖问题，同时热水锅炉的平稳操作可以延长锅炉的寿命。因此热水锅炉出水温度控制较严格，通常要求温度偏差不大于±1.50℃。引起出水温度改变的扰动因素有很多，主要有：进水流量和进水温度的扰动，煤的成分的扰动，配风、炉膛漏风和大气温度的扰动。对于这样的温度调节对象，调节通道长，延迟很大，从调节控制器动作到出水温度的改变，这中间要经过炉膛，因而反应很缓慢，也就是说从扰动开始到调节器动作，这中间要经过很长时间，在这段时间里，炉膛温度已经变化很多，显然它将使出水温度出现很大偏差，所以采用简单调节系统是达不到严格的工艺要求的。如果我们设法把这段时间争取过来，让调节器提前动作，那么调节效果就会改善。由于煤成分的扰动以及风量方面的扰动都能很快地在炉膛温度上表现出来，因此，如果将炉膛温度测出来，通过炉膛温度调节回路控制燃料量，那么就会迅速地克服来自这方面的扰动。但是炉膛温度稳定并不能保证出水温度的稳定，因为在进水流量和进水温度发生变化时仍然会偏离给定值，而最终是要保持出水温度恒定。为了解决这个矛盾，可以设想用人工来改变炉膛温度调节回路的给定值，通过它来改变炉膛温度，以适应在发生进水流量和进水温度扰动的情况下，也能算出出水温度调节到所需要的数值。实际上这个工作当然不是用人工，而是由出水温度调节回路来完成的，它的任务是根据出水温度相对于给定值的偏差来改变炉膛温度调节回路的给定值。所以，将出水温度调节和炉膛温度调节设计成串级调节系统。

串级调节系统在形式上属于多回路调节系统，它是由两个调节器串接而成的，即一个调节器的输出作为另一个调节器的给定值。在常规控制系统中，串级控制系统是改善调节过程品质最有效的一种方案，它在过程控制中得到广泛的应用，也是使用效果比较好的一种复杂控制系统。

在串级调节系统中采用了两级调节器，这两级调节器串在一起工作，各有其特殊任务。调节阀直接接受炉膛温度调节回路控制，而炉膛温度调节回路的给定值受出水温度调节回路控制。温度调节回路称为主调节器（主回路），炉膛温度调节回路称为副调节器（副回路）。串级控制系统就其主回路来看是一个定值控制系统，但副回路对主回路来说却是一个随动系统，主调节器能按对象的操作条件及负荷的变化情况不断地改变副调节器的给定值，以适应操作条件和负荷的变化。由于副回路的快速、随动特性，使串级控制系统具有一定的自适应能力。

炉膛温度的变化直接改变了燃料量，使燃料量随锅炉负荷而变化。所以作为主流量，与空气流量组成单闭环比值调节系统，以使燃料与空气保持一定比例，获得良好燃烧效果。

图 11-5 所示是燃烧过程的基本控制方案。这个方案是出水温度调节器的输出，同时作为燃料和空气流量调节器的设定值。这个方案可以保持出水温度恒定，同时燃料量和空气量的比例是通过燃料调节器和送风调节器的正确动作而得到间接保证的。

另外，在自动调节过程中，由于某种因素的干扰或人为因素的干扰，使出水温度的检测值偏离设定值。为了克服这种干扰，在设计时可采用自动选择调节或称超弛调节系统。在自动选择调节系统中有两个调节器，通过选择器来选出能适应生产安全状况的控制信号，对生产过程进行安全调节。在正常情况下，一个调节器起调节作用，另一个调节器备用，处于开环状态。当出水温度偏离设定值到一定界限时，通过选择器用备用调节器取代不正常工作的调节器，使出水温度快速接近设定值。经过调节，出水温度恢复正常时，正常条件下运行的调节器又通过选择器自动切换，进行自动调节，从而提高了控制回路快速修正偏差的能力，保证了控制参数的精度。

三、燃烧产物中烟气含氧量的控制

上述介绍的锅炉燃烧过程的自动控制方案中，虽然考虑了燃料量与空气量的比例关系，但并不能完全确保燃烧的经济性。这主要是由于燃烧状况的复杂性及其多变化所造成的，而且锅炉负荷不同时，燃料量与空气量间的最优比值也应该有所不同。因此最好需要有一个检查燃料量与送风量是否恰当配比的直接指标，以此来校正送风量。可采用检测燃烧产物烟气中的含氧量作为送风量的校正信号。下面就此作一些简单分析。

燃料燃烧的完全程度主要反映在燃烧产物的成分，即烟气成分是否合理（特别是含氧量）和烟气温度两个方面。烟气成分中 O_2、CO_2、CO 的含量基本上可以反映燃料燃烧的状况。最简便的方法是用烟气中含氧量来表示。根据燃烧反映方程式，可计算出燃料完全燃烧时所需的氧量，从而可得出所需的空气量，这叫理论空气量。实际上完全燃烧所需的空气量，应该大于理论空气量，其二者的比值，叫空气系数。如空气系数太小会造成燃烧不完全，烟气中有 CO 等，使热损失增大；如空气系数太大，即过剩空气量太多，烟气中氧含量太高，使排烟热损失增大，炉膛温度降低。因此，必然有一个最佳空气系数，也就是最佳风煤配比。各种燃料的最佳空气系数推荐值见第二章与第三章。其中燃煤空气系数应为 1.3～1.5。只要在炉膛出口测出烟气中的氧含量，便可计算出空气系数。

因此，用氧化锆测氧仪测出烟气含氧量，用计算机计算出空气系数用以修正风-煤配比，以达到最佳经济燃烧。由于各种因素的影响，一个固定的风-煤配比不能保证锅炉的合理燃烧，所以引入了自寻优专家控制系统，即锅炉燃烧在初次投运时，计算机根据实际燃烧情况，确定风-煤配比，待系统投入自动并稳定后，启动定时自寻优专家控制功能，计算机根据炉膛温度和烟气含氧量的变化，自动微调风-煤配比至最佳或次最佳状况，锅炉热效率必然会提高。

有一点需特别指出，燃烧产物系指炉膛烟气出口处的烟气成分。因此烟气测氧仪必须安装在炉膛烟气出口处。有的单位把测氧仪安装在空气预热器出口处，只反映烟道漏风情况，对控制风煤配比毫无意义。

四、炉膛负压控制

炉膛负压的大小对于节能影响很大。负压大，吸入冷风多，影响炉温，且排烟热损失增加。应在微负压下运行，它能增加悬浮煤颗粒在炉膛内的滞留时间，促进完全燃烧。炉膛负压一般通过控制引风量来保持在一定范围内。但对锅炉负荷变化较大时，采用单回路控制系统难以保持。因此，负荷变化后，燃料及送风调节器控制燃料量和送风量与负荷变化相适应。由于送风量变化时，引风量只有在炉膛负压产生偏差时，才由引风调节器去调节，这样引风量的变化落后于送风量，必然造成炉膛负压的较大波动。尽管反馈调节系统调节性能较好，但由于这个干扰直接作用于主参数，因而影响调节质量的进一步提高。为此，可把送风量这个影响负压的主要干扰引入前馈调节器，通过前馈调节器发出补偿信号与反馈调节信号叠加在一起对负压进行调节。前馈调节是按照被调参数变化的扰动量大小进行调节的，即按扰动进行调节，当干扰刚刚出现而能测出来时，调节器就能发出调节信号去克服这种干扰，或者说去补偿扰动对过程参数的作用。因此前馈调节对干扰的克服要比反馈调节来得快，调节精度就可以进一步提高。所以，将炉膛负压设计成前馈-反馈控制系统，用送风调节器输出作为前馈信号，这样可使引风调节器随着送风量协调动作，使炉膛负压保持恒定。如图 11-7 所示。

五、联锁保护措施

工业锅炉安全运行至关重要，因而设置了计算机联锁保护控制系统。即当锅炉出水温度超过超高限或出水压力低于超低限，则计算机按照先停炉排、再停鼓风、最后停引风的顺序自动停炉，保证锅炉的安全，防止危险事故的发生。在联锁停炉信号解除后，锅炉才可再次投运。

另外，当炉膛负压为正时，会使炉膛内的热烟气和火焰向外喷出，影响设备和操作人员的安全。因此，在设计中使计算机自动跟踪炉膛负压的变化，当炉膛负压为正并达到一定的界限（＋60Pa）时，强制改变送风量和引风量，使炉膛负压恢复到正常范围。

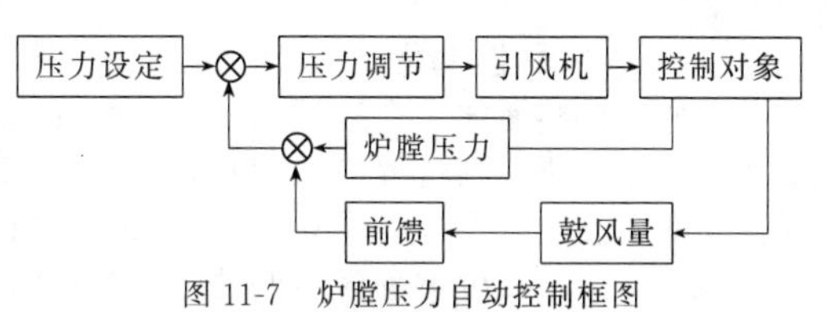

图 11-7　炉膛压力自动控制框图

六、手/自动无扰操作

控制系统均设有手/自动切换装置，在投运初期，一般总是先手动遥控，待工况正常后，再切向自动。而当系统在运行过程中出现异常时，又往往需要从自动切向手动。在这个过程中应该保证控制器的输出不变，才能保证执行器的位置在切换的过程中不发生突变，从而不会对生产过程产生扰动。这种对生产过程不产生扰动的切换被称为无扰动切换。

第五节　控制系统功能概述

一、过程控制系统的质量指标

采用先进的计算机控制系统，主要用于热源厂的生产控制、运行操作、监视管理。控制系统不仅要有可靠的硬件设备，还应有功能强大、运行可靠、界面友好的系统软件、编程软件和控制软件。

一个控制良好的系统，在经受扰动作用时，一般应平稳、快速和准确地趋近或回复到设定值。这里所讲的“平稳”是指动态过程的振荡倾向和系统重新恢复平衡工作状态的能力。它是控制系统能正常工作的基本条件。“快速”是指动态过程进行的时间很短，“准确”是指系统最终恢复平衡状态后所能保持的精度。

由于被控过程的具体情况不同，各种系统对平稳、快速、准确的要求也有所不同。例如随动控制系统对快速性和准确性要求较高，而定值控制系统一般却侧重于平稳性和准确性。同一个系统，平稳、快速、准确是相互制约的。提高过程的快速性，可能会引起系统强烈振荡，甚至会使系统变为不稳定；改善了平稳性，控制过程又可能很迟缓，甚至使准确性变差。在比较不同控制方案时，应首先规定评价控制系统优劣程度的性能指标。

二、集散控制系统概述

集散控制系统是以计算机为基础的集中分散型综合控制系统的简称。由于它在发展初期是以分散控制为主要特色的，因此，国外一般称其为分散控制系统（distributed control system，DCS)。在国内习惯称之为集散控制系统（DCS)。

集散控制系统是20世纪70年代中期发展起来的一种新型控制系统。它是计算机技术、控制技术、通信技术、图形显示（cathode ray tube，CRT）技术相结合的产物，是完成过程控制和过程管理的现代化设备。它弥补了常规过程控制仪表组成的过程控制系统的不足之处。

集散控制系统在冶金、纺织、电力、石油、化工、原子能、水处理等工业生产过程自动化中得到了广泛的应用。作为过程控制发展的新技术，集散控制系统正得到越来越多用户的赞誉。

三、DCS的体系结构

集散控制系统的体系结构通常为三级。第一级为分散过程控制级；第二级为集中操作监控级；第三级为综合信息管理级。各级之间由通信网络连接，级内各装置之间由本级的通信网络进行通信联系。

1. 分散过程控制级

此级是直接面向生产过程的，是DCS的基础。它直接完成生产过程的数据采集、反馈控制、顺序控制等功能。其过程输入信息是面向传感器的信号，如热电偶、热电阻、变送器（温度、压力、液位）及开关量等信号，其输出驱动执行机构。构成这一级的主要装置有：①现场控制站（工业控制机)；②可编程序控制器（DCS、PLC)；③智能调节器；④其他测控装置。

2. 集中操作监控级

这一级以操作监视为主要任务，兼有部分管理功能。该级是面向操作员和控制系统工程师的，因此根据具体情况应配有技术手段齐备、功能强大的计算机系统及各类外部装置，特别是CRT显示器和键盘，以及需要较大存储容量的硬盘或软盘支持；另外还需要功能强大的软件支持，确保工程师和操作员对系统进行组态、监视和操作，对生产过程实行高级控制策略、故障诊断、质量评估。其具体组成包括：①监控计算机；②工程师显示操作站；③操作员显示操作站。

3. 综合信息管理级

这一级由管理计算机、办公自动化系统、工厂自动化服务系统构成，从而实现整个企业的综合信息管理。综合信息管理主要包括生产管理和经营管理。

4. 通信网络系统

DCS各级之间的信息传输主要依靠通信网络系统来支持，根据各级的不同要求，通信网络又分成低速、中速、高速通信网络。低速网络面向分散过程控制级，中速网络面向集中操作监控级，高速网络面向高速通信网络管理级。

四、DCS的特点

对一个规模庞大、结构复杂、功能全面的现代化生产过程控制系统，首先按系统结构垂直方向分解成分散过程控制级、集中操作监控级、综合信息管理级，各级相互独立又相互联系；然后对每一级按功能在水平方向分成若干个子块，与一般的计算机控制系统相比，DCS具有以下特点。

1. 硬件积木化

DCS采用积木化硬件组装式结构。由于硬件采用这种积木化组装结构，使得系统配置灵活，可以方便地构成多级控制系统。如果要扩大或缩小系统的规模，只需按要求在系统中增加或拆除部分单元，而系统不会受到任何影响。这样的组合方式，有利于企业分批投资，逐步形成一个在功能和结构上由简单到复杂、从低级到高级的现代化管理系统。

2. 软件模块化

DCS为用户提供了丰富的功能软件，用户只需按要求选用即可，大大减少了用户的开发工作量。功能软件主要包括控制软件包、操作显示软件包和报表打印软件包等，并提供至少一种过程控制语言，供用户开发高级的应用软件。

控制软件包括用户提供各种过程控制的功能，主要包括数据采集和处理、控制算法、常用运算式和控制输出等功能模块。这些功能固化在现场控制站、DCS、智能调节器等装置中。用户可以通过组态方式自由选用这些功能模块，以便构成控制系统。

操作显示软件包括为用户提供的丰富的人-机接口联系功能，能在CRT和键盘组成的操作站上进行集中操作和监视。可以选择多种CRT显示画面，如总貌显示、分组显示、回路显示、趋势显示、流程显示、报警显示和操作指导等画面，并可以在CRT画面上进行各种操作，所以它可以完全取代常规模拟仪表盘。

报表打印软件包可以向用户提供每小时、班、日、月工作报表，打印瞬时值、累计值、平均值、打印时间报警等。

过程控制语言可供用户开发高级应用程序，如最优控制、自适应控制、生产和经营管理等。如Honeywell公司的HC900的Hybrid Control Designer、Siemens公司的STEP7、Intellution公司的iFIX软件。

3. 控制系统组态

DCS设计了使用方便的面向用户的编程软件，为用户提供了数百种常用的运算和控制模块，控制工程师只需按照系统的控制方案，从中选择模块，并以填表的方式来定义这些软功能模块，进行控制系统的组态。系统的控制组态一般是在工程师站上进行的。填表组态方式极大地提高了系统设计的效率，解除了用户使用计算机必须编程序的困扰，这也是DCS能够得到广泛应用的原因之一。

4. 通信网络的应用

通信网络是分散型控制系统的神经中枢。它将物理上分散配置的多台计算机有机地连接起来，实现了相互协调、资源共享的集中管理。通过高速数据通信线，将现场控制站、局部操作站、监控计算机、中央操作站、管理计算机连接起来，构成多级控制系统。

DCS一般采用同轴电缆、双绞线或光纤作为通信介质，通信距离可按用户要求从十几米到十几公里，通信速率为1～100Mbps。由于通信距离长和速度快，可满足大型企业的数据通信，实现实时控制和管理的需求。

5. 可靠性高

DCS的可靠性高体现在系统结构、冗余技术、自诊断功能、抗干扰措施和高性能的元件等几方面。

五、现场控制站

1. 机箱（柜）

现场控制站的机箱（柜）内部均装有多层机架，以供安装电源及各种部件之用。机柜常配有密封门、冷却扇和过滤器等，有时还配有温控开关。当机柜内温度超过正常范围时，产生报警信号。

2. 电源

高效、无干扰、稳定的供电系统是现场控制站工作的重要保证。现场控制站内各功能模块所需直流电源一般有+5V、+24V等。对主机供电的电源一般均要求与现场检测仪表或执行机构供电的电源之间在电气上互相隔离，以减少相互干扰。

3. 现场控制器

现场控制器是现场控制站的核心。它包括（central process unit，CPU）、存储器、输入/输出通道等，主要进行信号的采集、控制计算和控制输出。它大多数采用32位微处理器，配有浮点运算协处理器，以便扩展更为复杂的控制算法，如自整定、模糊控制和预测控制等；只读存储器（read only memory，ROM）用来固化控制管理的监控器程序、自诊断程序和标准算法程序等；随机存储器（random access memory，RAM）用来保存现场信息与运算结果等；输入/输出通道由模拟量输入通道、模拟量输出通道、开关量输入通道、开关量输出通道组成。模拟量输入信号一般采用4～20mA标准信号或1～5V、0～10V电压信号；模拟量输出信号采用4～20mA、0～10mA电流信号或1～5V电压信号。

4. 通信控制单元

通信控制单元实现分散过程控制级与集中操作监控级的数据通信。

5. 手动/自动显示操作单元

手动/自动显示操作单元作为后备安全措施，可以显示测量值、给定值、自动阀位输出值、手动阀位输出值，并具有硬手动操作功能，可直接调整输出阀值。

六、现场控制站的功能

1. 数据采集功能

对过程参数，包括各类热电偶信号、热电阻信号、压力、液位、流量等信号，进行数据采集、变换、处理、显示、存储、趋势曲线显示、事故报警等。

2. 反馈控制功能

反馈控制功能包括接受现场的测量信号，进而求出给定值与测量值的偏差，并对偏差进行PID控制运算，最后求出新的控制量，并将此控制量转换成电流送至执行机构。

3. 顺序控制功能

它通过来自过程状态输入/输出信号相反馈控制功能等状态信号，按预先设定的顺序和条件，对控制的各阶段进行逐次控制。

4. 信号报警功能

对过程参数设定上限值和下限值，若超过上限值和下限值则分别进行上限和下限报警；对非法的开关量状态进行报警；对出现的事故进行报警。信号报警以声音、光或通过CRT屏幕显示颜色变化表示。

七、操作员站及工程师站

1. 操作员站

操作员站由工业微型计算机或工作站、工业键盘、光标控制设备（鼠标或轨迹球）、大屏幕CRT、操作控制台等硬件设备和软件组成，是系统与操作人员之间的接口。操作人员通过操作站了解生产过程的运行情况，包括各种过程参数的当前值、系统是否有异常情况等。

(1) 操作员站的显示功能 操作员站的CRT是DCS和现场操作运行人员的主要界面，它具有强大、丰富的显示功能。

① 模拟参数显示。可以模拟方式（棒图）、数字方式和趋势曲线方式显示过程量、给定值和控制输出量；对非控制变量也可用模拟或数字方式显示其数值和变化过程。

② 系统状态显示。以字符、模拟方式或图形颜色等方式显示工艺设备的有关开关状态（运行、停止、故障等）、控制回路的状态（手动、自动、串级）以及顺序控制的执行状态。

③ 多种画面显示。见图11-8，可显示的画面包括总貌画面（全系统的工艺结构和重要状态信息）、分组画面（仅显示一组的详细状态）、控制回路画面（一个控制回路的详细数据显示）、参数变化趋势画面（显示某些参数特别是控制回路的设定值、过程量和输出值的变化趋势）、流程图显示（用模拟图表示工艺过程和控制系统）、报警画面（报警信息和报警列表记录）和DCS本身状态画面（系统的组成结构、网络状态和工作站状态等）。此外还可显示各类变量目录画面、操作指导画面、故障诊断画面、工程师维护画面和系统组态画面等。

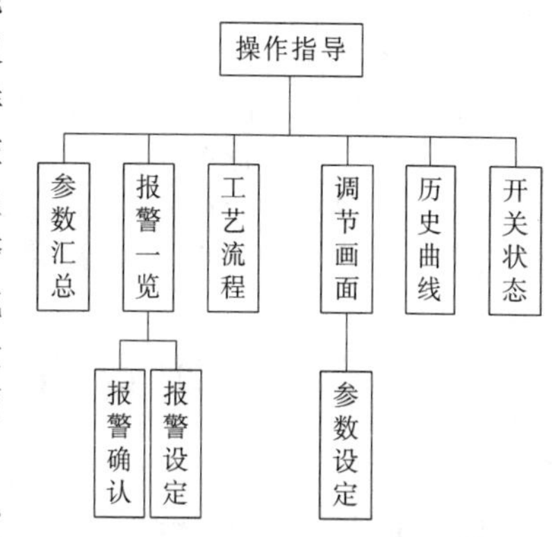

图11-8 操作画面示意图

a. 流程画面。以流程图的形式，通过图形符号的颜色变化、闪烁等方式，动态显示锅炉的运行状态，操作人员可通过此画面直观了解锅炉的各工艺参数。

b. 工艺参数画面。将DCS采集来的各工艺参数与其对应的名称、位号以表格形式实时地显示出来。而且通过检测到的参数及其他输入参数，可显示对锅炉正平衡热效率所进行的实时计算、累积、对比结果等，用以考核运行人员的工作情况。

c. 调节画面。将系统各控制回路的运行状态和有关参数以调节棒图的形式显示出来。操作人员利用键盘或鼠标方便地对各控制回路的控制参数（set point，SP）、P、I、D等进行在线修正。也可对控制回路进行自动/手动切换，实现遥控操作。

d. 报警画面。用于记录何时何处有何报警，以便有关人员查询。同时实现安全联锁控制，报警及事故处理自动控制，并具有自诊断、自恢复功能。

e. 历史趋势画面。用于记录系统主要工艺参数，一班、一天、一个月或一个供暖期的数据，以曲线的形式显示出来，包括温度连续图、流量连续图等，以便管理人员检查，分析锅炉及整个供暖期的运行状态，为今后生产管理提供真实的数据。

(2) 操作员站的操作功能 DCS的操作功能依靠操作员站实现，这些功能有：

① 调节报警越限值。设定和改变各过程参数的上下限报警值及报警方式。

② 紧急操作处理。操作员站提供对系统的有关操作功能，以便在紧急状态时进行操作处理。

③ 操作人员通过操作员站还可以对现场进行直接的调节与控制，如对控制回路进行在线调整；启动或终止某个回路；手工调节某个回路或控制某个现场设备的动作。操作员站还具有历史数据的处理功能，可以方便地形成运行报表和历史趋势曲线。

在操作员站可以设定多种安全级别，即根据每个人的工作职务决定其操作的操作权限，保证了控制系统的安全运行，防止了无权人员的误操作。

2. 工程师站

工程师站一般由通用微型计算机工作站构成，是对系统进行离线配置、组态和在线监控以及维护的人机接口。

(1) 系统离线配置和组态功能　DCS系统组态前，是一个硬、软件的集合体，只有在根据设计要求正确地完成了组态工作后，才成为适于某个生产过程的控制系统。工程师站提供如下系统配置和组态功能：

① 硬件配置。定义各现场控制站的站号，进行控制站内I/O配置，如定义各I/O信号性质、型号调理类型等。

② 数据库组态。定义系统数据库的各种参数。系统数据库包括实时数据库和历史数据库。实时数据库组态主要包括定义各过程参数的名称、工程量转换系数、上下限值、线性化处理、报警特性及条件等；历史数据库组态主要定义进入历史数据库的数据及保存周期等。

③ 回路组态。定义各控制回路的控制算法、调节周期、调节参数和有关系数等。回路组态常用语言为功能块语言。

④ 显示画面组态。组态系统画面和过程操作画面。系统画面包括系统的结构、通信网络、各组成设备运行状态等；过程操作画面包括用户过程画面、概貌画面、仪表面板画面、检测和控制点画面、趋势画面以及各种画面编号一览表、报警与事件一览表等。

(2) 系统监控功能　工程师站还具有系统运行状态的监控功能，包括对各现场控制站的运行状态、各操作站的运行情况、网络通信情况等的监控，以便发生异常时，能及时采取措施进行维护或调整，不致对生产过程产生失控或造成损失。

另外，还具有在线修改功能，如上下限值的改变、控制参数的调整等。

第六节　检测仪表分类与安装

一、检测仪表的功能与发展趋势

在工业生产中，为了正确地指导生产操作，保证安全，保证产品质量和实现生产过程自动化，首先需要准确而及时地检测过程状况的各个有关参数，如压力、液位、温度、流量等。目前，微型计算机的应用使得对于压力、温度、流量和液位等参数，实现了自动检测。自动检测的目的主要是完成两项任务：一是将被测参数直接测量并显示出来，以告诉人们或其他系统有关被控对象的变化情况；二是用作自动控制系统的前端系统，以便根据参数的变化情况作出相应的控制决策，实施自动控制。

利用压力、液位、温度、流量等过程参数进行测量和控制，仅仅是间接的，而成分分析作为直接控制参数，是对产品质量的最后检验。利用工业自动分析仪表，自动地、连续地给出与产品质量直接相关的物性和物质成分等参数，并直接去控制产品质量，从而节约能源，提高生产效率和经济效益。工业自动分析仪表将在工业生产中发挥越来越重要的作用。

专供工业过程中获取信息的检测仪表，是自动检测与控制系统的重要组成部分。检测仪表通常由三部分组成：检测环节、转换放大环节和显示部分。检测部分可以是检出元件或传感器，直接感受被测变量，并将它变换成适于测量的信号形式。转换放大部分对信号进行转换、放大等处理，并传送给显示部分进行指示或记录。

输出为标准信号的传感器称作变送器，通常由检测环节和转换放大部分组成。显示部分已从检测与显示功能合为一体的就地指示型仪表，逐渐发展为检测与显示功能分开的单元组合型仪表。目前，数字式显示仪表因其测量速度快、精确度高、读数直观准确且便于和计算机等数字化装置直接配套而发展迅速。随着新技术、新材料、新工艺的不断出现，检测仪表和显示仪表正在向集成化、微型化、单元化、数字化和智能化方向发展。

随着电子技术和计算机技术的发展，随着国际现场总线标准的制定和统一，一种完全数字化双向通信技术会彻底取代4～20mA模拟信号，现在世界各仪表公司正在开发或开始推出现场总线型变送器，或称全数字式变送器，因此从信号的演变看，带有微处理器的智能化现场变送器是发展的必然趋势。

二、自控仪表基础知识

1. 热工测量

锅炉行业的热工测量是指对各种热工参数及物理量，如温度、压力、流量、液位等的测量。

2. 测量的概念

所谓测量就是采用测量工具或仪表，通过实验的方法将被测量与同性质的标准量进行比较，以确定出被测量是标准量的倍数的过程，所得的倍数就是被测量值。

3. 测量方法

根据获得测量结果的程序不同，常用的测量方法可分为直接测量和间接测量两种。

4. 测量仪表的组成及分类

(1) 测量仪表的组成　测量仪表是由测量元件、传输转换元件、显示元件这三部分组成的。例如：插入炉膛的热电阻就是测量元件。温度变送器就是传输变换元件。盘柜上的仪表就是显示元件。

(2) 测量仪表的分类　根据仪表的用途、原理、结构等的不同，热工仪表可分为多种类型：

① 按被测参数可分为温度、压力、流量、液位等测量仪表。

② 按用途可分为标准仪表、实验室仪表和工程仪表。

③ 按显示特点可分为指示式、数字式、记录式、屏幕式仪表。

④ 按工作原理可分为机械式、电子式、气动式等仪表。

⑤ 按安装地点可分为就地安装及盘面安装仪表。

⑥ 按使用方法可分为固定式和便携式仪表。

5. 测量误差与消除方法

(1) 测量误差　在进行测量时，由于受仪表的质量、操作人员的技术水平以及环境、温度的影响，将造成所测量值与实际值的差距。这种差距就是测量误差。

(2) 消除误差的方法

① 尽量提高测量人员的技术水平以及掌握正确处理测量数据的方法。

② 选择符号使用条件的测量仪表，并应掌握安装及调试注意事项。

③ 采用必要的纠正或补偿方法。

6. 仪表的质量指标

评价仪表的质量指标是表明仪表质量、性能的标准。在日常工作中需了解以下质量指标。

(1) 基本误差　仪表的最大误差（绝对值）与仪表量程之比称为基本误差。

(2) 准确度等级　基本误差去掉百分号的数值就是仪表的准确度等级。

① 准确度等级有 0.005、0.01、0.02、0.04、0.05、0.1、0.2、0.5、1.0、1.5、2.5、4.0、5.0 等；

② 准确度标识用数字外带一圆圈方式来表示。如Ⓞ1.5 代表准确度为 1.5 级；

③ 级别排序数字越小，准确度越高。如 1.0 级就比 1.5 级的准确度高。

三、常用的热工仪表及安装

1. 测温元件的种类与安装

(1) 测温元件的种类　在工业锅炉中经常使用的测温元件有：水银温度计、热电阻和热电偶测温元件。

(2) 测温元件的安装部位　在工业锅炉的控制中，在以下部位安装测温元件：锅炉的给水管路（含省煤器出入口）；锅炉的蒸汽管路；空气预热器出口管路；炉膛、烟道等。

(3) 测温元件的安装要求　测温元件应安装在具有代表性的温度变化的地方。即应安装在直管段，尽量避免安装在阀门或弯头等处；应安装在光线充足，无干扰又便于观察和维修的地方。

(4) 安装在管道上的要求

① 垂直安装在管道上的测温元件，必须保证测温元件的轴线与工艺管道的轴线垂直相交，见图 11-9(a)。

② 安装在管道弯头上的测温元件必须保证测温元件的轴线与工艺管线轴线重合，并与管道内介质流向相反，见图 11-9(b)。

③ 倾斜安装在管道上的测温元件必须保证测温元件的轴线与工艺管线轴线相交，并与介质流向相反，见图 11-9(c)。

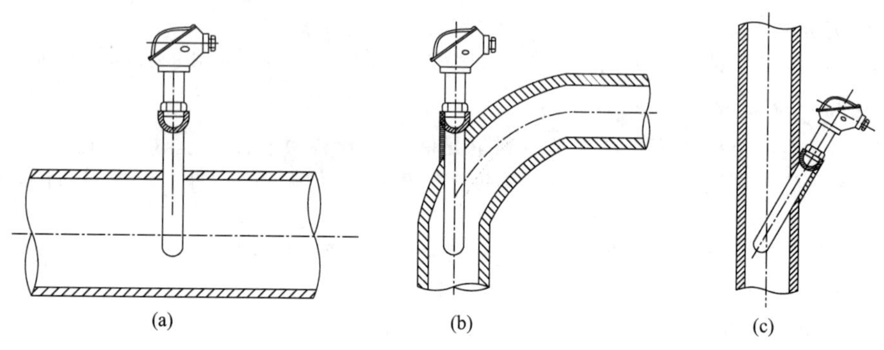

图 11-9 测温元件安装示意图

④ 在管道上安装测温元件插入深度的要求：

a. 热电阻（热电偶）插入管道中的长度（指从管道内壁算起，测温元件在管道内的长度）不应小于保护套管外径的 8～10 倍。

b. 测温元件的感应点应位于管道中的流速最大处。如水银温度计应在管道的中心线上。热电偶的末端应超过中心线 5～10mm。热电阻的末端应超过中心线的长度依材料可分为：云母骨架的铂电阻 20～30mm；铜丝热电阻 25～30mm。

(5) 安装在炉墙和烟道墙上的要求

① 根据图纸和国家规范、标准的要求决定安装位置。

② 应配合砌筑做固定预埋工作。不能配合砌筑时，应预留安装孔，然后再将安装固定部装入。安装时要保证可靠的严密性，不能漏风。

③ 将测温元件与固定部件固定，并做好密封工作，如图11-10所示。

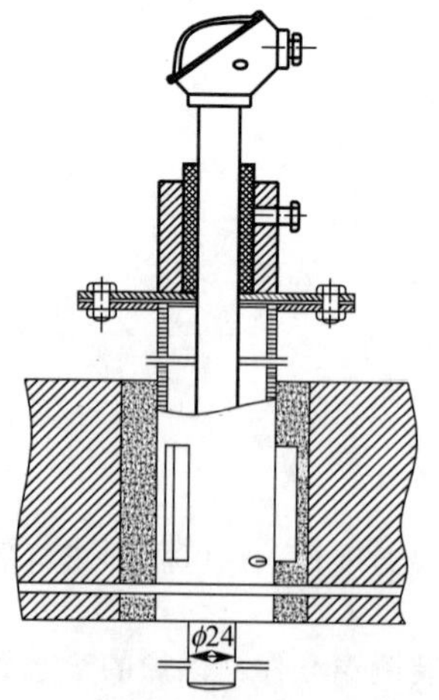

图 11-10 测温元件安装示意图

2. 测压元件的安装

(1) 测压元件的检测项目　在工业锅炉自控系统中，压力检测的项目有：给水压力、蒸汽压力、锅筒压力、风压、炉膛压力和除尘器压力等。

(2) 对测压元件安装部位的要求

① 应安装在流速稳定、能真实反映压力的地方。即应安装在平直管道上，不要安装在弯头、分流处或阀门附近。

如在阀门前安装，则测点与阀门间距应大于工艺管线的 2 倍。

如在阀门后安装，则测点与阀门间的距离应大于工艺管线的 5 倍。

如在测温点前安装，则测点与测温点间的距离应大于 60mm。

如在测温点后安装，则测点与测温点间的距离应大于 300mm。

② 炉膛压力的取压点一般取自锅炉两侧燃烧室火焰中心的上部。

③ 烟道、省煤器、烟器压力的检测点应安装在烟道左、右两侧的中心线上。

(3) 在管道上安装测压元件的要求

① 在管道上安装测压元件应根据要求定位，开孔后应除去毛刺和残留物，使取压口内外沿光滑。将整齐无毛刺的取压管焊在取压口上。焊完后在取压口的管道内表面不应有残渣及堆积物。

② 取压管不应有不规则的形状边缘，不应插入管道里面。应使取压管垂直于工艺管道安装，且两者轴线垂直相交。如图 11-11 所示。

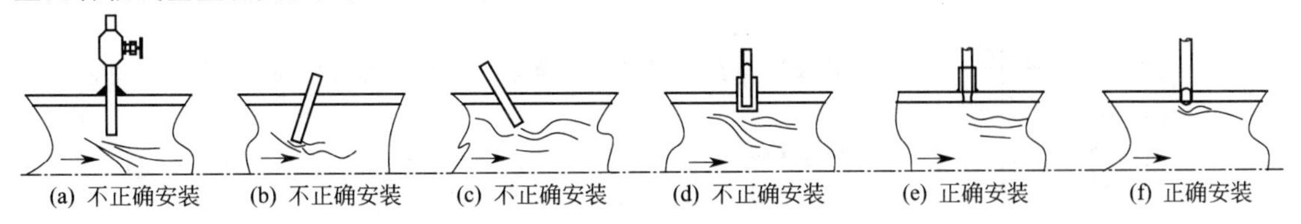

图 11-11 测压元件安装示意图（一）

③ 在水平管道和倾斜管道上安装测压元件。根据管道内介质的不同，其要求如下。

a. 当介质为水时，应在管道的下半部与管道水平线成 0～45°的范围内取压，如图 11-12(b) 所示。

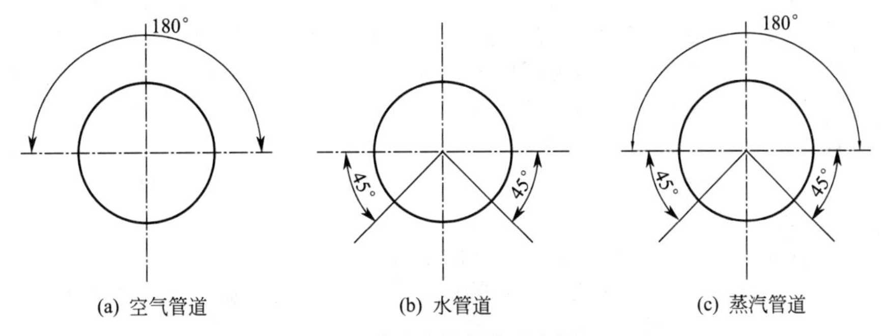

图 11-12 测压元件安装示意图（二）

原因分析：可防止水中的气体进入测压元件和管道；测压元件析出的气体可回流给水管；可防止水中沉淀物进入测压元件。

b. 当介质为蒸汽时，应在管道上半部或管道中心线下 45°夹角范围内取压，如图 11-12(c) 所示。

c. 当介质为空气时，应在管道的上半部取压，如图 11-12(a) 所示。

原因分析：可防止空气中的水分进入测压元件和仪表管路；测压元件析出的气体可回工艺管道。

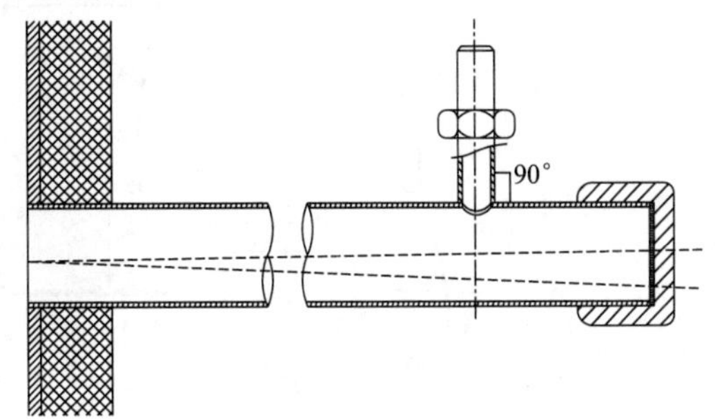

图 11-13 测压元件安装示意图（三）

(4) 在砌体上安装测压元件的要求

① 根据图纸或国家规定标准决定安装位置。

② 配合砌筑做好预埋测压元件工作或做好预留孔工作。

③ 按图 11-13 所示安装测压元件。

(5) 测压元件安装的特殊要求　在高温介质处取压（如热水、蒸汽管路），为避免介质高温直接进入仪表而损坏弹性元件，可在工艺管线和仪表之间加装阀门和存水弯管或凝结水管路。这样可使蒸汽在存水弯管或凝结水管路中凝结成水，可避免高温蒸汽或热水进入仪表。

3. 水位测量元件的安装

(1) 水位测量元件的分类　水位测量元件根据作用可分为以下两类：

① 水位显示仪表。单纯起水位显示功能的仪表，如玻璃板水位计、双色水位计。

② 水位显示与自动调节仪表。不仅起水位显示作用，与二次仪表配合还起到调节、检测作用，如浮球式水位计、双室平衡容器等。

(2) 水位显示仪表的安装

① 安装前的检查

a. 检查汽水连管应畅通无堵塞。

b. 水位计的玻璃板面光滑、严密。

c. 锅炉汽水连管的阀门应开关灵活、严密。

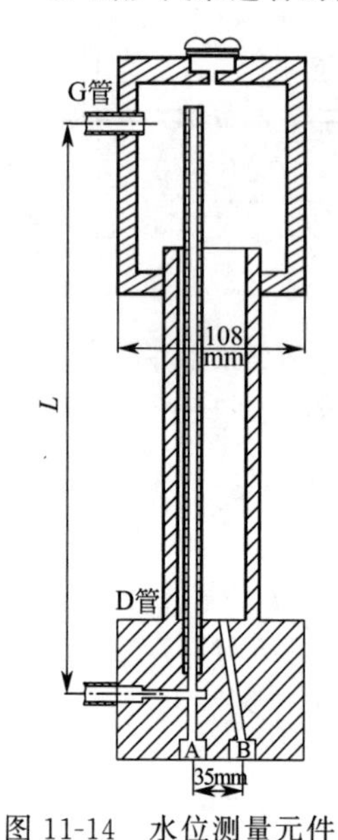

图 11-14　水位测量元件

② 安装要求

a. 水位计与锅炉的连管应尽可能短，两者间的阀门要有明显的开关标记。

b. 将水位计的汽水连管与锅炉的汽水连管连接严密无泄漏。

c. 左、右两只水位计必须保证高度相等。

d. 水位计必须有"最高水位、最低水位"的标记。

e. 双色水位计还应调整灯头位置到水绿汽红时为正常。

(3) 双室平衡容器的组成与安装

① 双室平衡容器的组成如图 11-14 所示。容器 B 为凝结器。它通过汽连管与锅炉蒸汽空间相连，使得锅筒与平衡容器的压力相等，故水位保持恒定高度 L。容器 A 为在容器 B 中的管子，通过水连管与锅筒的水空间相连。容器 A 的水位是随着锅筒的水位变化而变化的。

② 双室平衡容器的安装。将平衡容器的 B 管（汽空间出口）与变送器的正压室相连。将平衡容器的 A 管（水空间出口）与变送器的负压室相连。

平衡容器水连管的连接分为以下三类：

a. 锅筒汽水连管间距离等于平衡容器高、低水管的距离，安装方式见图11-15(a)。

b. 锅筒汽水连管间距离小于平衡容器高、低水管的间距，良好的安装方式见图 11-15(b)。

c. 锅筒汽水连管间距离大于平衡容器高、低水管的间距，良好的安装方式见图 11-15(c)。

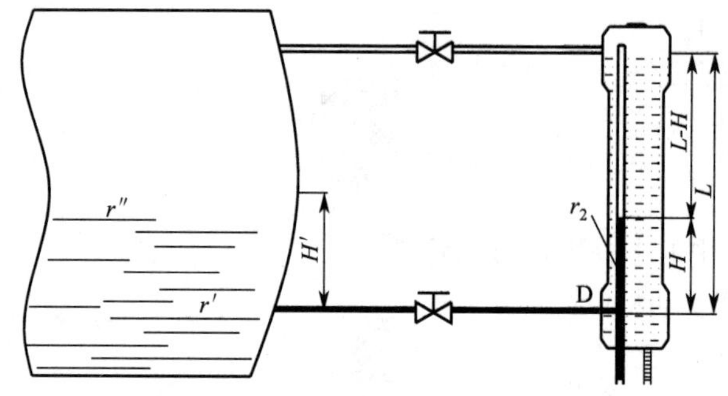

(a)

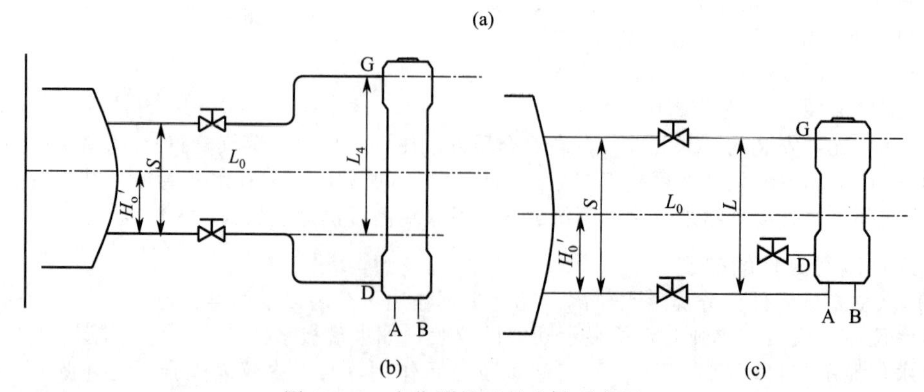

(b)　　(c)

图 11-15　水位测量元件安装示意图

4. 节流装置的安装

蒸汽流量、给水流量的检测、计量均需由节流装置提供信号。在工业锅炉控制系统中常用的节流装置有孔板和喷嘴。

(1) 安装地点与规定

① 节流装置前、后直管段通常取管径的 10 倍和 5 倍，有特殊要求的请遵照设计要求。

② 节流装置应安装在便于维修的地方。

(2) 安装要求

① 安装前应对节流装置进行检查，孔板的入口和喷嘴的出口应无毛刺和圆角，并要按设计要求复检加工尺寸。

② 应在孔板的边缘处标明介质的流向和标明孔板的直径。

③ 按安装要求在选好的地点安装节流装置。

④ 安装节流装置时，孔板、喷嘴的中心线必须与管道中心线重合。

⑤ 孔板的锐角或喷嘴的曲面应与介质流向相反。

⑥ 节流装置和法兰的垫片不得小于管道的内径，应比管道的内径大 2～3mm。

⑦ 测量蒸汽流量时，应设置冷凝器。两个冷凝器的自由液面必须在同一平面上且垂直安装。

⑧ 切口焊接后注意清除管道的残留物。

5. 仪表管路的安装

(1) 仪表管路的定义、分类与作用

① 定义。连接参数控制点和显示仪表的导管叫仪表管路。

② 分类。常用的仪表管路有：

压力管路　如蒸汽、给水、炉膛、烟道压力管路。

流量管路　如蒸汽、给水流量管路。

液位管路　如锅筒水位、水箱水位管路。

③ 作用。将各种信号从一次元件传递到变送器，以便进行显示、调节、控制。

④ 选材。通常选用小直径无缝管（$\phi 14 \times 2$）

(2) 管路安装的要求

① 先清扫，使管路清洁畅通。

② 装在便于维修的地方，避免机械损伤、腐蚀、振动。

③ 远离热源，正负管路应避免环境温度对精度的影响。

④ 水平管线应保持一定的坡度。

水位、流量的坡度应大于等于 10%。

蒸汽、水、炉膛压力的坡度应大于等于 1%。

坡向应保证：蒸汽、水流量管中排出的气体至工艺管线（俗称低头走）；风压、压力管线排出的水分至工艺管线（俗称抬头走）。

⑤ 仪表管路的弯曲。弯曲半径小于管子外径的 3 倍，不圆度不超过 10%。

⑥ 仪表管路的连接。对不可拆卸的部分，通常采用焊接的方式。

对可拆卸的部分，通常采用焊接钢管接头的活连接方式。

⑦ 仪表管路的固定。通常采用管卡固定在支架上。其管卡间距要一致，固定要牢固。成排敷设时，每支管卡之间的间距等于管子的外径。

⑧ 仪表管路安装完毕应试压，并应作好试压记录。

试压要求是：水、蒸汽系统的仪表管路水压试验压力为 1.25 倍设计压力。合格标准是在试验压力下停压 5min 无泄漏；风、炉膛压力等仪表管路的风压试验压力为 5000Pa（360mmH_2O）。合格标准是在试验压力下停压 5min 压力下降值不大于 1%[500Pa(3mm H_2O)]。

⑨ 试验用压力表精度不低于 1.5 级，量程为试验压力的 2 倍，并且在有效期内。

四、仪表盘功能

显示功能：仪表盘上装有后备显示仪表，可对系统重要工艺参数进行显示。

手动控制功能：仪表盘上装有后备手操器，可对系统进行远程手操。联锁功能：盘内装有联锁装置，可进行联锁操作。

第三方启/停机电设备功能：仪表盘上装有对机电设备启/停的按钮及指示灯，操作人员可以直接启停机电设备，同时也可在计算机上启停机电设备。

第七节　主要施工方法及技术措施

一、DCS系统的安装调试

控制系统内空调、照明、洁净度、温度、接地及其他准备工作完成后，操作台及机柜可进入安装阶段，为防止静电损坏设备内部元件，操作工人必须使用防静电工具。

设备安装就位后，将接地装置引线接到计算机及机柜的AC和DC接地母线上。

做好电缆的进线封闭工作，防止尘土及其他杂质吸入操作台及机柜内部。

接线前应对照图纸，核对每个回路对应的位置，屏蔽线应按图纸连接到位，所有接线均使用冷压端子，端子号打印清晰。

DCS系统安装工作结束，并经检查无漏项后，可开始对系统功能进行全面调试检查，因DCS系统不允许频繁启动，因此在调试期间，应避免一切不必要的停机操作，实验采用高精度标准仪器。

1. 启动及检查

操作台和控制柜及其他辅助设备要按要求顺序送电启动，启动后检查空载电压、电流，进行软件装载，从机柜端子柜输入/输出信号，对软件画面作动态检查。

2. 动态检查

根据设计图纸列出模拟量、数字量清单，从现场一次表送入信号，并在传感器、机柜及现场执行机构分别测试输入输出信号，并做好记录，从主机上调出回路画面。在操作台上作系统调试顺序，调整系统误差在要求范围内，调试过程中要检查并记录输出信号到执行机构的动作状态。联锁信号点、报警信号点要按工艺生产要求排出的动作图表，运用顺序控制方法进行逐点试验，并做好接点动作记录。

3. 全部性能试验

DCS系统要求对电气系统的自动化系统作性能保证试验，试验前对所有进入DCS系统的电气设备进行核对，应符合设计要求的各项性能指标。分散控制系统根据测点表格对系统进行校准。在完成电机就地启动/停止后，控制站应对各个电机进行逐个单独启动/停止试验。另外还应根据锅炉运行工艺要求的顺序，分组启动一系列电机，其运转状态应检查正确，各机的信号监控器显示精度不低于系统要求的标准值。

二、DCS系统软件调试

1. 调试前准备

调试前应充分熟悉自动控制系统的控制方案及实现的功能要求，以便在调试的过程中作出正确的判断和进行问题的处理。还应熟悉软件结构，确定软件调试方案。系统软件调试必须在所有硬件设备调试完毕的基础上进行。

2. 系统调试

(1) 子系统调试　它是指单个控制站的软件或几个相关控制站的软件调试。单个控制站的软件调试只需将各输入信号根据控制方案送入，检测控制器输出结果，调试至正确输出即可；几个相关控制站调试必须在单个控制站的软件调试完成后进行，将相关控制站相联，按单个控制站的调试方法进行调试，直到结果正确为止。

(2) 总体调试　它是在所有子系统调试完成的基础上进行的。先开通所有子控制站，在控制中心按总体控制方案和要求逐项进行调试。对于那些在正常状态下不允许出现的情况的自动控制方案的调试，应重新编制调试软件进行辅助模拟调试。总体控制方案全部进行调试，并达到了要求，总体软件调试才算完成。

3. 常规仪表的安装调试

按常规仪表工程的施工程序进行施工，由于土建、工艺及其他相关专业的影响，仪表工程的净工期相对较短，因此必须合理科学地安排施工，保质按期完成业主的预期目标。

(1) 锅炉为高温承压设备，自控专业施工前必须完成设计交底、施工交底，报请业主审核同意后进行。

(2) 专业施工人员入场后，应完成如下工作内容：

① 熟悉图纸，熟悉工艺流程；

② 做好开箱检查、仪表校验、自检互检、隐蔽工程等记录。

(3) 盘、箱、柜底座制作及安装　各底座采用[10 槽钢，在土建预埋铁上找平就位，按实测盘柜尺寸在土建二次抹面前制作完毕，并做好防腐工作。各盘柜安装在底座上应牢固、整齐。

(4) 电缆桥架的敷设　桥架应按施工图给定的走向施工。如果遇到与工艺管线等交叉，应与业主、技术人员和施工监理协商方可改动。

(5) 仪表的设备安装

① 仪表的出库应与设计要求相符，证牌齐全，附件齐全，方可验收并存于干燥洁净的库房内。

② 仪表的一次调校合格后，方可安装。

现场安装的仪表要注意保护，须安装在振动和温度变化不大的场所，用支架连接牢固，装于工艺管道上的仪表在工艺管道吹扫前、试压前安装，但在吹扫时应拆下。

(6) 取源部件的安装

① 压力取源　锅炉设备已有压力短节，不允许在设备和压力容器上开孔，管道取压应选择介质流速稳定的管段，焊接时应清除开孔毛刺，对相态不同的介质要按设计和规范要求找好取压方向，加装辅助容器。

② 温度取源　为保证测温部件反应灵敏，温度取源部件不得装于死角处，套管末端以略超过管道中心为宜，在有粉尘的环境如煤粉烟尘等处，应在测温元件前加装保护角钢。在高温处，水平安装且较长的测温元件须采用支架支撑，以防弯曲损坏。

注意事项：

管道仪表取源部件的安装应与工艺配合同时施工。

锅炉本体的温度取源部件应在筑炉前与施工队密切配合，筑炉的同时埋入，无法做到的应预留安装孔。

节流装置及管道仪表设备。这部分为配合工艺专业安装，安装时应选取管径不变，介质流速稳定并完全充满管道之处，但不得装于垂直管道上，设备的介质流向应与实际介质流向一致。

(7) 仪表导压管线的敷设

① 导压管在敷设前除锈、防腐、试压。

② 锅炉本体导压管的敷设应避开走廊、平台等有碍人的地方。

③ 管子的弯曲半径不得小于管径的 3 倍，并应保持 1∶100 左右的坡度。

(8) 仪表的穿线管敷设及仪表电缆

① 保护管应横平竖直，排列美观，支架牢固。保护管的弯曲半径不得小于外径的 6 倍。

② 电缆走向应按图纸提供方向敷设。敷设前应检查其绝缘强度，做好记录，不允许有中间接头。

③ 电缆与工艺管道间距应不大于 300mm，其敷设应有自然挠度，现场与控制室留好适当余度。

(9) 仪表调校

① 出厂前调校，保证其光线充足，卫生洁净，室温 25～30℃为宜。

② 调校电源：50Hz220VAC±10%，24VDC±5%。

③ 一次调校时，应先检查仪表外观，封印、合格证、附件是否齐全，可动部分是否灵活可靠，静态调试应按使用说明书执行。调校结果的处理：经过调校，合格仪表可进入安装工序，不合格的必须立即退回供货商另行调换，所有的仪表应填写调校的原始记录。

④ 系统调试　整个系统安装完毕投入使用前进行系统调试，其结果不得再次更改。系统调试应进行下列工作：

用模拟信号逐一检查系统的基本误差及管路本系统连接的质量。

报警系统应按设计规定的报警值整定好，然后用模拟信号进行开环检查，使声光信号符合要求。

联锁系统需和电气专业配合，用模拟信号进行分项和整套联锁系统的开环试验，以检查动作的正确性及可靠性。调校注意事项：按照使用说明书和设计要求认真接线，送电前复查接线的正确性。调校时对可动部分不应用力猛拧，以防损坏仪表。

第八节　工业锅炉自动控制的应用

一、系统概述

目前，锅炉自动控制系统有多种形式：

按控制器类型来分，可分为现场总线、DCS、PLC、工业控制计算机等系统（还有一种由仪表组成的控制系统，近年来已经较少采用）。

按系统组成的结构来分，可分为一机一炉（一台锅炉使用一台控制器）系统和一机多炉（多台锅炉使用一台控制器）系统。

在上述锅炉自动控制系统的控制器类型中，现场总线价格较高，工业控制计算机的可靠性较差，DCS 和 PLC 都具有较好的可靠性，因锅炉控制是以过程控制为主，所以 DCS 具有更大的优势，在组态方面更加方便和灵活。

目前锅炉自控所采用的控制器多种多样，但使用较多的主要有如下几种。

国外产品主要有：美国霍尼韦尔公司的 DCS；德国西门子公司的 PLC；法国施耐德公司的 PLC 等。

国内产品主要有：北京和利时公司的 DCS；浙大中控技术有限公司的 DCS 等。

此外，还有 AB、ABB、英国欧陆、三菱、富士等公司的产品。

上述厂家的产品各有千秋，可满足用户的不同需要。综合分析上述公司的各产品的性能和价格，以霍尼韦尔公司的 HC900 为例进行介绍。DCS 控制柜如图 11-16 所示。

一机一炉系统是将危险性分散；而一机多炉系统是 CPU、通信、电源等均采用冗余方式，尽量提高自身的可靠性。它们各具特色，可满足用户的不同需求。

一机一炉系统采用一台锅炉使用一台 DCS 控制器（现场站），公用系统使用一台 DCS 控制器，整个系统使用两台计算机（操作员站及工程师站）。这样整个系统共有多台 DCS 控制器及两台微机。该系统各锅炉控制器彼此独立，互不影响，两台计算机互为备用，有较高的系统可靠性。因此，当某一装置需要维修或维护时，只须通过停掉该台装置，而不影响系统中的其他设备。但这种系统成本比一机多炉系统略高一些。

一机多炉系统采用多台锅炉和公用系统共同使用一台 DCS 控制器（现场站），整个系统使用两台计算机（操作员站及工程师站）。这样整个系统共有一台 DCS 控制器及两台微机，可以大大

图 11-16　DCS 控制柜

降低系统成本。为加强系统可靠性，DCS 控制器采用 CPU、通信、电源冗余。

综上所述，在锅炉控制系统中，一机一炉系统更好一些。如果用户要求采用一机多炉系统，完全可以满足用户的需要，也有一机多炉系统的应用实例。

二、锅炉房控制系统配置

锅炉房控制系统如图 11-17 所示，主要由操作员站、工程师站、现场控制站、现场检测仪表、后备显示仪表、执行机构等部分构成。

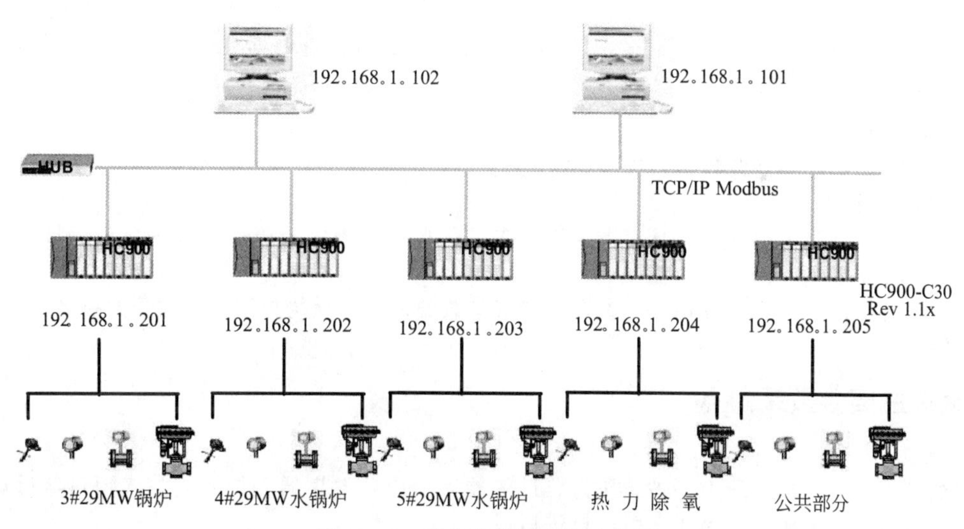

图 11-17　锅炉房控制系统示意图

锅炉房自控系统由 5 台现场控制站、1 台操作员站及 1 台工程师站组成，主要用于锅炉和公用部分的系统自控，操作人员通过 DCS 及计算机系统对锅炉系统和公用系统的生产过程进行集中监视和操作。

1. 主要配置情况

(1) 操作员站/工程师站　工程师站、操作员站的硬件由美国 DELL 计算机构成，其配置为 PⅣ 2G CPU、512M 内存、80G 硬盘、19″彩色液晶显示器、CD-ROM、3.5″软驱、10M/100M 自适应以太网卡、WindowsXP（或 Windows2000）等。

工程师站、操作员站的监控软件采用美国 Intellution 公司的 iFIX 软件包。

(2) 打印机　采用 HP 公司产品。

(3) DCS 控制站（现场控制站）　采用 Honeywell 公司的 HC900 中小型 DCS 控制系统，这种方式的特点是分散控制，组成灵活，具有较高的可靠性。其平均无故障间隔时间 MRBF≥100000h，并有 TCP/IP、Modbus 等多种通信协议及 OPC 服务功能。

图 11-18 压力变送器

(4) 压力检测仪表 压力变送器（如图 11-18 所示）、差压变送器、微差压变送器等，重要检测点（例如炉膛压力等）可采用美国霍尼韦尔公司、美国罗斯蒙特公司、日本横河公司等进口压力和差压变送器，也可采用 EJA、1151 等引进的压力和差压变送器进行检测，以确保系统参数的准确性和控制系统的正常运行。其他检测点可采用香港上润精密仪器公司产品或性能较好的国产仪表进行检测。

(5) 温度检测 热电偶、热电阻，采用天津欧迪公司产品。

(6) 流量检测 用于贸易计量的热源出口计量可采用高精度多声道超声波流量计进行流量计量。

(7) 显示及盘装仪表 显示表、操作器、配电器等采用香港上润精密仪器公司的产品。

(8) 变频器 过去，引风机、鼓风机的调节一般采用挡板控制风量，即通过调节引风（或鼓风）挡板的开启角度，来控制引风（或鼓风）风量；此时，引风机（或鼓风机）工作在工频（最大转速→最大功率）状态。但锅炉并非在最大负荷情况下运行，要付出多余电耗。使用变频器取代挡板来调节风量，使风机工作在适当的转速及功率下，既可节约电能，又可避免因频繁调节挡板而容易引发的机械故障。

使用变频器会加大设备的一次投资，但可通过节能逐步收回。使用变频器是实施有效控制，实现节能运行的有效手段之一。目前，使用较多的变频器有：丹佛斯变频器、ABB 变频器、施耐德变频器、西门子变频器等，性能更好一些，波纹系数小，可靠性高。

2. 主要功能概述

自动控制系统主要功能包括：锅炉燃烧控制、炉膛压力控制等；各种热工参数、电气参数、管理参数的采集和监视。

(1) 操作员站，工程师站 具有主要工艺参数的监控、报警、历史曲线的显示、报表打印、信息上传、控制参数的修正等功能。

(2) 现场控制站 具有各种热工参数及电气参数的采集、燃烧控制、炉膛压力控制、联锁控制等功能。

三、锅炉主要参数采集点

1. 压力

锅炉进水压力、出水压力、炉膛压力、过热器后烟压、省煤器后烟压、空气预热器后烟压、除尘器后烟压、鼓风机出口风压、引风机进口风压、除氧水箱压力。

2. 温度

锅炉出口温度、锅炉进水温度、省煤器进口水温、省煤器出口水温、炉膛温度、省煤器后烟温、空气预热器后烟温、除尘器后烟温、鼓风机出口风温、空气预热器出口风温、除氧水箱水温。

3. 水位

除氧水箱水位、软水箱水位。

4. 流量

锅炉进水流量、锅炉出水流量、鼓风流量、补水流量、给煤量。

5. 其他

烟气含氧量。

四、主要操作画面

为了形象地监视、分析和操作整个锅炉控制过程，同时为了方便开车调试、事故分析、控制方案修改，共设置了总貌画面、报警显示画面、棒图显示画面、调整参数画面、报表打印画面、实时趋势画面、历史趋势画面和系统自检画面。

1. 流程图画面

以流程图的形式，通过图形符号的颜色变化、闪烁等方式，动态显示锅炉的运行状态，操作人员可通过此画面直观了解锅炉的各工艺参数。如图 11-19 所示。

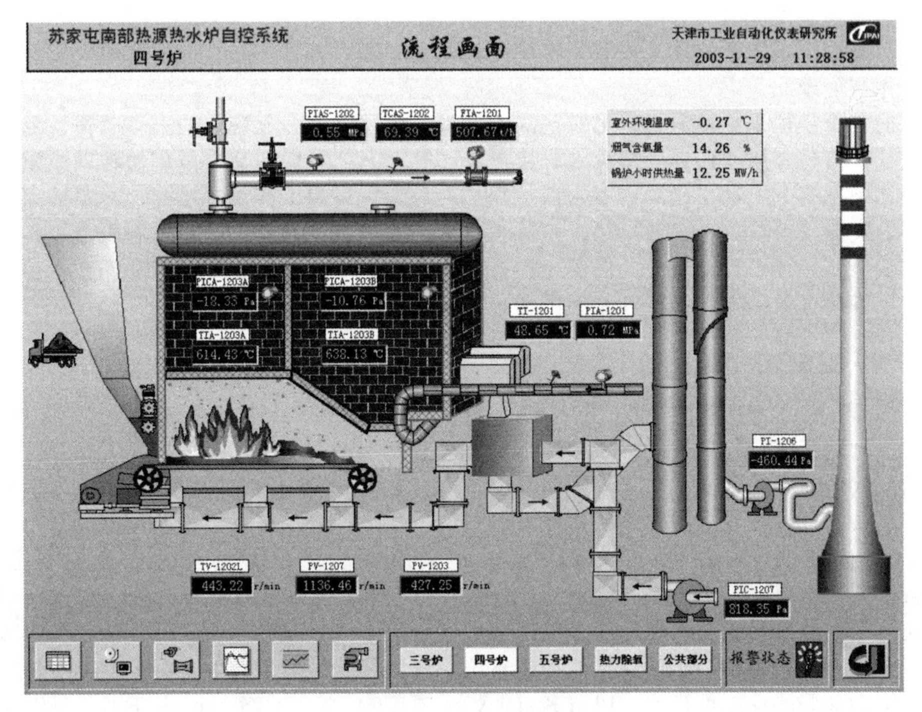

图 11-19 流程图画面

2. 工艺参数画面

将 DCS 采集来的各工艺参数与其对应的名称、位号以表格形式实时地显示出来。而且通过检测到的参数及其他输入参数，可显示对锅炉正平衡热效率所进行的实时计算、累积、对比结果等，用以考核运行人员的工作情况。

3. 调节画面

将系统各控制回路的运行状态和有关参数以调节棒图的形式显示出来。操作人员利用键盘或鼠标方便地对各控制回路的控制参数（SP、P、I、D 等）进行在线修正。也可对控制回路进行自动/手动切换，实现遥控操作。

4. 报警画面

用于记录何时何处有何报警，以便有关人员查询。同时实现安全联锁控制，报警及事故处理自动控制，并具有自诊断、自恢复功能。

5. 历史趋势画面

用于记录系统主要工艺参数，一班、一天、一个月或一个供暖期的数据，以曲线的形式显示出来，包括温度连续图、流量连续图等，以便管理人员检查，分析锅炉及整个供暖期的运行状态，为今后生产管理提供真实的数据。

6. 报表打印

操作站配置了一台打印机，其一专门负责随时打印报警，操作记录，便于事故分析。其二负责定时或随时打印历史趋势、运行日志等报表。运行日志报表可以利用 EXCEL 报表软件生成各种自由格式报表。

7. 操作功能

操作人员只需根据流程画面上的提示信息和窗口信息，利用鼠标器逐层选择即可方便地进行诸如手动/自动切换，遥控操作，流程画面之间的切换，报表的打印等操作。除非想利用一些特殊功能键来实现快速操作，否则，所有的操作不必借助键盘。保证了操作的单一性、方便性和可靠性，便于用户掌握。

在任何画面中，如系统发生报警，都将在该画面中提示报警信息，提醒操作人员进行报警查询和做出相应处理。

系统的各个模拟采样参数均以数字形式实时地显示出来，并以液位的上下动作、变频调速转动速率变化、管道介质的流动等形象地显示出来。开关量的采样参数以电机的转动或图形符号的颜色变化、闪烁等方式动态显示。对于需控制的参数，均设制了开窗口功能，利用鼠标器可以方便地打开、关闭子窗口。在子窗口中，可以利用鼠标器或键盘方便地调整控制参数（PID 调节具有自整定功能），手动/自动切换，以及遥控操作。为了方便用户的操作，还设置了一些特殊功能键，实现了一些电器的点动操作和画面的快速切换。

五、HC900 控制器介绍

PlantScape Vista/HC900 分散控制系统是 Honeywell 公司最新推出的面向中小型过程应用和设备集成控制的开放型控制系统。该系统由精练设计的先进集成控制器 HC900 和采用独立的或与开放的以太网络互联的高性能工程师站/操作员站组成一套完整的并能真正满足工业行业所有从简单到复杂的各种控制应用要求的集散控制系统。基于过程数据采集、混合模拟量和开关量过程控制和批量处理、时序控制等应用要求并采用功能模块化的组态工具 HC Designer。PlantScape Vista/HC900 分散控制系统为用户提供了广泛应用于生物制药的反应器蒸馏塔、供暖锅炉及换热站、电厂的锅炉汽机、冶金的熔炼炉加热炉、化工的各种设备以及食品机械和工业窑炉等工厂及设备等各种控制级的高性能控制系统。作为开放的中小型集散控制系统，其保持在同等性能系统中最好的性能价格比。PlantScape Vista/HC900 能满足各种设备过程自动化控制的应用要求，是应用灵活、使用可靠的中小型集散控制系统，也是目前市场上用来替代所有 PLC 可编程逻辑控制器和各种设备过程控制系统的最理想的解决方案。

1. 开放的系统体系结构

HC900 集成控制器通过 10MB 的 TCP/IP 工业以太网络与监控管理网络上的 PlantScape Vista 系统工程师站和操作员站互联。开放的 Modbus/TCP 协议可以和 PlantScape Vista 系统完美地整合在一起，为用户提供精美互动的人机操作界面。同时通过 OPC 连接功能，可以和许多第三方系统（如 iFIX）互联并双向地系统访问。功能强大的控制组态客户端软件同时通过局域网络对同一个控制器或多个控制器进行组态。除此之外，用户可采用电子邮件方式来发送报警信息或事件消息给工厂的消息管理中心或远方的管理机构。

PlantScape Vista/HC900 集散控制系统采用具备工厂网络管理功能的 Microsoft Windows 2000 服务器/客户机系统结构，集成了高可靠性的控制单元 HC900 并采用先进的工程师组态维护工具 HC Designer 和开放通信网络 ModBusTCP 以太网络。该系统包含了当今控制领域各种最新的技术，如：

① 基于 Microsoft Windows 2000 的 PlantScape Vista 服务器采用高速动态数据管理，为用户提供报警和事件管理、人机接口界面、历史数据采集和自动报表生成等功能。

② PlantScape Vista 系统实时数据库包括了 HC900 控制器和 1042 彩色液晶操作盘一体化以及各种第三方控制单元的完整数据信息，提供并行监控操作和数据分析、实时的过程画面网络浏

览功能以及与第三方系统的 OPC 数据交换功能等。

③ HC900 集成控制器为您提供灵活可靠的控制功能。

④ 采用面向对象的组态、开发工具 HC Designer，能帮助用户快速地创建各种应用要求的控制策略。

⑤ 采用 Modbus/TCP 以太网络，为用户提供安全开放的网络连接。

⑥ 集成安全的 Internet 浏览器功能并采用霍尼韦尔专利技术 HMIWEB 的用户管理操作界面和为用户提供各种在线生产管理信息。

⑦ 提供逼真的三维工业图库并预制 300 幅过程监控画面。

⑧ 采用最新的开放技术标准如 ODBC、高级 DDE、Visual Basic、OPC 和 Active X 构成开放型控制与信息管理系统。

⑨ 在线的资料手册和操作规程辅助工具为用户的工程组态、维护和操作提供了极大的方便。

⑩ 以太网络支持 HC900 集成控制器之间点对点的通信。

⑪ 报警或事件信息不仅可在操作员站上进行显示，而且也可以通过电子邮件的方式送出相关的信息。

2. 灵活可靠的集成控制器 HC900

无论是批量控制、连续的过程控制或是大量的数据采集，HC900 集成控制器能够满足各种控制的要求。每个 HC900 集成控制器具有 32 个回路控制功能，256 个输入输出点，超过 100 多种类型的功能块。整个控制器的控制组态策略可超过 2000 个功能块。通过以太网络 HC900 集成控制器之间可进行点对点的通信。高精度的通用模拟量输入和具有自整定功能的 PID 控制算法可满足各种控制精度的要求。用户采用阵列式设定点程序功能非常方便地完成处方和预置模型的批量过程控制要求。每个 HC900 集成控制器支持逻辑控制和 64 步时序控制，方便用户完成大多数回路和逻辑的混合控制要求。紧凑的 4 槽、8 槽或 12 槽控制机架与高密度的输入输出模件大大地节省了机柜的占用空间。而通过以太网络连接的远程扩展机架可放置在现场设备附近，从而节省现场敷设电缆的成本。所有输入输出模件均支持带电拔插，使系统故障恢复时间缩到最短。

3. 就地彩色液晶操作员盘

用户可选用 HC900 集成控制器的集成彩色液晶操作员盘实现机旁或设备旁的就地操作。就地操作员盘提供预置的过程操作画面、报警画面、多个趋势显示画面和故障诊断画面，大大节省了工程费用。多达 36 种显示格式画面可使用户方便地进行 PID 回路及设定点程序及按钮操作。

同时可以提供操作员盘上的功能键来完成查看模拟量过程值及开关量的状态值。用户通过 31/2″软盘或可选的 ZIP 盘来进行过程数据的归档，并且方便下载组态程序、批量及处方和设定点程序等。

4. 使用方便及功能完善的系统组态工具

针对大多数的工业过程控制应用要求，采用基于 Windows 的 HC900 组态工具 HC Designer，可以完成对 HC900 控制器的控制策略的组态、维护及下载和上载。同时具备对就地操作员盘的数据存储功能以及控制器之间点对点的通信设置及故障诊断等功能。工程人员只需简单地从功能块库中拖曳所需功能块到组态窗口中并用软接线连接起来就可快速地生成需要的控制策略。在组态窗口中分成多个工作表单，将具备互相关系的控制要求有机地整合在一起。具备在线编程功能，可有效地避免修改下载组态程序时引起不必要的停车或造成系统重新初始化。HC Designer 组态软件通过调用 100 多种类型功能丰富的运算控制功能块，可生成满足实际控制需要的具体的控制策略，每个控制器的控制组态程序可包括多达 2000 个功能算法功能块。HC900 集成控制器的 HC Designer 组态软件提供就地操作员盘的快速设置。二者之间采用集成化数据库，只要选择显示格式并拖曳位号到指定的显示区域即可。可打印的资料库包括完整的过程资料、工作表单、处方、设置模型、显示画面及输入输出点的所有清单。通过以太网络，RS232 端口或通过调制解调器等连接手段来完成组态程序的下载和上载并可以进行在线实时监控和系统诊断。同时 PlantScape Vista 为用户提供用户流程画面构造工具 Display Builder 和数据库管理工具 Quick Builder。采用 PlantScape Vista/HC900 中小型集散控制系统，用户无需经过繁重的编程工作就能在最短的时间内将应用系统投运并产生效益。

综上所述，PlantScape Vista/HC900 中小型集散控制系统设计原则及目标是：鲁棒控制能全面满足用户对连续过程与设备控制的要求；系统具备高可靠性和稳定性；根据用户的应用要求，支持系统的扩展和升级；严格的系统安全保护，提升系统的安全性；系统经得起未来生产控制与管理要求的考验；具备功能强大的图形显示功能；在确保系统安全的前提下，支持来自企业内部或外部的数据访问，为企业引入高效管理模式打下基础。

5. HC900 集成控制器性能指标

采用模块化设计，包括金属控制机架、电源模件、HC900 集成控制器 CPU 和满足用户需求的各种输入输出模件。见表 11-2。

表 11-2　HC900 集成控制器性能指标

网络通信端口	采用以太网 10Base-T，RJ-45 连接方式	与 PlantScape Vista 控制监控与管理网络系统、OPC 服务器和 HC900 集成控制器工程师组态软件等上位计算机直接的通信采用 Modbus/TCP 通信协议
	最多可同时连接的以太网络节点	多达 5 个主节点(点对点数据交换不占用主节点)
点对点通信	采用以太网络 10Base-T	对点对点数据交换采用 UDP 通信协议并支持点对点数据交换功能块
	控制器点对点通信数	8 个(即总共有 9 个点对点通信的控制器)
	刷新速率	500ms～5s(由用户设定)
	可点对点通信的数据	包括开关量和模拟量为号名，变量(多达 1024 个参数，使用数字寻址)
RS232 组态通信端口	每个控制器的端口数	一个 9 针“D”型串口。支持与 HC900 的组态工程师站的直接通信
	通信波特率	9600、19.2K、38.4K(通过 HC900 工程师组态软件或 HC900 操作员盘进行设置)
	调制解调器通信连接	为能够远程连接到 HC900 工程师组态计算机，可以使用调制解调器通信连接。通信速率为 9600～38.4K 波特率
1042 操作员盘通信端口	每个 HC900 集成控制器的端口数	一个 RS485 通信端口
	通信电缆类型	带屏蔽双绞线，推荐采用 Belden9271
	通信距离	2000ft(600m)
	操作盘电源要求	24VDC，由用户提供
远程 IO 机架连接	接口类型	在 CPU 上提供一个单独的以太网 10Base-T 通信端口，或通过 HUB 采用 RJ45 连接
	可连接远程机架数	不带 HUB，直接通过以太网络可连接一个远程机架。推荐采用以太网 HUB 的连接方式，可连接 4 个远程机架
性能	通信距离	HC900 集成控制器与远程机架或与 HUB 之间的距离为 328ft(100m)。每个连接网段最多可采用两个 HUB，距离可达 984ft(300m)
性能	模拟量扫描时间周期	500ms。每个模拟量输入模件均有它自己的 A/D 转换，提供并行的快速处理

续表

性能	快速逻辑扫描时间周期	对 260 个快速逻辑功能块为 27ms 对 520 个快速逻辑功能块为 54ms 对 780 个快速逻辑功能块为 80ms 对 1040 个快速逻辑功能块为 107ms 对 1300 个快速逻辑功能块为 133ms
性能(对远程 IO 机架)	模拟量扫描时间周期	500ms
	快速逻辑扫描时间周期	在 CPU 机架上的输入输出模件为 27ms，对远程 IO 机架上的输入输出模件为 54ms
在线编辑功能	传输时间	对所有的组态编辑需占用 3 个模拟量扫描时间周期(1.5s)
控制器模式	在 HC900 集成控制器上有一个三位切换开关——Run、Locked 模式(在此模式，不可下装组态)，Run 模式(允许下装)，Program/Locked(在此模式下，禁止输出，在下装后进行初始化)。通过软件选择离线模式用于对模拟量进行标定	
输入输出能力	每个控制器最多可有	256 个点，包括模拟量和开关量
	模拟量输入	最多 128 点
	模拟量输出	最多 64 点
机架尺寸	4 槽机架	5.4″(137mm)高×10.5″(266.7mm)宽×6″(151.7mm)深
	8 槽机架	5.4″(137mm)高×16.5″(419.1mm)宽×6″(151.7mm)深
	12 槽机架	5.4″(137mm)高×22.5″(571.5mm)宽×6″(151.7mm)深
电源	电压	采用 90～264VAC 宽范围工作电压，47～63Hz
	额定功率	130VA
	承受电流冲击	在 240VAC 情况下，可承受 7A 的峰峰值达 150ms
接线	方式	采用可拔插接线端子
	类型	镀金接线端子(用于直流类型的 IO 连接)
安装	用四个安装螺栓将机架固定在控制机柜	采用 IEC664，UL840 安装规程中 Categor Ⅱ，Polution Degree 2
CE 认证	本系统通过欧共体质量认证，符合其保护规程	低压：73/23/EEC 电磁辐射：89/336/EEC
通用安全规程	遵从 EN61010－1。符合 UL，UL3121－1 和 CSA，C22。2 No. 1010-1	
危险场所(分类)安全规程	符合 FM Class1，DIV 2，Group A，B，C，D Class 1，Zone 2，IIC	
平均无故障间隔时间	MRBF≥100000h	
	模件类型	“T”等级

6. 环境条件

见表 11-3。

表 11-3 环境条件

环境温度 °F ℃	参考值 77+/-5 25+/-3	额定值 32～140 0～60	极限值 32～140 0～60	运输及储存 -40～158 -40～70
环境相对湿度[①]	10%～55% 非凝结	10%～90% 非凝结	5%～90% 非凝结	5%～90% 非凝结
机械冲击	0g 0ms	1g 30ms	1g 30ms	
振动	在 10～60Hz 情况下，振幅为 0.07mm，在 60～150Hz 情况下，加速度为 1g	在 0～14Hz 情况下，振幅为 2.5mm，在 14～250Hz 情况下，加速度为 1g		

① 温度可达 40℃。

7. 输入输出模件特性

见表 11-4、表 11-5。

表 11-4 输入输出模件特性

带电情况下拔插	自动检测标准模件，再插入模件时自行设置 注意：在拔插现场接线端子时，应当断开现场电源
LED 状态指示	对开关量输入输出模件通过八个 LED 指示每个输入输出点的过程状态 ON 或 OFF
LED 故障指示	每个模件有一个，用三种颜色来表示模件的运行状态，绿色为正常，红色为故障，黄色为超弛(强制输出)
输入输出标签	采用带颜色编码的可写的输入输出标签插入到模件盖板
微处理器	输入输出模件中的微处理器用于并行处理
接线端子板	可拔插，用螺栓方式的接线端子
锁扣	模件都有专用锁扣以便紧固模件的安装

表 11-5 HC900 集成控制器控制功能汇总

功 能	描 述
控制回路/输出	32 个标准回路/电流输出，时间比例输出，三位步进输出(电机位置控制)，双工输出(热区/冷区控制)
控制回路类型	PIDA，PIDB，Duplex A，Duplex B，比例控制，串级控制，碳电势控制，露点控制，相对湿度控制和 ON-OFF 控制
自整定	Acctune Ⅱ，模糊逻辑超调抑制功能，均可用于所有的控制回路
功能块	2000 个
系统块	100 个(不占用 2000 个功能块)用于报警组功能块、系统功能块和基价监控功能块
功能块类型	多于 100 种

续表

功　能	描　述
设定点程序	8个(独立的程序) 斜坡类型:斜坡速率或斜坡时间 时间单位:h或min 程序段时间:0～99999.999h或min
程序事件数	可分配16个事件到开关量输出或作为内部状态
设定点模型文件	在每个HC900控制器可存储50段99个模型文件
设定点时序	两个 斜坡类型:斜坡时间 时间单位:h或min 程序段时间:0.001～9999.999h或min
辅助时序设定点	多达8个设定点,仅用于保持段控制
时序事件	可分配16个事件到开关量输出或作为内部状态
设定点时序数	在HC900控制器中可存放20个时序,每个时序包含50个程序段
顺序控制	四个顺序控制 状态:50 状态描述文字:12个字符 执行步:64 时间单位:min或s 开关量输出:16 模拟量输出:1个,可设置值/步
顺序控制程序	在HC900控制器可存储20个顺序控制程序
处方	在HC900控制器中可存储50个处方
处方参数	多达50个参数,包括模型文件编号、模拟量或开关量等变量值
位号名	2000个
位号识别	8个字符的位号,16个字符的描述,4个字符的单位(仅用于模拟量),6个字符的ON/OFF状态(仅用于开关量)
变量(可读/写)	600个
变量识别	8个字符的位号,16个字符的描述,4个字符的单位(仅用于模拟量),6个字符的ON/OFF状态(仅用于开关量)

六、SCADA系统功能描述

iFIX软件是一套提供现场数据采集、过程可视化及过程监控功能的工业自动化软件，iFIX是Intellution Dynamics工业自动化软件家族中的HMI/SCADA组件。iFIX提供一个“进入过程的窗口”，提供实时数据给操作员及软件应用。iFIX的基本功能为数据采集和数据管理，实时综合地反映复杂的动态生产过程。

无论是简单的单机人机界面（HMI），还是复杂的多节点、多现场的数据采集和控制系统（SCADA），iFIX都可以方便地满足各种应用类型和应用规模的需要。

1. 技术特点及开发环境

iFIX是Intellution DynamicsTM工业自动化软件解决方案中的HMI/SCADA解决方案，用于实现过程监控，并在整个企业网络中传递信息。基于组件技术的Intellution Dynamics还包括了高性能的批次控制组件、软逻辑控制组件及基于 Intelution 的功能组件。所有组件能无缝地集成为一体，实时、综合地反映复杂的动态生产过程。

基于 Windows 2000/NT 平台

即插即用结构及 COM 技术

全面支持 ActiveX 控件

安全容器，可以排除 ActiveX 控件故障，保证 Intellution Workspace 运行

功能强大标准的 Microsoft VB6.0 编程语言，使应用程序功能更加强大

完整的 OPC 客户/服务器模式支持

标准 SQL/ODBC API 接口，方便关系数据库集成，方便调用实时和历史数据

提供 SQL Server 7.0 集成安装方式

Intellution Workspace 为所有 Intellution Dynamics 组件提供集成化的开发平台

动画向导、智能图符生成向导等大量的图形工具方便了系统开发

功能键编辑自定义功能热键

脚本编辑向导使用户创建 VBA 脚本程序更方便

标签组编辑器大量节省系统开发时间

调度处理器使任务可以基于时间或事件触发，根据需要在前台或后台运行

2. 监控系统 SCADA 功能与数据管理功能（数据采集、监控、数据管理）

Intellution 公司开发的 iFIX 监控系统的软件，向现场运行过程采集数据，并进行计算、整理、存储、实时刷新显示等处理，以及将控制参数、指令等调节、控制信息下发给控制器（写回流程）等。

同时通过有线、无线通信系统与公司调度监控系统通信，实现调度实时数据的采集和监控，计算、记录数据，并以图形的方式显示实时监测数据、设备实时状态和系统相关的报警与事件信息。

3. 计算机的热备与无扰动切换

iFIX 的冗余特性是通过设定多重数据通道最大化系统的性能实现的，当一个 SCADA 节点或局域网连接中断时，iFIX 可以自动从一个路径转到另一个路径。从一个连接切换到另一个连接的过程叫做 failover。无论使用局域网还是 SCADA 冗余，failover 都可以工作。

iFIX 提供了强大而灵活的多重冗余功能，保证了系统的不间断监控，包括备份 SCADA 服务器、LAN 冗余以及利用网络状态服务器和 iFIX 诊断显示程序监视、控制网络运行状态。此外，在主服务器和备用服务器同时启动、运行时，iFIX 实现报警同步，避免对同一报警的重复响应。

两服务器同时运行，但只有一台服务器输出，监控服务器系统运行状态的软件在检测到某一服务器有故障时，监控软件将切断故障服务器的输出，处于热备用的将投入工作，且切换无缝。

4. 监控功能

监控系统能够提供各种图形显示、多媒体显示、视频动画等功能，并以图形、数字、符号等方式为运行人员提供动态模拟生产过程，CRT 屏幕软件操作。在计算机操作员站上，运行人员直接对过程数据读/写操作或者只读操作，实现对现场的监控。

监控系统具有设定值上/下限四级预报警、报警功能。具有单独的报警一览监视画面和窗口弹出报警。并且可根据需要设定报警优先级，主要报警抑制次要报警。报警消息可以在网络上传递，可在系统内任何一个操作站、网上计算机获得报警信息，可以网络打印。

对于较为复杂的控制和调节，如联锁控制、串级控制、PID 调节控制、算法控制、死区控制等等，系统均可以实现。

先进的报警和信息管理，提供无限的报警区域选择、报警过滤和远程报警管理等功能。

冗余选项提供了 SCADA Serve 和 LAN 间的自动切换，实现 SCADA Serve 间的报警同步。

增强 Windows 2000/XP 用户级安全系统。

5. 报表功能

iFIX 可以组态定义报表，如报警信息、班报、日报、月报、年报，以及其他类型报表，如统计等。报表包含所属的实时、历史及人工录入的各类数据；支持报表显示和打印输出，数量不限，并可以在网上传送。

运行人员根据需要可将系统中的任何数据进行组合、计算，并可存储在一个数据文件中。数据文件可以存入历史数据库，随时作为历史数据显示。数据的存储量取决于硬盘容量。数据文件格式支持流行的数据库，支持分布式结构，并可以在故障时就地存储和转发。

运行人员可以用电子表格生成各类生产流程和系统运行状态的详细报表。

6. 分布式结构

监控软件支持分布式网络结构。iFIX 分布式、客户/服务器结构包括可灵活构造的服务器（SCADA Server）和客户端（iClient、iClientTS 和 iWebServer）。网上各节点可以独立执行赋予它的任务。网络节点可以脱机而不影响整个网络的运行。网络信息资源共享，即网上的计算机、终端可以随时获取需要的数据、信息。

实时的客户/服务器模式允许最大的规模可扩展性，真正实现远程组态，并能最大程度降低控制网络费用。

可选客户端：iClient、iClientTS 和 iWebServer。

(1) SCADA 服务器　SCADA Server 直接连接到物理 I/O 点，点数的选择只需考虑外部 I/O，内部变量不占用 I/O 点数。并且 SCADA Server 维护过程数据库，过程数据库实现多种功能。无论 Intellution 客户端应用，还是第三方或用户自定义应用，均可读取 SCADA Server 实时数据。这些应用既可以与 SCADA Server 运行在同一台计算机，也可通过局域网、Intranet、Internet 分布在网络中的 Server 或 Client 节点上运行。

(2) iWebServer　iWebServer 是 Intellution 的一种 Internet 客户端解决方案。使用 iWebServer 将 iFIX 画面转化成 HTML 文件，并通过 Web 服务器发布。客户端使用标准 Web 浏览器就能看到 SCADA Server 上实时动态数据，从而访问现场生产情况。

(3) iClient　iClient 是 Intellution 标准的客户端软件，它作为传统的客户端安装在 iFIX 客户节点上。通过在 View 节点设置适当的客户端权限，用户可以访问到网络中任意 SCADA Server 中的数据，实时动态画面、趋势显示、报表等应用都运行在 iClient 上。而且在网络中各个 View 节点上都能进行开发工作，包括开发画面、构造 SCADA Server 中的数据库等。

7. 数据库

iFIX 具有实时数据库功能并通过数据交换协议（如 DDE、OPC、ODBC SQL）支持关系型数据库。iFIX 软件可以很方便地与 Microsoft SQL 数据库连接，把现场的实时数据以及相关数据存储到关系数据库 SQL 中，它可以单独运行在一台数据库服务器上。这样我们就建立了工厂的历史数据库，它为工厂提高产品质量与生产效率提供正确、大量的信息。同时，工厂各部门人员可以根据需要调用数据库中的数据，完成分析、质量跟踪、生产过程报告等相关的工作。

历史数据采集

VisiconX：功能强大的 ActiveX 数据连接控件

强大的图表对象和趋势显示工具

图表组向导功能

导出数据到关系数据库，生成各种报表

内嵌 Crystal Report 运行动态库

8. 报警功能

iFIX 方便、灵活、可靠、易于扩展的报警系统可报告系统活动及系统潜在的问题，保障系统安全运行。iFIX 分布式报警管理提供多种报警管理功能，包括：无限的报警区管理、基于事件的报警、定义报警优先级、报警过滤功能，以及通过拨号网络的远程报警管理。另外，iFIX

还可以自动记录操作员操作信息，并作为非关键性报警信息发送，并可进行报警确认。

9. 注释功能

iFIX所提供的数据库及报表功能为所有的设备配有注释功能，监控系统配有一专用的注释清单以存储给定设备的运行信息。

10. 曲线

历史趋势画面：用于记录系统主要工艺参数，一班或一天的数据，以曲线的形式显示出来。iFIX能提供两种以上曲线功能，包括静态和动态曲线。在同一画面中，可显示10条以上曲线。

11. 访问控制、安全管理

iFIX提供系统安全级管理，增强Windows系统安全性。在iFIX内，应用程序的调用、操作画面显示、事件调度、配方管理，都可以赋予权限管理。除此之外还能限制某些关键程序的访问，如：过程数据库的重装及过程数据库的写入操作。IFIX的安全组态程序还可以同步系统管理员提供Windows 2000的用户名和口令，作为iFIX的登录名和口令。账户同步，使得登录iFIX可以利用已有的Windows账户，同时还保留了Windows的一些安全功能，如：口令大小写敏感，口令过期及在线更改口令。

12. 调度处理器

Event Scheduler是一个计划调度处理器，允许用户基于特定的时间或时间间隔及某一事件的触发执行某些任务。例如：当某数据点超过特定值后替换当前画面，或运行一个脚本程序并产生相应报表。在Event Scheduler中可以建立、编辑、监视、运行基于时间或基于事件的调度计划，这些调度计划均可以以前台或后台任务方式运行。

调度管理器能完成以下功能：

电子表格形式管理，方便编辑、修改调度事件；

触发事件的数量和触发频率不受限制；

在Windows下可以以服务方式运行；

可在调度程序内使用专家；

监视调度运行状态，查看诊断统计信息；

调度管理器可以设置为前台或后台运行；

在运行环境用户还可以查看关于调度的各种统计信息，包括每个调度事件总是触发的次数以及调度事件最近一次触发事件；

调度还支持查找、替换功能，以便修改调度时间设置。

13. 强大的冗余功能

iFIX提供了强大而灵活的多重冗余功能，保证系统的不间断监控，包括备份SCADA服务器、LAN冗余以及利用网络状态服务器和iFIX诊断显示程序监视、控制网络运行状态。此外，在主服务器和备用服务器同时启动、运行时，iFIX实现报警同步，避免对同一报警的重复响应。

14. MMI、图形用户接口功能

iFIX提供了一个易于使用的MMI（人机界面）系统，具有对生产过程进行有效监视和控制的功能。iFIX可以为监视和运行控制系统提供最大的灵活性。

利用iFIX绘图工具建立图形对象及文本。建立简单的对象，如椭圆或矩形，或建立较为复杂的对象，如趋势图或报警概要。iFIX元件库包含许多通用图形对象，可以将其拖放入画面。也可以使用已经用别的绘图软件包如AutoCAD、CorelDraw等建立的图形对象。可以给图形对象加上动画控制，以使这些对象随着过程变化做出一定的反应。动画控制包括可见性、颜色、填充、位置、大小及旋转。它支持多窗口图形显示，汉化人机界面，可在线组态开发。

数字量和模拟量标签都可配置报警。可以利用报警概要显示报警信息。利用颜色、排序或过滤器定制报警概要。利用颜色指示报警严重性可使操作人员迅速发现紧急报警。利用时间顺序或报警严重程度对报警信息进行排序，用过滤器过滤报警可以只看到那些希望看到的报警信息。

支持灵活多样的画面调用方式，如画面切换、翻页和“热点激活”方式等。

支持以对话窗口的方式实现报警和事件的记录打印。

15. 自诊断功能

系统具有在线诊断系统内故障的能力。当检测到设备故障时，产生相关的故障报警。

因此 iFIX 可以在中央监控室，实现对整体被控设备运行工况的监视和控制；可对现场 DCS 控制站（子站）的参数进行设定和修改；通过各种通信方式可与上一级监控系统进行通信联络。

参 考 文 献

[1] 卢桂章主编. 现代控制理论基础. 北京：化学工业出版社，1981.

[2] 涂植英主编. 过程控制系统. 北京：机械工业出版社，1983.

[3] 孙优贤主编. 锅炉设备的自动调节. 北京：化学工业出版社，1982.

[4] 蒋慰孙主编. 过程控制工程. 北京：中国石化出版社，1988.

[5] 陶永化主编. 新型 PID 控制及其应用. 北京：机械工业出版社，1999.

[6] 孙优贤主编. 工业过程控制技术. 北京：化学工业出版社，2006.

附　录

锅炉大气污染物排放标准

GB 13271-2014

2014-05-16 发布 2014-07-01 实施

前　言

为贯彻《中华人民共和国环境保护法》、《中华人民共和国大气污染防治法》、《国务院关于加强环境保护重点工作的意见》等法律、法规，保护环境，防治污染，促进锅炉生产、运行和污染治理技术的进步，制定本标准。

本标准规定了锅炉大气污染物浓度排放限值、监测和监控要求。

锅炉排放的水污染物、环境噪声适用相应的国家污染物排放标准，产生固体废物的鉴别、处理和处置适用国家固体废物污染控制标准。

本标准 1983 年首次发布，1991 年第一次修订，1999 年和 2001 年第二次修订，本次为第三次修订。

此次修订的主要内容：

——增加了燃煤锅炉氮氧化物和汞及其化合物的排放限值。本标准将根据国家社会经济发展状况和环境保护要求适时修订。

——规定了大气污染物特别排放限值；

——取消了按功能区和锅炉容量执行不同排放限值的规定；

——取消了燃煤锅炉烟尘初始排放浓度限值；

——提高了各项污染物排放控制要求。

本标准是锅炉大气污染物排放控制的基本要求。地方省级人民政府对本标准未作规定的大气污染物项目，可以制定地方污染物排放标准；对本标准已作规定的大气污染物项目，可 以制定严于本标准的地方污染物排放标准。环境影响评价文件要求严于本标准或地方标准时，按照批复的环境影响评价文件执行。

本标准由环境保护部科技标准司组织制订。

本标准起草单位：天津市环境保护科学研究院、中国环境科学研究院。

本标准环境保护部 2014 年 4 月 2 日批准。

新建锅炉自 2014 年 7 月 1 日起、10t/h 以上在用蒸汽锅炉和 7MW 以上在用热水锅炉自 2015 年 10 月 1 日、10t/h 及以下在用蒸汽锅炉和 7MW 及以下在用热水锅炉自 2016 年 7 月 1 日起执行本标准，《锅炉大气污染物排放标准》（GB 13271—2001）自 2016 年 7 月 1 日废止。各地也可根据当地环境保护的需要和经济与技术条件，由省级人民政府批准提前实施本标准。

本标准由环境保护部解释。

1 适用范围

本标准规定了锅炉烟气中颗粒物、二氧化硫、氮氧化物、汞及其化合物的最高允许排放浓度限值和烟气黑度限值。

本标准适用于以燃煤、燃油和燃气为燃料的单台出力65t/h及以下蒸汽锅炉、各种容量的热水锅炉及有机热载体锅炉；各种容量的层燃炉、抛煤机炉。

使用型煤、水煤浆、煤矸石、石油焦、油页岩、生物质成型燃料等的锅炉，参照本标准中燃煤锅炉排放控制要求执行。

本标准不适用于以生活垃圾、危险废物为燃料的锅炉。

本标准适用于在用锅炉的大气污染物排放管理，以及锅炉建设项目环境影响评价、环境保护设施设计、竣工环境保护验收及其投产后的大气污染物排放管理。

本标准适用于法律允许的污染物排放行为；新设立污染源的选址和特殊保护区域内现有污染源的管理，按照《中华人民共和国大气污染防治法》、《中华人民共和国水污染防治法》、《中华人民共和国海洋环境保护法》、《中华人民共和国固体废物污染环境防治法》、《中华人民共和国放射性污染防治法》、《中华人民共和国环境影响评价法》等法律、法规、规章的相关规定执行。

2 规范性引用文件

本标准内容引用了下列文件或其中的条款。凡是不注日期的引用文件，其有效版本适用于本标准。

GB 5468　锅炉烟尘测试方法

GB/T 16157　固定污染源排气中颗粒物测定与气态污染物采样方法

HJ/T 42　固定污染源排气中氮氧化物的测定　紫外分光光度法

HJ/T 43　同定污染源排气中氮氧化物的测定　盐酸萘乙二胺分光光度法

HJ/T 56　固定污染源排气中二氧化硫的测定　碘量法

HJ/T 57　固定污染源排气中二氧化硫的测定　定电位电解法

HJ/T 373　固定污染源监测质量保证与质量控制技术规范

HJ/T 397　固定源废气监测技术规范

HJ/T 398　固定污染源排放烟气黑度的测定　林格曼烟气黑度图法

HJ 543　固定污染源废气　汞的测定　冷原子吸收分光光度法（暂行）

HJ 629　固定污染源废气　二氧化硫的测定　非分散红外吸收法

HJ 692　固定污染源废气中氮氧化物的测定　非分散红外吸收法

HJ 693　固定污染源排气中氮氧化物的测定　定电位电解法

《污染源自动监控管理办法》（国家环境保护总局令 第28号）

《环境监测管理办法》（国家环境保护总局令 第39号）

3 术语和定义

下列术语和定义适用于本标准。

3.1 锅炉 boiler

锅炉是利用燃料燃烧释放的热能或其他热能加热热水或其他工质，以生产规定参数（温度，压力）和品质的蒸汽、热水或其他工质的设备。

3.2 在用锅炉 in-use boiler

指本标准实施之日前，已建成投产或环境影响评价文件已通过审批的锅炉。

3.3 新建锅炉 new boiler

本标准实施之日起，环境影响评价文件通过审批的新建、改建和扩建的锅炉建设项目。

3.4 有机热载体锅炉 organic fluid boiler

以有机质液体作为热载体工质的锅炉。

3.5 标准状态 standard condition

锅炉烟气在温度为 273K，压力为 101325Pa 时的状态，简称“标态”。本标准规定的排放浓度均指标准状态下干烟气中的数值。

3.6 烟囱高度 stack height

指从烟囱（或锅炉房）所在的地平面至烟囱出口的高度。

3.7 氧含量 O_2 content

燃料燃烧后，烟气中含有的多余的自由氧，通常以干基容积百分数来表示。

3.8 重点地区 key region

根据环境保护工作的要求，在国土开发密度较高，环境承载能力开始减弱，或大气环境容量较小、生态环境脆弱，容易发生严重大气环境污染问题而需要严格控制大气污染物排放的地区。

3.9 大气污染物特别排放限值 special limitation for air pollutants

为防治区域性大气污染、改善环境质量、进一步降低大气污染源的排放强度、更加严格地控制排污行为而制定并实施的大气污染物排放限值，该限值的控制水平达到国际先进或领先程度，适用于重点地区。

4 大气污染物排放控制要求

4.1 10t/h 以上在用蒸汽锅炉和 7MW 以上在用热水锅炉 2015 年 9 月 30 日前执行 GB13271—2001 中规定的排放限值，10t/h 及以下在用蒸汽锅炉和 7MW 及以下在用热水锅炉 2016 年 6 月 30 日前执行 GB13271—2001 中规定的排放限值。

4.2 10t/h 以上在用蒸汽锅炉和 7MW 以上在用热水锅炉自 2015 年 10 月 1 日起执行表 1 规定的大气污染物排放限值，10t/h 及以下在用蒸汽锅炉和 7MW 及以下在用热水锅炉自 2016 年 7 月 1 日起执行表 1 规定的大气污染物排放限值。

表 1 在用锅炉大气污染物排放浓度限值 单位：mg/m^3

污染物项目	限值			污染物排放监控位置
	燃煤锅炉	燃油锅炉	燃气锅炉	
颗粒物	80	60	30	烟囱或烟道
二氧化硫	400 550(1)	300	100	
氮氧化物	400	400	400	
汞及其化合物	0.05	—	—	
烟气黑度(林格曼黑度,级)	≤1			烟囱排放口

注：(1) 位于广西壮族自治区、重庆市、四川省和贵州省的燃煤锅炉执行该限值。

4.3 自2014年7月1日起，新建锅炉执行表2规定的大气污染物排放限值。

表2 新建锅炉大气污染物排放浓度限值 单位：mg/m³

污染物项目	限值			污染物排放监控位置
	燃煤锅炉	燃油锅炉	燃气锅炉	
颗粒物	50	30	20	烟囱或烟道
二氧化硫	300	200	50	
氮氧化物	300	250	200	
汞及其化合物	0.05	—	—	
烟气黑度(林格曼黑度,级)	≤1			烟囱排放口

4.4 重点地区锅炉执行表3规定的大气污染物特别排放限值。

执行大气污染物特别排放限值的地域范围、时间，由国务院环境保护主管部门或省级人民政府规定。

表3 大气污染物特别排放限值 单位：mg/m³

污染物项目	限值			污染物排放监控位置
	燃煤锅炉	燃油锅炉	燃气锅炉	
颗粒物	30	30	20	烟囱或烟道
二氧化硫	200	100	50	
氮氧化物	200	200	150	
汞及其化合物	0.05	—	—	
烟气黑度(林格曼黑度,级)	≤1			烟囱排放口

4.5 每个新建燃煤锅炉房只能设一根烟囱，烟囱高度应根据锅炉房装机总容量，按表4规定执行，燃油、燃气锅炉烟囱不低于8m，锅炉烟囱的具体高度按批复的环境影响评价文件确定。新建锅炉房的烟囱周围半径200m距离内有建筑物时，其烟囱应高出最高建筑物3m以上。

表4 燃煤锅炉房烟囱最低允许高度

锅炉房装机总容量	MW	＜0.7	0.7～＜1.4	1.4～＜2.8	2.8～＜7	7～＜14	≥14
	t/h	＜1	1～＜2	2～＜4	4～＜10	10～＜20	≥20
烟囱最低允许高度	m	20	25	30	35	40	45

4.6 不同时段建设的锅炉，若采用混合方式排放烟气，且选择的监控位置只能监测混合烟气中的大气污染物浓度，应执行各个时段限值中最严格的排放限值。

5 大气污染物监测要求

5.1 污染物采样与监测要求

5.1.1 锅炉使用企业应按照有关法律和《环境监测管理办法》等规定，建立企业监测制度，制定监测方案，对污染物排放状况及其对周边环境质量的影响开展自行监测，保存原始监测记录，并公布监测结果。

5.1.2 锅炉使用企业应按照环境监测管理规定和技术规范的要求，设计、建设、维护永久性采样口、采样测试平台和排污口标志。

5.1.3　对锅炉排放废气的采样，应根据监测污染物的种类，在规定的污染物排放监控位置进行，有废气处理设施的，应在该设施后监测。排气筒中大气污染物的监测采样按 GB 5468、GB/T 16157 或 HJ/T 397 规定执行；

5.1.4　20t/h及以上蒸汽锅炉和14MW及以上热水锅炉应安装污染物排放自动监控设备，与环保部门的监控中心联网，并保证设备正常运行，按有关法律和《污染源自动监控管理办法》的规定执行。

5.1.5　对大气污染物的监测，应按照 HJ/T 373 的要求进行监测质量保证和质量控制。

5.1.6　对大气污染物排放浓度的测定采用表5所列的方法标准。

表5　大气污染物浓度测定方法标准

序号	污染物项目	方法标准名称	标准编号
1	颗粒物	锅炉烟尘测试方法	GB 5468
		固定污染源排气中颗粒物测定与气态污染物采样方法	GB/T 16157
2	烟气黑度	固定污染源排放烟气黑度的测定　林格曼烟气黑度图法	HJ/T 398
3	二氧化硫	固定污染源排气中二氧化硫的测定　碘量法	HJ/T 56
		固定污染源排气中二氧化硫的测定　定电位电解法	HJ/T 57
		固定污染源废气　二氧化硫的测定　非分散红外吸收法	HJ 629
4	氮氧化物	固定污染源排气中氮氧化物的测定　紫外分光光度法	HJ/T 42
		固定污染源排气中氮氧化物的测定　盐酸萘乙二胺分光光度法	HJ/T 43
		固定污染源废气中氮氧化物的测定　非分散红外吸收法	HJ 692
		固定污染源排气中氮氧化物的测定　定电位电解法	HJ 693
5	汞及其化合物	固定污染源废气　汞的测定　冷原子吸收分光光度法(暂行)	HJ 543

5.2　大气污染物基准含氧量排放浓度折算方法

实测的锅炉颗粒物、二氧化硫、氮氧化物、汞及其化合物的排放浓度，应执行 GB 5468 或 GB/T 16157 规定，按公式(1) 折算为基准氧含量排放浓度。各类燃烧设备的基准氧含量按表6的规定执行。

表6　基准含氧量

锅炉类型	基准氧含量(O_2)/%
燃煤锅炉	9
燃油、燃气锅炉	3.5

$$\rho=\rho'\times\frac{21-\varphi(O_2)}{21-\varphi'(O_2)} \tag{1}$$

式中　ρ——大气污染物基准氧含量排放浓度，mg/m^3；

ρ'——实测的大气污染物排放浓度，mg/m^3；

$\varphi(O_2)$——实测的氧含量；

$\varphi'(O_2)$——基准氧含量。

6 实施与监督

6.1 本标准由县级以上人民政府环境保护行政主管部门负责监督实施。

6.2 在任何情况下，锅炉使用单位均应遵守本标准的大气污染物排放控制要求，采取必要措施保证污染防治设施正常运行。各级环保部门在对锅炉使用单位进行监督性检查时，可以现场即时采样或监测的结果，作为判断排污行为是否符合排放标准以及实施相关环境保护管理措施的依据。